Unsöld · Baschek Der neue Kosmos

Albrecht Unsöld   Bodo Baschek

Der neue Kosmos

236 Abbildungen

Springer-Verlag Berlin Heidelberg New York
London Paris Tokyo

Professor Dr. *Albrecht Unsöld*

Institut für Theoretische Physik und Sternwarte, Universität Kiel, Olshausenstraße 40, D-2300 Kiel 1

Professor Dr. *Bodo Baschek*

Institut für Theoretische Astrophysik, Universität Heidelberg, Im Neuenheimer Feld 561, D-6900 Heidelberg 1

Sonderauflage für Weltbild Verlag GmbH, Augsburg

Umschlagbild: Optisches Bild der Radiogalaxie NGC 5128 = Centaurus A. Aufnahme mit dem Anglo-Australian Telescope. (Mit Genehmigung des Anglo-Australian Observatory)

Frontispiz: Galaxiengruppe (NGC 6769-71) in Pavo mit Anzeichen für Gravitationswechselwirkung zwischen den Galaxien: lichtschwache Hüllen und verbindende Bögen, Verformung von Spiralarmen und Zentralbereichen. (Aufnahme von S. Laustsen mit dem 3.6 m-Teleskop der Europäischen Südsternwarte)

ISBN 3-540-18171-7 Springer-Verlag Berlin Heidelberg New York
ISBN 0-387-18171-7 Springer-Verlag New York Berlin Heidelberg

ISBN 3-540-15387-X 3. Auflage Springer-Verlag Berlin Heidelberg New York
ISBN 0-387-15387-X 3rd edition Springer-Verlag New York Berlin Heidelberg

CIP-Kurztitelaufnahme der Deutschen Bibliothek
Unsöld, Albrecht:
Der neue Kosmos / A. Unsöld ; B. Baschek. – 4., völlig neubearb. Aufl. – Berlin ; Heidelberg ; New York ; London ; Paris ; Tokyo : Springer, 1988
ISBN 3-540-18171-7 (Berlin ...)
ISBN 0-387-18171-7 (New York ...)
NE: Baschek, Bodo:

Printed in Germany

Satz: K + V Fotosatz, 6124 Beerfelden
Druck und Einband: Appl, 8853 Wemding
2154/3150-543210 – Gedruckt auf säurefreiem Papier

In Memoriam

M. G. J. Minnaert

(12. 2. 1893 – 26. 10. 1970)

Vorwort zur vierten Auflage

Die stürmische Entwicklung der Astronomie hat sich in den sieben Jahren seit Erscheinen der letzten Auflage weiter fortgesetzt. Die neuen Beobachtungsmöglichkeiten durch die Raumfahrt, die Entwicklung hochempfindlicher Lichtdetektoren und der Einsatz leistungsstarker Elektronenrechner sowohl bei der Gewinnung der Beobachtungsdaten als auch bei deren theoretischer Deutung haben hierzu entscheidend beigetragen. Obwohl von vielen Teilgebieten der Astronomie noch kein abgeklärtes Bild vorliegt, erscheint es uns dennoch notwendig, mit einer erheblich überarbeiteten Neuauflage den Versuch zu unternehmen, eine zusammenhängende Darstellung der Beobachtungsmethoden, der theoretischen Grundlagen und der Ergebnisse für das *Gesamtgebiet* der Astronomie zu geben.

Nach wie vor sehen wir die wesentliche Aufgabe dieses Buches darin, dem Studenten der Astronomie und anderer Naturwissenschaften, dem Fachmann aus Nachbargebieten und dem Amateurastronomen eine verständliche *Einführung* in alle Bereiche der Astronomie und Astrophysik zu geben, die den heutigen Stand der Forschung berücksichtigt und einen Einstieg in die weiterführende Literatur ermöglicht.

Der enorme Fortschritt und die Vermehrung der astronomischen Kenntnisse schlagen sich zwangsläufig in einer merklichen Vergrößerung des Umfangs dieser Auflage gegenüber der vorangehenden nieder. Während bereits früher behandelte Gebiete nur wenig gekürzt werden konnten, beanspruchen u. a. unser Planetensystem, die vielfältigen astronomischen Instrumente und Beobachtungsmethoden, die nukleare Entwicklung der Sterne, der komplexe physikalische Zustand der interstellaren Materie, die Galaxien und Galaxienhaufen und die Aktivitätserscheinungen in den Galaxienkernen sowie die moderne Kosmologie in Verbindung mit Theorien der Elementarteilchen erheblichen zusätzlichen Raum.

Die bewährte Gliederung des Inhalts wurde bis auf wenige Umstellungen und eine der Übersicht dienende, feinere Unterteilung der einzelnen Abschnitte beibehalten. Soweit nicht astronomische Einzelheiten benutzt werden, haben wir in dieser Auflage erstmals für die Angaben von Zahlenwerten das internationale Einheitensystem SI eingeführt, daneben aber noch weitgehend wie bisher das Gaußsche cgs-System verwendet. In einem Anhang sind die wichtigsten Beziehungen zwischen den beiden Maßsystemen zusammengestellt.

Bei der Abfassung der früheren Auflagen des Neuen Kosmos konnte sich A. Unsöld der unermüdlichen Mitarbeit seiner damaligen Kieler Kollegen erfreuen. Bei der kritischen Durchsicht der Manuskripte sowie mit vielerlei Rat und Hilfe halfen B. Baschek, T. Gehren, H. Holweger, D. Reimers, E. Richter und V. Weidemann; bei der Herstellung der Manuskripte Fräulein A. Wagner, Frau G. Mangelsen und Frau G. Hebeler.

Ihnen allen möchte er bei seinem Ausscheiden aus der aktiven Forschung noch einmal recht herzlich danken.

Ein wesentlicher Teil dieser Neubearbeitung erfolgte durch B. Baschek, bei dem auch die Verantwortung, insbesondere für die neuen Teile, liegt. In allen Phasen der Arbeit an dieser Auflage haben uns zahlreiche Fachkollegen durch vielerlei Rat und Hilfe, durch neueres Material und durch konstruktive Kritik an einzelnen Abschnitten großzügig unterstützt, denen wir hier nicht allen namentlich danken können. Unsere Heidelberger Kollegen J. Köppen, R. Wehrse und P. Hauschildt haben uns bereitwillig durch eine kritische Durchsicht des gesamten Manuskripts geholfen. Durch ihre unermüdliche Arbeit bei der Herstellung des Manuskripts haben Frau G. Höhns, Frau B. Hoffmann und vor allem Frau M. Wolf, die auch viele der Zeichnungen angefertigt hat, einen wichtigen Beitrag zu diesem Buch geleistet. Ihnen allen möchten wir ganz herzlich danken.

Kiel und Heidelberg,
Januar 1988

Albrecht Unsöld
Bodo Baschek

Aus dem Vorwort zur dritten Auflage

In den sechs Jahren seit Erscheinen der letzten Auflage hat die fortschreitende instrumentelle Entwicklung in allen Teilen des elektromagnetischen Spektrums vom Radiobereich und Infrarot bis hin zum Röntgen- und Gammastrahlenbereich zusammen mit dem zunehmenden Einsatz von Satelliten und Raumsonden eine Fülle neuer, zum Teil ganz unerwarteter Beobachtungen gebracht. Hand in Hand mit der fortschreitenden Kenntnis der verschiedenartigsten Himmelskörper hat auch die theoretische Forschung zu vertieften Einsichten in kosmische Zusammenhänge geführt. ...

Da sich durch die Fülle der zur Zeit anfallenden Beobachtungen deren Interpretation vielfach noch im Fluß befindet, schien es uns zweckmäßig, die Teile I bis III der 2. Auflage bis auf einige Verbesserungen von Druckfehlern unverändert zu übernehmen und der neuen Entwicklung der Astronomie durch einen IV. Teil, der sich an Abschn. 31 anschließt, Rechnung zu tragen. Hierin werden in vier (von B. Baschek bearbeiteten) Abschnitten ausgewählte neuere Ergebnisse dargestellt, wobei der Schwerpunkt zum einen auf die Ergebnisse der letzten Planetenmissionen, zum anderen auf die Diskussion der meist von Satelliten aus durchgeführten Beobachtungen im fernen Ultraviolett, Röntgen- und Gammastrahlenbereich gelegt wird. ...

Kiel und Heidelberg,
September 1980

Albrecht Unsöld
Bodo Baschek

Aus dem Vorwort zur zweiten Auflage

Die *Astronomie* hat in den letzten zehn Jahren eine geradezu explosive Entwicklung genommen. Die erheblich revidierte und erweiterte 2. Auflage des *Neuen Kosmos* versucht auch diese ihren Lesern näher zu bringen. Wir nennen nur einige Stichworte: Mondlandungen, Planetensonden, Kontinentverschiebung etc.; Pulsare, Röntgen- und γ-Strahlungsquellen; interstellare Moleküle; Quasare; Aufbau und Entwickung von Sternen und Sternsystemen bis zu kosmologischen Weltmodellen usw.

Es soll nach wie vor die wichtigste Aufgabe dieses Buches sein, dem Studenten der Astronomie, wie dem Fachmann aus Nachbargebieten eine nicht zu schwerfällige Einführung in die heutige Astronomie und Astrophysik zu geben. ...

Der *Amateurastronom* sollte sich durch ein paar Formeln nicht erschrecken lassen. Am besten wird er vielmehr ihre zahlenmäßigen Ergebnisse einstweilen bona fide akzeptieren und seine Lektüre mit der schon von *A. Einstein* so gepriesenen „göttlichen Neugier“ fortsetzen. ...

Kiel, August 1974

Albrecht Unsöld

Aus dem Vorwort zur ersten Auflage

In den Jahren 1827 bis 1859 schrieb *Alexander von Humboldt* seinen „*Kosmos, Entwurf einer physischen Weltbeschreibung*“.

Humboldts Ziel war es, einem weiten Kreis seiner Zeitgenossen die Erforschung der Natur nicht nur als eine Sammlung von Methoden und Ergebnissen vorzuführen, sondern ihnen vor allem zu zeigen, was diese für die Menschheit in ihrer geistigen Entwicklung bedeutet. Naturforschung war für ihn – im Sinne von *Schiller* und *Goethe* – ein lebendiger Teil der *menschlichen Bildung*.

Unser Jahrhundert brachte eine Entwicklung der *Astronomie*, die sich den gleichzeitigen großen Leistungen der Relativitätstheorie, der Quantentheorie und der Kernphysik würdig an die Seite stellt. Die Welt als Ganzes, der *Kosmos* in seinem räumlichen Aufbau und in seiner zeitlichen Entwicklung ist ein Gegenstand exakter naturwissenschaftlicher Forschung geworden.

Mit neuen Augen erblicken wir einen *Neuen Kosmos* und – wie in früheren Epochen – wandelt sich mit seinem Aspekt der Außenwelt auch der sie erforschende Mensch.

Dieses Buch möchte einem großen Kreis von Lesern, die über eine gewisse naturwissenschaftliche Vorbildung verfügen, das neue Bild des Weltalls näherbringen. Ein solches Buch darf nicht zu umfangreich sein. Dementsprechend bemühte sich der Verfasser, die *Grundgedanken* der verschiedenen Bereiche astronomischer Forschung nach ihren sachlichen und historisch-menschlichen Zusammenhängen ganz deutlich hervortreten zu lassen. ...

Die Astronomie hat vor vierhundert Jahren die Menschen herausgeführt aus der Enge ihres mittelalterlichen, geozentrischen Weltbildes. In unserer Zeit ist ihre Bedeutung sicher nicht geringer geworden für eine freiere und modernere Gestaltung unserer Bildung und damit für die innere Freiheit und das Glück der Menschen. ...

Kiel, April 1966 *Albrecht Unsöld*

Inhaltsverzeichnis

1. Einführung

Die Astronomie, die Stern- oder Himmelskunde, ist eine exakte Naturwissenschaft. Sie befaßt sich mit dem quantitativen Studium des Kosmos und der in ihm herrschenden Gesetze, mit den Bewegungen, der physikalischen Beschaffenheit, der Entstehung und der Entwicklung der verschiedenartigen Himmelskörper.

Die Astronomie zählt zu den ältesten Wissenschaften. Bereits bei den alten Kulturvölkern, deren frühe Astronomie noch eng verwoben ist mit magischen, mythologischen, religiösen und philosophischen Vorstellungen, wird das Wissen um die Himmelserscheinungen und die Sammlung astronomischer Daten angewendet bei der Aufstellung des Kalenders, bei der Zeitberechnung und bei der Navigation.

Die Erforschung des Kosmos im modernen Sinne geht jedoch erst auf die Griechen der Antike zurück: Die Messung von Entfernungen auf der Erde und von Positionen am Himmel führt in Verbindung mit den Gesetzen der Geometrie zu einer ersten Vorstellung von Größen und Entfernungen im Weltraum. Die komplizierten Bahnen von Sonne, Mond und Planeten erhalten eine mathematisch-kinematische Deutung, die auch die Vorausberechnung der Planetenpositionen gestattet. Die griechische Astronomie findet ihre krönende Zusammenfassung – und ihren Ausklang – in dem eindrucksvollen Werk des Ptolemäus um 150 n. Chr. Zu Recht leitet sich die Bezeichnung der Wissenschaft von den Sternen, Astronomie, vom griechischen *ἀστήρ* = Stern bzw. *ἄστρον* = Sternbild, Gestirn ab.

Mit dem Beginn der Neuzeit setzt sich das kopernikanische Weltbild im 16./17. Jahrhundert durch. Die Himmelsmechanik erhält durch Newtons Gravitationstheorie im 17. Jahrhundert ihre physikalische Begründung und erreicht in der nachfolgenden Zeit ihre mathematische Vollendung. Bedeutende Fortschritte in der astronomischen Forschung werden zum einen durch neue Begriffe und theoretische Ansätze erreicht, zum anderen durch die Beobachtung neuartiger Phänomene im Kosmos. Dazu trägt die Entwicklung neuer Instrumente entscheidend bei. So führt die Erfindung des Fernrohrs zu Beginn des 17. Jahrhunderts zu einer ungeahnten Erweiterung der astronomischen Kenntnis. Später leiten u. a. die photographische Platte, der Spektrograph, das Radioteleskop und die Raumfahrt, welche der astronomischen Beobachtung den ganzen elektromagnetischen Spektralbereich erschließt, neue Epochen der Forschung ein.

Im 19. und vor allem im 20. Jahrhundert spielt die Physik die entscheidende Rolle bei der Deutung der astronomischen Phänomene, die Astrophysik tritt in steigendem Maße gegenüber der „klassischen Astronomie" in den Vordergrund. Zwischen Astronomie bzw. Astrophysik und Physik besteht eine enge fruchtbare Wechselwirkung. Einerseits ist die Astronomie auf den Kosmos angewandte Physik, wobei es kaum eine physikalische Disziplin gibt, die nicht in der heutigen Astronomie ihre Anwendung findet; andererseits bietet der Kosmos mit oft extremen Zuständen die Gelegenheit, physikalische Prozesse unter Bedingungen zu studieren, die in irdischen Laboratorien nicht erreicht werden können. Neben der Physik – und natürlich der Mathematik – spielen in geringerem Umfang auch Anwendungen der Chemie sowie der Geo- und Biowissenschaften in der Astronomie eine Rolle.

Unter den Naturwissenschaften zeichnet sich die Astronomie durch eine charakteristische Besonderheit aus: Mit den fernen Himmelskörpern können keine Experimente durchgeführt werden, der Astronom muß sich mit dem *Beobachten* begnügen. Die „Ferndiagnose" und besonders die quantitative Analyse der Strahlung aus dem Kosmos in einem möglichst weiten Spektralbereich nimmt daher einen zentralen Platz in der Astronomie ein.

Die steile Entwicklung in vielen verschiedenen Bereichen astronomischer Forschung hält bis in die jüngste Zeit weiter an. Mit der vorliegenden Neubearbeitung des „Neuen Kosmos" soll dieser Vermehrung astronomischer Kenntnis Rechnung getragen werden und nach wie vor – in überschaubarem Umfang – eine zusammenhängende Einführung in das *Gesamtgebiet* der Astronomie gegeben werden. Hierbei stellen wir die Beobachtung der vielfältigen Objekte und Vorgänge im Kosmos sowie die Grundgedanken aus den verschiedenen Bereichen mit ihren Zusammenhängen in den Vordergrund; wir verbinden die Beschreibung der Beobachtungen gleich mit den theoretischen Ansätzen zu ihrer Deutung. Einzelergebnisse wie auch Ergebnisse aus der Physik und anderen Naturwissenschaften, die zum Verständnis der astronomischen Phänomene benötigt werden, sind hingegen häufig ohne ausführliche Begründung einfach aufgeführt. Ein umfangreiches Literaturverzeichnis zusammen mit einer Aufstellung wichtiger Nachschlagewerke, Fachzeitschriften usw. soll den Einstieg in die weiterführende, speziellere Literatur erleichtern.

Wir beginnen das Studium des Kosmos, seiner Strukturen und Gesetze bei uns „zu Hause" und befassen uns in Kap. 2 mit unserem *Planetensystem*. Dieses und die nächsten drei Kapitel werden jeweils durch einen historischen Abriß eingeleitet, welcher die Übersicht erleichtern soll. Wir machen uns zunächst mit der Beobachtung an der Himmelskugel und mit den Bewegungen von Erde, Sonne und Mond vertraut und führen Himmelskoordinaten und die astronomische Zeitmessung ein. Die scheinbaren Bewegungen der Planeten usw. finden dann ihre Deutung im Rahmen der Newtonschen Gravitationstheorie. Bevor wir uns den Planeten und anderen Körpern im Planetensystem im einzelnen zuwenden, geben wir noch einen Überblick über die Entwicklung der Weltraumforschung, durch die gerade die Kenntnis unseres Planetensystems in neuerer Zeit eine starke Erweiterung erfahren hat. Kapitel 2 endet mit der Diskussion der einzelnen Planeten, ihrer Monde und weiterer Kleinkörper wie Kometen und Meteorite.

Vor dem Studium der Sonne und der Sterne scheint es angebracht, in Kap. 3 die Grundprinzipien der astronomischen *Beobachtungsmethoden* im Zusammenhang darzustellen. Dem heutigen Astronomen steht eine eindrucksvolle Vielfalt von Teleskopen und Detektoren zur Verfügung, mit denen er – erdgebunden und vom Weltraum aus – unterstützt von Computern die Strahlung der Himmelskörper im gesamten Spektrum, von der Radiofrequenzstrahlung über den infraroten, den optischen und den ultravioletten Bereich zu den hochenergetischen Röntgen- und Gammastrahlen, erforschen kann.

Kapitel 4 ist dann den *Sternen* gewidmet, welche hier zunächst als Individuen behandelt werden. Wir verschaffen uns eine Übersicht über die verschiedenen Sterntypen, wie Hauptreihensterne, Riesen- und Überriesen, Weiße Zwerge und Neutronensterne, sowie die Mannigfaltigkeit der veränderlichen Sterne (Cepheiden, magnetische Sterne, Novae, Supernovae, Pulsare, ...) und lernen deren Entfernungen, Helligkeiten, Farben, Temperaturen, Leuchtkräfte und Massen kennen. Eine besondere Rolle nimmt hierbei die *Sonne* ein: zum einen bietet sie als der uns nächste Stern die Möglichkeit, unvergleichbar mehr Einzelheiten zu beobachten als bei jedem anderen Stern, zum anderen ist sie nach ihren Eigenschaften ein „durchschnittlicher" Stern und gibt uns daher wichtige Aufschlüsse über den physikalischen Zustand aller Sterne. Die Behandlung der *Physik des Einzelsterns* nimmt einen wesentlichen Teil des Kap. 4 ein. Insbesondere die Strahlungstheorie und die Atomspektroskopie bilden die Grundlage, um die Strahlung bzw. die Spektren von Sonne und Sternen quantitativ zu deuten und die physikalisch-chemische Struktur ihrer äußeren Schichten, der Sternatmosphären, zu ermitteln. Für das Sterninnere, seinen Aufbau und dessen zeitliche Änderung oder Entwicklung ist die Kenntnis der Energieerzeugung durch thermische Kernreaktionen sowie der Gravitationsenergie von entscheidender Bedeutung. Die Entstehung und die Entwicklung der Sterne mit ihren Endstadien (Weißer Zwerg, Neutronenstern oder Schwarzes Loch) besprechen wir im folgenden Kapitel im Zusammenhang mit der Behandlung der Sternhaufen.

Im Kap. 5 befassen wir uns mit den *Sternsystemen* und dem großräumigen Aufbau des *Kosmos*. Mit unserer Kenntnis der Einzelsterne und ihrer Entfernungen gewinnen wir zunächst ein Bild von unserem eigenen Milchstraßensystem, dem die Sonne zusammen mit etwa 100 Milliarden Sternen angehört. Wir diskutieren die Verteilung und die Bewegungen der Sterne und Sternhaufen und besprechen dann die dünne, gas- und staubförmige interstellare Materie. Nachdem wir die Methoden zur Bestimmung der riesigen Entfernungen im Kosmos kennengelernt haben, wenden wir uns anderen Milchstraßensystemen oder Galaxien zu, unter welchen wir sehr unterschiedliche Typen finden: spiralförmige und elliptische Galaxien, Infrarotgalaxien, Radiogalaxien und die fernen Quasare. In den Zentren vieler Galaxien beobachten wir eine „Aktivität" von gewaltigen zutage tretenden Energiebeträgen, deren Ursprung noch rätselhaft ist.

Galaxien gehören in der Regel größeren Systemen an, den Galaxienhaufen. Diese ordnen sich wiederum zu Haufen von Galaxienhaufen, den Superhaufen, welche schließlich als großräumige Struktur des Kosmos ein „netzartiges Gerüst", das große galaxienfreie Räume umschließt, bilden. Wie die einzelnen Sterne, so verändern sich auch die Galaxien und Galaxienhaufen mit der Zeit. Bei ihrer Entwicklung spielt die gegenseitige gravitative Beeinflussung der Galaxien eine wichtige Rolle.

Zum Abschluß von Kap. 5 betrachten wir den *Kosmos als Ganzes*, seinen Materie-, Strahlungs- und Energieinhalt, seinen Aufbau und seine Entwicklung während der Expansion vom Urknall vor rund 20 Milliarden Jahren bis heute.

Nachdem wir bis in die Weite des Kosmos vorgedrungen sind, kehren wir schließlich zurück zu unserem Sonnensystem. Wir befassen uns in Kap. 6 mit den Problemen der *Entstehung und Entwicklung der Sonne und der Planeten* und interessieren uns hierbei besonders für die Entwicklung der Erde und des Lebens.

2. Klassische Astronomie. Das Planetensystem

Wir beginnen unsere Darstellung der Astronomie mit einem historischen Überblick über die klassische Astronomie (Abschn. 2.1) von der Antike bis zur Begründung des heliozentrischen Weltsystems durch N. Kopernikus, T. Brahe, J. Kepler, G. Galilei u. a. und zur Schaffung der Grundlagen der Himmelsmechanik durch I. Newton am Ende des 17. Jahrhunderts. Danach behandeln wir in Abschn. 2.2 die Bewegungen an der *Himmelskugel* und die Koordinatensysteme zur Beschreibung der Positionen der Himmelskörper und besprechen in Abschn. 2.3 die Bewegungen der *Erde*, ihre Rotation und ihren Umlauf um die Sonne, die sich an der Himmelskugel widerspiegeln, und die astronomische Zeitmessung. Nach diesen Vorbereitungen machen wir uns nach und nach vertraut mit den Körpern unseres *Planetensystems*: Zunächst befassen wir uns in Abschn. 2.4 mit dem Mond, seiner Bewegung, seinen Phasen und mit den Mond- und Sonnenfinsternissen. In Abschn. 2.5 geben wir einen Überblick über die Bewegungen der Planeten, Kometen usw. und über die Entfernungsbestimmungen im Planetensystem. Nach einer Darstellung der Grundlagen der Mechanik und Gravitationstheorie bringen wir in Abschn. 2.6 einige Anwendungen auf die Himmelsmechanik und in Abschn. 2.7 auf die Bahnen künstlicher Satelliten und Raumsonden. Abschnitt 2.7 enthält weiterhin eine kurze Chronik der Missionen der Weltraumforschung. Schließlich beschäftigen wir uns mit der physischen Beschaffenheit der Körper in unserem Planetensystem, der Planeten und ihrer Monde und der Planetoiden in Abschn. 2.8 sowie der Kometen, Meteore und Meteoriten in Abschn. 2.9.

2.1 Sterne und Menschen: Beobachten und Denken
(Historische Einleitung in die klassische Astronomie)

Unbeeinflußt vom Menschen ziehen die Gestirne seit Jahrtausenden ihre Bahnen. Der gestirnte Himmel bildete deshalb seit jeher ein Symbol für das „Andere" – die Natur, die Gottheit –, den Gegenpol des „Ich" mit seiner Welt des inneren Erlebens, Wünschens und Schaffens. Die Geschichte der Astronomie bildet gleichzeitig eines der erregendsten Kapitel in der Geschichte des menschlichen Geistes. Immer wieder greifen ineinander einerseits die Entstehung neuer *Denkformen* und andererseits die Entdeckung neuer *Phänomene*, oft mittels neuartiger *Instrumente*.

Wir können hier nicht die großen Leistungen der Völker des alten Orients besprechen, der Sumerer, Babylonier, Assyrer und Ägypter. Auch auf eine Darstellung der – in ihrem Sinne – hochentwickelten Astronomie der Völker des fernen Ostens, der Chinesen, Japaner und Inder müssen wir verzichten.

Der Begriff des *Kosmos* und seine Erforschung in unserem Sinne gehen zurück auf die *Griechen*, die es als erste wagten, alle dumpfe Magie abzuschütteln und – unterstützt von einer unglaublich wendigen Sprache – gedankliche Formen zu prägen, die es erlaubten, Stück für Stück die kosmischen Erscheinungen zu „verstehen".

Wie kühn sind die Gedanken der Vorsokratiker! Thales von Milet war sich um 600 v. Chr. offenbar schon im klaren darüber, daß die Erde rund sei, daß der Mond von der Sonne beleuchtet würde, und er hat die Sonnenfinsternis des Jahres 585 v. Chr. vorhergesagt. Aber ist es nicht ebenso wichtig, daß er versuchte, das gesamte Weltall auf *ein* Prinzip, nämlich „das Wasser", zurückzuführen?

Das wenige, was wir von Pythagoras (um die Mitte des 6. Jahrhunderts v. Chr.) und seiner Schule wissen, mutet erstaunlich modern an. Hier ist schon von der Kugelgestalt der Erde, des Mondes und der Sonne, von der Drehung der Erde und vom Umlauf zumindest der beiden inneren Planeten Merkur und Venus um die Sonne die Rede.

Als nach dem Zerfall der griechischen Staaten die Wissenschaft in Alexandria eine neue Heimat gefunden hatte, machte dort die quantitative Erforschung der Himmelsräume anhand systematischer Messungen rasche Fortschritte. Wir sollten dabei weniger auf die zahlenmäßigen Ergebnisse sehen, als mit Freude vermerken, daß die großen griechischen Astronomen es überhaupt wagten, *geo*metrische Sätze auf den Kosmos anzuwenden! Aristarch von Samos, der in der ersten Hälfte des 3. Jahrhunderts v. Chr. lebte, versuchte die *Entfernungen* Sonne – Erde und Mond – Erde sowie die *Durchmesser* der drei Himmelskörper zahlenmäßig miteinander zu vergleichen, indem er davon ausging, daß im ersten und dritten Mondviertel das Dreieck Sonne – Mond – Erde am Mond einen rechten Winkel hat. Neben diesen ersten Messungen *im* Weltraum hat Aristarch als erster das *heliozentrische Weltsystem* gelehrt und dessen schwerwiegende Konsequenz durchschaut, daß die Entfernungen der Fixsterne ungeheuer viel größer sein müßten als die von der Sonne und der Erde. Wie weit er damit seiner Zeit voraus war, sieht man am besten daran, daß schon die folgende Generation seine große Entdeckung wieder vergaß. Bald nach Aristarchs bedeutenden Arbeiten hat Eratosthenes zwischen Alexandria und Syene die erste Gradmessung ausgeführt: Er verglich den Breitenunterschied der beiden Orte mit ihrer Entfernung längs einer viel benutzten Karawanenstraße und bestimmte so schon ziemlich genau Umfang und Durchmesser der Erde. Der größte Beobachter des Altertums aber war Hipparch (um 150 v. Chr.), dessen *Sternkatalog* noch im 16. Jahrhundert an Genauigkeit kaum übertroffen war. Wenn auch seine Hilfsmittel naturgemäß nicht ausreichten, um die fundamentalen Größen des Planetensystems entscheidend zu verbessern, so gelang ihm doch die wichtige Entdeckung der *Präzession*, d. h. des Vorrückens der Tagundnachtgleichen und damit des Unterschiedes von tropischem und siderischem Jahr.

Die Theorie der *Planetenbewegung*, von der wir nun sprechen wollen, mußte im Rahmen der griechischen Astronomie naturgemäß ein *geometrisch-kinematisches* Problem bleiben. Allmähliche Verbesserung und Erweiterung der Beobachtungen auf der einen Seite und die Herausbildung neuer mathematischer Ansätze auf der anderen Seite bilden die Grundelemente, aus denen Philolaus, Eudoxus, Heraklid, Apollonius und andere eine Darstellung der beobachteten Planetenbewegungen durch Ineinanderfügen immer komplizierterer Kreisbewegungen anstrebten. Ihre abschließende Form erhielten die antike Astronomie und Planetentheorie erst viel später durch Claudius Ptolemäus, der um 150 n. Chr. in Alexandria sein Handbuch der Astronomie (Mathematik) in 13 Büchern *Μαθηματικῆς Συντάξεως βιβλία ιγ*, schrieb. Später erhielt die Syntaxis das Beiwort *μεγίστη* (größte), woraus schließlich der arabische Titel des *Almagest* entstand. Der Inhalt des Almagest beruht weitgehend auf den Beobachtungen und Forschungen des Hipparch, doch hat Ptolemäus insbesondere in der Theorie der Planetenbewegung auch Neues hinzugefügt. Das geozentrische Weltsystem des Ptolemäus brauchen wir vorerst nur in Umrissen zu skizzieren: Die Erde ruht in der Mitte des Weltalls. Die Bewegungen von Mond und Sonne am Himmel lassen sich noch ziemlich einfach durch Kreisbahnen darstellen. Die Bewegungen der Planeten beschreibt Ptolemäus mit Hilfe der *Epizykel-Theorie*: Der Planet läuft auf einem Kreis um, dem sog. Epizykel, dessen immaterieller Mittelpunkt auf einem zweiten Kreis, dem Deferenten, sich um die Erde bewegt. Die Verfeinerungen dieses Systems durch Einführung weiterer, auch exzentrischer Kreise usw. wollen wir hier nicht erörtern. Zusammenhänge und Unterschiede gegenüber dem heliozentrischen Weltsystem des Kopernikus sollen, ausgehend von letzterem, in Abschn. 2.6 dargestellt werden. Der Almagest zeigt in seiner geistigen Haltung deutlich den Einfluß der aristotelischen Philosophie oder – besser gesagt – des *Aristotelismus*. Dessen Denkschemata, die aus Werkzeugen lebendiger Forschung längst zu Dogmen einer erstarrten Lehre geworden waren, dürften zu der erstaunlichen historischen Dauerhaftigkeit des ptolemäischen Weltsystems nicht unwesentlich beigetragen haben.

Wir können hier nicht im einzelnen berichten, wie nach dem Verfall der Akademie in Alexandria zunächst die nestorianischen Christen in Syrien und dann die Araber in Bagdad das Werk des Ptolemäus übernahmen und weiterbildeten.

Übersetzungen und Kommentare des Almagest bildeten die wesentlichen Quellen des ersten abendländischen Lehrbuches der Astronomie, des Tractatus de Sphaera von Ioannes de Sacrobosco, einem gebürtigen Engländer, der bis zu seinem Tode im Jahre 1256 an der Universität Paris lehrte. Die *Sphaera* wurde immer wieder neu herausgegeben und kommentiert; noch zu Galileis Zeiten war sie *der* „Text“ im akademischen Unterricht.

Die geistigen Hintergründe des neuen Denkens waren bestimmt zum Teil dadurch, daß nach der Eroberung von Konstantinopel durch die Türken (1453) viele wissenschaftliche Werke aus der Antike dem Abendlande durch byzantinische Gelehrte zugänglich gemacht wurden. Einige sehr bruchstückhafte Überlieferungen über die heliozentrischen Systeme der Antike haben Kopernikus offenbar stark beeindruckt. Sodann bemerken wir ein Abgehen von der erstarrten Doktrin der Aristoteliker und eine Hinwendung zu dem viel lebendigeren Denken im Sinne der Pythagoräer und Platos! Die „platonische" Vorstellung, daß der Vorgang der Erkenntnis in einer fortschreitenden Anpassung unserer inneren Welt der Begriffe und Denkformen an die immer vollständiger durchforschte äußere Welt der Erscheinungen bestehe, ist seit Cusanus über Kepler bis Niels Bohr Gemeingut aller bedeutenden Forscher der Neuzeit gewesen. Endlich war mit dem Emporblühen des Handwerks die Frage nicht mehr „was sagt Aristoteles?", sondern „wie macht man . . .?".

Im 15. Jahrhundert zeigt sich mit einemmal – zunächst in Italien und bald auch im Norden – ein ganz neuer Geist in Wissenschaft und Leben. Die tiefsinnigen Meditationen des Kardinals Nicolaus Cusanus (1401 bis 1464) beginnen wir erst heute wieder zu würdigen. Es ist höchst interessant zu sehen, wie bei ihm Ideen über die Unendlichkeit der Welt und über quantitative Naturforschung aus dem religiösen bzw. theologischen Nachdenken entspringen. Gegen Ende des Jahrhunderts (1492) schon folgt die Entdeckung Amerikas durch Christoph Columbus, der dem neuen Weltgefühl den klassischen Ausdruck gab „il mondo e poco". Wenige Jahre später begründete Nicolaus Kopernikus (1473 – 1543) das *heliozentrische Weltsystem*.

Kopernikus sandte um 1510 an mehrere namhafte Astronomen in Briefform eine erst 1877 wieder aufgefundene Mitteilung: Nicolai Copernici de Hypothesibus Motuum Caelestium A Se Constitutis Commentariolus, welche schon die meisten Ergebnisse des erst 1543, im Todesjahr des Kopernikus, in Nürnberg gedruckten Hauptwerkes De Revolutionibus Orbium Coelestium Libri VI enthält.

An der für die ganze Antike und das Mittelalter verbindlichen Idee von der „Vollkommenheit der Kreisbewegung" hat Kopernikus zeitlebens festgehalten und andere Bewegungen nie in Betracht gezogen.

Erst Johannes Kepler (1571 – 1630) gelang es – ausgehend von pythagoräisch-platonischen Traditionen – sich zu einem allgemeineren Standpunkt „mathematisch-physikalischer Ästhetik" aufzuschwingen. Ausgehend von den alles bisherige an Genauigkeit weit übertreffenden Beobachtungen Tycho Brahes (1546 – 1601) entdeckte er seine drei *Planetengesetze*. Die beiden ersten Gesetze hat Kepler durch eine ungeheuer mühevolle trigonometrische Durchrechnung der Marsbeobachtungen T. Brahes in der Astronomia Nova, Seu Physica Coelestis Tradita Commentariis de Motibus Stellae Martis Ex Observationibus G. V. Tychonis Brahe (Prag 1609) gefunden. Das dritte Keplersche Gesetz ist in den Harmonices Mundi Libri V (1619) mitgeteilt. Keplers grundlegende Schriften zur Optik, das Keplersche Fernrohr, die Rudolphinischen Tafeln (1627) u.v.a. können wir nur erwähnen.

Um dieselbe Zeit richtete in Italien Galileo Galilei (1564 – 1642) das 1609 von ihm erbaute *Fernrohr* an den Himmel und entdeckte kurz nacheinander: die „Maria", die Krater und andere Gebirgsformationen auf dem Mond, die vielen Sterne in den Plejaden und Hyaden, die vier Jupitermonde und ihren freien Umlauf um den Planeten, die erste Andeutung des Saturnringes und die Sonnenflecke. Galileis Sidereus Nuncius (1610), in dem er seine Entdeckungen mit dem Fernrohr beschreibt, der Dialogo Delli Due Massimi Sistemi Del Mondo, Tolemaico, e Copernicano (1632) und die nach seiner Verurteilung durch die Inquisition entstandenen Discorsi E Dimostrazioni Matematiche Intorno A Due Nuove Scienze Attenenti Alla Meccanica Ed Ai Movimenti Locali (1638), mit den Anfängen der theoretischen Mechanik, sind nicht nur wissenschaftliche, sondern in der Darstellung auch künstlerische Meisterwerke. Die Beobachtungen mit dem Fernrohr, die Beobachtungen der Supernovae von 1572 durch Tycho Brahe und von 1604 durch Kepler und Galilei, endlich die Erscheinungen mehrerer Kometen förderten die vielleicht wesentlichste Erkenntnis jener Zeit, daß nämlich – im Gegensatz zur Meinung der Aristoteliker – *kein* grundsätzlicher Unterschied bestehe zwischen himmlischer und irdischer Materie und daß *dieselben Naturgesetze im Bereich der Astronomie und der terrestrischen Physik* gelten (bezüglich der Geometrie hatten dies schon die Griechen erkannt). Dieser Gedanke – erst der Rückblick auf Kopernikus macht uns seine Schwierigkeit klar – beflügelte den enormen Aufschwung der Naturforschung im Anfang des 17. Jahrhunderts. Auch W. Gilberts Untersuchungen über Magnetismus und Elektrizität, Otto v. Guerickes Versuche mit der Luftpumpe und der Elektrisiermaschine und vieles andere gehen aus von dem Wandel des astronomischen Weltbildes.

Wir können hier nicht die vielen Beobachter und Theoretiker würdigen, welche die neue Astronomie ausgebaut haben, unter denen so bedeutende Köpfe wie Hevelius, Huygens, Halley hervorragen.

Eine ganz neue Epoche der Naturforschung beginnt mit Isaac Newton (1642 – 1727). Sein Hauptwerk Philosophiae Naturalis Principia Mathematica (1687) stellt zunächst mit Hilfe der hierzu geschaffenen *Infinitesimal-(Fluxions-)rechnung* die theoretische *Mechanik* auf eine sichere Grundlage. Deren Verbindung mit dem *Gravitationsgesetz* erklärt die Keplerschen Gesetze und begründet mit einem Schlage die gesamte terrestrische und *Himmelsmechanik*. Im Bereich der Optik erfindet er das Spiegelteleskop und diskutiert die Interferenzerscheinungen der „Newtonschen Ringe". Fast nebenbei entwickelt Newton die grundlegenden Ansätze für viele Zweige der theoretischen Physik.

Ihm vergleichen können wir nur den Princeps Mathematicorum, Carl Friedrich Gauß (1777 – 1855), dem die Astronomie die Theorie der *Bahnbestimmung*, wichtige Beiträge zur *Himmelsmechanik* und höheren Geodäsie sowie die Methode der kleinsten Quadrate verdankt. Nie wieder hat ein Mathematiker eine solche Treffsicherheit im Entwurf neuer Forschungsgebiete mit einer so eminenten Geschicklichkeit in der Durchrechnung spezieller Probleme vereinigt.

Es ist hier wiederum nicht der Ort, der großen Himmelsmechaniker von Euler über Lagrange und Laplace bis Henri Poincaré zu gedenken; auch die großen Beobachter, wie W. u. J. Herschel, F. W. Bessel, F. G. W. und O. W. Struve können wir erst im Zusammenhang ihrer Entdeckungen besprechen. Nur ein historisches Datum sei als Abschluß dieser Übersicht festgehalten: Die Messung der ersten trigonometrischen *Sternparallaxen* und damit der Entfernung von Sternen durch F. W. Bessel (61 Cygni), F. G. W. Struve (Wega) und T. Henderson (α Centauri) im Jahre 1838. Diese hervorragende Leistung astronomischer Meßtechnik bildet – letzten Endes – die Grundlage für den modernen Vorstoß in den Weltraum.

2.2 Die Himmelskugel. Astronomische Koordinatensysteme. Geographische Länge und Breite

Seit alters hat die Phantasie der Menschen leicht erkennbare Gruppen von Sternen zu *Sternbildern* (Abb. 2.2.1)

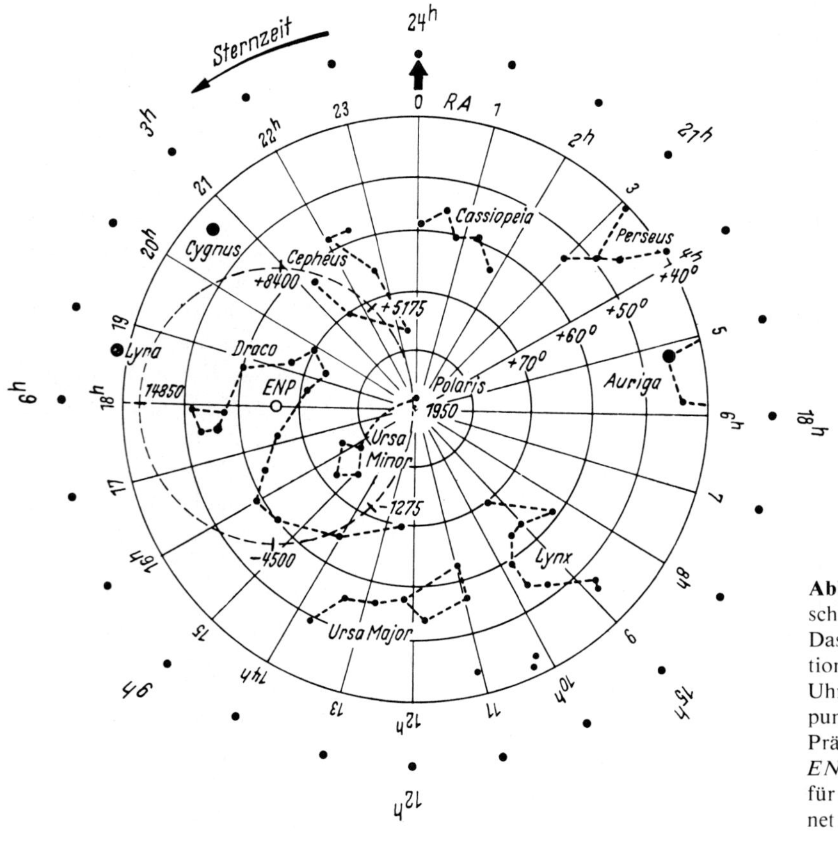

Abb. 2.2.1. Zirkumpolarsterne für einen Ort der geographischen Breite $\varphi = +50°$ (etwa Frankfurt a.M. oder Prag). Das Koordinatennetz gibt Rektaszension *RA* und Deklination ($+40°$ bis $+90°$) an. Der mit den Sternen umlaufende Uhrzeiger (oben), dessen Verlängerung durch den Widderpunkt führt, zeigt an dem äußeren Zifferblatt Sternzeit. Präzession: Der Himmelspol umkreist den Pol der Ekliptik *ENP* in 25700 Jahren. Der Ort des Himmels-Nordpols ist für einige Daten der Vergangenheit und Zukunft eingezeichnet

vereinigt. Am Nordhimmel erkennt man leicht den Großen Bären (Wagen). Den Polstern finden wir, indem wir die Verbindungslinie der beiden hellsten Sterne des Großen Bären etwa um das Fünffache verlängern. Gehen wir über den Polstern – er ist zugleich der hellste Stern im Kleinen Bären – hinaus noch einmal um dieselbe Strecke weiter, so erblicken wir das W der Cassiopeia. Mit Hilfe eines Sternglobus oder einer Sternkarte sind auch die anderen Sternbilder leicht zu finden. J. Bayer hat 1603 in seiner Uranometria Nova die Sterne jeder Konstellation, meist in der Reihenfolge ihrer Helligkeit, mit α, β, γ... bezeichnet. Neben diesen griechischen Buchstaben wird auch heute noch die Numerierung nach der Historia Coelestis Britannica (1725) des ersten Astronomer Royal J. Flamsteed gebraucht. Die lateinischen Namen der Sternbilder werden meist auf 3 Buchstaben abgekürzt (Anhang A.2).

An der *Himmelskugel* (mathematisch gesprochen: der unendlich fernen Kugel, auf die wir die Sterne projiziert sehen) kennzeichnen wir noch (Abb. 2.2.2):

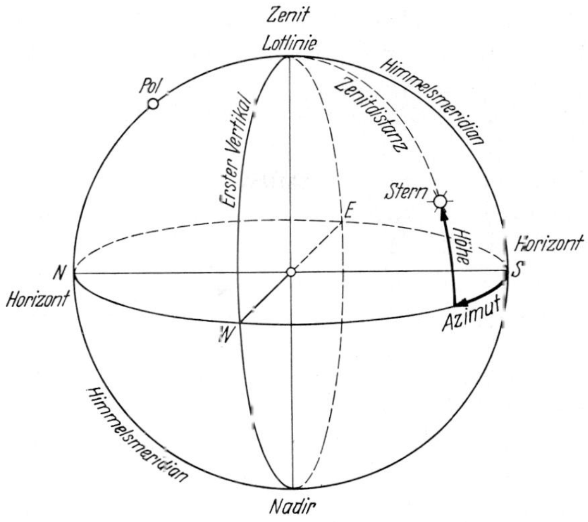

Abb. 2.2.2. Die Himmelskugel. Horizont mit Nord-, Ost-, Süd- und Westpunkt. Durch Nordpunkt, (Himmels-)Pol, Zenit, Südpunkt und Nadir geht der (Himmels-)Meridian. – Koordinaten: Höhe und Azimut

a) Den *Horizont* mit den Himmelsrichtungen Nord, West, Süd, Ost.
b) Senkrecht über uns den *Zenit*, unter uns den *Nadir*.
c) Durch Himmelspol, Zenit, Südpunkt, Nadir und Nordpunkt geht der *Meridian*.
d) Durch Zenit, West- und Ostpunkt (also senkrecht zum Horizont und Meridian) verläuft der *Erste Vertikal*.

In dem so festgelegten Koordinatensystem beschreiben wir die momentane Stellung eines Sternes durch Angabe zweier Winkel (Abb. 2.2.2): (a) Das *Azimut* wird gerechnet längs des Horizontes in Richtung SWNE, die Zählung beginnt man teils am S-, teils am N-Punkt. (b) Die *Höhe* = 90° – *Zenitdistanz*.

Die Himmelskugel dreht sich scheinbar täglich mit allen Sternen um die *Himmelsachse* (durch den Nord- und Südpol des Himmels). Senkrecht zur Himmelsachse steht der *Himmelsäquator*. Die *Lage* (Position) eines Sternes (zum folgenden vgl. Abb. 2.2.3) auf der unendlich fern gedachten Himmelskugel beschreiben wir nun zu einem bestimmten Zeitpunkt durch die *Deklination* δ – vom Äquator aus positiv zum Nordpol und negativ zum Südpol hin gezählt – und den *Stundenwinkel* t – vom Meridian aus im Sinne der täglichen Bewegung, d. h. über *W*, gezählt.

Im Laufe eines Tages durchläuft also ein Stern (Abb. 2.2.3) an der Sphäre einen Parallelkreis; im Meridian er-

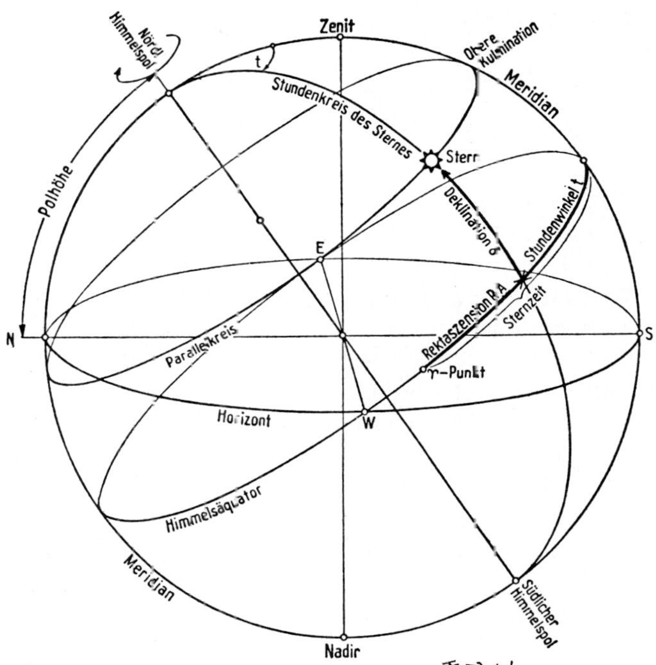

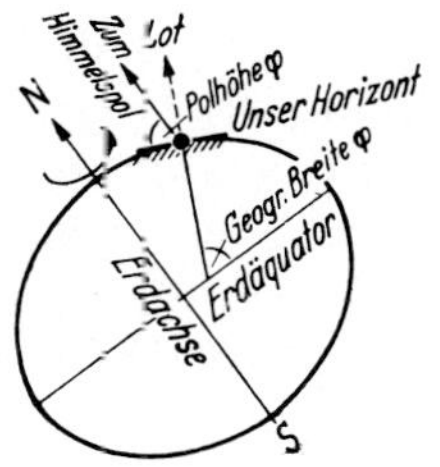

Abb. 2.2.3. Himmelskoordinaten: Rektaszension RA und Deklination δ. Stundenwinkel t = Sternzeit minus Rektaszension RA. Rechts unten: Die Erde (Abplattung übertrieben). Polhöhe = geographische Breite φ

reicht ein Stern seine größte Höhe bei der *Oberen Kulmination*, die kleinste Höhe bei der *Unteren Kulmination.*

Auf dem Himmelsäquator markieren wir ferner den *Widderpunkt* ♈, den wir im folgenden Abschnitt erklären werden als den Ort der Sonne zur Zeit der Frühlings-Tagundnachtgleiche, des Frühlingsäquinoktiums (21. März). Sein Stundenwinkel gibt die *Sternzeit* τ an. Denkt man sich den in Abb. 2.2.1 eingezeichneten Uhrzeiger (der am Himmelsäquator auf den Widderpunkt trifft) mit den Sternen umlaufend, so zeigt er also auf dem außen angebrachten Ziffernblatt die Sternzeit.

Nunmehr können wir die Stellung eines Gestirnes an der Himmelsphäre unabhängig von der Tageszeit kennzeichnen: Wir nennen den Bogen des Äquators vom Widderpunkt ♈ bis zum Stundenkreis eines Sternes dessen *Rektaszension RA* oder gerade Aufsteigung. Man rechnet sie in Stunden, Minuten und Sekunden. 24h (hora) entsprechen 360° bzw.

$$\begin{aligned} 1\,\mathrm{h} &= 15^\circ & 1^\circ &= 4\,\mathrm{min} \\ 1\,\mathrm{min} &= 15' & 1' &= 4\,\mathrm{s}\ . \\ 1\,\mathrm{s} &= 15'' \end{aligned}$$

Aus Abb. 2.2.3 liest man leicht die Beziehung ab:

$$\text{Stundenwinkel } t = \text{Sternzeit } \tau \text{ minus Rektaszension } RA. \quad (2.2.1)$$

Die Deklination δ, unsere zweite Sternkoordinate, haben wir oben schon eingeführt.

Will man ein Teleskop auf einen bestimmten Stern oder einen Planeten usw. richten, so entnimmt man aus einem Sternkatalog Rektaszension RA und Deklination δ, liest von der Sternzeituhr die Sternzeit τ ab und stellt den nach (2.2.1) berechneten Stundenwinkel t sowie die Deklination δ (+ nördlich, − südlich) an den Teilkreisen des Instrumentes ein. Die besonders genau bestimmten Positionen der sog. *Fundamentalsterne* (insbesondere für die Zeitbestimmung, s. u.) findet man, zusammen mit denen der Sonne, des Mondes, der Planeten usw., in den astronomischen Jahrbüchern oder Ephemeriden; deren wichtigste ist The Astronomical Almanac.

Das kopernikanische Weltbild führt die scheinbare Drehung der Himmelskugel darauf zurück, daß die Erde sich in 24h Sternzeit einmal um ihre Achse dreht. Der Horizont ist die Tangentialebene der Erde, genauer gesagt einer Wasserfläche, in unserem Wohnort. Der Zenit entspricht der Richtung des darauf senkrecht stehenden Lotes, also der lokalen Richtung der Schwerkraft (einschließlich der von der Erdrotation herrührenden Zentrifugalkraft). Die *Polhöhe* (= Höhe des Himmelspoles über dem Horizont) ist nach Abb. 2.2.3 gleich der *geographischen Breite* φ (Winkel zwischen Lot und Äquatorebene): Man mißt sie leicht als Mittelwert aus den Höhen des Polsternes oder eines Zirkumpolarsternes in der oberen und unteren Kulmination.

Die *geographische Länge* l entspricht dem Stundenwinkel. Beobachtet man *gleichzeitig* den Stundenwinkel t eines und desselben Gestirnes in Greenwich (Nullmeridian, $l_G = 0°$) und z. B. in Kiel (l_K), so gibt ihre Differenz die geographische Länge von Kiel l_K. Während die Bestimmung der geographischen Breite nur einfache Winkelmessungen erfordert, verlangt die Messung der geographischen Länge eine genaue Zeitübertragung. In alter Zeit bezog man die Zeitmarken aus der Bewegung des Mondes oder der Jupitermonde. Einen großen Fortschritt bedeutete die Erfindung des „seefesten" Chronometers durch John Harrison ($\simeq$1760/65) und später die Übertragung von Zeitsignalen, zunächst auf telegraphischem und dann auf drahtlosem Wege.

Wir bemerken noch: An einem Ort der Breite φ erreicht ein Stern der Deklination δ in der oberen Kulmination die Höhe $h_{max} = 90° - |\varphi - \delta|$, in der unteren Kulmination $h_{min} = -90° + |\varphi + \delta|$. Ständig über dem Horizont bleiben (auf der Nordhalbkugel) die Zirkumpolarsterne mit $\delta > 90° - \varphi$, nie über den Horizont kommen die Sterne mit $\delta < -(90° - \varphi)$.

Bei der Messung von Sternhöhen h ist die Strahlenbrechung in der Erdatmosphäre zu berücksichtigen. Die scheinbare Anhebung der Sterne (scheinbare minus wahre Höhe) bezeichnet man als die *Refraktion*. Bei mittleren Druck- und Temperaturverhältnissen in der Atmosphäre ist bei einer Sternhöhe h die Refraktion Δh:

$h =$	0°	5°	10°	20°	40°	60°	90°
$\Delta h =$	34′50″	9′45″	5′16″	2′37″	1′09″	33″	0″.

Die Refraktion nimmt ein wenig ab mit zunehmender Temperatur und mit abnehmendem Luftdruck, z. B. in einem Tiefdruckgebiet oder auf Bergen.

2.3 Die Bewegungen der Erde. Jahreszeiten und Tierkreis. Die Zeit: Tag, Jahr und Kalender

Wir betrachten nunmehr im Sinne des Kopernikus die *Bahnbewegung oder Revolution* der Erde um die Sonne und sodann die tägliche *Drehung oder Rotation* der Erde um ihre Achse sowie die Bewegungen der Drehachse selbst. Dabei stellen wir uns zunächst auf den Standpunkt des Beobachters. Newtons Theorie der Bewegungen der Erde und der Planeten werden wir aus seinen Prinzipien der Mechanik und der Gravitationstheorie heraus in Abschn. 2.6 entwickeln.

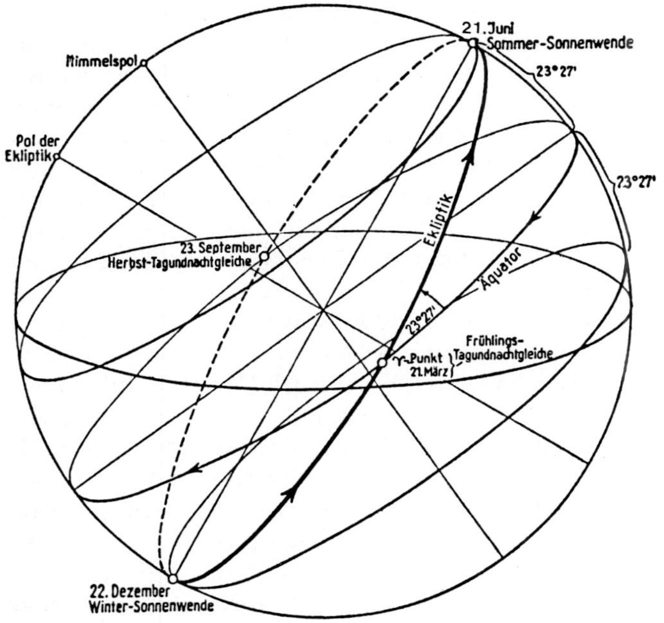

Abb. 2.3.1. Jährliche (scheinbare) Bewegung der Sonne unter den Sternen. Ekliptik. Jahreszeiten

Es beginnt	Zeitpunkt	Koordinaten der Sonne: Rektaszension RA [h]	Koordinaten der Sonne: Deklination δ	Die Sonne tritt in das Tierkreiszeichen
21. März Frühling	Frühlings-Tagundnachtgleiche oder Frühlingsäquinoktium [a]	0	0°	Widder ♈
21. Juni Sommer	Sommer-Sonnenwende oder Sommersolstitium	6	$+23°27'$	Krebs ♋
23. Sept. Herbst	Herbst-Tagundnachtgleiche oder Herbstäquinoktium [a]	12	0°	Waage ♎
22. Dez. Winter	Winter-Sonnenwende oder Wintersolstitium	18	$-23°27'$	Steinbock ♑

[a] Tag- und Nachtbogen der Sonne entsprechen hier beide 12 Stunden

Die scheinbare jährliche Bewegung der Sonne am Himmel führt Kopernikus zurück auf den Umlauf der Erde um die Sonne in einer (nahezu) kreisförmigen Bahn. Die Ebene der Erdbahn zeichnet sich an der Himmelskugel ab als ein Großkreis, die *Ekliptik* (Abb. 2.3.1). Diese schneidet den Himmelsäquator unter einem Winkel von 23°27′, der *Schiefe der Ekliptik*. Das heißt: die Erdachse behält während des jährlichen Umlaufes der Erde um die Sonne ihre Richtung im Raume – relativ zu den Sternen – bei und bildet mit der Bahnebene der Erde einen Winkel von $90° - 23°27' = 66°33'$.

Eine kurze Übersicht möge das Zustandekommen der *Jahreszeiten* (Abb. 2.3.1, 2) zunächst für die nördliche Halbkugel der Erde erläutern.

Die Sonne erreicht in der geographischen Breite φ auf der Nordhalbkugel bei Sommeranfang am 21. Juni ihren höchsten Stand (Mittagshöhe) $h = 90° - |23°27' - \varphi|$, am 22. Dezember ihren niedrigsten Stand $h = 90° - \varphi - 23°27'$. Sie kann den Zenit erreichen in geographischen Breiten bis $\varphi = +23°27'$, dem Wendekreis des Krebses. Andererseits bleibt nördlich vom Polarkreis $\varphi \geq 90° - 23°27' = 66°33'$ die Sonne in der Umgebung des Wintersolstitiums unter dem Horizont; in der Umgebung des Sommersolstitiums verhält sich die „Mitternachtssonne" wie ein Zirkumpolarstern.

Auf der Südhalbkugel entspricht der Sommer dem Winter der Nordhalbkugel, der Wendekreis des Steinbocks dem des Krebses usw.

Als *Tierkreis* oder Zodiakus bezeichnet wird ein Band am Himmel, durch dessen Mitte die Ekliptik führt. Seit alters teilt man den Tierkreis in 12 gleich große Tierkreiszeichen (Abb. 2.3.2).

Zur Berechnung der Bewegungen von Erde und Planeten ist es mitunter zweckmäßig, ein Koordinatensystem

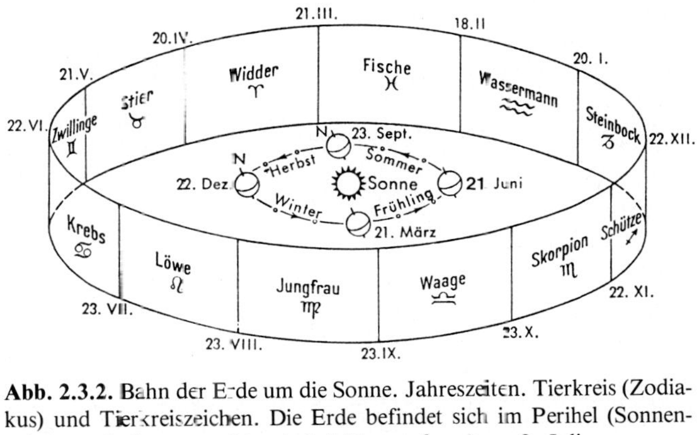

Abb. 2.3.2. Bahn der Erde um die Sonne. Jahreszeiten. Tierkreis (Zodiakus) und Tierkreiszeichen. Die Erde befindet sich im Perihel (Sonnennähe) am 2. Januar und im Aphel (Sonnenferne) am 2. Juli

zu benutzen, das nach der Ekliptik und ihren Polen orientiert ist. Die (ekliptikale) Länge mißt man vom Widderpunkt aus längs der Ekliptik wie die Rektaszension im Sinne der jährlichen Bewegung der Sonne. Die (ekliptikale) Breite wird analog der Deklination senkrecht zur Ekliptik gemessen. Die *ekliptikalen Koordinaten* am Himmel dürfen natürlich nicht mit den gleichnamigen geographischen Koordinaten verwechselt werden!

Die schon den antiken Astronomen bekannte Ungleichförmigkeit der scheinbaren jährlichen Bewegung der Sonne erkannte J. Kepler als Auswirkung der beiden ersten von ihm entdeckten Planetengesetze, auf die wir in Abschn. 2.5.1 ausführlicher zurückkommen werden:

1. Keplersches Gesetz: Die Planeten bewegen sich in Ellipsen, in deren einem (gemeinsamen) Brennpunkt sich die Sonne befindet.

2. Keplersches Gesetz: Der Radiusvektor eines Planeten überstreicht in gleichen Zeiten gleiche Flächen.

3. Keplersches Gesetz: Die Quadrate der Umlaufzeiten zweier Planeten verhalten sich wie die Kuben ihrer großen Bahnhalbachsen.

Die geometrischen Bestimmungsstücke für die Bahn der Erde oder eines anderen Planeten um die Sonne sind in Abb. 2.3.3 dargestellt: Man erkennt zunächst die große Halbachse a. Den Abstand des Mittelpunktes vom Brennpunkt bezeichnet man mit $a \cdot e$ und nennt die reine Zahl e die numerische Exzentrizität der Bahn. Im *Perihel*, der Sonnennähe, ist der Abstand der Erde bzw. des Planeten von der Sonne $r_{\min} = a(1-e)$; im *Aphel*, der Sonnenferne, $r_{\max} = a(1+e)$. Die tägliche Bewegung der

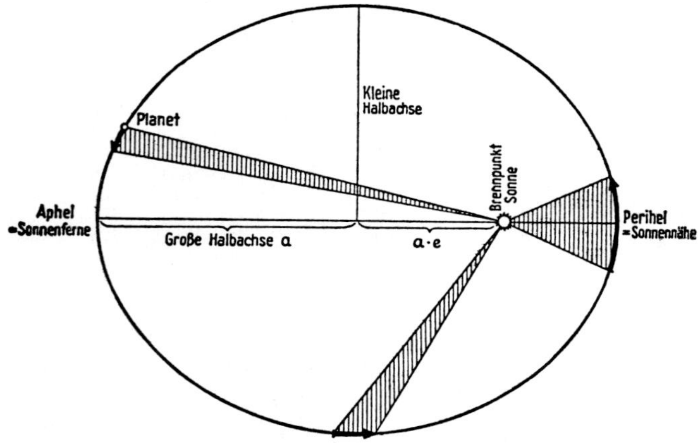

Abb. 2.3.3. Bahnellipse eines Planeten. Große Halbachse a. Abstand Mittelpunkt-Brennpunkt (Sonne) $= a \cdot e$. Exzentrizität e. (Die Exzentrizität der Planetenbahnen ist viel kleiner als hier gezeichnet)

Sonne am Himmel bzw. der vom Radiusvektor der Erde pro Tag überstrichene Winkel verhält sich nach dem 2. Keplerschen Gesetz im Perihel bzw. Aphel wie $(r_{\max}/r_{\min})^2 = [(1+e)/(1-e)]^2$; die entsprechenden scheinbaren Durchmesser der Sonnenscheibe verhalten sich wie $(1+e)/(1-e)$. Beide Überlegungen und Messungen führen übereinstimmend zu einer Exzentrizität der Erdbahn $e = 0.0167$. Die Erde durchläuft ihr *Perihel* z. Z. etwa am 2. Januar. Die ungefähre Koinzidenz dieses Zeitpunktes mit dem Jahresanfang ist reiner Zufall.

Schon Hipparch entdeckte, daß der Widderpunkt auf dem Himmelsäquator nicht festliegt, sondern jährlich um etwa 50″ vorrückt. Dies führt dazu, daß der Widderpunkt seit dem Altertum aus dem Sternbild des Widders in das der Fische herübergewandert ist. Die beschriebene *Präzession* der Tagundnachtgleichen beruht darauf, daß der Himmelspol mit einer Periode von etwa 25700 Jahren auf einem Kreis von 23° 27′ Radius um den unter den Sternen festliegenden Pol der Ekliptik wandert (Abb. 2.2.1) oder – anders ausgedrückt –, daß die Erdachse in 25700 Jahren um die Achse der Erdbahn einen Kegel mit dem Öffnungswinkel von 23° 27′ beschreibt.

Da die Präzession die Lage des Himmelskoordinatensystems, in dem wir Rektaszension RA (bzw. α) und Deklination δ messen, relativ zu den Sternen verschiebt, so müssen wir zu Sternpositionen und -katalogen stets das *Äquinoktium* angeben, auf welches sich RA und δ beziehen. Weil sich die Sternörter aufgrund der Eigenbewegungen (Abschn. 5.2.2) ändern, wird auch die *Epoche* der Beobachtungen, die Zeit auf denselben Zeitpunkt reduziert. In Tabelle 2.3.1 sind die Korrektionen angegeben, um welche sich RA (in Abhängigkeit von RA und δ) und δ (in Abhängigkeit von RA allein) in einem Zeitintervall von 10 Jahren infolge der Präzession ändern.

Der Präzession mit 25700jähriger Periode überlagert sich eine äußerlich ähnliche Bewegung kleinerer Amplituden mit 19jähriger Periode, die *Nutation*. Endlich führt die Rotationsachse der Erde gegenüber dem Erdkörper Schwankungen von etwa $\pm 0.2''$ aus, deren Analyse neben einem irregulären und einem jährlichen Anteil die sog. Chandlersche Periode von 433 Tagen erkennen läßt. Die entsprechenden Polhöhenschwankungen werden fortlaufend durch eine Reihe von Beobachtungsstationen überwacht. Auf die Erklärung der verschiedenen Bewegungen der Erdachse werden wir ebenfalls in Abschn. 2.6 zurückkommen.

Zunächst verfolgen wir weiter das Problem der *Zeitrechnung*. Unser tägliches Leben ist bestimmt durch den Stand der Sonne. So führte man zunächst ein die

Tabelle 2.3.1. Präzession für 10 Jahre

a) $\Delta(RA)$ in Zeitminuten (+Zunahme, −Abnahme)

RA für Nördl. Objekte [h]	6	7 5	8 4	9 3	10 2	11 1	12 0	13 23	14 22	15 21	16 20	17 19	18	
|δ| 80°	+1.77	+1.73	+1.60	+1.40	+1.14	+0.84	+0.51	+0.19	−0.12	−0.38	−0.58	−0.70	−0.75	80°
70°	1.12	1.10	1.04	0.94	0.82	0.67	0.51	0.35	+0.21	+0.08	−0.02	−0.08	−0.10	70°
60°	0.898	0.885	0.846	0.785	0.705	0.612	0.512	0.412	+0.319	+0.240	+0.178	+0.140	+0.126	60°
50°	0.778	0.768	0.742	0.700	0.645	0.581	0.512	0.444	+0.380	+0.324	+0.282	+0.256	+0.247	50°
40°	0.699	0.693	0.674	0.644	0.606	0.560	0.512	0.464	+0.419	+0.380	+0.350	+0.332	+0.335	40°
30°	0.641	0.636	0.624	0.603	0.576	0.546	0.512	0.479	+0.448	+0.421	+0.401	+0.388	+0.384	30°
20°	0.593	0.590	0.582	0.570	0.553	0.533	0.512	0.491	+0.472	+0.455	+0.442	+0.434	+0.431	20°
10°	0.552	0.550	0.546	0.540	0.532	0.522	0.512	0.502	+0.492	+0.484	+0.478	+0.476	+0.473	10°
0°	+0.512	+0.512	+0.512	+0.512	+0.512	+0.512	+0.512	+0.512	+0.512	+0.512	+0.512	+0.512	+0.512	0°
RA für Südl. Objekte [h]	18	19 17	20 16	21 15	22 14	23 13	0 12	1 11	2 10	3 9	4 8	5 7	6	

b) $\Delta\delta$ in Bogenminuten (+Zunahme von δ, am Südhimmel also Abnahme der Zahlenwerte $|\delta|$!)

RA [h]	0 24	1 23	2 22	3 21	4 20	5 19	6 18	7 17	8 16	9 15	10 14	11 13	12
$\Delta\delta$	+3.34′	+3.23′	+2.89′	+2.36′	+1.67′	+0.86′	0.0′	−0.86′	−1.67′	−2.36′	−2.89′	−3.23′	−3.34′

Wahre Sonnenzeit = Stundenwinkel der Sonne .

Dies ist die Zeit, die eine einfache Sonnenuhr anzeigt; 12 h entspricht der oberen Kulmination der Sonne. Die wahre Sonnenzeit verläuft aber wegen der Ungleichförmigkeit der Bahnbewegung der Erde (2. Keplersches Gesetz) und wegen der Schiefe der Ekliptik nicht gleichmäßig. Deshalb ging man zu der *Mittleren Sonnenzeit* über. Man denkt sich eine „mittlere Sonne"; diese durchläuft den Äquator gleichförmig in derselben Zeit, welche die wahre Sonne zu ihrem jährlichen Umlauf um die Ekliptik braucht. Der Stundenwinkel der (gedachten) mittleren Sonne definiert die mittlere Sonnenzeit. Die Differenz

Wahre Sonnenzeit − Mittlere Sonnenzeit = Zeitgleichung

setzt sich also zusammen aus zwei Gliedern, die von der Exzentrizität der Erdbahn bzw. von der Schiefe der Ekliptik herrühren. Ihre Extremwerte sind:

	12. Febr.	14. Mai	26. Juli	4. Nov.
Zeitgleichung:	−14.3 min	+3.7 min	−6.4 min	+16.4 min

Die mittlere Sonnenzeit ist für jeden Meridian verschieden. Mit Rücksicht auf den Verkehr hat man sich daher darauf geeinigt, innerhalb geeigneter Zonen jeweils die Ortszeit *eines* bestimmten Meridians anzuwenden. In Deutschland und Mitteleuropa benutzt man die Mitteleuropäische Zeit MEZ = Ortszeit (mittlere Sonnenzeit) des Meridians 15°E, der etwa durch Stargard und Görlitz führt. In Westeuropa benutzt man die Zeit des Greenwicher Nullmeridians.

Für wissenschaftliche Zwecke, z.B. astronomische und geophysikalische Messungen an Stationen, die oft um die ganze Erde verteilt sind, verwendet man *überall* die

Weltzeit oder Universal Time (UT)
= Mittlere Sonnenzeit des Greenwicher Meridians .

Man zählt dabei 24 Stunden durch, beginnend mit 0 h um Mitternacht. 12 h UT entspricht z.B. 13 h MEZ.

Beim astronomischen Beobachten braucht man noch den Zusammenhang von Mittlerer Sonnenzeit und Sternzeit. Die „mittlere Sonne" bewegt sich relativ zum Widderpunkt in 1 Jahr = 365 Tagen um 360° = 24 h von Westen nach Osten. Der mittlere Sonnentag ist daher um 24 h/365 oder 3 min 56 s länger als der Sterntag. Die Sternzeituhr geht pro Monat um etwa 2 h vor gegenüber der „gewöhnlichen" MEZ- oder UT-Uhr. Zur besseren Übersicht geben wir für einige Daten und 0 Uhr Ortszeit (Mitternacht) die *Sternzeit* an. Diese ist bekanntlich gleich dem Stundenwinkel des ♈-Punktes und gleich der Rektaszension RA der den Meridian um Mitternacht passierenden (also für längere Beobachtungen günstigsten) Sterne:

0 Uhr Ortszeit	Januar 1	April 1	Juli 1	Oktober 1
Sternzeit bzw. RA im Meridian	6.7 h	12.6 h	18.6 h	0.6 h

Die geeignete Maßeinheit für längere Zeiträume ist das *Jahr*. Wir definieren:

Ein

siderisches Jahr = 365.25637 mittlere Sonnentage

ist die Zeit zwischen zwei Vorübergängen der Sonne an demselben Punkt (Stern = sidus) der Himmelskugel; es ist also die wahre Umlaufzeit der Erde.

Ein

tropisches Jahr = 365.24220 mittlere Sonnentage

ist die Zeit zwischen zwei Durchgängen der Sonne durch den Frühlingspunkt ♈ (τϱοπεῖν = wenden). Da letzterer jährlich um 50.3″ nach Westen vorrückt, ist das tropische Jahr entsprechend kürzer als das siderische. Die Jahreszeiten und der Kalender schließen sich dem tropischen Jahr an.

Da aus praktischen Gründen jedes Jahr eine ganze Anzahl von Tagen umfassen soll, benutzt man im täglichen Leben

das bürgerliche Jahr

$$= 365.2425 = 365 + \tfrac{1}{4} - \tfrac{3}{400} \text{ mittlere Sonnentage}$$

entsprechend der Schaltvorschrift des 1582 von Papst Gregor XIII. eingeführten *Gregorianischen Kalenders*: Auf 3 Jahre mit 365 Tagen folgt 1 Schaltjahr (Jahreszahl durch 4 teilbar) mit 366 Tagen außer den Hunderterjahren, deren Jahreszahl *nicht* durch 400 teilbar ist. Wir können hier weder den älteren, von Julius Cäsar 45 v. Chr. eingeführten Julianischen Kalender, noch andere kulturgeschichtlich interessante Probleme der Chronologie besprechen.

Zur Erleichterung chronologischer Rechnungen über lange Zeiträume sowie insbesondere für Beobachtungen und Ephemeriden veränderlicher Sterne usw. möchte man die Ungleichheiten der Jahres- und Monatslängen vermeiden. Nach einem Vorschlag von J. Scaliger (1582) zählt man daher die sog. *Julianischen Tage* einfach fortlaufend. Der Julianische Tag beginnt jeweils um 12 Uhr UT (mittl. Mittag Greenwich). Den Beginn des Julianischen Tages 0 legte man auf 12 Uhr am 1. Januar 4713 v. Chr. Am 1. Januar 1990 um 12 Uhr UT fängt der Julianische Tag 2447893 an.

Unabhängig von den speziellen Definitionen verwenden wir das Symbol a (lat. annus) für das Jahr sowie d (lat. dies) für den Tag.

Die astronomische Zeitmessung beruhte lange Zeit auf der (angenommenen) Gleichförmigkeit der Erdrotation. Das physikalische Grundprinzip der terrestrischen Zeitmessung hat schon Chr. Huygens (Horologium Oscillatorium, 1673) erkannt: Jede Uhr besteht aus einem von der Umwelt weitgehend isolierten schwingungsfähigen Gebilde (Pendel, Unruhe usw.), das durch einen Antrieb (Gewicht, Feder usw.) mit möglichst geringer Rückkopplung in Gang gehalten wird. Die – immer weiter verbesserte – *Pendeluhr* war drei Jahrhunderte hindurch eines der wichtigsten Instrumente jeder Sternwarte. Die erheblich weniger störungsempfindliche *Quarzuhr* benützt einen schwingenden piezoelektrischen Quarzkristall, der durch einen lose angekoppelten elektronischen Schwingungskreis in Gang gehalten wird. Den Gipfel meßtechnischer Präzision erreichte aber in neuerer Zeit die *Atomuhr*, in welcher als Zeitgeber die Schwingungsfrequenz von Caesiumatomen (^{133}Cs) im Dampfzustand benutzt wird. Die Frequenz entspricht dem Übergang zwischen den zwei untersten Hyperfeinstrukturniveaus. Anschaulich gesprochen handelt es sich also um die Frequenz, mit welcher die Orientierung des Kernspins gegenüber dem Drehimpulsvektor des übrigen Atoms geändert wird. Die Erregung, Transformation auf niedrigere Frequenz und Anzeige wird wieder elektronisch bewerkstelligt. Die enorme Genauigkeit der Atomuhren, deren (relative) Frequenzgenauigkeit $\simeq 10^{-14}$ erreicht, ist die Basis für viele grundlegende Meßtechniken und Beobachtungen in Physik und Astronomie.

Der Vergleich astronomischer Zeitmessungen mit Gruppen von Quarzuhren und erst recht Atomuhren zeigte, daß die Rotationsdauer der Erde nicht konstant ist, sondern teils irreguläre, teils jahreszeitliche Schwankungen von der Größenordnung einer Millisekunde aufweist, die mit Änderungen in der Massenverteilung auf der Erde zusammenhängen.

Als 1 Sekunde (1 s) *definierte* man daher 1967 die Dauer von 9 192 631 770 Schwingungsperioden der Strahlung, welche dem Übergang zwischen den zwei Hyperfeinstrukturniveaus des Grundzustandes des ^{133}Cs-Atoms entspricht und verwendet sie als Basiseinheit des Internationalen Einheitensystems (SI).

Aus den Atomzeit-Angaben der maßgebenden Institute gewinnt man die Internationale Atomzeit (TAI). Hieraus wird die *Koordinierte Weltzeit* (Universal Time Coordinated UTC) abgeleitet als Näherung der nur für die Schwankungen der Erdachse korrigierten, nicht gleichförmigen Weltzeit, die als UT1 bezeichnet wird. Diese ist ein Maß für die wahre Drehung der Erde um ihre Achse und differiert von UTC um die Korrektion

$$\Delta UT = UT1 - UTC ,$$

die vom Bureau International de l'Heure (BIH) und anderen Instituten regelmäßig bekanntgegeben wird.

Da im täglichen Leben, sowie für Navigation, Geophysik usw. nach wie vor die Zeitrechnung sich weitgehend nach der Erddrehung richten muß, so wird die UTC jeweils um eine ganze Sekunde vor oder zurück „geschaltet“, sobald der Betrag von ΔUT sich 1 s nähert.

Unabhängig von den Fortschritten der physikalischen Zeitmessung entdeckte man, daß über größere Zeiträume hinweg die Bewegungen der Planeten und der Sonne (bzw. der Erde) sowie insbesondere des Mondes kleine gemeinsame Abweichungen gegenüber den nach der Newtonschen Mechanik und Gravitationstheorie berechneten Ephemeriden zeigen. Es handelt sich einmal um eine säkulare (d. h. fortschreitende) Zunahme der Tageslänge, die bedingt sein dürfte durch die Bremsung der Erdrotation infolge der Gezeitenreibung (Abschn. 2.6). Ein anderer Teil der erwähnten Abweichungen läßt keine so offensichtliche Gesetzmäßigkeit erkennen. Der Vergleich der Abweichungen für verschiedene Himmelskörper zwingt aber, sie zurückzuführen auf Abweichungen des auf der Erdrotation basierenden „astronomischen“ Zeitmaßes von der den Newtonschen Gesetzen zugrunde liegenden „physikalischen“ Zeit. Auf Grund dieser Erfahrungen beschloß man um 1950, allen astronomischen Ephemeriden eine auf die Grundgesetze der Physik basierte Zeitrechnung zugrunde zu legen, die *Ephemeridenzeit* (Ephemeris Time: ET). Die kleinen Korrektionen Ephemeridenzeit minus Weltzeit werden im wesentlichen aus sehr genauen Beobachtungen der Mondbewegung ermittelt. Sie können nur rückwirkend bestimmt werden; für die meisten Zwecke der Vorausberechnung können sie mit genügender Genauigkeit extrapoliert werden. Als Einheit der Ephemeridenzeit definierte man 1956 die Ephemeridensekunde als den 31 556 925.9747sten Teil des tropischen Jahres 1900.

Zehn Jahre später beschloß man, auch die Ephemeridensekunde an die Einheit der Atomzeit anzuschließen. Damit ist jedoch die innere Geschlossenheit des Systems der ET durchbrochen. Ab 1984 wurde die Ephemeridenzeit durch die *Dynamische Zeit* (Dynamical Time: TD) abgelöst. Die Fragen einer vollständigen Amalgamierung der Zeitsysteme der Atomzeit UTC und der Dynamischen Zeit, weiterhin die Berücksichtigung des Standpunktes (Gravitationspotential) der Uhr im Sinne der allgemeinen Relativitätstheorie (Abschn. 4.12.9) bedürfen noch weiterer Untersuchungen und internationaler Verhandlungen.

2.4 Der Mond. Mond- und Sonnenfinsternisse

Der *Mond* erscheint uns als Scheibe von (im Mittel) 31′ Durchmesser etwa ebenso groß wie die Sonne. Seine Entfernung von der Erde kann man noch durch Triangulation von zwei weit voneinander entfernten Orten (etwa auf demselben Meridian) aus ermitteln. Den Winkel, unter dem der äquatoriale Radius der Erde, vom Mond aus gesehen, erscheint, nennen die Astronomen die *äquatoriale Horizontalparallaxe* des Mondes. Sie beträgt im Mittel 3422.6″. Da der Erdradius mit 6378 km bekannt ist, erhält man hieraus den mittleren Abstand des Mondes vom Erdmittelpunkt

$$60.3 \text{ Erdradien} = 384\,400 \text{ km}$$

und damit den Radius des Mondes

$$0.272 \text{ Erdradien} = 1738 \text{ km} \quad .$$

Mit der physischen Struktur der Erde und des Mondes werden wir uns erst in Abschn. 2.8 befassen. Zunächst betrachten wir seine Bahn und Bewegung ganz vom Standpunkt des Beobachters.

Der Mond kreist um die Erde – im gleichen Sinne wie die Erde um die Sonne – in einem *siderischen Monat* = 27.32 d, d. h. nach dieser Zeit hat er wieder dieselbe Stellung unter den Sternen.

Die Entstehung der *Mondphasen*[1] erläutert Abb. 2.4.1. Ihre Periode, der *synodische Monat* = 29.53 d (1→3 in Abb. 2.4.2), nach dem der Mond wieder in die-

[1] Über die viel diskutierten Zusammenhänge zwischen Mondphasen und Witterung hat schon der berühmte Hofastrologe Saud Umm die Regel gefunden, daß 95% aller Witterungsumschläge genau innerhalb einer Woche vor oder nach Vollmond oder Neumond stattfinden.

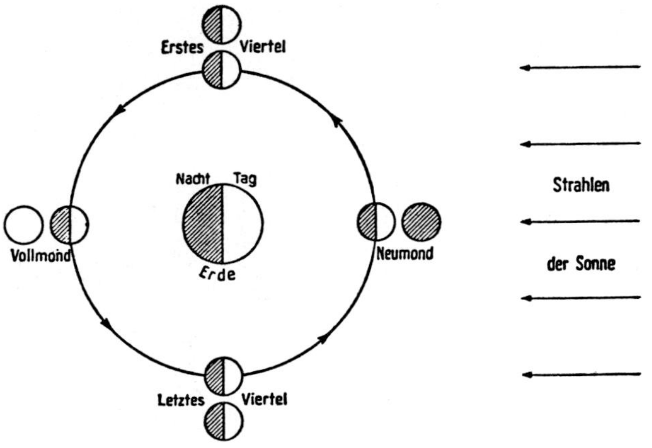

Abb. 2.4.1. Die Mondphasen. Die Sonne ist rechts zu denken. Die äußeren Bilder zeigen den Anblick der Mondphasen von der Erde aus: Abnehmender Mond 𝔞, zunehmender Mond 𝔷

selbe Stellung zur Sonne zurückkehrt, ist länger als der siderische Monat (1→2 in Abb. 2.4.2). Gegenüber der Sonne bewegt sich der Mond täglich um 360°/29.53 = 12.2°, gegenüber den Sternen um 360°/27.32 = 13.2° nach Osten.

Die Differenz zwischen siderischer und synodischer täglicher Bewegung des Mondes ist gleich der täglichen Bewegung der Sonne, also 360°/365 ≃ 1.0°. Man sieht dies sofort ein, wenn man sich klarmacht, daß die tägliche Bewegung nichts anderes bedeutet als die *Winkelgeschwindigkeit* in astronomischen Einheiten. Ebensogut kann man schreiben:

$$\frac{1}{\text{Sider. Monat}} - \frac{1}{\text{Sider. Jahr}} = \frac{1}{\text{Synod. Monat}} .$$

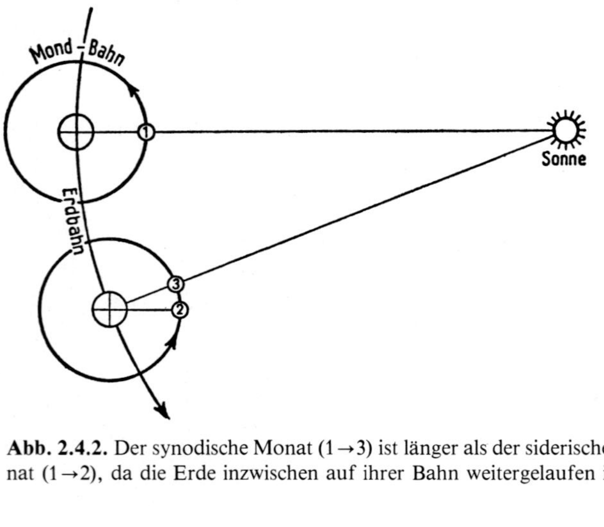

Abb. 2.4.2. Der synodische Monat (1→3) ist länger als der siderische Monat (1→2), da die Erde inzwischen auf ihrer Bahn weitergelaufen ist

Genaugenommen ist die *Bahn des Mondes* um die Erde eine Ellipse der Exzentrizität $e = 0.055$. Den Punkt der Mondbahn, wo diese der Erde am nächsten kommt (analog dem Perihel der Erdbahn), nennt man das *Perigäum*, den erdfernsten Punkt das *Apogäum*. Die Ebene der Mondbahn hat gegenüber der Erdbahn (Ekliptik) eine Neigung $i = 5.1°$. Der Mond überschreitet die Ekliptik von Süden nach Norden im aufsteigenden *Knoten*, er tritt „unter“ die Ekliptik (für die Bewohner der N-Hemisphäre!) im gegenüberliegenden absteigenden Knoten.

Infolge der Störungen (Anziehung) durch die Sonne und die Planeten erhält weiterhin die ganze Mondbahn folgende Bewegungen:

1) Das Perigäum umläuft (in der Ebene der Mondbahn) die Erde „direkt“, d.h. im Sinne der Erdbewegung, mit einer Periode von 8.85 a.
2) Der Mondknoten bzw. die *Knotenlinie*, in der sich Mond- und Erdbahn schneiden, bewegt sich in der Ekliptik rückläufig (retrograd), d.h. entgegen dem Sinne der Erdbewegung mit einer Periode von 18.61 a, der sog. *Nutationsperiode*.

Diese „Regression der Mondknoten“ verursacht übrigens ein entsprechendes „Nicken“ der Erde um maximal 9″, die schon erwähnte Nutation der Erdachse.

Die durchschnittliche Zeit zwischen zwei aufeinanderfolgenden Durchgängen des Mondes durch denselben Knoten nennt man den *drakonitischen Monat* = 27.2122 d. Er ist wichtig für die Berechnung der Finsternisse (s.u.).

Würde man die Bahnen des Mondes und der Erde um die Sonne von einem Weltraumfahrzeug aus betrachten, so würde man – in Übereinstimmung mit einer einfachen Rechnung – feststellen, daß auch die Mondbahn zur Sonne hin durchweg konkav ist (Abb. 2.4.3).

Betrachten wir nunmehr die *Rotation* des Mondes und die weiteren Bewegungen, welche er um seinen Schwerpunkt ausführt. Man kann diese sehr genau vermessen,

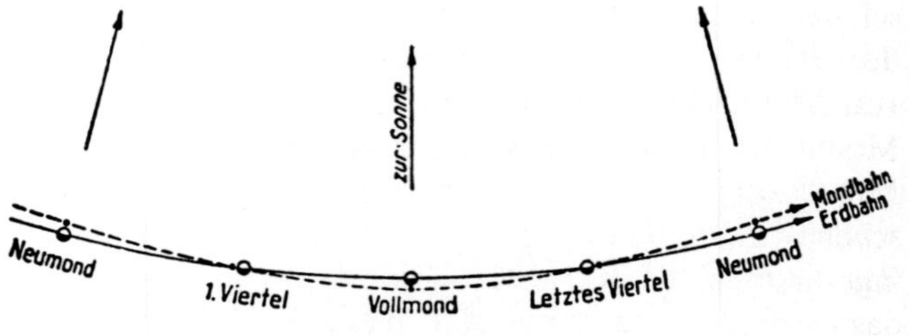

Abb. 2.4.3. Die Bahnen von Erde und Mond um die Sonne

indem man die Bewegung irgendeines scharf definierten Kraters oder dgl. auf der Mondscheibe beobachtet.

Daß der Mond uns – im großen und ganzen – stets denselben Anblick bietet, beruht darauf, daß die Rotationsdauer des Mondes gleich seiner Revolutionsdauer, d.h. gleich einem siderischen Monat ist. Die Angleichung der beiden Perioden ist offenbar durch die Gezeitenwechselwirkung (Abschn. 2.6.6) des Mondes und der Erde bewirkt worden.

Genauere Beobachtung zeigt aber, daß das „Gesicht“ des Mondes noch etwas wackelt. Die sogenannten *geometrischen Librationen* des Mondes beruhen auf folgenden Ursachen:

1) Äquator und Bahnebene des Mondes bilden einen Winkel von $\simeq 6.7°$; die hierdurch hervorgerufene Libration in Breite beträgt etwa $\pm 6.7°$.
2) Die Rotation des Mondes ist (nach dem Trägheitsgesetz) gleichförmig, seine Revolution nach dem 2. Keplerschen Gesetz wegen der Exzentrizität der Bahn nicht; so entsteht die Libration in Länge von etwa $\pm 7.6°$.
3) Der äquatoriale Radius der Erde erscheint vom Mondmittelpunkt aus unter einem Winkel von 57′, der Horizontalparallaxe des Mondes. Die tägliche Drehung der Erde bedingt also eine entsprechende tägliche Libration.

Hierzu kommt die erheblich kleinere *physische Libration*, die davon herrührt, daß der Mond ein wenig von der Kugelgestalt abweicht und so im Schwerefeld hauptsächlich der Erde kleine Schwingungen ausführt.

Insgesamt bewirken die Librationen, daß wir von der Erde aus 59% der Mondoberfläche beobachten können.

Nachdem wir die Bewegungen von Sonne, Erde und Mond studiert haben, wenden wir uns dem prächtigen Schauspiel der Mond- und Sonnenfinsternisse zu!

Eine *Mondfinsternis* entsteht, wenn der Vollmond in den Schatten der Erde eintaucht. Wir unterscheiden wie beim Schattenwurf irdischer Gegenstände den Kernschatten, die Umbra, und den ihn umgebenden Halbschatten, die Penumbra. Tritt der Mond vollständig in den Bereich des Kernschattens der Erde, so sprechen wir von einer totalen Mondfinsternis; gelangt nur ein Teil des Mondes in den Kernschatten, so haben wir eine partielle Mondfinsternis. Entsprechend den bekannten geometrischen Verhältnissen kann maximal eine Mondfinsternis ingesamt 3 h 40 min, die Totalität 1 h 40 min dauern. Da das Licht der Sonne beim Durchgang durch die Lufthülle der Erde im Blauen stärker geschwächt wird als im Roten

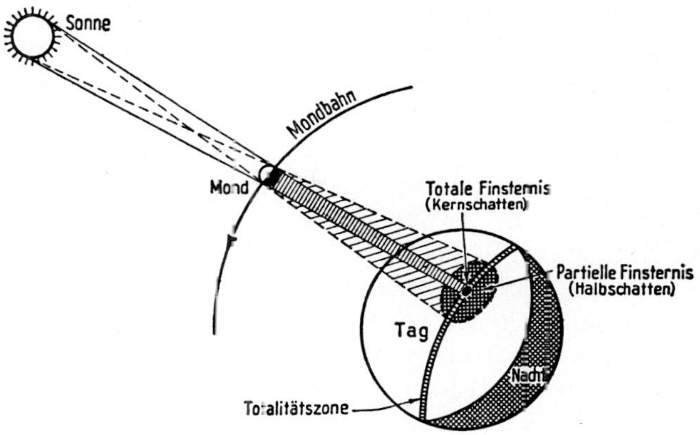

Abb. 2.4.4. Sonnenfinsternis (schematisch). Der Mond zieht von W nach E über die Sonnenscheibe hinweg. Im Kernschatten beobachtet man eine totale, im Halbschatten eine partielle Sonnenfinsternis

und da das Sonnenlicht in der Erdatmosphäre außerdem gestreut wird, so ist auf dem Mond die äußere Grenze des Halbschattens ganz verwaschen, auch die des Kernschattens merklich unscharf. Der Halbschatten und im geringeren Maß auch der Kernschatten erscheinen in ein rötlich-kupferfarbenes Licht getaucht.

Tritt der Mond – bei Neumond – vor die Sonne, so entsteht eine *Sonnenfinsternis* (Abb. 2.4.4). Diese kann zunächst partiell oder total sein. Ist der scheinbare Durchmesser des Mondes kleiner als der der Sonne, so erhalten wir bei zentraler Bedeckung nur eine ringförmige Sonnenfinsternis. Der Beobachter auf der Erde befindet sich bei partieller Verfinsterung der Sonne im Halbschatten des Mondes, während der Totalität im Kernschatten. Bei ringförmiger Verfinsterung der Sonne befindet sich die Spitze des Schattenkegels des Mondes zwischen diesem und dem Beobachter.

Im Hinblick auf astrophysikalische Untersuchungen der äußeren Schichten der Sonne und der interplanetaren Materie in ihrer Umgebung sind von besonderer Bedeutung die totalen Finsternisse, bei denen das helle Licht der Sonnenscheibe schon außerhalb der Erdatmosphäre vollständig abgedeckt wird.

Relativ zur Sonne legt der Mond durchschnittlich am Himmel – entsprechend der Dauer des synodischen Monats – pro Sekunde einen Winkel von 0.51″ zurück; dies entspricht auf der Sonne einer Strecke von 370 km. Finsternisbeobachtungen mit guter Zeitauflösung ergeben daher eine Winkelauflösung, welche i.allg. die der verfügbaren Teleskope übertrifft.

Sternbedeckungen durch den Mond – die ebenso wie die Sonnenfinsternisse für jeden Ort besonders vorausberechnet werden müssen – sind zeitlich ebenfalls sehr scharf definiert, da der Mond keine Atmosphäre besitzt. Sie sind wichtig als Kontrolle der Mondbahn bzw. der Festlegung der Schwankungen der Erdrotation bzw. der Ephemeridenzeit. Da der Mond relativ zu den Sternen pro Sekunde im Mittel 0.55″ zurücklegt, so kann man aus photometrischen Beobachtungen von Sternbedeckungen mit hoher Zeitauflösung in günstigen Fällen sogar den Winkeldurchmesser der winzig kleinen „Scheibchen" von Sternen ermitteln. Noch wichtiger sind die Bedeckungen astronomischer Objekte durch den Mond für radioastronomische Beobachtungen mit entsprechend hohem Winkelauflösungsvermögen.

Schon den Kulturen des Alten Orients war bekannt, daß Sonnen- und Mondfinsternisse – wir sprechen im folgenden kurz von „Finsternissen" – mit einer Periode von rund 18 a 11 d aufeinander folgen, dem sog. *Saros-Zyklus*. Dieser Zyklus beruht darauf, daß eine Finsternis nur eintreten kann, wenn Sonne *und* Mond ziemlich nahe einem *Knoten* der Mondbahn stehen. Die Zeit, welche die Sonne braucht, um von einem Mondknoten zu demselben Knoten zurückzukehren, ist wegen der Regression der Mondknoten etwas kürzer als ein tropisches Jahr, nämlich gleich 346.62 d; diese Zeit bezeichnet man als ein *Finsternisjahr*. Wie man leicht nachrechnet, entspricht nun die Sarosperiode einer ganzen Zahl von synodischen Monaten *und* einer ganzen Zahl von Finsternisjahren, nämlich

223 Synodischen Monaten = 6585.32 d

und von

19 Finsternisjahren = 6585.78 d

sowie außerdem noch etwa

239 Anomalistischen Monaten = 6585.54 d
(Von Perigäum zu Perigäum, 27.555 d) .

Nach jeweils 18 a 11.33 d wiederholt sich also in der Tat eine Finsterniskonstellation mit großer Genauigkeit. Insgesamt können in einem Jahr – wie man anhand der Bahnen von Erde und Mond unter Berücksichtigung ihrer Durchmesser zeigen kann – maximal 3 Mondfinsternisse bzw. 5 Sonnenfinsternisse stattfinden. An einem bestimmten Ort kann man eine Mondfinsternis – die ja von einer ganzen Hemisphäre der Erde aus zu sehen ist – relativ häufig beobachten, während eine totale Sonnenfinsternis nur äußerst selten eintritt.

2.5 Bahnbewegungen und Entfernungen im Planetensystem

Die seit alters bekannten Planeten (mit ihren ehrwürdigen Zeichen) Merkur ☿, Venus ♀, Mars ♂, Jupiter ♃ und Saturn ♄, das scheinbar Erratische ihrer Bahnen am Himmel wie die stufenweise Enthüllung ihrer Gesetzmäßigkeiten haben die Menschen immer wieder in ihren Bann gezogen.

Die Bemühungen der Antike um die Deutung der Planetenbewegungen haben wir in Abschn. 2.1 kurz dargestellt. Hier stellen wir uns sogleich auf den Standpunkt des *heliozentrischen Weltbildes*, wie es N. Kopernikus 1543 entwickelt hat. Auch die – als Rest aristotelischer Denkgewohnheiten – von Kopernikus noch beibehaltene Beschränkung auf Kreisbahnen werden wir alsbald fallenlassen und J. Keplers Bahnellipsen und seine drei Planetengesetze (1609 und 1619) heranziehen. Damit befinden wir uns schon an der Grenze modernen mathematisch-physikalischen Denkens, das dann bei G. Galilei (1564 – 1642) deutlichere Gestalt gewinnt und sich in I. Newtons Principia (1687) zu den Ansätzen der klassischen Mechanik und Gravitationstheorie verdichtet.

Wir stellen in Abschn. 2.5.1 die Planeten mit ihren Bahnen dar und geben die zur vollständigen Beschreibung ihrer Bewegung erforderlichen Bahnelemente an. In Abschn. 2.5.2 geben wir dann einen Überblick über die Bahnen der Kometen und Meteore. Schließlich befassen wir uns in Abschn. 2.5.3 mit der Bestimmung der Entfernung der Sonne von der Erde, der fundamentalen „Astronomischen Einheit", sowie mit dem bei Beobachtung von der bewegten Erde auftretenden Dopplereffekt und der Aberration des Lichts.

Mit der physischen Struktur der Planeten usw. werden wir uns erst in Abschn. 2.8 und 2.9 beschäftigen.

2.5.1 Planetenbewegungen und Bahnelemente

Das Zustandekommen der *direkten* (West – Ost) und dazwischen der *rückläufigen* oder retrograden (Ost – West) Bewegung der Planeten verdeutlicht unsere Abb. 2.5.1 am Beispiel des Mars.

Anhand von Abb. 2.5.2 verfolgen wir zunächst den Umlauf eines *inneren* Planeten, z. B. der Venus, um die

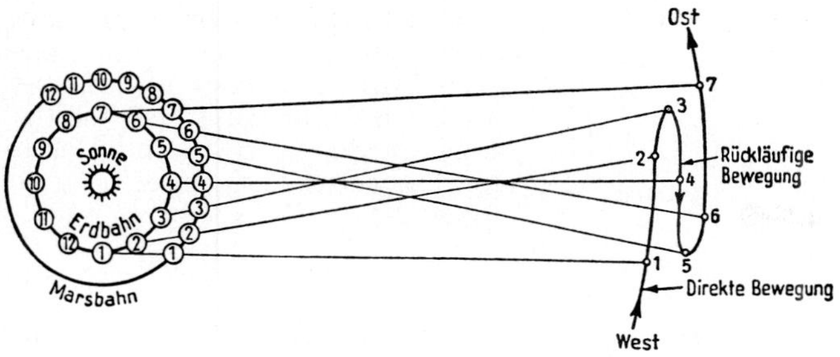

Abb. 2.5.1. Direkte (West-Ost-) und rückläufige (retrograde; Ost-West-) Bewegung des Planeten Mars. Die Stellungen von Erde und Mars auf ihren Bahnen sind von Monat zu Monat numeriert. Bei 4 befindet sich Mars in Opposition zur Sonne; hier wird er von der Erde überholt und ist daher rückläufig. Gleichzeitig steht er uns am nächsten und ist am günstigsten zu beobachten. Die Marsbahn ist gegen die der Erde, d.h. die Ekliptik, um 1.9° geneigt

Sonne von unserem Standpunkt der langsamer umlaufenden Erde aus. Der Planet ist uns am nächsten in der *unteren Konjunktion.* Dann bewegt er sich am Himmel von der Sonne weg und erreicht als Morgenstern seine größte westliche *Elongation* von 48°. In der *oberen* Konjunktion hat Venus ihre größte Entfernung von der Erde und steht am Himmel in unmittelbarer Nähe der Sonne. Sie entfernt sich von ihr wieder und erreicht dann ihre größte östliche Elongation von 48° als Abendstern. Das Verhältnis der Bahnradien von Venus und Erde ist durch die größte Elongation von ± 48° (für Merkur ± 28°) festgelegt. Die aus Abb. 2.5.2 leicht abzulesenden *Phasen* der Venus und die entsprechenden Änderungen ihres scheinbaren Durchmessers (9.9″ bis 64.5″) hat Galilei sogleich mit seinem Fernrohr entdeckt; sie beweisen, daß die Sonne jedenfalls im Zentrum der (wahren) Venusbahn steht. Ihre größte scheinbare Helligkeit erreicht Venus, wie man aus Abb. 2.5.2 leicht ersieht, nahe den größten Elongationen. In der unteren Konjunktion kann Venus (und Merkur) *vor* der Sonnenscheibe vorbeigehen. Solche Venusdurchgänge hatten früher Interesse zur Messung der Sonnenentfernung bzw. Sonnenparallaxe.

Ein *äußerer Planet*, z.B. Mars (Abb. 2.5.3), steht uns am nächsten in *Opposition*; er kulminiert dann am Himmel um Mitternacht wahrer Ortszeit, hat den größten scheinbaren Durchmesser und ist am günstigsten zu beobachten. In der Nähe der Sonne steht er am Himmel in *Konjunktion.* Die *Phasen* der äußeren Planeten durchlaufen *nicht*, wie beim Mond und den inneren Planeten, den ganzen Bereich von „voll“ bis „neu“. Wir bezeichnen als Phasenwinkel φ den Winkel, welchen Sonne und Erde von dem Planeten aus gesehen bilden. $\varphi/180°$ gibt also den Bruchteil der der Erde zugewandten Hemisphäre des Planeten an, welcher dunkel ist. Der Phasenwinkel eines äußeren Planeten durchläuft ein Maximum in den *Quadraturen*, d.h. wenn Planet und Sonne am Himmel einen Winkel von 90° bilden. Der größte Phasenwinkel von Mars ist 47°, der von Jupiter nur noch 12°.

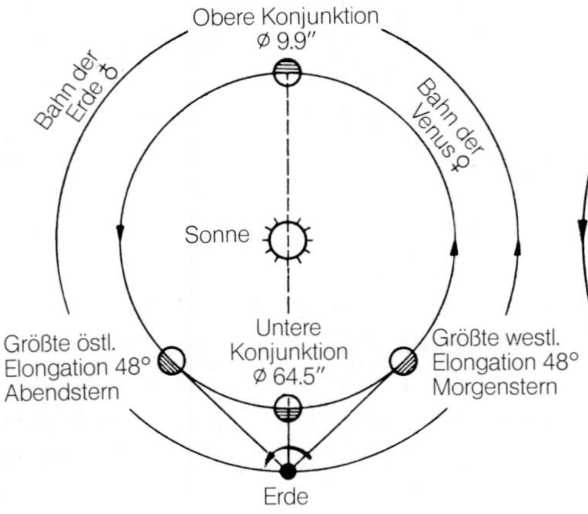

Abb. 2.5.2

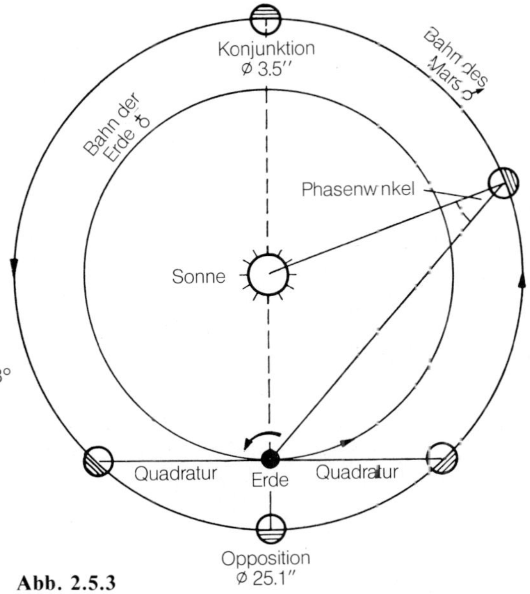

Abb. 2.5.3

Abb. 2.5.2. Bahn und Phasen der Venus, eines inneren Planeten. Am Himmel kann die Elongation der Venus ± 48° nicht überschreiten (Merkur ± 28°). Die Phasen gleichen denen des Mondes. Größte Helligkeit nahe der maximalen Elongation

Abb. 2.5.3. Bahn und Phasen des Mars, eines äußeren Planeten. Größte Helligkeit und größter Winkeldurchmesser von 25.1″ in Opposition

Wir bezeichnen wieder als *siderische Umlaufzeit* eines Planeten die Zeitdauer seines wahren Umlaufs um die Sonne. Die *synodische Umlaufzeit* bestimmt den Umlauf am Himmel relativ zur Sonne, d. h. den Zeitabstand zwischen zwei aufeinanderfolgenden entsprechenden Konjunktionen. Analog wie beim Mond gilt für die Planeten die Beziehung (Subtraktion der Winkelgeschwindigkeiten!):

$$\frac{1}{\text{Synodische Umlaufzeit}} = \left| \frac{1}{\text{Siderische Umlaufzeit}} - \frac{1}{\begin{array}{c}\text{Siderische Umlaufzeit}\\ \text{der Erde}\end{array}} \right| . \qquad (2.5.1)$$

Z. B. ergibt sich die siderische Umlaufzeit des Mars aus der direkt beobachteten synodischen Umlaufzeit von 780 d und der Länge des siderischen Jahres von 365 d zu 687 d.

Kepler ermittelte nun zuerst die wahre Gestalt der *Marsbahn*, indem er jeweils Paare von Marsbeobachtungen kombinierte, die zeitlich einen siderischen Marsumlauf voneinander entfernt waren, bei denen also Mars sich in demselben Punkt seiner Bahn befinden mußte. So konnte er den Mars jeweils von zwei um 687 d voneinander entfernten Punkten der hinreichend bekannten Erdbahn aus „anschneiden“ und seine wahre Bahn aufzeichnen. Zwei glückliche Umstände, daß einerseits von Apollonius von Pergae die Kegelschnitte mathematisch untersucht waren und daß andererseits der Mars unter den damals bekannten Planeten (mit Ausnahme des schwer beobachtbaren Merkur) die größte Exzentrizität $e = 0.093$ besitzt, verhalfen dann Kepler vollends zu der Erkenntnis der beiden ersten Planetengesetze. Das dritte fand er erst 10 Jahre später, ausgehend von der unerschütterlichen Überzeugung, daß in den Bahnelementen der Planeten die „Weltharmonik“ irgendwie zum Ausdruck kommen müsse.

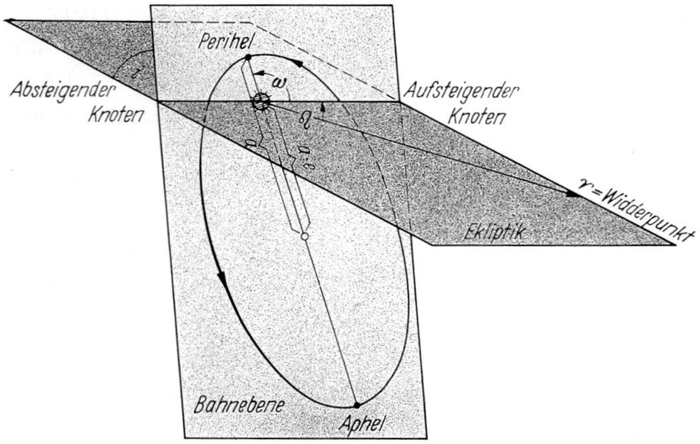

Abb. 2.5.4. Bahnelemente eines Planeten oder Kometen

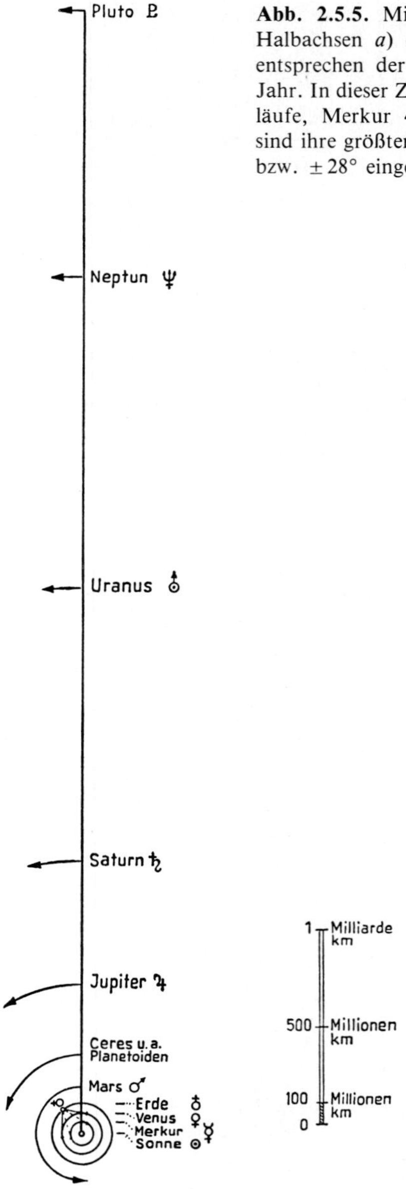

Abb. 2.5.5. Mittlere Bahnradien (große Halbachsen *a*) der Planeten. Die Bögen entsprechen der mittleren Bewegung pro Jahr. In dieser Zeit macht Venus 1.62 Umläufe, Merkur 4.15 Umläufe. Für diese sind ihre größten Elongationen von ±48° bzw. ±28° eingezeichnet

Die vollständige Beschreibung der Bahn eines Planeten oder Kometen (Abschn. 2.5.2) um die Sonne geben die in Abb. 2.5.4 dargestellten *Bahnelemente*:

Tabelle 2.5.1. Einige Bahnelemente der Planeten (Epoche 1980.0)

Name		Symbol	Siderische Umlaufzeit [a]	Große Halbachse der Bahn		Exzentrizität e	Neigung i der Bahnebene gegen die Ekliptik	Mittlere Bahngeschwindigkeit v [km s^{-1}]
				[AE]	[10^6 km]			
Innere Planeten	Merkur	☿	0.241	0.387	57.9	0.206	7.0°	47.9
	Venus	♀	0.615	0.723	108.2	0.007	3.4°	35.0
	Erde	♁	1.000	1.000	149.6	0.017	–	29.8
Äußere Planeten	Mars	♂	1.881	1.524	227.9	0.093	1.8°	24.1
	Kleine Planeten:	Ceres	4.601	2.766	413.5	0.077	10.6°	17.9
	Jupiter	♃	11.87	5.205	779	0.048	1.3°	13.1
	Saturn	♄	29.63	9.576	1432	0.056	2.5°	9.6
	Uranus	⛢	84.67	19.28	2884	0.050	0.8°	6.8
	Neptun	♆	165.5	30.14	4509	0.008	1.8°	5.4
	Pluto	♇	251.9	39.88	5966	0.253	17.1°	4.7

1) Große Halbachse a. Wir beziehen sie entweder auf die große Halbachse der Erdbahn = 1 *astronomische Einheit* (AE) oder geben sie in Kilometer an.
2) Exzentrizität e [Periheldistanz $a(1-e)$; Apheldistanz $a(1+e)$].
3) Neigung der Bahnebene (zur Ekliptik) i.
4) Länge des aufsteigenden Knotens ☊ (Winkel vom Widderpunkt ♈ zum aufsteigenden Knoten).
5) Abstand ω des Perihels vom Knoten (Winkel vom aufsteigenden Knoten zum Perihel). Die Summe der beiden Winkel, ☊ + ω, von denen der erste in der Ekliptik, der zweite in der Bahnebene gemessen wird, nennt man die Länge des Perihels $\tilde{\omega}$.
6) Periode P (Siderische Umlaufzeit, in tropischen Jahren gemessen) oder mittlere tägliche Bewegung n (in Grad oder Bogensekunden pro Tag gemessen).
7) Epoche E oder Zeitpunkt des Periheldurchganges T.

Die Bahnelemente a und e bestimmen die Größe und Form der Bahn (Abb. 2.3.3), i und ☊ die Bahnebene, ω die Lage der Bahn in ihrer Ebene. Den Ablauf der Bewegung bestimmen P und T, wobei die Periode P bis auf kleine Korrektionen (s. u.) nach dem 3. Keplerschen Gesetz durch a bestimmt ist.

Tabelle 2.5.1 enthält die uns hier interessierenden Bahnelemente der Planeten (Abb. 2.5.5). Wir haben zu den Planeten der Alten sogleich den hellsten der Kleinen Planeten (Planetoiden oder Asteroiden), die Ceres, sodann Uranus, Neptun und Pluto hinzugefügt.

Von ihnen wurde *Uranus* 1781 von W. Herschel zufällig entdeckt. In der Lücke zwischen Mars und Jupiter (Abb. 2.5.5) vermutete schon Kepler einen Himmelskörper. G. Piazzi in Palermo entdeckte dann am 1.1.1801 als ersten Planetoiden die *Ceres*; aber Mitte Februar ging sie in Sonnennähe „verloren". Schon im Oktober desselben Jahres hatte der 24jährige C.F. Gauß ihre Bahn und Ephemeride berechnet, so daß F. Zach sie wieder auffinden konnte. Im Anschluß an diese mathematische Leistung löste Gauß 1809 das allgemeine Problem der Bahnbestimmung, d.h. der Ermittlung aller Bahnelemente eines Planeten, Kometen ... aus drei vollständigen Beobachtungen. Heute sind mehrere tausend Planetoiden, meist zwischen Mars und Jupiter bekannt (Abschn. 2.8.6).

Aus Störungen der Uranusbahn schlossen J.C. Adams und J.J. Leverrier auf einen Planeten noch längerer Umlaufzeit und berechneten seine Bahn und Ephemeride. Nahe der vorausberechneten Position fand J.G. Galle 1846 den *Neptun*.

Störungen der Bahnen von Uranus und Neptun führten zur Vermutung eines transneptunischen Planeten. Die langjährige Suche, an der P. Lowell († 1916) maßgeblichen Anteil hatte, führte schließlich zum Erfolg: C. Tombaugh entdeckte 1930 am Lowell Observatory den *Pluto* als Sternchen 14.9 Größe. Seine Bahnelemente fallen mit Exzentrizität $e = 0.25$ und Neigung $i = 17.1°$ aus der Folge der anderen äußeren Planeten völlig heraus. Zeitweise hält sich Pluto innerhalb der Neptunbahn auf, seine Umlaufzeit ist in „Resonanz" (3:2) mit der des Neptun. Pluto erreichte sein Perihel zuletzt 1989.

2.5.2 Kometen und Meteore

Zu unserem Planetensystem gehören noch die Kometen und die Meteore oder Sternschnuppen.

Die *Kometen* (Abb. 2.9.1) bezeichnet man nach dem Jahr ihres Periheldurchgangs und numeriert sie weiterhin nach der Folge des Durchgangs; oft fügt man den Namen des Entdeckers hinzu (eine vorläufige Bezeichnung erfolgt nach dem Jahr der Entdeckung und kleinen Buchstaben in der Reihenfolge der Entdeckung). Im Altertum und Mittelalter hatte man – entsprechend dem Dogma von der Unveränderlichkeit der himmlischen Regionen – die Kometen in die Lufthülle der Erde verwiesen. Erst Tycho Brahes genaue Beobachtungen der Kometen von 1577 und 1585 und seine damit abgeleiteten Parallaxen zeigten, daß z. B. der Komet von 1577 mindestens sechsmal weiter von uns entfernt sein müsse als der Mond. I. Newton erkannte, daß die Kometen sich auf langgestreckten Ellipsen oder Parabeln um die Sonne bewegen, also auf Kegelschnitten, deren Exzentrizität wenig kleiner oder gleich 1 ist. Sein Zeitgenosse E. Halley verbesserte die Methodik ihrer Bahnbestimmung und konnte 1705 zeigen, daß der nach ihm benannte *Halleysche Komet* von 1682 eine Umlaufzeit von $\simeq$ 76 a habe. Nach dem 3. Keplerschen Gesetz ist die große Achse der Bahn dieses Kometen also $2 \cdot 76^{2/3} = 36$ AE, d.h. sein Aphel liegt etwas außerhalb der Neptunbahn. Halleys Bahnberechnung zeigte weiter, daß der helle Komet von 1682 identisch war mit denen von 1531 und 1607; so konnte er das Wiedererscheinen seines Kometen für 1758 vorhersagen. Insgesamt sind 29 Erscheinungen des Halleyschen Komenten seit 240 v. Chr. bezeugt. Der letzte Periheldurchgang fand am 9. Februar 1986 statt.

Bei der Suche nach Kometen sind Beobachtungen im fernen *Infrarot*, die die Eigenstrahlung des Staubs in den Kometen (Abschn. 2.9.1) erfassen, von Vorteil. So konnte der erste Infrarotsatellit IRAS 1983 in einem Jahr sechs neue Kometen entdecken, als diese im Optischen noch äußerst lichtschwach waren.

Die *Bahnen* der etwa 1300 bekannten Kometen zerfallen in zwei Gruppen:

a) *Langperiodische Kometen* mit Umlaufzeiten der Größenordnung 10^2 bis 10^6 a und Perihel vorzugsweise bei 1 AE (große Entdeckungswahrscheinlichkeit). Die Bahnneigungen i sind statistisch verteilt; direkte und retrograde Bewegung ist etwa gleich häufig. Die Exzentrizitäten e sind wenig kleiner oder fast gleich 1, wir haben es mit langgestreckten Ellipsen oder – als Grenzfall – Parabeln zu tun. Hyperbelbahnen $e > 1$ werden nur selten sekundär durch Störungen der großen Planeten erzeugt. Da also in großem Abstand von der Sonne die Geschwindigkeit v sehr klein ist, müssen die Kometen aus einer Wolke kommen, welche die Sonne auf ihrem Weg durch das Milchstraßensystem begleitet. Man schätzt, daß diese „*Oortsche Wolke*" (von etwa 50000 AE Ausdehnung) 10^{12} Kometen enthält, deren Gesamtmasse allerdings nur auf das 10fache der Erdmasse geschätzt wird.

b) *Kurzperiodische Kometen* mit Umlaufzeiten < 200 a (auch durch den Buchstaben P und Namen des Entdeckers gekennzeichnet). Sie bewegen sich meist direkt auf elliptischen Bahnen kleiner Neigung i (mittlere Inklination der Gruppe $\bar{i} \simeq 20°$). Fast die Hälfte dieser Kometen hat ihr Aphel im Bereich 5...6 AE, d.h. in der Nähe der Bahn des Jupiter ($a_{♃} \simeq 5.2$ AE). Die Mittelwerte der Bahnelemente entsprechen etwa $a \simeq 3.6$ AE und $e \simeq 0.56$. Die „*Jupiter-Familie*" der Kometen ist offenbar durch Einfang langperiodischer Kometen durch den Planeten entstanden (anderen Planeten zugeordnete Kometenfamilien sind nicht eindeutig gesichert). Da die Kometen sich im Laufe der Zeit durch Teilung und Verdampfung von Materie auflösen, muß der Schwarm der kurzperiodischen Kometen ständig durch Einfang ergänzt werden.

Die kürzeste Umlaufzeit von 3.31 a hat der Enckesche Komet (1786 I). Nahezu kreisförmige Bahnen durchlaufen die Kometen Schwassmann-Wachmann 1925 II (a = 6.1 AE, $e = 0.11$) und Oterma 1942 VII ($a = 4.0$ AE, $e = 0.14$).

Bemerkenswert ist der Komet IRAS-Araki-Alcock (1983d), der u.a. durch den IRAS-Satelliten aufgrund seiner Strahlung im fernen Infrarot entdeckt wurde und der an der Erde in nur 0.032 AE Abstand, d.h. in etwa der 12fachen Entfernung des Mondes, vorbeiflog.

Die Schwärme der *Sternschnuppen* oder *Meteore*, welche jeweils an bestimmten Tagen des Jahres am Himmel scheinbar, d. h. perspektivisch, von ihren sog. Radianten ausgehen, sind – wie u.a. ihre Periodizität zeigt – nichts als Bruchstücke von Kometen, deren Bahn die der Erde ungefähr kreuzt. Bei manchen scheint die Materie auf der Bahn ziemlich konzentriert zu sein, so daß man entsprechend der Periode ihres Umlaufs jeweils besonders lebhafte Sternschnuppenfälle beobachtet; so kann z.B. der berühmte Fall der Leoniden (Radiant RA 152°, $\delta + 22°$), den A. v. Humboldt 1799 in Südamerika beobachtete, dem Kometen 1866 I mit 33 Jahren Umlaufzeit zugeordnet werden. Daneben gibt es sporadische Meteore, die keine Periodizität erkennen lassen. Daß die Sternschnuppen tatsächlich kleine Himmelskörper sind, die in die Erdatmosphäre eindringen und dort verglühen, haben zuerst im Jahre 1798 die beiden Göttinger Studenten

Brandes und Benzenberg durch korrespondierende Beobachtungen von zwei hinreichend voneinander entfernten Orten aus und Berechnung ihrer Höhen nachgewiesen. Schon vorher hatte 1794 E. F. F. Chladni gezeigt, daß die *Meteorite* nichts anderes seien als bis zum Erdboden herabgefallene (größere) meteorische Massen.

Ursprünglich *hyperbolische* Bahnen, entsprechend Objekten, die aus dem Weltraum in das Planetensystem eindringen, sind weder unter den Kometen noch unter den Meteoren gefunden worden.

Auf die physische Struktur der Planeten, ihrer Atmosphären und ihrer Monde, sowie die der Kometen, Meteore und Meteoriten werden wir in Abschn. 2.8, 9 zurückkommen.

2.5.3 Entfernungsbestimmungen, Dopplereffekt und Aberration

Wir müssen uns noch der wichtigen Frage zuwenden, wie man die *Entfernung* der Erde von der Sonne, genauer gesagt die große Halbachse der Erdbahn, die wir als astronomische Einheit 1 AE definiert hatten, in Kilometern messen kann. Die Astronomen sprechen lieber von der *Sonnenparallaxe* $\pi_\odot$, dem Winkel, unter welchem der (aus geodätischen Messungen bekannte) äquatoriale Radius der Erde $R_E = 6378$ km vom Sonnenmittelpunkt aus gesehen, erscheinen würde. Die Sonnenparallaxe ist für eine direkte Messung (wie beim Mond) zu klein. Man ermittelt daher zunächst aus den Beobachtungen mehrerer Sternwarten auf der N- und S-Halbkugel die Entfernung z. B. eines Planeten oder Planetoiden, dessen Bahn der Erde hinreichend nahe kommt. In älterer Zeit beobachtete man Mars in Opposition oder Venusdurchgänge (untere Konjunktion), später sind ausgedehnte Meßreihen bei den Oppositionen des günstigeren Planetoiden Eros gemacht worden. Diesen astronomischen Methoden ist eine überlegene Konkurrenz erwachsen in der Radartechnik, die es erlaubt, aus der Laufzeit reflektierter Radiosignale in Verbindung mit terrestrischen Messungen der Lichtgeschwindigkeit c den Abstand nicht nur des Mondes, sondern auch der Venus und des Mars direkt mit hoher Präzision zu messen. Aus den einzelnen Messungen berechnet man den Erdbahnradius grundsätzlich durch Anwendung des 3. Keplerschen Gesetzes, im einzelnen durch sehr diffizile himmelsmechanische Rechnungen.

Statt des Erdbahnradius kann man auch die *Geschwindigkeit* der Erde in ihrer Bahn in km s^{-1} messen mit Hilfe des *Dopplereffektes* (Abb. 2.5.6): Bewegt sich eine

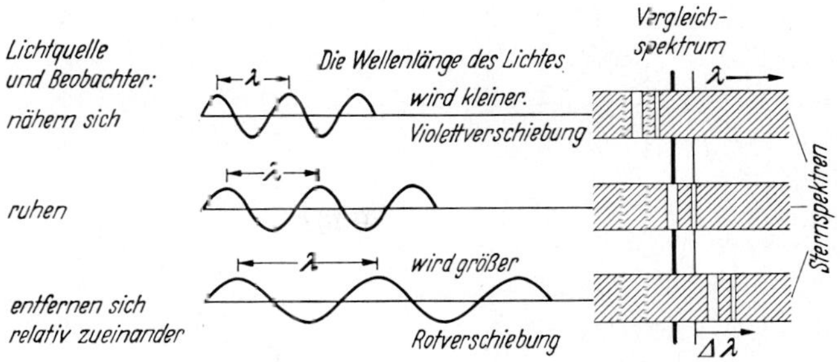

Abb. 2.5.6. Dopplereffekt $\Delta\lambda/\lambda = v/c$

Strahlungs-(Licht-)quelle relativ zum Beobachter mit einer Radialgeschwindigkeit (Komponente der Relativgeschwindigkeit in Richtung des Sehstrahles) v, so erscheint deren Wellenlänge λ bzw. Frequenz $\nu = c/\lambda$ (c: Lichtgeschwindigkeit) verschoben um

$$\Delta\lambda = \lambda \frac{v}{c} \quad \text{bzw.} \quad \Delta\nu = \nu \frac{v}{c}\,. \tag{2.5.2}$$

Es bewirkt eine (relative) Entfernung der Quelle vom Beobachter (per def. positive Radialgeschwindigkeit) eine Vergrößerung der Wellenlänge λ, d. h. Rotverschiebung der Spektrallinien und eine Verkleinerung der Frequenz ν und umgekehrt.

In der Praxis verfolgt man über einen beträchtlichen Teil des Jahres entweder die Radialgeschwindigkeit eines Fixsternes relativ zur Erde – aus dem Dopplereffekt von Spektrallinien – oder die Relativgeschwindigkeit z. B. von Venus und Erde aus der Frequenzverschiebung der Radarsignale (bei der Reflexion am bewegten Spiegel erhält man zweimal die oben angegebene Verschiebung).

Auf einer entsprechenden Überlegung beruht die historisch sehr bedeutsame erste Messung der Lichtgeschwindigkeit durch O. Römer 1675: Er bestimmte die *Umlaufsfrequenzen* ν der Jupitermonde aus deren Durchgängen vor und hinter der Jupiterscheibe. Bewegt sich die Erde von Jupiter weg, so erscheint – wegen der endlichen Fortpflanzungsgeschwindigkeit c des Lichtes – die Umlaufsfrequenz der Monde verkleinert, bei Annäherung vergrößert. Römer erhielt, ausgehend von den damaligen Bestimmungen der Sonnenparallaxe, schon einen recht guten Zahlenwert der Lichtgeschwindigkeit. Daß er damit auch das Dopplersche Prinzip (2.5.2) zweihundert Jahre vor seiner ersten spektroskopischen Anwendung vorwegnahm, ist aus den üblichen Darstellungen kaum zu ersehen.

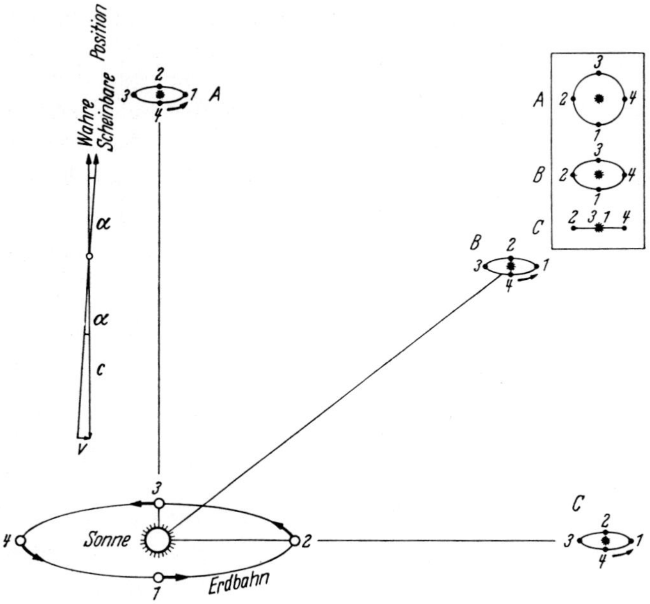

Abb. 2.5.7. Aberration des Lichtes. Das Sternlicht erscheint in Richtung des Geschwindigkeitsvektors der Erde abgelenkt (*links*) um einen Winkel v/c, wo v die Geschwindigkeitskomponente der Erde senkrecht zum Lichtstrahl und c die Lichtgeschwindigkeit bedeutet. Ein Stern beschreibt daher am Pol der Ekliptik einen Kreis vom Radius Erdgeschwindigkeit/Lichtgeschwindigkeit: $\alpha = 20.49''$, in der Ekliptik eine Gerade mit der maximalen Auslenkung $\pm\alpha$, dazwischen eine Ellipse (*rechts oben angezeichnet*). (∗) Wahre Position des Sterns. Ein nach rechts blickender Beobachter sieht den Stern im Abstand von je $\frac{1}{4}$ Jahr in den Positionen *1–2–3–4*

Auf der endlichen Lichtgeschwindigkeit beruht auch der von J. Bradley 1728 bei seinem Versuch zur Messung von Fixsternparallaxen entdeckte Effekt der *Aberration* des Lichtes (Abb. 2.5.7). Beobachtet man einen Stern, der für einen ruhenden Beobachter senkrecht zur Erdbahn liegen würde, von der bewegten Erdbahn aus, so müssen wir das Teleskop in Richtung der Erdgeschwindigkeit v um den kleinen Aberrationswinkel v/c vorneigen, damit es auf den Stern zeigt. Im Laufe eines Jahres beschreibt also (Abb. 2.5.7 – rechts oben) ein Stern am Pol der Ekliptik einen kleinen Kreis; in der Ekliptik bewegt er sich auf einer Geraden hin und her, dazwischen durchläuft er eine entsprechende Ellipse. Man veranschaulicht die Aberration gewöhnlich durch die Analogie mit einem Astronomen, der durch den senkrecht von oben kommenden Regen mit einem Schirm in der Hand eilt.

Diese Demonstration, ebenso wie unsere elementare Deutung des Dopplereffektes, ist nicht einwandfrei, da sie dem durch den Michelson-Versuch begründeten Prinzip der Unabhängigkeit der Lichtgeschwindigkeit von der Bewegung der emittierenden Lichtquelle *nicht* Rechnung trägt. Eine konsequente Deutung der ganzen Effekte der Größenordnung v/c und erst recht der $(v/c)^2$-Effekte in den Versuchen von Michelson u. a. gibt erst die spezielle Relativitätstheorie von A. Einstein (1905).

Zum Schluß geben wir noch eine Zusammenstellung der besprochenen Zahlengrößen und ihrer wechselseitigen Zusammenhänge:

Äquatorialer Erdradius	$R_E = 6.378 \cdot 10^6$ m
Sonnenparallaxe (äquatoriale Horizontalparallaxe)	$\pi_\odot = 8.794''$
Astronomische Einheit [AE] = große Halbachse der Erdbahn	$A = R_E/\pi_\odot = 1.496 \cdot 10^{11}$ m
Lichtgeschwindigkeit	$c = 2.9979 \cdot 10^8$ m s^{-1}
Lichtzeit für 1 AE	$\tau_A = A/c = 499.0$ s
Mittlere Bahngeschwindigkeit der Erde	$\bar{v} = 2.98 \cdot 10^4$ m s^{-1}
Rotationsgeschwindigkeit der Erde am Äquator	$v_E = 465$ m s^{-1}
Aberrationskonstante (Epoche 2000)	$\varkappa = \bar{v}/c = 9.94 \cdot 10^{-5}$ $\mathrel{\hat{=}} 20.496''$

2.6 Mechanik und Gravitationstheorie

Im Anschluß an die langwierigen und gefährlichen Anfänge bei Galilei und Kepler hat I. Newton (1687) die Grundlagen der Mechanik terrestrischer und kosmischer Systeme geschaffen. In Verbindung mit seinem Gravitationsgesetz leitete er daraus in demselben Werk die Keplerschen Gesetze und viele andere Gesetzmäßigkeiten der Bewegungen im Planetensystem ab. Kein Wunder, daß die weitere Entwicklung der Himmelsmechanik fast zwei Jahrhunderte lang eines der hauptsächlichsten Arbeitsgebiete der großen Mathematiker und Astronomen blieb.

Wir stellen hier zunächst die wichtigsten Begriffe und Gesetze der *Mechanik* und *Gravitationstheorie* für spätere Anwendungen bereit: Newtons Gesetze (Abschn. 2.6.1), den Impulssatz (Abschn. 2.6.2), den Drehimpulssatz (Abschn. 2.6.3), den Energie- und den Virialsatz (Abschn. 2.6.4) und schließlich Newtons Gravitationsgesetz, aus dem wir gleich die Keplerschen Gesetze herleiten (Abschn. 2.6.5). Wir behandeln dann noch das Problem der Gezeiten (Abschn. 2.6.6) und stellen abschließend – aus moderner Sicht – den Zusammenhang zwischen dem ptolemäischen und dem kopernikanischen Weltsystem dar. Die Anwendung der Himmelsmechanik auf künstliche Satelliten und Raumsonden bringen wir erst in Abschn. 2.7.

2.6.1 Newtonsche Gesetze

Wir formulieren Newtons drei *Grundgesetze der Mechanik* in heutiger Sprechweise:

I. Ein Körper beharrt im Zustand der Ruhe oder bewegt sich mit konstanter Geschwindigkeit auf einer Geraden, sofern er nicht einer äußeren Kraft unterworfen ist (Trägheitsgesetz).

Die *Geschwindigkeit* stellen wir nach Größe und Richtung durch einen *Vektor* (Pfeil)[2] $\boldsymbol{v}$ dar, ebenso die *Kraft* $\boldsymbol{F}$ (engl. force). Für die Addition und Subtraktion beider Größen gilt das bekannte Parallelogrammgesetz; beide kann man durch ihre Komponenten in einem rechtwinkligen Koordinatensystem x, y, z darstellen, d. h. durch ihre Projektionen auf dessen Achsen, also z. B. $\boldsymbol{v} = \{v_x, v_y, v_z\}$. . . . Hat der bewegte Körper die Masse m, so wird der Vektor Masse mal Geschwindigkeit

$$\boldsymbol{p} = m\boldsymbol{v} \tag{2.6.1}$$

als sein Impuls (engl. momentum) definiert. Dieser wichtige Begriff ermöglicht nun die Formulierung des *Impulssatzes*:

II. Die zeitliche Änderung des Impulses eines Körpers ist proportional der Größe der äußeren Kraft, die auf ihn wirkt, und erfolgt in der Richtung dieser Kraft.

In Formeln schreiben wir zunächst für *einen* Körper – t bedeute die Zeit –:

$$\frac{d\boldsymbol{p}}{dt} = \frac{d}{dt}(m\boldsymbol{v}) = \boldsymbol{F} . \tag{2.6.2}$$

Gesetz I ist offenbar nur der Spezialfall $\boldsymbol{F} = 0$ von Gesetz II. Die Geschwindigkeit $\boldsymbol{v}$ können wir auch auffassen als Änderungsgeschwindigkeit des Ortsvektors $\boldsymbol{r}$ mit den Komponenten x, y, z und schreiben also $\boldsymbol{v} = d\boldsymbol{r}/dt$ und damit – für $m = \text{const}$ – auch

$$m\frac{d^2\boldsymbol{r}}{dt^2} = \boldsymbol{F} . \tag{2.6.3}$$

Diese Formulierung (Kraft = Masse × Beschleunigung) gilt aber nur für zeitlich konstante Massen, während (2.6.2) auch noch in der speziellen Relativitätstheorie gültig bleibt, wo die Masse von der Geschwindigkeit abhängt nach der Formel $m = m_0/\sqrt{1-(v^2/c^2)}$ ($m_0 = m_{v=0}$ bezeichnet man als Ruhmasse). Haben wir N Körper, die wir durch Indizes $k = 1, 2, 3 \ldots N$ unterscheiden, so entsprechen (2.6.2) die N Vektorgleichungen bzw. $3N$ Koordinatengleichungen

$$\frac{d\boldsymbol{p}_k}{dt} = \frac{d}{dt}(m_k \boldsymbol{v}_k) = \boldsymbol{F}_k . \tag{2.6.4}$$

Newtons letztes Gesetz behandelt die Wechselwirkung zweier Körper und besagt:

III. Die Kräfte, welche zwei Körper aufeinander ausüben, sind ihrer Größe nach gleich und entgegengesetzt gerichtet.

Ist $\boldsymbol{F}_{ik}$ die Kraft, welche der Körper i auf den Körper k ausübt, so gilt also

$$\boldsymbol{F}_{ik} = -\boldsymbol{F}_{ki} , \tag{2.6.5}$$

der Satz von *Actio* und *Reactio*.

Als einfaches Beispiel zu Newtons Bewegungsgesetzen betrachten wir (Abb. 2.6.1) eine Masse m, die sich an ei-

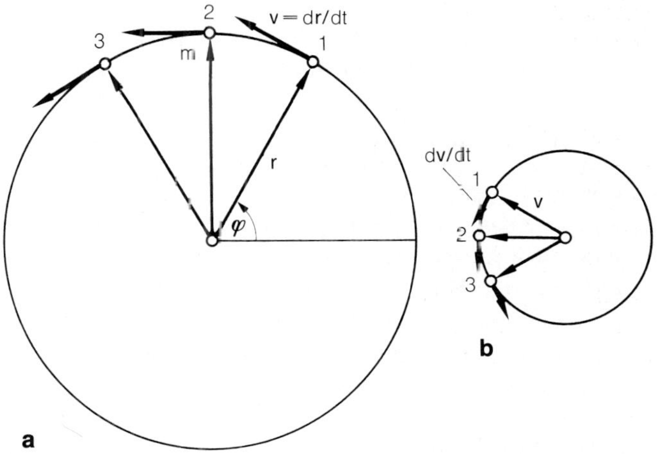

Abb. 2.6.1 a, b. Berechnung der Zentrifugalkraft. (**a**) Kreisbahn der Masse m. Lagevektor $\boldsymbol{r}$ zu den Zeiten *1, 2, 3* . . . . Geschwindigkeitsvektor $\boldsymbol{v} = d\boldsymbol{r}/dt$ in Richtung der Bahntangente. Dem Betrag nach ist $v = r \cdot d\varphi/dt$. (**b**) Hodograph. Geschwindigkeitsvektor $\boldsymbol{v}$ zu den Zeiten *1, 2, 3* . . . . Beschleunigungsvektor $d\boldsymbol{v}/dt$ in Richtung der Tangente des Hodographen und daher parallel $-\boldsymbol{r}$. Dem Betrag nach ist die Beschleunigung: $v \cdot d\varphi/dt = v^2/r$

[2] Wir bezeichnen Vektoren durch halbfette Symbole.

nem Faden der Länge r auf einem (horizontalen) Kreis mit der konstanten Geschwindigkeit $v = |\boldsymbol{v}|$ bewegt. (Den Betrag einer Vektorgröße, z. B. $\boldsymbol{v}$ – sozusagen die „Länge des Pfeils" –, bezeichnen wir allgemein mit Absolutstrichen, d. h. $|\boldsymbol{v}|$ oder dem entsprechenden lateinischen Buchstaben v.) Die Winkelgeschwindigkeit $d\varphi/dt$ (Winkel φ in Bogenmaß) ist dann gleich v/r. Tragen wir die sukzessiven Geschwindigkeitsvektoren $\boldsymbol{v}$ von einem Punkt aus auf und zeichnen so den sog. Hodographen, so liest man an diesem sofort ab, daß die Beschleunigung $|d\boldsymbol{v}/dt| = (v/r)v$ ist und zum Mittelpunkt des Kreises zeigt. So erhalten wir das von Chr. Huygens schon vor Newton gefundene Gesetz der *Zentrifugalkraft*

$$F = mv^2/r \ . \tag{2.6.6}$$

Newtons III. Gesetz besagt, daß der Faden mit *derselben* Kraft an seinem Befestigungspunkt nach außen, wie andererseits an dem kreisenden Körper nach innen zieht.

Wenn es auf die detaillierte Beschaffenheit eines hinreichend kleinen Körpers der Masse m in einem Problem der Mechanik nicht ankommt, so spricht man von einem *Massenpunkt*. In der Theorie der Planetenbewegung betrachten wir z. B. die Erde als Massenpunkt.

Von den drei Newtonschen Gesetzen für die Bewegung einzelner Massenpunkte gehen wir zunächst über zu den Bewegungsgleichungen für ein *System* von Massenpunkten. Daraus leiten wir drei Erhaltungssätze der Mechanik ab, auf welche wir noch oftmals zurückgreifen werden.

2.6.2 Impuls- oder Schwerpunktsatz

In einem System von Massenpunkten m_k, die wir mit den Indizes i oder k ($i, k = 1, 2 \ldots N$) numerieren, unterscheiden wir innere Kräfte $\boldsymbol{F}_{ik}$, welche z. B. der Massenpunkt i auf den Massenpunkt k ausübt, und äußere Kräfte $\boldsymbol{F}_k^{(e)}$, welche „von außen" auf den Massenpunkt k ausgeübt werden. Für diesen gilt die Bewegungsgleichung (2.6.4)

$$\frac{d\boldsymbol{p}_k}{dt} = \boldsymbol{F}_k^{(e)} + \sum_{i=1}^{N} \boldsymbol{F}_{ik} \ . \tag{2.6.7}$$

Summieren wir[3] über alle k, so erhalten wir wegen (2.6.5)

$$\frac{d}{dt} \sum \boldsymbol{p}_k = \sum \boldsymbol{F}_k^{(e)} \ .$$

Betrachten wir die N Massenpunkte als *ein* System, so ist dessen Gesamtimpuls $\boldsymbol{P} = \sum \boldsymbol{p}_k$ und die äußere Gesamtkraft auf das System $\boldsymbol{F} = \sum \boldsymbol{F}_k^{(e)}$. (2.6.8)

Damit wird die *Bewegungsgleichung* – wie für einen Massenpunkt –

$$\frac{d}{dt}\boldsymbol{P} = \boldsymbol{F} \ . \tag{2.6.9}$$

Sind keine äußeren Kräfte vorhanden ($\boldsymbol{F} = 0$), so gilt für unser System der Satz von der *Erhaltung des Gesamtimpulses:*

$$\boldsymbol{P} = \sum \boldsymbol{p}_k = \text{const} \ . \tag{2.6.10}$$

Den Inhalt der Gleichungen (2.6.9) und (2.6.10) können wir – vielleicht etwas anschaulicher – formulieren, wenn wir für unser System der Gesamtmasse

$$M = \sum m_k \tag{2.6.11}$$

den Ortsvektor $\boldsymbol{R}$ des *Schwerpunktes S* definieren durch

$$M\boldsymbol{R} = \sum m_k \boldsymbol{r}_k \ . \tag{2.6.12}$$

Damit geht (2.6.9) über in die Bewegungsgleichung für den Schwerpunkt

$$M\frac{d^2\boldsymbol{R}}{dt^2} = \boldsymbol{F} \tag{2.6.13}$$

analog der eines einzelnen Massenpunktes. Man liest daraus ab, daß im kräftefreien Fall $\boldsymbol{F} = 0$ der Schwerpunkt (entsprechend Gesetz I) eine geradlinige (Trägheits-)Bewegung mit konstanter Geschwindigkeit $d\boldsymbol{R}/dt = \text{const}$ ausführen muß.

2.6.3 Erhaltung des Drehimpulses

Wir betrachten zunächst (Abb. 2.6.2) einen Massenpunkt m_k, der um einen festen Punkt 0 an dem Hebelarm $\boldsymbol{r}_k$ drehbar sei. An m_k greife eine Kraft $\boldsymbol{F}_k$ an. Diese „versucht", den Massenpunkt um eine Achse durch 0 senkrecht zu der durch $\boldsymbol{r}_k$ und $\boldsymbol{F}_k$ gehenden Ebene zu drehen; maßgebend ist dabei nur die „tangentiale" Kraftkomponente $|\boldsymbol{F}_k|\sin\alpha$, wo α den Winkel zwischen $\boldsymbol{r}_k$ und $\boldsymbol{F}_k$ bedeutet. Die Größe: Hebelarm $|\boldsymbol{r}_k|$ mal wirksame Kraft-

[3] Im folgenden sind alle Summationen $\sum$, soweit nicht anders vermerkt, von $k = 1$ bis N zu erstrecken.

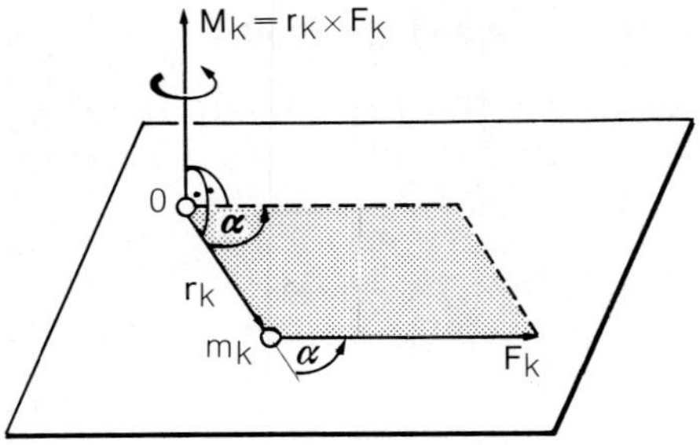

Abb. 2.6.2. Drehmoment $\boldsymbol{M}_k = \boldsymbol{r}_k \times \boldsymbol{F}_k$. Der Absolutbetrag von $\boldsymbol{M}_k$ ist $|\boldsymbol{r}_k| \cdot |\boldsymbol{F}_k| \cdot \sin\alpha$, d.h. gleich der Fläche des von $\boldsymbol{r}_k$ und $\boldsymbol{F}_k$ aufgespannten Parallelogramms

komponente $|\boldsymbol{F}_k| \sin\alpha$, aufgetragen als Vektor senkrecht zur Ebene durch $\boldsymbol{r}_k$ und $\boldsymbol{F}_k$, bezeichnet man mathematisch als das Vektorprodukt $\boldsymbol{r}_k \times \boldsymbol{F}_k$, physikalisch als das Moment der Kraft $\boldsymbol{F}_k$ um 0 oder als *Drehmoment* $\boldsymbol{M}_k = \boldsymbol{r}_k \times \boldsymbol{F}_k$[4]. Wie zur Kraft das Drehmoment, so bilden wir zum Impuls $\boldsymbol{p}_k = m_k \boldsymbol{v}_k$ den *Drehimpuls* $\boldsymbol{L}_k = \boldsymbol{r}_k \times \boldsymbol{p}_k = \boldsymbol{r}_k \times m_k \boldsymbol{v}_k$.

Aus der Newtonschen Bewegungsgleichung (2.6.4) erhalten wir nun – durch vektorielle Multiplikation mit $\boldsymbol{r}_k$ von links –

$$\boldsymbol{r}_k \times \frac{d}{dt} m_k \boldsymbol{v}_k = \boldsymbol{r}_k \times \boldsymbol{F}_k \quad \text{oder}^5$$

$$\frac{d}{dt}(\boldsymbol{r}_k \times m_k \boldsymbol{v}_k) = \boldsymbol{r}_k \times \boldsymbol{F}_k \ . \qquad (2.6.14)$$

Haben wir ein System von Massenpunkten, so definieren wir das gesamte Drehmoment aller äußeren und inneren Kräfte bezüglich des festen Punktes 0 durch

$$\boldsymbol{M} = \sum \boldsymbol{r}_k \times \boldsymbol{F}_k = \sum \boldsymbol{r}_k \times \left(\boldsymbol{F}_k^{(e)} + \sum_{i=1}^{N} \boldsymbol{F}_{ik}\right) \qquad (2.6.15\,\text{a})$$

sowie den Gesamtdrehimpuls des Systems durch

$$\boldsymbol{L} = \sum \boldsymbol{r}_k \times \boldsymbol{p}_k = \sum \boldsymbol{r}_k \times m_k \boldsymbol{v}_k \ . \qquad (2.6.15\,\text{b})$$

Die Bewegungsgleichung lautet jetzt

$$\frac{d\boldsymbol{L}}{dt} = \boldsymbol{M} \ , \qquad (2.6.16)$$

d.h. die zeitliche Ableitung des Drehimpulsvektors ist gleich dem gesamten Drehmoment aller Kräfte.

Herrschen speziell in unserem System nur *Zentralkräfte*, die also – wie z.B. die Gravitation – nur längs der Verbindungslinie je zweier Massenpunkte wirken, so fällt der Anteil der inneren Kräfte bei der Bildung von $\boldsymbol{M}$ heraus und es bleibt in (2.6.16) rechts nur das Moment der äußeren Kräfte $\boldsymbol{M}^{(e)}$ übrig.

Sind weiterhin keine äußeren Kräfte vorhanden oder ist wenigstens deren resultierendes Moment gleich Null, so wird $d\boldsymbol{L}/dt = 0$ und es gilt der wichtige Satz von der *Erhaltung des Drehimpulses*

$$\boldsymbol{L} = \sum \boldsymbol{r}_k \times m_k \boldsymbol{v}_k = \text{const} \ . \qquad (2.6.17)$$

2.6.4 Energiesatz und Virialsatz

Bewegt sich ein Massenpunkt m_k unter dem Einfluß einer Kraft $\boldsymbol{F}_k$ über ein Wegelement $d\boldsymbol{r}_k$, das mit $\boldsymbol{F}_k$ den Winkel α bildet, so wird die *Arbeit* geleistet

$$dA = |\boldsymbol{F}_k| \cdot |d\boldsymbol{r}_k| \cdot \cos\alpha = \boldsymbol{F}_k \cdot d\boldsymbol{r}_k \ . \qquad (2.6.18)$$

Das skalare Produkt der beiden Vektoren kennzeichnen wir durch einen Punkt „·“. Bilden wir die Arbeit, welche beim Durchlaufen eines endlichen Bahnstückes $1 \to 2$ geleistet wird, so ergibt sich nach der Newtonschen Bewegungsgleichung (2.6.4) wegen $\boldsymbol{v}_k = d\boldsymbol{r}_k/dt$

$$\int_1^2 \boldsymbol{F}_k \cdot d\boldsymbol{r}_k = \int_1^2 \frac{d}{dt}(m_k \boldsymbol{v}_k) \cdot d\boldsymbol{r}_k = \frac{1}{2} m_k \boldsymbol{v}_k^2 \Big|_1^2 \ . \qquad (2.6.19)$$

Die Größe $m_k v_k^2/2$ bzw. ihre Summe über mehrere Massenpunkte nennt man die *kinetische Energie* E_{kin}. Ist weiterhin $\sum \boldsymbol{F}_k \cdot d\boldsymbol{r}_k$ ein vollständiges Differential

$$-dE_{\text{pot}} = -\sum \left(\frac{\partial E_{\text{pot}}}{\partial x_k} dx_k + \frac{\partial E_{\text{pot}}}{\partial y_k} dy_k + \frac{\partial E_{\text{pot}}}{\partial z_k} dz_k\right) , \qquad (2.6.20)$$

d.h. ist die von den Kräften geleistete Arbeit $\sum \int \boldsymbol{F}_k \cdot d\boldsymbol{r}_k$ unabhängig von den tatsächlichen Bahnen der Massenpunkte allein bestimmt durch Anfangs- und Endzustand, so ist die Summe E von kinetischer Energie E_{kin} plus *po-*

---

[4] Die Zuordnung wird so definiert, daß ein Korkenzieher, den man von $\boldsymbol{r}_k$ nach $\boldsymbol{F}_k$ dreht, in die Richtung von $\boldsymbol{M}_k$ bohrt.

[5] Es ist nämlich zunächst

$$\frac{d}{dt}(\boldsymbol{r}_k \times m_k \boldsymbol{v}_k) = \frac{d\boldsymbol{r}_k}{dt} \times m_k \boldsymbol{v}_k + \boldsymbol{r}_k \times \frac{d}{dt}(m_k \boldsymbol{v}_k) \ .$$

Im ersten Glied rechts ist aber $d\boldsymbol{r}_k/dt = \boldsymbol{v}_k$. Das Vektorprodukt aus den zwei parallelen Vektoren $\boldsymbol{v}_k$ und $m_k \boldsymbol{v}_k$ wird – dem Betrag nach gleich der aufgespannten Fläche – gleich Null.

tentieller Energie E_{pot} konstant, und es gilt der weitere wichtige Satz von der *Erhaltung der Energie*

$$E = E_{kin} + E_{pot} = \text{const} \ . \tag{2.6.21}$$

In einem System von Massenpunkten mit Gravitationskräften und in vielen anderen Fällen hängt E_{kin} nur von der Geschwindigkeit, E_{pot} dagegen nur von der Lage der Massenpunkte ab.

Eine wichtige Grundlage für das Verständnis vieler Probleme, nicht nur der Himmelsmechanik, sondern auch der Struktur und der Entwicklung von Sternen und Sternsystemen bildet der *Virialsatz* von R. Clausius (1870). Wir betrachten in einem abgeschlossenen System von Massenpunkten die zeitliche Änderung der Größe $\sum \boldsymbol{p}_k \cdot \boldsymbol{r}_k$. Durch Differenzieren finden wir

$$\frac{d}{dt} \sum \boldsymbol{p}_k \cdot \boldsymbol{r}_k = \sum \frac{d\boldsymbol{p}_k}{dt} \cdot \boldsymbol{r}_k + \sum \boldsymbol{p}_k \cdot \boldsymbol{v}_k \ , \tag{2.6.22}$$

oder mit der Bewegungsgleichung (2.6.4) und der oben eingeführten kinetischen Energie

$$\frac{d}{dt} \sum \boldsymbol{p}_k \cdot \boldsymbol{r}_k = \sum \boldsymbol{F}_k \cdot \boldsymbol{r}_k + 2E_{kin} \ . \tag{2.6.23}$$

Mittelt man nun diese Beziehung über eine hinreichend lange Zeit, so verschwindet der Mittelwert über die linke Seite (sofern $\boldsymbol{r}_k$ und $\boldsymbol{p}_k$ für alle Massenpunkte endlich sind und damit $\sum \boldsymbol{p}_k \cdot \boldsymbol{r}_k$ beschränkt bleibt) und man erhält den Virialsatz

$$\overline{E_{kin}} = -\tfrac{1}{2} \overline{\sum \boldsymbol{F}_k \cdot \boldsymbol{r}_k} \ . \tag{2.6.24}$$

Um das *Virial* $\overline{\sum \boldsymbol{F}_k \cdot \boldsymbol{r}_k}$ auszuwerten, müssen die Kräfte $\boldsymbol{F}_k$ bekannt sein. Für den wichtigen Fall, daß die Massenpunkte durch Kräfte $\sim 1/r^2$, insbesondere durch die *Gravitation* (Abschn. 2.6.5), zusammengehalten werden, ist das Virial gleich dem zeitlichen Mittel $\overline{E_{pot}}$ der potentiellen Energie des Systems[6]. Der Virialsatz besagt für diesen Fall also, daß die Gesamtenergie E auf die Anteile der kinetischen Energie und der potentiellen Energie sich so verteilt, daß im *Zeitmittel*

$$\overline{E_{kin}} = -\tfrac{1}{2} \overline{E_{pot}} \tag{2.6.25}$$

oder mit (2.6.21) auch

$$\overline{E_{kin}} = -E \tag{2.6.26}$$

gilt.

2.6.5 Gravitationsgesetz. Himmelsmechanik

Um eine Theorie der kosmischen Bewegungen zu erhalten, mußte Newton zu den Grundlagen der Mechanik sein *Gravitationsgesetz* (um 1665) hinzufügen:

Zwei Massenpunkte m_i und m_k im Abstand r ziehen sich in Richtung ihrer Verbindungslinie mit einer Kraft vom Betrage

$$F = G \frac{m_i m_k}{r^2} \tag{2.6.27}$$

an.

Durch eine Integration – die wir hier nicht vorführen wollen – zeigte Newton zunächst, daß für die Anziehung zweier kugelförmiger Massen (Sonne, Planeten ...) von endlicher Ausdehnung genau dasselbe Anziehungsgesetz (2.6.27) gilt wie für entsprechende Massenpunkte. Sodann verifizierte er das Gravitationsgesetz, indem er davon ausging, daß der freie Fall an der Erdoberfläche (Galilei) und der Umlauf des Mondes beide durch Anziehungskraft der Erde beherrscht werden:

Die *Beschleunigung* (Kraft/Masse) beim freien Fall können wir aus Fallversuchen oder genauer mit dem Pendel messen. Ihr Zahlenwert ist am Äquator 9.78 m s^{-2} bzw. nach Berücksichtigung der Zentrifugalbeschleunigung der Erdrotation 0.034 m s^{-2} gleich

$$g_{\delta} = 9.81 \text{ m s}^{-2} \ . \tag{2.6.28}$$

---

[6] *Beweis:* Nach (2.6.20) hat die auf den Massenpunkt m_k wirkende Kraft die Komponenten

$$\boldsymbol{F}_k = \left\{ -\frac{\partial E_{pot}}{\partial x_k}, -\frac{\partial E_{pot}}{\partial y_k}, -\frac{\partial E_{pot}}{\partial z_k} \right\} .$$

Nunmehr zeigt man, daß für die Summe in dem Virial

$$\sum \boldsymbol{F}_k \cdot \boldsymbol{r}_k = -\sum \left(x_k \frac{\partial E_{pot}}{\partial x_k} + y_k \frac{\partial E_{pot}}{\partial y_k} + z_k \frac{\partial E_{pot}}{\partial z_k} \right) = E_{pot}$$

gilt. E_{pot} setzt sich nämlich zusammen aus lauter Bestandteilen der Form

$$\frac{1}{r_{kl}} = [(x_k - x_l)^2 + (y_k - y_l)^2 + (z_k - z_l)^2]^{-1/2} \ ,$$

woraus sich

$$\frac{\partial}{\partial x_k} \left(\frac{1}{r_{kl}} \right) = -(x_k - x_l) r_{kl}^{-3}$$

ergibt. Damit verifiziert man ohne weiteres unsere Behauptung.

Andererseits bewegt sich der Mond auf seiner Kreisbahn vom Radius r mit der Geschwindigkeit $v = 2\pi r/T$ ($T = 1$ siderischer Monat) und erfährt so die Beschleunigung (Abb. 2.6.1)

$$g_{☾} = \frac{v^2}{r} = \frac{4\pi^2 r}{T^2} = 2.72 \cdot 10^{-3}\,\mathrm{m\,s^{-2}} \tag{2.6.29}$$

($r = 384\,400$ km $= 3.844 \cdot 10^8$ m; $T = 27.32$ d $= 27.32 \cdot 86\,400$ s).
Die Beschleunigungen $g_{♁}$ und $g_{☾}$ verhalten sich in der Tat umgekehrt wie die Quadrate der Radien von Erde R und Mondbahn r, d.h.

$$g_{♁} : g_{☾} = \frac{1}{R^2} : \frac{1}{r^2} = 3620 \ . \tag{2.6.30}$$

Der Zahlenwert der universellen *Gravitationskonstanten* G erscheint hier nur in Verbindung mit der zunächst ebenfalls unbekannten Masse der Erde $\mathscr{M}$. Ebenso tritt in anderen astronomischen Problemen G nur in Verbindung mit der Masse des anziehenden Himmelskörpers auf. Man kann G also grundsätzlich *nicht* aus astronomischen Messungen erhalten, es muß vielmehr durch terrestrische Messungen bestimmt werden.

Als erster verwendete hierzu N. Maskelyne 1774 die Lotabweichung, d.h. die Ablenkung des Lotes durch die Anziehung eines Berges. H. Cavendish benutzte 1798 die Drehwaage, P.v. Jolly 1881 eine geeignete Hebelwaage. Das Ergebnis moderner Messungen ist

$$G = (6.673 \pm 0.001) \cdot 10^{-11}\,\mathrm{m^3\,s^{-2}\,kg^{-1}} \ . \tag{2.6.31}$$

Da die Schwerebeschleunigung an der Oberfläche der Erde (deren Rotation und Abplattung wir zunächst vernachlässigen wollen) mit deren Masse $\mathscr{M}$ und Radius R verknüpft ist durch die eben schon benutzte Beziehung $g = G\mathscr{M}/R^2$, so können wir nun die Masse $\mathscr{M}$ und die *mittlere Dichte* $\bar{\varrho} = \mathscr{M}/(4\pi/3)R^3$ *der Erde* berechnen und erhalten

$$\begin{aligned} \mathscr{M} &= 5.97 \cdot 10^{24}\,\mathrm{kg} \quad \text{und} \\ \bar{\varrho} &= 5500\,\mathrm{kg\,m^{-3}} = 5.5\,\mathrm{g\,cm^{-3}} \ . \end{aligned} \tag{2.6.32}$$

Auf die geophysikalische Bedeutung dieser Zahlen werden wir noch zu sprechen kommen.

Zunächst kehren wir zu Newtons Principia zurück und leiten aus den Grundgleichungen der Mechanik und dem Gravitationsgesetz die Keplerschen Gesetze ab, um gleichzeitig die tiefere Bedeutung der Gesetze selbst *und* der darin vorkommenden Zahlenkonstanten zu *verstehen*.

Da die Masse der Sonne offensichtlich sehr viel größer ist als die der Planeten, so betrachten wir vorerst die Sonne als ruhend und rechnen die Radiusvektoren $\boldsymbol{r}$ bzw. $r = |\boldsymbol{r}|$ der Planeten vom Mittelpunkt der Sonne aus. Die wechselseitige Anziehung der Planeten, ihre *Störungen*, sollen vorerst außer Betracht bleiben.

Die Bewegung *eines* Planeten um die Sonne erfolgt nun unter dem Einfluß der Zentralkraft $G\mathscr{M}m/r^2$, wo jetzt $\mathscr{M}$ die Masse der Sonne, $m (\ll \mathscr{M})$ die des Planeten bedeutet. Es gilt daher der Drehimpulssatz (2.6.17), d.h. der Drehimpulsvektor ($\boldsymbol{v}$: Geschwindigkeitsvektor des Planeten)

$$\boldsymbol{L} = \boldsymbol{r} \times m\boldsymbol{v} \tag{2.6.33}$$

ist nach Richtung und Betrag konstant. $\boldsymbol{r}$ und $\boldsymbol{v}$ bleiben also stets in derselben Ebene $\perp \boldsymbol{L}$, der raumfesten *Bahnebene* des Planeten. Dem Betrage nach (Abb. 2.6.3) ist $|\boldsymbol{r} \times \boldsymbol{v}| = rv \sin\alpha$ das Doppelte der vom Radiusvektor $\boldsymbol{r}$ des Planeten pro Zeiteinheit überstrichenen Fläche. Der Drehimpulssatz ist also identisch mit der Aussage, daß jeder Planet seine Bahn in einer raumfesten Ebene mit konstanter Flächengeschwindigkeit durchläuft (2. und teilweise 1. Keplersches Gesetz).

Wir wollen hier auf die Wiedergabe der etwas umständlichen Rechnungen verzichten, welche zeigen, daß die Bahn eines Massenpunktes (Planeten, Kometen ...) unter dem Einfluß einer Zentralkraft $\sim 1/r^2$ ein *Kegelschnitt* sein muß, d.h. Kreis (Exzentrizität $e = 0$), Ellipse ($0 < e < 1$), Parabel ($e = 1$) oder Hyperbel ($e > 1$) mit der Sonne im Brennpunkt (1. Keplersches Gesetz).

Dagegen schreiben wir den *Energiesatz* für die Planetenbewegung an: Bringen wir in Gedanken einen ursprünglich ruhenden Massenpunkt m aus dem Abstand r von der Sonne ($\mathscr{M}$) unter dem Einfluß der Gravitationskraft $G(\mathscr{M}m/r^2)$ ins Unendliche ($r \to \infty$), so ist die geleistete Arbeit gleich seiner potentiellen Energie $E_{\mathrm{pot}}(r)$, d.h.

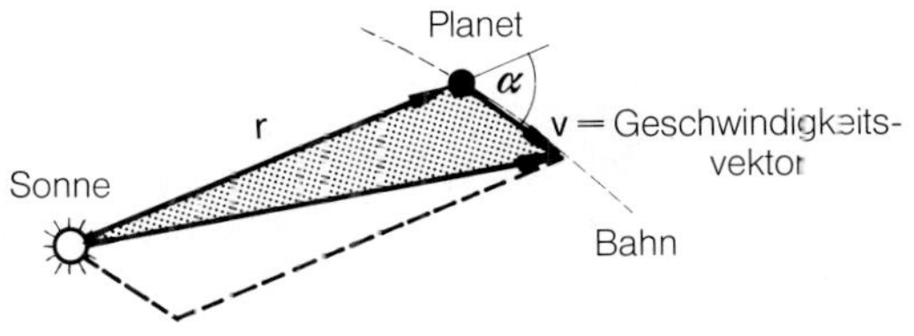

Abb. 2.6.3. Flächengeschwindigkeit eines Planeten $\frac{1}{2}|\boldsymbol{r} \times \boldsymbol{v}| = \frac{1}{2} rv \sin\alpha$

$$E_{pot}(r) = -G\int_r^\infty \frac{\mathcal{M}m}{r^2}dr = -G\frac{\mathcal{M}m}{r} \ . \qquad (2.6.34)$$

Da bei einer seitlichen Verschiebung keine Arbeit geleistet wird, sieht man leicht, daß dieser Ausdruck unabhängig ist von der Wahl des (Integrations-)Weges. Auf die Masseneinheit bezogen, bezeichnet man $\varphi(r) = -G\mathcal{M}/r$ als das *Potential* im Abstand r von der Sonne. Dies ist einer der grundlegenden Begriffe der Himmelsmechanik wie der theoretischen Physik.

Die Gesamtenergie $E = E_{kin} + E_{pot}$ eines Planeten

$$E = \frac{1}{2}mv^2 - G\frac{\mathcal{M}m}{r} \qquad (2.6.35)$$

bleibt also zeitlich konstant. Wir entnehmen daraus wieder, daß die Geschwindigkeit vom Aphel zum Perihel zunimmt.

Die vollständige Berechnung der Planetenbewegung und die Ableitung des 3. Keplerschen Gesetzes wollen wir nur für *Kreisbahnen* durchführen[7]. Dagegen werden wir hier – im Hinblick auf spätere Verallgemeinerung – nicht mehr voraussetzen, daß die Planetenmasse $\ll$ Sonnenmasse sei. Wir betrachten daher die Bewegung zweier Massen einerseits um ihren gemeinsamen Schwerpunkt S und andererseits die Relativbewegung der beiden Massen, bezogen z.B. auf die größere. Es seien (Abb. 2.6.4) m_1 und m_2 die Massen, a_1 und a_2 ihre Abstände vom Schwerpunkt S und $a = a_1 + a_2$ ihr gegenseitiger Abstand. Dann gilt – entsprechend der Definition des Schwerpunktes –:

$$a_1 : a_2 : a = m_2 : m_1 : (m_1 + m_2)\ , \quad \text{bzw.}$$

$$m_1 a_1 = m_2 a_2 = \frac{m_1 m_2}{m_1 + m_2} a \ . \qquad (2.6.36)$$

Für jede der beiden Massen muß nun die Anziehungskraft $G m_1 m_2 / a^2$ der Zentrifugalkraft das Gleichgewicht

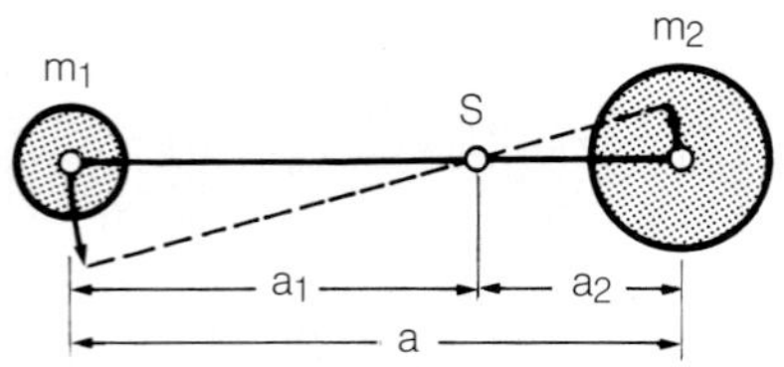

Abb. 2.6.4. Bewegung der Massen m_1 und m_2 um ihren gemeinsamen Schwerpunkt S. Es ist $m_1 a_1 = m_2 a_2$

halten. Bezeichnen wir die Umlaufzeit des Systems mit T, so ist letztere für m_1

$$\frac{m_1 v_1^2}{a_1} = \left(\frac{2\pi}{T}\right)^2 m_1 a_1 \qquad (2.6.37)$$

und für m_2 wegen Actio = Reactio bzw. (2.6.36) selbstverständlich gleich groß. Unter nochmaliger Anwendung dieser Gleichung und (2.6.36) erhalten wir nach Umordnung der Faktoren

$$\frac{a^3}{T^2} = \frac{G}{4\pi^2}(m_1 + m_2) \ . \qquad (2.6.38)$$

Lassen wir die Voraussetzung von Kreisbahnen fallen, so bewegen sich die Massen m_1 und m_2 auf ähnlichen Kegelschnitten um den Schwerpunkt S; auch die relative Bahn ist ein entsprechender Kegelabschnitt. An die Stelle der Bahnradien treten dann – wie wir hier nicht explizit durchrechnen wollen – die *großen Bahnhalbachsen*, die wir gleichfalls mit a_1, a_2 und a bezeichnen werden. So erhalten wir das verallgemeinerte 3. Keplersche Gesetz (2.6.38). Im Sonnensystem ist – wie wir sehen werden – die Masse z.B. des größten Planeten, Jupiter, nur $\simeq 1/1000$ Sonnenmasse. Mit entsprechender Genauigkeit können wir also rechts $m_1 + m_2$ gleich der Sonnenmasse $\mathcal{M}_\odot$ setzen. Durch Einsetzen der Zahlenwerte für die Bahn der Erde oder eines Planeten in (2.6.38) erhalten wir die *Masse der Sonne* $\mathcal{M}_\odot$. Deren scheinbarer Halbmesser 16′ in Verbindung mit a gibt ihren Radius $R_\odot$. Aus $(4\pi/3)R^3\bar{\varrho} = \mathcal{M}$ erhalten wir schließlich noch ihre mittlere Dichte $\bar{\varrho}_\odot$. Die Zahlenwerte sind:

$$\begin{aligned} &\text{Masse} && \mathcal{M}_\odot = 1.989 \cdot 10^{30}\,\text{kg}\ , \\ &\text{Radius} && R_\odot = 6.960 \cdot 10^{8}\,\text{m}\ , \\ &\text{Dichte} && \bar{\varrho}_\odot = 1409\,\text{kg}\,\text{m}^{-3}\ . \end{aligned} \qquad (2.6.39)$$

Die Unsicherheit beträgt jeweils ungefähr ± eine Einheit der letzten Ziffer.

In entsprechender Weise berechnen wir die *Massen der Planeten* (Tabelle 2.8.1) durch Anwendung des 3. Keplerschen Gesetzes (2.6.38) auf die Bahnen ihrer Monde. Sind keine Monde vorhanden, so muß man – was natürlich viel schwieriger ist – die gegenseitigen Störungen der Planeten heranziehen. Die Weltraumfahrt eröffnet über die Bahnbewegungen künstlicher Satelliten und

[7] Die vollständige Durchrechnung findet man in jedem Lehrbuch der Mechanik.

Raumsonden weitere Möglichkeiten der Massenbestimmung.

Es ist interessant, das „Keplerproblem" noch vom Standpunkt des Energiesatzes (2.6.35) aus zu betrachten: Für eine *Kreisbahn* ist die Zentrifugalkraft gleich der Anziehungskraft der beiden Massen und daher $mv^2/r = G(\mathscr{M}m/r^2)$ oder

$$\frac{mv^2}{2} = \frac{1}{2} G \frac{\mathscr{M}m}{r} \; . \tag{2.6.40}$$

Es ist also die kinetische Energie $E_{\rm kin}$ gleich $-\frac{1}{2}\times$ potentielle Energie,

$$E_{\rm kin} = -\tfrac{1}{2} E_{\rm pot} \; , \tag{2.6.41}$$

ein Spezialfall des Virialsatzes (2.6.25) für die periodische Bewegung eines einzelnen Massenpunkts unter der Anziehung einer Zentralkraft.

Betrachten wir andererseits eine *Parabelbahn* (z. B. nichtperiodischer Komet): Im Unendlichen ist hier die potentielle *und* kinetische Energie gleich Null. Aus $E = 0$ folgt nach (2.6.35)

$$\frac{mv^2}{2} = G \frac{\mathscr{M}m}{r} \quad \text{oder} \quad E_{\rm kin} = -E_{\rm pot} \; . \tag{2.6.42}$$

In demselben Abstand von der Sonne ist also die parabolische Geschwindigkeit, d. h. v auf einer Parabel, $\sqrt{2}$-mal größer als die Kreisbahn-Geschwindigkeit. Z. B. ist die mittlere Geschwindigkeit der Erde $30\,\mathrm{km\,s^{-1}}$, die Geschwindigkeit eines Kometen oder Sternschnuppenschwarmes, der uns auf einer Parabelbahn begegnet, $30\sqrt{2} = 42.4\,\mathrm{km\,s^{-1}}$.

Neben dem Keplerproblem hat Newton noch viele andere Probleme der Himmelsmechanik gelöst.

Wenigstens in Umrissen besprechen wir zunächst die *Präzession*. Das Wandern der Erdachse um den Pol der Ekliptik beruht auf demselben Prinzip wie die entsprechende Bewegung des Spielkreisels unter dem Einfluß der Erdschwere: Der Äquatorwulst der Erde wird von Mond und Sonne – deren Massen wir uns im Mittel über so lange Zeiträume längs ihrer Bahnen verteilt denken können – in die Ebene der Ekliptik (der Mond hat ja nur eine kleine Bahnneigung) gezogen. Auf dieses Drehmoment $\boldsymbol{M}$ (Abb. 2.6.5) reagiert der praktisch in der Rotationsachse der Erde liegende Eigendrehimpulsvektor $\boldsymbol{S}$ („Spin") der Erde nach (2.6.16). Die Änderungen von $\boldsymbol{S}$ entsprechend $d\boldsymbol{S}/dt = \boldsymbol{M}$ bewirken, wie man aus

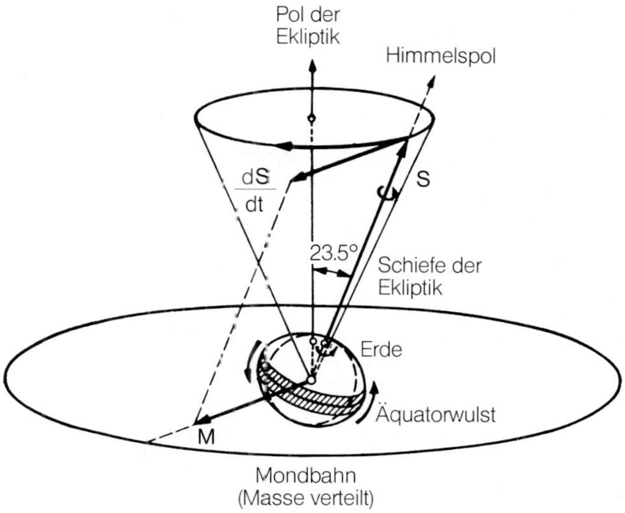

Abb. 2.6.5. Lunare Präzession

Abb. 2.6.5 ohne weiteres sieht, den bekannten Umlauf von $\boldsymbol{S}$ bzw. der Erdachse auf einem Kegel mit konstantem Öffnungswinkel. Die zahlenmäßige Durchrechnung ergibt die richtige Periode der lunisolaren Präzession (Abb. 2.2.1).

Für spätere Anwendungen geben wir noch den Eigendrehimpuls eines *starr* rotierenden Körpers an, in dem alle Massenelemente dieselbe Winkelgeschwindigkeit $\boldsymbol{\omega}$ haben ($\omega = |\boldsymbol{\omega}| = 2\pi/P_{\rm rot}$; $P_{\rm rot}$ Rotationsperiode):

$$\boldsymbol{S} = \sum_k \boldsymbol{r}_k \times m_k \boldsymbol{v}_k = \sum_k \boldsymbol{r}_k \times m_k (\boldsymbol{\omega} \times \boldsymbol{r}_k) = J\boldsymbol{\omega} \; , \tag{2.6.43}$$

wobei

$$J = \sum_k m_k r_k^2 \tag{2.6.44}$$

das *Trägheitsmoment* bezüglich der Rotationsachse ist. Für eine homogene Kugel der Masse $\mathscr{M}$ mit dem Radius R ist

$$J = \tfrac{2}{5} \mathscr{M} R^2 \; . \tag{2.6.45}$$

2.6.6 Gezeiten

Sodann sollten wir noch kurz das alte Problem der Gezeiten oder Tiden besprechen. Eine völlig unrichtige Theorie des (den Mittelmeervölkern ja nur vom Hörensagen bekannten) 12stündigen Wechsels von Ebbe (ablaufendes Wasser) und Flut (steigendes Wasser) hat s. Z. Galilei in Kontroversen verwickelt, die wesentlich zum Zustande-

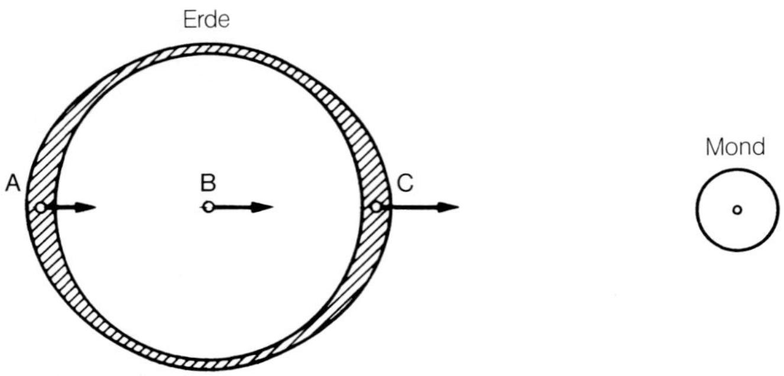

Abb. 2.6.6. Statische Theorie der Gezeiten. Die Beschleunigung der angezeichneten drei Punkte gegen den Mond ist, entsprechend ihrer verschiedenen Entfernung von diesem, A, untere Kulmination des Mondes: $b-b_G$; B, Erdmittelpunkt (Schwerpunkt): b; C, obere Kulmination des Mondes: $b+b_G$. Die (starre) Erde als Ganzes nimmt die Beschleunigung b an. In A und C bleibt infolgedessen eine Beschleunigung b_G übrig, die an beiden Punkten Hochwasser erzeugt

kommen seines unglücklichen Inquisitionsprozesses beitrugen. Die Elemente einer *statischen* Theorie der Gezeiten hat wieder Newton entwickelt (Abb. 2.6.6).

Der Beschleunigungsvektor (d.h. die Differenz von Schwere- und Zentrifugalbeschleunigung), welche bei der Bewegung von Erde und Mond um ihren gemeinsamen Schwerpunkt z.B. auf ein Wasserteilchen im Ozean ausgeübt wird, zeigt sowohl bei der oberen wie auch bei der unter Kulmination des Mondes, d.h. bei seinem Durchgang durch den Meridian im Süden und im Norden, nach *oben*. Dort wird also das Wasser angehoben, wir haben Hochwasser. Ständig umkreisen die Erde, entsprechend der scheinbaren Bewegung des Mondes (1 Mondtag = 24 h 51 min), zwei „Hochwasserberge" und zwei „Niedrigwasser-Täler" mit einer täglichen Verspätung von 51 Minuten.

Die Gezeitenbeschleunigung b_G an der Erdoberfläche (Erdradius R) z.B. der unteren Kulmination (Punkt A in Abb. 2.6.6) ist die *Differenz* zwischen der Gravitationsbeschleunigung durch die anziehende Masse $\mathscr{M}$ am Erdmittelpunkt (Entfernung r von $\mathscr{M}$) und der bei A (Entfernung $r+R$):

$$b_G = \frac{G\mathscr{M}}{r^2} - \frac{G\mathscr{M}}{(r+R)^2} \simeq \frac{2G\mathscr{M}}{r^3} R \ . \qquad (2.6.46)$$

Die Gezeitenkraft ist also proportional $1/r^3$ und stärker von der Entfernung abhängig als die Gravitationskraft. Daher betragen die Gezeitenkräfte der Sonne trotz ihrer erheblich größeren Masse nur ungefähr die Hälfte von denen des Mondes. Bei Neumond und Vollmond wirken die Gezeitenkräfte von Mond und Sonne zusammen und erzeugen die Springflut; im ersten und letzten Viertel wirken sie einander entgegen, wir haben Nippflut. Tatsächlich erklärt die dargestellte statische Theorie nur die gröbsten Züge der Erscheinungen. Die *dynamische* Theorie der Gezeiten untersucht, wie die verschiedenen Meeresbecken zu erzwungenen Schwingungen entsprechend den verschiedenen Perioden der scheinbaren Bewegungen von Mond und Sonne angeregt werden. Die Vorausberechnung der Gezeiten nach G. Darwin läuft im wesentlichen heraus auf eine harmonische (Fourier-)Analyse und Synthese nach den erwähnten astronomischen Frequenzen. Die Gezeitenreibung in engen Meeresstraßen bewirkt, wie wir schon in Abschn. 2.3 erwähnten, eine Bremsung der Erdrotation und damit eine *Zunahme der Tageslänge*. Nach dem Drehimpulssatz (2.6.17) muß der von der Erde abgegebene Eigendrehimpuls auf die Bahnbewegung des Mondes übertragen werden. Da nach dem 3. Keplerschen Gesetz der Bahndrehimpuls pro Masseneinheit proportional zur Quadratwurzel aus dem Bahnradius ist, so muß also der Mond sich langsam von der Erde entfernen.

2.6.7 Ptolemäisches und kopernikanisches Weltsystem

Wir wollen die Theorie der Planetenbewegung nicht abschließen, ohne vom modernen Standpunkt aus zurückblickend die entscheidende Wendung vom ptolemäischen zum kopernikanischen Weltsystem ganz klarzumachen (Abb. 2.6.7).

Von der Sonne aus (heliozentrisch) aufgetragen, sei der Ortsvektor eines Planeten $\boldsymbol{r}_P$, der der Erde $\boldsymbol{r}_E$. Dann ist der von der Erde aus (geozentrisch) gesehene Ort des Planeten gekennzeichnet durch den Differenzvektor

$$\boldsymbol{R} = \boldsymbol{r}_P - \boldsymbol{r}_E \ . \qquad (2.6.47)$$

Von hier aus kehren wir noch einmal zurück zum *geozentrischen* Standpunkt des Ptolemäus: (a) Bei den *äußeren* Planeten (z.B. Mars) beginnen wir damit, daß wir von der *Erde* aus zunächst den Vektor $\boldsymbol{r}_P$ auftragen und ihn in derselben Weise umlaufen lassen wie vorher um die Sonne. Zu $\boldsymbol{r}_P$ addieren wir nach (2.6.47) den Vektor $-\boldsymbol{r}_E$ (Lagevektor der Sonne, von der Erde aus gesehen) und erhalten so den Lagevektor $\boldsymbol{R}$ des Planeten von der Erde aus gesehen. Der immaterielle Kreis, den $\boldsymbol{r}_P$ mit der siderischen Umlaufzeit des Planeten um die Erde beschreibt, ist der ptolemäische Deferent. Der andere Kreis, den um

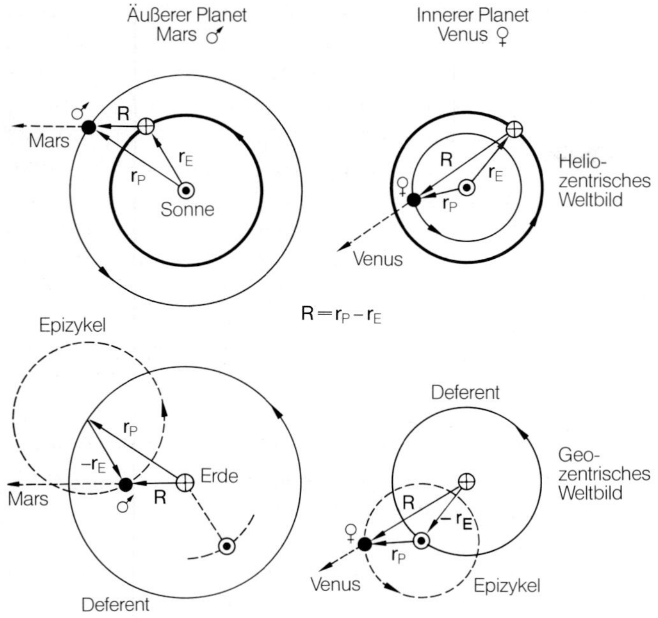

Abb. 2.6.7. Bewegung eines äußeren Planeten (Mars) und eines inneren Planeten (Venus) an der Himmelssphäre, heliozentrisch und geozentrisch dargestellt (⊙ Sonne, ⊕ Erde). Der gestrichelte Pfeil zeigt jeweils die Stellung des Planeten am Himmel. Es entsprechen für

	äußere Planeten	innere Planeten
Deferent	r_P	$-r_E$
Epizykel	$-r_E$	r_P

den Punkt r_P nun der Planet am Ende des Vektors $-r_E$ mit der siderischen Umlaufzeit der Erde beschreibt, ist der ptolemäische Epizykel. (b) Bei den *inneren* Planeten erschien es den Alexandrinern naheliegender, um die Erde zunächst den größeren Vektor mit der Periode von einem siderischen Jahr um die Erde als Deferent kreisen zu lassen und dann um den Punkt $-r_E$ den kleineren Vektor r_P mit der siderischen Umlaufzeit des Planeten als Epizykel laufen zu lassen.

Soweit entsprechen die geozentrischen Konstruktionen noch genau der Gleichung $\boldsymbol{R} = r_P - r_E$. Die Darstellung unter (b), auf *alle* Planeten angewandt, entspräche dem Weltsystem von Tycho Brahe.

Tatsächlich aber haben wir den Übergang zum ptolemäischen Weltsystem noch nicht vollständig vollzogen: Solange man nur den Ort der Planeten am Himmel, d. h. nur ihre Richtung, nicht aber ihre Entfernung messen konnte, kam es nur auf die Richtung, nicht aber auf den Betrag des Vektors $\boldsymbol{R}$ an. Man konnte $\boldsymbol{R}$ also für jeden Planeten in einem anderen Maßstab auftragen. Das heißt, die Vektoren

$$\boldsymbol{R}'_P = A_P \cdot \boldsymbol{R}_P \tag{2.6.48}$$

mit einem festen, aber sonst willkürlichen Zahlenfaktor A_P für jeden Planeten geben im ptolemäischen Weltbild noch eine völlig einwandfreie Darstellung der Bewegungen der Planeten am Himmel.

Nun übersehen wir klar, was bei dem stufenweisen Rückgang vom kopernikanischen zum ptolemäischen Weltsystem verlorengegangen ist:

1) Der Wechsel des Koordinatensystems bedeutet den Verzicht auf eine einfache mechanische Erklärung.
2) Die Maßstabfaktoren A_P lassen zwar die Positionen der Planeten an der Sphäre unverändert, aber die wechselseitigen Lagebeziehungen der Planeten im Raum gehen dadurch verloren.
3) Daß in der ptolemäischen Darstellung die jährliche Periode – entsprechend der Bewegung von r_E – für *jeden* Planeten *unabhängig* eingeführt wird, bedingt mit die „Umständlichkeit" des alten Weltbildes.

Es ist aber wichtig, sich klarzumachen, daß die rein *kinematische* Betrachtung der Bewegungen der Planeten am Himmel eine Entscheidung zwischen dem alten und dem neuen Weltbild nicht zuließ. Weiter führten eigentlich erst Galileis Beobachtungen mit dem Fernrohr (1609): (a) Jupiter mit den ihn frei umkreisenden Monden konnte man als ein „Modell" des kopernikanischen Planetensystems betrachten. (b) Die Phasen der Venus bestimmen die relative Lage von Sonne, Erde und Venus. Die Kleinheit der Phasenwinkel z. B. des Jupiter spricht jedenfalls qualitativ für Kopernikus. Schon die *Idee* einer Himmels*mechanik* setzte – dies sollte man nicht vergessen – voraus, daß vorher über die grundsätzliche *Gleichartigkeit* kosmischer und terrestrischer Materie und ihrer Physik Klarheit bestand.

2.7 Künstliche Satelliten und Raumfahrzeuge. Weltraumforschung

Im Anschluß an die Himmelsmechanik betrachten wir noch kurz die Bahnen künstlicher Satelliten und Raumfahrzeuge. Dabei wollen wir hier nur das Schwerefeld der Erde berücksichtigen, uns auf Kreisbahnen beschränken und die bremsende Wirkung der Erdatmosphäre vernachlässigen.

Ein Satellit, der eine Kreisbahn in unmittelbarer Nähe der Erde (Erdradius $R = 6378$ km) beschreibt, muß nach (2.6.40) eine Geschwindigkeit $v_0 = 7.9\,\mathrm{km\,s^{-1}}$ und eine Umlaufzeit $T_0 = 84.4$ min haben. Bei größeren Bahnen vom Radius r ist nach dem 3. Keplerschen Gesetz die Geschwindigkeit $v = v_0(r/R)^{-1/2}$ und die Umlaufzeit $T = T_0(r/R)^{3/2}$. Insbesondere wird die Umlaufzeit gleich 1 Sterntag für $r = 6.6$ Erdradien. Ein solcher Synchronsatellit „steht" dann in fast 36000 km Höhe über derselben Stelle der Erdoberfläche.

Um ein Raumfahrzeug, das keinen Treibsatz mitführt, aus dem Schwerefeld der Erde (allein) ins Unendliche zu bringen, muß ihm mindestens die parabolische oder Entweichgeschwindigkeit $v_0\sqrt{2} = 11.2\,\mathrm{km\,s^{-1}}$ erteilt werden.

Jules Verne wollte in seinem herrlichen Roman „Von der Erde zum Mond" (1865)[8] dieses Problem mit Hilfe einer gigantischen Kanone lösen. Dies geht aber nicht, da die Anfangsgeschwindigkeit einer Granate nicht wesentlich über der – zu kleinen – Schallgeschwindigkeit in den Pulvergasen liegen kann.

Größere Geschwindigkeiten erreicht man mittels *Raketen*. Wir verdeutlichen uns deren Mechanik zunächst für eine Rakete ohne Schwerkraft (d.h. auf einer horizontalen Testbahn oder im Weltraum) und ohne Luftwiderstand. Es sei die Masse von Hülle usw. plus Treibstoff zur Zeit t gleich $m(t)$. Die Änderung von $m(t)$ pro Zeiteinheit, entsprechend der Masse der pro Zeiteinheit ausgestoßenen Verbrennungsprodukte, sei dm/dt. Ist nun die Ausströmungsgeschwindigkeit der Verbrennungsprodukte relativ zur Rakete gleich v_E, so wird der pro Zeiteinheit auf sie übertragene Impuls gleich $-(dm/dt)\,v_E$. Betrachten wir nun die Beschleunigung der Rakete vom Standpunkt eines mitfliegenden Astronauten aus, so erhalten wir die Newtonsche Bewegungsgleichung

$$m(t)\frac{dv}{dt} = -\frac{dm}{dt}v_E \quad \text{oder} \qquad \frac{dv}{v_E} = -\frac{dm}{m(t)}\,. \tag{2.7.1}$$

Durch Integration erhalten wir mit der Anfangsbedingung, daß beim Start $t = 0$, $v = 0$ die Masse gleich m_0 sein soll, die *Raketengleichung*

$$v = v_E \ln\frac{m_0}{m(t)}\,. \tag{2.7.2}$$

Hätten wir das (homogene) Schwerefeld in der Nähe der Erde mit berücksichtigt, so käme bei senkrechtem Start rechts der bekannte Term $-gt$ hinzu.

Rechnen wir – einigermaßen günstig – mit $v_E = 4\,\mathrm{km\,s^{-1}}$ und beim Ausbrennen mit $m_0/m = 10$, so erreichen wir (ohne Luftwiderstand!) als Endgeschwindigkeit unserer einstufigen Rakete $v = 9.2\,\mathrm{km\,s^{-1}}$. Für die eigentliche Weltraumfahrt muß man daher *mehrstufige* Raketen verwenden, deren Grundprinzip durch mehrmalige Anwendung der Raketengleichung (2.7.2) ohne weiteres deutlich wird.

Im 2. Weltkrieg wurde in Deutschland die V 2-Rakete konstruiert, welche Höhen von fast 200 km erreichen konnte. Nach dem Kriege wurden in den USA die V 2 und verbesserte Raketen zur Erforschung der höchsten Schichten der Erdatmosphäre (Ozonschicht, Ionosphäre) und der kurzwelligen Sonnenstrahlung ($\lambda < 285$ nm) verwendet. Auch heute noch ist die Forschung mit einfachen Raketen von Bedeutung, denn sie erschließt uns mit verhältnismäßig bescheidenem Aufwand die von der Erdatmosphäre vollständig absorbierten Spektralgebiete: das kurzwellige Ultraviolett, die Röntgenstrahlung und Gammastrahlung kosmischer Gebilde und auf der anderen Seite das Infrarot bis in den mm-Bereich und schließlich die von der Ionosphäre reflektierte Radiofrequenzstrahlung mit Wellenlängen etwa von 30 m bis 1 km. Die Beobachtungsdauer ist allerdings auf wenige Minuten beschränkt.

1957 gelang es sowjetischen Forschern, den ersten *künstlichen Satelliten* Sputnik 1 auf eine Umlaufbahn mit kleinster Höhe 225 km und größter Höhe 950 km zu bringen. Seitdem sind tausende von Satelliten für Zwecke der Forschung und der Nachrichtentechnik gestartet worden. Besonders wichtig für lange astronomische Beobachtungsreihen außerhalb der Erdatmosphäre ist eine gute Stabilisierung des Satelliten auf mindestens $1''$, wie es zuerst mit den OSO- und OAO-Serien der NASA (National Aeronautics and Space Administration der USA) gelang. Einige für die astronomische Forschung bedeutende Satelliten sind in Tabelle 2.7.1 aufgeführt. Auf deren Instrumentierung kommen wir zum Teil in Kap. 3 zu sprechen; über die von den Satelliten gewonnenen und telemetrisch zur Erde übertragenen Meßergebnisse berich-

[8] Unsere Futurologen könnten beim Lesen von Jules Vernes Voraussagen vor Neid erblassen: Seine Abschußstelle liegt nur 150 km von Cape Canaveral entfernt. Zur Beobachtung des Projektils wird ein $\simeq 200''$-Spiegelteleskop(!) gebaut; einer der ersten Tests ist die vollständige Auflösung des Crabnebels!

Tabelle 2.7.1. Einige astronomische Satelliten

Start	Bezeichnung		Aufgaben (Wellenlängen- bzw. Energiebereiche)
1962/75	OSO-Serie	Orbiting Solar Observatory	Solare UV-, Röntgen-, Gammastrahlung
1970	SAS-1 = UHURU	Small Astronomical Satellite (im Rahmen der Explorer-Serie)	Röntgenstrahlung
1972	OAO-3 = Copernicus	Orbiting Astronomical Observatory	Stellare UV-Strahlung (95 – 156 nm) mit hoher Spektralauflösung, ...
1975	COS-B		Gammastrahlung (50 – 5000 MeV)
1978	IUE	International Ultraviolet Explorer	UV-Spektroskopie (115 – 320 nm)
1978	HEAO-2 = Einstein	High Energy Astronomical Observatory	Röntgenstrahlung (0.1 – 3 keV), erstmals mit abbildendem Teleskop
1983	IRAS	Infrared Astronomical Satellite	Infrarot (12 – 100 μm)
1983	EXOSAT	European X-Ray Observatory Satellite	Röntgenstrahlung (0.04 – 40 keV)
1987	Ginga	(japan.) Galaxie	Röntgenstrahlung (1.5 – 30 keV)
1989	HIPPARCOS	High Precision Parallax Collecting Satellite	Stellare Parallaxen
1989	COBE	Cosmic Background Explorer	Mikrowellenstrahlung (0.1 – 10 mm)
1990	HST	Hubble Space Telescope	2.4 m-Teleskop für optischen und UV-Bereich
1990	ROSAT	Röntgen-Satellit	83 cm Röntgenteleskop (0.1 – 2 keV)
1991	GRO	Gamma Ray Observatory	Gammastrahlung (0.02 – 30000 MeV)

ten wir jeweils bei den betreffenden kosmischen Objekten.

Den ersten *bemannten* Weltraumflug wagte 1961 J. Gagarin mit einer Erdumkreisung auf Wostok 1. 1973/74 führten drei verschiedene Besatzungen auf dem ersten Weltraumlaboratorium *Skylab* astronomische, biologische und technische Experimente durch.

Seit Beginn der 1980er Jahre wird für den Start von Satelliten usw. bei der NASA in steigendem Maße die mehrstufige Trägerrakete durch die bemannte, wiederverwendbare *Weltraumfähre* (Space Shuttle) abgelöst, wobei der Absturz der „Challenger" 1986 zu einer erheblichen Verzögerung im Raumfahrtprogramm führte. Die Raumfähren (Abb. 2.7.1) sind voll manövrierfähig und können auf einer Landepiste wieder landen.

Das senkrecht startende System besteht aus zwei Feststoffraketen, deren Triebwerke wieder geborgen werden können, einem nicht wieder verwertbaren riesigen Treibstofftank und dem eigentlichen, flugzeugähnlichen Raumgleiter (Orbiter). Je nach Nutzlast werden Erdumlaufbahnen von 200 bis maximal 1000 km Höhe erreicht. Satelliten, die wie z. B. die geostationären Satelliten auf höhere Bahnen gebracht werden müssen, benötigen noch einen zusätzlichen Raketenantrieb. Mit dem Shuttle können auf einem Flug mehrere Satelliten gestartet, Behälter mit Instrumenten ausgesetzt und wieder eingesammelt sowie Reparaturen und Wartung von Satelliten durchgeführt werden. Das Shuttle selbst kann als erdumkreisendes Weltraumlaboratorium (Spacelab) dienen und sein Einsatz dürfte den Bau zukünftiger größerer Raumstationen ermöglichen.

Bei der Erforschung anderer Himmelskörper mit Raumfahrzeugen war der *Mond* als unser nächster Nachbar naturgemäß das erste Ziel. 1959 näherte sich ihm die sowjetische Sonde Luna 1 bis auf etwa 5000 km, landete Luna 2 „hart" auf seiner Oberfläche und übermittelte Luna 3 die ersten Bilder von seiner Rückseite. Abbildung 2.7.2 veranschaulicht den unbemannten Flug einer der amerikanischen Ranger-Raumsonden (1961/65) mit harter Landung. Eine neue Phase der Monderkundung begann 1966 mit der erfolgreichen weichen Landung von Luna 9 und mit dem Einschwenken von Luna 10 in eine Umlaufbahn um den Mond als dessen erster künstlicher Satellit.

Das ebenso schwierige wie kostspielige Problem der *Landung von Menschen auf dem Mond* bereitete die NASA 1966/69 durch Erkundungen möglicher Landeplätze durch mehrere Lunar Orbiter und weich gelandete

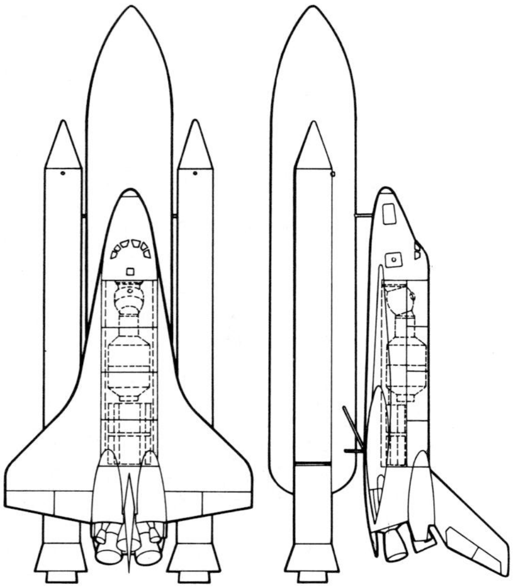

Abb. 2.7.1. Weltraumfähre (Space Shuttle). *Oben:* Startkonfiguration, bei der der Raumgleiter mit dem großen Treibstofftank und zwei Feststoffraketen fest verbunden ist. Gesamthöhe rund 56 m. *Unten:* Raumgleiter mit aufgeklapptem Transportraum für die Nutzlast. Der Greifarm dient zum Aussetzen oder Einholen z. B. eines Satelliten. (Mit freundlicher Genehmigung von Octopus Books Ltd., London)

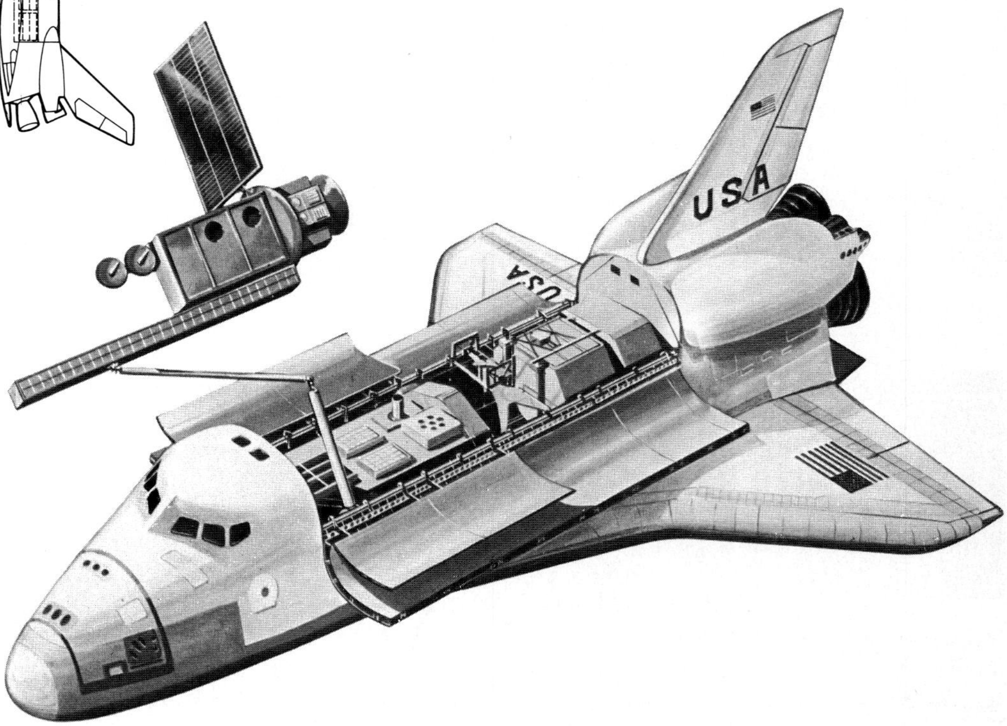

Surveyor-Sonden sowie durch bemannte Probeflüge auf Mondumlaufbahnen und verschiedene Simulationsexperimente vor. Die Landung selbst wurde nach folgendem Prinzip bewältigt: Mittels einer dreistufigen Rakete wird der Mond angeflogen. Während einer der Astronauten in der Kommandoeinheit den Mond vielmals umkreist, landen die beiden anderen Astronauten mittels eines Hilfsfahrzeugs (LM: Lunar Module) auf dem Mond. Nach Durchführung ihrer Aufgaben starten sie mit Hilfe eines Raketenmotors, koppeln ihr LM an die 3. Raketenstufe wieder an und treten in dieser nach Abstoßen des unnötig gewordenen Hilfsfahrzeugs die Rückfahrt an. Die wesentlichen Schwierigkeiten der Landung liegen in der starken Erhitzung beim Wiedereintritt in die Erdatmosphäre (Hitzeschild!) und der zeitweiligen Unterbrechung des Funkverkehrs durch die Ionisation der Luft.

Die erste Landung auf dem Mond führten 1969 mit Apollo 11 die Astronauten N. Armstrong, M. Collins und E. Aldrin im Mare Tranquillitatis durch (Abb. 2.7.3). Sie hinterließen dort eine Forschungsstation, die u. a. ein Seismometer enthält und brachten 22 kg Mondgestein und loses Material zur Erde. Bis 1972 erfolgten

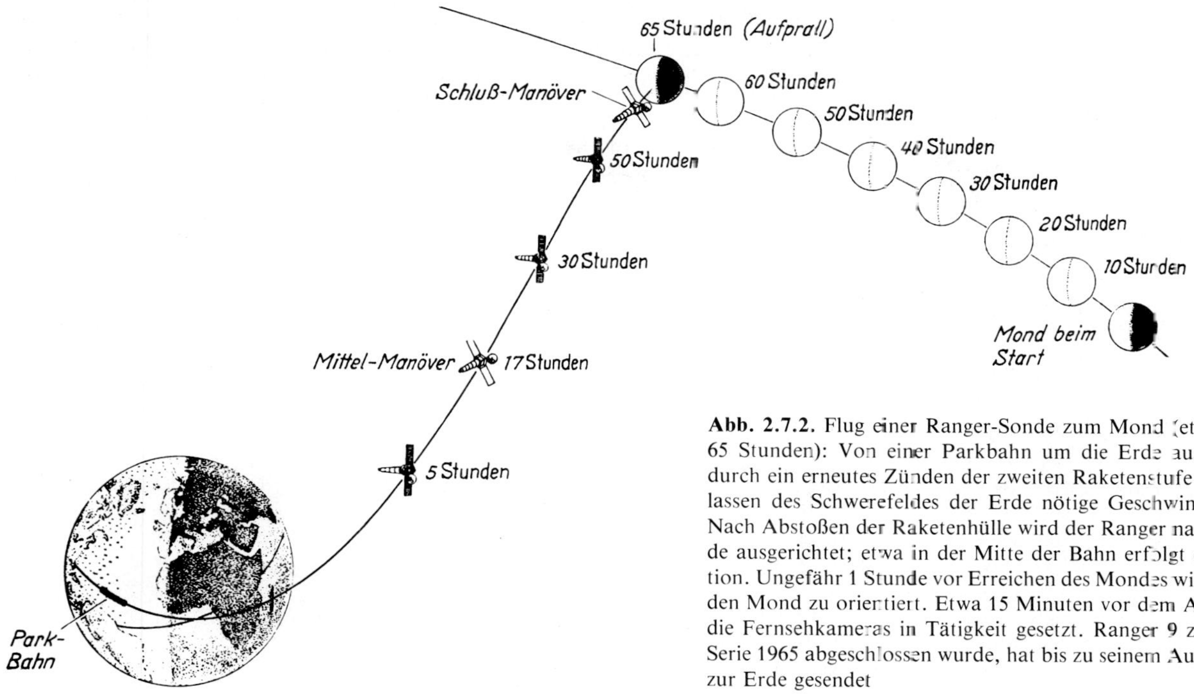

Abb. 2.7.2. Flug einer Ranger-Sonde zum Mond (etwa 400000 km in 65 Stunden): Von einer Parkbahn um die Erde aus wird die Sonde durch ein erneutes Zünden der zweiten Raketenstufe auf die zum Verlassen des Schwerefeldes der Erde nötige Geschwindigkeit gebracht. Nach Abstoßen der Raketenhülle wird der Ranger nach Sonne und Erde ausgerichtet; etwa in der Mitte der Bahn erfolgt eine Bahnkorrektion. Ungefähr 1 Stunde vor Erreichen des Mondes wird der Ranger auf den Mond zu orientiert. Etwa 15 Minuten vor dem Auftreffen werden die Fernsehkameras in Tätigkeit gesetzt. Ranger 9 z.B., mit dem die Serie 1965 abgeschlossen wurde, hat bis zu seinem Aufprall 5800 Bilder zur Erde gesendet

noch fünf weitere Mondlandungen im Rahmen des Apollo-Projekts.

Sowjetische Forscher haben indessen die Technik unbemannter automatisierter bzw. ferngesteuerter Mondexpeditionen entwickelt. Sie haben 1970/76 mit *unbemannten* Weltraumfahrzeugen der Luna-Serie Gesteinsproben zur Erde geholt. Die beiden Mondautomobile Lunochod 1 und 2 erkundeten auf ihren ferngesteuerten Fahrten weitere Gebiete der Mondoberfläche.

Neben zahllosen neuen Beobachtungen zur Struktur und Vorgeschichte der Mondoberfläche haben die Apollflüge auch für die Himmelsmechanik des *Erde-Mond-Systems* eine originelle Neuerung gebracht, das „Mond-Katzenauge" oder – so der offizielle Name – den „Laser Ranging Retro-Reflector": Ein Glas- oder Quarzprisma, dessen Gestalt der abgeschnittenen Ecke eines Würfels entspricht, hat die Eigenschaft, daß ein Lichtstrahl nach Reflexion in allen drei Würfelflächen

Abb. 2.7.3. Das Landefahrzeug (Lunar Module) von Apollo 11 ist im Mare Tranquillitatis gelandet. Astronaut E. Aldrin stellt die seismische Station auf. Vorn erkennt man viele kleine Krater. Auf dem Boden liegen Gesteinsbrocken; in dem feinen Staub hinterlassen die Schuhe der Astronauten scharfe Abdrücke genau in seiner Ankunftsrichtung zurückgeworfen wird. Solche Reflektoren wurden auf dem Mond aufgestellt. Durch ein großes Spiegelteleskop kann man nun intensive Laser-Blitze zum Mond senden und aus deren Laufzeit bis zur Rückkehr die Entfernung mit einer Genauigkeit von etwa 15 cm entnehmen. So kann die Genauigkeit mehrerer wichtiger Konstanten des Erde-Mond-Systems zum Teil um mehrere Zehnerpotenzen verbessert werden.

Die Erkundung des *Planetensystems* durch unbemannte Raumfahrzeuge begann in den 1960er Jahren mit Flügen zu Venus und Mars. Während die amerikanischen Missionen zunächst keine Landungen, sondern Messungen bei möglichst nahen Vorbeiflügen durch Sonden der Serien Mariner und Pioneer vorsahen, hatten mehrere der sowjetischen Raumsonden der Serie Venera und Mars das Ziel, Meßkapseln auf die Planetenoberflächen abzusetzen. Auf die vielfältige Instrumentierung von Raumsonden, die u.a. Kameras für direkte Aufnahmen, Spektrometer und Radiometer und Detektoren für Teilchen und Magnetfelder umfaßt, können wir hier nicht eingehen.

Der erste erfolgreiche Vorbeiflug an Venus fand 1962 durch Mariner 2 statt, an Mars 1965 durch Mariner 4. Mariner 10 erkundete 1974 zunächst Venus und flog dann weiter zum Merkur, nachdem seine Flugbahn durch das Schwerefeld der Venus geeignet umgelenkt wurde. Diese „Fly-by-Technik“ wurde später auch – im Gravitationsfeld des Jupiter – für die Mission z.B. der Voyager-Sonden zu den äußeren Planeten angewendet (Abb. 2.7.4).

Die Atmosphäre der *Venus* wurde 1967 erstmals *in situ* durch eine Kapsel vermessen, welche – von der Raum-

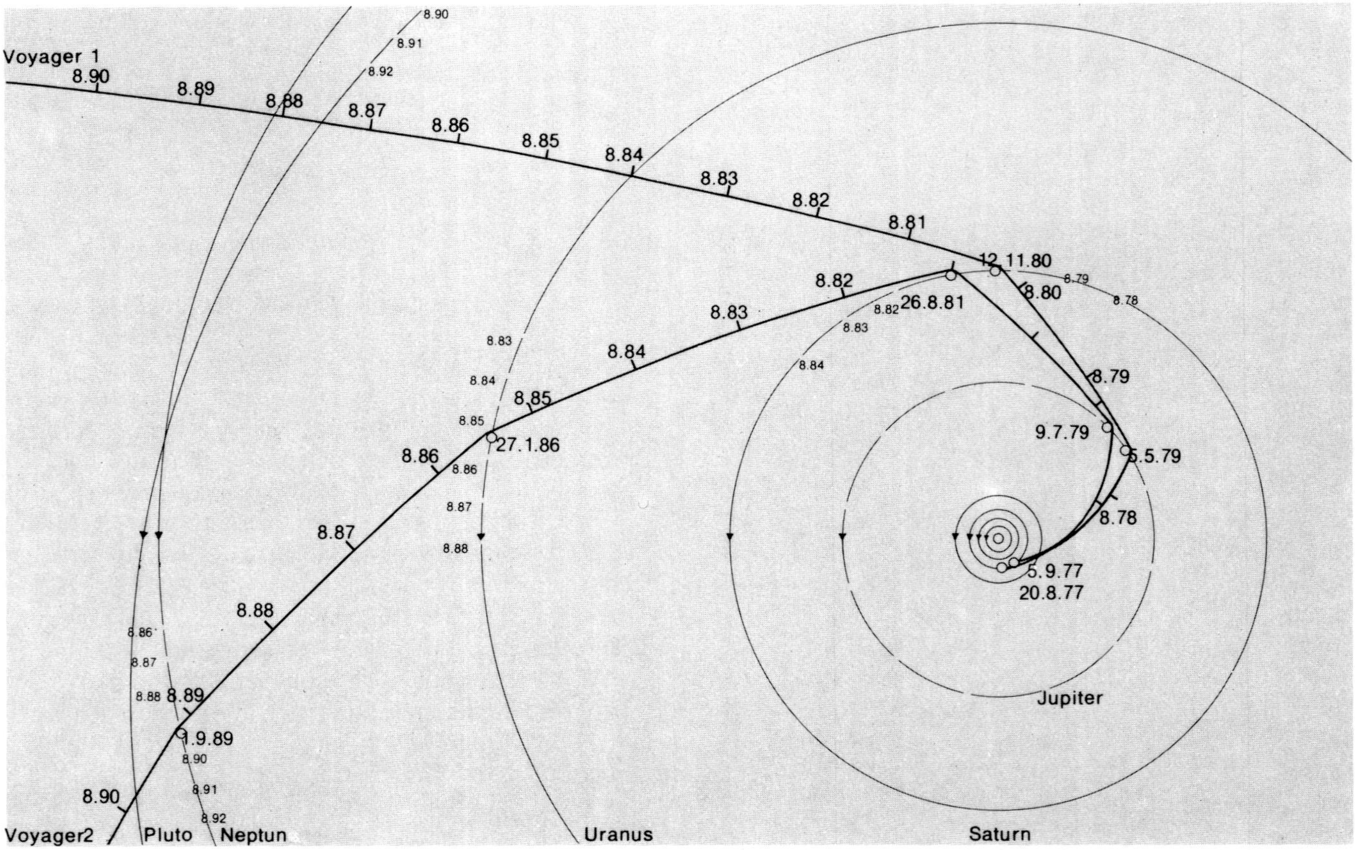

Abb. 2.7.4. Bahnen der Raumsonden Voyager 1 (Start 5. 9. 1977) und Voyager 2 (20. 8. 1977) zu den großen Planeten. Das Gravitationsfeld von Jupiter wird ausgenutzt, um die erforderliche Bahnänderung für die Vorbeiflüge an Saturn (1980 bzw. 1981) herbeizuführen (Fly-by-Technik). Die günstige Konstellation der Planeten ermöglichte es, daß mit dieser Technik Voyager 2 noch Uranus (1986) und Neptun (1989) erreichte. G. Hunt und P. Moore (1983). (Mit freundlicher Genehmigung des Herder-Verlag, Freiburg)

sonde Verena 4 abgesetzt – an einem Fallschirm zu Boden sank. 1970 glückte mit Verena 7 die erste einer Reihe von Landungen auf der Venusoberfläche. Für längere Beobachtungsreihen sind künstliche Satelliten (Orbiter) in Umlaufbahnen um den Planeten gebracht worden. So führen z.B. Pioneer Venus 1 seit 1978 und Magellan seit 1990 Kartographierungen der Venusoberfläche mittels Radar durch.

Auch zur Erforschung des *Mars* sind Orbiter in Umlaufbahnen eingeflogen worden: Mariner 9, Mars 2 und 3 (1971), Mars 5 (1973) und zuletzt Viking 1 und 2 (1976). Während die von Mars 3 zur Oberfläche abgesenkte Meßkapsel nur 20 s lang Daten sendete, haben wir durch die beiden Viking Lander umfangreiches Material von Einzelheiten der Marsoberfläche gewonnen.

Raumfahrtmissionen zu den *großen Planeten* begannen 1972 mit dem Start von Pioneer 10, der 1973 Jupiter erreichte, und 1973 mit Pioneer 11, der nach dem Vorbeiflug an Jupiter (1974) auch Saturn (1979) aus der Nähe erkundete. Die beiden 1977 gestarteten Raumsonden Voyager 1 und 2 führten erfolgreiche Naherkundungen des Jupiter- und Saturnsystems durch; Voyager 2 erreichte 1986 auch Uranus und schließlich 1989 noch Neptun (Abb. 2.7.4).

Das sonnennahe *interplanetare Medium* konnte ab 1974/76 erstmals durch die „Sonnensonden" Helios 1 und 2 erforscht werden, deren Bahnen Perihele von rund 0.3 AE erreichten.

Nachdem 1985 der International Cometary Explorer durch den Schweif des Kometen Giacobi-Zinner flog, bot die Wiederkehr des *Halleyschen Kometen* 1986 gleich fünf Raumsonden mit vielfältigen Instrumenten Gelegenheit, u.a. Gas und Staub einer Kometenkoma in situ zu untersuchen und seinen Kern aus der Nähe zu photographieren: Die beiden japanischen Sonden Sakigake und Suisei näherten sich Halley bis auf $7 \cdot 10^6$ bzw. 150000 km, die sowjetischen Sonden Vega 1 und 2 – nach Vorbeiflügen an Venus (Vega = Venus-Halley, russ. *Ve*nera-*Ga*llei) – bis auf rund 8 bis 9000 km, während die europäische Sonde Giotto in nur 600 km Entfernung am Kometenkern vorbeiflog.

Die Ergebnisse der bemannten und unbemannten Flüge zum Mond sowie der interessanten Missionen im Planetensystem werden wir im Zusammenhang mit den betreffenden Objekten besprechen.

2.8 Physikalische Beschaffenheit der Planeten und ihrer Monde

Die Untersuchung der Planeten und ihrer Satelliten hat sich in den letzten Jahren unter der Führung der Weltraumforschung zu einem der interessantesten, aber auch schwierigsten Kapitel der Astrophysik entwickelt. Die Deutung der Beobachtungen verlangt insbesondere alle verfügbaren Hilfsmittel der Physikalischen Chemie sowie der Erdwissenschaften (Geologie, Mineralogie, ...). Wir beginnen in Abschn. 2.8.1 mit einigen Bemerkungen zur Methodik, können aber die benötigten Instrumente zum Teil erst in Kap. 3 behandeln. Dann besprechen wir einige allgemeine theoretische Gesichtspunkte, den Energiehaushalt der Planeten (Abschn. 2.8.2), den inneren Aufbau und die Stabilität (Abschn. 2.8.3) sowie den Aufbau der Atmosphären der Planeten (Abschn. 2.8.4).

Auf dieser Grundlage berichten wir zuerst über die Erde und dann den Mond – die am genauesten studierten Mitglieder des Planetensystems – sowie die erdartigen Planeten Merkur, Venus und Mars (Abschn. 2.8.5) und schließlich über die Planetoiden (Abschn. 2.8.6). Alle diese Himmelskörper haben mittlere Dichten $\bar{\varrho}$ im Bereich von 3000 bis 5500 kg m^{-3}, etwa entsprechend terrestrischen Gesteinen oder Metallen. Dann wenden wir uns den völlig anders gebauten großen Planeten Jupiter, Saturn, Uranus und Neptun zu, deren mittlere Dichten $\bar{\varrho}$ im Bereich 700 bis 1600 kg m^{-3} – ungefähr entsprechend verflüssigten Gasen im Laboratorium – liegen (Abschn. 2.8.7). Abschließend besprechen wir den viel kleineren Pluto (Abschn. 2.8.8).

Die Entstehung und Entwicklung unseres Planetensystems (Kosmogonie) kann sinnvoll erst im Zusammenhang mit der Entwicklung der Sterne diskutiert werden (Kap. 6).

2.8.1 Möglichkeiten zur Erforschung der Planeten und Satelliten

Über die Messung der scheinbaren und wahren Durchmesser der Planeten, über ihre Massen und die damit berechneten mittleren Dichten $\bar{\varrho}$ brauchen wir nichts weiter auszuführen. Zahlenwerte (auch zum folgenden) sind in Tabelle 2.8.1 zusammengestellt; ein anschauliches Bild der wahren Größen von Planeten und Sonne gibt Abb. 2.8.1.

Die *Rotationsdauer* kann man ermitteln aus der Beobachtung irgendwelcher hinreichend permanenter Ober-

Tabelle 2.8.1. Physikalische Beschaffenheit der Planeten und des Mondes. Radius in Einheiten von $R_{\oplus} = 6378.1$ km, Masse in Einheiten von $\mathcal{M}_{\oplus} = 5.97 \cdot 10^{24}$ kg. Totale Beschleunigung g enthält die Zentrifugalbeschleunigung

	Äquatorialer Radius $R/R_{\oplus}$	Masse $\mathcal{M}/\mathcal{M}_{\oplus}$	Mittlere Dichte $\bar{\varrho}$ [g cm^{-3} = 10^3 kg m^{-3}]	Siderische Rotationsdauer [d]	Neigung des Äquators gegen Bahnebene	Totale Beschleunigung am Äquator g [m s^{-2}]	Globale Effektivtemperatur $\bar{T}_{\mathrm{eff}}$ [K]
Merkur	0.38	0.055	5.43	58.65	2°	3.7	443
Venus	0.95	0.82	5.24	243.0[a]	3°	8.9	230
Erde	1.00	1.00	5.52	0.997	23.5°	9.8	255
Mond	0.27	0.012	3.34	27.32	6.7°	1.6	274
Mars	0.53	0.11	3.93	1.03	23.9°	3.7	216
Jupiter	11.2	317.8	1.33	0.41	3.1°	23.2	125
Saturn	9.45	95.1	0.70	0.45	26.7°	9.3	94
Uranus	4.02	14.6	1.27	0.72	98°	(8.4)	58
Neptun	3.89	17.1	1.64	0.67	29°	(10.9)	58
Pluto	0.18	(0.002)	(2.1)	6.39	122°	(0.7)	(42)

[a] retrograde Rotation

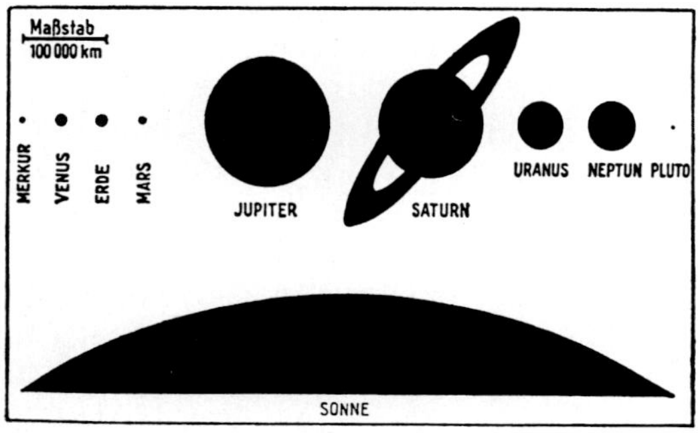

Abb. 2.8.1. Die wahren Größen der Planeten und der Sonne

flächenerscheinungen. Eine andere Möglichkeit bildet der Dopplereffekt der Fraunhoferlinien im reflektierten Sonnenlicht oder der Absorptionslinien der Atmosphäre selbst.

Die *Radartechnik* ermöglicht, bei den nächsten Planeten ringförmige Zonen um den Mittelpunkt des Planetenscheibchens nach den Laufzeitdifferenzen der Radarwellen zu unterscheiden. Rotiert der Planet, so kann man weiterhin Streifen parallel zur Projektion der Rotationsachse nach den Differenzen in der Dopplerverschiebung der reflektierten Welle unterscheiden. Mit der 300 m-Paraboloidantenne bei Arecibo auf Puerto Rico gelang es 1964/65 endlich, die *Rotation von Venus und Merkur* eindeutig zu messen und sogar auf der Oberfläche der Venus durch die völlig dichte Wolkendecke hindurch einzelne Berge und Krater zu lokalisieren.

Rückschlüsse auf die *Massenverteilung* im Inneren der Planeten usw. können gewonnen werden durch Messung der Abplattung infolge der Rotation, aus der Präzessions- oder Kreiselbewegung im Gravitationsfeld einer anderen Masse (Abschn. 2.6.5) und aus genauen Messungen des Gravitationspotentials bzw. der Schwerebeschleunigung an der Oberfläche sowie – mittels künstlicher Satelliten oder Raumsonden – im Außenraum des Planeten. Bei der Erde und auch beim Mond geben außerdem die Untersuchungen der Ausbreitung seismischer Wellen Auskunft über die Tiefenabhängigkeit der Elastizitätskonstanten und der Dichte.

Das *Reflexionsvermögen* beschreibt man durch Angabe der *Albedo*, definiert als Verhältnis des nach allen Seiten reflektierten bzw. gestreuten Sonnenlichts zum einfallenden Licht. Ihre Stärke und Abhängigkeit von der Wellenlänge gibt insbesondere bei den Planetoiden und Monden Hinweise auf die Beschaffenheit ihrer Oberflächen. Etwas eingehendere Auskunft gibt – soweit meßbar – die Helligkeit als Funktion des Phasenwinkels bzw. die Flächenhelligkeit als Funktion von Einfalls- und Ausfallswinkel, sowie Messung der *Polarisation* des Lichtes.

Im *Spektrum* eines Planeten lassen sich vom Erdboden aus wenigstens manche Gase durch ihre Absorptionsbanden nachweisen, welche zusätzlich zu den Fraunhoferlinien des reflektierten Sonnenspektrums auftreten. Durch Beobachtungen außerhalb der Erdatmosphäre, z. B. von einem Satelliten aus, werden die Störungen durch die terrestrischen Banden von H_2O, CO_2, O_3 ...

vermieden und weitere Bestandteile der Atmosphäre durch ihre Linien im Ultraviolett und Infrarot der Analyse zugänglich.

Über die *Temperaturen* in den Atmosphären oder – sofern diese hinreichend durchsichtig sind – an den Oberflächen der Planeten und Satelliten erhalten wir Auskunft durch Messung der Intensität ihrer thermischen Eigenstrahlung im Infrarot oder im mm- bis dm-Gebiet des Radiospektrums. Welchen Schichten die gemessenen Strahlungstemperaturen jeweils zuzuordnen sind, kann freilich erst in Verbindung mit einem theoretischen Modell der Atmosphäre geklärt werden.

Die vielfältigen Möglichkeiten der *Weltraumfahrt* bei der Erforschung des Planetensystems, wie nahe Vorbeiflüge von Raumsonden an Planeten und ihren Satelliten, bemannte und unbemannte Landungen mit in situ-Messungen oder künstliche Satelliten um andere Planeten für längere Beobachtungsreihen, haben wir bereits in Abschn. 2.7 behandelt und dort einen Überblick über die wichtigsten Missionen zum Mond und den Planeten gegeben.

Ehe wir uns den einzelnen Planeten und ihren Satelliten zuwenden, stellen wir noch einige theoretische Bemerkungen über ihren Energiehaushalt, den Aufbau ihres Inneren und ihrer Atmosphären und ihre Stabilität voran.

2.8.2 Globaler Energiehaushalt der Planeten

Die *Zustrahlung* von der Sonne ist in 1 AE Entfernung durch die Solarkonstante $S = 1.37\ \mathrm{kW\,m^{-2}}$ gegeben (Abschn. 4.3.2); für einen Planeten mit dem Bahnradius r ist sie

$$S(r) = S\left(\frac{r}{1\,\mathrm{AE}}\right)^{-2} . \qquad (2.8.1)$$

Der Planet (Radius R) nimmt hiervon $\pi R^2(1-A)S(r)$ auf, wenn A seine mittlere Albedo (sein mittleres Reflexionsvermögen) ist. Für die Erde ist $A \simeq 0.3$, wobei ein wesentlicher Anteil durch die Wolken (mit Reflexionsvermögen $\simeq 0.5$) bedingt ist, die im Mittel die Hälfte der Oberfläche bedecken.

Die *Abstrahlung* erfolgt überwiegend im Infrarot und wäre für einen „schwarzen" Planeten der Temperatur T nach dem Stefan-Boltzmannschen Strahlungsgesetz Oberfläche $4\pi R^2 \times \sigma T^4$ (Strahlungskonstante $\sigma = 5.67 \cdot 10^{-8}\ \mathrm{W\,m^{-2}\,K^{-4}}$, Abschn. 4.2.3).

Bei Körpern wie den Planeten, welche keine schwarzen Strahler sind, wird eine *globale effektive Temperatur* $\bar{T}_{\mathrm{eff}}$ durch das Stefan-Boltzmannsche Gesetz *definiert*.

Da die Zustrahlung zusammen mit dem Wärmestrom Q aus inneren Energiequellen und die Abstrahlung sich die Waage halten, gilt

$$\pi R^2(1-A)S(r) + 4\pi R^2 Q = 4\pi R^2 \sigma \bar{T}_{\mathrm{eff}}^4 . \qquad (2.8.2)$$

Für die erdähnlichen Planeten sind die inneren Energiequellen gegenüber der solaren Zustrahlung zu vernachlässigen; so ist bei der Erde der mittlere Wärmestrom, dessen Quelle überwiegend die beim Zerfall radioaktiver Elemente in der Gesteinskruste freigesetzte Energie ist, nur $Q = 0.06\ \mathrm{W\,m^{-2}} \simeq 10^{-4}\,S$. Hingegen ergeben Infrarotmessungen für die großen Planeten Jupiter, Saturn und Neptun eine Wärmeausstrahlung, die die absorbierte Sonnenstrahlung um das 2 bis 3.5fache übertrifft:

	Jupiter	Saturn	Neptun
$\dfrac{4\sigma \bar{T}_{\mathrm{eff}}^4}{(1-A)S(r)}$	$1.9(\pm 0.2)$	$\simeq 3.5$	$2.4(\pm 1)$

Bei dieser Energie handelt es sich um freiwerdende Gravitationsenergie oder um Restwärme aus der Zeit der Entstehung der Planeten. Ob auch Uranus eine innere Energiequelle hat, ist noch nicht eindeutig geklärt: Im Gegensatz zu den Infrarotbeobachtungen scheint die von Voyager 2 beobachtete Temperaturverteilung auf der Planetenoberfläche auf eine innere Quelle hinzudeuten.

Die globalen Effektivtemperaturen sind mit in Tabelle 2.8.1 aufgeführt. Wie wir bei der Diskussion der einzelnen Planeten sehen werden, weichen die an den Oberflächen und in den Atmosphären der Planeten tatsächlich auftretenden Temperaturen erheblich von $\bar{T}_{\mathrm{eff}}$ ab. Zum einen bestimmen Rotation und atmosphärische Strömungen entscheidend den Ausgleich der Temperatur zwischen Tag- und Nachthälfte, zum anderen kann eine starke Abhängigkeit der Durchlässigkeit von der Wellenlänge der Strahlung zu dem bekannten „Treibhauseffekt" oder zur Aufheizung einzelner Schichten, wie z.B. der Ozonschicht der Erdatmosphäre, führen.

2.8.3 Innerer Aufbau und Stabilität

Der Druckverlauf im Innern eines Planeten oder Mondes (oder auch eines Sterns, Abschn. 4.12.1) ist durch das *hy-*

drostatische Gleichgewicht bestimmt. Betrachten wir im Abstand r vom Mittelpunkt ein Volumelement mit der Grundfläche dA und der Höhe dr, so steht dessen Masse $\varrho(r)\,dA\,dr$ (ϱ: Dichte) unter dem Einfluß der Anziehung aller weiter innen gelegenen Massen. Für den innerhalb einer Kugel vom Radius r befindlichen Teil der Masse des Planeten $\mathscr{M}(r)$ gilt

$$\mathscr{M}(r) = \int_0^r \varrho(r')4\pi r'^2 dr' \quad \text{bzw.} \quad \frac{d\mathscr{M}(r)}{dr} = 4\pi r^2 \varrho(r) \,. \tag{2.8.3}$$

$\mathscr{M}(r)$ bewirkt an seiner Oberfläche nach dem Newtonschen Anziehungsgesetz die Schwerebeschleunigung

$$g(r) = \frac{G\mathscr{M}(r)}{r^2} \,. \tag{2.8.4}$$

Im Bereich unseres Volumelements ändert sich also der Druck p um

$$\begin{aligned} -dp\,dA &= \varrho(r)\,dA\,dr \cdot g(r) \\ \text{Kraft} &= \text{Masse} \cdot \text{Beschleunigung} \,. \end{aligned} \tag{2.8.5}$$

Die *hydrostatische Gleichung* lautet demnach für den Planeten

$$\frac{dp}{dr} = -\varrho(r)\,g(r) = -\varrho(r)\frac{G\mathscr{M}(r)}{r^2} \,. \tag{2.8.6}$$

Diese können wir für den Spezialfall einer *homogenen* Kugel mit $\varrho(r) = \bar{\varrho} = \text{const}$ leicht integrieren und somit den Druck p_c im Zentrum abschätzen. Es sei $\mathscr{M}$ die Gesamtmasse des Planeten und R sein Radius; dann folgt mit $\mathscr{M}(r)/\mathscr{M} = (r/R)^3$ aus (2.8.6)

$$p_c = \int_R^0 \frac{dp}{dr}\,dr = \bar{\varrho}\int_0^R \frac{G\mathscr{M}}{r^2}\left(\frac{r}{R}\right)^3 dr = \frac{1}{2}\bar{\varrho}\frac{G\mathscr{M}}{R} \,. \tag{2.8.7}$$

Es läßt sich zeigen, daß der homogene Fall einen Minimalwert für p_c ergibt, sofern nur $\varrho(r)$ nach innen monoton zunimmt.

Für den Erdmittelpunkt erhalten wir aus (2.8.7) und (2.6.32) die Abschätzung $p_c \simeq 1.7 \cdot 10^{11}$ Pa $\simeq 1.7$ Mbar[9], die etwa einen Faktor zwei kleiner als der genaue Wert ist.

Im allgemeinen Fall benötigen wir zur Lösung der hydrostatischen Gleichung die *Zustandsgleichung* der Materie $p = p(\varrho, T$; chemische Zusammensetzung) und können somit die Druck- bzw. Dichteschichtung nur zusammen mit dem Temperaturverlauf $T(r)$ erhalten. Letzterer wird durch den Energietransport bestimmt. Im Innern der erdähnlichen Planeten hängt die Zustandsgleichung nur schwach von T ab, so daß hier $\bar{\varrho}$ und $\mathscr{M}$ zusammen mit Information über die Massenverteilung (Abschn. 2.8.1) und die chemische Zusammensetzung den inneren Aufbau praktisch festlegen. Die Drücke im tiefen Innern der Planeten liegen über den derzeit im Laboratorium herstellbaren Drücken; für die Zustandsgleichung müssen hier theoretische Überlegungen herangezogen werden.

Wir betrachten jetzt noch die *Stabilität* eines Satelliten gegenüber Gezeitenkräften. Ein Satellit, der im Abstand r seinen Zentralkörper umkreist, wird durch dessen Gezeitenkräfte (Abschn. 2.6.6) auseinandergezogen und bei starker Annäherung zerrissen bzw. gar nicht erst gebildet werden. Wenn der Satellit nicht allzu klein ist, dürfen wir von seiner inneren Kohäsion absehen und können die maßgebenden Gravitationskräfte leicht abschätzen. Es sei für den Zentralkörper (Planet) die Masse $\mathscr{M}$, der Radius R und die mittlere Dichte $\bar{\varrho}$; entsprechend für den Satelliten $\mathscr{M}_s$, R_s und $\bar{\varrho}_s$. Nun können wir die gegenseitige Anziehung der Teile des Satelliten abschätzungsweise berechnen, wie wenn zwei Massen $\simeq \mathscr{M}_s/2$ einen gegenseitigen Abstand R_s hätten, d.h. als

$$G\frac{\mathscr{M}_s\mathscr{M}_s}{4R_s^2} \,. \tag{2.8.8}$$

Auf der anderen Seite ist nach (2.6.46) die Gezeitenkraft, welche die beiden fiktiven Massen $\mathscr{M}_s/2$ auseinanderzieht, gleich $G\mathscr{M}\mathscr{M}_s \cdot R_s/r^3$. Zentrifugal- (bzw. Trägheits-)terme sind von derselben Größenordnung wie die angeschriebenen Kräfte. Die Bedingung für die Stabilität des Satelliten lautet also

$$G\frac{\mathscr{M}_s\mathscr{M}_s}{4R_s^2} \geq cG\frac{\mathscr{M}\mathscr{M}_s}{r^3} \cdot R_s \,, \tag{2.8.9}$$

wo c eine Zahl der Größenordnung eins bedeutet. Berücksichtigt man noch, daß für den Satelliten $\mathscr{M}_s = (4\pi/3)\bar{\varrho}_s R_s^3$ und entsprechend für den Planeten $\mathscr{M} = (4\pi/3)\bar{\varrho} R^3$ gilt, so erhält man

$$\frac{r}{R} \geq (4c)^{1/3}\left(\frac{\bar{\varrho}}{\bar{\varrho}_s}\right)^{1/3} . \tag{2.8.10}$$

---

[9] 1 Pa (Pascal) = 1 N m^{-2} = 1 kg m^{-1} s^{-2} ist die SI-Einheit für den Druck. 1 Pa = 10 dyn cm^{-2} = 10^{-5} bar.

Eine genauere Rechnung nach E. Roche (1850) ergibt (genauer gesagt, für einen – wie z.B. unser Mond – mitrotierenden Satelliten) die *Stabilitätsgrenze*:

$$\frac{r}{R} \geq 2.44 \left(\frac{\bar{\varrho}}{\bar{\varrho}_s}\right)^{1/3} . \quad (2.8.11)$$

Ein (größerer) Satellit, der die gleiche Dichte hat wie sein Zentralkörper, „darf" also diesem nicht näher sein als 2.44 Planetenradien.

Bei *kleineren* Satelliten sind hingegen, wie H. Jeffreys (1947) bemerkte, die inneren Kohäsionskräfte zu berücksichtigen. Diese überwiegen die Eigengravitation für Körper mit Radien $R_s \leq R_0$, wobei R_0 durch die *Zugfestigkeit* ζ bestimmt ist, d.h. durch die maximale Kraft pro Anfangsquerschnitt, mit der ein Körper bei Dehnung belastet werden kann ohne zu zerreißen. Im Rahmen unserer obigen Abschätzung der Anziehungskraft (2.8.8) ist

$$\zeta R_0^2 \simeq \frac{G\mathcal{M}_s^2}{4R_0^2} = \frac{1}{4}\left(\frac{4\pi}{3}\right)^2 G\bar{\varrho}_s^2 R_0^4 \quad (2.8.12)$$

oder bis auf einen Faktor der Größenordnung eins

$$R_0 \simeq \left(\frac{\zeta}{G\bar{\varrho}_s^2}\right)^{1/2} . \quad (2.8.13)$$

Für Gesteine beträgt die Zugfestigkeit $\zeta \simeq 10^8$ Pa, für Eis $\simeq 2 \cdot 10^7$ Pa und für lockeres Material, etwa den kohligen Chondriten (Abschn. 2.9.2) entsprechend, $\lesssim 10^6$ Pa. Demnach liegt R_0 für eine Dichte $\bar{\varrho}_s \simeq 3000\,\mathrm{kg\,m^{-3}}$ im Bereich von 30 . . . 300 km. Aus dieser Betrachtung sehen wir gleichzeitig, daß die hydrostatische Gleichung (2.8.6) für den Aufbau von Planeten und nicht allzu kleinen Monden eine gute Näherung darstellt. Schließlich können wir für kleinere Satelliten die *Stabilitätsgrenze* abschätzen, indem wir ζR_0^2 mit der Gezeitenkraft $G\mathcal{M}\mathcal{M}_s R_s/r^3$ vergleichen. Wir sehen leicht, daß diese Grenze erheblich näher am Zentralkörper liegt als die *Rochesche* Grenze (2.8.11) für die größeren durch Eigengravitation dominierten Satelliten. Genaue Rechnungen, die auch den dynamischen Vorgang des Zerreißens selbst berücksichtigen, ergeben $r/R \simeq 1.4$.

2.8.4 Aufbau der Planetenatmosphären

Die Druckschichtung einer Planetenatmosphäre ist wie der Druckverlauf im Innern durch die hydrostatische Gleichung (2.8.6) bestimmt. Ist die Ausdehnung der Atmosphäre klein gegenüber dem Planetenradius R, so können wir die Schwerebeschleunigung (2.8.4) als konstant annehmen, $g = G\mathcal{M}/R^2$. Führen wir noch die Höhe $h = r - R$ ein, so wird

$$\frac{dp}{dh} = -g\varrho(h) . \quad (2.8.14)$$

Der Druck p ist mit der Dichte ϱ bzw. Teilchendichte n, der Temperatur T und dem mittleren Molekulargewicht $\bar{\mu}$ durch die Zustandsgleichung des idealen Gases verknüpft

$$p = \varrho \frac{kT}{\bar{\mu} m_u} = \varrho \frac{\mathcal{R}T}{M} = nkT . \quad (2.8.15)$$

$k = 1.38 \cdot 10^{-23}\,\mathrm{JK^{-1}}$ ist die Boltzmann-Konstante, $\mathcal{R} = 8.31\,\mathrm{JK^{-1}\,mol^{-1}}$ die Gaskonstante, $m_u = 1.66 \cdot 10^{-27}$ kg die Atommassenkonstante, $M\,[\mathrm{kg\,mol^{-1}}]$ die Molmasse. Einsetzen in (2.8.14) ergibt

$$\frac{dp}{p} = -\frac{g\bar{\mu}m_u}{kT}dh = -\frac{dh}{H} \quad (2.8.16)$$

mit der Äquivalenthöhe oder Skalenhöhe

$$H = \frac{kT}{g\bar{\mu}m_u} . \quad (2.8.17)$$

Ist H konstant, so können wir leicht integrieren und erhalten die für mäßige Höhenbereiche brauchbare barometrische Höhenformel

$$\ln p - \ln p_0 = -h/H \quad \text{oder} \quad p = p_0 e^{-h/H} , \quad (2.8.18)$$

wo p_0 den Druck am Boden bzw. in der Ausgangsschicht $h = 0$ bedeutet. Ganz allgemein folgt aus (2.8.16) für den Bereich zwischen zwei Niveaus der Höhen h_1 und h_2 mit den Drücken p_1 und p_2

$$\ln p_2 - \ln p_1 = -\int_{h_1}^{h_2} \frac{dh}{H(h)} . \quad (2.8.19)$$

Wegen (2.8.16) hängt also der Aufbau einer Planetenatmosphäre ab von (a) der Schwerebeschleunigung g, (b) dem mittleren Molekulargewicht $\bar{\mu}$, d.h. der chemischen Zusammensetzung und evtl. der Dissoziation und Ionisation der atmosphärischen Gase und (c) der Temperaturverteilung $T(h)$. Letztere ist bedingt durch die Mechanismen des *Energietransports*, d.h. der Zu- und Abfuhr der Wärmeenergie in jeder Schicht h bis $h+dh$, die durch Konvektion und Strahlung (und in einigen Schichten auch durch Wärmeleitung) erfolgt.

Den Temperaturgradienten in einer *konvektiven* Atmosphäre, in der heiße Materie adiabatisch (ohne Wärmeaustausch mit der Umgebung) aufsteigt und abgekühlte absteigt, erhalten wir durch logarithmische Differentiation nach h aus der bekannten Adiabatengleichung

$$T \sim p^{1-(1/\gamma)} , \tag{2.8.20}$$

wo $\gamma = c_p/c_v$ das Verhältnis der spezifischen Wärmekapazitäten bei konstantem Druck bzw. Volumen bezeichnet:

$$\frac{1}{T}\frac{dT}{dh} = \left(1-\frac{1}{\gamma}\right)\frac{1}{p}\frac{dp}{dh} . \tag{2.8.21}$$

Verwenden wir noch die hydrostatische Gleichung (2.8.14) zusammen mit der Zustandsgleichung (2.8.15) und der Beziehung $c_p - c_v = k/\bar{\mu} m_u$, so wird der *adiabatische* Temperaturgradient

$$\frac{dT}{dh} = -\frac{g}{c_p} . \tag{2.8.22}$$

In der unteren, konvektiv instabilen Erdatmosphäre, der Troposphäre, ergibt sich mit $g = 9.81 \text{ m s}^{-2}$ für trockene Luft ($c_p = 1005 \text{ J kg}^{-1}\text{K}^{-1}$) ein Gradient vom Betrag 9.8 K km^{-1}; bei feuchter Luft führt die latente Wärme, die bei Kondensation freigesetzt wird, zu einem nur etwa halb so steilen Gradienten. Gemessen wird eine mittlere Temperaturabnahme mit der Höhe von 6.5 K km^{-1}.

Den anderen Grenzfall einer Atmosphäre mit Energietransport durch *Strahlung* werden wir erst in Abschn. 4.8.1 in Zusammenhang mit dem Strahlungstransport in *Stern*atmosphären kennenlernen. Die dort abgeleiteten Beziehungen sind grundsätzlich auch auf die Planetenatmosphären anwendbar. Bei einer Planetenatmosphäre mit Bodenheizung durch die ungehindert einfallende Sonnenstrahlung im Visuellen erhalten wir eine Temperaturerhöhung, den sog. „*Treibhauseffekt*", wenn die Wärmeabstrahlung im Infrarot innerhalb der Atmosphäre stark absorbiert wird.

Den allgemeinen Fall des Zusammenwirkens von konvektivem und radiativem Energietransport können wir hier nicht behandeln, ebensowenig die atmosphärischen Strömungen und Winde, die durch die ungleichförmige, mit Tages- und Jahreszeit variierende Sonnenzustrahlung bedingt sind. Wir begnügen uns mit dem Bericht einiger Ergebnisse bei der Beschreibung der einzelnen Planeten.

Wir fragen zuvor noch, inwieweit ein Planet oder Satellit eine *eigene Atmosphäre* festhalten kann. Die Moleküle der Masse m eines Gases der Temperatur T haben nach der kinetischen Gastheorie eine wahrscheinlichste Geschwindigkeit

$$\bar{v} = \sqrt{\frac{2kT}{m}} , \tag{2.8.23}$$

wo k wieder die Boltzmannkonstante ist. Ein Molekül der Geschwindigkeit v kann nach (2.6.42) von einem Himmelskörper mit Masse $\mathcal{M}$ und Radius R entweichen, wenn $v^2/2 \geq G\mathcal{M}/R$ ist. Berücksichtigt man nach Maxwell und Boltzmann noch die Häufigkeitsverteilung der Molekülgeschwindigkeiten $v > \bar{v}$, so versteht man, daß z.B. Merkur, unser Mond und die meisten Satelliten praktisch keine Atmosphäre haben können, daß aber andererseits z.B. der größte Saturnmond Titan bei den nach (2.8.2) berechneten Temperaturen tatsächlich seine Atmosphäre lange Zeit festhalten kann.

In den äußersten Schichten einer Planetenatmosphäre, der *Exosphäre*, finden infolge der geringen Dichte zwischen den Gasteilchen nur noch sehr wenig Stöße statt. Die *neutralen* Teilchen bewegen sich dann praktisch auf Keplerbahnen im Schwerefeld des Planeten; die Exosphäre kann nicht mehr durch die hydrostatische Gleichung beschrieben werden. Für die Bewegung *geladener* Teilchen, die in der oberen Atmosphäre bei Ionisationsprozessen überwiegend durch die solare UV-Strahlung entstehen, sind die planetaren Magnetfelder entscheidend. Die Ausdehnung der *Magnetosphäre* wird durch die Wechselwirkung des planetaren Magnetfelds mit dem ausströmenden Plasma des Sonnenwinds (Abschn. 4.10.7) bestimmt.

2.8.5 Erde und Mond. Die erdähnlichen Planeten

Innerhalb des Planetoidenringes – der das Sonnensystem in zwei physikalisch verschiedene Zonen teilt – haben alle Planeten weniger als 1 Erdmasse und mittlere Dichten von 3900 bis 5500 kg m^{-3}. Sie bestehen offensichtlich im wesentlichen aus Festkörpern. Ihre Atmosphären sind im chemischen Sinne oxidierend. Sie enthalten O_2, CO_2, H_2O, N_2 .... So erscheint es gerechtfertigt, sie als „*erdartige Planeten*" zusammenzufassen. Als Paradigma betrachten wir unsere Erde etwas genauer;

selbstverständlich kann es nicht unsere Absicht sein, einen Abriß der Geophysik zu geben. Die Kenntnis unseres Mondes ist innerhalb weniger Jahre dank den Erfolgen der Weltraumforschung sprungartig angewachsen. Auch Merkur, Venus und Mars konnte man aus der Nähe beobachten.

a) Innerer Aufbau

Infolge ihrer Rotation ist die *Erde* in guter Näherung ein *abgeplattetes Ellipsoid*, das sog. Erdsphäroid, mit dem

$$\text{Äquatorial-Radius } a = 6378.1 \text{ km} \; ,$$
$$\text{Polar-Radius } b = 6356.8 \text{ km}$$

und der Abplattung

$$\frac{a-b}{a} = \frac{1}{298} \; .$$

Abplattung und Zentrifugalkraft bewirken, daß die Schwerkraft am Äquator 1/189 kleiner ist als am Pol. *Mars* mit seiner etwas langsameren Rotation hat eine Abplattung 1/171. Genaue Messungen des Gravitationspotentials ergeben für diese beiden Planeten eine „Birnengestalt", wobei allerdings bei der Erde die größte Abweichung von dem Sphäroid nur 17 m beträgt, bei Mars immerhin fast 2 km. *Venus* zeigt entsprechend ihrer äußerst langsamen Rotation keine Abweichung von der Kugelgestalt.

Der *Mond* ist als Folge seiner mit der Bahnperiode um die Erde synchronisierten Rotation in Richtung der Verbindungslinie beider Körper langgezogen, sein geometrischer Mittelpunkt liegt etwa 2 km weiter von der Erde entfernt als sein Massenzentrum. *Merkur* unterliegt wegen der (3:2)-Resonanz seiner Rotation mit der (exzentrischen) Bahnbewegung um die Sonne ständigen Verformungen durch Gezeitenkräfte.

Die *mittleren Dichten* der Planeten und des Mondes kennen wir schon (Tabelle 2.8.1). Die Dichte der *Erdkruste* (Granit, Basalt) ist 2600 bis 3000 kg m^{-3}, ähnliche Werte finden wir für die Krusten der erdähnlichen Planeten.

Die aus der Beobachtung der Präzession oder der Vermessung des Gravitationsfeldes durch künstliche Satelliten gewonnenen *Trägheitsmomente* um die Rotationsachse $J = \alpha \mathscr{M} R^2$ ($\mathscr{M}$ Masse, R äquatorialer Radius des Planeten) weisen auf eine Zunahme der Dichte mit der Tiefe hin. Abweichend von der homogenen Kugel mit $\alpha = 0.40$, (2.6.45), ist für die Erde $\alpha = 0.33$, für Mars $\alpha = 0.38$. Der Wert für den Mond, $\alpha = 0.39$, weicht nur wenig vom homogenen Fall ab.

Genauere Information über den Dichteverlauf im Innern liefern Untersuchungen über die Ausbreitung von *Erdbebenwellen*. Bei einem Erdbeben entstehen in dem verhältnismäßig oberflächennahen Herd elastische Longitudinal- und Transversalwellen. Diese breiten sich durch das Erdinnere aus und werden dort entsprechend der Tiefenabhängigkeit der Elastizitätskonstanten und der Dichte gebrochen, reflektiert und ineinander umgewandelt. Durch genaueres Studium der Ausbreitung seismischer Wellen fand um 1906 E. Wiechert in Göttingen, daß im Erdinneren mehrere *Diskontinuitätsflächen* sind, in denen sich die Elastizitätskonstanten und die Dichte ϱ sprunghaft ändern. Die *Erdkruste* hat unter den Flachländern eine Dicke von ungefähr 30 – 40 km und wird unter jungen Hochgebirgen bis 70 km mächtig. Unter den Ozeanen geht sie auf $\simeq 10$ km zurück. Ihre untere Begrenzung bildet die *Mohorovičić-Diskontinuität* oder *„Moho"*. Darunter folgt bis 2800 km Tiefe mit $\varrho = 3300$ bis 5700 kg m^{-3} der *Mantel*, der in der Hauptsache aus Silikaten bestehen dürfte. Von 2800 km bis 6370 km Tiefe haben wir den *Kern* mit etwa 10000 bis 12000 kg m^{-3}. In ihm breiten sich keine Transversalwellen mehr aus. In diesem Sinne kann man zunächst den äußeren Kern als eine Flüssigkeit, aber von ungeheuer großer Zähigkeit, bezeichnen. Eingehendere Untersuchungen sprechen aber dafür, daß der *innere Kern* ab 5000 km Tiefe wieder fest ist.

Die chemisch-mineralogische *Zusammensetzung* des Erdkerns können wir nur indirekt erschließen. Laboratoriumsversuche bei hohen Drücken und Temperaturen führen auf ein mit den geophysikalischen Daten verträgliches Zustandsdiagramm, wenn man annimmt, daß der Erdkern ähnlich wie die Eisenmeteorite überwiegend aus Fe und Ni nebst Beimengungen von S besteht. Die Zunahme des *Drucks* nach innen können wir nach der hydrostatischen Gleichung (2.8.6) hinreichend genau berechnen. Die Zunahme der *Temperatur* mit der Tiefe kann man in tiefen Bohrlöchern messen und erhält eine geothermische Tiefenstufe bis zu 30 K km^{-1}. Die Temperaturverteilung in größeren Tiefen ist bestimmt einerseits durch die Wärmeentwicklung radioaktiver Substanzen ^{238}U, ^{232}Th und – in geringerem Maße – ^{40}K und andererseits durch den langsamen Wärmetransport nach außen durch Wärmeleitung und Konvektion des Magmas. So muß die Temperatur im Erdkern wenigstens einige Tausend Grad, aber wohl sicher $\lesssim 10000$ K sein.

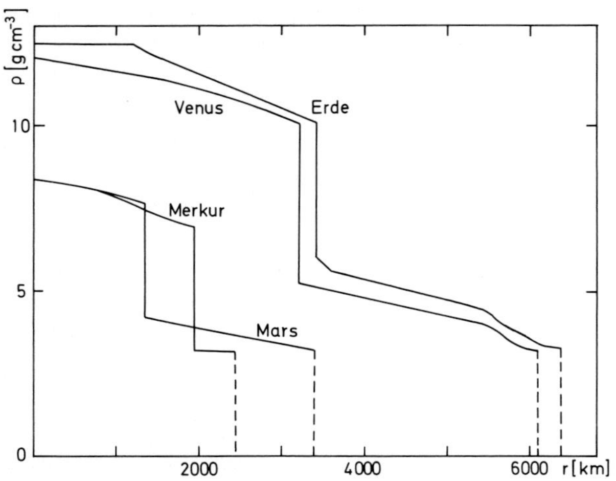

Abb. 2.8.2. Dichteverlauf $\varrho(r)$ im Innern der erdähnlichen Planeten Merkur, Venus, Erde und Mars. ϱ [g cm^{-3} = 10^3 kg m^{-3}]

Unsere Kenntnis des Innern von *Merkur*, *Venus* und *Mars* ist erheblich unsicherer als die der Erde. Modellrechnungen ergeben im großen und ganzen einen ähnlichen Verlauf der Dichte (Abb. 2.8.2). Während der Fe – Ni-Kern bei Erde und Venus etwa 30% der Gesamtmasse ausmacht, hat Mars mit 15% einen deutlich kleineren, Merkur hingegen mit etwa 60% einen wesentlich größeren Kern. (Der innere Aufbau von Merkur könnte jedoch auch durch ein fast homogenes Modell dargestellt werden.)

Die mittlere Dichte des *Mondes*, 3340 kg m^{-3}, gleicht auffällig der des oberen Erdmantels; der Mond kann nicht dieselbe durchschnittliche Zusammensetzung haben wie die Erde. Über seinen inneren Aufbau geben uns die bei den Apolloflügen aufgestellten Seismometer einige Auskunft. Überraschenderweise konnten seismische Wellen, die auf dem Mond durch Einschläge von Meteoriten oder den Absturz der ausgebrauchten Mondfähre erzeugt wurden, bis eine Stunde lang verfolgt werden. Die im Vergleich zu Erdbebenwellen äußerst geringe Dämpfung der Mondbebenwellen kann auf deren Streuung oder auf besonderen Dissipationsverhältnissen beruhen. Der Mond hat vermutlich *keinen* Kern aus metallischem Fe und Ni; die obere Grenze für den Radius eines solchen Kerns liegt bei etwa 380 km.

b) Radioaktive Altersbestimmungen. Erdgeschichte

Über das Alter der Erde, des Mondes und der Meteoriten sowie über die Dauer der verschiedenen geologischen Zeitalter geben uns am besten Auskunft die Methoden der radioaktiven Altersbestimmung. Verwendet wird der radioaktive Zerfall (wir geben jeweils nur die stabilen Endprodukte der ganzen Reihe an) der folgenden, hinreichend langlebigen Isotope:

			Halbwertszeit T
^{147}Sm	$\rightarrow$	$^{143}Nd + {}^4He$	$1.06 \cdot 10^{11}$ a
^{187}Re	$\rightarrow$	$^{187}Os + e^-$	$4.4 \cdot 10^{10}$ a
^{87}Rb	$\rightarrow$	$^{87}Sr + e^-$	$4.88 \cdot 10^{10}$ a
^{232}Th	$\rightarrow$	$^{208}Pb + 6\,{}^4He$	$1.40 \cdot 10^{10}$ a
^{238}U	$\rightarrow$	$^{206}Pb + 8\,{}^4He$	$4.47 \cdot 10^{9}$ a
^{235}U	$\rightarrow$	$^{207}Pb + 7\,{}^4He$	$7.04 \cdot 10^{8}$ a
^{40}K	$\rightarrow$	$^{40}Ca + e^-$	$1.28 \cdot 10^{9}$ a
	$\searrow$	^{40}Ar (K-Einfang)	$1.1 \cdot 10^{10}$ a

Bei allen Verfahren bestimmt man das Verhältnis von *End*produkt zu *Ausgangs*isotop. War dieses anfangs ($t = 0$) gleich Null, so ist es nach der Zeit t gleich $2^{t/T} - 1$.

Die ältesten Gesteine der Erdkruste haben ein Alter von 3.7 bis $3.9 \cdot 10^9$ a. Das Alter der Erde seit der letzten Durch- bzw. Entmischung der Erdmaterie (über deren Mechanismus noch keineswegs völlige Klarheit besteht) kann man ermitteln, indem man den Verlauf des Häufigkeitsverhältnisses der Bleiisotope in uranfreien Bleimineralien untersucht oder dessen anfänglichen Wert im „Urblei" aus Messungen an Eisenmeteoriten entnimmt, die praktisch kein Uran und Thorium enthalten. Man erhält so mit ziemlicher Genauigkeit für das Alter der Erde und der (ältesten) Meteorite und damit auch für das *Alter des Sonnensystems*

$$(4.53 \pm 0.02) \cdot 10^9 \text{ a} . \qquad (2.8.24)$$

Die ältesten Gesteine auf dem Mond haben ebenfalls ein Alter von etwa $4.5 \cdot 10^9$ a, d.h. der Mond ist – innerhalb der heutigen Meßgenauigkeit – gleichzeitig mit der Erde entstanden.

Die wichtigsten, kurz charakterisierten, *geologischen Perioden* der Erdgeschichte und ihre absolute Datierung zeigt Tabelle 2.8.2.

c) Magnetfelder. Plattentektonik

Die *Erde* besitzt ein Magnetfeld, das etwa ein Dipolfeld mit einer magnetischen Flußdichte am Äquator von $3.1 \cdot 10^{-5}$ Tesla (T) bzw. 0.31 Gauß (G) ist. Wir charakterisieren einen Dipol durch sein *magnetisches Moment*

Tabelle 2.8.2. Erdgeschichte

Zeit-Einheiten (= Perioden) in 10^6 a vor heute	Zeiten der großen Gebirgsbildungen	Einteilung nach der Entwicklung der Pflanzenwelt	Einteilung nach der Entwicklung der Tierwelt	Wichtigste Zeitmarken	Erstes Auftreten und Erlöschen	Zeit-Einheiten (= Perioden) in 10^6 a vor heute
Quartär		Jüngere Bedecktsamer-Zeit	Känozoikum	Schnecken-Muschel-Säugetier-Zeit		Quartär
2					Älteste Menschen →	2
Tertiär	Alpidische Gebirgsbildung	Neophytikum				Tertiär
65		Ältere Bedecktsamer-Zeit			Aussterben der Ammoniten und Saurier →	65
Kreide					Älteste Bedecktsamer → Älteste Vögel →	Kreide
144						144
Jura		Jüngere Nacktsamer-Zeit	Mesozoikum	Saurier-Zeit		Jura
213		Mesophytikum			Älteste Säugetiere →	213
Trias				Goniatiten-Ammoniten-Zeit		Trias
248		Ältere Nacktsamer-Zeit			Aussterben vieler paläozoischer Tiere →	248
Perm				Brachiopoden-Zeit		Perm
286	Variskische Gebirgsbildung	Jüngere Gefäßsporen-pflanzen-Zeit			Älteste Reptilien →	286
Karbon						Karbon
360		Paläophytikum			Älteste Amphibien → Älteste Samenpflanzen →	360
Devon			Paläozoikum	Panzerfisch-Zeit		Devon
408		Ältere Gefäßsporen-pflanzen-Zeit				408
Silur	Kaledonische Gebirgsbildung				Älteste Gefäßpflanzen →	Silur
438						438
Ordovizium				Graptolithen-Zeit; Trilobiten-Zeit	Älteste Wirbeltiere →	Ordovizium
505		Eophytikum (Algen-Zeit)				505
Kambrium					Entfaltung vieler Stämme der wirbellosen Tiere →	Kambrium
590(?)						590(?)
Präkambrium	Assyntische, Algomische, Laurentische Gebirgsbildung; Älteste Gesteine: $3800 \cdot 10^6$ a		Präkambrium: Proterozoikum, Archaikum, Azoikum		Älteste Spuren des Lebens (Stromatolithen): $3500 \cdot 10^6$ a →	Präkambrium

$\boldsymbol{M}$, das in Richtung der Dipolachse zeigt und aus dem wir – durch Gradientenbildung – den Vektor der *magnetischen Flußdichte* $\boldsymbol{B}$ erhalten

$$\boldsymbol{B} = -\operatorname{grad}\frac{\boldsymbol{M}\cdot\boldsymbol{r}}{r^3} = -\operatorname{grad}\frac{M\sin\lambda}{r^2}\ . \qquad (2.8.25)$$

Hier ist λ die magnetische Breite; die Feldstärke an den Polen ($\lambda = 90°$) ist $B_\mathrm{p} = 2M/R^3$ (R: Planetenradius), am Äquator ($\lambda = 0°$) $B_\mathrm{p}/2$. Die radiale Komponente von $\boldsymbol{B}$ ist $B_r = B_\mathrm{p}\sin\lambda$, die Komponente in λ-Richtung $B_\lambda = -(B_\mathrm{p}/2)\cos\lambda$ und die azimutale Komponente $B_\varphi = 0$. In großer Entfernung vom Zentrum nimmt B proportional r^{-3} ab.

Beim *geomagnetischen Feld* bildet $\boldsymbol{M}$ mit der Rotationsachse der Erde einen Winkel von $\alpha = 11.5°$, die Dipolachse ist gegenüber dem Erdmittelpunkt um 450 km $\simeq 0.07\,R_♁$ versetzt. Das magnetische Moment des Erdfelds beträgt $8 \cdot 10^{15}\,\mathrm{T\,m^3}$ bzw. $8 \cdot 10^{25}\,\mathrm{G\,cm^3}$; es nimmt derzeit pro Jahr um 0.05% ab, wobei die Achse mit etwa $0.04°\,\mathrm{a}^{-1}$ (Periode von etwa 9000 a?) präzediert.

Bei *Merkur* wurde durch die Raumsonde Mariner 10 überraschend ein Magnetfeld mit einem Moment von $5 \cdot 10^{12}\,\mathrm{T\,m^{-3}}$ gemessen ($\alpha \simeq 11°$). Demgegenüber haben *Venus* und *Mars* wahrscheinlich *kein* eigenes Magnetfeld. (Äußerst geringe gemessene Felder dürften von dem magnetisierten Plasma des gegen die Oberfläche prallenden Sonnenwindes herrühren.) Auch unser *Mond* besitzt kein meßbares Dipolfeld ($M < 10^9\,\mathrm{T\,m^3}$); schwache remanente Magnetisierung einiger Mondgesteine, entsprechend wenigen Prozent des Erdfeldes, weist auf ein *früheres* Mondfeld hin.

Das Magnetfeld der *Erde* und seine *säkularen Variationen* (die von der Sonne verursachten raschen Variationen sollen später behandelt werden) dürften nach W.M. Elsasser und E. Bullard folgendermaßen zu deuten sein: Die flüssige Materie im äußeren Erdkern bildet im Zusammenhang mit dem erwähnten Wärmeaustausch durch Konvektion große Wirbel. Sind in solchen Wirbeln aus leitendem Material Spuren eines Magnetfeldes vorhanden, so können sie – wie in der selbsterregenden Dynamomaschine nach W. v. Siemens – verstärkt werden. Die Details seines solchen selbsterregenden *Dynamos* im Erdinnern sind zwar noch nicht restlos geklärt, auf jeden Fall aber bietet die Dynamotheorie die einzige Möglichkeit zur Erklärung des Magnetfeldes, seiner säkularen Variationen und seiner Umkehr (s. u.).

Das geomagnetische Feld vergangener geologischer Epochen kann man rekonstruieren dank dem Umstand, daß in gewissen Mineralien das bei ihrer Entstehung gerade vorhandene Magnetfeld sozusagen einfriert (P.M.S. Blackett, S.K. Runcorn u.a.). Solche paläomagnetische Messungen haben gezeigt, daß man in die alten Feldvektoren am besten Ordnung bringen kann, wenn man zurückgreift auf die von A. Wegener (1912) aus dem Bild des Globus abgelesene Hypothese der *Kontinentverschiebung*. Macht man die naheliegende Annahme, daß auch in früheren Epochen die Erde im wesentlichen ein magnetisches Dipolfeld besaß, so kann man aus den paläomagnetischen Messungen die relative Lage der Kontinente in früheren geologischen Epochen rekonstruieren und in bester Übereinstimmung mit einer Unmenge paläontologischer und geologischer Beobachtungen zeigen, wie sich im Laufe der Erdgeschichte Stück für Stück die heutigen Kontinente bildeten. Z. B. begann der Atlantische Ozean vor etwa $1.2 \cdot 10^8$ a, d. h. in der Jura- bis Kreidezeit als schmaler Graben, ähnlich dem heutigen Roten Meer. Im Durchschnitt entfernen sich seitdem Amerika und Europa voneinander um einige Zentimeter pro Jahr (Abb. 2.8.3). Nachdem so in den fünfziger Jahren paläomagnetische Untersuchungen die jahrzehntelang umstrittene Vorstellung der Kontinentverschiebung zur Gewißheit erhoben hatten, gelang es in den sechziger Jahren, von hier aus unmittelbaren Einblick in die grundlegenden Mechanismen solcher Bewegungen zu gewinnen: Bei paläomagnetischen Messungen war aufgefallen, daß man für dicht aufeinander folgende Schichten oft diametral entgegengesetzte Richtungen des Erdfeldes erhielt. Handelte es sich hier um eine spontane Ummagnetisierung der Gesteine (die Physiker kennen derartige Effekte) oder um eine Umpolung des gesamten Erdfeldes? Detaillierte Untersuchungen an genau datierbaren Schichtfolgen zeigten, daß das letztere zutrifft! Dies erscheint nicht mehr ganz so überraschend, wenn man bedenkt, daß bei dem selbsterregenden Dynamo nach Siemens die Stromrichtung durch die beim Anlaufen (zufällig) vorhandene schwache Magnetisierung bestimmt wird. Nachdem man so wußte, daß das geomagnetische Feld in unregelmäßigen Abständen von einigen hunderttausend Jahren seine Polarität umkehrt, entdeckten H.H. Hess 1962, F.J. Vine, D.H. Matthews 1963 u. a., daß der Boden des Atlantischen Ozeans eine ganze Anzahl etwa nord-südlicher Streifen mit abwechselnder Magnetisierungsrichtung aufweist. Deren magnetische Datierung zeigte, daß der Boden des Atlantischen Ozeans, ausgehend von dem halbwegs zwischen Europa und Amerika gelegenen mittelatlantischen Rücken, sich seit etwa $1.2 \cdot 10^8$ a nach beiden Seiten ausgebreitet und die

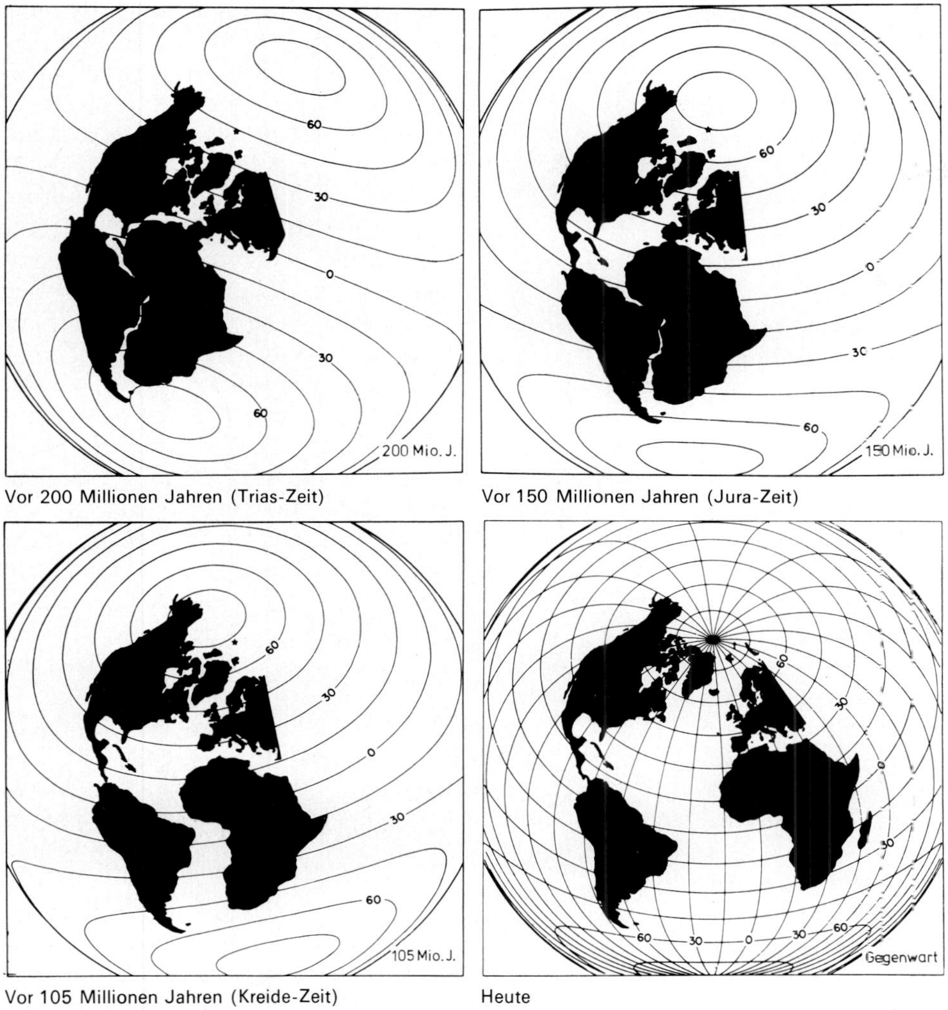

Abb. 2.8.3. Kontinentverschiebung. Lage der Kontinente rund um den Atlantischen Ozean (bezogen auf Nordamerika) zu verschiedenen Zeiten. Die Kontinente bewegen sich mit Geschwindigkeiten von 2.5 bis 4 cm a^{-1} auseinander. (Mit freundlicher Genehmigung der Wissenschaftlichen Verlagsgesellschaft, Stuttgart)

beiden Kontinente auseinandergeschoben hat. Diese fruchtbare Theorie des „*Ocean floor spreading*" wurde sogleich ergänzt durch die Erkenntnis von H. H. Hess, T. Wilson u.a. ($\simeq$1965), daß bei diesen ganzen Prozessen riesige Schollen der Lithosphäre (d.h. des oberen Teils der Kruste) weitgehend starr verschoben bzw. in Spalten zerbrochen werden (was die Ursache der tektonischen Erdbeben ist); man spricht so von *Plattentektonik*.

Den Antrieb für das ganze geologische Geschehen liefern – wie A. Holmes schon 1928 angenommen hat – offenbar *Konvektionsströme*, insbesondere im oberen Teil des Erdmantels, die längs der ozeanischen Bergrücken emporquellen. Hier werden frische Erdkruste und frisches Plattenmaterial gebildet und nach beiden Seiten auseinandergeführt. Wo die ozeanische Platte wieder in den Erdmantel zurückströmt, entstehen Tiefseegräben und dahinter durch Verkürzung der kontinentalen Kruste junge Faltengebirge. Diese und viele weitere grundlegende Vorgänge der Geologie finden so eine einfache Erklärung. Die nötige Energie wird zur Verfügung gestellt durch die Radioaktivität der Gesteine. Aus der geothermischen Tiefenstufe kann man in Verbindung mit der Wärmeleitfähigkeit der Gesteine abschätzen, daß der ganzen Erde etwa 10^{21} J a^{-1} an *Wärmeenergie* zur Verfügung stehen. Etwa 1‰ derselben wird zur Erzeugung von Erdbeben verbraucht. Wenn also unsere „thermodynamische Maschine" mechanische Energie auch nur mit einem Nutzeffekt von $\simeq$1% erzeugt, so genügt das völlig zum Antrieb der Konvektion im Erdmantel. Geologische Beobachtungen sprechen weiterhin dafür, daß die tektonische Aktivität der Erde im Laufe der Zeit erheblichen quantitativen und qualitativen Änderungen unterworfen war mit Maxima vor 0.35, 1.1, 1.8 und $2.7 \cdot 10^9$ a. S.K. Runcorn hat versucht, diese Zeiten größter tektonischer Aktivität in Zusammenhang zu bringen mit dem Übergang von jeweils einem bestimmten Strömungsmodus zu einem komplizierteren mit einer größeren Anzahl von Konvektionszellen.

Durch die ständige Bildung von neuem, heißem lithosphärischem Material und dessen Abkühlung stellt die Plattentektonik bzw. das Ocean floor spreading den wichtigsten Prozeß für die Auskühlung des Erdinnern dar.

Wir müssen es uns hier versagen, auf die Physik der Meere näher einzugehen, um so mehr, als es Ozeane nur auf der Erde gibt.

Über Strömungen, Konvektion usw. im Innern der übrigen erdähnlichen Planeten wissen wir noch sehr wenig. Auf den kleineren Planeten *Merkur* und *Mars* und auf dem *Mond* ist heute jede tektonische und magmatische Tätigkeit erloschen; der Energietransport aus ihrem Innern wird durch die Wärmeleitung in der Lithosphäre geregelt. Es ist erstaunlich, daß Merkur ein magnetisches Dipolfeld erzeugen kann. Zwar ist sein metallischer Kern relativ groß (Abb. 2.8.2), jedoch ist seine Rotationsgeschwindigkeit, die für den Antrieb des Dynamo eine wichtige Rolle spielt, wesentlich geringer als z. B. bei Mars, der kein eigenes Magnetfeld hat.

Bei *Venus* sind keine eindeutigen topographischen Anzeichen für eine Plattentektonik erkennbar, obwohl ihr Aufbau und ihre inneren Energiequellen sehr ähnlich wie bei der Erde sind. Auch hat Venus kein eigenes Magnetfeld. Möglicherweise sind Unterschiede in der Dicke der Kruste, in ihrer Temperatur und Wärmeleitfähigkeit sowie die sehr geringe Rotation für das Fehlen von Plattentektonik und Magnetfeld bei Venus verantwortlich. Der Verlust der Wärme aus dem Innern dürfte bei Venus überwiegend durch Wärmeleitung in der Kruste sowie direkt durch die Abkühlung von heißem Magma erfolgen, welches in einigen vulkanischen Gebieten an die Oberfläche gelangt.

Wir wenden uns nun der Beschreibung der Oberflächen und der oberflächenformenden Prozesse der erdähnlichen Planeten und ihrer Monde zu, wobei wir mit unserem Erdmond beginnen.

d) Mondoberfläche

Selenographische Studien mit immer größeren Teleskopen (Abb. 2.8.4), mit Raumsonden und schließlich die

Abb. 2.8.4. Mond. Am Rande des Mare Serenitatis (*oben*) der Krater Posidonius (*unten rechts*) mit 100 km Durchmesser und der kleinere Krater Chacornac (*unten links*). Im Mare Serenitatis ein ≈180 m hoher, reich gegliederter Gebirgszug. Überall verstreut erkennt man zahlreiche kleine Krater. Aufnahme mit dem 120″-Reflektor des Lick Observatory (25. März 1962)

Landungen der Apollo-Astronauten haben uns mit den Formationen der Mondoberfläche (Abb. 2.8.5) eingehend bekannt gemacht. Es kann heute kein Zweifel mehr darüber bestehen, daß die ganzen kreisrunden Gebilde von den riesigen Maria (die Bezeichnung als Meere hat natürlich nur historische Bedeutung) – das Mare Imbrium hat einen Durchmesser von 1150 km und eine Tiefe von 20 km – über die Krater bis zu mikroskopischen Grübchen (Abb. 2.8.6) von einigen tausendstel Millimeter (in glatten Oberflächen) durch den Einsturz meteoritenartiger Körper mit planetarischen Geschwindigkeiten verursacht sind. Die Tiefe dieser *Einschlag-* oder *Impaktkrater* variiert mit dem Durchmesser in derselben Weise wie bei terrestrischen Explosionskratern. Später wurden

Abb. 2.8.5. Mare Nectaris mit den Kratern Theophilus, Mädler und Daguerre. Aufnahme von der Apollo 11 Kommandokapsel aus einer Höhe von 100 km. Im Mare Nectaris erkennt man vorn zwei von Lava bedeckte „Geisterkrater“, sonst nur (zahllose) kleine Kraterchen

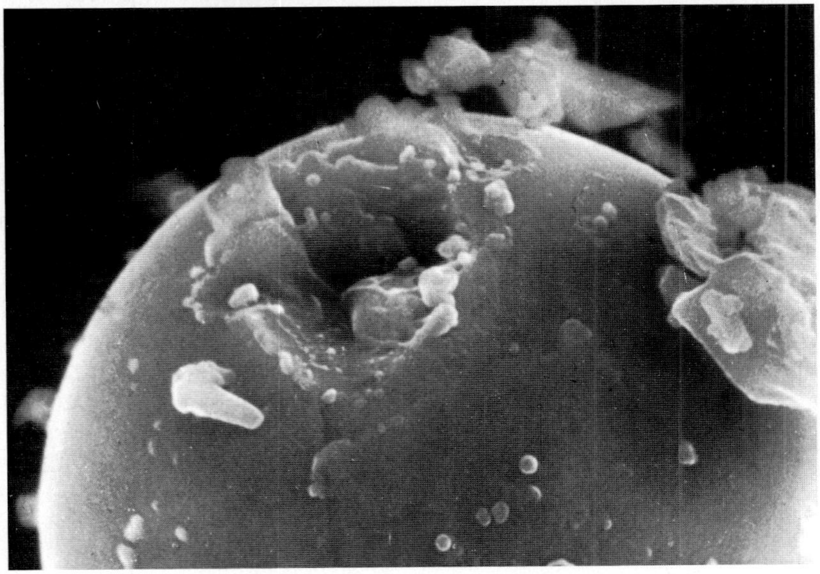

Abb. 2.8.6. Im Mondstaub (Apollo 11) findet man glasartige Kügelchen, die aus dem bei Meteoriteneinschlägen verflüssigten Gestein entstanden sind. Die elektronenmikroskopische Aufnahme von E. Brüche und E. Dick (1970) zeigt ein solches Kügelchen von 0.017 mm Durchmesser, auf dem wiederum der Einschlag eines Mikrometeoriten einen „Mikrokrater“ erzeugt hat

die Böden der Maria und vieler großer Krater offenbar von flüssiger Lava überflutet. Nach der Erstarrung wurde deren glatte Oberfläche aufs neue mit kleineren Kratern bedeckt.

Die Natur der mäanderförmigen *Rillen* bildete lange Zeit eines der großen Rätsel der Mondforschung. Die Apollo 15-Astronauten konnten dann die sog. Headley-Rille aufsuchen und ihre steilen Wände mit deutlichen Schichtungen aus der Nähe beobachten. Wahrscheinlich handelt es sich um einen Lavakanal, der ursprünglich zum Teil „überdacht“ war. Ähnliche Lavakanäle oder -röhren gibt es auch an terrestrischen Vulkanen. Andere, mehr langgestreckte Rillen dürften als Risse in erkaltender Lava zu deuten sein.

Mit Infrarotmessungen hatten schon E. Pettit und S.B. Nicholson festgestellt, daß an der Schattengrenze bei einer Mondfinsternis der Mondboden seine Temperatur sehr langsam ändert und so dessen geringes Wärmeleitvermögen gemessen. Tatsächlich ist die Oberfläche des Mondes weitgehend mit feinem Staub und losen Gesteinbrocken (Regolith) bedeckt, die ihre Entstehung offenbar den Einstürzen von Meteoriten verdanken.

Von vielen größeren Kratern gehen die schon mit kleinen Teleskopen erkennbaren hellen *Strahlensysteme* aus; sie bestehen offenbar aus Material, das bei der Bildung des Kraters ausgeworfen wurde.

Die höchsten Erhebungen befinden sich in den hellen, kraterübersäten Hochländern, den *Terra-Gebieten*. Die größten Höhen sind begrenzt durch die Festigkeit des Materials und so von derselben Größenordnung wie auf der Erde, wie schon Galilei aus ihrem Schattenwurf an der Schattengrenze des Mondes, dem Terminator, ablas.

Die von den Astronauten aus den Mária zur Erde gebrachten *Mondgesteine* sind voll blasenförmiger Hohlräume, ähnlich irdischen Laven, die ohne Druck erstarrt sind. Es handelt sich also um *magmatische*, d. h. aus der Schmelze erstarrte Gesteine. Der schon erwähnte *Mondstaub* entstand durch Zertrümmerung solcher Gesteine. In den *Breccien* sind Staub und kleinere Bruchstücke wieder zusammengeballt. Mineralogisch gleichen die Mondgesteine in groben Zügen terrestrischen Basalten. In Abb. 2.8.7 vergleichen wir die Häufigkeit einiger wichtiger Elemente in lunarem Material, in irdischem Basalt sowie (Abschn. 2.9.2) in Eukriten, d. h. basaltartigen Achondriten und in kohligen Chondriten von Typ 1, d. h. den Meteoriten, welche der Solarmaterie am nächsten kommen. Dieser Vergleich und weitere Studien über seltene (sog. Spuren-)Elemente zeigen, daß im Mondgestein manche Elemente gegenüber der Solarmaterie bis $\simeq 100$fach angereichert sind, während die sich an Fe bindenden (siderophilen) Elemente Ni, Co, Cu ... um Faktoren $\simeq 100$ abgereichert sind.

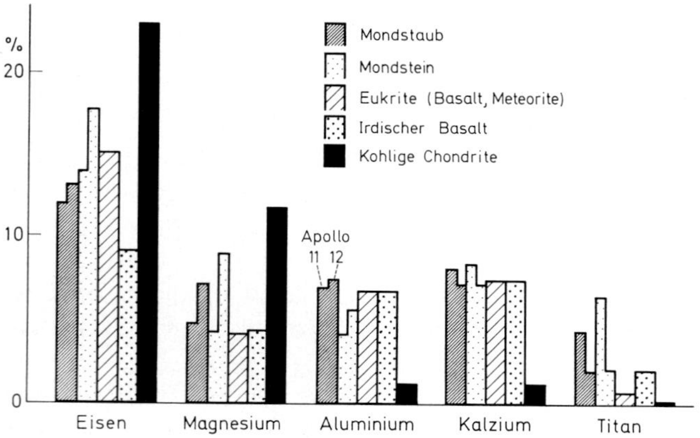

Abb. 2.8.7. Häufigkeitsverteilung der Elemente Eisen, Magnesium, Aluminium, Kalzium und Titan (Gewichtsprozent) in den Mondproben (*linke Hälfte:* Apollo 11 – Mare Tranquillitatis; *rechte Hälfte:* Apollo 12 – Oceanus Procellarum), in Eukriten, d. h. basaltartigen achondritischen Meteoriten und in kohligen Chondriten vom Typ 1. In letzteren entspricht die Häufigkeitsverteilung aller nicht flüchtigen Elemente der unveränderten Solarmaterie

Während das Alter der Gebirge bis $4.5 \cdot 10^9$ a zurückreicht, findet man für das Mare Tranquillitatis ein Alter von nur $3.7 \cdot 10^9$ a, für das Mare Imbrium $3.9 \cdot 10^9$ a. Vor $\simeq 3.3$ bis $4 \cdot 10^9$ a füllten sich die Maria teilweise mit Basaltlava, die aus tieferen Regionen emporquoll. Ihre Bildung war also erst etwa 10^9 a *nach* der Entstehung des Mondes abgeschlossen. Diese Daten, in Verbindung mit der Statistik der Mondkrater und ihrer „Überdeckung" weisen darauf hin, daß das kosmische Bombardement anfangs äußerst heftig war und dann im Laufe der ersten $\simeq 10^9$ a der Erd- und Mondgeschichte rasch, später erheblich langsamer nachgelassen hat.

Die großen Ebenen der Maria, „ertrunkene" Krater und einige merkwürdige Hügel auf dem Mond zeigen aber – wie schon gesagt –, daß neben dem Einsturz von Meteoriten früher auch magmatische Vorgänge, d. h. Aufschmelzungen von Gesteinen und Ergüsse basaltischer Lava, eine erhebliche Rolle gespielt haben.

e) Oberflächen der erdähnlichen Planeten

Merkur ist sehr schwierig zu beobachten, da er sich ja nie weiter als $\pm 28°$ von der Sonne entfernt. Radarmessungen in Verbindung mit älteren visuellen Beobachtungen zeigen, daß die Rotationsdauer des Merkur nicht – wie man früher glaubte – gleich seiner Umlaufzeit (88 d) ist, sondern 58.65 d beträgt, was genau 2/3 der Umlaufzeit entspricht.

Die Raumsonde Mariner 10, welche 1974/75 dreimal an Merkur vorbeiflog, übermittelte zahlreiche ausgezeichnete Bilder von fast 50% der Planetenoberfläche mit einer Auflösung, die vergleichbar derjenigen ist, mit der der Mond von der Erde aus gesehen wird. Merkurs Oberfläche ist – ähnlich der des Mondes – dicht mit Kratern bedeckt. Der größte, das *Caloris-Becken*, hat einen Durchmesser von 1300 km, vergleichbar dem Mare Imbrium. Auch bei den übrigen Strukturen (Ebenen, Terrae, ...) besteht sehr große Ähnlichkeit mit der Mondoberfläche. Wegen der größeren Schwerebeschleunigung auf Merkur ist hier die Materie aus den Einschlagkratern weniger weit als auf dem Mond ausgeworfen worden.

Die Oberflächenformationen sind auf Merkur und dem Mond im wesentlichen erhalten geblieben, da bei beiden Himmelskörpern vulkanische und tektonische Aktivität früh erloschen ist und durch das Fehlen einer Atmosphäre auch keine Verwitterung und Erosion ein-

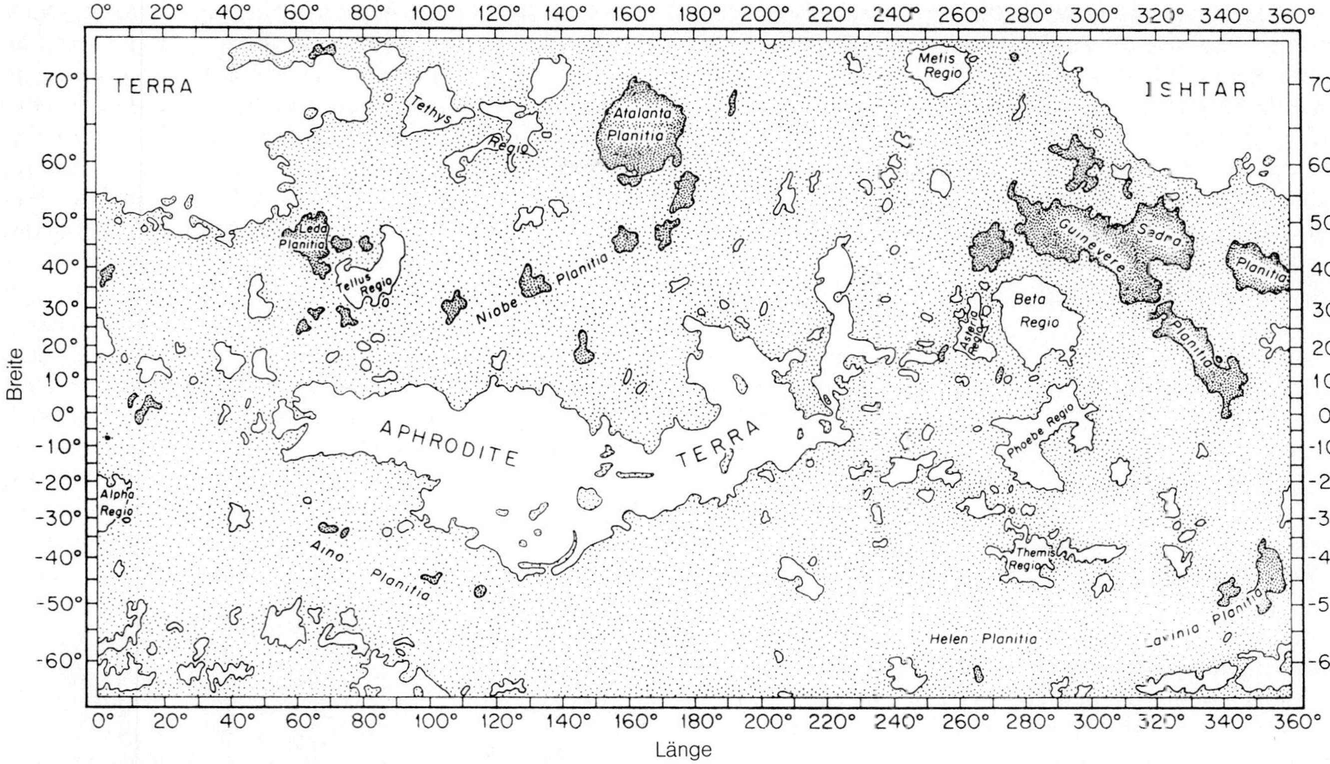

Abb. 2.8.8. Topographie der Venusoberfläche in Merkatorprojektion. Radarmessungen vom Pioneer Venus-Orbiter. Gepunktete Flächen: Erhebungen innerhalb 1 km vom mittleren Höhenniveau (Ebenen); helle Flächen: Hochland oberhalb 1 km; dunkle Flächen: Tiefland unterhalb 1 km. G. E. McGill: Nature **296**, 14 (1982). (Mit freundlicher Genehmigung von Macmillan Magazines Ltd., London, und des Autors)

tritt. Derzeit kann „Verwitterung“ nur durch den Aufprall der energiereichen Protonen des Sonnenwindes, durch Einschläge von Mikrometeoriten, welche Krater von 1 bis 20 mm Durchmesser erzeugen, und durch die starken Temperaturschwankungen, insbesondere bei Merkur (600 K auf der Tagseite gegenüber 100 K auf der Nachtseite), erfolgen.

Die Oberfläche von *Venus* ist optischen Beobachtungen nicht zugänglich, da sie durch eine dicke Wolkenschicht völlig verdeckt wird. Ihre Erkundung wurde erst durch die Entwicklung hochempfindlicher Radartechnik sowie durch weiche Landungen von Raumsonden der sowjetischen Venera-Serie möglich.

Die Radarmessungen führten zu dem überraschenden Ergebnis, daß Venus *retrograd* rotiert, und zwar mit einer siderischen Periode von 243.0 d. Während man mit Radar von der Erde aus bereits einzelne Berge auf der Oberfläche der Venus lokalisieren konnte, wurde dann von dem Pioneer Venus-Orbiter aus, der den Planeten seit 1978 in einer stark elliptischen Bahn umkreist, die topographische Struktur mit einer horizontalen Auflösung von $\geqslant 30$ km und einer vertikalen Auflösung z. T. bis zu einigen 100 m vermessen. Rund 70% der Oberfläche werden von *gewellten Ebenen* eingenommen, deren Höhen um weniger als 1 km vom mittleren Höhenniveau, d. h. vom Planetenradius, abweichen (Abb. 2.8.8). Mehrere verstreute ringförmige Gebilde könnten Impaktkrater (oder auch Calderen vulkanischen Ursprungs) sein. Etwa 20% der Oberfläche sind $\lesssim 1.5$ km abgesenkt; einige dieser *Tiefländer* haben ungefähr kreisförmige Gestalt mit Durchmessern von einigen 100 km und erinnern an die alten, großen Einschlagkrater bzw. -becken auf dem Mond oder Merkur. Die restlichen 10% nehmen *Hochländer* (Terrae) ein, die ihrer Größe nach mit irdischen Kontinenten verglichen werden können. *Ishtar Terra* enthält ein ausgedehntes, 3 bis 4 km hohes Plateau mit hohen, steilen Randgebirgen, darunter die *Maxwell Montes*, welche mit 11 km Höhe die höchste Erhebung auf Venus bilden. *Beta Regio* enthält vermutlich große Schildvulkane. Venera 15 und 16, die den Planeten seit 1983 umkreisen, liefern Radarbilder mit einer gegenüber Pioneer Venus stark verbesserten (horizontalen) Auflösung von 1 bis 2 km, auf denen u. a. in Ishtar Terra flache kreisförmige Strukturen mit $\gtrsim 100$ km Durchmesser (vulkanischen Ursprungs?) zu erkennen sind.

Vor allem die hohen Bergmassive und langen Gräben der Hochländer ähneln terrestrischen Strukturen, die durch Plattentektonik entstanden sind. Jedoch ist auf der Venus kein globales System der auffallenden tektonischen Formen an den Plattenrändern zu finden, wie es für die Erde charakteristisch ist. Die Kruste der Venus ist wahrscheinlich nicht in Platten aufgebrochen. Beta Regio und Aphrodite Terra sind ausgedehnte *vulkanische* Gebiete, die vermutlich noch heute aktiv sind und in denen durch das heiße Magma das Innere des Planeten überwiegend seine Wärme nach außen abgibt. Hier konzentrieren sich auch die *Gewitter*, die durch ihre niederfrequente Radioemission beobachtet werden. Wesentlich mehr Einzelheiten der Oberflächenbeschaffenheit als durch Radarbeobachtungen verdanken wir den Bildern und den Gesteinsanalysen, die uns einige weich gelandete Raumsonden übermittelten, zuerst 1972 Venera 8, dann 1975 Venera 9 und 10 mit den ersten Bildern noch geringer Auflösung und schließlich 1982 Venera 13 und 14 mit Farbbildern, die Strukturen von einigen mm Größe erkennen lassen. In der kurzen Zeit (2 bzw. 1 h), die letztere Sonden unter den unwirtlichen Bedingungen auf dem Venusboden bei Temperaturen um 740 K und Drücken um 90 bar überdauerten, konnten u. a. mit einem Bohrer Gesteinsproben entnommen und innerhalb der Sonden, nach Bestrahlung mit radioaktivem ^{55}Fe und ^{238}Pu, aufgrund ihrer Röntgenfluoreszenzstrahlung chemisch analysiert werden. An beiden Landeplätzen, an der Flanke von Beta Regio in 2 km Höhe (Venera 13) und hiervon 960 km entfernt im Tiefland (Venera 14), finden wir Gesteine vulkanischen Ursprungs sehr ähnlich dem weitverbreiteten Basalt der terrestrischen Meeresböden und der lunaren Maria.

Seit 1990 umkreist *Magellan* als künstlicher Satellit auf einer Bahn zwischen 290 und 8000 km Höhe die Venus mit dem Ziel, praktisch die ganze Planetenoberfläche mittels Radar mit einer Auflösung um 120 m kartographisch zu erfassen.

Anders als bei Venus ist bei *Mars* die Oberfläche wegen seiner äußerst dünnen Atmosphäre gut beobachtbar. Die lebhafte rötliche Farbe des Planeten beruht auf einer Abnahme des Reflexionsvermögens im kurzwelligen Spektralgebiet. Diese, wie auch polarimetrische Messungen von A. Dollfus weisen auf Eisenoxide hin. Schon visuelle Beobachtungen lassen eine Mannigfaltigkeit an Strukturen erkennen. Die lange Zeit populären *Marskanäle* jedoch beruhen auf einem physiologisch-optischen Kontrastphänomen: Unser Auge hat sozusagen die Tendenz, hervorstechende Punkte und Ecken durch Linien zu verbinden (man denke an die Sternbilder!). Im Fernrohr erkennt man zwei weiße *Polkappen*, die im Marssommer zurückgehen, im Marswinter zunehmen.

Erste Fernsehaufnahmen des Mariner 4 (1965) zeigten auf der Marsoberfläche zahlreiche *Krater*, deren Durchmesser von der Auflösungsgrenze bei wenigen km bis $\simeq 120$ km reichen. Diese Krater entsprechen weitgehend denen unseres Mondes. Mariner 9, der den Mars ab 1971 umkreiste, lieferte Bilder mit erheblich verbesserter Auflösung. Diese zeigen, daß die Marsoberfläche nicht nur durch Meteoriteneinsturz, sondern wesentlich durch Vul-

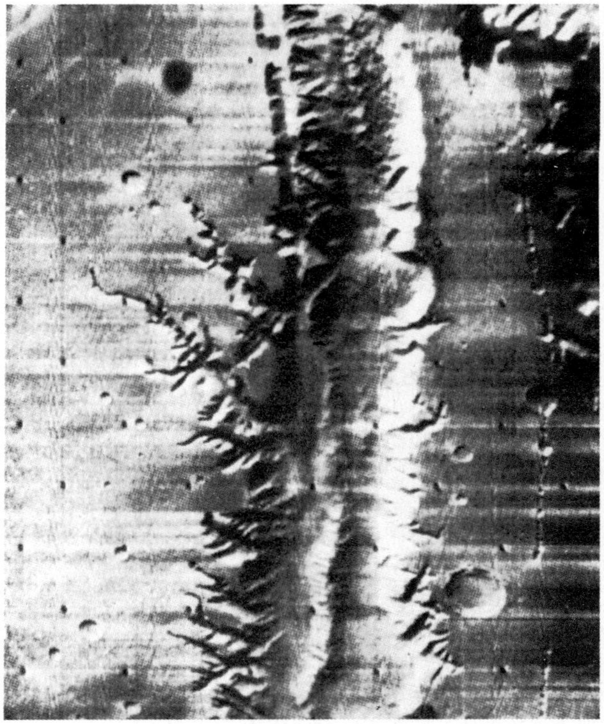

Abb. 2.8.9. Die Mariner 9-Aufnahme (12.1.1972) eines etwa 500 · 380 km^2 großen Gebietes der Marsoberfläche zeigt – neben mehreren Meteoritenkratern – ein Stück des insgesamt über 2500 km langen Cañonsystems der Coprate-Region. Dieses dürfte durch ein kompliziertes Zusammenwirken von Tektonik und Erosion entstanden sein. Die rechts in einer Kette aufgereihten Kraterchen sind vielleicht als vulkanische Maare aufzufassen

Abb. 2.8.10. Diese Nahaufnahme der Marsoberfläche vom Viking 1 Lander (22. 7. 1976) zeigt zahlreiche Felsbrocken von einigen cm bis zu einigen m Größe. Die Oberfläche zwischen den Felsen ist mit feinkörnigem Material bedeckt, das zum Teil in deren „Windschatten" angehäuft ist. Der untere Bildrand ist etwa 4 m, der Horizont etwa 3000 m von der Kamera entfernt; die Breite des großen Felsens am Horizont beträgt rund 4 m

kanismus (Vulkankrater, Schildvulkane, Calderen), Tektonik, Erosion (Abb. 2.8.9) und Ablagerungen gestaltet wurde.

Seit Sommer 1976 umkreisen die beiden Viking-Orbiter 1 und 2 den Planeten und lieferten umfangreiches Bildmaterial von seiner Oberfläche und bestätigten die enorme Vielfalt der Oberflächenstrukturen. Die Qualität ist besser als bei den früheren Aufnahmen von Mariner 9, deren Schärfe durch einen Staubschleier beeinträchtigt wurde, welcher bei einem der großen Staubstürme aufgewirbelt wurde und sich erst nach Monaten wieder setzte. Von jedem der Orbiter aus wurde eine Sonde (Viking-Lander) weich auf der Oberfläche gelandet, um zwei auf der Nordhalbkugel bei 23° bzw. 48° Breite liegende, etwa 180° in Länge getrennte Regionen (Chryse Planitia und Utopia Planitia) näher zu untersuchen.

Wir finden auf Mars eine großräumige *Asymmetrie* in seinen Oberflächenformationen entsprechend seiner „birnenförmigen" Gestalt: Während die Nordhemisphäre von tiefer gelegenen Ebenen mit wenig Einschlagkratern beherrscht wird, weist die Südhalbkugel eine sehr hohe Kraterdichte auf, etwa vergleichbar den Terrae auf dem Mond. Eindrucksvoll ist das Tharsis-Gebiet in der Nähe des Äquators mit mehreren riesigen Schildvulkanen mit Höhen über 20 km. Olympus Mons hat einen Durchmesser von 600 km am Fuß und erhebt sich bis zu 26 km Höhe; auf ihm befindet sich eine Caldera von 80 km Durchmesser.

Auf Mars sind alle Oberflächenkonturen im Vergleich zum Mond durch Erosion etwa abgerundet. Das komplexe System von Canyons und gewundenen Furchen, die an ausgetrocknete Flußbetten erinnern, deutet darauf hin, daß es in früherer Zeit wahrscheinlich große Überflutungen gab. Heute finden wir Wasser nur in Form von Eis und in Spuren als Wasserdampf, nicht als Flüssigkeit; möglicherweise ist Wasser in größerem Umfang in den Gesteinen der Kruste gebunden.

Trotz der zahlreichen Staubstürme dürfte die Winderosion heute keine dominierende Rolle bei der Oberflächengestaltung des Mars spielen, da selbst älteste Formationen mit noch scharfen Strukturen zu finden sind. Lediglich um die Polkappen herum finden wir Windablagerungen von basaltischem Sand mit $\lesssim 100$ m Dicke (Ablagerungen aus äquatorischen Gebieten?) sowie – nur um die nördliche Polkappe – einen Dünengürtel.

Die relativ ebenen, gelblich-braun getönten *Landeplätze* der beiden Viking-Lander erinnern mit ihren zahlreichen kleineren Felsbrocken und dem feinkörnigen von Winden transportierten Material an Felswüsten auf der Erde (Abb. 2.8.10). Im Marswinter ist gelegentlich ein dünner weißer Frostbelag zu sehen. Röntgenfluoreszenzspektrometrie von Bodenproben an den beiden Landestellen deutet auf eisenhaltige Tone und Hydroxide, sowie Sulfate und Karbonate hin, weiterhin ist etwa ein Gewichtsprozent Wasser im Bodengestein gebunden. Direkt über der *nördlichen* Polkappe wurde im Sommer eine überraschend hohe Temperatur von 205 K gemessen, die bei dem geringen Atmosphärendruck von nur rund 7 millibar in Bodennähe die Existenz von CO_2-Eis im Gleichgewicht mit der Atmosphäre ausschließt. Demnach ist entgegen früheren Beobachtungen wohl doch *Wassereis* als Hauptbestandteil der Polkappe anzusehen, auf dem sich je nach Jahreszeit noch CO_2-Eis niederschlägt. (Die südliche Polkappe besteht demgegenüber wahrscheinlich aus CO_2-Eis.)

Die Temperatur an der Oberfläche ergibt sich aus den Strahlungstemperaturen im Radiofrequenzgebiet im Mittel zu 210 K mit Schwankungen zwischen $\simeq 180$ und 300 K, in guter Übereinstimmung mit der Theorie.

Beide Viking-Lander führten auch mehrere Experimente zum Nachweis von *Leben* auf dem Mars durch. Bodenproben wurden auf 800 K erhitzt und die flüchtigen Substanzen mit Gaschromatographen und Massenspektrometer analysiert. Das Ergebnis ist als negativ anzusehen, da außer CO_2 und etwas H_2O keinerlei Fragmente organischer Moleküle nachgewiesen wurden. Andererseits ergaben mikrobiologische Experimente, welche auf Gasaustausch, Stoffwechsel bzw. Kohlenstoffassimilation ansprechen sollten, bisher keine eindeutige Entscheidung zwischen biologischer oder chemischer Aktivität.

A. Hall entdeckte 1877 die winzigen Marsmonde *Phobos* (Abb. 2.8.11) und *Deimos*. Die Umlaufzeit des Phobos – 7 h 39 min – ist erheblich kürzer als die Rotationsdauer des Planeten. Mariner 9-Aufnahmen lassen auf den beiden etwa 20 bzw. 12 km großen Satelliten die Spuren heftigen Meteoriten-Bombardements erkennen.

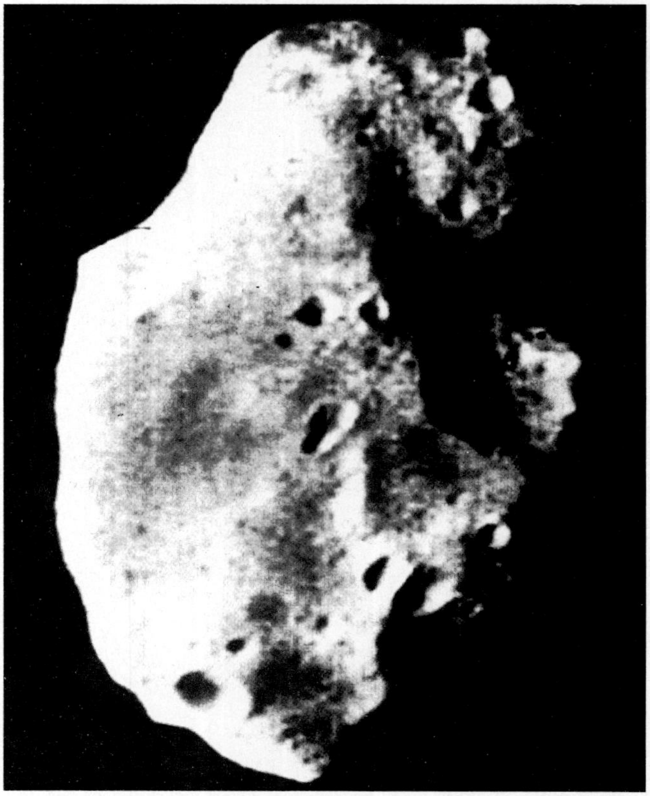

Abb. 2.8.11. Mariner 9-Aufnahme des Marsmondes Phobos. Der Durchmesser des unregelmäßig geformten Satelliten beträgt ca. 20 km. Er ist bedeckt mit Einschlagkratern mit Durchmessern bis 5.3 km

Obwohl wir bei den terrestrischen Planeten und ihren Monden sehr unterschiedliche Oberflächenstrukturen kennengelernt haben, lassen sich diese dennoch durch das Wirken derselben *oberflächenformenden Grundprozesse* verstehen. Bei allen Körpern des Planetensystems, die eine feste Kruste gebildet haben, ist zunächst das heftige Bombardement mit Meteoriten – vor allem in den ersten 10^9 a nach ihrer Entstehung – der wesentliche Prozeß. Wir erhalten mit *Impaktkratern* übersäte Oberflächen, die wir bis hinaus zu den Satelliten des Uranus- und Neptunsystems (Abschn. 2.8.7) finden.

Bei Merkur, dem Erdmond und den beiden kleinen Marssatelliten ist diese ursprüngliche Oberflächenform im großen und ganzen erhalten geblieben, da keine nennenswerten zerstörenden Prozesse auftraten. Demgegenüber fanden bei Venus, Erde und Mars Umbildungen der Kruste zum einen durch *tektonische* und *vulkanische* Vorgänge, zum anderen durch *Verwitterung* und *Erosion* statt. Während auf der Erde, die noch heute geologisch sehr aktiv ist, die Kruste hauptsächlich in planetaren Dimensionen durch die Plattentektonik und dem mit ihr verbundenen Vulkanismus in mannigfaltiger Form gestaltet wird, dürften auf Venus und Mars meist lokale tektonische Prozesse wie Gebirgshebungen und -senkungen und vulkanische Tätigkeit eine Rolle spielen. Auf den Planeten mit Atmosphären und aus ihnen kondensierbaren Bestandteilen haben wir eine Vielfalt von *einebnenden Prozessen*, mechanische und chemische Verwitterung sowie Transport und Ablagerung durch Wind, Wasser oder Gletscher. Während bei der Erde die Erosion durch Wasser (Lösen von Mineralien, Frostsprengung) vorherrscht, ist bei den hohen Temperaturen und Drücken der Venus wahrscheinlich chemische Verwitterung der wichtigste Vorgang. Bei Mars hatten wir Anzeichen für Wassererosion in der Vergangenheit und für Winderosion gefunden.

f) Atmosphären der erdähnlichen Planeten

Merkur und der *Erdmond* besitzen keine Atmosphären im eigentlichen Sinne. Sie haben lediglich *Exosphären* (Abschn. 2.8.4) mit sehr kleinen Teilchenkonzentrationen von der Größenordnung $10^9\,m^{-3}$ auf der Tagseite und $10^{11}\,m^{-3}$ auf der Nachtseite, die sich als Gleichgewicht hauptsächlich zwischen der Nachlieferung durch den Sonnenwind und dem Entweichen aufgrund der Temperatur einstellen.

Tabelle 2.8.3. Atmosphären der terrestrischen Planeten

	Venus	Erde	Mars
„Solarkonstante" $S(r)$ [$kW\,m^{-2}$]	2.6	1.4	0.6
Mittlere Albedo A	0.7	0.3	0.2
Effektivtemperatur $\bar{T}_{eff}$ [K], (2.8.2)	230	255	216
Oberflächentemperatur T_0 [K]	735	220 – 310	145 – 245
Druck am Boden p_0 [10^5 Pa = 1 bar]	90	1	$7 \cdot 10^{-3}$
Relative Druckschwankungen $\Delta p/p$	$\leq 10^{-3}$(?)	$\simeq 0.01$	0.1
Troposphäre:			
Skalenhöhe $H = \frac{kT}{g\bar{\mu}m_u}$ [km], (2.8.17)	14	8	10
Höhe der Tropopause [km]	60	10	15
Mittlerer Temperaturgradient [$K\,km^{-1}$]	8	6.5	3[a]
Chemische Zusammensetzung (relative Massenanteile)			
CO_2	**0.96**	$3 \cdot 10^{-4}$	**0.95**
N_2	0.03	**0.78**	0.03
O_2	$7 \cdot 10^{-5}$	**0.21**	$1 \cdot 10^{-3}$
CO	$2 \cdot 10^{-5}$	$1 \cdot 10^{-6}$	$7 \cdot 10^{-4}$
H_2O	$\simeq 1 \cdot 10^{-3}$	$(1-28) \cdot 10^{-3}$	$3 \cdot 10^{-4}$[a]
Ar	$7 \cdot 10^{-5}$	$9 \cdot 10^{-3}$	0.02
Mittleres Molekulargewicht $\bar{\mu}$	43.4	29.0	43.5

[a] stark variabel

Demgegenüber haben *Venus*, *Erde* und *Mars* Atmosphären, die unterschiedliche Mächtigkeiten aufweisen (Tabelle 2.8.3). Die Grundzüge ihrer globalen Energiehaushalte haben wir bereits in Abschn. 2.8.4 besprochen. Die *Oberflächentemperaturen* der Venus, und in geringem Maß die der Erde, liegen infolge des „Treibhauseffekts" *über* der effektiven Temperatur, während sie bei Mars mit seiner sehr dünnen Atmosphäre eher dem Gleichgewicht (2.8.2) entspricht.

Die *chemische Zusammensetzung* (Tabelle 2.8.3) der überwiegend aus CO_2 bestehenden Atmosphären von Venus und Mars ist sehr ähnlich, wogegen sich die der Erde mit ihrem hohen Anteil an N_2 und O_2 abhebt. Auch die Erde besaß wahrscheinlich früher eine durch Ausgasung und Vulkanismus geprägte Atmosphäre ähnlich wie Venus und Mars. Durch die Kondensation des Wassers zu Ozeanen, in denen CO_2 löslich ist und mit silikatischem Gestein unter Bildung von Karbonaten reagieren kann, sowie durch die Entstehung lebender Organismen (Photosynthese des Sauerstoffs durch Pflanzen) hat sich jedoch ihre Zusammensetzung später wesentlich verändert (Abschn. 6.4).

Vor allem im Hinblick auf Vergleiche mit den anderen Planeten betrachten wir zunächst kurz den Aufbau der Atmosphäre der *Erde*. Ihre Druckschichtung ist nach (2.8.19) in erster Linie bestimmt durch die Temperaturverteilung $T(h)$. Letztere ist bedingt durch die Mechanismen des Energietransportes, d.h. der Zu- und Abfuhr der Wärmeenergie in jeder Schicht h bis $h+dh$. In der Erdatmosphäre (Abb. 2.8.12) erfolgt in der untersten Schicht, der *Troposphäre*, der Abtransport der absorbierten Sonnenwärme durch Konvektion, was zu einer gleichmäßigen Abnahme der Temperatur nach oben führt. Oberhalb der sog. *Tropopause* in etwa 10 km Höhe übernimmt dann die Strahlung den Energietransport, wir erhalten zunächst die fast isotherme *Stratosphäre*. Nun kommt es an einerseits auf den entscheidenden Mechanismus der Absorption der Sonnenstrahlung, andererseits auf den der langwelligen Ausstrahlung in den Weltraum. In 25 km Höhe erhalten wir in Verbindung mit der Bildung des Ozons O_3 eine warme Schicht bis zur *Stratopause* in etwa 60 km Höhe. In der darüberliegenden *Mesosphäre* strahlt das CO_2 im Infrarot Energie ab, während keine Heizung mehr durch Absorption des O_3 erfolgt, so daß eine kurze Temperaturabnahme erfolgt. Oberhalb der *Mesopause* in etwa 80 km Höhe steigt die Temperatur infolge der Dissoziation und Ionisation der atmosphärischen Gase N_2 und O_2 durch solare UV-Strahlung in der *Thermosphäre* auf etwa 1000 K (Nachtseite) bis 2000 K (Tagseite) an.

Durch Photoionisation entstehen die elektrisch leitenden Schichten der *Ionosphäre* (maximale Elektronendichte der D-Schicht in etwa 90 km, der E-Schicht in etwa 115 km, der F-Schicht in etwa 300 bis 400 km Höhe), welche die Ausbreitung elektromagnetischer Wellen nicht zu kurzer Wellenlänge um den Erdball herum ermöglichen.

Die Rekombination (Wiedervereinigung) von Elektronen und Ionen in der E-Schicht erzeugt die Emissionslinien und -banden des Nachthimmelleuchtens (Air glow).

Bis hin zur sog. *Turbopause* in 120 km Höhe ist die Atmosphäre gut durchmischt, oberhalb trennen sich die einzelnen Gaskomponenten durch Diffusion, z. B. dominiert oberhalb etwa 300 km atomarer Sauerstoff O, oberhalb etwa 2000 bis 3000 km atomarer Wasserstoff H, der von Satelliten aus durch die starke Emission in L α $\lambda = 121.6$ nm beobachtet wird.

Aus der *Exosphäre* (oberhalb etwa 500 km Höhe) können die Teilchen der Atmosphäre in den Weltraum entweichen (Abschn. 2.8.4). Für die Dynamik der ionisierten Komponente ist das Magnetfeld der Erde entscheidend. Die Ausdehnung der *Magnetosphäre* wird auf der der Sonne zugewandten Seite durch die Wechselwirkung mit dem Sonnenwind bestimmt. Im subsolaren Punkt liegt ihre Grenze, die *Magnetopause*, bei etwa 10 Erdradien Entfernung; auf der Nachtseite erstreckt sich ein Plasmaschweif bis zu etwa 1000 Erdradien Abstand. Bei 1.6 bzw. 3.5 Erdradien finden wir größere Konzentrationen geladener Teilchen in den 1958 durch J. A. van Allen entdeckten „*Strahlungsgürteln*".

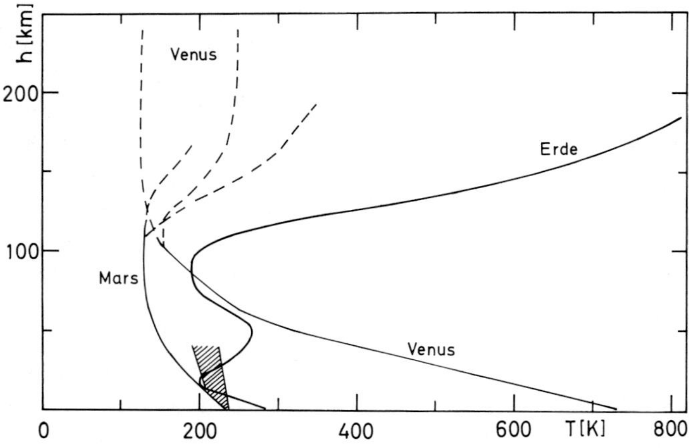

Abb. 2.8.12. Mittlerer Temperaturverlauf in den unteren Atmosphären von Erde, Venus und Mars. Bei Venus bestehen starke Temperaturunterschiede in der Thermosphäre zwischen Tag- und Nachtseite. Die Marsatmosphäre unterliegt starken Schwankungen; eingezeichnet sind die (geglätteten) Messungen der Viking Lander. Bei starken Staubstürmen steigt die Temperatur in der untersten Marsatmosphäre an (*schraffierter Bereich*)

Für die globale *Energiebilanz* der Erdatmosphäre spielen die (aus H_2O bestehenden) *Wolken* eine entscheidende Rolle. Sie bedecken im Mittel rund 50% der Oberfläche; eine typische Schichtwolke hat eine Albedo von rund 0.5. Im einzelnen hängt sowohl die Zustrahlung von der Sonne als auch die Albedo der Erdatmosphäre und -oberfläche von der geographischen Breite ab. Der Überschuß der absorbierten Sonnenstrahlung in den äquatornahen Zonen gegenüber den Polgegenden liefert den Antrieb für Strömungen in der Atmosphäre und in den Ozeanen. Wir können hier auf die Dynamik der Planetenatmosphären und das Wettergeschehen nicht weiter eingehen.

Nachdem W. S. Adams und Th. Dunham schon 1932 aus Infrarotspektren erschlossen hatten, daß *Venus* eine mächtige Atmosphäre aus Kohlendioxid CO_2 besitzt, brachten Messungen der Strahlungstemperaturen im Gebiet der cm- und dm-Wellen, die Vorbeiflüge der Mariner-Satelliten und dann vor allem die Entsendung von Meßinstrumenten am Fallschirm durch die sowjetischen Venera-Sonden und die Beobachtungen durch den amerikanischen Pioneer Venus-Orbiter weitere Aufklärung. Die dichte Atmosphäre mit einem Druck von etwa 90 bar und einer Temperatur von 735 K am Boden besteht fast ausschließlich aus CO_2 und N_2 (Tabelle 2.8.3). Die in der unteren Atmosphäre nachgewiesenen Spuren von HCl und HF (sowie die Schwefelsäuretröpfchen der Wolken) dürften aus chemischen Reaktionen der Atmosphäre mit dem Oberflächengestein stammen. Infolge der hohen Dichte finden wir im unteren Teil der Venusatmosphäre nur sehr geringe Druck- und Temperaturschwankungen und Windgeschwindigkeiten ($\lesssim 1$ m s^{-1} am Boden).

Im oberen Teil der Troposphäre, etwa zwischen 50 bis 70 km Höhe bei Temperaturen von 370 bis 220 K, liegen dichte *Wolkenschichten*, welche den Blick auf die Oberfläche des Planeten völlig verdecken und durch Streuung nur einige Prozent des einfallenden Sonnenlichts auf den Boden durchkommen lassen. Sowohl oberhalb als auch unterhalb der Wolkendecke finden wir noch jeweils etwa

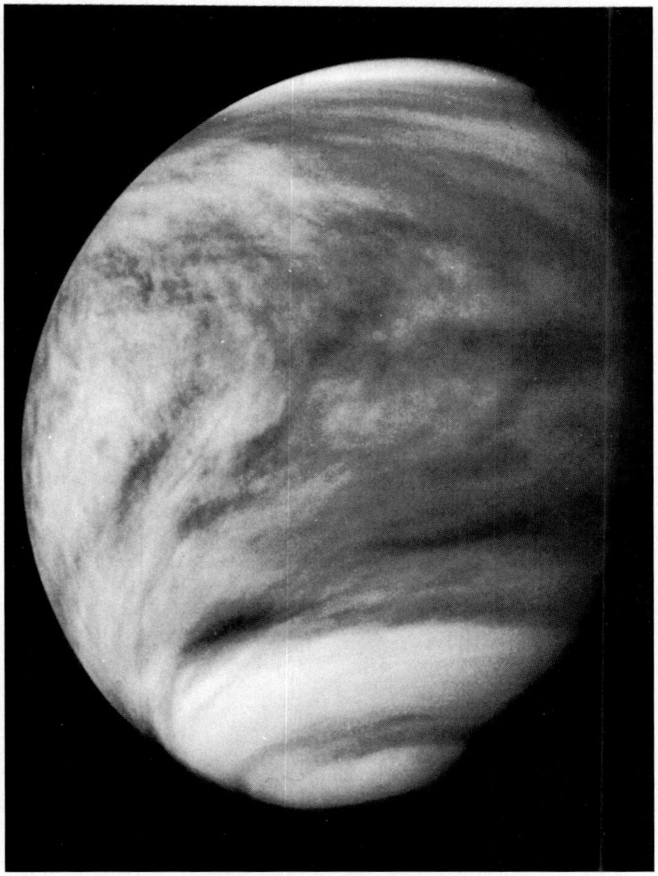

Abb. 2.8.13. Aufnahme der Wolkenstrukturen der Venus aus 65000 km Höhe mit dem Wolken-Photopolarimeter des Pioneer-Venus-Orbiters (vom 18.1.1979 während des 45. Umlaufs des künstlichen Satelliten). Die hellen, höher als ihre Umgebung liegenden Wolkenbänder in der Nähe der Pole heben sich deutlich gegenüber den übrigen Formationen ab. Der Nordpol liegt oben im Bild

20 km dicke Dunstschichten. Bei Beobachtung im ultravioletten Licht zeigen die Wolken kontrastreiche Strukturen (Abb. 2.8.13) von rund 10 bis 1000 km Ausdehnung und einigen Tagen Lebensdauer, auffallend sind die dunklen V- oder Y-förmigen Formationen. Die Wolken bestehen zur Hauptsache aus H_2SO_4-Tröpfchen von einigen µm Größe und einer Konzentration von einigen 10^8 Teilchen pro m^3; daneben findet man 10 bis 15 µm große Partikel, die vermutlich aus festem oder flüssigem Schwefel bestehen. Die Schwefelsäure und ihr Dissoziationsprodukt SO_2 dürften zusammen mit dem CO_2 und H_2O der Atmosphäre für den starken Treibhauseffekt der Venus verantwortlich sein.

Zur Erkundung der horizontalen Atmosphärenstruktur setzten 1985 Vega 1 und 2 – vor ihrer Mission zum Halleyschen Kometen – Wetterballone in der Wolkenschicht aus; in 54 km Höhe liegt die Windgeschwindigkeit mit 70 m s^{-1} erheblich über der Rotationsgeschwindigkeit des Planeten von 1.8 m s^{-1}.

Die *Venusatmosphäre* hat keine Stratosphäre, an die Tropopause bzw. die Wolkenschicht schließt sich nach oben die Mesosphäre, gefolgt von der Thermosphäre an (Abb. 2.8.12); die Exosphäre beginnt in etwa 160 km Höhe. Sie ist mit 120 bis 250 K im Vergleich zur obersten Erdatmosphäre relativ kühl. Die Turbopause liegt in etwa 140 km Höhe, oberhalb 150 km überwiegt atomarer Sauerstoff, oberhalb 250 km Helium und Wasserstoff. Die Ionosphäre hat ihr Maximum um 140 km mit Ionendichten von einigen 10^{11} m^{-3}, vergleichbar unserer E-Schicht. Hauptbestandteil ist bis etwa 200 km Höhe das Molekülion O_2^+, darüber O^+.

Die *obere* Atmosphäre der Venus zeigt tages- und jahreszeitliche Schwankungen. Weiterhin werden ausgeprägte thermische Strukturen beobachtet, die z.T. noch nicht verstanden werden. So sind in der Mesosphäre bei etwa 90 km Höhe die Pole am wärmsten, der subsolare Punkt hingegen am kühlsten; an der Mesopause finden wir in der Mitte der Nachtseite ein relatives Temperaturmaximum. Weiterhin zeigen Infrarotbeobachtungen in Nähe beider Pole langgestreckte ($\simeq 4000$ km) Strukturen, die bis zu 35 K wärmer als die Umgebung sind und retrograd mit etwa 3 d Periode rotieren.

Die im Vergleich zu Venus und Erde sehr dünne *Atmosphäre des Mars* weist ausgeprägte Druck- und Temperaturschwankungen auf. Charakteristisch sind ferner heftige *Staubstürme* von planetarem Ausmaß. Die Atmosphäre reagiert empfindlich auf Schwankungen der Absorption der Sonneneinstrahlung, welche wiederum stark von der Albedo der Polkappen und des aufgewirbelten Staubs abhängen. Insbesondere nimmt der Temperaturgradient in der unteren Atmosphäre mit wachsendem Staubgehalt stark ab (Abb. 2.8.12).

Spektren und die massenspektrometrischen Messungen der Viking-Lander zeigen, daß die bis in eine Höhe von 120 km durchmischte Marsatmosphäre zur Hauptsache aus CO_2 und N_2 mit einigen anderen minimalen Beimischungen besteht (Tabelle 2.8.3). Eine besondere Rolle spielt der Wasserdampf, der nur in geringen Spuren mit sehr starken örtlichen und jahreszeitlichen Schwankungen vorhanden ist. (Unter den heutigen Bedingungen auf Mars kann freies H_2O in stabiler Phase nur als Eis oder Dampf, nicht jedoch flüssig auftreten.) Trotz seiner geringen Konzentration ist der Wasserdampf in der Atmosphäre wahrscheinlich nahezu gesättigt und beeinflußt die beobachtete Wolkenbildung wesentlich. Das *Marswetter* ist durch verschiedene Typen dünner Eiswolken, Bodennebel, täglich und jahreszeitlich wechselnde Winde und Staubstürme gekennzeichnet.

Im kurzwelligen „Nachthimmelleuchten" der hohen Marsatmosphäre konnte man in Emission die Lyman α-Linie von Wasserstoff, atomaren Sauerstoff und Kohlenstoff, sowie CO_2^+ und CO nachweisen.

2.8.6 Planetoiden oder kleine Planeten (Asteroiden)

Wir kennen heute mehrere tausend Planetoiden, meist zwischen Mars und Jupiter, deren Daten in dem Tucson Revised Index of Asteroid Data (TRIAD) gesammelt sind. Die Gesamtzahl der Planetoiden wird auf 10^4 bis 10^6 geschätzt. Objekte mit bekannter Bahn erhalten eine Nummer und einen Namen.

Die Exzentrizitäten der *Bahnen* haben ein Häufigkeitsmaximum bei $e \simeq 0.14$, die Bahnneigungen etwa bei $i \simeq 10°$; beide Werte unterscheiden sich erheblich von denen der Kometen (Abschn. 2.5.2). Die großen Halbachsen a liegen überwiegend im Bereich zwischen 1.8 und 5.2 AE. Nach Hirayama u.a. kennen wir mehrere *Familien* von Planetoiden mit ähnlichen Bahnelementen. Die Verteilung der Bahnen nach den Umlaufperioden weist Häufungen und (nach D. Kirkwood benannte) Lücken auf, welche ganzzahligen Verhältnissen zur Bahnumlaufperiode des Jupiter entsprechen; wir finden z.B. eine ausgeprägte Lücke bei einem Verhältnis 3:1 (bzw. bei 2.5 AE für die großen Halbachsen) oder eine Anhäufung mit der Gruppe der *Trojaner* in den sog. Librationspunkten (1:1) der Jupiterbahn.

Ungewöhnliche Bahnelemente hat z.B. 433 Eros mit $e = 0.23$, der sich bei seiner Opposition der Erde bis auf etwa 0.15 AE nähert und somit günstige Messungen der Sonnenparallaxe ermöglicht. Hermes, dessen Bahn nicht genau bekannt ist, kam 1937 der Erde sogar bis auf mindestens 0.005 AE nahe. 1566 Icarus ($e = 0.87$, $a = 1.08$ AE) gelangt im Perihel näher an die Sonne als Merkur; 2060 Chiron hingegen hält sich vorwiegend zwischen den Bahnen von Saturn und Uranus auf ($a = 13.7$ AE). Mit $i = 64°$ hat 2102 Tantalus eine ungewöhnlich große Bahnneigung.

Die *Massen* der drei größten Planetoiden können aus den Störungen, die sie auf die Bahnen anderer Planetoiden ausüben, bestimmt werden (J. Schubart, 1973). Neuere Werte sind $1.2 \cdot 10^{21}$ kg $= 2.0 \cdot 10^{-4} \mathcal{M}_{♁} = 6.0 \cdot 10^{-10} \mathcal{M}_{\odot}$ für 1 Ceres, $3.5 \cdot 10^{-5} \mathcal{M}_{♁}$ für 2 Pallas und $4.5 \cdot 10^{-5} \mathcal{M}_{♁}$ für 4 Vesta. Als Gesamtmasse aller Planetoiden schätzt man $5 \cdot 10^{-4}$ Erdmassen oder etwa das 2.5fache der Masse der Ceres.

Nur für die größten und hellsten Planetoiden kann man die Winkel*durchmesser* direkt messen, für die schwächeren kann man Durchmesser bis zu 0.4 km aus ihrer Helligkeit oder Polarisation des Lichtes mit einem angenommenen Reflexionsvermögen ableiten. Z.B. findet man für 1 Ceres 940 km, für 2 Pallas 538 km und für 4 Vesta 576 km (mit einer Unsicherheit von einigen 10 km) und damit mittlere Dichten von der Größenordnung 3000 kg m^{-3}, die etwas kleiner als die der erdähnlichen Planeten sind.

Viele Planetoiden haben einen periodischen Lichtwechsel, der uns ihre *Rotationsperioden* anzeigt. Merkwürdigerweise liegen diese durchweg zwischen 3 und 17 h. Typisch sind Lichtschwankungen von 0.1 bis 0.3 mag, jedoch hat z.B. 433 Eros einen starken Lichtwechsel mit 1.5 mag Amplitude bei einer Periode von 5.3 h, 1620 Geographus sogar mit 2.0 mag bei 5.2 h Periode. Die Lichtkurven vieler Planetoiden deuten auf eine langgestreckte, unregelmäßige Form hin.

Spektralphotometrische Messungen des reflektierten Lichts im Optischen und Infrarot lassen verschiedene Beschaffenheit der Oberflächen erkennen. Etwa drei Viertel aller Planetoiden sind vom sog. *Typ C* mit einem flachen Spektrum, das schwache Strukturen zeigt, und geringer Albedo (0.03 bis 0.08) und sind somit möglicherweise den kohligen Chondriten (Abschn. 2.9.2) verwandt.

Damit schließen wir unseren sehr unvollständigen Überblick über die erdartigen Planeten ab und wenden uns den – wie schon ihre Massen und mittleren Dichten zeigen – völlig andersartigen großen Planeten zu (Tabelle 2.8.1). Als Paradigma betrachten wir Jupiter verhältnismäßig ausführlich, bezüglich Saturn, Uranus, Neptun und Pluto müssen wir uns kürzer fassen.

2.8.7 Die großen Planeten

a) Jupiter

Jupiter, der größte und massereichste der Planeten (1/1047 Sonnenmasse), zeigt bei Beobachtung vom Erdboden aus eine dichte Atmosphäre mit ausgeprägten *Streifen* parallel zum Äquator (Abb. 2.8.14a), ähnlich den Zirkulationssystemen auf der Erde. Der sogenannte *rote Fleck*, 1665 von G. Cassini entdeckt, ist eine sehr langlebige, große ovale Struktur.

Abb. 2.8.14a. Jupiter. Aufnahme von B. Lyot und H. Camichel mit dem 60 cm-Refraktor auf dem Pic du Midi

Erste Bilder und Messungen aus der Nähe lieferte 1973 die Raumsonde Pioneer 10, die an Jupiter in einem Abstand von 130000 km ($\simeq 2$ Jupiterradien) vorbeiflog. 1979 übermittelten die beiden Sonden Voyager 1 und 2 eindrucksvolle, hochaufgelöste Aufnahmen der Strömungsfelder des Planeten (Abb. 2.8.14b): Wir sehen u.a. Wolkenbänder, Konvektionszellen, Jetströme, Wirbel, weiße und braune Ovale verschiedener Größe und Zirkulationssysteme. Benachbarte Strukturen können sich gegeneinander mit Geschwindigkeiten von über 100 m s^{-1} bewegen. Neben langlebigen Formationen, wie z.B. dem roten Fleck, beobachten wir Veränderungen größerer Strukturen innerhalb einiger Tage.

Bereits 1932 identifizierte R. Wildt – und dies bedeutete einen Wendepunkt in der Erforschung der großen Planeten – die starken Absorptionsbanden im Jupiterspektrum mit höheren Oberschwingungen der Moleküle *Methan* CH_4 und *Ammoniak* NH_3. 1951 gelang es G. Herzberg, im Infrarot einige – wegen ihrer kleinen Quadrupol-Übergangswahrscheinlichkeit – schwache Bandenlinien des Wasserstoffmoleküls H_2 nachzuweisen. Bei der Bedeckung eines Sterns durch die Jupiterscheibe konnte man 1971 Einblick in die Schichtung der Atmosphäre gewinnen und aus der Äquivalenthöhe (2.8.17) *Wasserstoff* und *Helium* als deren Hauptbestandteile erschließen. Weiterhin konnten vor allem durch Infrarotspektrometrie zahlreiche *Spurenstoffe* entdeckt werden wie z.B. Ethan C_2H_6, Ethin (Acetylen) C_2H_2, Wasser H_2O, Cyanwasserstoff HCN, Phosphin PH_3, German GeH_4 und die deuterierten Moleküle HD und CH_2D.

Im Infrarot sieht man bis in Schichten mit etwa 225 K herein. In diesem Bereich wird der Einblick mehr und mehr durch *Wolken* behindert, nur vereinzelt kann man durch Wolkenlöcher Schichten bis zu 280 K (entsprechend einem Druck von 5 bar) sehen. Die höchste Wolkenschicht (bei etwa 150 K) besteht vermutlich aus NH_3-Kristallen, die tieferen Schichten aus NH_4SH und H_2O (und auch H_2S?), wobei zur Erklärung der roten und braunen Farbtönungen noch Spurenstoffe (freie Radikale?) herangezogen werden müssen. Das Wettergeschehen auf Jupiter scheint, vor allem auch durch das Auftreten chemischer Reaktionen, viel komplexer als das in der Erdatmosphäre zu sein.

Die detaillierte Analyse aller Beobachtungen in Verbindung mit Ansätzen zur Theorie des inneren Aufbaus ergibt folgendes *Modell*: Jupiter besteht überwiegend aus *unveränderter Solarmaterie* mit Wasserstoff und Helium im Verhältnis $He/H \simeq 0.1$ (nach Atomzahlen) als häufigste Elemente. Trotz der hohen Drücke und Dichten bleibt der Wasserstoff im Innern wegen der relativ hohen Temperaturen $\lesssim 30000$ K überwiegend *flüssig*. Bei 0.77 Jupiterradien bzw. einem Druck von $3 \cdot 10^{11}$ Pa und einer Dichte von 1000 kg m^{-3} findet ein Phasenübergang von flüssigem molekularem H_2 zu flüssigem *metallischem* Wasserstoff statt. Sehr wahrscheinlich hat Jupiter einen *festen Kern*, der rund 4% seiner Masse bzw. 14 Erdmassen umfaßt und aus einer Mischung von *Gestein* (SiO_2, MgO, FeO, FeS) und *Eis* (CH_4, NH_3, H_2S, H_2O) besteht. Dieser Kern könnte in der Frühphase der Entstehung des Planetensystems als „Kondensationskeim" für die wasserstoff- und heliumreiche Solarmaterie gedient haben. Für den Kern liefern die Modelle eine Dichte von $\gtrsim 2 \cdot 10^4 \text{ kg m}^{-3}$ und einen Druck von etwa 10^{13} Pa. Den Überschuß der Wärmeausstrahlung des Jupiter gegenüber der solaren Einstrahlung haben wir bereits im Abschn. 2.8.2 besprochen.

Die *Radiofrequenzstrahlung* des Jupiter ist unterhalb $\lambda \lesssim 1$ cm thermisch mit einer Strahlungstemperatur von rund 120 K, die etwa der Tropopause entspricht. Im Dezimetergebiet wächst die Intensität der Radiostrahlung rasch an und zeigt durch partielle Polarisation, daß wir es mit nichtthermischer Synchrotronstrahlung (Abschn. 5.6.1) im Magnetfeld des Planeten zu tun haben. Im Meterwellenbereich kommt eine Ausstrahlung intensiver

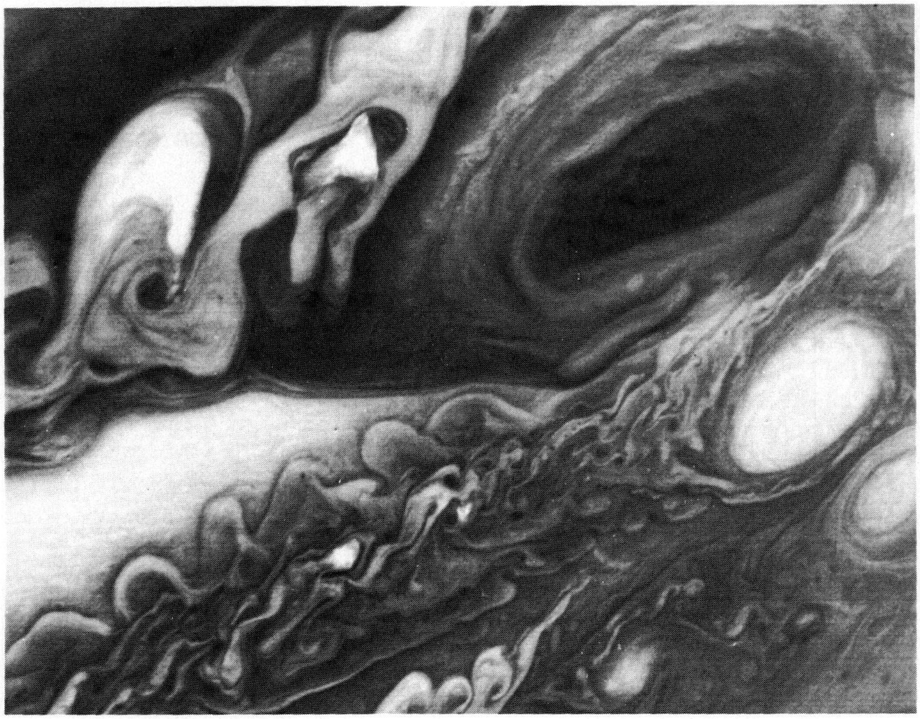

Abb. 2.8.14b. Die Voyager 1-Aufnahme (1.3. 1979) des Jupiter aus einer Entfernung von $4.3 \cdot 10^6$ km zeigt die Gegend unmittelbar südöstlich des roten Flecks mit dem wirbeligen Strömungsfeld um eines der „weißen Ovale“. Die kleinsten erkennbaren Strukturen haben eine Größe von etwa 80 km

Bursts aus auf der Scheibe scharf lokalisierten Quellen hinzu.

Die Messungen der Pioneer- und Voyager-Sonden zeigen, daß Jupiter ein dipolartiges *Magnetfeld* mit rund $4 \cdot 10^{-4}$ Tesla bzw. 4 Gauß am Äquator und einem Dipolmoment (2.8.25) von $1.5 \cdot 10^{20}$ Tm^3 ($1.5 \cdot 10^{30}$ G cm^3) besitzt, dessen Achse etwa 10° gegen die Rotationsachse des Planeten geneigt ist. In der Jupiter-*Magnetosphäre* werden – ähnlich den Van Allen-Gürteln der Erde – enorme Mengen hochenergetischer Elektronen und Protonen, daneben auch thermisches Plasma festgehalten. In großer Höhe sieht man im Lymangebiet die Emissionslinien von Wasserstoff und Helium, eine Art Airglow.

Tabelle 2.8.4. Satelliten des Jupiter. Abstand a vom Mittelpunkt des Planeten in Einheiten des Jupiterradius $R_J = 71\,400$ km und Satellitenradius R (bzw. Halbachsen) in [km]

a/R_J	Name	R	a/R_J	Name	R
1.80	J15 Adrastea	≃20	156	J13 Leda	≃ 5
1.80	J16 Metis	≃20	161	J6 Himalia	≃90
2.55	J5 Amalthea	135 · 85 · 75	164	J10 Lysithea	≃10
3.11	J14 Thebe	≃40	165	J7 Elara	≃40
5.9	J1 Io	1816	291	J12 Ananke	≃10
9.5	J2 Europa	1563	314	J11 Carme	≃15
15.1	J3 Ganymed	2638	327	J8 Pasiphae	≃20
26.6	J4 Callisto	2410	333	J9 Sinope	≃15

Galilei entdeckte 1610 die vier hellsten *Satelliten* J1 bis J4 (früher mit I bis IV bezeichnet). Mit immer größeren Teleskopen hat man vom Erdboden aus insgesamt 12 gefunden; durch die Voyager-Missionen hat sich die Zahl der bekannten Satelliten auf 16 erhöht (Tabelle 2.8.4).

Die kreisförmigen Bahnen ($e < 0.01$) der acht innersten Satelliten liegen fast in der Äquatorebene des Planeten (reguläre Bahnen). Die äußeren Satelliten dagegen haben größere Exzentrizitäten (0.13 bis 0.38) und Bahnneigungen, wobei die vier äußersten retrograd umlaufen. Vermutlich sind sie eingefangene Planetoiden. Die acht äußeren Satelliten sind klein und dunkel; für zwei von ihnen (J6 und J7) werden Farben und Albedo gemessen ähnlich wie bei den Planetoiden vom Typ C (Abschn. 2.8.6).

Amalthea, bis zur Voyager-Mission der innerste bekannte Mond (E.E. Barnard, 1892), ist ein rötlicher, länglicher und irregulär geformter Körper, dessen Umlaufbahn knapp außerhalb der Rocheschen Stabilitätsgrenze (2.8.11) liegt. Von den Voyager-Sonden wurde überraschend ein *Ringsystem* entdeckt, welches aus einem flachen ($\lesssim 30$ km) hellen Ring mit einem Radius von etwa 1.8 Jupiterradien, der in eine Scheibe und einen schwachen Halo eingebettet ist, sowie aus einem viel schwächeren bis zu 3 Jupiterradien ausgedehnten Ring besteht. Am äußeren Rand des hellen Rings laufen zwei kleine Monde (J15 und J16) koorbital, d. h. praktisch auf derselben Bahn, in nur 7 h 8 min um.

Für die vier *Galileischen Satelliten* sind die Radien und Massen bzw. die mittleren Dichten ziemlich genau bekannt:

Satellit	J1 Io	J2 Europa	J3 Ganymed	J4 Callisto
Masse	4.7	2.6	7.8	5.6 [$10^{-5}\,\mathcal{M}_J$]
Mittlere Dichte	3550	3040	1930	1830 [kg m^{-3}]

Während Io und Europa ($\bar{\varrho} \gtrsim 3000$ kg m^{-3}) überwiegend aus Silikaten aufgebaut sind, deuten die mittleren Dichten von Ganymed und Callisto auf eine Mischung von Eis und Silikat (etwa 1 : 1) hin, die durch die Schwerkraft zusammengedrückt ist. Ganymed ist der größte Mond im Sonnensystem.

Die Oberfläche von *Io*, dem inneren der vier großen Monde, zeigt Flecken und Sprenkel in verschiedenen, vorwiegend grau-gelben Farbtönen; ihr Gestein ist reich an Natrium-Kalium-Verbindungen und vor allem an Schwefel und Schwefelverbindungen. In einigen wenigen Gebirgen erhebt sich die Kruste bis etwa 10 km Höhe. Besonders fallen die zahlreichen Calderen mit Durchmessern von $\gtrsim 200$ km, die auf erloschene Vulkane hindeuten, sowie die große Seltenheit von Einschlagkratern auf. Die wohl überraschendste Entdeckung der Voyager-Sonden ist die starke *Oberflächenaktivität* auf Io: Es wurden insgesamt neun aktive „Vulkane" beobachtet, welche in Eruptionen von einigen Stunden Dauer schwefel- und sauerstoffhaltige Gase mit Geschwindigkeiten bis zu 1 km s^{-1} fast 300 km hoch schleudern (Abb. 2.8.15). Dieser Vulkanismus verändert Io's Oberfläche fortlaufend und dürfte auch das Fehlen von Einschlagkratern verständlich machen. Einige dunkle Flecken, die rund 150 K heißer als ihre Umgebung sind, lassen sich wohl als kürzlich erstarrte Lava deuten. Als Energiequelle für diese Aktivität dient wahrscheinlich die Aufheizung des Innern durch starke *Gezeitenkräfte*, die dadurch entstehen, daß Io durch die Resonanzen mit den Umlaufperioden von Europa und Ganymed eine etwas exzentrische Bahn aufgezwungen wird.

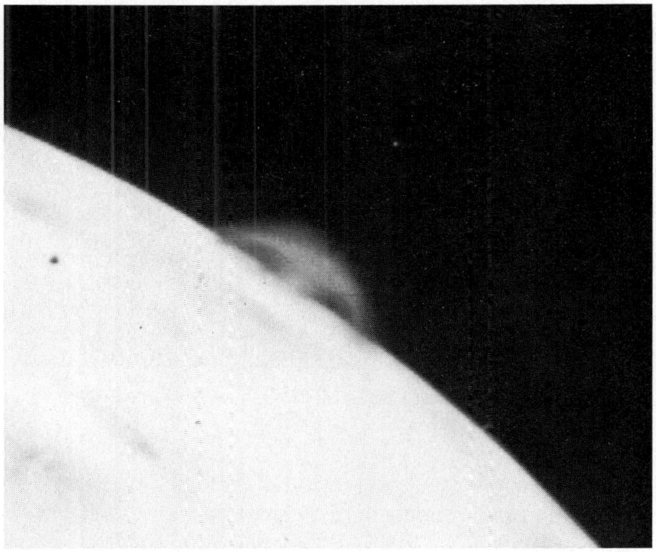

Abb. 2.8.15. Auf dieser Voyager 1-Aufnahme (4.3.1979) des Jupitermondes Io ist eine sich mehr als 100 km über seine Oberfläche erhebende Eruption eines der aktiven „Vulkane" (Prometheus) gegen den Rand gut zu erkennen

Io hat eine eigene dünne *Atmosphäre* (SO_2) von 120 km Höhe und eine Ionosphäre (S-, O- und Na-Ionen) von 700 km Höhe, welche ständig von der aktiven Oberfläche aus erneuert werden, da durch Wechselwirkung mit der Magnetosphäre des Jupiter ein torusförmiger Plasmaschlauch mit Teilchendichten $\gtrsim 2 \cdot 10^9\,m^{-3}$ entsteht, der die ganze Bahn der Io einhüllt. Durch die Wechselwirkung mit der Magnetosphäre werden auch die Radioausbrüche des Jupiter maßgeblich beeinflußt.

Auch der nächste der Galileischen Monde, *Europa*, zeigt nur wenige Einschlagkrater. Seine helle, vereiste Oberfläche ist von einem Netz sich kreuzender dunkler Linien überzogen. Sie ist erstaunlich glatt (Höhenunterschiede $\lesssim 100$ m); die Linien wirken wie aufgemalt. Demgegenüber sind die beiden äußeren großen Jupitermonde, *Ganymed* und *Callisto*, ähnlich wie unser Mond oder Merkur von Einschlagkratern übersät.

b) Saturn

Saturn (Abb. 2.8.16) gleicht weitgehend dem Jupiter. 1659 entdeckte Ch. Huygens mit seinem selbstgebauten Teleskop den Saturnring (von dem schon Galilei Andeutungen gesehen hatte) und den hellsten Saturnmond Titan. J. E. Keelers Messung (1895) der Rotationsgeschwindigkeit im Saturnring aus dem Dopplereffekt des reflek-

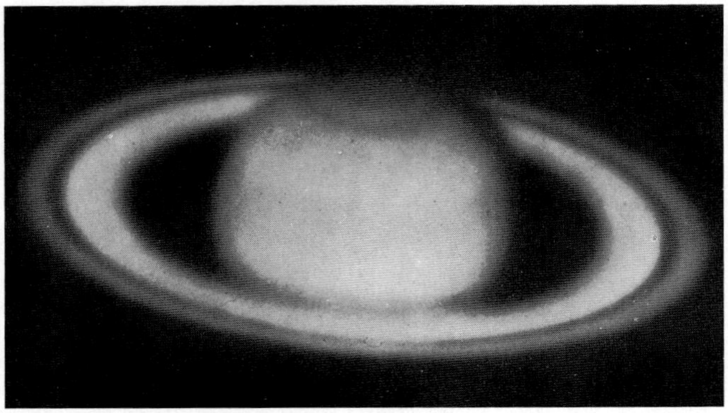

Abb. 2.8.16. Saturn. Aufnahme von H. Camichel mit dem 60 cm-Reflektor auf dem Pic du Midi

tierten Sonnenlichts zeigt, daß die verschiedenen Zonen des Rings entsprechend dem 3. Keplerschen Gesetz umlaufen und also aus kleinen Teilchen bestehen.

Eine sprunghafte Erweiterung unserer Kenntnis des Planeten, seines Ringsystems und seiner Monde verdanken wir den Vorbeiflügen der Raumsonden Pioneer 11 und vor allem Voyager 1 und 2, welche 1979 bzw. 1980 und 1981 nach ihrer Erkundung des Jupitersystems den Saturn erreichten.

Das *Spektrum* des Saturn, die chemische Zusammensetzung seiner *Atmosphäre* sowie die Wolkenstruktur und die Strömungsfelder sind ähnlich wie bei Jupiter. Bei Saturn sind die parallel zum Äquator verlaufenden Streifen breiter und erstrecken sich zu höheren Breiten hin. Die Strukturen erscheinen wegen einer dichteren Dunstschicht über den Wolken verwaschener. Die Temperatur der oberen (aus NH_3-Kristallen bestehenden) Wolkenschicht liegt bei rund 110 K, die der Tropopause bei etwa 80 K.

Genauere Analysen zeigen, daß der Anteil des *Helium* in der Saturnatmosphäre merklich geringer ist als bei Jupiter. Vermutlich findet bei dem etwas masseärmeren und kühleren Saturn eine Entmischung von Wasserstoff und Helium statt, wobei das Helium nach unten sinkt. Die hierbei freiwerdende Energie dürfte einen erhebli-

Tabelle 2.8.5. Ringsystem und Satelliten des Saturn. Abstand r vom Mittelpunkt des Planeten und große Bahnhalbachse a in Einheiten des Saturnradius $R_s = 6 \cdot 10^4$ km. Satellitenradius R (bzw. Halbachsen) in [km]. Die Rochesche Stabilitätsgrenze (2.8.11) beträgt 3.0 R_s (für eine mittlere Satellitendichte von 1300 kg m^{-3})

r/R_s	Ring	Teilung (Lücke)	a/R_s	Satellit		R [km]
1.1	D					
1.24	C					
1.50						
		Maxwell				
1.53	B					
1.95						
		Cassini				
2.03	A					
2.28		Encke				
		Pioneer	2.28	S 15	Atlas	20 · 10 · ?
2.32	F		2.31	S 16	Prometheus	70 · 50 · 40
			2.35	S 17	Pandora	55 · 45 · 35
			2.51	S 11	Epimetheus	70 · 60 · 50
			2.51	S 10	Janus	110 · 100 · 80
≃2.8	G		3.1	S 1	Mimas	196
3.5	E		4.0	S 2	Enceladus	255
			4.9	S 3	Tethys	530
			4.9	S 13	Telesto	17 · 14 · 13
≃5.0			4.9	S 14	Calypso	17 · 11 · 11
			6.3	S 4	Dione	560
			6.3	S 12	Helene	18 · 16 · 15
			8.7	S 5	Rhea	765
			20.3	S 6	Titan	2575
			24.6	S 7	Hyperion	205 · 130 · 110
			59	S 8	Iapetus	730
			215	S 9	Phoebe	110

chen Beitrag zur Wärmeabstrahlung liefern, die auch bei Saturn die Zustrahlung von der Sonne übertrifft (Abschn. 2.8.2).

Ähnlich wie bei Jupiter ergeben die Modellrechnungen für den inneren Aufbau einen festen Eis-Silikat-Kern von etwa 16 Erdmassen.

Saturn besitzt wie Jupiter eine *Magnetosphäre*. Sie hat eine Ausdehnung von etwa 20 bis 40 Saturnradien. Entsprechend dem Dipolmoment von $4.6 \cdot 10^{18}$ T m^3 bzw. $4.6 \cdot 10^{28}$ G cm^3 ist die Magnetfeldstärke am Äquator mit $2 \cdot 10^{-5}$ T bzw. 0.2 G ähnlich der der Erde. Interessant für die Dynamotheorie zur Erzeugung planetarer Magnetfelder ist, daß bei Saturn die Richtung des Dipolmoments ziemlich genau ($<1°$) mit der Rotationsachse übereinstimmt. Schließlich ist Saturn auch von *Strahlungsgürteln* aus energiereichen Protonen und Elektronen mit Intensitätsmaxima bei etwa 7 und 4 Saturnradien Entfernung vom Planetenzentrum umgeben, die offenbar durch die inneren Monde strukturiert sind.

Die Zahl der bekannten *Satelliten* des Saturn hat sich durch die beiden Voyager-Missionen auf (mindestens) 17 erhöht (Tabelle 2.8.5). Auch hier sind die Bahnexzentrizitäten und -neigungen der inneren Satelliten bis einschließlich Titan klein, die der äußeren erheblich größer. S9 Phoebe, der dunkle äußerste Mond, hat eine retrograde Umlaufbahn.

Der größte Saturnmond S6 *Titan* besitzt als einziger Mond im Planetensystem eine eigene, dichte *Atmosphäre*. Es bedeutete eine Überraschung, als 1944 G.P. Kuiper in seinem Spektrum Absorptionsbanden von Methan CH_4 ähnlich wie bei Saturn entdeckte und später L. Trafton Banden von Wasserstoff H_2 fand. Nach den Abschätzungen in Abschn. 2.8.4 genügt in der Tat das Schwerefeld des Satelliten, um eine Atmosphäre festzuhalten.

Voyager 1 näherte sich Titan bis auf 4000 km und konnte vor allem dessen Atmosphäre, über die es bis dahin weit auseinandergehende Vorstellungen gab, spektrometrisch untersuchen. Überraschend wurde gefunden, daß der Hauptbestandteil molekularer Stickstoff N_2 mit einem Anteil von rund 90% ist. Außerdem wurden neben dem schon länger bekannten Methan CH_4 ($\simeq$ 3%) und H_2 ($\simeq$ 0.2%) viele Spurenstoffe, vor allem Kohlenwasserstoffe wie Ethan C_2H_6, Propan C_3H_8, Ethin (Acetylen) C_2H_2, Ethen (Ethylen) C_2H_4 sowie Cyanverbindungen im Infrarot beobachtet. Um das aus Bedeckungsbeobachtungen abgeleitete mittlere Molekulargewicht von 28.6 zu erklären, muß noch Argon mit etwa 10% als zweithäufigster Bestandteil angenommen werden. Dichte Dunstschichten verwehren den Blick auf die tieferen Schichten der Atmosphäre und die Oberfläche von Titan. Modellrechnungen ergeben einen Bodendruck von 1.6 bar ($1.6 \cdot 10^5$ Pa) und eine Oberflächentemperatur von 94 K. Die Dichte der Atmosphäre ist demnach von gleicher Größenordnung wie die der Erdatmosphäre. Unter diesen Bedingungen sollte Methan in flüssiger Phase auftreten. Vielleicht spielt das Methan (mit anderen Kohlenwasserstoffen) hier eine ähnliche Rolle wie das Wasser auf der Erde, bildet Ozeane, und tritt als Wolken und Regen auf.

Die mittlere Dichte von Titan ist mit 1940 kg m^{-3} ähnlich der des Jupitermondes Ganymed und deutet auch bei Titan auf einen Aufbau aus Eis und Silikaten zu etwa gleichen Teilen hin.

Die weiteren sieben *großen Monde*, S1 Mimas, S2 Enceladus, S3 Tethys, S4 Dione, S5 Rhea, S7 Hyperion und S8 Iapetus, haben vereiste Oberflächen, die von zahlreichen Einschlagkratern bedeckt sind. Die Kraterdichte erreicht die gleiche Größenordnung wie auf dem Erdmond, d.h. der Aufprall von Gesteinsbrocken in den ersten 10^9 a des Planetensystems (Abschn. 6.1, 2) war noch draußen bei der Saturnbahn vergleichbar stark wie in Erdnähe. Aufgrund ihrer mittleren Dichten von 1200 bis 1400 kg m^{-3} dürfte das Innere dieser Monde auch aus einem Eis-Silikat-Gemisch bestehen.

Innerhalb von Mimas laufen zwei *kleine Monde*, S11 Epimetheus und S10 Janus, auf fast derselben Bahn um, wobei sie bei ihrer wechselseitigen Annäherung vermutlich ihre relative Stellung austauschen. Ein weiterer kleiner Mond (S12) befindet sich auf gleicher Umlaufbahn wie Dione, einen festen Winkelabstand zu dem größeren Mond beibehaltend. Auf der Bahn von Tethys haben wir sogar zwei Monde, S13 Telesto und S14 Calypso, in den sogenannten Lagrangeschen Punkten. Besonders interessant sind die winzigen *Begleitmonde* oder *„Hirtenmonde“* zu einigen Saturnringen (s.u.).

Direkte Aufnahmen und Beobachtungen von Bedeckungen durch die Voyager-Sonden vermitteln uns über das *Ringsystem* (Tabelle 2.8.5) folgendes Bild: Die grobe Struktur in radialer Ausdehnung besteht aus sieben Ringzonen. Neben den altbekannten drei helleren Ringen (von außen nach innen mit A, B und C bezeichnet, mit der ausgeprägten Cassini-Teilung zwischen A und B) und dem schmalen, von Pioneer 11 entdeckten F-Ring gibt es drei weitere schwache Ringe, der D-Ring innen, vom C-Ring bis nahe an die Planetenoberfläche reichend, die beiden anderen (G und E) weiter außen, in Nähe der Bahnen der Monde Mimas bzw. Enceladus.

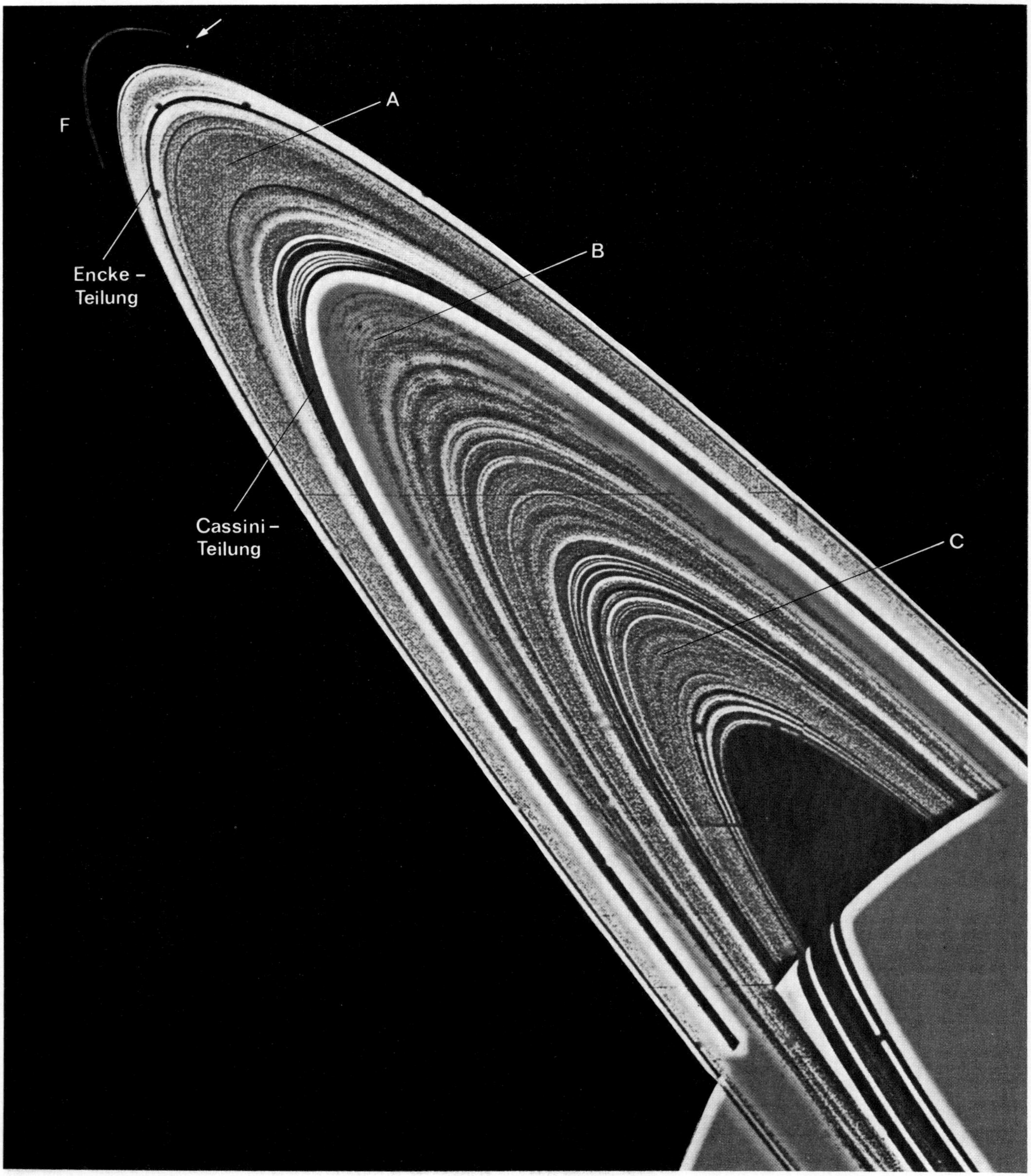
F
A
Encke-
Teilung
B
Cassini-
Teilung
C

Senkrecht zur Äquatorebene ist das Ringsystem extrem dünn (< 3 km), seine Gesamtmasse dürfte 10^{-5} der Saturnmasse nicht überschreiten.

Die hohe räumliche Auflösung der Voyagerbilder brachte sehr überraschende Ergebnisse bei der Feinstruktur im Ringsystem (Abb. 2.8.17): In den Ringzonen werden viele hundert bis tausend Teilringe beobachtet: scharf begrenzte, dünne helle und dunkle Zonen in anscheinend unregelmäßigen Abständen. Zum Teil sind diese Teilringe nur wenige 100 m breit. Selbst innerhalb der Cassini-Teilung finden wir eine Reihe von dünnen Ringen. Interessant sind die Abweichungen von der Kreisform bei einigen Teilringen sowie fast radiale, im rückwärtsgestreuten Licht dunkel erscheinende Strukturen („Speichen") im B-Ring, die etwa einen Umlauf um den Planeten überdauern. Eine ungewöhnliche, offenbar zeitlich veränderliche Struktur zeigt der nur rund 100 km breite F-Ring. Er besteht aus wenigen, gewundenen Strängen, in denen Verdichtungen und Knicke beobachtet werden. An jeder Seite wird dieser Ring von je einem kleinen, unregelmäßig geformten Mond (S16 und S17) mit etwa 100 km Durchmesser begleitet. Auch in Nähe der scharfen äußeren Kante des A-Rings ist ein kleiner Begleitmond (S15 Atlas) entdeckt worden. Die Begleitmonde dürften ebenso wie Resonanzen mit den Umlaufperioden der großen Monde für die Strukturierung der Ringe eine wichtige Rolle spielen. Das Phänomen der „Speichen" entsteht möglicherweise durch die Wechselwirkung zwischen geladenen Staubteilchen mit der Magnetosphäre des Saturn.

Wir bemerken noch, daß ein größerer Satellit nach E. Roche (Abschn. 2.8.3) innerhalb von etwa 3 Saturnradien Abstand vom Planetenmittelpunkt infolge der Gezeitenkräfte des Saturn nicht existieren könnte.

c) Uranus

Von der Erde aus sind Einzelheiten auf der Scheibe bei Uranus kaum noch erkennbar.

Die fünf großen, relativ dunklen Monde, die vor der Voyager-Mission bekannt waren, sind in Tabelle 2.8.6 aufgeführt. Sie umlaufen Uranus nahezu in seiner Äquatorebene auf fast kreisförmigen, prograden Bahnen. Bis auf den kleinsten, U5 Miranda, sind sie in ihrer Größe z. B. dem Saturnmond Rhea vergleichbar. Ihre Dichten liegen im Bereich um 1600 kg m^{-3}, so daß auch ihr Inneres aus einem Eis-Silikat-Gemisch bestehen dürfte.

◄

Abb. 2.8.17. Voyager 1-Aufnahme vom Ringsystem des Saturn aus $8 \cdot 10^6$ km Abstand, 1980. Gekennzeichnet sind die altbekannten breiten Ringzonen A, B und C mit den Cassini- und Encke-Teilungen sowie der dünne F-Ring mit seinem inneren Begleitsatelliten (Pfeil). Das Bild läßt fast 100 Teilringe erkennen, welche wiederum – wie besser aufgelöste Bilder von Voyager 2 zeigen – aus weiteren Ringen bestehen, so daß für Saturn insgesamt (mindestens) 100 000 Ringe geschätzt werden. (Aus G. Briggs und F. Taylor, 1982)

Tabelle 2.8.6. Die fünf großen Satelliten des Uranus. Abstand a vom Planetenmittelpunkt in Einheiten des Uransusradius $R_u = 25\,600$ km und Satellitenradius R in [km]

a/R_u	Name	R	Entdeckung
5.1	U5 Miranda	240	G. P. Kuiper (1948)
7.6	U1 Ariel	660	W. Lassell (1851)
10.5	U2 Umbriel	510	W. Lassell (1851)
17.2	U3 Titania	780	W. Herschel (1787)
23.1	U4 Oberon	780	W. Herschel (1787)

Völlig unerwartet wurde 1977 bei Beobachtungen einer Sternbedeckung durch Uranus ein System von neun schmalen, *dunklen Ringen* entdeckt, die sich durch mehrere kurze, scharfe Verdunklungen des Sterns vor und nach der erwarteten eigentlichen Bedeckung kenntlich machten.

Schließlich brachte 1986 der Vorbeiflug der Raumsonde Voyager 2 – wie schon für das Jupiter- und Saturnsystem – auch für das Uranussystem eine Fülle neuer Erkenntnisse, u. a. die Entdeckung von 10 neuen, kleineren Monden und eines weiteren Ringes.

Mit der jetzt bekannten *Rotationsperiode* des Uranus von 17.2 h ist ein *innerer Aufbau* aus einem Silikat/Eisen-Kern (von etwa 7 Erdmassen?), umgeben von einem Eismantel (H_2O, CH_4, NH_3) und einer massiven Gashülle (H_2, He) verträglich.

Die kühle *Atmosphäre* des Planeten ($T \simeq 60$ K) wird von molekularem Wasserstoff H_2 beherrscht. Die aus Radiobedeckungen ermittelte Heliumhäufigkeit von etwa 12% entspricht der solaren Mischung; Methan CH_4 ist relativ häufig in der Atmosphäre, hingegen Ammoniak NH_3 erstaunlich selten. In größerer Tiefe (bei einem Druck von 1.6 bar) befindet sich eine Schicht aus CH_4-Wolken. Uranus ist von einer ausgedehnten Korona aus neutralem Wasserstoff umgeben; auf der Tagseite beobachtet man im Ultraviolett aus der Hochatmosphäre eine intensive Emission („electroglow") der Wasserstoffmoleküle, deren Anregungsmechanismus noch unverstanden ist.

Uranus besitzt wie Jupiter und Saturn ein Magnetfeld und eine *Magnetosphäre* und emittiert Radiostrahlung. Das Magnetfeld am Äquator beträgt $2.3 \cdot 10^{-5}$ T bzw.

0.23 G, die Magnetosphäre hat eine Ausdehnung von ungefähr 20 Uranusradien ($R_u = 25600$ km) und bildet einen ausgedehnten Plasmaschweif auf der der Sonne abgewandten Seite. Die Magnetosphäre des Uranus hat unter den Planeten eine ungewöhnliche Struktur und Dynamik als Folge des großen Winkels von rund 59° zwischen der Dipolachse und der Rotationsachse, wobei letztere fast in der Bahnebene des Planeten liegt. (Einen ähnlich großen Neigungswinkel finden wir nur noch bei Neptun.)

Das *Ringsystem* umfaßt 10 sehr schmale, extrem dunkle Ringe (Albedo $\simeq$ 0.04) in der Äquatorebene zwischen 1.6 und 1.95 R_u Abstand vom Planetenzentrum. Der äußerste, breiteste Ring (ε-Ring) ist zwischen 20 und 100 km breit und wird an beiden Rändern von je einem kleinen Hirtenmond begleitet; er besteht aus ungewöhnlich großen Gesteinsbrocken (≥ 1 m). Die übrigen Ringe sind größenordnungsmäßig nur 10 km breit; weitere Begleitmonde wurden nicht entdeckt. Ähnlich wie bei Saturn sind auch bei Uranus auf einigen Voyager-Bildern feinere Ringstrukturen und staubförmige Materie auch außerhalb der 10 „Hauptringe" zu erkennen.

Die von Voyager 2 entdeckten neuen kleinen, sehr dunklen Monde liegen alle zwischen 2.1 und 3.4 R_u, also innerhalb der Bahn von U5 Miranda. Die von Eis und dunklem Material bedeckten *Oberflächen* der fünf großen, langbekannten Satelliten zeigen auf den Voyageraufnahmen nicht nur – wie erwartet – viele Krater, sondern auch (bis auf U2 Umbriel) komplizierte geologische Strukturen wie Rillen, Täler, Stufen, Verwerfungen usw. (Abb. 2.8.18), die auf eine frühere tektonische Aktivität deuten.

d) Neptun

Größe, Masse und Spektrum und damit auch der Aufbau des Neptun sind weitgehend ähnlich wie bei Uranus.

Unsere Kenntnis dieses Planeten konnte erst durch den Vorbeiflug der Raumsonde Voyager 2 wesentlich erweitert werden, die sich seiner Oberfläche 1989 bis auf 5000 km näherte. Die bläuliche *Atmosphäre*, welche vorwiegend aus Wasserstoff, Helium und Methan besteht, zeigt vielfältige Strukturen (Abb. 2.8.19). Außer Streifen und kleineren Flecken wird 22° südlich des Äquators der *„große dunkle Fleck"* beobachtet, ein langlebiger Wirbel analog dem roten Fleck bei Jupiter. Dieser große Fleck hat eine Rotationsperiode von 18.3 h, bewegt sich also mit 0.3 km s^{-1} Geschwindigkeit entgegen der Rotationsrichtung des Planeten (Rotationsperiode 16.1 h). Etwa 50 km über der blauen Wolkendecke sehen wir noch helle Streifen aus Zirruswolken. Das im Vergleich zur Uranusatmosphäre überraschend stark ausgeprägte Strömungsfeld bei Neptun dürfte seine Ursache in der hohen inneren Energie haben, welche die Zustrahlung der Sonne um einen Faktor 2 bis 3 übertrifft (Abschn. 2.8.2).

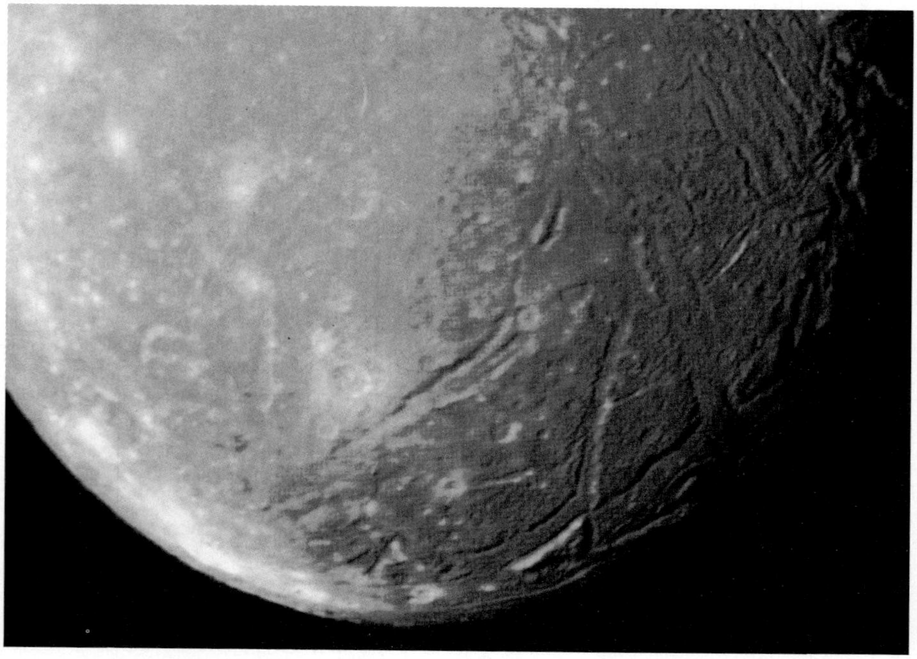

Abb. 2.8.18. Aufnahme des Uranusmondes U1 Ariel durch Voyager 2 aus 170000 km Entfernung. Neben vielen Kratern zeigt die Oberfläche ausgeprägte Rillen und Täler

Abb. 2.8.19. Aufnahme des Neptun durch Voyager 2 (August 1989). Die blaue Atmosphäre zeigt nur eine schwache Bänderstruktur. Links bei 22° südlicher Breite der „Große dunkle Fleck" mit Zirruswolken in seiner Umgebung sowie weiter südlich ein kleinerer dunkler Fleck mit hellem Zentrum

Auch Neptun besitzt ein dipolartiges *Magnetfeld*, das allerdings schwächer als das der anderen großen Planeten ist. Seine Achse ist gegenüber der Rotationsachse um 47° geneigt, einem ähnlich hohen Winkel wie bei Uranus. Die Magnetosphäre des Neptun weist relativ geringe Teilchendichten auf.

Vor der Voyager-Mission waren zwei Monde des Neptun bekannt: N1 *Triton*, der mit einem Radius von 1360 km an Größe fast dem Erdmond entspricht und den Planeten retrograd in 14.3 Neptunradien (R_N = 24800 km) Abstand umkreist, sowie die erheblich kleinere N2 *Nereide* mit 200 km Radius, die eine stark elliptische Bahn mit einer großen Halbachse von 227 R_N hat. Beide Monde haben Bahnen mit großer Inklination (20° bzw. 30°). Weiterhin ergaben 1984/85 Beobachtungen von Sternbedeckungen durch Neptun Hinweise auf einen unregelmäßig ausgebildeten Ring oder Ringfragmente in etwa 3 R_N Abstand.

Voyager 2 entdeckte sechs weitere Monde, beobachtete ein komplexes Ringsystem und übermittelte Einzelheiten der Oberfläche von Triton, an dem die Sonde in 38000 km Entfernung vorbeiflog. Die sechs neuen *Satelliten* umlaufen den Planeten auf kreisförmigen Bahnen zwischen 1.9 und 4.7 R_N Abstand nahezu in der Äquatorebene. Sie sind – wie Nereide – unregelmäßig geformte, dunkle Körper mit Radien zwischen 25 und 210 km.

Das *Ringsystem* besteht aus zwei schmalen, scharf begrenzten Ringen in 2.1 und 2.6 R_N Abstand, einem innerhalb der Monde gelegenen diffusen Ring sowie einer ausgedehnten Scheibe aus fein verteilten Staubteilchen. Der äußere scharfe Ring enthält unregelmäßige, größere Verdichtungen, welche bei den Beobachtungen vom Erdboden aus für die Sternbedeckungen verantwortlich gewesen sein dürften.

Der große, rötliche Mond N1 *Triton* zeigt vielfältige Oberflächenstrukturen (Abb. 2.8.20): neben Verwerfungen und langen Rissen finden wir „gefrorene Seen" mit terrassenförmigen Ufern, noch rätselhafte flache, dunkle Gebiete mit hellen Rändern sowie über 50 km lange, dunkle Flecken. Letztere könnten vielleicht aus Staub bestehen, der bei Eruptionen von „Geysiren" (aus flüssigem, tieferen Schichten entstammenden Stickstoff?) mitgerissen wurde. Die geringe Zahl von Einschlagkratern auf Triton deutet auf eine geologisch junge Oberfläche hin. Die südliche Polgegend ist zur Zeit von gefrorenem Methan und Stickstoff bedeckt; durch deren hohe Albedo herrscht hier eine extrem niedrige Temperatur von 38 K.

Die Atmosphäre des Triton ist äußerst dünn (Bodendruck etwa 15 μbar) und besteht überwiegend aus Stickstoff mit Spuren von Methan; gelegentlich werden einzelne Wolken und Dunst beobachtet.

2.8.8 Pluto

Dieser lichtschwache ($m_v \simeq 15$ mag) äußerste Planet unseres Sonnensystems ist nur schwer zu beobachten. Im Rahmen einer astronomischen Beobachtungsreihe am US Naval Observatory bemerkte 1978 J. W. Christy eine systematisch auftretende Ausbuchtung des Planetenscheibchens, deren Analyse das Vorhandensein eines Mondes aufzeigte, welcher danach auch mittels Speckle-Interferometrie beobachtet werden konnte. P1 *Charon*, etwa 2 mag schwächer als Pluto, hat eine Umlaufperiode

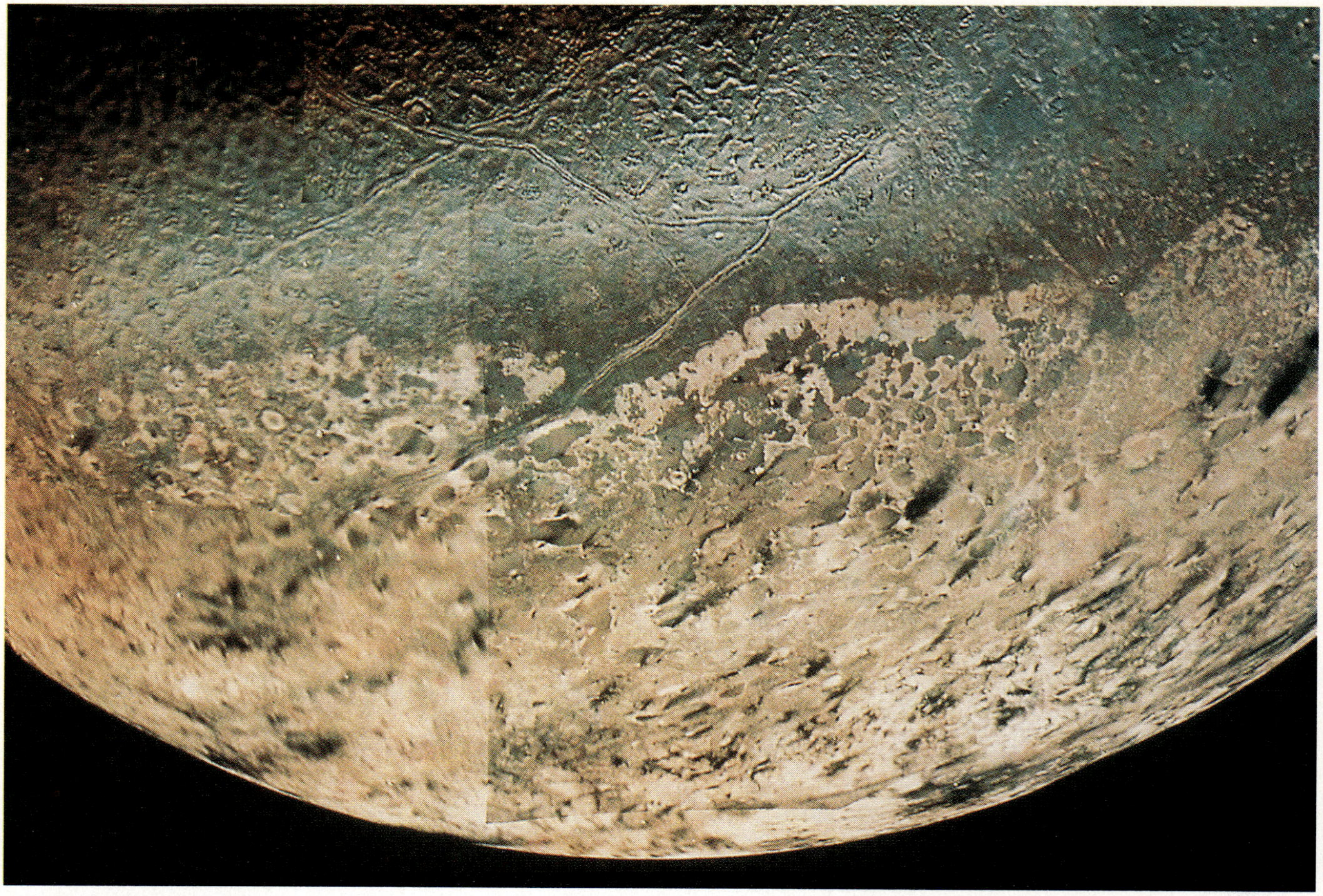

Abb. 2.8.20. Aufnahme des Neptunmondes N1 Triton durch Voyager 2 (August 1989). Das aus mehreren Nahaufnahmen zusammengesetzte Bild zeigt die Oberflächenstrukturen in der Umgebung des Südpols

von 6.39 d synchron zur Rotation von Pluto. Sein mittlerer Abstand von Planeten beträgt nur 0.9″ bzw. 20000 km. Durch die Entdeckung des Satelliten kann jetzt die Masse und damit die mittlere Dichte des Pluto erheblich zuverlässiger bestimmt werden, als es früher aus den Neptunstörungen möglich war. Vor allem ermöglichte die Beobachtung einer Reihe gegenseitiger Bedeckungen von Pluto und Charon in den 1980er Jahren eine genauere Bestimmung der Parameter des Systems. (Eine solche günstige Neigung der Bahnebene relativ zur Erde tritt nur zweimal während eines Umlaufs des Planeten um die Sonne auf.)

Die Masse des Gesamtsystems ist rund 1/400 Erdmassen, wovon etwa 10% auf Charon fallen. Das Massenverhältnis von Satellit zu Planeten ist das bei weitem größte im Sonnensystem und das Pluto-Charon-System kann als Doppelplanet angesehen werden. Der Radius von Pluto liegt bei 1150 km. Somit ergibt sich als mittlere Dichte 2100 kg m^{-3}, also etwas mehr als z. B. für Saturn.

Spektrophotometrische Untersuchungen zeigen, daß Pluto – ähnlich wie der Neptunmond Triton – mit *Methan-Eis* bedeckt ist, das je nach Entfernung von der Sonne unterschiedlich stark sublimiert und eine dünne Atmosphäre aus CH_4 bildet. Die Oberflächentemperatur des Pluto liegt (im Perihel) bei etwa 60 K.

2.9 Physikalische Beschaffenheit der Kometen, Meteore und Meteoriten. Interplanetares Medium

Nachdem wir die Planetoiden bzw. Asteroiden und die Satelliten der Planeten bereits kennengelernt haben,

Abb. 2.9.1. Komet Mrkos, 1957d. Aufnahme am Mt.-Palomar-Schmidt-Spiegel, 1957 August 23.18. Oben der langgestreckte, strukturreiche Typ I- oder Plasmaschweif. Unten der breitere, fast strukturlose Typ II- oder Staubschweif

befassen wir uns hier mit den übrigen „*Kleinkörpern*“ unseres Planetensystems, zunächst mit den Kometen (Abschn. 2.9.1), dann mit den Meteoren und Meteoriten (Abschn. 2.9.2) und dem interplanetaren Staub (Abschn. 2.9.3), der sich zu kleineren Teilchengrößen hin an die Meteorite anschließt.

2.9.1 Kometen

Aufnahmen mit geeigneter Belichtungsdauer (Abb. 2.9.1) zeigen, daß ein Komet zunächst einen (nur selten erkennbaren) *Kern* von nur wenigen Kilometern Durchmesser enthält. Diesen umgibt – oft in Form parabolischer Schalen, auch Strahlen vom Kern aus – die *Koma* wie eine diffuse, neblige Hülle. Kern und Koma zusammen nennt man den *Kopf* des Kometen; sein Durchmesser beträgt ungefähr $2 \cdot 10^4$ bis $2 \cdot 10^5$ km. Etwa innerhalb des Bereiches der Marsbahn entwickeln die Kometen den bekannten *Schweif*, der – soweit für das Auge erkennbar – eine Länge von 10^7 und gelegentlich sogar $1.5 \cdot 10^8$ km = 1 AE erreichen kann.

Bei den helleren Kometen beobachtet man im Ultraviolett von Satelliten aus, daß ihr Kopf von einem bis zu einigen 10^7 km ausgedehnten *Halo* aus atomarem Wasserstoff umgeben ist, der in der Lα-Linie $\lambda \simeq 121.6$ nm hell leuchtet.

Das *Spektrum des Kometenkopfs* zeigt im Optischen (Abb. 2.9.2) teils reflektiertes Sonnenlicht, dessen Intensitätsverteilung auf Streuung an Staubteilchen von der Größenordnung sichtbarer Lichtwellen ($\simeq 0.6$ µm) hinweist. Dazu kommen in Emission Banden zahlreicher Moleküle bzw. Radikale wie CN, CH, C_2, C_3, NH, NH_2, OH und Radikal-Ionen wie CO^+, CH^+, OH^+, N_2^+, CO_2^+ und H_2O^+. In Sonnennähe treten die Spektrallinien der Atome [OI], Na, Ca, Cr, Fe, Ni u. a. auf.

Im Infrarot beobachten wir die Silikatstrukturen bei $\lambda = 10$ und 18 µm (Abschn. 5.3.1) und vor allem die thermische Eigenstrahlung der Staubkomponente im Kometen. Im Mikrowellengebiet entdeckte man neben dem optisch schon bekannten OH und CH noch Cyanwasserstoff HCN, Schwefelwasserstoff H_2S, Methylcyanid CH_3CN und Wasser H_2O. Im Ultraviolett werden schließlich über die bereits aus anderen Bereichen bekannten Atome bzw. Moleküle hinausgehend neben H noch z. B. C, C^+, O, S, S_2, CO, CS und CN^+ gefunden.

Der Wasserstoffhalo sowie die Tatsache, daß alle Kometen-Moleküle Verbindungen der kosmisch häufigen

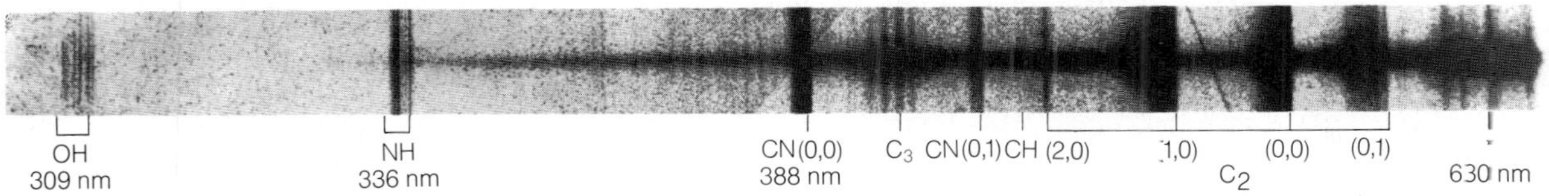

Abb. 2.9.2. Spektrum vom Kopf des Kometen 1941 I Cunningham (0.87 AE von der Sonne entfernt). In der Mitte das kontinuierliche Spektrum des reflektierten Sonnenlichtes. Außen Emissionsbanden der Moleküle OH, NH, CN, C_2, C_3. . . . (*) bezeichnet die Nachthimmellinie [OI] 630 nm

leichten Elemente H, C, N, O darstellen, weisen darauf hin, daß die Kometen ursprünglich im wesentlichen aus *Solarmaterie* bestehen.

Die *Spektren der Kometenschweife* zeigen in erster Linie Molekül- bzw. Radikal*ionen*: N_2^+, CO^+, OH^+, CH^+, CN^+, CO_2^+ und H_2O^+.

Die charakteristischen Formen und Bewegungen der Kometenschweife verlangen zu ihrer Deutung die Annahme einer von der Sonne ausgehenden Abstoßungskraft, deren Größe die Gravitation oft um ein Vielfaches übertrifft.

Die breiten *diffusen und gekrümmten Schweife* (Typ II) bestehen in der Hauptsache aus kleinen *Staubteilchen* ($\lesssim 1$ µm). Für solche Teilchen kann der Strahlungsdruck (jedes absorbierte oder gestreute Lichtquant $h\nu$ überträgt einen Impuls $h\nu/c$) in der Tat ein Mehrfaches der Schwerebeschleunigung erreichen, wie es die Beobachtungen verlangen.

Die *schmalen, langgestreckten Schweife* (Typ I) dagegen bestehen, wie ihr Spektrum zeigt, in erster Linie aus Molekülionen. Der berechnete Strahlungsdruck dürfte hier nicht mehr ausreichen, um die beobachteten sehr großen Verhältnisse von Strahlungsbeschleunigung zu Gravitation zu erklären. Nach L. Biermann (1951) werden diese *Plasmaschweife* vielmehr von der Sonne weggeblasen durch eine stets vorhandene Korpuskularstrahlung, den *solaren Wind* (Abschn. 2.9.3). In der Entfernung der Erdbahn stellt dieser einen Strom von ionisiertem Wasserstoff, d. h. Protonen und Elektronen mit 10^6 bis 10^7 Teilchen pro m^3 und einer Geschwindigkeit von etwa 500 km s^{-1} dar. So wird auch die öfters, aber nicht immer beobachtete Beeinflussung der Kometen durch die Sonnenaktivität verständlich.

Der periodische *Komet Halley* (Abschn. 2.5.2) wurde 1986 von mehreren Raumsonden aus der Nähe erkundet. Die europäische Sonde Giotto durchflog die innere Koma und näherte sich dem Kern bis auf rund 600 km, wobei u. a. mittels Massenspektrometern und Einschlagdetektoren Gas- und Staubteilchen in situ nachgewiesen und Nahaufnahmen des Kerns gewonnen wurden.

Wir können uns nun aufgrund der spektroskopischen und der direkten Beobachtungen die *Entwicklung eines Kometen* folgendermaßen vorstellen:

In großem Abstand ($\gtrsim 5$ AE) von der Sonne ist allein der etwa 1 bis 10 km große *Kern* vorhanden mit einer Masse im Bereich von 10^{12} bis 10^{15} kg. Seine Zusammensetzung ist nicht sehr gut bekannt. Nach F. Whipple (1950) kann er als ein *„schmutziger Schneeball"* angesehen werden, der aus einer Mischung von Eis (überwiegend aus H_2O, daneben CH_4, NH_3, ...) und kleinen Körnern aus Silikaten und Nickeleisen ähnlich den Meteoriten (Abschn. 2.9.2) besteht. Der Kern des Halleyschen Kometen zeigte eine längliche, unregelmäßige Form, einer Kartoffel oder Erdnuß ähnlich, mit Abmessungen von etwa 15 km für die große, und 7 bis 10 km für die kleine Achse. Seine Oberfläche ist irregulär strukturiert und sehr dunkel (Albedo etwa 0.02 bis 0.04).

Bei Annäherung an die Sonne verdampfen Substanzen wie H_2O, CH_4, NH_3 usw. und beginnen die *Koma* zu bilden. Diese *Muttermoleküle* werden durch die Sonnenstrahlung und durch die Wechselwirkung mit dem Sonnenwind dissoziiert und ionisiert und strömen mit Geschwindigkeiten der Größenordnung 1 km s^{-1} aus. Durch mannigfaltige chemische Reaktionen werden weitere Teilchen in der äußeren Koma gebildet, die dann durch die Sonnenstrahlung zum Fluoreszenzleuchten angeregt werden. Die im Eis des Kometenkerns eingebetteten Staubteilchen werden bei dessen Verdampfung ebenfalls in die Koma freigesetzt; beim Kometen Halley wurde ein extrem ungleichmäßiges Wegströmen des Staubs von der Kernoberfläche in Jets beobachtet. Kleinere Staubteilchen ($\lesssim 1$ µm) werden dann durch den Strahlungsdruck von der Sonne weggetrieben.

Das Gas der äußeren Koma wird durch den anströmenden Sonnenwind mitgerissen und bildet den *Plasmaschweif*. Auf der der Sonne zugewandten Seite bildet sich infolge der Abbremsung des Sonnenwinds durch die Koma eine Stoßfront, welche z. B. beim Halleyschen Kometen rund 10^6 km vom Kern entfernt lag. Die Moleküle und Radikale im Schweif werden von der kurzwelligen Sonnenstrahlung weiter ionisiert, während die Rekombination der positiven Ionen mit den Elektronen wegen der kleineren Dichte gering ist. So herrschen in den Spektren der Kometenschweife die Linien von Ionen vor.

2.9.2 Meteore und Meteorite

Die *Meteore* oder *Sternschnuppen* präsentieren uns nur einen Ausschnitt aus der Gesamtheit der Kleinkörper unseres Planetensystems. Man unterscheidet z. T. etwas genauer zwischen dem *Meteor*, als der kurzdauernden Leuchterscheinung am Himmel – von den „teleskopischen Sternschnuppen" bis zu den taghell leuchtenden Feuerkugeln – und dem erzeugenden Körper, dem (kleinen) *Meteoroid* bzw. dem (größeren) *Meteorit*. Da die kosmischen Körper auf nahezu parabolischen Bahnen in Erdnähe nach dem Energiesatz eine Geschwindigkeit von 42 km s^{-1} haben und andererseits die Geschwindigkeit der Erde in ihrer Bahn 30 km s^{-1} beträgt, so können je nach der Einfallsrichtung (morgens bzw. abends) Relativgeschwindigkeiten zwischen 72 und 12 km s^{-1} zustande kommen. Beim Eindringen in die Erdatmosphäre werden die Körper erhitzt: Bei den größeren Brocken wird die Hitze nicht rasch genug nach innen dringen: ihre Oberfläche zeigt Schmelzgruben und brennt ab, sie kommen als *Meteorite* am Boden an. Der größte bekannte Meteorit ist der Hoba West in Südwestafrika mit etwa 60 Tonnen. Recht erhebliche Massen müssen es auch gewesen sein, die bei ihrem Aufsturz die *Meteoritenkrater* auf der Erde (wie auf dem Mond und anderen Körpern des Planetensystems) erzeugten. Der bekannte Krater von Canyon Diablo in Arizona hat z. B. einen Durchmesser von etwa 1300 m und (heute) eine Tiefe von 174 m. Er dürfte – nach geologischen Anzeichen – vor etwa 20000 Jahren durch Einsturz eines Eisenmeteoriten von ca. zwei Millionen Tonnen entstanden sein. Auch das Nördlinger Ries in Süddeutschland mit etwa 25 km Durchmesser ist wahrscheinlich ein meteoritischer Einsturzkrater, der vor $15 \cdot 10^6$ a im Tertiär entstand.

Kleine Meteore verbrennen in der Atmosphäre, die gewöhnlichen Sternschnuppen in etwa 100 km Höhe. Bei ihrem Flug durch die hohe Atmosphäre ionisieren sie die Luft in einem zylindrischen Bereich. Bei großen Meteorströmen liefern sie so mit der sog. anomalen E-Schicht in etwa 100 km Höhe einen Beitrag zur Ionosphäre. Andererseits streut ein solcher leitender Zylinder elektrische Wellen wie ein Draht, und zwar vorwiegend senkrecht zu seiner eigenen Richtung. Darauf beruht der enorme Aufschwung, den die Meteorforschung durch die *Radartechnik* genommen hat. Man sieht auf dem Radarschirm nur die größeren Körper selbst, aber man erhält die Richtung senkrecht zu dem „Ionen-Schlauch" noch leicht bei Sternschnuppen, die unter der visuellen Nachweisgrenze liegen. Auch die Geschwindigkeiten kann man mit Radarmethoden messen. Deren entscheidender Vorteil gegenüber der visuellen Beobachtung ist, daß sie von Tageszeit und Wolken unabhängig sind, so daß die Verfälschung statistischer Untersuchungen durch solche Einflüsse wegfällt.

Für die etwas helleren Sternschnuppen gibt in der Nacht die genauesten Aussagen die photographische Beobachtung mit lichtstarken Weitwinkelkameras, möglichst simulutan von zwei Stationen in geeigneter Entfernung voneinander. Man erhält so die genaue Lage der Bahn im Raum. Rotierende Sektoren unterbrechen das Bild der Bahn und ermöglichen die Berechnung der Bahngeschwindigkeit. Die Stärke des Striches zeigt die Helligkeit und ihre oft raschen zeitlichen Variationen an.

Da der Luftwiderstand mit dem Querschnitt ~ (Durchmesser)^2, die Schwerkraft aber mit der Masse ~ (Durchmesser)^3 geht, so sieht man leicht, daß bei immer kleineren Teilchen der Luftwiderstand so stark überwiegt, daß diese nicht mehr zum Glühen kommen und langsam unversehrt zu Boden schweben. Diese *Mikrometeorite* sind kleiner als einige 100 µm. Man findet sie in großen Mengen mit geeigneten Auffängern am Boden und auch im Tiefseeschlamm; Schwierigkeit macht naturgemäß die Unterscheidung von terrestrischem Schmutz. In neuerer Zeit hat die Forschung mit Satelliten und Raumsonden wichtige Ergebnisse über die Mikrometeorite bzw. den interplanetaren Staub (Abschn. 2.9.3) gezeigt. Weitere Information liefert die Auswertung der Mikrokrater auf dem Mond (Abschn. 2.8.5d).

Die Meteorite, als einzige kosmische Materie, die uns auf der Erde direkt greifbar ist, sind zunächst mineralogisch-petrographisch und in neuerer Zeit auf Spuren radioaktiver Elemente und anomaler Isotope sorgfältig untersucht worden. Während man ursprünglich glaubte, in den chemischen Analysen vieler Meteorite durch V.M. Goldschmidt und das Ehepaar Noddack *die „kosmische Häufigkeitsverteilung"* der Elemente und Isotope vor sich zu haben, versucht man heute eher daraus in Verbindung mit der quantitativen Analyse der Sonne Aufschlüsse über die Vorgeschichte der Meteorite und unseres Planetensystems zu erhalten.

Man unterscheidet zunächst die *Eisenmeteorite* (Dichte etwa 7800 kg m^{-3}), deren Fe-Ni-Kristalle in ihren charakteristischen Widmannstättenschen (Widmanstetterschen) Ätzfiguren (Abb. 2.9.3) eine Verwechslung mit terrestrischem Eisen ausschließen, von den *Steinmeteoriten* (Dichte etwa 3400 kg m^{-3}). Letztere teilt man wieder in zwei Unterklassen: die weit häufigeren *Chondrite*, gekennzeichnet durch millimetergroße Silikatkügelchen, die Chondren oder Chondrulen, und die selteneren *Achondrite*. Die feinere Klassifizierung zeigt Abb. 2.9.4. Nach ihrer chemischen Zusammensetzung entsprechen die *kohligen Chondrite* vom Typ C1 im wesentlichen unveränderter Solarmaterie (Tabelle 4.9.1); nur die Edelgase und andere leicht flüchtige Elemente sind seltener bzw. fehlen. Die Matrix, in welche die Chondrulen der kohligen Chondrite eingebettet sind, enthält vielerlei organische Verbindungen, z.B. Aminosäuren, auch komplizierte Ringsysteme usw., welche *nicht* – wie gelegentlich vermutet wurde – biogenen Ursprungs sind (Abschn. 6.2).

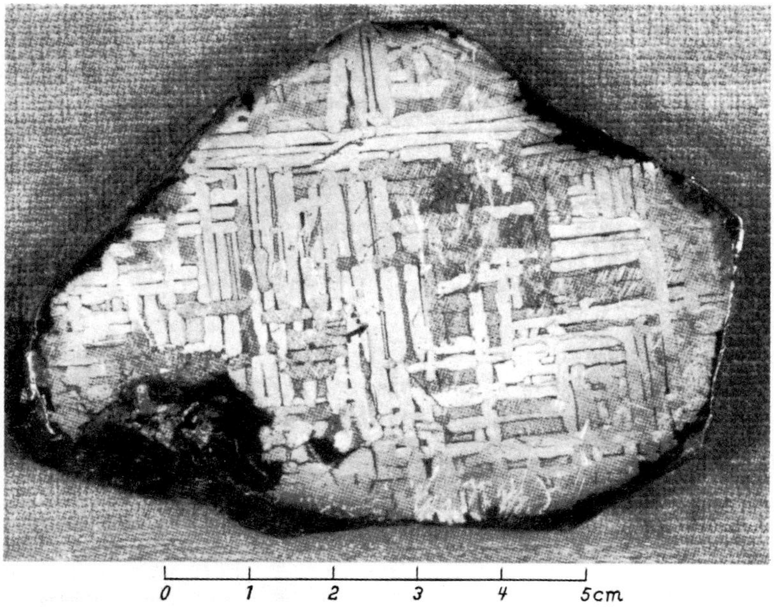

Abb. 2.9.3. Der Eisenmeteorit Toluca – genannt nach seinem Fundort –. Die polierte und geätzte Schnittfläche zeigt die Widmannstättenschen Figuren. Diese werden gebildet durch Fe-Ni-Kristallamellen von Kamazit (7% Ni) und Taenit (mit größerem Nickelgehalt), welche parallel den vier Flächenpaaren des Oktaeders aneinandergrenzen; solche Meteorite bezeichnet man als Oktaedrite

Die Matrix der kohligen Chondrite C1 muß sich bei Temperaturen unterhalb etwa 360 K gebildet haben. Die Bildung der (älteren) Chondren und erst recht die Trennung von Metall (Fe, Ni, ...) und Silikaten setzt komplizierte Trennungsprozesse voraus, die wir erst zum Teil verstehen. H.C. Urey (1952), dann J.W. Larimer, E. Anders u.a. haben die sukzessive Bildung verschiedener chemischer Verbindungen bzw. Minerale in Abhängigkeit von Druck und Temperatur durchgerechnet. Danach setzen die Chondrite Bildungstemperaturen von $\simeq 500$

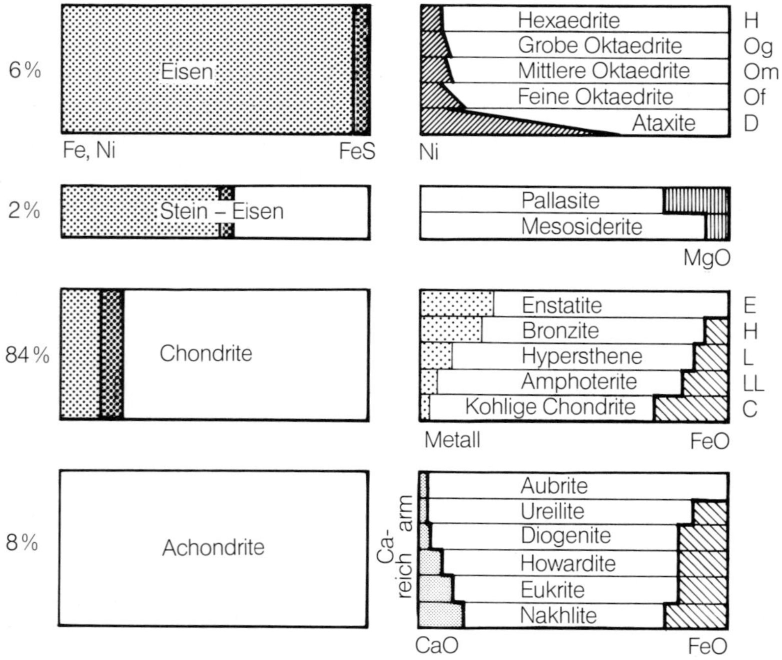

Abb. 2.9.4. Einteilung der Meteorite in vier Hauptklassen (*links*) nach dem Verhältnis von Metall (*schattiert*) zu Silikat (*weiß*). Die feinere Unterteilung erfolgt nach verschiedenen chemischen und strukturellen Kriterien (*rechts*). Links außen ist die Prozentzahl der Fälle angeschrieben. (E. Anders, 1969)

bis 700 K voraus. Wir werden auf die Bildung der Meteorite im Zusammenhang mit der Entstehung des Planetensystems in Abschn. 6.2 zurückkommen.

Viel Kopfzerbrechen machte noch die Entdeckung kleiner Diamanten in einigen Meteoriten. Diese dürften aber nicht, wie auf der Erde, unter sehr hohen statischen Drücken, sondern unter Mitwirkung von Stoßwellen beim Zusammenstoß zweier Meteoriten im Weltraum entstanden sein.

Die *Tektite* oder Glasmeteorite sind etwa zentimetergroße schwarz-grüne Körper aus silikatreichem Glas (70 – 80% SiO_2, Dichte bei 2400 kg m^{-3}), deren oft rundliche oder kreiselförmige Gestalt zeigt, daß sie in geschmolzenem Zustand mit hoher Geschwindigkeit durch die Luft geflogen sein müssen. Man findet Tektite nur in bestimmten Gegenden, z. B. die *Moldavite* in Böhmen. W. Gentner hat gezeigt, daß diese Gruppen in mehreren Fällen einem gleichaltrigen und benachbarten Meteoritenkrater zugeordnet werden können; z. B. die Moldavite dem Nördlinger Ries.

Die radioaktive Altersbestimmung (Abschn. 2.8.5b) ergibt für die Meteorite ein *Maximalalter*, das mit dem der Erde innerhalb der Fehlergrenzen übereinstimmt, nämlich $4.5 \cdot 10^9$ a. Andererseits kann man messen, wie lange ein Meteorit im Weltraum der Bestrahlung durch die energiereichen Protonen der (zeitlich konstanten) kosmischen Strahlung ausgesetzt war. Deren Hauptkomponente dringt etwa 1 m tief in die Materie ein und erzeugt durch Zersplitterung (Spallation) schwerer Atomkerne verschiedene stabile und radioaktive Isotope, aus deren Anzahlverhältnis man das *Bestrahlungsalter* berechnen kann. Die Bestrahlungszeiten der widerstandsfähigen Eisenmeteorite betragen einige 10^8 bis 10^9 a, die der viel leichter zerbrechlichen Steinmeteorite nur etwa 10^6 bis $4 \cdot 10^7$ a. Letztere geben wohl die Zeit an, wann das gemessene Stück bei einem Zusammenstoß im Weltraum von einem größeren Körper abgeschlagen wurde.

Einige Teile mancher Meteorite enthalten eingeschlossene *Edelgase*. Deren Isotopen- und Häufigkeitsverteilung weist darauf hin, daß sie – ebenso wie die Edelgase im Mondstaub und den Oberflächen der Mondsteine – großenteils dem *Sonnenwind* entstammen. Die Untersuchung des in Meteoriten enthaltenen *Xenons* ergab weiterhin, daß in einigen Fällen diejenigen Xe-Isotope übergroße Häufigkeit aufweisen, die man – wie ein genaueres Studium zeigt – nur auf die relativ kurzlebigen und daher ausgestorbenen radioaktiven Jod- bzw. Plutonium-Isotope ^{129}I und ^{244}Pu mit Halbwertzeiten von 1.6 bzw. $8.3 \cdot 10^7$ a zurückführen kann. Diese im einzelnen sehr komplizierten Untersuchungen sprechen dafür, daß die Entstehung aller Meteorite, einschließlich der kohligen Chondrite, innerhalb von höchstens $\simeq 10^7$ a erfolgt ist.

In den Einschlüssen einiger Meteorite werden *Isotopenanomalien* gefunden, welche weder durch radioaktiven Zerfall noch durch Fraktionierung oder Spallation durch die kosmische Strahlung erklärt werden können. So zeigt der C3-Chondrit *Allende* eine Anreicherung an ^{16}O bis zu 5% gegenüber den normalen Verhältnissen der Sauerstoffisotope, einen Überschuß des Isotops ^{26}Mg, der aus dem Zerfall des kurzlebigen (Halbwertszeit $7.4 \cdot 10^5$ a) radioaktiven ^{26}Al stammt, und weitere weniger ausgeprägte Anomalien. Wir haben es hierbei wahrscheinlich mit Resten „präsolarer Materie" zu tun, deren nukleare Zusammensetzung aus der Zeit vor der Entstehung des Planetensystems stammt.

Über die *Herkunft* der Meteore und Meteorite und ihren Zusammenhang mit den Kometen und Planetoiden (Asteroiden) wissen wir noch wenig. Aus den Bahnen – insbesondere aus Radarmessungen – schließen wir, daß ein Teil der Meteore *kometaren* Ursprungs ist; ein anderer Teil, die sporadischen Meteore, bewegt sich auf statistisch verteilten Ellipsen mit Exzentrizitäten $\simeq 1$. Hyperbolische Bahnen bzw. Geschwindigkeiten kommen nicht vor. Andererseits zeigt der quantitative Vergleich des Reflexionsvermögens verschiedenartiger Meteorite vom Ultraviolett bis ins Infrarot mit dem der Planetoiden, daß eine Verwandtschaft zumindest der größeren Körper mit den *Planetoiden* besteht. Wir finden Planetoiden vom Typ der Eisenmeteorite bis hin zu solchen vom Typ der kohligen Chondrite. Ein erheblicher Teil der Meteorite dürfte demnach seinen Ursprung in dem Planetoidengürtel haben und dort als Trümmer bei Zusammenstößen größerer Körper entstanden sein.

2.9.3 Interplanetare Materie

An die Meteore bzw. Meteorite schließt sich zu kleineren Teilchen hin – etwa bei Teilchenradien unterhalb 100 μm bzw. Massen unterhalb 10^{-8} kg – der *interplanetare Staub* an.

Durch Reflexion bzw. Streuung des Sonnenlichts an interplanetaren Teilchen mit Radien von 10 bis 80 μm entsteht das *Zodiakallicht*, das man als kegelförmige Erhellung des Himmels im Bereich des Tierkreises im Frühjahr kurz nach Sonnenuntergang im Westen oder im Herbst kurz vor Sonnenaufgang im Osten beobachten kann. Gegenüber der Sonne beobachtet man den schwachen *Gegenschein*. Bei totalen Sonnenfinsternissen sieht man in der Nähe der Sonne die durch starke Vorwärtsstreuung (Tyndall-Streuung) am interplanetaren Staub erzeugte Fortsetzung des Zodiakallichtes als den äußeren Teil der Sonnenkorona, die sog. *F- oder Fraunhofer-Korona*. Diese heißt so, weil ihr Spektrum, wie das des Zodiakallichtes, die dunklen Fraunhoferlinien des Sonnenspektrums enthält. In beiden Fällen ist das Streulicht partiell polarisiert.

Die *Eigenstrahlung* der Staubteilchen des Zodiakallichts im fernen Infrarot wurde von dem IRAS-Satelliten beobachtet. Aus dem Hintergrund heben sich drei schmale Emissionsstreifen hervor: der hellste fällt mit der Ekliptik zusammen, die beiden anderen liegen in etwa 10° Abstand beiderseits der Ekliptik. Sie entsprechen Staubansammlungen in ungefähr 2.5 AE Entfernung von der Sonne, d. h. im Planetoidenring (Abschn. 2.8.6), welche als „Trümmer“ bei Zusammenstößen von Planetoiden (mit Bahnneigungen $i \simeq 10°$) entstanden sein könnten.

In neuerer Zeit können die interplanetaren Staubteilchen bzw. Mikrometeorite mit Staubdetektoren auf Satelliten und Raumsonden auch *direkt* aufgesammelt und analysiert werden, sowie aus den winzigen (∅ < 1 mm) Einschlagkratern auf der Mondoberfläche erschlossen werden.

Eine Zusammenstellung der in der Umgebung der Erde vorhandenen *Stromdichte* von Teilchen verschiedener Massen zeigt Abb. 2.9.5. Insgesamt fällt auf die Erde täglich eine Masse von etwa $4 \cdot 10^4$ kg, überwiegend in Form von Mikrometeoriten.

Wahrscheinlich sind die Kometen die wichtigste Quelle für den interplanetaren Staub, der aus ihnen in Sonnennähe freigesetzt wird. Kleinere Staubteilchen entstehen ständig als Bruchstücke beim Zusammenstoß größerer Teilchen sowie durch Abdampfen von größeren Teilchen in der Nähe der Sonne. Der Strahlungsdruck von der Sonne treibt hinreichend kleine Partikel (Durchmesser ≲ 1 μm) aus dem Sonnensystem heraus; diese sog. *β*-Meteoroide konnten auf ihren hyperbolischen Bahnen von Raumsonden aus beobachtet werden.

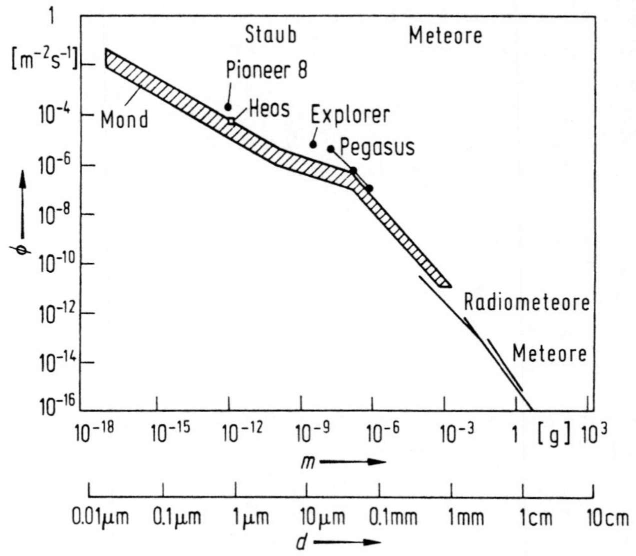

Abb. 2.9.5. Kumulativer Teilchenfluß $\phi(>m)$ bei 1 AE Entfernung von der Sonne in Abhängigkeit von Masse m bzw. Durchmesser d der Teilchen. $\phi(>m)$ gibt die Anzahl aller Teilchen mit Massen größer als m pro m^2 und s an. Werte für die kleineren Partikel nach Messungen von Satelliten und Raumsonden sowie aus Analyse der Mikrokrater auf der Mondoberfläche. (H. Fechtig et al., 1981)

Neben dem Staub umfaßt das interplanetare Medium zum einen das magnetische Plasma des *Sonnenwinds* (Abschn. 4.10.7), der in 1 AE Entfernung von der Sonne im Mittel Teilchendichten von etwa $10^7\,m^{-3}$ und Magnetfelder von etwa $6 \cdot 10^{-9}$ T hat und mit einer mittleren Geschwindigkeit von 470 km s^{-1} nach außen strömt. Zum anderen finden wir die hochenergetischen Teilchen der *Kosmischen Strahlung* sowohl solaren als auch galaktischen Ursprungs (Abschn. 5.3.8) im interplanetaren Raum.

3. Astronomische und astrophysikalische Instrumente

Nachdem wir die klassische Astronomie und unser Planetensystem kennengelernt haben, ist vielleicht der geeignete Punkt gekommen, um über die wichtigsten astronomischen und astrophysikalischen Instrumente und Meßmethoden im Zusammenhang zu berichten, bevor wir uns der Astrophysik der Sonne und der Sterne zuwenden.

In Verbindung mit einer historischen Einführung geben wir zunächst einen Überblick über die elektromagnetische Strahlung und ihre wichtigsten Grundbegriffe (Abschn. 3.1). Dann behandeln wir die Teleskope und Detektoren für den optischen und ultravioletten Spektralbereich (Abschn. 3.2) sowie für den Radiofrequenzbereich und das Infrarot (Abschn. 3.3). Nachdem wir uns in Abschn. 3.4.1 mit den wichtigsten physikalischen Prozessen bei der Wechselwirkung hochenergetischer Photonen und Teilchen mit Materie, z. B. in einem Detektor, befaßt haben, können wir die Instrumente zur Beobachtung der Kosmischen Strahlung (Abschn. 3.4.2), der Gammastrahlung (Abschn. 3.4.3) und der Röntgenstrahlung (Abschn. 3.5) besprechen. Abschließend gehen wir noch kurz auf die Rolle der Elektronenrechner bei der heutigen astronomischen Forschung ein.

3.1 Entwicklung astronomischer Beobachtungsverfahren

(Historische Einführung und Überblick über das elektromagnetische Spektrum)

Die großen Fortschritte der Forschung sind oft geknüpft an die Erfindung oder Einführung neuartiger *Instrumente*. Das Teleskop, die Uhr, die photographische Platte, Photometer, Spektrograph und schließlich das gesamte Arsenal der modernen Elektronik und die Weltraumfahrt kennzeichnen je eine Epoche astronomischer Forschung. Ebenso wichtig aber – dies wollen wir nicht vergessen – ist die Schaffung neuer *Begriffe* und Ansätze zur Analyse der Beobachtungen. Geniale wissenschaftliche Leistungen beruhen eigentlich immer auf einem Ineinandergreifen neuer Begriffsbildungen und instrumenteller Entwicklungen, die nur miteinander den Vorstoß in bisher unbekannte Bereiche der Wirklichkeit bewerkstelligen können. „Wonder en is gheen wonder" möchte man mit Simon Stevin (1548 – 1620) dazu bemerken.

Die Erfindung des *Fernrohres* (G. Galilei 1609, J. Kepler 1611) eröffnete der Astronomie eine neue Epoche mit ungeahnten Beobachtungsmöglichkeiten durch die enorme Steigerung der Vergrößerung und der Lichtstärke. Der zugängliche Spektralbereich bei *visueller* Beobachtung ist durch die Empfindlichkeit des Auges bedingt: das sichtbare Licht nimmt nur einen kleinen Teil des elektromagnetischen Spektrums von etwa 400 bis 750 nm Wellenlänge ein, vom Violett über Blau, Grün und Gelb zum Rot. Erst im 19. Jahrhundert kam mit der *photographischen Platte* für die astronomische Beobachtung ein Empfänger auf, der gegenüber dem Auge zum einen das auffallende Licht aufintegriert und „speichert", zum anderen über den sichtbaren Bereich hinaus empfindlich ist.

Der zugängliche Wellenlängenbereich für astronomische Beobachtungen vom Erdboden aus wird durch die Durchlässigkeit der *Erdatmosphäre* bestimmt (Abb. 3.1.1). Das *„optische Fenster"* umfaßt außer dem sichtbaren Bereich noch das nahe Ultraviolett und das nahe Infrarot. Es wird auf der kurzwelligen Seite durch die Absorption des atmosphärischen Ozons O_3 bei etwa $\lambda = 300$ nm begrenzt, auf der langwelligen Seite durch die Absorption des Wasserdampfes H_2O bei etwa $\lambda = 1$ µm; bis etwa 20 µm sind noch Beobachtungen in einigen schmalen Fenstern möglich. Erst im *Radiofre-*

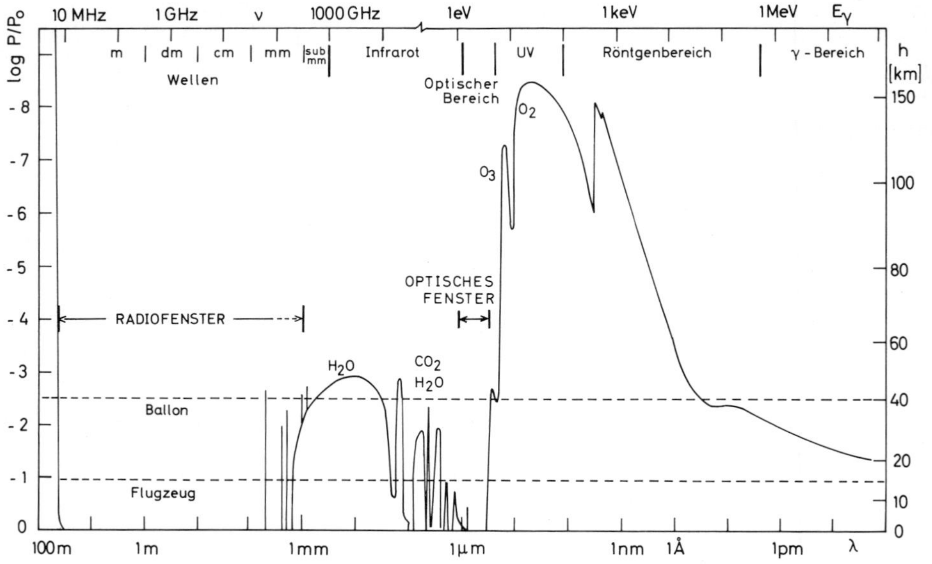

Abb. 3.1.1. Durchlässigkeit der Erdatmosphäre gegenüber elektromagnetischer Strahlung in Abhängigkeit von der Wellenlänge λ (*untere Skala*) und der Frequenz ν bzw. der Photonenenergie $E_\gamma = h\nu$ (*obere Skala*). Eingezeichnet ist die Höhe h [km] (bzw. der entsprechende Druck P in Einheiten des Bodendrucks $P_0 \simeq 1$ bar $= 10^5$ Pa), bei welcher die eintreffende Strahlung auf die Hälfte geschwächt wird, sowie die ungefähre Maximalhöhe für die Beobachtung von Flugzeugen und Ballonen aus

quenzbereich oberhalb von $\lambda = (1-5)$ mm wird die Erdatmosphäre wieder durchlässig. Obwohl H. Hertz bereits 1888 die Ausbreitung der langwelligen elektromagnetischen Wellen im freien Raum entdeckte, waren die Empfänger noch lange Zeit zu unempfindlich, um Radiofrequenzstrahlung von kosmischen Quellen nachzuweisen. Erst 1932 entdeckte K.G. Jansky bei seiner Suche nach Rundfunkstörungen durch atmosphärische Gewitterentladungen zufällig die Radiostrahlung der Milchstraße.

Bevor wir uns der Entwicklung der Radioastronomie und den Beobachtungsmöglichkeiten in den übrigen Spektralbereichen zuwenden, scheint es angebracht, zunächst einige Grundbegriffe der *elektromagnetischen Strahlung* zusammenzustellen.

Elektromagnetische Wellen breiten sich *im Vakuum* mit Lichtgeschwindigkeit ($c = 2.998 \cdot 10^8$ m s^{-1}) aus (und in Materie mit einer Brechzahl n mit c/n). Sie sind bestimmt durch das zeitliche Verhalten des Vektors der elektrischen Feldstärke $\boldsymbol{E}$ oder der über die Maxwellschen Gleichungen mit ihr verknüpften magnetischen Feldstärke $\boldsymbol{H}$ und damit für eine gegebene Ausbreitungsrichtung charakterisiert durch die Schwingungsperiode bzw. Frequenz ν, die Phase der Schwingung, ihre Schwingungsebene (Polarisation) sowie durch die Amplitude von $\boldsymbol{E}$ bzw. $\boldsymbol{H}$. Zwischen der Frequenz ν und der Wellenlänge λ gilt (strenggenommen nur im Vakuum)

$$c = \nu\lambda\,. \qquad (3.1.1)$$

Die Einheit der Frequenz ist 1 Hz (Hertz) $= 1\,\mathrm{s}^{-1}$; Wellenlängen werden je nach Spektralbereich in geeigneten Vielfachen des Meter angegeben, z. B. 1 nm $= 10^{-9}$ m für den optischen Bereich, daneben auch in speziellen Einheiten wie z. B. 1 Å (Ångström) $= 0.1$ nm. Neben ν und λ sind auch gebräuchlich die Kreisfrequenz $\omega = 2\pi\nu = 2\pi c/\lambda$, die Wellenzahl $\tilde{\nu} = 1/\lambda = \nu/c$ und die Kreiswellenzahl $k = 2\pi\tilde{\nu}$.

Die Amplituden der elektrischen und magnetischen Feldgrößen sind dem Betrag nach durch

$$E = \sqrt{\frac{\mu_0}{\varepsilon_0}}\,H = cB \qquad (3.1.2)$$

verknüpft. Für die magnetische Flußdichte $\boldsymbol{B}$ gilt im Vakuum $\boldsymbol{B} = \mu_0 \boldsymbol{H}$. Die elektrische Feldkonstante $\varepsilon_0 = 8.854 \cdot 10^{-12}$ A s V^{-1} m^{-1} und die magnetische Feldkonstante $\mu_0 = 4\pi \cdot 10^{-7}$ V s A^{-1} m^{-1} hängen über $\varepsilon_0 \mu_0 c^2 = 1$ mit der Lichtgeschwindigkeit zusammen.

Die Energiedichte einer Welle im Vakuum ist

$$w = \frac{1}{2}(\varepsilon_0 \boldsymbol{E}^2 + \mu_0 \boldsymbol{H}^2) = \frac{1}{2}\left(\varepsilon_0 \boldsymbol{E}^2 + \frac{\boldsymbol{B}^2}{\mu_0}\right) \qquad (3.1.3)$$

und der Vektor der Energiestromdichte (Poynting-Vektor)

$$\boldsymbol{S} = \boldsymbol{E} \times \boldsymbol{H}\,. \qquad (3.1.4)$$

Im *Internationalen Einheitensystem* (SI) wird E in $[\mathrm{V\,m^{-1}}]$, H in $[\mathrm{A\,m^{-1}}]$, B in $[\mathrm{T} = \text{Tesla}]$, w in $[\mathrm{J\,m^{-3}}]$ und S in $[\mathrm{W\,m^{-2}}]$ angegeben. Für die sichtbare elektromagnetische Strahlung, das *Licht*, gibt es spezielle SI-Einheiten, die auf der Grundeinheit der Lichtstärke 1 cd (Candela), der Strahlungsleistung in einen Einheitsraumwinkel $[\mathrm{W\,sr^{-1}}]$ entsprechend, aufbauen.

Im *Gaußschen Maßsystem* lauten die (3.1.2–4) entsprechenden Beziehungen

$$E = H = B \ , \tag{3.1.2a}$$

$$w = \frac{1}{8\pi}(\boldsymbol{E}^2 + \boldsymbol{H}^2) = \frac{1}{8\pi}(\boldsymbol{E}^2 + \boldsymbol{B}^2) \ , \tag{3.1.3a}$$

und

$$\boldsymbol{S} = \frac{c}{4\pi}\boldsymbol{E} \times \boldsymbol{H} \ , \tag{3.1.4a}$$

wobei E in elektrostatischen Einheiten, H in $[\mathrm{Oe} = \text{Oersted}]$, B in $[\mathrm{G} = \text{Gauß}]$, alle drei mit der Dimension $[\mathrm{cm^{-1/2}\,g^{1/2}\,s^{-1}}]$, w in $[\mathrm{erg\,cm^{-3}}]$ und S in $[\mathrm{erg\,s^{-1}\,cm^{-2}}]$ ausgedrückt werden.

Im allgemeinen ist die elektromagnetische Strahlung kosmischer Quellen eine *inkohärente* Überlagerung von Wellenlängen verschiedener Frequenzen und Polarisationsrichtungen, wobei die raschen zeitlichen Schwingungen selbst nicht von Interesse sind, sondern nur der *Mittelwert* über viele Schwingungsperioden, z. B. der Mittelwert der Energiestromdichte S, welcher proportional zu E^2 bzw. H^2 ist. Auf die Grundbegriffe der Strahlungstheorie wie z. B. Intensität, Strahlungsstromdichte usw. kommen wir noch in Abschn. 4.2 ausführlicher zu sprechen.

Vor allem bei den hohen Frequenzen ist es oft zweckmäßig, die elektromagnetische Strahlung nicht als Welle, sondern als Strom von *Photonen* aufzufassen und statt durch ν oder λ durch deren *Energie*

$$E = h\nu = \hbar\omega = hc/\lambda \tag{3.1.5}$$

zu charakterisieren[1], wobei $h = 2\pi\hbar = 6.626 \cdot 10^{-34}$ Js $= 6.626 \cdot 10^{-27}$ erg s die Plancksche Konstante ist. Als Einheit verwendet man vielfach das *Elektronvolt*, $1\,\mathrm{eV} = 1.602 \cdot 10^{-19}$ J, das einer Frequenz von $2.418 \cdot 10^{14}$ Hz entspricht und dessen Wellenlängenäquivalent durch

$$E\,[\mathrm{eV}] = \frac{1.240 \cdot 10^{-6}}{\lambda\,[\mathrm{m}]} = \frac{1240}{\lambda\,[\mathrm{nm}]} \tag{3.1.6}$$

gegeben ist.

Wenden wir uns nun wieder dem Radiofrequenzbereich zu, mit dem die *Radioastronomie* ganz neue Beobachtungsmöglichkeiten erschloß. Das „Radiofenster“ der Erdatmosphäre wird auf der kurzwelligen Seite bei $\lambda \simeq 1$ bis 5 mm bzw. $\nu \simeq 300$ bis 60 GHz begrenzt durch die Absorption des atmosphärischen Sauerstoffs, auf der langwelligen Seite bei $\lambda \simeq 50$ m bzw. $\nu \simeq 6$ MHz durch die Reflexion der Ionosphäre.

K. G. Jansky entdeckte 1932 im Meterwellenbereich ($\lambda = 12$ bis 14 m) die Radiofrequenzstrahlung der Milchstraße, G. Reber führte ab 1939 mit einem 9.5 m-Parabolspiegel (im Garten seines Hauses!) eine Himmelsdurchmusterung bei $\lambda = 1.8$ m durch. Während des Krieges (1942) fanden mit den inzwischen verbesserten Empfängern der Radargeräte J. S. Hey und J. Southworth die Radiostrahlung der gestörten bzw. der ruhigen Sonne. 1951 entdeckten – nachdem H. C. van de Hulst sie vorhergesagt hatte – verschiedene Forscher in Holland, USA und Australien fast gleichzeitig die 21 cm-Linie des interstellaren Wasserstoffs, deren Dopplereffekt sogleich enorme Möglichkeiten zur Erforschung der Bewegungen der interstellaren Materie in unserem Milchstraßensystem und anderen kosmischen Gebilden bot. Seit den 1950er Jahren führte die Konstruktion von Einzelteleskopen und verschiedenartigsten Antennensystemen nach dem Prinzip der Interferometrie und der Apertursynthese (M. Ryle) mit ständig verbesserter *Winkelauflösung* und die Steigerung der Nachweisempfindlichkeit durch besonders rauscharme *Verstärker* zu einer geradezu explosiven Entwicklung der Radioastronomie (Abschn. 5.1). Durch die Langbasisinterferometrie mit transkontinentalen Basislängen wird inzwischen eine Winkelauflösung von weniger als 10^{-4} Bogensekunden erreicht, welche die Genauigkeit optischer Beobachtungen bei weitem übertrifft. Etwa ab 1970 konnten aufgrund der Fortschritte vor allem der Verstärkertechnik die radioastronomischen Beobachtungen auf den Bereich der Millimeter- und schließlich der Submillimeterwellen ausgedehnt werden.

Die Beobachtungen *außerhalb der Lufthülle* unserer Erde mit Raketen (deren Instrumentenkopf zur Erde zurückkehren kann) oder Satelliten und Weltraumfahrzeugen (deren Meßergebnisse durch Telemetrie übermittelt werden) erschließt der Astrophysik, insbesondere der Sonnenforschung, zunächst alle die Spektralgebiete, welche von der Erdatmosphäre vollständig absorbiert wer-

[1] Das gebräuchliche Symbol E ist nicht mit dem Betrag der elektrischen Feldstärke $\boldsymbol{E}$ zu verwechseln.

den: Das durch atmosphärische Wasserdampf- und Sauerstoffbanden absorbierte mittlere und ferne *Infrarot* zwischen 20 und 350 μm sowie das *kurzwellige Ultraviolett* jenseits der Durchlässigkeitsgrenze des atmosphärischen Ozons O_3 bei $\lambda = 285$ nm, das anschließende *Lymangebiet*, wo hauptsächlich der atmosphärische Sauerstoff O_2 absorbiert, dann die *Röntgenstrahlen* und schließlich die *Gammastrahlen*. Während wir das Sonnenspektrum von den Wellenlängen im Radiobereich bis zum Röntgengebiet stetig verfolgen können, müssen wir im galaktischen und extragalaktischen Bereich an das Lymankontinuum der *interstellaren* Wasserstoffatome (Abschn. 5.3) denken, dessen Absorption bei 91.2 nm sehr kräftig einsetzt und erst wieder im Röntgengebiet unterhalb von etwa $\lambda = 1$ nm einen „Durchblick" erlaubt.

Am Anfang der „Weltraumastronomie" gleich nach Ende des 2. Weltkrieges stehen Beobachtungen mit V2-Raketen, die während des Krieges in Deutschland entwickelt wurden, und später mit stabilisierten Forschungsraketen: 1946 gewann H. Friedman und seine Gruppe das erste Ultraviolettspektrum, 1948 T. R. Burnight das erste Röntgenbild der *Sonne*. Nach dem Start des ersten künstlichen Erdsatelliten Sputnik 1 (1957) setzte eine stürmische Entwicklung der Erkundung des Planetensystems und der astronomischen Beobachtungen durch Satelliten und Raumfahrzeuge ein, die wir zum Teil bereits in Abschn. 2.7 beschrieben haben.

Mit den Serien Orbiting Solar Observatory (OSO) und Orbiting Astronomical Observatory (OAO) standen ab den 1960er Jahren erstmals Satelliten mit ausreichender Positionsstabilisierung ($\lesssim 1''$) für längere Beobachtungsreihen der Sonne und anderer kosmischer Quellen im Ultraviolett, Röntgen- und Gammabereich zur Verfügung. Die (nichtsolare) *Röntgenastronomie* begann 1962 mit der Zufallsentdeckung der starken Quelle Sco X-1 durch R. Giacconi und seine Mitarbeiter von einer Rakete aus; 1970 begann der erste Röntgensatellit UHURU seine Himmelsdurchmusterung. In den 1970er Jahren erreichte auch die *Gammastrahlenastronomie* genügend hohe Winkelauflösung, um einzelne kosmische Quellen aufzulösen. Die Astronomie im Bereich hochenergetischer Photonen hat sich mit ihrem ganz neuartigen und ungewohnten Instrumentarium innerhalb weniger Jahre zu einem der interessantesten Forschungsgebiete entwickelt.

Im Infrarot müssen die meist schwachen Quellen gegenüber dem starken Hintergrund der Wärmestrahlung der Instrumente selbst und der Erdatmosphäre nachgewiesen werden. Durch die Entwicklung der gekühlten Halbleiterdetektoren erfuhren seit den 1960er Jahren die Beobachtungsmöglichkeiten der Infrarotastronomie von Stratosphärenballons und -flugzeugen sowie 1983 vom ersten Infrarotsatelliten IRAS aus einen steilen Aufschwung.

Auch für den *optischen Bereich* bieten Beobachtungen vom Weltraum aus durch den Fortfall der Begrenzung der Winkelauflösung durch die Luftunruhe deutliche Vorteile. Die von dem 2.4 m-Hubble-Weltraumteleskop für die 1990er Jahre erwartete Steigerung der Auflösung und Nachweisgrenze für die optische Astronomie konnte jedoch wegen eines Fehlers im Spiegelsystem zunächst nicht in dem geplanten Umfang realisiert werden. Die enorme Entwicklung neuartiger, hochempfindlicher Detektoren etwa ab 1970 erschloß auch der erdgebundenen optischen Beobachtung in steigendem Maße den Zugang zu extrem schwachen Lichtquellen.

Zum Abschluß unseres einführenden Überblicks sollten wir noch einige astronomische Beobachtungsverfahren erwähnen, die nicht auf dem Nachweis elektromagnetischer Strahlung beruhen. Bereits 1912 entdeckte V. F. Hess bei einem Ballonaufstieg die Höhenstrahlung oder *Kosmische Strahlung*, die heute ein wichtiges Forschungsgebiet der *Hochenergie-Astronomie* bildet. Während die Sekundärteilchen dieser überwiegend aus energiereichen Protonen und schwereren Kernen bestehenden Strahlung nach Wechselwirkung in der oberen Atmosphäre vom Erdboden aus untersucht werden können, muß die primäre Strahlung außerhalb der Atmosphäre beobachtet werden. Die Suche nach *Gravitationsstrahlung* kosmischer Quellen ist bisher ergebnislos verlaufen. Das interessante Gebiet der *Neutrinoastronomie*, deren Anfänge auf R. Davis Jr. (1964) zurückgehen, ist zur Zeit noch auf die Sonne und auf besondere Ereignisse, wie den Ausbruch der Supernova SN 1987A in der benachbarten Großen Magellanschen Wolke, beschränkt.

3.2 Teleskope und Detektoren im Optischen und Ultraviolett

Von der instrumentellen Seite her besteht kein prinzipieller Unterschied zwischen dem ultravioletten und dem optischen Spektralbereich, wenn man von dem extremen Ultraviolett ($\lambda \lesssim 110$ nm) absieht. Das Instrumentarium der Ultraviolett-Astronomie muß sich jedoch an den Möglichkeiten der Beobachtung vom Weltraum aus orientieren, da die Absorption durch das Ozon in der Erdatmosphäre Beobachtungen vom Erdboden aus für $\lambda \lesssim 300$ nm verhindert (Abb. 3.1.1). In der Laborphysik müssen bei $\lambda \lesssim 200$ nm wegen der Absorption durch die Luft die Messungen im Vakuum durchgeführt werden. Unterhalb $\lambda \lesssim 110$ nm nimmt das normale Reflexionsvermögen der Spiegelmaterialien stark ab, so daß hier wie auch im Röntgengebiet (Abschn. 3.5) Systeme mit streifendem Einfall auf die Spiegelflächen verwendet werden.

Wir behandeln als erstes in Abschn. 3.2.1 die wichtigsten Fernrohrtypen, den Refraktor und den Reflektor, mit ihren Fokussystemen sowie den Schmidt-Spiegel, anschließend in Abschn. 3.2.2 einige Grundbegriffe wie das Auflösungsvermögen, die Lichtstärke und das Prinzip des Interferometers. Abschnitt 3.2.3 gibt einen Überblick über die Detektoren zum Nachweis der Strahlung von der photographischen Platte bis zu den modernen hochempfindlichen Halbleiterdetektoren. Als dispergierendes Element zur spektralen Zerlegung des Lichtes dient entweder ein Prisma oder meist ein Gitter. Die Grundprinzipien eines Spektrographen werden in Abschn. 3.2.4 besprochen. In Abschn. 3.2.5 stellen wir noch einige Teleskope mit ihrem Instrumentarium für die Beobachtung von Weltraum aus vor und geben einen Ausblick auf die Prinzipien und Möglichkeiten für erdgebundene Großteleskope mit effektivem Durchmesser ihrer lichtsammelnden Spiegelflächen von mehr als 10 Metern.

3.2.1 Teleskope herkömmlicher Art

Die Prinzipien des Galileischen Fernrohres (1609) und des Keplerschen Fernrohres (1611) möge Abb. 3.2.1 in Erinnerung bringen; bei beiden ist die Vergrößerung bestimmt durch das Verhältnis der Brennweiten von Objektiv und Okular. Galileis Anordnung liefert ein aufrechtes Bild und wurde so der Prototyp der Theatergläser. Keplers Rohr ergibt demgegenüber ein reelles Bild in der Brennfläche, das bei visueller Beobachtung durch das Okular wie durch eine Lupe betrachtet wird; es erlaubt das Einfügen eines Fadenkreuzes in der gemeinsamen Brennebene von Objektiv und Okular und wird so brauchbar zur genauen Einstellung von Winkeln, z. B. beim Meridiankreis. Erweitert man das Fadenkreuz zum *Fadenmikrometer*, so kann man visuell u. a. die relativen Positionen von Doppelsternen messen.

Die störenden Farbsäume (chromatische Aberration) der Fernrohre aus einfachen Linsen beseitigten J. Dollond u. a. 1758 durch die Erfindung *achromatischer Linsen*. Eine achromatische Sammellinse besteht aus einer Konvexlinse (Sammellinse; positive Brennweite) aus Kronglas, dessen Dispersion im Verhältnis zu seiner

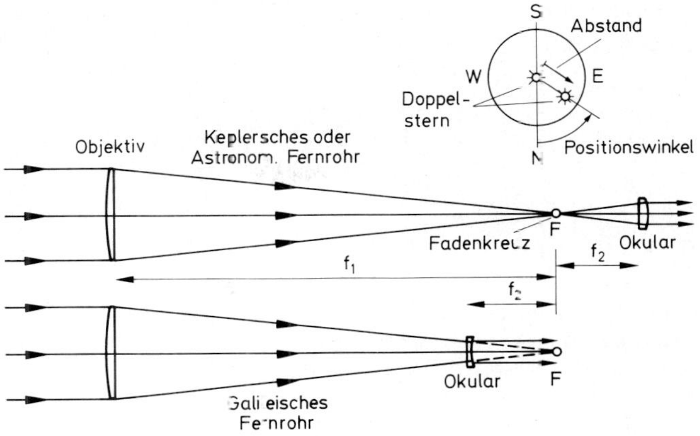

Abb. 3.2.1. Keplersches und Galileisches Fernrohr. Als Okular dient bei ersterem eine Sammellinse, bei letzterem eine Zerstreuungslinse. F: gemeinsamer Brennpunkt von Objektiv und Okular. Die Vergrößerung V ist gleich dem Verhältnis der Brennweiten von Objektiv f_1 und Okular f_2; in unserer Abbildung ist $V = f_1/f_2 = 5$ gewählt. Beim Keplerschen Fernrohr kann man in der Brennebene durch F ein Fadenkreuz oder ein Fadenmikrometer zur Messung von Doppelsternen anbringen. (Die Krümmungen der Linsen sind übertrieben gezeichnet)

Brechkraft relativ klein ist, mit einer Konkavlinse (Zerstreuungslinse; negative Brennweite) aus Flintglas, dessen Dispersion im Verhältnis zu seiner Brechkraft groß ist. Bei einem zweilinsigen Objektiv kann man nur erreichen, daß bei *einer* Wellenlänge λ_0 die Änderung der Brennweite f mit λ verschwindet, d. h. $df/d\lambda = 0$. Beim *visuellen* Objektiv wählt man $\lambda_0 \simeq 529$ nm, entsprechend dem Empfindlichkeitsmaximum des Auges, beim *photographischen* Objekt dagegen $\lambda_0 \simeq 425$ nm entsprechend dem Empfindlichkeitsmaximum der photographischen Blauplatte.

Betrachten wir genauer die Abbildung eines Bereiches am Himmel durch ein Fernrohr z. B. auf die photographische Platte in der Brennfläche des Objektivs! Die Aufgabe, eine aus dem „Unendlichen" ankommende ebene Welle in eine konvergente Kugelwelle umzuwandeln, wird von der Linse dadurch bewerkstelligt, daß im Glas (Brechungsindex $n > 1$) das Licht n-mal langsamer läuft und daher die Lichtwellen n-mal kürzer sind als im Vakuum. Infolgedessen bleibt die Wellenfläche des Lichtes hinter dem Objektiv in dessen Mitte zurück (Abb. 3.2.2).

Was beim *Linsenfernrohr* oder *Refraktor* durch Einfügen verschieden dicker Schichten mit $n > 1$ in den Strahlengang erreicht wird, leistet das *Spiegelteleskop* oder der *Reflektor* (I. Newton, um 1670) mittels eines Konkavspiegels. Dieser hat a priori den Vorteil, daß er keine

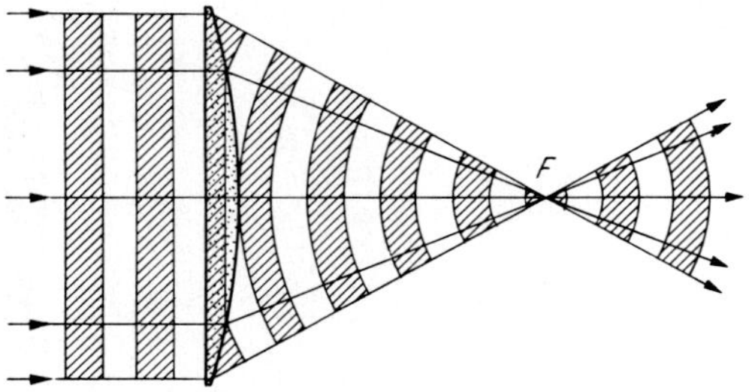

Abb. 3.2.2. Abbildung durch eine plankonvexe Linse. Von einem Stern (*links außen*) kommen die ebenen Wellenflächen des Lichtes; auf diesen senkrecht stehen die Strahlen. Im Glas der Linse ist die Lichtgeschwindigkeit n-mal kleiner (n: Brechungsindex); die Wellenflächen werden infolgedessen zu Kugelflächen verbogen, die auf den Brennpunkt F hin zusammen- und hinter diesem wieder auseinanderlaufen

Farbfehler haben kann. Ein *Kugelspiegel* (Abb. 3.2.3a) vereinigt – wie eine einfache geometrische Betrachtung lehrt – ein achsennahes Parallelstrahlenbündel in einer Brennweite f gleich dem halben Krümmungsradius R. Achsenfernere Strahlen treffen die optische Achse in kleinerem Abstand vom Scheitel des Spiegels; diesen Bildfehler nennt man die *sphärische Aberration*. Die exakte Vereinigung eines achsenparallelen Bündels in *einem* Brennpunkt bewirkt ein *Parabolspiegel* (Abb. 3.2.3b); dies sieht man sofort, wenn man das Paraboloid als Grenzfall eines Ellipsoids betrachtet, dessen rechter Brennpunkt ins Unendlichferne gerückt ist. Leider aber gibt der Parabolspiegel gute Abbildung nur in unmittelbarer Nähe der optischen Achse. Bei größerem *Öffnungsverhältnis D/f* (Verhältnis von Spiegeldurchmesser D zu Brennweite f) ist der brauchbare Durchmesser des Bildfeldes wegen der nach außen rasch zunehmenden Bildfehler schräg einfallender Bündel sehr bescheiden.

Die *Montierung* eines Teleskops hat die Aufgabe, es mit der erforderlichen Genauigkeit der täglichen Bewegung folgen zu lassen. Die gebräuchliche äquatoriale oder parallaktische Montierung hat daher parallel zur Erdachse eine Stundenachse, welche von einem Sternzeit-Uhrwerk angetrieben wird, und senkrecht dazu die Deklinationsachse, beide mit entsprechenden Teilkreisen.

Die azimutale Montierung mit einer vertikalen und einer horizontalen Achse ermöglicht eine kompakte Teleskop-Konstruktion bei gleichmäßiger Achsenbelastung und bietet sich für große, schwere Instrumente an. Das Problem der erforderlichen *ungleichförmigen* Nachführung um *beide* Achsen kann heute durch computergesteuerten Antrieb gelöst werden. Azimutale Montierungen sind seit langem bei großen Radioteleskopen in Gebrauch, in der optischen Astronomie jedoch nur wenig verbreitet.

Refraktoren, deren Öffnungsverhältnis im Bereich 1 : 20 bis 1 : 10 liegt, gibt man meist die sog. Fraunhofer- oder *Deutsche Montierung*, wie z. B. dem 1897 fertiggestellten, größten derartigen Instrument mit 1 m Objektivdurchmesser und 19.4 m Brennweite am Yerkes Observatory der Universität Chicago (Abb. 3.2.4). Große Refraktoren sind seit der Jahrhundertwende kaum mehr gebaut worden. Für spezielle Aufgaben, z. B. in der Positionsastronomie oder für die visuelle Beobachtung von Doppelsternen, werden Linsenfernrohre auch heute gegenüber Spiegelteleskopen bevorzugt.

Reflektoren gibt man meist ein Öffnungsverhältnis 1 : 5 bis 1 : 2.5 und verwendet z. B. entweder eine der verschiedenartigen *Gabelmontierungen* (die Deklinationsachse geht durch den Schwerpunkt des Rohrs und reduziert sich auf zwei Zapfen an dessen Seiten) oder die Englische Montierung, bei der Nord- und Südlager der lan-

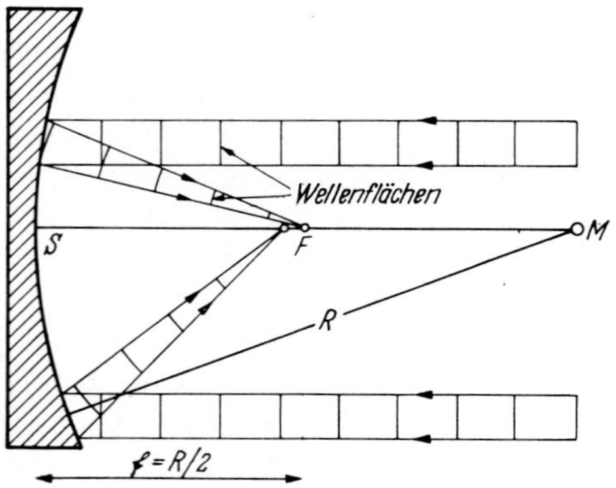

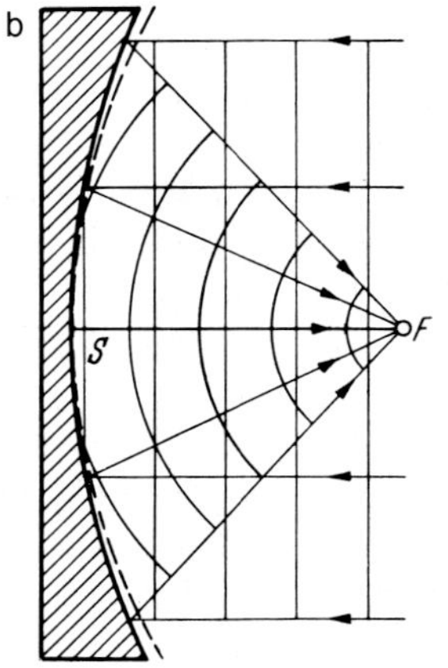

Abb. 3.2.3. **(a)** Kugelspiegel. Ein achsennahes Strahlenbündel (*oben*) wird im Brennpunkt F vereinigt, dessen Abstand vom Scheitel S des Spiegels der Brennweite $f = R/2$ entspricht, wo R den Krümmungsradius des Spiegels bedeutet. Ein achsenfernes Strahlenbündel (*unten*) wird in kleinerem Abstand von S vereinigt: sphärische Aberration. Die von rechts einfallenden ebenen Wellen(-flächen) werden bei der Reflexion am Spiegel in konvergente Kugelwellen verwandelt. **(b)** Der Parabolspiegel vereinigt alle achsenparallelen Strahlen exakt im Brennpunkt F, d. h. die achsenparallel einfallende ebene Welle wird in eine konvergente Kugelwelle umgewandelt. Die Schmiegungskugel (– – –) hat im Scheitel S dieselbe Krümmung wie das Paraboloid

Abb. 3.2.4. 40″ (1 m)-Refraktor des Yerkes Observatory. Fraunhofer- oder Deutsche Montierung

Abb. 3.2.5. 200″ (5 m)-Hale-Reflektor auf Mt. Palomar

gen Stundenachse auf getrennten Pfeilern ruhen. Die größten Reflektoren (mit einem Hauptspiegel in *einem* Stück) sind z. Zt. das 1948 in Betrieb genommene Hale-Teleskop auf dem Mount Palomar mit 200″ = 5 m Durchmesser und 16.8 m Brennweite des Hauptspiegels (Abb. 3.2.5) und seit 1976 der (azimutal montierte) 6 m-Reflektor des sowjetischen Speziellen Astrophysikalischen Observatoriums in Zelenchuk (Kaukasus) mit 24.0 m Brennweite des Primärspiegels.

Seit ungefähr 1970 ist die Zahl der konventionellen Spiegelteleskope mit mehr als 3 m Öffnung stark angestiegen. Instrumente dieser Klasse stehen jetzt auf der *Nordhalbkugel* am Lick Observatory auf dem Mount Hamilton in Kalifornien (3.1 m), am Kitt Peak National Observatory der USA in Arizona (4.0 m), auf dem Mauna Kea mit dem Canada-France-Hawaii 3.6 m-Teleskop, am Deutsch-Spanischen Astronomischen Zentrum auf dem Calar Alto in Südspanien (3.5 m) und am europäischen Observatorium auf dem Roque de los Muchachos auf La Palma (4.2 m) sowie auf der *Südhalbkugel* am Cerro Tololo Inter-American Observatory in Chile (4.0 m), an der Europäischen Südsternwarte (European Southern Observatory, ESO) auf La Silla in Chile (3.6 m) und am Anglo-Australian Observatory in Siding Spring in Australien (3.9 m).

Anders als bei den Linsenfernrohren wird bei den Spiegelteleskopen die Qualität der Bilder empfindlich durch Temperaturschwankungen beeinflußt, sofern nicht Materialien mit extrem kleiner Wärmeausdehnung verwendet werden. *Gläser* wie z. B. Pyrex, aus dem der 5 m-Palomar-Spiegel besteht, haben einen thermischen Längenausdehnungskoeffizienten $\alpha \simeq 30 \cdot 10^{-7}\,\mathrm{K}^{-1}$, *Quarz* hat $\alpha \simeq 6 \cdot 10^{-7}\,\mathrm{K}^{-1}$. Einen großen Fortschritt bedeutet es, daß etwa ab 1965 *Glaskeramik* (z. B. Zerodur) von hoher Qualität in großen Blöcken hergestellt und bearbeitet werden kann. Diese Mischung aus einer amorphen Glas- und einer kristallinen Keramikkomponente mit gegenläufigen thermischen Eigenschaften zeigt keine nen-

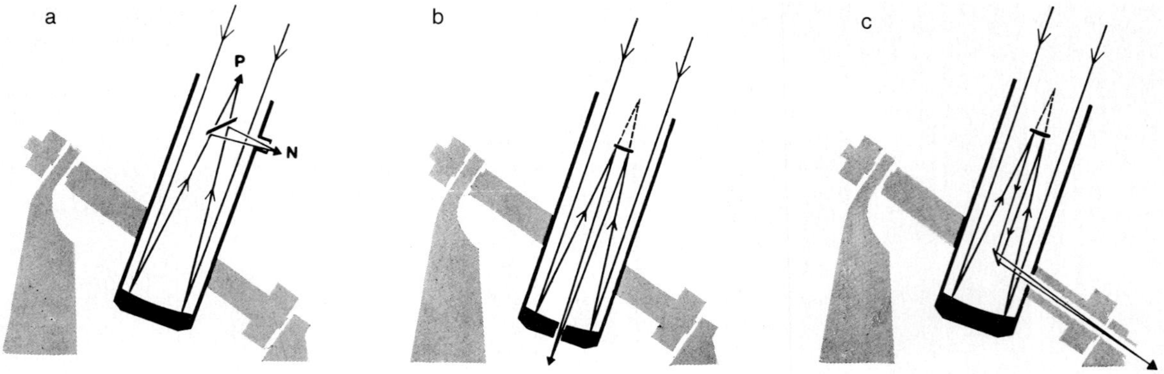

Abb. 3.2.6a–c. Fokusanordnungen am Beispiel des 2.5 m-Hooker-Reflektors auf Mount Wilson, des ersten großen modernen Teleskops (Fertigstellung 1917), das erst kürzlich außer Betrieb genommen wurde. (**a**) Primär (P)- und Newton (N)-Fokus (Öffnungsverhältnis 1:5), (**b**) Cassegrain-Fokus (1:16), (**c**) Coudé-Fokus (1:30)

nenswerte ($\alpha \lesssim 10^{-7}\,\mathrm{K}^{-1}$) Wärmeausdehnung. Die *reflektierende* Oberfläche der Spiegel besteht aus einer nur etwa 100 bis 200 nm dicken, im Vakuum aufgedampften Schicht aus Aluminium.

Bei vielen Reflektoren kann man (Abb. 3.2.6) zunächst im *Primärfokus* des Hauptspiegels oder – durch einen Planspiegel aus dem Rohr herausgelenkt – im *Newton-Fokus* beobachten. Man kann aber auch vor dem Primärfokus einen Konvexspiegel anbringen und erzeugt das Bild im *Cassegrain-Fokus* (Öffnungsverhältnis 1:20 bis 1:10) hinter einer Durchbohrung des Hauptspiegels. In neueren Teleskopen wird viel das *Ritchey-Chrétien-System* (1:10 bis 1:7) verwendet, bei dem *beide* Spiegel des Cassegrain-Systems durch Spiegel mit hyperboloidähnlicher Form ersetzt sind, um ein größeres Gesichtsfeld (0.5°) und eine komafreie[2] Abbildung zu erreichen. Sowohl in der Cassegrain- als auch in der Ritchey-Chrétien-Anordnung kann man das Durchbohren des Primärspiegels vermeiden und das Bild vorher durch einen Planspiegel seitlich aus dem Rohr zum *Nasmyth-Fokus* herauswerfen. Endlich kann man mittels einer komplizierten Spiegelanordnung das Licht durch die hohle Polachse leiten und im *Coudé-Fokus* (1:45 bis 1:30) das Bild eines Sterns z. B. auf den Spalt eines *ortsfesten* großen Spektrographen werfen.

Den Wunsch der Astronomen nach einem Teleskop mit großem Blickfeld *und* großem Öffnungsverhältnis (Lichtstärke) erfüllte die geniale Konstruktion der *Schmidt-Kamera* (1930/31). Bernhard Schmidt bemerkte zunächst, daß ein Kugelspiegel vom Radius R schmale Parallelstrahlenbündel, die aus irgendeiner Richtung, aber in der Umgebung des Kugelmittelpunktes einfallen, auf einer konzentrischen Kugel vom Radius $R/2$ – entsprechend der bekannten Brennweite des Kugelspiegels $f = R/2$ – vereinigt. Mit kleinem Öffnungsverhältnis kann man also über einen *großen Winkelbereich* schon gute Abbildung auf eine *gekrümmte* Platte erhalten, wenn man den Kugelspiegel nur durch eine Eintrittsblende ergänzt, die beim Krümmungsmittelpunkt, d. h. in der doppelten Brennweite vom Spiegel entfernt, angebracht ist (Abb. 3.2.7). Will man auch große Lichtstärke erzie-

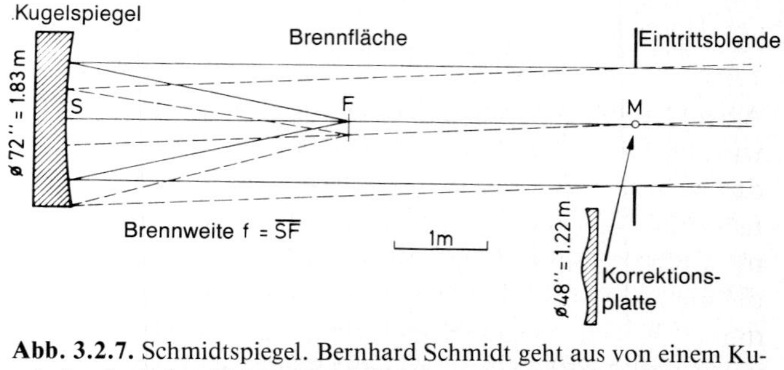

Abb. 3.2.7. Schmidtspiegel. Bernhard Schmidt geht aus von einem Kugelspiegel mit dem Krümmungsradius $R = MS$. Parallelstrahlenbündel, die – auch unter erheblichen Winkeln gegen die optische Achse – ankommen, werden seitlich durch die Eintrittsblende beim Krümmungsmittelpunkt M des Spiegels begrenzt und daher unter gleichen Bedingungen auf einer Kugelfläche um M mit dem Radius $R/2 = MF$, der Brennfläche vereinigt. Die Brennweite ist also $f = FS = R/2$. Zur Beseitigung der sphärischen Aberration wird die asphärisch geschliffene, dünne Korrektionsplatte in die Eintrittsöffnung gesetzt. (Die Maße entsprechen dem Mt. Palomar-48''-Schmidtteleskop)

[2] Koma: Bildfehler, bei dem gegen die optische Achse geneigte Strahlen nicht in demselben Punkt vereinigt werden, so daß das Bild einer Punktquelle zu einem „Kometenschweif" auseinandergezogen wird.

len und öffnet die Eintrittsblende weiter, so macht sich die sphärische Aberration durch Verwaschenheit der Sternbilder störend bemerkbar. Diese beseitigt B. Schmidt, indem er in der Eintrittsblende eine dünne, asphärisch geschliffene *Korrektionsplatte* anbringt, so daß durch entsprechende Glasdicken und eine kleine Verschiebung der Brennfläche die optischen Wegunterschiede kompensiert werden, welche in Abb. 3.2.3b dem Abstand zwischen Paraboloid und Fläche der Schmiegkugel entsprechen. Wegen der Kleinheit dieser Unterschiede ist dies gleichzeitig für einen großen Bereich des Einfallswinkels und ohne störende Farbfehler möglich.

Schmidt-Teleskope haben in der Regel Öffnungsverhältnisse 1:3.5 bis 1:2.5, man kann aber bis 1:0.3 gehen. Das 48″-Mt. Palomar Schmidt-Teleskop (1:2.5) hat einen Durchmesser der Korrektionsplatte von 48″ = 122 cm. Um Vignettierung zu vermeiden, muß der Kugelspiegel einen größeren Durchmesser von 183 cm haben. Mit diesem Instrument wurde der berühmte Palomar Observatory Sky Survey hergestellt; ca. 900 Felder 7° · 7° mit je einer Blauplatte und einer Rotplatte der Grenzgrößen 21 mag bzw. 20 mag überdecken den ganzen Nordhimmel bis −32° Deklination.

Bei dem *Maksutsov-Bouwers-Teleskop* (bzw. -kamera) wird die Schmidtsche Korrektionsplatte zur Vermeidung der sphärischen Aberration durch eine große *Meniskuslinse* mit sphärischen Flächen ersetzt.

Unter den Spezialinstrumenten der *Positionsastronomie* sollten wir wenigstens den *Meridiankreis* (O. Römer, 1704) erwähnen. Das Fernrohr kann um eine ostwestliche Achse im Meridian bewegt werden. Die Rektaszension wird bestimmt aus der Zeit des Durchganges des Sternes durch den Meridian (senkrechte Fäden in der Brennebene). Ein horizontaler Faden im Gesichtsfeld zusammen mit dem auf der Achse fest sitzenden Teilkreis ermöglicht die gleichzeitige Bestimmung der Kulminationshöhe und damit der Deklination des Sternes. Moderne Positionsmessungen erreichen eine Genauigkeit von wenigen hundertstel Bogensekunden. Auf einem Teilkreis von 1 m Radius entsprechen 0.1 Bogensekunden 0.5 µm!

3.2.2 Auflösungsvermögen und Lichtstärke. Optische Interferometer

Versuchen wir nun, uns ein Bild zu verschaffen vom Leistungsvermögen verschiedener Teleskope für diesen oder jenen Zweck! Der visuelle Beobachter fragt zunächst nach der *Vergrößerung.* Diese ist, wie gesagt, einfach gleich dem Verhältnis von Objektiv- zu Okular-Brennweite. Dem Erkennen immer kleinerer Objekte setzt auf jeden Fall die Beugung des Lichtes an der Eintrittsöffnung eine Grenze. Den kleinsten Winkelabstand zweier Sterne, z. B. eines Doppelsternes, die man eben noch trennen kann, nennt man das *Auflösungsvermögen*. Eine quadratische Öffnung der Seitenlänge D (diese ist einfacher zu behandeln als eine kreisförmige Öffnung) gibt im parallelen Licht z. B. eines Sternes ein Beugungsbild, das in der Mitte hell ist; nach beiden Seiten hin erhält man durch Interferenz zum erstenmal Dunkelheit, wo die Lichterregung der beiden Hälften (Fresnelsche Zonen) sich aufhebt. Nach Abb. 3.2.8 entspricht dies einem Winkel (im Bogenmaß) λ/D. Für einen *Kreis* vom Durchmesser D ergibt sich als Winkelabstand

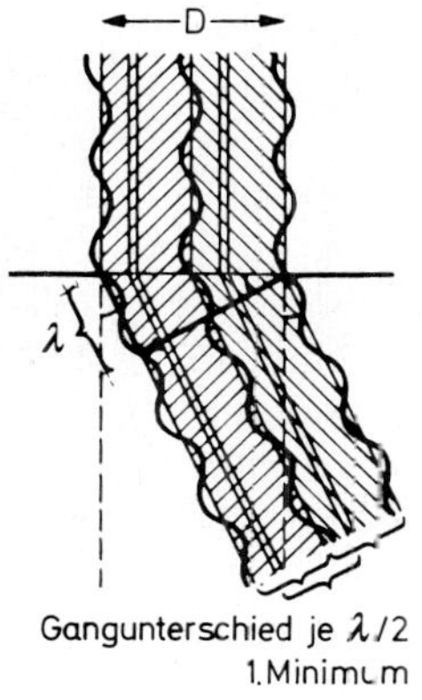

Abb. 3.2.8. Beugung des Lichtes an einem Spalt oder Rechteck der Breite D. Wenn zwei gleiche Teilbündel im Abstand $D/2$ gegeneinander einen Gangunterschied von einer halben Wellenlänge, d. h. $\lambda/2$ haben, so entsteht durch Interferenz das erste Beugungsminimum unter einem Ablenkungswinkel λ/D

$$\phi = 1.22 \frac{\lambda}{D} , \tag{3.2.1}$$

in welchem die (sich halb überdeckenden) Beugungsscheibchen zweier Sterne gerade noch zu trennen sind. Gl. (3.2.1) gibt also das *Auflösungsvermögen* des Teleskops. Rechnet man ϕ in Bogensekunden und den Durchmesser des Teleskops in Meter, erhalten wir für $\lambda = 550$ nm ein theoretisches Auflösungsvermögen

$$\phi = \frac{0.14''}{D\,[\mathrm{m}]} , \tag{3.2.2}$$

also z. B. für einen 5 m-Spiegel 0.03″. Für das „älteste Instrument“, das menschliche *Auge* ergibt sich entsprechend einer Pupillengröße von einigen mm eine Auflösung von der Größenordnung 1′.

Bei einer Brennweite f entspricht (3.2.1) einer *linearen* Ausdehnung des Beugungsscheibchens in der Brennfläche $l = f \tan\phi$ oder für kleine Winkel

$$l \simeq 1.22\,\lambda \frac{f}{D} \tag{3.2.3}$$

(D/f Öffnungsverhältnis). Für $\lambda = 550$ nm ist dann $l \simeq 0.67\, f/D$ [μm].

Bei längeren Aufnahmen – vom Erdboden aus – verursacht die *Luftunruhe* (Szintillation) schon allein Bilddurchmesser der Größenordnung 1″, so daß bereits ein kleines Teleskop von etwas mehr als 10 cm Öffnung die maximale, durch die Atmosphäre bedingte Winkelauflösung erreicht.

Die *Öffnung* bzw. der *Durchmesser D* des Teleskopspiegels bestimmt zunächst die *Auffangfläche* ($\sim D^2$) für das Licht eines Sterns, Nebels usw. Der gesammelte Licht- oder Energiestrom wird auf den Empfänger in der Brennebene abgebildet; die *Lichtstärke I* gibt an, wie stark der Lichtstrom auf die Empfängerfläche konzentriert wird[3]. Das Licht eines fernen Sterns, d.h. einer „*Punktquelle*", deren Ausdehnung klein gegenüber der des Beugungsscheibchens ist, verteilt sich durch die Beugung auf jeden Fall auf eine durch (3.2.3) bestimmte Fläche, so daß die Lichtstärke höchstens

$$I \simeq \left(\frac{D}{\lambda}\right)^2 \cdot \left(\frac{D}{f}\right)^2 \tag{3.2.4}$$

beträgt. Bei gegebenem Öffnungsverhältnis D/f wächst I also proportional zu D^2 an. Wählt man den Durchmesser δ des kleinsten auflösenden Elements des Empfängers nun größer als die Dimension l des Beugungsscheibchens, so hängt die Lichtstärke der Punktquelle nur noch von D^2, nicht aber vom Öffnungsverhältnis ab.

Hingegen ist bei einer *Flächenquelle*, z.B. einem Kometen oder Gasnebel, mit einem Winkeldurchmesser, dessen Abbild ϕf größer als das Beugungsscheibchen bzw. die Empfängerauflösung ist, die Lichtstärke proportional zu $(D/f)^2$. Dies gilt auch im Fall, daß das durch die Luftunruhe bedingte Scheibchen ($\phi \simeq 1''$) größer als das Beugungsscheibchen ist. Das Leistungsvermögen eines Instrumentes hinsichtlich der Messung schwacher Flächenhelligkeiten hängt also – wie bei der Kamera – in erster Linie nur ab vom Öffnungsverhältnis, in zweiter Linie von Absorptions- und Reflexionsverlusten in der Optik. In beider Hinsicht sind der Schmidtspiegel und seine Varianten unschlagbar.

Viel komplexer ist die Frage, wie schwache *Sterne* noch gemessen werden können. Die *Grenzhelligkeit* eines Teleskops ist offenbar dadurch bestimmt, daß das kleine Sternscheibchen – bedingt durch Szintillation, Beugung, Plattenkorn, Detektorauflösung usw. – sich aus dem durch das Nachthimmelleuchten und anderer Störungen bedingten Hintergrund noch erkennbar abhebt. So kommt es, daß man schwächere Sterne erreicht zunächst mit größerem Durchmesser des Instruments; bei vorgegebener Öffnung kommt man weiter mit kleinerem Öffnungsverhältnis, d.h. längerer Brennweite. In der Praxis muß man aber auch an die Belichtungszeiten denken!

Wie wir sahen, ist das theoretische Auflösungsvermögen des Fernrohres bestimmt durch die *Interferenz* der Randstrahlen. Ein etwas größeres Auflösungsvermögen erreichte A.A. Michelson bei seinem *Sterninterferometer*, indem er vor das Objekt zwei Spalte im Abstand D setzte (Abb. 3.2.9a). So liefert ein „punktförmiger" Stern ein System von Interferenzstreifen mit den Winkelabständen

$$\phi = n\lambda/D \quad (n = 0, 1, 2, 3\ldots)\ . \tag{3.2.5}$$

Beobachtet man nun einen Doppelstern, dessen Komponenten längs der Verbindungslinie der beiden Spalte den Winkelabstand y haben, so überlagern sich die Streifensysteme der zwei Sterne: Man erhält maximale Sichtbarkeit der Streifen, wenn $y = n\lambda/D$ ist. Dazwischen geht die Sichtbarkeit der Interferenzstreifen auf Null herunter, wenn die Komponenten des Doppelsternes gleich hell sind; anderenfalls durchläuft sie jedenfalls ein Minimum. Umgekehrt: Entfernt man die beiden Spalte vor dem Objektiv langsam voneinander, so erhält man maximale Sichtbarkeit der Interferenzstreifen für $y = 0$, λ/D, $2\lambda/D\ldots$ und minimale Sichtbarkeit der Interferenzstreifen für $y = \frac{1}{2}\lambda/D$, $\frac{3}{2}\lambda/D\ldots$.

Beobachtet man ein Scheibchen vom (Winkel-)Durchmesser y, so ist dieses – wie eine genauere Rechnung zeigt – ziemlich äquivalent zwei leuchtenden Punkten im Abstand $y = 0.41\ y'$ und man erhält das erste Sichtbarkeitsminimum bei einem Spaltabstand D_0 entsprechend $0.41\ y' = \frac{1}{2}\lambda/D_0$ oder

$$y = 1.22\,\lambda/D_0\ . \tag{3.2.6}$$

Gegenüber der gewöhnlichen Anwendung des Teleskops [es ist $D_0 \leqslant D$ in (3.2.1)] erscheint zunächst wenig gewonnen, tatsächlich aber wird die Beurteilung der *Sichtbarkeit* der Interferenzstreifen von der Luftunruhe (Seeing) weniger beeinträchtigt als z.B. die Messung mit dem Fa-

[3] Die genaueren Begriffsbildungen für die Ausbreitung von Strahlung behandeln wir erst in Abschn. 4.2.1.

denmikrometer. So konnten Michelson u. a. zunächst die Durchmesser der Jupitermonde, enge Doppelsterne usw. messen.

Sodann aber setzte Michelson vor den 2.5 m-Reflektor des Mt. Wilson Observatoriums ein Spiegelsystem wie bei einem Scherenfernrohr und konnte so $D_0 > 2R$ machen (Abb. 3.2.9b). Damit wurde es möglich, in den 1920er Jahren die Winkeldurchmesser einiger Roter Riesensterne (die größten betragen $\simeq 0.04''$) direkt zu messen.

Beim Michelsoninterferometer kommt es darauf an, die beiden Strahlen phasengerecht zusammenzuführen. Diese Schwierigkeit – die den Bau noch größerer Instrumente unmöglich machte – überwindet das *Korrelationsinterferometer* nach R. Hanbury Brown folgendermaßen: Zwei Hohlspiegel im Abstand D sammeln das Licht des Sternes auf je einen Photomultiplier. Gemessen wird die Korrelation der Stromschwankungen, welche die Signale der beiden Photomultiplier in einem bestimmten Frequenzbereich zeigen. Diese Korrelationsgröße ist – wie die Theorie zeigt – mit D und y in *genau* derselben Weise verknüpft wie die Sichtbarkeit der Interferenzstreifen beim Michelsoninterferometer.

Bei dem Korrelationsinterferometer in Narrabri/Australien sind zwei 6.5 m-Spiegel, welche mosaikartig aus sechseckigen Planspiegeln zusammengesetzt sind (auf Bildqualität kommt es hier nicht an), auf einem Kreis mit $D_0 = 188$ m Durchmesser fahrbar angeordnet, so daß ihr Abstand $D \leqslant D_0$ verändert werden kann. Die maximale Auflösung beträgt nach (3.2.1) entsprechend D_0 bei $\lambda = 420$ nm $6 \cdot 10^{-4}$ Bogensekunden. Mit diesem Instrument haben ab 1962 R. Hanbury Brown und R. Q. Twiss die Durchmesser von etwa 30 helleren Sternen bestimmt, wobei pro Stern bis zu größenordnungsmäßig 100 h Integrationszeit – Konstanz der Elektronik! – erforderlich waren.

Die Begrenzung des Auflösungsvermögens eines erdgebundenen Teleskops auf etwa $1''$ durch die Luftunruhe kann durch die *Speckle-Interferometrie* nach A. Labeyrie (1970) umgangen werden. Bei gewöhnlichen astronomischen Aufnahmen wird das diffuse Seeing-Scheibchen durch turbulente Fluktuationen, vor allem des Brechungsindex, in der Atmosphäre verursacht. Eine „Momentaufnahme" hingegen, bei der man kürzer als die mittlere Fluktuationszeit der Turbulenzelemente ($\lesssim 0.1$ s) belichtet, ergibt ein aus zahlreichen kleinen Sprenkeln (speckles) bestehendes Beugungsbild (Abb. 3.2.10). Während sich die Sprenkel über einen Winkelbereich der Größenordnung $1''$ verteilen, ist der Winkel-

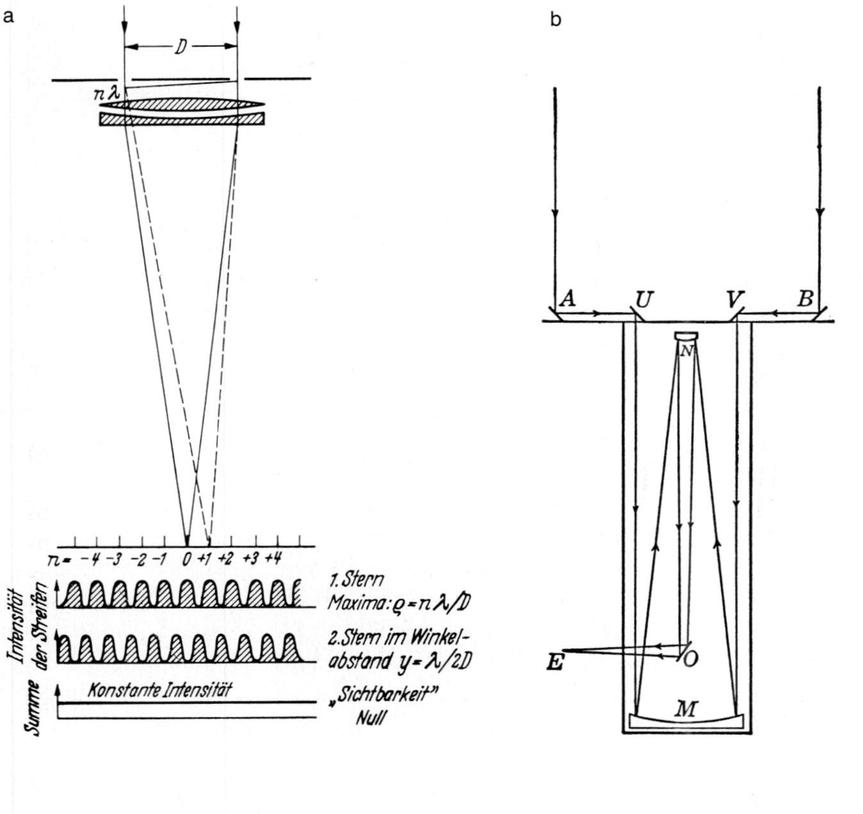

Abb. 3.2.9. (**a**) Sterninterferometer nach *A. A. Michelson*. Ein „punktförmiger" Stern erzeugt ein System von Interferenzstreifen, deren Abstände von der optischen Achse $\phi = n \cdot \lambda/D$ sind ($n = 0, \pm 1, \pm 2, \ldots$). Die Streifensysteme zweier (gleich heller) Sterne überlagern sich und ergeben beim Winkelabstand $y = \frac{1}{2}\lambda/D, \frac{3}{2}\lambda/D, \ldots$ konstante Intensität, d. h. Sichtbarkeit Null. (**b**) 6.1 m-Michelson-Interferometer des Mt. Wilson Observatory. An einem Stahlträger über der Öffnung des 2.5 m-Reflektors sind die inneren 45°-Spiegel U und V fest, die äußeren A und B verschiebbar angeordnet. Der Abstand AB (maximal 6 m) entspricht dem Spaltabstand D in (a). Man beobachtet visuell im Cassegrain-Fokus E

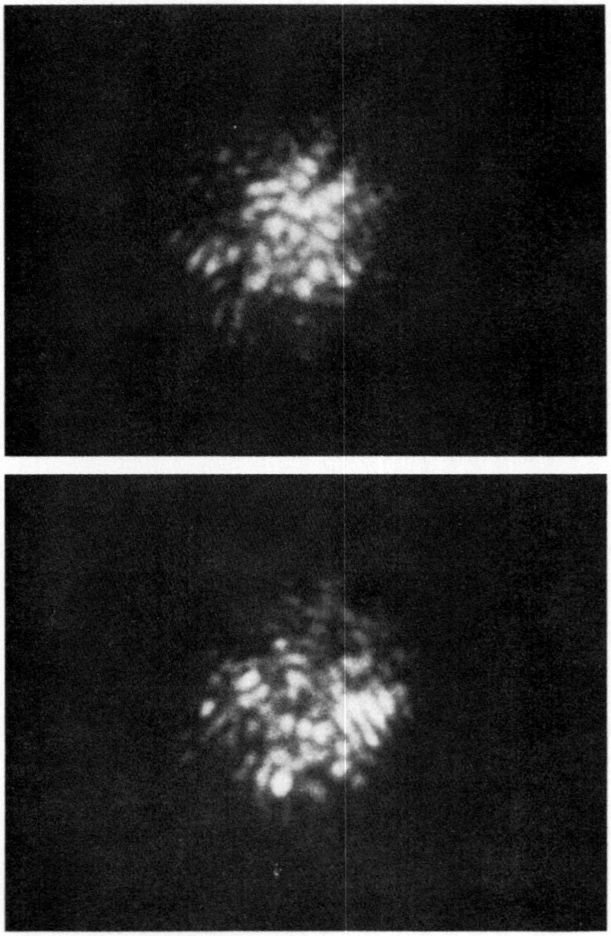

Abb. 3.2.10. Speckle-Bilder von α Lyr (Wega). Aufnahmen von G. Weigelt mit dem 1 m-Spiegel am Hohen List durch ein 10 nm breites Interferenzfilter bei $\lambda = 510$ nm. Belichtung 0.002 s, Zeitabstand der beiden Bilder 0.016 s. Ausdehnung des Speckle-Bildes etwa 1″. (Mit freundlicher Genehmigung von Sterne und Weltraum)

durchmesser jedes einzelnen Fleckchens im Mittel $\simeq \lambda/D$, entspricht also dem Auflösungsvermögen (3.2.1) des Teleskops der Öffnung D, z. B. 0.03″ im Visuellen für ein 4 m-Teleskop. Ein solches *Speckle-Interferogramm* enthält also verschlüsselte Information (genauer: die Autokorrelationsfunktion) über die Helligkeitsverteilung eines Objekts, z. B. über das Helligkeitsverhältnis und den Abstand von zwei Doppelsternkomponenten, bis herunter zu Winkelabständen λ/D, allerdings mit einem sehr ungünstigen Signal/Rausch-Verhältnis. Die Kunst der Speckle-Interferometrie besteht nun darin, je nach Helligkeit des Objekts 100 bis 10^6 Bilder zu überlagern und durch Fourieranalyse dessen Helligkeitsverteilung zu erschließen. Die Speckle-Interferometrie bietet den Vorteil, daß sie auch bei schwachen Objekten ($\gtrsim 13$ mag) angewendet werden kann. In günstigen Fällen, bei denen eine geeignete Punktquelle im Bildfeld liegt, kann durch die *Speckle-Holographie* sogar das hochaufgelöste Bild rekonstruiert werden.

3.2.3 Optische Detektoren

Ebenso wichtig wie das Teleskop sind die Hilfsmittel zu Nachweis und Messung der Strahlung von Sternen, Nebeln usw.

Visuelle Beobachtung spielt heute nur noch eine Rolle, wo es sich um rasche Erfassung kleiner Winkel bzw. feiner Details nahe dem Störpegel der Szintillation handelt, also z. B. bei der Beobachtung von visuellen Doppelsternen.

Die *photographische Platte* ist auch heute noch eines der wichtigsten Hilfsmittel des Astronomen. Unter den viel verwendeten Kodak-Plattensorten haben die höchstempfindlichen Blauplatten des Emulsionstyps O einen *Empfindlichkeitsbereich* bis $\lesssim 500$ nm. Zu Aufnahmen im visuellen und roten Spektralgebiet dienen die durch organische Farbstoffe sensibilisierten Emulsionen J ($\lesssim 550$ nm), D ($\lesssim 640$ nm) und F ($\lesssim 700$ nm) in Verbindung mit geeigneten Farbfiltern. Die N- und Z-Platten für Infrarotaufnahmen ($\lesssim 900$ nm bzw. $\lesssim 1.15$ µm) müssen kurz vor ihrer Verwendung z. B. mit Ammoniak hypersensibilisiert werden.

Das (räumliche) Auflösungsvermögen der astronomisch verwendeten Platten, welches durch die *Körnigkeit* der Emulsion bestimmt ist, liegt im Bereich von etwa 5 bis 25 µm. Mit Hilfe von ausgeklügelten Reduktionsverfahren kann man die Position eines Sternbildchens noch auf Bruchteile eines µm genau bestimmen.

Die *Schwärzung* S einer Platte definieren wir durch $S = -\log I/I_0$, wobei I/I_0 die Transparenz, das Verhältnis der von der geschwärzten Platte hindurchgelassenen Intensität I zu der ungeschwächten Intensität I_0 ist (bei einer völlig ungeschwärzten Platte wäre $I/I_0 = 1$ und $S = 0$). Der Zusammenhang zwischen der gesamten auftreffenden Strahlungsintensität $E = It$ (genauer: der während der Belichtungszeit t auffallenden Photonenzahl) und der Schwärzung ist *nichtlinear*. Die *Schwärzungskurve*, S als Funktion von $\log E$, steigt – oberhalb einer Schwellenintensität – zunächst nur langsam an, mündet dann in einen linearen Teil, dessen Steigung den *Kontrast* der Emulsion bestimmt, um endlich im Sättigungsbereich wieder abzuflachen. *Eine* photographische Platte überdeckt nur einen sehr beschränkten Helligkeitsbereich (*dynamischer Bereich* etwa 1:20, maximal 1:100), bevor „alles schwarz" wird.

Die Schwärzungskurve muß für jede Platte individuell und empirisch bestimmt werden. Hierzu werden z.B. durch eine Lichtquelle Kalibrierungs- oder Schwärzungsmarken mit bekannten Intensitätsverhältnissen am Rande des Bildes bzw. Spektrums angebracht. Die *photographische* Photometrie zur Bestimmung von Sternhelligkeiten muß daher möglichst differentiell arbeiten. Beim *Irisblendenphotometer* schließt man eine Irisblende um das kleine Sternbildchen (insbesondere von Schmidt-Kameras) herum und mißt dessen Schwärzung, wobei die Eichung in Größenklassen anhand photoelektrisch vermessener (s.u.) Helligkeitssequenzen erfolgt. In neuerer Zeit werden die photographischen Aufnahmen von Himmelsfeldern – wie auch photographisch gewonnene Spektren – automatisch von programmgesteuerten *Mikrodensitometern* mit einem kleinen Schrittraster abgetastet. Die Daten sind somit gleich in digitaler Form für die weitere Auswertung durch Elektronenrechner verfügbar. Die erreichbare Genauigkeit der photographisch gewonnenen Sternhelligkeiten liegt bei 5 bis 10%.

Die *photoelektrische* Photometrie benutzt als Meßgerät (seit den 1950er Jahren) den *Photomultiplier* oder *Elektronenvervielfacher* mit geeigneten Verstärkern. Aus der Photokathode, einer dünnen, z.B. auf Glas aufgedampften Alkalischicht, schlagen die eintreffenden Photonen Elektronen heraus, sofern ihre Energie die Austrittsarbeit für die Elektronen übertrifft (äußerer Photoeffekt). Durch eine Hochspannung werden die Elektronen dann nacheinander auf weitere Elektroden (Dynoden) hin beschleunigt, lösen jeweils weitere Elektronen aus und verstärken so den primären Photostrom lawinenartig um einen Faktor 10^6 bis 10^7. Der störende Dunkelstrom kann durch Kühlen der Kathoden verringert werden. Die spektrale Empfindlichkeit kann durch Wahl geeigneter Kathodenmaterialien für Messungen vom Ultraviolett bis zum nahen Infrarot eingerichtet werden.

Es ist wichtig, über die relativen Vor- und Nachteile der photographischen und der photoelektrischen Sternphotometrie und damit über ihre zweckmäßige Verknüpfung Klarheit zu gewinnen: Die photoelektrischen Meßgeräte überdecken einen ähnlichen Spektralbereich wie die Photoplatten, sind aber von hoher Konstanz und Genauigkeit und sprechen über einen großen Bereich *linear* auf die einfallende Lichtintensität an. Ihre *Quantenausbeute*, d.h. derjenige Bruchteil der Photonen, der zu einem Signal an der Anode führt, liegt im Blau bei 20 bis 30%, während photographische Emulsionen bestenfalls 2 bis 4% erreichen. Der Photomultiplier ist ein *Einkanaldetektor*, der alle Elektronen auf der Anode sammelt. Bildstrukturen gehen demnach verloren; die räumliche Auflösung ist durch die Fläche der Photokathoden festgelegt. Während der Beobachter also photoelektrisch jeden einzelnen Stern für sich messen muß, erfaßt andererseits *eine* photographische Aufnahme eine ungeheuer große Anzahl von Sternen. So ergibt sich im großen und ganzen als Aufteilung der Arbeitsgebiete: *Photoelektrische* Photometrie für Helligkeitsskalen, genaue Helligkeiten, Farbindizes usw., demgegenüber *photographische* Photometrie für die Photometrie größerer Sternfelder (Sternhaufen!) und deren Durchmusterung auf bestimmte Arten von Sternen usw. durch Anschluß an photoelektrisch gemessene Skalenfelder. In neuerer Zeit gewinnt in nicht zu dichten Sternfeldern die Photometrie mit zweidimensionalen CCD-Detektoren (s.u.) steigende Bedeutung.

Der Wunsch, immer entferntere Galaxien und andere lichtschwache Objekte sowie deren Spektren mit erträglichen Belichtungszeiten aufzunehmen, führte schon seit den 1930er Jahren zur Entwicklung der ersten Bildwandler durch A. Lallemand u.a. Ziel ist es, die Vorteile der Photoplatte mit ihrer extrem hohen Bildauflösung zu verknüpfen mit den günstigen Eigenschaften des photoelektrischen Empfängers, der Linearität, dem hohen dynamischen Bereich mit guter Verstärkungsmöglichkeit und der größeren Quantenausbeute, indem viele, möglichst kleine lichtelektrische Detektoren zu einem *Vielkanaldetektor* in einer ein- oder zweidimensionalen Anordnung (Array) zusammengefaßt werden. Die Fortschritte der Mikroelektronik und der Festkörperphysik und ihre Anwendung bei der Herstellung von Computern, in der Fernsehtechnik und bei militärischen Aufgaben (Nachtsichtgeräte, Fernerkundung, ...) führten etwa ab 1970 zu einer enormen Entwicklung und zu einem starken Anstieg des Einsatzes verschiedenartigster empfindlicher photoelektrischer Detektoren in der optischen Astronomie. Im folgenden stellen wir – ohne Anspruch auf Vollständigkeit – einige der wichtigsten neuartigen Detektortypen kurz vor.

Bei dem *Bildverstärker* oder *Bildwandler* werden vom einfallenden Licht Elektronen aus einer Photokathode herausgelöst und beschleunigt, dann aber nicht – wie beim Photomultiplier – letztlich alle auf einer Anode gesammelt, sondern mit Hilfe einer Elektronenoptik (ein äußeres starkes Magnetfeld oder ein elektrostatisches

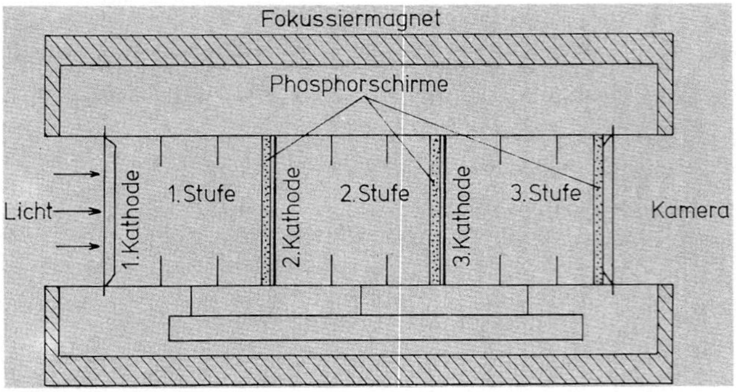

Abb. 3.2.11. Aufbau einer dreistufigen Bildverstärkerröhre mit magnetischer Fokussierung. (Mit freundlicher Genehmigung von Sterne und Weltraum)

Feld in Verbindung mit Glasfaserplatten zur Anpassung der Bildebene an die Form der Elektroden) auf einen Leuchtschirm abgebildet. Dieses Bild mit etwa 50 bis 100fach erhöhter Lichtstärke wird dann direkt vom Schirm, z.B. mit einer blauempfindlichen Platte, abphotographiert. Durch Hintereinanderschalten mehrerer Stufen (Abb. 3.2.11) kann die Verstärkung auf etwa 10^6 bis 10^7 erhöht werden, allerdings auf Kosten der Bildqualität.

In der *elektronographischen Kamera* (A. Lallemand u.a.) werden die fokussierten Elektronen nicht über einen Leuchtschirm, sondern in der Bildebene direkt durch ihre Wirkung auf einen Film mit einer speziellen, gegenüber geladenen Partikeln empfindlichen Kernemulsion (Abschn. 3.4.2) nachgewiesen. Die Schwierigkeit bei der Handhabung des Films *innerhalb* der evakuierten Verstärkerröhre wird bei dem *Spectracon* (J.D. McGee 1971) dadurch umgangen, daß die (auf etwa 40 kV beschleunigten) Elektronen die Röhre durch ein etwa 5 µm dickes Glimmerblättchen als Austrittsfenster verlassen können und das Bild auf einen von *außen* an das Fenster angedrückten Film erzeugen.

Die *Mikrokanalplatte* besteht aus einem dichten Bündel paralleler, sehr dünner Glasröhrchen (von etwa 15 µm Durchmesser und 1 mm Länge), das direkt hinter einer halbdurchlässigen Photokathode angebracht ist. Die Photoelektronen werden in den Röhrchen beschleunigt, wobei sie an deren Innenwänden aus einer dünnen Halbleiterschicht Sekundärelektronen auslösen. Der Mikrokanalverstärker zeigt also die hohe lawinenartige Verstärkung eines Photomultipliers bei gleichzeitiger Erhaltung der Ortsauflösung durch die Führung innerhalb der Röhrchen. Das Bild an der Anode kann dann weiter verstärkt und verarbeitet werden.

Aus den bekannten *Fernseh*-Aufnahmegeräten wurde insbesondere das *Vidicon* vom Typ SIT (*S*ilicon *I*ntensified *T*arget) und vom Typ SEC (*S*econdary *E*lectron *C*onduction) für astronomische Anwendungen in Verbindung mit Bildverstärkern entwickelt. In dem Bildteil der Fernsehkamera werden die Photoelektronen zunächst beschleunigt und auf das Target, eine dünne Folie, fokussiert und somit das optische Bild unmittelbar in eine elektrische Ladungsverteilung umgesetzt, welche dann innerhalb des Targets noch verstärkt wird. Z.B. werden bei dem SEC-Vidicon Sekundärelektronen aus einer dünnen Alkalischicht befreit und durch eine geringe Spannung auf eine metallische Signalplatte „abgesaugt“, so daß sich in dem Target ein mäßig (50 bis 100fach) verstärktes, positives Ladungsbild aufbaut. Das Bild wird schließlich im Ausleseteil wie bei einer Fernsehröhre durch einen Elektronenstrahl abgetastet und – nach weiterer Verstärkung – z.B. in einen Elektronenrechner zur weiteren Verarbeitung ausgelesen. Die Verstärkung beim SIT-Vidicon ist etwas höher (einige 10^3), dafür ist jedoch eine Kühlung des Targets bei längeren Aufnahmen (auf −60 °C) erforderlich.

Bei den *photonenzählenden Detektoren*, wie z.B. dem von A. Boksenberg und Mitarbeitern entwickelten Image Photon Counting System (IPCS), wird die Verstärkung durch einen mehrstufigen Bildwandler so hoch getrieben, daß auf dem Leuchtschirm noch die durch *einzelne* Photonen ausgelösten Signale erkannt werden. Eine nachgeschaltete Fernsehkamera dient als räumlich auflösender „Zwischenspeicher“ und überträgt die Impulse an einen Computer, in welchem das Bild dann digital aufgebaut wird.

In einem *Halbleiterdetektor* wie der *Siliziumdiode* erzeugen die einfallenden Photonen innerhalb des Festkörpers *Elektron-Loch-Paare*, wenn ihre Energie ausreicht, um die Elektronen vom Valenz- in das Leitungsband des Halbleiters anzuheben (innerer Photoeffekt). Die freigesetzten Ladungen können an der Grenzschicht zwischen p- und n-dotiertem Silizium durch äußere Spannungen in Potentialmulden gesammelt werden und somit ein Ladungsbild über längere Belichtungszeiten aufbauen. Der Dunkelstrom aufgrund der durch thermische Gitterschwingungen erzeugten Elektronen muß durch Kühlung auf weniger als −100 °C unterdrückt werden. Siliziumdioden haben eine besonders große Quantenausbeute im Rot und nahen Infrarot, bei $\lambda = 600$ bis 700 nm werden etwa 80% erreicht. Dem Nachteil, daß anders als beim äußeren Photoeffekt eine kaskadenartige Elektronenverstärkung nicht ohne weiteres möglich ist, steht der Vorteil der Speicherfähigkeit und der hohen Quantenausbeute der Halbleiterdetektoren gegenüber. Die geringe Ausdehnung der Photodioden gestattet es, eine große Zahl von ihnen in ein- oder zweidimensionalen Anordnungen (Diodenarrays) mit elektronischen Steuerschaltungen zusammen dicht gepackt auf einem Chip herzustellen.

Die Siliziumdiode spricht nicht nur auf Licht, sondern auch auf (hinreichend energiereiche) *Elektronen* an. Dies wird beim *Digicon* (E.A. Beaver und C.E. McIlwain 1971) ausgenutzt, indem die aus einer Photokathode herausgelösten Elektronen am Ende ihrer Beschleunigungsstrecke in einer Vakuumröhre auf ein (eindimensionales) *Diodenarray* als Detektor aufprallen. Die Abbildung der Photokathode auf die Diodenanordnung geschieht durch eine Elektronenoptik. Jedes auf etwa 20 keV beschleunigte Elektron erzeugt in der Diode einige 10^3 Elektron-Loch-Paare (Bildungsenergie einige eV).

In steigendem Maße wird seit Mitte der 1970er Jahre in der optischen Astronomie das *CCD* (*C*harge-*c*oupled *D*evice, ladungsgekoppelter Detektor) eingesetzt, eine zweidimensionale Anordnung winziger Halbleiterdetektoren, die in den Bell Laboratories 1970 von W.S. Boyle und G.E. Smith erfunden und zur Anwendung beim

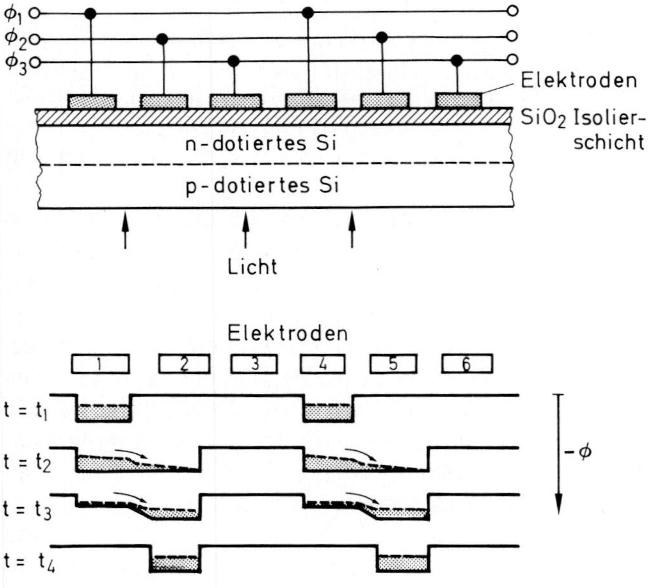

Abb. 3.2.12. Schematischer Aufbau und Prinzip des Ausleseverfahrens bei einem dreiphasigen CCD (Charge-coupled Device). Die anfangs ($t = t_1$) unter den Elektroden *1* und *4* angesammelten Ladungen werden durch stufenweise Änderungen der Potentiale ϕ (Zeiten t_2 und t_3) so verschoben, daß sie sich bei t_4 unter den Elektroden *2* und *5* befinden. (Mit freundlicher Genehmigung von Sterne und Weltraum)

Fernsehen entwickelt wurde. Ein CCD (Abb. 3.2.12) besteht aus einem dünnen n-p-dotierten Siliziumplättchen (Chip), auf welches – durch eine dünne isolierende Siliziumdioxidschicht getrennt – eine zweidimensionale Anordnung von kleinen Elektroden aufgebracht ist. Diese Elektroden definieren zusammen mit der elektronischen Schaltung die kleinsten, voneinander getrennten Empfänger- bzw. Bildelemente (Pixel, aus *pic*ture *el*ement) von etwa 30 µm · 30 µm Ausdehnung. Während der Belichtung sammeln sich die – proportional zur Zahl der einfallenden Photonen – freigesetzten Elektronen in dem Potentialtopf des jeweiligen Pixel an. Die Steuerschaltung bewirkt nach Beendigung der Belichtung durch geeignetes Verändern der Potentiale das *ladungsgekoppelte Ausleseverfahren*, bei dem die Ladungsverteilungen der Pixel Zeile für Zeile an den Bildrand geschoben und über einen Verstärker hintereinander in den Speicher eines Computers ausgelesen werden. Die Auslesefrequenz kann sehr hoch gewählt werden ($\gtrsim 1$ MHz), so daß die Erzeugung neuer Ladungen während des Auslesens gering bleibt. Im Computer können später mehrere Ladungsbilder zu einem endgültigen Bild in digitaler Form zusammengesetzt werden. Die CCD-Chips befinden sich in rascher Entwicklung; derzeit werden Chips mit über 1000 · 1000 Pixel auf einer Fläche von mehreren cm^2 eingesetzt.

Der eindrucksvolle Erfolg der CCD-Kamera in den letzten Jahren insbesondere bei der Beobachtung extrem lichtschwacher Objekte beruht vor allem auf der günstigen Quantenausbeute und dem großen linearen Ansprechbereich. Bezüglich der Anzahl der Bildelemente liegt das CCD jedoch noch weit gegenüber der Photoplatte (eine Schmidt-Aufnahme enthält größenordnungsmäßig 10^9 Pixel) zurück.

3.2.4 Spektrographen

Die genauere Analyse der spektralen Verteilung des Lichtes kosmischer Quellen übernimmt die *Spektroskopie*. Wie behandeln hier nur ihre instrumentelle Seite, indem wir – etwas künstlich – die zugehörigen Grundbegriffe und die Anwendungen noch zurückstellen.

Die Zerlegung des Lichtes nach Wellenlängen geschieht durch ein Prisma oder ein Gitter als *dispergierendes Element* in einem Spektrographen. Das Teleskop hat hierbei sozusagen nur die Aufgabe, die Strahlung einer kosmischen Lichtquelle, z.B. eines Sterns, durch den Spalt in den Spektrographen zu werfen. Lichtstarke Spektrographen zur Untersuchung schwacher Objekte

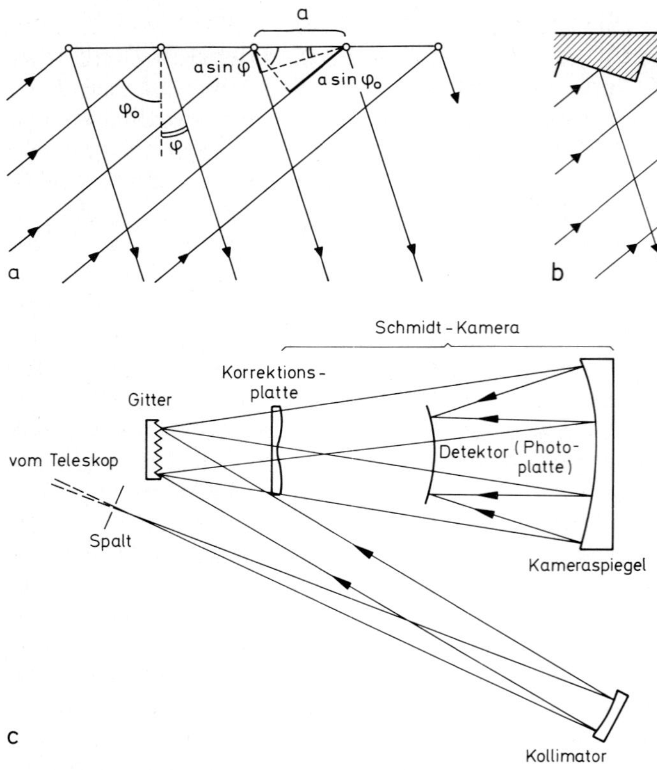

Abb. 3.2.13a–c. Gitterspektrograph. (**a**) Wirkungsweise des Beugungsgitters (Strichgitter). Man erhält Interferenzmaxima, d. h. Spektrallinien, wenn der Gangunterschied benachbarter Strahlen $a(\sin\phi - \sin\phi_0) = n\lambda$ ($n = \pm 1, \pm 2, \ldots$) nach (3.2.7) ist, wobei a die Gitterkonstante ist. Dispersion (3.2.8) und Auflösungsvermögen (3.2.12) sind der Ordnung n des Spektrums proportional. (**b**) Durch Bedampfen des Gitters, z. B. mit Aluminium – „Blazing" – erhält man für bestimmte Werte des Ein- und Ausfallwinkels spiegelnde Reflexion an den Gitterstrichen bzw. -stufen und erreicht so größere Helligkeit der Spektren. (**c**) Coudé-Spektrograph. Der Stern wird vom Teleskop auf den Spalt des Spektrographen abgebildet. Der Kollimatorspiegel macht das Licht parallel und wirft es auf das Gitter. Das spektral zerlegte Licht gelangt zur Abbildung in die Schmidt-Kamera. Das Gitter bildet zugleich die Eintrittsblende der Kamera

bringt man im Primärfokus des Spiegels an. Große Spektrographen werden ortsfest in einem getrennten Raum hinter dem Coudé-Fokus angeordnet. Der Cassegrain-Fokus hat den Vorteil, daß in ihm noch relativ große Spektrographen fest mit dem Teleskop verbunden werden können ohne Lichtverluste durch Reflexion an zusätzlichen Umlenkspiegeln.

In einem *Gitterspektrographen* (Abb. 3.2.13) macht der *Kollimator* das Licht zunächst parallel und wirft es auf das Gitter. Die Brennweite des Kollimatorspiegels wählt man so groß, wie es die Dimensionen des verfügbaren Gitters erlauben; sein Öffnungsverhältnis soll gleich dem des Teleskops, jedenfalls nicht kleiner sein (Ausleuchtung des Gitters!). Das spektral zerlegte Licht gelangt dann zur Abbildung in die *Spektrographenkamera*, wobei das Gitter zugleich die Eintrittsblende bildet. Die Kameras baut man häufig nach dem Prinzip der *Schmidt-Kamera* (Abb. 3.2.7), deren Vorteile wir schon kennen: großes Blickfeld, geringe Absorptions- und Reflexionsverluste, geringe Krümmung des Bildfeldes und kleine Farbfehler. Manchmal ist es auch zweckmäßig, das Gitter und den Kameraspiegel in einem abbildenden *Konkavgitter* zu vereinen.

Ein *Beugungsgitter* (Strichgitter) ergibt nun – z. B. als Reflexionsgitter – Intensitätsmaxima, d. h. Spektrallinien, wenn der Gangunterschied benachbarter Strahlen

$$a(\sin\phi - \sin\phi_0) = n\lambda \quad (n = \pm 1, \pm 2, \ldots) \tag{3.2.7}$$

ist (Abb. 3.2.13). Hierbei ist a der Abstand der parallelen Gitterstriche, die Gitterkonstante, ϕ_0 der feste Einfall-, ϕ der Ausfallwinkel und n die Ordnung des Spektrums. Benachbarte Ordnungen liegen um einen Winkel $\sin\phi = \lambda/a$ auseinander. Störende überlappende Ordnungen (z. B. fällt die 2. Ordnung bei $\lambda = 400$ nm auf die 1. Ordnung bei $\lambda = 800$ nm) müssen durch Farbfilter in Verbindung mit der spektralen Empfindlichkeit des Empfängers ausgesondert werden.

Die Winkeldispersion des Gitters

$$\frac{d\phi}{d\lambda} = \frac{n}{a\cos\phi} \tag{3.2.8}$$

nach (3.2.7) ist *unabhängig* von der Wellenlänge, ein Vorteil gegenüber dem Prisma mit seiner ungleichförmigen Dispersion. Bei einer Brennweite f der Spektrographenkamera entspricht (3.2.8) einer Lineardispersion

$$\frac{dx}{d\lambda} = f \cdot \frac{d\phi}{d\lambda} \; . \tag{3.2.9}$$

Das *spektrale Auflösungsvermögen*

$$A = \frac{\lambda}{\Delta\lambda} \tag{3.2.10}$$

wird beim Gitter durch den Abstand $\Delta\lambda$ definiert, in welchem zwei scharfe Spektrallinien noch voneinander getrennt erkennbar sind. Bei einer Größe D des Gitters ist nach der Beugungstheorie, s. auch (3.2.1), zunächst der kleinste auflösbare Winkel $\Delta\phi = \lambda/D$, so daß sich (bei kleinem Ausfallwinkel ϕ) mit (3.2.8)

$$\Delta\lambda = \frac{a}{n}\Delta\phi = \frac{\lambda}{n}\,\frac{a}{D} \tag{3.2.11}$$

ergibt. Führen wir noch die Gesamtzahl der Gitterstriche $N = D/a$ ein, so wird

$$A = nN \; , \tag{3.2.12}$$

d.h. das Auflösungsvermögen hängt nur von der Strichzahl und der Ordnung ab.

In der astronomischen Spektroskopie sind die Beugungseffekte jedoch meist zu vernachlässigen, da $\Delta\lambda$ durch die räumliche Auflösung des Detektors, z.B. durch die Körnigkeit der photographischen Emulsion oder durch das Bildelement eines Diodenarrays (Abschn. 3.2.3), bestimmt wird. Das von der Kollimator- und Kamera-Optik erzeugte Abbild des Eingangsspaltes zum Spektrographen sollte aus ökonomischen Gründen diesem Auflösungsvermögen angepaßt sein. Will man mit einem Teleskop vorgegebener Größe Spektren z.B. von Sternen einer bestimmten Grenzhelligkeit noch in einer bestimmten Belichtungszeit (Belichtungszeiten > 5 h werden in der Praxis unangenehm) bekommen, so ist damit die Kamerabrennweite und die Dispersion (bzw. die Strichzahl des Gitters) festgelegt.

Man benutzt heute fast nur noch *Gitterspektrographen*, seitdem es möglich ist, die Furchen der Beugungsgitter so zu formen, daß ein bestimmter Reflexionswinkel („blaze angle") und damit eine bestimmte Ordnung n stark in ihrer Helligkeit bevorzugt ist. Mit Blaze-Winkeln $\lesssim 25°$ erreicht man in niedrigen Ordnungen typischerweise mit Cassegrain-Spektrographen bei Gittergrößen D bis zu etwa 15 cm eine spektrale Auflösung A im Bereich von 500 bis 5000, mit Coudé-Spektrographen bei Gittern bis etwa 50 cm eine Auflösung bis zu 10^5.

Wichtigste Hilfsgeräte zu einem Spektrographen sind (a) eine Lichtquelle (z.B. eine Neon-Eisen-Hohlkathode), die ein bekanntes Spektrum als *Wellenlängenstandard* z.B. ober- und unterhalb des Sternspektrums abbildet und insbesondere die Messung von Dopplereffekten ermöglicht, und (b) bei photographischer Spektroskopie ein Hilfsstrahlengang, der abgestufte kontinuierliche Spektren einer Lampe mit genau *bekannten* Intensitätsverhältnissen liefert. Diese ermöglichen es, für jede Wellenlänge die Schwärzungskurve der Platte (Abschn. 3.2.3) aufzuzeichnen und damit das Spektrum photometrisch auszuwerten.

In neuerer Zeit verwendet man neben dem „klassischen" Gitterspektrographen vielfach den *Echelle-Spektrographen*, der große spektrale Auflösung ($A = nN \lesssim 10^5$) mit einem *Echelle-Gitter* (Stufengitter) in *hohen* Ordnungen ($n \simeq 10\ldots1000$) bei großem Blaze-Winkel (etwa 65°) liefert. Die sich überlappenden Ordnungen werden *quer* zur Dispersionsrichtung des Echelle-Gitters durch ein zweites Gitter, das als Konkavgitter gleichzeitig als Kameraspiegel dienen kann, mit grober Spektralauflösung auseinandergezogen, so daß sich insgesamt ein „zweidimensional" angeordnetes Spektrum ergibt (Abschn. 3.2.5).

Für die *Spektraldurchmusterung* ganzer Sternfelder verwendet man das *Objektivprisma*, d.h. man setzt vor das Teleskop ein Prisma im Minimum der Ablenkung und erhält so auf der Platte in der Brennebene von jedem Stern ein Spektrum. So haben z.B. E.C. Pickering und A. Cannon am Harvard Observatory den Henry Draper-Katalog hergestellt, der neben Position und Helligkeit den Spektraltyp von rund einer Viertelmillion Sternen enthält. Anstelle eines Objektivprismas kann auch ein *Objektivgitter* verwendet werden.

3.2.5 Weltraumteleskope und erdgebundene Großteleskope

Um kosmische Quellen im Ultraviolett ($\lambda \lesssim 300$ nm) zu beobachten, bleibt – wie wir sahen – keine andere Wahl, als ein Teleskop außerhalb der Erdatmosphäre einzusetzen. Aber auch für den optischen Bereich bietet ein Weltraumteleskop deutliche Vorteile, denen allerdings die enormen Kosten eines Weltraumunternehmens entgegenstehen. Die Begrenzung der Winkelauflösung durch das Seeing fällt fort und die Hintergrundshelligkeit verringert sich um den Beitrag der Atmosphäre, so daß bei gleichem Spiegeldurchmesser ein Weltraumteleskop schwächere Quellen als ein erdgebundenes Instrument erfassen kann. Weiterhin ist die Nutzzeit eines Teleskops im Weltraum größer, da hier Tag und Nacht unabhängig von Wetterbedingungen beobachtet werden kann.

Nach anfänglichen Raketenexperimenten mit sehr begrenzter Beobachtungszeit bot der Copernicus-Satellit (OAO-3) mit einem 82 cm-Teleskop erstmals von 1972 – 1981 die Möglichkeit, hochaufgelöste *Spektroskopie im Ultraviolett* in längeren Meßreihen im Bereich $\lambda \gtrsim 95$ nm durchzuführen. Der „konventionelle" Spektrograph, in dem das Spektrum schrittweise von einem Photomultiplier abgetastet wird, beschränkte die spektroskopische Beobachtung auf relativ helle Sterne.
Der 1978 gestartete *IUE-Satellit* (International Ultraviolet Explorer) trägt ein 45 cm-Teleskop im Ritchey-Chrétien-System, in dessen Cassegrain-Fokus zwei Spektrographen für den Spektralbereich $\lambda = 115 - 195$ nm bzw. 190 – 320 nm angeordnet sind. In jedem dieser Bereiche kann entweder durch ein Konkavgitter ein Spektrum geringer Auflösung (3.2.10) mit $\lambda/\Delta\lambda \simeq$ einige 100 oder durch ein Echelle-Gitter ein hochaufgelöstes Spektrum mit $\lambda/\Delta\lambda = 1.2 \cdot 10^4$ (Abb. 3.2.14) erhalten werden. Als Detektoren dienen SEC-Fernsehkameras (Abschn. 3.2.3), wobei die ultraviolette Strahlung vorher durch einen Bildwandler (CsTe-Kathode mit MgF_2-Eintrittsfenster) in sichtbares Licht transformiert und mittels Glasfaseroptik auf die Photokathode der Fernsehröhre geführt wird. Nach Ende der Belichtung wird das Bild aus 768 · 768 Pixeln von einem Elektronenstrahl ausgelesen, das Videosignal (in 256 diskrete Intensitätsstufen) digitalisiert und durch Telemetrie zusammen mit Information zur Kalibrierung, Bildentzerrung usw. in den Elektronenrechner der Bodenstation eingegeben. Die nahezu geosynchrone, elliptische Bahn des IUE mit einem Apogäum von rund 46 000 km ermöglicht ständigen Kontakt mit den Bodenstationen. Durch die Verwendung der *zweidimensionalen*, empfindlichen Detektoren wird eine wesentlich schwächere Grenzhelligkeit gegenüber dem Copernicus-Satelliten erreicht trotz des kleineren Teleskops. Mit größenordnungsmäßig 2 h Belichtungszeit können noch hochaufgelöste Spektren von Sternen der 10. Größenklasse gewonnen werden.

Der spektrale Bereich *unterhalb* 91.2 nm ist noch wenig untersucht, da die starke Absorption durch das Lyman-Kontinuum des neutralen Wasserstoffs im *interstellaren Medium* die Beobachtungsmöglichkeiten auf unsere unmittelbare Umgebung in der Milchstraße beschränkt. Allerdings zeigte die Apollo-Sojus-Mission (1975), daß frühere Abschätzungen zu pessimistisch waren und die ungleichmäßige Dichteverteilung des interstellaren Gases in

Abb. 3.2.14. Ultraviolettes Spektrum des Planetarischen Nebels NGC 3242 in der Hydra. Aufnahme mit dem *International Ultraviolet Explorer* im Bereich $\lambda = 115 - 200$ nm (J. Köppen und R. Wehrse, 1979). Echellespektrum (Ausschnitt) in 66. bis 125. Ordnung mit einer Auflösung $\lambda/\Delta\lambda = 1.2 \cdot 10^4$ entsprechend etwa $\Delta\lambda \simeq 0.01$ nm. Ein Ordnungsstreifen überdeckt ein Stück von etwa 2.5 nm. Dem Kontinuum des Zentralsterns überlagert sind die Emissionslinien des Nebels, von denen die stärksten das C III-Dublett $\lambda = 190.7/190.9$ nm (*links*) und die He II-Linie $\lambda = 164.0$ nm (*Mitte*) sind. Rechts oben ist die Resonanzlinie des H I Lα $\lambda = 121.5$ nm zum einen als breite Absorption durch das interstellare Medium, zum anderen als Emission aus der Geokorona erkennbar, im unteren Bildteil die Spur eines Störteilchens

einigen „Löchern" den Blick in größere Entfernungen (bis zu etwa 100 pc) gestattet. Die Spektrometer mit Objektivgittern an Bord der Raumsonden Voyager 1 und 2 überdecken mit einer Auflösung von 2.5 nm den Bereich bis herunter zu 50 nm. Das interstellare Medium wird erst wieder im Röntgenbereich durchlässig.

Mit dem *2.4 m-Hubble-Weltraumteleskop* der NASA (HST: Hubble Space Telescope) steht seit 1990 für den optischen und ultravioletten Spektralbereich erstmals ein größeres Instrument über mehrere Jahre zur Verfügung. Das Teleskop in Ritchey-Chrétien-Anordnung sollte im Cassegrain-Fokus (Öffnungsverhältnis 1 : 24) mit $\lesssim 0.1''$ bei $\lambda = 633$ nm nahezu die beugungsbegrenzte Winkelauflösung (3.2.1) erreichen. Durch einen Fehler im Spiegelsystem wurde dieses Ziel jedoch zunächst nicht erreicht; infolge sphärischer Aberration (Abschn. 3.2.1) wird nur etwa 15% des Lichtes innerhalb 0.07″ konzentriert, der überwiegende Teil hingegen auf eine Scheibe ≳1″ verteilt. In der Brennebene des Weltraumteleskops können wahlweise u.a. eingesetzt werden: (a) eine *Weitwinkelkamera* mit einem maximalen Gesichtsfeld von 2.7′·2.7′, welches von vier mosaikförmig aneinandergesetzten CCD-Detektoren mit je 800·800 Pixel überdeckt wird. Die spektrale Empfindlichkeit reicht vom Ultraviolett bis ins nahe Infrarot (115 nm – 1.1 µm); (b) eine *Kamera* mit engerem Gesichtsfeld und kleinerem Spektralbereich (120 – 600 nm) für *schwache Objekte*, wobei – im Hinblick auf Bildrekonstruktion – Detektoren (Bildverstärker mit Fernsehröhre zum Nachweis einzelner Photonen) von sehr hoher Auflösung von 0.008″ bis 0.044″ verwendet werden; (c) ein *Spektrograph geringer Auflösung* $\lambda/\Delta\lambda = 250 \dots 1300$ im Bereich 115 – 700 nm mit Digicon-Detektor (lineares Diodenarray mit 512 Elementen, vgl. Abschn. 3.2.3) zur Beobachtung schwacher Objekte; (d) ein *hochauflösender Spektrograph* für das Ultraviolett (110 – 330 nm) mit $\lambda/\Delta\lambda = 2\cdot 10^3 \dots 10^5$, ebenfalls mit Digicon-Detektoren, der in Abb. 3.2.15 dargestellt ist.

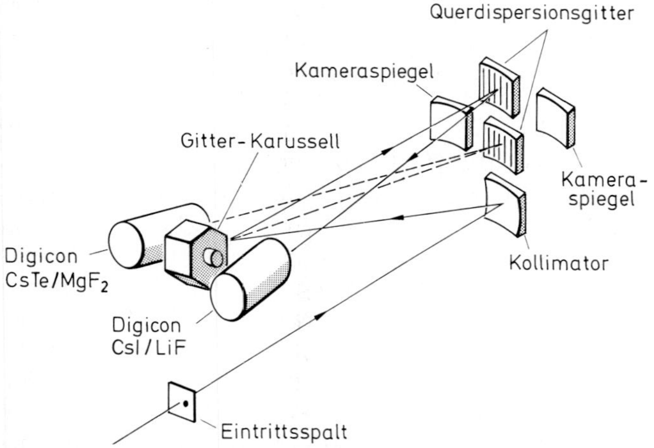

Abb. 3.2.15. Hochauflösender Spektrograph des Hubble-Weltraumteleskops. Das vom Kollimatorspiegel parallel gerichtete Lichtbündel wird zunächst von einem der sechs ebenen Gittern, die auf einem „Karussell“ drehbar angeordnet sind, spektral zerlegt. Für die höchste Auflösung $\lambda/\Delta\lambda = 10^5$ (eingezeichneter Strahlengang) wird ein Echelle-Gitter mit anschließender Querzerlegung durch ein Konkavgitter, das gleichzeitig als Kameraspiegel dient, gewählt. Als Detektor werden zwei Digicons mit einer eindimensionalen Anordnung von 512 Dioden verwendet, je nach Spektralbereich entweder mit einer CsJ-Kathode und LiF-Fenster ($\lambda = 105 - 170$ nm) oder mit $CsTe/MgF_2$ (170 – 320 nm). Spektren mit geringerer Auflösung ($\lambda/\Delta\lambda = 2\cdot 10^3$ oder $2\cdot 10^4$) werden von den übrigen fünf Plangitter des Karussells erzeugt und je nach Spektralbereich von einem der beiden Kameraspiegel auf das entsprechende Digicon konzentriert. (Aus J.C. Brandt et al., 1982)

Parallel zur Entwicklung unbemannter Weltraumteleskope auf Satelliten und zur Planung von Beobachtungsmöglichkeiten von einer Raumstation verläuft die Entwicklung *erdgebundener optischer Großteleskope* mit Durchmessern im Bereich von 10 bis 25 m. Nachdem die optischen Detektoren jetzt eine hohe Empfindlichkeit nahe an der theoretischen Grenze erreicht haben, ist eine Leistungssteigerung optischer Teleskope hauptsächlich durch Vergrößerung ihrer lichtsammelnden Fläche zu erreichen. Insbesondere spektroskopische Untersuchungen, die durch die Szintillation der Atmosphäre nicht allzu stark betroffen sind, können hierdurch auf extrem lichtschwache Objekte ausgedehnt werden mit allen Vorteilen eines erdgebundenen Teleskops: der leichten Zugänglichkeit und der Möglichkeit des Einsatzes aufwendiger Instrumente bei relativ zur Raumfahrt geringem Kostenaufwand.

Der Bau herkömmlicher Teleskope mit einem formstabilen Primärspiegel von hoher Oberflächengenauigkeit ($\lesssim \lambda/10$) in *einem* Stück erreicht wegen der stark mit dem Spiegeldurchmesser ansteigenden technischen Probleme (Gewicht!) und Kosten bei Öffnungen von etwa 4 bis 6 m derzeit seine Grenze. Die Entwicklung zukünftiger Großteleskope geht demnach dahin, zum einen leichtere und damit *dünnere* Spiegel zu konstruieren, zum anderen den Primärreflektor aus *mehreren* einzelnen Spiegeln zusammenzusetzen. Da sich dünne Spiegel jedoch stark verformen, muß nach dem Prinzip der *aktiven* bzw. *adaptiven Optik* durch einen automatischen Regelkreis Form und Ausrichtung der reflektierenden Flächen ständig mit Hilfe eines leistungsfähigen Elektronenrechners kontrolliert und nachjustiert werden. Als verschiedene technische Realisierungsmöglichkeiten bieten sich u.a. ein einzelner, dünner Riesenspiegel in Verbindung mit aktiver Optik an oder eine mosaikartige Aufteilung der reflektierenden Fläche eines großen Paraboloids in mehrere Segmente, die einzeln aktiv justiert werden. Weiterhin können die Strahlengänge mehrerer voneinander unabhängig in einem Array angeordneter Teleskope in einem gemeinsamen Brennpunkt kombiniert werden oder schließlich mehrere Teleskope mit einer gemeinsamen Montierung und einem gemeinsamen Brennpunkt zusammengefaßt werden.

Als Vorreiter für die neue Generation von Großteleskopen wird das von der University of Arizona und dem Smithsonian Astrophysical Observatory nach letzterem Prinzip entwickelte *Vielspiegelteleskop* oder *Multiple Mirror Telescope* (MMT) auf dem Mount Hopkins in Arizona seit 1979 erfolgreich für optische und infrarote

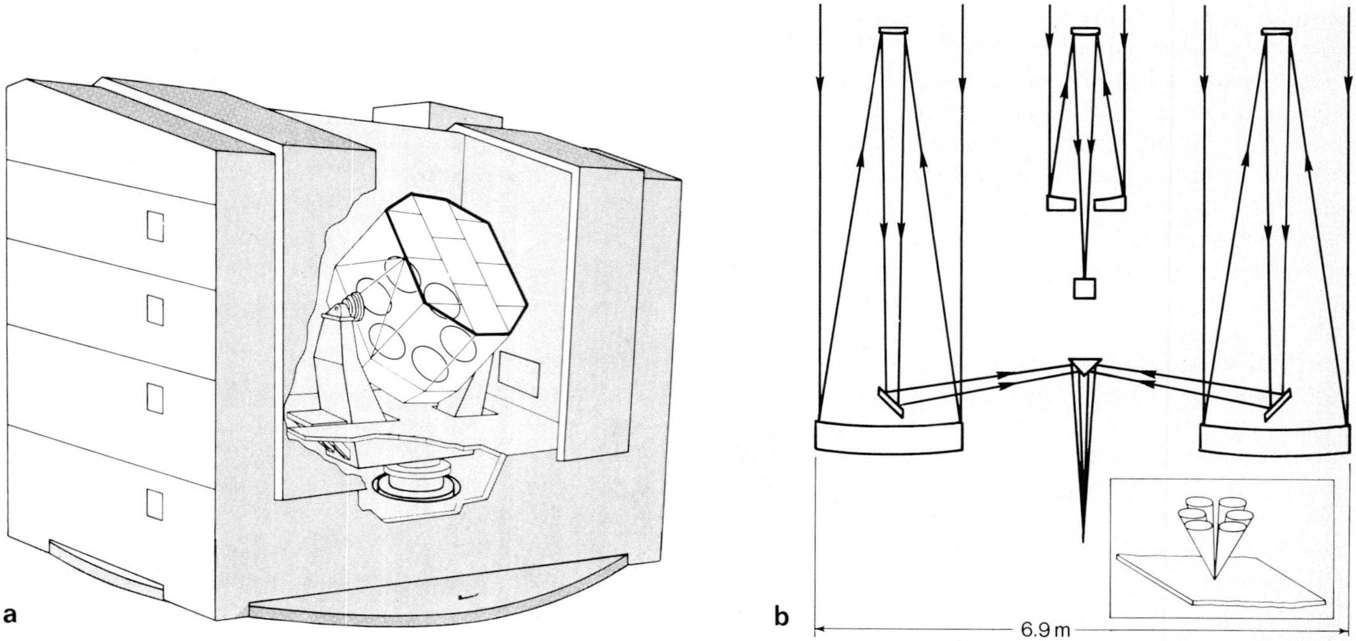

Abb. 3.2.16. Multiple Mirror Telescope (MMT) auf Mount Hopkins, Arizona. (**a**) Schematische Darstellung des Sechsspiegel-Teleskops in azimutaler Montierung und des Gebäudes. (**b**) Strahlengang für ein Paar gegenüberliegender 1.8 m-Spiegel in Cassegrain-Anordnung mit gemeinsamem Fokus. In der zentralen Achse befindet sich ein 0.76 m-Leitteleskop zur Nachführung des MMT und Ausrichtung der Hauptspiegel. (Mit freundlicher Genehmigung von American Institute of Physics, New York, und der Autoren)

Beobachtungen eingesetzt (Abb. 3.2.16). Sechs gleiche Spiegel mit je 1.8 m Durchmesser und einem Öffnungsverhältnis 1:2.7 sind um eine gemeinsame Achse herum zusammen montiert; das Licht der einzelnen Spiegel wird durch Umlenkspiegel in einem gemeinsamen Quasi-Cassegrain-Fokus zusammengeführt. Hierdurch wird eine Sammelfläche erreicht, die einem herkömmlichen Teleskop von $\sqrt{6} \cdot 1.8\,\text{m} = 4.4\,\text{m}$ Durchmesser entspricht, während die Winkelauflösung durch die Dimension der einzelnen Spiegel bestimmt bleibt. Durch ein zusätzliches kleineres Leitteleskop wird mittels Laserstrahlen die Ausrichtung der Einzelteleskope kontrolliert. Die gemeinsame azimutale Montierung bewirkt eine sehr kompakte Konstruktion: das MMT ist in einem thermisch isolierten Teil eines rechteckigen Gebäudes von nur 17 m Höhe und $20\,\text{m} \cdot 13\,\text{m}$ Grundfläche untergebracht; das gesamte „nur“ rund 450 t schwere Gebäude ist in azimutaler Richtung drehbar.

Weitere Großteleskope nach unterschiedlichen technischen Konzepten befinden sich an mehreren Stellen in der Planung bzw. im Bau, wobei abzuwarten bleibt, welche Lösung sich als die günstigste herausstellen wird.

3.3 Teleskope und Detektoren für den Radiofrequenz- und Infrarotbereich

Der neben dem „optischen Fenster“ zweite große Durchlässigkeitsbereich der Erdatmosphäre, das „Radiofenster“, wird auf seiner langwelligen Seite begrenzt durch Reflexion der Ionosphäre, hauptsächlich der F-Schicht (Abschn. 2.8.5 f). Die größte noch hindurchgelassene Wellenlänge variiert stark mit den zeitlichen Schwankungen der ionosphärischen Elektronendichte etwa zwischen $\lambda = 12$ und 100 m (bzw. 24 und 3 MHz). Auf der kurzwelligen Seite schränkt unterhalb etwa $\lambda = 5$ mm die Absorption des atmosphärischen Sauerstoffs und Wasserdampfs die Beobachtungsmöglichkeiten immer stärker ein, bis schließlich im Submillimeterbereich (Infrarot) unterhalb $\lambda = 0.35$ mm (860 GHz) keine erdgebundene Astronomie mehr möglich ist. Unterhalb etwa 20 µm wird die Atmosphäre – zunächst nur in schmalen Fenstern zwischen Absorptionsbanden des Wasserdampfes – wieder zum optischen Fenster hin durchlässig (Abb. 3.1.1).

Abb. 3.3.1. 100 m-Radioteleskop des Max-Planck-Instituts für Radioastronomie Bonn in Effelsberg (Eifel)

Wir beginnen mit einer Beschreibung der wichtigsten Typen der Radioteleskope (Abschn. 3.3.1). Um trotz der großen Wellenlängen hohe Winkelauflösungen zu erreichen, werden im Radiofrequenzbereich neben Parabolspiegeln mit möglichst großen Durchmessern vor allem Interferometer verwendet, die aus vielen weit voneinander entfernten Einzelteleskopen bestehen. In Abschn. 3.3.2 geben wir dann einen knappen Überblick über die im Radiobereich verwendeten Empfänger und Spektrometer. Schließlich besprechen wir in Abschn. 3.3.3 kurz die Instrumente für den infraroten Spektralbereich, der zwischen dem Optischen und dem Radiobereich liegt und dessen Beobachtungstechniken Elemente beider benachbarter Bereiche umfassen. Für die Beobachtung astronomischer Quellen im Infrarot ist es wesentlich, die störende starke Wärmestrahlung der Erde und des Teleskops selbst zu unterdrücken.

3.3.1 Radioteleskope

Die schwachen Radiofrequenzsignale aus dem Weltraum werden zunächst von der *Antenne*, die i. allg. eine möglichst große effektive Fläche und gute Richtwirkung (Winkelauflösung) haben soll, aufgefangen und dem *Empfänger* oder *Radiometer* zur Verstärkung und Gleichrichtung im *Detektor* zugeführt, so daß schließlich ihre Intensität z. B. von einem Registriergerät aufgezeichnet oder digital für die Datenverarbeitung in einem Elektronenrechner erfaßt werden kann. Die vom Radiometer aufgenommene Strahlung kann weiterhin in einem *Spektrometer* mit möglichst hoher Frequenzauflösung spektral oder in einem *Polarimeter* nach ihrem Polarisationszustand analysiert werden.

Die vielseitigste Radioantenne mit guter Richtwirkung über einen weiten Wellenlängenbereich ist der *Parabolspiegel*, der – für nicht zu kleine Wellenlängen – aus reflektierendem Blech oder Drahtnetz (Maschenweite $\lesssim \lambda/10$) besteht. Die Genauigkeit der Reflektorfläche bestimmt die kleinste noch beobachtbare Wellenlänge. Die Strahlung wird im Brennpunkt von einer *Speiseantenne* (einem Horn oder – für $\lambda \gtrsim 20$ cm – einem abgeschirmten Dipol) aufgenommen und als Leitungswelle auf den Empfängereingang gegeben. Analog den optischen Teleskopen kann das Signal im Primärfokus oder über einen weiteren Reflektor in einem Sekundärfokus, z. B. Cassegrain-Fokus (Abb. 3.2.6), der Speiseantenne zugeführt werden. Letztere Anordnung bietet die Möglichkeit, hinter dem Primärspiegel mehrere verschiedene Empfänger nebeneinander unterzubringen.

Für das *Auflösungsvermögen* eines Spiegels vom Durchmesser D gilt auch im Radiobereich (3.2.1), solange $\lambda \ll D$ ist. Meist wird in der Radioastronomie die *Keulenbreite* als der Winkel zwischen den Punkten der Richtcharakteristik angegeben, an denen die Energieempfindlichkeit vom Maximum auf die Hälfte abgesunken ist (HPBW: half-power beam width). Die Keulenbreite

$$\varphi = 1.03 \frac{\lambda}{D} \tag{3.3.1}$$

(im Bogenmaß) unterscheidet sich von (3.2.1) nur geringfügig im Zahlenfaktor.

Im *cm- und unteren dm-Wellenbereich* stehen seit dem Bau des 76 m-Teleskops in Jodrell Bank bei Manchester in den 1950er Jahren mehrere große Radiospiegel mit Durchmessern oberhalb 60 m zur Verfügung. Mit dem z. Z. größten voll schwenkbaren Radioteleskop, dem azimutal montierten 100 m-Parabolspiegel des Bonner Max-Planck-Instituts für Radioastronomie in Effelsberg in der Eifel (Fertigstellung 1972) kann im Wellenlängenbereich von etwa 50 cm bis 6 mm (0.6 bis 50 GHz) beobachtet werden (Abb. 3.3.1).

Bei den *feststehenden* sphärischen 305 m-Spiegel in einem Talkessel in Arecibo auf Puerto Rico ist eine effektive Richtungsänderung in begrenztem Umfang durch Verändern der Phasen der einfallenden Wellen in der Brennebene des Spiegels (durch Schwenken der Speiseantenne) möglich.

Das Auflösungsvermögen selbst dieser größten Radiospiegel ist klein im Vergleich zu dem von Galileis ersten Fernrohr! Nach (3.3.1) beträgt es bei einem 100 m-Teleskop für $\lambda = 50$ cm nur rund 18′. So ist verständlich, daß die Radioastronomen vor allem für die *Meterwellen* schon früh Instrumente nach dem Prinzip des Interferometers entwickelten, um bessere Winkelauflösung zu erreichen.

Großes Auflösungsvermögen erzielt nach dem Vorgang von M. Ryle das genau dem Michelsonschen Sterninterferometer (Abschn. 3.2.2) entsprechende *Radiointerferometer*, bei dem die Signale zweier Radioteleskope *phasengerecht* zusammengeführt und dann weiter verstärkt werden. Anders als im Optischen kann die Phase der Radiowellen über mehrere Kilometer durch Kabel und bis zu einigen 10 km über eine Richtfunkstrecke übertragen werden.

Auch die Prinzipien des linearen Beugungsgitters und des zweidimensionalen Kreuzgitters sind – nun bei festgelegter Wellenlänge – zur Erzielung großer Winkelauflösung in *Mehrelement-Interferometern* mit Erfolg auf die Antennentechnik übertragen worden. Beim *Mills-Kreuz* (B. Y. Mills 1953) werden zwei lange, kreuzförmig zueinander angeordnete Zylinderparabol-Antennen, welche je eine blattförmige Richtcharakteristik haben (d. h., gute Winkelauflösung nur in *einer* Richtung), abwechselnd einmal in Phase und dann mit einer $\lambda/2$-Verzögerung in einer der Zuleitungen an den Empfänger geschaltet. Durch Differenzbildung der beiden Signale erreicht man im Zentrum eine stabförmige Antennenkeule mit einer Winkelauflösung der Größenordnung λ/D, wobei D hier die Länge der Arme des Kreuzes ist. So erhält man z. B. mit dem Antennenkreuz in Molonglo, Australien, mit Armlängen von 1.6 km bei $\lambda = 73.5$ cm (408 MHz) eine Winkelauflösung von $1.4' \cdot 1.4'$.

Das von R. Hanbury Brown und R. Q. Twiss zuerst in der Radioastronomie angewandte Prinzip des *Korrelationsinterferometers* haben wir in seiner „optischen" Abwandlung schon kennengelernt.

M. Ryle hat weiterhin gezeigt, wie man nach dem Prinzip der *Apertursynthese* anstelle der von einem großen Instrument während einer gewissen Zeit aufgefangenen Information ebensogut die mit *mehreren* kleineren Antennen an geeigneten vorbestimmten Orten *nacheinander* gewonnene Information über Amplitude und Phase verwenden kann. Hierzu werden die Einzelantennen – meist in X-, T- oder Y-förmiger Anordnung – gegeneinander bewegt und zusätzlich die Erdrotation ausgenutzt, um deren (an die Sphäre projizierten) Abstände zu verändern. Die Winkelauflösung nach (3.3.1) entspricht derjenigen einer einzigen Antenne, deren Apertur gleich der im Laufe der Zeit von der Gesamtheit aller Antennen überdeckten Fläche ist.

Von den größeren Apertursynthese-Teleskopen für den cm- und den dm-Bereich nennen wir das 5 km-Synthese-Kreuz in Cambridge (England) mit 8 festen und 4 beweglichen 13 m-Einzelteleskopen, das Synthese-Radioteleskop in Westerbork (Niederlande) mit 12 festen und 2 beweglichen 25 m-Spiegeln in Ost-West-Anordnung mit maximaler Basis von 1.6 km sowie das 1981 fertiggestellte Very Large Array (VLA) in Socorro (New Mexico, USA) mit 27 beweglichen 25 m-Teleskopen in einer Y-förmigen Anordnung mit Längen der drei Arme bis zu 21 km (Abb. 3.3.2). Mit diesen Antennensystemen erreicht man Winkelauflösungen von einigen 0.1″ bis 1″.

Abb. 3.3.2. Very Large Array (VLA) in Socorro, New Mexico (USA). Radio-Syntheseteleskop mit 27 beweglichen 25 m-Spiegeln in Y-förmiger Anordnung (maximale Armlängen 21, 21 und 19 km). (Mit freundlicher Genehmigung von American Institute of Physics, New York, und des Autors)

Um eine Auflösung wesentlich besser als 1″ zu erreichen, wurde seit etwa 1970 die *Langbasisinterferometrie* (VLBI: Very-Long-Baseline Interferometry) entwickelt: Man benutzt zwei weit, bis zur Größenordnung des Erddurchmessers voneinander entfernte Radioteleskope. Diese registrieren unabhängig voneinander auf genau derselben Frequenz die Strahlung derselben Radioquelle als Funktion der Zeit und damit der wirksamen Basis. Damit man die digital auf Videoband aufgenommenen Signale (der Zwischenfrequenzen, s.u.) nachträglich *phasengerecht* in einem Computer (Korrelator) zur Interferenz bringen kann, tragen beide Registrierungen die äußerst genauen Zeitmarken zweier Atomuhren. Instrumentelle Phasenfluktuationen und – bei den großen Entfernungen unterschiedliche – Störungen durch die Erdatmosphäre kann man durch geeignetes Kombinieren der Signale von drei oder mehr (entlang einer „geschlossenen Kurve" angeordneten) Teleskopen weitgehend ausschalten. So erreicht man durch eine weltweite Verbundschaltung der größten Radioteleskope nach (3.3.1) mit D von der Größenordnung $\gtrsim 10^4$ km ein Auflösungsvermögen und eine Positionsmeßgenauigkeit bis zu etwa 0.0001″, also etwa das 10^4fache der optischen – durch Seeing begrenzten – Messungen! Mit einem zusätzlichen Radioteleskop auf einem Satelliten auf stark elliptischer Bahn könnte man die Winkelauflösung noch auf einige 10^{-5} Bogensekunden verbessern.

Bei *mm- und sub-mm-Wellenlängen* wird zwar entsprechend (3.3.1) die Winkelauflösung günstiger, jedoch steigen die Anforderungen an die Oberflächengenauigkeit erheblich, insbesondere gegenüber thermischer Verformung durch die unterschiedliche Aufheizung zwischen Tag und Nacht. Neben Stahl wird hier auch kohlefaserverstärker Kunststoff mit einer reflektierenden Folie verwendet. Zu den größten mm-Teleskopen zählen seit 1985 der 45 m-Spiegel in Nobeyama (Japan) für Wellenlängen bis 3 mm und der französisch-deutsche 30 m-Spiegel des IRAM (Institut de Radio Astronomie Millimetrique) auf dem Pico Veleta bei Granada (Spanien) für Wellenlängen bis 1.3 mm. Wie bei größeren Wellenlängen wird auch im mm-Bereich Interferometrie und Langbasisinterferometrie (VLBI) durchgeführt.

Die Beobachtungstechniken für den sub-mm-Bereich befinden sich in rascher Entwicklung. An größeren Instrumenten für Wellenlängen bis zu 0.3 mm gibt es derzeit 15 m-Spiegel auf La Silla, Chile (SEST = Sweden-ESO Sub-mm Telescope) und auf Mauna Kea, Hawaii (James Clark Maxwell Telescope) sowie das Array des IRAM aus drei 15 m-Spiegeln auf dem Plateau de Bure in den französischen Alpen.

3.3.2 Empfänger und Spektrometer für den Radiofrequenzbereich

Wir können uns hier nicht mit Verstärkertechnik befassen, doch seien wenigstens einige Prinzipien und die wichtigsten Verstärkertypen erwähnt.

Die meist schwache inkohärente Radiostrahlung („Rauschen") aus dem Weltraum muß im Empfänger oder Radiometer nachgewiesen und gemessen werden gegenüber dem Eigenrauschen der Antenne und der Empfängerteile sowie – bei kleinen Wellenlängen ($\lambda \lesssim 1$ cm) – gegenüber der Strahlung der Erdatmosphäre.

In dem Empfänger wird meistens infolge der *thermischen* Bewegung der Elektronen in jedem (Ohmschen) Widerstand der Temperatur T nach H. Nyquist in einem Frequenzband $\Delta\nu$ eine Rauschleistung

$$W_R = kT\,\Delta\nu \qquad (3.3.2)$$

erzeugt, wobei $k = 1.38 \cdot 10^{-23}\,\mathrm{J\,K^{-1}}$ die Boltzmannkonstante ist. Hinzu treten das „Schrot"- und das „Halbleiterrauschen" in einigen Bauteilen wie Transistoren, Dioden usw. Das Eigenrauschen des Empfängers W_E ($> W_R$) kann analog zu (3.3.2) auch durch eine effektive *Empfängerrauschtemperatur* T_E ausgedrückt werden,

$$W_E = kT_E\,\Delta\nu \ , \qquad (3.3.3)$$

wobei T_E höher als die physische Temperatur T ist. Der wesentliche Beitrag zu W_E bzw. T_E stammt aus der *ersten* Verstärkerstufe und den vor ihr liegenden Teilen, so daß hier besonders *rauscharme* Verstärker eingesetzt werden. Da der thermische Rauschanteil proportional zu T ist, kann W_R und damit W_E häufig durch *Kühlung* erheblich verringert werden.

Die *gesamte Rauschleistung* W des Empfangssystems setzt sich aus der Antennenrauschleistung W_A und dem Empfängerrauschen W_E zusammen

$$W = W_A + W_E = k(T_A + T_E)\,\Delta\nu \ , \qquad (3.3.4)$$

wobei W_A wieder entsprechend (3.3.2) durch die *Antennentemperatur* T_A ausgedrückt werden kann. Im Idealfall enthält W_A nur die Rauschleistung des beobachteten kosmischen Objekts; für eine Flächenquelle, welche die Antennenkeule ausfüllt, wäre dann T_A gleich deren Strahlungstemperatur T_B, (5.6.1). In der Praxis umfaßt W_A neben dem Eigenrauschen der Antenne noch – für $\lambda \lesssim 1$ cm – die Strahlung der Atmosphäre und evtl. des Erdbodens und – für $\lambda \gtrsim 30$ cm – den Beitrag der Himmelshintergrundstrahlung aus unserer Milchstraße (nichtthermische Synchrotonstrahlung, Abschn. 5.6.1).

Die *Grenzempfindlichkeit*, d.h. die kleinste gegenüber einer gesamten Rauschleistung W noch nachweisbare Strahlungsleistung ΔW, ist bei Messung in einem Frequenzband $\Delta\nu$ bei einer Integrationszeit τ durch

$$\Delta W = \frac{W}{\sqrt{\tau\,\Delta\nu}} \qquad (3.3.5)$$

gegeben, da hierbei die Zahl der unabhängigen Meßwerte $N = \tau\,\Delta\nu$ beträgt und nach den Gesetzen für statistische Schwankungen die relative Genauigkeit $\Delta W/W = 1/\sqrt{N}$ ist.

Für den Nachweis der schwachen kosmischen Signale kommt es also einmal auf hohe Konstanz des Empfängers (der Verstärkung) über die Integrationszeit τ an. Dann muß W_E möglichst niedrig gehalten werden, da alle Beiträge zu W stochastischen Charakter haben und im Prinzip nicht voneinander zu trennen sind. Die Bandbreite ist durch die Problemstellung (Messung im Kontinuum oder in einer Linie) weitgehend festgelegt.

Schwankungen in der Verstärkung können nach R.H. Dicke (1946) größtenteils eliminiert werden, indem in einem *Dicke- oder Modulations-Empfänger* der Empfängereingang abwechselnd an die Antenne und an einen Widerstand fester Temperatur geschaltet wird und anschließend das *Differenzsignal* verarbeitet wird. Ersetzt man den Widerstand durch eine zweite Antenne, die auf ein benachbartes Himmelsfeld gerichtet ist, so kann man nach diesem Prinzip mit dem *Doppelstrahlverfahren* (beam switching) durch Differenzbildung zwischen beiden Antennensignalen auch den Beitrag des Himmelshintergrundes und der atmosphärischen Strahlung weitgehend ausschalten. Eine andere Möglichkeit, die Hintergrundstrahlung zu eliminieren, besteht darin, den Radiospiegel abwechselnd auf die Quelle und ein benachbartes Feld mit einer niedrigen „Wackelfrequenz" ($\lesssim 0.1$ Hz) zu richten und im Empfänger wiederum nur das Differenzsignal auszuwerten (On-Off-Verfahren).

Nach einer ersten Verstärkerstufe wird das hochfrequente Radiosignal in der Regel in einem *Superheterodyn*- oder Überlagerungsempfänger durch einen *Mischer* mittels einer festen, von einem stabilen *Oszillator* erzeugten Frequenz in eine (niedrigere) *Zwischenfrequenz* umgewandelt und dann weiter verarbeitet.

Bei den *dm- und m-Wellen* ($\lambda \gtrsim 30$ cm bzw. $\nu \lesssim 1$ GHz) überwiegt die nichtthermische Rauschstrahlung des Hintergrunds aus unserer Galaxis, deren Strahlungstemperatur mit wachsendem λ von einigen 10 K bis weit über 1000 K steigt, alle übrigen Rauschbeiträge, so daß hier keine besonders rauscharmen Verstärker erforderlich sind. Verwendet werden die *konventionellen* Verstärker aus der Rundfunktechnik, z.B. Siliziumtransistoren und neuerdings (ungekühlte) Feldeffekt-Transistoren ($T_E \simeq 300$ K).

Im *cm-Wellenbereich* (1 bis 30 cm bzw. 30 bis 1 GHz) ist der Himmelshintergrund „kalt" (Strahlungstemperaturen etwa 3 bis 10 K; Mikrowellen-Hintergrundstrahlung, Abschn. 5.9.4), so daß es sich auszahlt, *rauscharme* Vorverstärker einzusetzen. Mit auf etwa 20 K gekühlten *parametrischen Verstärkern* und *Feldeffekt-Transistoren* erzielt man Rauschtemperaturen T_E von einigen 10 K, mit noch stärker gekühlten ($T \simeq 4$ K) *Masern* – allerdings mit kleinen Bandbreiten als Preis – sogar $T_E < 10$ K und damit eine enorme Vergrößerung der Meßgenauigkeit bei schwachen Radioquellen.

Zum *mm-Bereich* hin steigt die Eigenstrahlung der Erdatmosphäre rasch auf Strahlungstemperaturen von rund 300 K an. Bei den längeren mm-Wellen verwendet man parametrische Verstärker und Maserverstärker. Unterhalb von etwa $\lambda = 3$ mm ($\nu > 100$ GHz) gibt es derzeit keine einsetzbaren rauscharmen Verstärker. Hier wird das Signal ohne Vorverstärkung *direkt* in einem *Mischer* auf eine Zwischenfrequenz im Bereich um 1 GHz heruntertransformiert und kann dann z. B. konventionell verstärkt werden. Mit gekühlten ($T \simeq 20$ K) Schottky-Mischern erreicht man bei 100 GHz $T_E \gtrsim 200$ K, mit extrem gekühlten ($T \lesssim 4$ K) Josephson-Mischern und SIS-Mischern (*S*upraleiter-*I*solator-*S*upraleiter) $T_E \simeq 100$ K.

Die sich derzeit rasch entwickelnde Empfängertechnik für die beobachtungsmäßig schwierigen *Submillimeter-Wellenlängen* ($\nu \gtrsim 300$ GHz) verwendet im Heterodynempfänger „quasi-optische" Elemente, welche auf einer „Kreuzung" zwischen der Hohlleitertechnik des Mikrowellenbereichs und den Verfahren der geometrischen Optik des infraroten und optischen Bereichs beruhen.

Um radiofrequente *Spektrallinien* wie die 21 cm-Linie des neutralen Wasserstoffs oder die Vielfalt der Moleküllinien im cm- und mm-Bereich zu untersuchen, wird das vom Empfänger aufgenommene breitbandige Signal in einem Spektrometer nach Frequenzen zerlegt und der Intensitätsverlauf gemessen. Beim *Filterspektrometer* teilt man das ursprüngliche Frequenzband – u. U. nach Umwandlung in einen anderen Frequenzbereich nach dem Heterodynprinzip – durch eine große Zahl (einige hundert) enger Bandpaßfilter mit festen Mittenfrequenzen auf. Die Signale in den einzelnen Spektrometerkanälen werden anschließend parallel weiterverarbeitet. Bei dem *akusto-optischen Spektrometer* werden die elektromagnetischen Wellen mit Hilfe des piezoelektrischen Effekts zunächst in Ultraschallwellen umgewandelt. Diese erzeugen in einem (durchsichtigen) Kristall oder einer Flüssigkeit Schwingungen, d. h. Schwankungen der Dichte bzw. des Brechungsindex, und somit ein „Beugungsgitter", das dann mit einem monochromatischen Laser durchstrahlt wird. Die spektrale Energieverteilung des Radiosignals wird hierdurch schließlich in ein optisches Beugungsbild verwandelt, dessen Intensitätsverteilung z. B. mit einer Diodenanordnung ausgemessen werden kann.

3.3.3 Beobachtungsverfahren im Infrarot

Nur im *nahen* Infrarot ($0.8 \lesssim \lambda \lesssim 1.2$ µm) und in begrenzten „Fenstern" der Absorption durch Wasserdampf in der Atmosphäre im *mittleren* Infrarot ($1.2 \lesssim \lambda \lesssim 20$ µm) können Beobachtungen vom Erdboden, und zwar wegen der starken Abnahme des Wasserdampfgehalts mit der Höhe am besten von hohen Bergen ($\gtrsim 4$ km) aus durchgeführt werden. Astronomie im *fernen* Infrarot ($\lambda \gtrsim 20$ µm) muß demgegenüber von Flugzeugen (Höhenbereich $\lesssim 15$ km) und Ballonen ($\lesssim 40$ km) sowie von Raketen und Raumfahrzeugen oder Satelliten aus betrieben werden. Erst im fernsten Infrarot bzw. Submillimeterbereich ($\lambda \gtrsim 350$ µm $= 0.35$ mm) wird die Erdatmosphäre wieder in einigen Fenstern transparent (Abb. 3.1.1).

Im ganzen Infrarotbereich können im Prinzip optische *Teleskope* (Abschn. 3.2.1) verwendet werden. Da jedoch für $T \simeq 300$ K die Eigenstrahlung nicht nur der Erdatmosphäre, sondern auch der Teleskopteile im Infrarot stark ist, muß diese störende Wärmestrahlung u. a. durch Verringern des Gesichtsfeldes, durch Begrenzen der Zahl der reflektierenden Flächen und durch Kühlen von Teleskop und Detektoren möglichst weit reduziert werden. Um die schwache kosmische Infrarotstrahlung gegenüber der intensiven, zeitlich schwankenden Emission der Erdatmosphäre und dem Himmelshintergrund nachzuweisen, wird – analog dem Radiofrequenzbereich – ein Differenzsignal zwischen der Quelle und einer benachbarten Stelle am Himmel durch periodisches „Wackeln" z. B. des Sekundärspiegels in einer Cassegrain-Anordnung mit etwa 10 Hz gewonnen (chopping oder beam switching).

Neben vorübergehend „umgerüsteten" optischen Teleskopen werden auch speziell konstruierte *Infrarotteleskope* eingesetzt wie z. B. der 3.2 m-Spiegel der NASA und das britsche 3.8 m-Teleskop, beide auf dem Mauna Kea (Hawaii). Durch das *Kuiper Airborne Observatory*, ein für Infrarotbeobachtungen mit einem 91 cm-Spiegel ausgestattetes Flugzeug, sind seit 1974 längere Beobachtungszeiten von 12 bis 15 km Höhe aus möglich. Der erste *Infrarotsatellit* IRAS (*I*nfrared *A*stronomical *S*atellite) führte 1983 mit einem 57 cm-Teleskop eine Himmelsdurchmusterung in vier breiten Wellenlängenbändern zwischen 12 und 100 µm mit einer Winkelauflösung von größenordnungsmäßig 1′ durch. Durch einen Tank mit flüssigem Helium konnte das ganze Teleskop 10 Monate lang auf einer Temperatur $\lesssim 10$ K, die Brennebene mit den Detektoren sogar bei $\lesssim 2$ K gehalten werden, bis das Kühlmittel verdampft war. IRAS fand rund 250000 infrarote „Punktquellen", darunter viele überwiegend im Infrarot strahlende ferne Galaxien, und brachte einige überraschende Entdeckungen (u. a. neue Kometen, interstellare Staubwolken, Staubring um Wega).

Zum *Nachweis* der Strahlung dienen im *nahen* Infrarot ($\lambda \lesssim 1.2$ µm) noch – wie im Optischen (Abschn. 3.2.3) photographische Platten, Photomultiplier und Bildwandler mit speziellen, gekühlten Photokathoden (AgOCs oder GaAsP) sowie Siliziumphotodioden. Bis etwa $\lambda = 5.5$ µm werden – mit flüssigem Stickstoff (77 K) oder Helium (4.2 K) gekühlte – Indiumantimonid (InSb)-Photodioden verwendet, bis etwa 4 µm auch Bleisulfidzellen. Im *mittleren* und *fernen* Infrarot dominieren gekühlte Halbleiterdetektoren, welche auch in CCD-Kameras eingesetzt werden können. Bei einem *photoleitenden Detektor* wird durch Absorption eines Lichtquants im Halbleiter ein Elektron-Loch-Paar erzeugt, wobei das Elektron aus dem Valenzband in das durch eine Energielücke von diesem getrennten Leitungsband gehoben wird. Die kurzzeitig (bis zur Rekombination) erhöhte elektrische Leitfähigkeit wird dann zum Nachweis ausgenutzt. Gegenüber den entsprechenden optischen Detektoren ist im Infrarot die Photonenenergie erheblich geringer, so daß das Detektormaterial nur kleine Energielücken aufweisen darf. Bei reinen Halbleitern wie Germanium oder Silizium liegen diese in der Größenordnung von 1 eV entsprechend $\lambda \simeq 1.2$ µm. Durch Dotierung mit geeigneten Elementen als „Verunreinigung" entstehen jedoch Energiezustände innerhalb der Lücke zwischen Valenz- und Leitungsband mit Abständen bis zu etwa 0.01 eV, so daß die Ansprechgrenze der Photoleiter zu erheblich größeren Wellenlängen ausgedehnt wird. Der Halbleiter muß soweit gekühlt werden, daß diese Energieniveaus nicht thermisch angeregt werden, d. h. die Anforderung an die Kühlung steigt mit wachsender Grenzwellenlänge. Man erhält durch Dotieren von Silizium mit In, Ga, As oder Sb oder von Germanium mit Cu bei Kühlung unter etwa 10 K Detektoren für Infrarotstrahlung bis in den Bereich von 20 bis 30 µm; mit Ga dotierte Germaniumdetektoren sind bei Kühlung mit flüssigem Helium ($\lesssim 4$ K) sogar noch bis 120 µm empfindlich.

Im gesamten Infrarotbereich werden auch *thermische Detektoren* eingesetzt, bei denen die absorbierte Strahlung in Wärmeenergie eines Kristalls umgesetzt wird: Beim *Bolometer* verwendet man die starke Temperaturabhängigkeit des elektrischen Widerstandes eines geeignet dotierten, gekühlten Halbleiterkristalls zum Nachweis der Infrarotstrahlung. Bei Temperaturen von flüssigem ^{4}He oder ^{3}He (4.2 bzw. 0.3 K) erreicht man mit einem galliumdotierten *Germaniumbolometer* einen Ansprechbereich von 1 bis etwa 1000 µm.

Für die *Spektroskopie* im Infrarot werden neben (gekühlten) Prismen und Gittern mit mittlerer Auflösung auch hochauflösende *Fourierspektrometer* verwendet. Die aus der Mikrowellentechnik stammenden *Heterodynspektrometer* (Abschn. 3.3.2) gestatten Linienspektroskopie im fernen Infrarot für Wellenlängen oberhalb etwa 100 µm.

3.4 Instrumente der Hochenergieastronomie

Vom langwelligen Bereich des elektromagnetischen Spektrums springen wir jetzt zu den kürzesten Wellenlängen bzw. höchsten Frequenzen oder Energien, zum *Gammastrahlen- und Röntgenbereich.* Eine Reflexion, z. B. an einer Spiegeloberfläche, ist hier wegen des großen Durchdringungsvermögens dieser hochenergetischen Photonen nur für weiche Röntgenstrahlen (Energien unterhalb einiger keV) bei streifendem Einfall unter Winkeln $\lesssim 1°$ zur Oberfläche möglich. Bei höheren Energien geschieht der Nachweis der Photonen anhand der von ihnen im Material eines Detektors ausgelösten *energiereichen Elektronen* mit dem Instrumentarium, wie es in der Hochenergiephysik zur Registrierung energiereicher Partikel entwickelt wurde.

Neben der hochenergetischen elektromagnetischen Strahlung hat für die Astronomie auch die Strahlung *energiereicher Partikel* immer größere Bedeutung gewonnen: Der *Sonnenwind* bläst mit Geschwindigkeiten von etwa 200 bis 1000 km s^{-1} Solarmaterie, d. h. in der Hauptsache Wasserstoff- und Heliumionen nebst den zugehörigen Elektronen in den Weltraum hinaus. Protonen von (im Mittel) rund 500 km s^{-1} haben eine Energie von 1 keV. Den Bereich höherer Energien erfüllt die *Kosmische Strahlung*, die uns zum einen von Ausbrüchen auf der Sonne mit Energien bis zu 10^{10} eV erreicht, zum anderen aus der Milchstraße (und vielleicht aus anderen Galaxien) mit Energien von einigen 10^8 bis hin zu 10^{20} eV auf die Erdatmosphäre auftrifft (Abschn. 5.3.8).

Bevor wir kurz die wichtigsten Teilchendektoren und die aus ihnen aufgebauten Teleskope der Hochenergieastronomie besprechen, stellen wir zunächst in Abschn. 3.4.1 diejenigen physikalischen Prozesse der Wechselwirkung energiereicher Photonen und Partikel zusammen, die für das Verständnis dieser Instrumente, aber auch für die Beschreibung der Ausbreitung z. B. der Gammastrahlung oder der Kosmischen Strahlung von ihrer Quelle bis zum Nachweis im Detektor erforderlich sind.

3.4.1 Wechselwirkung energiereicher Photonen und Teilchen mit Materie

Während die Energie der Photonen im Optischen und Ultraviolett nur ausreicht, um Elektronen aus den äußeren Schalen der Atome bzw. Ionen herauszulösen, erfolgt die *Photoionisation im Röntgenbereich,* d. h. bei Energien oberhalb etwa 100 eV oder Wellenlängen unterhalb etwa 10 nm, überwiegend durch Auswurf von Elektronen aus den *inneren* Schalen.

Anders als im Optischen treten Absorptionslinien, d. h. Übergänge zwischen zwei gebundenen Energiezuständen, im Röntgenbereich außer bei hoch ionisierten Atomen kaum auf, da die weniger stark gebundenen Zustände im allgemeinen mit Elektronen besetzt sind. Charakteristisch für die Röntgenabsorptionsspektren sind vielmehr *Ionisationskanten,* an denen der Absorptionsquerschnitt bei einer Frequenz ν_n bzw. Wellenlänge λ_n, welche der Abtrennenergie E_n des Elektrons aus einer Schale mit der Hauptquantenzahl n entspricht,

$$h\nu_n = \frac{hc}{\lambda_n} = E_n \ , \qquad (3.4.1)$$

sprunghaft ansteigt und dann nach höheren Energien hin proportional zu E^{-3} bzw. λ^3 stark abfällt. E_n ist proportional zu Z^2/n^2, wobei Z die Kernladungszahl bedeutet, (4.7.3).[4]

Die Proportionalität zwischen $\sqrt{\nu}$ und Z für einander entsprechende Kanten verschiedener Elemente im Röntgengebiet wurde bereits 1913 von H. Moseley gefunden.

Für das innerste Elektron in der sog. *K-Schale* beträgt die Ionisationsenergie

$$E_K = 13.6\, Z_{\text{eff}}^2\ [\text{eV}] \ , \qquad (3.4.2)$$

wobei $Z_{\text{eff}} = Z - s$ die effektive Kernladung ist, bei welcher die Abschirmung s durch die übrigen Elektronen zu berücksichtigen ist. Z. B. beträgt Abtrennenergie aus der K-Schale für Wasserstoff ($Z = 1$) 13.6 eV, für Sauerstoff ($Z = 8$) 530 eV, für Silizium ($Z = 14$) 1.84 keV und für Eisen ($Z = 26$) 7.11 MeV. Auf die Feinstruktur der Kanten, welche die verschiedenen „Unterschalen" der Atome widerspiegeln, wollen wir hier nicht eingehen. In Abb.

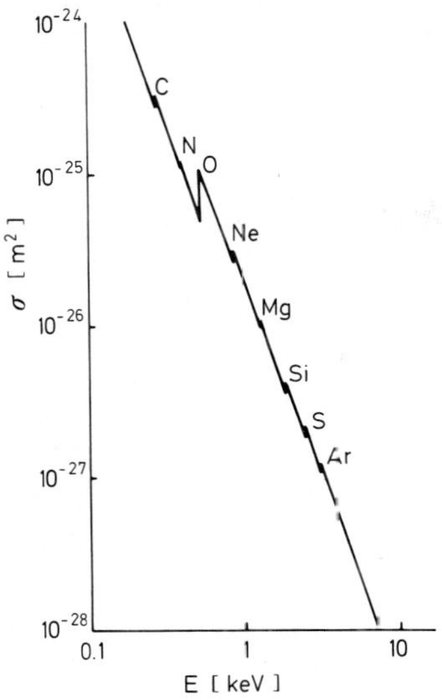

Abb. 3.4.1. Photoionisation im Röntgenbereich für die Elementmischung im interstellaren Medium: Abhängigkeit des Absorptionsquerschnitts σ pro Wasserstoffteilchen von der Photonenenergie $E = h\nu$. Die K-Kanten der häufigeren Elemente sind angegeben; die stärkste Kante bei $E = 0.53$ keV stammt vom Sauerstoff. Der Absorptionskoeffizient ist $\kappa = \sigma \cdot n_{\text{H}}$ mit n_{H} der Teilchendichte des Wasserstoffs (H). (Mit freundlicher Genehmigung von Cambridge University Press, Cambridge)

3.4.1 zeigen wir noch als Beispiel den Verlauf des Absorptionsquerschnitts im Röntgenbereich für Materie mit einer Zusammensetzung, die dem interstellaren Medium (Abschn. 5.3) entspricht.

Die Wechselwirkung eines Photons oder auch eines anderen Teilchens mit einem Atom bzw. Ion beschreiben wir durch den energie- oder frequenzabhängigen *Wirkungsquerschnitt* σ mit der Dimension einer Fläche. Beträgt die Teilchendichte n Atome bzw. Ionen in der Volumeneinheit, so ist der Absorptionskoeffizient (pro Volumen) gegeben durch $\kappa = n\sigma$. Die *Reaktionsrate r,* d. h. die Anzahl der Wechselwirkungsprozesse in der Zeiteinheit, ist dann

$$r = n\sigma v = \kappa v \ , \qquad (3.4.3)$$

wenn v die Relativgeschwindigkeit der Reaktionspartner ist, die im Fall eines Photons gleich der Lichtgeschwindigkeit c ist. Schließlich ist die *freie Weglänge l,* nach

[4] Die Grundzüge der Atomspektroskopie und die im Vergleich zu den Röntgenübergängen komplizierteren optischen Übergänge besprechen wir etwas ausführlicher in Abschn. 4.7.1, 3.

welcher im Mittel eine Reaktion stattfindet, gegeben durch

$$l = (n\sigma)^{-1} = \kappa^{-1} . \tag{3.4.4}$$

Wir können statt l auch die Massensäule ϱl, z. B. ausgedrückt in $\mathrm{kg\,m^{-2}}$ (ϱ Materiedichte), verwenden, welche im Mittel durchquert wird, bis ein Wechselwirkungsprozeß stattfindet: $\varrho l = \varrho\kappa^{-1} = \kappa_M^{-1}$ mit dem *Massenabsorptionskoeffizienten* $\kappa_M = \kappa/\varrho$, (4.2.15).

Solange die Energie $h\nu$ der Photonen klein gegenüber der Ruheenergie des Elektrons $m_0 c^2 = 511$ keV ($m_0 = 9.11 \cdot 10^{-31}$ kg Ruhemasse des Elektrons) ist, verlieren sie ihre Energie überwiegend durch Photoionisation. Bei höheren Energien, d. h. im *Gammastrahlenbereich,* wird dann die *Comptonstreuung* an Elektronen $\gamma + e^- \rightarrow \gamma + e^-$ wichtig. Dem Energieverlust bei einer Streuung entspricht eine Änderung der Wellenlänge um

$$\Delta\lambda = 2\frac{h}{m_0 c}\sin^2\frac{\phi}{2} , \tag{3.4.5}$$

wobei ϕ der Streuwinkel des Photons ist. $\Lambda = h/m_0 c = 2.43 \cdot 10^{-12}$ m ist die Comptonwellenlänge des Elektrons. Übrigens ist Λ diejenige Wellenlänge, die der Ruheenergie des Elektrons entspricht ($m_0 c^2 = h\nu = hc/\Lambda$).

Der Wirkungsquerschnitt für die Comptonstreuung ist im Fall kleiner Photonenenergien $h\nu \ll m_0 c^2$ durch den *Thomson-Streukoeffizienten*

$$\sigma_T = \frac{8}{3}\pi r_0^2 = \frac{8\pi}{3}\left(\frac{e^2}{4\pi\varepsilon_0 m_0 c^2}\right)^2 = 6.65 \cdot 10^{-29}\,\mathrm{m}^2 \tag{3.4.6}$$

unabhängig von der Energie gegeben; r_0 ist der klassische Elektronenradius, $\varepsilon_0 = 8.85 \cdot 10^{-12}\,\mathrm{As\,V^{-1}\,m^{-1}}$ die elektrische Feldkonstante.

Oberhalb von $h\nu \simeq m_0 c^2$ nimmt σ nach der *Klein-Nishina-Formel* mit wachsender Photonenenergie von σ_T etwa umgekehrt proportional zu $h\nu$ ab; im Grenzfall $h\nu \gg m_0 c^2$ wird

$$\sigma = \sigma_T \frac{3}{8}\frac{m_0 c^2}{h\nu}\left(\ln\frac{2h\nu}{m_0 c^2} + \frac{1}{2}\right) . \tag{3.4.7}$$

Überschreitet die Energie des Photons $2m_0 c^2 \simeq 1.02$ MeV, so wird die *Paarerzeugung* $\gamma \rightarrow e^+ + e^-$ im Coulombfeld einer Ladung Z möglich. Der Wirkungsquerschnitt hierfür ist von der Größenordnung

$$\sigma(e^\pm) \simeq \alpha Z^2 \sigma_T , \tag{3.4.8}$$

wobei $\alpha = 1/137.04$ die Feinstrukturkonstante bedeutet. Oberhalb einiger 10 MeV wird $\sigma(e^\pm)$ demnach größer als der Querschnitt für die Comptonstreuung und somit die Paarerzeugung der vorherrschende Prozeß bei der Wechselwirkung energiereicher Photonen mit Materie. Das Elektron-Positron-Paar behält hierbei innerhalb eines Winkels der Größenordnung $m_0 c^2/h\nu$ die Richtung des auslösenden Gammaquants bei.

Welches sind nun die wichtigsten Wechselwirkungsprozesse, wenn energiereiche (geladene) *Partikel* durch Materie fliegen? Wie die Photonen *ionisieren* sowohl Protonen und schwerere Kerne als auch Elektronen die Atome der Materie und verlieren hierdurch ihre Energie. Erst recht zerstören sie schwächere Bindungen wie Molekülstrukturen und Kristallgitter. Für Elektronen stellt neben der Ionisation noch die *Bremsstrahlung,* die als Folge ihrer Beschleunigung durch die Ladungen der Ionen und Elektronen in der Materie emittiert wird, einen erheblichen Energieverlust dar. Schließlich finden *nukleare Prozesse* statt, wenn energiereiche Protonen oder schwerere Kerne auf die Atomkerne treffen.

Der *Energieverlust infolge Ionisation* eines Teilchens der Ruhemasse m_0 und der Ladung z mit einer Energie E bzw. Geschwindigkeit v beim Durchqueren einer Strecke x in einem Material der Dichte ϱ (mit Atomen der Ladung Z und Atomzahl A) beträgt

$$\frac{dE}{d(\varrho x)} = -\frac{z^2}{v^2}f(v)\frac{Z}{A} , \tag{3.4.9}$$

wobei $f(v)$ eine schwach mit v variierende Funktion ist.[5] Die Eigenschaften der ionisierten Materie gehen also kaum ein (Z/A!), wogegen der Energieverlust zum einen dem Quadrat der Ladung des ionisierenden Teilchens proportional ist, zum anderen – für Energien $E \simeq m_0 c^2$ – umgekehrt zu v^2 bzw. umgekehrt zu seiner Energie E proportional ist. Bei höheren Energien wächst $dE/d(\varrho x)$ nur langsam mit E an. Der *minimale* Energieverlust, bei $E \simeq m_0 c^2$, beträgt $0.2\,z^2$ MeV auf einer $1\,\mathrm{kg\,m^{-2}}$ entsprechenden Strecke. Erhalten die abgetrennten Elektronen genügend hohe Energien, so können sie sekundäre Ionisationsprozesse auslösen.

[5] Der Zusammenhang zwischen Geschwindigkeit und Gesamtenergie (einschließlich Ruheenergie $m_0 c^2$) ist $E = \gamma m_0 c^2$, wobei $\gamma = [1 - (v^2/c^2)]^{-1/2}$ der Lorentzfaktor ist. Die kinetische Energie ist $E_{kin} = (\gamma - 1)m_0 c^2$. Für nichtrelativistische Teilchen ($v \ll c$) wird $\gamma \simeq 1 + (v/c)^2/2 \simeq 1$, $E \simeq m_0 c^2 + m_0 v^2/2$ und $E_{kin} = m_0 v^2/2$; für extrem relativistische Teilchen ($\gamma \gg 1$) wird $E \simeq E_{kin} \gg m_0 c^2$.

Während energiereiche Protonen und schwere Kerne in der Materie die ursprüngliche Bahnrichtung praktisch beibehalten, werden die leichteren Elektronen stark abgelenkt.

Der Wirkungsquerschnitt für *Bremsstrahlung* bzw. *frei-frei-Strahlung* (Abschn. 4.7.1) eines *relativistischen* Elektrons ($E \gg m_0 c^2$, $v \simeq c$) im Coulombfeld einer Ladung Z hängt zum einen von seiner Energie E ab, zum anderen ist er – wie auch der Querschnitt für Paarbildung durch ein Gammaquant (3.4.8) – proportional zu $\alpha Z^2 \sigma_T$, wo σ_T wieder der Thomsonquerschnitt und $\alpha = 1/137.04$ die Feinstrukturkonstante ist. Die entsprechende Energieverlustrate $-dE/dt$ (3.4.3) ist proportional zu $\alpha Z^2 \sigma_T E c n$, wenn $n \sim \varrho/A$ die Teilchendichte ist (A: Atomgewicht). Beziehen wir den Energieverlust wieder auf die durchquerte Massensäule $d(\varrho x) = \varrho c\, dt$, so ergibt sich

$$\frac{dE}{d(\varrho x)} = -\frac{E}{\xi_0} \tag{3.4.10}$$

mit der *„Strahlungslänge"* $\xi_0 \sim (\alpha \sigma_T Z^2)^{-1} A$.

Z. B. ist für Luft $\xi_0 = 365$ kg m^{-2}. Auf einer Strecke ξ_0 fällt nach (3.4.10) die anfängliche Energie E des Elektrons auf $e^{-1} \simeq 0.37$ ab. Je nach Material überwiegen oberhalb 10 bis 100 MeV die Bremsstrahlungsverluste die Energieverluste durch Ionisation.

Bei Ionen spielt der Energieverlust durch Bremsstrahlung keine Rolle, da der Wirkungsquerschnitt umgekehrt proportional zum Quadrat der Teilchenmasse ist.

Beim Durchflug eines relativistischen Elektrons durch Materie besteht eine große Wahrscheinlichkeit dafür, daß etwa die Hälfte seiner Energie durch Bremsstrahlung in ein oder zwei Gammaquanten umgewandelt wird. Die Strahlung wird vorzugsweise in einen Winkelbereich $m_0 c^2/E$ zur Flugrichtung des Elektrons emittiert. Da ein hochenergetisches Gammaquant vorwiegend ein Elektron-Positron-Paar im Feld einer Ladung Z erzeugt (s. o.) und sowohl das Elektron als auch das Positron wiederum Bremsstrahlungsquanten aussenden, bildet sich im Medium eine *elektromagnetische Kaskade*

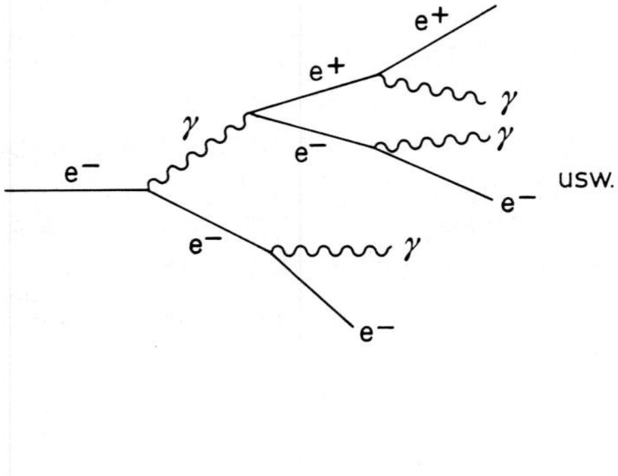

aus, die sich schließlich totläuft, wenn die Energien der Gammaquanten nicht mehr zur Paarerzeugung ausreichen.

Bewegt sich ein Teilchen durch ein Medium mit einer Geschwindigkeit v, die *über* der Lichtgeschwindigkeit c/n in diesem Medium (mit dem Berechnungsindex n) liegt, so sendet es *Čerenkov-Strahlung* unter einem bestimmten, durch v und n festgelegten Winkel zur Flugrichtung aus. Diese kann im Sichtbaren beobachtet werden.

Ein energiereiches *Proton* oder ein schwererer Kern kann beim Eindringen in Materie mit den *Nukleonen* in deren Atomkernen reagieren, wenn es ihnen bis auf einen Abstand $\lesssim 10^{-15} A^{1/3}$ m (A: Atomzahl), der Reichweite der Kernkräfte, nahekommt. Hierbei werden 40 bis 50% seiner Energie in eine Vielzahl von Teilchen umgewandelt, vor allem in *π-Mesonen,* aber auch in einzelne Nukleonen, Hyperonen usw. Die geladenen Teilchen verlieren einen großen Teil ihrer Energie durch Ionisation der Materie; die sekundären Nukleonen usw. können bei hinreichend hoher Energie jedoch mit weiteren Kernen reagieren und zu einer *Nukleonenkaskade* führen. Die mittlere Flugstrecke gegenüber starken Wechselwirkungen, z. B. für ein Teilchen der Kosmischen Strahlung in der Erdatmosphäre entspricht rund 100 kg m^{-2}, aber nur etwa einem hundertstel der Gesamtatmosphäre. Die *neutralen Pionen* π^0 zerfallen nach einer mittleren Lebensdauer von nur etwa $1.8 \cdot 10^{-16}$ s jeweils in zwei Gammaquanten, welche wiederum elektromagnetische Kaskaden auslösen. Die geladenen Pionen $\pi^{\pm}$ zerfallen in einigen 10^{-8} s in Myonen $\mu^{\pm}$ von hoher Durchdringungsfähigkeit sowie in Neutrinos bzw. Antineutrinos.

3.4.2 Teilchendetektoren und Teleskope für die Kosmische Strahlung

Die Bahn eines energiereichen Teilchens läßt sich in einer *Blasenkammer* direkt sichtbar machen. Die entlang seiner Bahn erzeugten Ionen dienen als Kondensationskeime in einer überhitzten Flüssigkeit mit Siedeverzug, so daß sich die Bahn als Spur von kleinen Dampfbläschen abzeichnet. Die Teilchenenergie wird aus der Stärke der Ionisation bzw. der Spur abgeleitet; durch äußere Magnetfelder kann man die Teilchenbahn beeinflussen und damit aus ihrer Krümmung auch die Ladung und Masse bestimmen. Für den Einsatz auf Satelliten oder Raumfahrzeugen sind Blasenkammern wegen ihrer Größe und des apparativen Aufwands nicht geeignet.

Die seit den 1930er Jahren viel benutzte *Nebelkammer,* in der die Teilchenbahnen als Nebelspuren in einem durch plötzliche Expansion stark übersättigten Dampf zu sehen sind, ist nur noch von historischem Interesse.

In *Plastikdetektoren* werden die Spuren von stark ionisierenden Teilchen anhand der von ihnen verursachten dauerhaften Schäden der Materialstruktur nachgewiesen. Da die zerstörten Stellen ein erhöhtes chemisches Reaktionsvermögen haben, können die Bahnen durch Ätzen erkennbar gemacht werden.

In *Kernemulsionen,* welche ähnlich wie die gewöhnlichen photographischen Emulsionen aus einer Gelatine mit eingelagerten AgBr-Kristallen bestehen, werden die Kristalle zunächst durch die Sekundärelektronen aktiviert. Die Spuren werden dann durch Entwickeln anhand der ausgefällten Silberkörner sichtbar. Die Korndichte an jeder Stelle der Spur ist dem Energieverlust dE/dx proportional.

Bei einem *Szintillationszähler* erzeugen geladene Partikel oder auch energiereiche Photonen durch die von ihnen herausgeschlagenen Elektronen in einem geeigneten Kristall optische *Lichtblitze* mit einer Ausbeute von wenigen Prozent, die von Photomultipliern registriert werden. Die Stärke des Stromstoßes im Multiplier ist proportional zum Energieverlust des primären Teilchens. Als Material für den Szintillator werden NaJ- und CsJ-Kristalle, mit Thallium dotiertes NaJ, aber auch organische Flüssigkeiten und Plastikmaterialien verwendet.

Um hochenergetische Teilchen oberhalb einer gegebenen Schwellenergie bzw. Geschwindigkeit zu erfassen, eignen sich *Čerenkov-Detektoren* aus einem durchsichtigen, festen Dielektrikum wie z. B. Plexiglas oder Detektoren mit einer Gasfüllung. Das schwache Čerenkov-Licht im Optischen wird wiederum durch Photomultiplier nachgewiesen.

Einzelne geladene Teilchen können noch mit einem *Zählrohr* nachgewiesen werden, in welchem sie das Füllgas, z. B. Ne oder Xe, entlang ihrer Bahn ionisieren. Zwischen der Wand des Metallrohrs und einem dünnen Draht in seiner Achse wird eine Hochspannung angelegt, so daß durch eine Elektronenlawine eine Entladung im Gas ausgelöst und ein starker Stromstoß am Zähldraht registriert wird. Beim *Proportionalzähler* wird die Spannung so gewählt, daß die Gesamtzahl der nachgewiesenen Elektronen proportional zur Zahl der direkt vom primären einfallenden Teilchen erzeugten Elektronen ist. Gasgefüllte Proportionalzähler werden heute weniger zum Nachweis von Partikeln, sondern vielmehr als Detektoren für Röntgenstrahlung (Abschn. 3.5) eingesetzt.

Durch Anlegen einer höheren Spannung kann ein Zählrohr – wie das *Geiger-Müller-Zählrohr* – im Sättigungsbereich betrieben werden, in dem jedes Teilchen gleich das ganze Füllgas ionisiert und einen Funken erzeugt. Zählrohre dieser Art können sehr klein dimensioniert und in großer Zahl in einer *Funkenkammer* zusammengestellt werden. Wegen ihrer guten Ortsauflösung bieten sich die Funkenkammern zur Bestimmung der Teilchenbahnen an.

Bei den *Festkörperdetektoren* werden in einem Halbleiter, der als sehr reiner Kristall hergestellt werden kann, durch ein eintreffendes energiereiches Teilchen *Elektron-Loch-Paare* erzeugt, die dann – ähnlich wie beim Gaszählrohr die Elektron-Ion-Paare – das Material leitend machen und letztlich verstärkt als Spannungsimpuls registriert werden. Die Nachteile der noch kleinen Detektorflächen und des Aufwands für die erforderliche Kühlung werden bei den Festkörperzählern aufgewogen durch ihre hohe Energieauflösung, die auf der definierten Energie der Elektron-Loch-Paare im Halbleiter beruht, sowie durch die kurzen Strecken, auf denen die Teilchen im Festkörper abgestoppt werden.

Nachdem wir nun die wichtigsten Prozesse der Wechselwirkung energiereicher Teilchen mit Materie und die auf ihnen beruhenden vielfältigen Detektortypen kurz vorgestellt haben, fragen wir uns, wie ein *Teilchenteleskop* zur Beobachtung der Kosmischen Strahlung aussieht. Da die Partikel mit ihrem hohen Durchdringungsvermögen durch die Materie weder reflektiert noch gebündelt werden können, zeigt ein Teilchenteleskop einen völlig anderen Aufbau als z. B. ein optisches Teleskop. Um ein energiereiches Teilchen einer gewünschten Sorte – charakterisiert durch seine Ladung z und Masse m – gegenüber anderen Teilchen zu diskriminieren und seine Herkunftsrichtung und Energie E zu bestimmen, werden mehrere Detektoren unterschiedlichen Typs mit verschiedenen Empfindlichkeiten usw. zusammen mit Elementen zur Absorption bzw. Abschirmung von Partikeln so zu einem Teleskop zusammengestellt, daß ihre geometrische Anordnung in Verbindung mit einer elektronischen Logikschaltung, welche Koinzidenzen und Antikoinzidenzen der Detektorsignale auswertet, die gesuchte Information liefert (Abb. 3.4.2, 3). Der beobachtbare *Winkelbereich* des Teleskops kann z. B. durch den Durchflug des Teilchens durch zwei bestimmte Detektoren geometrisch definiert werden; Einzelheiten über die Teilchenbahnen können z. B. durch viele kleine, in einer Funkenkammer angeordneten Detektoren gewonnen werden. Die Bestimmung der *Ladung* z erfordert die Analyse des Energiever-

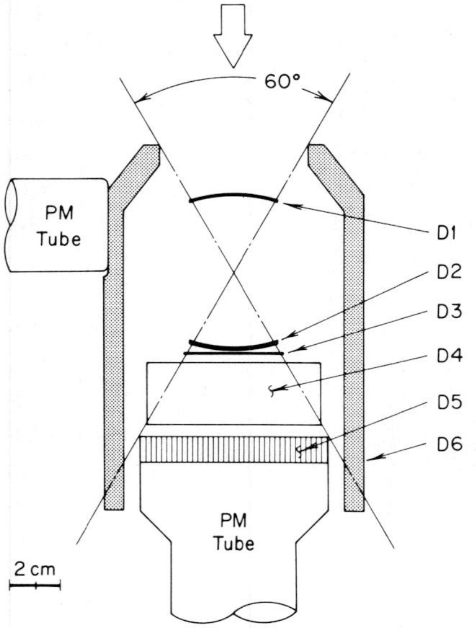

Abb. 3.4.2. Teleskop zum Nachweis von Teilchen der Kosmischen Strahlung. Schnitt durch das Teleskop der Universität Chicago auf dem IMP7-Satelliten (Start 1972) zur Messung der Beryllium-Isotope in der Kosmischen Strahlung im Energiebereich um 100 MeV pro Nukleon. Die unterschiedlichen Detektoren D1 bis D6 legen in Verbindung mit elektronischen Logikschaltungen Art, Energie und Einfallrichtung der Teilchen fest und schließen Sekundär- und Hintergrundteilchen aus: Die Silizium-Driftzähler D1 bis D3 bestimmen u. a. die Winkelauflösung des Teleskops. „Erwünschte" Teilchen müssen im Tl-dotieren CsJ-Zähler D4 gestoppt werden, dürfen also kein Signal mehr im Čerenkov-Zähler D5 und im abschirmenden Plastikszintillator D6 auslösen. (PM Tube: Photomultiplier). M. Garcia-Munoz et al.: Astrophys. J. **217**, 859 (1977). (Mit freundlicher Genehmigung von The University of Chicago Press, The American Astronomical Society und der Autoren)

lusts $dE/d(\varrho x)$, etwa infolge von Ionisation im Detektor (3.4.9), in möglichst vielen, verschieden ansprechenden Detektoren. Um schließlich auch die *Teilchenmasse* m_0 zu erhalten, muß die gesamte kinetische Energie $(\gamma-1)$ $m_0 c^2$ (γ: Lorentzfaktor) genau gemessen werden. Hierfür muß das Teilchen noch im Teleskop gestoppt werden. Um dies nachzuweisen, wird ein „letzter Detektor", in welchem das Teilchen kein Signal auslösen darf, antikoinzident zu den übrigen Detektoren mit ihren positiven Signalen geschaltet.

Die Teilchen der galaktischen Kosmischen Strahlung wechselwirken bereits stark mit den Atomen der obersten Schichten der Erdatmosphäre. Insofern können einerseits auf dem Erdboden aufwendige Apparaturen aufgestellt werden, um die Kaskaden oder Luftschauer aus den Sekundärteilchen zu untersuchen und Rückschlüsse auf das erzeugende Teilchen zu ziehen. Andererseits muß jedoch die *primäre Kosmische Strahlung,* die zur Hauptsache aus Protonen mit $\gtrsim 1$ GeV Energie sowie in geringer Zahl aus schwereren Kernen und Elektronen besteht, außerhalb der Erdatmosphäre beobachtet werden. Dies stellt hohe technische Anforderungen, da vor allem für die energiereichsten Teilchen mit relativ geringen Flüssen große, schwere Teleskope über längere Zeit eingesetzt werden müssen. Verwendet werden Satelliten und Raumsonden sowie Stratosphärenballone, wobei zu beachten ist, daß sich selbst in 50 km Höhe noch eine Atmosphärenschicht von etwa 20 kg m^{-2} (Abb. 3.1.1) über einem ballongetragenen Teleskop befindet.

Abb. 3.4.3. Großflächiges Teilchenteleskop zur Messung der Isotope der Kosmischen Strahlung bei einigen 100 MeV pro Nukleon von einem Stratosphärenballon aus. Abmessungen etwa 1.4 m · 1.4 m · 1.4 m (Zusammenarbeit der Universität Siegen mit dem Goddard Space Flight Center der NASA; Bild von M. Simon)

3.4.3 Gammastrahlenteleskope

Da die Gammastrahlung aus dem Weltraum einerseits in den oberen Schichten der Erdatmosphäre absorbiert wird, andererseits aber auch Gammaquanten in großer Zahl beim Aufprall der hochenergetischen Teilchen der Kosmischen Strahlung in der oberen Atmosphäre erzeugt werden, kann Astronomie im Gammastrahlenbereich (oberhalb einiger 100 keV Photonenenergie) nur von Ballonen, Satelliten oder Raumfahrzeugen aus betrieben werden; Raketen mit ihren begrenzten Beobachtungszeiten sind wegen der geringen Photonenflüsse im Gammabereich nicht geeignet. Nur extrem energiereiche Gammastrahlung kann vom Erdboden aus durch die von ihr in der Atmosphäre erzeugten Luftschauer untersucht werden.

In den 1960er Jahren konnte von Ballonen und Satelliten wie Explorer XI (1961) und dem Orbiting Solar Observatory OSO-3 (1967) die Gammastrahlung von der Sonne und aus unserer Milchstraße nachgewiesen werden, wobei nur bescheidene Winkel- und Energieauflösung erreicht werden konnte; z. B. betrug die Winkelauflösung bei OSO-3 nur etwa 20°. Erst mit Beginn der 1970er Jahre können längere Beobachtungsreihen mit empfindlichen Gammastrahlenteleskopen durchgeführt werden, welche eine nennenswerte Winkelauflösung erzielten. So erreichen die Durchmusterungen mit den Satelliten SAS-2 und COS-B (Start 1972 bzw. 1975) bei Energien $\gtrsim 100$ MeV eine Winkelauflösung von wenigen Grad und eine Energieauflösung $\Delta E/E$ von etwa 50% (Abb. 5.3.17). Mit den Instrumenten des großen, 1991 gestarteten Gammastrahlen-Satelliten GRO (*G*amma *R*ay *O*bservatory) wird schließlich bei einer Winkelauflösung um 10′ eine Energieauflösung von rund 20% im hochenergetischen Bereich (100 bis 2000 MeV) und von 4 bis 10% bei einigen MeV Energie erzielt.

Grundsätzlich erfolgt der *Nachweis* eines Gammaquants durch die von ihm im Detektor erzeugten Teilchen, so daß die Vielfalt der *Teilchendetektoren* der Hochenergiephysik (Abschn. 3.4.2) verwendet werden kann. Bei niedrigen Energien $E_\gamma \lesssim 30$ MeV erfolgt der Nachweis durch Compton-Rückstoßelektronen, darüber durch die Bildung von Elektron-Positron-Paaren (Abschn. 3.4.1). Im *niederenergetischen* Gammabereich ist vor allem die Bestimmung der Einfallrichtung der Gammastrahlung schwierig. Sie kann z. B. durch zwei, in einigem Abstand voneinander entfernte großflächige Szintillatorsysteme erfolgen. Die relativ gute Winkelauflösung bei *hohen* Energien beruht darauf, daß das $e^{\pm}$-Paar innerhalb $\simeq mc^2/E_\gamma$ (Ruheenergie des Elektrons $mc^2 = 0.511$ MeV) die Richtung des erzeugenden Gammaquants beibehält.

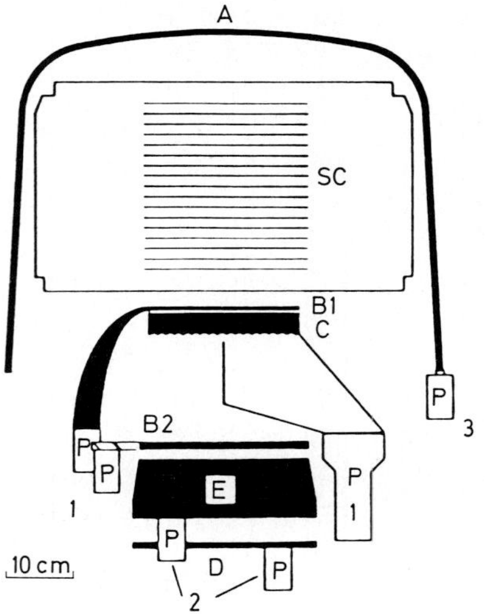

Abb. 3.4.4. Schematischer Aufbau des Gammastrahlenteleskops des COS-B-Satelliten. SC: Drahtfunkenkammer, B 1, 2: Szintillationszähler, C: Čerenkovzähler, A: Antikoinzidenzdom, D: Plastikszintillator, E: CsJ-Kristall, P: Photomultiplier. (Mit freundlicher Genehmigung von Sterne und Weltraum)

Die kosmische Gammastrahlung mit ihren geringen Photonenflüssen muß gegenüber einem starken Hintergrund sekundärer Gammastrahlung nachgewiesen werden, der von Teilchen der Kosmischen Strahlung in der oberen Atmosphäre und im Empfänger selbst erzeugt wird. Die Gammastrahlenteleskope bestehen daher aus einer geeigneten geometrischen Anordnung mehrerer Detektorentypen mit unterschiedlichen Ansprechwahrscheinlichkeiten für geladene Teilchen und Photonen in Verbindung mit elektronischen Logikschaltungen.

Bei dem *Gammastrahlenteleskop* auf COS-B (Abb. 3.4.4) dient als primärer Detektor eine Funkenkammer aus ineinander geschichteten Drahtgittern und Wolframplatten, die mit einem Gasgemisch aus Neon und Ethan gefüllt ist. Das einfallende Gammaquant erzeugt im Wolfram ein Elektron-Positron-Paar, welches das Füllgas entlang seiner Bahn ionisiert und dann beim Durchflug durch Szintillations- bzw. Čerenkovzähler nachgewiesen wird. Das System der Drähte der Funkenkammer lokalisiert die Bahnen von Elektron und Positron und damit die *Richtung* des Gammaquants. Hierzu wird, ausgelöst durch die Registrierung im Nachweiszähler, durch eine Hochspannung eine Entladung im ionisierten Füllgas entlang der Bahnen bewirkt, die zu Stromstößen in den „betroffenen" Drähten führt. Um sicherzustellen, daß das Elektron-Positron-Paar tatsächlich von einem Gammaquant und nicht von einem Teilchen der Kosmischen Strahlung stammt, ist die Funkenkammer noch von einem großflächigen Szintillationszähler umgeben, welcher nur auf Kosmische Strahlungsteilchen, nicht aber auf Gammastrahlung anspricht. Eine *Antikoinzidenzschaltung* gegenüber den Nachweiszählern verhindert, daß die unerwünschten Teilchen eine Ladung in der Funkenkammer auslösen. Die *Energie* des Gammaquants wird schließlich über die Energie des Elektron-Positron-Paars bestimmt, welches bei der Absorption in einem weiteren Detektorsystem aus einem Caesiumjodid- und einem Plastikszintillator Lichtblitze erzeugt, deren Intensität von der Energie abhängt.

Das *Gammastrahlen-Observatorium* GRO trägt vier Instrumente, die gleichzeitig in verschiedenen Energiebereichen kosmische Gammastrahlung nachweisen können. Ein Detektorsystem aus NaJ-Kristallszintillatoren und Photomultipliern, welches die *gesamte* Sphäre bis auf den von der Erde verdeckten Teil „sieht", dient vor allem zur Untersuchung der kurzen, rasch variierenden Gammabursts (Abschn. 4.11.6) und anderer temporärer Quellen im relativ niederenergetischen Bereich $\lesssim 2$ MeV. Die Zeitauflösung beträgt weniger als 1 ms, die Positionsgenauigkeit (für starke Quellen) etwa 1°. Ein *Spektrometer*, bestehend aus einem System von NaJ- und CsJ-Szintillationszählern, ermöglicht bei einer Winkelauflösung von etwa 10′ spektroskopische Beobachtungen zwischen 0.1 und 10 MeV mit einer Auflösung $\Delta E/E$ von 4 bis 12%. In diesem Energiebereich liegen viele Gammalinien radioaktiver Nuklide, die über die Nukleosynthese in Sternen (Abschn. 5.4.5) Information liefern. Bei etwas höheren Energien (1 – 30 MeV) ergibt ein abbildendes *„Comptonteleskop"* eine Energieauflösung von rund 7% und eine Winkelauflösung von etwa 10′. Bei diesem Teleskop werden die in Flüssigkeitsszintillatoren gestreuten Gammaquanten von Kristallszintillationszählern, welche in geeignetem Abstand angeordnet sind, nachgewiesen. Schließlich steht auf dem GRO für den hochenergetischen Bereich (20 MeV – 30 GeV) noch ein Teleskop aus vielen Funkenkammern und einem großen NaJ-Kristallszintillator zur Verfügung, mit dem bei mäßiger Energieauflösung ($\simeq 20\%$) die Positionen der Gammaquellen mit 5 bis 10′ Genauigkeit bestimmt werden können.

Bei den *höchsten* Energien $\gtrsim 10^{12}$ eV können Gammaquanten vom *Erdboden* aus indirekt durch die elektromagnetischen *Kaskaden* nachgewiesen werden, die sie beim Auftreffen auf die Teilchen der oberen Erdatmosphäre erzeugen. Bei den allerhöchsten Energien $\gtrsim 10^{14}$ eV erreichen die großen Luftschauer den Erdboden und können durch die üblichen Teilchendetektoren erfaßt werden. Unterhalb 10^{14} eV kann man die *Čerenkovstrahlung* der energiereichen Teilchen im Optischen mit relativ kleinen Teleskopen nachweisen. So konnten z. B. durch ihre Luftschauer der Krebspulsar, das Doppelsternsystem Cyg X-3 und die Radiogalaxie CenA im hochenergetischen Gammabereich entdeckt werden. Die Schwierigkeit bei den Luftschauerbeobachtungen liegt darin, die von einem Gammaquant bewirkten elektromagnetischen Kaskaden von den „nuklearen", viel häufigeren Kaskaden eines Teilchens der Kosmischen Strahlung, die wesentlich mehr Myonen enthalten, zu unterscheiden.

3.5 Röntgenteleskope und -detektoren

Als letztem Bereich des elektromagnetischen Spektrums wenden wir uns nun dem Röntgengebiet zu, welches Photonenenergien von etwa 0.1 bis zu einigen 100 keV bzw. Wellenlängen von rund 10 bis zu einigen 10^{-3} nm umfaßt. Entsprechend der Lage zwischen dem Ultraviolett und dem Gammastrahlenbereich nimmt das Instrumentarium zur Beobachtung von Röntgenstrahlung eine Zwischenstellung zwischen dem der angrenzenden Spektralbereiche ein. Bis herauf zu einigen keV Photonenenergie können noch *abbildende* Teleskope mit *streifendem* Einfall auf die Spiegelfläche konstruiert werden; bei höheren Energien ist man – wie im Gammabereich – auf die Detektoren und Teleskopanordnungen der Hochenergiephysik angewiesen.

Auch im Röntgenbereich muß Astronomie von außerhalb der Erdatmosphäre betrieben werden. Die ersten kosmischen Röntgenquellen (wenn man von der Sonne absieht) entdeckten 1962 R. Giacconi und Mitarbeiter mit Hilfe einer Rakete. Dieser Entdeckung folgten zahlreiche Beobachtungen von Röntgenquellen von Raketen und Ballonen aus. Durch den ersten, 1970 gestarteten *Röntgensatelliten* UHURU konnten bei einer vollständigen Durchmusterung des Himmels rund 340 Quellen gefunden werden. In dem folgenden Jahrzehnt stieg die Zahl der bekannten Röntgenquellen durch weitere Satellitenbeobachtungen auf weit über 1000 an, von denen viele mit astronomischen Objekten der verschiedensten Art identifiziert werden konnten, wobei wohl das überraschendste Ergebnis der nichtsolaren Röntgenastronomie die Entdeckung der großen Mannigfaltigkeit in der *zeitlichen Variabilität* der kosmischen Quellen ist.

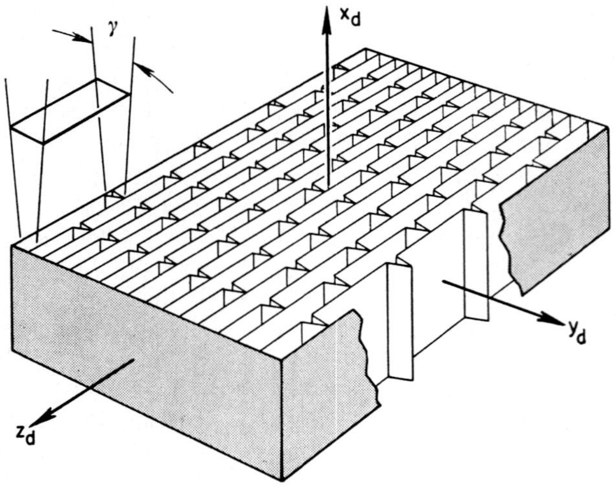

Abb. 3.5.1. Zellenkollimator zur Beobachtung kosmischer Röntgenquellen. Auflösungsvermögen in der γ-Richtung etwa 1°. Unter dem Kollimator ist ein Photonenzähler derselben Fläche zu denken

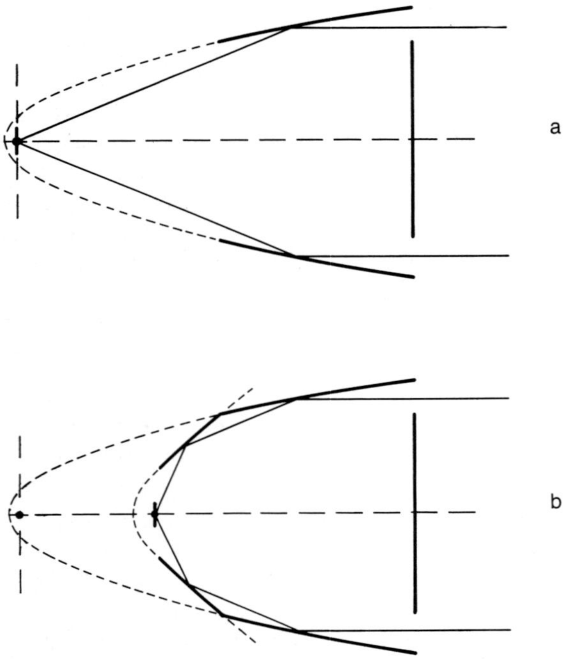

Abb. 3.5.2a, b. Das Röntgenspiegelteleskop nach H. Wolter (1951) geht aus von einem streifend getroffenen langgestreckten Paraboloid mit ringförmiger Eintrittsblende (**a**). Die enormen (Koma-)Bildfehler dieser Anordnung werden weitgehend zum Verschwinden gebracht durch eine weitere Reflexion der Strahlen an einem konfokalen und koaxialen Hyperboloid (**b**). Noch vollkommenere Beseitigung der Bildfehler läßt sich durch etwas kompliziertere rotationssymmetrische Spiegelsysteme erreichen

Optische Abbildung im Röntgengebiet bewerkstelligte man zuerst für die Sonne mit einer primitiven *Lochkamera.* Dann baute man mechanische *Kollimatoren,* hinter denen z. B. ein ausgedehnter Szintillationszähler die Röntgenquanten zählt (Abb. 3.5.1). Die Kreiselbewegung der Rakete oder die Rotation des Satelliten wird ausgenutzt, um größere Bereiche am Himmel abzutasten. Die mäßige Winkelauflösung von der Größenordnung 1° kann durch *Modulationskollimation* verbessert werden, bei denen die Röntgenintensität durch Bewegung z. B. von Drahtgittern moduliert wird.

Erst 1964 griff R. Giacconi auf das von H. Wolter in Kiel 1951 (zunächst für die Röntgenmikroskopie) erfundene *Röntgen-Spiegel-Teleskop* zurück. Dieses beruht auf folgenden Überlegungen: Eine auch noch so gut polierte Metallfläche gibt spiegelnde Reflexion für Röntgenstrahlen nur bei streifendem Einfall (Winkel zwischen Strahl und Fläche kleiner als wenige Grad). So könnte man zunächst versuchen, eine Abbildung entfernter Objekte zu erreichen mittels eines ringförmigen Stückes aus einem langgestreckten *Paraboloid,* wobei man den nichtbenutzten Teil der Eintrittsöffnung durch eine runde Metallscheibe abdeckt (Abb. 3.5.2a). Ein derartiges Teleskop würde aber noch eine ganz schlechte Abbildung liefern wegen der enormen Bildfehler (Koma). Dies kann man nach Wolter erheblich reduzieren, indem man auf die Reflexion an dem Paraboloid eine zweite folgen läßt an einem anschließenden koaxialen und konfokalen *Hyperboloid* (Abb. 3.5.2b). Um die Sammelfläche des Teleskops zu vergrößern, werden mehrere dieser konfokalen Doppelspiegel ineinandergeschachtelt.

Auf dem *Einstein-Observatorium* (HEAO-2 = Satellit) der NASA stand dann von 1978 bis 1981 erstmals ein unter Leitung von R. Giacconi entwickeltes *abbildendes* Wolter-Teleskop von 56 cm Öffnung für längere Beobachtungen mit hoher Winkelauflösung ($\lesssim 2''$) im Bereich von 0.1 bis 4 keV zur Verfügung, mit dem auch sehr schwache Röntgenquellen entdeckt werden konnten. Der europäische EXOSAT-Satellit (1983 – 1986) trug zwei kleine 27 cm-Wolter-Teleskope auf einer stark exzentrischen Bahn (Perigäum 190000 km), mit denen tagelang (ohne Unterbrechung durch die Bedeckungen durch die Erde) Beobachtungsreihen durchgeführt werden konnten. Der von J. Trümper und Mitarbeitern entwickelte Satellit ROSAT (Start 1990) führt mit einem 83 cm-Wolter-Teleskop von einer 570 km hohen Kreisbahn aus eine vollständige Himmelsdurchmusterung durch; später sollen interessante Objekte im einzelnen untersucht werden. Die Bilddetektoren sind im Energiebereich 0.1 – 2.5 keV empfindlich, wobei entweder bei Verzicht auf Energieauflösung mit einer Winkelauflösung von 3″ oder in vier spektralen Teilbereichen ($E/\Delta E \simeq 2.5$) mit 25″ beobachtet wird. Man erwartet, bei der Durchmusterung etwa 10^5 Röntgenquellen zu finden.

Als wichtigster *Detektor* im Röntgengebiet dient der *Gas-Proportionalzähler,* der – meist mit Ar oder Xe gefüllt – großflächig gebaut werden kann und bis zu Energien $\lesssim 20$ keV noch eine Ausbeute von 30 bis 40% hat. Um zu erkennen, ob die Ionisation im Zähler durch ein Röntgenquant oder durch ein Teilchen der Kosmischen Strahlung erfolgt, sind (wie bei allen Röntgendetektoren) Antikoinzidenzschaltungen oder elektronische Diskriminierungsverfahren der Pulsform der Elektronenlawine erforderlich. In den gasgefüllten (Xe) *Szintillations-Proportionalzählern* werden die vom Röntgenquant herausgeschlagenen Elektronen nur so wenig beschleunigt, daß sie die Gasatome nicht weiter ionisieren, sondern nur zum Leuchten angeregten, das dann im Optischen mit üblichen Photomultipliern registriert wird.

Festkörperdetektoren, die mit Lithium dotiertes Germanium verwenden und mittels flüssigem Stickstoff oder Helium gekühlt werden, zeigen derzeit die beste Energieauflösung, sind jedoch nur mit relativ kleiner Empfängerfläche herstellbar.

Um die abbildenden Eigenschaften eines Wolter-Teleskops zu nutzen, werden *positionsempfindliche* Detektoren gebraucht. Beim *abbildenden Proportionalzähler* (IPC: imaging proportional counter) geschieht die Lokalisierung der Röntgenphotonen mit Hilfe von gekreuzten Drahtgittern in Verbindung mit elektronischen Diskriminierungsverfahren. Auch Anordnungen von Kanalplatten und CCD-Kameras finden neuerdings Verwendung.

Bei der *Sonne* als einziger Quelle sind die Strahlungsflüsse im Röntgenbereich genügend hoch, daß Bilder auf photographischem Film, wie z. B. bei der Skylab-Mission 1973 (Abb. 4.10.7), gewonnen werden können.

Im Bereich der harten Röntgenstrahlung ($\gtrsim 10$ keV) werden schließlich *Szintillationszähler* mit Kristallen aus NaJ(Tl) oder CsJ(Na) verwendet, wobei die optischen Lichtblitze mit Photomultipliern nachgewiesen werden.

Die Aussonderung mehr oder weniger enger Wellenlängenbereiche geschieht im Röntgengebiet mit *Filtern* unter Ausnützung der nach der langwelligen Seite scharf begrenzten Absorptionskanten der darin enthaltenen Elemente (Abschn. 3.4.1). Die spektrale Auflösung bzw. Energieauflösung durch die Detektoren selbst ist nicht besonders hoch. Am günstigsten sind *Festkörperspektrometer,* die je nach Größe und Energiebereich 1 bis 10% erreichen. Im weichen Röntgengebiet erreicht man mit *Transmissionsgittern* oder Braggschen *Kristallspektrometern* hohe Auflösung von $\lambda/\Delta\lambda \approx 10^3$ bis 10^4.

Zum Abschluß unserer Darstellung der Beobachtungsverfahren in den verschiedenen Spektral- bzw. Energiebereichen sollten wir noch auf die stürmische Entwicklung der *Elektronenrechner (Computer)* hinweisen, die – man darf wohl sagen – eine neue Ära der astronomischen Beobachtungs- und Meßmethoden eröffnet hat. Durch die raschen Fortschritte der Halbleitertechnik, der Miniaturisierung und der preisgünstigen Massenfertigung der Bauteile fanden Computer mit immer weiter steigender Rechengeschwindigkeit und wachsender Speicherkapazität Eingang in die Astronomie in einem Umfang, daß heute die Gewinnung und Auswertung von Beobachtungsdaten ohne sie schlechthin unvorstellbar geworden ist. Wir nennen hier nur wenige Beispiele wie die Steuerung von Teleskopen (azimutale Montierung) und die Veränderung von Spiegelflächen nach dem Prinzip der aktiven Optik, die Synthese der riesigen Datenmengen bei der Langbasisinterferometrie zu hochaufgelösten Radiobildern, die Logikschaltungen bei den Teilchen- und Gammastrahlendetektoren, die Steuerung des Ausleseverfahrens einer CCD-Kamera mit anschließender Erzeugung eines „digitalen Bilds" im Computer oder die Reduktion anfallender „Rohdaten" entweder mit automatischen oder mit interaktiven, vielfach sehr komplizierten Programmsystemen. Schließlich ist die „Weltraumastronomie" von Satelliten und Raumfahrzeugen aus überhaupt erst durch den Einsatz leistungsfähiger Elektronenrechner möglich geworden.

Die Astronomen haben sich daran gewöhnt, daß das *Beobachtungsmaterial* heute zum überwiegenden Teil in Form von *Zahlenfeldern oder -arrays* auf geeigneten Datenträgern (Magnetbänder oder -platten, Halbleiterspeicher, ...) vorliegt. Selbst die Information auf photographischen Platten wird zunehmend für eine direkte Eingabe in den Computer digitalisiert.

Wir erwähnen an dieser Stelle, daß nicht nur die beobachtende Astronomie, sondern auch die *theoretische Astrophysik* mit ihren enorm aufwendigen Modellrechnungen z. B. für den Strahlungstransport, den Sternaufbau und die Sternentwicklung oder für magnetohydrodynamische Vorgänge ohne leistungsstarke Computer mit großem Speicher nicht mehr denkbar ist.

Die phantastische „Arbeitskraft" der Elektronenrechner eröffnet einerseits der Forschung ungeahnte Möglichkeiten, andererseits stellt sie aber auch die Astronomen vor eine große Verantwortung.

4. Sonne und Sterne. Astrophysik des einzelnen Sterns

Nach der klassischen Astronomie, der Diskussion unseres Planetensystems und der Darstellung der astronomischen Instrumente und Beobachtungsverfahren wenden wir uns nun der *astrophysikalischen Erforschung der Sonne und der Sterne* zu: Letztere betrachten wir vorerst als Individuen. Von der Entwicklung der Sterne, von Sternsystemen, Galaxien und dem Kosmos als Ganzem soll erst Kap. 5 handeln.

Wir versuchen zunächst in Abschn. 4.1, mit einigen historischen Bemerkungen einen ersten Einblick in die Astrophysik der Sonne und der Sterne zu geben. Danach stellen wir in Abschn. 4.2 die grundlegenden Begriffe der Strahlungstheorie vor, welche in der gesamten Astrophysik von zentraler Bedeutung sind. In Abschn. 4.3 befassen wir uns dann mit der Strahlung der *Sonne*, ihrem aus der Photosphäre emittierten, von den dunklen Fraunhoferlinien durchsetzten Kontinuum. Später lernen wir in Abschn. 4.10 die über der Photosphäre liegenden Schichten der Sonnenatmosphäre, die Chromosphäre und die Korona, den Sonnenwind und die mannigfaltigen Erscheinungen der Sonnenaktivität kennen. Zuvor besprechen wir jedoch in Abschn. 4.4 die Strahlung der *Sterne*, ihre Zustandsgrößen und Entfernungen, in Abschn. 4.5 ihre Spektren sowie in Abschn. 4.6 ihre Massen in Verbindung mit einem Überblick über die Doppelsternsysteme. Die Chromosphären, Koronen und Aktivitätsphänomene bei den Sternen diskutieren wir in Abschn. 4.11 in Zusammenhang mit einer Darstellung der wichtigsten Typen *veränderlicher Sterne*.

Im Hinblick auf eine quantitative Deutung der Spektren von Sonne und Sternen – und anderer astronomischer Objekte – stellen wir in Abschn. 4.7 die Grundbegriffe der Atomspektroskopie und der Anregung und Ionisation der Atome zusammen. Damit können wir dann in Abschn. 4.8 die Physik der *Sternatmosphären* und in Abschn. 4.9 die Theorie der stellaren Spektrallinien und die quantitative *Analyse der Sternspektren* mit dem Ziel der Bestimmung der Häufigkeiten der chemischen Elemente behandeln.

Die Astrophysik der Einzelsterne beschließen wir in Abschn. 4.12 mit der Diskussion des *inneren Aufbaus* und der Energieerzeugung der Sonne und der Sterne.

4.1 Astronomie + Physik = Astrophysik (Historische Einleitung)

Am Ende von Abschn. 2.1 besprachen wir noch die ersten Messungen trigonometrischer Sternparallaxen durch F.W. Bessel, T. Henderson und F.G.W. Struve 1838. Sie bedeuteten zunächst eine endgültige Bestätigung des kopernikanischen Weltsystems (an dessen Richtigkeit niemand mehr zweifelte). Vor allem aber hatte man damit ein sicheres Fundament aller kosmischen *Entfernungsmessungen* gewonnen. Bessels Parallaxe des 61 Cygni, $p = 0.293''$, besagt, daß dieser Stern eine Entfernung von $1/p = 3.4$ parsec oder 11.1 Lichtjahren hat. Damit können wir z. B. die Leuchtkraft dieses Sternes direkt mit der der Sonne vergleichen. Zu einem wirksamen Hilfsmittel der Astrophysik wurden die *trigonometrischen Parallaxen* aber erst, als F. Schlesinger (ab 1903) ihre photographische Messung zu unglaublicher Präzision ($\simeq 0.01''$) entwickelte.

Über die *Massen* der Sterne geben die *Doppelsterne* Auskunft. W. Herschels Beobachtungen des Castor (1803) ließen keinen Zweifel, daß hier zwei Sterne unter dem Einfluß ihrer wechselseitigen Anziehung sich in Ellipsenbahnen umeinander bewegen. Schon 1782 hatte J. Goodricke mit Algol den ersten *Bedeckungsveränderlichen* beobachtet. Die Ausnutzung der vielseitigen Informationen, welche diese Doppelsterne bieten, ist das

Werk von H.N. Russell und H. Shapley (1912). Als ersten *spektroskopischen* Doppelstern (Messung der Bewegungen aus dem Dopplereffekt) entdeckte E.C. Pickering 1889 den Mizar.

Die *Sternphotometrie*, die Messung der scheinbaren Helligkeiten der Sterne, gewann nach Anfängen im 18. Jahrhundert (Bouguer 1729, Lambert 1760 u. a.) Mitte des 19. Jahrhunderts eine sichere Grundlage. Einerseits führte 1850 N. Pogson die Definition ein, daß einer *Größenklasse* (Magnitudo) eine Abnahme des Helligkeitslogarithmus von 0.400 bzw. ein Helligkeitsverhältnis $10^{0.4} = 2.512$ entsprechen solle. Andererseits baute 1861 J.C.F. Zöllner das erste *visuelle Sternphotometer*, bei dem übrigens sogar die Sternfarben schon mitgemessen wurden. Um dieselbe Zeit brachten die großen Kataloge der Sternhelligkeiten und -positionen eine gewaltige Verbreiterung unserer Kenntnis der Sternwelt: 1852/59 entstand die *Bonner Durchmusterung* von F. Argelander u.a. mit 324000 Sternen bis etwa 9.5 mag, später für den Südhimmel die *Cordoba-Durchmusterung*.

Die *photographische Sternphotometrie* begründete K. Schwarzschild mit der Göttinger Aktinometrie 1904/08. Er erkannte auch sofort, daß der Farbindex = photographische minus visuelle Helligkeit ein Maß für die Farbe und damit für die Temperatur des Sternes bildet. Bald nach der Erfindung der Photozelle begannen H. Rosenberg, P. Guthnick und J. Stebbins (ab 1911) mit der Entwicklung der *photoelektrischen* Photometrie. Nach der Erfindung des Photomultipliers kurz nach Ende des zweiten Weltkriegs kann man heute Sternhelligkeiten mit einer Genauigkeit von wenigen tausendstel Größenklassen in zweckmäßig gewählten Wellenlängenbereichen wie z.B. im System der UBV-Helligkeiten (*U*ltraviolett, *B*lau, *V*isuell) von H.L. Johnson und W.W. Morgan (1951) messen und die entsprechenden Farbindizes ableiten.

Parallel mit der Sternphotometrie entwickelte sich die *Spektroskopie* der Sonne und der Sterne. 1814 entdeckte J. Fraunhofer die nach ihm benannten dunklen Linien im Sonnenspektrum. 1823 konnte er – mit einer äußerst bescheidenen Apparatur – ähnliche Linien auch in den Spektren einiger Sterne sehen und bemerkte deren Unterschiede. Die eigentliche *Astrophysik*, d.h. die Erforschung der Sterne mit physikalischen Methoden, begann, als 1859 G. Kirchhoff und R. Bunsen in Heidelberg die *Spektralanalyse* sowie die Deutung der Fraunhoferlinien im Sonnenspektrum entdeckten (Abb. 4.1.1) und schon 1860 G. Kirchhoff die Grundlagen der Strahlungstheorie formulierte, insbesondere den Kirchhoffschen Satz, welcher im thermodynamischen Gleichgewicht die Beziehungen zwischen Emission und Absorption der Strahlung festlegt. Dieser Satz zusammen mit dem Dopplerschen Prinzip ($\Delta\lambda/\lambda = v/c$) bildete vierzig Jahre lang das ganze gedankliche Gerüst der Astrophysik. Die Spektroskopie der Sonne und der Sterne wandte sich zunächst den folgenden Aufgaben zu:

1) Aufnahme der Spektren und Messung der Wellenlängen aller Elemente im *Laboratorium*. Identifikation der Linien von Sternen und anderen kosmischen Lichtquellen (W. Huggins, F.E. Baxandall, N. Lockyer, H. Kayser, Ch.E. Moore-Sitterly u.v.a.).

2) Photographische Aufnahme und immer genauere Ausmessung der Spektren von *Sternen* (H. Draper 1872; H.C. Vogel und J. Scheiner 1890 u.a.) und *Sonne* (H.A. Rowland 1888/98).

3) *Klassifikation* der Sternspektren, zunächst in eine eindimensionale Folge, im wesentlichen nach abnehmender Temperatur. Nach Vorarbeiten von W. Huggins, A. Secchi, H.C. Vogel u.a. schuf (ab 1885) E.C. Pickering mit A. Cannon u.a. die Harvard-Klassifikation und den Henry Draper Catalogue. Spätere Fortschritte brachten: Die Entdeckung der *Leuchtkraft* als 2. Klassifikationsparameter und damit die Bestimmung *spektroskopischer Parallaxen* durch A. Kohlschütter und W.S. Adams 1914 und viel später unter „modernen" Gesichtspunkten der Atlas of Stellar Spectra von W.W. Morgan, P.C. Keenan und E. Kellman 1943 mit der MKK-Klassifikation.

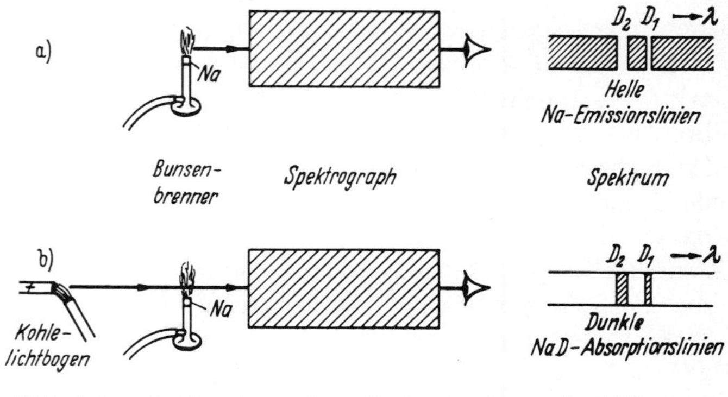

Abb. 4.1.1a, b. Grundversuch zur Spektralanalyse nach G. Kirchhoff und R. Bunsen 1859. (**a**) Eine Bunsenflamme, in die man etwas Natrium (Kochsalz) bringt, zeigt im Spektrum (*rechts*) helle Na-Emissionslinien. (**b**) Sendet man durch die Natriumflamme das Licht eines Kohlebogens – dessen Temperatur die der Flamme erheblich übertrifft –, so sieht man ein kontinuierliches Spektrum mit dunklen Na-Absorptionslinien, ähnlich dem Sonnenspektrum

4) Das überwiegende Interesse der Astronomen aber beanspruchte lange Zeit die Messung der *Radialgeschwindigkeiten* von Sternen nach dem Dopplerschen Prinzip. Nach visuellen Versuchen von W. Huggins 1867 gelangen H. C. Vogel 1888 die ersten brauchbaren photographischen Radialgeschwindigkeitsmessungen, nachdem man schon vorher die Rotation der Sonne spektroskopisch verifiziert hatte. Um die Weiterbildung der Technik zur Messung genauer Radialgeschwindigkeiten hat sich insbesondere W. W. Campbell (1862 – 1938) am Lick Observatory verdient gemacht.

Sozusagen den Abschluß dieser Epoche der Astrophysik bildete 1913 die Entdeckung des *Hertzsprung-Russell-Diagramms*. Schon um 1905 hatte E. Hertzsprung den Unterschied von Riesen- und Zwergsternen erkannt. H. N. Russell zeichnete, auf Grund verbesserter trigonometrischer Parallaxen das bekannte Diagramm mit den Spektraltypen als Abszisse und den absoluten Helligkeiten als Ordinate, welches zeigte, daß die meisten Sterne unserer Umgebung in den engen Streifen der *Hauptsequenz* (Abb. 4.5.1) fallen, während eine geringere Zahl den Bereich der *Riesensterne* erfüllt. Russell knüpfte an dieses Diagramm zunächst eine *Theorie der Sternentwicklung* (Beginn als Roter Riese, Kompression und Erhitzung bis zum Erreichen der Hauptsequenz, Abkühlung längs der Hauptsequenz), die aber schon zehn Jahre später aufgegeben werden mußte. Wir werden die weitere Entwicklung dieses Problemkreises erst in Kap. 5 verfolgen können.

Was die Astrophysik zu Beginn unseres Jahrhunderts am nötigsten brauchte, war eine Erweiterung ihrer physikalischen bzw. gedanklichen *Grundlagen*. Die 1860 von G. Kirchhoff begonnene Theorie der *Hohlraumstrahlung* oder Strahlung des *schwarzen Körpers*, d. h. des Strahlungsfeldes im thermodynamischen Gleichgewicht, hatte 1900 M. Planck zum Abschluß gebracht mit der Entdeckung der *Quantentheorie* und des Gesetzes der *spektralen Energieverteilung* der Hohlraumstrahlung. Die Astronomen machten sich nun daran, durch Anwendung des Planckschen Gesetzes auf die *kontinuierlichen Spektren der Sterne* deren Temperaturen abzuschätzen. Der geniale Karl Schwarzschild (1873 – 1916) aber entwickelte sogleich einen der Pfeiler einer zukünftigen Theorie der Sterne, die *Theorie stationärer Strahlungsfelder*. 1906 zeigte er, daß in der Photosphäre der Sonne (d. h. in den Schichten, welche den Hauptteil der Strahlung aussenden) der Energietransport von innen nach außen durch Strahlung erfolge. Er berechnete die Zunahme der Temperatur mit der Tiefe unter dieser Annahme des Strahlungsgleichgewichtes und zeigte, daß man damit die richtige *Mitte-Rand-Verdunkelung* der Sonnenscheibe erhält. K. Schwarzschilds Arbeit über die Sonnenfinsternis von 1905 ist ein Meisterwerk des Ineinandergreifens von Beobachtung und Theorie. 1914 untersuchte er den Strahlungsaustausch in den breiten *H*- und *K*-Linien des Sonnenspektrums theoretisch und durch spektralphotometrische Messungen. Er war sich offensichtlich klar darüber, daß zur Weiterführung seiner Ansätze vor allem eine atomistische Theorie der Absorptionskoeffizienten, d. h. der Wechselwirkung von Strahlung und Materie notwendig war. So wandte er sich mit größtem Enthusiasmus der 1913 von N. Bohr begründeten Quantentheorie des Atombaus zu. Es entstanden noch die berühmten Arbeiten über die Quantentheorie des Starkeffektes und der Bandenspektren. Schon 1916 starb K. Schwarzschild – viel zu früh – im Alter von 43 Jahren.

Die Verbindung zwischen der Theorie des Strahlungsgleichgewichtes und der neuen Atomphysik stellte einerseits A. S. Eddington 1916/26 her im Bereich seiner *Theorie des inneren Aufbaus der Sterne*. Auf der anderen Seite schufen J. Eggert (1919) und M. N. Saha (1920) mit der Theorie der *thermischen Ionisation und Anregung* den Ausgangspunkt zu einer physikalischen Deutung der Spektren von Sonne und Sternen. Hierdurch angeregt entwickelten sich rasch die ganzen Grundlagen der heutigen *Theorie der Sternatmosphären* und der Spektren von Sonne und Sternen. Wir sollten erwähnen die Arbeiten von R. H. Fowler, E. A. Milne und C. H. Payne zur *Ionisation* in Sternatmosphären (1922/25), die Messung und Berechnung der *Multiplettintensitäten* von L. S. Ornstein, H. C. Burger, H. B. Dorgelo bzw. R. de L. Kronig, A. Sommerfeld, H. Hönl, H. N. Russell, dann die wichtigen Arbeiten von B. Lindblad, A. Pannekoek und M. Minnaert u. v. a. 1927 konnte man dann ernstlich daran gehen, durch Verschmelzung der inzwischen weitergebildeten Theorie des *Strahlungstransportes* mit der *Quantentheorie der Absorptionskoeffizienten* eine rationelle Theorie der Spektren von Sonne und Sternen aufzubauen (M. Minnaert, O. Struve, A. Unsöld). Diese ermöglichte es, die *chemische Zusammensetzung* der Sternatmosphären aus den Spektren zu ermitteln und so die *Entwicklung* der Sterne im Zusammenhang mit der Energieerzeugung durch Kernprozesse im Sterninneren (s. u.) auch empirisch zu studieren.

Die Theorie *konvektiver Strömungen* in den Atmosphären der Sterne und vor allem der Sonne begründete 1930 A. Unsöld mit der Entdeckung der Wasserstoff-

Konvektionszone. Die Verbindung mit der Hydrodynamik (Mischungsweg-Theorie) stellten bald darauf H. Siedentopf und L. Biermann her, nachdem schon früher S. Rosseland auf die astrophysikalische Bedeutung der Turbulenz hingewiesen hatte.

Wir wissen, daß die ionisierten Gase in Sternatmosphären und anderen kosmischen Gebilden eine hohe elektrische Leitfähigkeit haben. T. G. Cowling und H. Alfvén haben in den vierziger Jahren bemerkt, daß deshalb *kosmische Magnetfelder* erst im Verlauf sehr großer Zeiträume durch Ohmsche Dissipation der mit ihnen verknüpften Ströme aufgezehrt werden können. Magnetfeld und Strömungsfeld befinden sich in ständiger Wechselwirkung; man muß die Grundgleichungen der Elektrodynamik und der Hydrodynamik zusammenfassen zu denen der *Magnetohydrodynamik*. Empirisch hat 1908 G. E. Hale (übrigens ausgehend von physikalisch völlig unrichtigen Hypothesen!) in den Sonnenflecken mit Hilfe der Zeemaneffekte von Fraunhoferlinien Magnetfelder bis etwa 4 T entdeckt. Das 1952 von H. W. Babcock gemessene, schwache Magnetfeld der übrigen Sonnenoberfläche stellte sich in neuerer Zeit als Überlagerung zahlreicher, sehr dünner Flußröhren mit einigen zehntel Tesla Feldstärke heraus. Die Sonnenflecke, die sie umgebenden Fackelflächen, die Protuberanzen, die Flares (Eruptionen) und viele andere solare Erscheinungen sind statistisch verknüpft in dem $2 \cdot 11.5$jährigen Zyklus der *Sonnenaktivität*. Dies alles – wir verstehen z. Z. noch das Wenigste – gehört in das Gebiet der Magnetohydrodynamik und Plasmaphysik.

Erst das Studium der Strömungen und Magnetfelder in der Sonne führt auch zu einem gewissen Verständnis der Struktur und der Aufheizung der *Korona*, der äußersten Hülle der Sonne mit einer Temperatur von 1 bis $2 \cdot 10^6$ Grad. Hier spielen sich die äußerst komplexen Vorgänge ab, die zur Erzeugung der Röntgenstrahlung und der Radiofrequenzstrahlung der Sonne sowie verschiedener Arten von Korpuskularstrahlungen und des solaren Winds führen.

Die Erforschung der Chromosphären, Koronen und Aktivitätserscheinungen auch bei *Sternen* wurde durch die Beobachtungsmöglichkeiten im Ultraviolett und Röntgenbereich vom Weltraum aus möglich. Die ultravioletten Resonanzlinien häufiger Elemente zeigen durch ihre kurzwellig verschobenen Absorptionskomponenten bei den heißen Riesen- und Überriesensternen massive *Sternwinde* mit Geschwindigkeiten von einigen 1000 km s^{-1} an. Der hiermit verbundene *Massenverlust* ist um viele Zehnerpotenzen höher als bei der Sonne und beeinflußt die Entwicklung dieser Sterne erheblich. Bereits Mitte der 1950er Jahre fand A. Deutsch, daß kühle Riesensterne von ausgedehnten, langsam expandierenden Hüllen umgeben sind, die später auch anhand der Emission des Staubs im Infrarot und der Molekküllinien im Radiofrequenzbereich beobachtet werden konnten.

Seit den 1920er Jahren entwickelte sich die *Theorie des inneren Aufbaus* der Sonne und der Sterne parallel zu den Fortschritten bei der Deutung der äußeren, „sichtbaren" Schichten der Sterne. Im Zusammenhang mit dem aus radioaktiven Messungen bekannten Alter der Erde und der Sonne von rund $4.5 \cdot 10^9$ Jahren hatten schon 1919/20 J. Perrin und A. S. Eddington vermutet, daß die von der Sonne fortlaufend ausgestrahlte Energie erzeugt werde durch Umwandlung von Wasserstoff in Helium. 1938 konnten dann H. Bethe und C. F. v. Weizsäcker auf dem Boden der inzwischen entstandenen *Kernphysik* zeigen, *welche* thermonuklearen Reaktionen z. B. imstande wären, bei Temperaturen von etwa 10^7 K im Inneren der Hauptsequenzsterne Wasserstoff langsam zu Helium zu „verbrennen".

Ein „Blick" in das Innere der Sterne ist im allgemeinen nur bei der *Sonne* möglich: Die beim Wasserstoffbrennen im Zentrum entstehenden *Neutrinos* entweichen praktisch ohne Wechselwirkung nach außen. Ihr Nachweis gelang R. Davis u. a. mit einem seit Mitte der 1960er Jahre laufenden Experiment, wenn auch der gemessene Fluß noch von der theoretischen Vorhersage abweicht. Außer bei der Sonne konnten Neutrinos bisher nur beim Ausbruch der relativ nahen Supernova SN 1987 A in der Großen Magellanschen Wolke beobachtet werden. Information über das Sonneninnere liefert auch die *„Helioseismologie"*, bei der die verschiedenartigen *Eigenschwingungen* der Sonne (R. B. Leighton 1961, F. L. Deubner 1975 u. a.) anhand der periodischen, großräumigen Komponente des photosphärischen Strömungsfelds analysiert werden.

Die Beobachtungen und theoretischen Untersuchungen zur Sternentwicklung und die mit ihr verknüpfte Entstehung der chemischen Elemente besprechen wir erst in Kap. 5. Hingegen betrachten wir hier noch die kompakten *Endstadien* der Sternentwicklung nach dem Ausschöpfen aller Energiequellen: 1926 erkannte R. H. Fowler, daß der von normalen Sternen völlig verschiedene Aufbau der *Weißen Zwerge*, wie z. B. des Siriusbegleiters, mit ihren hohen Dichten auf der Fermi-Entartung ihrer Elektronen beruht. Ein Stern von z. B. 0.5 Sonnenmassen ist dann etwa auf die Größe der Erde zusammengeschrumpft. Schon sein Vorrat an thermischer Energie reicht aus, um seine geringe Ausstrahlung über Milliarden Jahre zu decken. Nach S. Chandrasekhar (1931) sind Weiße Zwerge nur unterhalb einer Massengrenze von rund 1.4 Sonnenmassen stabil.

Gegen Ende der Entwicklung der massereichen Sterne kann die Materie noch weiter (auf etwa 10^{17} kg m^{-3}) verdichtet werden, wobei die Protonen und Elektronen zu Neutronen verschmelzen. Solche *Neutronensterne*, auf die bereits 1932 L. Landau kurz nach der Entdeckung des Neutrons hinwies, wurden zunächst theoretisch im Rahmen der allgemeinen Relativitätstheorie von J. R. Oppenheimer und G. M. Volkoff (1939) berechnet und erst 1967 von A. Hewish als *Pulsare* mittels ihrer Radiostrahlung entdeckt. W. Baade und F. Zwicky erkannten schon 1934, daß ein Kollaps eines Sterns zu einem Neutronenstern genügend Gravitationsenergie freisetzt, um den gewaltigen Ausbruch einer *Supernova* zu erklären. Noch stärkere Kompression führt nach der allgemeinen Relativitätstheorie schließlich zu den sog. *Schwarzen Löchern*, deren enormes Gravitationsfeld sogar das Entweichen von Lichtquanten verhindern kann.

Die Entdeckung der *Röntgendoppelsterne*, der Röntgen- und Gammaburster usw. mit ihrer ausgeprägten, zeitlich variablen Emission eröffnete in den 1970er Jahren eine weitere Möglichkeit, Neutronensterne und u. U. Schwarze Löcher zu beobachten. Bei einem *engen* Doppelsternsystem tauschen die Komponenten im Laufe ihrer Entwicklung gegenseitig Materie aus. Akkretiert nun ein kompaktes Objekt – wie z. B. ein Neutronenstern – die von seinem Begleiter überströmende Materie, so wird letztlich die hierbei freigesetzte Gravitationsenergie in Röntgen- und Gammastrahlung umgewandelt. Ungewöhnliche *hochenergetische* Phänomene zeigen die Röntgendoppelsterne SS 433, mit einem Paar stark gebündelter, um die Rotationsachse präzedierender „Jets" mit relativistischen Ausströmenergien und Cyg X-3 mit seiner Emission äußerst energiereicher Gammaquanten (von etwa 10^{15} eV).

Eine hochinteressante Möglichkeit, A. Einsteins Allgemeine Relativitätstheorie zu überprüfen, bietet der 1974 entdeckte „Doppelsternpulsar" PSR 1913 + 16. Seine Periodenänderung entspricht dem vorhergesagten Energieverlust durch die Abstrahlung von *Gravitationswellen* infolge der Massenbewegungen im System.

Kurz zusammengefaßt können wir die Entwicklung der *Physik der Sterne* – wobei wir Fragen ihrer Entwicklung zurückstellen – durch folgende Stichworte charakterisieren: (1) Strahlungstheorie: Wechselwirkung von Strahlung und Materie. (2) Thermodynamik und Hydrodynamik der Strömungsvorgänge. (3) Magnetohydrodynamik und Plasmaphysik. Parallel hierzu (4) Kernphysik und Energieerzeugung; Materie bei hohen Dichten. Schließlich in neuerer Zeit (5) Hochenergieastrophysik: Kosmische Korpuskularstrahlungen, Röntgen- und Gammastrahlen, Neutrinos, Gravitationswellen.

4.2 Strahlungstheorie

Im Hinblick auf die Strahlungsfelder in den Atmosphären und im Inneren der Sterne, aber auch in den Atmosphären der Planeten, in den Gasnebeln und im interstellaren Raum, befassen wir uns mit den *Grundlagen der Strahlungstheorie*. Hierbei stellen wir die Anwendung auf die Strahlung, deren Analyse uns Aufschluß geben soll über Aufbau und Zusammensetzung der Sternatmosphäre, in den Vordergrund.

Wir führen zunächst in Abschn. 4.2.1 phänomenologisch den Begriff der Intensität und des Strahlungsstroms ein, später in Abschn. 4.2.4 noch den der Strahlungsdichte. In Abschn. 4.2.2 stellen wir nach der – ebenfalls phänomenologischen – Beschreibung von Absorption und Emission die wichtige Strahlungstransportgleichung auf. In Abschn. 4.2.3 lernen wir dann den Spezialfall des thermodynamischen Gleichgewichts und die Strahlungsgrößen eines Hohlraumstrahlers bzw. Schwarzen Körpers kennen.

4.2.1 Intensität und Strahlungsstrom

Wir legen in das betrachtete Strahlungsfeld – über das wir zunächst keinerlei spezielle Annahmen machen – ein Flächenelement $d\sigma$ mit der Normalen $\boldsymbol{n}$ (Abb. 4.2.1) und fassen die pro Zeiteinheit durch $d\sigma$ unter dem Winkel ϑ zu $\boldsymbol{n}$ in einem kleinen Raumwinkelbereich $d\omega$ (charakte-

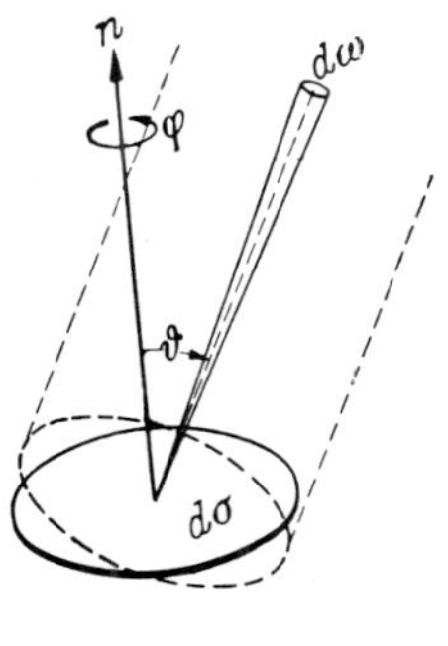

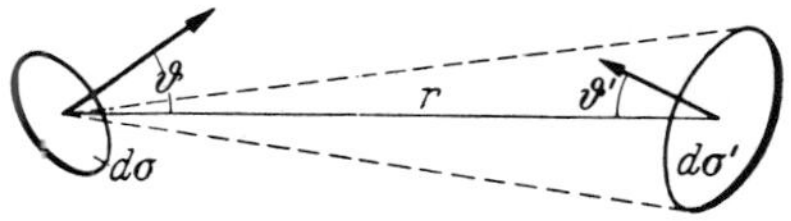

Abb. 4.2.2. Zustrahlung zweier Flächenelemente

◀ **Abb. 4.2.1.** Definition der Strahlungsintensität

risiert durch die Richtungswinkel ϑ und φ) verlaufende Strahlungsenergie ins Auge. Aus dieser greifen wir durch spektrale Zerlegung den Frequenzbereich ν bis $\nu + d\nu$ heraus und schreiben

$$dE = I_\nu(\vartheta, \varphi)\, d\nu \cos\vartheta\, d\sigma\, d\omega \quad , \tag{4.2.1}$$

wobei $d\omega = \sin\vartheta\, d\vartheta\, d\varphi$ ist und $d\sigma \cos\vartheta$ der Querschnitt des Strahlungsbündels ist.

Als *Strahlungsintensität* $I_\nu(\vartheta, \varphi)$ bezeichnen wir dementsprechend diejenige Energiemenge, welche pro Einheitsraumwinkel (1 sr = 1 Steradiant) und Frequenzbereich 1 (1 Hz) in der Sekunde durch eine senkrecht zur Richtung ϑ, φ stehende Einheitsfläche strömt. Wir können die spektrale Zerlegung statt auf den Frequenzbereich auch auf den Wellenlängenbereich beziehen. Wegen $\nu = c/\lambda$ gilt zunächst $d\nu = -(c/\lambda^2)\, d\lambda$. Aus

$$I_\nu\, d\nu = -I_\lambda\, d\lambda \quad \text{folgt damit} \quad I_\lambda = \frac{c}{\lambda^2} I_\nu \tag{4.2.2}$$

oder symmetrisch geschrieben $\nu I_\nu = \lambda I_\lambda$.

Die Intensität der *Gesamtstrahlung* I erhält man durch Integration über alle Frequenzen oder Wellenlängen

$$I = \int_0^\infty I_\nu\, d\nu = \int_0^\infty I_\lambda\, d\lambda \quad . \tag{4.2.3}$$

Als einfachste Anwendung berechnen wir die von einem Flächenelement $d\sigma$ einem zweiten Flächenelement $d\sigma'$ im Abstand r pro Zeiteinheit zugestrahlte Energie dE. Die Normalen von $d\sigma$ bzw. $d\sigma'$ sollen dabei mit ihrer Verbindungslinie r die Winkel ϑ bzw. ϑ' einschließen (Abb. 4.2.2). $d\sigma'$ erfüllt von $d\sigma$ aus gesehen den Raumwinkel $d\omega = \cos\vartheta'\, d\sigma'/r^2$; es ist also

$$dE = I_\nu\, d\nu \cos\vartheta\, d\sigma\, d\omega \qquad \text{oder}$$

$$dE = I_\nu\, d\nu \frac{\cos\vartheta\, d\sigma \cos\vartheta'\, d\sigma'}{r^2} \quad . \tag{4.2.4}$$

Andererseits bildet $d\sigma$ von $d\sigma'$ aus gesehen den Raumwinkel $d\omega' = \cos\vartheta\, d\sigma/r^2$. Wir können also, ganz symmetrisch zu der ersten Gl. (4.2.4), auch schreiben

$$dE = I_\nu\, d\nu \cos\vartheta'\, d\sigma'\, d\omega' \quad . \tag{4.2.5}$$

Es ist also die *Intensität* I_ν z. B. der Sonnenstrahlung – im Sinne unserer Definition (4.2.1) – *gleich groß* in unmittelbarer Nähe der Sonne und irgendwo weit draußen im Weltraum.

Was der zunächst etwas verschwommene Sprachgebrauch des Alltags als „Stärke" z. B. der Sonnenstrahlung bezeichnet, entspricht mehr dem exakten Begriff der Strahlungsflußdichte oder kurz des *Strahlungsstroms* (-flusses). Wir definieren den Strahlungsstrom F_ν[1] in der Richtung $\boldsymbol{n}$, indem wir die gesamte Energie der pro Zeiteinheit durch unser Flächenelement $d\sigma$ hindurchtretenden ν-Strahlung (Abb. 4.2.1) ausschreiben als

$$F_\nu\, d\sigma = \int_{\vartheta=0}^{\pi} \int_{\varphi=0}^{2\pi} I_\nu(\vartheta, \varphi) \cos\vartheta\, d\sigma \sin\vartheta\, d\vartheta\, d\varphi \quad . \tag{4.2.6}$$

Im *isotropen* Strahlungsfeld (I_ν unabhängig von ϑ und φ) ist $F_\nu = 0$. Es ist öfters zweckmäßig, F_ν zu zerlegen in die

Ausstrahlung $\left(0 \leqq \vartheta \leqq \dfrac{\pi}{2}\right)$:

$$F_\nu^+ = \int_0^{\pi/2} \int_0^{2\pi} I_\nu \cos\vartheta \sin\vartheta\, d\vartheta\, d\varphi \tag{4.2.7}$$

und die

Einstrahlung $\left(\dfrac{\pi}{2} \leqq \vartheta \leqq \pi\right)$:

$$F_\nu^- = \int_\pi^{\pi/2} \int_0^{2\pi} I_\nu \cos\vartheta \sin\vartheta\, d\vartheta\, d\varphi \quad ,$$

so daß

$$F_\nu = F_\nu^+ - F_\nu^- \quad .$$

Analog zu (4.2.3) definiert man den Gesamtstrahlungsstrom

$$F = \int_0^\infty F_\nu\, d\nu = \int_0^\infty F_\lambda\, d\lambda \quad . \tag{4.2.8}$$

Betrachten wir nunmehr die *Strahlung eines (sphärischen) Sternes* (Abb. 4.2.3)! Die Intensität der aus seiner Atmosphäre austretenden Strahlung I_ν wird nur vom Austrittswinkel ϑ (gerechnet von der Normale der betreffenden Stelle aus) abhängen, d.h. $I_\nu = I_\nu(\vartheta)$. Derselbe Winkel ϑ tritt nach Abb. 4.2.3 nochmals auf zwischen den Verbindungslinien Beobachter – Sternmittelpunkt M einerseits und Mittelpunkt M – beobachteter Punkt P andererseits. Die Entfernung des Punktes P von M in der

[1] Häufig wird der Strahlungsstrom auch durch $\pi \mathcal{F}_\nu$ bezeichnet. Dieser sog. astrophysikalische Fluß $\mathcal{F}_\nu$ ist also um einen Faktor π kleiner als F_ν.

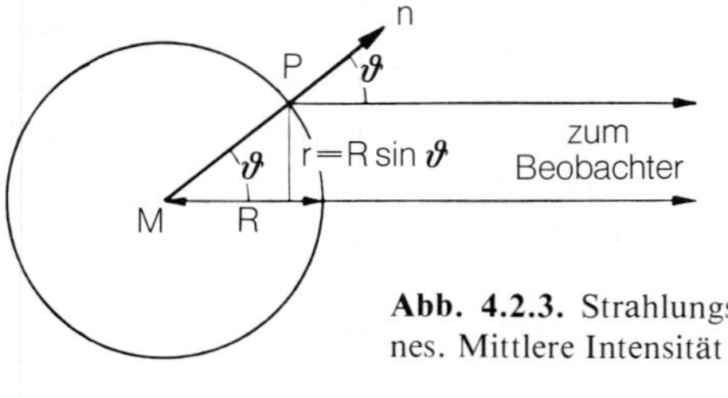

Abb. 4.2.3. Strahlungsstrom F_ν eines Sternes. Mittlere Intensität $\bar{I}_\nu = F_\nu/\pi$

Projektion auf eine Ebene senkrecht zur Beobachtungsrichtung in Einheiten des Sternradius ist also gleich $\sin\vartheta$.

Die *mittlere Intensität* $\bar{I}_\nu$ der von der scheinbaren Stern- (bzw. Sonnen-) Scheibe auf den Beobachter zu emittierten Strahlung ist nun nach (4.2.1) gegeben durch

$$\pi R^2 \cdot \bar{I}_\nu = \int_0^{\pi/2} \int_0^{2\pi} I_\nu(\vartheta) \cos\vartheta \, R^2 \sin\vartheta \, d\vartheta \, d\varphi \quad . \qquad (4.2.9)$$

Kürzt man durch R^2 und vergleicht mit (4.2.7), so erkennt man, daß

$$\bar{I}_\nu = F_\nu^+/\pi \quad , \qquad (4.2.10)$$

d. h. die mittlere Strahlungsintensität der Sternscheibe ist gleich $1/\pi$ mal dem Strahlungsstrom an der Sternoberfläche F_ν. Befindet sich der Stern (vom Radius R) in großer Entfernung r vom Beobachter ($\cos\vartheta \simeq 1$), so erblickt dieser sein Scheibchen unter einem Raumwinkel $d\omega = \pi R^2/r^2$ und erhält infolgedessen nach (4.2.7) einen Strahlungsstrom

$$f_\nu = \bar{I}_\nu \, d\omega = F_\nu^+ \, R^2/r^2 \quad . \qquad (4.2.11)$$

Die Theorie der *Stern*spektren muß also auf die Berechnung des *Strahlungsstromes* abzielen. Die Vorzugsstellung der *Sonnen*beobachtung andererseits liegt – wie K. Schwarzschild zuerst erkannt hat – darin, daß wir dort I_ν als Funktion von ϑ direkt messen können.

Allgemein ist der Strahlungsstrom für die Beobachtung nicht aufgelöster Quellen (Punktquellen), die Intensität oder Flächenhelligkeit für die Beobachtung von Flächenquellen die charakteristische Strahlungsgröße. In Tabelle 4.2.1 geben wir noch deren gebräuchliche Maßeinheiten an.

4.2.2 Emission und Absorption. Strahlungstransportgleichung

Wir beschreiben sodann – zunächst ebenfalls phänomenologisch – die Emission und Absorption der Strahlung: Ein Volumelement dV emittiere pro Zeiteinheit in den Raumwinkelbereich $d\omega$ und im Frequenzintervall $\nu \ldots \nu + d\nu$ die Energiemenge

$$j_\nu \, d\nu \, dV \, d\omega \quad . \qquad (4.2.12)$$

Der *Emissionskoeffizient* j_ν wird im allgemeinen von der Frequenz ν sowie von Art und Zustand der Materie (chemische Zusammensetzung, Temperatur und Druck) abhängen, eventuell auch von der Richtung. Die gesamte Energieabgabe eines isotrop strahlenden Volumelementes dV pro Zeiteinheit ist

$$dV \, 4\pi \int_0^\infty j_\nu \, d\nu \quad . \qquad (4.2.13)$$

Der Emission stellen wir gegenüber den Energieverlust durch *Absorption*, welchen ein enges Strahlenbündel der Intensität I_ν erfährt, wenn es eine materielle Schicht der Dicke ds durchsetzt. Es ist

$$dI_\nu/ds = -\kappa_\nu I_\nu \quad . \qquad (4.2.14)$$

Tabelle 4.2.1. Grundbegriffe und Maßeinheiten der Strahlung

	Strahlungsgröße		SI-Einheiten	cgs-Einheiten
Flächenquellen	Intensität oder Flächenhelligkeit	I_ν [a] I	$\mathrm{W\,m^{-2}\,Hz^{-1}\,sr^{-1}}$ $\mathrm{W\,m^{-2}\,sr^{-1}}$	$\mathrm{erg\,s^{-1}\,cm^{-2}\,Hz^{-1}\,sr^{-1}}$ $\mathrm{erg\,s^{-1}\,cm^{-2}}$
Unaufgelöste (Punkt-)Quellen	Strahlungsflußdichte oder Strahlungsstrom (-fluß)	F_ν, f_ν [a] F, f	$\mathrm{W\,m^{-2}\,Hz^{-1}}$ [b] $\mathrm{W\,m^{-2}}$	$\mathrm{erg\,s^{-1}\,cm^{-2}\,Hz^{-1}}$ $\mathrm{erg\,s^{-1}\,cm^{-2}}$
			1 SI-Einheit = 10^3 cgs-Einheiten	

[a] In der λ-Skala werden die entsprechenden Größen des Strahlungsfeldes I_λ und F_λ, f_λ je nach Anwendungsbereich meist auf 1 µm, 1 nm oder 1 Å bezogen, also z. B. I_λ in $[\mathrm{W\,m^{-2}\,\mu m^{-1}\,sr^{-1}}]$, $[\mathrm{W\,m^{-2}\,nm^{-1}\,sr^{-1}}]$, $[\mathrm{erg\,s^{-1}\,cm^{-2}\,Å^{-1}\,sr^{-1}}]$ usw. angegeben.

[b] Als Flußeinheit wird vielfach, vor allem in der Radioastronomie, 1 Jy (Jansky) = $10^{-26}\,\mathrm{W\,m^{-2}\,Hz^{-1}}$ verwendet.

κ_ν (wieder abhängig von ν, von Art und Zustand der Materie, evtl. auch von der Richtung) bezeichnen wir als den *Absorptionskoeffizienten*. In (4.2.14) haben wir ihn auf eine Schicht der Dicke 1, d. h. auf das Einheitsvolumen, bezogen. Statt dessen können wir auch eine Schicht betrachten, die über der Einheitsfläche die Materiemenge 1 enthält. So bekommen wir den Massenabsorptionskoeffizienten $\kappa_{\nu,\mathrm{M}}$. Ist ϱ die Dichte der Materie, so gilt $\kappa_\nu = \kappa_{\nu,\mathrm{M}}\,\varrho$. Beziehen wir den Absorptionskoeffizienten auf ein Atom, so ergibt sich der *atomare Absorptionskoeffizient* oder *Wirkungsquerschnitt* $\kappa_{\nu,\mathrm{at}}$. Mit einer Teilchendichte n ist $\kappa_\nu = \kappa_{\nu,\mathrm{at}}\,n$. Dimensionsmäßig gilt

$$\begin{aligned}&\text{Absorptionskoeffizient} && \kappa_\nu\ [\mathrm{m^{-1} = m^2\,m^{-3}}]\\ &\text{Massenabsorptionskoeffizient} && \kappa_{\nu,\mathrm{M}} = \kappa_\nu/\varrho\ [\mathrm{m^2\,kg^{-1}}]\\ &\text{Atomarer Absorptionskoeffizient} && \kappa_{\nu,\mathrm{at}} = \kappa_\nu/n\ [\mathrm{m^2}]\ .\end{aligned} \tag{4.2.15}$$

Fassen wir die Änderungen der Intensität unseres Strahlenbündels auf der Strecke ds durch Absorption (4.2.14) und Emission (4.2.12) zusammen, so erhalten wir die *Transportgleichung für Strahlung* der Frequenz ν

$$\frac{dI_\nu}{ds} = -\kappa_\nu I_\nu + j_\nu\ . \tag{4.2.16}$$

Durchsetzt unser Strahlenbündel eine nicht emittierende Schicht der Dicke s, so gilt

$$\frac{dI_\nu}{I_\nu} = -\kappa_\nu\,ds \tag{4.2.17}$$

und die Intensität I_ν der Strahlung nach dem Durchgang durch die absorbierende Schicht ist mit der Intensität $I_{\nu,0}$ der einfallenden Strahlung verknüpft durch

$$I_\nu/I_{\nu,0} = \mathrm{e}^{-\tau_\nu}\ , \tag{4.2.18}$$

wobei die dimensionslose Größe

$$\tau_\nu = \int_0^s \kappa_\nu\,ds = \int_0^s \kappa_{\nu,\mathrm{M}}\,\varrho\,ds \tag{4.2.19}$$

als *optische Dicke* der durchstrahlten Schicht bezeichnet wird. Zum Beispiel schwächt eine Schicht der optischen Dicke $\tau_\nu = 1$ einen Strahl auf $\mathrm{e}^{-1} = 0.368$ der ursprünglichen Intensität ab. Falls die Schicht weder emittiert noch absorbiert, d. h. für Strahlenausbreitung im Vakuum, finden wir wiederum, daß die Intensität entlang des Strahlenbündels gleich groß bleibt, vgl. (4.2.4 und 5).

Mit Hilfe der optischen Dicke $d\tau_\nu = \kappa_\nu\,ds$ können wir die Strahlungstransportgleichung (4.2.16) auch in der Form

$$\frac{dI_\nu}{d\tau_\nu} = -I_\nu + \frac{j_\nu}{\kappa_\nu} = -I_\nu + S_\nu \tag{4.2.20}$$

schreiben, wobei wir die *Quellfunktion* (Ergiebigkeit) als Verhältnis von Emissions- zu Absorptionskoeffizient einführen

$$S_\nu = j_\nu/\kappa_\nu\ . \tag{4.2.21}$$

Unser phänomenologischer Ansatz für den Absorptionskoeffizient in der Strahlungstransportgleichung umfaßt *alle* physikalischen Prozesse, durch welche die Intensität I_ν in der betrachteten Strahlungsrichtung verringert wird. Neben der in (4.2.14) eingeführten eigentlichen Absorption ist im allgemeinen Fall auch die *Streuung* an den Teilchen in der Schicht (Abschn. 4.8.2) zu berücksichtigen, durch welche Strahlung – mit einem Wirkungsquerschnitt σ_ν – aus der Einfallsrichtung herausgelenkt wird. Wir sprechen dann von *Extinktion* mit dem Extinktionskoeffizienten $k_\nu = \kappa_\nu + \sigma_\nu$ und der zugehörigen optischen Dicke $d\tau_\nu = k_\nu\,ds$. Entsprechend enthält der Emissionskoeffizient j_ν in (4.2.16) gegebenenfalls einen Beitrag zur Intensität durch Hineinstreuung in die betrachtete Richtung von ds.

Als Beispiel geben wir hier noch die Extinktion der Strahlung einer Frequenz ν durch die *Erdatmosphäre* für einen Stern mit der Zenitdistanz z an (Abb. 4.2.4). Sie entspricht einem Abschwächungsfaktor

$$I_\nu/I_{\nu,0} = \mathrm{e}^{-\tau_\nu\cdot\sec z}\ , \tag{4.2.22}$$

wobei $\sec z = 1/\cos z$ und τ_ν die (senkrecht zum Boden gemessene) optische Dicke der Erdatmosphäre bei der Frequenz ν bedeutet. Die *extraterrestrische Intensität* $I_{\nu,0}$ kann man übrigens – sofern τ_ν nicht zu groß ist – durch lineare Extrapolation der bei verschiedenen Zenitdistanzen z gemessenen $\ln I_\nu$ für $\sec z \to 0$ erhalten.

4.2.3 Thermodynamisches Gleichgewicht und Hohlraumstrahlung

Besonders übersichtliche Verhältnisse treffen wir an, wenn wir ein Strahlungsfeld betrachten, das mit seiner Umgebung im *thermodynamischen oder Temperaturgleichgewicht* steht. Wir stellen ein solches Strahlungs-

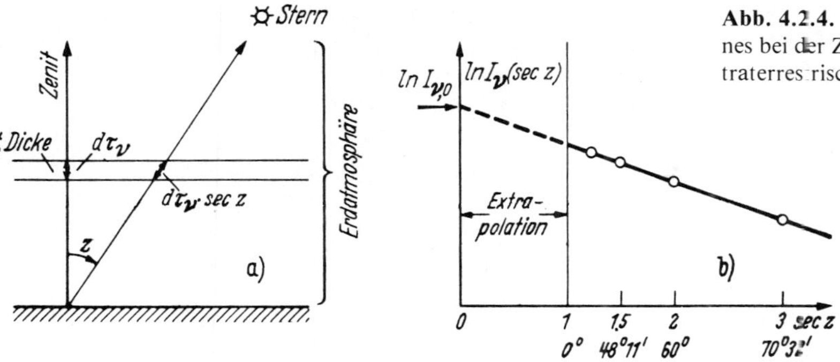

Abb. 4.2.4. (**a**) Atmosphärische Extinktion der ν-Strahlung eines Sternes bei der Zenitdistanz z. (**b**) Extrapolation auf sec $z \to 0$ ergibt die extraterrestrische Strahlungsintensität $I_{\nu,0}$

feld her, indem wir einen – sonst beliebigen – Hohlraum in ein Wärmebad der Temperatur T bringen. Da in einem solchen nach Definition alle Objekte dieselbe Temperatur haben, so erscheint es gerechtfertigt, von *Hohlraumstrahlung der Temperatur T* zu sprechen[2]. In einem isothermen Hohlraum wird jeder Körper bzw. jedes Flächenelement pro Zeiteinheit gleich viel Strahlungsenergie emittieren und absorbieren. Hiervon ausgehend können wir nun leicht zeigen, daß die Intensität I_ν der Hohlraumstrahlung *unabhängig* von der Materieerfüllung und der Beschaffenheit der Wände des Hohlraumes und von der Richtung ist (Isotropie). Wir brauchen nämlich nur einen Hohlraum mit zwei verschiedenen Kammern H_1 und H_2 (Abb. 4.2.5) zu betrachten. Wäre $I_{\nu,1} \neq I_{\nu,2}$, so könnten wir in der Öffnung, welche die beiden Kammern verbindet, z. B. mit Hilfe eines Radiometers (der bekannten „Lichtmühlen" in den Schaufenstern der Optiker) Energie gewinnen und hätten ein Perpetuum mobile 2. Art! Daß $I_{\nu,1} = I_{\nu,2}$ sein muß für *alle* Frequenzen, Strahlrichtungen und Polarisationsrichtungen zeigt man leicht, indem man in die Öffnung zwischen H_1 und H_2 nacheinander ein Farbfilter, ein Rohr der betr. Richtung oder ein Nicol-Prisma einsetzt; auch damit kann man – entsprechend dem 2. Hauptsatz der Thermodynamik – kein Perpetuum mobile 2. Art machen. Die Intensität der Hohlraumstrahlung I_ν ist also eine *universelle Funktion $B_\nu(T)$ von ν und T.*

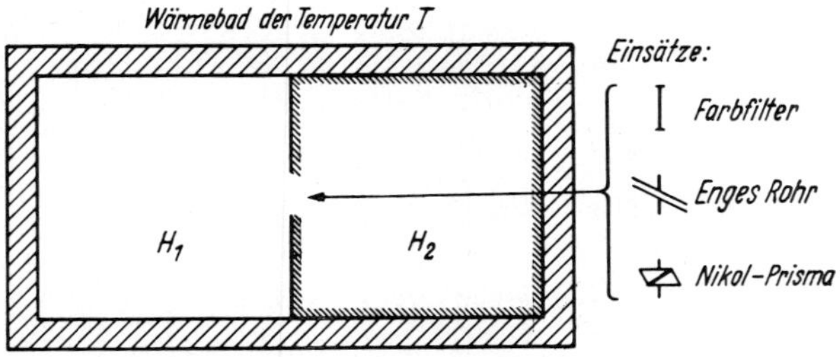

Abb. 4.2.5. Die Hohlraumstrahlung ist unpolarisiert und isotrop. Ihre Intensität ist eine universelle Funktion von ν und T, die Kirchhoff-Planck-Funktion $B_\nu(T)$

Ein kleines Loch in einem Hohlraum verschluckt alle auftreffende Strahlung durch mehrfache Reflexion und Absorption im Innern, stellt also einen sog. *schwarzen Körper* dar. Man nennt deshalb die Hohlraumstrahlung auch die *Strahlung des schwarzen Körpers* oder kurz schwarze Strahlung.

Man kann sie herstellen und messen, indem man einen Hohlraum der Temperatur T durch eine hinreichend kleine Öffnung „anzapft". Die wichtige Funktion $B_\nu(T)$, deren Existenz G. Kirchhoff 1860 erkannte und die M. Planck 1900 zuerst explizit berechnet hat, nennen wir die *Kirchhoff-Planck-Funktion* $B_\nu(T)$. Planck erkannte, daß er den Messungen der Intensität der Hohlraumstrahlung nur gerecht werden konnte, indem er die Grundgesetze der klassischen Mechanik und Elektrodynamik ergänzte durch die bekannten Forderungen der *Quantentheorie.* So entstand die *Plancksche Strahlungsformel,* die wir sogleich in der ν- und λ-Skala anschreiben

$$B_\nu(T) = \frac{2h\nu^3}{c^2}\,\frac{1}{e^{h\nu/kT}-1} \quad \text{bzw.}$$

$$B_\lambda(T) = \frac{2hc^2}{\lambda^5}\,\frac{1}{e^{hc/k\lambda T}-1} \qquad (4.2.23)$$

mit den beiden wichtigen Grenzfällen

$$\frac{h\nu}{kT} \gg 1:\ B_\nu(T) \simeq \frac{2h\nu^3}{c^2}\,e^{-h\nu/kT} \quad \text{Wiensches Gesetz,} \qquad (4.2.24\,a)$$

[2] Den Brechungsindex in dem Hohlraum nehmen wir hier als 1 an. Es wäre leicht, von dieser Voraussetzung abzusehen.

$$\frac{h\nu}{kT} \ll 1: B_\nu(T) \simeq \frac{2\nu^2 kT}{c^2} \quad \text{Rayleigh-Jeans-Gesetz.} \tag{4.2.24b}$$

Im Rayleigh-Jeansschen Strahlungsgesetz ist h, die charakteristische Größe der Quantentheorie, verschwunden. Für Lichtquanten, deren Energie $h\nu$ erheblich kleiner ist als die thermische Energie kT, geht – ganz allgemein – die Quantentheorie in die klassische Theorie über (Bohrsches Korrespondenzprinzip). Die im Exponenten des Strahlungsgesetzes in der λ-Darstellung (4.2.23) vorkommende Strahlungskonstante nennt man c_2; es ist

$$c_2 = \frac{hc}{k} = 1.439 \cdot 10^{-2}\,\mathrm{m\,K} \ . \tag{4.2.25}$$

Das Maximum der Kirchhoff-Planck-Funktion $B_\nu(T)$ bzw. $B_\lambda(T)$ ist durch das *Wiensche Verschiebungsgesetz*

$$\frac{c}{\nu_{\max}} \cdot T = 5.10 \cdot 10^{-3}\,\mathrm{m\,K} \quad \text{bzw.}$$

$$\lambda_{\max} \cdot T = 2.90 \cdot 10^{-3}\,\mathrm{m\,K} \tag{4.2.26}$$

gegeben.

Die Intensität der *Gesamtstrahlung* des schwarzen Körpers erhält man durch Integration von (4.2.23) über alle Frequenzen $B(T) = \int_0^\infty B_\nu(T)\,d\nu$. Der *Gesamtstrahlungsstrom,* d.h. die Ausstrahlung einer schwarzen Einheitsfläche in den Halbraum ist $F^+ = \pi B(T)$. Führt man die Integration über $B_\nu(T)$ aus, so erhält man das von J. Stefan 1879 experimentell gefundene und von L. Boltzmann 1884 durch eine Berechnung der Entropie der Hohlraumstrahlung theoretisch abgeleitete *Stefan-Boltzmannsche Strahlungsgesetz*

$$F^+ = \pi B(T) = \sigma T^4 \tag{4.2.27}$$

mit der Strahlungskonstante

$$\sigma = \frac{2\pi^5 k^4}{15 c^2 h^3} = 5.67 \cdot 10^{-8}\,\mathrm{W\,m^{-2}\,K^{-4}} \tag{4.2.28}$$
$$= 5.67 \cdot 10^{-5}\,\mathrm{erg\,s^{-1}\,cm^{-2}\,K^{-4}} \ .$$

Im *thermodynamischen Gleichgewicht,* d.h. in einem Hohlraum der Temperatur T, müssen die Emission und Absorption eines beliebigen Volumelementes einander gleich sein. Wir schreiben sie an für ein Volumelement der Grundfläche $d\sigma$ und der Höhe ds bezüglich der ν-Strahlung innerhalb eines Raumwinkelelementes $d\omega$ senkrecht zu $d\sigma$. Nach (4.2.12, 14) ist die

$$\begin{aligned} &\text{Emission/s} = j_\nu\, d\nu\, d\sigma\, ds\, d\omega \quad \text{und die} \\ &\text{Absorption/s} = \kappa_\nu\, ds\, B_\nu(T)\, d\sigma\, d\omega\, d\nu \ . \end{aligned} \tag{4.2.29}$$

Durch Gleichsetzen der beiden Beträge erhalten wir den *Kirchhoffschen Satz*

$$j_\nu = \kappa_\nu B_\nu(T) \ . \tag{4.2.30}$$

Dieser besagt also, daß im Zustand thermodynamischen Gleichgewichtes das Verhältnis von Emissionskoeffizient j_ν zu Absorptionskoeffizient κ_ν eine universelle Funktion $B_\nu(T)$ von ν und T ist, die gleichzeitig die Intensität der Hohlraumstrahlung angibt. Für die Quellfunktion in der Strahlungstransportgleichung (4.2.20) gilt dann $S_\nu = j_\nu/\kappa_\nu = B_\nu(T)$.

Als wichtige Anwendung berechnen wir die Strahlungsintensität I_ν, welche eine *Materieschicht* (z.B. das Plasma einer Gasentladung) der konstanten Temperatur T aussendet, die in Richtung des Sehstrahls eine Dicke s besitzt (Abb. 4.2.6):

Von einem Volumelement, das mit der Einheitsfläche als Querschnitt in Richtung des Sehstrahls von x bis $x + dx$ reicht ($0 \le x \le s$), wird pro s und sr der Beitrag zur Strahlungsintensität $\kappa_\nu B_\nu(T)\,dx = B_\nu(T)\,dt_\nu$ emittiert, wobei $dt_\nu = \kappa_\nu dx$ die optische Dicke ist. Bis zum Austritt aus der Schicht wird dieser Anteil aber um den Faktor $\exp(-t_\nu)$ mit $t_\nu(x) = \int_0^x \kappa_\nu dx$ geschwächt. Wir erhalten also für die gesamte Schicht der Dicke s, deren optische Dicke $\tau_\nu = t_\nu(s)$ sei,

$$I_\nu(s) = \int_0^{\tau_\nu} B_\nu(T)\,\mathrm{e}^{-t_\nu}\,dt_\nu \tag{4.2.31}$$

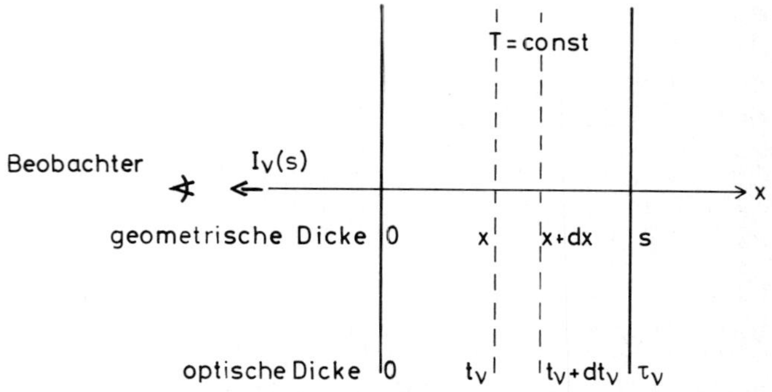

Abb. 4.2.6. Emission einer Schicht der Dicke s mit konstanter Temperatur

oder, da T in der Schicht konstant sein soll,

$$I_\nu(s) = B_\nu(T)(1 - e^{-\tau_\nu}) \simeq \begin{cases} \tau_\nu B_\nu(T) & \text{für} \quad \tau_\nu \ll 1 \\ B_\nu(T) & \text{für} \quad \tau_\nu \gg 1 \ . \end{cases} \tag{4.2.32}$$

D. h. die Ausstrahlung einer isothermen *optisch dünnen* Schicht ($\tau_\nu \ll 1$) ist gleich ihrer optischen Dicke mal der Kirchhoff-Planck-Funktion. Die Strahlungsintensität aus einer *optisch dicken* Schicht ($\tau_\nu \gg 1$) dagegen nähert sich der des schwarzen Körpers und kann diese nicht übersteigen. Angewandt auf eine Spektrallinie ergibt dies die bekannte Erscheinung der *Selbstabsorption:* Während zwei breite Spektrallinien in optisch dünner Schicht ein Intensitätsverhältnis $\sim\kappa_1 : \kappa_2$ aufweisen, nähert sich dieses bei Ausstrahlung in optisch dicker Schicht der Eins. (Hierzu weiterhin Abschn. 4.9).

Befindet sich die Materie in der Schicht nicht im thermodynamischen Gleichgewicht, kann also in der Strahlungstransportgleichung der Kirchhoffsche Satz nicht verwendet werden, so bleibt die Lösung (4.2.32) gültig, wenn wir die Kirchhoff-Planck-Funktion durch die (in der Schicht konstante) Quellfunktion $S_\nu = j_\nu/\kappa_\nu \neq B_\nu(T)$ ersetzen. Allerdings erfordert deren Berechnung aus den einzelnen Prozessen der Wechselwirkung der Strahlung mit der Materie im Plasma einen erheblich größeren Aufwand (Abschn. 4.7.3).

4.2.4 Strahlungsdichte

Als letzten der Grundbegriffe der Strahlungstheorie führen wir noch die *Strahlungsdichte* u_ν ein, die monochromatische Energiedichte des Strahlungsfeldes im Frequenzbereich von ν bis $\nu + d\nu$. Der Zusammenhang von u_ν mit der Strahlungsintensität I_ν ergibt sich durch folgende Betrachtung: Nach (4.2.1) wird die Grundfläche $d\sigma$ eines zylindrischen Volumelements mit der Höhe dl in der Zeiteinheit von der Strahlungsenergie $d\sigma \int I_\nu d\omega$ durchströmt, welche sich in ihm während der Zeit dl/c (durchlaufener Weg dl durch Lichtgeschwindigkeit c) aufhält. Die Energiedichte ist also

$$u_\nu = \frac{1}{c} \int I_\nu d\omega = \frac{4\pi}{c} J_\nu \ , \tag{4.2.33}$$

wobei wir mit

$$J_\nu = \frac{1}{4\pi} \int I_\nu d\omega \tag{4.2.34}$$

die über alle Raumwinkel *gemittelte Intensität* bezeichnen. Der Strahlungsdichte u_ν entspricht eine *Photonendichte*

$$N_\nu = \frac{4\pi}{c} \frac{J_\nu}{h\nu} \ , \tag{4.2.35}$$

da die Energie eines Photons $h\nu$ beträgt.

Integrieren wir (4.2.33) über das ganze Spektrum, so erhalten wir die *Gesamtstrahlungsdichte*

$$u = \int_0^\infty u_\nu d\nu = \frac{4\pi}{c} J \tag{4.2.36}$$

und die entsprechende Photonendichte

$$N = \frac{4\pi}{c} \int_0^\infty \frac{J_\nu}{h\nu} d\nu \ . \tag{4.2.37}$$

Für das isotrope Strahlungsfeld eines *schwarzen Körpers* sind die Intensität und die mittlere Intensität gleich der Kirchhoff-Planck-Funktion (4.2.23) $I_\nu = J_\nu = B_\nu(T)$ und somit wird

$$u_\nu = \frac{4\pi}{c} B_\nu(T) \ . \tag{4.2.38}$$

Die Gesamtstrahlungsdichte für ein schwarzes Strahlungsfeld ist dann nach dem *Stefan-Boltzmannschen Gesetz* (4.2.27)

$$u = \frac{4\pi}{c} B(T) = aT^4 \tag{4.2.39}$$

mit der Strahlungskonstanten

$$a = \frac{4\sigma}{c} = 7.56 \cdot 10^{-16}\,\mathrm{J\,m^{-3}\,K^{-4}} \ . \tag{4.2.40}$$

4.3 Die Sonne: Strahlung und Geschwindigkeitsfelder der Photosphäre

Wir fassen noch einmal kurz die uns schon bekannten Daten über die Sonne zusammen; in der Welt der Sterne werden wir sie dann vielfach als anschauliche *Einheiten* gebrauchen.

Mit Hilfe der Sonnenparallaxe von 8.794″ erhielten wir zunächst die mittlere Entfernung Sonne – Erde oder die *astronomische Einheit*

$$1\,\text{AE} = 149.6 \cdot 10^6\,\text{km} = 23456\,\text{äqu. Erdradien.} \qquad (4.3.1)$$

Der zugehörige scheinbare Radius der Sonnenscheibe ist

$$15'59.63'' = 959.63'' = 0.004652\,\text{rad} \ . \qquad (4.3.2)$$

Daraus erhalten wir den Sonnenradius

$$R_\odot = 696000\,\text{km} \ . \qquad (4.3.3)$$

Es ist also auf der Sonne

$$1'' = 725\,\text{km} \ . \qquad (4.3.4)$$

Wegen der atmosphärischen Szintillation liegt die Grenze des Auflösungsvermögens für die meisten Beobachtungen vom Erdboden aus etwa bei 500 km.

Umgekehrt entspricht die astronomische Einheit 215 Sonnenradien. Die Abplattung der Sonne infolge ihrer Rotation liegt an der Grenze der heutigen Nachweisbarkeit ($\lesssim 0.01''$).

Aus dem 3. Keplerschen Gesetz entnahmen wir die Sonnenmasse

$$\mathcal{M}_\odot = 1.989 \cdot 10^{30}\,\text{kg} \ . \qquad (4.3.5)$$

Daraus berechneten wir die mittlere Dichte der Sonne $\bar{\varrho}_\odot = 1409\,\text{kg}\,\text{m}^{-3}$; ebenso leicht erhalten wir die Schwerebeschleunigung an der Sonnenoberfläche

$$g_\odot = 274\,\text{m}\,\text{s}^{-2} \qquad (4.3.6)$$

oder das 27.9fache der Schwerebeschleunigung an der Erdoberfläche.

Das *Spektrum* der Sonne erscheint der Beobachtung – wenn wir vom kurzwelligen Ultraviolett und dem Radiofrequenzbereich zunächst absehen – als ein *Kontinuum,* das von vielen dunklen *Absorptionslinien,* den *Fraunhoferlinien,* durchzogen ist. Diejenigen Schichten der Sonnenatmosphäre, in denen die kontinuierliche Strahlung und der wesentliche Teil der Fraunhoferlinien entspringen, bezeichnet man als die *Photosphäre.*

In Abschn. 4.3.1 verschaffen wir uns einen Überblick über das photosphärische Spektrum und seinen Intensitätsverlauf von der Sonnenmitte zum Rand. Dann besprechen wir in Abschn. 4.3.2 die Beobachtungen der absoluten Energieverteilung des Sonnenspektrums und leiten die Leuchtkraft und Effektivtemperatur der Sonne her. Die Analyse des Fraunhoferspektrums müssen wir auf Abschn. 4.9 verschieben. Jedoch behandeln wir noch – in Abschn. 4.3.3 – die „körnige" Struktur der Sonnenoberfläche, die Granulation, sowie die Strömungen und Schwingungen in der Photosphäre („Sonnenseismologie").

Bei totalen Sonnenfinsternissen beobachtet man am Sonnenrand für sich die höheren Schichten der Atmosphäre, welche kein merkliches Kontinuum mehr, sondern fast nur noch den Fraunhoferlinien entsprechende Emissionslinien ausstrahlen. Diese Schicht nennt man die *Chromosphäre;* sie gibt nur einen geringen Beitrag zur Intensität der Absorptionslinien. Darüber kommt die *Korona,* die nach außen in das interplanetare Medium übergeht. Mit diesen äußersten Schichten der Sonne und ebenso mit den ganzen Erscheinungen der *Sonnenaktivität* (Flecke, Protuberanzen, Eruptionen usw.) oder – wie man auch sagt – der gestörten Sonne werden wir uns eingehender in Abschn. 4.10 befassen.

4.3.1 Photosphärisches Spektrum. Mitte-Rand-Variation

Mit großen Gitterspektrographen z. B. in einem Turmteleskop (Abb. 4.3.1) kann das Sonnenspektrum mit sehr hoher Auflösung aufgenommen werden, so daß die Fraunhoferlinien im Detail untersucht werden können (Abb. 4.3.2).

Die Wellenlänge λ, die Identifikationen und die Intensitäten der photosphärischen *Fraunhoferlinien* sind in den Tabellen von Rowland (1895/97) bzw. in ihrer (zweiten) revidierten Ausgabe von Ch. E. Moore, M. G. J. Minnaert und J. Houtgast (1966) für den Bereich 293.5 bis 877 nm enthalten sowie in neueren Zusammenstellungen, die zum Teil auch die benachbarten Spektralgebiete erfassen. Die mit dem Mikrophotometer registrierte *Intensitätsverteilung* im Sonnenspektrum enthalten der Utrechter Photometrische Atlas des Sonnenspektrums von M. G. J. Minnaert, G. F. W. Mulders, J. Houtgast (1940) und mehrere neuere Atlanten, zum Teil mit größerer Dispersion bzw. Auflösung und auch für andere Spektralbereiche. Die Utrechter Messungen und viele andere beziehen sich auf die *Mitte* der Sonnenscheibe. Nach dem Rande zu zeigt die Sonnenscheibe eine erhebliche *Mitte-Rand-Verdunkelung;* auch die Linien (relativ zum Kontinuum derselben Stelle) erfahren eine Mitte-Rand-Variation.

Wir kennzeichnen die Stelle auf der Sonnenscheibe (Abb. 4.2.3), wo wir beobachten, durch Angabe ihrer Entfernung von deren Mitte in Einheiten des Sonnenradius $r/R_\odot$ oder – im Hinblick auf die Theorie – durch

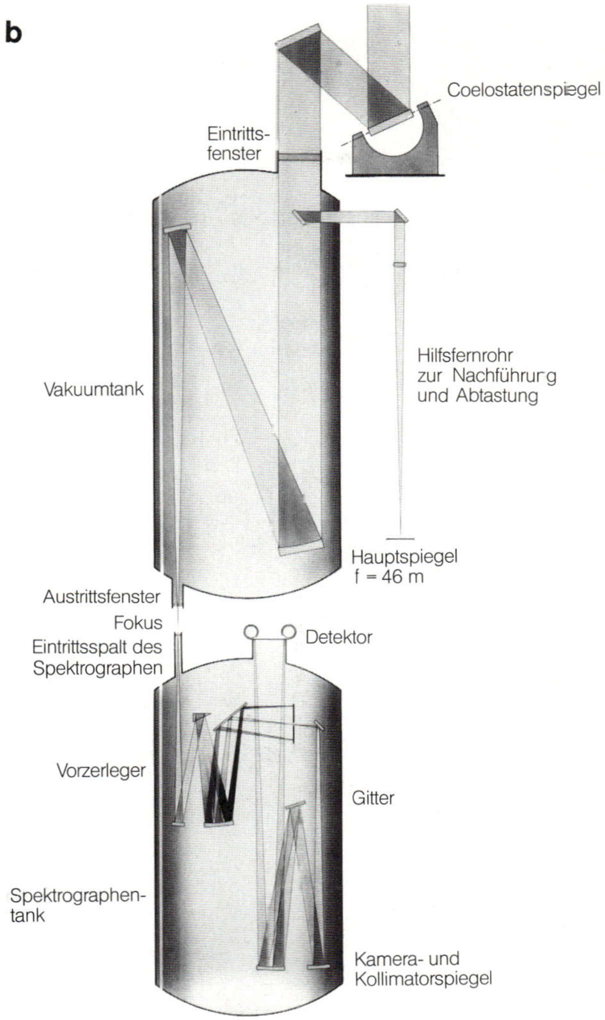

Abb. 4.3.1a, b. 60 cm-Vakuum-Turmteleskop des deutschen Sonnenobservatoriums im Observatorio del Teide des Instituto de Astrofisica de Canarias auf Teneriffa: Schnittzeichnung und Strahlengang. Durch die beiden Computer-gesteuerten Coelostatenspiegel wird das Sonnenlicht senkrecht nach unten in ein – zur Verringerung der Erwärmung bis auf 10^{-3} Atmosphären evakuiertes – Rohr von 2.5 m Durchmesser gelenkt, an dessen Boden der Hauptspiegel mit einer Brennweite von 46 m liegt. Nach dem Austritt aus dem Vakuumrohr kann das Licht entweder horizontal in Laboratorien umgelenkt oder vertikal in einen hochauflösenden Echelle-Spektrographen geführt werden, der sich in einem 16 m tiefen Rohr unter der Erdoberfläche befindet. Das 38 m hohe Gebäude besteht aus zwei ineinander geschachtelten Türmen, wobei der innere die Instrumente trägt und der äußere Erschütterungen, vor allem durch Wind, fernhält. E.H. Schröter und E. Wiehr (1985)

den Austrittswinkel ϑ gegen die Normale zur Sonnenoberfläche. Es gilt also

$$\frac{r}{R_\odot} = \sin\vartheta \quad \text{und} \quad \mu = \cos\vartheta = \sqrt{1-\left(\frac{r}{R_\odot}\right)^2}\,. \tag{4.3.7}$$

Der Sonnenmitte entspricht $\sin\vartheta = 0$, $\cos\vartheta = 1$ und dem Sonnenrand $\sin\vartheta = 1$, $\cos\vartheta = 0$. Die *Strahlungsintensität* an der Sonnenoberfläche (optische Tiefe $\tau_0 = 0$, Abschn. 4.8.1) im Abstand $r/R_\odot = \sin\vartheta$ von der Mitte der Scheibe bezeichnen wir mit $I_\lambda(0, \vartheta)$ oder $I_\nu(0, \vartheta)$ bezogen auf eine Wellenlängen- bzw. Frequenzskala, vgl. (4.2.2). Die *Mitte-Rand-Variation* der Strahlungsintensität $I_\lambda(0, \vartheta)/I_\lambda(0, 0)$ mißt man, indem man den Spalt des Spektrographen auf verschiedene Stellen des Sonnenbildes setzt. Die wesentliche Schwierigkeit bei diesen und al-

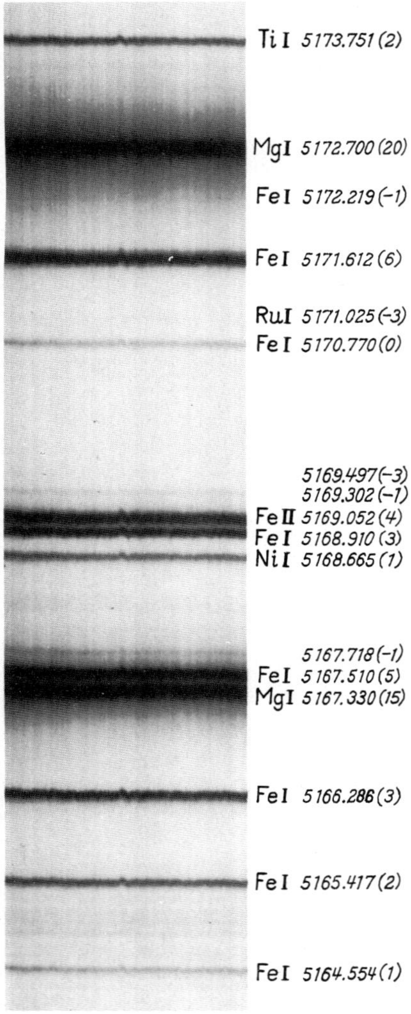

Abb. 4.3.2. Sonnenspektrum (Mitte der Sonnenscheibe), $\lambda = 516 - 518$ nm. 5. Ordnung des Vakuum-Gitterspektrographen, McMath-Hulbert Observatory. Angeschrieben ist Wellenlänge in Å (1 Å = 0.1 nm), Identifikation und (geschätzte) Rowland-Intensität der Fraunhoferlinien

len weiteren Messungen von Details auf der Sonnenscheibe liegt in der Elimination des Streulichtes von Instrument und Erdatmosphäre. Eine zusammenfassende Darstellung von Messungen der Mitte-Rand-Variation bei verschiedenen Wellenlängen gibt Abb. 4.3.3. Das Verhältnis der mittleren Intensität der Sonnenscheibe $\bar{I}_\lambda = F_\lambda/\pi$ (4.2.10) zur Intensität in der Mitte der Sonnenscheibe $I_\lambda(0, 0)$ kann man leicht nach (4.2.7) berechnen.

4.3.2 Absolute Energieverteilung, Leuchtkraft und Effektivtemperatur der Sonne

Absolutwerte der Strahlungsintensität, z. B. für die Sonnenmitte $I_\lambda(0, 0)$, mißt man durch Anschluß an einen Hohlraumstrahler (schwarzen Körper) bekannter Temperatur. Der höchste gasthermometrisch genau bestimmte Fixpunkt der Temperaturskala ist der Goldschmelzpunkt bzw. *Golderstarrungspunkt* T_{Au}. Die Temperaturskala oberhalb T_{Au} basiert auf diesem Fixpunkt und Pyrometermessungen unter Verwendung des Planckschen Gesetzes bzw. der Strahlungskonstante c_2 (4.2.23, 25). Die Internationale Praktische Temperaturskala von 1968 beruht auf dem Golderstarrungspunkt $T_{Au} = 1337.58$ K bzw. 1064.43 °C und der Strahlungskonstante $c_2 = 1.4388 \cdot 10^{-2}$ m K. (Der Nullpunkt der Celsius-Skala liegt bei 273.15 K.)

Selbstverständlich muß für zahlreiche Wellenlängen die Extinktion in der Erdatmosphäre (Abb. 4.2.4) genau bestimmt und eliminiert werden.

Da das Sonnenspektrum (Abb. 4.3.2) von vielen Fraunhoferlinien durchzogen ist, mißt man am besten die Intensität des Spektrums *einschließlich* der Linien $I_\lambda^m(0,0)$, und zwar über scharf ausgeschnittene Wellenlängenbereiche von z. B. $\Delta\lambda = 2$ nm gemittelt (Superskript m). Die Integration über die Sonnenscheibe auf-

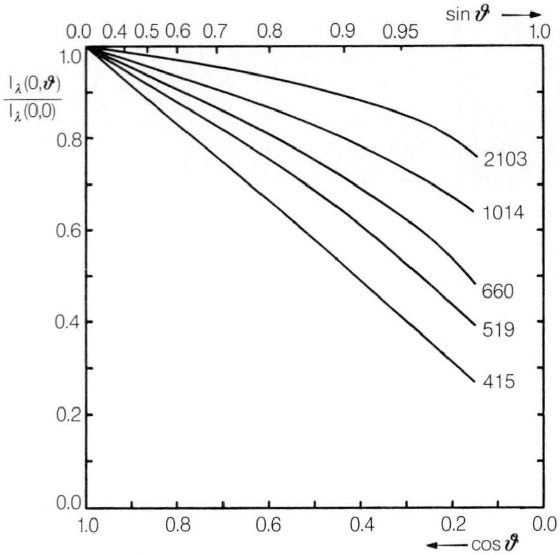

Abb. 4.3.3. Mitte-Rand-Verdunkelung der Sonne. Das Verhältnis der Strahlungsintensitäten $I_\lambda(0, \vartheta)/I_\lambda(0, 0)$ ist für mehrere (von Linien freie) Wellenlängen λ in [nm] vom Blau bis ins Infrarot aufgetragen über $\cos\vartheta$. Die ungleichförmig geteilte obere $\sin\vartheta$-Skala gibt den Abstand von der Mitte der Scheibe in Einheiten des Sonnenradius an

grund von Messungen der Mitte-Rand-Variation in diesen Wellenlängenbereichen liefert sofort die entsprechenden Mittelwerte des Strahlungsstroms $F_\lambda^m(0)$. Mit Absolutmessungen dieser Art werden dann hochaufgelöste Spektren sowohl der Scheibenmitte als auch der über die Scheibe integrierten Strahlung geeicht.

Für die Physik der Sonne interessant ist aber auch das *Kontinuum* zwischen den Linien $I_\lambda^c(0,0)$ bzw. $F_\lambda^c(0)$. Dessen Festlegung macht im langwelligen Bereich $\lambda > 450$ nm keine Schwierigkeit. Im blauen und violetten Spektralbereich dagegen sind die Linien so dicht gepackt, daß die Festlegung des „wahren" Kontinuums unterhalb $\lambda = 450$ nm problematisch wird. Hier läßt sich nur noch ein „lokales Quasi-Kontinuum" angeben, das durch diejenigen Stellen („Fenster"), die am wenigsten von den Linien beeinflußt werden, definiert ist. In diesem Spektralgebiet kann das „wahre" Kontinuum nur noch im Anschluß an eine voll entwickelte Theorie festgelegt werden.

Die Ergebnisse aufgrund der bisher wohl genauesten Absolutmessungen und Mitte-Rand-Beobachtungen von H. Neckel und D. Labs sowie der neuesten hochaufgelösten Fourier-Spektren von J. Brault zeigt Abb. 4.3.4.

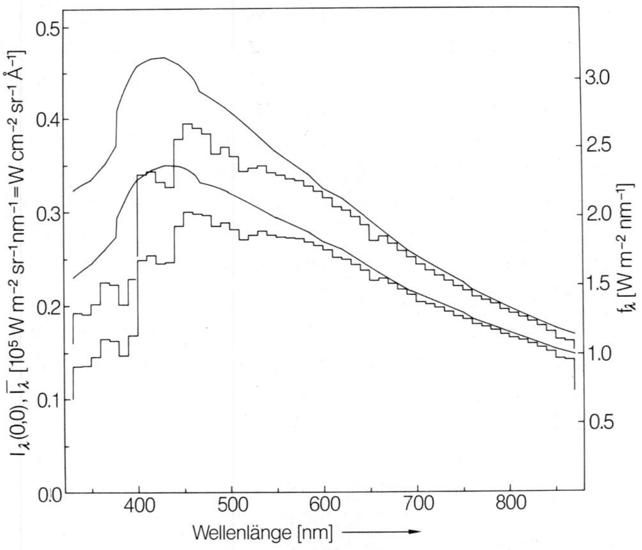

Abb. 4.3.4. Absolute Energieverteilung im Sonnenspektrum nach H. Neckel und D. Labs (1984). Intensität $I_\lambda(0,0)$ in der Mitte der Scheibe (*obere Kurven*) und über die Scheibe gemittelte Intensität $\bar{I}_\lambda = F_\lambda/\pi$ (*untere Kurven*). Die Treppenkurven stellen über $\Delta\lambda = 10$ nm gemittelte Intensitäten I_λ^m bzw. $\bar{I}_\lambda^m$ einschließlich der Fraunhoferlinien dar, die glatten Kurven den Verlauf des Quasi-Kontinuums I_λ^c bzw. $\bar{I}_\lambda^c$. Für die unteren Kurven gibt die rechte Skala den an der Erde ($r = 1$ AE) außerhalb ihrer Atmosphäre auftreffenden Strahlungsstrom $f_\lambda = F_\lambda(R_\odot/r)^2$ an. Durch Integration von f_λ über alle Wellenlängen erhält man die Solarkonstante S (4.3.11)

Den Bruchteil η der von den Linien aus dem Kontinuum absorbierten Strahlung, gemittelt über abgegrenzte Bereiche $\Delta\lambda$ von etwa 1 bis 10 nm Breite,

$$\eta_\lambda^m = 1 - I_\lambda^m(0,0)/I_\lambda^c(0,0) \quad (4.3.8)$$

bzw. einen entsprechenden Ausdruck für $F_\lambda^m(0)$, bestimmt man aus Spektren hoher Auflösung durch numerische Integration. η_λ^m liegt im Ultraviolett (300 bis 400 nm), bezogen auf 1 nm breite Bereiche und auf ein lokales Kontinuum, etwa zwischen 25 und 80%; erst bei $\lambda > 550$ nm geht es auf wenige Prozent herunter.

Durch Integration des Strahlungsstroms $F_\lambda(0)$ über alle Wellenlängen – wobei man die von der Erdatmosphäre abgeschnittenen Enden im Ultraviolett und Infrarot durch Beobachtungen von außerhalb der Atmosphäre ergänzen muß – erhält man den *Gesamtstrahlungsstrom* an der Oberfläche der Sonne

$$F = \int_0^\infty F_\lambda \, d\lambda = 6.33 \cdot 10^7 \, \mathrm{W m^{-2}}$$
$$= 6.33 \cdot 10^{10} \, \mathrm{erg\, cm^{-2}\, s^{-1}} \, . \quad (4.3.9)$$

Daraus berechnet man leicht die gesamte Ausstrahlung der Sonne pro Zeiteinheit, ihre *Leuchtkraft*

$$L_\odot = 4\pi R_\odot^2 F = 3.85 \cdot 10^{26} \, \mathrm{W}$$
$$= 3.85 \cdot 10^{33} \, \mathrm{erg\, s^{-1}} \, . \quad (4.3.10)$$

Andererseits erhalten wir den Strahlungsstrom S in Erdentfernung ($r = 1$ AE) nach (4.2.11), indem wir die mittlere Strahlungsintensität der Sonnenscheibe mit deren Raumwinkel (von der Erde aus gesehen) $\pi R_\odot^2/r^2 = 6.800 \cdot 10^{-5}$ sr oder den Strahlungsstrom F mit dem Verdünnungsfaktor $(R_\odot/r)^2$ multiplizieren. So ergibt sich die *Solarkonstante*

$$S = 1.37 \, \mathrm{kW\, m^{-2}} = 1.37 \cdot 10^6 \, \mathrm{erg\, cm^{-2}\, s^{-1}} \, . \quad (4.3.11)$$

Diese wichtige Größe ist nach Vorversuchen von S.S. Pouillet (1837) zuerst von K. Ångström (um 1883) und C.G. Abbot (um 1908) genauer gemessen worden, indem sie zunächst mit einem „schwarzen" Empfänger, dem sog. Pyrheliometer, die gesamte am Erdboden ankommende Sonnenstrahlung maßen. Diese Messung muß aber ergänzt werden durch Relativmessungen der spektral zerlegten Strahlung, denn nur für diese kann man die atmosphärische Extinktion nach Abb. 4.2.4 eliminieren. In neuerer Zeit hat man S von Flugzeugen, Raketen und Raumfahrzeugen aus – mit immer kleineren Extinktionskorrektionen – gemessen. Die Gesamtheit *aller* Messungen führt wieder auf den Zahlenwert (4.3.11) mit einer Unsicherheit unterhalb von $\pm 1\%$. Diese Leistung steht außerhalb der Erdatmosphäre zur Verfügung.

Messungen mit hoher relativer Genauigkeit durch empfindliche Radiometer auf Satelliten haben gezeigt, daß die „Solarkonstante" zeitliche Schwankungen von etwa 0.1 bis 0.3% aufweist, die proportional zu dem von Sonnenflecken (Abschn. 4.10.1) bedeckten Teil der Sonnenoberfläche sind.

Doch kehren wir noch einmal zurück zur Betrachtung des Gesamtstrahlungsstromes F und der Strahlungsintensität $I_\lambda(0, 0)$ an der Sonnenoberfläche. Zu unserer ersten – noch ziemlich formalen und vorläufigen – Orientierung über die Temperaturen in der Sonnenatmosphäre interpretieren wir ersteren im Sinne des Stefan-Boltzmannschen Strahlungsgesetzes und definieren so die *Effektivtemperatur* der Sonne

$$F = \sigma T_{\mathrm{eff}}^4 \; ; \quad T_{\mathrm{eff}} = 5780\,\mathrm{K} \; . \tag{4.3.12}$$

Weiterhin interpretieren wir die Strahlungsintensität $I_\lambda(0,0)$ im Sinne des Planckschen Strahlungsgesetzes (4.2.23) und definieren so die *Strahlungstemperatur* T_λ für die Mitte der Sonnenscheibe als Funktion der Wellenlänge. [Analog kann man auch eine wellenlängenabhängige Strahlungstemperatur durch den monochromatischen Strahlungsstrom $F_\lambda(0)$ definieren.]

Da die Sonne *nicht* wie ein schwarzer Körper strahlt – sonst müßte zum einen $I_\lambda(0, \vartheta)$ unabhängig von ϑ sein, d. h. die Sonne würde keine Mitte-Rand-Verdunkelung zeigen, zum anderen dürften auch keine Fraunhoferlinien auftreten – so dürfen wir T_{eff} und die T_λ nicht allzu wörtlich interpretieren. Immerhin werden T_{eff} bzw. T_λ die Temperatur in *den* Schichten der Sonnenatmosphäre, aus denen die Gesamtstrahlung bzw. die Strahlung bei der Wellenlänge λ zu uns empordringt, einigermaßen richtig anzeigen. Die effektive Temperatur T_{eff} ist darüber hinaus ein wichtiges Bestimmungsstück der Sonnenatmosphäre (und in entsprechender Weise der Sternatmosphären), indem sie per def. in Verbindung mit dem Stefan-Boltzmannschen Strahlungsgesetz den Gesamtstrahlungsstrom F darstellt, d. h. den gesamten Energiestrom, der pro Flächeneinheit an der Sonnenoberfläche aus dem Inneren kommt.

Auf die Analyse des Sonnenspektrums, die Temperatur- und Dichteschichtung in der Photosphäre und die Häufigkeiten der chemischen Elemente können wir erst in Zusammenhang mit der Theorie der Sternatmosphären in den Abschn. 4.8, 9 eingehen.

4.3.3 Granulation und Oszillationen

Studiert man die *Sonnenoberfläche* genauer, so erscheint sie (im weißen Licht) wie gesprenkelt. Die *Granulation* besteht aus helleren „Granula", deren Temperatur sich über die ihrer dunkleren Zwischenräume um 100 bis 200 K erhebt (Abb. 4.10.2). Das Granulationsmuster ändert sich ständig; Reihenaufnahmen zeigen, daß die Zellen eine mittlere Lebensdauer von etwa 8 min haben, bevor sie sich teilen oder auflösen. Die Durchmesser der Granulationszellen reichen von den größeren mit etwa 3500 km bis zur teleskopischen Auflösungsgrenze bei einigen 100 km. Im photosphärischen Spektrum erkennt man bei guter räumlicher und zeitlicher Auflösung Auf- und Abwärtsbewegungen der einzelnen Zellen mit rund $0.5\,\mathrm{km\,s^{-1}}$ aus der Dopplerverschiebung (2.5.2) der Fraunhoferlinien. Da der Spektrographenspalt viele Granulationselemente überdeckt, erhalten die Absorptionslinien eine sägeartige Struktur (Abb. 4.3.2).

Neben der Granulation gibt es noch ein zweites, gröberes Netz von Zellen, dessen Maschen Durchmesser von 15000 bis 40000 km haben. Die Strömung dieser *Supergranulation* geht in der Mitte der Zellen hoch, mit etwa $0.4\,\mathrm{km\,s^{-1}}$ radial nach außen und am Rand mit $\lesssim 0.2\,\mathrm{km\,s^{-1}}$ wieder nach unten. Die mittlere Lebensdauer der Zellen (etwa gleich ihrer Umwälzungsdauer) beträgt etwa 36 h. Die Supergranulation erstreckt sich auch in die über der Photosphäre liegende Schicht der Sonnenatmosphäre, die Chromosphäre, und ist besonders deutlich auf Ca II-Spektroheliogrammen (Abschn. 4.10) zu sehen.

Das Strömungsfeld der Granulation und Supergranulation hängt eng mit den *Magnetfeldern* auf der Sonne zusammen. Wir werden hierauf im Zusammenhang mit den Phänomenen der Sonnenaktivität in Abschn. 4.10.6 zurückkommen.

Neben den irregulären Strömungen der Granulation beobachten wir durch den Dopplereffekt der Fraunhoferlinien noch großräumige, fast periodische *Wellenbewegungen* in der Photosphäre (und Chromosphäre). R. B. Leighton entdeckte 1960 Oszillationen in den Radialgeschwindigkeiten mit Perioden bei 5 min bzw. Frequenzen bei $3.3 \cdot 10^{-3}\,\mathrm{Hz}$ und Amplituden von 0.1 bis $0.5\,\mathrm{km\,s^{-1}}$. Nachdem es F. L. Deubner 1975 gelang, diese Oszillationen nach Frequenz und Wellenlänge aufzulösen und als Überlagerung nichtradialer *Eigenschwingungen* der oberflächennahen Schichten zu identifizieren, konnte man mit verfeinerten Beobachtungsmethoden viele weitere Schwingungsmoden finden. Die Geschwindigkeitsamplitude der individuellen Moden ist äußerst gering ($\lesssim 0.2\ \mathrm{m\,s^{-1}}$), erst bei ihrer stochastischen Überlagerung entstehen Amplituden bis zu $500\ \mathrm{m\,s^{-1}}$. Anders als bei pulsierenden veränderlichen Sternen wie z. B. den Cepheiden (Abschn. 4.11.1) werden bei der Sonne also bevorzugt hohe Oberschwingungen mit Wellenlängen $\ll R_\odot$ und sehr kleinen Amplituden angeregt.

Eine Eigenschwingung kann man als eine stehende *Schallwelle* in einer begrenzten Schicht der Sonne wie in einem Resonator auffassen. Durch die Temperatur- und Dichteschichtung in der Sonne sind die Ausbreitungsbedingungen der Schallwellen (Geschwindigkeit, Reflexion, Brechung) festgelegt und damit auch die „Wände" des Resonanzvolumens. Man kann daher umgekehrt mit der sog. *Helioseismologie* – analog wie bei den Erdbebenwellen – aus der Analyse des komplizierten, zeitlich veränderlichen Musters von Schwingungsknoten und -bäuchen an der Sonnen*oberfläche*, das durch Überlagerung von etwa 10^7 Moden unterschiedlicher Wellenlängen entsteht, Aussagen über das unter der Photosphäre liegende Sonnen*innere* machen, aus dem keine elektromagnetische Strahlung mehr zu uns gelangt. Einen besonders tiefen Blick in das Innere bieten radiale Schwingungen großer Wellenlänge bzw. langer Periode. Diese werden erkennbar durch Integration über große Bereiche der Sonnenoberfläche, wobei sich die Oszillationen kleiner Wellenlängen weitgehend herausmitteln.

4.4 Helligkeiten und Farben, Entfernungen und Radien der Sterne

Nach der Sonne wenden wir uns jetzt den viel weiter entfernten *Sternen* zu und befassen uns in Abschn. 4.4.1 zunächst mit deren scheinbaren Helligkeiten, Farben und spektralen Energieverteilungen. In Abschn. 4.4.2 erörtern wir dann die trigonometrische Messung der Parallaxen und damit der Entfernungen der Sterne, mit deren Hilfe aus den scheinbaren die wahren bzw. absoluten Helligkeiten gewonnen werden. Wir führen in Abschn. 4.4.3 noch die bolometrische Helligkeit und die Leuchtkraft ein und geben in Abschn. 4.4.4 einen Überblick über die Radien der Sterne und die Verfahren zu ihrer Bestimmung.

4.4.1 Scheinbare Helligkeiten, Farbindizes und Energieverteilung

Schon Hipparch und viele der älteren Astronomen hatten Sternhelligkeiten katalogisiert. Von *Sternphotometrie* im heutigen Sinne können wir erst sprechen, seit N. Pogson 1850 eine klare Definition der Größenklassen oder Magnitudines gab und J.C.F. Zöllner 1861 sein visuelles Photometer konstruierte, in dem man die Helligkeit eines Sternes mit der eines künstlichen Sternbildchens unter Verwendung von zwei Nicolschen Prismen[3] genau vergleichen konnte.

Verhalten sich die mit einem Photometer gemessenen Strahlungsströme zweier Sterne wie s_1/s_2, so ist nach Pogsons Definition die Differenz ihrer *„scheinbaren Helligkeiten"*

$$m_1 - m_2 = -2.5 \log(s_1/s_2) \quad [\mathrm{mag}] \qquad (4.4.1)$$

oder umgekehrt

$$s_1/s_2 = 10^{-0.4(m_1 - m_2)} \ . \qquad (4.4.2)$$

Es entspricht also einer Differenz von

$$-\Delta m = 1 \quad 2.5 \quad 5 \quad 10 \quad 15 \quad 20 \quad [\mathrm{mag}]$$

ein Verhältnis der Strahlungsströme oder – wie man kurz sagt – ein Helligkeitsverhältnis

$$s_1/s_2 \;= 2.51 \quad 10 \quad 10^2 \quad 10^4 \quad 10^6 \quad 10^8 \ .$$

Die Maßeinheit von m ist die *Größenklasse* oder *Magnitudo* und wird mit mag oder m abgekürzt.

Der Nullpunkt der Größenklassenskala wurde ursprünglich festgelegt durch die internationale *Polsequenz*, eine Reihe von Sternen in der Nähe des Pols, die genau gemessen und auf Konstanz ihrer Helligkeiten geprüft waren. Da größeren Helligkeiten kleinere und schließlich negative Magnitudines entsprechen, so empfiehlt es sich, z. B. zu sagen: „Der Stern α Lyr (Wega) mit der scheinbaren (visuellen) Helligkeit 0.14 mag ist 1.19 Magnitudines *heller* als α Cyg (Deneb) mit 1.33 mag bzw. α Cyg ist 1.19 Magnitudines *schwächer* als α Lyr."

Die älteren photometrischen Messungen wurden *visuell* gemacht. Mit K. Schwarzschilds Göttinger Aktinometrie kam 1904/08 die photographische Photometrie hinzu, zunächst mit gewöhnlichen blauempfindlichen

[3] Zwei Nicol-Prismen, deren Polarisationsebenen miteinander einen Winkel α bilden, schwächen das durchgehende Licht um einen Faktor $\cos^2\alpha$.

Platten. Bald lernte man, mit sensibilisierten (auch im Gelb empfindlichen) Platten, denen ein Gelbfilter vorgesetzt wurde, die spektrale Empfindlichkeitsverteilung des menschlichen Auges nachzuahmen. So hatte man neben den visuellen Magnitudines m_v die photographischen m_{pg} und dann die photovisuellen Magnitudes m_{pv}. Heute kann man photographisch oder photoelektrisch durch Kombination geeigneter Platten oder Photomultiplier mit entsprechenden Farb- oder Interferenzfiltern das Empfindlichkeitsmaximum seiner Meßanordnung in irgendeinen Wellenlängenbereich legen.

Wir schaffen zunächst klare Begriffe und fragen: „Was bedeuten eigentlich unsere verschiedenen Magnitudines?"

Ein Stern vom Radius R emittiere bei der Wellenlänge λ an seiner Oberfläche den Strahlungsstrom F_λ. Befindet er sich in der Entfernung r von der Erde, so erhalten wir (von interstellarer Extinktion wollen wir vorerst absehen) außerhalb der Erdatmosphäre nach (4.2.11) einen Strahlungsstrom

$$f_\lambda = R^2 F_\lambda / r^2 \ . \qquad (4.4.3)$$

Nun sei der Beitrag, den ein Normalspektrum $f_\lambda \equiv 1$ zur Anzeige unseres Meßgerätes liefert, als Funktion der Wellenlänge beschrieben durch die Empfindlichkeitsfunktion E_λ, die durch die Durchlässigkeit des Instruments und die Empfindlichkeit des Detektors bestimmt ist. Die Anzeige ist dann proportional dem Integral

$$s = \frac{1}{r^2} \int_0^\infty R^2 F_\lambda E_\lambda \, d\lambda \qquad (4.4.4)$$

und die scheinbare Helligkeit m unseres Sterns wird (mit einer Normierungskonstante, die durch Übereinkunft festgesetzt werden muß)

$$m = -2.5 \log \frac{1}{r^2} \int_0^\infty R^2 F_\lambda E_\lambda \, d\lambda + \text{const} \ . \qquad (4.4.5)$$

Wir haben in (4.4.5) die Extinktion in der Erdatmosphäre von Anfang an beiseite gelassen. Da E_λ in der Praxis nur in einem kleinen Wellenlängenbereich erhebliche Werte annimmt, so kann die *Extinktionsbestimmung* tatsächlich ohne weiteres (nach Abb. 4.2.4) wie für monochromatische Strahlung im Schwerpunkt von E_λ durchgeführt werden.

Die *visuellen* Helligkeiten m_v sind nach (4.4.5) also definiert durch die Empfindlichkeitsfunktion des menschlichen Auges *mal* der Durchlässigkeit des Instrumentes, deren Schwerpunkt, die isophote Wellenlänge, etwa bei 540 nm im Grünen liegt. In entsprechender Weise liegt der Schwerpunkt für die *photographischen* Helligkeiten m_{pg} etwa bei $\lambda = 420$ nm.

Die Differenz zweier, in verschiedenen Wellenlängenbereichen X und Y gemessenen scheinbaren Helligkeiten bezeichnet man als

$$\text{Farbindex} = m_X - m_Y \ . \qquad (4.4.6)$$

Als Standardsystem zur Messung von *Sternhelligkeiten und -farben* verwendet man heute meist das von H.L. Johnson und W.W. Morgan (1951) entwickelte UBV-System (U = ultraviolett, B = blau, V = visuell); die entsprechenden Magnitudines bezeichnet man kurz mit

$$\mathrm{U} = m_\mathrm{U} \ , \quad \mathrm{B} = m_\mathrm{B} \ , \quad \mathrm{V} = m_\mathrm{V} \ . \qquad (4.4.7)$$

Die zugehörigen Empfindlichkeitsfunktionen E_λ, die man photographisch oder photoelektrisch realisieren kann, sind in Abb. 4.4.1 graphisch dargestellt. Ihre Schwerpunkte sind für mittlere Sternfarben

$$\lambda_\mathrm{U} \simeq 365\ \mathrm{nm} \ , \quad \lambda_\mathrm{B} \simeq 440\ \mathrm{nm} \ , \quad \lambda_\mathrm{V} \simeq 548\ \mathrm{nm} \ . \qquad (4.4.8)$$

Für heiße (blaue) bzw. kühle (rote) Sterne verschieben sie sich nach kürzeren bzw. längeren Wellenlängen.

Die drei Magnitudes U, B und V werden per def. so aufeinander bezogen, d.h. die drei Konstanten in (4.4.5) werden so gewählt, daß für A0V-Sterne (z. B. α Lyr = Wega; Abschn. 4.5)

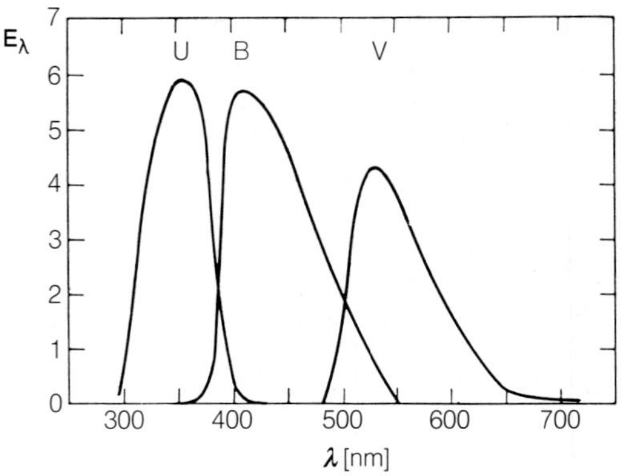

Abb. 4.4.1. Relative Empfindlichkeitsfunktionen E_λ (bezogen auf eine Lichtquelle mit f_λ = const) der UBV-Photometrie; nach H. J. Johnson und W. W. Morgan

$$\begin{aligned} U &= B = V \;, \\ U - B &= B - V = 0 \;. \end{aligned} \qquad \text{(für A0V)} \qquad (4.4.9)$$

Für den praktischen Gebrauch – einschließlich der Übertragung von einem Instrument auf ein anderes mit (möglicherweise) ein wenig verschiedenen Empfindlichkeitsfunktionen – wird das UBV-System festgelegt durch eine größere Anzahl sehr genau gemessener *Standardsterne,* deren Helligkeiten und Farben einen großen Bereich überdecken.

Die *Farbindizes* geben – wie K. Schwarzschild zuerst erkannte – ein Maß für die *Energieverteilung* im Spektrum der Sterne und damit auch für die Temperaturen in den Sternatmosphären. Als erste Orientierung erhalten wir die sog. *Farbtemperatur* T_F, wenn wir die Energieverteilung in einem begrenzten Spektralbereich durch das Plancksche Strahlungsgesetz approximieren. In der *Wienschen Näherung* ($c_2/\lambda T \gg 1$) ist $F \sim \exp(-c_2/\lambda T_F)$; ziehen wir noch die Integrationen nach (4.4.5) auf die *Schwerpunkte* der Empfindlichkeitsfunktionen zusammen, so erhalten wir z. B.

$$B - V = \frac{2.5\, c_2 \log e}{T_F} \left(\frac{1}{\lambda_B} - \frac{1}{\lambda_V} \right) + \text{const} \qquad (4.4.10)$$

oder mit $c_2 = 0.014$ m K und (4.4.8)

$$B - V \simeq \frac{0.7 \cdot 10^4}{T_F\,[\mathrm{K}]} + \text{const} \;. \qquad (4.4.11)$$

Die z. B. aus dem Farbindex $B-V$ berechneten Zahlenwerte der Farbtemperaturen sind ohne tiefere Bedeutung wegen der erheblichen Abweichungen der Sterne vom schwarzen Körper (Absorptionskanten, Fraunhoferlinien, ..., Abb. 4.4.2). Die Bedeutung der Farbindizes liegt in einer anderen Richtung: Die Farbindizes bzw. die Farbtemperaturen hängen – wie die Theorie der Sternatmosphären zeigen wird – zusammen mit deren grundlegenden Parametern, insbesondere der *Effektivtemperatur* T_{eff} (Gesamtstrahlungsstrom!) und der *Schwerebeschleunigung g* bzw. der *absoluten Helligkeit* der Sterne (Abschn. 4.8). Da man Farbindizes photoelektrisch ohne weiteres auf 0.01 mag genau messen kann, so ist nach (4.4.11) zu erwarten, daß man z. B. bei etwa 7000 K Temperatur*unterschiede* mit einer Genauigkeit von etwa 1% festlegen kann, wie sie von keiner anderen Methode erreicht wird. Die Temperaturen selbst sind natürlich längst nicht so genau bestimmt.

Neben dem UBV-System haben Bedeutung erlangt das UGR-System nach W. Becker mit den Schwerpunkten $\lambda = 366$, 463 und 638 nm und das *Sechsfarbensystem* von J. Stebbins, A. E. Whitford und G. Kron, welches vom Ultraviolett bis ins Infrarot reicht ($\lambda_U = 355$ nm ... $\lambda_I = 1.03$ µm). Die wechselseitige Umrechnung der Magnitudines und Farbindizes verschiedener photometrischer Systeme mit nicht allzu verschiedenen isophoten Wellenlängen geschieht durch empirisch aufgestellte, meist lineare Beziehungen.

H. L. Johnson u. a. haben das UBV-System ins Rot und Infrarot ausgedehnt mit den weitgehend durch die Durchlässigkeit der Erdatmosphäre bedingten Filtern und Schwerpunktswellenlängen

	R	I	J	H	K
λ:	0.7	0.9	1.25	1.63	2.2
	L	M	N	Q	
	3.6	5.0	10.6	21	[µm] .

(4.4.12)

Verzichtet man darauf, Farben von möglichst lichtschwachen Sternen zu erhalten, so kann man von der Breitbandphotometrie (mit Halbbreiten der Empfindlichkeitsfunktionen $\Delta\lambda \gtrsim 50$ nm) zu Messungen mit schmaleren Filtern übergehen, die im Hinblick auf eine theoretische Eichung als Funktion der grundlegenden Sternparameter vorteilhaft sind. Viel verwendet wird die von B. Strömgren entwickelte *Mittelbandphotometrie* ($\Delta\lambda \simeq 10-30$ nm) mit den Filtern

	u	v	b	y	
λ:	350	411	467	547	[nm] .

(4.4.13)

Die in diesem System gebräuchlichen Farbindizes sind $u-b$ und $b-y$ (analog zu $U-B$ und $B-V$) sowie $c_1 = (u-v)-(v-b)$ und der „Metallindex" $m_1 = (v-b)-(b-y)$.

Schließlich können mit *Schmalbandfiltern* von einigen nm Halbbreite einzelne starke Linien bzw. Liniengruppen in den Spektren untersucht werden. Z. B. wird das Strömgrensche uvby-System bei helleren Sternen durch den *β-Index* ergänzt, der die Intensität der Wasserstofflinie Hβ $\lambda = 486$ nm durch ein Filter mit $\Delta\lambda \simeq 3$ nm relativ zum benachbarten Kontinuum mißt.

Bei Messungen in Spektralbereichen von nur wenigen nm Breite hat sich seit den 1960er Jahren immer mehr die photoelektrische *Spektralphotometrie* durchgesetzt. Hier werden die schmalen Spektralbereiche nicht durch Farb- oder Interferenzfilter abgegrenzt, sondern in der Fokalebene eines Spektrographen durch einen Spalt oder durch die Ausdehnung des Detektors, z. B. einer Photodiode, bestimmt. Das Ziel der Spektralphotometrie, möglichst das gesamte zugängliche Spektrum zu untersuchen, kann mit *einem* Detektor erreicht werden, welcher *nacheinander* verschiedene Stellen im Spektrum vermißt (Scan-Technik), oder mit *mehreren* Detektoren, die *gleichzeitig,* über das Spektrum verteilt, dessen Energieverteilung aufnehmen (Vielkanal-Spektralphotometrie).

Während es bei der Spektralphotometrie verhältnismäßig leicht ist, *relative* Strahlungsflüsse, bezogen auf gut untersuchte Standardsterne, zu messen, liegt die Schwierigkeit darin, von diesen zu *absoluten* Flüssen überzugehen. Als primärer photometrischer Standard dient der A0V-Stern αLyr (Wega). In Abb. 4.4.2 zeigen wir neuere Absolutmessungen von αLyr durch H. Tüg, N.M. White und G.W. Lockwood (1977), bei denen die Eichung durch Anschluß an einen Hohlraumstrahler (schwarzen Körper) genau bekannter Temperatur erfolgte. Verwendet wurde u. a. der Schmelzpunkt von Platin bei 2042.1 K zur Festlegung der Temperaturskala. Die so gewonnenen Strahlungsströme dürften auf etwa 1–2% genau sein. Im ferneren Ultraviolett liegen Beobachtungen von αLyr z. B. mit dem europäischen Astronomiesatelliten TD1 mit Bandbreiten von etwa 4 nm und mit dem Copernicus-Satelliten mit 1.2 bzw. 2.2 nm Bandbreite vor. Hier bereitet die Absoluteichung noch erhebliche Schwierigkeiten, die Genauigkeit der Flüsse dürfte nicht besser als 10 bis 20% sein.

4.4.2 Entfernungen und absolute Helligkeiten

Infolge des Umlaufes der Erde um die Sonne muß am Himmel ein naher Stern relativ zu den viel weiter entfernten schwächeren Sternen im Laufe des Jahres eine kleine

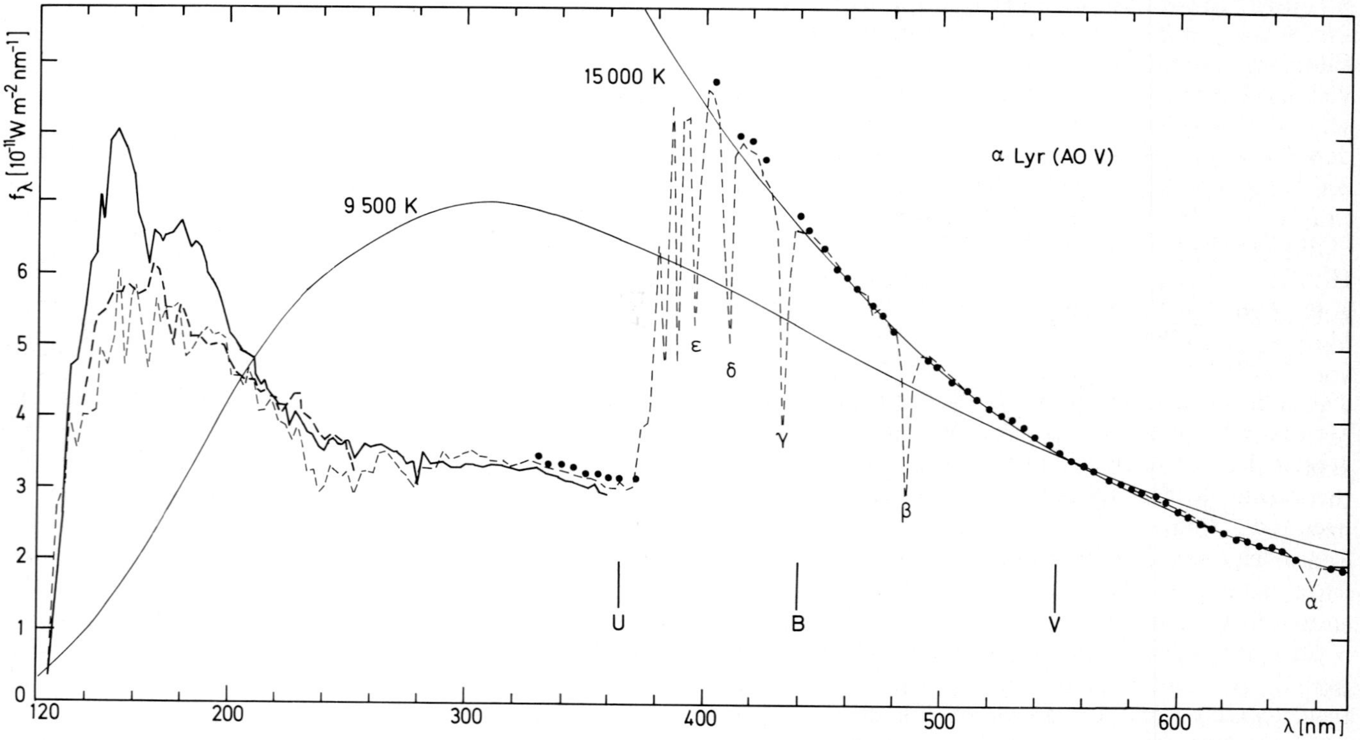

Abb. 4.4.2. Energieverteilung im Spektrum des A0V-Sterns αLyr (Wega). Beobachteter Strahlungsstrom f_λ in [10^{-11} W m^{-2} nm^{-1} = 10^{-9} erg s^{-1} cm^{-2} Å^{-1}]. *Optischer Bereich:* Absolutmessung von H. Tüg et al. (1977), korrigiert auf Extinktion der Erdatmosphäre, mit Bandbreiten $\Delta\lambda = 1$ nm ($\lambda \leqslant 570$ nm) bzw. 2 nm, ohne die Bereiche, in denen die starken Wasserstofflinien liegen (Punkte ●●●). *Ultraviolett* $\lambda \leqslant 350$ nm: Satellitenbeobachtungen mit TD 1 (C. Jamar et al. 1976), $\Delta\lambda \simeq 4$ nm (– – –) und mit Copernicus (A. D. Code und M. Meade 1979), $\Delta\lambda = 1.2$ bzw. 2.2 nm (———). *Zum Vergleich:* Kirchhoff-Planck-Funktion $B_\lambda(T)$, angepaßt bei $\lambda = 555$ nm, für 9500 K entsprechend dem Gesamtfluß bzw. der Effektivtemperatur, und für 15 000 K entsprechend der Farbtemperatur im Blau. Weiterhin theoretisches Modell (– – –) von R. L. Kurucz (1979) für $T_{\text{eff}} = 9400$ K, $g = 89.1$ m s^{-2} unter Berücksichtigung von Linienabsorption mit spektraler Auflösung $\Delta\lambda = 2.5$ nm (Abschn. 4.8)

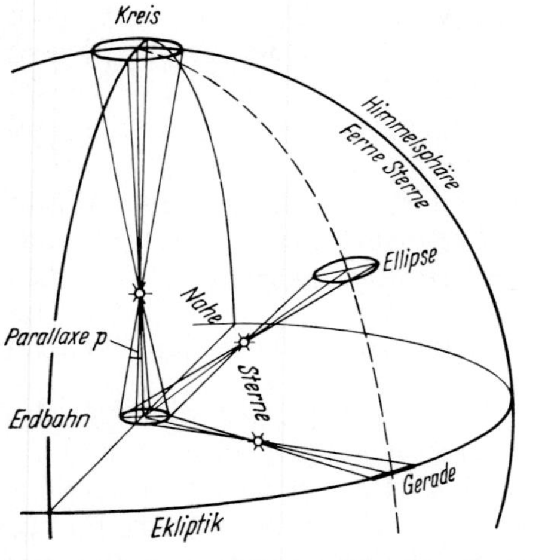

Abb. 4.4.3. Sternparallaxe p. Ein naher Stern beschreibt jährlich am Himmel relativ zu den viel weiter entfernten Hintergrundsternen am Pol der Ekliptik einen Kreis vom Radius p, in der Ekliptik eine Gerade $\pm p$, dazwischen eine Ellipse

Ellipse beschreiben (Abb. 4.4.3; wohl zu unterscheiden von der Aberration Abb. 2.5.7!). Deren große Halbachse, d.h. den Winkel, unter dem der Erdbahnradius von dem Stern aus erscheinen würde, nennt man die heliozentrische oder die jährliche *Parallaxe p* des Sternes ($\pi\alpha\varrho\acute{\alpha}\lambda\lambda\alpha\xi\iota\varsigma$ = das Hinundherbewegen).

Im Jahre 1838 gelang F. W. Bessel in Königsberg (mit Hilfe des Fraunhoferschen Heliometers) die direkte (trigonometrische) Messung der Parallaxe des Sternes 61 Cyg $p = 0.293''$. Auch auf die gleichzeitigen Arbeiten von F. G. W. Struve in Dorpat und von T. Henderson am Cape Observatory sollten wir hinweisen. Der von letzterem beobachtete α Cen ist mit seinem Begleiter, der Proxima Centauri, unser nächster Nachbar im Weltraum. Ihre Parallaxen betragen nach neueren Messungen $0.75''$ bzw. $0.76''$. Einen grundlegenden Fortschritt bedeutete es, als F. Schlesinger 1903 die photographische Messung trigonometrischer Parallaxen mit einer Genauigkeit von etwa $\pm 0.01''$ gelang.

Eine Steigerung der Genauigkeit auf wenige Tausendstel Bogensekunden erhofft man sich durch sehr genaue Positionsmessungen mit dem europäischen Astrometriesatelliten HIPPARCOS (*H*igh *P*recision *Par*allax *Co*llecting *S*atellite), der allerdings nach dem Start 1989 nicht die vorgesehene Höhe erreichte und wahrscheinlich nur ein eingeschränktes Programm durchführen kann.

Der General Catalogue of Trigonometric Stellar Parallaxes von L.F. Jenkins (Yale, 1952 und 1963) und der Catalogue of Bright Stars (D. Hoffleit, C. Jaschek, Yale, 1982) gehören zu den wichtigen Hilfsmitteln des Astronomen.

Die ersten Messungen von Sternparallaxen bedeuteten nicht nur eine – damals kaum noch nötige – Bestätigung des kopernikanischen Weltsystems, sondern vor allem den ersten messenden Vorstoß in den Weltraum. Wir definieren zunächst geeignete Maßeinheiten:

Einer Parallaxe $p = 1''$ entspricht eine *Entfernung* von $360 \cdot 60 \cdot 60/2\pi = 206265$ astronomischen Einheiten oder Erdbahnradien. Diese Entfernung nennt man 1 Parsec (aus *Par*allaxe und *Sek*unde), abgekürzt 1 pc. Es ist also

$$\begin{aligned} 1\ \text{pc} &= 3.086 \cdot 10^{16}\ \text{m} = 3.26\ \text{Lichtjahre}, \\ 1\ \text{Lichtjahr} &= 0.946 \cdot 10^{16}\ \text{m} = 0.31\ \text{pc}\ . \end{aligned} \tag{4.4.14}$$

Das heißt, das Licht mit $300000\ \text{km s}^{-1}$ braucht 3.26 Jahre, um 1 pc zurückzulegen. Einer Parallaxe p (in Bogensekunden) entspricht die Entfernung von $1/p$ [pc] bzw. $3.26/p$ [Lichtjahre]. Entsprechend der Meßgenauigkeit trigonometrischer Parallaxen führen uns diese in den Weltraum hinaus „nur" bis zu Entfernungen von allenfalls 100 pc. Bis etwa 2000 pc reichen die später zu besprechenden *Strom- bzw. Haufenparallaxen* für Gruppen von Sternen, welche mit demselben Geschwindigkeitsvektor durch das Milchstraßensystem „strömen".

Die beobachtete *scheinbare* Helligkeit eines Sternes (in irgendeinem photometrischen System) hängt nach (4.4.5) ab von seiner wahren Helligkeit *und* von seiner Entfernung. Wir definieren nun die *absoluten Helligkeiten M* der Sterne, indem wir sie aus ihrer wirklichen Entfernung r in Gedanken in die *Standardentfernung* von 10 pc versetzen. Nach dem $1/r^2$-Gesetz der Photometrie [z.B. (4.4.3)] wird dann ihre Helligkeit um einen Faktor $(r/10)^2$ verändert; in Größenklassen gilt also

$$\begin{aligned} m - M &= 5 \log \frac{r\,[\text{pc}]}{10} = 5 \log r\,[\text{pc}] - 5 \\ &= -5 - 5 \log p\,['']\ . \end{aligned} \tag{4.4.15}$$

Die Größe $m - M$ bezeichnet man als den *Entfernungsmodul;* es entspricht einem Modul $(m - M)$

−5	0	+5	+10	+25	[mag]

die Entfernung r (4.4.16)

1 pc	10 pc	100 pc	10^3 pc = 1 kpc	10^6 pc = 1 Mpc
			(1 Kiloparsec)	(1 Megaparsec) .

Bei unserer Rechnung nach dem $1/r^2$-Gesetz haben wir von *interstellarer Extinktion* zunächst abgesehen. Wir werden erkennen, daß diese schon bei Entfernungen von mehr als 10 pc wesentlich werden kann. Dann ist die Beziehung (4.4.15) zwischen Entfernungsmodul und Entfernung bzw. Parallaxe zu erweitern:

$$m - M = 5 \log r\,[\mathrm{pc}] - 5 + A \ , \qquad (4.4.17)$$

wobei A die interstellare Extinktion in Größenklassen angibt. $A = 1$ mag entspricht einer optischen Dicke τ bezüglich Extinktion in dem betrachteten Wellenlängenbereich von der Größenordnung 1, da nach (4.2.18) $A = -2.5 \log e^{-\tau} = 1.08\,\tau$ ist.

Grundsätzlich kann man absolute Helligkeiten in jedem photometrischen System angeben und versieht dann M mit dem entsprechenden Index, z. B. M_v = visuelle absolute Helligkeit. Wird kein Index angegeben, so meint man stets M_v.

Wir stellen noch die auch als Bezugspunkt wichtigen Daten für die *Sonne als Stern* zusammen. Daß in meßtechnischer Hinsicht der photometrische Vergleich der Sonne mit den mindestens um 10 Zehnerpotenzen lichtschwächeren Sternen enorm schwierig ist, brauchen wir kaum zu betonen. Der *Entfernungsmodul* der Sonne ergibt sich aus der Definition des Parsec (4.4.2, 15) zu $(m-M)_\odot = -31.57$ mag. Damit erhält man (in Größenklassen):

Scheinbare Helligkeit	Farbindizes	Absolute Helligkeit
$U_\odot = -25.85$	$(U-B)_\odot = 0.18$	$M_{U,\odot} = +5.72$
$B_\odot = -26.03$	$(B-V)_\odot = 0.67$	$M_{B,\odot} = +5.54$
$V_\odot = -26.70$		$M_{V,\odot} = +4.87$

(4.4.18)

Die Fehlergrenzen dieser Daten dürften mehrere Hundertstel Magnitudines betragen.

4.4.3 Bolometrische Helligkeit und Leuchtkraft

Neben der Strahlung verschiedener Wellenlängenbereiche interessiert die *Gesamtstrahlung* der Sterne. Analog zur Solarkonstante definieren wir daher im Sinne von (4.4.5) die *scheinbare bolometrische Helligkeit*

$$m_{\mathrm{bol}} = -2.5 \log \frac{1}{r^2} \int_0^\infty R^2 F_\lambda \, d\lambda + \mathrm{const}$$

$$m_{\mathrm{bol}} = -2.5 \log \frac{R^2 F}{r^2} + \mathrm{const} \ , \quad \text{wo} \qquad (4.4.19)$$

$$F = \sigma T_{\mathrm{eff}}^4 \qquad (4.4.20)$$

wieder den Gesamtstrahlungsstrom an der Sternoberfläche bedeutet. Die Konstante definiert man üblicherweise so, daß die den Farbindizes entsprechende

$$\text{bolometrische Korrektion B.C.} = m_V - m_{\mathrm{bol}} \qquad (4.4.21)$$

nicht negativ wird[4], d. h. man setzt deren Minimum, das bei $T_{\mathrm{eff}} \simeq 7000$ K liegt, gleich Null. Da die Erdatmosphäre erhebliche Spektralgebiete vollständig absorbiert, kann man die bolometrische Helligkeit von der Erde aus *nicht* direkt messen; ihre Bezeichnung ist eigentlich irreführend. Zu ihrer Bestimmung müssen z. B. Satellitenmessungen mit herangezogen werden. Mit Hilfe der Theorie kann man m_{bol} bzw. B.C. als Funktion anderer *meßbarer* Parameter der Sternatmosphären berechnen.

Für die Sonne erhalten wir

$$\begin{aligned} m_{\mathrm{bol},\odot} &= -26.83 \text{ mag} \ , \\ \mathrm{B.C.}_\odot &= +0.13 \text{ mag} \ . \end{aligned} \qquad (4.4.22)$$

Die *absolute bolometrische Helligkeit* M_{bol} eines Sterns ist ein Maß für seine Gesamtenergieabgabe durch Strahlung pro Zeiteinheit, d. h. für seine *Leuchtkraft L*. Man bezieht letztere gewöhnlich auf die Sonnenleuchtkraft $L_\odot$ als Einheit. Mit $(m-M)_\odot = -31.57$ mag erhalten wir für $M_{\mathrm{bol},\odot} = 4.74$ mag und somit

$$M_{\mathrm{bol}} = 4.74 - 2.5 \log \left(\frac{L}{L_\odot} \right) \quad [\mathrm{mag}] \ ,$$

$$L_\odot = 3.85 \cdot 10^{26}\,\mathrm{W} = 3.85 \cdot 10^{33}\,\mathrm{erg\,s^{-1}} \ . \qquad (4.4.23)$$

Da die von den Sternen ausgestrahlte Energie in ihrem Inneren durch Kernprozesse erzeugt wird, so gehört die Leuchtkraft mit zu den grundlegenden Ausgangsdaten für die Erforschung des inneren Aufbaus der Sterne.

4.4.4 Sternradien

Befindet sich ein Stern mit dem Radius R in der Entfernung r, so ist der sehr kleine Winkel, unter dem uns der

[4] Es ist auch die Definition mit umgekehrtem Vorzeichen zu finden, so daß B.C. = $m_{\mathrm{bol}} - m_V$ nicht positiv wird.

Radius aus der Entfernung r erscheint, $\alpha = R/r$ im Bogenmaß (rad) oder $\alpha'' = 206265\ R/r$ in Bogensekunden.

Nur bei der Sonne kann α direkt gemessen werden; für einige hellere Sterne führen *interferometrische* Verfahren (Abschn. 3.2.2) zum Ziel. Während Messungen mit dem Michelsonschen Interferometer auf sehr wenige helle Rote Riesensterne (Abschn. 4.5) beschränkt sind, konnten R. Hanbury Brown und R. Q. Twiss mit ihrem Korrelationsinterferometer die Winkelradien von rund 30 Sternen, darunter auch Zwergsterne, bis etwa 0.001″ bestimmen. In neuerer Zeit wird auch die Speckle-Interferometrie zur Messung von Sternradien verwendet.

Für Sterne in der Nähe der Ekliptik können *Bedeckungen durch den Mond* (Abschn. 2.4) zur Bestimmung von Winkelradien, ebenfalls bis etwa 0.001″, herangezogen werden. Hierbei werden mit einer photoelektrischen Meßanordnung mit hinreichend kleiner Zeitkonstante ($\lesssim 1$ ms) die über den Beobachter in einigen 10 ms hinwegziehenden Intensitätsschwankungen, die von der Fresnelschen Beugung des Sternlichts am scharfen Mondrand herrühren, registriert. Der Winkelradius des Sternscheibchens kann aus der Verminderung des Kontrasts der Intensitätsstreifen im Vergleich zu dem Streifenmuster, das eine Punktquelle erzeugt, abgeleitet werden.

Für die Mehrzahl aller Sterne müssen wir die Radien indirekt mit *photometrischen* Methoden aus ihren Helligkeiten bzw. Strahlungsflüssen abschätzen. Nach (4.2.11) ist der monochromatische Strahlungsstrom f_λ, den wir von einem Stern in der Entfernung r erhalten,

$$f_\lambda = F_\lambda R^2/r^2 = F_\lambda \alpha^2 \tag{4.4.24}$$

und der Gesamtstrahlungsstrom (4.4.20)

$$f = F\alpha^2 = \sigma T_{\text{eff}}^4 \alpha^2 \ . \tag{4.4.25}$$

Man kann also aus den gemessenen Strahlungsflüssen f_λ bzw. f oder nach (4.4.5) aus den in einem der photometrischen Standardbereiche (z. B. U, B, V) gemessenen scheinbaren Helligkeiten m die Winkelradien α berechnen, sofern man die Strahlungsströme F_λ bzw. F an der Sternoberfläche oder die Effektivtemperatur T_{eff} kennt. Diese können aus den Farben oder der Energieverteilung mit Hilfe der Theorie der Sternatmosphären abgeleitet werden.

Bei höheren Ansprüchen an Genauigkeit bei der Bestimmung der Winkelradien ist noch die Mitte-Rand-Variation (Abschn. 4.3) der Helligkeit der Sternscheibe zu berücksichtigen. Vor allem bei kühlen Riesensternen mit ihren ausgedehnten Atmosphären hängt der Radius auch davon ab, bei welcher Wellenlänge bzw. Farbe beobachtet wird.

Um aus den Winkelradien α die *Sternradien* R selbst zu erhalten, benötigen wir die Entfernung r bzw. die Parallaxe p, ersatzweise den Entfernungsmodul bzw. die absolute Helligkeit (4.4.15) oder wegen

$$4\pi r^2 f = 4\pi R^2 F = 4\pi R^2 \sigma T_{\text{eff}}^4 = L \tag{4.4.26}$$

die (z. B. aus dem Spektrum abgeleitete) Leuchtkraft L bzw. die absolute bolometrische Helligkeit M_{bol}.

Die größten beobachteten Winkelradien finden wir bei hellen Roten Riesensternen wie α Ori (Beteigeuze) mit $\alpha = 0.024''$, α Sco (Aldebaran) mit 0.021″ oder o Cet (Mira) mit 0.022″. Hieraus ergibt sich z. B. für α Ori (V = 0.9 mag, $p = 0.017''$ und $T_{\text{eff}} \simeq 3500$ K) ein Radius $R \simeq 300\ R_\odot \simeq 1.4$ AE. Die Dimensionen dieses Sterns entsprechen also etwa der Marsbahn! Die Radien der Roten Riesen sind meist etwas variabel.

4.5 Klassifikation der Sternspektren, Hertzsprung-Russell-Diagramm und Farben-Helligkeits-Diagramm

Als man – im Anschluß an die Entdeckungen von J. Fraunhofer, G. Kirchhoff und R. Bunsen – mit der Beobachtung der *Sternspektren* begann, stellte sich bald heraus, daß man diese in der Hauptsache zu einer *einparametrigen* Sequenz ordnen kann. Die dieser parallel gehende Änderung der Sternfarben bzw. der Farbindizes zeigte, daß man die Sterne nach abnehmenden *Temperaturen* geordnet hatte.

In Anlehnung an die Arbeiten von Huggins, Secchi, Vogel u. a. entwickelten in den 1880er Jahren E. C. Pickering und A. Cannon die *Harvard-Klassifikation* der Sternspektren, welche dem Henry Draper Catalogue zugrunde liegt. Die Folge der *Spektralklassen* („Harvard-Typen“)

$$\begin{array}{l} \qquad\qquad\qquad\quad\ \nearrow \text{S} \\ \text{O}-\text{B}-\text{A}-\text{F}-\text{G}-\text{K}-\text{M} \\ \qquad\qquad\qquad\quad\ \searrow \text{R}-\text{N} \\ \text{Blau} \qquad \text{Gelb} \qquad \text{Rot} \end{array} \tag{4.5.1}$$

der wir die Farben der Sterne beigeschrieben haben, ist

aus älteren Schemata nach mannigfachen Umstellungen und Vereinfachungen hervorgegangen. H. N. Russells Studenten in Princeton bildeten dazu den bekannten Merkspruch: *O Be A Fine Girl, Kiss Me Right Now*.[5]

Zwischen zwei Buchstaben wird die feinere Unterteilung durch nachgestellte Zahlen 0 bis 9 gekennzeichnet. Ein B5-Stern z. B. steht zwischen B0 und A0 und hat mit beiden Typen etwa gleich viel Gemeinsames. Die Festlegung der Harvardsequenz erfolgt primär durch Abbildung der Spektren bestimmter Standardsterne.

Wir beschreiben die Spektraltypen mit ihren Klassifikationskriterien erst später im Zusammenhang mit der heute allgemein gebrauchten MK-Klassifikation, in der die Bezeichnungsweise der Harvard-Klassifikation weitgehend übernommen wurde.

Im Jahre 1913 hatte H. N. Russell den glücklichen Gedanken, den Zusammenhang zwischen *Spektraltyp* Sp *und absoluter Helligkeit* M_v der Sterne zu untersuchen,

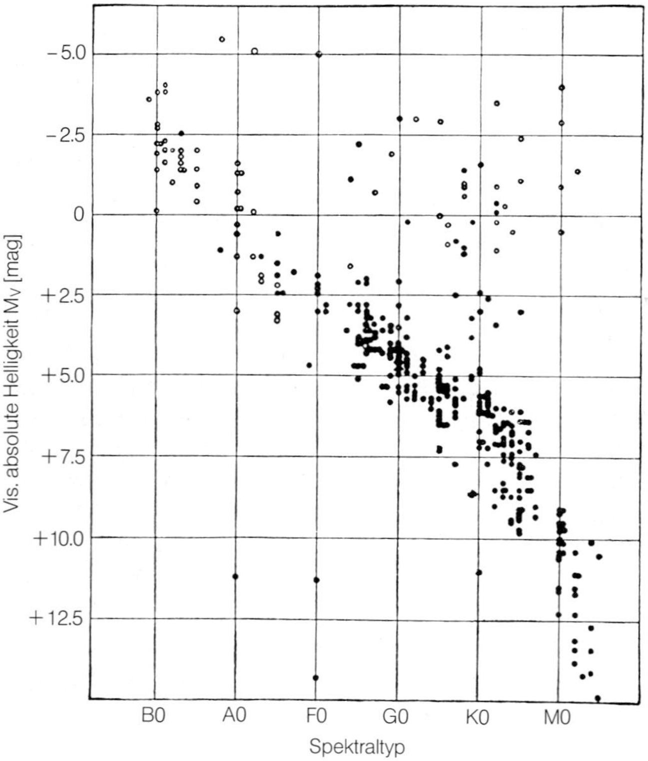

Abb. 4.5.1. Hertzsprung-Russell-Diagramm. Visuelle absolute Helligkeit M_v, aufgetragen über der Spektralklasse. Die Sonne entspricht $M_v = 4.8$ mag und G2. Die Punkte (●) stellen Sterne innerhalb 20 pc mit zuverlässigen Parallaxen dar. Für die selteneren Sterne größerer absoluter Helligkeit (○) wurden neben den trigonometrischen auch spektroskopische und Haufenparallaxen herangezogen

indem er in ein Diagramm mit Spektraltyp als Abszisse und M_v als Ordinate alle Sterne einzeichnete, deren Parallaxe hinreichend genau bekannt war. Abb. 4.5.1 zeigt ein solches Diagramm, das Russell 1927 – mit erheblich besserem Beobachtungsmaterial – für sein Lehrbuch gezeichnet hat, das einer ganzen Generation als „astronomische Bibel" gedient hat.

Die meisten Sterne bevölkern das enge Band der *Hauptsequenz*, welche sich diagonal von den (absolut) hellen blau-weißen B- und A-Sternen (z. B. die Gürtelsterne im Orion) über die gelben Sterne (z. B. Sonne G2 und $M_v = +4.8$ mag) bis zu den schwachen roten M-Sternen (z. B. Barnards Stern M5 und $M_v = +13.2$ mag) erstreckt.

Rechts oben befindet sich die Gruppe der *Riesensterne* (Giants); demgegenüber bezeichnet man *die* Sterne, welche bei gleichem Spektraltyp viel kleinere Leuchtkraft besitzen, als *Zwergsterne* (Dwarfs). Da bei etwa gleichen Temperaturen die Differenz der absoluten Helligkeiten nur auf einem entsprechenden Unterschied der *Sternradien* beruhen kann, erscheinen diese Bezeichnungen sehr angemessen. Die Unterscheidung und Bezeichnung der Riesen- und Zwergsterne geht schon auf ältere Arbeiten (1905) von E. Hertzsprung zurück, weshalb man heute das (Sp, M_v)-Diagramm als *Hertzsprung-Russell-Diagramm* (HRD) bezeichnet.

Anstelle des Spektraltyps Sp kann man auch einen Farbindex, z. B. B – V, auftragen und erhält so das dem HRD äquivalente *Farben-Helligkeits-Diagramm* (FHD). Abbildung 4.5.2 zeigt das FHD (B – V, M_v) mit der nun sehr scharf definierten Hauptsequenz, einigen gelben Riesensternen (rechts oben) und Weißen Zwergen (links unten) für Einzel- und Haufensterne unserer Umgebung mit gut bestimmten Parallaxen. Da man Farbindizes mit großer Genauigkeit auch für schwache Sterne messen kann, ist das FHD zum wichtigsten Werkzeug der Stellarastronomie geworden.

Die extrem hellen Sterne entlang dem oberen Rand des HRD oder FHD nennt man Überriesen (Supergiants). α Cyg (Deneb; A2) z. B. hat eine absolute Helligkeit $M_v = -7.2$ mag; er übertrifft also die Leuchtkraft der Sonne ($M_v = +4.8$ mag) um 12.0 Größenklassen, d. h. etwa um einen Faktor 60000!

Eine weitere, deutlich erkennbare Gruppe bilden die *Weißen Zwergsterne* links unten. Da sie trotz verhältnismäßig hoher Temperatur kleine Leuchtkraft haben, müssen sie sehr klein sein; man berechnet leicht Radien, die

[5] (Anmerkung, nur für Experten): *S* heißt „smack"!

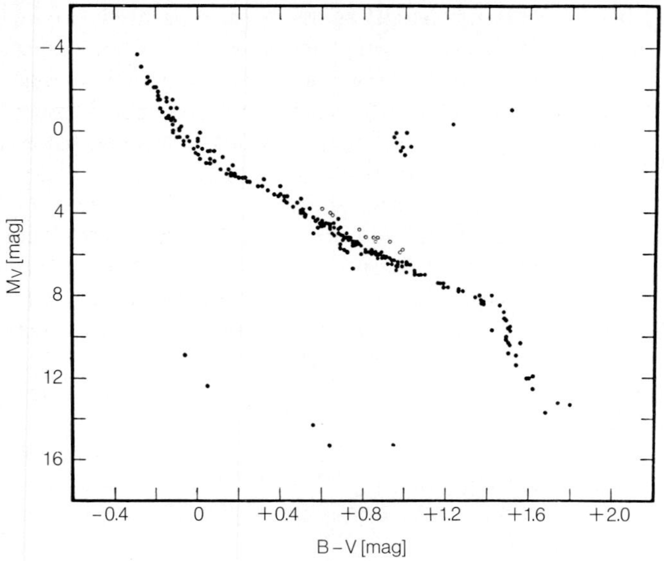

Abb. 4.5.2. Das Farbenhelligkeitsdiagramm mit M_V und B − V nach H. L. Johnson und W. W. Morgan enthält Hauptsequenzsterne mit trigonometrischen Parallaxen $p \geqslant 0.10''$ und aus mehreren galaktischen Sternhaufen mit gut bekannter Parallaxe und interstellarer Absorption und Verfärbung. Außerdem sind (*links unten*) fünf Weiße Zwerge und (*rechts oben*) einige Gelbe Riesen eingezeichnet. Die über der Hauptsequenz liegenden Sterne aus dem Sternhaufen Praesepe sind wahrscheinlich Doppelsterne

kaum größer sind als der Erdradius. Für den Siriusbegleiter α CMa B und einige ähnliche Objekte kennt man auch die Masse und berechnet damit mittlere Dichten der Größenordnung 10^8 bis 10^9 kg m^{-3}. Der innere Aufbau solcher Sterne muß also von dem der übrigen ganz verschieden sein. R. H. Fowler zeigte 1926, daß in den Weißen Zwergen die Materie (genauer gesagt, die Elektronen) im Sinne der Fermi-Statistik *entartet* ist in derselben Weise, wie dies kurz darauf W. Pauli und A. Sommerfeld für die Metallelektronen nachgewiesen haben. Das heißt, fast alle Quantenzustände (-zellen) sind im Sinne des Pauli-Prinzips – wie in den inneren Schalen der schweren Atome – vollständig besetzt.

Auf weitere – meist verhältnismäßig kleine und spezielle – Sterngruppen im HRD werden wir in anderem Zusammenhang zu sprechen kommen.

E. Hertzsprung bemerkte schon 1905, daß Sterne mit scharfen Wasserstofflinien, wie z. B. der A2-Stern α Cyg, sich durch besonders große Leuchtkraft auszeichnen. 1914 zeigten dann W. S. Adams und A. Kohlschütter, daß man die Sterne jeweils eines bestimmten Spektraltyps anhand neuer spektroskopischer Kriterien entsprechend ihren Leuchtkräften bzw. *absoluten Helligkeiten* M_V weiter unterteilen kann. In den absolut hellen Sternen sind z. B. die Linien der ionisierten Atome relativ zu den Linien der neutralen Atome verstärkt; unter den A-Sternen kann man, wie gesagt, die Schärfe der Wasserstofflinien als Leuchtkraftkriterien verwenden usw.

Eicht man ein solches *Leuchtkraftkriterium* – das jeweils nur für einen bestimmten Bereich von Spektraltypen gilt! – mit Hilfe von Sternen bekannter absoluter Helligkeit, so kann man mit Hilfe dieser Eichkurve auf spektroskopischem Weg *absolute* Helligkeiten bestimmen. Kann man die interstellare Absorption (von der man 1914 noch nichts ahnte!) vernachlässigen oder dafür korrigieren, so erhält man – in Verbindung mit den bekannten scheinbaren Helligkeiten der Sterne (4.4.17) – *spektroskopische Parallaxen*. Auf deren Bedeutung für die Erforschung des Milchstraßensystems kommen wir in Kap. 5 zu sprechen. Hier verfolgen wir weiter die wichtige Einsicht, daß man die Mehrzahl der Sterne nach *zwei Parametern* klassifizieren kann.

Aus der Harvardklassifikation heraus entwickelten W. W. Morgan und P. C. Keenan die heute allgemein gebrauchte zweidimensionale MK-*Klassifikation*, dargestellt in „An Atlas of Stellar Spectra. With an Outline of Spectral Classification". Deren allgemeine Prinzipien gelten für *jede* Klassifikation:

1) Der Klassifikation liegen *nur empirische* Kriterien, d. h. direkt beobachtete Absorptions- und Emissionsphänomene zugrunde.

2) Das Beobachtungsmaterial ist *einheitlich*. Um einerseits noch genügend feine Kriterien feststellen zu können, andererseits aber weit genug in das Milchstraßensystem vordringen zu können, wird – *auch* für helle Sterne – einheitlich eine Dispersion von ≃125 Å/mm bei Hγ verwendet.

3) Die *Übertragbarkeit* des Klassifikationssystems auf andere Instrumente wird gewährleistet durch eine Liste geeigneter *Standardsterne*, d. h. durch direkte Aufweisung, *nicht* durch – womöglich halb theoretische – Beschreibungen.

4) Klassifiziert wird nach *Spektraltyp* Sp und *Leuchtkraftklasse* (luminosity class) LC.

Eine Reihe von Standardsternen zur Festlegung der *Spektraltypen* ist in Abb. 4.5.3 angegeben. Wir beschreiben sie hier kurz, indem wir die verwendeten Linien

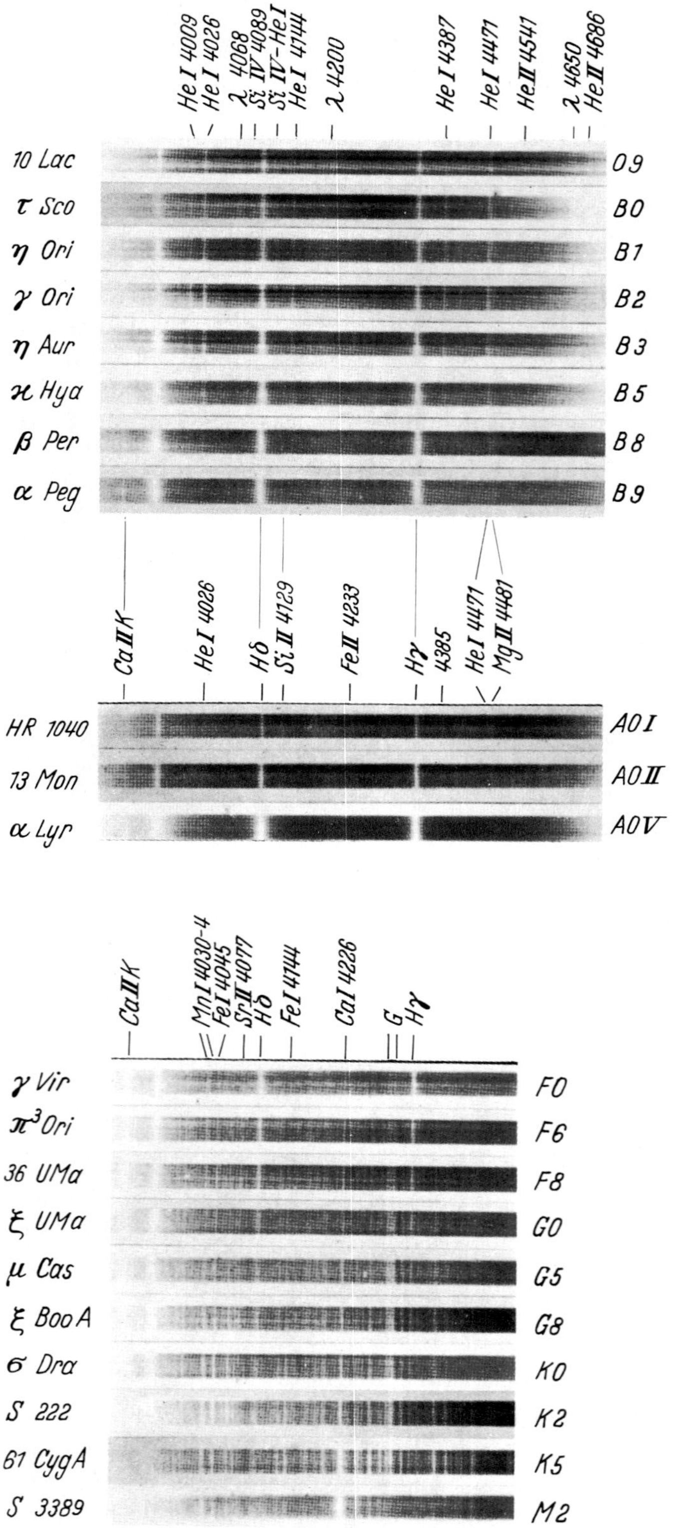

(Klassifikationskriterien) sogleich den richtigen chemischen Elementen und Ionisationsstufen zuordnen (I = neutrales Atom, II = einfach ionisiertes, III = zweifach ionisiertes Atom, ...). Die beigeschriebenen Temperaturen entsprechen *etwa* der Farbe des Sterns und sollen nur zur vorläufigen Orientierung dienen (Tabelle 4.5.1).

Die Leuchtkraftkriterien sollen jeweils über einen großen Bereich von Sp möglichst empfindlich in erster Linie von der Leuchtkraft der Sterne abhängen. W.W. Morgans *Leuchtkraftklassen* LC geben gleichzeitig den Ort der Sterne im HRD an, sie sind – mit ihren deutschen und englischen Bezeichnungen:

Ia–0	Hyperriesen	= Hypergiants
I	Überriesen	= Supergiants
II	Helle Riesen	= Bright Giants
III	Riesen	= Giants
IV	Unterriesen	= Subgiants
V	Hauptsequenz (Zwerge)	= Main Sequence (Dwarfs)
VI	Unterzwerge	= Subdwarfs.

Nach Bedarf kann man die Leuchtkraftklassen I bis V noch durch Suffixe a, ab und b unterteilen. Abb. 4.5.3 zeigt – als Ausschnitt aus dem Atlas of Stellar Spectra – die wesentlichen Spektraltypen der Hauptsequenzsterne (LC = V) und – wenigstens für den Spektraltyp A0 – die Aufteilung in die Leuchtkraftklassen I bis V (nach der Breite der Wasserstofflinien).

In die MK-Klassifikation lassen sich etwa 90% aller Sternspektren einordnen; die übrigen sind zum Teil zusammengesetzte Spektren (composite spectra) von unaufgelösten Doppelsternen, zum Teil pekuliare Spektren pathologischer Individuen.

Einige Besonderheiten mancher Sternspektren, die im Rahmen einer zweiparametrigen Klassifikation nicht untergebracht werden können, kennzeichnet man durch folgende Abkürzungen: z.B. deutet das Suffix n (nebulous) auf besonders diffuses Aussehen der Linien, e

Abb. 4.5.3. MK-Klassifikation der Sternspektren. Aus „An Atlas of Stellar Spectra" von W.W. Morgan, P.C. Keenan und E. Kellman (1943). Hauptsequenz (Leuchtkraftklasse V) oben O9–B9, dann A0V und unten F0–M2. Bei A0 sind auch die Leuchtkraftklassen I (Überriesen) und II (Helle Riesen) hinzugefügt, um die Bedeutung der absoluten Helligkeiten (spektroskopische Parallaxen!) zu verdeutlichen. Für die zur Klassifikation verwendeten Linien sind Identifikation und Wellenlänge in Å angegeben (1 Å = 0.1 nm)

Tabelle 4.5.1. Klassifikation der Sternspektren

Spektraltyp	Temperatur [K]	Klassifikationskriterien
O	50000	Linien hochionisierter Atome: He II, Si IV, N III ...; Wasserstoff H relativ schwach; gelegentlich Emissionslinien.
B0	25000	He II fehlt; He I stark; Si III, O II; H stärker.
A0	10000	He I fehlt; H im Maximum; Mg II, Si II stark; Fe II, Ti II schwach; Ca II schwach.
F0	7600	H schwächer; Ca II stark; die ionisierten Metalle, z. B. Fe II, Ti II hatten ihr Maximum bei ~A 5; die neutralen Metalle, z. B. Fe I, Ca I erreichen nun etwa die gleiche Stärke.
G0	6000	Ca II sehr stark; neutrale Metalle Fe I ... stark.
K0	5100	H relativ schwach, neutrale Atomlinien stark; Molekülbanden.
M0	3600	Neutrale Atomlinien, z. B. Ca I, sehr stark; TiO-Banden.
M5	3000	Ca I sehr stark, TiO-Banden stärker.
C	3000	Starke CN-, CH-, C_2-Banden; TiO fehlt. Neutrale Metalle wie bei K und M.
S	3000	Starke ZrO-, YO-, LaO-Banden; Neutrale Atome wie bei K und M.

kennzeichnet Emissionslinien, v heißt variables Spektrum, p (peculiar) charakterisiert *irgendwelche* Besonderheiten, z. B. anomale Stärke der Linien eines bestimmten Elements.

Einige Sterngruppen werden manchmal auch durch Präfixe gekennzeichnet; z. B. steht c für besonders scharfe Linien (Überriesen, α Cyg A2 Ia oder cA2), g (giant) für Riesen, d (dwarf) für Zwerge, sd (subdwarf) für Unterzwerge, w für Weiße Zwerge. Diese Bezeichnungen sollten allerdings in der MK-Klassifikation vermieden werden.

Die *Weißen Zwerge* werden durch ein dem Spektraltyp vorangestelltes D bezeichnet, z. B. DA, DB, DZ u. ä. Wir erwähnen noch die *Wolf-Rayet-Sterne*, die durch ausgeprägte Emissionslinien auffallen; sie werden durch WC oder WN gekennzeichnet je nachdem, ob in ihren Spektren Linien des Kohlenstoffs oder des Stickstoffs auftreten. Auf diese und andere Gruppen besonderer Sterntypen werden wir in anderem Zusammenhang in Abschn. 5.4.5 zu sprechen kommen.

Das MK-Klassifikationssystem ist seit seiner Aufstellung vielfach ergänzt oder verfeinert worden. Wir nennen den Revised Spectral Atlas for Stars earlier than the Sun von W. W. Morgan, H. A. Abt und J. W. Tapscott (1976), die Erweiterung für kühlere Sterne (G, K, M, S und C) durch P. C. Keenan und R. C. McNeil (1976 und spätere Ergänzungen), welche den wichtigsten Häufigkeitsanomalien der Riesen Rechnung trägt, sowie die Neuklassifizierung der Sterne des Henry-Draper-Katalogs durch N. Houk (1976/78).

Neuere Spektralatlanten der MK-Typen sind An Atlas of Objective Prism Spectra (Michigan 1974) von N. Houk, N. J. Irvine und D. Rosenbush, der Bonner Atlas für Objektivprismenspektren von W. C. Seitter (1970/75) und An Atlas of Representative Stellar Spectra von Y. Yamashita, K. Nariai und Y. Norimoto (Tokyo 1978).

Durch Beobachtungen mit dem IUE-Satelliten konnte ein Klassifikationssystem für die früheren Spektraltypen auch im *Ultraviolett* (λ = 115 bis 320 nm) mit einer Spektralauflösung von etwa 0.7 nm aufgestellt werden (A. Heck, D. Egret, M. und C. Jaschek, 1984).

Der *Zusammenhang* zwischen den Parametern der MK-Klassifikation Sp und LC einerseits, dem Farbindex B – V und der absoluten Helligkeit M_V andererseits ist –

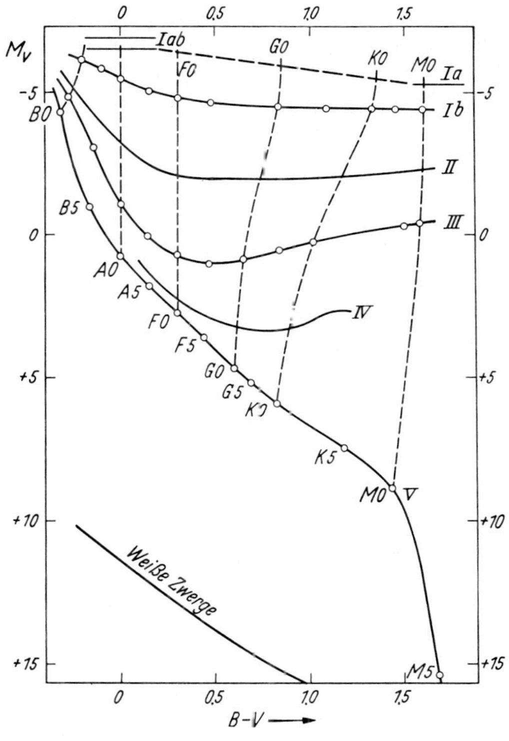

Abb. 4.5.4. Spektraltyp Sp und Leuchtkraftklasse LC der MK-Klassifikation in Abhängigkeit von Farbindex B – V und der absoluten Helligkeit M_V [mag]

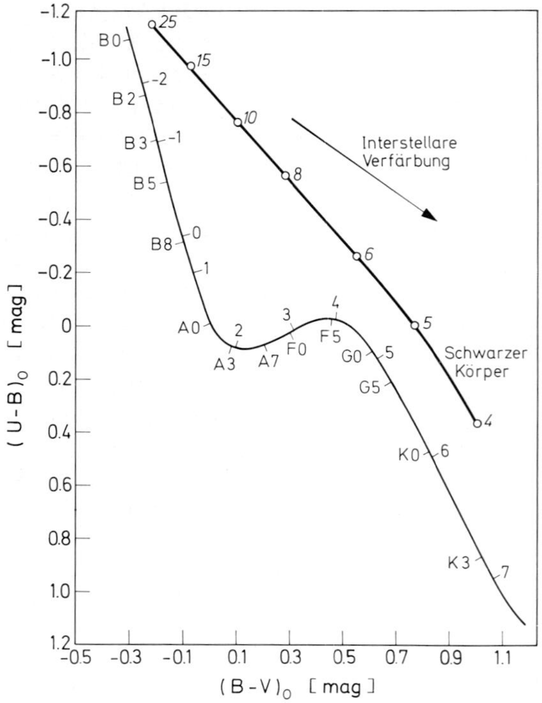

Abb. 4.5.5. Zweifarbendiagramm für Hauptsequenzsterne mit den (verfärbungsfreien) Farbindizes $(U-B)_0$ und $(B-V)_0$ in [mag] (nach H.L. Johnson, W.W. Morgan u. a.). Längs der Linien sind die MK-Spektraltypen und die absoluten Helligkeiten der Sterne angeschrieben. Schwarze Strahler mit den angegebenen $T_{\mathrm{eff}} \cdot 10^{-3}$ K würden die darüber eingezeichnete, fast gerade Linie geben. Interstellare Verfärbung verschiebt die Bildpunkte der Sterne parallel der rechts oben eingezeichneten Linie. Diese selbst bezieht sich auf O-Sterne

entsprechend den besten derzeitigen Kalibrierungen – in Abb. 4.5.4 dargestellt.

Neben dem Farbenhelligkeitsdiagramm spielt das *Zweifarbendiagramm* nach W. Becker (1942) eine wichtige Rolle. Über B – V als Abszisse wird hier (Abb. 4.5.5) der kurzwellige Farbindex U – B (von oben nach unten) aufgetragen. Für *schwarze Strahler* erhält man in diesem Diagramm – wie man mit Gleichung (4.4.11) und der entsprechenden für U – B leicht nachrechnet – näherungsweise eine 45°-Gerade. In Abb. 4.5.5 ist die Relation zwischen U – B und B – V für die *Hauptsequenz* mit ihren Spektraltypen und absoluten Helligkeiten eingezeichnet.

Die großen Unterschiede zwischen den spektralen Energieverteilungen der Sterne und der schwarzen Körper werden wir im Abschn. 4.8.3 anhand der Theorie der Sternspektren deuten. Auf Anwendungen des Zweifarbendiagramms zur Bestimmung der interstellaren Verfärbung sowie zur Erkennung bestimmter Arten von Sternen können wir erst im Kap. 5 eingehen.

4.6 Doppelsterne und die Massen der Sterne

1803 entdeckte F.W. Herschel, daß αGem = Castor ein *visueller Doppelstern* ist, dessen Komponenten sich unter dem Einfluß ihrer gegenseitigen Anziehung umeinander bewegen. Die Beobachtung der Doppelsterne gibt so die Möglichkeit, die Massen $\mathscr{M}$ von Sternen zu ermitteln oder darüber jedenfalls quantitative Aussagen zu machen. Da die Massen der Sterne *nur* durch ihre Gravitationswechselwirkung erfaßbar sind, ist die Erforschung der Doppelsterne auch heute noch von grundlegender Bedeutung für die ganze Astrophysik.

Wir beginnen mit einem Überblick über die Typen der Doppelsternsysteme, die visuellen Doppelsterne (Abschn. 4.6.1), die spektroskopischen Doppelsterne und die Bedeckungsveränderlichen (Abschn. 4.6.2). In Abschn. 4.6.3 betrachten wir kurz die Umlaufperioden in den Doppelsternsystemen und die Rotation der Sterne. Die auf verschiedene Art bestimmten Massen der Sterne stellen wir in Abschn. 4.6.4 zusammen und geben die für die Theorie des Sternaufbaus wichtige Masse-Leuchtkraft-Beziehung an. Von besonderem Interesse sind noch die *engen* Doppelsternsysteme (Abschn. 4.6.5), bei welchen zwischen den beiden Komponenten Materieaustausch stattfinden kann, und die wenigen Systeme, die einen Radiopulsar enthalten (Abschn. 4.6.6).

4.6.1 Visuelle Doppelsterne

Wir trennen zunächst die optischen (scheinbaren) Paare nach statistischen Kriterien, eventuell auch unter Heranziehung von Eigenbewegungen und Radialgeschwindigkeiten, von den *physischen Paaren,* den wirklichen Doppelsternen. Die *scheinbare Bahn* der schwächeren Komponente – des „Begleiters“ – um die hellere Komponente beobachtet man am Refraktor mit dem Fadenmikrometer (Abb. 3.2.1) nach Abstand (in Bogensekunden) und Positionswinkel (N0° – E90° – S180° – W270°). Zeichnet man die scheinbare Bahn auf, so erhält man eine *Ellipse.* Würden wir senkrecht auf die Bahnebene blicken, so müßte sich die helle Komponente im Brennpunkt der Bahn befinden. Dies trifft im allgemeinen *nicht* zu, da die Bahnebene mit der Himmelsebene (senkrecht zur Sehlinie) einen *Neigungswinkel i* bildet. Umgekehrt kann man offensichtlich die Bahnneigung i so bestimmen, daß die wahre Bahn die Keplerschen Gesetze erfüllt. Ist

a die große Halbachse der (relativen) wahren Bahn in Bogensekunden und
p die Parallaxe des Doppelsterns in Bogensekunden, so ist
a/p die große Halbachse der wahren Bahn in astronomischen Einheiten (Erdbahnradien).

Ist weiterhin P die Periode des Bahnumlaufes in Jahren, so können wir nach dem 3. *Keplerschen Gesetz* leicht die *Gesamtmasse* der beiden Sterne $\mathcal{M}_1 + \mathcal{M}_2$ (in Einheiten der Sonnenmasse) anschreiben:

$$\mathcal{M}_1 + \mathcal{M}_2 = \frac{a^3}{p^3 P^2} \ . \tag{4.6.1}$$

Hat man die Bewegung beider Komponenten *absolut* (d. h. bezüglich der Hintergrundsterne, nach Abzug der parallaktischen und der Eigenbewegung) gemessen, so erhält man die großen Halbachsen a_1 und a_2 ihrer wahren Bahnen um den Schwerpunkt, und es gilt nach, (2.6.36),

$$a_1 : a_2 = \mathcal{M}_2 : \mathcal{M}_1 \quad \text{und} \quad a = a_1 + a_2 \ , \tag{4.6.2}$$

so daß man nun die Massen $\mathcal{M}_1$ und $\mathcal{M}_2$ einzeln berechnen kann.

In neuerer Zeit wird vor allem die Speckle-Interferometrie (Abschn. 3.2.2) zur Bestimmung des Abstands ($\gtrsim 0.001''$) von Doppelsternkomponenten herangezogen.

Ist die schwächere Komponente nicht mehr beobachtbar, so kann man ihr Vorhandensein trotzdem aus der – absolut gemessenen – Bewegung der helleren Komponente um den Schwerpunkt erschließen (astrometrische Doppelsterne). Ist a_1 deren große Bahnhalbachse (wieder in Bogensekunden), so erhalten wir wegen $a_1/a = \mathcal{M}_2/(\mathcal{M}_1 + \mathcal{M}_2)$:

$$(\mathcal{M}_1 + \mathcal{M}_2)\left(\frac{\mathcal{M}_2}{\mathcal{M}_1 + \mathcal{M}_2}\right)^3 = \frac{a_1^3}{p^3 P^2} \ . \tag{4.6.3}$$

So fand 1844 F. W. Bessel aus Meridiankreisbeobachtungen, daß der Sirius (α CMa, A1 V, $\mathcal{M} = 2.2\,\mathcal{M}_\odot$) einen „dunklen" Begleiter haben müsse. 1862 entdeckte tatsächlich A. Clark den um 9.8 mag schwächeren Sirius *B*. Dieser hat eine absolute Helligkeit von nur $M_V = 11.2$ mag, obwohl seine Masse 0.94 $\mathcal{M}_\odot$ beträgt. Da die Oberflächentemperatur dieses Sternchens mit rund 23000 K ganz „normal" ist, muß es – wie schon bemerkt – sehr *klein* sein. F. Bottlinger zog daraus 1923 den Schluß, „daß es sich hier um etwas absolut Neues handelt", nämlich um einen Weißen Zwergstern.

Eine weitere interessante Anwendung ist die genaue Vermessung der Bahnen naher Sterne, um dunkle Begleiter zu finden, die entweder den Übergang von Sternen zu Planeten oder gar *Planeten* darstellen. Langjährige, umfangreiche Beobachtungen unseres zweitnächsten Nachbarn in 1.8 pc Entfernung, Barnards Stern (BD + 4°3561) mit dem Spektraltyp M5 V und 0.15 $\mathcal{M}_\odot$ durch P. van de Kamp u. a. deuteten zunächst auf zwei Begleiter mit etwa 0.7 und 0.5 Jupitermassen und Perioden von 12 bzw. 20 a, also auf eine Art Planetensystem, hin. Spätere unabhängige Analysen konnten jedoch keine periodischen Bewegungen in der Bahn von Barnards Stern bestätigen.

4.6.2 Spektroskopische Doppelsterne und Bedeckungsveränderliche

1889 beobachtete E. C. Pickering, daß im Spektrum des Mizar = ζ UMa die Linien sich in Zeitabständen von $P = 20.54$ d (zweimal) verdoppeln. Mizar erwies sich so als ein *spektroskopischer Doppelstern*. In diesem speziellen System bewegen sich zwei ähnliche A2-Sterne umeinander; ihr Winkelabstand ist für teleskopische Auflösung zu klein. In anderen Systemen ist nur *eine* Komponente im Spektrum zu erkennen, die andere ist offenbar erheblich schwächer. Trägt man die aus dem Dopplereffekt ermittelte Radialgeschwindigkeit der einen oder beider Komponenten als Funktion der Zeit auf, so ergibt sich die *Geschwindigkeitskurve*. Nach Abzug der mittleren oder Schwerpunktsbewegung liest man hieraus die Komponente(n) der Bahngeschwindigkeit in der Sehlinie ab. Daraus kann man – wie hier nicht im einzelnen auseinandergesetzt werden soll – zwar nicht die große Bahnhalbachse selbst, aber – wenn nur die Komponente 1 im Spektrum erkennbar ist – $a_1 \sin i$ und – wenn auch die Komponente 2 sich zeigt – $a_2 \sin i$ berechnen, wo i die (unbekannte) Bahnneigung bedeutet.

Ist nur *ein* Spektrum sichtbar, so erhält man aus dem 3. Keplerschen Gesetz und dem Schwerpunktssatz nach (4.6.3) sofort

$$\frac{(a_1 \sin i)^3}{P^2} = (\mathcal{M}_1 + \mathcal{M}_2)\left(\frac{\mathcal{M}_2}{\mathcal{M}_1 + \mathcal{M}_2}\right)^3 \sin^3 i = \frac{\mathcal{M}_2^3 \sin^3 i}{(\mathcal{M}_1 + \mathcal{M}_2)^2} \ . \tag{4.6.4}$$

Die rechts stehende Größe nennt man die *Massenfunktion*. Für statistische Zwecke kann man davon Gebrauch machen, daß der Mittelwert von $\sin^3 i$ über die Kugel gleich 0.59 bzw. – unter Berücksichtigung der Entdeckungswahrscheinlichkeit – ungefähr gleich 2/3 ist. Da $\mathcal{M}_2 < \mathcal{M}_1$, ist jedenfalls der Faktor $[\mathcal{M}_2/(\mathcal{M}_1 + \mathcal{M}_2)]^3 < 1/8$.

Sind beide Spektren sichtbar, so erhält man $\mathcal{M}_1^3 \sin^3 i$ *und* $\mathcal{M}_2^3 \sin^3 i$ und damit auch das Massenverhältnis $\mathcal{M}_1 : \mathcal{M}_2$.

Von besonderem Interesse ist die Suche nach *planetenähnlichen Begleitern* anhand periodischer Verschiebungen der Linien in den Spektren naher Sterne. Hierfür ist eine extrem hohe Meßgenauigkeit erforderlich, da z.B. die durch Jupiter bewirkten Schwankungen in der Radialgeschwindigkeit der Sonne nur eine Amplitude von $\simeq 0.01$ km s^{-1} bei einer Periode von rund 12 a haben. In neuerer Zeit erreichten D.W. Latham, B. Campbell u.a. mit besonderen Verfahren Genauigkeiten im Bereich 0.01 bis 0.1 km s^{-1}. So wurden z.B. bei dem 28 pc entfernten, sonnenähnlichen Stern HD 114762 Radialgeschwindigkeitsschwankungen $\lesssim 0.7$ km s^{-1} mit einer Periode von 84 d gefunden, die auf einen Begleiter der Größenordnung von 1 bis 10 Jupitermassen hinweisen.

Ist die Bahnneigung eines spektroskopischen Doppelsternes nahezu 90°, so treten „Finsternisse“ ein und man beobachtet einen *Bedeckungsveränderlichen.*

Klassisches Beispiel ist der 1782 von J. Goodricke so gedeutete β Per = Algol mit einer Periode von $P =$ 2.87 d.

Aus den über einen längeren Zeitraum gemessenen Magnitudines eines Bedeckungsveränderlichen bestimmt man zunächst seine *Periode P* und dann seine *Lichtkurve*. Aus dieser (Abb. 4.6.1) erhält man die Radien der beiden Sterne, bezogen auf den Radius der relativen Bahn als Einheit, sowie die Bahnneigung *i*. Kann man außerdem spektroskopisch die Geschwindigkeitskurve für eine oder gar beide Komponenten bestimmen, so erhält man auch die absoluten Dimensionen des Systems sowie die Massen und damit die mittleren Dichten der beiden Sterne. In günstigen Fällen kann man sogar die Elliptizität (Abplattung) und die Mitte-Rand-Verdunkelung der Sterne ermitteln. Dank der von H.N. Russell und H. Shapley entwickelten Methodik zur Bestimmung der Elemente von Bedeckungsveränderlichen gehören diese heute zu den am genauesten bekannten Sternen. In *engen Paaren* (Abschn. 4.6.5) stehen die beiden Komponenten, wie O. Struve durch eingehende Analyse der Spektren zuerst gezeigt hat, auch physisch miteinander in Wechselwirkung.

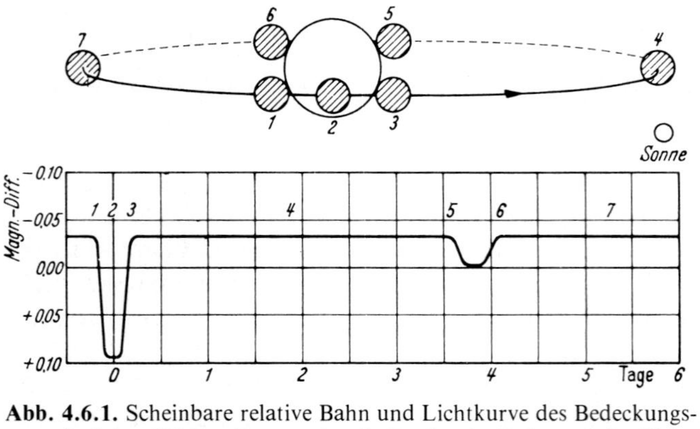

Abb. 4.6.1. Scheinbare relative Bahn und Lichtkurve des Bedeckungsveränderlichen IH Cas. Entsprechende Punkte der Bahn und der Lichtkurve sind durch Zahlen markiert. Die Hauptverfinsterung der helleren durch die schwächere und kleinere Komponente ist hier ringförmig

4.6.3 Perioden der Doppelsternsysteme. Rotation der Sterne

Versuchen wir nun, in groben Zügen einen Überblick über die Doppelsternsysteme zu geben; eine detaillierte statistische Diskussion wäre wegen der unvermeidlichen Auswahleffekte (Entdeckungswahrscheinlichkeit!) ohnedies von zweifelhafter Bedeutung.

Die nur durch die Art der Beobachtung unterschiedenen visuellen Doppelsterne, spektroskopischen Doppelsterne und Bedeckungsveränderlichen gehen – mit einiger Überdeckung – stetig ineinander über. Die Perioden reichen von wenigen Stunden bis zu vielen Jahrtausenden. Doppelsterne kurzer Periode haben meist kreisförmige Bahnen; langperiodische Systeme bevorzugen größere Exzentrizitäten. Neben den Doppelsternen kommen auch *mehrfache* Systeme häufig vor, die dann meist ein oder mehrere enge Paare enthalten. Der von F.W. Herschel entdeckte „Doppelstern“ α Gem = Castor besteht aus *drei Paaren* A, B und C, jeweils spektroskopische Doppelsterne mit Perioden von 9.21, 2.93 und 0.814 d. A und B bewegen sich umeinander in 420 a, Castor C umläuft A + B in mehreren tausend Jahren. In unserer nächsten Umgebung innerhalb von 20 pc sind 45%, also fast die Hälfte der Sterne, Mitglieder zwei- oder mehrfacher Systeme.

In den Spektren von Doppelsternen und Bedeckungsveränderlichen kurzer Periode – deren Komponenten einander in kleinem Abstand umkreisen – sind die *Fraunhoferlinien* meist auffällig breit und verwaschen. Dies hängt damit zusammen, daß die beiden Komponenten wegen der Flutreibung, ähnlich dem Erde-Mond-

System, wie ein starrer Körper miteinander rotieren. Die Revolutions- und Rotationsdauer sind einander gleich.

Ist die Projektion der Äquatorgeschwindigkeit auf die Sehlinie $v \sin i$, so entspricht dem bei der Wellenlänge λ eine Dopplerverschiebung $\Delta\lambda = \pm\lambda(v/c)\sin i$. Wäre die Spektrallinie bei ruhendem Stern scharf, so erscheint sie nun in ein Band der Breite $2\Delta\lambda$ auseinandergezogen, dessen Profil die Helligkeitsverteilung der „Sternscheibe" widerspiegelt. Zeigt diese z.B. keine Mitte-Rand-Verdunkelung, so erhält man ein ellipsenförmiges Linienprofil. Rotiert beispielsweise ein B-Stern vom Radius $5\,R_\odot$ mit einer Periode von 1.5 d und ist $i = 90°$, so wird seine projizierte Äquatorgeschwindigkeit $v \sin i = 250\,\mathrm{km\,s^{-1}}$ und die halbe Breite etwa der Linie Mg II $\lambda = 448.1$ nm damit $\Delta\lambda = \pm 0.37$ nm.

O. Struve und seine Mitarbeiter entdeckten, daß es auch *Einzelsterne* gibt, in deren Spektren alle Linien in dieser Weise stark verbreitert sind und die also mit Äquatorgeschwindigkeiten bis zu mehr als $300\,\mathrm{km\,s^{-1}}$ *rotieren*. Ähnlich wie die rasch rotierenden Doppelsterne gehören auch die rasch rotierenden Einzelsterne ganz überwiegend den Spektraltypen O, B und A im oberen Teil der Hauptsequenz an. Hauptreihensterne mit Spektraltypen später als F5 V haben demgegenüber sehr kleine Rotationsgeschwindigkeiten unterhalb 10 bis $20\,\mathrm{km\,s^{-1}}$.

Auf die Bedeutung der Rotation von Einzel- und Doppelsternen und damit auf die Rolle des Drehimpulses für die Probleme der Sternentwicklung werden wir später zurückkommen.

4.6.4 Die Massen der Sterne

Wir verschaffen uns nun einen Überblick über die – aus allen Arten von Doppelsternen bestimmten – Massen $\mathcal{M}$ der Sterne. Deren Zahlenwerte reichen etwa von $0.07\,\mathcal{M}_\odot$, der kleinsten für einen „sichtbaren" Stern ermittelten Masse, bis $100\,\mathcal{M}_\odot$, wobei die meisten Sternmassen in den Bereich von 0.3 bis $3\,\mathcal{M}_\odot$ fallen. Der Zusammenhang mit anderen Zustandsgrößen der Sterne blieb dunkel, bis A.S. Eddington 1924 im Zusammenhang mit seiner Theorie des inneren Aufbaus der Sterne die *Masse-Leuchtkraft-Beziehung* entdeckte. Vom heutigen Standpunkt aus können wir das Wesentliche folgendermaßen verstehen: Die Sterne der Hauptsequenz befinden sich offenbar in analogen Stadien ihrer Entwicklung (ihr Energiebedarf wird durch Umwandlung von Wasserstoff in Helium gedeckt) und sind daher – in der Hauptsache – nach „demselben Rezept" aufgebaut. Zu einer bestimmten Masse $\mathcal{M}$ gehören daher innere Energiequellen von ganz bestimmter Größe, welche ihrerseits die Leuchtkraft L des Sterns festlegen. Es ist also eine Beziehung zwischen der Masse $\mathcal{M}$ und der Leuchtkraft L bzw. der absoluten bolometrischen Helligkeit M_{bol} dieser Sterne zu erwarten. Tatsächlich gilt, wie die Bearbeitung des gesamten Beobachtungsmaterials (Abb. 4.6.2) zeigt, für

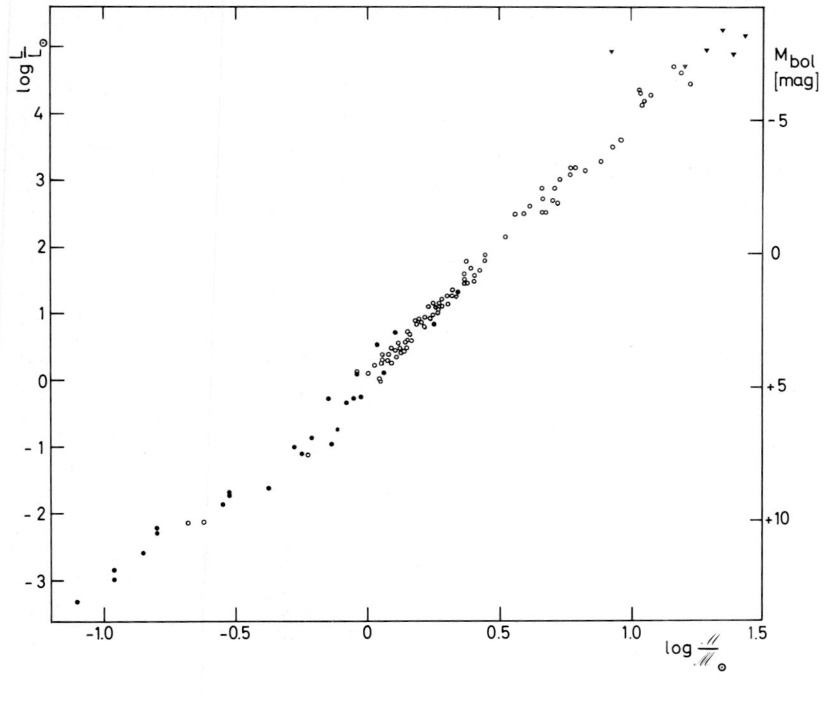

Abb. 4.6.2. Empirische Masse-Leuchtkraft-Beziehung für Hauptreihensterne. Aufgetragen ist die Leuchtkraft L bzw. die absolute bolometrische Helligkeit M_{bol} der Sterne als Funktion ihrer Masse $\mathcal{M}$ (D.M. Popper, 1980). [● Visuelle Doppelsterne; ○ Spektroskopische Doppelsterne: optisch aufgelöste Systeme und Bedeckungsveränderliche (getrennte Systeme); ▼ OB-Bedeckungsveränderliche (vermutlich Kontaktsysteme)]

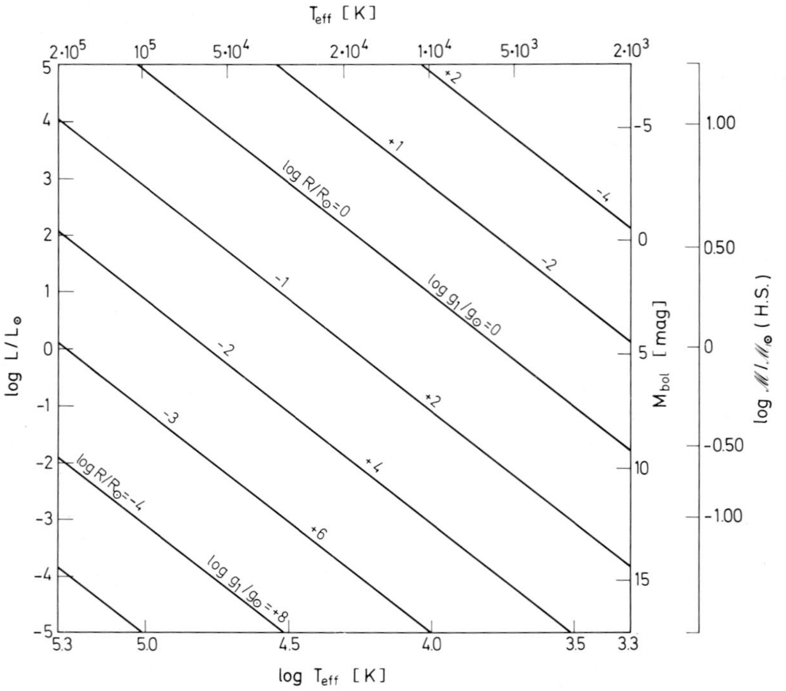

Abb. 4.6.3. Zusammenhang zwischen Leuchtkraft L bzw. absoluter bolometrischer Helligkeit M_{bol} (linke bzw. rechte Ordinatenskala), Effektivtemperatur T_{eff} (Abszissen) und Sternradius R sowie Schwerebeschleunigung g. Letztere geben wir als g_1 für Sterne von $1\,\mathcal{M}_\odot$ an; diese Zahlen gelten etwa für alte, entwickelte Sterne. Für Hauptreihensterne ist rechts außen die Masse $\mathcal{M}$ als Funktion von M_{bol} näherungsweise aufgetragen

die *Hauptsequenzsterne* eine solche Beziehung, die im oberen Massenbereich ($\mathcal{M} \gtrsim 0.2\,\mathcal{M}_\odot$) durch die empirische Formel

$$\log \frac{L}{L_\odot} = 3.8 \log \frac{\mathcal{M}}{\mathcal{M}_\odot} + 0.08 \qquad (4.6.5)$$

angenähert werden kann.

Die von der Hauptreihe fortentwickelten Sterne (Abschn. 5.4.4, 5) fallen, wie zu erwarten, aus dieser Relation heraus, wie z. B. die Weißen Zwerge mit einer mittleren Masse von etwa $0.5\,\mathcal{M}_\odot$ und erst recht die Neutronensterne mit Massen der Größenordnung $1\,\mathcal{M}_\odot$ (Abschn. 4.12.8). Auch für die Roten Riesen, für die es kaum zuverlässige empirische Massenbestimmungen gibt, ist die Masse-Leuchtkraft-Beziehung der Hauptreihensterne nicht anwendbar, da diese von ihrer Entwicklung her eine uneinheitliche Gruppe bilden. Im statistischen Mittel liegen die Massen der Roten Riesen bei $1.1\,\mathcal{M}_\odot$.

Betrachten wir die Radien R der Sterne (berechnet aus der absoluten Helligkeit und – grob gesagt – der Temperatur) als gegeben, so können wir die für die Theorie der Spektren wichtige *Schwerebeschleunigung*

$$g = \frac{G\mathcal{M}}{R^2} \qquad (4.6.6)$$

an der Sternoberfläche berechnen. Man findet, daß diese für Hauptreihensterne bis herunter zum Spektraltyp M2 V den etwa innerhalb eines Faktors 2 konstanten Zahlenwert $g \simeq 2 \cdot 10^2\,\text{m s}^{-2} \simeq 2 \cdot 10^4\,\text{cm s}^{-2}$ hat[6]. Für Riesen und Überriesen ist sie erheblich kleiner (bis etwa $10^{-2}\,\text{m s}^{-2}$), für Weiße Zwerge erheblich größer (ungefähr $10^6\,\text{m s}^{-2}$).

Als wichtiges Ergebnis stellen wir in Abb. 4.6.3 die Zusammenhänge zwischen Leuchtkraft L, bolometrischer Helligkeit M_{bol}, Effektivtemperatur T_{eff}, Sternradius R und Schwerebeschleunigung g zusammen, wobei wir auf (4.4.26) und (4.6.6) zurückgreifen:

$$L = 4\pi R^2 \cdot \sigma T_{\text{eff}}^4\,,$$
$$g = G\mathcal{M}/R^2\,. \qquad (4.6.7)$$

L, R und $\mathcal{M}$ beziehen wir auf $L_\odot = 3.85 \cdot 10^{26}\,\text{W}$, $R_\odot = 6.96 \cdot 10^8\,\text{m}$ und $\mathcal{M}_\odot = 1.99 \cdot 10^{30}\,\text{kg}$ als Einheit. Die Schwerebeschleunigung berechnen wir zunächst für Sterne von $1\,\mathcal{M}_\odot$, bezogen auf $g_\odot = 274\,\text{m s}^{-2}$ als Einheit, d. h. $g_1/g_\odot$. Für Sterne der Hauptsequenz und noch

6 In der Theorie der Sternspektren ist es üblich, die Schwerebeschleunigung ohne Dimensionsangabe einfach durch $\log g$ zu bezeichnen, wobei $g\,[\text{cm s}^{-2}]$ gemeint ist, z. B. für Hauptreihensterne $\log g \simeq 4.3$, für Weiße Zwerge $\log g \simeq 8$.

wenig entwickelte Sterne gilt genähert die Skala der Massen $\mathscr{M}$ rechts.

In Abschn. 4.9 werden wir sehen, daß man aus der Analyse der Sternspektren die Effektivtemperatur T_{eff} und die Schwerebeschleunigung g ermitteln kann. Daraus kann man nach (4.6.7) das *Verhältnis* von Masse zu Leuchtkraft berechnen

$$\frac{\mathscr{M}}{L} = \frac{1}{4\pi G \sigma} \frac{g}{T_{\mathrm{eff}}^4} . \tag{4.6.8}$$

Will man $\mathscr{M}$ und L einzeln bestimmen, so muß man entweder die Theorie des inneren Aufbaus der Sterne (Abschn. 4.12) oder entsprechende empirische Daten zu Hilfe nehmen.

4.6.5 Enge Doppelsternsysteme

Bei *engen* Sternpaaren treten zwischen den Komponenten zum einen starke wechselseitige Gezeitenkräfte auf, die bestrebt sind, ihre Rotationsperioden mit der Periode des Bahnumlaufs zu synchronisieren. Zum anderen besteht zwischen ihnen häufig auch eine direkte physische Wechselwirkung; wie O. Struve durch spektroskopische Analysen in den 40er und 50er Jahren zuerst gezeigt hat, finden wir gemeinsame Gashüllen und Gasströme von der einen zur anderen Komponente. In neuerer Zeit machten Untersuchungen u. a. der Novae und novaähnlichen Veränderlichen und der galaktischen Röntgenquellen (Abschn. 4.11.5, 6) deutlich, daß ein Gasstrom vielfach nicht direkt auf den Begleitstern auftrifft, sondern – wegen der Erhaltung des Drehimpulses – eine rotierende Scheibe (Akkretionsscheibe) um diesen bildet.

Die Ursache für den Materieaustausch in engen Doppelsternsystemen liegt letztlich in der Veränderung der Sternradien im Laufe der Sternentwicklung, vor allem in deren enormen Anwachsen auf dem Weg zum Roten Riesenstadium (Abschn. 5.4.4).

Wir studieren zunächst die *Äquipotentialfläche* eines Doppelsternsystems, dessen Komponenten anfangs noch getrennt sind. In einem Punkt, der von der Masse $\mathscr{M}_1$ den Abstand r_1 und von der Masse $\mathscr{M}_2$ den Abstand r_2 hat, haben wir, (2.6.34), ein Gravitationspotential

$$\Phi_{\mathrm{G}} = -G\left(\frac{\mathscr{M}_1}{r_1} + \frac{\mathscr{M}_2}{r_2}\right) . \tag{4.6.9}$$

Rotiert das System mit der Winkelgeschwindigkeit ω, so können wir auch die Zentrifugalbeschleunigung $z\omega^2$ (z: Abstand von der Drehachse) durch ein zusätzliches Potential $\Phi_z = -z^2\omega^2/2$ darstellen. Auf einer Fläche

$$\Phi = \Phi_{\mathrm{G}} + \Phi_z = -G\left(\frac{\mathscr{M}_1}{r_1} + \frac{\mathscr{M}_2}{r_2}\right) - \frac{1}{2} z^2 \omega^2 \tag{4.6.10}$$

kann ein Probekörper ohne Arbeitsaufwand bewegt werden; die Oberfläche z. B. des Meeres oder eines Himmelskörpers folgt daher einer Äquipotentialfläche $\Phi = \mathrm{const}$.

In unserem Doppelsternsystem sind beide Komponenten zunächst von „ihren" geschlossenen Äquipotentialflächen umgeben, bis man zu einer ersten gemeinsamen Äquipotentialfläche kommt, die in Form einer Sanduhr beide Körper umgibt, die sogenannte *Roche-Fläche*. Weiter außen umhüllen alle Flächen beide Körper (Abb. 4.6.4).

Wenn nun die größere Masse – sagen wir $\mathscr{M}_1$ – sich zum Riesenstern entwickelt, so kann sie über die innerste gemeinsame Äquipotentialfläche herauswachsen. Wir haben dann ein *halbgetrenntes System*; es strömt Gas von der Komponente 1 auf 2 herüber, so daß das Massenverhältnis sich sogar umkehren kann[7].

Was im einzelnen geschehen kann, können wir erst in Abschn. 5.4.6 diskutieren, wenn wir die verschiedenen Entwicklungsphasen der Sterne kennengelernt haben.

Füllen beide Komponenten eine gemeinsame Äquipotentialfläche aus, so sprechen wir von einem *Kontaktsystem* bzw. W Ursae Maioris-System (Abb. 4.6.4).

4.6.6 Pulsare in Doppelsternsystemen

Neben der spektroskopischen Ermittlung von Sternmassen in Doppelsternsystemen aus der Änderung der Radialgeschwindigkeit (Abschn. 4.6.2) eröffnen die regelmäßigen, in kurzen Zeitabständen von den Pulsaren (Abschn. 4.11.7) ausgesandten Signale eine weitere Möglichkeit zur Massenbestimmung.

Wir haben bereits die Frequenzverschiebung $\Delta\nu$ durch den Dopplereffekt (2.5.2) für eine bewegte Strahlungsquelle kennengelernt. Die Dopplerformel

$$\frac{\Delta\nu}{\nu_0} = \frac{v}{c} , \quad v \ll c , \tag{4.6.11}$$

gilt jedoch nicht nur für elektromagnetische Wellen (oder akustische Wellen, wobei c dann die Schallgeschwindigkeit ist), sondern auch für *jede* regelmäßige Folge von Signalen wie z. B. das „Ticken" eines Pulsars mit einer Pulsfrequenz ν_0 bzw. Periode $1/\nu_0$. Nähert sich uns ein

[7] Wir bezeichnen in einem Doppelsternsystem durchweg den *ursprünglich massereicheren* Stern als die *Primärkomponente,* unabhängig davon, ob sich evtl. im Laufe der späteren Entwicklung das Massenverhältnis umkehrt.

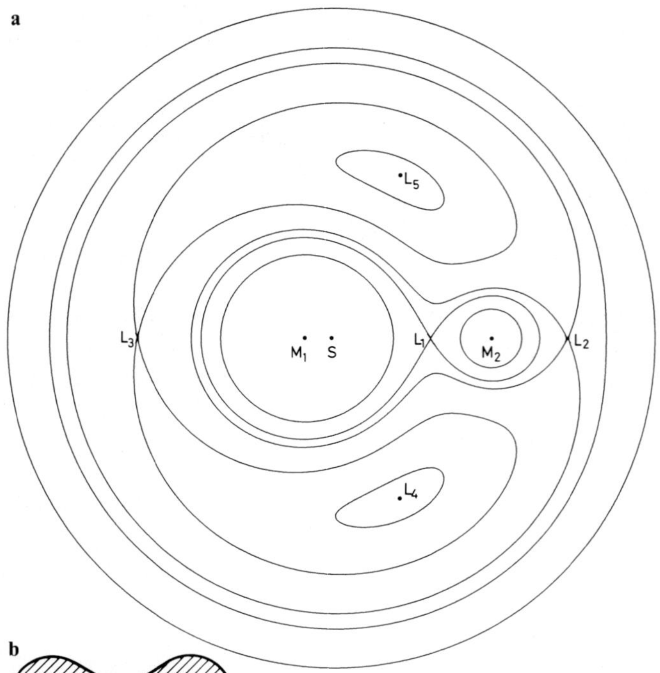

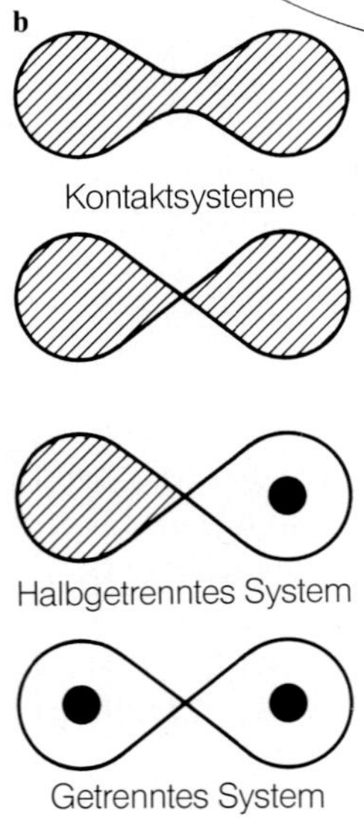

Abb. 4.6.4. (**a**) Geometrie der Äquipotentialflächen in einem engen Doppelsternsystem. Gezeichnet sind die Kurven Φ = const nach (4.6.10) in der Bahnebene für ein Massenverhältnis $\mathcal{M}_2/\mathcal{M}_1$ = 0.17. Die *Roche*sche Grenzkurve schneidet sich selbst im Lagrangepunkt L_1. S ist der Schwerpunkt des Systems, durch den die Rotationsachse verläuft. (**b**) Typen der spektroskopischen Doppelsternsysteme

Pulsar aufgrund seiner Bewegung in einem Doppelsternsystem mit der Relativgeschwindigkeit v, so verkürzt sich der zeitliche Abstand der ankommenden Signale bzw. vergrößert sich die Pulsfrequenz ν_0 nach (4.6.11).

Die außergewöhnlich hohe Meßgenauigkeit der Ankunftszeiten der Radiopulse (etwa 1 µs) gestattet eine sehr genaue Bestimmung der Bahnelemente und vor allem der Massen der Pulsare (Neutronensterne), wobei wir die Formeln aus Abschn. 4.6.2 einfach übernehmen können. Zwar sind die sogenannten *Radiopulsare* (Abschn. 4.11.7) überwiegend Einzelsterne, jedoch entdeckten 1974 R.A. Hulse und J.H. Taylor bei einer Durchmusterung mit dem 300 m-Radioteleskop in Arecibo auf Puerto Rico bei dem Pulsar PSR 1913 + 16 (Pulsperiode 0.059 s bzw. Pulsfrequenz $\nu_0 = 17$ Hz) Schwankungen in der Pulsfolge bis zu 80 µs mit einer Periode von 0.323 d und deuteten diese Modulation sogleich als Bahnbewegung in einem Doppelsternsystem mit Radialgeschwindigkeiten des Pulsars zwischen 60 und 330 km s^{-1} (Abb. 4.6.5).

Längere Beobachtungsreihen ergeben für diesen *„Doppelstern-Pulsar"* ungewöhnliche Bahnelemente: Die an die Sphäre projizierte große Halbachse der Bahnellipse des Pulsars beträgt $a \sin i = 702000$ km, bei einer Inklination von $i \simeq 50°$ entspricht dies einer Halbachse von nur etwa 1.3 $R_\odot$! Die Bahnperiode ist $P = 0.32$ d; die Exzentrizität der Bahn ist $e = 0.62$. Die Masse sowohl des Pulsars bzw. Neutronensterns als auch des noch nicht eindeutig identifizierten Begleiters (ebenfalls ein Neutronenstern?) ergibt sich je zu rund 1.4 $\mathcal{M}_\odot$. Diese Bahnelemente sind so extrem, daß zu ihrer genauen Herleitung Newtons Theorie der Gravitation nicht mehr ausreicht, vielmehr muß bei den hier auftretenden starken Gravitationsfeldern Einsteins *Allgemeine Relativitätstheorie* (Abschn. 4.12.9) herangezogen werden. Besonders auffallend ist die große *Drehung des Periastron* der Bahn von 4.23° a^{-1}, entsprechend einem vollen Umlauf in 85 Jahren. Dieser Effekt der Allgemeinen Relativitätstheorie ist im Doppelstern-Pulsar wesentlich stärker als die analoge Periheldrehung der Bahn des Merkur um die Sonne von 43″ pro 100 a, s. (4.12.64).

Die Einsteinsche Gravitationstheorie sagt vorher, daß die Massenbewegungen in einem Doppelsternsystem wie PSR 1913 + 16 mit der Abstrahlung von *Gravitationswellen* verbunden sind und somit zu einem Energieverlust des Systems führen. In der Tat beobachtet man eine geringe systematische *Abnahme* $\dot{P}$ *der Bahnperiode*, $\dot{P}/P = -2.4 \cdot 10^{-12}$, die gut mit dem theoretisch vorhergesagten Wert übereinstimmt und somit als indirekter Nachweis von Gravitationsstrahlung angesehen werden kann.

Wir kennen nur wenige Doppelsternsysteme mit einem Radiopulsar: Die neun (Stand 1990) Systeme in der galaktischen Scheibe scheinen in zwei Klassen zu zerfallen, die eine enthält – wie PSR 1913 + 16 – massereichere Sterne ($\gtrsim 0.7\ \mathcal{M}_\odot$), die andere masseärmere Systeme. Außerdem finden wir einige Doppelstern-Pulsare in Kugelhaufen (Abschn. 4.11.7). Anders als bei den Radiopulsaren ist bei den *Röntgenpulsaren*, wie z.B. Her X-1

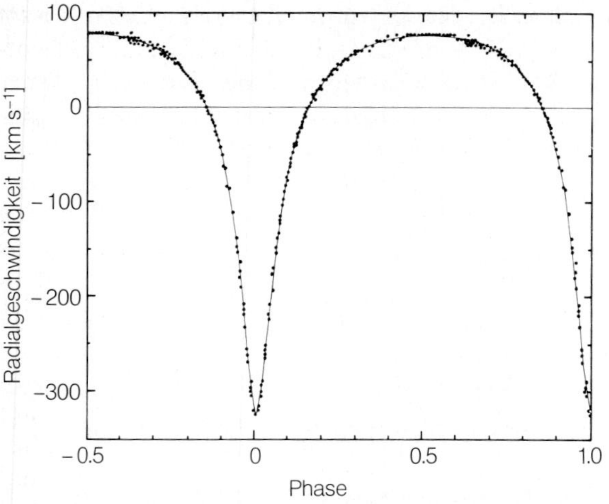

Abb. 4.6.5. Beobachtete Radialgeschwindigkeitskurve des Doppelstern-Pulsars PSR 1913+16 über eine Umlaufperiode. Die starke Bahnexzentrizität $e = 0.62$ äußert sich in der ausgeprägten Abweichung von einer sinusförmigen Kurve. R.A. Hulse und J.H. Taylor: Astrophys. J. **195**, L51 (1975). (Mit freundlicher Genehmigung von The University of Chicago Press, The American Astronomical Society und der Autoren)

(Abschn. 4.11.6), die Mitgliedschaft in einem *engen Doppelsternsystem* die Regel. Häufig können außer der Modulation der Röntgenpulse auch noch die Änderungen der Radialgeschwindigkeit im Spektrum der anderen Komponente beobachtet werden. Die Analyse der Bahnen der bekannten Röntgenpulsare ergibt für die Neutronensterne Massen im Bereich von 1.2 bis 1.6 $\mathcal{M}_\odot$.

4.7 Spektren und Atome. Anregung und Ionisation

Die Deutung der Sternspektren und ihrer Klassifikation brachte – nach wichtigen Vorarbeiten von N. Lockyer – im Jahre 1920 M.N. Sahas Theorie der thermischen Anregung und Ionisation. Sie beruht wesentlich auf der seit 1913 von N. Bohr, A. Sommerfeld u.a. entwickelten Quantentheorie der Atome und ihrer Spektren. Es sei hier gestattet, einige Grundlagen – ohne vollständige Begründung – kurz ins Gedächtnis zu rufen: die Grundbegriffe der Atomspektroskopie (Abschn. 4.7.1), die Boltzmann- und die Saha-Formel für die Anregung bzw. Ionisation der Atome im thermodynamischen Gleichgewicht (Abschn. 4.7.2) sowie die allgemeineren kinetischen Gleichungen für Anregung und Ionisation mit den einzelnen atomaren Elementarprozessen für den Fall, daß kein thermodynamisches Gleichgewicht vorliegt (Abschn. 4.7.3).

4.7.1 Grundbegriffe der Atomspektroskopie

Die möglichen Energieniveaus eines Atoms stellen wir graphisch dar in dem Energieniveau- oder *Grotrian-Diagramm* (Abb. 4.7.1). Wir unterscheiden:

1) *Diskrete negative Energiewerte* $E<0$, entsprechend den gebundenen oder elliptischen Bahnen der Elektronen im Bohrschen Atommodell. Jedes Energieniveau ist charakterisiert durch mehrere ganz- bzw. halbzahlige Quantenzahlen, die wir zunächst symbolisch durch *einen* Index n, m, s oder dgl. repräsentieren.

2) *Kontinuierliche positive Energiewerte* $E>0$, entsprechend den freien oder Hyperbelbahnen der Elektro-

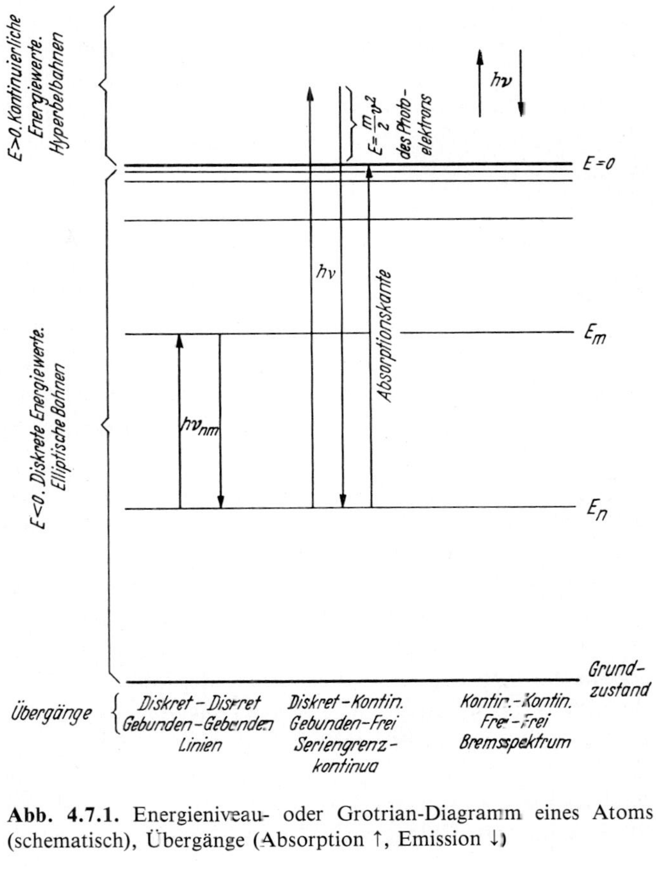

Abb. 4.7.1. Energieniveau- oder Grotrian-Diagramm eines Atoms (schematisch), Übergänge (Absorption ↑, Emission ↓)

nen im Bohrschen Modell. In großer Entfernung vom Atom hat ein solches Elektron *nur* kinetische Energie $E_{\text{kin}} = \frac{1}{2} m v^2$, wo m seine Masse und v seine Geschwindigkeit bedeutet.

Beim *Übergang* zwischen zwei Energieniveaus E_m und E_n wird ein Lichtquant der Energie ($h = 6.63 \cdot 10^{-34}$ J s $= 6.63 \cdot 10^{-27}$ erg s bzw. $\hbar = h/2\pi$ bedeutet das Plancksche Wirkungsquantum)

$$h\nu = \hbar\omega = |E_m - E_n| \tag{4.7.1}$$

absorbiert (↑) bzw. emittiert (↓). Der Frequenz ν [s^{-1} oder Hz] bzw. Kreisfrequenz ω entspricht eine *Wellenzahl* (Zahl der Lichtwellen pro m im Vakuum) $\tilde{\nu} = \nu/c$ [m^{-1} oder Kayser = cm^{-1}] und eine *Wellenlänge* $\lambda = 1/\tilde{\nu} = c/\nu$ [m]. Daneben benutzt man als Einheit 10^{-10} m = 1 Å (ein Ångström). Die Energiewerte rechnet man häufig nicht von $E = 0$, sondern vom Grundzustand des Atoms aus. Als Einheit benutzt man meist nicht 1 J oder erg, sondern 1 cm^{-1} bzw. Kayser und spricht dann von den *Termen* und dem Termschema des Atoms, oder man benutzt 1 eV, d.h. 1 Elektronvolt bzw. die Energie, welche ein Elektron beim Durchlaufen der Potentialdifferenz 1 Volt gewinnt. Im thermischen Gleichgewicht hat man es stets mit Energien der Größenordnung kT zu tun. In diesem Sinne schreiben wir noch die einer Energie E entsprechende Temperatur T in [K] an. Es entsprechen einander also:

$$\begin{aligned} 1\,\text{eV} &\triangleq 1.602 \cdot 10^{-19}\,\text{J} \triangleq 1.602 \cdot 10^{-12}\,\text{erg} \\ &\triangleq 8066\,\text{cm}^{-1} \triangleq (1239.9\,\text{nm})^{-1} \triangleq (12399\,\text{Å})^{-1} \\ &\triangleq 11605\,\text{K} \ . \end{aligned} \tag{4.7.2}$$

Die Übergänge des Atoms unter Absorption bzw. Emission eines Lichtquants $h\nu$ teilen wir naturgemäß in folgende Gruppen ein:

$E_m < 0$, $E_n < 0$; diskret-diskrete oder gebunden-gebundene Übergänge unter Absorption bzw. Emission einer *Spektrallinie,* deren Wellenzahl $\tilde{\nu}$ man als Differenz der Termwerte berechnet.

$E > 0$, $E_n < 0$; kontinuierlich-diskrete oder frei-gebundene Übergänge. An die Seriengrenze bzw. *Absorptionskante* $h\nu_n = E_n$ schließt sich die kontinuierlich-diskrete Absorption $\nu > \nu_n$ unter Auswurf eines Photoelektrons mit der kinetischen Energie $\frac{1}{2} m v^2 = h\nu - |E_n|$ an. Dabei wird das Atom ionisiert bzw. es geht in die nächsthöhere Ionisationsstufe über. Wir bezeichnen die Spektren der neutralen, einfach-, zweifach- usw. ionisierten Atome z. B. des Kalziums mit Ca I, Ca II, Ca III usw.

Der inverse Prozeß ist der Einfang eines freien Elektrons der Energie $\frac{1}{2} m v^2$ unter Ausstrahlung eines Lichtquants

$$h\nu = \tfrac{1}{2} m v^2 + |E_n| \ ,$$

die sog. *Zweier-Rekombination.*

$E' > 0$, $E'' > 0$; kontinuierlich-kontinuierliche oder frei-freie Übergänge. Dabei wird ein Lichtquant $h\nu = |E' - E''|$ absorbiert bzw. emittiert; das freie Elektron gewinnt bzw. verliert beim Vorübergang an dem Atom oder Ion den entsprechenden Betrag an kinetischer Energie.

Wir beschäftigen uns zunächst mit den *diskreten* Termen ($E_n < 0$) der Atome und Ionen.

Ein bestimmtes Energieniveau eines Atoms oder Ions mit *einem* Leucht- oder Valenzelektron (d.h. die übrigen Elektronen sollen keine Übergänge machen) beschreiben wir durch folgende vier *Quantenzahlen:*

a) n die *Hauptquantenzahl.* Bei wasserstoffartigen Bahnen (Coulomb-Feld) ist – in der Sprache der Bohrschen Theorie – $n^2 a_0/Z$ die große Halbachse der Bahn, die entsprechende Energie

$$E_n = -\frac{1}{4\pi\varepsilon_0} \frac{e^2 Z^2}{2a_0} \frac{1}{n^2} \tag{4.7.3}$$

und der Termwert $R_\infty Z^2/n^2$. Dabei bedeutet $a_0 = 5.29 \cdot 10^{-11}$ m = 0.529 Å den Bohrschen Wasserstoffradius, $\varepsilon_0 = 8.85 \cdot 10^{-12}$ AsV^{-1}m^{-1} die elektrische Feldkonstante, $R_\infty = 1.097 \cdot 10^7$ m^{-1} die Rydbergkonstante und Z die wirksame Kernladungszahl ($Z = 1$ neutrales Atom, $Z = 2$ einfach ionisiertes Atom usw.).

b) l ist der *Drehimpuls der Bahnbewegung* des Elektrons, gemessen in der Quanteneinheit $\hbar = h/2\pi$. l kann die ganzzahligen Werte 0, 1, 2... $n-1$ annehmen.

$l = 0$	1	2	3	4	5	gibt ein
s	p	d	f	g	h-Elektron[8] .	

c) $s = \pm 1/2$ ist der *Spin* des Elektrons in denselben Einheiten.

[8] Die Bezeichnung bezog sich ursprünglich auf den oberen (Lauf)-Term der Serien: s = Scharfe Nebenserie; p = Prinzipalserie (Hauptserie); d = Diffuse Nebenserie; f = Fundamentalserie.

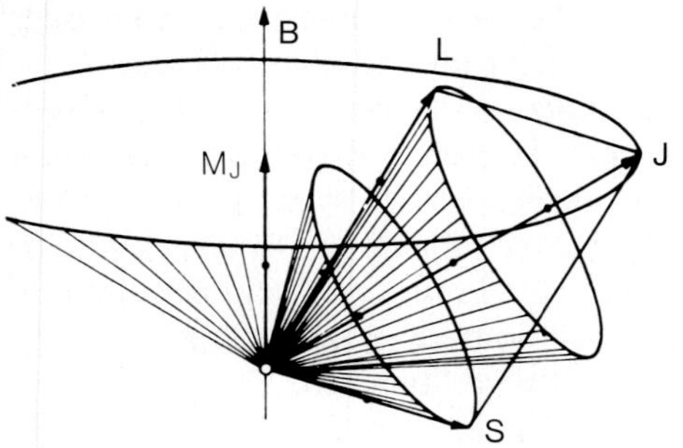

Abb. 4.7.2. Vektorgerüst eines Atoms mit Russell-Saunders-Kopplung. Die Vektoren des gesamten Bahndrehimpulses $\boldsymbol{L}$ und des Spindrehimpulses $\boldsymbol{S}$ setzen sich zum Gesamtdrehimpuls $\boldsymbol{J}$ (alles in Einheiten von $\hbar = h/2\pi$) zusammen. M_J ist die Komponente von J in Richtung eines äußeren Feldes $\boldsymbol{B}$. L und S führen eine Präzessionsbewegung um J, letzteres um $\boldsymbol{B}$ aus. Die Zeichnung entspricht einem Energieniveau mit $L = 3$, $S = 2$, $J = 3$, d.h. $^5F_3$

d) j ist der *Gesamtdrehimpuls*, wieder in Einheiten von $\hbar$. Er entsteht durch vektorielle Zusammensetzung von l und s und kann nur die beiden Werte $l \pm \frac{1}{2}$ annehmen.

Ein Elektron mit $n = 2$, $l = 1$ und $j = \frac{3}{2}$ kennzeichnet man beispielsweise als $2\,p_{3/2}$-Elektron.

In Atomen bzw. Ionen mit mehreren Elektronen sind die Drehimpulsvektoren meist folgendermaßen gekoppelt (Russell-Saunders- oder *LS*-Kopplung):

Die Bahndrehimpulse $\boldsymbol{l}$ addieren sich vektoriell zum resultierenden Bahndrehimpuls $\boldsymbol{L} = \sum \boldsymbol{l}$, ebenso die Spinmomente $\boldsymbol{s}$ zum resultierenden Spinmoment $\boldsymbol{S} = \sum \boldsymbol{s}$. Die Vektoren $\boldsymbol{L}$ und $\boldsymbol{S}$ setzen sich zusammen zum Gesamtdrehimpuls $\boldsymbol{J}$ (Abb. 4.7.2), wobei also

$$|L - S| \leq J \leq L + S \ . \tag{4.7.4}$$

L ist stets ganzzahlig; S und J sind halbzahlig/ganzzahlig für Atome mit ungerader/gerader Elektronenzahl.

Ein bestimmtes Wertepaar von S und L ergibt – wie man sagt – einen Term. Ähnlich wie beim Einelektronensystem soll der Bahndrehimpuls-Quantenzahl

$$L = 0 \quad 1 \quad 2 \quad 3 \quad 4 \quad 5 \quad \text{ein}$$
$$\text{S} \quad \text{P} \quad \text{D} \quad \text{F} \quad \text{G} \quad \text{H-Term}$$

entsprechen. Sofern $L \geq S$ ist, zerfällt dieser in $r = 2\,S + 1$ Energieniveaus mit verschiedenen J. Die Zahl r bezeichnet man (auch wenn $L < S$ ist) als die *Multiplizität* des Terms und schreibt sie links oben an das Termsymbol; das J hängt man rechts unten als Index an, um die einzelnen Niveaus des Terms zu charakterisieren. Eine Übersicht über die möglichen Terme verschiedener Multiplizitäten, ihre Energieniveaus und die übliche Art der Bezeichnung gibt Tabelle 4.7.1.

In einem *äußeren Feld* (z. B. Magnetfeld) stellt sich der Vektor des Gesamtdrehimpulses J so ein, daß seine Komponente M_J in Richtung des Feldes ebenfalls halb- bzw. ganzzahlig ist. M_J kann also die Werte $J, J-1 \ldots, -J$ annehmen; d. h. die Richtungsquantelung von J ergibt $2\,J+1$ Einstellmöglichkeiten (Abb. 4.7.2). Bei verschwindendem äußeren Feld fallen diese $2\,J+1$ Energieniveaus zusammen; man sagt dann, das Niveau J sei $(2\,J+1)$-fach *entartet*. Weiterhin teilen wir die Terme noch nach ihrer *Parität* in zwei Gruppen ein, die geraden bzw. ungeraden Terme, je nachdem die arithmetische Summe der l der erzeugenden Elektronen gerade bzw. ungerade ist. *Un*gerade Terme werden rechts oben mit einem $^{\circ}$ (odd) versehen.

Beim Übergang zwischen zwei Energieniveaus entsteht eine *Linie;* die möglichen Übergänge zwischen allen Niveaus eines Terms erzeugen eine Gruppe benachbarter Linien, ein sog. *Multiplett*. Die Übergangsmöglichkeiten (bei Emission oder Absorption von elektrischer Dipolstrahlung – analog dem bekannten Hertzschen Dipol) sind beschränkt durch folgende *Auswahlregeln:*

Tabelle 4.7.1. Die Terme und die J ihrer Niveaus für verschiedene Quantenzahlen L und S bei Russell-Saunders-Kopplung

		$S = 0$	$1/2$	1	$3/2$
		$r = 2S+1 = 1$	2	3	4
		Singulett	Dublett	Triplett	Quartett
$L = 0$	S-Term	$J = 0$	$J = 1/2$	$J = 1$	$J = 3/2$
1	P-Term	1	1/2 3/2	0 1 2	1/2 3/2 5/2
2	D-Term	2	3/2 5/2	1 2 3	1/2 3/2 5/2 7/2
3	F-Term	3	5/2 7/2	2 3 4	3/2 5/2 7/2 9/2

Beispiel: - - - - - - Quartett P-Term mit den Energieniveaus $^4\text{P}_{1/2}$, $^4\text{P}_{3/2}$, $^4\text{P}_{5/2}$. Statistisches Gewicht des Terms $g(^4\text{P}) = 4 \cdot 3 = 2+4+6$.

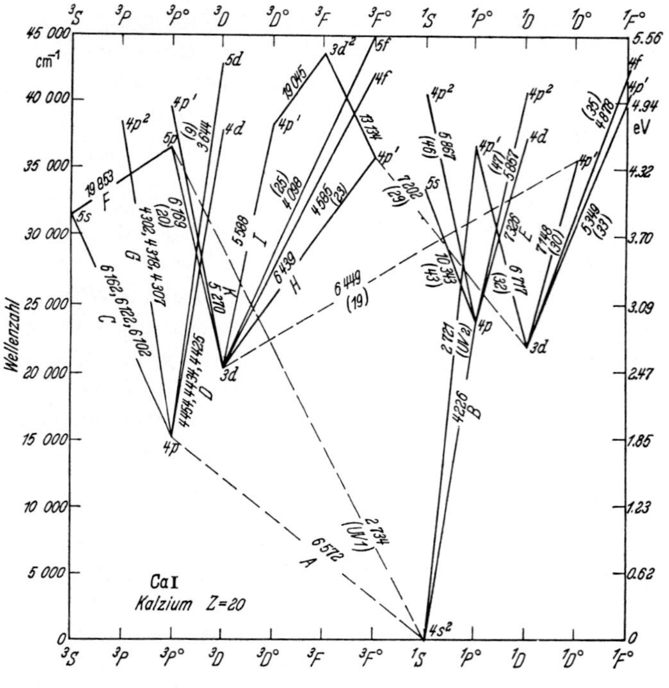

Abb. 4.7.3. Termschema oder Grotriandiagramm für das Spektrum des neutralen Kalziums Ca I. Die wichtigsten Multipletts sind durch ihre Nummer in A Multiplet Table of Astrophysical Interest bzw. An Ultraviolet Multiplet Table von Ch. E. Moore und durch die Wellenlängen in [Å] der stärksten Linien bezeichnet

1) Es gibt nur Übergänge zwischen geraden und ungeraden Niveaus.
2) J ändert sich nur um $\Delta J = 0$ oder ± 1. Der Übergang $0 \leftrightarrow 0$ ist verboten.

Für Russell-Saunders-Kopplung gelten weiterhin:

3) $\Delta L = 0, \pm 1$.
4) $\Delta S = 0$, d. h. keine Interkombinationen (z. B. Singulett-Triplett).

Man erkennt die Russell-Saunders- oder LS-Kopplung z. B. daran, daß die Multiplett-Aufspaltungen – herrührend von der magnetischen Wechselwirkung von Bahn- und Spinmoment – klein sind im Verhältnis zu den Abständen benachbarter Terme bzw. Multipletts.

Sind die Auswahlregeln (1) und (2) *nicht* erfüllt, so können durch elektrische Quadrupolstrahlung oder magnetische Dipolstrahlung immer noch *verbotene Übergänge* mit wesentlich geringerer Übergangswahrscheinlichkeit stattfinden.

Als Beispiel zeigt Abb. 4.7.3 das Termschema oder Grotriandiagramm des neutralen Kalziums Ca I.

Die im vorhergehenden skizzierte Theorie der Atomspektren ermöglichte es zunächst, die im Laboratorium gemessenen Wellenlängen λ bzw. Wellenzahlen $\tilde{\nu}$ der meisten Elemente und ihrer Ionisationsstufen zu *klassifizieren*. Das heißt, zu jeder Linie kann man den unteren und oberen Term (meist vom Grundzustand aus gerechnet) und deren *Klassifikation* angeben. Fraunhofers K-Linie, die stärkste Linie im sichtbaren Sonnenspektrum $\lambda = 393.37$ nm, ist z. B. Ca II $4\,^2S_{1/2} - 4\,^2P^{\circ}_{3/2}$.

Die *Intensität* einer Linie – wir gebrauchen diesen Terminus zunächst in einem qualitativen und noch nicht genauer definierten Sinne – wird nun wesentlich davon abhängen, welcher Bruchteil der Atome des betr. Elementes sich in der *Ionisationsstufe* und weiterhin (bezogen auf diese) in dem *Anregungszustand* (Niveau) befindet, von dem aus die Linie absorbiert werden kann. Die Antwort auf diese Fragen gibt die *Sahasche Theorie*, sofern wir voraussetzen dürfen, daß das Gas sich im Zustande thermischen Gleichgewichts befindet, d. h. genügend genau den Bedingungen in einem abgeschlossenen Hohlraum der Temperatur T entspricht.

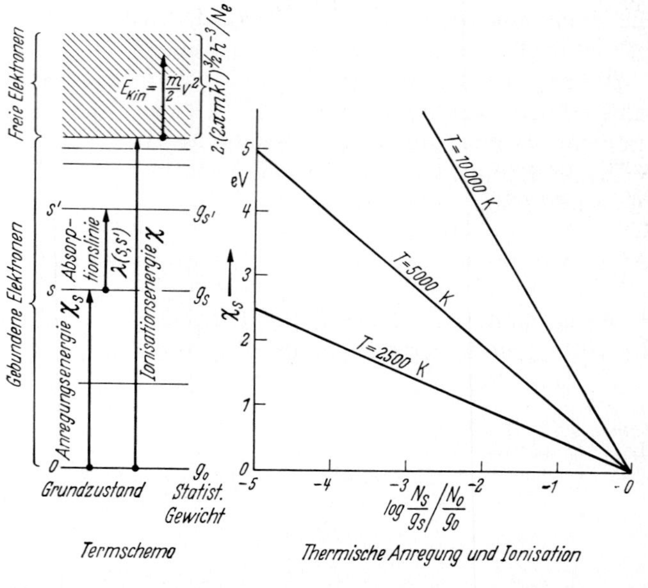

Abb. 4.7.4. Thermische Anregung und Ionisation neutraler Atome. An dem Termschema (schematisch) links sind die Grundbegriffe erläutert. Das Diagramm rechts zeigt für verschiedene Temperaturen den Bruchteil der Atome (bezogen auf einfache Quantenzustände, d. h. statistisches Gewicht 1) als Funktion der Anregungsenergie χ_s in [eV] (*Ordinate*). Die Ionisationsenergie $\chi = 5.14$ eV entspricht Na I

4.7.2 Thermische Anregung und Ionisation

Wir betrachten zunächst ein (ideales) Gas der Temperatur T, das aus *neutralen* Atomen besteht (Abb. 4.7.4). In der Volumeneinheit befinden sich

- N Atome insgesamt,
- N_0 Atome im Grundzustand 0 und
- N_s Atome in einem angeregten Zustand s mit der Anregungsenergie χ_s .

Diese vorläufige Bezeichnungsweise werden wir alsbald erweitern durch einen vorgestellten zweiten Index r, welcher neutrale bzw. einfach, zweifach ... ionisierte Teilchen mit $r = 0, 1, 2 \ldots$ unterscheidet.

Sind alle Quantenzustände *einfach,* so ist nach den von L. Boltzmann entwickelten Grundprinzipien der statistischen Thermodynamik

$$N_s/N_0 = e^{-\chi_s/kT} \ , \tag{4.7.5}$$

wo k wieder die Boltzmann-Konstante bedeutet[9].

Ist z. B. das Energieniveau g_s-fach entartet, d. h. würde es beim Anlegen eines geeigneten (Magnet-)Feldes in g_s einfache Niveaus aufspalten, so müssen wir ihm eine Vielfachheit oder ein *statistisches Gewicht* g_s zuschreiben. Entsprechend habe der Grundzustand ein statistisches Gewicht g_0. Dann gilt allgemein die *Boltzmann-Formel:*

$$\frac{N_s}{N_0} = \frac{g_s}{g_0} e^{-\chi_s/kT} \ , \tag{4.7.6}$$

deren Inhalt die Abb. 4.7.4 rechts graphisch verdeutlicht. Wollen wir N_s statt auf die Anzahl der Atome im Grundzustand N_0 auf die *Gesamtzahl* aller neutralen Atome $N = \sum_s N_s$ beziehen, so ergibt sich sofort

$$\frac{N_s}{N} = \frac{g_s e^{-\chi_s/kT}}{\sum_s g_s e^{-\chi_s/kT}} \ . \tag{4.7.7}$$

Im Nenner steht hier die wichtige *Zustandssumme*

$$Q = \sum_s g_s e^{-\chi_s/kT} \ . \tag{4.7.8}$$

Die *statistischen Gewichte* g_s entnehmen wir der Theorie der Spektren: Ein Niveau mit der Drehimpulsquantenzahl J zeigt z. B. im Magnetfeld $2J+1$ verschiedene M_J (Abb. 4.7.2) und hat deshalb das statistische Gewicht

$$g_J = 2J+1 \ . \tag{4.7.9}$$

Fassen wir die Niveaus eines Multiplett-Terms mit den Quantenzahlen S und L zusammen, so hat dieser Term das statistische Gewicht

$$g_{S,L} = (2S+1)(2L+1) \ . \tag{4.7.10}$$

Die Addition der entsprechenden g_J in Tab. 4.7.1 führt selbstverständlich zu demselben Ergebnis.

An die durch die Boltzmann-Formel (4.7.6) beschriebene thermische Anregung der Atome in Quantenzustände mit immer höherer Anregungsenergie χ_s schließt sich stetig an die Anregung von Zuständen positiver Energie $E > 0$. Dem Atom wird dabei zugeführt (Abb. 4.7.4) die *Ionisationsenergie* χ, welche eben ausreicht, um ein Elektron aus dem Atom zu entfernen, plus die kinetische Energie $E = \frac{1}{2}mv^2$, mit der das Elektron ausgeworfen wird.

Wir bezeichnen nun die Anzahl der (einfach) ionisierten Atome mit einem zusätzlichen Index, d. h. N_1, die der neutralen nachträglich (der Deutlichkeit halber) mit N_0 und entsprechend auch für höhere Ionisationsstufen:

Ionisationsstufe:	Neutral	Einfach ionisiert	Zweifach ionisiert	...	r-fach ionisiert
Freie Elektronen pro Atom:	0	1	2	...	r
Ionisationsenergie	χ_0	χ_1	$\chi_2 \cdots \chi_{r-1}$		
Spektren, z. B. Eisen Fe:	Fe I	Fe II	Fe III	...	Fe ($r+1$)
Alle Atome der Ionisationsstufe:	N_0	N_1	N_2	...	N_r
Im Grundzustand der Ionisationsstufe:	$N_{0,0}$	$N_{1,0}$	$N_{2,0}$	...	$N_{r,0}$
In einem Niveau $s, s' \ldots$:	$N_{0,s}$	$N_{1,s'}$	$N_{2,s''}$	...	$N_{r,s}$

[9] Man kann (4.7.5) auffassen als eine Verallgemeinerung der *barometrischen Höhenformel* (2.8.18), nach der die Dichteverteilung in einer isothermen Atmosphäre der Temperatur T als Funktion der Höhe h gegeben ist durch

$$N(h)/N_0 = \exp\left(-\frac{mgh}{kT}\right) \ .$$

Dabei bedeutet m die Masse der Moleküle und g die Schwerebeschleunigung. mgh ist also die potentielle Energie eines Moleküls in der Höhe h über dem Boden; ihr entspricht in (4.7.5) die Anregungsenergie χ_s im Atom. Während jedoch in der klassischen Statistik die potentielle Energie stetig verändert werden kann, gibt es in der Quantenstatistik gequantelte Zustände, wobei aber alle einfachen Quantenzustände dasselbe statistische Gewicht 1 erhalten.

Entsprechende Bezeichnungen gebrauchen wir für die statistischen Gewichte. Wie berechnen wir nun $N_{1,0}/N_{0,0}$, d.h. das Verhältnis der Anzahlen einfach ionisierter und neutraler Atome in dem betreffenden Grundzustand mit dem statistischen Gewicht $g_{1,0}$ bzw. $g_{0,0}$?

Offenbar läuft dieses Problem darauf hinaus, das *statistische Gewicht* des *ionisierten Atoms im Grundzustand plus seinem freien Elektron* zu berechnen. Ersteres hat das statistische Gewicht $g_{1,0}$, letzteres allein – entsprechend den zwei Einstellmöglichkeiten seines Spins in einem äußeren Feld – das statistische Gewicht 2. Daneben müssen wir anschreiben das statistische Gewicht, d.h. die Zahl der Quantenzellen h^3, welche der Bewegung des einen freien Elektrons entsprechen. Die statistische Mechanik zeigt, daß das Elektron mit seiner Masse m im *Impulsraum* ein Volumen $(2\pi m k T)^{3/2}$ hat[10], im Lageraum – wenn wir N_e freie Elektronen im Einheitsvolumen haben – $1/N_e$. So ergibt sich als statistisches Gewicht für ein

Ionisiertes Atom
im Grundzustand $\quad g = g_{1,0}\cdot 2\,\dfrac{(2\pi m k T)^{3/2}}{h^3 N_e}$. (4.7.11)
+1 freies Elektron

Gehen wir damit in die Boltzmann-Formel (4.7.6) ein, so erhalten wir – bezogen auf die Grundzustände der Atome und Ionen – sofort die *Saha-Formel:*

$$\frac{N_{1,0}}{N_{0,0}} N_e = \frac{g_{1,0}}{g_{0,0}} \cdot 2\,\frac{(2\pi m k T)^{3/2}}{h^3}\, e^{-\chi_0/kT} \;. \qquad (4.7.12)$$

Für die Gesamtzahl der ionisierten bzw. neutralen Atome erhält man mit (4.7.7) die entsprechende Ionisationsformel

$$\frac{N_1}{N_0} N_e = \frac{Q_1}{Q_0} \cdot 2\,\frac{(2\pi m k T)^{3/2}}{h^3}\, e^{-\chi_0/kT} \;. \qquad (4.7.13)$$

Ganz analog gilt für den Übergang von der r-ten zur $(r+1)$-ten Ionisationsstufe, wobei also das $(r+1)$-te Elektron mit der Ionisationsenergie χ_r abgetrennt wird, unabhängig von anderen Ionisationsvorgängen:

$$\frac{N_{r+1}}{N_r} \cdot N_e = \frac{Q_{r+1}}{Q_r} \cdot 2\,\frac{(2\pi m k T)^{3/2}}{h^3}\, e^{-\chi_r/kT} \qquad (4.7.14)$$

usw. Statt der Anzahl N_e der freien Elektronen pro Volumeinheit kann man ebensogut überall den *Elektronendruck* P_e, d.h. den Partialdruck der freien Elektronen

$$P_e = N_e k T \qquad (4.7.15)$$

einführen.

Zur numerischen Auswertung ist es oft zweckmäßig, nach H.N. Russell das Temperaturmaß

$$\Theta = 5040/T \qquad (4.7.16)$$

einzuführen; man erhält dann – nach Einsetzen der Zahlenkonstanten – die Sahagleichung in logarithmischer Form

$$\log\left(\frac{N_{r+1}}{N_r}\cdot P_e\right) = -\chi_r\cdot\Theta + \frac{5}{2}\log T - 1.48 + \log\frac{2\,Q_{r+1}}{Q_r} \;, \qquad (4.7.17)$$

wobei P_e in [Pa = 10 dyn cm^{-2}], χ_r in [eV] und T in [K] zu rechnen sind.

M.N. Saha leitete seine Formel ursprünglich mit Hilfe thermodynamischer Rechnungen unter Anwendung des Nernstschen Wärmetheorems und der „chemischen Konstante der Elektronen" ab. Man betrachtet den Vorgang der Ionisation eines Atoms A bzw. der Rekombination des Ions A^+ mit einem freien Elektron e^- als eine *chemische Reaktion,* wobei im Zustande chemischen (thermodynamischen) Gleichgewichts die Reaktion sich nach beiden Seiten gleich häufig vollzieht:

$$A \rightleftarrows A^+ + e^- \;. \qquad (4.7.18)$$

Beschränken wir uns auf hinreichend niedrige Drücke, so wird die Zahl der Rekombinationsprozesse (←) proportional sein der Anzahl der Stöße zwischen Ionen und Elektronen, d.h. $\sim N_1 \cdot N_e$. Die Zahl der Ionisationsprozesse durch Strahlung (→) wird proportional der Dichte der neutralen Atome N_0 sein. Die – hier offengelassenen – Proportionalitätsfaktoren hängen nur von der Temperatur T ab. So versteht man die Form der Ionisationsglei-

---

[10] Die a priori-Wahrscheinlichkeit eines Zustandes mit dem Impuls $p = mv$ (Masse × Geschwindigkeit) bzw. der kinetischen Energie

$$\frac{m}{2}v^2 = \frac{1}{2m}p^2 \quad \text{ist} \quad \exp\left(-\frac{p^2}{2m}\Big/kT\right) .$$

Integriert über den Impulsraum ergibt dies

$$\int_0^\infty \exp\left(-\frac{p^2}{2m}\Big/kT\right)\cdot 4\pi p^2\,dp = (2\pi m k T)^{3/2} \;.$$

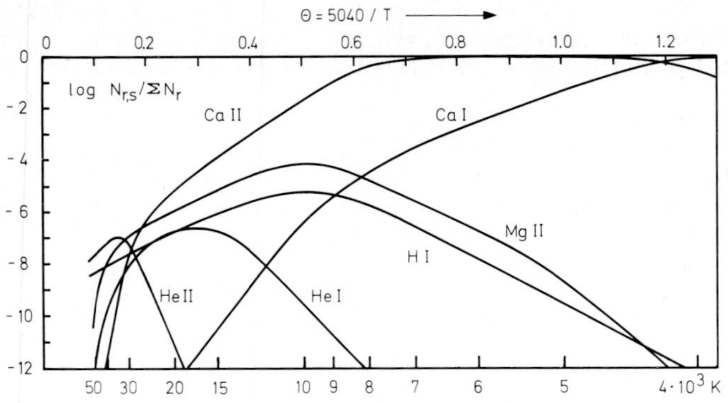

Abb. 4.7.5. Thermische Ionisation (4.7.14) und Anregung (4.7.7) als Funktion der Temperatur T bzw. $\Theta = 5040/T$ für einen Elektronendruck $P_e = 10$ Pa $= 100$ dyn cm^{-2} ($\simeq$ Mittelwert für Atmosphären von Hauptreihensternen). Die Temperaturskala überdeckt den ganzen Bereich von den O-Sternen (*links*) bis zu den M-Sternen (*rechts*). Die Sonne (G2) ist etwa bei $T = 5800$ K einzuordnen. Unsere Kurven veranschaulichen die von M.N. Saha 1920 gegebene Deutung der Sequenz der Spektraltypen (Abschn. 4.5): Zum Beispiel ist Wasserstoff (H I) bis $\simeq 10000$ K vorwiegend neutral; die Anregung des 2. Quantenzustandes, von dem aus die Balmerlinien im sichtbaren Spektralgebiet absorbiert werden, nimmt mit T zu. Oberhalb $T = 10000$ K wird der Wasserstoff rasch wegionisiert. So versteht man, daß die Wasserstofflinien ihr Intensitätsmaximum bei den A0-Sternen mit $T \simeq 10000$ K haben

Spektrum	Ionisationsenergie χ_0 [eV]	Zustand: Anregungsenergie $\chi_{r,s}$ [eV]
H I	13.60	$n = 2$; 10.20
He I	24.59	$2\,^3P^o$; 20.96
He II	54.42	$n = 3$; 48.37
Mg II	15.04	$3\,^2D$; 8.86
Ca I	6.11	$4\,^1S$; 0.00
Ca II	11.87	$4\,^2S$; 0.00

chung (4.7.13) – und weiterhin ihrer Verallgemeinerungen – als Anwendung des Guldberg-Waageschen *Massenwirkungsgesetzes*

$$\frac{N_1 \cdot N_e}{N_0} = \text{Fkt.}(T) \ . \qquad (4.7.19)$$

In Abb. 4.7.5 haben wir durch Kombination der Formeln für thermische Anregung und Ionisation für einen Elektronendruck $P_e = 10$ Pa $= 100$ dyn cm^{-2} (was man ungefähr als Mittelwert für die Atmosphären der Hauptsequenzsterne betrachten kann) und Temperaturen von 3000 bis 50000 K den Bruchteil der Atome H, He, Mg, Ca aufgezeichnet für einige Ionisations- und Anregungszustände, deren Absorptionslinien in der MK-Klassifikation der Sternspektren eine Rolle spielen.

Die Maxima der Kurven, welche etwa maximaler Stärke der betreffenden Linie(n) entsprechen sollten, kommen dadurch zustande, daß innerhalb einer bestimmten Ionisationsstufe mit wachsendem T zunächst die *Anregung* zunimmt. Steigt T noch weiter, so wird diese Stufe „wegionisiert", so daß der Bruchteil der wirksamen Atome wieder abnimmt. Indem sie die Temperaturen der Maxima als bekannt annahmen (z.B. liegt das Maximum der Balmerlinien des Wasserstoffs beim Spektraltyp A0 V bei $\simeq 10000$ K), konnten R.H. Fowler und E.A. Milne 1923 zuerst den mittleren Elektronendruck P_e in den Sternatmosphären abschätzen.

Die Sahasche Theorie konnte darüber hinaus qualitativ die Zunahme der Intensitätsverhältnisse von Linien einfach ionisierter Atome zu denen neutraler Atome beim Übergang von Hauptsequenzsternen zu Riesensternen durch Zunahme der Ionisation, d.h. von N_1/N_0, infolge niedrigeren Druckes erklären. Andererseits ließen sich die bekannten Unterschiede zwischen den Spektren der Sonnenflecke und der normalen Sonnenatmosphäre zwanglos auf die niedrigere Temperatur der Flecke zurückführen.

Die Ionisation von *Gemischen* mehrerer Elemente berechnet man am einfachsten, indem man die Temperatur T und den Elektronendruck P_e als unabhängige Parameter betrachtet und dann die Sahasche Gleichung (4.7.13) auf jedes Element und dessen Ionisationsstufen anwendet. Den Gasdruck P_g berechnet man nachträglich leicht als kT mal der Summe *aller* Teilchen, einschließlich der Elektronen. Analog kann man auch das *mittlere Molekulargewicht* $\bar{\mu}$ anschreiben. Zum Beispiel hat völlig ionisierter Wasserstoff das Molekulargewicht $\bar{\mu} = 0.5$, da bei der Ionisation ein Proton und ein Elektron auftreten.

Im Hinblick auf die Theorie der Sternatmosphären und des Sterninneren haben wir in Tabelle 4.7.2 die *Zusammensetzung der Stellarmaterie,* aus welcher – wie wir sehen werden – die Sonne und die meisten Sterne bestehen, nach Atomprozenten mit angeschrieben. Tabelle 4.7.3 gibt für dieses Gemisch (bei niedrigen Temperaturen ist auch die Bildung von Wasserstoffmolekülen berücksichtigt) den Zusammenhang $P_e(P_g, T)$. Bei einem für Atmosphären von Hauptreihensternen charakteristischen $P_e \simeq 10$ Pa $\simeq 100$ dyn cm^{-2} ist bei Temperaturen $T \simeq 10000$ K die Stellarmaterie nahezu vollständig ionisiert und daher $P_g/P_e \simeq 2$. Bei Sonnentemperatur $T \simeq 6000$ K sind im wesentlichen die Metalle (Mg, Si, Fe) ionisiert; entsprechend deren Häufigkeitsanteil $\simeq 10^{-4}$ ist daher $P_g \simeq 10^4 P_e$. Bei noch niedrigeren Temperaturen werden die Elektronen nur noch von der am leichtesten ionisierbaren Gruppe Na, K, Ca geliefert.

Tabelle 4.7.2. Diese Elemente (Kernladungszahl Z, Atomgewicht μ und solare Häufigkeit bezogen auf Wasserstoff = 100) geben wesentliche Beiträge zum Elektronendruck $P_e = N_e \cdot kT$ in Sternatmosphären ($P_e \simeq 10$ Pa $\simeq 100$ dyn cm^{-2}). Angegeben ist weiterhin die Ionisierungsenergie und das statistische Gewicht des Grundzustandes für die ersten drei Ionisationsstufen. Die drei Gruppen – eingeteilt nach der Ionisierungsenergie des neutralen Atoms χ_0 – treten in verschiedenen Temperaturbereichen in Aktion

Z	Element		Atomgewicht μ	Häufigkeit ε (H = 100)	Neutrales Atom χ_0 [eV]	g_0	Einfach ionisiert χ_1 [eV]	g_1	Zweifach ionisiert χ_2 [eV]	g_2	Bei $P_e \simeq 10$ Pa wichtig für
1	H	Wasserstoff	1.008	100	13.60	2	–	–	–	–	$T > 5700$ K
2	He	Helium	4.003	8.5	24.59	1	54.42	2	–	–	
12	Mg	Magnesium	24.31	$2.6 \cdot 10^{-3}$	7.65	1	15.04	2	80.14	1	$6000 > T > 4500$ K
14	Si	Silizium	28.09	$3.3 \cdot 10^{-3}$	8.15	9	16.35	6	33.49	1	
26	Fe	Eisen	55.85	$4.0 \cdot 10^{-3}$	7.87	25	16.16	30	30.65	25	
11	Na	Natrium	23.00	$1.8 \cdot 10^{-4}$	5.14	2	47.29	1	71.64	6	$T < 4700$ K
19	K	Kalium	39.10	$8.9 \cdot 10^{-6}$	4.34	2	31.63	1	45.72	6	
20	Ca	Kalzium	40.08	$2.0 \cdot 10^{-4}$	6.11	1	11.87	2	50.91	1	

Tabelle 4.7.3. Elektronendruck P_e als Funktion von Gasdruck P_g und Temperatur T für Stellarmaterie normaler chemischer Zusammensetzung (Tabelle 4.7.2). P_e und P_g in Pascal (1 Pa = 10 dyn cm^{-2})

T [K] \ P_g [Pa]	10^{-2}	10^{-1}	1	10^1	10^2	10^3	10^4	10^5
3000	$7.01 \cdot 10^{-7}$	$4.12 \cdot 10^{-6}$	$1.96 \cdot 10^{-5}$	$9.33 \cdot 10^{-5}$	$5.33 \cdot 10^{-4}$	$3.47 \cdot 10^{-3}$	$2.18 \cdot 10^{-2}$	$1.02 \cdot 10^{-1}$
4000	$2.36 \cdot 10^{-6}$	$1.26 \cdot 10^{-5}$	$1.00 \cdot 10^{-4}$	$8.69 \cdot 10^{-4}$	$5.98 \cdot 10^{-3}$	$3.09 \cdot 10^{-2}$	$1.38 \cdot 10^{-1}$	$6.78 \cdot 10^{-1}$
5000	$1.04 \cdot 10^{-4}$	$3.39 \cdot 10^{-4}$	$1.12 \cdot 10^{-3}$	$3.96 \cdot 10^{-3}$	$1.68 \cdot 10^{-2}$	$1.02 \cdot 10^{-1}$	$6.85 \cdot 10^{-1}$	3.64
6000	$1.49 \cdot 10^{-3}$	$5.38 \cdot 10^{-3}$	$1.78 \cdot 10^{-2}$	$5.77 \cdot 10^{-2}$	$1.88 \cdot 10^{-1}$	$6.31 \cdot 10^{-1}$	2.36	$1.09 \cdot 10^{1}$
8000	$4.77 \cdot 10^{-3}$	$4.58 \cdot 10^{-2}$	$3.54 \cdot 10^{-1}$	1.74	6.43	$2.14 \cdot 10^{1}$	$6.93 \cdot 10^{1}$	$2.24 \cdot 10^{2}$
10000	$4.82 \cdot 10^{-3}$	$4.80 \cdot 10^{-2}$	$4.77 \cdot 10^{-1}$	4.56	$3.46 \cdot 10^{1}$	$1.67 \cdot 10^{2}$	$6.13 \cdot 10^{2}$	$2.04 \cdot 10^{3}$
15000	$5.00 \cdot 10^{-3}$	$5.00 \cdot 10^{-2}$	$4.99 \cdot 10^{-1}$	4.96	$4.85 \cdot 10^{1}$	$4.74 \cdot 10^{2}$	$4.37 \cdot 10^{3}$	$2.94 \cdot 10^{4}$
20000	$5.00 \cdot 10^{-3}$	$5.00 \cdot 10^{-2}$	$5.00 \cdot 10^{-1}$	5.00	$5.00 \cdot 10^{1}$	$4.97 \cdot 10^{2}$	$4.86 \cdot 10^{3}$	$4.62 \cdot 10^{4}$
30000	$5.19 \cdot 10^{-3}$	$5.19 \cdot 10^{-2}$	$5.17 \cdot 10^{-1}$	5.08	$5.01 \cdot 10^{1}$	$5.00 \cdot 10^{2}$	$4.99 \cdot 10^{3}$	$4.96 \cdot 10^{4}$
40000	$5.19 \cdot 10^{-3}$	$5.19 \cdot 10^{-2}$	$5.19 \cdot 10^{-1}$	5.19	$5.18 \cdot 10^{1}$	$5.14 \cdot 10^{2}$	$5.04 \cdot 10^{3}$	$4.99 \cdot 10^{4}$

4.7.3 Kinetische Gleichungen für Anregung und Ionisation. Atomare Wirkungsquerschnitte

Die Beschreibung des Anregungs- und Ionisationszustands der Atome nach der Boltzmann- bzw. Saha-Formel (4.7.6, 12) beruht auf der Gültigkeit der Annahme des thermodynamischen Gleichgewichts. Während im Inneren der Sterne und überwiegend auch in ihren Atmosphären (Photosphären) die Dichten hinreichend hoch sind, so daß sich thermodynamisches Gleichgewicht durch Stöße der Teilchen untereinander einstellen kann, ist dies z.B. für die äußersten dünnen Atmosphärenschichten und vor allem für die Gasnebel und das interstellare Medium nicht der Fall. Hier müssen wir auf die einzelnen *atomaren Elementarprozesse* zurückgreifen.

Meist können wir annehmen, daß alle atomaren Prozesse so häufig stattfinden, daß das Plasma als *stationär* betrachtet werden kann. Dann ist die Besetzungsdichte N_a für einen Energiezustand a irgendeines Teilchens im zeitlichen Mittel konstant,

$$\frac{\partial N_a}{\partial t} = 0 \ . \qquad (4.7.20)$$

Ist P_{ab} [s^{-1}] die Wahrscheinlichkeit oder Rate dafür, daß in der Zeiteinheit ein Teilchen im Zustand a übergeht in ein – im allgemeinen anderes – Teilchen im Zustand b, so ist die „Reaktionsrate", d.h. die Anzahl dieser Prozesse pro Volum- und Zeiteinheit durch $N_a P_{ab}$ gegeben.

Das *kinetische* oder *statistische Gleichgewicht* ist dann durch das System von *Ratengleichungen*

$$\frac{\partial N_a}{\partial t} = -N_a \sum_b P_{ab} + \sum_{b'} N_{b'} P_{b'a} = 0 \qquad (4.7.21)$$

bestimmt, welches für jeden Energiezustand a die Bilanz durch die Elementarprozesse zu allen anderen Zuständen b hin bzw. von allen Zuständen b' her beschreibt.

Die atomaren Prozesse umfassen zum einen *Strahlungsprozesse,* deren Rate wir mit R_{ab} bezeichnen, zum anderen *Stoßprozesse* mit einer Rate C_{ab}, so daß wir

$$P_{ab} = R_{ab} + C_{ab} \qquad (4.7.22)$$

ansetzen können. Im folgenden beschränken wir uns auf die Anregung und Ionisation und deren Umkehrprozesse bei Atomen bzw. Ionen.

Bei einem *gebunden-gebundenen Übergang* (Abschn. 4.7.1) zwischen den Zuständen der Energie E_m und E_n wird eine *Spektrallinie* bei einer durch $h\nu = |E_m - E_n|$ gegebenen Frequenz emittiert oder absorbiert. Nach A. Einstein können wir diese Wechselwirkung der Strahlung mit der Materie durch folgende Übergangsprozesse beschreiben:

a) *Spontane Emission* von Photonen mit der Wahrscheinlichkeit A_{mn}, verbunden mit einem Übergang vom angeregten Zustand m in den tieferliegenden Zustand n. Die in der Zeiteinheit emittierte Energie ist $h\nu A_{mn}$.

b) *Stimulierte* oder *erzwungene Emission.* Ein Atom im angeregten Zustand m wird durch ein Photon der Frequenz ν veranlaßt, ein nach Frequenz und Richtung gleiches Photon zu emittieren mit der zur Intensität I_ν des Strahlungsfeldes proportionalen Wahrscheinlichkeit $B_{mn} I_\nu$.

c) *Absorption* eines Photons mit der Wahrscheinlichkeit $B_{nm} I_\nu$ (als inverser Prozeß zur stimulierten Emission), verbunden mit der Anregung des Atoms vom Zustand n in den höheren Zustand m. Die gesamte in der Linie pro Zeiteinheit absorbierte Energie aus dem Einheitsraumwinkel beträgt $h\nu B_{nm} I_\nu / 4\pi$.

Die diesen Prozessen entsprechenden *Raten* nach (4.7.22) sind, wenn wir vereinfachend nur die winkelgemittelte Intensität J_ν berücksichtigen, $R_{nm} = B_{nm} J_\nu$ und $R_{mn} = A_{mn} + B_{mn} J_\nu$ (Abb. 4.7.6).

Zwischen den drei *Einstein-Koeffizienten* A_{mn}, B_{mn}, B_{nm} gelten die Beziehungen

$$A_{mn} = \frac{2h\nu^3}{c^2} B_{mn} \ , \qquad g_n B_{nm} = g_m B_{mn} \ , \qquad (4.7.23)$$

wobei g_n und g_m wieder die statistischen Gewichte der Niveaus n und m bedeuten.

Eine andere, phänomenologische Darstellung der Absorption haben wir in Zusammenhang mit der Strahlungstransportgleichung in Form des Absorptionskoeffizienten κ_ν bzw. des *atomaren Absorptionskoeffizienten* oder *Wirkungsquerschnitts* $\kappa_{\nu,\mathrm{at}} = \kappa_\nu / N_n$ pro Teilchen im unteren Zustand n (4.2.15) kennengelernt. Den zunächst *ohne* Berücksichtigung der stimulierten Emission behandelten Absorptionskoeffizienten bezeichnen wir mit $\tilde{\kappa}_\nu$. Sein Integral über die gesamte Spektrallinie ist

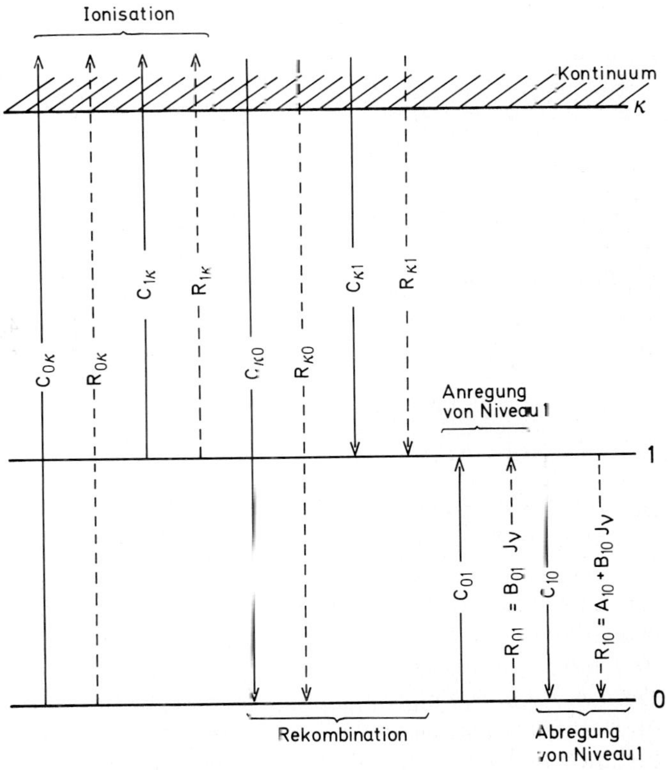

Abb. 4.7.6. Elementarprozesse in einem Atom, das durch zwei gebundene Energiezustände 0 und 1 und das Kontinuum κ (gemittelt über die Maxwell-Boltzmann-Verteilung der freien Elektronen) schematisiert ist. Die gestrichelten Pfeile geben die Strahlungsprozesse mit den Raten R_{ij}, die ausgezogenen Pfeile die Stoßprozesse mit den Raten C_{ij} an. A_{10}, B_{10} und B_{01} sind die Einsteinkoeffizienten für den Linienübergang $0 \leftrightarrow 1$, J_ν die winkelgemittelte Strahlungsintensität in der Linie

$$\int_{\text{Linie}} \tilde{\kappa}_{\nu,\text{at}}\, d\nu = \frac{1}{4\pi\varepsilon_0}\frac{\pi e^2}{mc} f = 2.65\cdot 10^{-6} f \quad [\text{m}^2\,\text{s}^{-1}]\,, \tag{4.7.24}$$

wobei e und m die Ladung und Masse des Elektrons und c die Lichtgeschwindigkeit sind[11]. $f \equiv f_{nm}$ ist die (dimensionslose) *Oszillatorenstärke,* die als „effektive Anzahl von Oszillatoren" die quantenmechanische Erweiterung des bereits im Rahmen der klassischen Elektronentheorie gewonnenen Ausdrucks darstellt, welche die Spektrallinien auf harmonische Elektronen-Oszillatoren der betreffenden Frequenzen zurückzuführen versuchte. Der f-Wert hängt mit dem Einsteinschen B-Koeffizienten über

$$\frac{1}{4\pi\varepsilon_0}\frac{\pi e^2}{mc} f = \frac{h\nu}{4\pi} B_{nm} \tag{4.7.25}$$

zusammen und ist somit nach (4.7.23) auch durch den A-Koeffizienten ausdrückbar

$$\begin{aligned} g_m A_{mn} &= \frac{1}{4\pi\varepsilon_0}\frac{8\pi^2 e^2}{mc^3}\nu^2 g_n f \\ &= \frac{6.670\cdot 10^{13}}{(\lambda\,[\text{nm}])^2} g_n f \quad [\text{s}^{-1}]\,. \end{aligned} \tag{4.7.26}$$

Die Frequenzabhängigkeit des Linienabsorptionskoeffizienten beschreibt man durch die auf eins normierte *Profilfunktion* $\varphi(\nu)$, so daß

$$\begin{aligned} \tilde{\kappa}_{\nu,\text{at}} &= \frac{1}{4\pi\varepsilon_0}\frac{\pi e^2}{mc} f\varphi(\nu) \quad \text{und} \\ \tilde{\kappa}_\nu &= \frac{1}{4\pi\varepsilon_0}\frac{\pi e^2}{m\,c} f\varphi(\nu) N_n \quad \text{mit} \int_{\text{Linie}} \varphi(\nu)\, d\nu = 1 \end{aligned} \tag{4.7.27}$$

ist. Auf den genauen Verlauf der bei $\nu = |E_m - E_n|/h$ resonanten Profilfunktion kommen wir in Abschn. 4.9.2 zu sprechen.

In der Strahlungstransportgleichung (4.2.16) ist es üblich, die zur Intensität I_ν proportionale *stimulierte Emission*[12] zusammen mit der Absorption $\tilde{\kappa}_\nu$ in dem Term $\kappa_\nu I_\nu$ zu vereinigen, sie also als „negative Absorption" aufzufassen. Dann wird, wenn wir vereinfacht für Emission und Absorption dieselbe Profilfunktion annehmen, der *Linienabsorptionskoeffizient*

$$\kappa_\nu = \frac{h\nu}{4\pi}(B_{nm}N_n - B_{mn}N_m)\,\varphi(\nu) \tag{4.7.28}$$

oder mit (4.7.23, 25)

$$\begin{aligned} \kappa_\nu &= \frac{h\nu}{4\pi} B_{nm} N_n \varphi(\nu)\left(1 - \frac{N_m/g_m}{N_n/g_n}\right) \\ &= \frac{1}{4\pi\varepsilon_0}\frac{\pi e^2}{mc} f N_n \varphi(\nu)\left(1 - \frac{N_m/g_m}{N_n/g_n}\right)\,. \end{aligned} \tag{4.7.29}$$

Der Faktor für stimulierte Emission in der Klammer wird für thermodynamisches Gleichgewicht nach der Boltzmann-Formel (4.7.6) gleich $[1 - \exp(-h\nu/kT)]$, führt also besonders im Rayleigh-Jeans-Bereich ($h\nu/kT \ll 1$) zu einer starken Verringerung der Absorption um einen Faktor $h\nu/kT$.

Der Beitrag einer Spektrallinie zum Emissionskoeffizienten in der Transportgleichung ist schließlich

$$j_\nu = \frac{h\nu}{4\pi} A_{mn} N_m \varphi(\nu)\ . \tag{4.7.30}$$

Einen ersten Überblick über die *Absolutwerte* der Oszillatorenstärken gibt der f-Summensatz von W. Kuhn und W. Thomas: *Von* einem bestimmten Niveau n eines Atoms oder Ions mit z Elektronen (näherungsweise beschränkt man sich immer auf die Berücksichtigung der „Leuchtelektronen", welche an den betreffenden Übergängen beteiligt sind) aus mögen die Absorptionsübergänge $n \to m$ mit den Oszillatorenstärken f_{nm} möglich sein, während aus tieferen Niveaus die Übergänge $m' \to n$ mit $f_{m'n}$ *nach* n führen.

Dann ist

$$\sum_m f_{nm} - \sum_{m'} \frac{g_{m'}}{g_n} f_{m'n} = z\ . \tag{4.7.31}$$

Führt vom Grundterm eines Atoms oder Ions mit z Außenelektronen im wesentlichen *ein* starker Übergang zum nächsthöheren Term, so können wir näherungsweise für dieses Multiplett zusammen $f \simeq z$ setzen. So schätzen wir z.B. für die beiden NaI D-Linien ($^2S - {}^2P^\circ$) *zusammen* $f \simeq 1$ ab. Der genaue Wert ist $f = 0.98$; ihm entspricht nach (4.7.26) ein Einsteinkoeffizient

---

[11] Im Gaußschen System gilt

$$\int_{\text{Linie}} \tilde{\kappa}_{\nu,\text{at}}\, d\nu = \frac{\pi e^2}{mc} f$$

mit $\pi e^2/mc = 2.65\cdot 10^{-2}\,\text{cm}^2\,\text{s}^{-1}$.

[12] Bei *Lasern* bzw. *Masern,* welche auch in kosmischen Quellen auftreten (z.B. OH-Maser, Abschn. 5.3.4), ist die genaue Behandlung der stimulierten Strahlungsprozesse wesentlich, auf die wir hier nicht eingehen können.

$A = 0.6 \cdot 10^9 \text{ s}^{-1}$. Die *relativen f*-Werte innerhalb eines Multipletts ergeben sich aus quantenmechanischen Formeln von A. Sommerfeld und H. Hönl, H. N. Russell u. a.; z. B. sind die Verhältnisse der gf für ein Dublett, wie die Na D-Linien $^2S_{1/2} - {}^2P^o_{1/2,3/2}$ gleich 1:2, für ein Triplett, wie Ca I $4p\ {}^3P^o_{2,1,0} - 5s\ {}^3S_1$ ($\lambda = 616$, 612, 610 nm; Abb. 4.7.3), gleich 5:3:1.

Genaue Übergangswahrscheinlichkeiten kann man entweder (für einfachere Atome oder Ionen) quantentheoretisch berechnen oder experimentell bestimmen (Emission von thermischen Quellen wie Lichtbögen, Absorption im Kingschen Ofen, Lebensdauermessungen angeregter Zustände nach der Beam-Foil-Methode, ...). Das umfangreiche Datenmaterial der Übergangswahrscheinlichkeiten und der Energieniveaus der Atome steht in nach Elementen geordneten *Kompilationen* sowie *Bibliographien* zur Verfügung, welche hauptsächlich von dem National Institute of Standards and Technology in Washington, D.C. zusammengestellt und herausgegeben werden. Termschemata sind in Ch. E. Moore und P. W. Merrill, „Partial Grotrian Diagrams of Astrophysical Interest" (1968) und in mehreren Bänden von S. Bashkin und J. O. Stoner, „Atomic Energy-Level and Grotrian Diagrams" (ab 1975) aufgeführt.

Neben den gebunden-gebundenen Strahlungsprozessen führen auch inelastische Teilchenstöße zu („strahlungslosen") Übergängen zwischen den Energiezuständen eines Atoms. Wir beschränken uns hier auf die *Stöße durch Elektronen,* die bei Temperaturen oberhalb einiger 10^3 K vorherrschen; bei kühleren Gasen oder in besonderen Fällen wären auch Stöße durch Protonen, Wasserstoffatome und -moleküle u. a. zu berücksichtigen.

Für die *Anregung* eines Niveaus der Energie E_m durch Elektronenstoß von einem tieferen Niveau E_n aus ist mindestens eine durch

$$\tfrac{1}{2} m v_0^2 = E_m - E_n$$

gegebene Energie bzw. Geschwindigkeit v_0 (relativ zum Atom) erforderlich. Der Wirkungsquerschnitt σ_{nm} hierfür erreicht charakteristische Werte der Größenordnung $\pi a_0^2 = 8.80 \cdot 10^{-21}\ \text{m}^2$ (a_0: Bohrscher Radius). Im einzelnen hängt er von der Relativgeschwindigkeit v ab. Da ein Elektron in der Zeiteinheit die Strecke v relativ zu dem Atom zurücklegt, ergibt sich die *Stoßrate* als Mittelwert über die Geschwindigkeitsverteilung zu

$$C_{nm} = N_e \int_{v_0}^{\infty} \sigma_{nm}(v)\, v\, \Phi(v)\, dv = N_e \langle \sigma v \rangle \ , \qquad (4.7.32)$$

wobei $N_e \Phi(v)\,dv$ die Anzahl der Elektronen mit einer Relativgeschwindigkeit zwischen v und $v + dv$ in der Volumeinheit ist; N_e ist die Elektronendichte. Das Integral der Verteilungsfunktion $\Phi(v)$ über alle Geschwindigkeiten ist eins.

Bei den meisten astrophysikalischen Anwendungen stellt sich durch Stöße der Elektronen untereinander für die Elektronenkomponente thermodynamisches Gleichgewicht entsprechend einer *Elektronentemperatur* T_e ein, für das die *Maxwell-Boltzmann-Geschwindigkeitsverteilung*

$$\Phi_e(V)\,dV = \frac{4}{\sqrt{\pi}} \left(\frac{V}{V_0}\right)^2 \exp\left[-\left(\frac{V}{V_0}\right)^2\right] d\left(\frac{V}{V_0}\right) \qquad (4.7.33)$$

mit der wahrscheinlichsten Geschwindigkeit

$$V_0 = \sqrt{\frac{2kT_e}{m}}$$

(m: Elektronenmasse) gilt. Wegen der geringen Elektronenmasse relativ zu der der Atome ist V praktisch gleich der Relativgeschwindigkeit v in (4.7.32) und $\Phi(v) = \Phi_e(V)$.

Die Elektronenstoßrate C_{mn} für die Abregung $m \to n$ hängt nach dem „Prinzip des detaillierten Gleichgewichts", welches wir hier nicht weiter erläutern können, mit C_{nm} über

$$\begin{aligned} g_m C_{mn} &\equiv N_e \int_0^{\infty} g_m \sigma_{mn}(v)\, v\, \Phi(v)\, dv \\ &= g_n C_{nm} \exp[-(E_m - E_n)/kT_e] \end{aligned} \qquad (4.7.34)$$

zusammen. Die Übergangswahrscheinlichkeit von m nach n, wenn wir Stöße *und* Strahlung berücksichtigen, beträgt $A_{mn} + B_{mn} J_\nu + C_{mn}$.

Die *Ionisation* eines Atoms oder Ions aus einem gebundenen Zustand n, bei der das Elektron in einen freien Zustand des Kontinuums κ übergeht, kann einerseits durch Strahlung (gebunden-freier Übergang, Abschn. 4.7.1) erfolgen. Sei $\alpha_{n\kappa}$ der Wirkungsquerschnitt für diese *Photoionisation,* so ist mit der Photonendichte N_ν (4.2.35) und der Relativgeschwindigkeit c der Photonen gegenüber dem Atom die entsprechende Rate

$$R_{n\kappa} = \int_{\nu_n}^{\infty} \alpha_{n\kappa}(\nu)\, c N_\nu\, d\nu = 4\pi \int_{\nu_n}^{\infty} \alpha_{n\kappa}(\nu) \frac{J_\nu}{h\nu}\, d\nu \ . \qquad (4.7.35)$$

Für wasserstoffähnliche Atome der wirksamen Kernladungszahl Z nimmt $\alpha_{n\kappa}$ von der Ionisationskante

$h\nu_n = E_{ion} - E_n$ (E_{ion}: Ionisationsenergie) nach höheren Frequenzen hin proportional zu ν^{-3} ab:

$$\alpha_{n\kappa}(\nu) = \alpha_n \left(\frac{\nu}{\nu_n}\right)^{-3} \qquad (4.7.36)$$

mit $\alpha_n = 7.91 \cdot 10^{-22}\, n/Z^2$ [m^2] (n: Hauptquantenzahl).

Andererseits kann ein Atom auch durch *Elektronenstöße* ionisiert werden mit einer Rate

$$C_{n\kappa} = N_e \int_{v_n}^{\infty} \sigma_{n\kappa}(v)\, v\, \Phi(v)\, dv \ , \qquad (4.7.37)$$

wobei $\sigma_{n\kappa}$ der Stoßionisationsquerschnitt ist.

Die Querschnitte bzw. Raten für die inversen Prozesse der *Rekombination* können wieder aus dem Prinzip des detaillierten Gleichgewichts abgeleitet werden.

Das Zusammenspiel der einzelnen Elementarprozesse stellen wir anhand der Abb. 4.7.6 für ein schematisches Atom dar, das nur aus zwei gebundenen Niveaus 0 und 1 und dem Kontinuum κ besteht. Der Index κ beinhaltet die Summation über die Maxwell-Boltzmannsche Geschwindigkeitsverteilung der freien Elektronen. Die *Besetzungszahlen* der Atomzustände sind durch drei Ratengleichungen der Form (4.7.21) und die Erhaltung der gesamten Teilchendichte $N = N_0 + N_1 + N_\kappa = \text{const}$ bestimmt. Zum Beispiel lautet die Ratengleichung für das angeregte Niveau 1

$$N_1(R_{10} + C_{10} + R_{1\kappa} + C_{1\kappa}) = N_0(R_{01} + C_{01}) + N_\kappa(R_{\kappa 1} + C_{\kappa 1}) \ . \qquad (4.7.38)$$

Seine mittlere Lebensdauer gegenüber Übergängen sowohl in den Grundzustand 0 als auch in das Kontinuum κ beträgt $(R_{10} + C_{10} + R_{1\kappa} + C_{1\kappa})^{-1}$.

Zum Abschluß unserer mehr formalen Betrachtungen dieses Abschnitts geben wir noch die *Quellfunktion* S_ν, d.h. das Verhältnis von Emissions- zu Absorptionskoeffizient (4.2.21), für den Linienübergang $0 \leftrightarrow 1$ in einem einfachen Zwei-Niveau-Atom an, wobei wir gegenüber Abb. 4.7.6 noch das Kontinuum κ fortlassen. Nach (4.7.28, 30) ist zunächst

$$S_\nu = \frac{A_{10} N_1}{B_{01} N_0 - B_{10} N_1} \ . \qquad (4.7.39)$$

Setzen wir hier N_1/N_0 aus der Ratengleichung (4.7.38) in vereinfachter Form

$$N_1(A_{10} + B_{10} J_\nu + C_{10}) = N_0(B_{01} J_\nu + C_{01}) \qquad (4.7.40)$$

ein, drücken C_{01} mittels (4.7.34) durch C_{10} sowie B_{01}, B_{10} mittels (4.7.23) durch A_{10} aus und führen die Kirchhoff-Planck-Funktion $B_\nu(T)$ (4.2.23) ein, so gewinnen wir die Quellfunktion in der übersichtlichen Form

$$S_\nu = (1 - \varepsilon) J_\nu + \varepsilon B_\nu(T) \ , \qquad (4.7.41)$$

wobei der Koeffizient

$$\varepsilon = \frac{C_{10}(1 - e^{-h\nu/kT})}{A_{10} + C_{10}(1 - e^{-h\nu/kT})} \qquad (4.7.42)$$

ein Maß für das Verhältnis der Stoßrate für Abregung des Niveaus 1 zu der Rate für die spontane Emission darstellt.

Das in diesem Abschnitt entwickelte System der kinetischen Gleichungen für die Besetzungszahlen enthält selbstverständlich als Grenzfall die bekannten Beziehungen für das thermodynamische Gleichgewicht, z.B. muß sich dann aus (4.7.38) für N_1/N_0 die Boltzmann-Formel (4.7.6) und für $N_\kappa/(N_0 + N_1)$ die Saha-Formel (4.7.13) ergeben. Anhand der Darstellung der Quellfunktion (4.7.41) lassen sich die Bedingungen für den Übergang in den *Grenzfall des thermodynamischen Gleichgewichts* gut aufzeigen: Wir erhalten den Kirchhoffschen Satz (4.2.30), d.h. $S_\nu = B_\nu(T)$, der im thermodynamischen Gleichgewicht gelten muß, entweder, wenn die Stöße die Strahlungsprozesse überwiegen ($C_{10} \gg A_{10}$ bzw. $\varepsilon \simeq 1$) oder wenn das Strahlungsfeld das eines schwarzen Körpers ist ($J_\nu = B_\nu$) oder wenn beide Bedingungen erfüllt sind.

4.8 Physik der Sternatmosphären

Im Hinblick auf die quantitative Deutung und Auswertung der Spektren von Sonne und Sternen wenden wir uns der Physik der Sternatmosphären zu. Die *Atmosphäre* umfaßt nach Definition die Schichten eines Sterns, welche uns direkt Strahlung zusenden. Wir diskutieren in Abschn. 4.8.1 die charakteristischen Parameter einer Sternatmosphäre und die Grundgleichungen für deren Aufbau. In Abschn. 4.8.2 gehen wir näher auf die Absorptionskoeffizienten in den Sternatmosphären ein, durch welche die Wechselwirkung zwischen Strahlungsfeld und Materie dargestellt wird. Schließlich beschreiben wir in Abschn. 4.8.3 die Konstruktion einer Modellatmosphäre und geben berechnete spektrale Energieverteilungen für einige Sterne an. Auf die genauere Behandlung der Spektrallinien gehen wir erst in Abschn. 4.9 ein.

4.8.1 Aufbau der Sternatmosphären

Wir beschränken uns hier auf *kompakte* Atmosphären, deren Dicke klein gegenüber dem Sternradius ist, so daß wir die Schichtung planparallel annähern dürfen und die Schwerebeschleunigung (vgl. (2.8.14)) in ihr konstant annehmen können.

Eine kompakte Sternatmosphäre ist durch folgende *Parameter* charakterisiert:

1) Die *Effektivtemperatur* T_{eff}, die so definiert ist, daß entsprechend dem Stefan-Boltzmannschen Strahlungsgesetz (4.4.20) der *Strahlungsenergiestrom* an der Sternoberfläche

$$F = \int_0^\infty F_\lambda \, d\lambda = \int_0^\infty F_\nu \, d\nu = \sigma T_{\mathrm{eff}}^4 \qquad (4.8.1)$$

wird.

Für die Sonne erhielten wir in (4.3.12) aus der Solarkonstante direkt $T_{\mathrm{eff},\odot} = 5780$ K bzw. $F_\odot = 6.33 \cdot 10^7 \,\mathrm{Wm}^{-2}$.

2) Die *Schwerebeschleunigung* g an der Sternoberfläche. Für die Sonne fanden wir in (4.3.6) $g_\odot = 274 \,\mathrm{m\,s}^{-2}$; die Schwerebeschleunigung der Hauptsequenzsterne ist nach (4.6.7) davon jedenfalls nicht sehr verschieden.

3) Die *chemische Zusammensetzung* der Atmosphäre, d.h. die Häufigkeitsverteilung der Elemente.

In Tabelle 4.7.2 haben wir hierzu schon einige Angaben vorweggenommen.

Mögliche weitere Parameter, wie Rotation oder Schwingungen der Sterne, stellare Magnetfelder usw. sollen außer Betracht bleiben.

Man überlegt sich leicht, daß man bei vorgegebenem T_{eff}, g und chemischer Zusammensetzung den *Aufbau,* d.h. die Temperatur- und Druckverteilung in einer statischen Sternatmosphäre vollständig berechnen kann. Dazu brauchen wir (bei lokalem thermodynamischem Gleichgewicht, s.u.) zwei Gleichungen: (a) Die eine beschreibt den *Energietransport* – durch Strahlung, Konvektion, Wärmeleitung, mechanische oder magnetische Energie – und bestimmt so die Temperaturverteilung. (b) Die *hydrostatische Gleichung* oder, allgemein gesprochen, die Grundgleichungen der Hydrodynamik oder Magnetohydrodynamik bestimmen die Druckverteilung. Die Ionisation, die Zustandsgleichung und alle Materialkonstanten der Sternmaterie können grundsätzlich mit Hilfe der Atomphysik berechnet werden, sofern man nur die chemische Zusammensetzung kennt. Die Theorie der Sternatmosphären ermöglicht es also, ausgehend von den Parametern 1, 2 und 3, eine sog. *Modellatmosphäre* zu berechnen und weiterhin herauszufinden, wie bestimmte *meßbare* Größen, z.B. die Intensitätsverteilung im Kontinuum oder die Farbindizes bzw. die Intensität der Fraunhoferlinien bestimmter Elemente in diesem oder jenem Ionisations- und Anregungszustand mit diesen Parametern zusammenhängen.

Haben wir dieses Problem der theoretischen Physik gelöst, so können wir – und dies ist das Entscheidende! – den Spieß umkehren und in einem Verfahren sukzessiver Approximation herausfinden: „Welches T_{eff}, g und welche chemische Häufigkeitsverteilung der Elemente hat die Atmosphäre eines bestimmten Sternes, in dessen Spektrum wir zuvor die Energieverteilung im Kontinuum (Farbindizes), die Intensitäten der verschiedensten Fraunhoferlinien usw. *gemessen* haben?“ So gelangen wir zu einem Verfahren der *quantitativen Analyse* der Spektren von Sonne und Sternen.

Die *Temperaturverteilung* in einer Sternatmosphäre wird – wie gesagt – durch die Art des Energietransportes bestimmt. Wie K. Schwarzschild 1905 erkannt hat, wird Energie in den meisten Sternatmosphären vorwiegend durch Strahlung transportiert; wir sprechen dann von *Strahlungsgleichgewicht.*

Um das *Strahlungsfeld* zu beschreiben, denken wir uns (Abb. 4.8.1) in der Tiefe t (gemessen von einem beliebig festgelegten Nullniveau aus) ein Einheitsflächenelement, dessen Normale mit derjenigen der Sternoberfläche den Winkel ϑ bilde ($0 \leq \vartheta \leq \pi$). Innerhalb eines Raumwinkelelementes $d\omega$ strömt dann (vgl. Abschn. 4.2) durch dieses Flächenelement in Richtung seiner Normalen und in dem Frequenzintervall ν bis $\nu + d\nu$ in der Zeiteinheit die Strahlungsenergie $I_\nu(t, \vartheta)\, d\nu\, d\omega$. Längs einem Weg-

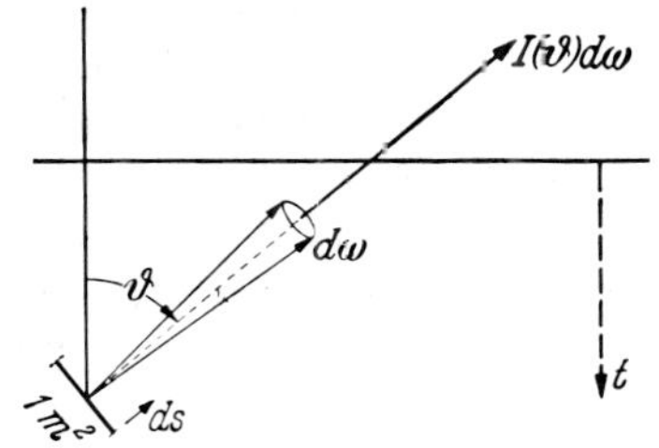

Abb. 4.8.1. Strahlungsgleichgewicht

element $ds = -dt/\cos\vartheta$ erfährt nun die Intensität der Strahlung I_ν nach (4.2.14) eine Abschwächung durch Absorption um $-I_\nu(t,\vartheta)\,\kappa_\nu\,ds$ (wo κ_ν [m^{-1}] den Absorptionskoeffizienten pro Längeneinheit bei der betrachteten Frequenz ν bedeutet). Auf der anderen Seite erfährt I_ν eine Zunahme durch Emission, die wir unter der Annahme von *lokalem* thermodynamischem Gleichgewicht (LTE) – d.h. Anwendung des Kirchhoffschen Satzes (4.2.30) auf jedes einzelne Volumelement in der Atmosphäre – anschreiben als $+\kappa_\nu B_\nu(T)\,ds$, wo $B_\nu(T)$ die *Kirchhoff-Planck-Funktion* (4.2.23) für die lokale Temperatur T in der Tiefe t bei der Frequenz ν bedeutet. Insgesamt gilt also (4.2.16)

$$dI_\nu(t,\vartheta) = I_\nu(t,\vartheta)\,\kappa_\nu\,dt/\cos\vartheta - B_\nu(T(t))\,\kappa_\nu\,dt/\cos\vartheta \ . \tag{4.8.2}$$

Um die verschiedenen Schichten der Atmosphäre zu beschreiben, benutzen wir anstelle der geometrischen Tiefe t nach (4.2.19) besser die optische Tiefe für die ν-Strahlung

$$\tau_\nu = \int_{-\infty}^{t} \kappa_\nu\,dt \quad \text{bzw.} \quad d\tau_\nu = \kappa_\nu\,dt \tag{4.8.3}$$

vom Beobachter ($t = -\infty$) aus gerechnet und erhalten so aus (4.8.2) die *Strömungs- oder Transportgleichung* für die ν-Strahlung:

$$\cos\vartheta\,\frac{dI_\nu(t,\vartheta)}{d\tau_\nu} = I_\nu(t,\vartheta) - B_\nu(T(t)) \ . \tag{4.8.4}$$

Herrscht Strahlungsgleichgewicht, d.h. erfolgt der gesamte Energietransport durch Strahlung, so kommt hierzu der Energiesatz, welcher besagt, daß der *Gesamtstrahlungsstrom* unabhängig von der Tiefe t sein soll, d.h.

$$F = \int_{\vartheta=0}^{\pi} \int_{\nu=0}^{\infty} I_\nu(t,\vartheta)\cos\vartheta\,2\pi\sin\vartheta\,d\vartheta\,d\nu = \sigma T_{\mathrm{eff}}^4 \ . \tag{4.8.5}$$

Die Grenzbedingungen des Gleichungssystems (4.8.4 und 5) sind: (a) an der Sternoberfläche verschwindet die einfallende Strahlung, d.h. $I_\nu(0,\vartheta)$ für $0 < \vartheta < \pi/2$, und (b) in großer Tiefe wächst – wie wir hier nicht näher ausführen wollen – das „eingeschlossene" Strahlungsfeld, das sich dem eines Hohlraums annähert, nicht stärker als exponentiell mit der Tiefe an. Die Lösung des Systems wird nun verhältnismäßig einfach, wenn wir zunächst voraussetzen, daß der Absorptionskoeffizient von der Frequenz ν *un*abhängig ist, bzw. wenn wir in der Strömungsgleichung (4.8.4) statt κ_ν sogleich einen harmonischen Mittelwert (mit geeigneten Gewichtsfaktoren) über alle Frequenzen ν, den *Rosselandschen Opazitätskoeffizienten* $\bar\kappa$ und die entsprechende optische Tiefe

$$\bar\tau = \int_{-\infty}^{t} \bar\kappa\,dt \tag{4.8.6}$$

einführen. Für eine solche „graue Atmosphäre" erhält man nach E.A. Milne u.a. als Lösung von (4.8.4 und 5) in guter Näherung die Temperaturverteilung

$$T^4(\bar\tau) = \tfrac{3}{4}\,T_{\mathrm{eff}}^4(\bar\tau + 2/3) \ . \tag{4.8.7}$$

Die Effektivtemperatur T_{eff} ist danach realisiert in einer optischen Tiefe $\bar\tau = 2/3$. An der Sternoberfläche $\bar\tau = 0$ nähert sich T einer endlichen Grenztemperatur $T_0 = T_{\mathrm{eff}}/\sqrt[4]{2} = 0.84\,T_{\mathrm{eff}}$. Häufig ist es zweckmäßig, anstelle von $\bar\tau$ eine optische Tiefe τ_0 zu benutzen, die auf den Absorptionskoeffizienten κ_0 bei einer geeignet gewählten Wellenlänge λ_0 (z.B. $\lambda_0 = 500$ nm) bezogen ist. Die Verknüpfung zwischen $\bar\tau$ und τ_0 (entsprechend auch zwischen den optischen Tiefen für zwei verschiedene Wellenlängen) erhält man leicht aus $d\bar\tau = \bar\kappa\,dt$ und $d\tau_0 = \kappa_0\,dt$ zu

$$\frac{d\bar\tau}{d\tau_0} = \frac{\bar\kappa}{\kappa_0} \tag{4.8.8}$$

für eine bestimmte Tiefe.

Kennt man die Temperaturverteilung $T(\bar\tau)$ bzw. $T(\tau_0)$ in einer Sternatmosphäre, so macht die Berechnung der *Druckverteilung* keine Schwierigkeit mehr. Die Zunahme des Gasdruckes P_{g} mit der Tiefe t in einer statischen Atmosphäre bestimmt die *hydrostatische Gleichung*

$$dP_{\mathrm{g}}/dt = g\varrho \ , \tag{4.8.9}$$

wobei die Dichte ϱ mit P_{g} und T durch die Zustandsgleichung der idealen Gase verknüpft ist. g bedeutet wieder die Schwerebeschleunigung. Dividiert man beiderseits durch κ_0, so erhält man wegen $\kappa_0\,dt = d\tau_0$ die Beziehung

$$\frac{dP_{\mathrm{g}}}{d\tau_0} = \frac{g\varrho}{\kappa_0} \ . \tag{4.8.10}$$

Da die rechte Seite dieser Gleichung als Funktion von P_{g} und T, andererseits aber auch T als Funktion von τ_0 aus der Theorie des Strahlungsgleichgewichtes bekannt ist, kann man (4.8.10) ohne weiteres (numerisch) integrieren.

In heißen Sternen muß neben dem Gasdruck der Strahlungsdruck berücksichtigt werden. Gibt es in den Atmosphären Strömungen, deren Geschwindigkeit v nicht mehr klein ist gegen die lokale Schallgeschwindigkeit (in atomarem Wasserstoff bei 10000 K z. B. 12 $\mathrm{km\,s^{-1}}$), so spielt auch der dynamische Druck $\varrho v^2/2$ eine Rolle. In Sonnenflecken und den Ap-Sternen mit ihren starken Magnetfeldern müssen auch die magnetischen Kräfte berücksichtigt werden.

Für die wirkliche Analyse der Sternspektren ist die „graue Näherung" (4.8.7) zu ungenau; wir müssen dann die Frequenzabhängigkeit des Absorptionskoeffizienten κ_ν, der sich aus dem kontinuierlichen Absorptionskoeffizienten und der sehr stark mit der Frequenz variierenden Linienabsorption zusammensetzt, berücksichtigen (Abschn. 4.8.2). Im Strahlungsgleichgewicht muß auch dann der Gesamtstrahlungsstrom F in allen Tiefen t gleich groß sein. Die Theorie des Strahlungsgleichgewichtes solcher *„nichtgrauer"* Atmosphären bietet erhebliche mathematische Schwierigkeiten, die man nur durch sukzessive Approximationsverfahren bewältigen kann.

Zur Berechnung von Sternatmosphärenmodellen benötigen wir außer den Absorptionskoeffizienten κ_ν bzw. $\bar{\kappa}$ als Funktion von Temperatur und Druck (Abschn. 4.8.2) noch für verschiedene Elementmischungen die Beziehung zwischen Gas- und Elektronendruck $P_e(P_g, T)$ (Tabelle 4.7.3) und – in der Zustandsgleichung – das mittlere Molekulargewicht $\bar{\mu}$. Für neutrale (atomare) bzw. vollständig ionisierte Sternmaterie der solaren Elementmischung (Tabelle 4.7.2) ist $\bar{\mu} = 1.26$ bzw. 0.60.

In den tiefen Schichten der Atmosphären später Spektraltypen überwiegt der Energietransport durch *Konvektion* den Strahlungstransport (Abschn. 4.10.6). In diesem Fall ist die Bedingung des Strahlungsgleichgewichts (4.8.5) dahingehend zu erweitern, daß der *Gesamt*energiestrom durch Strahlung plus Konvektion unabhängig von der Tiefe sein muß.

4.8.2 Absorptionskoeffizienten in Sternatmosphären

Zunächst besprechen wir den *kontinuierlichen* Absorptionskoeffizienten, zu dem die gebunden-frei- und die frei-frei-Übergänge (Abschn. 4.7.1) verschiedener Atome und Ionen beitragen.

Beim *neutralen Wasserstoff* schließt sich an die Grenzen der Lymanserie bei $\lambda = 91.2$ nm, der Balmerserie bei $\lambda = 364.7$ nm, der Paschenserie bei $\lambda = 820.6$ nm usw. nach der kurzwelligen Seite jeweils ein Seriengrenzkontinuum an, dessen Absorption etwa $\sim \nu^{-3}$ abnimmt, s. (4.7.36). Bei langen Wellen häufen sich die Grenzkontinua und gehen stetig über in das frei-frei-Kontinuum des HI.

Wie R. Wildt 1938 bemerkte, spielen in den (kühleren) Sternatmosphären die gebunden-frei- und die frei-frei-Übergänge des *negativen Wasserstoffions* H^-, das aus einem neutralen H-Atom durch Anlagerung eines zweiten Elektrons entstehen kann, eine wichtige Rolle. Das H^- mit nur einem gebundenen Zustand (Grundzustand ^1S) hat eine Bindungs- bzw. Ionisationsenergie von 0.75 eV. Entsprechend dieser kleinen Energie liegt die langwellige Grenze des gebunden-frei-Kontinuums im Infrarot bei 1.655 µm. Die frei-frei-Absorption nimmt (wie beim H-Atom) auch darüber hinaus nach langen Wellen zu.

Die *atomaren Koeffizienten* für die Absorption jeweils von einem bestimmten Energieniveau aus sind für das H-Atom und für das H^--Ion quantenmechanisch mit großer Genauigkeit berechnet worden. Will man damit den Absorptionskoeffizienten κ_ν von Stellarmaterie bestimmter Zusammensetzung (im lokalen thermodynamischen Gleichgewicht) als Funktion von Frequenz ν, Temperatur T und Elektronendruck P_e bzw. Gasdruck P_g erhalten, so muß man zuvor nach den Formeln von Saha und Boltzmann die Ionisation der verschiedenen Elemente und die Anregung ihrer Energieniveaus berechnen.

Für die „normale" Elementmischung (Tabelle 4.7.2) findet man zunächst, daß in den heißen Sternen ($T \gtrsim 7000$ K) die kontinuierliche Absorption der H-Atome, in den kühleren Sternen die der H^--Ionen überwiegt. Obwohl z. B. in der Sonnenatmosphäre (etwa bei $\tau_0 = 0.1$, Abb. 4.8.2) die Teilchendichte des H^--Ions nur etwa 10^{-8} der des H I beträgt, beherrscht es trotzdem die kontinuierliche Absorption im Visuellen, da die relative Besetzungsdichte des zweiten angeregten H I-Niveaus (12.1 eV), von dem aus die „konkurrierende" Absorption im Paschenkontinuum erfolgt, mit etwa 10^{-11} noch viel geringer ist (und die atomaren Wirkungsquerschnitte von vergleichbarer Größenordnung sind).

Außer der Absorption des H I und H^- müssen vor allem berücksichtigt werden: frei-gebunden- und frei-frei-Absorption des He I und He II (in heißen Sternen) sowie der schwereren Elemente C I, Mg I, Si I (in kühleren Sternen), ferner bei den kühlsten Sternen das Kontinuum des H_2^-. Neben diesen Absorptionsprozessen ist noch die *Streuung* des Lichts von Bedeutung, und zwar in heißen Sternen die Thomson-Streuung σ_T an freien Elektronen (3.4.6) sowie in kühleren Sternen die Rayleigh-Streuung an neutralen Wasserstoffatomen.

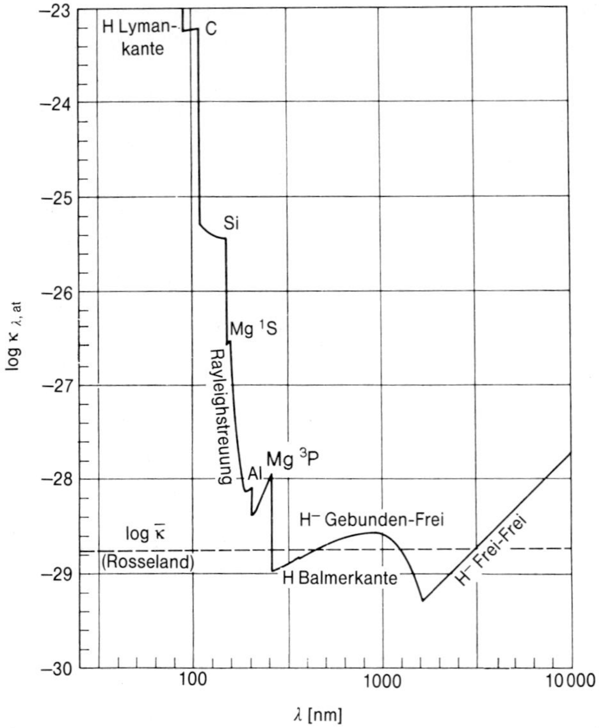

Abb. 4.8.2. Kontinuierlicher Absorptionskoeffizient $\kappa_{\lambda,\mathrm{at}}$ in [m^2] pro Atomkern in der Atmosphäre der Sonne (G2V) bei $\tau_0 \simeq 0.1$ (τ_0 entspricht $\lambda = 500$ nm), d.h. $T = 5040$ K, $P_e \simeq 0.32$ Pa, $P_g \simeq 5.8 \cdot 10^3$ Pa

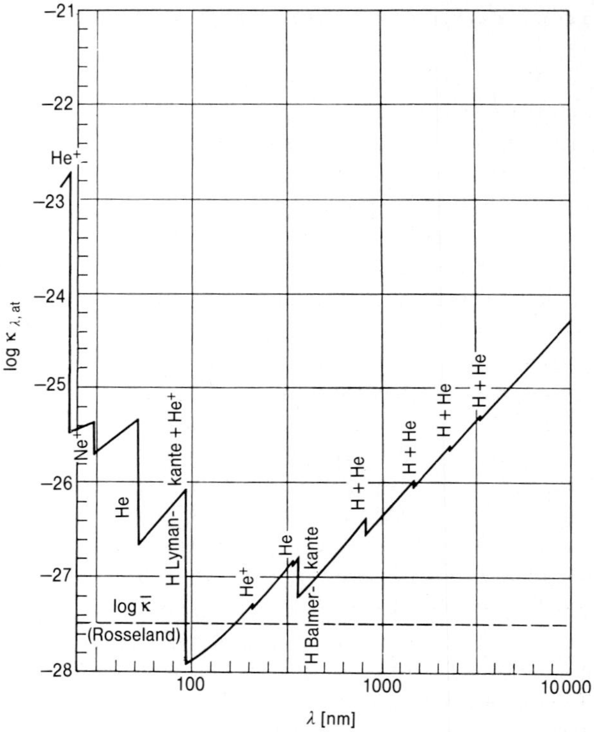

Abb. 4.8.3. Kontinuierlicher Absorptionskoeffizient $\kappa_{\lambda,\mathrm{at}}$ in [m^2] pro Atomkern in der Atmosphäre des τ Scorpii (B0V) bei $\bar{\tau} \simeq 0.1$, d.h. $T = 28\,300$ K, $P_e \simeq 320$ Pa, $P_g \simeq 640$ Pa

In Abb. 4.8.2 und 3 geben wir als Beispiel den Verlauf des kontinuierlichen Absorptionskoeffizienten (nach Rechnungen von G. Bode, 1965) als Funktion der Wellenlänge für die mittleren Zustandsgrößen (Abschn. 4.8.3) in den Atmosphären eines kühleren Sterns, der Sonne, und eines heißeren Sterns, τ Sco (B0V) wieder.

Bei der Berechnung der Temperaturschichtung muß außer der kontinuierlichen auch die *Linienabsorption* berücksichtigt werden. Zunächst vermitteln die optischen Spektren (Abb. 4.5.3) den Eindruck, daß Linienabsorption nur bei den kühleren Sternen, wie z.B. der Sonne, mit ihren zahlreichen Fraunhoferlinien eine Rolle spielt, hingegen nicht bei den heißeren Sternen. Jedoch zeigen Satellitenbeobachtungen, daß auch bei den O- und B-Sternen im Bereich des Maximums ihres Energiestromes, im Ultraviolett $\lambda \lesssim 200$ nm, die Absorptionslinien ähnlich dicht gedrängt liegen wie bei der Sonne im Blau.

Für die Berechnung einer Modellatmosphäre muß i.allg. eine sehr große Zahl ($\gtrsim 10^6$) von Linien in Betracht gezogen werden. Hierbei können nur wenige starke Linien individuell (und genau) behandelt werden, die Mehrzahl der mittelstarken und schwachen Linien wird mittels *statistischer* Verfahren (z.B. Sampling-Methoden oder Verteilungsfunktionen) berücksichtigt, wobei es auf hohe Genauigkeit bei der einzelnen Linie nicht ankommt. Die Theorie der Linienabsorptionskoeffizienten besprechen wir erst in Abschn. 4.9. Da in den Linien der Zustrom der Strahlung aus der Tiefe gebremst, die Ausstrahlung in hohen Schichten dagegen verstärkt wird, so verursachen sie – gegenüber der nur mit kontinuierlicher Absorption berechneten Schichtung – einen steileren Temperaturabfall in den äußeren Schichten („Blanketing-Effekt").

4.8.3 Modellatmosphären. Spektrale Energieverteilung

Nachdem wir die Aufbaugleichungen einer Sternatmosphäre, die Absorptionskoeffizienten und andere Materialfunktionen kennengelernt haben, bringen wir in Tabelle 4.8.1 gleich die nach dem heutigen Stand der Kunst (mit der Annahme lokalen thermodynamischen Gleichgewichts) berechneten *Modelle* für Atmosphären ver-

Tabelle 4.8.1. Modelle von Sternatmosphären nach R. L. Kurucz (1979) für solare Elementmischung und verschiedene Effektivtemperaturen T_{eff} und Schwerebeschleunigungen g. Die Linienabsorption ist im Rahmen von Verteilungsfunktionen berücksichtigt; die optische Tiefe τ_0 bezieht sich auf κ_λ bei $\lambda = 500$ nm, $\bar{\tau}$ auf den Rosselandschen Mittelwert $\bar{\kappa}$

	Sonne G2V $T_{eff} = 5770$ K, $g = 274$ m s^{-2}				α Lyr A0V $T_{eff} = 9400$ K, $g = 89$ m s^{-2}				B0V $T_{eff} = 30000$ K, $g = 100$ m s^{-2} [a]			
$\bar{\tau}$	τ_0	T [K]	P_g [Pa]	P_e [Pa]	τ_0	T [K]	P_g [Pa]	P_e [Pa]	τ_0	T [K]	P_g [Pa]	P_e [Pa]
10^{-3}	$1.1 \cdot 10^{-3}$	4485	$3.46 \cdot 10^2$	$2.84 \cdot 10^{-2}$	$0.6 \cdot 10^{-3}$	7140	6.52	$4.31 \cdot 10^{-1}$	$0.8 \cdot 10^{-3}$	19680	2.13	1.07
0.01	0.01	4710	$1.29 \cdot 10^3$	$1.03 \cdot 10^{-1}$	$0.5 \cdot 10^{-2}$	7510	$2.70 \cdot 10^1$	1.61	$0.9 \cdot 10^{-2}$	21450	$1.60 \cdot 10^1$	7.98
0.10	0.09	5070	$4.36 \cdot 10^3$	$3.78 \cdot 10^{-1}$	0.05	8150	$9.13 \cdot 10^1$	7.33	0.14	24880	$1.01 \cdot 10^2$	$5.03 \cdot 10^1$
0.22	0.19	5300	$6.51 \cdot 10^3$	$6.43 \cdot 10^{-1}$	0.11	8590	$1.22 \cdot 10^2$	$1.40 \cdot 10^1$	0.37	27030	$1.86 \cdot 10^2$	$9.31 \cdot 10^1$
0.47	0.40	5675	$9.55 \cdot 10^3$	1.34	0.24	9240	$1.53 \cdot 10^2$	$2.94 \cdot 10^1$	0.92	29840	$3.33 \cdot 10^2$	$1.66 \cdot 10^2$
1.0	0.84	6300	$1.29 \cdot 10^4$	4.77	0.53	10190	$1.79 \cdot 10^2$	$5.81 \cdot 10^1$	2.2	33490	$5.87 \cdot 10^2$	$2.95 \cdot 10^2$
2.2	1.8	7085	$1.52 \cdot 10^4$	$2.13 \cdot 10^1$	1.3	11560	$2.12 \cdot 10^2$	$9.21 \cdot 10^1$	5.5	38310	$1.04 \cdot 10^3$	$5.29 \cdot 10^2$
4.7	3.5	7675	$1.71 \cdot 10^4$	$5.86 \cdot 10^1$	3.6	13480	$2.99 \cdot 10^2$	$1.40 \cdot 10^2$	13.3	43940	$1.81 \cdot 10^3$	$9.43 \cdot 10^2$
10	7.1	8180	$1.89 \cdot 10^4$	$1.27 \cdot 10^2$	11.5	16000	$5.81 \cdot 10^2$	$2.77 \cdot 10^2$	37	51310	$3.60 \cdot 10^3$	$1.88 \cdot 10^3$

[a] Ungefähr den Parametern von τ Sco (B0V), $T_{eff} = 31\,500$ K und $g = 140$ m s^{-2}, entsprechend.

schiedener Effektivtemperaturen. Auf die Verfahren zur Berechnung der Sternatmosphärenmodelle, die mit Hilfe von großen Elektronenrechnern durchgeführt wird, können wir hier nicht eingehen. Tabelle 4.8.1 enthält das Modell eines kühlen Sterns (Sonne, G2V), eines Sterns mittlerer Temperatur (α Lyr, A0V) und eines heißen Hauptreihensterns (B0V), durch welches der seit den bahnbrechenden Analysen von A. Unsöld (1941/44) vielfach untersuchte τ Sco etwa dargestellt wird.

Die Strahlung, welche an der Oberfläche eines Sternes ausgesandt wird, entstammt verschieden tiefen Schichten seiner Atmosphäre, wobei die Strahlung aus tieferen Schichten bis zu ihrem Austritt an der Sternoberfläche durch Absorption naturgemäß stärker geschwächt wird als die weiter oben entspringende. Strahlung der Frequenz ν, die aus einer Tiefe τ_ν unter dem Winkel ϑ zur Normale der Atmosphäre verläuft, wird bis zu ihrem Austritt um einen Absorptionsfaktor $\exp(-\tau_\nu/\cos\vartheta)$ geschwächt. Wir erhalten daher nach (4.8.2 oder 4) an der Oberfläche $\tau_\nu = 0$ die *Strahlungsintensität*

$$I_\nu(0,\vartheta) = \int_0^\infty S_\nu(\tau_\nu)\, e^{-\tau_\nu/\cos\vartheta}\, d\tau_\nu/\cos\vartheta \ , \qquad (4.8.11)$$

wobei die Quellfunktion oder Ergiebigkeit S_ν, definiert als Emissionskoeffizient j_ν durch Absorptionskoeffizient κ_ν (s. (4.2.21)) im lokalen thermodynamischen Gleichgewicht gleich der Kirchhoff-Planck-Funktion für die lokale Temperatur $B_\nu(T(\tau_\nu))$ ist.

Da wir einerseits die *Temperatur T* als Funktion z. B. der optischen Tiefe τ_ν nach der Theorie des Strahlungsgleichgewichts berechnen können und andererseits die Verknüpfung zwischen den verschiedenen optischen Tiefen $\bar{\tau}$, τ_ν, τ_0 ... mit Hilfe der Absorptionskoeffizienten κ_ν nach (4.8.8) hergestellt werden kann, ist in (4.8.11) die ganze Theorie der *Sternspektren* einschließlich – für die Sonne – der *Mitte-Rand-Variation* ($\vartheta = 0°$ entspricht $\odot$-Mitte, $\vartheta = 90°$ dem $\odot$-Rand) enthalten.

In der Tat geben – wie hier nicht im einzelnen ausgeführt werden soll – die mit dem Modell der *Sonnenatmosphäre* nach Tabelle 4.8.1 durchgeführten Rechnungen das Sonnenspektrum $I_\nu(0,0)$ z. B. für $\odot$-Mitte (Abb. 4.3.4) und die Mitte-Rand-Variation im Kontinuum (Abb. 4.3.3) gut wieder.

Um diejenigen Schichten der Atmosphäre zu bestimmen, welche bei einer Frequenz ν den *Hauptbeitrag* zur ausgestrahlten *Intensität* liefern, können wir die Berechnung von $I_\nu(0,\vartheta)$ stark vereinfacht durchführen, indem wir die Quellfunktion $S_\nu(\tau_\nu)$ bzw. $B_\nu(\tau_\nu)$ in einer – noch festzulegenden – optischen Tiefe τ^* in eine Reihe entwickeln:

$$S_\nu(\tau_\nu) = S_\nu(\tau^*) + (\tau_\nu - \tau^*)\left(\frac{dS_\nu}{d\tau_\nu}\right)_{\tau^*} + \dots \ . \qquad (4.8.12)$$

Führt man mit diesem Ansatz die Integration (4.8.11) aus, so erhält man leicht

$$I_\nu(0, \vartheta) = S_\nu(\tau^*) + (\cos\vartheta - \tau^*) \left(\frac{dS_\nu}{d\tau_\nu}\right)_{\tau^*} + \dots \quad (4.8.13)$$

Wählen wir nun $\tau^* = \cos\vartheta$, so verschwindet das zweite Glied rechts, und es ergibt sich die sogenannte *Eddington-Barbiersche Näherung*

$$I_\nu(0, \vartheta) \simeq S_\nu(\tau_\nu = \cos\vartheta) \ . \quad (4.8.14)$$

Das heißt, die an der Oberfläche z. B. der Sonne ausgestrahlte Intensität entspricht der Quellfunktion oder – im Sinne des Planckschen Strahlungsgesetzes – der Temperatur in einer optischen Tiefe $\tau_\nu = \cos\vartheta$, gemessen senkrecht zur Sonnenoberfläche, bzw. $\tau_\nu/\cos\vartheta = 1$, gemessen längs des Sehstrahls. Dies ist auch anschaulich recht einleuchtend; cum grano salis können wir sagen, daß die Strahlung in einer optischen Tiefe, gemessen längs des Sehstrahls, gleich 1 entspringt.

Bei den *Sternen* können wir nun die mittlere Intensität des Scheibchens, d. h. (bis auf einen Faktor π) den *Strahlungstrom* an der Oberfläche erfassen. Nach (4.2.7) ist zunächst

$$F_\nu(0) = 2\pi \int_0^{\pi/2} I_\nu(0, \vartheta) \cos\vartheta \sin\vartheta \, d\vartheta \ . \quad (4.8.15)$$

Mit dem Ansatz (4.8.13) erhalten wir daraus die Näherung

$$F_\nu(0) \simeq \pi S_\nu(\tau_\nu = \tfrac{2}{3}) \ . \quad (4.8.16)$$

Bei lokalem thermodynamischem Gleichgewicht (4.2.27) entspricht die Sternstrahlung bei einer Frequenz ν demnach der lokalen Temperatur in einer optischen Tiefe $\tau_\nu = 2/3$.

Zur Illustration der Energieverteilung von Sternen zeigen wir in Abb. 4.4.2 und 4.8.4 die mit den Modellen von Tabelle 4.8.1 berechneten Strahlungsströme für Hauptsequenzsterne mit $T_{\text{eff}} = 9400$ K (A0V) und 30000 K (B0V). Hier ist jede Ähnlichkeit mit dem Spektrum eines schwarzen Strahlers verschwunden. Vielmehr stellt die F_λ-Kurve gewissermaßen ein Spiegelbild der Wellenlängenabhängigkeit des Absorptionskoeffizienten κ_λ bzw. κ_ν dar (vgl. den Verlauf des kontinuierlichen Absorptionskoeffizienten in Abb. 4.8.3). Da $d\tau_\lambda/d\bar{\tau} = \kappa_\lambda/\bar{\kappa}$ ist, kommt bei *großem* κ_λ die Strahlung aus oberflächennahen Schichten mit *kleinem* $\bar{\tau}$; diese sind relativ *kühl*, und die Strahlungskurve F_λ sinkt ab.

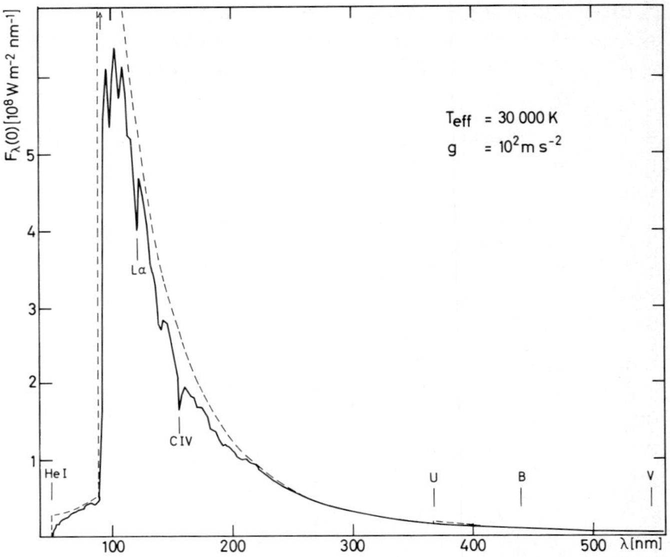

Abb. 4.8.4. Berechnete spektrale Energieverteilung $F_\lambda(0)$ eines Hauptreihensterns mit einer Effektivtemperatur $T_{\text{eff}} = 30000$ K (nach R. L. Kurucz, 1979). (———) Strahlungsstrom unter Einschluß der Fraunhoferlinien, die mittels Verteilungsfunktionen mit einer spektralen Auflösung von 2.5 nm berechnet sind. (– – –) Strahlungsstrom im Kontinuum, Maximum bei $\lambda = 92$ nm (Pfeil): $10.1 \cdot 10^8$ W m^{-2} nm^{-1}

So versteht man, daß an jeder Absorptionskante des Wasserstoffs ($\lambda = 91.2$ nm Lymankante, $\lambda = 364.7$ nm Balmerkante, ...) F_λ nach kürzeren Wellenlängen sprunghaft abnimmt. (Den Energiestrom in den Fraunhoferlinien diskutieren wir erst in Abschnitt 4.9.1). Der heißere der beiden Sterne emittiert seinen Strahlungsstrom in der Hauptsache zwischen Balmer- und Lymankante; bei dem kühleren dagegen trägt der Bereich zwischen Paschen- und Balmerkante etwa in der gleichen Größenordnung wie das Ultraviolett zur Abstrahlung bei. Es ist offensichtlich, daß bei den heißen Sternen den Beobachtungen im fernen Ultraviolett von Raketen und Satelliten aus eine entscheidende Bedeutung zukommt; Messungen im Optischen – auf denen für lange Zeit unsere Kenntnis dieser Sterne ausschließlich beruhte – müssen eine hohe Genauigkeit haben, um einen sinnvollen Beitrag zur Anpassung der Theorie an die Beobachtung zu leisten. Dies gilt insbesondere auch für die Bestimmung der *bolometrischen Korrektion* B.C. (4.4.19, 21), die durch Integration von F_λ über das ganze Spektrum und Vergleich zum Strahlungsstrom im Visuellen gewonnen wird; z. B. ist für einen B0V-Stern B.C. $\simeq$ 3.2 mag.

Schließlich verdeutlicht Abb. 4.8.4 noch die Rolle der *Linienabsorption* im fernen Ultraviolett bei den heißen

Sternen: Die Energieverteilung, bei der die Fraunhoferlinien – über 2.5 nm breite Wellenlängenbereiche „verschmiert" – berücksichtigt sind, liegt erheblich unter dem „wahren" Kontinuum. Bei den A-Sternen (Abb. 4.4.2) dominieren im Ultraviolett zahlreiche Metalllinien, im Optischen müssen die breiten Balmerlinien des Wasserstoffs berücksichtigt werden. Bei kühleren Sternen, etwa ab F5, versperren die Metallinien vor allem im blauen und nahen ultravioletten Spektralgebiet einen erheblichen Teil des Spektrums (Abb. 4.3.4); bei den K- und M-Sternen endlich kommt noch die Absorption der Molekülbanden hinzu (Tabelle 4.5.1).

Bei höheren Ansprüchen an die Genauigkeit sind bei der Berechnung der Modellatmosphären *Abweichungen vom lokalen thermodynamischen Gleichgewicht* im Rahmen der in Abschn. 4.7.3 dargestellten kinetischen Gleichungen zu berücksichtigen. Die „non-LTE-Effekte" werden um so wichtiger, je heißer und je leuchtkräftiger die Sterne sind, da dann die Strahlungsprozesse gegenüber den Stoßprozessen an Bedeutung gewinnen. Zum Beispiel zeigen auf der Hauptsequenz die O- und B-Sterne vor allem bei den Besetzungszahlen der unteren Energiezustände des Wasserstoffs und Heliums merkliche Abweichungen vom LTE.

Bis jetzt haben wir uns in diesem Abschnitt und in Abschn. 4.3 auf die Behandlung der *Photosphären* der Sterne und der Sonne beschränkt, in denen das Absorptionslinienspektrum entsteht. Die oberhalb der Photosphäre liegenden, dünneren Schichten der Atmosphären (Chromosphären, Koronen, ...), für die das lokale thermodynamische Gleichgewicht keine vernünftige Näherung mehr darstellt und für die neben dem Strahlungsfeld Strömungen und Magnetfelder eine wichtige Rolle spielen, werden wir in Abschn. 4.10, 11 kennenlernen. Zuvor wenden wir uns jedoch der genaueren Theorie der Fraunhoferlinien zu, die für die quantitative Analyse der Sternspektren und der Häufigkeitsbestimmung der Elemente benötigt wird.

4.9 Theorie der Fraunhoferlinien. Chemische Zusammensetzung der Sternatmosphären

Hinsichtlich der Beobachtungen des Sonnenspektrums erwähnten wir schon in Abschn. 4.3.1 die klassischen Arbeiten von Rowland; mit modernen Beugungsgittern erreicht man Auflösungen bis $\lambda/\Delta\lambda \simeq 10^6$. Für die helleren Sterne kann man z. B. mit den Coudéspektrographen der großen Spiegelteleskope im Optischen Auflösungen $\lambda/\Delta\lambda \gtrsim 10^4 \ldots 10^5$ erreichen.

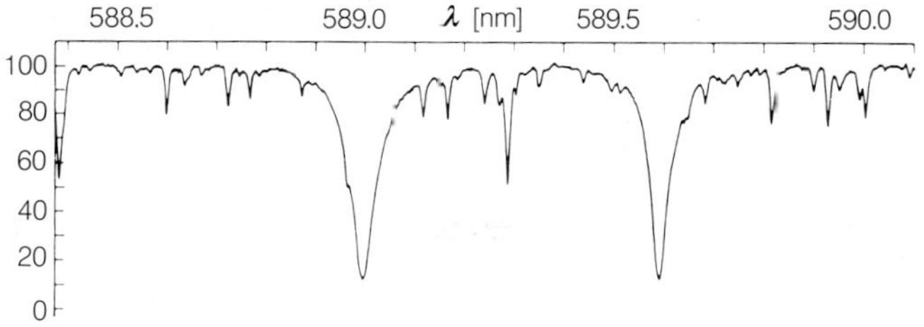

Abb. 4.9.1. Mikrophotometerkurve; die Na D-Linien im Sonnenspektrum

Für *photographisch* aufgenommene Spektren liefert das Mikrophotometer – durch automatische Berücksichtigung der mit Hilfe von Intensitätsmarken festgelegten Schwärzungskurve – direkt die Intensitätsverteilung im Spektrum (Abb. 4.9.1). In neuerer Zeit hat die direkte Registrierung von Spektren durch verschiedenartige *photoelektrische* Empfänger (Abschn. 3.2.3) immer größere Bedeutung erlangt, bei der die Intensität im Spektrum meist gleich in digitaler Form z. B. auf Magnetband, „mundgerecht" für die weitere Auswertung durch einen Elektronenrechner, aufgezeichnet werden.

In Spektralbereichen mit relativ wenigen Fraunhoferlinien bereitet es keine Schwierigkeiten, ein *„wahres" Kontinuum* festzulegen, dessen Intensität man auf 1 oder auf 100% normiert und von dem aus die Einsenkung in den Linien $R_\nu = 1 - I_\nu$ gemessen wird. Man gewinnt so die Intensitätsverteilung in der Linie I_ν bzw. R_ν als Funktion von ν oder λ, das *Linienprofil.* Da der Spektrograph selbst schon eine unendlich scharfe Linie als sog. *Apparateprofil* endlicher Breite wiedergeben würde, muß man beachten, daß Breite und Struktur der Profile schwacher Fraunhoferlinien stets noch einen instrumentellen Anteil enthalten, den man z. B. durch Messung der Profile scharfer Linien in einer Laboratoriumquelle ermitteln kann. Die Flügel starker Linien werden durch das Apparateprofil nur wenig, die Kerne sowie schwache Linien hingegen stark beeinflußt. Von der instrumentellen Verzerrung des Linienprofils offensichtlich unabhängig ist die in der Linie absorbierte Energie. Es ist daher – wie M. Minnaert bemerkt hat – häufig von Vorteil, die *Äquivalentbreite* W_λ zu messen; diese gibt die Breite (in einer zweckmäßigen Längeneinheit wie pm, Å, mÅ, ...) eines rechteckigen Streifens im Spektrum an, dessen Fläche der des Linienprofils gleich ist (Abb. 4.9.2).

In Spektralbereichen hoher Liniendichte ist die Festlegung eines Kontinuums und damit die Berechnung einer

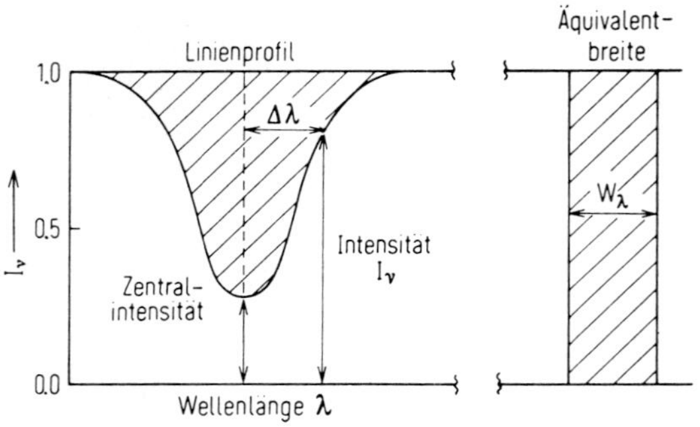

Abb. 4.9.2. Profil und Äquivalentbreite einer Fraunhoferlinie

isolierten Spektrallinie im allgemeinen nicht möglich. Hier muß man ein längeres Stück des Spektrums „in einem Guß" berechnen, um es dann mit der beobachteten Intensitätsverteilung zu vergleichen. Dieses Verfahren der *Spektrumsynthese* erfordert allerdings die Kenntnis genauer Atomdaten für eine größere Zahl von Linienübergängen. Im folgenden beschränken wir uns auf die Diskussion einzelner Linien, für welche ein benachbartes Kontinuum angegeben werden kann.

Aus spektralphotometrischen Messungen der Linien und des Kontinuums müssen wir nun die schon mehrfach erwähnten Parameter ermitteln, welche die Sternatmosphäre charakterisieren, nämlich Effektivtemperatur T_{eff}, Schwerebeschleunigung g und Häufigkeitsverteilung der Elemente.

Die Kompliziertheit der Aufgabe legt ein Verfahren sukzessiver Approximationen nahe. Wir fragen zunächst: Welche Äquivalentbreiten W_λ bzw. Profile verschiedener Linien würde nach der Theorie eine Atmosphäre mit *vorgegebenem* T_{eff}, g und bestimmter chemischer Zusammensetzung geben? Wir benutzen auch hier wieder *Modellatmosphären*. Dann diskutieren wir, wie die meßbaren Größen, d.h. – neben den schon betrachteten Farbindizes usw. – vor allem die W_λ bestimmter Elemente und Ionisations- bzw. Anregungsstufen mit den anfangs gewählten Parametern zusammenhängen. Schließlich verbessern wir diese Parameter so lange, bis eine möglichst gute Übereinstimmung zwischen dem berechneten Spektrum der Modellatmosphäre und dem gemessenen Spektrum des zu untersuchenden Sterns erreicht ist. Wir werden die Einzelheiten der Analyse eines Spektrums in Abschn. 4.9.3 besprechen und in Abschn. 4.9.4 die für die Sonne und ausgewählte Sterne abgeleiteten Elementhäufigkeiten vorstellen. Zunächst wenden wir uns jedoch der Theorie der Fraunhoferlinien zu.

Die *Theorie der Fraunhoferlinien* (im LTE) besteht nun aus zwei ganz verschiedenen Teilen, nämlich

1) Die Theorie des *Strahlungstransports* (Abschn. 4.9.1) in den Linien, welche deren Profile und Äquivalentbreiten für eine vorgegebene Modellatmosphäre auf den Linienabsorptionskoeffizienten κ_ν zurückführt.
2) Die atomistische Theorie des *Linienabsorptionskoeffizienten* κ_ν (Abschn. 4.9.2) selbst, welche wir z.T. bereits in Abschn. 4.7.3 behandelt haben. Nach (4.7.27) ist – unter Vernachlässigung der stimulierten Emission –

$$\kappa_\nu = \frac{1}{4\pi\varepsilon_0}\,\frac{\pi e^2}{mc} f\varphi(\nu)\,N_n\;. \tag{4.9.1}$$

Die Identifikation und Klassifikation der betrachteten Linie im Sternspektrum sehen wir hier als bekannt an; neben zahlreichen Linienlisten und Monographien für einzelne Sterne sind hierfür die Multiplett-Tabellen von Ch. E. Moore ein unentbehrliches Hilfsmittel. Weiterhin nehmen wir als atomare Konstante die Oszillatorenstärke f bzw. den ihr proportionalen Einstein-Koeffizienten A_{mn} für den Übergang $n \leftrightarrow m$ als bekannt an (Abschn. 4.7.3). Die Anzahl N_n der Atome im unteren Zustand n erhalten wir in Abhängigkeit von Temperatur T, Elektronendichte N_e oder Elektronendruck P_e aus den Anregungs- und Ionisationsbedingungen nach den in Abschn. 4.7 dargestellten Formeln. Es bleibt hier also nur noch die – auf eins normierte – *Profilfunktion* $\varphi(\nu)$ zu besprechen.

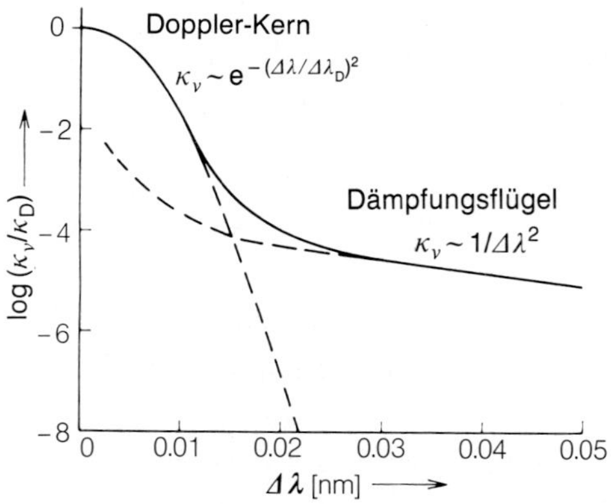

Abb. 4.9.3. Linienabsorptionskoeffizient κ_ν (bezogen auf die Linienmitte). Dopplerkern und Dämpfungsflügel der Na D-Linien berechnet nach (4.9.13) bzw. (4.9.16) für $T = 5700$ K und reine Strahlungsdämpfung. Ihre Überlagerung (———) ergibt das *Voigt-Profil*

4.9.1 Strahlungstransport in den Fraunhoferlinien

Neben dem kontinuierlichen Absorptionskoeffizienten κ, der sich mit der Wellenlänge nur langsam ändert und im Bereich einer Linie als konstant betrachtet werden darf, berücksichtigen wir nun den *Linienabsorptionskoeffizienten* κ_ν, der als Funktion des Abstandes $\Delta\nu$ bzw. $\Delta\lambda$ von der Linienmitte (Abb. 4.9.3) von einem hohen Maximum nach außen hin mehr oder weniger rasch auf Null absinkt. So unterscheiden wir also die folgenden Absorptionskoeffizienten, die – jeweils in verschiedener Weise – von den Zustandsgrößen T und P_e abhängen, mit den zugehörigen optischen Tiefen:

κ_ν Linenabsorptionskoeffizient:

$$\tau_\nu(t) = \int_{-\infty}^{t} \kappa_\nu(t')\,dt'$$

κ kontinuierlicher Absorptionskoeffizient:

$$\tau(t) = \int_{-\infty}^{t} \kappa(t')\,dt'$$

$$\left.\right\} x_\nu = \int_{-\infty}^{t} (\kappa_\nu + \kappa)\,dt' \ . \qquad (4.9.2)$$

Wir können nun zur Berechnung der Linienprofile die ganzen Ansätze und Rechnungen von Abschn. 4.8 übernehmen, wenn wir nur das dortige κ_ν durch $\kappa + \kappa_\nu$ bzw. die optische Tiefe τ_ν durch x_ν ersetzen.

Es ist also die *Intensität* der unter dem Winkel ϑ an der Oberfläche der Atmosphäre austretenden Strahlung für die *Linie* (Frequenz ν)

$$I_\nu(0, \vartheta) = \int_0^\infty S_\nu(x_\nu)\, e^{-x_\nu/\cos\vartheta} dx_\nu/\cos\vartheta \qquad (4.9.3)$$

und für das benachbarte *Kontinuum* (kein Index)

$$I(0, \vartheta) = \int_0^\infty S(\tau)\, e^{-\tau/\cos\vartheta} d\tau/\cos\vartheta \ , \qquad (4.9.4)$$

wobei S_ν bzw. S wieder die Quellfunktion (4.2.21), das Verhältnis von Emissions- zu Absorptionskoeffizient, ist und die Beziehung zwischen den beiden optischen Tiefen hergestellt wird durch

$$\frac{dx_\nu}{d\tau} = \frac{\kappa_\nu + \kappa}{\kappa} \quad \text{bzw.} \quad x_\nu = \int \frac{\kappa_\nu + \kappa}{\kappa}\, d\tau \ . \qquad (4.9.5)$$

Die Einsenkung in der Linie ist dann

$$r_\nu(0, \vartheta) = \frac{I(0, \vartheta) - I_\nu(0, \vartheta)}{I(0, \vartheta)} \qquad (4.9.6)$$

und ihre nach Abb. 4.9.2 definierte Äquivalentbreite

$$W_\lambda = \int r_\lambda(0, \vartheta)\, d\lambda \ . \qquad (4.9.7)$$

Um sich einen ersten Überblick zu verschaffen, kann man auch wieder die Eddington-Barbier-Näherung (4.8.14) verwenden und erhält

$$r_\nu(0, \vartheta) \simeq \frac{S_\nu(\tau = \cos\vartheta) - S_\nu(x_\nu = \cos\vartheta)}{S_\nu(\tau = \cos\vartheta)} \ . \qquad (4.9.8)$$

Machen wir hinsichtlich des Strahlungstransports wieder die Annahme *lokalen thermodynamischen Gleichgewichtes* (LTE), was insbesondere für Atome oder Ionen mit einigermaßen kompliziertem Termschema in nicht zu heißen Atmosphären eine vertretbare Näherung ist, so wird $S_\nu(\tau) = B_\nu(T(\tau_\nu))$.[13] Bei der Berechnung der Kirchhoff-Planck-Funktion $B_\nu(T)$ spielen natürlich die kleinen Frequenzunterschiede im Bereich einer Linie keine Rolle; wesentlich ist, daß die Strahlung in der *Linie* aus einer höheren Schicht $x_\nu = \cos\vartheta$ mit entsprechend niedrigerer Temperatur kommt als das benachbarte *Kontinuum,* das aus $\tau = \cos\vartheta$ stammt. Wird der Absorptionskoeffizient in der Linienmitte sehr viel größer als im Kontinuum ($\kappa_\nu \gg \kappa$), so entspricht die *Zentralintensität* der Linie einfach der Kirchhoff-Planck-Funktion für die Oberflächentemperatur T_0 der Atmosphäre. Die Linie erreicht dann die für alle hinreichend starken Linien eines Spektralbereiches gleiche größtmögliche Einsenkung $r_c(0, \vartheta)$.

Zur Anwendung auf *Sterne* – wo man die Mitte-Rand-Variation nicht beobachten kann – brauchen wir die entsprechenden Ausdrücke für den Strahlungsstrom F_ν in der Linie und F im benachbarten Kontinuum (4.8.15). Die Einsenkung $R_\nu(0)$ in der Linie wird dann – mit der Annahme lokalen thermodynamischen Gleichgewichts –

$$R_\nu(0) = \frac{F(0) - F_\nu(0)}{F(0)} \simeq \frac{B_\nu(T(\tau = 2/3)) - B_\nu(T(x_\nu = 2/3))}{B_\nu(T(\tau = 2/3))} \qquad (4.9.9)$$

[13] Im allgemeinen muß auf die in Abschn. 4.7.3 dargestellten, wesentlich aufwendigeren Ansätze zurückgegriffen werden.

und die entsprechende Äquivalentbreite im Sternspektrum

$$W_\lambda = \int R_\nu(0)\, d\lambda \ . \qquad (4.9.10)$$

Für schwache Fraunhoferlinien sowie die Flügel der stärkeren Linien, wo $\kappa_\nu \ll \kappa$ ist, folgt aus (4.9.5) im Sinne der Eddington-Barbier-Näherung

$$x_\nu \simeq \frac{2}{3}\left(1+\frac{\kappa_\nu}{\kappa}\right) \qquad (4.9.11)$$

und durch Reihenentwicklung von $B_\nu(x_\nu = \frac{2}{3})$ in (4.9.9) für die Einsenkung

$$R_\nu(0) \simeq \frac{2}{3}\,\frac{\kappa_\nu}{\kappa}\left(\frac{d\ln B_\nu}{d\tau}\right)_{\tau=2/3}, \quad \kappa_\nu \ll \kappa \ . \qquad (4.9.12)$$

Wir sehen zum einen, daß in einem Sternspektrum das Kontinuum wie die Flügel der Fraunhoferlinien in der Hauptsache in *den* Schichten der Atmosphäre entstehen, deren optische Tiefe für das benachbarte Kontinuum $\tau \simeq 2/3$ ist[14], zum anderen, daß die Linienstärke auch entscheidend von dem Gradienten der Temperaturschichtung in der Atmosphäre abhängt. Wir erhalten *Absorptions*linien bei *nach innen ansteigender* Temperatur. Die Zentren der stärkeren Linien, wo $\kappa_\nu \gg \kappa$ ist, entstehen in entsprechend höheren Schichten $\tau \simeq (2/3)[\kappa/(\kappa+\kappa_\nu)]$.

Mit Hilfe der Eddington-Barbier-Näherung konnten wir eine bequeme Übersicht über die Entstehung der Fraunhoferlinien gewinnen, die wirkliche Berechnung der Linien muß jedoch durch direkte Integration von (4.9.6) bzw. (4.9.9) erfolgen.

4.9.2 Verbreiterung der Spektrallinien

Um die Theorie des Strahlungstransportes in den Linien wirklich anwenden zu können, wenden wir uns dem zweiten Punkt unseres Programms zu, der Berechnung des Linienabsorptionskoeffizienten, inbesondere der *Profilfunktion* $\varphi(\nu)$, in Abhängigkeit von Temperatur T, Elektronendruck P_e oder Gasdruck P_g und vom Abstand von der Linienmitte $\Delta\nu$ in Frequenzeinheiten oder $\Delta\lambda$ in Wellenlängeneinheiten.

In der klassischen Optik entspricht einem zeitlich begrenzten Wellenzug mit einer charakteristischen Dauer τ (nach einem bekannten Theorem der Fourieranalyse) eine Spektrallinie, deren Absorptionskoeffizient die typische *Dämpfungs-* oder *Lorentz-Verteilung*

$$L(\nu) = \frac{\gamma}{(2\pi\Delta\nu)^2 + (\gamma/2)^2} \qquad (4.9.13)$$

aufweist, wobei das Integral $\int L(\nu)\, d\nu$ über die Linie auf eins normiert ist. Die Dämpfungskonstante $\gamma\,[\mathrm{s}^{-1}] = 1/\tau$ ist gleichzeitig die ganze Halbwertsbreite des Absorptionskoeffizienten in Kreisfrequenzeinheiten.

Je nachdem, ob die zeitliche Begrenzung des Strahlungsvorganges bedingt ist durch die Ausstrahlung des Atoms selbst bzw. durch Zusammenstöße mit anderen Teilchen, spricht man von *Strahlungs-* bzw. *Stoßdämpfung*. Auch nach der Quantentheorie erhält man für das Linienprofil die Form (4.9.13) mit

$$\gamma = \gamma_{\mathrm{Str}} + \gamma_{\mathrm{Stoß}} \ . \qquad (4.9.14)$$

Die *Strahlungsdämpfungskonstante* γ_{Str} ist gleich der Summe der reziproken Lebensdauern (Abklingkonstanten) der beiden Energieniveaus n und m, zwischen denen der Übergang stattfindet. In vielen Fällen können wir die stimulierten Emissionsprozesse vernachlässigen; dann wird

$$\gamma_{\mathrm{Str}} = \sum_{l<n} A_{nl} + \sum_{l<m} A_{ml} \ . \qquad (4.9.15)$$

Da γ_{Str} für erlaubte Linien von der Größenordnung 10^7 bis $10^9\,\mathrm{s}^{-1}$ ist, erwarten wir von diesem Mechanismus (ganze) Halbwertsbreiten des Absorptionskoeffizienten, z.B. bei $\lambda = 400$ nm, von etwa 10^{-6} bis 10^{-4} nm.

Die *Stoßdämpfungskonstante* ist $\gamma_{\mathrm{Stoß}} = 2 \cdot$ Zahl der wirksamen Stöße pro s. Als solche sind nach W. Lenz, V. Weisskopf u.a. diejenigen Vorübergänge eines störenden an dem strahlenden Teilchen zu zählen, bei denen die Phase der Lichtschwingung um mehr als etwa eine zehntel Schwingung verschoben wird.

In kühleren Sternen wie der Sonne, wo der Wasserstoff größtenteils neutral ist, überwiegt meist die Stoßdämpfung durch neutrale Wasserstoffatome, welche das leuchtende Atom durch van der Waals-Kräfte [Wechselwirkungsenergie $\sim$ (Abstand)$^{-6}$] beeinflussen. Neben den van der Waals-Kräften können bei kleineren Abstän-

[14] Eine Ausnahme machen die Linien der neutralen Metalle (Fe I, Ti I ...) in den Spektren der Sonne und ähnlicher kühler Sterne. Hier nimmt die Konzentration der Atome mit wachsender Tiefe in der Atmosphäre wegen der verstärkten Ionisation so rasch ab, daß der „Schwerpunkt" für die Bildung der Linien schon bei $\tau \simeq 0.05$ bis 0.1 liegt.

den der Stoßpartner auch die mit deren Abstand noch rascher abnehmenden Abstoßungskräfte wichtig werden. Die Dämpfungskonstante $\gamma_{\text{Stoß}}$ ist, solange sie nur durch die Wechselwirkung des leuchtenden Atoms mit jeweils einem H-Atom zustande kommt, proportional dem Gasdruck P_g.

Bei Spektrallinien, die großen *quadratischen Starkeffekt* zeigen, und in vorwiegend ionisierten Atmosphären überwiegt gelegentlich die Stoßdämpfung durch freie Elektronen. Die Wechselwirkungsenergie geht dann mit dem Quadrat der Feldstärke, welche das Elektron am Ort des leuchtenden Teilchens erzeugt, also $\sim (\text{Abstand})^{-4}$. Die Dämpfungskonstante ist nun proportional dem Elektronendruck P_e.

Bei etwa 10^9 wirksamen Stößen pro s erwarten wir Halbwertsbreiten der Linienabsorptionskoeffizienten von einigen 10^{-4} nm. Dabei spielt es keine Rolle, ob die Stöße – wie in der Sonnenatmosphäre – vorwiegend von Wasserstoffatomen oder – wie in heißen Sternen – vorwiegend von freien Elektronen herrühren.

Eine gesonderte Betrachtung erfordern die Linien des *Wasserstoffs* und des einfach ionisierten *Heliums*. Da diese in einem elektrischen Feld besonders große *lineare Starkeffekt*-Aufspaltungen zeigen, erfolgt ihre Verbreitung in teilweise ionisierten Gasen in erster Linie durch quasi-statischen Starkeffekt der statistisch verteilten elektrischen Felder, welche die (langsam bewegten) Ionen erzeugen. Ausgehend von der Überlegung, daß in dem Abstandsbereich $r \dots r+dr$ von einem H-Atom ein störendes Ion sich mit einer Wahrscheinlichkeit proportional $4\pi r^2 dr$ aufhält und dann ein Feld $\sim 1/r^2$ erzeugt (dem wiederum die Linienaufspaltung proportional ist), zeigt man, daß in den Linienflügeln näherungsweise der Absorptionskoeffizient proportional $\Delta\lambda^{-5/2}$ wird. Diese ursprünglich von J. Holtsmark entwickelte Theorie muß noch verfeinert werden durch Berücksichtigung der nichtadiabatischen Effekte, der Stoßdämpfung der Elektronen und eine verbesserte Berechnung des Mikrofeldes im Plasma.

Zu der Verbreiterung durch Strahlungs- und Stoßdämpfung tritt noch die Verbreiterung durch den *Dopplereffekt* infolge der thermischen Geschwindigkeiten und evtl. der turbulenten Strömungen. Entsprechend der Maxwell-Boltzmann-Geschwindigkeitsverteilung für die Atome ist das Dopplerprofil, wieder auf eins normiert, gegeben durch

$$D(\nu) = \frac{1}{\sqrt{\pi}\,\Delta\nu_D} \exp\left[-(\Delta\nu/\Delta\nu_D)^2\right] \tag{4.9.16}$$

mit der ganzen Halbwertsbreite $2\,\Delta\nu_D\sqrt{\ln 2}$ (in Frequenzeinheiten). Die Dopplerbreite $\Delta\nu_D$ bzw. $\Delta\lambda_D$ ist durch die wahrscheinlichste Geschwindigkeit (4.7.33) $V_0 = (2kT/m)^{1/2}$, m Masse des absorbierenden Atoms, definiert:

$$\frac{\Delta\nu_D}{\nu_0} = \frac{\Delta\lambda_D}{\lambda_0} = \frac{V_0}{c} \tag{4.9.17}$$

(ν_0 bzw. λ_0 bezeichnen die Linienmitte). Die thermische Geschwindigkeit z. B. der Fe-Atome in der Sonnenatmosphäre bei $T \simeq 5700$ K beträgt 1.3 km s^{-1}, was z. B. für die Fe I-Linie $\lambda = 386$ nm eine Dopplerbreite $\Delta\lambda = 1.7 \cdot 10^{-3}$ nm bedingt. Turbulente Strömungen in den Sternatmosphären („Mikroturbulenz") bedingen oft ähnliche Geschwindigkeiten und einen entsprechenden Beitrag zu $\Delta\lambda_D$.

Wir betrachten schließlich das *Zusammenwirken* von Dopplereffekt und Dämpfung, das uns die Profilfunktion durch das Faltungsintegral

$$\varphi(\nu) = \int_{-\infty}^{+\infty} L(\nu-\nu')\,D(\nu')\,d\nu' \tag{4.9.18}$$

liefert, welches als *Voigt-Profil* bezeichnet wird, wenn man nicht auf die Fläche, sondern auf den Wert in der Linienmitte gleich eins normiert. Da das Verhältnis der halben Dämpfungskonstante $\gamma/2$ zur Dopplerbreite – ebenfalls in Kreisfrequenzeinheiten gemessen – $\Delta\omega_D = 2\pi\Delta\nu_D$

$$\alpha = \gamma/2\,\Delta\omega_D \tag{4.9.19}$$

in Sternatmosphären fast ohne Ausnahme <0.1 ist, könnte man zunächst vermuten, daß die Dämpfungsverbreiterung gegenüber der Dopplerverbreiterung vernachlässigt werden dürfte. Dies ist nicht richtig, weil die Dopplerverteilung (4.9.16) nach außen exponentiell, die Dämpfungsverteilung (4.9.13) dagegen nur proportional $1/\Delta\lambda^2$ abnimmt. Jedes bewegte Atom erzeugt eine Dämpfungsverteilung mit scharfem Kern und breiten Flügeln, die als Ganzes entsprechend seiner Geschwindigkeit dopplerverschoben ist. So erhält man (Abb. 4.9.3) eine Profilfunktion mit einem ziemlich scharf begrenzten Dopplerkern, an den fast unvermittelt die Dämpfungsflügel $\sim 1/\Delta\lambda^2$ anschließen.

Insgesamt erhält man – nach einfachen Zwischenrechnungen – aus (4.9.13, 16) den *Absorptionskoeffizienten* κ_ν (4.9.1) in [m^{-1}] im Abstand $\Delta\lambda$ von der Mitte einer Linie der Wellenlänge λ_0 für den *Dopplerkern*

$$\kappa_\nu = \sqrt{\pi}\,\frac{1}{4\pi\varepsilon_0}\,\frac{e^2}{mc^2}\,Nf\,\frac{\lambda_0^2}{\Delta\lambda_D}\exp\left[-\left(\frac{\Delta\lambda}{\Delta\lambda_D}\right)^2\right] \tag{4.9.20a}$$

und für die *Dämpfungsflügel*

$$\kappa_\nu = \frac{1}{4\pi}\,\frac{1}{4\pi\varepsilon_0}\,\frac{e^2}{mc^2}\,Nf\gamma\,\frac{\lambda_0^4}{c\Delta\lambda^2}\,{}^{15}\;. \tag{4.9.20b}$$

Die Größe $(4\pi\varepsilon_0)^{-1}\,e^2/mc^2 = 2.82\cdot 10^{-15}$ m ist der sog. klassische Elektronenradius. Die Besetzungszahl $N \equiv N_n$ [m^{-3}] des unteren Niveaus ist dessen statistischem Gewicht g proportional, so daß man statt f meist gleich den *gf-Wert* angibt. Die Intensität der in optisch dünner Schicht erzeugten Absorptionslinien ist dieser Größe direkt proportional.

4.9.3 Wachstumskurven. Quantitative Analyse der Sternspektren

Nun untersuchen wir, wie das Profil und die Äquivalentbreite W_λ einer Absorptionslinie anwächst, wenn wir die Konzentration des erzeugenden Atoms N bzw. deren Produkt mit der Oszillatorenstärke f vergrößern. Der Absorptionskoeffizient κ_ν ist dabei im inneren Teil der Linien bestimmt durch den Dopplereffekt, außen schließen sich (Abb. 4.9.3) die Dämpfungsflügel an, deren Dämpfungskonstante durch Strahlungs- und Stoßdämpfung bestimmt ist.

Der Zusammenhang zwischen der Einsenkung in der Linie R_ν und dem Linienabsorptionskoeffizienten κ_ν wäre für ein *Absorptionsrohr* (ohne Reemission) der Länge H und der optischen Dicke $\tau_\nu = \kappa_\nu H$ im Laboratorium nach (4.2.18)

$$R_\nu = 1 - \mathrm{e}^{-\kappa_\nu H}\;. \tag{4.9.21}$$

Für eine *Sternatmosphäre* ist er durch die Gln. (4.9.3 – 9) gegeben und kann im allgemeinen nur durch deren direkte Integration gewonnen werden. Bei nicht zu großen Ansprüchen an die Genauigkeit kann man vielfach diese aufwendigen Rechnungen ersetzen durch die Näherungs- bzw. Interpolationsformel

$$R_\nu = \left(\frac{1}{\kappa_\nu H} + \frac{1}{R_c}\right)^{-1}\;. \tag{4.9.22}$$

Dabei bedeutet H eine wirksame Höhe bzw. NH eine *wirksame Anzahl* absorbierender Atome über einer Ein-

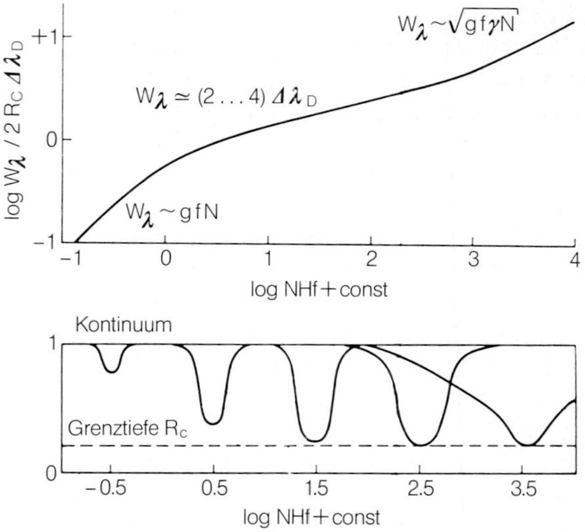

Abb. 4.9.4. Wachstumskurve (*oben*). Die Äquivalentbreite W_λ – bezogen auf einen Streifen der zweifachen Dopplerbreite $\Delta\lambda_D$ und die Grenztiefe R_c – ist aufgetragen als Funktion der wirksamen Konzentration der absorbierenden Atome, d.h. von $\log NHf$ + const. Die Linienprofile veranschaulichen die Entstehung der Wachstumskurve

heitsfläche der Sternoberfläche (Säulendichte). Für $\kappa_\nu H \ll 1$ (Absorption in optisch dünner Schicht) ist $R_\nu \simeq \kappa_\nu H$, für $\kappa_\nu H \gg 1$ (optisch dicke Schicht) strebt R_ν gegen die Grenztiefe für sehr starke Linien R_c. H bzw. NH kann man durch Vergleich von (4.9.22) mit den Formeln (4.9.3 – 9) berechnen, vgl. auch (4.9.12) für $\kappa_\nu H \ll 1$. Für einen nicht zu großen Wellenlängenbereich darf man die wirksame Schichtdicke einer Atmosphäre als hinreichend konstant betrachten.

Wir zeigen sogleich das Ergebnis dieser Rechnung: Im unteren Teil der Abb. 4.9.4 haben wir für verschiedene Werte der Größe NHf zunächst die *Linienprofile* angezeichnet. Die Einsenkungen der schwachen Linien $R_\nu \simeq \kappa_\nu H$ spiegeln einfach die Dopplerverteilung des Absorptionskoeffizienten im Linienkern wider. Mit wachsendem NHf nähert sich die Linienmitte der maximalen Tiefe R_c, da man hier nur noch Strahlung aus den obersten Schichten mit der Grenztemperatur T_0 erhält. Andererseits wird die Linie zunächst wenig breiter, da der Absorptionskoeffizient mit $\Delta\lambda$ steil abfällt. Dies ändert sich erst, wenn mit weiter zunehmendem NHf die wirksame optische Tiefe auch in den Dämpfungsflügeln wesentlich wird. Da nunmehr $\kappa_\nu H \sim NHf\gamma/\Delta\lambda^2$ ist, erhält die Li-

[15] Wie bereits erwähnt, gilt (4.9.20) nicht für die durch linearen Starkeffekt verbreiterten Linien des H I und He II.

nie breite „Dämpfungsflügel" und ihre Breite bei einer bestimmten Einsenkung R_ν wird $\sim \sqrt{NHf\gamma}$.

Durch Integration über die Linienprofile erhalten wir leicht vollends die *Äquivalentbreiten* W_λ der Linien. Wir tragen sie auf im Verhältnis zu $2R_c \cdot \Delta\lambda_D$, d.h. einem Streifen, dessen Tiefe der maximalen Einsenkung und dessen Breite der zweifachen Dopplerbreite entspricht. So erhalten wir die für die Auswertung der Sternspektren wichtige *Wachstumskurve* (Abb. 4.9.4 oben) mit $\log(W_\lambda/2R_c\Delta\lambda_D)$ als Funktion von $\log NHf + \text{const.}$

Wie man anhand unserer Diskussion der Linienprofile leicht versteht, wächst (links) bei schwachen Linien W_λ proportional zu NHf, wir befinden uns im *linearen* Bereich der Wachstumskurve. Dann folgt der *flache* oder *Dopplerbereich,* in dem die Äquivalentbreite etwa gleich der 2- bis 4fachen Dopplerbreite $\Delta\lambda_D$ ist. Bei den starken Linien (rechts) wird, entsprechend dem Anwachsen der Breite der Profile, $W_\lambda \sim \sqrt{NHf\gamma}$; wir kommen in den *Dämpfungs- oder Wurzelbereich* der Wachstumskurve. Hier ist – ganz allgemein – auch die Dämpfungskonstante γ wesentlich. Wir haben in Abb. 4.9.4 dem Verhältnis Dämpfungs- zu Dopplerbreite den Zahlenwert $\alpha = 0.03$ gegeben, entsprechend einem Mittelwert für die Metallinien des Sonnenspektrums. Auf dem Dämpfungsteil dieser Wachstumskurve liegen z.B. die starken D-Linien von Na I sowie die H- und K-Linien von Ca II im Sonnenspektrum.

Wir wenden uns nun unserer Hauptaufgabe zu, der *quantitativen Analyse der Sternspektren.* Zur ersten Orientierung beginnt man meist mit einem einfachen Näherungsverfahren, der sog. *Grobanalyse*, indem man für die ganze Atmosphäre mit *konstanten Mittelwerten* von Temperatur T, Elektronendruck P_e, wirksamer Schichtdicke H (in einem größeren Bereich des Spektrums) usw. rechnet. Dann kann man die mit der Interpolationsformel (4.9.22) berechnete universelle Wachstumskurve sofort verwenden, um aus der gemessenen Äquivalentbreite W_λ einer Fraunhoferlinie irgendeines Atoms oder Ions die Säulendichte NH absorbierender Atome für das untere Energieniveau des Übergangs zu bestimmen. Hierfür müssen der f-Wert und gegebenenfalls die Dämpfungskonstante γ für die Linie bekannt sein.

In die Wachstumskurve (Abb. 4.9.4) geht noch die *Dopplerbreite* $\Delta\lambda_D$ bzw. $\Delta\nu_D$ ein, welche zunächst über die thermische Bewegung V_0 von der Temperatur abhängt. Darüber hinaus tragen häufig turbulente Strömungsfelder von derselben Größenordnung wie V_0 zur Dopplerbreite bei. Die entsprechende *Mikroturbulenzgeschwindigkeit* ξ addiert sich in (4.9.17) quadratisch zur thermischen Geschwindigkeit, so daß $\Delta\lambda_D \sim (V_0^2 - \xi^2)^{1/2}$ ist. Da es derzeit nicht möglich ist, diese „Mikroturbulenz" von Grund auf mit einer hydrodynamischen Theorie aus den Sternparametern abzuleiten, muß ξ als zusätzlicher Parameter bei der Analyse zusammen mit T, P_e, NH, ... bestimmt werden. Dies geschieht anhand der Linien auf dem flachen Teil der Wachstumskurve, welche – wie wir sahen – empfindlich von $\Delta\lambda_D$ abhängen.

Durch Vergleich der NH für Energieniveaus mit verschiedenen Anregungsspannungen und für verschiedene Ionisationsstufen (z.B. Ca I und Ca II) ein und desselben Elements kann man schließlich nach den Formeln von Boltzmann und Saha (Abschn. 4.7.2) die Temperatur T und den Elektronendruck P_e berechnen. Deren Kenntnis führt aber ohne weiteres umgekehrt von den Atomzahlen für bestimmte Energieniveaus auf die Gesamtzahl aller Teilchen des betreffenden Elements (unabhängig von der Ionisations- und Anregungsstufe) und damit zur *Häufigkeitsverteilung der Elemente.* Kennt man letztere und den Ionisationsgrad der verschiedenen Elemente einigermaßen vollständig, so kann man vom Elektronendruck P_e zum Gasdruck P_g übergehen und aus der hydrostatischen Gleichung die Schwerebeschleunigung g berechnen: Der Gasdruck P_g ist ja nichts anderes als das Gewicht, d.h. Masse mal Schwerebeschleunigung g aller Teilchen über einer Einheitsfläche der Sternoberfläche.

Auf einer solchen Grobanalyse baut sich die genauere, aber auch viel mühsamere *Feinanalyse* der Sternspektren auf: Man konstruiert (wie in Abschn. 4.8.3 angegeben) ein *Modell* der zu untersuchenden Sternatmosphäre mit möglichst plausibel gewähltem T_{eff}, g und chemischer Zusammensetzung. Für dieses Modell berechnet man unter Heranziehung der ganzen Theorie des Strahlungstransports, der kontinuierlichen und Linienabsorptionskoeffizienten (einschließlich ihrer Tiefenabhängigkeit) usw. die Profile bzw. die Äquivalentbreiten W_λ der Linien, wobei noch die Mikroturbulenzgeschwindigkeit ξ als zunächst unbekannter Parameter (s.o.) zu berücksichtigen ist. Nun vergleicht man die Ergebnisse dieser Modellrechnungen mit den Messungen im Spektrum für solche Elemente, die durch verschiedene Ionisations- und Anregungsstufen vertreten sind. Eine wichtige Rolle spielen dabei auch die Wasserstofflinien, da man weiß, daß der Wasserstoff in fast allen Sternen *das* häufigste Element ist, so daß hier die Elementhäufigkeit nicht eingeht. Weiterhin kann man die Energieverteilung bzw. die Farbindizes heranziehen. Da man aus unseren vorhergehenden Betrachtungen übersehen kann, welche Kriterien stärker von T_{eff}, g, ξ oder von der Häufigkeit eines bestimmten Elements abhängen, kann man nun in einem Näherungsverfahren die Ausgangswerte dieser Größen schrittweise verbessern. Der Anfänger ist meist entsetzt über die große Anzahl der Linien in einem Spektrum. Bei der Durchführung einer Analyse zeigt sich jedoch oft, daß die verfügbaren Messungen kaum zur Festlegung aller interessierenden Parameter ausreichen!

4.9.4 Elementhäufigkeiten in der Sonne und den Sternen

Nachdem wir versucht haben, die Methodik einer quantitativen Analyse der Spektren kurz darzustellen, wenden wir uns deren *Ergebnissen* zu:

Für die *Sonne* (Spektraltyp G2V) haben wir ein unvergleichlich besseres Beobachtungsmaterial als für irgendeinen anderen Stern; außerdem sind $T_{\rm eff}$ und g von vornherein bekannt. Seit den ersten quantitativen Analysen von C.H. Payne (1925), A. Unsöld (1928) und H.N. Russell (1929) ist die solare Häufigkeitsverteilung wiederholt anhand von genaueren Beobachtungen und verbesserten theoretischen Methoden abgeleitet worden. Bei der Sonne können wir auch die Häufigkeiten seltener Elemente, deren schwache Linien nur in rauscharmen Spektren großer Dispersion zu erhalten sind, bestimmen. Neben dem photosphärischen Fraunhoferspektrum ermöglicht bei der Sonne auch das Emissionsspektrum der Chromosphäre und Korona (und der Protuberanzen) vom Optischen bis in den Röntgenbereich (Abschn. 4.10.2, 3) die Häufigkeitsbestimmung vieler Elemente, insbesondere für die Edelgase He, Ne und Ar, welche aufgrund ihrer Termstruktur (Zustände hoher Anregungsenergie) bei den relativ niedrigen Temperaturen der Photosphäre ($T \lesssim 8000$ K) nicht im Fraunhoferschen Absorptionsspektrum auftreten. Für die häufigeren Elemente können schließlich auch Messungen des Sonnenwinds (Abschn. 4.10.7) und der solaren Kosmischen Strahlung (Abschn. 5.3.8) zur Häufigkeitsbestimmung herangezogen werden. Die nach den verschiedenen Verfahren gewonnenen Häufigkeiten stimmen (für die gemeinsamen Elemente) untereinander gut überein.

In Tabelle 4.9.1 sind die *relativen Häufigkeiten N* (nach Atomzahlen) in der Sonne aufgeführt, überwiegend aufgrund der Analyse des Fraunhoferspektrums. Wie üblich sind alle Häufigkeiten auf den Wasserstoff H bezogen und auf

Tabelle 4.9.1. *Elementhäufigkeiten* log N im Sonnensystem: *Sonne* (⊙) nach H. Holweger (1985) und *kohlige Chondrite vom Typ* C1 nach E. Anders und M. Ebihara (1982). Normierung auf Wasserstoff log N(H) = 12.0, Anpassung der solaren und meteoritischen Häufigkeitsverteilungen bei Silizium log N(Si) = 7.6. Bestimmung der Sonnenhäufigkeiten aus der Photosphäre mit Ausnahme von He, Ne, Ar (Korona bzw. Protuberanzen) und Tl (Sonnenflecken). Meteorite: C1-Chondrite bis auf Be, B, Br, Rh, I, für die andere Chondrite herangezogen wurden. Für Kr, Xe, Hg geschätzte Werte aus Interpolationen. Radioaktive Elemente: Th, U Angabe der *heutigen* Häufigkeiten; bei der Entstehung des Sonnensystems vor $4.5 \cdot 10^9$ a (2.8.24) waren die Häufigkeiten um $\delta \log N = 0.2$ (Th) bzw. 0.3 (U) höher

	⊙	C1		⊙	C1		⊙	C1		⊙	C1
1 H	12.0	–	22 Ti	5.1	5.0	44 Ru	1.8	1.9	66 Dy	1.1	1.2
2 He	*11.0*	–	23 V	4.1	4.1	45 Rh	1.1	*1.1*	67 Ho	0.3	0.6
3 Li	1.1	3.4	24 Cr	5.8	5.7	46 Pd	1.7	1.7	68 Er	0.9	1.0
4 Be	1.2	*1.5*	25 Mn	5.4	5.6	47 Ag	0.9	1.3	69 Tm	0.3	0.1
5 B	2.5	*3.0*	26 Fe	7.6	7.6	48 Cd	1.9	1.8	70 Yb	1.1	1.0
6 C	8.6	–	27 Co	4.9	5.0	49 In	1.7	0.9	71 Lu	0.8	0.2
7 N	8.0	–	28 Ni	6.2	6.3	50 Sn	1.9	2.2	72 Hf	0.9	0.8
8 O	8.9	–	29 Cu	4.2	4.3	51 Sb	1.0	1.1	73 Ta	–	0.0
9 F	4.6	4.5	30 Zn	4.6	4.7	52 Te	–	2.3	74 W	1.1	0.7
10 Ne	*7.6*	–	31 Ga	2.9	3.2	53 I	–	*1.6*	75 Re	–	0.3
11 Na	6.3	6.4	32 Ge	3.5	3.7	54 Xe	–	(2.2)	76 Os	1.4	1.5
12 Mg	7.5	7.6	33 As	–	2.4	55 Cs	–	1.2	77 Ir	1.4	1.4
13 Al	6.4	6.5	34 Se	–	3.4	56 Ba	2.1	2.2	78 Pt	1.8	1.7
14 Si	7.6	7.6	35 Br	–	*2.7*	57 La	1.1	1.3	79 Au	1.1	0.9
15 P	5.4	5.6	36 Kr	–	(3.3)	58 Ce	1.6	1.7	80 Hg	–	(1.3)
16 S	7.2	7.3	37 Rb	2.6	2.5	59 Pr	0.7	0.8	81 Tl	*0.9*	0.9
17 Cl	–	5.3	38 Sr	3.0	3.0	60 Nd	1.4	1.5	82 Pb	1.9	2.1
18 Ar	*6.7*	–	39 Y	2.2	2.3	62 Sm	0.8	1.0	83 Bi	–	0.8
19 K	5.1	5.2	40 Zr	2.6	2.6	63 Eu	0.5	0.6	90 Th	0.2	0.1
20 Ca	6.4	6.4	41 Nb	1.4	*1.5*	64 Gd	1.1	1.1	92 U	–	−0.4
21 Sc	3.1	3.1	42 Mo	1.9	2.0	65 Tb	0.2	0.4			

$$N(\mathrm{H}) = 10^{12} \quad \text{bzw.} \quad \log N(\mathrm{H}) = 12.0 \tag{4.9.23}$$

normiert. Zum Beispiel entspricht einem Verhältnis $N(\mathrm{C})/N(\mathrm{H}) = 4.2 \cdot 10^{-4}$ hiernach $\log N(\mathrm{C}) = 8.6$. Die Genauigkeit der solaren Häufigkeitsbestimmung beträgt für die meisten Elemente etwa $|\varDelta \log N| \lesssim \pm 0.1$ und ist überwiegend durch Unsicherheiten in den Oszillatorenstärken f bedingt.

Zum Vergleich geben wir in Tabelle 4.9.1 noch die Häufigkeiten für die *kohligen Chondrite vom Typ* C1 (Abschn. 2.9.2) an, deren Genauigkeit bis auf wenige Ausnahmen $\varDelta \log N \simeq \pm 0.05$ ist. Die Übereinstimmung mit den Werten für die Sonne ist sehr gut. Diese Meteorite stellen daher – abgesehen von den ganz leicht flüchtigen Elementen – fast unveränderte Solarmaterie dar. Die Abweichungen bei Li und zum Teil bei Be und B sind dadurch zu erklären, daß diese leichten Elemente in der unteren Wasserstoffkonvektionszone (Abschn. 4.10.6) durch Kernreaktionen mit Protonen zerstört werden und ihre Häufigkeiten durch die konvektive Durchmischung der äußeren Sonnenschichten über längere Zeiten an der Oberfläche abnehmen.

In Tabelle 4.9.2 führen wir noch einige ausgewählte *Isotopenverhältnisse* für die Materie im Sonnensystem auf, die sich wiederum in den meisten Fällen am genauesten aus der Analyse der Meteorite ergeben.

Tabelle 4.9.2. Einige Isotopenverhältnisse im Sonnensystem

^{2}D/^{1}H	$2.0 \cdot 10^{-5}$	^{15}N/^{14}N	$3.7 \cdot 10^{-3}$
^{3}He/^{4}He	$1.4 \cdot 10^{-4}$	^{17}O/^{16}O	$3.8 \cdot 10^{-4}$
^{6}Li/^{7}Li	$8.1 \cdot 10^{-2}$	^{18}O/^{16}O	$2.0 \cdot 10^{-3}$
^{10}B/^{11}B	0.25	^{25}Mg/^{24}Mg	0.13
^{13}C/^{12}C	$1.1 \cdot 10^{-2}$	^{26}Mg/^{24}Mg	0.14

Seit der grundlegenden Analyse des B0 V-Sterns τSco durch A. Unsöld 1941/44 sind genaue Elementhäufigkeiten in zahlreichen ausgewählten, möglichst hellen *Sternen,* welche die verschiedenen Spektraltypen im Hertzsprung-Russell-Diagramm repräsentieren, auf der Grundlage von hochaufgelösten Spektren mit Hilfe von Modellatmosphären durchgeführt worden. Wir nennen hier als Beispiel die Hauptreihensterne 10 Lac (O9V), ι Her (B3 V), αLyr (A0 V), βVir (F8 V), die Riesen und Überriesen ζPer (B1 Ib), αCyg (A2 Ia). εVir (G8 III) β Gem (K0 III), α Boo (K2 III), den Weißen Zwerg van Maanen 2 (DZ, früher: DG) und die „metallarmen" Sterne HD 140283 (G0V), HD 122563 (K0 III) und HD 161817 ($\simeq$ A2).

Die *Genauigkeit,* mit der ein Element in Sternen verschiedener Temperatur bestimmt werden kann, ist naturgemäß verschieden. Es kommt zum einen darauf an, wie die Qualität des Spektrums (Signal-Rausch-Verhältnis) ist, zum anderen, durch wie viele Linien das Element vertreten ist, in welchem Bereich der Wachstumskurve diese liegen und vor allem, wie genau die f-Werte bekannt sind. Weiterhin ist zu bedenken, daß die Häufigkeiten nur in Verbindung mit T_{eff} und g bestimmt werden können; bei mittleren Spektraltypen würde z. B. ein zu niedrig gewähltes T_{eff} zu kleine Metallhäufigkeiten vortäuschen! Generell kann man sagen, daß – relativ zum Wasserstoff – das Helium und die leichteren Elemente wegen ihrer hohen Ionisierungsspannungen am besten in den heißen Sternen zu bekommen sind, während sich die leichter ionisierbaren Metalle in den kühleren Sternen besser erfassen lassen. Die Genauigkeit einer sorgfältigen Häufigkeitsbestimmung dürfte z. Z. ungefähr $\varDelta \log N = \pm 0.3$ entsprechen. Von Satelliten aus können in neuerer Zeit Metallhäufigkeiten in größerem Umfang auch in den heißen Sternen aus Linien im fernen Ultraviolett gewonnen werden.

Die quantitative Analyse von Sternen, deren Temperatur von der Sonne nicht allzu verschieden ist, führt man zweckmäßig *relativ zur Sonne* aus und umgeht so die Unsicherheit in der Absoluteichung der f-Werte, welche z. Z. noch eine der Hauptfehlerquellen der absoluten Häufigkeitsbestimmung ist. Bei sonnenähnlichen Sternen erreicht man so eine relative Genauigkeit von $\varDelta \log N \simeq 0.1$.

Bei den Sternen bezieht man allgemein – nicht nur bei den sonnenähnlichen Sternen – die Häufigkeitsangaben auf die *solaren* oder *normalen Häufigkeiten.* Wir bezeichnen die Häufigkeit des Elements El mit

$$\varepsilon(\mathrm{El}) = \left(\frac{N(\mathrm{El})}{N(\mathrm{H})}\right)_{\mathrm{Stern}} \Bigg/ \left(\frac{N(\mathrm{El})}{N(\mathrm{H})}\right)_{\odot} \quad \text{oder}$$

$$[\mathrm{El/H}] \equiv \log \varepsilon(\mathrm{El}) \; . \tag{4.9.24}$$

Die *Häufigkeitsverteilung* der Elemente hängt offenbar zusammen mit der Geschichte ihrer Entstehung und mit ihren Umwandlungen durch *Kernprozesse* im Laufe der *Sternentwicklung.* Ohne späteren Deutungsversuchen (Abschn. 4.12, 5.4.4 und 5.8.5) vorzugreifen, fassen wir die wichtigsten Ergebnisse der quantitativen Analysen der Spektren von Sonne und Sternen zusammen:

Die chemische Zusammensetzung der *normalen* Sterne (der Spiralarmpopulation I und der Scheibenpopulation der Milchstraße; Abschn. 5.5.4) ist nahezu dieselbe; sie stimmt insbesondere überein mit der Solarmaterie. Es erscheint uns daher berechtigt, diese Elementmischung auch als *kosmische Materie* zu bezeichnen. Als „normal" bezeichnen wir per def. solche Sterne, die eindeutig in die MK-Klassifikation eingeordnet werden können. Die Möglichkeit einer zweidimensionalen Klassifikation setzt ja eben voraus, daß außer $T_{\rm eff}$ und g kein weiterer Parameter nötig ist, d. h. daß diese Sterne dieselbe chemische Zusammensetzung haben.

Die *interstellare Materie* der H I- und H II-Regionen, aus welcher sich fortwährend junge, heiße Sterne – wie 10 Lac oder τSco – bilden, hat nahezu dieselbe Zusammensetzung wie diese Sterne (Abschn. 5.3.2, 5).

Auch viele – aber, wie wir sehen werden, keineswegs alle – in ihrer Entwicklung fortgeschrittene Sterne, wie der Rote Riese εVir (G8 III), haben Atmosphären bzw. Hüllen aus unveränderter kosmischer Materie.

Die *ältesten* Sterne wie die Schnelläufer und Mitglieder der Kugelsternhaufen, welche der sog. Sternpopulation II des galaktischen Halo angehören (Abschn. 5.5.4), sind durch eine *Unterhäufigkeit aller schweren Elemente oder „Metalle"* (ab Kohlenstoff, d. h. für Ordnungszahlen $Z \geq 6$) relativ zum Wasserstoff charakterisiert. Wir finden Reduktionsfaktoren für die Metalle (M) im ganzen Bereich von 1 bis mindestens etwa 1000 bzw. mittlere Metallhäufigkeiten $[M/H] = \log \varepsilon(M)$ von 0 bis etwa -3, z. B. ist in dem Horizontalast-A-Stern HD 161817, einem Schnelläufer mit $-363\ \mathrm{km\,s^{-1}}$ Radialgeschwindigkeit, $[M/H] \simeq -1.1$, in dem G-Unterzwerg HD 140283 $[M/H] \simeq -2.3$ und in dem K-Riesen HD 122563 $[M/H] \simeq -2.7$. Der K-Riese CD $-38°$ 245 hat nach M. S. Bessell und J. Norris (1984) sogar eine äußerst extreme Unterhäufigkeit von $[M/H] \simeq -4.5$. (Umgekehrt gibt es auch „metallreiche" Sterne, z. B. βVir, allerdings nur mit mäßiger Metallanreicherung $[M/H] \lesssim +0.4$).

Die *relative* Häufigkeitsverteilung der Metalle untereinander ist bei den metallarmen Sternen (von den allerextremsten Vertretern abgesehen) *im großen und ganzen dieselbe wie bei der Sonne* und den Population I-Sternen. Signifikante Abweichungen hiervon, die deutlich über einen Faktor 2 bis 3 hinausgehen, treten nur bei wenigen Elementen auf, z. B. bei C, N, O und Al, sowie bei den schwersten der spektroskopisch zugänglichen Elemente jenseits der Eisengruppe wie Ba und Y.

Die Häufigkeitsverteilung in einer Sternatmosphäre wird zum einen durch die Zusammensetzung der *interstellaren Materie* zu der Zeit, als der Stern aus ihr entstand, bestimmt. Noch nicht weit entwickelte (Hauptreihen-) Sterne, sowohl der jungen als auch der alten Sternpopulation zeigen noch – bis auf wenige Sonderfälle – diese ursprüngliche chemische Zusammensetzung in ihren Spektren. Aus der beobachteten Unterhäufigkeit der Metalle in den ältesten Sternen schließen wir, daß in dem interstellaren Medium in der Milchstraße seit deren Entstehung eine Anreicherung an schweren Elementen (>He) stattgefunden hat (Abschn. 5.4.4 und 5.8.5). Zum anderen kann sich die chemische Zusammensetzung einer Sternatmosphäre auch im Laufe der Entwicklung des Sterns verändern, z. B. wenn Produkte der im Inneren ablaufenden *Kernprozesse* (Abschn. 4.12.3) durch Konvektion oder Strömungen, evtl. unterstützt durch Massenverlust (Sternwinde), an die Oberfläche gelangen. Einen ersten deutlichen Hinweis auf Kernprozesse gab 1952 die Entdeckung von Linien des Technetium in den Spektren einiger kühler Riesensterne durch P. W. Merrill. Das langlebigste Isotop dieses Elements (^{98}Tc) hat nur eine Halbwertszeit von $4 \cdot 10^6$ a, die erheblich kürzer als die Entwicklungszeit dieser Sterne ist. Wie wir in Abschn. 5.4.5 sehen werden, sind weiterhin Häufigkeitsanomalien von He, C, N, O und schwereren Elementen wie Y, Ba, La Indikatoren für nukleare Prozesse während der Sternentwicklung in Verbindung mit Transportvorgängen an die Oberfläche.

Nicht alle Häufigkeitsanomalien in den Sternatmosphären sind jedoch nuklearen Ursprungs. In besonders stabilen, nicht bewegten bzw. nicht durchmischten Schichten kann eine Sedimentation der Elemente nach ihrem Atomgewicht stattfinden, wobei die schweren Elemente aus der beobachtbaren Atmosphäre nach unten heraus diffundieren. Hierbei kann der Strahlungsdruck dem Absinken bei einigen Atomen bzw. Ionen mit „günstigen" Absorptionseigenschaften als selektiver Auftrieb entgegenwirken. So sind die Besonderheiten in den Spektren der sog. *Ap- bzw. Bp-Sterne* und der *Metallliniensterne* (Abschn. 4.11.2) vermutlich durch derartige *Diffusionsprozesse* zu erklären. Auch die extremen Metallunterhäufigkeiten in den Atmosphären der *Weißen Zwergsterne,* welche fast alle entweder nur Wasserstofflinien (Typ DA) oder nur Heliumlinien (Typ DB) zeigen, wird durch Diffusion der schwereren Elemente in die unter der Atmosphäre liegenden Schichten gedeutet. Die wenigen Weißen Zwerge, deren Spektren Linien von C, Ca, Mg, Si und Fe aufweisen, könnten diese Elemente aus der interstellaren Materie (normaler chemischer Zusammensetzung) beim Durchgang durch dichte Wolken an ihrer Oberfläche akkretiert haben.

4.10 Die Sonne: Chromosphäre und Korona. Strömungen, Magnetfelder und Sonnenaktivität

Bei totalen Sonnenfinsternissen wird die Strahlung der Sonnenscheibe (Photosphäre) durch den Mond abgedeckt, so daß die im optischen Spektralbereich viel lichtschwächeren äußersten Schichten der Sonnenatmosphäre erkennbar werden, die *Chromosphäre* und die weiter außen liegende, weit ausgedehnte *Korona*.

Einblick in die höheren Schichten der Sonnenatmosphäre gestattet uns auch weitgehend die Beobachtung im Licht ihrer *Spektrallinien*. Letzteres entstammt ja nach (4.8.14) einer optischen Tiefe für kontinuierliche *plus* Linienabsorption

$$x_\nu = \int (\kappa + \kappa_\nu)\, dt \simeq \cos\vartheta \;. \qquad (4.10.1)$$

So kann man Schichten, deren optische Tiefe im Kontinuum nur $\tau \simeq 10^{-3}$ und weniger beträgt, und die also auf gewöhnlichen Aufnahmen gar nicht in Erscheinung treten, getrennt beobachten. An Instrumenten benutzt man:

1) Den *Spektroheliograph* (G.E. Hale und H. Deslandres, 1891), einen großen Gittermonochromator, mit dem das Sonnenbild in einem scharf begrenzten Wellenlängenbereich von ≤ 0.01 nm innerhalb einer Fraunhoferlinie Stück für Stück aufgenommen wird. Die interessantesten Bilder erhält man mit der sehr starken K-Linie von Ca II ($\lambda = 393.3$ nm) bzw. der Wasserstofflinie Hα ($\lambda = 656.3$ nm). Diese Kalzium- bzw. Wasserstoff-*Spektroheliogramme*, welche ziemlich hohen Schichten der Sonnenatmosphäre (-chromosphäre) zuzuordnen sind, bilden eines der wichtigsten Hilfsmittel zur Erforschung der Sonnenaktivität;

2) das *Lyotsche Polarisationsfilter* (B. Lyot, 1933/38), welches erlaubt, das ganze Sonnenbild z. B. in der roten Wasserstofflinie Hα mit einem – sogar noch etwas verstellbaren – Wellenlängenband von nur etwa 0.05 bis 0.2 nm Breite durch *eine* kurze Belichtung zu photographieren. Die „Hα-Filtergramme" erreichen daher noch etwas bessere Bilddefinition als die entsprechenden Spektroheliogramme. Lyot hat entsprechende Filter auch für die Koronalinien (Abschn. 4.10.3) gebaut.

Die Beobachtung der höchsten Schichten am Sonnenrand wird stark beeinträchtigt durch *Streulicht*, das zum Teil von Unreinheiten der Erdatmosphäre und der Optik, zu einem erheblichen Teil aber auch von Beugung des Lichtes an der Eintrittsöffnung (-blende) des Instruments entsteht. *Instrumentelles* Streulicht vermeidet weitgehend der *Lyotsche Koronograph*, dessen Prinzip wir in Abb. 4.10.1 vorführen. Daneben bilden immer noch ein unentbehrliches Hilfmittel zur Erforschung der äußersten Sonnenschichten die totalen Sonnenfinsternisse.

In neuerer Zeit hat die Beobachtung von Raketen und vor allem von *Raumfahrzeugen* aus für die Untersuchung der äußeren Sonnenatmosphäre immer größere Bedeutung erlangt. Hierdurch wird zum einen das Streulicht durch die Erdatmosphäre ausgeschaltet, zum anderen das Ultraviolett und der Röntgenbereich zugänglich, die nur von außerhalb der Erdatmosphäre beobachtbar sind. In diesen Wellenlängenbereichen – sowie im Radiofrequenzgebiet – überwiegt die Strahlung aus der Chromosphäre und Korona die aus der Photosphäre bei weitem. Wir nennen hier die bemannte Skylab-Mission (1973/74) und die Satellitenbeobachtungen durch OSO-8 und Solar Maximum Mission (Start 1975 und 1980).

Bevor wir die Chromosphäre (Abschn. 4.10.2) und Korona (Abschn. 4.10.3) im einzelnen besprechen, wenden wir uns zunächst in Abschn. 4.10.1 den Sonnen-

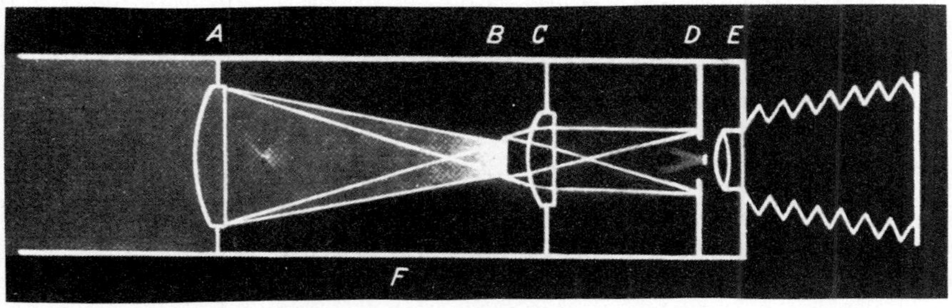

Abb. 4.10.1. Koronograph nach B. Lyot (um 1930). Das Objektiv A, eine einfache Plankonvexlinse aus besonders schlierenfreiem Glas, entwirft ein Sonnenbild bei B auf einer Scheibe, die 10″ bis 20″ über den Sonnenrand hinausragt und das Licht der Sonnenscheibe beseitigt. Die Feldlinse C erzeugt ein Bild der Objektivöffnung bei D; hier nimmt eine ringförmige Blende das am Rand von A abgebeugte Licht weg. Das Objektiv E erzeugt schließlich ein Bild der Korona, Protuberanzen usw. auf der Platte oder auf dem Spalt eines Spektrographen

flecken und den Magnetfeldern in der Photosphäre zu, welche die höher liegenden Schichten stark beeinflussen. Danach befassen wir uns mit den Protuberanzen (Abschn. 4.10.4) und den Ausbrüchen (Flares) der Sonne (Abschn. 4.10.5). In Abschn. 4.10.6 versuchen wir, uns ein zusammenhängendes Bild aller Erscheinungen der Sonnenaktivität, die ihren Ursprung in der ausgedehnten Wasserstoffkonvektionszone unterhalb der Photosphäre haben, im Rahmen der Magnetohydrodynamik zu machen. Schließlich behandeln wir in Abschn. 4.10.7 noch die von der Sonne in den interplanetaren Raum ausströmenden Plasmen, den Sonnenwind.

4.10.1 Sonnenflecke und Aktivitätszyklus. Magnetische Flußröhren

Die schon von G. Galilei und seinen Zeitgenossen entdeckten dunklen *Sonnenflecke* erscheinen vorwiegend in zwei Zonen gleicher nördlicher und südlicher heliographischer Breite. Ein typischer Sonnenfleck hat größenordnungsmäßig folgende Struktur und Dimensionen:

	Durchmesser	Fläche in millionstel ⊙-Hemisphäre
Umbra (dunkler Kern)	18 000 km	80
Penumbra (etwas hellerer Hof)	37 000 km	350

Die verringerte Helligkeit im Fleck rührt von einer Abnahme der Temperatur her. In den größten Flecken sinkt die effektive Temperatur von 5780 K für die normale Sonnenoberfläche ab auf 3700 K. Dementsprechend gleicht das Spektrum eines größeren Sonnenflecks weitgehend dem eines K-Sterns; die Erklärung durch die Sahasche Ionisationstheorie haben wir in Abschn. 4.7.2 schon vorweggenommen.

Die Flecke treten an der Sonnenoberfläche meist in Gruppen auf. Eine solche *Fleckengruppe* (Abb. 4.10.2) ist umgeben von den helleren *Fackeln*. Außerdem gibt es noch die sog. polaren Fackeln, unabhängig von Flecken. Die Helligkeit der Fackeln erhebt sich nur am Sonnenrand um wenige Prozent über die der normalen Sonnenoberfläche. Mit Hilfe von (4.8.14) schließt man daraus, daß in den Fackeln nur die oberflächennächsten Schichten (etwa $\tau \leqslant 0.2$) um wenige hundert Grad überhitzt sind.

Mit Hilfe der Flecke und – in höheren heliographischen Breiten – der Fackeln usw. kann man die *Rotation* der Sonne studieren. Vom Äquator aus mißt man

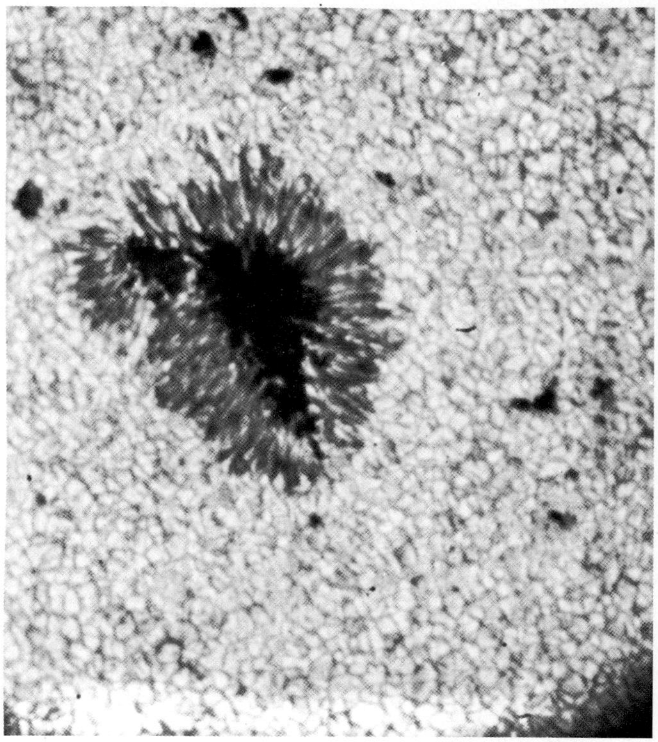

Abb. 4.10.2. Granulation und Sonnenfleck. In der Umgebung des Flecks einige dunkle „Poren" mit Durchmessern von wenigen Bogensekunden. Aufnahme mit dem 30 cm-Stratosphärenteleskop von M. Schwarzschild (1959) in 24 km Höhe. Belichtungszeit 0.0015 s. Empfindlichkeitsbereich 547 ± 37 nm

die heliographische Breite. Es zeigt sich, daß die Sonne nicht wie ein starrer Körper rotiert, sondern daß die höheren Breiten gegenüber dem Äquator zurückbleiben:

Heliographische Breite:	0°	20°	40°	70°
Mittlere siderische Drehung:	14.5°	14.2°	13.5°	≃12° d^{-1}
Siderische Rotationsdauer:	24.8	25.4	26.7	≃31 d

Spektroskopische Messungen des Dopplereffektes am Sonnenrand (Äquatorgeschwindigkeit rund 2 $km\,s^{-1}$) bestätigen dieses Bild innerhalb ihrer Meßgenauigkeit. Die synodische Rotationsdauer (von der Erde aus gesehen) ist entsprechend länger; für die *Fleckenzonen* erhält man den (runden) Wert von 27 d, der die quasiperiodische Wiederkehr vieler geophysikalischer Phänomene bestimmt.

Wie der Apotheker H. Schwabe um 1843 zeigen konnte, wechselt die Fleckenbedeckung der Sonne mit einer im Durchschnitt 11jährigen Periode. Dem *Sonnen-*

fleckenzyklus folgen auch alle anderen Erscheinungen der *Sonnenaktivität*, auf die wir noch zurückkommen werden; man spricht daher von dem 11jährigen *Zyklus der Sonnenaktivität*. Als deren Maß benutzt man die von R. Wolf in Zürich eingeführte

(Sonnenflecken-)Relativzahl $R = k \cdot (10 \times \text{Zahl der sichtbaren Fleckengruppen} + \text{Anzahl aller Flecke})$ (4.10.2)

– wo k eine von der Größe des benützten Fernrohres abhängige Konstante bedeutet – oder die am Greenwich Observatory seit R. Carrington photographisch gemessenen Flächen der Umbrae, der ganzen Flecke und der Fackeln direkt in Projektion (in Einheiten von 1 millionstel Sonnenscheibe) sowie korrigiert auf perspektivische Verkürzung (in millionstel Sonnenhemisphäre).

Die Aktivitätszyklen werden fortlaufend gezählt; das Maximum des willkürlich festgesetzten 1. Zyklus war 1761.5, das des 21. Zyklus 1980.0. Gelegentlich gibt es längere „inaktive" Perioden, zuletzt zwischen 1645 und 1715, als nur sehr wenige Sonnenflecke auftraten (Maunder-Minimum).

In jedem Zyklus verlagern sich die Entstehungsorte neuer Flecke von hohen Breiten (± 30 bis $40°$) im Maximum zu niederen Breiten ($\pm 5°$) im Minimum (Abb. 4.10.3). Neue Flecke bzw. Fleckengruppen erscheinen bevorzugt immer wieder in bestimmten Gebieten, den *Aktivitätszentren*.

Die zeitliche *Entwicklung* einer (größeren) Fleckengruppe zeigt folgendes charakteristische Bild: zunächst bilden sich zwei Hauptflecke heraus, die jeweils von mehreren kleineren Flecken umgeben sind. Ihre Verbindungslinie liegt im wesentlichen parallel zum Äquator. Allmählich verschwinden die kleineren Flecke, es bleibt ein „Doppelfleck" (bipolare Gruppe, s. u.) übrig. Der bezüglich der Sonnenrotation nachfolgende Fleck wird kleiner und verschwindet schließlich, während der vorangehende Fleck noch längere Zeit sichtbar bleibt.

Die äußeren Bereiche eines Sonnenflecks, die *Penumbra*, zeigt helle und dunkle, radial ausgerichtete Filamente (Abb. 4.10.2), welche bei sehr hoher räumlicher Auflösung als aneinandergereihte helle Elemente (Granulen) auf dunklem Hintergrund erscheinen. Beobachtungen des Dopplereffekts der Spektrallinien in der Nähe des Sonnenrands ergeben, daß die Materie in den dunklen Zonen mit etwa $6\,\text{km}\,\text{s}^{-1}$ radial nach außen, d. h. parallel zur Sonnenoberfläche, strömt, während sich die helleren Granulen langsamer ($\lesssim 0.5\,\text{km}\,\text{s}^{-1}$) einwärts bewegen.

Strukturen wie die radialen Filamente der Penumbra, weiterhin die wirbelförmigen Strömungsfelder, die man

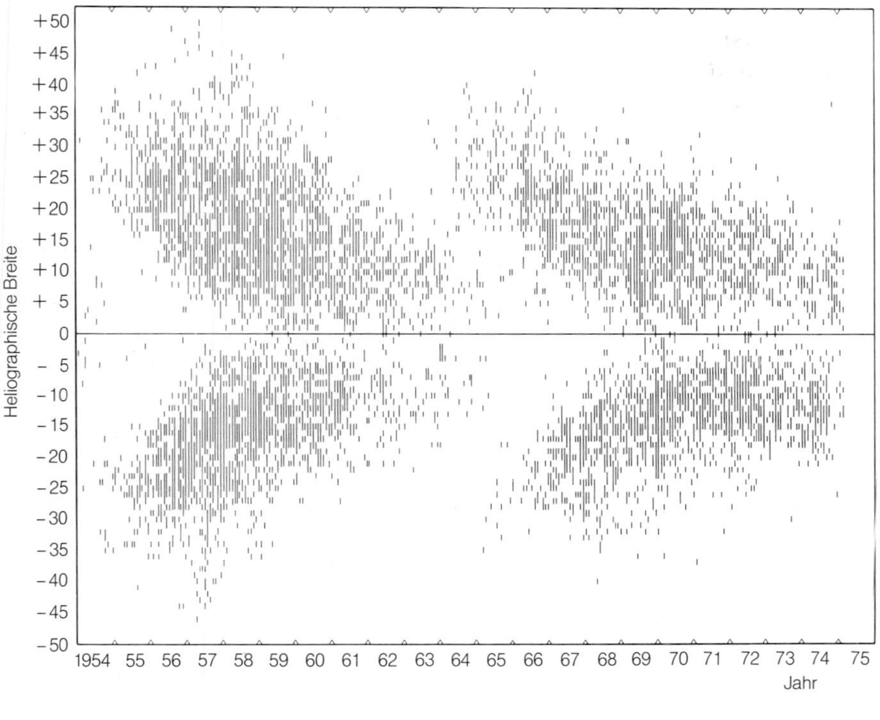

Abb. 4.10.3. Schmetterlings-Diagramm (Spörersches Gesetz) der Wanderung der Fleckenzonen in einem Aktivitätszyklus nach Beobachtungen am Mt. Wilson Observatory. Jeder vertikale Strich kennzeichnet eine Fleckengruppe, die bei dieser heliographischen Breite innerhalb einer synodischen Rotationsperiode von etwa 27 d beobachtet wird. R. Howard (1977). (Mit freundlicher Genehmigung von D. Reidel Publishing Company, Dordrecht, Holland)

auf Hα-Spektroheliogrammen in der Umgebung der Flecke sieht, die fadenartige Zusammensetzung der Protuberanzen (Abb. 4.10.8) und die Polarbüschel und Strahlen der Minimumskorona (Abb. 4.10.6) haben schon früh den Verdacht erregt, daß in der Sonnenphysik die Anwendung der Hydrodynamik allein nicht ausreicht, sondern daß außerdem *Magnetfelder* eine wesentliche Rolle spielen könnten. So suchte G. E. Hale 1908 im Spektrum der Sonnenflecke nach dem *Zeemaneffekt*, d. h. der magnetischen Aufspaltung, z. B. der Linie FeI $\lambda = 617.3$ nm mit Hilfe einer Polarisationsoptik, welche abwechselnd die rechts- bzw. links-zirkular polarisierten äußeren Zeeman-Komponenten – bei Beobachtung längs der magnetischen Feldlinien – ausschaltet. Er entdeckte Magnetfelder, die in den größten Flecken etwa 0.4 T bzw. 4000 G erreichen. Es zeigte sich weiter, daß die beiden Flecke (bzw. Hälften) einer *bipolaren Fleckengruppe* wie ein Hufeisenmagnet stets einen N- und einen S-Pol zeigen. Schließlich zeigten lange Beobachtungsreihen, daß der – im Sinne der Sonnenrotation – in einer solchen Gruppe vorangehende Fleck auf der Nord- bzw. Südhemisphäre der Sonne stets das entgegengesetzte Vorzeichen hat und daß dieses von Zyklus zu Zyklus alterniert, so daß also die wahre Dauer des Fleckenzyklus $2 \cdot 11$ Jahre beträgt (Hale-Zyklus).

Die Magnetfelder sind ein empfindlicheres Anzeichen für Störungen in den Aktivitätszentren als die sichtbaren Flecke selbst, da sie häufig schon vor dem Erscheinen eines Flecks oder noch nach dessen Verschwinden zu beobachten sind. Innerhalb der Umbra eines Flecks verlaufen die magnetischen Feldlinien senkrecht zur Sonnenoberfläche, bilden also eine *Flußröhre*. Der *magnetische Fluß*, d. h. das Produkt aus magnetischer Flußdichte („Feldstärke") B und der von Feldlinien durchsetzten Fläche, liegt im Bereich zwischen etwa $5 \cdot 10^{12}$ bis $3 \cdot 10^{14}$ $\mathrm{T\,m^2}$ bzw. $5 \cdot 10^{20}$ bis $3 \cdot 10^{22}$ $\mathrm{G\,cm^2}$. Die *Energiedichte* des Magnetfeldes und damit auch der seitliche magnetische *Druck* der Flußröhre ist $B^2/2\,\mu_0$ ($\mu_0 = 4\pi \cdot 10^{-7}$ Vs $\mathrm{A^{-1}m^{-1}}$ magnetische Feldkonstante)[16]. Für $B = 0.1$ T (1 kG) als typischen Wert für einen größeren Fleck erhalten wir einen Druck von rund 10^4 Pa, der vergleichbar mit dem Druck der umliegenden Photosphäre ist (Tabelle 4.8.1). Damit zwischen Fleck und Photosphäre Druckgleichgewicht herrscht, muß der Gasdruck im Fleck geringer sein als in der Umgebung. In den höheren Schichten der Sonnenatmosphäre fächern sich die Feldlinien infolge des rasch abfallenden Gasdrucks auf.

Eine Erklärung der tiefen Temperatur in den Flecken durch rein thermodynamische Ansätze ist erfolglos geblieben, wir müssen wohl annehmen, daß in der Tiefe der Flecke der konvektive Energiestrom (Abschn. 4.10.6) stark gebremst wird. Offenbar wird dieser Energiestrom nicht einfach umgelenkt und tritt an anderer Stelle als Aufhellung der Oberfläche in Erscheinung. Vielmehr wird er zunächst über lange Zeiträume (etwa 10^5 a) unterhalb der Photosphäre in der Konvektionszone gespeichert. Diese Vorstellung wird durch neuere genaue Messungen der Sonnenleuchtkraft (Abschn. 4.3.2) nahegelegt, welche um 0.1% bis 0.3% variiert. Diese Schwankungen entsprechen genau der dunklen Fläche der jeweils vorhandenen Sonnenflecke.

H. W. und H. D. Babcock gelang es 1952 mit einer erheblich verfeinerten Apparatur, auf der Sonne (mit einer mäßigen räumlichen Auflösung von mehreren Bogensekunden) noch Zeemaneffekte von 1 bis $2 \cdot 10^{-4}$ T (1 bis 2 G) zu registrieren, deren Aufspaltung nur einem winzigen Bruchteil der Linienbreite entspricht. Es zeigte sich u. a., daß ein schwaches großräumiges Magnetfeld von der Größenordnung einiger 10^{-4} T in hohen heliographischen Breiten (oberhalb 55°) existiert mit einem Gesamtfluß von $3 \cdot 10^{14}$ $\mathrm{T\,m^2}$, welches im 11jährigen Rhythmus umgepolt wird, wobei bis zu einigen Monaten Dauer auch beide Polkappen dieselbe Polarität aufweisen können. Dieses Feld setzt sich aus zahlreichen magnetischen Gebieten zusammen, die als Reste der Felder in den Aktivitätszentren polwärts driften.

Die Sonne hat innerhalb der Meßgrenzen von etwa 10^{-4} T *kein* allgemeines Magnetfeld. Vielmehr wurde durch räumlich hochaufgelöste Beobachtungen seit den 1970er Jahren deutlich, daß die Magnetfelder in *dünnen Flußröhren* an der Grenze der Auflösbarkeit (Durchmesser $\lesssim 300$ km) konzentriert sind mit einem magnetischen Fluß von je etwa $3 \cdot 10^9$ $\mathrm{T\,m^2}$ und einer Flußdichte von 0.1 bis 0.2 T bzw. 1 bis 2 kG. Sie erreichen also fast die in den großen Sonnenflecken gemessene Stärke. Diese in die Photosphäre eingebetteten, senkrecht zur Sonnenoberfläche stehenden Flußröhren verteilen sich über die ganze Sonne, häufen sich jedoch an den Rändern der Strömungszellen der Supergranulation (Abschn. 4.3.3) und natürlich in den Aktivitätszentren. Insgesamt nehmen sie etwa 1% der Sonnenoberfläche ein. Der Raum zwischen den Flußröhren ist wahrscheinlich feldfrei. Oberhalb der Photosphäre verbreitern sich die Flußröhren und verbinden sich teilweise miteinander.

---

[16] Die Energiedichte im Gaußschen System ist $B^2/8\pi$.

Die Frage nach dem Ursprung der solaren Magnetfelder stellen wir noch zurück und wenden uns zunächst der Beschreibung der höheren Atmosphärenschichten zu.

4.10.2 Die Chromosphäre

Beobachten wir den *Sonnenrand* zunächst im Kontinuum, so nimmt seine Helligkeit nach außen hin rapide ab, sobald die optische Dicke längs des Sehstrahles <1 wird. Die entsprechende optische Dicke in einer stärkeren Fraunhoferlinie bleibt aber noch Hunderte oder gar Tausende von Kilometern weiter heraus $\geqslant 1$. Das heißt, das Fraunhofer-Spektrum mit seinen Absorptionslinien geht über in das *Emissions*spektrum der höchsten Schichten der Sonnenatmosphäre, der *Chromosphäre*. Dieses wurde zuerst bei der totalen Finsternis 1868 von J. Janssen und N. Lockyer bemerkt: Wenn der Mond die Sonne bis auf ihren äußersten Rand abdeckt, „blitzt" für wenige Sekunden das Emissionsspektrum der Chromosphäre, das deshalb so genannte *Flashspektrum* (Abb. 4.10.4), auf. Spektrographische Beobachtungen mit Kinokameras (Zeitauflösung etwa 1/20 s) geben – in Verbindung mit der aus den Ephemeriden berechneten Wanderung des Mondes relativ zur Sonne – ausgezeichnete Auskunft über die Schichtung der Sonnenchromosphäre: Deren Skalenhöhe (entsprechend einer Abnahme der Dichte um jeweils einen Faktor e) ist größer, als man es für eine fast isotherme Atmosphäre der Grenztemperatur $T_0 \simeq 4000$ K erwarten sollte, und sie nimmt nach außen hin sogar zu.

Während die untere Chromosphäre bis etwa 1000 km Höhe über dem Sonnenrand ähnlich wie die Photosphäre noch einigermaßen homogen geschichtet ist, zeigt die obere Chromosphäre ausgeprägte räumliche und zeitliche Dichteschwankungen. Auf den Ca II-Spektroheliogrammen und im Licht anderer chromosphärischer Linien erkennt man helle und dunkle Sprenkel. Die hellen Sprenkel ordnen sich zu dem *chromosphärischen Netzwerk* an und fallen mit den Rändern der Supergranulationszellen (Abschn. 4.3.3) zusammen.

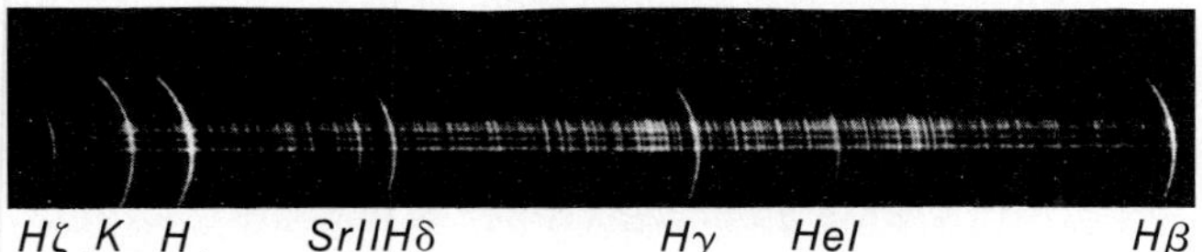

Abb. 4.10.4. Flashspektrum = Emissionsspektrum der Sonnenchromosphäre. Aufgenommen von J. Houtgast bei der totalen Sonnenfinsternis 1952 in Khartoum mit einer Objektivprismen-Kamera

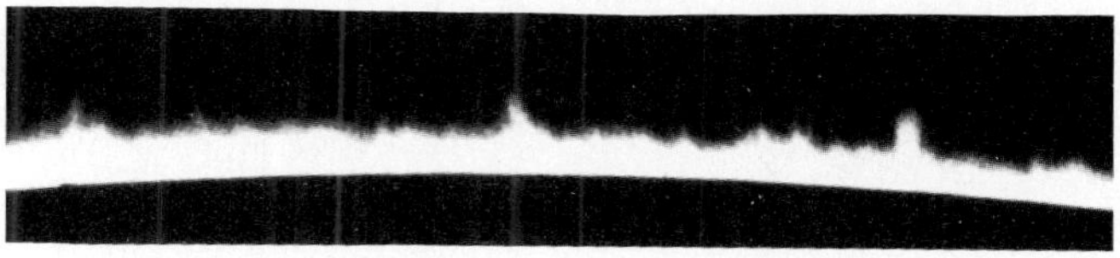

Abb. 4.10.5. Spicules am Sonnenrand (die Scheibe ist abgedeckt) in Hα. Die Höhe dieser von A. Secchi zuerst beschriebenen Strukturen reicht bis zu 10000 km über den Sonnenrand. Ihre Dicke ist etwa 900 km; sie bewegen sich mit Geschwindigkeiten von etwa 25 km s^{-1} auf- oder (seltener) abwärts; Lebensdauer um 5 min. Die Richtung der Spicules folgt lokalen Magnetfeldern

Bei Beobachtung am Sonnenrand, d. h. von der Seite betrachtet, sehen die höheren Chromosphärenschichten z. B. in Hα aus wie eine „brennende Prärie" von kleinen „Flämmchen", den sog. *Spicules*, die sich mit Geschwindigkeiten von etwa 25 km s^{-1} auf- oder abwärts bewegen (Abb. 4.10.5). Die Spicules sind nicht gleichförmig verteilt, sondern konzentrieren sich ebenfalls an den Rändern der Strömungszellen der Supergranulation. Wahrscheinlich stellen sie Wellenbewegungen in dünnen magnetischen Flußröhren dar.

In den *aktiven Regionen* in der Umgebung der Sonnenflecke finden wir auf den Spektroheliogrammen ausgedehnte helle Emissionsgebiete, die *chromosphärischen Plages*, welche über den photosphärischen Fackeln liegen (Abb. 4.10.10, 11). Hier beobachten wir eine Verstärkung der Magnetfelder, welche – über größere Bereiche gemittelt – einige 10^{-2} T betragen.

In der Chromosphäre steigt die *Temperatur* nach außen bis auf etwa 20000 K an; in der darüberliegenden Korona liegen die Temperaturen wesentlich höher, etwa bei 10^6 K, wie wir im nächsten Abschnitt sehen werden. Da die Temperatur in einer dünnen Übergangsschicht ($\lesssim 15000$ km) irgendwie zu der hohen Koronatemperatur ansteigen muß, erscheint es nicht erstaunlich, daß schon in der höheren Chromosphäre auch Linien hoher Ionisations- und Anregungsspannungen mit großer Intensität auftreten, u. a. die Balmerlinien des Wasserstoffs (Anregungsenergie 10.2 eV) und die Linien des neutralen und ionisierten Heliums wie z. B. He I D_3 $\lambda = 587.6$ nm (20.9 eV) und He II $\lambda = 468.6$ nm (48.2 eV). Übrigens ist die D_3-Linie des „Sonnenelements" ja zuerst 1868 von J. Janssen auf der Sonne beobachtet worden; erst 1895 gelang es W. Ramsay, das Helium aus terrestrischen Mineralien zu isolieren.

Im *Ultraviolett* ist die mit Abstand stärkste Linie H I Lα $\lambda = 121.6$ nm. Weitere starke chromosphärische Linien sind die Resonanzlinien He I $\lambda = 58.4$ nm und He II

$\lambda = 30.4$ nm sowie Mg II $\lambda = 279.5/280.2$ nm. Das Sonnenspektrum unterhalb $\lambda \simeq 160$ nm wird von den zahlreichen Emissionslinien aus der Chromosphäre beherrscht.

4.10.3 Die Korona

Während der Totalität einer Sonnenfinsternis oder bei möglichst klarer Luft auf hohen Bergen mit dem Lyotschen Koronographen beobachtet man bis zu mehreren Sonnenradien heraus die Sonnenkorona (Abb. 4.10.6). Ihre Form (Abplattung, strahlige Struktur usw.) und Helligkeit hängt vom 11jährigen Zyklus ab. Die spektroskopische Analyse unterscheidet folgende Phänomene, die wir z.T. sogleich zu deuten versuchen:

Die *innere Korona* ($r \simeq 1$ bis 3 Sonnenradien) zeigt ein im Optischen völlig *kontinuierliches* Spektrum, dessen Energieverteilung sonst dem normalen Sonnenlicht entspricht (K-Korona). Ihr Licht ist teilweise linear polarisiert. Wir führen dies zurück auf die Thomson-Streuung photosphärischen Lichtes an den freien Elektronen des vollständig ionisierten Gases (Plasmas) der Korona. Die Fraunhoferlinien werden dabei durch Dopplereffekt, entsprechend den hohen Geschwindigkeiten der Elektronen, völlig verwischt.

Abb. 4.10.6. Sonnenkorona, nahe dem Fleckenminimum. Bei der Finsternis 1952 in Khartoum aufgenommen von G. van Biesbroeck. Die Minimums-Korona zeigt im Bereich der Fleckenzonen ausgedehnte „Strahlen", über den Polkappen die feineren „Polarbüschel". Die Maximums-Korona ist mehr rundlich gestaltet

Aus der Helligkeitsverteilung der K-Korona im weißen Licht kann man die *mittlere* (d. h. abgesehen von Inhomogenitäten) Elektronendichte N_e als Funktion des Abstandes r vom Sonnenmittelpunkt berechnen, da man die Verteilung der Beleuchtungsstärke und den Thomson-Streukoeffizienten pro freies Elektron $\sigma_T = 6.65 \cdot 10^{-29}$ m^2 kennt. Man findet z. B. für die (runde) Maximumskorona:

r = 1.03	1.5	2.0	3.0	Sonnenradien
$N_e \simeq 3 \cdot 10^{14}$	$2 \cdot 10^{13}$	$3 \cdot 10^{12}$	$3 \cdot 10^{11}$	Elektronen [m^{-3}]

Diese Werte sollten jedoch wegen der äußerst inhomogenen Struktur der Korona nur als grobe Orientierung über den radialen Dichteverlauf angesehen werden.

In der *äußeren Korona*, nach außen relativ zur K-Korona rasch zunehmend, beobachtet man photosphärisches Streulicht mit *unveränderten Fraunhoferlinien*. Im Anschluß an W. Grotrian, der diese Komponente als die F-*Korona* (Fraunhofer-Korona) bezeichnete, wiesen 1946/47 C.W. Allen und H.C. van de Hulst darauf hin, daß sie durch Tyndallstreuung, d. h. überwiegende Vorwärtsstreuung an kleinen Partikelchen (etwas größer als die Wellenlängen des Lichtes) entsteht, die so weit von der Sonne entfernt sind, daß sie nicht mehr bis zum Verdampfen erhitzt werden. Messungen der Verteilung von Helligkeit und Polarisation in der äußeren Korona zeigten, daß die F-Korona nichts anderes ist als der innerste Teil des Zodiakallichtes (Abschn. 2.9.3). Die F- oder Staubkorona bzw. das Zodiakallicht gehören also gar nicht zur Sonne und werden von dieser verhältnismäßig wenig beeinflußt.

In der *inneren* Korona beobachtete man im optischen Bereich weiterhin in Emission die sog. *Koronalinien*, deren Identifikation eines der großen Rätsel der Astrophysik blieb, bis es 1941 B. Edlén gelang, sie als verbotene Übergänge von metastabilen Niveaus der Grundkonfiguration von *hochionisierten* Atomen zu deuten. Die stärksten und wichtigsten sind (χ: Ionisationsenergie):

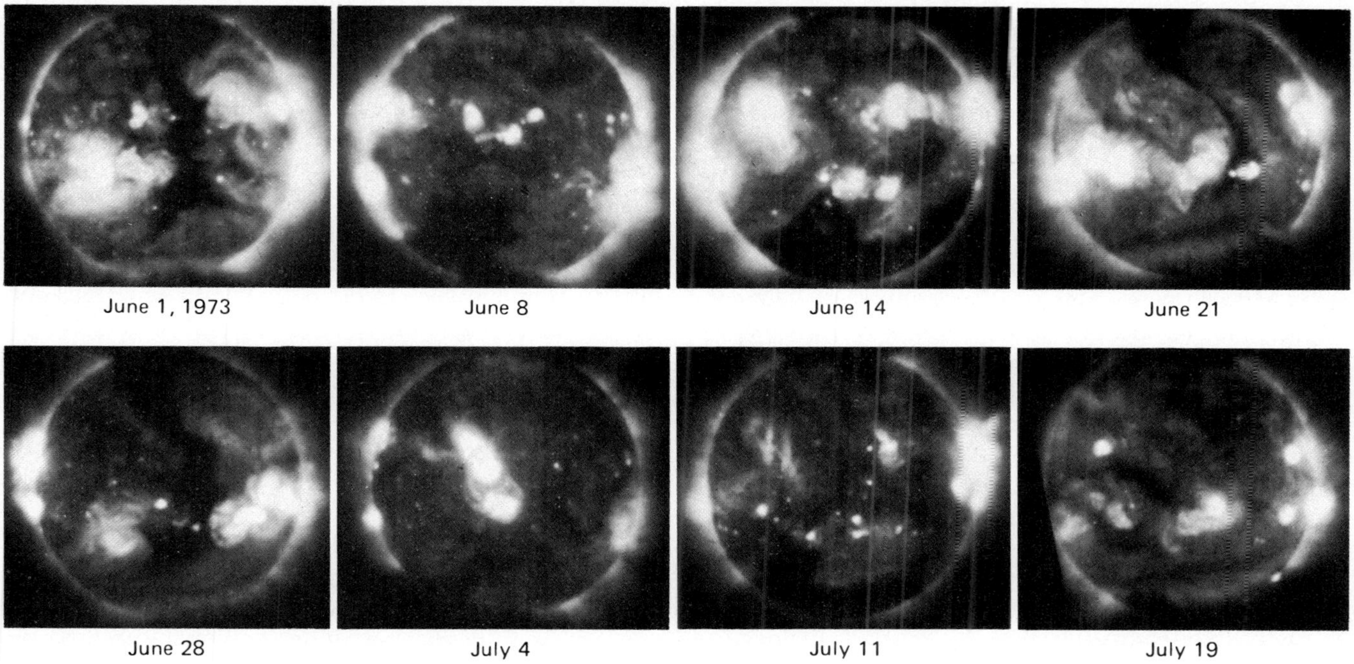

Abb. 4.10.7. Bilder der Sonnenkorona im weichen Röntgenbereich in zeitlichem Abstand von 7 Tagen über fast zwei Rotationsperioden. Aufnahme mit dem Röntgenteleskop der American Science and Engineering Inc. auf Skylab 1973. (Aus J.A. Eddy, 1979)

	λ [nm]	Identifikation		χ [eV]
Rote Koronalinie	637.4	[Fe X]	$3s^2\,3p^5\;{}^2P_{3/2}-{}^2P_{1/2}$	235
Grüne Koronalinie	530.2	[Fe XIV]	$3s^2\,3p\;\;{}^2P_{1/2}-{}^2P_{3/2}$	355
Gelbe Koronalinie	569.4	[Ca XV]	$2s^2\,2p^2\;{}^3P_0-{}^3P_1$	820

Mit Sicherheit konnte man weiterhin identifizieren entsprechende Linien der Elemente Ar, K, Ca, V, Cr, Mn, Fe, Co. Die Ionisationsenergien von mehreren hundert eV deuteten mit Nachdruck auf eine Elektronentemperatur der Größenordnung von einer Million Grad.

Ebenfalls auf Koronatemperaturen von einigen 10^6 K weisen hin:

a) die Dichteverteilung $N_e(r)$ in Verbindung mit der hydrostatischen Gleichung (2.8.16) bzw. der Skalenhöhe (2.8.17);
b) die Breiten der Koronalinien, die auf thermischen Dopplereffekt (4.9.16) zurückzuführen sind;
c) die Spektren im fernen Ultraviolett und Röntgengebiet, welche in erster Linie das Emissionsspektrum der inneren Korona mit zahlreichen erlaubten und verbotenen Linien *hoher* Ionisationsstufen der häufigeren Elemente zeigen;
d) die frei-frei- und frei-gebunden-Kontinua des koronalen Plasmas im Röntgenbereich.

Die *Ionisation* und *Anregung* in der Korona darf man, da in dem extrem dünnen Plasma ein thermisches Strahlungsfeld entsprechend 10^6 K fehlt, *nicht* mit der Annahme lokalen thermodynamischen Gleichgewichts (Saha- und Boltzmann-Formel) berechnen. Vielmehr sind die Ionisations-, Rekombinations- und Anregungsprozesse im einzelnen zu berücksichtigen (Abschn. 4.7.3). Aus detaillierten Berechnungen ergeben sich Temperaturen von (1 bis 5) $\cdot\, 10^6$ K; etwa in diesem Bereich variiert die Temperatur in der Korona örtlich und zeitlich. Die aus den Linienintensitäten – verglichen mit dem Elektronenstreukontinuum der K-Korona – bestimmten *Häufigkeiten* der Elemente relativ zum Wasserstoff stimmen mit den aus den Absorptionslinien der Photosphäre (Tabelle 4.9.1) erhaltenen Werten gut überein.

Aufnahmen der Sonne im *weichen Röntgenbereich* mit einem Wolter-Teleskop und Filtern zur Abgrenzung des Wellenlängenbereichs (Abb. 4.10.7) zeigen deutlich die Struktur der Korona und deren zeitliche Änderungen. Gegenüber der thermischen Emission der Korona mit einigen 10^6 K tritt hier das im Optischen überwiegende Kontinuum der Photosphäre mit etwa 6000 K überhaupt nicht mehr in Erscheinung. Die Röntgenemission der Korona ist äußerst ungleichförmig verteilt und variabel. Während großräumige Strukturen über einige Rotationsperioden verfolgt werden können, ändern kleine Emissionsgebiete ihre Gestalt in Tagen oder gar Stunden. Da die magnetische Energiedichte in der Korona größer als die thermische Energiedichte ist, beherrschen hier die Magnetfelder die Dichtestrukturen und Strömungen (Abschn. 4.10.6). Wir sehen auf den Röntgenbildern sozusagen direkt den Verlauf der magnetischen Feldlinien.

Aufnahmen hoher Auflösung zeigen, daß fast die gesamte Röntgenemission aus einer Vielzahl von schleifen- oder bogenförmigen Strukturen stammt, welche sowohl in ruhigen als auch in aktiven Gebieten auftreten. Diese *Koronabögen* (coronal loops) stellen *geschlossene* magnetische Flußröhren dar. Außerhalb der Aktivitätsgebiete finden wir langgestreckte Bögen, die sich einige Zehntel Sonnenradien hoch über dem Sonnenrand erstrecken, mit Plasmadichten von etwa $2 \cdot 10^{14}$ bis $10^{15}\,\mathrm{m}^{-3}$ und Temperaturen im Bereich von 1.5 bis $2 \cdot 10^6$ K. Aktivitätsgebiete sind häufig miteinander durch weite Bögen ($\lesssim 700000$ km) verbunden, in denen etwas höhere Temperaturen (2 bis $3 \cdot 10^6$ K) herrschen.

Oberhalb von Fleckengruppen bzw. Aktivitätszentren beobachten wir – sowohl im Optischen wie auch im Ultraviolett, im Licht der Koronalinien und im Röntgenbereich – die heißen und dichteren *Koronakondensationen*, deren Bereich sich weitgehend mit dem der chromosphärischen Fackelflächen oder Plages deckt. In einem dichten ($\lesssim 10^{16}\,\mathrm{m}^{-3}$) Kerngebiet mit einer Lebensdauer von einigen Tagen werden Temperaturen $\gtrsim 3 \cdot 10^6$ K erreicht. Bei hoher räumlicher Auflösung wird deutlich, daß die Korona oberhalb der aktiven Regionen aus Bündeln dichtgedrängter kleinerer Koronabögen (von 10^4 bis 10^5 km Länge) besteht, deren Temperaturen $\lesssim 2.5 \cdot 10^6$ K betragen. Hierüber finden wir ungefähr radial verlaufende *Koronastrahlen* in büschel- oder fächerförmiger Anordnung, in denen die Dichten etwa 3 bis 10mal höher als im umliegenden Medium sind und die sich bis zu 10 Sonnenradien Entfernung erstrecken (Abschn. 4.10.6).

Die Koronastrahlen über den Aktivitätsgebieten wie auch die Polarbüschel der Minimumskorona stellen langgestreckte, weitgehend *offene* magnetische Feldlinien dar. Auch die großräumigen, auf den Röntgenbildern der Korona dunkel erscheinenden *„koronalen Löcher“*, die bevorzugt in höheren heliographischen Breiten auftreten, zeigen offene Feldstrukturen an. In ihnen strömt relativ kühle ($T \lesssim 10^6$ K) Materie mit Geschwindigkeiten bis zu $800\,\mathrm{km\,s}^{-1}$ nach außen (Sonnenwind, s. Abschn. 4.10.7).

Schließlich zeigen die Röntgenaufnahmen noch kleine *helle Flecke* (Durchmesser $\lesssim 20000$ km), die über die ganze Sonne verteilt vorkommen und nur Lebensdauern von mehreren Stunden bis zu wenigen Tagen haben. Sie treten (mit einer Rate von etwa 1500 pro Tag) auf, wenn ein kleiner Flußröhrenbogen aus der Tiefe an die Sonnenoberfläche emporkommt und als kleines bipolares Gebiet auf photosphärischen Magnetogrammen erkennbar wird. Der magnetische Fluß in allen hellen Flecken übertrifft im Fleckenminimum den der Aktivitätsgebiete; er beträgt im Maximum noch immerhin fast 50% des gesamten an der Sonnenoberfläche austretenden Flusses.

Die *thermische Radiofrequenzstrahlung* der Sonne können wir deuten als frei-frei-Strahlung der Chromosphäre (Millimeter- und Zentimeterwellen) und der Korona (Meterwellen). Im Radiogebiet ist der frei-frei-Absorptionskoeffizient des Plasmas bei der Frequenz ν proportional $N_e^2 T^{-3/2} \nu^{-2}$. Mit höheren Frequenzen kann man also immer weiter in die Sonnenatmosphäre „hineinschauen“. Z. B. gibt uns das Radiospektrum der ruhigen Sonne im Bereich der Dezimeterwellen geradezu ein Abbild der Temperatur- und Druckverteilung in der Übergangsschicht zwischen Chromosphäre und Korona.

Die Schwankungen der thermischen Strahlungsintensität im Verlauf von Tagen und Monaten erlauben ihre Zerlegung in die stets vorhandene Strahlung der ruhigen Sonne und in die von den Aktivitätsgebieten herrührende langsam veränderliche Strahlung (S-Komponente bei $1.5\,\mathrm{cm} \lesssim \lambda \lesssim 70\,\mathrm{cm}$). Am Sonnenrand und in Verdichtungen der Korona wird stellenweise sogar eine optische Dicke >1 erreicht, so daß wir direkt die Schwarze-Körper-Strahlung messen können. Ihre Temperatur – welche der Elektronentemperatur entspricht – beträgt einige 10^6 K.

4.10.4 Protuberanzen

Am Sonnenrand beobachtet man bei Finsternissen oder mit dem Koronographen die Protuberanzen als helle „langgestreckte Wolken in der Korona“. Vor der Sonnenscheibe, z. B. im Licht von Hα, erscheinen sie als dünne dunkle Filamente (Abb. 4.10.8, 11).

Die Spektren der Protuberanzen gleichen weitgehend denen der höheren Chromosphäre (Spicules). Neben schwachen Linien neutraler Metalle (wie z. B. Na I und Ca I) zeigen sie im Optischen sehr stark die Ca II H- und K-Linien sowie die He I D_3-Linie $\lambda = 587.6$ nm. Der ultraviolette Bereich wird von zahlreichen Emissionslinien beherrscht. Wir sehen hier ein dichtes und kühles

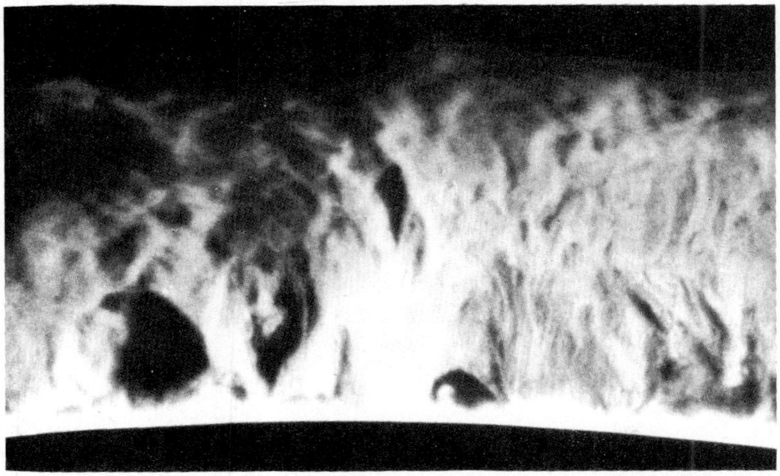

Abb. 4.10.8. Die ruhenden Protuberanzen (Filamente) haben im Ganzen die Gesalt eines dünnen Blattes, das mit mehreren „Füßchen" nahezu senkrecht auf der Sonnenoberfläche steht: Dicke etwa 7000 km (4000 bis 15000 km), Höhe etwa 45000 km (15000 bis 120000 km), Länge etwa 200000 km (bis 10^6 km). Die Detailaufnahme vom Sacramento Peak Observatory (im Hα-Licht) zeigt fädige Strukturen, in denen die Materie mit Geschwindigkeiten der Größenordnung 10 bis 20 km s^{-1} auf- oder abwärtsströmt. Die Gestalt aller Protuberanzen wird offensichtlich durch solare Magnetfelder mitbestimmt

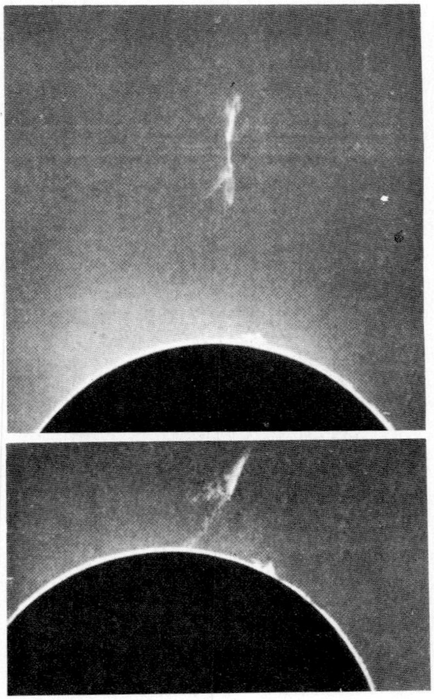

▲
Abb. 4.10.9. Eruptive oder aufsteigende Protuberanz. Zeitlicher Abstand der beiden Aufnahmen 71 min. Größte Höhe: 900000 km über dem Sonnenrand. Maximale Geschwindigkeit: 229 km s^{-1}

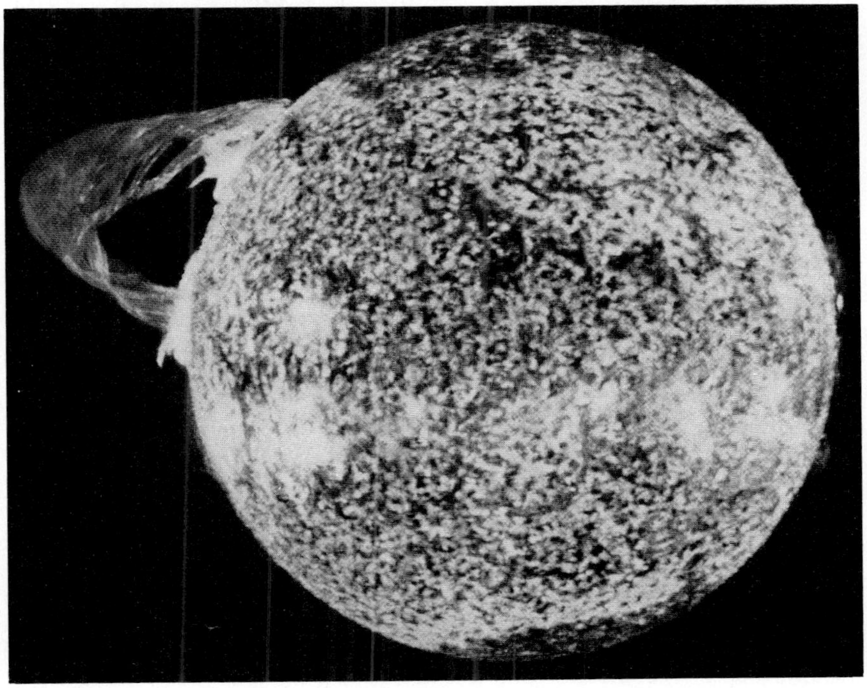

▲
Abb. 4.10.10. Riesige eruptive Protuberanz vom 19. Dezember 1973. Aufnahme in der Resonanzlinie des He II $\lambda = 30.4$ nm mit dem Extrem-Ultraviolett-Spektroheliographen des U.S. Naval Research Laboratory auf Skylab. (Aus J.A. Eddy, 1979)

Plasma mit etwa 10^{17} Teilchen m^{-3} und Anregungstemperaturen im Bereich 5000 bis 12000 K, welches in die viel dünnere und heißere Korona eingebettet ist.

Die *ruhenden Protuberanzen* behalten ihre Gestalt mit geringen Änderungen (Strömungsfelder der Größenordnung 10 km s^{-1}) oft wochenlang bei. Charakteristisch ist eine eigentümlich fädige Struktur (Abb. 4.10.8). Der Übergang von den kühlen Fäden zur umgebenden heißen Korona von etwa 10^5 K erfolgt – wie z. B. Beobachtungen im Licht ultravioletter hochangeregter bzw. hochio-

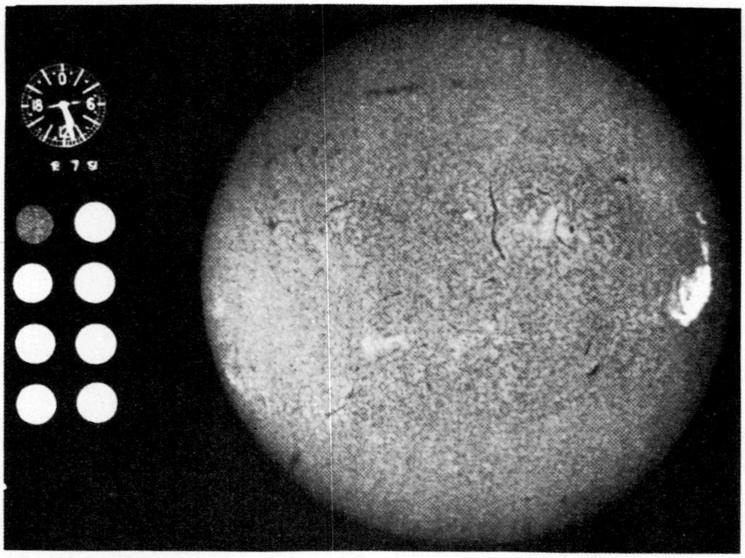

Abb. 4.10.11. Große Sonneneruption (Flare vom Typ 4), 1961 Juli 18 (*rechts*); war mit erheblicher Aussendung kosmischer Strahlungsteilchen verknüpft. Hα-Überwachungsaufnahme vom Cape Observatory. Etwas oberhalb der Mitte der Sonnenscheibe sieht man ein langgestrecktes Filament, d.h. eine Protuberanz (Abb. 4.10.8) in Absorption. *Links:* Photometrische Intensitätsmarken und Zeitangabe

nisierter Linien zeigen – in einer extrem dünnen „Haut" von nur etwa 10 bis 100 km Dicke. In den ruhenden Protuberanzen werden Magnetfelder von $\lesssim 10^{-3}$ T ($\lesssim$ 10 G) gemessen.

Gelegentlich werden die Protuberanzen oder Teile von ihnen – ohne äußere Vorzeichen – mehr oder weniger ruckartig auf Geschwindigkeiten von 100 km s^{-1} und gelegentlich etwa 600 km s^{-1} beschleunigt. Solche *eruptive* oder *aufsteigende Protuberanzen* (Abb. 4.10.9, 10) können dann in den interplanetaren Raum entweichen. In anderen Fällen „regnet" eine gestörte Protuberanz auf die Sonnenoberfläche herab, wobei ihre Materie auf bogenförmigen Bahnen (längs magnetischer Feldlinien) herabströmt.

Oberhalb von Fleckengruppen bzw. Aktivitätsgebieten beobachten wir vielfältige Formen *aktiver Protuberanzen* als Spritzer, Sprays oder Bögen mit Lebensdauern von nur Minuten bis Stunden, die zum Teil auf mehr als Entweichgeschwindigkeit von der Sonne beschleunigt werden. Die Temperaturen und Magnetfelder in den aktiven Protuberanzen sind erheblich höher als in den ruhenden Protuberanzen.

Die Aktivierung ruhender Protuberanzen und das Auftreten aktiver Protuberanzen stehen häufig in Zusammenhang mit den Sonnenausbrüchen oder Flares (Abschn. 4.10.5). Zusammen mit eruptiven Protuberanzen beobachtet man in der äußeren Korona expandierende Materiewolken oder Bögen mit radial gerichteten Geschwindigkeiten bis zu 1200 km s^{-1} (coronal transients). Die Korona oberhalb eines Aktivitätsgebiets kann also in etwa 1 h „weggeblasen" werden.

4.10.5 Sonneneruptionen oder Flares

Die eindrucksvolle Erscheinung der *Sonneneruptionen* (nicht zu verwechseln mit den eruptiven Protuberanzen!) oder *Flares* sind am einfachsten als „Aufleuchten" in der Hα-Linie zu beobachten; sie sind jedoch verknüpft mit Strahlungsausbrüchen im gesamten elektromagnetischen Spektrum sowie mit der Erzeugung energiereicher Teilchen.

Beobachtet man ein Aktivitätsgebiet in der Hα- oder Ca II-K-Linie (Abb. 4.10.11), so zeigen die chromosphärischen Fackelflächen oder Plages zwischen den Flecken und in ihrer Umgebung Strukturen von der Größenordnung weniger tausend km mit kleineren unregelmäßigen Helligkeitsschwankungen und Bewegungen. Plötzlich verschmelzen viele etwas hellere Strukturen; dann flammt, bei einer großen Eruption, ein Gebiet von 2 bis $3 \cdot 10^{-3}$ der Sonnenhemisphäre – entsprechend einer ganzen Fleckengruppe – in den Linien Hα, Ca II K... hell auf. Die Hα-Emissionslinie erreicht in der Mitte eine Intensität bis etwa zum dreifachen des normalen Kontinuums und eine Breite von vielen zehntel Nanometer. Die Dauer der Flares variiert von der Größenordnung einer Sekunde bei den winzigen „Mikroflares" von etwa 1″ Durchmesser bis zu mehreren Stunden bei den größten Flares. Man klassifiziert die „Bedeutung" (importance) der Eruptionen nach der Fläche der Hα-Emission

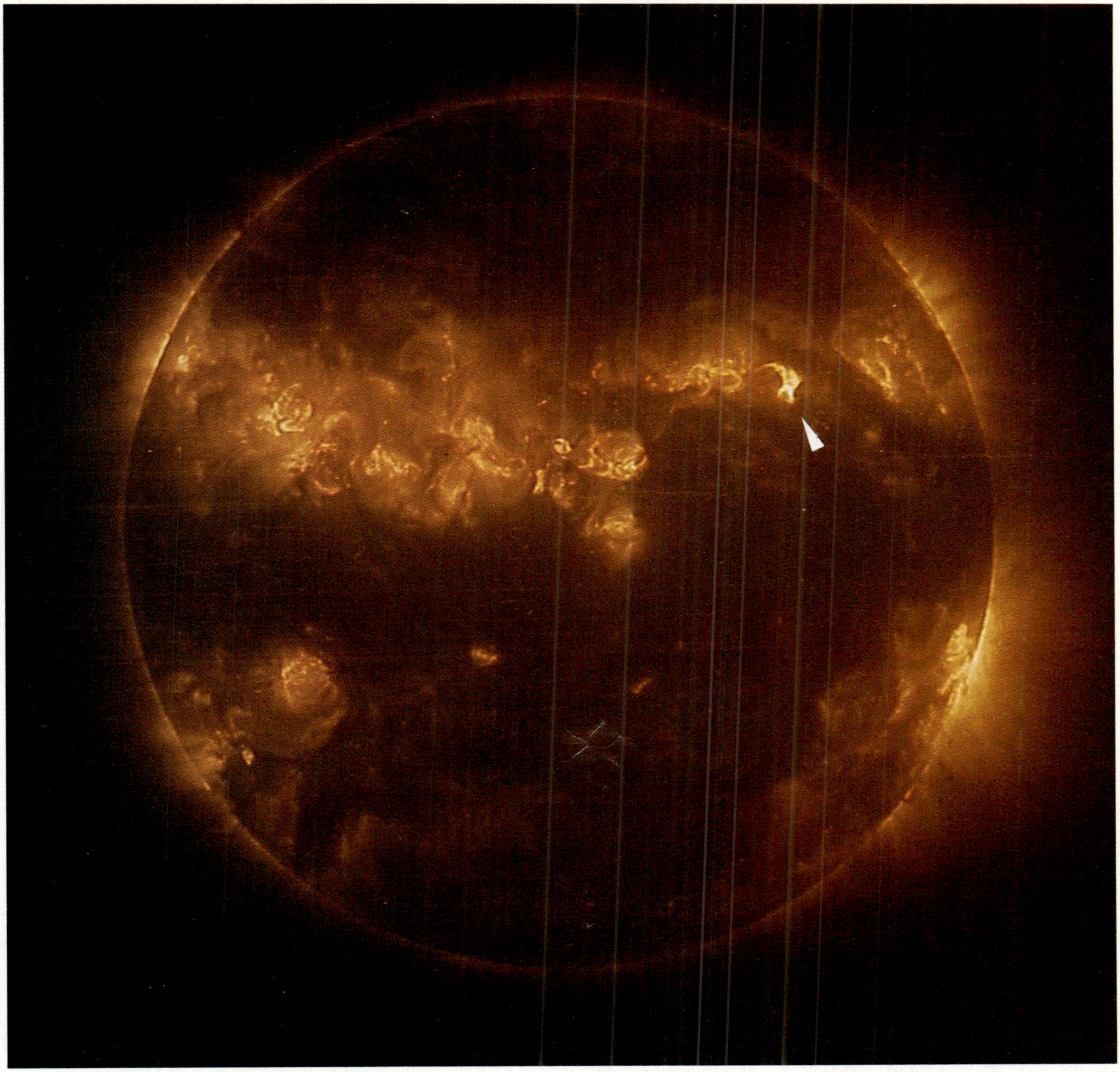

Abb. 4.10.12. Hochaufgelöstes Röntgenbild der Sonnenkorona mit aktiven Gebieten und einem Flare (durch Pfeil gekennzeichnet). Winkelauflösung 0.75″, Temperatur der hellsten Gebiete etwa $3 \cdot 10^6$ K. Aufnahme von L. Golub u.a. (1989) von einer Rakete mit dem 0.25 m-Röntgenteleskop NIXT (*N*ormal *I*ncidence *X*-ray *T*elescope) in einem engen Wellenlängenbereich um $\lambda = 6.35$ nm, der die Emissionslinien Fe XVI $\lambda = 6.37/6.29$ nm und Mg X $\lambda = 6.33/6.32$ nm umfaßt. Anders als bei einem abbildenden Röntgenteleskop vom Wolter-Typ mit streifendem Einfall (Abb. 3.5.2) erfolgt hier die Abbildung mit *normalem* Strahleneinfall wie bei einem gewöhnlichen optischen Spiegel. Die Reflexion wird erreicht durch Bedampfen des Spiegels mit abwechselnd dünnen Kobalt- und Kohlenstoffschichten, so daß – bei der Wellenlänge 6.35 nm – konstruktive Interferenz auftritt. NIXT wurde von L. Golub und Mitarbeitern, Smithsonian Astrophysical Observatory Cambridge, zusammen mit dem IBM Thomas J. Watson Research Center, Yorktown Heights, New York, entwickelt. (Mit freundlicher Genehmigung des SAO und der IBM.)

im Maximum als S (Subflare $< 10^{-4}$ Hemisphäre), 1, 2, 3 und 4 ($> 10^{-3}$ Hemisphäre).

Der Intensitätsanstieg in Hα wird begleitet von verstärkter Strahlung im gesamten Spektralbereich, welche bis auf den harten Röntgenbereich und den Radiofrequenzbereich *thermischen* Ursprungs ist. Das Aufleuchten der oberen Chromosphäre in Hα und anderen Linien ist jedoch offenbar nur eine sekundäre Erscheinung. Im fernen Ultraviolett und vor allem im weichen Röntgenbereich ($\gtrsim 10$ eV) beobachtet man bereits etwa 10 min vor dem Beginn des Hα-Flares einen Anstieg der Strahlung, welcher eine Aufheizung der unteren Korona anzeigt. Bei den größeren Flares tritt noch zu Beginn des Helligkeitsanstiegs in Hα ein $\lesssim 5$ min andauernder Ausbruch im Mikrowellenbereich und harten Röntgenbereich auf. Diese nichtthermische Strahlung entsteht durch Wechselwirkung von Elektronen, die beim Flare auf hohe Energien beschleunigt werden (s. u.), mit dem solaren Plasma. In dieser Phase sieht man im weichen Röntgengebiet einen hellen, dichten und heißen Kern (Durchmesser $\lesssim$ 4000 km) mit Temperaturen bis zu $3 \cdot 10^7$ K, welcher häufig an der höchsten Stelle eines Koronabogens sitzt (Abb. 4.10.12).

Mit großen Flares verknüpft ist die Emission von *Korpuskularstrahlung* eines großen Energiebereichs. Plasmawolken bzw. magnetohydrodynamische Stoßwellen, die etwa einen Tag später auf der Erde eintreffen und also eine Geschwindigkeit von rund 2000 $\mathrm{km\,s^{-1}}$ haben, rufen dort magnetische Stürme (sudden commencement) und Polarlichter hervor. Große Flares liefern, wie S. E. Forbush und A. Ehmert fanden, auch einen solaren Beitrag zur Kosmischen Strahlung mit Teilchenenergien von 10^8 bis 10^{10} eV. Deren chemische Zusammensetzung entspricht weitgehend der gewöhnlichen Solarmaterie.

Durch die Wechselwirkung der hochenergetischen Teilchen mit den Atom*kernen* der Sonnenmaterie kommt es auch zur Emission von niederenergetischer *Gammastrahlung*. Man beobachtet außer einem Kontinuum einige starke Emissions*linien*: nukleare Übergänge in den häufigen Kernen ^{12}C und ^{16}O bei 4.43 bzw. 6.14 MeV, sowie – mit zeitlicher Verzögerung – Linien bei 0.511 und 2.23 MeV. Die 0.511 MeV-Linie entsteht bei der Annihilation von Positronen, die bei dem Flareausbruch erzeugt werden, mit Elektronen, die 2.23 MeV-Linie bei der Bildung von Deuterium ^{2}D durch Reaktion der ebenfalls beim Flare erzeugten Neutronen mit Protonen (Wasserstoff) in der Sonnenatmosphäre.

Mit den Flares, aber auch mit weniger spektakulären Äußerungen der Sonnenaktivität verknüpft ist weiterhin der *nichtthermische* Anteil der *Radiofrequenzstrahlung* der Sonne.

Deren Analyse mit Hilfe des Radiofrequenz-Spektrometers, das die Intensität in einem großen Frequenzbereich als Funktion der Zeit aufzeichnet, führte J. P. Wild und seine Mitarbeiter zur Unterscheidung mehrerer Typen von *„Bursts“* oder Radiostrahlungsausbrüchen, zunächst im Bereich unterhalb etwa 400 MHz (Abb. 4.10.13). Zum Verständnis müssen wir vorausschicken, daß aus einem Plasma der Elektronendichte N_e elektromagnetische Wellen, deren Frequenz unterhalb der kritischen oder *Plasmafrequenz*

$$\nu_0 = \sqrt{\frac{1}{4\pi\varepsilon_0}\,\frac{e^2}{\pi m}\,N_e} \quad \text{oder} \qquad \nu_0\,[\mathrm{MHz}] = 9.0\sqrt{N_e[\mathrm{m}^{-3}]} \tag{4.10.3}$$

liegt, *nicht* austreten können, da dann der Brechungsindex < 0. ist. So kann also Radiofrequenzstrahlung einer bestimmten Frequenz in der Korona nur oberhalb einer bestimmten Schicht entstanden sein.

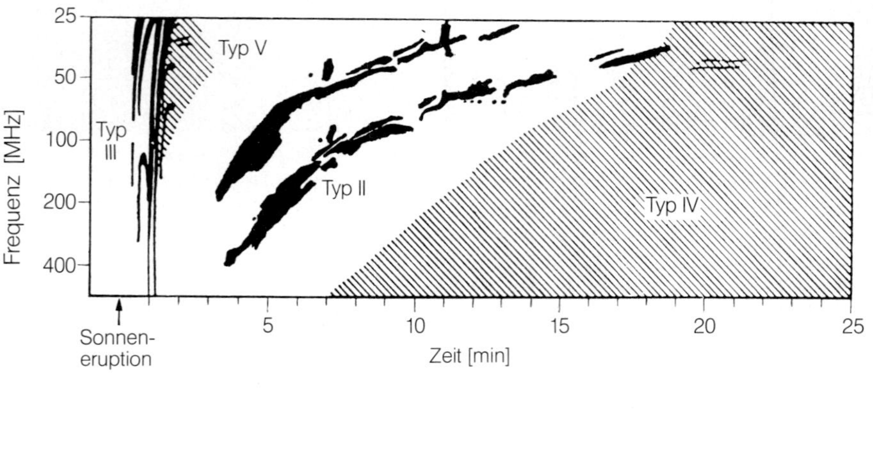

Abb. 4.10.13. Dynamisches (d. h. zeitabhängiges) Radiospektrum im Meterwellen-Gebiet nach J. P. Wild (schematisiert): Ablauf der „Bursts“ verschiedener Typen im Gefolge einer großen Sonneneruption. Niedere/Höhere Frequenzen entstehen (im allgemeinen) in höheren/niederen Schichten der Korona. Typ II- und Typ III-Bursts zeigen häufig eine harmonische 2:1-Oberwelle

Die *Typ II- und Typ III-Bursts* zeigen nun (Abb. 4.10.13) eine langsame bzw. rasche Verschiebung ihres Frequenzbandes zu niedrigen Frequenzen hin. Daraus kann man schließen, daß das erregende Agens mit Geschwindigkeiten der Größenordnung 1000 km s^{-1} bei Typ II und bis etwa 0.4 der Lichtgeschwindigkeit bei Typ III durch die Korona fegt. Gleichzeitig mit den Typ III-Bursts werden im *Mikrowellenbereich* oberhalb $\nu \gtrsim 1.5$ GHz ($\lambda \lesssim 20$ cm) Ausbrüche von 1 bis 5 min Dauer (mit einem glatteren Verlauf) beobachtet. Die *Typ IV*-Ereignisse emittieren über längere Zeit ein Kontinuum, das ein breites Frequenzband überdeckt; hier handelt es sich wohl um Synchrotronstrahlung der schnellen Elektronen.

1967 gelang es J.P. Wild und seinen Mitarbeitern am Culgoora-Observatory in Australien, die Bewegungen der verschiedenartigen Burst-Quellen auf und außerhalb der Sonnenscheibe bei 80 MHz ($\lambda = 3.75$ m) direkt auf dem Leuchtschirm des *Radioheliographen* zu beobachten. Mit Hilfe von 96 geeignet zusammengeschalteten Parabolantennen von je 13 m Durchmesser, die auf einem Kreis von 3 km Durchmesser aufgestellt sind, kann man die Sonne und Korona mit einem Gesichtsfeld von 2° Durchmesser und 2 bis 3′ Auflösung abtasten. Pro Sekunde erhält man je ein Bild zweier Polarisationen (rechts- und linkszirkular oder 2 Richtungen linear). Die Beobachtungen bestätigen die Aussagen der Radiospektren. Auf die schwierige plasmaphysikalische Deutung der verschiedenen Burst-Typen können wir hier leider nicht eingehen.

Die gesamte, bei einem Flareausbruch freigesetzte *Energie* reicht von 10^{22} J bei einem Subflare bis zu etwa $3 \cdot 10^{25}$ J bei einem Flare vom Typ 4; sie tritt zu ungefähr gleichen Teilen als elektromagnetische Strahlung, als kinetische Energie des ausgeschleuderten Plasmas und in Form hochenergetischer Teilchen in Erscheinung. Obwohl die komplizierten Prozesse bei den Ausbrüchen der Sonne noch nicht im einzelnen verstanden sind, dürften wir annehmen, daß letztlich *magnetische Energie* (Energiedichte $B^2/2\mu_0$) in thermische Energie umgewandelt und abgestrahlt wird sowie für die Teilchenbeschleunigung verantwortlich ist. Um die Energie von $3 \cdot 10^{25}$ J bei einem großen Flare zu erzeugen, müßte z. B. in einem Volumen mit einer Ausdehnung von 30000 km ein Magnetfeld von $5 \cdot 10^{-2}$ T (500 G) – etwa durch eine zu einer Umgruppierung der Feldlinien führende Instabilität (magnetic reconnection) – „vernichtet" werden. Messungen der solaren Magnetfelder unterstützen diese Vorstellungen: Flares treten bevorzugt in Aktivitätsgebieten mit komplexer Feldkonfiguration und steilen Feldgradienten auf, dort wiederum meist in Gebieten, wo die Polarität des Magnetfeldes ihr Vorzeichen ändert.

4.10.6 Magnetohydrodynamik in der Sonnenatmosphäre. Wasserstoffkonvektionszone

Wir müssen uns nun vor allem die Frage nach der *Deutung* der Verknüpfung der Sonnenflecke, Protuberanzen, Korona, Flares usw. im Rahmen des 2 · 11jährigen Zyklus der Sonnenaktivität vorlegen. Offenbar genügt hier das Bild einer statischen Atmosphäre im Strahlungsgleichgewicht nicht mehr; vielmehr ist alles in Bewegung und voller Strömungen, wobei Magnetfelder eine zentrale Rolle spielen. Die hohe elektrische Leitfähigkeit der ionisierten Materie führt zu einer engen Wechselwirkung der Strömungen mit den Magnetfeldern. Zur Beschreibung der Phänomene muß man dann die Grundgleichungen der Elektrodynamik und der Hydrodynamik zusammenfassen zu denen der *Magnetohydrodynamik*.

Zuerst fragen wir jedoch: Welche „thermodynamische Maschine" erzeugt die von diesen Strömungen ständig benötigte mechanische Energie, wobei (nach dem 2. Hauptsatz der Thermodynamik) gleichzeitig Wärmeenergie von höherer auf tiefere Temperatur übergehen muß? Diese Aufgabe erfüllt die *Wasserstoffkonvektionszone* (A. Unsöld, 1931): Von den tieferen photosphärischen Schichten, d. h. von einer optischen Tiefe $\tau_0 \simeq 2$ (bezogen auf $\lambda = 500$ nm) mit einem Gasdruck $P_g \simeq 1.5 \cdot 10^4$ Pa und einer Temperatur $T \simeq 7000$ K abwärts bis etwa $P_g \simeq 10^{11}$ Pa und $T \simeq 10^6$ K ist die Sonnenatmosphäre *konvektiv instabil*. Die Dicke dieser Schicht von rund 150000 km entspricht etwa 0.2 Sonnenradien. Oberhalb der Schicht ist der Wasserstoff (das häufigste Element!) praktisch neutral, innerhalb der Schicht ist er teilweise ionisiert, unterhalb derselben ist die Ionisation vollständig. Nun geschieht folgendes: Wenn ein Volumelement mit teilweise ionisiertem Gas aufsteigt, so beginnt der Wasserstoff zu rekombinieren, und bei jedem Rekombinationsprozeß werden 13.6 eV (bei 10000 K entspricht dies $16\,kT$) der thermischen Energie (pro Teilchen $\frac{3}{2}kT$) zugefügt. Dadurch wird die adiabatische Abkühlung so sehr verringert, daß das effektive Verhältnis der spezifischen Wärmen c_p/c_v sich der Eins nähert und das aufsteigende Gasvolumen *wärmer* wird als seine neue Umgebung im Strahlungsgleichgewicht. Das Volumelement steigt also weiter auf. Genau umgekehrt verhält es sich mit einem absinkenden Volumelement. Dieser Effekt wird noch verstärkt durch den entgegengesetzten Einfluß der Ionisation auf den Strahlungs-Temperaturgradienten, und wir erhalten eine Zone mit *Konvektionsströmungen*. Bei $P_g \gtrsim 1.5 \cdot 10^4$ Pa übernimmt die Konvektion praktisch den gesamten Energietransport; der Strahlungsenergietransport wird in den tieferen Schichten der Konvektionszone bedeutungslos.

Während die Thermodynamik der Wasserstoffkonvektionszone ziemlich einfach und übersichtlich ist, gehört ihre *Hydrodynamik* mit zu den schwierigsten Problemen der Strömungslehre. Durchgerechnet werden meist Modelle mit dem ziemlich groben *Mischungsweg*-Ansatz nach W. Schmidt und L. Prandtl: Ein Gasballen der Dimensionen l soll eine Art freie Weglänge derselben Größenordnung l zurücklegen und dann seinen Temperaturüberschuß, seinen Impuls usw. durch Vermischung mit der Umgebung plötzlich abgeben – offensichtlich eine sehr grobe Schematisierung der höchst komplizierten Konvektionsströmungen. Detailliertere Berechnungen der Konvektionszone stecken noch in den Anfängen.

Die *Sonnengranulation* (Abschn. 4.3.3) läßt sich nun zuordnen der besonders starken Instabilität einer wenige hundert km dicken Oberflächenschicht der Wasserstoffkonvektionszone. Die Granula sind von der Größenordnung der Dicke dieser Zone, aber auch nicht viel größer als die dortige Äquivalenthöhe der Atmosphäre. Das gröbere Netz der *Supergranulation* (Abschn. 4.3.3) besteht aus Zellen, deren Durchmesser bis zu etwa 40000 km betragen. Es erscheint daher verlockend, sie einer Strömung zuzuordnen, die einen wesentlichen Teil der Konvektionszone umfaßt.

Im Sonnen*spektrum* tragen die bis jetzt behandelten Strömungen von etwa 0.2 bis 3 $\mathrm{km\,s^{-1}}$ dazu bei, daß die Fraunhoferlinien durch Dopplereffekt eine sägeartige Struktur erhalten und im Mittel verbreitert werden. Soweit die bewegten Volumelemente optisch dünn sind, überlagern sich ihre Dopplereffekte einfach denen der thermischen Bewegung: Man erhält so die sog. *Mikroturbulenz*, welche die rein thermischen $\Delta\lambda_D$ (Abschn. 4.9.2) um Faktoren der Größenordnung 1.2 bis 2 vergrößert. Die Dopplereffekte der etwas rascheren Strömungen in den Spicules der höheren Chromosphäre machen sich analog in den Dopplerkernen der starken Fraunhoferlinien bemerkbar.

Wir wollen uns hier nicht in Details verlieren, sondern untersuchen sogleich die aufregende Frage, weshalb von der Chromosphäre bis zu Korona, d. h. im Bereich der dazwischen liegenden *Übergangsschicht* von nur ≤ 15000 km Dicke, die Temperatur von ca. 4000 K auf $\gtrsim 10^6$ K nach außen hin *ansteigt*? Nach dem 2. Hauptsatz der Thermodynamik kann dieses Aufheizen der höchsten Atmosphärenschichten der Sonne, entgegen dem „natürlichen" (d.h. entropieerzeugenden) Temperaturgefälle von innen nach außen, nur durch *mechanische Energie* oder andere „geordnete" Energieformen großer negativer Entropie erfolgen.

In der Tat können wir im Anschluß an M. Schwarzschild und L. Biermann zeigen, daß in den höheren Schichten einer teilweise konvektiven Atmosphäre der mechanische Energietransport gegenüber dem Strahlungsenergietransport immer mehr an Bedeutung gewinnt. In dem turbulenten Strömungsfeld der Photosphäre entstehen nämlich, wie zuerst I. Proudman und M.J. Lighthill genauer untersucht haben, zunächst *Schallwellen* (mit Perioden im Bereich von 30 bis 60 s). Außerdem bilden sich in dem Plasma der Sonnenatmosphäre unter Mitwirkung der mit diesem verbundenen Magnetfelder *magnetohydrodynamische Wellen*, in denen mit den Schwingungen der Materie ein entsprechend veränderliches Magnetfeld gekoppelt ist. Alle diese Wellen dringen in die höheren und dünneren Schichten der Sonnenatmosphäre empor und steilen sich dabei zu *Stoßwellen* auf[17]. Deren Energie wird verhältnismäßig rasch dissipiert, d.h. wieder in Wärme verwandelt, und da bei kleinen Dichten und hohen Temperaturen das Abstrahlungsvermögen der Solarmaterie immer schlechter wird, steigt die Temperatur T, bis die Atmosphäre einen neuen Modus des Energietransportes gefunden hat. Dieser besteht – wie H. Alfvén bemerkt hat – darin, daß bei hinreichend hoher Temperatur und steilem Temperaturgefälle nach innen (!) die *Wärmeleitung* durch die freien Elektronen des Plasmas (ähnlich dem hohen Wärmeleitvermögen der Metalle) ausreicht, um die Energie nach *innen* abzuführen, wo sie schließlich abgestrahlt wird.

Während die physikalischen Prozesse, die zum steilen Anstieg der Temperaturen zur Korona hinführen, im einzelnen noch keineswegs geklärt sind, können wir den hierfür verantwortlichen (minimalen) *mechanischen Energiestrom* aus der Beobachtung der gesamten Abstrahlung aus der Chromosphäre und Korona (in Verbindung mit Modellvorstellungen) abschätzen. Vernachlässigt man Energieverluste der akustischen bzw. magnetohydrodynamischen Wellen in der Konvektionszone und

---

[17] Die Energiedichte der Schallwellen ist von der Größenordnung Dichte $\varrho \cdot$ (Geschwindigkeitsamplitude $v)^2$. Läuft die Welle mit Schallgeschwindigkeit c in ein dünneres Medium, so wächst v^2 entsprechend. Kommt v in die Größenordnung der Schallgeschwindigkeit und geht also die Machzahl $M = v/c \to 1$, so kommt es zur Ausbildung von Stoßwellen.

Photosphäre, so werden für die Heizung der Chromosphäre etwa 5 $\mathrm{kW\,m^{-2}}$ und für die Korona etwa 0.4 $\mathrm{kW\,m^{-2}}$ benötigt, d.h. nur 10^{-4} bzw. 10^{-5} des Gesamtenergiestroms der Sonne (4.3.9), die letzten Endes aus der Konvektionszone abgezweigt werden.

Wenden wir uns nun der Theorie der Strömung gut leitender Materie in Verknüpfung mit Magnetfeldern, der *Magnetohydrodynamik* (MHD) zu, welche uns die Grundlagen für das Verständnis der Erscheinungen der Sonnenaktivität sowie vieler weiterer astrophysikalischer Phänomene gibt. Den komplizierten mathematischen Apparat müssen wir selbstverständlich beiseite lassen. Zunächst dürfte aber auch das anschauliche Verständnis der physikalischen Grundlagen wichtiger sein.

Aus den grundlegenden Arbeiten von H. Alfvén, T. G. Cowling u. a. können wir entnehmen:

Praktisch alle kosmischen Plasmen haben eine sehr hohe elektrische *Leitfähigkeit* σ (1/spezifischer elektrischer Widerstand). Für ein vollständig ionisiertes Wasserstoffgas ist

$$\sigma \simeq 10^{-3}\, T^{3/2} \quad [\Omega^{-1}\,\mathrm{m}^{-1}] \tag{4.10.4}$$

(Temperatur T in [K]), z. B. bei Koronatemperaturen von 10^6 K etwa $10^6\ \Omega^{-1}\mathrm{m}^{-1} = 10^6\,\mathrm{V^{-1}A\,m^{-1}}$, also nur eine Größenordnung weniger als für metallisches Kupfer ($6 \cdot 10^7\,\Omega^{-1}\mathrm{m}^{-1}$). Für einen *ruhenden* Leiter hängt die Stromdichte $\boldsymbol{j}$ (Stromstärke pro Querschnitt) durch das *Ohmsche Gesetz*

$$\boldsymbol{j} = \sigma \boldsymbol{E} \tag{4.10.5}$$

mit der elektrischen Feldstärke $\boldsymbol{E}$ zusammen. Haben wir weiterhin im leitenden Medium ein Magnetfeld der Flußdichte $\boldsymbol{B}$, so erzeugt dessen Veränderung Induktionsströme, die nur langsam abklingen. Die *Abklingzeit* τ können wir aus den Maxwellschen Gleichungen ableiten; wir müssen uns hier jedoch mit einer Abschätzung der Größenordnung begnügen: Hat das betrachtete Volumen des leitenden Plasmas die charakteristische Dimension x, so gilt nach dem Induktionsgesetz für die durch die Feldänderung $\partial B/\partial t \simeq B/\tau$ bewirkte Feldstärke bzw. Stromdichte $E = j/\sigma \simeq xB/\tau$. (Die induzierte Spannung $U = Ex$ ist gleich der Änderung des magnetischen Flusses Bx^2/τ). Andererseits erzeugt j wiederum ein Magnetfeld der Feldstärke $H = B/\mu_0 \simeq jx$ (Ampèrewindungen pro Meter!). Eliminieren wir B/j aus beiden Beziehungen, so erhalten wir die charakteristische Abklingzeit[18] zu

$$\tau \simeq \mu_0 \sigma x^2 \,, \tag{4.10.6}$$

wobei $\mu_0 = 4\pi \cdot 10^{-7}\ \mathrm{Vs\,A^{-1}m^{-1}}$ wieder die magnetische Feldkonstante bedeutet. Die Art der Abhängigkeit τ proportional zu x^2 zeigt, daß Ausbreitung und Abklingen eines Magnetfelds in einem ruhenden Leiter den Charakter eines Diffusionsvorgangs haben.

Lassen wir nun *Bewegungen* des leitenden Mediums zu, so kommt es darauf an, ob sich das Magnetfeld $\boldsymbol{B}$ rascher unabhängig von der Materie durch Diffusion ausbreitet oder *„in der Materie eingefroren"* ist. Magnetohydrodynamische Wellen bzw. Störungen pflanzen sich mit der Alfvén-Geschwindigkeit

$$v_\mathrm{A} = \frac{B}{\sqrt{\mu_0 \varrho}} \tag{4.10.7}$$

(ϱ: Materiedichte) fort. Wenn also die zugehörige Ausbreitungszeit x/v_A kürzer ist als die Diffusionszeit (4.10.6), d. h. wenn *Alfvéns Bedingung*

$$\frac{\sqrt{\mu_0}\,\sigma B x}{\sqrt{\varrho}} > 1 \tag{4.10.8}$$

erfüllt ist – und dies ist in kosmischen Plasmen häufig der Fall –, bleibt das Magnetfeld in der Materie eingefroren. Die Materie kann sich dann im wesentlichen nur *längs* der Kraftlinien bewegen, wie Glasperlen auf einer Schnur. Da der *magnetische Druck* (Maxwellsche Spannungen) von der Größenordnung $B^2/2\mu_0$ ist, wird – in nicht zu speziellen magnetohydrodynamischen Strömungen – dieser häufig von derselben Größenordnung sein wie der dynamische Druck $\varrho v^2/2$.

Wenden wir diese Ergebnisse der MHD auf die Sonnenphysik an, so wird zumindest grundsätzlich verständlich, daß die Verteilung der *Strahlungsemission* in den höheren Schichten der Sonnenatmosphäre letzten Endes ein *Abbild des Verlaufs der magnetischen Feldlinien* darstellt: Nicht nur die Materieströmungen, sondern auch der Energietransport durch Wärmeleitung und magnetodynamische Wellen folgen den Feldlinien bzw. Flußröhren und werden quer zu ihnen sehr stark behindert. Z. B. ist ein Koronabogen mit Materie „angefüllt", so daß die Dichte höher als in der Umgebung ist; ihre Heizung durch Wellen kann längs den gekrümmten Flußröhren erfolgen. Innerhalb eines „ungestörten" Bogens dürfte zum einen hydrostatisches Gleichgewicht, zum anderen thermisches Gleichgewicht zwischen Heizung und Ab-

[18] In der Wechselstromtechnik ist die Abklingzeit gegeben durch das Verhältnis von Selbstinduktion L zu Widerstand R. Letzterer ist proportional zu $1/\sigma$, während L durch $B \simeq Lj$ gegeben ist.

strahlung und Wärmeleitung herrschen. Das Magnetfeld sorgt dafür, daß die „zu dichte" Materie nicht seitlich ausweichen kann. Die genaue Physik der verschiedensten Dichtekonzentrationen in der Sonnenatmosphäre, ihre Heizung, Dynamik und Stabilität freilich bedarf noch weiterer Untersuchungen.

Wir können mit Hilfe der MHD auch verstehen, daß die *ruhenden Protuberanzen* oft wochenlang in der umgebenden viel heißeren Korona schweben können. Wir sahen schon: Nur die kühle Materie kann wirksam Energie abstrahlen. D.h. kühle Materie bleibt kühl, heiße bleibt heiß, auch wenn ein gewisser Energietransport stattfindet. Der Druckausgleich zwischen Protuberanzen und Korona in horizontaler Richtung verlangt, daß $p \sim \varrho T$ in beiden etwa gleich ist. D.h. die Dichte der Protuberanzen muß etwa 300mal größer sein als in der Korona. Daß die ruhenden Protuberanzen nicht nach unten fallen, beruht nun nach R. Kippenhahn und A. Schlüter (1957) darauf, daß sie auf einem Polster magnetischer Kraftlinien (welche die Materie ja nicht durchdringen kann) aufliegen, ähnlich wie das Regenwasser auf der eingedellten Deckplane eines Heuhaufens. Wir müssen aber außerdem erklären, daß einzelne Protuberanzenknoten längs der Kraftlinien ihres magnetischen Führungsfeldes nicht etwa nach den Galileischen Gesetzen herunterfallen, sondern viel langsamer und oft mit lange Zeit konstanter Geschwindigkeit herunterschweben. Dieses Verhalten, das sehr an Wolken in unserer Erdatmosphäre erinnert, beruht offensichtlich darauf, daß die Korona infolge der großen Geschwindigkeit und daher auch großen freien Weglänge der Elektronen eine enorme *Viskosität* hat. Daß die Protuberanzen nicht bei Gelegenheit sofort in die Photosphäre herunterfallen, sondern wie richtige Wolken schweben, beruht (in beiden Fällen) auf dem Überwiegen der Zähigkeitskräfte gegenüber den Druck- bzw. Trägheitskräften; wir haben „schleichende Strömungen" mit kleinen Reynoldsschen Zahlen. Auf die Dynamik der gestörten Protuberanzen können wir hier nicht weiter eingehen.

Schließlich gibt uns die MHD auch zum Verständnis der *Sonnenflecke* und des *Zyklus der Sonnenaktivität* die physikalischen Grundlagen:

Schon 1946 wies T.G. Cowling darauf hin, daß das Magnetfeld eines Sonnenflecks wegen der sehr hohen elektrischen Leitfähigkeit σ des Plasmas in einer *ruhenden* Sonnenatmosphäre nach (4.10.6) erst in einem Zeitraum von etwa 1000 a durch „Diffusion" abgebaut würde. Tatsächlich haben die Sonnenflecke aber eine Lebensdauer von Tagen bis zu wenigen Monaten. Erst um 1969 haben dann M. Steenbeck und F. Krause bemerkt, daß die Turbulenz in der Wasserstoffkonvektionszone erheblich zur Verwirbelung der Magnetfelder und der mit ihnen verknüpften Felder des elektrischen Stromes und des Geschwindigkeitsfeldes beiträgt, wodurch in der Sonnenatmosphäre die effektive Leitfähigkeit etwa um einen Faktor 10^4 herabgesetzt wird, so daß nun (4.10.6) die richtige Größenordnung für die Lebensdauer der Sonnenflecke liefert.

Die Entstehung einer *bipolaren Fleckengruppe* (andere führt man darauf zurück) stellte sich V. Bjerknes (1926) so vor, daß in der Sonne ständig toroidale (d.h. parallel den Breitenkreisen verlaufende) „Schläuche" magnetischer Feldlinien vorhanden sind. Da in diesen der Druck teilweise magnetischen Ursprungs ist, werden der Gasdruck und die Dichte kleiner sein als in der Umgebung. Sie drängen zur Oberfläche empor („magnetischer Auftrieb") und werden dort „aufgeschnitten". Die beiden offenen Enden eines solchen Feldschlauches bilden eben eine bipolare Fleckengruppe.

Wie das Spörersche Gesetz der Wanderung der Fleckenzonen (Abb. 4.10.3) und die Haleschen Gesetze der magnetischen Polarität der Fleckengruppen aufzeigen, beruht der ganze *Aktivitätszyklus* schließlich darauf, daß im Innern der Sonne (zur Hauptsache im unteren Teil der Wasserstoffkonvektionszone) das ganze Strömungs- plus Magnetfeld mit $2 \cdot 11$jähriger Periode wechselt und (im Mittel) aufrechterhalten wird. Die Theorie dieses solaren *Dynamo*, dessen Antrieb die Wasserstoffkonvektionszone zusammen mit der Rotation liefert, ist Stück für Stück – beginnend mit den Arbeiten von H.W. Babcock (1961), R.B. Leighton (1969), M. Steenbeck und F. Krause (1969) – klarer geworden. Aus dem eingangs geforderten toroidalen Magnetfeld muß offenbar – in der betr. Phase des Zyklus – auch ein meridionales Magnetfeld gebildet werden und umgekehrt. Dies wird nach Steenbeck und Krause möglich durch die Turbulenz; diese erzeugt (wie wir hier nicht im einzelnen erklären können) einen Strom parallel den Feldlinien, dieser wiederum eine meridionale Feldkomponente, senkrecht zu den ursprünglichen Feldlinien. M. a. W. ist für unseren Dynamo wesentlich die Induktion nicht nur durch die *differentielle Rotation* der Sonne, sondern auch durch die statistisch verteilten Strömungen der *Turbulenz*. Schließlich muß die Dynamotheorie den neueren Beobachtungen, daß der magnetische Fluß der Sonnenphotosphäre fast vollständig in dünnen *Flußröhren* an den Rändern der Konvektionszellen der Supergranulation konzentriert ist, Rechnung tragen. Die sehr komplizierte Durchrechnung dieser Ansätze erscheint grundsätzlich geeignet, die Phänomene der solaren Aktivität größenordnungsmäßig richtig wiederzugeben.

4.10.7 Sonnenwind

Wie wir schon in Abschn. 2.9.1 erwähnten, hat L. Biermann 1951 die Hypothese vorgeschlagen, daß die Plasmaschweife der Kometen nicht durch Strahlungsdruck, sondern durch eine ständig vorhandene Korpuskularstrahlung der Sonne von dieser weggetrieben werden. Messungen mit Satelliten und Raumfahrzeugen ergaben dann, daß dieses Plasma (etwa solarer Zusammensetzung) im Bereich der Erdbahn von der Sonne mit rund $470\,\mathrm{km\,s^{-1}}$ (Schwankungen zwischen etwa 300 und $700\,\mathrm{km\,s^{-1}}$) wegströmt. Seine Dichte entspricht etwa $9 \cdot 10^6$ Protonen und Elektronen pro m^3, ebenfalls mit großen Schwankungen. Der (einigermaßen) statistische Anteil der Teilchengeschwindigkeiten entspricht einer Temperatur von etwa $10^5\,\mathrm{K}$. Mit dem Plasma verbunden sind Magnetfelder der Größenordnung $6 \cdot 10^{-9}\,\mathrm{T}$ bzw. $6 \cdot 10^{-5}\,\mathrm{G}$. 1959 hat E. N. Parker dieses Phänomen als *Sonnenwind* bezeichnet und eine Deutung auf *hydrodynamischer* bzw. magnetohydrodynamischer Basis vorgeschlagen. Berechnet man die Druckverteilung $p(r)$ einer zunächst als isotherm schematisierten Korona in großer Entfernung r von der Sonne, so zeigt sich, daß der dort erreichte endliche Grenzwert des Druckes für Koronatemperaturen $< 500\,000\,\mathrm{K}$ *unter* dem der interstellaren Materie (Abschn. 5.3) liegt. In diesem Fall würde letztere also in die Sonne einströmen. Ist dagegen $T > 500\,000\,\mathrm{K}$, wie in der wirklichen Korona, so muß ein ständiges Ausströmen stattfinden, eben der Sonnenwind. Dessen *Geschwindigkeit* v als Funktion des Abstandes r vom Sonnenmittelpunkt ist bestimmt durch die Bernoullische Gleichung, d. h. den Energiesatz der Hydrodynamik, in Verbindung mit der Kontinuitätsgleichung und der Zustandsgleichung des Gases $p = \varrho k T/\mu m_u$ (2.8.15), wo wieder ϱ die Dichte, k die Boltzmannkonstante, μ das mittlere Molekulargewicht und m_u die Atommassenkonstante bedeutet. Für ein vollständig ionisiertes Plasma aus 90% H und 10% He ist $\mu = 0.65$.

Für eine sphärisch symmetrische Ausströmung ist die *Kontinuitätsgleichung* dadurch gegeben, daß durch jede Kugelschale $4\pi r^2$ in der Zeiteinheit die gleiche Materiemenge strömt, also

$$4\pi r^2 \varrho(r)\, v(r) = \mathrm{const} \;. \tag{4.10.9}$$

Diese Aussage ist erheblich zu modifizieren, wenn die Materie durch ein Magnetfeld geführt wird. Dann muß ein bestimmter Materiestrom in einer bestimmten magnetischen Kraftröhre strömen, solange der Druck der Materie auf deren „Wände" nicht den magnetischen Druck überwiegt. Die Lösung dieser äußerst schwierigen Probleme der Magnetohydrodynamik können wir hier nicht weiter verfolgen.

Wir fragen daher zunächst lieber, welche Aussagen wir der *Bernoullischen Gleichung* entnehmen können. Diese sagt aus, daß längs einer Stromlinie, d. h. einer Linie des Geschwindigkeitsfeldes $\boldsymbol{v}$, die Summe (alles pro Masseneinheit gerechnet) von kinetischer Energie $v^2/2$, potentieller Energie bzw. Potential $\Phi(r)$ und Druckenergie $\int dp/\varrho$ für eine stationäre Strömung ($\partial/\partial t = 0$) konstant sein soll. Das Gravitationspotential der Sonne (Masse $\mathscr{M}$; Gravitationskonstante G) ist nach (2.6.34) $\Phi = -G\mathscr{M}/r$; wir erhalten also

$$\frac{v^2}{2} + \int \frac{dp}{\varrho} - \frac{G\mathscr{M}}{r} = \mathrm{const} \;, \tag{4.10.10}$$

wobei das (Druck-)Integral bis zu dem gerade betrachteten Punkt zu erstrecken ist. Um z. B. die Geschwindigkeit $v_♁$ des Sonnenwindes in der Nähe der Erdbahn $r \simeq r_♁$ zu berechnen, gehen wir davon aus, daß dieser am Fuß der Korona, also bei $r \simeq r_\odot$ mit $v \simeq 0$ startet. Die zu durchlaufende Potentialdifferenz $G\mathscr{M}\,[(1/r_♁) - (1/r_\odot)]$ entspricht – in kinetische Energie $v^2/2$ umgerechnet – der *Entweichgeschwindigkeit* (Abschn. 2.7) von der Sonne $v_E = 620\,\mathrm{km\,s^{-1}}$. Wenden wir die Bernoullische Gleichung (4.10.10) auf die Beschleunigung des Sonnenwindes zwischen $r_\odot$ und $r_♁$ an, so erhalten wir also

$$v_♁^2 = -2\int \frac{dp}{\varrho} - v_E^2 \;. \tag{4.10.11}$$

Der Zahlenwert des Integrals hängt nun entscheidend vom Verlauf der Temperatur $T(r)$ zwischen Sonne und Erde ab. Gehen wir von der Beobachtung aus, daß T von der Korona mit $T_\odot \simeq 10^6\,\mathrm{K}$ bis zur Erdbahn $T_♁ \simeq 10^5\,\mathrm{K}$ relativ wenig abnimmt, so können wir näherungsweise mit einer konstanten mittleren Temperatur $\bar{T} \simeq 10^6\,\mathrm{K}$ rechnen und dann leicht integrieren ($dp = d\varrho \cdot k\bar{T}/\mu m_u$):

$$v_♁^2 = \frac{2k\bar{T}}{\mu m_u} \ln(\varrho_\odot/\varrho_♁) - v_E^2 \;. \tag{4.10.12}$$

$\sqrt{2k\bar{T}/\mu m_u}$ entspricht der thermischen Geschwindigkeit der Teilchen ($165\,\mathrm{km\,s^{-1}}$) oder – bis auf etwa 10% –

der Schallgeschwindigkeit in der Korona. Mit den angegebenen Zahlenwerten erhält man $v_{♁} \simeq 400 \text{ km s}^{-1}$.

Daß unsere Rechnung zu einem mit den Messungen übereinstimmenden Ergebnis führt, beruht – es ist wichtig, sich dies klar zu machen – darauf, daß wir durch den Zahlenwert von $\bar{T}$ *implizit* angenommen haben, daß die äußere Korona bzw. der Sonnenwind durch irgendeinen Prozeß entsprechend *geheizt* wird (Dissipation von Wellenenergie?) und nur sehr kleine Strahlungsverluste hat. Hätten wir z.B. mit *adiabatischem* Ausströmen der Korona gerechnet, so erhielten wir als maximalen Wert des Integrals in (4.10.11) die Enthalpie pro Masseneinheit der Koronamaterie $c_p T_{\odot}$, wo c_p die spezifische Wärme bei konstantem Druck bedeutet. Wie man leicht nachrechnet, würde die adiabatisch ausströmende Materie sich rasch abkühlen und schon nahe bei der Sonne „steckenbleiben“. Unsere hydrodynamische Theorie des Sonnenwindes gibt zwar die Beobachtungen größenordnungsmäßig richtig wieder, sie ist aber insofern noch unbefriedigend, als die freien Weglängen von derselben Größenordnung sind wie die charakteristischen Längen des Modells. Eigentlich wäre daher eine gaskinetische Durchrechnung, bei der das Magnetfeld notwendig mitberücksichtigt werden muß („stoßfreies Plasma“), erforderlich.

Beim Abströmen in den interplanetaren Raum nimmt der Sonnenwind magnetische Feldlinien mit sich. Wir betrachten zunächst die Bewegung von Teilchen in der Umgebung der Ebene des Sonnenäquators, in welcher wir Polarkoordinaten r und φ einführen. Ein Teilchen mit der Geschwindigkeit v erreicht in der Zeit t die Entfernung $r = vt$ von der Sonne. Letztere hat sich in dieser Zeit um einen Winkel $\varphi = \omega t$ weitergedreht, wobei die Winkelgeschwindigkeit $\omega = 2\pi/$Siderische Rotationsdauer ist. Die von einer bestimmten Stelle der Sonne aus nacheinander gestarteten Teilchen liegen also zu einem bestimmten Zeitpunkt auf einer Archimedischen Spirale

$$\varphi = \frac{\omega r}{v} , \tag{4.10.13}$$

welche einen Radiusvektor überall unter demselben Winkel schneidet, der bestimmt ist durch

$$\tan \alpha = \frac{r\,d\varphi}{dr} = \frac{\omega r}{v} . \tag{4.10.14}$$

Mit $v = 470 \text{ km s}^{-1}$ erhält man am Ort der Erde $\alpha \simeq 45°$ in guter Übereinstimmung mit den Beobachtungen.

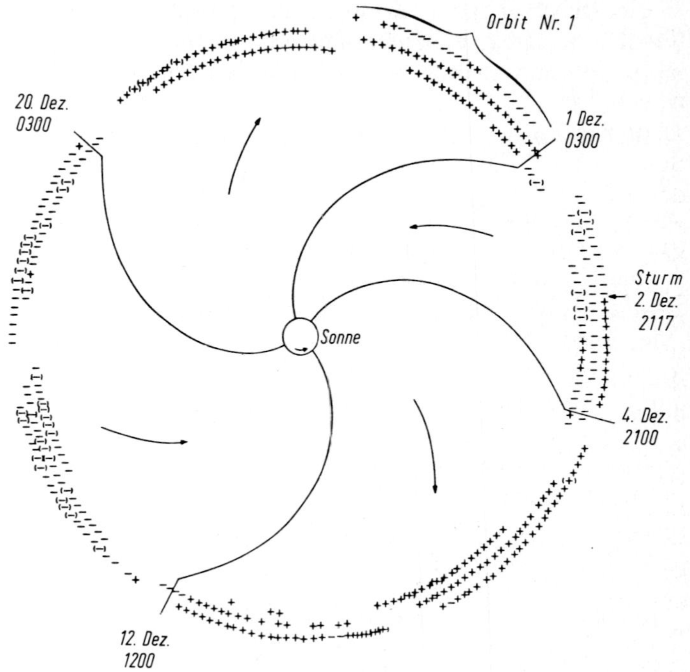

Abb. 4.10.14. Sektorstruktur des interplanetaren Magnetfeldes. Beobachtungen durch IMP-1, nach J.M. Wilcox und N.F. Ness (1965). + bzw. – Zeichen kennzeichnen Feldlinien, welche nach außen bzw. innen verlaufen. Der sonnennähere Teil des Feldes ist schematisch ergänzt

Die magnetischen Feldlinien folgen nun dieser Spirale. Da sie in sich geschlossen sein müssen, verlaufen sie in Schleifen, deren Anfang bzw. Ende in Gebieten entgegengesetzter magnetischer Polarität auf der Sonne liegen. Solche Gebiete füllen jeweils einen erheblichen Teil der Sonnenoberfläche, so daß mit dem Sonnenwind ständig riesige Feldschleifen hinausgetrieben werden. Mit Hilfe des Satelliten IMP-1 fanden zuerst J.M. Wilcox und N.F. Ness (1965) in der Nähe der Erdbahn die der großräumigen Feldverteilung auf der Sonne entsprechende *Sektorstruktur* des interplanetaren Magnetfeldes (Abb. 4.10.14). Die Anzahl (meist vier oder zwei) und die Verteilung der Sektoren wechseln je nach Anordnung der Feldkonfiguration auf der Sonne.

Für das Verständnis der Veränderungen in der Sektorstruktur ist die Kenntnis der großräumigen *dreidimensionalen* Verteilung des solaren bzw. interplanetaren Magnetfeldes wesentlich. Ausgehend von den Messungen der Raumsonde Pioneer 11 auf ihrem Weg zum Saturn, welche 16° oberhalb der Ekliptik keine Anzeichen für eine Sektorstruktur ergaben, zeichnet sich folgendes Bild ab:

Während in Äquatornähe auf der Sonne die Aktivitätsgebiete mit ihren geschlossenen Feldlinien vorherrschen, finden wir *offene* Feldlinien, längs denen der Sonnenwind ausströmt, überwiegend in höheren heliographischen Breiten (Abschn. 4.10.3). Diese etwa senkrecht zur Sonnenoberfläche austretenden bzw. in sie hineinlaufenden Feldlinien werden in einigen Sonnenradien Abstand zur Äquatorebene hin gelenkt und verlaufen weiter außen im wesentlichen parallel zu ihr. Da das großräumige Feld auf der Nord- und Südhalbkugel verschiedene magnetische Polarität aufweist, verlaufen Feldlinien verschiedener Richtung in der Äquatorebene nahe beieinander. Sie werden durch eine dünne *„neutrale Schicht"* (in der aufgrund der Feldumkehr elektrische Ströme fließen) voneinander getrennt. Diese verläuft nun infolge von Asymmetrien der Feldverteilung, Aktivitätsgebieten usw. nicht genau in der Symmetrieebene, sondern ist bis zu etwa $\pm 15°$ Breite *„verbogen"*. Schließlich ergeben sich die Grenzen der Sektoren, die z. B. die Erde überstreichen, aus dem Schnitt der Ekliptik, welche gegenüber der Äquatorebene der Sonne um $7°15'$ geneigt ist, mit dieser rotierenden, verbogenen neutralen Schicht.

Der vom Sonnenwind erfüllte Bereich, die *Heliosphäre*, endet, wenn der Staudruck des Winds gleich dem Druck des interstellaren Mediums wird. Die Übergangszone (Heliopause) dürfte bei etwa 50 bis 100 AE Abstand von der Sonne liegen.

4.11 Veränderliche Sterne. Strömungen, Magnetfelder und Aktivität bei Sternen

Die ersten Beobachtungen veränderlicher Sterne an der Wende vom 16. zum 17. Jahrhundert bildeten damals ein gewichtiges Argument gegen das Aristotelische Dogma von der Unveränderlichkeit des Himmels. Tycho Brahes und Keplers Beobachtungen der *Supernovae* von 1572 und 1604 haben noch in unseren Tagen wesentlich zur Kenntnis dieser rätselvollen Objekte beigetragen und die radioastronomische Identifikation ihrer Reste ermöglicht. Auch Fabricius' Entdeckung der Mira Ceti sollten wir erwähnen.

Man bezeichnet veränderliche Sterne mit großen Buchstaben R, S, T ... Z und dem Genitiv des Sternbildes, dann folgen entsprechend RR, RS ... ZZ, AA ... AZ, BB ... QZ; nach diesen insgesamt 334 Möglichkeiten [19] verwendet man die Bezeichnung V 335 mit dem Genitiv des Sternbildes usw. (V: Variabler Stern).

Es dürfte von vornherein klar sein, daß die Untersuchung veränderlicher Sterne wesentlich eingehendere Auskünfte über Aufbau und Entwicklung der Sterne verspricht als die der „ewig gleichen" statischen Sterne. Andererseits aber bietet auch Beobachtung und Theorie der Veränderlichen ungeheuer viel größere Schwierigkeiten. Eine Warnung vor billigen ad hoc-Hypothesen dürfte hier nicht unangebracht sein.

Es kann nicht unsere Aufgabe sein, die zahllosen Klassen veränderlicher Sterne (meist nach einem Prototyp benannt) auch nur annähernd vollständig zu beschreiben. Wir stellen die schon besprochenen Bedeckungsveränderlichen beiseite und greifen einige interessante und wichtige Typen *physisch veränderlicher Sterne* heraus, die wir nach physikalischen Gesichtspunkten ihrer Deutung zusammenfassen. Wir besprechen zunächst die pulsierenden Veränderlichen (Abschn. 4.11.1) und die magnetischen Veränderlichen mit ihren variablen Spektren (Abschn. 4.11.2). Nachdem wir schon in Abschn. 4.10 die äußersten Schichten der Sonnenatmosphäre und die Erscheinungen der Sonnenaktivität kennengelernt haben, diskutieren wir nun in Abschn. 4.11.3 und 4.11.4 die Anzeichen für Aktivität, Chromosphären, Koronen usw. bei den *Sternen* verschiedener Typen. Ganz andere Gruppen veränderlicher Sterne stellen die kataklysmischen Veränderlichen, zu denen die Novae gehören, (Abschn. 4.11.5) und die sehr vielfältigen variablen stellaren Röntgenquellen (Abschn. 4.11.6) dar. Die Erscheinungsformen dieser beiden Gruppen werden letztlich durch Materieströme innerhalb enger Doppelsternsysteme verursacht, welche von einem kompakten Stern (Weißer Zwerg oder Neutronenstern) „aufgesammelt" werden. Schließlich wenden wir uns in Abschn. 4.11.7 dem spektakulären Phänomen des Helligkeitsausbruchs einer Supernova zu, der von dem Ausschleudern einer Hülle begleitet wird (Supernovaüberrest). Bei diesen gewaltigen Sternexplosionen bleibt vielfach ein Neutronenstern als Reststern übrig, welcher als Pulsar beobachtbar ist.

Bei der Diskussion aller Typen veränderlicher Sterne wird deutlich werden, daß wir diese als bestimmte Stadien in der *Entwicklung* der Sterne auffassen müssen. Diesem wichtigen Gesichtspunkt können wir aber erst in Abschn. 4.12 sowie 5.4 Rechnung tragen.

4.11.1 Pulsierende Sterne. R Coronae Borealis-Sterne

Zu den *Pulsationsveränderlichen* gehören u. a. die folgenden Gruppen veränderlicher Sterne; es sind überwie-

[19] J wird nicht benutzt.

gend Riesensterne, daneben gibt es aber auch auf der Hauptsequenz und unter den Weißen Zwergen pulsierende Sterne.

RR Lyrae-Sterne oder *Haufenveränderliche*. Sterne mit regelmäßigem Lichtwechsel in Perioden von etwa 0.2 bis 1.2 d, Helligkeitsamplituden der Größenordnung 1 mag (etwa zwischen 0.4 und 2 mag), Spektraltypen A und F, Massen 0.5 bis 0.6 $\mathscr{M}_\odot$. Sie gehören zum Halo und Kern der Milchstraße und sind wichtig in den Kugelsternhaufen.

δ Cephei-Sterne (klassische Cepheiden). Sterne hoher Leuchtkraft (Klasse Ia bis II) mit ebenfalls ganz regelmäßigem Lichtwechsel mit Perioden von etwa 1 bis 50 d und ungefähr denselben Helligkeitsamplituden (0.1 bis 2 mag), jedoch späteren Spektraltypen F5 – K5, Massen etwa 5 bis 15 $\mathscr{M}_\odot$. Sie treten in den Spiralarmen des Milchstraßensystems auf.

W Virginis-Sterne mit sehr ähnlichen Eigenschaften wie die δ Cep-Sterne, aber absolut schwächer (um 1 bis 2 mag) und mit geringeren Massen (0.4 bis 0.6 $\mathscr{M}_\odot$). Vorkommen im Halo und Kernbereich der Milchstraße.

Zwergcepheiden sowie *δ Scuti-Sterne*. Kurzperiodische Veränderliche in der Nähe der Hauptsequenz vom Spektraltyp A und F (Massen 1 bis 2 $\mathscr{M}_\odot$), Perioden im Bereich von 0.03 bis 0.2 d, Helligkeitsamplituden 0.3 bis 0.8 mag bei den Zwergcepheiden, in der Regel $\lesssim 0.1$ mag bei den δ Sct-Veränderlichen.

ZZ Ceti-Sterne. Weiße Zwerge vom Spektraltyp DA mit sehr kurzen Perioden im Bereich von 3 bis 20 min und kleinen Amplituden zwischen 0.01 und 0.3 mag.

Mira-Veränderliche oder *langperiodische Veränderliche*, durchweg Riesensterne später Spektraltypen (M, C und S), meist mit Emissionslinien; hierzu gehört die Mira Ceti = *o*Cet (M7IIIe). Die Lichtkurven sind nicht so stabil wie bei den Cepheiden, Perioden von etwa 80 d bis mehr als 500 d, große Helligkeitsamplituden von mehr als 2.5 bis zu etwa 8 mag im Visuellen. Massen von der Größenordnung 1 $\mathscr{M}_\odot$, Radien von 100 bis 1000 $R_\odot$. Mira-Variable kommen sowohl bei den jungen als auch bei den alten Sternpopulationen der Milchstraße vor.

RV Tauri-Sterne. Helle Riesen und Überriesen der Spektraltypen F bis K mit abwechselnd tiefen und flachen Minima in ihren Lichtkurven, Perioden etwa zwischen 30 und 150 d, Amplituden bis zu 3 mag.

Halbregelmäßige Veränderliche. Riesen bis Überriesen mittlerer oder später Spektraltypen ($\gtrsim$ F) mit Quasiperioden im Bereich von 30 bis über 1000 d.

Den ersten Hinweis auf die physikalische Natur der hiermit etwa umschriebenen Gruppe veränderlicher Sterne geben ihre *Radialgeschwindigkeitskurven*. Diese sind mit den Lichtkurven auf das engste verknüpft. Man versuchte zunächst, die ganz regelmäßigen Geschwindigkeitsschwankungen z. B. der klassischen Cepheiden auf eine Doppelsternbewegung zurückzuführen. Die Integration über die Geschwindigkeiten liefert (ohne weitere Hypothesen) die Dimensionen der „Bahn", da ja (x: Koordinate in Richtung der Sehlinie)

$$\int_{t_1}^{t_2} \frac{dx}{dt}\,dt = x_2 - x_1 \ . \tag{4.11.1}$$

Es zeigte sich, daß der Stern in dieser Bahn neben dem geforderten Begleiter gar keinen Platz hätte. So griff H. Shapley 1914 auf die als rein theoretisches Problem schon in den 1880er Jahren von A. Ritter diskutierte Möglichkeit einer *radialen Pulsation* der Sterne zurück. Die Pulsationstheorie der Cepheiden (und verwandten Veränderlichen) ist dann ab 1917 von A. S. Eddington weiterentwickelt worden. Dies wiederum gab den Anstoß zu seinen bahnbrechenden Arbeiten über den inneren Aufbau der Sterne (Abschn. 4.12).

Einen wichtigen Zug der – in den Details schwierigen – Theorie pulsierender Sterne enthüllt schon eine einfache Abschätzung: Wir fassen die Pulsation auf als eine stehende *Schallwelle* im Stern. Deren Geschwindigkeit ist $c_s = \sqrt{\gamma p/\varrho}$, wo $\gamma = c_p/c_v$ das Verhältnis der spezifischen Wärmen, p den Druck und ϱ die Dichte bedeutet. Der mittlere Druck $\bar{p}$ im Sterninneren ist größenordnungsmäßig gleich der Schwerkraft auf eine Materiesäule vom Einheitsquerschnitt, die von der Oberfläche bis ins Innere des Sternes der Masse $\mathscr{M}$ reicht (2.8.7), d. h.

$$\bar{p} \simeq \underbrace{\bar{\varrho}}_{\text{Mittlere Dichte}} \cdot \underbrace{R}_{\text{Radius}} \cdot \underbrace{\frac{G\mathscr{M}}{R^2}}_{\text{Beschleunigung}} \ . \tag{4.11.2}$$

Die Schwingungsperiode P wird nun, wieder größenordnungsmäßig,

$$P \simeq R/c_s \simeq R\left(\gamma \frac{G\mathcal{M}}{R}\right)^{-1/2} . \qquad (4.11.3)$$

Wegen $\mathcal{M} = (4\,\pi/3) R^3 \bar{\varrho}$ ergibt sich daraus die wichtige Beziehung zwischen der Periode P und der mittleren Dichte $\bar{\varrho}$ des Sterns

$$P \simeq \frac{1}{\sqrt{G\bar{\varrho}}} , \qquad (4.11.4)$$

die sich an einem umfangreichen Beobachtungsmaterial bestens bestätigt hat.

Einen zweiten Test der Pulsationstheorie hat seinerzeit W. Baade vorgeschlagen: Die Helligkeit eines Sternes ist proportional der Fläche seines „Scheibchens" πR^2 mal dem Strahlungsstrom F_λ an seiner Oberfläche. Die zeitliche Variation des Sternradius R kann man aber durch Integration der Radialgeschwindigkeitskurve nach (4.11.1) direkt erhalten. Andererseits kann man den Strahlungsstrom F_λ z.B. mit Hilfe der Theorie der Atmosphären aus den Farbindizes oder anderen spektroskopischen Kriterien ermitteln. (Wir werden diese Methode später in Abschn. 5.5.1 auf Supernovae zur Bestimmung der Entfernungen von Galaxien anwenden.)

In Abb. 4.11.1 sind für δ Cep einige Zustandsgrößen mit ihrem zeitlichen Verlauf zusammengestellt. Die geforderte Proportionalität der gemessenen Helligkeiten mit $R^2 F_\lambda$ ist tatsächlich gut erfüllt.

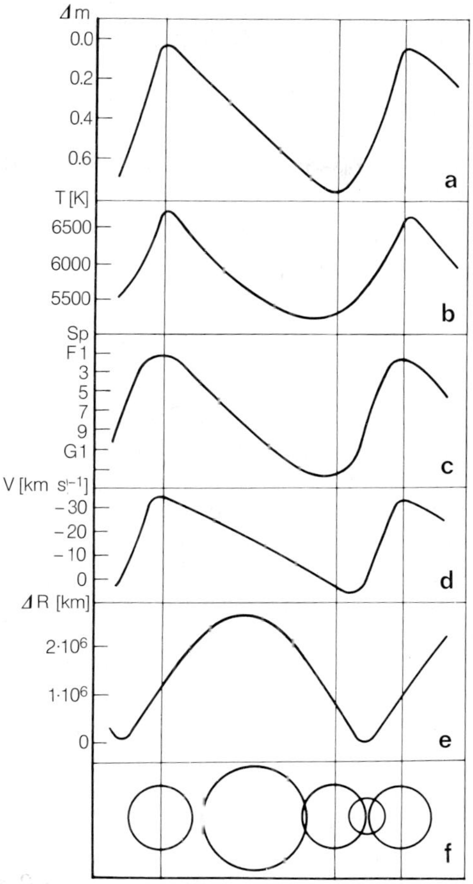

Abb. 4.11.1a – f. Periodische Schwankungen bei δ Cephei. Dargestellt sind von oben nach unten (**a**) Helligkeit (Lichtkurve in [mag]), (**b**) Farbtemperatur, (**c**) Spektraltyp, (**d**) Radialgeschwindigkeit, (**e**) Radiusänderung $\Delta R = R - R_{min}$, (**f**) Sternscheibe

Miss H. Leavitt am Harvard Observatory entdeckte 1912 an den vielen hundert Cepheiden der Magellanschen Wolken eine Beziehung zwischen der Periode P und zunächst einmal der scheinbaren Helligkeit m_v. Da alle diese Sterne denselben Entfernungsmodul haben, war damit eine *Periode-Leuchtkraft-Beziehung* entdeckt. H. Shapley legte mit Hilfe eines noch ziemlich bescheidenen Beobachtungsmaterials an Eigenbewegungen (Abschn. 5.2.2) den Nullpunkt der Skala der *absoluten Helligkeiten* fest. Damit war es nun möglich (die Probleme der interstellaren Absorption waren damals noch unbekannt), die *Entfernung* jedes kosmischen Gebildes zu bestimmen, in dem man Cepheiden entdecken konnte. So konnte 1918 H. Shapley unter Zuhilfenahme von S. Baileys Beobachtungen (1895) vieler Haufenveränderlicher (RR Lyr-Sterne) in den Kugelsternhaufen zum erstenmal deren Entfernungen ermitteln und damit die Umrisse des galaktischen Systems – im heutigen Sinne – festlegen. 1924 bestimmte dann E. Hubble mit derselben Methodik, aber unter Verwendung klassischer Cepheiden (mit längeren Perioden) die Entfernungen einiger uns benachbarter Spiralnebel und wies so definitiv nach, daß letztere unserem Milchstraßensystem gleichgestellte *Galaxien* sind. Wir werden über diesen „Vorstoß in den Weltraum" in Abschn. 5.5, 9 berichten. Hier aber müssen wir sogleich eine wichtige Korrektur in den Grundlagen der Cepheiden-Methode besprechen, die W. Baade um 1950 entdeckt hat. Er konnte nämlich zeigen, daß der Nullpunkt der Periode-Leuchtkraft-Beziehung für verschiedene Typen von Cepheiden verschieden liegt. Insbesondere sind bei gleicher Periode die klassischen Cepheiden der Sternpopulation I (über Sternpopulationen vgl. Abschn. 5.1) um 1 bis 2 Magnitudines heller als die W Virginis-Sterne der Sternpopulation II.

Die *Amplitude des Lichtwechsels*, gemessen z.B. in visuellen Magnitudines m_v, nimmt nach den kühleren

Sternen hin systematisch zu. Dies beruht im wesentlichen auf dem Planckschen Strahlungsgesetz. Schreiben wir m_v in der Wienschen Näherung analog (4.4.10), so gilt

$$m_\mathrm{v} = \frac{1.56 \cdot 10^7}{\lambda_\mathrm{v}\,[\mathrm{nm}]\; T[\mathrm{K}]} + \mathrm{const}_\mathrm{v} \; . \qquad (4.11.5)$$

Einer bestimmten Temperaturschwankung ΔT entspricht also eine Helligkeitsamplitude

$$\Delta m_\mathrm{v} = -\frac{1.56 \cdot 10^7}{\lambda_\mathrm{v} T^2} \Delta T \; , \qquad (4.11.6)$$

die bei kühleren Sternen $\sim 1/T^2$ größer wird.

Ein interessantes theoretisches Problem stellt die *Erhaltung der Pulsation:* Welches „Ventil" sorgt dafür, daß die Schwingung des Sterns – wie der Kolben einer Wärmekraftmaschine – jeweils in der richtigen Phase angestoßen wird? Die Erzeugung thermischer Energie durch Kernprozesse nahe dem Zentrum des Sterns wird von der Pulsation sicher so gut wie nicht beeinflußt. Vielmehr kommt es an auf die Temperatur- und Druckabhängigkeit der Opazität, die den Fluß der Strahlungsenergie regelt und damit bestimmt, auf welche Temperatur eine bestimmte Schicht sich jeweils einstellt. Dieser „κ-Mechanismus" erweist sich – in Verbindung mit der Änderung des adiabatischen Temperaturgradienten – als besonders wirkungsvoll im Bereich der zweiten Ionisation des Heliums. Derartige – sehr diffizile – Berechnungen können auch theoretisch verständlich machen, für welche Kombinationen der Zustandsgrößen der Sterne, d.h. in welchen Bereichen des Hertzsprung-Russell-Diagramms, Pulsation möglich ist. So versteht man z.B., daß sich die δ Sct-Sterne und Zwergcepheiden, die RR Lyr-, W Vir- und δ Cep-Sterne längs eines schmalen *Instabilitätsstreifens* anordnen, der sich von einer Effektivtemperatur von etwa 8000 K in der Nähe der Hauptreihe „nach rechts oben" bis zu 5000 K bei den Cepheiden erstreckt.

Die kühleren Pulsationsveränderlichen mit längeren Perioden des Lichtwechsels, wie die RV Tauri-Veränderlichen und die langperiodischen Veränderlichen, haben einen immer unregelmäßigeren Lichtwechsel. Die Theorie des inneren Aufbaus der Sterne (Abschn. 4.12) zeigt, daß in den kühleren Sternen die Wasserstoffkonvektionszone immer größere Ausdehnung annimmt. Es liegt daher nahe, eine Kopplung der Pulsation mit den turbulenten Strömungen der Konvektion als Ursache des beobachteten halb-regelmäßigen Lichtwechsels anzusehen.

Die Hüllen der *Mira-Veränderlichen* expandieren mit Geschwindigkeiten der Größenordnung $10\,\mathrm{km\,s^{-1}}$, wie man aus Messungen der Radialgeschwindigkeiten von Absorptions- und Emissionslinien ableitet. Die Sterne verlieren entsprechend Masse mit einer Rate von etwa 10^{-8} bis $10^{-6}\,\mathcal{M}_\odot\,\mathrm{a}^{-1}$. Bei einigen Mira-Variablen werden auch Linien im Radiofrequenzbereich beobachtet, insbesondere die *Maser-Emission des OH-Radikals* bei $\lambda = 18$ cm (Abschn. 5.3.4), wobei die 1612 MHz-Komponente am stärksten ist (sog. Typ II-Maser). Die charakteristische Doppelstruktur dieser Komponente weist ebenfalls auf eine Expansionsbewegung der Hülle hin.

Radiodurchmusterungen bei $\lambda = 18$ cm nach OH-Quellen zusammen mit Infrarotbeobachtungen führten in neuerer Zeit zur Entdeckung von optisch nicht sichtbaren *OH/IR-Sternen*. Diese kühlen, hinter einer dichten Staubhülle verborgenen Sterne zeigen im Infrarot Helligkeitsschwankungen, die denen der Mira-Veränderlichen im Typ entsprechen; die Perioden reichen bis zu 2000 d. Die Perioden-Leuchtkraft-Beziehung der OH/IR-Sterne deutet darauf hin, daß wir diese Sterne als Fortsetzung der Mira-Variablen ansehen können. Ihr Massenverlust ist mit etwa 10^{-5} bis $10^{-4}\,\mathcal{M}_\odot\,\mathrm{a}^{-1}$ höher als bei den Mira-Sternen.

Im Bereich der roten Riesensterne gibt es noch eine ganz andere Art langsam veränderlicher Sterne, die *R Coronae Borealis-Sterne.* Ihre Helligkeit sinkt von einem konstanten Normalwert bisweilen plötzlich um mehrere Größenklassen ab, um sich dann langsamer zu erholen. Die spektrale Analyse dieser relativ kühlen Sterne zeigt, daß ihre Atmosphären niedrigen Wasserstoffgehalt, dagegen hohen Kohlenstoff- (und wahrscheinlich Helium-) gehalt haben. Man könnte daran denken, daß die R CrB-Sterne zeitweise Wolken von kolloidalem Kohlenstoff, d.h. eine Art Rußwolken, ausstoßen, welche den Stern verfinstern.

4.11.2 Magnetische oder Spektrum-Veränderliche. Ap-Sterne und Metalliniensterne

Im Bereich der Hauptsequenz findet man verschiedene Arten von Sternen, die *nicht* in die zweidimensionale MK-Klassifikation passen. Alle zeichnen sich durch Pekuliaritäten ihres Spektrums aus. Die heißeren Ap-Sterne sind überwiegend veränderlich, die kühleren Metalliniensterne nicht. Ob diese beiden Gruppen etwas miteinander zu tun haben, ist eine offene Frage.

Die (kühleren) Ap-Sterne (peculiar A stars) oder *Spektrum-Veränderlichen* zeigen anomale Intensität und einen periodischen Wechsel in der Intensität gewisser Spektrallinien, wobei verschiedene Linien sich verschieden verhalten. Prototyp ist α^2 *Canum Venaticorum* mit einer Periode von 5.5 d, in der sich die Linien von Eu II und Cr II mit entgegengesetzter Phase ändern, während z. B. Si II und Mg II fast konstant bleiben. Mit den spektralen Änderungen gehen meist Helligkeitsschwankungen von ungefähr 0.1 mag einher. H. W. Babcock konnte durch Messung der Zeemaneffekte zeigen, daß diese Sterne Magnetfelder von 0.1 bis 1 T bzw. 10^3 bis 10^4 G haben, deren Stärke und vielfach auch Vorzeichen sich periodisch ändern. Nach A. Deutsch kann man zumindest einen erheblichen Teil der Beobachtungen durch die Vorstellung erklären, daß diese Sterne riesige magnetische *Flecke* haben, in denen – je nach ihrer Polarität – die eine oder andere Gruppe von Spektrallinien verstärkt ist. Die Variationen werden auf die *Rotation* des Sternes zurückgeführt.

Im Farben-Helligkeits-Diagramm liegen die Ap-Sterne auf oder nahe der Hauptsequenz etwa im Bereich $-0.20 \lesssim (B-V) \lesssim +0.20$ mag entsprechend Effektivtemperaturen zwischen etwa 18000 bis 8000 K. Ein großer Teil der Ap-Sterne sind also eigentlich Bp-Sterne, die ursprünglich aufgrund ihrer charakteristischen schwachen He I-Linien als A-Sterne klassifiziert wurden. Üblicherweise wird die Bezeichnung Ap-Sterne jedoch weiterhin für die gesamte Gruppe dieser Sterne beibehalten.

Unter den späten B- und A-Sternen sind mindestens 10 bis 15% Ap(Bp)-Sterne. Man unterteilt diese nach ihren auffallendsten spektralen Anomalien in folgende Gruppen: (a) An die *Eu-Cr-Sr-Sterne* am kühleren Ende des Bereichs schließen sich zu höheren Effektivtemperaturen ($T_{\text{eff}} \gtrsim 12000$ K) die *Si-Sterne* an; zu letzteren gehört z. B. α^2 CVn. (b) Bei ähnlichen Temperaturen wie die Si-Sterne liegen die *Hg-Mn-Sterne,* welche jedoch im Gegensatz zu den eigentlichen magnetischen Eu-Cr-Sr- und Si-Sternen, keine beobachtbaren Magnetfelder aufweisen und keine Spektrum-Veränderlichen sind. (c) Die *Helium-schwachen Sterne* mit weniger ausgeprägten Anomalien bilden die Fortsetzung beider Gruppen zu den höchsten Effektivtemperaturen bis etwa $\lesssim 20000$ K.

In einigen Ap-Sternen beobachtet man ungewöhnliche Anomalien: z. B. zeigt eine Untergruppe der Helium-schwachen Sterne die in der Wellenlänge etwas verschobenen Linien des Isotops ^{3}He in vergleichbarer Stärke wie die des ^{4}He. In einigen Eu-Cr-Sr-Sternen treten Linien sonst sehr seltener schwerer Elemente wie z. B. Os I und II und Pt II und vielleicht U II in unerwarteter Stärke auf. Im Spektrum von HR 465 wurde das radioaktive Promethium-Isotop ^{145}Pm mit 17.7 a Halbwertszeit identifiziert. Dies kann man als Indiz dafür ansehen, daß die anomalen Elementhäufigkeiten zum Teil durch Neutronenbestrahlung entstanden sein könnten. Andererseits lassen sich die meisten Häufigkeitsanomalien der Ap-Sterne – und der Metalliniensterne (s. u.) – nur schwer als Folge nuklearer Prozesse verstehen. F. Praderie, E. Schatzman und G. Michaud (1967/70) schlugen daher Deutungen auf der Basis von *Diffusionsprozessen* vor, bei denen in den oberflächennahen Schichten dieser Sterne die Elemente durch das Zusammenspiel von selektiv wirkendem Strahlungsdruck als „Auftrieb“ und der Sedimentation als Folge der Gravitationsbeschleunigung getrennt werden können. Die noch keineswegs geklärten Einzelheiten dürften empfindlich von der Stärke der turbulenten oder konvektiven Durchmischung und der Magnetfelder abhängen.

An die Ap-Sterne schließen sich längs der Hauptsequenz nach kühleren Temperaturen hin – mit einem großen überlappenden Bereich – die nicht veränderlichen *Metalliniensterne* (Am-Sterne) an. Sie sind meist Mitglieder von Doppelsternsystemen, ihre Rotationsgeschwindigkeit ($\lesssim 100$ km s^{-1}) ist geringer als die der normalen A-Sterne. Starke Magnetfelder werden nicht beobachtet. Etwa 10% der (helleren) A-Sterne sind Metalliniensterne. Nach ihren Wasserstofflinien klassifiziert man sie etwa als A0 und F1. Geht man von diesen Wasserstofftypen aus, so liegen die Sterne auf der Hauptsequenz. Dafür sind aber die Linien von Kalzium (insbesondere H + K) und/oder Scandium zu schwach, während die Metallinien der Eisengruppe und der schweren Elemente zu stark sind. Genauere Analysen ergeben Effektivtemperaturen zwischen etwa 7000 bis 10000 K und zeigen durch Vergleich von Linien verschiedener Anregungs- und Ionisationsstufen, daß die *Häufigkeiten* der Elemente *anomal* sind und daß es sich nicht um irgendwelche anomalen Anregungsverhältnisse (Abweichungen vom LTE) handelt.

Sowohl die Ap- als auch die Am-Sterne kommen auf der Hauptsequenz verhältnismäßig junger (nur 10^6 bis 10^7 a alter) Sternhaufen und Assoziationen vor. Dies zeigt jedenfalls, daß die Anomalien dieser Sterne rasch, in unmittelbarer Nähe der Hauptsequenz entstanden sein müssen.

4.11.3 Aktivität, Chromosphären und Koronen bei kühlen Sternen

In Abschn. 4.10 haben wir die Sonne als veränderlichen Stern mit ihrem 2 · 11jährigen magnetischen Aktivitätszyklus kennengelernt. Die vielfältigen Erscheinungen der Sonnenaktivität beruhen letzten Endes auf der Wechselwirkung der *Rotation* mit den Strömungs- und Magnetfeldern in der *Wasserstoffkonvektionszone,* bei der durch einen Dynamoprozeß der Zyklus aufrechterhalten wird. Auch der Temperaturanstieg zu den äußersten Schichten der Sonnenatmosphäre, der Chromosphäre und Korona, ist auf die Konvektionszone zurückzuführen, in der akustische und magnetohydrodynamische Wellen erzeugt werden, welche dann eine Aufheizung der oberen Schichten bewirken. Auf der anderen Seite ergibt die Theorie des inneren Aufbaus der Sterne, daß alle kühlen Sterne später als etwa F0 ($T_{\mathrm{eff}} \lesssim 6500$ K) mehr oder weniger ausgedehnte Wasserstoffkonvektionszonen in der Nähe der Oberfläche haben. Es liegt daher nahe, auch bei anderen Sternen in diesem Bereich des Hertzsprung-Russell-Diagramms nach sonnenähnlichen Aktivitätsphänomenen und Anzeichen für Chromosphären oder Koronen zu suchen.

Auf der Sonne sind die Aktivitätsgebiete bzw. ihre Fackelflächen im Optischen gekennzeichnet durch die Ca II H- und K-Emissionslinien, denen sich manchmal eine feinere Absorption überlagert. Genau dasselbe beobachtet man bei vielen Hauptsequenz- und Riesensternen der Spektraltypen G bis M. Diese – von K. Schwarzschild und G. Eberhard (1913) entdeckte und später von O.C. Wilson genauer untersuchte – *chromosphärische Emission* bzw. *Aktivität bei Sternen* zeigt vielfach zeitliche Veränderungen, die auf Rotation oder einen Aktivitätszyklus der Sterne hindeuten.

Sodann beobachten O.C. Wilson und M.K.V. Bappu (1957) eine völlig unerwartete Gesetzmäßigkeit: Die *Breite* der Ca II-Emissionslinien ist (unabhängig von ihrer Intensität) eine Funktion der *absoluten Helligkeit* der Sterne. Man hat so für die kühleren Sterne eine ausgezeichnete Methode zur Bestimmung spektroskopischer Parallaxen, die über etwa 15 Magnitudines bzw. 6 Zehnerpotenzen in der Leuchtkraft gültig ist. Weshalb die Turbulenzgeschwindigkeit in den Chromosphären der kühlen Hauptsequenz- und Riesensterne mit den anderen Parametern ihrer Atmosphären in der angedeuteten Weise verknüpft ist, ist noch eine weitgehend ungelöste Frage.

Bei einigen kühlen Zwergsternen hat G.E. Kron (1952) kleine periodische Helligkeitsänderungen beobachtet, die er auf *„Sternflecke"*, analog den Sonnenflecken, zurückführte. Nach B.V. Kukarkin u.a. bezeichnen wir rotierende Sterne dieser Art als *BY Draconis-Veränderliche.* Sie umfassen Hauptreihensterne später Spektraltypen (mit Emissionslinien) mit quasiperiodischen Helligkeitschwankungen $\lesssim 0.6$ mag. Die Perioden liegen zwischen einigen Zehnteln bis zu mehreren Tagen, die Amplituden können sich im Laufe einiger Jahre ändern.

Viele kühle Zwergsterne, meist vom Typ M mit Wasserstoffemissionslinien, zeigen außerdem in unregelmäßigen Zeitintervallen *Flares,* die sich von denen der Sonne nur durch ihre z.T. größere Helligkeit unterscheiden. Dabei wächst innerhalb von etwa 3 bis 100 s die optische Helligkeit des Sterns um Beträge bis 6 oder 7 mag an; das Abklingen erfolgt wesentlich langsamer. Kleinere Helligkeitsanstiege gehen über in die fast ständigen Helligkeits-

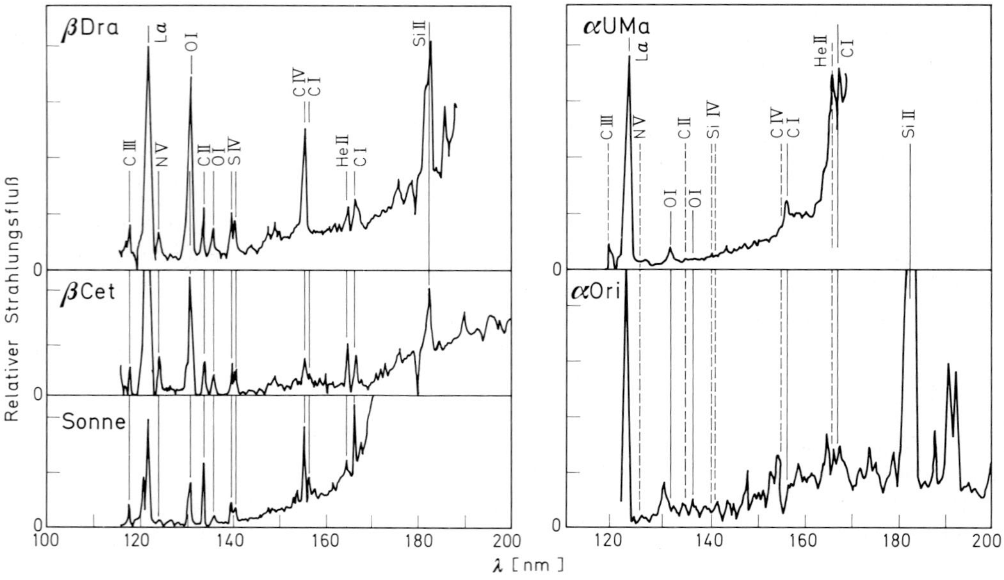

Abb. 4.11.2. Ultraviolette Spektren einiger kühler Sterne (Beobachtungen mit dem International Ultraviolet Explorer von J.L. Linsky und B.M. Haisch, 1979): β Dra (G2II), β Cet (K1 III), α UMa (K0 II – III), α Ori (M2 I ab) sowie zum Vergleich die ruhige Sonne. Die Lage der solaren, in den Sternspektren nicht vorhandenen Linien ist durch gestrichelte Geraden gekennzeichnet

schwankungen. Das Spektrum dieser *Flaresterne* oder – nach ihrem Prototyp benannten – *UV Ceti-Sterne* zeigt bei einem Ausbruch im Ultraviolett ein überlagertes Kontinuum, so daß die Helligkeit dort bis 10 mag anwachsen kann, sowie starke Emissionslinien von Ca II, H I, He I, sogar He II wie in Sonneneruptionen. Während aber auf der Sonne das kontinuierliche Spektrum des Flares im Verhältnis zur Helligkeit der Photosphäre höchstens einige Prozent erreicht, kehrt sich dieses Verhältnis bei kühlen Sternen ($\lesssim 4000$ K) um, da der Strahlungsstrom ihrer Photosphäre um mehrere Magnitudines schwächer ist. Zusammen mit einem optischen Flare konnten B. Lovell u. a. (1963) im Meterwellenbereich auch die zugehörigen *Radio-Flares* entdecken. Ebenso konnten im *Röntgenbereich* durch den Einstein-Satelliten Ausbrüche von Flaresternen von etwa 10^{23} bis 10^{24} W beobachtet werden, die große Ähnlichkeit mit den solaren Flares aufweisen.

Seit etwa 1970 ist es möglich, durch Beobachtungen im Ultraviolett und Röntgengebiet von Satelliten aus, *Chromosphären, Koronen und Winde* bei Sternen verschiedener Art in großem Umfang zu untersuchen. Bei vielen Sternen späten Spektraltyps finden wir ähnlich wie bei der Sonne im Ultraviolett Emissionslinien wie H I Lα $\lambda = 121.6$, O I $\lambda = 130.4$, C I $\lambda = 155.7/156.1$, Si II $\lambda = 180.8/181.7$ und Mg II (h und k) $\lambda = 279.6/280.3$ nm, welche *chromosphärischen* Ursprungs sind, zusammen mit Linien höherer Ionen, wie z. B. Si IV $\lambda = 139.4/140.3$, C III $\lambda = 97.7/117.5$, C IV $\lambda = 154.8/155.1$ oder N V $\lambda = 123.9/124.3$ nm, welche auf Temperaturen über $3 \cdot 10^4$ K deuten und in der *Übergangsschicht* zu einer Korona oder in einer kühlen *Korona* gebildet werden (Abb. 4.11.2). Demgegenüber fehlen bei den kühleren, leuchtkräftigeren Sternen, wie z. B. bei α Ori (M2 I ab) die hochangeregten Linien, so daß ihre Chromosphären mit Temperaturen $\lesssim 3 \cdot 10^4$ K wahrscheinlich ohne heiße Übergangszone direkt in kühle, massive *Sternwinde* mit relativ geringen Ausströmgeschwindigkeiten von etwa 10 bis 100 km s^{-1} einmünden.

Anhand der *blauverschobenen* zirkumstellaren Absorptionskomponenten starker Linien wie der Ca II H- und K-Linien in den Spektren kühler, leuchtkräftiger Riesen erkannte A. J. Deutsch (1956), daß die Expansionsgeschwindigkeiten der ausgedehnten Hüllen die Entweichgeschwindigkeit übertreffen und diese Sterne somit Materie an das interstellare Medium abgeben. Die *Massenverlustrate* $\dot{\mathscr{M}}$ kann heute außer durch die optischen zirkumstellaren Linien noch u. a. aus der Infrarotstrahlung des Staubs der Hülle sowie aus Linien des OH, H_2O oder CO im Radiofrequenzbereich abgeleitet werden.

Nach D. Reimers (1975) ist der Massenverlust kühler Riesen und Überriesen größenordnungsmäßig durch

$$\dot{\mathscr{M}} \simeq 4 \cdot 10^{-13} \frac{L/L_\odot}{(g/g_\odot)(R/R_\odot)} [\mathscr{M}_\odot \, a^{-1}] \qquad (4.11.7)$$

mit den fundamentalen Sternparametern Leuchtkraft L, Radius R und Oberflächenschwerebeschleunigung $g = G\mathscr{M}/R^2$ verknüpft. Die Massenverlustraten erreichen bei den kühlsten Überriesen 10^{-7} bis 10^{-5} $\mathscr{M}_\odot$ a^{-1}, bei den OH/IR-Sternen sogar bis 10^{-4} $\mathscr{M}_\odot$ a^{-1}. Auf der anderen Seite liegt ein schwacher Sternwind von der Art des Sonnenwinds ($\dot{\mathscr{M}} \simeq 10^{-14}$ $\mathscr{M}_\odot$ a^{-1}), den man für kühle Hauptreihensterne erwartet, unterhalb der derzeitigen Nachweisgrenze.

Als Ursache für die – i. allg. variablen – Sternwinde sehen wir wie bei der Sonne die Energiezufuhr durch akustische und magnetohydrodynamische Wellen aus der Wasserstoffkonvektionszone an. Bei den höchsten Massenverlustraten spielt vermutlich auch die Beschleunigung durch den Strahlungsdruck vom Stern eine Rolle, der über die zirkumstellaren Staubteilchen mit ihrem großen Absorptionsquerschnitt wirkt.

Die Sonne emittiert entsprechend ihrer Koronatemperatur von einigen 10^6 K im Röntgenbereich (0.2 – 3 keV) von etwa $L_X \simeq 5 \cdot 10^{19}$ W $= 5 \cdot 10^{26}$ erg s^{-1} (ruhige Korona) bis zu $2 \cdot 10^{22}$ W $= 2 \cdot 10^{29}$ erg s^{-1} (zahlreiche Aktivitätsgebiete). Erst die Empfindlichkeit des Einstein-Satelliten und später von EXOSAT ermöglichte es, *stellare Koronen* ähnlicher Art durch ihre Röntgenemission bis zu Entfernungen von rund 100 pc nachzuweisen. Die Röntgenleuchtkraft der kühlen *Hauptreihensterne* vom Spektraltyp von G bis M liegt im Bereich von 10^{19} bis 10^{21} W, ist also durchaus mit der der Sonne bei einer „mittleren" Aktivität vergleichbar; im Mittel variiert sie nur wenig mit dem Spektraltyp. Während die Röntgenemission bei einem G-Zwerg rund 10^{-7} der Gesamtstrahlung L ausmacht, ist der Anteil bei den M-Zwergen jedoch wegen ihrer viel kleineren Gesamtleuchtkraft mit 10^{-3} bis 10^{-2} auffallend hoch. Die Röntgenleuchtkraft hängt ausgesprochen stark von der *Rotationsgeschwindigkeit* V_{rot} der Sterne ab; unabhängig von L gilt näherungsweise $L_X \sim V_{rot}^2$.

Während für einige Riesensterne (früher als K2) ähnliche L_X wie für die Zwergsterne beobachtet werden, fällt auf, daß bei den kühleren Riesen und Überriesen *keine* Röntgenemission entdeckt werden konnte, obwohl die Nachweisgrenze einem Wert von L_X/L entspricht, der noch deutlich unterhalb dem für die ruhige Sonne („koronale Löcher") liegt.

Viele Veränderliche vom Typ *RS Canum Venaticorum,* getrennte Doppelsternsysteme mit späten Unterriesen und Zwergen als Komponenten, zeigen variable, starke Emission um $4 \cdot 10^{24}$ W im weichen Röntgenbereich, außerdem Anzeichen für chromosphärische Aktivität und Sternflecken. Ihre Aktivität beruht wahrscheinlich ebenfalls auf der raschen Rotation der Sterne, die durch Gezeitenwechselwirkung mit der Bahnbewegung synchronisiert ist.

Bereits seit den 1960er Jahren ist durch Arbeiten von O.C. Wilson, R.P. Kraft, A. Skumanich u.a. der Zusammenhang der *chromosphärischen Aktivität* bzw. der Ca II-Emission mit der *Rotation* der Sterne und – durch Vergleich der Sterne in unterschiedlich alten Sternhaufen – auch mit deren *Alter* deutlich geworden. Mit fortschreitendem Alter der Sterne nimmt (im statistischen Mittel) sowohl ihre Rotationsgeschwindigkeit als auch ihre Aktivität ab. Dies gilt nicht nur für die chromosphärische Emission, sondern wahrscheinlich auch für alle anderen Anzeichen der stellaren Aktivität, wie die Flaretätigkeit und die Röntgenemission. Im Laufe der Entwicklung eines kühlen Sterns wird – ähnlich wie beim Sonnenwind – durch das ausströmende Plasma mit seinen Magnetfeldern Drehimpuls an das interstellare Medium abgeführt, so daß die Rotation abgebremst wird. Hierdurch wird wiederum der Dynamoprozeß zur Aufrechterhaltung des Aktivitätszyklus und Erzeugung des stellaren Magnetfeldes weniger wirksam und die Phänomene der Aktivität, welche wesentlich von der Magnetfeldstärke abhängen, klingen ab.

Ausgeprägte Aktivität bzw. Variabilität, die einige Ähnlichkeit mit der der Sonne und anderer kühler Zwergsterne aufweist, finden wir auch bei *sehr jungen Sternen* der Spektraltypen F bis M, welche sich noch nicht zur Hauptreihe hin entwickelt haben und im Hertzsprung-Russell-Diagramm oberhalb der Hauptreihe liegen (Abschn. 5.4.7). Die nach ihren Prototypen so genannten *T Tauri-Sterne* oder *RW Aurigae-Sterne* zeichnen sich spektroskopisch durch helle Emissionslinien, insbesondere Ca II H und K, Hα und weitere Balmerlinien des Wasserstoffs aus. Ihre Helligkeit „flackert" unregelmäßig, größenordnungsmäßig um 1 mag innerhalb von Tagen; viele sind starke Röntgenquellen ($\lesssim 5 \cdot 10^{24}$ W). V.A. Ambarzumian, G. Haro u.a. zeigten, daß diese Veränderlichen am Himmel vorzugsweise im Bereich der Dunkelwolken und jungen Sternhaufen vorkommen: im Orion, wo im Bereich der bekannten Nebel sich ein Sternhaufen bildet, im Taurus mit den Plejaden usw. handelt es sich um Sterne, die erst vor relativ kurzer Zeit ($\lesssim 4 \cdot 10^8$ a) aus interstellarer Materie gebildet worden sind. Mit ihnen zusammen findet man auch eine große Anzahl von Flare- bzw. UV Cet-Sternen.

In seltenen Fällen können bei T Tau-Sternen große Helligkeitsausbrüche auftreten, die mit dem Ausstoß von Materie verbunden sind (FU Orionis-Phänomen). Z.B. stieg 1969 die Helligkeit von V1057 Cyg um 6 mag in etwa 300 d an, um anschließend nur sehr langsam wieder abzufallen. Kurz nach dem Ausbruch zeigte das Spektrum von V1057 Cyg Ähnlichkeit mit dem eines A-Überriesen.

4.11.4 Koronen, Sternwinde und Variabilität bei heißen Sternen

Viele, wahrscheinlich sogar alle *Überriesen* zeigen irreguläre Helligkeitsschwankungen der Größenordnung 0.1 bis 0.2 mag sowie Schwankungen der Radialgeschwindigkeiten der Fraunhoferlinien bis zu mehreren km s^{-1} mit typischen Zeitskalen von Tagen bis Monaten; z.B. ist α Cyg (A2Ia) seit 1896 als Spektrum-Veränderlicher bekannt. Bei den helleren Überriesen beobachtet man weiterhin – ebenfalls veränderliche – Emissionslinien wie z.B. Hα und andere Balmerlinien, He II $\lambda = 468.6$ nm oder (bei den sog. Of-Sternen) N III-Linien um $\lambda = 463$ nm.

Die seltenen, absolut hellsten Überriesen mit M_V im Bereich von -7.5 bis -9.5 mag und Spektraltypen zwischen B und F (Hypergiganten), die die *„Leuchtkräftigen Blauen Veränderlichen"* (LBV: Luminous Blue Variables), welche die Hubble-Sandage-Veränderlichen sowie die Veränderlichen der Typen S Dor (in der Großen Magellanschen Wolke), η Car (Abb. 5.3.10) und P Cyg umfassen, zeigen einen weiten Bereich von Helligkeitsschwankungen, von raschen kleinen Änderungen (einige 0.01 mag) in Stunden bis hin zu langsamen Änderungen der Größenordnung 1 mag in Jahren bis Jahrzehnten und gelegentlichen stärkeren Helligkeitsausbrüchen. Ihr Spektrum ist reich an Emissionslinien, die vielfach ein *P Cygni-Profil* aufweisen: eine breite Emission mit einer zur kurzwelligen Seite verschobenen Absorptionskomponente (Abb. 4.11.3), welche auf *ausströmende Materie* zurückzuführen ist. Die Geschwindigkeiten erreichen einige 100 km s^{-1}, der durch diesen Sternwind bedingte Massenverlust ist beträchtlich ($\gtrsim 10^{-5}\, \mathcal{M}_\odot\, a^{-1}$).

Während im Optischen nur die besonders dichten, massiven Sternwinde der leuchtkräftigsten Sterne an-

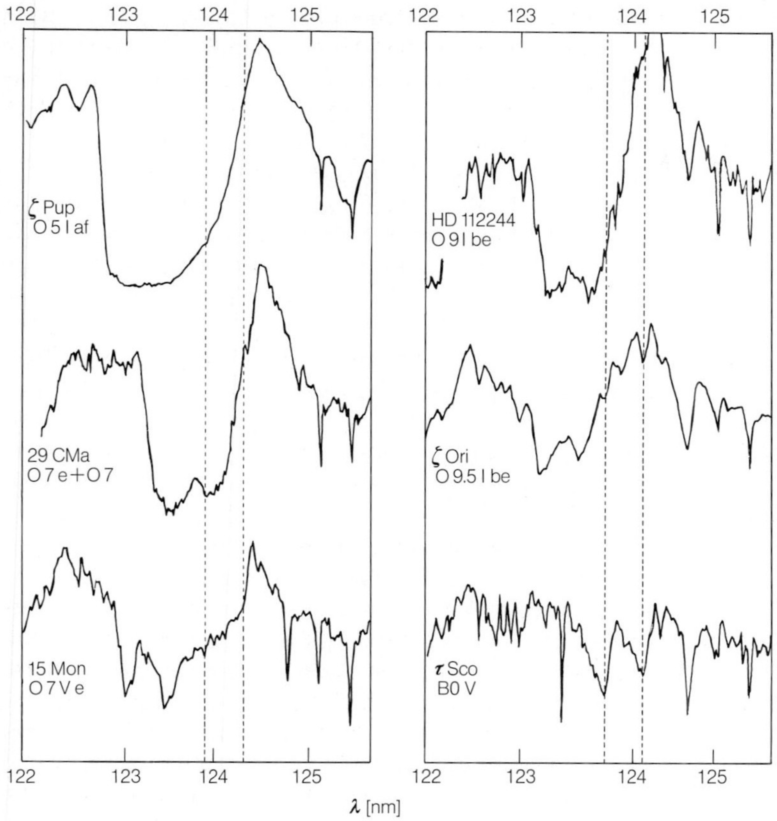

Abb. 4.11.3. Sternwinde und Massenverlust in OB-Sternen am Beispiel der P Cyg-Profile des Resonanzdubletts von NV $\lambda = 123.88/124.28$ nm. (Die Ruhewellenlängen sind durch die gestrichelten Linien gekennzeichnet). Beobachtungen mit dem Copernicus-Satelliten von T.P. Snow und D.C. Morton (1976). (Mit freundlicher Genehmigung der International Astronomical Union)

hand ihrer Emissionslinien bzw. P Cyg-Profile erkennbar sind, bietet das ferne *Ultraviolett* den Vorteil, daß hier die *Resonanzlinien* vieler Ionen häufiger Elemente liegen und dadurch auch noch relativ geringe Dichten spektroskopisch nachweisbar werden. Bereits die ersten Ultraviolettbeobachtungen mit Raketen von D.C. Morton und Mitarbeitern (1967) zeigten bei einigen helleren Sternen starke P Cyg-Profile. Durch die empfindlicheren Spektrographen vor allem des Copernicus- und des IUE-Satelliten wurde dann deutlich, daß *Sternwinde* bzw. *Massenverlust* bei allen OB-Sternen mit Leuchtkräften $L \gtrsim 10^4 L_\odot$ auftreten.

Die Massenverlustrate $\dot{\mathcal{M}}$ bei einem stationären Wind ist durch die Kontinuitätsgleichung (4.10.9)

$$\dot{\mathcal{M}} = 4\pi r^2 \varrho(r)\, v(r) = \text{const} \qquad (4.11.8)$$

gegeben, wobei $\varrho(r)$ die Dichte und $v(r)$ die Windgeschwindigkeit im Abstand r vom Sternmittelpunkt bedeuten. Die Dopplerverschiebung der beobachteten Absorptionskomponente eines P Cyg-Profils gibt uns Information über $v(r)$, insbesondere über die maximale Geschwindigkeit v_∞, während die Äquivalentbreite W_λ, die – im optisch dünnen Fall – proportional zur Säulendichte $\int_R^\infty \varrho(r)\,dr$ ist (R: Sternradius), im wesentlichen die Dichte festlegt. Die Massenverlustrate ist also proportional zum Produkt $R\, v_\infty\, W_\lambda$.

Im Bereich der OB-Sterne nimmt $\dot{\mathcal{M}}$ im großen und ganzen mit wachsender Leuchtkraft zu, empirisch findet man $\dot{\mathcal{M}} \sim L^{1.7}$. Auf der einen Seite beobachtet man bei den Überriesen mit ihren voll ausgeprägten P Cyg-Profilen Massenverluste bis zu einigen $10^{-5}\,\mathcal{M}_\odot\,\mathrm{a}^{-1}$ bei Windgeschwindigkeiten bis zu 3500 km s^{-1}. Die Massenverluste der Wolf-Rayet-Sterne (Abschn. 4.5 und 5.4.5) übertreffen mit $4 \cdot 10^{-5}\,\mathcal{M}_\odot\,\mathrm{a}^{-1}$ noch die der OB-Sterne *vergleichbarer* Leuchtkraft um etwa das 10fache. Massenverluste in dieser Höhe machen während der „Verweilzeit" eines Sterns im Überriesenbereich einen wesentlichen Teil der ursprünglichen Masse aus und müssen bei der *Sternentwicklung* (Abschnitt 5.4.4, 5) berücksichtigt werden. Auf der anderen Seite liegt bei den frühen B-Hauptreihensternen, wie z.B. bei τ Sco (B0 V) $\dot{\mathcal{M}}$ bei einigen $10^{-8}\,\mathcal{M}_\odot\,a^{-1}$ oder weniger und ist hier nur noch durch *asymmetrische* Absorptionslinien mit einem ausgedehnten kurzwelligen Flügel (Abb. 4.11.3) erkennbar.

Die ausgedehnten expandierenden Hüllen der Überriesen können auch durch ihre frei-frei-Strahlung im *Radiofrequenzbereich* und im Infrarot nachgewiesen werden. Als erster Stern im Radiobereich wurde P Cyg von H. J. Wendker u. a. (1973) bei 5 und 11 GHz beobachtet.

Das Auftreten von höheren Ionen wie C IV, N V und O VI in den ultravioletten Spektren der Sternwinde, deutet auf Temperaturen von 10^5 bis 10^6 K hin. Die Entdeckung durch den Einstein-Satelliten (1979), daß OB-Sterne zu den stärksten stellaren *Röntgenquellen* gehören, wenn man von engen Doppelsternen (Abschn. 4.11.6) absieht, weist ebenfalls auf Temperaturen bei 10^6 K hin. Die Röntgenemission der *Koronen* der O- und B-Sterne liegt – weitgehend unabhängig von Spektraltyp und Leuchtkraft – in der Größenordnung von $L_X \simeq 10^{-7}\,L$, d. h. bei O-Überriesen bei 10^{25} bis $4 \cdot 10^{26}$ W.

Die Existenz von Koronen bei den heißen Sternen ist überraschend, da hier im Gegensatz zu den kühleren Sternen *keine* ausgedehnten Wasserstoffkonvektionszonen vorhanden sind, die als Quelle zur Aufheizung einer Korona durch mechanischen Energietransport dienen könnten. Während die Beschleunigung des Sternwinds durch den hohen *Strahlungsdruck* der heißen Sterne erfolgen dürfte, sind die physikalischen Prozesse, die zu den koronalen Temperaturen, hohen Ionisationsgraden und der Röntgenemission führen, noch weitgehend ungeklärt. Immerhin ist vom Stern eine „mechanische Leistung" $\frac{1}{2}\,\dot{\mathcal{M}}\,v_\infty^2$ in Form des Sternwinds aufzubringen, die z. B. bei einem O-Überriesen wie ζ Pup mit $\dot{\mathcal{M}} = 6 \cdot 10^{-6}\,\mathcal{M}_\odot\,a^{-1}$ und $v_\infty = 2700\,\mathrm{km\,s^{-1}}$ fast $10^4\,L_\odot$, d. h. etwa 1% seiner Leuchtkraft ausmacht (L_X ist gegenüber $\frac{1}{2}\,\dot{\mathcal{M}} v_\infty^2$ vernachlässigbar).

4.11.5 Kataklysmische Veränderliche: Novae und Zwergnovae

Ganz andere Aspekte bietet die Gruppe der eruptiven Veränderlichen, die durch ein- oder mehrmalige plötzliche Helligkeitsausbrüche charakterisiert sind. Zu ihr zählen zum einen die Novae mit einem Helligkeitsanstieg von etwa 7 bis 20 mag innerhalb einiger Tage, die Zwergnovae mit schwächeren Ausbrüchen (2 bis 6 mag) in mehr oder weniger regelmäßiger Folge und einige novaähnliche Variable. Sie gehören alle engen, halbgetrennten Doppelsternsystemen an, bei denen Materie von einem kühlen Hauptreihenstern (Sekundärkomponente), der seine Roche-Fläche (Abschn. 4.6.5) ausfüllt, auf einen etwas massereicheren Weißen Zwerg (Primärkomponente mit etwa 1 $\mathcal{M}_\odot$) überfließt. Man bezeichnet sie deshalb als *Kataklysmische Veränderliche* oder Doppelsterne (gr. κατακλυσμός Überschwemmung). Mit ihnen verwandt sind die Röntgendoppelsterne, die wir im nächsten Abschnitt besprechen. Dagegen stellen unter den eruptiven Veränderlichen die Supernovae von der Stärke ihres Ausbruchs ($\gtrsim 20$ mag) und dessen Ursache her ein völlig anderes Phänomen dar.

Ein *Novaausbruch* spielt sich folgendermaßen ab: Das Ausgangsstadium, die *Pränova,* bildet ein heißes Objekt mit einer absoluten Helligkeit $M_V \simeq +5$ mag, ein Weißer Zwerg umgeben von einer Akkretionsscheibe (s. u.). Innerhalb von höchstens 2–3 Tagen steigt die Helligkeit zum Maximum bei etwa $M_V \simeq -8$ mag ($L \simeq 10^5\,L_\odot$), also um etwa 5 Zehnerpotenzen an. (Unterschiede zwischen schnellen und langsamen Novae lassen wir hier außer Betracht.) Das Spektrum gleicht dabei dem eines Überriesen wie α Cyg A2 Ia. Der Helligkeitsanstieg beruht also nicht auf einer Temperaturerhöhung, sondern – wie die Radialgeschwindigkeiten bestätigen – auf einer enormen Expansion des Sterns. Nach Überschreiten des Helligkeitsmaximums – im Abnehmen zeigt die Helligkeit manchmal cepheidenartige Schwankungen – treten breite Emissionslinien auf, deren Dopplereffekte zeigen, daß die Nova nun Hüllen mit Geschwindigkeiten der Größenordnung 2000 $\mathrm{km\,s^{-1}}$ und Massen von 10^{-5} bis $10^{-4}\,\mathcal{M}_\odot$ abstößt. In mehreren Fällen, z. B. bei der Nova Aquilae 1918 (V 603 Aql), konnte diese Hülle und ihre Expansion mehr als ein Jahrzehnt lang in direkten photographischen Aufnahmen verfolgt werden.

Bei einigen (langsamen) Novae beobachtet man einen Anstieg der Infrarothelligkeit etwa 40 bis 150 d nach dem Ausbruch: In der expandierenden Hülle auskondensierende, kleine Staubteilchen absorbieren die Strahlung der Nova und reemittieren sie im Infrarot.

Im Laufe vieler Jahre kehrt die Nova zu ihrer Ausgangshelligkeit und wohl überhaupt in ihren Ausgangszustand zurück. Dies sieht man noch deutlicher bei den *rekurrenten Novae* wie T Pyx, die mehrere novaartige Ausbrüche ($\Delta m \simeq 7$ mag) in Abständen von ca. 10 Jahren gemacht hat und dazwischen eine fast konstante Helligkeit aufweist. Man vermutet aufgrund theoretischer Modelle (s. u.), daß sich auch bei den „gewöhnlichen" Novae Ausbrüche wiederholen, und zwar in langen Abständen von vielleicht 10^3 bis 10^6 a. Insgesamt finden in unserer Milchstraße etwa 100 Novaausbrüche pro Jahr statt, die Rate der rekurrenten Novaausbrüche dürfte 10 bis 100mal größer sein.

Im Röntgenbereich beobachtet man *„temporäre Quellen“* (x-ray transients), deren Intensität nur für eine begrenzte Zeit über der Nachweisgrenze der Detektoren liegt. Einige von ihnen können aufgrund ihrer Lichtkurven als *Röntgennovae* angesehen werden: einem raschen Helligkeitsanstieg (auf $L_x \lesssim 10^5 L_\odot$) folgt ein mehrere Monate beobachtbarer, im wesentlichen exponentieller Abfall, der von irregulären, einige Tage andauernden (manchmal auch optisch entdeckbaren) Flares unterbrochen ist.

Die – wieder nach ihren Prototypen so genannten – *U Geminorum-* und *Z Camelopardalis-Veränderlichen* sind ebenfalls heiße blaue Sterne unterhalb der Hauptsequenz. Diese *Zwergnovae* zeigen weniger heftige Ausbrüche in unregelmäßigen Abständen von etwa 10 d bis zu mehreren Monaten. Bei den Z Cam-Sternen wird die Folge der Ausbrüche ab und zu durch relativ stabile Phasen auf einem mittleren Helligkeitsniveau unterbrochen.

Die bei einem Novaausbruch abgegebene *Energie* – auch wenn ihre Abschätzung unter Berücksichtigung der bolometrischen Korrektion ziemlich ungenau sein wird – beträgt größenordnungsmäßig 10^{38} J. Dies entspricht dem thermischen Energieinhalt einer dünnen Schicht von beispielsweise $5 \cdot 10^6$ K und nur 1/1000 Sonnenmasse. Alles spricht dafür, daß die Novaausbrüche eine „Hautkrankheit“ der Sterne sind. Genauere Beobachtungen, insbesondere an einigen günstigen Fällen von Bedeckungsveränderlichen (Abschn. 4.6.2), ergeben folgendes Bild (Abb. 4.11.4): In den kataklysmischen Doppelsternsystemen, deren Perioden im Bereich von etwa 1.3 bis 15 h liegen, fällt die Materie wegen ihres hohen Drehimpulses nicht direkt auf den Weißen Zwerg, sondern bildet um ihn eine rasch rotierende *Akkretionsscheibe.* In dieser Scheibe verliert die Materie ihren Drehimpuls durch Reibung und gelangt so langsam nach innen und bis auf die Oberfläche des Weißen Zwergs. An der Stelle, wo der Gasstrom auf die Scheibe trifft, entsteht ein *„heißer Fleck“*. Der Hauptbeitrag zur Leuchtkraft stammt nicht vom Weißen Zwerg, sondern – je nach Einzelfall – von der Scheibe oder vom heißen Fleck.

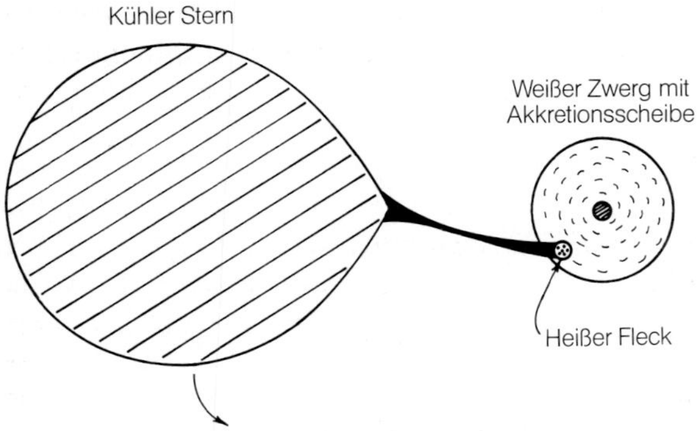

Abb. 4.11.4. Modell eines kataklysmischen Doppelsternsystems. Die geometrischen Verhältnisse entsprechen denen der Zwergnova Z Cam. E.L. Robinson: Ann. Rev. Astron. Astrophys. **14**, 119 (1976). (Mit freundlicher Genehmigung von Annual Reviews Inc., Palo Alto)

Die Ausbrüche der *Zwergnovae,* bei denen die Helligkeit der Akkretionsscheibe stark ansteigt und keine Materie ausgeschleudert wird, beruhen vermutlich auf *Instabilitäten* in der Scheibe. Die Energiequelle ist letzten Endes freigesetzte Gravitationsenergie der mit einer mittleren Rate von größenordnungsmäßig $10^{-10} \mathcal{M}_\odot \mathrm{a}^{-1}$ akkretierten Materie. Bei den eigentlichen *Novae* sammelt sich diese überfließende, wasserstoffreiche Materie so lange an, bis nukleares Wasserstoffbrennen (CNO-Brennen, Abschn. 4.12.3) explosionsartig auf der Oberfläche des Weißen Zwergs einsetzt und zu einem Helligkeitsausbruch und dem Ausstoß einer Hülle führt.

Eine interessante Gruppe kataklysmischer Veränderlicher sind die *AM Herculis-Sterne,* die sich zum einen durch ihre hohe (variable) zirkulare und lineare Polarisation im Optischen und Ultraviolett, zum anderen durch ihre starke Emission im weichen Röntgenbereich auszeichnen. Verantwortlich hierfür ist wahrscheinlich ein *starkes Magnetfeld* des Weißen Zwerges, welches die Bildung einer Akkretionsscheibe verhindert und statt dessen den Gasstrom auf einen Fleck um einen der magnetischen Pole konzentriert, so daß dort – in einer stehenden Stoßfront – die Gravitationsenergie überwiegend in Form polarisierter Röntgen- und Ultraviolettstrahlung freigesetzt wird.

4.11.6 Röntgenpulsare, Röntgen- und Gamma-Burster: Akkretion auf Neutronensterne

Durch die Fortschritte der Röntgenastronomie wurde von Satelliten aus eine große Anzahl von „punktförmigen“ Quellen in der Milchstraße entdeckt, die *überwiegend im Röntgenbereich* strahlen und sich durch eine ausgeprägte *Variabilität* auszeichnen. Es werden Intensitätsschwankungen und Strahlungsausbrüche beobachtet, bei denen die Röntgenemission um Faktoren 10 bis 100 ansteigen kann, und die eine eindrucksvolle Vielfalt aufweisen, u. a. irreguläres Flackern mit Zeitskalen von einigen Millisekunden, Folgen von mehreren kurzen, Sekunden dauernden Ausbrüchen (Bursts), novaähnliche Ausbrüche mit langsamem Intensitätsabfall, unregelmäßig auftretende Röntgenflares von einigen Tagen Dauer, reguläre oder irreguläre Pulse im Sekundenbereich. Einige Quellen zeigen einigermaßen stetige Emission, in der häufig mehrere verschiedene Perioden erkennbar sind, wobei aktive und ruhige Phasen von Wochen bis Monaten Dauer aufeinander folgen.

Trotz dieser Mannigfaltigkeit der Phänomene ist es weitgehend möglich, diese variablen galaktischen Röntgenquellen in einem einheitlichen theoretischen Rahmen zu beschreiben, der *Akkretion* von Materie in engen *Doppelsternsystemen*. Anders als bei den kataklysmischen Veränderlichen (Abschn. 4.11.5), bei welchen zwar auch Röntgenstrahlung beobachtet wird, der Hauptbeitrag zur Leuchtkraft jedoch aus dem Ultraviolett und Optischen stammt, wird bei den *Röntgendoppelsternen* mit Leuchtkräften L_x im Bereich 10^{29} bis 10^{32} W (10^{36} bis 10^{39} erg s^{-1}) die Materie nicht von einem Weißen Zwerg, sondern von einem *Neutronenstern* oder evtl. von einem Schwarzen Loch (Abschn. 4.12.9) akkretiert. Dieses Modell wird in vielen Fällen gestützt durch die optische Identifikation der einen Doppelsternkomponente sowie durch das Auftreten von Röntgenpulsen mit kurzer Periode, die nur durch die Rotation eines Neutronensterns („Leuchtturmeffekt", Abschn. 4.11.7) zu deuten sind.

Die *pulsierende Röntgenquelle* bzw. der *Röntgenpulsar* Her X-1 konnte mit dem von C. Hoffmeister 1936 entdeckten *Bedeckungsveränderlichen* HZ Her identifiziert werden. Die Röntgenstrahlung zeigt zunächst Röntgenpulse mit einer Periode von 1.24 s, die der Rotation eines Neutronensterns zugeschrieben werden. Diese Periode ist moduliert durch den Dopplereffekt des Bahnumlaufs (Abschn. 4.6.6) mit der Periode von 1.7 d. Letztere kehrt wieder in den Verfinsterungen der Röntgenquelle und in der Verstärkung der optischen Strahlung, die immer dann erfolgt, wenn die uns zugewandte Seite der optischen Komponente von der Röntgenstrahlung beschienen wird. Eine weitere Periode von 35 d hängt wahrscheinlich mit der Präzessionsbewegung der Achse des Neutronensterns zusammen. Her X-1 kann weiterhin über mehrere Monate seine Röntgenemission – infolge von Bedeckungen durch die Akkretionsscheibe um den Neutronenstern – „abschalten". Die Masse des Neutronensterns schätzt man zu etwa 1.3 $\mathcal{M}_\odot$, die der anderen Komponente zu etwa 2.2 $\mathcal{M}_\odot$ ab.

Her X-1 = HZ Her ist der Prototyp der *massearmen* (halbgetrennten) Röntgendoppelsterne, bei denen die Sekundärkomponente, ein Hauptreihenstern mit $\lesssim 2.5\,\mathcal{M}_\odot$, ihre Roche-Fläche ausfüllt und Materie auf einen Neutronenstern überfließt. Daneben finden wir Röntgenpulsare auch in (getrennten) Doppelsternsystemen mit einer *massereichen* Komponente ($\gtrsim 15\,\mathcal{M}_\odot$), meist einem OB-Überriesen, der relativ leicht im Optischen spektroskopisch beobachtet werden kann. In diesen Systemen akkretiert der Neutronenstern Materie aus dem starken *Sternwind* des Überriesen. Beispiele sind Vel X-1 = HD 77581 (B 0.5 I b) oder SMC X-1 = Sk 160 (B0 I).

Die Pulsperioden, welche die Rotation des Neutronensterns widerspiegeln, reichen von 0.07 bis zu einigen 100 s. In einigen Fällen wird eine säkulare, von kurzzeitigen Fluktuationen unterbrochene *Abnahme* der Periode beobachtet. Diese Beschleunigung der Rotation dürfte durch die Übertragung von Drehimpuls durch die einfallende Materie verursacht werden. Die Bahnperioden liegen im Bereich einiger Tage.

Die Massenbestimmung bei den Röntgendoppelsternen (Abschn. 4.6.6) ergibt für die Neutronensterne einen relativ engen Bereich um 1.2 bis 1.6 $\mathcal{M}_\odot$. Eine Ausnahme bildet die große Masse (3...10 $\mathcal{M}_\odot$) der kompakten Komponente von Cyg X-1 = HDE 226868, die vermutlich oberhalb der Grenzmasse für Neutronensterne (Abschn. 4.12.8) liegt, so daß es sich hier um ein Schwarzes Loch handeln könnte.

Als *Energiequelle* für die Röntgenemission dient die freigesetzte potentielle Gravitationsenergie des akkretierten Gases. Fällt Materie der Masse m aus einer größeren Entfernung bis auf einen Abstand R vom Mittelpunkt einer Masse $\mathcal{M}$, so wird nach (2.6.34) der Energiebetrag $m\,G\mathcal{M}/R$ frei. Bei der Beschleunigung im starken Gravitationsfeld eines *kompakten Objekts* (Weißer Zwerg, Neutronenstern oder Schwarzes Loch) und anschließenden Abbremsung in der Nähe seiner Oberfläche und Aufheizung wird sehr effektiv Strahlung im Röntgenbereich erzeugt mit einer Leuchtkraft der Größenordnung

$$L_x \simeq \dot{m}\frac{G\mathcal{M}}{R} , \qquad (4.11.9)$$

wenn $\dot{m}$ die *Rate* des Materieeinfalls ist. Um z. B. die bei den stärkeren Röntgenpulsaren beobachteten 10^{31} W zu erhalten, genügt im Feld eines Neutronensterns ($\mathcal{M} \simeq 1\,\mathcal{M}_\odot$, $R \simeq 10$ km) bereits ein relativ geringer Gasstrom von $\dot{m} \simeq 10^{-8}\,\mathcal{M}_\odot\,\mathrm{a}^{-1}$. Diese Rate kann leicht entweder durch Massenfluß über die Roche-Fläche oder durch Sternwinde aufgebracht werden.

Im einzelnen ist die Dynamik des einströmendes Gases in einem engen Doppelsternsystem mit einem Neutronenstern, der ein starkes Magnetfeld (Abschn. 4.11.7) besitzt, sehr komplex. Das dipolähnliche Magnetfeld erschwert die Bildung einer Akkretionsscheibe; es lenkt und konzentriert den Materiestrom auf die Polkappen und beeinflußt wesentlich die Form der Röntgenpulse.

Die 1976 von J. Trümper und Mitarbeitern im gepulsten Spektrum von Her X-1 entdeckte Linie bei $\simeq 58$ keV (Abb. 4.11.5) ermöglicht eine direkte Abschätzung der magnetischen Flußdichte B nahe der Oberfläche des Neutronensterns. Die Linie, in der rund $2 \cdot 10^{28}$ W abgestrahlt werden, ist zu stark, um als atomarer oder nuklearer Übergang eines schweren Elements gedeutet zu werden. Vielmehr muß sie als *Zyklotronemission* angesehen werden, die bei der Spiralbewegung von nichtrelativistischen Elektronen in Magnetfeldern bei Vielfachen der Zyklotronfrequenz $2\pi\nu_C = eB/m$ (5.3.30) erzeugt wird. Bei relativistischen Elektronen geht die Zyklotronemission übrigens in die für die Deutung der nichtthermischen Radiostrahlung wichtige kontinuierliche Synchrotronstrahlung (Abschn. 5.6.1) über. Bei den extrem starken Magnetfeldern der Pulsare bzw. Neutronensterne muß noch die Quantelung der Gyrationsbewegung in diskrete, um den Betrag $h\nu_C$ auseinanderliegende Energiezuständfe (Landau-Niveaus) berücksichtigt werden. Für Her X-1 läßt sich aus der beobachteten Energie von 58 keV ein Magnetfeld von etwa 4 bis $5 \cdot 10^8$ T bzw. 4 bis $5 \cdot 10^{12}$ G abschätzen.

Ein ungewöhnliches Doppelsternsystem ist SS 433 = V 1343 Aql (SS: Liste von Sternen mit Hα-Emission von C.B. Stephenson und N. Sanduleak, 1977), das im Optischen, Röntgen- und Radiobereich unregelmäßige Helligkeitsschwankungen zeigt. Bemerkenswert sind die für Sterne außergewöhnlich hohen Dopplerverschiebungen der starken, breiten Emissionslinien, insbesondere der Balmerlinien und He I-Linien: Bei jeder Linie beobachtet man drei Komponenten, eine „normale" Komponente mit geringer Radialgeschwindigkeitsänderung mit einer Periode von 13.1 d, welche die Doppelsternbewegung widerspiegelt, und zwei stark verschobene Komponenten, jeweils mit einer Periode von 164 d, die eine mit Rotverschiebungen bis zu $+50000 \text{ km s}^{-1}$, die andere mit Blauverschiebungen bis zu -30000 km s^{-1}! Das Doppelsternsystem besteht wahrscheinlich aus einem O-Stern und einem Neutronenstern (oder Schwarzen Loch) mit einer Akkretionsscheibe, die den Hauptbeitrag zum Licht liefert. Ungefähr senkrecht zur Bahnebene werden zwei kollimierte Strahlströme mit fast relativistischer Geschwindigkeit ($\simeq 80000 \text{ km s}^{-1}$) in entgegengesetzter Richtung ausgestoßen, welche eine Präzessionsbewegung

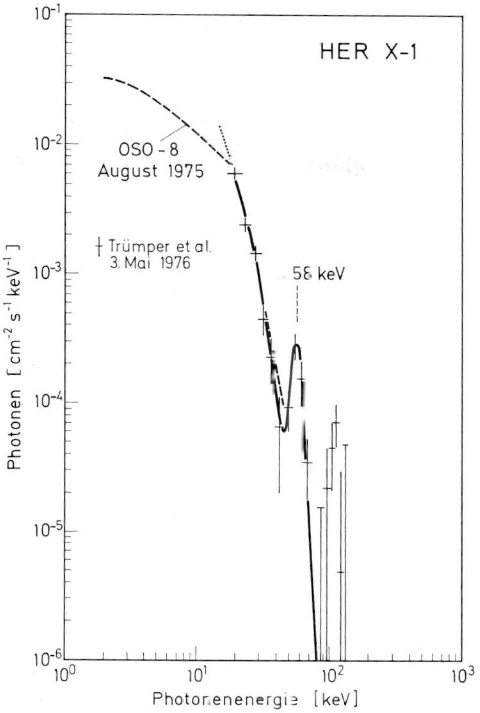

Abb. 4.11.5. Zyklotronemissionslinie bei 58 keV im gepulsten Röntgenspektrum von Her X-1 nach Ballonbeobachtungen von J. Trümper et al. (sowie Beobachtungen der gesamten Emission von Her X-1 durch den OSO-8-Satelliten)

mit 164 d Periode ausführen. Dieses kinematische Modell gibt die Beobachtungsdaten von SS 433 gut wieder, die physikalischen Prozesse im einzelnen sind jedoch noch weitgehend unverstanden. SS 443 mit den beiden hochenergetischen Jets stellt eine seltene stellare „Miniaturausgabe" eines Phänomens dar, das wir später bei vielen Galaxien (Abschn. 5.6) in riesigen Dimensionen kennenlernen werden.

Die *Röntgen-Burster* sind durch Folgen sehr kurzer, intensiver und nicht periodischer Strahlungsausbrüche charakterisiert. Die Röntgenemission in einem Burst steigt innerhalb von etwa 1 s auf ungefähr 10^{31} bis 10^{32} W an und klingt in einigen Sekunden bis Minuten wieder ab (Abb. 4.11.6). Während der aktiven Phasen folgen die Bursts in längeren Serien, häufig in fast regelmäßigen Abständen von Stunden bis Tagen aufeinander; viele Burster zeigen über Wochen bis Monate andauernde inaktive Phasen. In wenigen Fällen werden – mit Verzögerungen von einigen Sekunden – auch Ausbrüche im Optischen beobachtet.

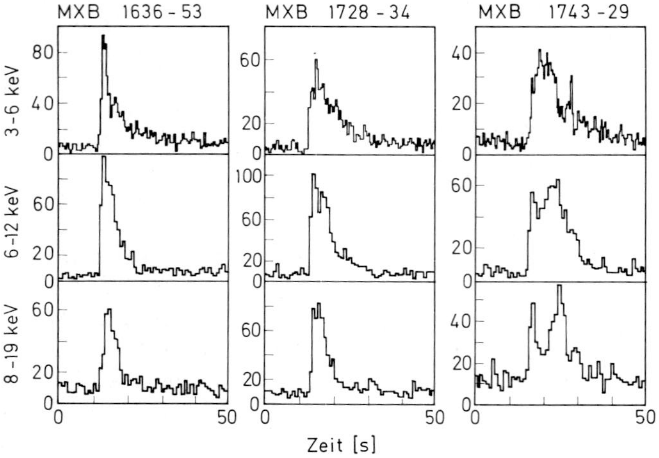

Abb. 4.11.6. Zeitlicher Verlauf der Strahlungsausbrüche bei drei Röntgen-Burstern in verschiedenen Energiebereichen nach Beobachtungen mit dem SAS-3-Satelliten. Die Intensität ist in Zählimpulsen pro 0.4 s (*oberer Bereich*) bzw. pro 0.8 s (*untere zwei Bereiche*) ausgedrückt

Die Röntgen-Burster sind in der Milchstraße zum Zentrum hin konzentriert, viele von ihnen werden mit Quellen in den Zentralbereichen von *Kugelsternhaufen* identifiziert. Sie stellen daher vermutlich *alte* ($\gtrsim 10^9$ a) Objekte dar. Hier erwarten wir, daß das Magnetfeld des Neutronensterns weitgehend zerfallen ist, so daß der Gasstrom von dem kühlen Begleiter sich auf eine Akkretionsscheibe oder über die ganze Oberfläche des Neutronensterns verteilt und nicht wie bei den Röntgenpulsaren auf die Polkappen konzentriert wird. Diese Vorstellung wird dadurch gestützt, daß Spektrum und Intensität der Röntgenbursts sich angenähert als Schwarze-Körper-Emission aus einer etwa $3 \cdot 10^7$ K heißen Fläche der Größenordnung $(10\ \mathrm{km})^2$ darstellen läßt. Die Bursts selbst entstehen wahrscheinlich als Folge eines instabil verlaufenden, gepulsten thermonuklearen Heliumbrennens (Abschn. 4.12.3) an der Oberfläche des Neutronensterns, nachdem die akkretierte wasserstoffreiche Materie zunächst durch das Wasserstoffbrennen zu Helium umgewandelt wurde.

Der ungewöhnlich hohe Anteil der Röntgen-Burster unter den Kugelsternhaufen verglichen mit den übrigen Sternen der Milchstraße zeigt, daß die Bedingungen für die Bildung enger Doppelsternsysteme in den dichten Zentren der Kugelhaufen besonders günstig sind. Bei dem Burster 4U 1820-30 (U = UHURU-Durchmusterung), der im Zentrum des Sternhaufens NGC 6624 liegt, wurde 1984/85 mit EXOSAT eine Modulation seiner Röntgenemission mit einer Periode von 11.4 min entdeckt, die als *Bahnperiode* eines Systems aus einem Neutronenstern und einem sehr massearmen ($0.055\ \mathscr{M}_\odot$) Weißen Zwerg gedeutet wird. Dies ist die kürzeste bekannte Periode eines Doppelsternsystems.

Bemerkenswert ist der *„schnelle Burster"* (MXB 170-335) in einem (bis zur Entdeckung der Röntgenquelle unbekannten) Kugelhaufen in wenigen Grad Abstand vom galaktischen Zentrum. Während seiner einige Wochen lang andauernden aktiven Perioden schafft er einige 1000 Ausbrüche pro Tag (Abb. 4.11.7).

In neuerer Zeit gelang es in Einzelfällen, auch *Gammastrahlung* von Röntgendoppelsternen zu beobachten: Her X-1 emittiert gepulste Gammastrahlung oberhalb 10^{12} eV, bei der die aus dem Optischen und Röntgenbe-

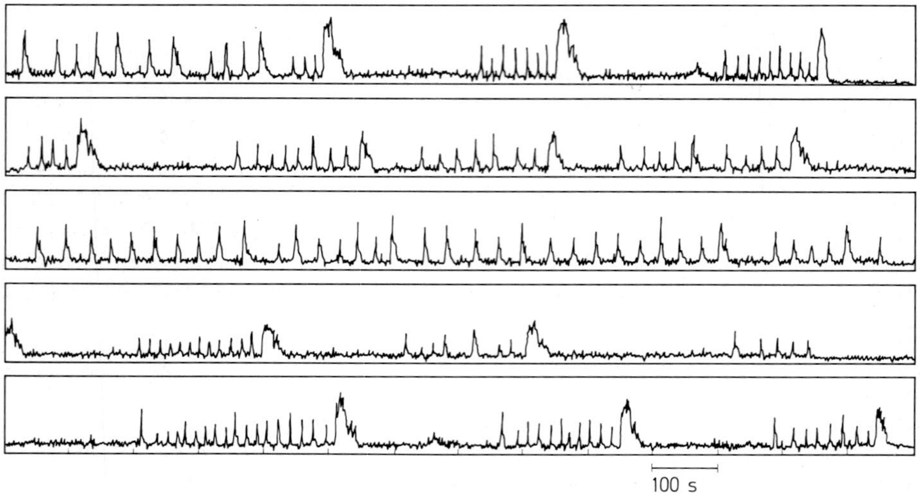

Abb. 4.11.7. Zeitliche Folge von Strahlungsausbrüchen des „schnellen Röntgen-Bursters" MXB 1730-335. Ausschnitte aus Beobachtungen mit dem SAS-3-Satelliten vom März 1976

reich bekannte Pulsperiode von 1.24 d wieder auftritt. Cyg X-3 = V 1521 Cyg zeigt sich als stark variable gepulste Gammaquelle, in der eine Modulation mit der Bahnperiode von 4.8 h erkennbar ist. Durch Luftschauerexperimente konnten von Cyg X-3 extrem hochenergetische Gammaquanten mit 10^{15} bis 10^{16} eV entdeckt werden, wobei die Leuchtkraft in diesem Energiebereich allein mindestens $10^3\ L_\odot$ beträgt. Vermutlich ist der Neutronenstern in diesem Doppelsternsystem ein rasch rotierender, aktiver Pulsar, durch den Protonen auf extrem relativistische Energien von 10^{17} bis 10^{18} eV beschleunigt werden, die dann bei der Wechselwirkung mit der Materie im System (Akkretionsströme und -scheibe?) die Gammaquanten erzeugen. Damit dürfte Cyg X-3 auch eine starke Quelle für die energiereiche Kosmische Strahlung (Abschn. 5.3.8) darstellen.

In den 1970er Jahren entdeckten die Vela-Satelliten [20] kurze, intensive Strahlungsblitze im Gammastrahlenbereich. Seitdem wurden mehrere Hundert *Gamma-Bursts* von Satelliten und Raumsonden aus beobachtet, überwiegend im Energiebereich von 0.1 bis 100 MeV mit einer nahezu isotropen Verteilung an der Sphäre. Die Dauer der Ausbrüche reicht von einigen hundertstel bis zu tausend Sekunden, wobei die länger andauernden Bursts meist eine komplexe Struktur zeigen. Die Ursache der Gamma-Burster ist noch rätselhaft, da sie weder mit Quellen im Optischen, Radio- oder Röntgenbereich zu identifizieren sind, noch ihre Entfernungen bekannt sind. Es wird vermutet, daß sie – ähnlich wie die Röntgenburster – auf thermonuklearen Explosionen auf der Oberfläche (isolierter?) magnetischer Neutronensterne beruhen könnten. In der Regel scheinen sich die Gammabursts bei einem Objekt nicht zu wiederholen.

Ein besonders intensiver Gammaausbruch wurde (am 5. März 1979) von elf Raumsonden registriert. Seine kurze Anstiegzeit ($\lesssim 0.25$ ms) in Verbindung mit den großen Abständen der Sonden voneinander ermöglichten eine genaue Positionsbestimmung durch „Laufzeit-Triangulation": Diese Gammaquelle GBS 0526-66 koinzidiert (zufällig?) mit dem Supernova-Überrest N 49 in unserer Nachbargalaxie, der Großen Magellanschen Wolke; von ihr konnten noch wiederholt Gamma-Bursts – und auch optische Strahlungsblitze beobachtet werden.

4.11.7 Supernovae, Pulsare und Supernovaüberreste

Unter den eruptiven Veränderlichen stellen die *Supernovae* gegenüber den Novae kosmische Explosionen ganz anderer Größenordnung dar, wie W. Baade und F.

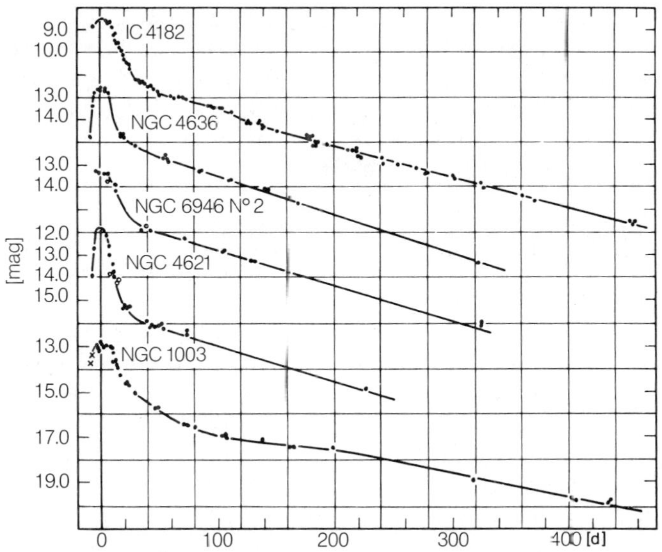

Abb. 4.11.8. Photographische Lichtkurven von Typ I-Supernovae aus verschiedenen Galaxien

Zwicky 1934 erkannten. Eine Supernova im Maximum kann die Helligkeit einer ganzen Galaxie – zu der sie gehört – erreichen. Man unterscheidet zwei Typen von Supernovae:

a) Die *Typ I-Supernovae* erreichen im Maximum eine mittlere absolute Blauhelligkeit (korrigiert für interstellare Absorption) von $M_B = -19.7$ mag [21]. Ihre *Lichtkurven* (Abb. 4.11.8) sind sehr gleichartig: In den ersten 20 bis 30 d nach dem Maximum sinkt die Helligkeit um 2 bis 3 Größenklassen; von da an nimmt sie ungefähr exponentiell mit der Zeit ab mit einer Halbwertszeit von 40 bis 70 d. Die *Spektren* sind sehr linienreich und scheinen von Metallen (Fe II?) dominiert, Wasserstofflinien fehlen oder sind ganz schwach.

b) Die *Typ II-Supernovae* erreichen im Mittel „nur" $M_B \simeq -18.0$ mag (mit einer Streuung von etwa 1 mag). Dies entspricht immerhin etwa der 10^4fachen Leuchtkraft einer gewöhnlichen Nova! Die zeitliche Abnahme der Helligkeit von Maximum aus erfolgt zunächst rascher, später dagegen langsamer als bei Typ I. Die Lichtkurven zeigen im übrigen größere individuelle Unter-

[20] US-Satelliten zur Überwachung von Atombombenexplosionen.

[21] Für eine Entfernung, die auf der Hubble-Konstante $H_0 = 50$ km s^{-1} Mpc^{-1} (Abschn. 5.9.1) beruht. Für andere Werte von H_0 gilt $M_B = -19.7 + 5 \log (H_0/50)$.

schiede. Das Spektrum einer Typ II-Supernova und seine zeitliche Entwicklung gleicht erstaunlicherweise noch weitgehend dem der gewöhnlichen Novae. Es treten neben Metallinien kräftige Balmerlinien auf, so daß die Supernovae II im großen und ganzen „normale" Zusammensetzung haben dürften.

Der wesentliche Unterschied zwischen den beiden Supernovatypen scheint also durch ihre unterschiedliche chemische Zusammensetzung bedingt.

Die Emissionslinien der Supernovaspektren sind vielfach von einer kurzwelligen Absorptionskomponente begleitet (P Cyg-Profil, Abschn. 4.11.4), deren Dopplerverschiebungen auf *Ausstoßgeschwindigkeiten* bis etwa $2 \cdot 10^4\,\mathrm{km\,s^{-1}}$ hinweisen. Die Intensitätsverteilung im Kontinuum, das vor allem bei den Supernovae I wegen ihres Linienreichtums nicht leicht festzulegen ist, deutet darauf hin, daß die Temperatur der emittierenden Schichten von $\gtrsim 10^4$ K im Helligkeitsmaximum auf etwa 6000 K abnimmt. Diesen nicht sehr hohen Temperaturen entsprechen nach der Beziehung $L = 4\pi R^2 \sigma T_{\mathrm{eff}}^4$ (4.4.26) wegen der extremen Leuchtkräfte der Supernovae photosphärische Radien der Größenordnung $10^4\,R_\odot$.

In unserem *Milchstraßensystem* konnten als Supernovae in historischer Zeit sicher identifiziert werden: Die sehr helle, fast die Helligkeit des Halbmonds erreichende Supernova in Lupus 1006 n. Chr, die in ostasiatischen, europäischen und arabischen Quellen erwähnt ist. Die Supernova von 1054 in Taurus, aus welcher der Crabnebel (s.u.) hervorgegangen ist, den J.G. Bolton mit der Radioquelle Tau A identifizierte, ist in chinesischen und japanischen Annalen beschrieben, jedoch merkwürdigerweise nicht in Europa, obwohl sie im Maximum heller als Venus war. Wir erwähnten schon eingangs *Tycho Brahes* Supernova in Cassiopeia von 1572 und *Keplers* Supernova in Ophiuchus von 1604. Schließlich konnte die starke Radioquelle Cas A und der an ihrer Position befindliche, mit 7400 $\mathrm{km\,s^{-1}}$ expandierende Nebel eindeutig als Überrest einer Supernova identifiziert werden, deren Ausbruch um 1650 – 1700 erfolgt sein muß, jedoch nicht beobachtet wurde.

Insgesamt sind rund 700 Supernovae (Stand: 1991) in *anderen Galaxien* entdeckt worden; die Entdeckungsrate stieg stark an, nachdem F. Zwicky 1934 mit der systematischen Mount Palomar-Überwachung begann. Anhand einer ausgedehnten Statistik schätzt G.A. Tammann (1981) ab, daß in einer Galaxie wie der unseren im Durchschnitt alle 25 a *eine* Supernova auftritt, wobei diese Rate um etwa einen Faktor 2 unsicher ist. Wegen der interstellaren Extinktion in der Scheibe unserer Milchstraße können wir allerdings nur etwa ein Zehntel der Ausbrüche beobachten.

Einen ersten Hinweis auf die Herkunft der Supernovae gibt uns ihr Vorkommen in den Galaxien der verschiedenen Typen (Abschn. 5.5.2, 4). Während die Supernovae I in allen Galaxientypen auftreten, werden die Supernovae II nicht in elliptischen Galaxien, sondern nur in Spiralen und irregulären Galaxien beobachtet, wo sie sich vornehmlich zu den Spiralarmen hin konzentrieren. Es liegt daher nahe, die Supernovae des Typs II jungen, massereichen Sternen der Population I zuzuordnen. Der Ursprung der Supernovae I ist demgegenüber noch weitgehend ungeklärt (Abschn. 5.4.5).

Die gesamte freigesetzte *Energie E* bei der Explosion einer Supernova kann man abschätzen, indem man zum einen die Abstrahlung durch Integration über die *Lichtkurve* mit einer geschätzten bolometrischen Korrektur – in günstigen Fällen auch durch Heranziehen von Beobachtungen im Ultraviolett und Infrarot –, zum anderen die kinetische Energie der ausgeschleuderten Hülle (0.1 bis 10 $\mathcal{M}_\odot$ mit rund $10^4\,\mathrm{km\,s^{-1}}$) berücksichtigt. Größenordnungsmäßig ergibt sich $E \simeq 10^{44}$ J bzw. 10^{51} erg. Zum Vergleich rechnet man leicht aus, daß z.B. die Energiemenge, welche bei der Verbrennung von 1 $\mathcal{M}_\odot$ Wasserstoff in Helium frei würde, $1.3 \cdot 10^{45}$ J beträgt (Abschn. 4.12.3). Aber auch durch den Kollaps eines Sterns z.B. von 1 $\mathcal{M}_\odot$ zu einem *Neutronenstern* von $R \simeq 10$ km Radius mit einer der Kernmaterie vergleichbaren Dichte ($10^{17}\,\mathrm{kg\,m^{-3}}$) kann – wie Baade und Zwicky bereits 1934 (!) erkannten – etwa 10^{46} J an Gravitationsenergie freigesetzt (Abschn. 4.12.4) und die benötigte Energie *E* somit leicht aufgebracht werden. Auf die weitergehende Frage nach der Ursache der Supernovaexplosionen können wir erst in Abschn. 5.4.5 im Zusammenhang mit Instabilitäten bei der Entwicklung der Sterne eingehen.

Eine besondere Bedeutung kommt der hellen *Supernova SN 1987A* vom Typ II zu, die am 23. Februar 1987 in unserer Nachbargalaxie, der nur rund 50 kpc entfernten Großen Magellanschen Wolke (Abb. 4.11.9), aufleuchtete, nach etwa drei Monaten ihre maximale (scheinbare)

Abb. 4.11.9a, b. Die Große Magellansche Wolke und die Supernova 1987 A. Farbaufnahmen von C. Madsen, ESO: **(a)** wenige Stunden vor dem Ausbruch am 23. Februar 1987 und **(b)** 2 Tage nach dem Ausbruch. Die H II-Regionen in der Galaxie erscheinen aufgrund ihrer starken Hα-Emission rötlich. Die SN 1987 A ist südwestlich des riesigen H II-Komplexes 30 Doradus (*links*) gut zu erkennen. Die Entfernung zur Großen Magellanschen Wolke beträgt 50 kpc. (Mit freundlicher Genehmigung der Europäischen Südsternwarte)

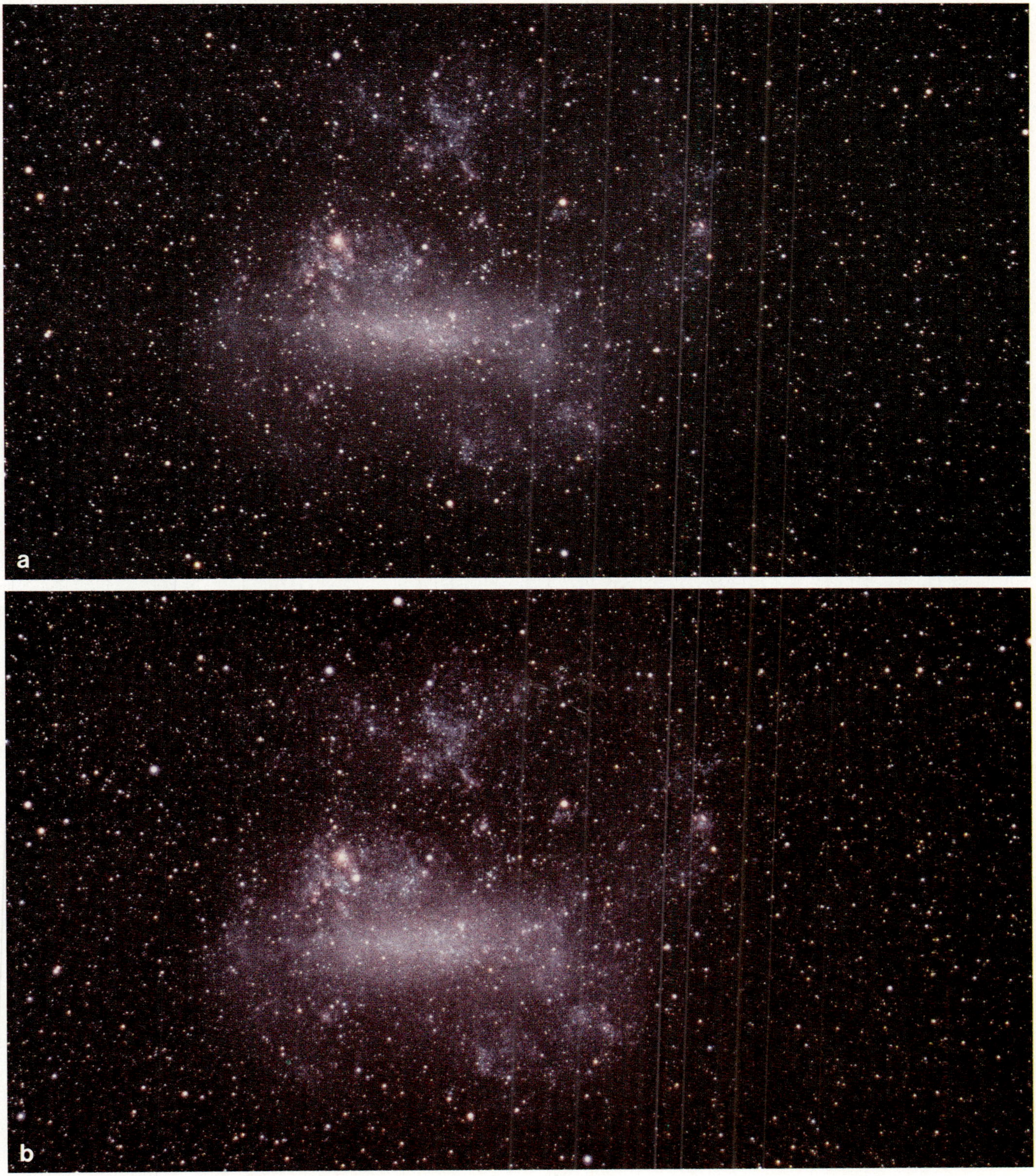
a
b

visuelle Helligkeit $m_V = 2.9$ mag erreichte und nach rund 120 d in die Phase des exponentiellen Lichtabfalls eintrat. SN 1987 A ist seit Keplers SN 1604 die erste mit bloßem Auge sichtbare Supernova; ihre absolute Helligkeit im Maximum blieb jedoch mit $M_V = -15.5$ mag erheblich unter dem Mittelwert für Supernovae des Typs II. Für die SN 1987A konnte – erstmals für eine Supernova – die *Präsupernova* eindeutig identifiziert werden, ein blauer B3-Überriese mit einer absoluten Helligkeit $M_V = -6.6$ mag.

Wegen ihrer großen scheinbaren Helligkeit und der flachen Lichtkurve um das Maximum herum konnte SN 1987A schon frühzeitig mit hoher Spektralauflösung in einem weiten Wellenlängenbereich beobachtet werden. Weiterhin gelang es bei der SN 1978A – zum ersten Mal bei einem anderen Objekt als der Sonne – *Neutrinostrahlung* nachzuweisen (s. auch Abschn. 4.12.6), wobei die Signale einige Stunden *vor* der ersten optischen Beobachtung des Supernovaausbruchs aufgezeichnet wurden. Trotz der Unsicherheiten in der Analyse der Neutrinobursts untermauert die Beobachtung von Neutrinos mit einer Gesamtenergie von 10^{45} bis 10^{46} J und einer mittleren Teilchenenergie der Größenordnung 10 MeV unsere theoretische Grundvorstellung einer Supernovaexplosion vom Typ II, den Kollaps eines massereichen Sterns, bei dem Gravitationsbindungsenergie fast ausschließlich in Form von Neutrinos – und nur zu etwa einem Prozent als optische Strahlung und kinetische Energie der abgestoßenen Hülle – freigesetzt wird (Abschn. 5.4.5). Schließlich bietet die Messung der Dauer der Neutrinoemission im Prinzip (durch Analyse der Flugzeit) die Möglichkeit, die Ruhemasse des Neutrinos zu bestimmen, eine fundamentale Größe sowohl für die Theorie der Elementarteilchen als auch für die Kosmologie (Abschn. 5.9.5). Die derzeitigen Modelle für eine Supernovaexplosion deuten auf eine obere Grenze für die Masse des (Elektron-)Neutrinos im Bereich von 10 bis 30 eV c^{-2} hin.

Im letzten Teil dieses Abschnitts beschäftigen wir uns nun mit der Situation *nach* der Supernovaexplosion, mit der Beobachtung der *Reststerne* und dem weiteren Schicksal der ausgestoßenen Hüllen, der *Supernovaüberreste* (supernova remnants, SNR).

Obwohl der Aufbau von *Neutronensternen* schon in den 1930er Jahren theoretisch untersucht wurde (Abschn. 4.12.8), haben erst 1967 A. Hewish und seine Mitarbeiter solche Sterne in ganz unerwarteter Weise entdeckt. Am Cambridger Radioteleskop bemerkten sie im Meterwellenbereich Signale, die sich völlig regelmäßig mit einer Periode von 1.337 s wiederholten. Beobachtungen der scheinbaren Bewegung am Himmel zeigten, daß es sich nicht um terrestrische Störungen, sondern um ein kosmisches Objekt handelt. Heute sind rund 500 derartige *Pulsare* oder *Radiopulsare* bekannt. Sie werden mit PSR und ihrer (genäherten) Rektaszension und Deklination bezeichnet, z.B. der erste entdeckte Pulsar bei $\alpha \simeq 19$ h 19 min und $\delta \simeq 21° 47'$ mit PSR 1919+21. Ihre *Perioden* liegen hauptsächlich zwischen etwa 0.3 bis 2 s; die kürzeste bekannte Periode beträgt $1.56 \cdot 10^{-3}$ s, die längste 4.31 s (Stand: 1990). Die Signale, deren Dauer etwa 3% der Periode ausmacht, kommen durchweg bei niederen Frequenzen etwas später an als bei hohen, weil die Ausbreitungsgeschwindigkeit elektromagnetischer Signale im interstellaren Plasma nach niederen Frequenzen hin abnimmt. Die Verzögerung ist proportional der Zahl der Elektronen in einer Säule (mit Einheitsquerschnitt) vom Beobachter bis zum Pulsar, dem sogenannten *Dispersionsmaß*

$$DM = \int N_e \, dl \ . \qquad (4.11.10)$$

Benutzt man als groben Mittelwert $N_e \simeq 3 \cdot 10^4 \, m^{-3}$, so kann man umgekehrt die *Entfernungen* der Pulsare abschätzen.

Einen großen Fortschritt bedeutete es, als man 1968/69 den Pulsar PSR 0531+21 mit der damals kürzesten bekannten Periode $P = 0.0332$ s optisch identifizieren konnte mit dem *Zentralstern des Crabnebels* (Abb. (4.11.10). So gelang es bald, mittels Beobachtungen durch eine auf die Periode P eingestellte Lochscheibe zu zeigen, daß dieser Stern auch im optischen und sogar im Röntgen- und Gammagebiet gleichartige „Pulse" aussendet (Abb. 4.11.11). Die Pulsform ist vom Gammabereich bis zu Wellenlängen von etwa 1 m dieselbe; bei noch längeren Wellenlängen werden die Pulse infolge der raschen lokalen Schwankungen der interstellaren Elektronendichte N_e – der interstellaren Szintillation – verbreitert. Erstaunlich ist die hohe Leuchtkraft im Gammagebiet, die etwa 10^5 bis 10^6mal größer ist als im Radiofrequenzbereich. Außer bei dem Crab-Pulsar findet man noch bei dem *Vela-Pulsar* PSR 0833-45 mit $P = 0.089$ s Pulse vom Radio- bis zum Gammabereich. In den wenigen Fällen, wo ein Pulsar in einem Supernovaüberrest beobachtet werden kann, ist eine genauere Entfernungsbestimmung möglich; z.B. ist der Crab-Pulsar 2000 pc, der Vela-Pulsar 500 pc entfernt.

Die außerordentlich kurze Periode und die Regelmäßigkeit der Pulse ließ als einzige Deutungsmöglichkeit die

Abb. 4.11.10. Der Crabnebel oder Krebsnebel, M 1 = NGC 1952. Rotaufnahme am 5 m-Hale-Teleskop von W. Baade. 1949 gelang J. G. Bolton als erste optische Identifikation einer Radioquelle der Nachweis der Identität von Tau A mit dem Crabnebel. Der innere homogene Teil sendet kontinuierliche Synchrotronstrahlung aus, die äußeren Teile – die „Krebsbeine" – ein Nebelspektrum, insbesondere die rote Wasserstofflinie Hα. Der Crabnebel entstand 1054 n. Chr. durch die Explosion einer Supernova. Der Reststern ist der Pulsar PSR 0531 + 21, ein neutronenstern, welcher vom Gammastrahlenbereich bis zu Meterwellen mit der Periode $P = 33.2$ ms „tickt"

Annahme eines mit der Periode *P rotierenden Neutronensterns* übrig, der in dem riesigen Frequenzbereich von Gammastrahlen bis zu Meterwellen einen Strahl – ähnlich einem Leuchtturm – mit einer Winkelöffnung von etwa 20° aussendet. Die Forderung, daß die Sternoberfläche jedenfalls nicht die Lichtgeschwindigkeit erreichen kann, bedeutet schon eine starke Einschränkung des Sternradius.

Der Emissionsmechanismus der Pulsare ist nicht in allen Einzelheiten geklärt, doch kann man sich jedenfalls überlegen, daß ein rasch rotierender Neutronenstern mit einem enormen *Magnetfeld* Plasma nach außen bläst; dies rotiert zunächst starr mit und erreicht so auf einem Zylinder von Radius $cP/2\pi$ – beim Crab-Pulsar z. B. 1580 km – die Lichtgeschwindigkeit *c*. Dabei werden die Bedingungen für die Aussendung eines Strahlen*bündels* auf jeden Fall günstig. Weshalb der Crab-Pulsar zwischen zwei Hauptpulsen jeweils einen schwächeren Sekundärpuls aussendet, während andere Pulsare dies nicht tun, sowie Feinheiten der Pulsstruktur, verstehen wir noch nicht befriedigend.

Die Radius eines Neutronensterns ist größenordnungsmäßig 10 km (Abschn. 4.12.8). Rotierte nun ein Stern wie die Sonne ursprünglich mit einer Periode von 25 d, so geht letztere – wenn wir annehmen, daß der Drehimpuls vollständig erhalten bleibt – über in 1 Millisekunde! (Die Oberfläche erreicht dabei noch keineswegs Lichtgeschwindigkeit.) Hatte der Stern ursprünglich ein einigermaßen geordnetes Magnetfeld von etwa $5 \cdot 10^{-4}$ T, so werden dessen Kraftlinien etwa entsprechend dem Querschnitt des Sterns zusammengedrückt, und der Neutronenstern erhält ein enormes Magnetfeld von etwa 10^6 T. Weitergehende, auf Modellen für die Abstrahlung beruhende Überlegungen erfordern sogar noch höhere Felder im Bereich von 10^7 bis 10^9 T an den Oberflächen der rotierenden Neutronensterne.

Die außerordentlich hohe Genauigkeit der Pulsarbeobachtungen ermöglichte bald die Feststellung, daß die Perioden *P* aller Pulsare – von gelegentlichen kleinen „Sprüngen" abgesehen – *zunehmen,* d. h. die Rotation abgebremst wird. Wir geben als anschauliches Maß der Verlangsamung ihres Tickens die Zeit $\tau = P/\dot{P}$ an, innerhalb der sich bei festgehaltener Rate $\dot{P} = dP/dt$ die Periode verdoppeln würde: Am raschesten verändert sich der Crab-Pulsar mit $\tau = 2500$ a; für die meisten Pulsare findet man Zeiten τ von 10^6 bis 10^7 a. Dies weist auf eine *Lebensdauer* bzw. ein *Alter* der Pulsare in derselben Größenordnung hin.

Bis auf wenige Ausnahmen (Abschn. 4.6.6) sind die Radiopulsare *Einzelsterne*. In einigen Fällen konnten ihre Eigenbewegungen gemessen werden, die *große Raumgeschwindigkeiten* ($\gtrsim 100$ km s^{-1}) ergeben. Nach A. Blauuw können diese entstehen, wenn in einem rasch umlaufenden Doppelsternsystem die Hauptkomponente durch eine Supernovaexplosion plötzlich in den Weltraum zerstreut wird.

Im Gegensatz zu den Radiopulsaren sind die mit ihnen verwandten Röntgenpulsare (s. Abschn. 4.11.6) alle Neutronensterne in engen Doppelsternsystemen, deren Zusammenhalt offenbar durch die Supernovaexplosion nicht zerstört wurde (Abschn. 5.4.6).

Der 1982 von D. C. Backer u. a. entdeckte erste *„Millisekundenpulsar"* PSR 1937 + 21 mit einer Periode $P = 1.558$ ms scheint aufgrund seiner raschen Rotation zunächst ein extrem junges Objekt zu sein. Die äußerst geringe Periodenänderung und das Fehlen eines Supernovaüberrests sprechen jedoch für einen *alten* Pulsar,

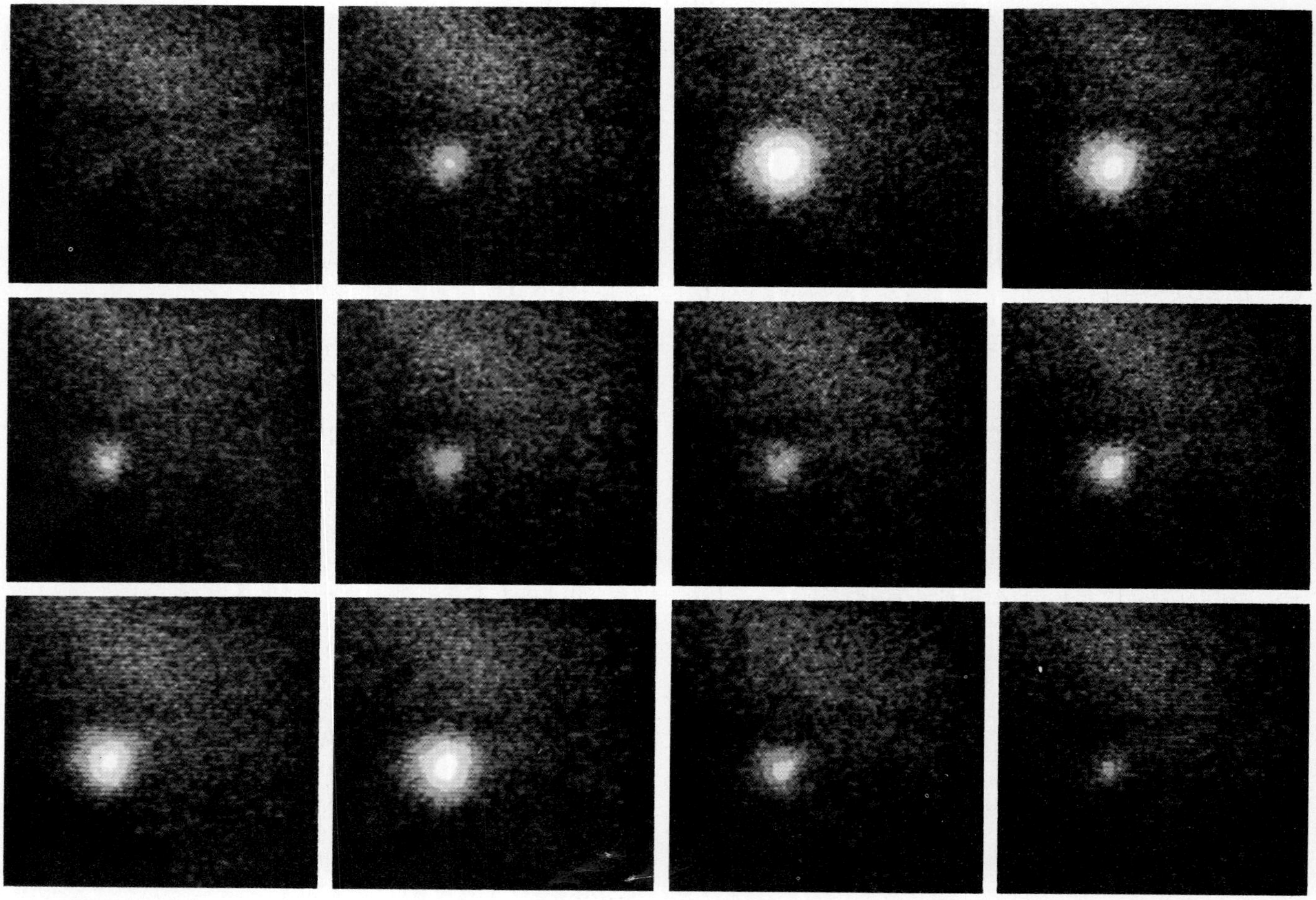

Abb. 4.11.11. Röntgenemission des Crab-Pulsars und Crabnebels im Bereich 0.1 – 4.5 keV. Beobachtungen mit dem Einstein-Satelliten mit einer Winkelauflösung von etwa 4″. Die Pulsarperiode von 33.2 ms ist zeitlich aufgelöst in 16 Bildern von etwa 2′ · 2′, von denen 12 dargestellt sind (3. Bild: Hauptpuls, 10. Bild: Nebenpuls). Die flächenhafte Röntgenemission des Crabnebels ist gegenüber dem Pulsar nach NW versetzt. F. R. Harnden und F. D. Seward: Astrophys. J. **283**, 279 (1984). (Mit freundlicher Genehmigung von The University of Chicago Press, The American Astronomical Society und der Autoren)

der seinen hohen Drehimpuls wahrscheinlich während einer früheren Phase durch Materieakkretion in einem engen (Röntgen-)Doppelsternsystem erhalten hat. Für dieses Bild spricht auch die Entdeckung (1987) eines Millisekundenpulsars, PSR 1821-24 mit $P \simeq 3.05$ ms, in einem Kugelsternhaufen (M 28), wo die Entstehung von Doppelsternen begünstigt sein sollte. Heute sind diese beiden Pulsare Einzelobjekte. Andererseits gehören von den später in Kugelhaufen entdeckten Pulsaren mehrere auch Doppelsternsystemen an. Die Gruppe der *alten Pulsare*, deren Alter vergleichbar dem der Milchstraße ist, umfaßt diejenigen Pulsare, die mindestens einer der drei Sorten angehören: Millisekunden-Pulsare (mit Perioden von einigen ms bis zu einigen 100 ms), Doppelstern-Pulsare oder Mitglieder von Kugelhaufen. Insgesamt kennen wir (Stand 1990) rund 20 derartige Objekte.

Unter den *Supernovaüberresten* hat der *Crabnebel* schon früher mehrmals in der Entwicklung der Astrophysik eine entscheidende Rolle gespielt. Schon 1942 hatten W. Baade und R. Minkowski dieses höchst interessante Objekt M 1 = NGC 1952 mit $m_{\mathrm{pg}} = 9.0$ mag (Abb. 4.11.10) eingehend untersucht. Es besteht aus einem inneren, fast amorphen Gebiet 3.2′ · 5.9′ mit kontinuierlichem Spektrum und einer Hülle, deren bizarre Filamente (die „Krebsbeine“) vorwiegend in Hα strahlen. Wie man aus ostasiatischen Annalen ermitteln konnte, ist der

Crabnebel die Hülle einer Supernova aus dem Jahre 1054 n. Chr. Der Vergleich der Expansions-Radialgeschwindigkeiten von etwa 1000 bis 1500 km s^{-1} mit den entsprechenden, ebenfalls gemessenen Auswärts-Eigenbewegungen ergibt eine Bestätigung des Explosionsdatums und vor allem die Entfernung des Crabnebels zu rund 2 kpc.

Im Anschluß an I. S. Shklovskys kühnen Vorschlag von 1953 deuten wir die Kontinuumsstrahlung des Crabnebels vom Radiofrequenzbereich bis zum Röntgengebiet als *Synchrotronstrahlung* (Abschn. 5.6.1) energiereicher Elektronen in einem Magnetfeld von größenordnungsmäßig 10^{-8} T bzw. 10^{-4} G. Hierfür sprechen zunächst folgende Argumente: Bei thermischer Strahlung müßte die Elektronentemperatur T_e größer sein als die höchsten Radiostrahlungstemperaturen, d. h. $\gtrsim 10^9$ K, während bei allen Gasnebeln $T_e \lesssim 10^4$ K bleibt. Sodann zeigt der amorphe Kern im optischen Gebiet nur ein Kontinuum und keinerlei Linien. Ein eindeutiges Argument zugunsten der Synchrotrontheorie aber lieferte der Nachweis der von dieser geforderten Polarisation (Abb. 5.6.1) des Kontinuums. Er wurde für das optische Spektralgebiet erbracht durch Messungen von Dombrowsky und Vashakidze 1953/54, dann mit größerer Auflösung und Genauigkeit von Oort, Walraven und Baade. Später gelangen – trotz der Erschwerung durch den Faradayeffekt – Polarisationsmessungen auch im cm- und dm-Gebiet. Eine eingehende Diskussion der Lebensdauer der relativistischen Elektronen im Crabnebel führte Oort zu der Auffassung, daß diese auch heute noch, fast tausend Jahre nach der Supernovaexplosion, fortlaufend erzeugt werden.

Auch die *Röntgenemission* des Crabnebels stammt – wie bereits die ersten, mittels einer Mondbedeckung räumlich aufgelösten Beobachtungen ergaben – von einer ausgedehnten, etwa 1′ großen Quelle. Die hohe Winkel- und Zeitauflösung des Einstein-Satelliten zeigt deutlich den Pulsar und die nordwestlich von ihm gelegene Flächenquelle (Abb. 4.11.11). Der mittlere Beitrag des Pulsars im Röntgenbereich beträgt nur rund 4%, während etwa 1/8 der Pulsperiode liegt seine Strahlung unter der Nachweisgrenze des Satelliten. Dieses Fehlen einer thermischen Eigenstrahlung entspricht unter der Annahme eines Radius von 10 km einer oberen Grenze für die Temperatur des Neutronensterns von $2.5 \cdot 10^6$ K.

Bald nach Entdeckung des Crab-Pulsars war es klar, daß dessen Rotation letzten Endes die Energiequelle des Crabnebels sei und daß im Zusammenhang mit der Rotation und Abbremsung des umgebenden Plasmas mit Magnetfeld ungeheuere Mengen superthermischer Teilchen erzeugt würden. Die Entstehung der Synchrotronstrahlung verlangt für das Radiogebiet Elektronen von $\simeq 10^9$ eV, für das Röntgengebiet $\simeq 10^{14}$ eV. Im Zusammenhang damit werden ohne Zweifel auch die entsprechenden positiv geladenen Atomkerne, d. h. Kosmische Strahlungsteilchen (Abschn. 5.3.8) beschleunigt. Theoretische Betrachtungen lassen es nicht ausgeschlossen erscheinen, daß auf diese Weise sogar Teilchen bis zu den höchsten bisher beobachteten Energien von etwa 10^{20} eV erzeugt werden.

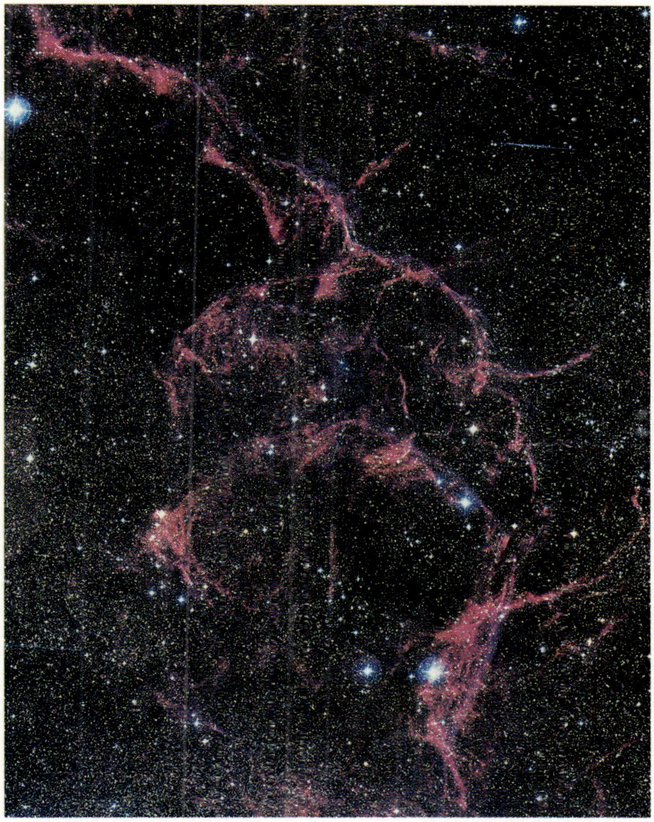

Abb. 4.11.12. Vela-Supernovaüberrest (Ausschnitt von 2° · 2.5°). Farbaufnahme von H.-E. Schuster mit dem 1 m-Schmidtspiegel der ESO. Die ausgeprägte Filamentstruktur entsteht durch die Wechselwirkung der bei einer Explosion vor 12000 a ausgeschleuderten Supernovahülle mit dem umgebenden interstellaren Medium. Die Aufheizung beim Aufprall ist am stärksten an den Frontseiten der Filamentbögen, wo die Linien des ionisierten Sauerstoffs das blaue Leuchten bewirken. Die inneren, kühleren Teile erscheinen durch die Hα-Emission des neutralen Wasserstoffs rötlich. Der Reststern der Supernovaexplosion wird als Vela-Pulsar PSR 0833-45 mit einer Periode von 89 ms vom Radio- bis zum Gammabereich beobachtet. (Mit freundlicher Genehmigung der Europäischen Südsternwarte.)

Ein Vergleich der pro Zeiteinheit in Form superthermischer Teilchen abgegebenen Energie und der Rotationsenergie des Crab-Pulsars bestätigt unsere frühere Abschätzungen seiner Lebensdauer.

Auch der Vela-Supernovaüberrest und die Reste der Supernovae von 1572 (Tycho Brahe) und 1604 (Kepler) konnten optisch *und* radioastronomisch beobachtet werden (Abb. 4.11.12, 13). Cassiopeia A, die stärkste Radioquelle am Nordhimmel, fällt mit einem optischen Nebel von 4 pc Durchmesser zusammen, der mit 7400 km s^{-1} expandiert. Cas A ist als Überrest einer Supernova, die zwischen 1650 und 1700 explodierte, anzusehen. Sodann zeigen Hα-Aufnahmen eine größere Anzahl ring- bzw. kreisförmiger Nebel, die auch im Radiogebiet strahlen, wie z. B. der bekannte Cygnus-Bogen (Schleier). Schließlich scheint der lange Zeit rätselhafte „Radiosporn", der am Himmel von der Nähe des galaktischen Zentrums bis zum galaktischen Nordpol reicht (und ebenso einige ähnliche Gebilde), ein Teil eines riesigen Ringes am Himmel zu sein. Alle diese Radioquellen dürften ebenfalls mit alten Supernovae zusammenhängen.

Die *Radiospektren* der Supernovaüberreste, von denen wir in unserer Milchstraße etwa 150 kennen, zeichnen sich durch *nichtthermische* Strahlung aus, deren Intensität nach einem Potenzgesetz mit der Frequenz abnimmt (Abschn. 5.6.1). Sie können dadurch von den (thermischen) Spektren anderer Nebel, wie z. B. der leuchtenden Gasnebel (H II-Regionen) unterschieden werden. Bei den jüngeren Überresten unterscheiden wir nach ihren *Radiobildern* zwei verschiedene Typen, die schalen- oder ringförmigen Überreste wie z. B. der Überrest von Tycho Brahes Supernova (Abb. 4.11.13) und die „ausgefüllten" Überreste, deren Prototyp der Crabnebel ist. Letztere werden vermutlich durch die „Aktivität" eines rasch rotierenden Pulsars mit hochenergetischen Teilchen gefüllt, welche bei ihrer Bewegung in Magnetfeldern Synchrotonstrahlung aussenden.

Die meisten Supernovaüberreste sind auch als *Röntgenquellen* nachgewiesen. Mit Ausnahme des Crabnebels sind die Röntgenspektren der bisher beobachteten Supernovaüberreste durch *thermische Emission* eines sehr heißen Plasmas zu deuten. Von der Theorie her erwarten wir bei Temperaturen $\gtrsim 10^7$ K im wesentlichen ein Kontinuum, dem nur wenige Linien sehr hoch ionisierter, häufiger Elemente wie Fe überlagert sind, während bei geringeren Temperaturen zahlreiche Emissionslinien gegenüber dem Kontinuum dominieren. Das (räumlich nicht aufgelöste) Röntgenspektrum der starken Radio- und Röntgenquelle Cas A paßt recht gut zu diesem Bild, wenn wir zwei verschieden heiße Komponenten annehmen, die eine mit $\simeq 4.5 \cdot 10^7$ K, welche das Kontinuum im Bereich $\gtrsim 5$ keV und die Linie bei 6.7 keV des Fe XXIV + XXV ausstrahlt, die andere mit $\simeq 7 \cdot 10^6$ K, welche mit vielen, bis auf Si XIII 1.9 keV und S XV

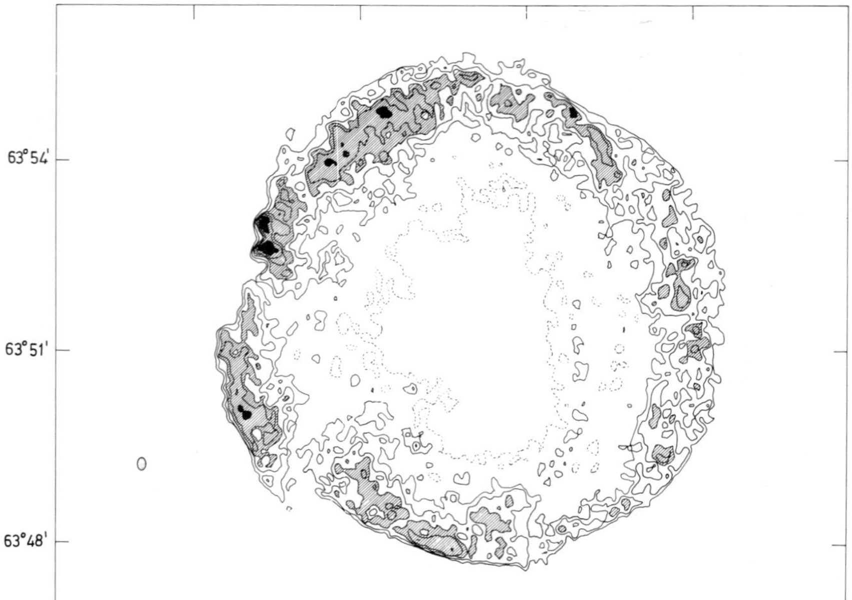

Abb. 4.11.13. Radiokonturen bei $\lambda = 6$ cm (5 GHz) des Überrests 3 C 10 von Tycho Brahes Supernova aus dem Jahr 1572. Beobachtungen mit dem Westerbork Syntheseteleskop mit einer Winkelauflösung von $7'' \cdot 8''$ durch R.M. Duin und R.G. Strom (1975)

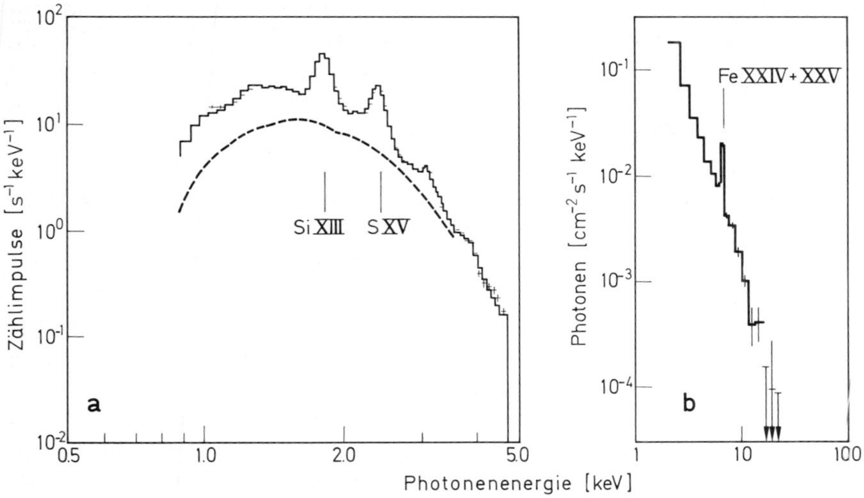

Abb. 4.11.14a, b. Spektrallinien im Röntgenspektrum des Supernovaüberrests Cas A. (**a**) Beobachtungen mit dem Festkörperspektrometer auf dem Einstein-Satelliten (HEAO-2) von R. H. Becker et al. (1979). Der Hauptbeitrag zur weichen Röntgenstrahlung kommt von nichtaufgelösten Linien; die gestrichelte Kurve gibt eine Schätzung des Kontinuums an. (**b**) Proportionalzählerbeobachtungen mit dem OSO-8-Satelliten von S. H. Pravdo et al. (1976)

2.45 keV, nicht aufgelösten Linien im weichen Röntgenbereich hervortritt (Abb. 4.11.14).

Durch die Wechselwirkung der bei der Supernovaexplosion ausgeschleuderten Materie mit dem interstellaren Gas erhält der Überrest eine räumlich und kinetisch sehr komplexe Struktur. Auf optischen Photographien sieht man zahlreiche Bögen, Fäden, Knoten und „Flöckchen", die z. T. sehr unterschiedliche Geschwindigkeiten haben. Auch das heiße Plasma der Supernovaüberreste bietet ein ähnlich komplexes Bild, wie die hochaufgelösten Röntgenaufnahmen mit dem Einstein-Satelliten z. B. für Cas A zeigen (Abb. 4.11.15).

Unter den Supernovaüberresten nimmt der Crabnebel eine einzigartige Stellung ein. Zum einen kennen wir hier den Zeitpunkt der Supernovaexplosion, zum anderen beobachten wir in ihm den Pulsar (Neutronenstern) und können die abgestoßene Hülle und die Wechselwirkung zwischen dem Pulsar und seiner Umgebung im einzelnen

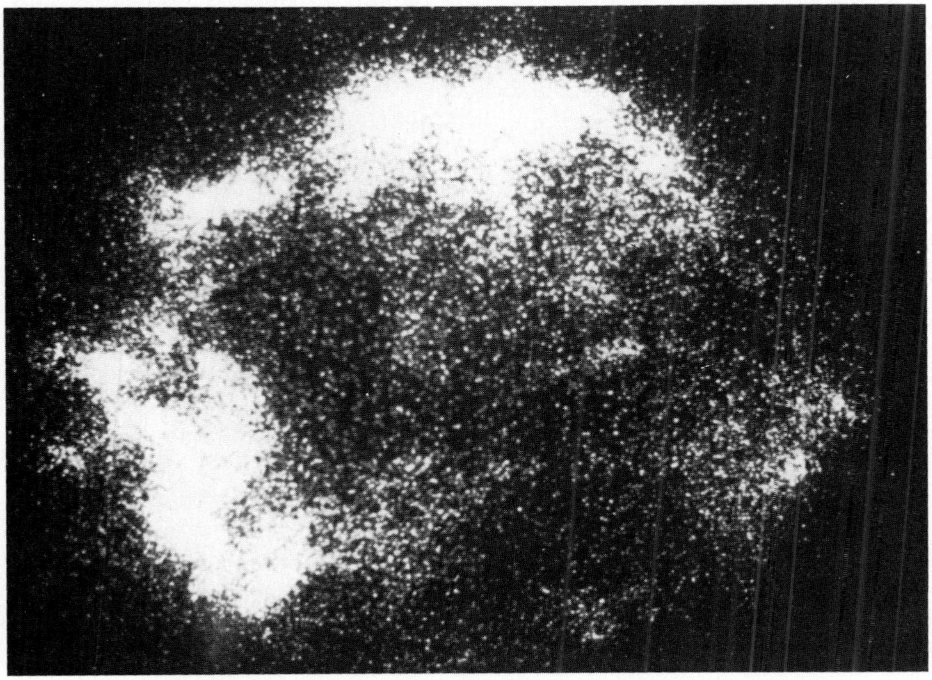

Abb. 4.11.15. Röntgenbild des Supernova-Überrests Cassiopeia A. Aufnahme mit dem Einstein-Satelliten mit einer Winkelauflösung von etwa 4″, entsprechend etwa 0.05 pc bei einer Entfernung zu Cas A von 2.8 kpc. Der Durchmesser von Cas A beträgt rund 5′ bzw. 4 pc. (Bild von Stephen S. Murray, Center for Astrophysics, Cambridge, Mass.)

untersuchen. Weiterhin erwarten wir von der Beobachtung der nahen Supernova SN 1987A in der Großen Magellanschen Wolke, etwa ein halbes Jahr bis mehrere Jahre nach dem Ausbruch, wesentliche Information über die Bildung eines Reststerns sowie die Entwicklung und chemische Zusammensetzung der Hülle bzw. des Supernovaüberrests.

Im allgemeinen bleiben jedoch noch wichtige Fragen offen: Inwieweit bei jeder Supernovaexplosion ein Reststern übrigbleibt, ob jeder Neutronenstern als Pulsar aktiv wird und wie Reststern und Überrest von den beiden Supernovatypen abhängen, können wir noch nicht befriedigend beantworten. Welche Sterne in ihrer Entwicklung als Supernovae aufleuchten und welches die Vorbedingungen für eine solche Instabilität sind, werden wir in Abschn. 5.4.5 diskutieren. Zunächst müssen wir uns jedoch mit der grundlegenden Theorie des Sternaufbaus beschäftigen.

4.12 Aufbau und Energieerzeugung der Sterne

H.N. Russell war sich schon 1913 über die Bedeutung seines Diagramms für die Erforschung der Sternentwicklung durchaus im klaren. Aber dessen Deutung und damit eine auf dem Boden der Beobachtung begründete Theorie der Sternentwicklung wurde erst möglich im Zusammenhang mit dem Studium des *inneren Aufbaus der Sterne*. Die älteren Arbeiten von J.H. Lane (1870), A. Ritter (1878–89), R. Emden (die „Gaskugeln" erschienen 1907) u.a. konnten sich im wesentlichen nur auf die klassische Thermodynamik stützen. A.S. Eddington gelang es dann, diese Ansätze mit der Theorie des Strahlungsgleichgewichtes und mit der inzwischen entstandenen Bohrschen Theorie des *Atombaues* zu verschmelzen; sein Buch „The Internal Constitution of the Stars" (1926) gab den Auftakt für die ganze Entwicklung der modernen Astrophysik.

Ausgehend von der Erkenntnis, daß die *Sonne* seit der Entstehung der Erde vor $4.5 \cdot 10^9$ Jahren ihre Leuchtkraft nicht wesentlich geändert hat, erkannten J. Perrin und A.S. Eddington schon 1919/20, daß die bis dahin in Betracht gezogenen mechanischen oder radioaktiven Energiequellen bei weitem nicht zur Deckung der Sonnenstrahlung ausreichen könnten. So kamen sie auf die Vermutung, daß im Inneren der Sonne und der Sterne *nukleare Energie* erzeugt würde durch Umwandlung oder – wie man auch sagt – „Verbrennung" von Wasserstoff in Helium. Die rasche Entwicklung der Kernphysik in den dreißiger Jahren ermöglichte es dann 1938 H. Bethe u.a., die bei Temperaturen von etwa 10^6 bis 10^8 Grad in der Solarmaterie und anderen Elementgemischen möglichen *Kernreaktionen* herauszufinden und durchzurechnen. Experimentelle Untersuchungen, insbesondere von W.A. Fowler, über Wirkungsquerschnitte bei niedrigeren Protonenenergien haben sehr wesentlich zur Kenntnis der nuklearen Energieerzeugung in Sternen beigetragen.

Während wir die Grundgedanken der Eddingtonschen Theorie schon mit einem sehr bescheidenen Aufwand an Mathematik verstehen können, erfordert die Lösung der Grundgleichungen zusammen mit den komplizierten Materialgleichungen (für die Energieerzeugung usw.) und der Zustandsgleichung der Materie einen erheblichen numerischen Aufwand. Durch den Einsatz immer leistungsfähigerer großer Computer hat das Gebiet des Aufbaus und der Entwicklung der Sterne seit Mitte der 1950er Jahre einen starken Aufschwung genommen.

Wir beschränken uns hier zunächst darauf, die Grundgleichungen und die zugehörigen Materialgleichungen für den *Aufbau* eines Sterns mit Anwendung auf die Sonne sowie die Endzustände eines Weißen Zwerges und eines Neutronensterns zu diskutieren. Die Entstehung der Sterne, die zeitliche Veränderung ihrer Struktur, d.h. ihre Entwicklung, bis zu den Endstadien hin können wir sinnvoll erst in Abschn. 5.4 behandeln, nachdem wir die Eigenschaften von Sternhaufen kennengelernt haben.

In Abschn. 4.12.1 besprechen wir die hydrostatische Gleichung zusammen mit der Zustandsgleichung der Sternmaterie. In Abschn. 4.12.2 folgt die Diskussion des für die Bestimmung des Temperaturverlaufs im Stern wichtigen Energietransports durch Strahlung und Konvektion. Die Energieerzeugung kann zum einen durch thermonukleare Reaktionen erfolgen, über die wir in Abschn. 4.12.3 einen Überblick geben, zum anderen durch Freisetzen gravitativer Bindungsenergie. Letztere wird in Abschnitt 4.12.4 in Verbindung mit der wichtigen Frage nach der Stabilität eines Sterns behandelt. In Abschn. 4.12.5 fassen wir dann das System der Grundgleichungen zusammen und leiten einige allgemeine Aussagen zum Sternaufbau her.

Als erste Anwendung befassen wir uns mit dem Aufbau der Sonne und ihrem theoretisch vorhergesagten Neutrinofluß im Vergleich zur Beobachtung (Abschn. 4.12.6). Die Endstadien der Sternentwicklung sind durch extrem hohe Materiedichten charakterisiert: Im Inneren der Weißen Zwergsterne (Abschn. 4.12.7) ist die Zustandsgleichung eines idealen Gases nicht mehr gültig, hier muß die Entartung der Elektronen im Sinne der Fermi-Dirac-Statistik berücksichtigt werden. Schließlich treffen wir bei den Neutronensternen (Abschn. 4.12.8) noch höhere Dichten an, welche der Materie innerhalb der Atomkerne entsprechen.

Um die genaue Struktur eines Neutronensterns mit seiner großen Massenkonzentration zu berechnen, reicht die Newtonsche Gravitationstheorie nicht mehr aus. Wir müssen hier als Theorie der Gravitation Einsteins *Allgemeine Relativitätstheorie* heranziehen. Es dürfte daher angebracht sein, an dieser Stelle (Abschn. 4.12.9) – auch im Hinblick auf spätere Anwendung bei der Aktivität in den Galaxienkernen und vor allem bei der Kosmologie – einen Überblick über die Ansätze und wichtigsten Ergebnisse dieser Theorie zu geben.

4.12.1 Hydrostatisches Gleichgewicht und Zustandsgleichung der Materie

Wir betrachten zunächst einen Stern als eine Kugel mit der Masse $\mathscr{M}$ und dem Radius R im hydrostatischen Gleichgewicht: Auf jedes Volumelement im Abstand r vom Mittelpunkt mit einer Dichte $\varrho(r)$ wirkt die Gravitationskraft der Masse $\mathscr{M}(r)$, welche innerhalb von r liegt, und führt zu einer radialen Änderung des Drucks P über die Ausdehnung des Volumelements. Die *hydrostatische Gleichung* – die wir bereits im Zusammenhang mit dem Aufbau der Planeten in Abschn. 2.8.3 abgeleitet haben – lautet also

$$\frac{dP}{dr} = -\varrho(r)\frac{G\mathscr{M}(r)}{r^2} , \qquad (4.12.1)$$

wobei $\mathscr{M}(r)$ durch

$$\frac{d\mathscr{M}(r)}{dr} = 4\pi r^2 \varrho(r) \qquad (4.12.2)$$

gegeben ist.

In den meisten Sternen ist P praktisch gleich dem Gasdruck P_g; nur in sehr heißen und massiven Sternen muß daneben der Strahlungsdruck P_r explizit berücksichtigt werden, d.h. $P = P_g + P_r$. Anhand von (4.12.1) können wir leicht den Druck z.B. im Zentrum der Sonne ($P_{c\odot}$) abschätzen, indem wir $\varrho = \text{const}$ setzen (2.8.7). Wir erhalten so $P_{c\odot} \simeq 1.3 \cdot 10^{14}$ Pa; genaue Modellrechnungen ergeben einen etwa hundertmal größeren Zentraldruck ($2.5 \cdot 10^{16}$ Pa).

Die Verknüpfung (an jeder Stelle) zwischen Druck P, Dichte ϱ und der Temperatur T als dritter Zustandsgröße wird hergestellt durch die *Zustandsgleichung*. Wir gehen mit Eddington aus von der Zustandsgleichung der *idealen Gase* (2.8.15)

$$P_g = \varrho \frac{kT}{\mu m_u} , \qquad (4.12.3)$$

wobei $k = 1.38 \cdot 10^{-23}\,\mathrm{J\,K^{-1}}$ die Boltzmann-Konstante, $m_u = 1.66 \cdot 10^{-27}$ kg die Atommassenkonstante ($\simeq$ Protonenmasse) und μ das mittlere Molekulargewicht bedeutet. Gleichung (4.12.3) wird man anwenden dürfen, solange die Wechselwirkung benachbarter Teilchen hinreichend klein ist gegenüber ihrer thermischen (kinetischen) Energie. Auf der Erde sind wir gewohnt, daß dies nicht mehr zutrifft, d.h. Kondensation einsetzt, etwa bei Dichten $\varrho \gtrsim 500$ bis $1000\,\mathrm{kg\,m^{-3}}$. In den Sternen wird diese Grenze viel weiter hinausgeschoben durch die *Ionisation*. Insbesondere die häufigsten Elemente H und He sind bei allen Sternen schon in verhältnismäßig geringen Tiefen vollständig ionisiert.[22]

Das *mittlere Molekulargewicht* μ ist bei vollständiger Ionisation gleich Atomgewicht geteilt durch Anzahl aller Teilchen, d.h. Kerne plus Elektronen. Man erhält also für

Wasserstoff	Helium	Schwere Elemente
$\mu = 1/2$	$4/3$	$\simeq 2$

Hieraus kann man leicht das μ für irgendwelche Elementmischungen berechnen.

Die mittlere Temperatur im Inneren der Sonne schätzen wir nach (4.12.3) ab mit $\varrho = \bar{\varrho}_\odot$, $\mu = \mu_H = 0.5$ und $\bar{P}_g \simeq P_{c\odot}/2$ (s.o.) zu $\bar{T}_\odot \simeq 6 \cdot 10^6$ K.

4.12.2 Temperaturverteilung und Energietransport im Sterninneren

Um die Temperaturverteilung $T(r)$ im Inneren eines Sternes zu berechnen, müssen wir die Art des Energietransports untersuchen. Schlechter Energietransport führt zu

[22] Im Bereich hoher Dichten (und niedriger Temperaturen) – bei $T = 10^7$ K etwa oberhalb von $\varrho \simeq 10^6\,\mathrm{kg\,m^{-3}}$ – tritt für die *Elektronen* Fermi-Dirac-Entartung auf, so daß (4.12.3) nicht anwendbar ist. Die Zustandsgleichung dieser in späteren Entwicklungsphasen der Sterne wichtigen entarteten Elektronenkomponente besprechen wir erst in Abschn. 4.12.7.

einem steilen, guter Energietransport zu einem flachen Temperaturgradienten. (Wer es nicht glaubt, halte erst ein Holzstäbchen und dann einen Nagel mit den Fingern in eine Flamme!)

Wir betrachten zunächst den Energietransport durch *Strahlung,* d.h. Strahlungsgleichgewicht (vgl. Abschn. 4.8.1, auch hinsichtlich der Bezeichnungen) und integrieren alle Strahlungsgrößen wie I_ν, F_ν und B_ν sogleich über das *gesamte* Frequenzspektrum. Die Integrale bezeichnen wir mit I, F und B. Weiterhin führen wir als Mittelwert über alle Frequenzen wieder die *Rosselandsche Opazität* κ ein (4.8.6), wobei wir hier – wie in der Theorie des Sternaufbaus üblich – *Massen*absorptionskoeffizienten verwenden. Die *Strahlungstransportgleichung* (4.8.2 bzw. 4) erhält dann die Form

$$\cos\vartheta \frac{dI}{\kappa\varrho\, dr} = -I + B \ . \tag{4.12.4}$$

Aus der Strahlungsintensität I berechnen wir den Strahlungsstrom F wieder (4.8.5), indem wir mit $\cos\vartheta$ multiplizieren und über alle Richtungen integrieren. Für die Gesamtstrahlung erhalten wir so nach (4.12.4)

$$F = -\int_0^\pi \frac{dI}{\kappa\varrho\, dr} \cos^2\vartheta \cdot 2\pi \sin\vartheta\, d\vartheta \ . \tag{4.12.5}$$

(Da die Kirchhoff-Planck-Funktion B isotrop ist, verschwindet das Integral von $B\cos\vartheta$ über alle Richtungen.)

Im Stern*inneren* ist nun das Strahlungsfeld I nahezu isotrop, so daß wir rechts in (4.12.5) die Integration über ϑ vorwegnehmen können; es ist

$$\int_0^\pi \cos^2\vartheta \cdot 2\pi \sin\vartheta\, d\vartheta = 4\pi/3 \ . \tag{4.12.6}$$

Weiterhin können wir hier I ohne weiteres nach dem Stefan-Boltzmannschen Gesetz als Funktion der Temperatur T anschreiben. Es ist

$$I = \frac{\sigma}{\pi} T^4 = \frac{ac}{4\pi} T^4 \tag{4.12.7}$$

und somit

$$F = -\frac{c}{3\kappa\varrho} \frac{d}{dr}(aT^4) \ , \tag{4.12.8}$$

d.h., der Strahlungsstrom ist proportional zu dem Gradienten der Energiedichte $u = aT^4$ (4.2.39) und zu der „Leitfähigkeit" $(\kappa\varrho)^{-1}$ der Materie gegenüber den Photonen.

Die gesamte Strahlungsenergie, die in der Zeiteinheit durch eine Kugelfläche vom Radius r nach außen strömt, wird dann

$$L(r) = 4\pi r^2 F = -\frac{16\pi a c r^2}{3} \frac{T^3}{\kappa\varrho} \frac{dT}{dr} \ . \tag{4.12.9}$$

An der Oberfläche des Sterns $r = R$ geht $L(r)$ über in die direkt meßbare Leuchtkraft $L = L(R)$. Bei Temperaturen von $\simeq 6 \cdot 10^6$ K liegt das Maximum der Planckschen Strahlungskurve $B_\lambda(T)$ nach (4.2.26) bei $\lambda_{max} = 0.5$ nm, d.h. im Röntgengebiet. Der *Absorptionskoeffizient* ist hier bedingt durch die gebunden-frei und frei-frei Übergänge der noch nicht völlig „wegionisierten" Atomzustände. Dies sind in einer Elementmischung, wie wir sie in der Sonne und den Sternen der Population I haben, höhere Ionisationsstufen der häufigeren schweren Element wie O, Ne, ... In „metallarmen" Sternen der Population II wird man auch den Beitrag von H und He noch in Betracht ziehen müssen. Detaillierte Tabellen bzw. Computerprogramme für die Absorptionskoeffizienten im Sterninneren als Funktion von ϱ und T für verschiedene Elementmischungen werden von dem Scientific Laboratory der University of California in Los Alamos, USA gesammelt und herausgegeben.

Neben dem Energietransport durch Strahlung kann auch im Sterninneren unter den am Beispiel der Sonne in Abschn. 4.10.6 erörterten Bedingungen eine Wasserstoff- und Helium-Konvektionszone auftreten. Außerdem können im Zusammenhang mit der nuklearen Energieerzeugung weitere Konvektionszonen entstehen. In allen solchen Konvektionszonen überwiegt – abgesehen von den Randgebieten – der *Energietransport durch Konvektion* (Aufsteigen heißer und Absteigen abgekühlter Materie) den durch Strahlung bei weitem. Die Verknüpfung zwischen der Temperatur T und dem Druck P ist dann durch die Adiabatengleichung (2.8.20)

$$T \sim P^{1-1/\gamma} \ , \tag{4.12.10}$$

die wir bereits im Zusammenhang mit den Planetenatmosphären kennengelernt haben, bestimmt. $\gamma = c_p/c_v$ ist das Verhältnis der spezifischen Wärme bei konstantem Druck bzw. Volumen. Durch logarithmische Differentiation nach r erhält man hieraus (2.8.21) den *Temperaturgradienten* in einer Konvektionszone

$$\frac{dT}{dr} = \left(1 - \frac{1}{\gamma}\right)\frac{T}{P}\frac{dP}{dr} \quad . \tag{4.12.11}$$

Die Ansätze zur Berechnung des konvektiven Energietransportes sind in quantitativer Hinsicht auch heute noch sehr unbefriedigend.

4.12.3 Energieerzeugung im Sterninneren durch Kernreaktionen

Bei dem *Wasserstoffbrennen* findet insgesamt eine Vereinigung von 4 Wasserstoffatomkernen zu 1 Heliumkern $4\,^1\mathrm{H} \to {}^4\mathrm{He}$ statt. Die hierbei freiwerdende Energie ΔE kann man leicht nach der von A. Einstein 1905 entdeckten Beziehung

$$\Delta E = \Delta m\, c^2 \tag{4.12.12}$$

aus der Massendifferenz Δm zwischen Anfangs- und Endzustand berechnen. Die Masse von 4 Wasserstoffatomen beträgt $4 \cdot 1.007825$ Atomgewichtseinheiten ($1\, m_\mathrm{u} = 1.6605 \cdot 10^{-27}\,\mathrm{kg} = 931.49\,\mathrm{MeV}/c^2$), die des Heliumatoms $4.0026\, m_\mathrm{u}$[23]. Die Differenz entspricht

$$\begin{aligned} 0.0287\, m_\mathrm{u} &= 4.766 \cdot 10^{-29}\,\mathrm{kg} \\ &= 4.28 \cdot 10^{-12}\,\mathrm{J} = 26.73\,\mathrm{MeV} \quad . \end{aligned} \tag{4.12.13}$$

Stellt man sich vor, daß z.B. eine Sonnenmasse reiner Wasserstoff in Helium verwandelt würde, so erhielte man eine Energiemenge von $1.28 \cdot 10^{45}$ J, welche die heutige Licht- und Wärmestrahlung der Sonne $L_\odot$ über einen Zeitraum von $1.05 \cdot 10^{11}$ a decken könnte.

Über ^{4}He hinaus kann man durch den weiteren Aufbau schwererer Kerne aus leichteren entsprechend (4.12.12) Energie gewinnen, und zwar bis zum ^{56}Fe hin, bei dem die nukleare Bindungsenergie mit 8.4 MeV pro Nukleon ihr Maximum erreicht. Mit 6.7 MeV pro Nukleon wird der Hauptanteil dieses Energiegewinns bereits bei der Fusion von Wasserstoff zu Helium (4.12.13) erzielt.

Um die Rate der nuklearen Energieerzeugung in den Sternen zu erhalten, müssen wir die Kernreaktionen im einzelnen betrachten. Wir stellen im folgenden die wesentlichen Reaktionen nach dem üblichen Schema zusammen:

$x(a, b)y$

Anfangskern x (reagiert mit a, gibt b ab) Endkern y.

Dabei verwenden wir die Symbole

p: Proton,
α: He^{2+}-Teilchen,
n: Neutron,
e^-: Elektron
e^+: Positron,
γ: Strahlungsquant,
ν: Elektron-Neutrino.

Einen Kern (Nuklid) kennzeichnen wir durch Anfügen seiner Massenzahl (Nukleonenzahl) A links oben an das chemische Symbol X sowie – bei Bedarf – durch seine Kernladungszahl (Protonenzahl) Z links unten: ^AX oder ^A_ZX. Z.B. schreiben wir die beiden stabilen Heliumisotope ^{3}He und ^{4}He bzw. $^3_2$He und $^4_2$He. Einen Kern in einem angeregten Energiezustand bezeichnen wir durch einen Stern (*).

Ein bei einer Kernreaktion freiwerdendes Positron e^+ bildet sofort mit einem thermischen Elektron e^- zwei γ-Quanten. Die *Neutrinos* ν entweichen wegen ihrer winzigen Wirkungsquerschnitte selbst aus dem Inneren der Sterne (wenn man von den extrem dichten Endzuständen der Sternentwicklung absieht). Die bei einer Kernreaktion „nutzbar" freiwerdende Energie Q ist also um den als Neutrinostrahlung entweichenden Betrag kleiner als nach dem Massendefekt (4.12.12).

Die *Energieerzeugungsrate* ε, die auf die Masseneinheit bezogene in der Zeiteinheit freigesetzte Energie

$$\varepsilon = Q\frac{\imath}{\varrho} \; , \tag{4.12.14}$$

hängt außer von Q wesentlich von der Geschwindigkeit des Ablaufs der Kernreaktionen ab. $\imath$ ist die Anzahl der Reaktionen $x(a, b)y$ im Einheitsvolumen pro Zeiteinheit, vgl. (4.7.32),

$$\imath = N_x N_a \langle \sigma v \rangle \; , \tag{4.12.15}$$

wobei N_x und N_a die Teilchendichten der Reaktionspartner x und a, v deren Relativgeschwindigkeit und σ der Wirkungsquerschnitt für die Kernreaktion bedeuten. Der Mittelwert $\langle \sigma v \rangle$ wird durch Integration über die Verteilungsfunktion für die Relativgeschwindigkeiten erhalten.

[23] Eigentlich geht hier die Masse der Atom*kerne* ein. Da jedoch die Zahl der Elektronen bei den Kernreaktionen ungeändert bleibt, kann man (bis auf einen sehr kleinen, durch den Unterschied der Bindungsenergien der Elektronen bedingten Fehler) die experimentell besser bekannten Atommassen verwenden.

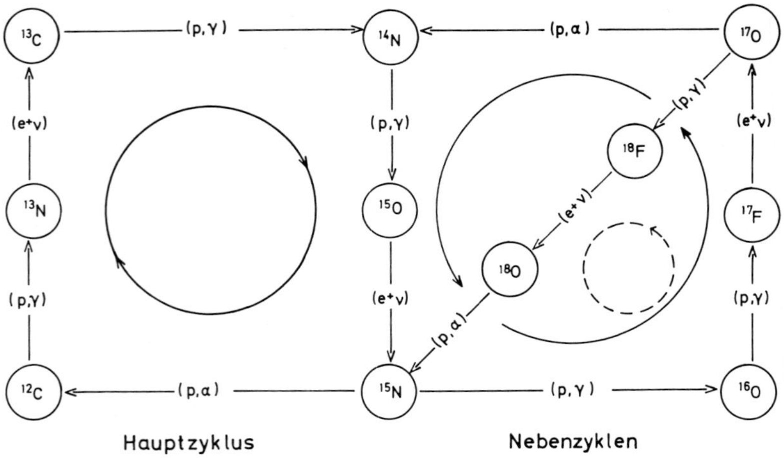

Abb. 4.12.1. Reaktionen des CNO-Trizyklus

Auch für die *Relativ*geschwindigkeiten bei der thermischen Bewegung der Kerne gilt die Maxwell-Boltzmann-Verteilung (4.7.33), wenn im Ausdruck für die wahrscheinlichste Geschwindigkeit V_0 die Teilchenmasse durch die reduzierte Masse $m_x m_a/(m_x + m_a)$ ersetzt wird. Wegen der geringen Reichweite der Kernkräfte müssen sich die positiv geladenen, einander abstoßenden Reaktionspartner bis auf die Größenordnung der Ausdehnung der Atomkerne von $r_0 \simeq 10^{-15} A^{1/3}$ [m] nahekommen, damit eine Kernreaktion stattfinden kann, d.h. sie müssen vorher eine „Coulomb-Schwelle" der Höhe

$$B \simeq \frac{1}{4\pi\varepsilon_0} \frac{Z_x Z_a e^2}{r_0} \tag{4.12.16}$$

überwinden. Während B im Bereich einiger MeV liegt, beträgt die mittlere thermische Energie z.B. bei einer Temperatur von 10^8 K nur rund 0.01 MeV. Die Coulomb-Schwelle kann also nur nach der Quantentheorie mit einer exponentiell mit B abnehmenden Wahrscheinlichkeit von den Teilchen „durchtunnelt" werden. Dies führt zu einer sehr starken Temperaturabhängigkeit der *thermonuklearen Reaktionen;* man kann, besonders bei Kernen mit höherer Kernladungszahl, von einer „Zündtemperatur" für das Einsetzen der Energieerzeugung sprechen.

Wir betrachten nun die Reaktionen des *Wasserstoffbrennens,* d.h. der Vereinigung von vier Protonen zu einem Heliumkern, im einzelnen. Eine erste Möglichkeit stellt die *Proton-Proton- oder pp-Kette* dar (4.12.17).

Die langsamste Reaktion, welche den zeitlichen Ablauf der Kette bestimmt, ist $^1\mathrm{H}(\mathrm{p}, \mathrm{e}^+ \nu)\,^2\mathrm{D}$. Die hierbei entstehenden Neutrinos tragen im Mittel 0.50 MeV Energie fort, so daß dem Stern noch 26.23 MeV durch die Hauptkette PP I zur Verfügung stehen. Mit steigender Temperatur gewinnen die Verzweigungen PP II und III an Bedeutung.

Eine zweite Möglichkeit der Umwandlung von Wasserstoff in Helium bietet ein schon von H. Bethe und C.F. von Weizsäcker (1938) untersuchter Reaktions*zyklus*, an dem die Elemente C, N und O zwar beteiligt sind und die Geschwindigkeit des Ablaufs wesentlich mitbestimmen, am Ende aber quantitativ „zurückerstattet" werden. Die Energieerzeugung durch den *CNO-Trizyklus* (Abb. 4.12.1) erfolgt in erster Linie gemäß dem Haupt- oder CN-Zyklus (24.97 MeV), dessen langsamste Reaktion $^{14}\mathrm{N}(\mathrm{p}, \gamma)\,^{15}\mathrm{O}$ ist. Die beiden Nebenzyklen werden eingeschlagen, wenn nach dem Protoneneinfang durch $^{15}\mathrm{N}$ statt eines α-Teilchens ein γ-Quant emittiert wird; sie laufen z.B. in der Sonne etwa 1000mal seltener ab.

Im stationären Zustand sind die *Häufigkeitsverhältnisse* der beteiligten Isotope durch die *Geschwindigkeit* der

---

$$\begin{array}{llll}
 & {}^3\mathrm{He}({}^3\mathrm{He}, 2\mathrm{p})\,{}^4\mathrm{He} & & \text{PP I } 26.23\ \mathrm{MeV} \\
{}^1\mathrm{H}(\mathrm{p}, \mathrm{e}^+\nu)\,{}^2\mathrm{D}(\mathrm{p},\gamma)\,{}^3\mathrm{He} \nearrow & & {}^7\mathrm{Be}(\mathrm{e}^-, \nu)\ {}^7\mathrm{Li}(\mathrm{p}, \alpha)\,{}^4\mathrm{He} & \text{PP II } 25.67\ \mathrm{MeV} \\
 \searrow & {}^3\mathrm{He}(\alpha, \gamma)\,{}^7\mathrm{Be} \nearrow & & \\
 & \searrow & {}^7\mathrm{Be}(\mathrm{p}, \gamma)\,{}^8\mathrm{B}(\mathrm{e}^+\nu)\,{}^8\mathrm{Be}(2\alpha) & \text{PP III } 19.28\ \mathrm{MeV}\ .
\end{array} \tag{4.12.17}$$

einzelnen Teilreaktionen wie in einem „radioaktiven Gleichgewicht" festgelegt, obwohl bei jedem *einzelnen* Zyklus die C, N, O-Kerne als „Katalysatoren" nicht verbraucht werden. Bei Temperaturen von etwa 10^7 bis 10^8 K verwandelt sich im CNO-Trizyklus die ursprünglich als C, N und O vorhandene Materie zum größten Teil in ^{14}N. Geht man von der normalen Elementmischung (Tabelle 4.9.1 und 2) aus, so wächst dabei die Stickstoffhäufigkeit um etwa einen Faktor 10 an. Das Häufigkeitsverhältnis der Kohlenstoffisotope $^{12}C/^{13}C$, welches in der terrestrischen und solaren Materie rund 90 beträgt und im interstellaren Medium zwischen 40 und 90 liegt, stellt sich auf einen viel kleineren Zahlwert $\simeq 4$ ein. Dies ist ein wichtiges Indiz für (evtl. früheres) Wasserstoffbrennen nach dem CNO-Zyklus.

In Abb. 4.12.2 ist die mittlere *Energieerzeugung* ε des Wasserstoffbrennens für eine Elementmischung, die der Sonne und der Population I-Sterne entspricht, im Temperaturbereich von 5 bis $50 \cdot 10^6$ K aufgetragen. Wegen der höheren Ladungen der miteinander reagierenden Kerne setzt der CNO-Zyklus bei höheren Temperaturen als die pp-Kette ein. Kühle Hauptreihensterne mit Zentraltemperaturen bis $1.8 \cdot 10^7$ K, insbesondere auch die Sonne mit $T_{c\odot} \simeq 1.5 \cdot 10^7$ K, beziehen also ihre Energie überwiegend aus der pp-Kette, heißere Sterne im oberen Teil der Hauptsequenz aus dem CNO-Zyklus. Bei den alten Sternen der Population II verringert sich der Beitrag des CNO-Zyklus gegenüber dem der pp-Kette proportional zu ihren Unterhäufigkeiten von C, N, O/H.

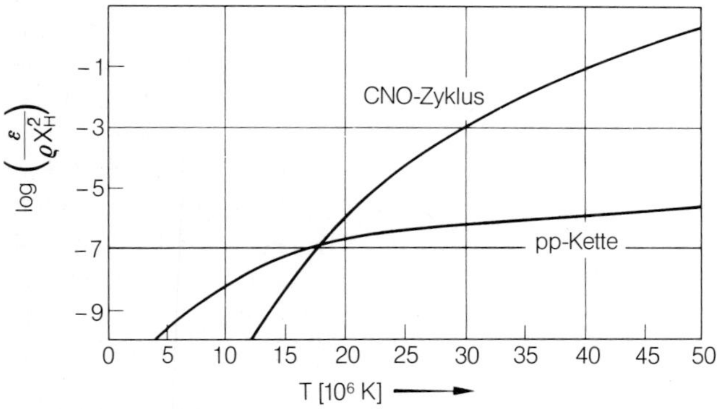

Abb. 4.12.2. Temperaturabhängigkeit der Energieerzeugung ε durch das Wasserstoffbrennen im Gleichgewicht für die Elementmischung der Sonne und der Population I-Sterne. ε in $[\mathrm{W\,kg^{-1}} = 10^4\,\mathrm{erg\,s^{-1}\,g^{-1}}]$, ϱ in $[\mathrm{kg\,m^{-3}} = 10^{-3}\,\mathrm{g\,cm^{-3}}]$, X_H relativer Massenanteil des Wasserstoffs. $\varepsilon/\varrho X_H^2$ ist für die pp-Kette nur von T abhängig, für den CNO-Zyklus außerdem proportional zur Häufigkeit $X_{C,N}/X_H$. Im Zentrum der heutigen *Sonne* ist $X_H = 0.36$ (ursprünglich 0.73), $\varrho = 1.6 \cdot 10^5\,\mathrm{kg\,m^{-3}}$, $T = 1.5 \cdot 10^7$ K und somit $\varepsilon \simeq 1.8 \cdot 10^{-3}\,\mathrm{W\,kg^{-1}}$

Ist im Inneren eines Sternes ein erheblicher Teil des Wasserstoffs verbraucht und steigt (infolge Kontraktion) die Temperatur auf mehr als 10^8 K, so beginnt – wie E. J. Öpik und E. E. Salpeter 1951/52 bemerkten – die Verbrennung von Helium zunächst zu ^{12}C nach dem *3α-Prozeß* $3\alpha \rightarrow {}^{12}C$.

Dieser beginnt mit der leicht endothermen Vereinigung zweier He-Kerne

$$^4He + {}^4He + 95\,\mathrm{keV} = {}^8Be + \gamma\ . \tag{4.12.18}$$

Das ^{8}Be ist im thermischen Gleichgewicht ($^4He + {}^4He \rightleftharpoons {}^8Be$) mit einer wenn auch winzigen Konzentration vorhanden und wird dann weiter abgebaut durch die Reaktion

$$^8Be + {}^4He \rightleftharpoons {}^{12}C^* \rightarrow {}^{12}C + \gamma \tag{4.12.19}$$

mit einer Energieabgabe von 7.28 MeV pro ^{12}C-Kern. Hierbei ist der Zerfall des angeregten $^{12}C^*$-Kerns von 7.65 MeV zurück in ^{4}He und ^{8}Be mehr als 1000mal häufiger als der Übergang in den Grundzustand des ^{12}C. Pro Heliumkern gerechnet, kommen bei dessen Verbrennung nur 2.4 MeV heraus, d. h. etwa 10% der Energie, welche seine Entstehung lieferte. Von ^{12}C aus können die folgenden Vierer-Kerne durch weitere (α, γ)-Reaktionen gebildet werden:

$$^{12}C(\alpha, \gamma)\,^{16}O(\alpha, \gamma)\,^{20}Ne(\alpha, \gamma)\,^{24}Mg(\alpha, \gamma)\,^{28}Si\ , \tag{4.12.20}$$

wobei die beiden letzten Reaktionen wegen der geringen Reaktionsrate von $^{16}O(\alpha, \gamma)^{20}Ne$ kaum zur Energieerzeugung beitragen.

Bei etwas höheren Temperaturen als beim 3α-Prozeß wird auch ^{14}N, das Hauptprodukt des CNO-Zyklus, durch die Reaktionsfolge

$$^{14}N(\alpha, \gamma)\,^{18}F(e^+\nu)\,^{18}O(\alpha, \gamma)\,^{22}Ne \tag{4.12.21}$$

zerstört. Hieran kann sich die Reaktion

$$^{22}Ne(\alpha, n)\,^{25}Mg \tag{4.12.22}$$

anschließen, die *freie Neutronen* liefert für den *Aufbau der schweren Elemente* $A \gtrsim 60$ (durch den sogenannten s-Prozeß in Roten Riesensternen, s. Abschn. 5.4.5), der durch geladene Teilchen wegen ihrer starken Coulombfelder unter keinen Umständen bewerkstelligt werden kann.

Nach Ende des Heliumbrennens und der anschließenden α-Reaktionen kann bei 6 bis $7 \cdot 10^8$ K im Laufe der Entwicklung eines Sterns das *Kohlenstoffbrennen* einsetzen, dessen wichtigste Reaktionen

$$\begin{aligned} &^{12}C + {}^{12}C \rightarrow {}^{23}Na + p, \ {}^{23}Na(p, \alpha)\, {}^{20}Ne \ , \\ &^{12}C + {}^{12}C \rightarrow {}^{20}Ne + \alpha \end{aligned} \tag{4.12.23}$$

zu ^{20}Ne führen und pro ^{12}C-Kern 2.3 MeV Energie freisetzen. Schließlich werden oberhalb von 1.5 bis $2 \cdot 10^9$ K die Energien der thermischen Photonen γ hinreichend hoch, um ^{20}Ne durch *Photodesintegration* zu zerstören und letztlich – durch Folgereaktionen mit den hierbei gebildeten Heliumkernen – in ^{24}Mg und ^{28}Si umzuwandeln:

$$\begin{aligned} &^{20}Ne(\gamma, \alpha)\, {}^{16}O \ , \\ &^{16}O(\alpha, \gamma)\, {}^{20}Ne(\alpha, \gamma)\, {}^{24}Mg(\alpha, \gamma)\, {}^{28}Si \ . \end{aligned} \tag{4.12.24}$$

Auf dieses *Neonbrennen* folgen bei etwas höheren Temperaturen noch das Sauerstoffbrennen ($^{16}O + {}^{16}O$) und das Siliziumbrennen, ein Quasi-Gleichgewicht zwischen Photodesintegration und Einfang von α-Kernen, das bis zum Aufbau von Kernen der Eisengruppe führt.

Beim Kohlenstoffbrennen und den späteren Brennphasen sind die Temperaturen und Dichten im Sterninneren so hoch, daß – über die schwache Wechselwirkung zwischen Elektronen, Positronen und Photonen – in großer Zahl auf Kosten der thermischen Energie der Sternmaterie *Neutrinos* erzeugt werden, die den Stern praktisch ungehindert verlassen. Der Energieverlust durch diese Neutrinos ist von gleicher Größenordnung wie der Energiegewinn durch die thermonuklearen Prozesse (während die bei den β-Zerfällen der Kernreaktionen gebildeten Neutrinos nur einen mäßigen Verlust darstellen). Formal können die Neutrinoverluste als negative Energieerzeugung berücksichtigt werden.

Die Anwendung der nuklearen Energieerzeugung in der Theorie des inneren Aufbaus der Sterne ist (grundsätzlich) vollends einfach: Wenn $\varepsilon(\varrho, T)$ die Energieerzeugung pro Zeit- und Masseneinheit durch *alle* bei den betreffenden Temperaturen T und Dichten ϱ vorkommenden Kernreaktionen ist, so wird in einer Kugelschale $r \ldots (r + dr)$ in der Zeiteinheit die Energie $\varrho \varepsilon 4 \pi r^2 dr$ erzeugt und der Energiefluß $L(r)$ nimmt zu nach der Gleichung

$$\frac{dL(r)}{dr} = 4 \pi r^2 \varrho \varepsilon \ . \tag{4.12.25}$$

4.12.4 Gravitationsenergie und thermische Energie. Stabilität der Sterne

Wenn im Inneren der Sterne (bei einer bestimmten chemischen Zusammensetzung) die Temperaturen so gering sind, daß keine nuklearen Prozesse ablaufen können, steht zunächst – bis zum Zünden irgendwelcher Kernreaktionen – als einzige Energiequelle nur die *Gravitationsenergie* E_G, d.h. Kontraktionsenergie, zur Verfügung.

Es erscheint angebracht, hier daran zu erinnern, daß schon 1846 – kurz nach seiner Entdeckung des Satzes von der Erhaltung der Energie – J.R. Mayer die Frage aufwarf nach dem Ursprung der z.B. von der Sonne ausgesandten Strahlungsenergie. Er überlegte sich, daß eine Masse von Meteoriten m, die in die Sonne stürzen, ihre Energie nach (2.6.34)

$$m G \mathcal{M} / R \tag{4.12.26}$$

als Wärmeenergie abgibt (wobei wieder G die Gravitationskonstante, $\mathcal{M}$ und R Masse und Radius der Sonne bedeuten). Da die Masse der einstürzenden Meteorite in Wirklichkeit jedenfalls sehr klein ist, wiesen H. von Helmholtz 1854 und Lord Kelvin 1861 darauf hin, daß *Kontraktion der Sonne selbst* eine wirksamere Gravitationsenergiequelle sei.

Wie man nach (4.12.26) ohne weiteres sieht, ist die Energie, welche bei der Entstehung einer Gaskugel vom Radius R aus anfänglich weit verteilter Materie oder auch bei erheblicher Kontraktion eines Sternes zum Radius R frei wird, stets von der Größenordnung

$$E_G \simeq \frac{G \mathcal{M}^2}{R} \ . \tag{4.12.27}$$

Für die Sonne z.B. sind dies $\simeq 3.8 \cdot 10^{41}$ J; der Inhalt der Sonne an thermischer Energie ist von derselben Größenordnung. Die Energie E_G könnte die Ausstrahlung der Sonne entsprechend ihrer heutigen Leuchtkraft $L_\odot = 3.85 \cdot 10^{26}$ W nur über $E_G/L \simeq 3 \cdot 10^7$ a decken.

Die enge Verknüpfung der Gravitationsenergie eines Sterns mit seiner thermischen Energie wird anhand des *Virialsatzes* (2.6.25) deutlich, der besagt, daß bei einem System gravitierender Massenpunkte im Zeitmittel die kinetische Energie E_{kin} und die potentielle Energie E_{pot} über

$$\bar{E}_{kin} = -\tfrac{1}{2} \bar{E}_{pot} \tag{4.12.28}$$

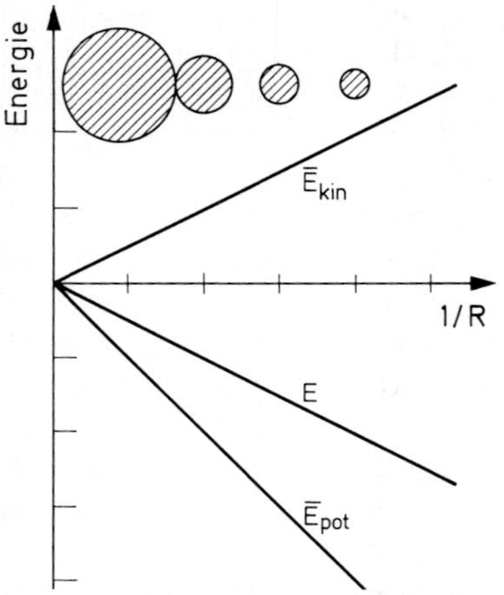

Abb. 4.12.3. Der Virialsatz für ein System gravitierender Massenpunkte $\bar{E}_{kin} = -\frac{1}{2}\bar{E}_{pot}$. Ein sich zusammenziehender Stern verliert potentielle Energie. Die Hälfte dieses Betrages wird aber seinem Bestand an kinetischer Energie zugefügt. $2\bar{E}_{kin} < -\bar{E}_{pot}$ führt nach J. Jeans zu Gravitationsinstabilität (Abschn. 5.8.1)

zusammenhängen. Dieser Zusammenhang ist in Abb. 4.12.3 noch deutlicher dargestellt. Da die Gesamtenergie $E = E_{kin} + E_{pot}$ ist, gilt auch $\bar{E}_{kin} = -E$.

Wir wenden den Virialsatz zunächst auf einen Stern (im hydrostatischen Gleichgewicht) an, den wir vereinfachend als homogene Kugel (Masse $\mathcal{M}$, Radius R, Dichte ϱ) betrachten. Nehmen wir weiterhin ein einatomiges Gas vom Molekulargewicht μ an, so ist an kinetischer Energie nur die *thermische Energie* E_T vorhanden. Diese ist im Mittel pro Teilchen $\frac{3}{2}kT$, also pro Masseneinheit $\frac{3}{2}kT/\mu m_u$ (m_u Atommasseneinheit) und für den gesamten Stern

$$E_T = \frac{3}{2}\frac{kT}{\mu m_u}\mathcal{M} . \tag{4.12.29}$$

Die potentielle Energie bzw. die *Gravitationsenergie* einer homogenen Kugel berechnen wir folgendermaßen: Fügen wir zu einer Kugel von Radius r und der Masse $\mathcal{M}(r) = 4\pi\varrho r^3/3$ – sozusagen als Zwischenstadium – eine Schale der Masse $d\mathcal{M}(r)$ hinzu, so ist der Gewinn an potentieller Energie $dE_G = -G\mathcal{M}(r)\,d\mathcal{M}(r)/r$. Mit $r = [3\mathcal{M}(r)/4\pi\varrho]^{1/3}$ erhalten wir sofort

$$\begin{aligned} E_G &= -\int_0^R G\frac{\mathcal{M}(r)\,d\mathcal{M}(r)}{r} = -\left(\frac{3}{4\pi\varrho}\right)^{-1/3} G\frac{3}{5}\mathcal{M}^{5/3} \\ &= -\frac{3}{5}\frac{G\mathcal{M}^2}{R} . \end{aligned} \tag{4.12.30}$$

Dem *Virialsatz*

$$2E_T + E_G = 0 \tag{4.12.31}$$

können wir nun mit den bekannten Daten der Hauptreihensterne – solange der Strahlungsdruck keine wesentliche Rolle spielt – sofort entnehmen, daß in deren Innerem Temperaturen von 10^6 bis 10^7 K herrschen müssen (wie wir schon in Abschn. 4.12.1 auf andere Weise abgeschätzt haben).

Bei einem Stern bleibt nun wegen seiner *Abstrahlung* die Gesamtenergie *nicht* konstant, vielmehr nimmt sie in einem Zeitintervall δt entsprechend $\delta E = L\delta t$ ab (Leuchtkraft L). Stehen dem Stern keine nuklearen Energiequellen zur Verfügung, kann er Energie nur noch durch Kontraktion freisetzen, in δt nach (4.12.27) $\delta E_G = G\mathcal{M}^2\,\delta(1/R)$. Erfolgt die Kontraktion hinreichend langsam, so daß sich im Stern immer *hydrostatisches Gleichgewicht* einstellen kann, so gilt nach (4.12.31)

$$\begin{aligned} &2\,\delta E_T + \delta E_G = 0 \quad \text{sowie} \\ &\delta E_T + \delta E_G = L\,\delta t . \end{aligned} \tag{4.12.32}$$

Die Hälfte der Gravitationsenergie δE_G wird demnach zur Erhöhung der thermischen Energie, die andere Hälfte zur Deckung der Abstrahlung verwendet (Abb. 4.12.3). Auf *Entzug* von Energie (Strahlung) reagiert der Stern also mit einer Temperatur*erhöhung*, d.h. er stellt ein System mit „negativer spezifischer Wärme" dar. Durch das Einsetzen nuklearer Energieerzeugung stabilisiert sich der Stern[24], die Kontraktion kommt zum Stillstand, die Leuchtkraft wird aus der Kernenergie aufrechterhalten.

Die Zeitspanne, während der ein Stern seine Abstrahlung auf Kosten der Gravitationsenergie E_G bestreiten kann, die *Helmholtz-Kelvin-Zeit*, ist von der Größenordnung

$$t_{HK} \simeq \left|\frac{E_G}{L}\right| \simeq \frac{G\mathcal{M}^2}{RL} \simeq \frac{E_T}{L} . \tag{4.12.33}$$

Sie ist nach dem Virialsatz vergleichbar mit seiner thermischen Relaxationszeit. Im allgemeinen ist t_{HK} viel kleiner als die nukleare Entwicklungszeit t_E (5.4.3).

[24] Voraussetzung hierfür ist, daß der Druck mit wachsender Temperatur zunimmt, d.h. die Zustandsgleichung (4.12.3) gilt.

Für diejenigen Entwicklungsphasen eines Sterns, in denen infolge der Änderung der Konfiguration die Gravitationsenergie eine Rolle spielt, müssen wir (4.12.25) durch die *gravitative Energieerzeugungsrate* erweitern. Es besteht dann in einer Massenschale $r \ldots (r+dr)$ kein Gleichgewicht mehr allein zwischen der Produktionsrate durch die Kernreaktionen $4\pi r^2 \varrho \varepsilon \, dr$ und dem Nettoenergiestrom $dL(r)$. Vielmehr liefert die zeitliche Änderung der inneren Struktur in jeder Massenschale zusätzlich einen (positiven oder negativen) Beitrag, der sich nach dem I. Hauptsatz der Thermodynamik pro Masseneinheit aus der Änderung der thermischen Energie $\frac{3}{2} kT/\mu m_u$ und der von den Druckkräften geleisteten Arbeit $-P\,dv$ ($v = 1/\varrho$ spezifisches Volumen) zusammensetzt, so daß

$$4\pi r^2 \varrho \varepsilon - \frac{dL(r)}{dr} = 4\pi r^2 \varrho \left(\frac{3}{2} \frac{k}{\mu m_u} \frac{dT}{dt} - \frac{P}{\varrho^2} \frac{d\varrho}{dt} \right) \qquad (4.12.34)$$

gilt.

Schließlich fragen wir uns noch, unter welchen Umständen ein Stern in der Lage ist, gegenüber Störungen oder Änderungen seiner Struktur das hydrostatische Gleichgewicht (4.12.1) aufrechtzuerhalten. Hierbei spielt die *Kompressibilität* der Materie, d.h. die Variation des Druckes P mit der Dichte ϱ, eine entscheidende Rolle. Setzen wir P proportional zu ϱ^Γ an, so ändert sich die über den Stern gemittelte Gravitationskraft (pro Volumeinheit) wegen $\varrho \sim \mathcal{M}/R^3$ mit dem Sternradius R entsprechend

$$\langle K_G \rangle \sim \varrho \frac{G\mathcal{M}}{R^2} \sim R^{-5} , \qquad (4.12.35)$$

während der Druckgradient

$$\left\langle \frac{dP}{dr} \right\rangle \sim \frac{P}{R} \sim \frac{\varrho^\Gamma}{R} \sim R^{-3\Gamma-1} \qquad (4.12.36)$$

und demnach das Verhältnis beider Terme

$$\left\langle \frac{dP}{dr} \right\rangle \Big/ \langle K_G \rangle \sim R^{-3(\Gamma-4/3)} \qquad (4.12.37)$$

mit R variiert. Ist $\Gamma > \frac{4}{3}$, so nimmt z.B. bei einer *Kontraktion* $\langle dP/dr \rangle$ stärker als $\langle K_G \rangle$ zu, d.h. der Stern kann letztlich wieder eine Konfiguration im hydrostatischen Gleichgewicht finden. Andererseits überwiegt für $\Gamma \leqslant \frac{4}{3}$ die Gravitationskraft bei einer Verringerung des Radius immer weiter und der Stern findet keine stabile Konfiguration. Als *Stabilitätsbedingung* für hydrostatisches Gleichgewicht erhalten wir also, daß

$$\Gamma > \tfrac{4}{3} \qquad (4.12.38)$$

über einen wesentlichen Massenbereich im Sterninneren erfüllt sein muß. Dieser Bedingung genügt u.a. ein aus einem einatomigen idealen Gas bestehender Stern, da hier die Adiabatengleichung (4.12.10) die Form $P \sim \varrho^\Gamma$ mit $\Gamma \equiv \gamma = 5/3$ ($\triangleq$ Verhältnis der spezifischen Wärmen c_p/c_v) hat.

Wird die Stabilitätsbedingung verletzt, z.B. durch die Anregung innerere Freiheitsgrade bzw. durch einen „Phasenübergang" (Abschnitt 5.4.5), so erfolgt ein *Kollaps* des Sterns, praktisch im freien Fall (solange $\Gamma \lesssim 4/3$ bleibt). Die charakteristische Zeit hierfür ist die *freie Fallzeit* t_{ff}, deren Größenordnung wir abschätzen, indem wir (4.12.1) durch den Beschleunigungsterm $\varrho\, d^2r/dt^2 \sim \varrho R/t_{ff}^2$ ergänzen, welcher von vergleichbarer Größe wie die Gravitationskraft $\varrho G \mathcal{M}/R^2$ bzw. der Druckgradient P/R ist. Mit $\varrho \sim \mathcal{M}/R^3$ ergibt sich dann als dynamische Zeitskala

$$t_{ff} \simeq \sqrt{\frac{1}{G\varrho}} \, . \qquad (4.12.39)$$

Z.B. ist für die Sonne ($\bar{\varrho}_\odot \simeq 1400\,\mathrm{kg\,m^{-3}}$) t_{ff} von der Größenordnung 1 h, also erheblich kürzer als die Helmholtz-Kelvin-Zeit. Umgekehrt schließen wir aus der Stabilität der Sonne über mehrere Milliarden Jahre, daß in ihr das hydrostatische Gleichgewicht (4.12.1) mit äußerst hoher Genauigkeit erfüllt sein muß. Großräumige Druckstörungen werden innerhalb t_{ff} ausgeglichen. Wie aus dem Virialsatz (4.12.31) folgt, entspricht die freie Fallzeit der charakteristischen Laufzeit einer Schallwelle durch den Stern mit der Schallgeschwindigkeit $c_s \simeq (kT/\mu m_u)^{1/2}$ bzw. auch der fundamentalen Periode der Pulsation des Sterns (Abschn. 4.11.1).

4.12.5 Grundgleichungen des inneren Aufbaus der Sterne und allgemeine Folgerungen

Zur besseren Übersicht stellen wir die vier Grundgleichungen der Theorie des Sterninneren aus den vorangehenden Abschnitten zusammen. Ihre numerische Lösung erfolgt durchweg mit Hilfe von großen Elektronenrechnern. Dazu kommen die *Zustandsgleichung* und die Gleichungen, welche die *Materialkonstanten* ε, κ und γ mit zwei der Zustandsgrößen P, T oder ϱ verknüpfen. Diese ganzen Beziehungen hängen wesentlich ab – dies ist für das Folgende wichtig! – von der *chemischen Zusammensetzung* der Materie.

Masse innerhalb r (4.12.2):

$$\frac{d\mathcal{M}(r)}{dr} = 4\pi r^2 \varrho \, ,$$

hydrostatisches Gleichgewicht (4.12.1):

$$\frac{dP}{dr} = -\varrho \frac{G\mathcal{M}(r)}{r^2} \, ,$$

nukleare Energieerzeugung (4.12.25):

$$\frac{dL(r)}{dr} = 4\pi r^2 \varrho \varepsilon \, , \tag{4.12.40}$$

Energietransport

Strahlung (4.12.9):

$$\frac{dT}{dr} = -\frac{3\kappa\varrho}{4acT^3}\,\frac{L(r)}{4\pi r^2} \, ,$$

Konvektion (4.12.11):

$$\frac{dT}{dr} = \left(1 - \frac{1}{\gamma}\right)\frac{T}{P}\,\frac{dP}{dr} \, .$$

Schließlich wird unser Problem vollends bestimmt durch die *Grenzbedingungen:*

a) Im Zentrum $r = 0$ des Sterns muß selbstverständlich $\mathcal{M}(0) = 0$ und $L(0) = 0$ gelten.

b) An der Oberfläche müssen die Gleichungen für das Sterninnere grundsätzlich übergehen in die schon besprochene Theorie der Sternatmosphären. Solange man sich *nur* für den inneren Aufbau interessiert, kann man häufig die obigen Gleichungen einfach bis $T \to 0$ oder $T \to T_{\text{eff}}$ für $r = R$ benutzen. Weiterhin ist natürlich $\mathcal{M}(R) = \mathcal{M}$, die Gesamtmasse, und $L(R) = L$, die Leuchtkraft.

Einige *allgemeine Folgerungen* aus der Theorie des Sternaufbaus können wir uns leicht anschaulich klarmachen; selbstverständlich kann man sie auch durch formale Rechnungen herleiten.

Denken wir uns eine Gasmasse $\mathcal{M}$ mit vorgegebenen nuklearen Energiequellen versehen. Dieses zunächst hinsichtlich seiner räumlichen Anordnung noch ganz unbestimmte Gebilde lassen wir nun in Gedanken sich zu einem Stern mit der Masse $\mathcal{M}$ und der Leuchtkraft L konsolidieren. Dieser wird – wenn eine stabile Konfiguration überhaupt möglich ist – sich auf einen bestimmten Radius R einstellen. Da andererseits L mit R und der Effektivtemperatur T_{eff} verknüpft ist durch $L = 4\pi R^2 \sigma T_{\text{eff}}^4$, Leuchtkraft = Sternoberfläche · Gesamtstrahlungsstrom (4.4.26), ist auch die Effektivtemperatur T_{eff} unseres Sterns festgelegt. Es muß also für Sterne derselben Bauart und Zusammensetzung (dies dürfen wir nicht übersehen!), sog. homologe Sterne, eine einheitliche Beziehung zwischen *Masse* $\mathcal{M}$, *Leuchtkraft* L und *Radius* R oder *Effektivtemperatur* T_{eff} erfüllt sein

$$\varphi(\mathcal{M}, L, T_{\text{eff}}) = 0 \; . \tag{4.12.41}$$

Eine solche Relation hat A.S. Eddington 1924 entdeckt. Nach seinen Rechnungen ergab sich die Abhängigkeit der Funktion von T_{eff} als so schwach, daß er kurzweg von der *Masse-Leuchtkraft-Beziehung* sprach. Deren Übereinstimmung mit den Beobachtungen (Abb. 4.6.2) erschien zunächst recht gut; später fand man mancherlei Ausnahmen, die aber im Lichte der allgemeinen Theorie keineswegs unerwartet sind.

Berücksichtigen wir weiterhin, daß nach der Theorie der nuklearen Energieerzeugung ε als Funktion der Zustandsgrößen (z.B. T und ϱ) für eine bestimmte Elementmischung festgelegt ist, so führt dies zu einer weiteren Beziehung zwischen den drei Größen $\mathcal{M}$, L und T_{eff}. Für stationäre Sterne derselben Bauart gilt daher eine Gleichung der Form

$$\Phi(L, T_{\text{eff}}) = 0 \; . \tag{4.12.42}$$

Diese müssen also im Hertzsprung-Russell-Diagramm bzw. im Farben-Helligkeits-Diagramm auf einer bestimmten *Linie* liegen. Diese Aussage nennt man gelegentlich das *Russell-Vogt-Theorem*. Wir werden mit der sog. *Anfangs-Hauptsequenz* (zero age main sequence) in der Tat einen derartigen Linienzug kennenlernen. Andererseits zeigt schon das Vorhandensein der Roten Riesen und Überriesen, daß hier zum mindesten ein weiterer Parameter ins Spiel kommt. Wie wir sehen werden, ist es die *chemische Zusammensetzung* der Sterne, welche sich als Folge der Kernreaktionen mit deren *Alter* ändert. Damit ändert sich auch die innere Struktur der Sterne und unsere obigen Überlegungen sind nicht mehr ohne weiteres anwendbar.

Umgekehrt muß neben der Masse eines Sterns vor allem seine chemische Zusammensetzung bekannt sein, damit wir seinen Aufbau aus den Grundgleichungen berechnen können. Diese kennen wir jedoch im allgemeinen nur für sehr junge Sterne, welche nach ihrer Entstehung aus dem interstellaren Medium noch keine wesentliche Änderung ihrer Elementmischung durch Kernreaktionen erfahren haben. Wir müssen daher in der Praxis die Entwicklung eines Sterns „von Anfang an", d. h. ausgehend von einer homogenen Zusammensetzung, verfolgen, um seine Struktur in späteren Entwicklungsphasen zu kennen.

Ein direkter Vergleich der Theorie des Aufbaus und der Entwicklung der Sterne mit der Beobachtung ist zwar wegen ihrer in der Regel viel zu langen Entwicklungszeiten nicht möglich, jedoch stellen die Untersuchungen von *Sternhaufen* einen wichtigen Prüfstein für die Modellrechnungen dar. In einem Sternhaufen sind einerseits alle Mitglieder nahezu *gleichzeitig* mit *derselben chemischen Zusammensetzung* entstanden, andererseits zeigen sie bei einer „Momentaufnahme" als Folge ihrer unterschiedlichen Massen sehr unterschiedliche Entwicklungsphasen. Wir werden daher die Ergebnisse der Theorie der Sternentwicklung, deren Grundvorstellungen ja ursprünglich aus der Untersuchung von Sternhaufen erwachsen sind, erst in Abschn. 5.4 in Zusammenhang mit den Farben-Helligkeits-Diagrammen der Sternhaufen besprechen. In diesem Kapitel beschränken wir uns zunächst auf die Diskussion des inneren Aufbaus der Sonne und der Möglichkeit, das Modell dieses uns nächsten Sterns durch Beobachtung seiner Neutrinostrahlung zu überprüfen. Anschließend stellen wir noch einige Ergänzungen der physikalischen Grundlagen für den Bereich extrem hoher Dichten bereit, die wir in den späten Entwicklungsstadien und Endphasen der Sternentwicklung antreffen werden.

4.12.6 Innerer Aufbau der Sonne. Solare Neutrinos

Um aus dem System der Grundgleichungen (4.12.40) ein Modell für unsere heutige Sonne zu berechnen, beginnen wir mit einem Stern von 1 $\mathcal{M}_\odot$ mit einer *homogenen* Elementmischung, H : He : schwere Elemente nach Massenanteilen, von

$$X : Y : Z = 0.73 : 0.25 : 0.015 \quad , \tag{4.12.43}$$

welche den Atmosphären der Sonne und der Population I-Sterne sowie dem interstellaren Medium entspricht. Von dem Einsetzen der nuklearen Energieerzeugung durch das Wasserstoffbrennen an[25], konstruieren wir eine zeitliche Entwicklungsfolge von Modellen derart, daß nach $4.5 \cdot 10^9$ a, dem Alter der Sonne und des Planetensystems (2.8.24), die heute beobachtete Leuchtkraft $L_\odot$ und Effektivtemperatur $T_{\text{eff},\odot}$ bei einem Sonnenradius $R_\odot$ erreicht wird. Wir erhalten so das in Tabelle 4.12.1 angegebene *Modell für den inneren Aufbau* der Sonne.

Tabelle 4.12.1. Innerer Aufbau der Sonne. Alter $4.5 \cdot 10^9$ a. Ursprüngliche Elementmischung $X : Y : Z = 0.73 : 0.25 : 0.015$.

$r/R_\odot$	$\mathcal{M}(r)/\mathcal{M}_\odot$	$L(r)/L_\odot$	P [Pa]	ϱ [kg m^{-3}]	T [K]
0.0	0.00	0.00	$2.5 \cdot 10^{16}$	$1.6 \cdot 10^5$	$1.5 \cdot 10^7$
0.1	0.08	0.45	$1.4 \cdot 10^{16}$	$9.2 \cdot 10^4$	$1.3 \cdot 10^7$
0.15	0.20	0.79	$8.4 \cdot 10^{15}$	$5.8 \cdot 10^4$	$1.1 \cdot 10^7$
0.2	0.35	0.94	$4.5 \cdot 10^{15}$	$3.6 \cdot 10^4$	$9.3 \cdot 10^6$
0.3	0.62	1.00	$1.1 \cdot 10^{15}$	$1.2 \cdot 10^4$	$6.6 \cdot 10^6$
0.4	0.80	1.00	$2.6 \cdot 10^{14}$	$3.8 \cdot 10^3$	$5.0 \cdot 10^6$
0.5	0.89	1.00	$7.0 \cdot 10^{13}$	$1.4 \cdot 10^3$	$3.9 \cdot 10^6$
0.8	0.99	1.00	$1.9 \cdot 10^{12}$	$9.0 \cdot 10^1$	$1.7 \cdot 10^6$
1.0	1.00	1.00	(10^4)[a]	$(3 \cdot 10^{-4})$[a]	$(6 \cdot 10^3)$[a]

[a] Charakteristische Werte für die Photosphäre

Die Hälfte der Masse befindet sich innerhalb von etwa $0.25\,R_\odot$. Im überwiegenden Teil des Inneren erfolgt der Energietransport durch Strahlung und lediglich außerhalb $\gtrsim 0.8\,R_\odot$ (bis zu den untersten Schichten der Photosphäre), d. h. nur bei etwa 1% der Gesamtmasse, durch Konvektion. Durch das Wasserstoffbrennen während $4.5 \cdot 10^9$ a ist im Zentrum der Sonne etwa die Hälfte des ursprünglichen Wasserstoffs in Helium umgewandelt worden, wir haben hier $X_c : Y_c : Z_c = 0.36 : 0.63 : 0.015$. Außerhalb von etwa $0.2\,R_\odot$ finden wir noch die ursprüngliche chemische Zusammensetzung. Die Energieerzeugung im Zentralbereich erfolgt überwiegend nach der pp-Kette (4.12.17), bei $0.2\,R_\odot$ hat $L(r)$ schon etwa 95% der Leuchtkraft $L_\odot$ erreicht.

Mehrere Prozent der im Inneren der Sonne und Sterne durch Kernreaktionen erzeugten Energie entweichen als *Neutrinostrahlung* direkt in den Weltraum. Der außerordentlich kleine Wirkungsquerschnitt der Neutrinos gegenüber jeder Art von Materie ermöglicht diesen, einen Stern, ja sogar das ganze Weltall, praktisch ohne einen Zusammenstoß zu durcheilen. So kann uns die *Neutrino-Astronomie* direkte Auskunft über den energieerzeugenden Kern der *Sonne* geben, während die Neutrinostrahlung der entfernten Sterne weit unter der heutigen Nachweisgrenze liegt. Eine Ausnahme bildet der Ausbruch der

[25] Die vorangehenden, relativ kurzen Entwicklungsphasen seit der Entstehung aus dem interstellaren Medium [von der Größenordnung der Helmholtz-Kelvin-Zeit $t_{\text{HK}} \simeq 3 \cdot 10^7$ a, (4.12.33)] beeinflussen die heutige Struktur der Sonne nur wenig.

Supernova SN 1987A in der „benachbarten" Großen Magellanschen Wolke (Abschn. 4.11.7).

Der *Nachweis* von Neutrinos, der wegen ihrer geringen Wechselwirkung mit Materie äußerst schwierig ist, kann über ihre Kernreaktion mit ^{37}Cl, das rund 24% des natürlichen Chlors ausmacht, erfolgen:

$$^{37}\mathrm{Cl}(\nu, e^-)\,^{37}\mathrm{Ar} \ . \qquad (4.12.44)$$

Das dabei entstehende ^{37}Ar zerfällt mit einer Halbwertzeit von 35.0 d zurück in ^{37}Cl; die bei diesem Zerfall auftretenden Auger-Elektronen werden dann gezählt. Nach dieser radiochemischen Methode führt R. Davis Jr. seit 1964 Messungen zum Nachweis der *Sonnenneutrinos* durch. Um Störungen durch die Kosmische Strahlung möglichst zu vermeiden, ist die Apparatur in 1.5 km Tiefe in der Homestake Goldmine in South Dakota aufgestellt. Als „Empfänger" dient ein Tank mit rund 610 t Tetrachlorethylen C_2Cl_4 (das sonst zur chemischen Reinigung benutzt wird). Nach jeweils 2 bis 3 Halbwertszeiten wäscht man das Edelgas ^{37}Ar mit Helium aus und zählt seine Zerfallselektronen. Das derzeitige Ergebnis (Mittel der Beobachtungen 1970/85) ist

$$(2.1 \pm 0.3) \cdot 10^{-36}\,\text{Neutrinoprozesse}\ \mathrm{s}^{-1}\ \text{pro}\ ^{37}\text{Cl-Atom} \qquad (4.12.45)$$

bzw. (2.1 ± 0.3) SNU (solar neutrino units) entsprechend einer Erzeugungsrate von etwa 0.4 ^{37}Ar-Atomen pro Tag.

Nach der *Theorie*, d.h. nach dem Standardmodell der Sonne (Tabelle 4.12.1), erwartet man andererseits das in Abb. 4.12.4 dargestellte *Neutrinospektrum*, in dem die Neutrinos (mit einer kontinuierlichen Energieverteilung unterhalb 0.42 MeV) aus der Reaktion $^1H(p, e^+ \nu)\,^2D$ der pp-Kette (4.12.17) bei weitem dominieren. Da jedoch die ^{37}Cl-Apparatur nur auf Neutrinoenergien oberhalb 0.81 MeV, der Schwellenenergie von (4.12.44), anspricht, trägt im Experiment von Davis im wesentlichen nur die kontinuierliche Neutrinoemission vom β^+-Zerfall des ^8B aus der PP III-Kette bei, welche bei der Energieproduktion des Wasserstoffbrennens nur eine untergeordnete Rolle spielt. Die so unter Berücksichtigung der Nachweisempfindlichkeit der Apparatur berechnete Neutrinoproduktion ist aber etwa *3mal größer* als der Meßwert (4.12.45). Die Ursache dieser Diskrepanz ist noch nicht verstanden. Der Neutrinofluß vom Zerfall des ^8B hängt sehr empfindlich von der Temperatur im Zentralbereich der Sonne ab, so daß man u.a. vermutet, daß die Theorie der Konvektion und Durchmischung im Sonneninnern noch unzureichend ist. Eine andere Möglichkeit ist, daß die in der Sonne erzeugten *elektronischen* Neutrinos auf ihrem Weg zur Erde zum Teil in Myon- und Tau-Neutrinos (Abschn. 5.9.5) umgewandelt werden, welche dann *nicht* entsprechend (4.12.44) reagieren würden. Solche von den Elementarteilchentheorien vorhergesagten *Neutrinooszillationen* würden überwiegend noch im Sonneninneren durch Wechselwirkung mit den Elektronen erfolgen.

Aufschluß über das „Neutrinoproblem" erwartet man von 1989/90 begonnenen Experimenten, bei denen der Nachweis der Neutrinos über die Einfangreaktion $^{71}Ga(\nu, e^-)\,^{71}Ge$ erfolgt, deren Schwellenenergie mit 0.23 MeV so niedrig liegt, daß der Hauptbeitrag des gemessenen Neutrinoflusses von der Reaktion $^1H(p, e^+ \nu)$ ^2D stammt. Das ^{71}Ge zerfällt mit einer Halbwertzeit von 11.4 d zurück in ^{71}Ga, wobei wieder – analog dem Chlor-Experiment – die hierbei erzeugten Auger-Elektronen gezählt werden. Bei dem Experiment GALLEX einer hauptsächlich europäischen Kooperation unter dem Gran Sasso in Italien werden 30 t Gallium in Form einer $GaCl_3$-Lösung verwendet, bei dem sowjetisch-amerikanischen Galliumexperiment SAGE in einer Mine bei Baksan im sowjetischen Kaukasus zunächst 30 t (und in der Endphase 60 t) flüssiges metallisches Gallium.

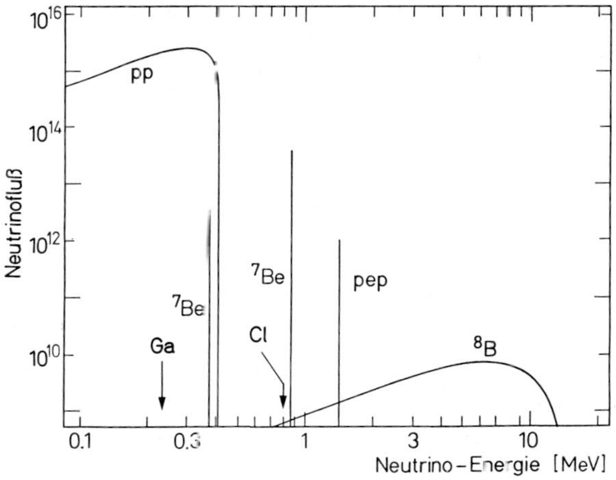

Abb. 4.12.4. Theoretisches Neutrinospektrum der Sonne. Neutrinofluß am Ort der Erde aus den Reaktionen der pp-Ketten (4.12.17) und „pep"-Reaktion $p + e^- + p \rightarrow {}^2D + \nu + 1.44$ MeV. Der Beitrag von ^{13}N und ^{15}O aus dem CNO-Zyklus ist hier nicht eingezeichnet. Die kontinuierliche Neutrinostrahlung ist in [Neutrinos $m^{-2}\,s^{-1}\,MeV^{-1}$], die monoenergetische Strahlung in [Neutrinos $m^{-2}\,s^{-1}$] angegeben. Die Schwellenwerte für den Nachweis durch ^{37}Cl bzw. ^{71}Ga sind durch Pfeile angezeigt. T. Kirsten (1983). (Mit freundlicher Genehmigung von VCH Verlagsgesellschaft, Weinheim)

Zum Nachweis *hochenergetischer* Neutrinos ($\gtrsim 8$ MeV) kann auch ihre elastische Streuung an Elektronen $\nu + e^- \to \nu + e^-$ verwendet werden, die Auskunft über die Energie und die *Einfallsrichtung* der Neutrinos gibt. Z. B. besteht der Detektor in der Kamioka-Mine in Japan aus einem großen Tank mit 3000 t Wasser, der von großflächigen Photomultipliern umgeben ist, welche die Čerenkovstrahlung der Elektronen (s. auch Abschn. 3.4.1) nachweisen. Detektoren dieser Art werden eingesetzt, um u. a. einen möglichen Zerfall des Protons zu finden, ein für die Elementarteilchentheorie und auch die Kosmologie grundlegendes Experiment (Abschn. 5.9.5). Mit dem Kamiokande-Detektor konnte die Neutrinostrahlung von der Supernova SN 1987 A in der Großen Magellanschen Wolke entdeckt werden und ab 1987 auch mit Beobachtungen der solaren Neutrinos begonnen werden.

4.12.7 Zustandsgleichung entarteter Materie. Aufbau der Weißen Zwerge

Die mittleren Dichten der Weißen Zwergsterne (Abschn. 4.5), die mit Massen von der Größenordnung einer Sonnenmasse nur Radien vergleichbar mit dem Erdradius haben, liegen bei 10^8 bis $10^9\,\mathrm{kg\,m^{-3}}$, sind also etwa 10^6mal größer als die mittlere Dichte der Sonne. Hier ist die Zustandsgleichung für ein ideales Gas (4.12.3) nicht mehr anwendbar. Wie R.H. Fowler (1926) erkannte, ist in diesen Sternen die Materie (genauer gesagt, die Elektronenkomponente) – abgesehen von einer ganz dünnen Atmosphärenschicht – im Sinne der *Fermi-Dirac-Statistik* entartet. Das heißt folgendes: In der klassischen oder Maxwell-Boltzmann-Statistik leitet man z. B. die Geschwindigkeitsverteilung der Elektronen oder die Zustandsgleichung der Gase ab, indem man die Verteilung der Partikel im *Phasenraum,* dessen 6dimensionales Volumenelement $\Delta\Omega$ gebildet wird aus dem bekannten Volumenelement im Lageraum $\Delta V = \Delta x\,\Delta y\,\Delta z$ mal dem Element im Impulsraum $\Delta p_x\,\Delta p_y\,\Delta p_z$, nach den Spielregeln der Wahrscheinlichkeitsrechnung ermittelt. Die Anwendbarkeit dieses Verfahrens wird aber für ein Elektronengas eingeschränkt durch das *Pauli-Prinzip*, welches fordert, daß *ein* Quantenzustand bzw. *eine* Quantenzelle der Größe $\Delta\Omega = h^3$ (h: Plancksches Wirkungsquantum) im Phasenraum höchstens von *einem* Elektron jeder Spinrichtung, d. h. insgesamt von 2 Elektronen besetzt werden darf. Diese Tatsache berücksichtigt die Fermi-Dirac-Statistik. Im Inneren eines Weißen Zwergsternes ist nun die Materie bei enormen Drücken und verhältnismäßig niedrigen Temperaturen so stark zusammengedrückt, daß sämtliche Zellen h^3 im Phasenraum bis zu einer bestimmten Grenzenergie E_0 bzw. einem maximalen Impuls p_0 herauf vollständig, d. h. mit je 2 Elektronen besetzt sind. Diesen Zustand bezeichnet man als *vollständige* Fermi-Dirac-Entartung des Gases.

Die *Zustandsgleichung* des entarteten Elektronengases (das zugehörige Protonengas entartet erst bei noch höheren Dichten; sein Druck kann vernachlässigt werden) können wir leicht berechnen:

In einem Volumen V befinden sich bei einer Teilchendichte N insgesamt $V \cdot N$ Elektronen. Im Impulsraum p_x, p_y, p_z (Abb. 4.12.5) erfüllen diese Elektronen gleichförmig eine Kugel bis zu dem maximalen Grenzimpuls p_0 bzw. der Grenzenergie, der sog. Fermi-Energie E_0. Im Phasenraum haben wir so ein Volumen $V\frac{4}{3}\pi p_0^3$, und mit 2 Elektronen pro Phasenzelle der Größe h^3 erhalten wir die Beziehung

$$NV = \frac{2}{h^3}\,V\frac{4\pi}{3}p_0^3 \quad \text{oder} \quad p_0 = \left(\frac{3h^3}{8\pi}\right)^{1/3} N^{1/3}\,. \tag{4.12.46}$$

Für ein *nichtrelativistisches* Elektronengas, d. h. für Teilchengeschwindigkeiten $v \ll c$ oder Energien $E \ll mc^2$ (m: Ruhemasse des Elektrons), gilt zwischen der kinetischen Energie $E = mv^2/2$ und dem Impuls $p = mv$ die Beziehung $E = p^2/2m$ und somit auch Fermi-Energie $E_0 = p_0^2/2m$. Der Druck P ist – wie beim idealen Gas – in bekannter Weise

$$P = \tfrac{2}{3}N\bar{E}\ , \tag{4.12.47}$$

wobei $\bar{E}$ die mittlere Energie pro Elektron bezeichnet. Den Zusammenhang zwischen $\bar{E}$ und E_0 können wir anhand der Abb. 4.12.5 berechnen. Es wird nämlich

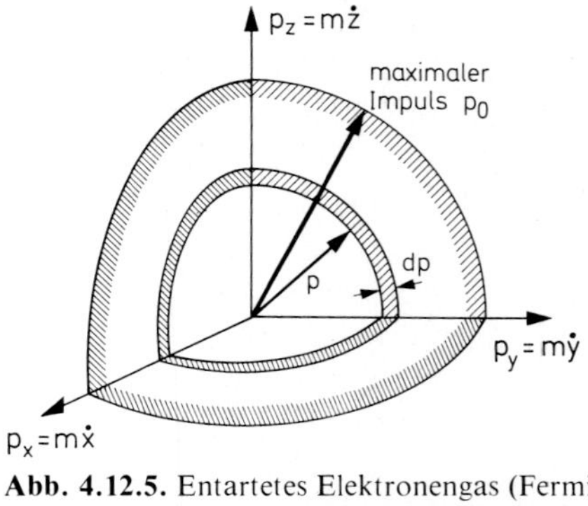

Abb. 4.12.5. Entartetes Elektronengas (Fermi-Dirac-Statistik). Im Impulsraum, von dem nur ein Oktant dargestellt ist, erfüllen die Elektronen gleichförmig eine Kugel vom Radius p_0, die sog. Fermi-Kugel

$$\bar{E} = \int_0^{p_0} E\,4\pi p^2 dp \Big/ \int_0^{p_0} 4\pi p^2 dp$$

$$= \frac{3}{5}\,\frac{p_0^2}{2m} = \frac{3}{5} E_0 \qquad (4.12.48)$$

und wir erhalten die Zustandsgleichung des vollständig entarteten Elektronengases

$$P = \frac{1}{5m}\left(\frac{3h^3}{8\pi}\right)^{2/3} N^{5/3} \; . \qquad (4.12.49)$$

Von Temperatur ist hier überhaupt nicht mehr die Rede; dies eben ist charakteristisch für die vollständige Entartung. Man verifiziert leicht, daß der Druck des gleich dichten *Protonen*gases sehr viel kleiner ist als der des entarteten Elektronengases.

Den Zusammenhang zwischen N und der Massendichte ϱ stellt man am einfachsten her über die Masse μ_e (in Atomgewichtseinheiten), welche zu *einem* Elektron gehört. Es gilt dann

$$\varrho = \mu_e m_H N \; , \qquad (4.12.50)$$

wobei also bei vollständig ionisierter Materie für Wasserstoff $\mu_e = 1$, für Helium und die schwereren Elemente $\mu_e \simeq 2$ ist.

Eine Abschätzung für die Dichte $\varrho = 10^9\,\mathrm{kg\,m^{-3}}$ in einem Weißen Zwerg (mit $\mu_e = 2$) möge die Zusammenhänge verdeutlichen: Nach (4.12.50) haben wir dann $N \simeq 3 \cdot 10^{35}$ Elektronen pro m^3 und nach (4.12.49) einen Druck des entarteten Gases von $P \simeq 3 \cdot 10^{21}$ Pa, also etwa 10^5mal höher als z.B. im Zentrum der Sonne. Ein ideales Gas, das denselben Druck haben sollte, müßte eine Temperatur von etwa 10^9 K haben.

Die Zustandsgleichung $P \sim \varrho^{5/3}$ können wir in Verbindung mit unserer früheren Abschätzung des Druckes im Inneren eines Sternes mit der Masse $\mathscr{M}$ und dem Radius R nach (4.12.1), d.h. $P \sim \varrho G \mathscr{M}/R$ und der trivialen Beziehung $\varrho \sim \mathscr{M}/R^3$ benutzen, um abschätzungsweise[26] eine *Masse-Radius-Beziehung* für Weiße Zwergsterne zu erhalten, nämlich

$$R \sim \mathscr{M}^{-1/3} \; . \qquad (4.12.51)$$

D.h. mit zunehmender Masse nimmt der Sternradius ab.

Damit können wir auch die Leuchtkraft $L = 4\pi R^2 \sigma T_{\mathrm{eff}}^4$ anschreiben. Die Weißen Zwergsterne der Masse $\mathscr{M}$ sollten demnach im (theoretischen) Farben-Helligkeits-Diagramm – nach ihren Massen $\mathscr{M}$ geordnet – auf Linien

$$L \sim M^{-2/3} T_{\mathrm{eff}}^4 \qquad (4.12.52)$$

liegen. Der Vergleich mit den Beobachtungen liefert das zunächst überraschende Ergebnis, daß *fast alle* Weißen Zwerge Massen um 0.5 bis 0.6 $\mathscr{M}_\odot$ haben.

Unsere ganzen Abschätzungen bedürfen aber noch einer Ergänzung und – meist nur in feineren Details – Berichtigung. Mit wachsender Dichte ϱ nimmt die Energie der Elektronen zunächst $\sim \varrho^{2/3}$ zu, bis sich bei $E \gtrsim mc^2$ – d.h. in massereichen und deshalb dichteren Sternen – die relativistische Massenveränderlichkeit der Elektronen bemerkbar macht. Im Fall vollständiger *relativistischer* Entartung ($\bar{E} \gg mc^2$) ist $E = pc$ und $P = \frac{1}{3} N \cdot \bar{E}$. Eine Wiederholung unserer Rechnung im Sinne der speziellen Relativitätstheorie liefert die Zustandsgleichung

$$P = \frac{c}{4}\left(\frac{3h^3}{8\pi}\right)^{1/3} N^{4/3} \; , \qquad (4.12.53)$$

d.h. mit $P \sim \varrho^{4/3}$ eine schwächere Kompressibilität der Materie.

Wie S. Chandrasekhar (1931) erkannt hat, strebt mit zunehmend relativistischer Entartung der Radius eines Weißen Zwergsterns schon bei einer endlichen *Grenzmasse*

$$\mathscr{M}_{\mathrm{Ch}} \simeq \frac{5.8}{\mu_e^2} \quad [\mathscr{M}_\odot] \qquad (4.12.54)$$

dem Grenzwert $R \to 0$ zu. Da von der Entwicklung der Weißen Zwerge her $\mu_e \simeq 2$ ist, sind diese Sterne nur für Massen $\mathscr{M} \lesssim 1.44\ \mathscr{M}_\odot$ stabil bzw. existenzfähig. Das Auftreten der Chandrasekharschen Grenzmasse ist bedingt durch die Verletzung der Stabilitätsbedingung für hydrostatisches Gleichgewicht (4.12.38) infolge der Druckabhängigkeit $P \sim \varrho^{4/3}$ des relativistisch entarteten Elektronengases.

Die Entstehung und Entwicklung der Weißen Zwerge werden wir erst in Abschn. 5.4.5 diskutieren. Wir fragen aber noch, was mit Sternen bzw. zentralen Teilen von Sternen geschieht, deren Masse am Ende der nuklearen Entwicklung noch größer ist als die Chandrasekharsche Grenzmasse von etwa 1.4 $\mathscr{M}_\odot$. Als einziger Weg zur Bildung eines stabilen Sterns bleibt der *Kollaps* zu wesentlich höheren Dichten. Schließlich werden die Elektronen

[26] Wir vernachlässigen dabei, daß der äußerste Teil des Sterns nicht entartet und der innerste relativistisch entartet ist.

und Protonen so stark zusammengequetscht, daß sie sich – als Umkehrung des β-Zerfalls – zu Neutronen vereinigen und sich ein Neutronenstern bildet.

4.12.8 Neutronensterne

Bereits im Jahr der Entdeckung des Neutrons hat 1932 L. Landau die Möglichkeit von stabilen Neutronensternen diskutiert. W. Baade und F. Zwicky sagten 1934 vorher, daß Neutronensterne bei Supernovaexplosionen (Abschn. 4.11.7) entstehen, wobei als Energiequelle für den Ausbruch die beim Kollaps zu hohen Dichten freigesetzte gravitative Bindungsenergie (Abschn. 4.12.4) dient. Erste Modelle für Sterne aus entarteter Neutronenmaterie haben 1939 J.R. Oppenheimer und G.M. Volkoff berechnet; entdeckt wurden die Neutronensterne schließlich 1967 als *Pulsare* (Abschn. 4.11.7) durch A. Hewish und seine Mitarbeiter.

Die *Neutronenmaterie* hat große Ähnlichkeiten mit der *Kernmaterie* der schweren Atome, da ja die Wechselwirkungskräfte der Protonen und Neutronen (abgesehen von den hier unwesentlichen elektrostatischen Coulombkräften) gleich groß sind. Auf dieser Grundlage machen wir zunächst eine elementare Abschätzung, indem wir den Neutronenstern sozusagen als einen riesigen Atomkern betrachten:

Ein Atomkern, z.B. ^{56}Fe hat eine Masse $\mathscr{M}_{\text{Fe}} = 56 \cdot 1.67 \cdot 10^{-27} = 9.4 \cdot 10^{-26}$ kg und einen Radius von etwa $5.6 \cdot 10^{-15}$ m, somit eine mittlere Dichte von $\varrho \simeq 10^{17}\,\text{kg}\,\text{m}^{-3}$. Wird ein Stern von beispielsweise $1\,\mathscr{M}_\odot$ auf diese Dichte der Kernmaterie komprimiert, so schrumpft er auf einen Radius von etwa $5.6 \cdot 10^{-15}$ $(\mathscr{M}_\odot/\mathscr{M}_{\text{Fe}})^{1/3}$ m oder etwa 16 km zusammen! Den Vergleich zwischen Atomkern und Neutronenstern sollte man aber auch nicht zu wörtlich nehmen, denn letzterer kann ja keine elektrische Ladung besitzen. Während sich im Atomkern etwa gleich viel Protonen und Neutronen befinden, sind im Stern die Neutronen stark bevorzugt, indem jeweils ein Proton und ein Elektron zu einem Neutron „zusammengequetscht" werden: $p^+ + e^- \to n + \nu$. Während ein freies Neutron mit einer Halbwertszeit von 617 s zerfällt ($n \to p^+ + e^- + \bar{\nu}$), wird hier der Zerfall infolge der hohen Elektronendichte unterbunden. Überschreitet nämlich die Fermi-Energie E_0 der Elektronen 0.78 MeV, das Äquivalent der Massendifferenz zwischen Neutron und Proton (1.29 MeV) minus dem der Elektronenruhemasse (0.51 MeV), so „finden die Zerfallselektronen keinen Platz mehr im Phasenraum". Dieser Wert von $E_0 = pc$ wird nach (4.12.53) – und mit $P = \frac{1}{3}NE$ – bereits bei etwa $3 \cdot 10^{36}$ Elektronen m^{-3} bzw. einer Massendichte von $1 \cdot 10^{10}\,\text{kg}\,\text{m}^{-3}$, also etwas oberhalb der für Weiße Zwerge charakteristischen Dichte, erreicht. (Oberhalb 0.51 MeV sind die Elektronen relativistisch entartet.)

Der Übergang von den niedrigen Dichten an der Oberfläche eines Neutronensterns zu der Neutronenflüssigkeit mit $\gtrsim 10^{17}\,\text{kg}\,\text{m}^{-3}$ im Inneren stellt den Theoretiker vor eine Reihe höchst interessanter Probleme. Bei einem Neutronenstern von etwa $1\,\mathscr{M}_\odot$ mit einem Radius $R \simeq 16$ km steigt die Dichte zunächst in der *äußeren Kruste* von rund $10^7\,\text{kg}\,\text{m}^{-3}$ bis auf etwa $4 \cdot 10^{14}\,\text{kg}\,\text{m}^{-3}$ in 1 km Tiefe an. Hier besteht die Materie – ähnlich wie im Inneren der Weißen Zwerge – aus einem entarteten Elektronengas und Atomkernen, die ein Kristallgitter bilden. Während außen ^{56}Fe-Kerne vorherrschen, finden wir innen mit steigender Dichte immer neutronenreichere Kerne. Oberhalb $4 \cdot 10^{14}\,\text{kg}\,\text{m}^{-3}$, in der *inneren Kruste*, beginnen sich die Kerne allmählich aufzulösen und es treten freie Neutronen auf. Schließlich wird oberhalb rund $2 \cdot 10^{17}\,\text{kg}\,\text{m}^{-3}$, für $R \lesssim 11$ km, die stark inkompressible *Neutronenflüssigkeit* erreicht, der noch ein kleinerer Anteil von Protonen und Elektronen beigemischt ist. Die Zentraldichte des Neutronensterns dürfte bei $\gtrsim 4 \cdot 10^{17}$ kg m^{-3} liegen. In diesem Bereich ist die Zustandsgleichung der Materie nur unvollkommen bekannt, möglicherweise treten hier Hyperonen, Pionen oder Quarks auf.

Die Neutronenmaterie zeigt interessante physikalische Eigenschaften: die Neutronen können zum Teil paarweise miteinander wechselwirken und eine *supraflüssige* Komponente bilden, während die Protonenkomponente *supraleitend* ist. Auf den Einfluß der Supraflüssigkeit auf die Rotation der Neutronensterne in Verbindung mit deren extrem starken Magnetfeldern können wir hier nicht näher eingehen.

Von seiner Entstehung her im Zusammenhang mit einer Supernovaexplosion (Abschn. 5.4.5) ist das Innere eines Neutronensterns anfangs sehr heiß ($\simeq 10^7$ K) und kühlt im Laufe einiger 1000 a auf wenige 10^6 K ab. In dieser Phase besteht Aussicht, die thermische Röntgenemission in günstigen Fällen nachzuweisen.

Die *Gravitationsenergie* $G\mathscr{M}^2/R$ (4.12.30) eines Neutronensterns von $1\,\mathscr{M}_\odot$ und $R = 16$ km beträgt rund $2 \cdot 10^{46}$ J, d.h. etwa ein Zehntel des Energieäquivalents seiner Ruhemasse $\mathscr{M}c^2$. Bei so starken Gravitationsfeldern reicht die Newtonsche Gravitationstheorie nicht mehr zur genauen Berechnung des Aufbaus aus, vielmehr muß hier die Einsteinsche Allgemeine Relativitätstheorie (s. nächster Abschnitt) herangezogen werden. Die Abweichungen von der Newtonschen Theorie sind von der Größenordnung $(G\mathcal{M}^2/R)/\mathcal{M}c^2 = G\mathcal{M}/Rc^2 \simeq 0.1$.

Insbesondere ist die (gravitative) *Masse* $\mathcal{M}$, die ein äußerer Beobachter z. B. aufgrund der Bewegung des Neutronensterns in einem Doppelsternsystem ableitet, um größenordnungsmäßig 10% *kleiner* als diejenige Masse, die man benötigt, um den Stern ursprünglich aus einer ausgedehnten Konfiguration zu bilden. Der Unterschied (Massendefekt) ist überwiegend durch die negative Gravitationsbindungsenergie bedingt.

Wie zuerst J. R. Oppenheimer und G. M. Volkoff 1939 zeigten, existiert wie für die Weißen Zwerge auch für die Neutronensterne eine obere *Grenzmasse*. Wegen der Unsicherheit in der Zustandsgleichung der Materie bei Dichten oberhalb derjenigen der Kernmaterie ist die Grenzmasse nicht sehr genau bekannt; sie liegt wahrscheinlich bei $1.8\,\mathcal{M}_\odot$. Wird diese Masse überschritten, so ist keine stabile Endkonfiguration mehr möglich.

4.12.9 Starke Gravitationsfelder: Allgemeine Relativitätstheorie

Bewegen sich Massenkörper bzw. Teilchen nahezu mit Lichtgeschwindigkeit, so kann die Newtonsche Mechanik und Gravitationstheorie (Abschn. 2.6) nicht mehr angewendet werden. Wir schätzen zunächst grob ab, wie stark das Gravitationsfeld bzw. das Gravitationspotential $G\mathcal{M}/R$ einer Kugel der Masse $\mathcal{M}$ mit dem Radius R sein muß, damit z. B. die Entweichgeschwindigkeit v aus ihrem Anziehungsbereich die Größenordnung der Lichtgeschwindigkeit c erreicht. Setzen wir in der Beziehung $v^2 = 2\,G\mathcal{M}/R$ (2.6.42) einfach naiv $v = c$, so erhalten wir

$$\frac{2\,G\mathcal{M}}{R\,c^2} = 1 \ . \tag{4.12.55}$$

Wird also das Gravitationspotential $G\mathcal{M}/R$ vergleichbar mit c^2 oder die Gravitationsenergie $G\mathcal{M}^2/R$ vergleichbar mit der relativistischen Ruheenergie $\mathcal{M}c^2$, so muß an die Stelle der Newtonschen Theorie eine *relativistische Theorie* der Gravitation treten: die 1916 von A. Einstein formulierte *Allgemeine Relativitätstheorie.*

Während an der Oberfläche der *Sonne* $2G\mathcal{M}_\odot/R_\odot c^2 \simeq 4\cdot 10^{-6}$ ist, so daß wir im Planetensystem und bei gewöhnlichen Sternen nur sehr kleine Abweichungen von der Newtonschen Theorie erwarten, haben wir die *Neutronensterne* (Abschn. 4.12.8) als Massenkonzentrationen mit $G\mathcal{M}/Rc^2$ von der Größenordnung 0.1 kennengelernt. Bei der Berechnung ihrer Struktur, vor allem ihrer oberen Grenzmasse, sind die Effekte der Allgemeinen Relativitätstheorie wichtig. Den für die *relativistische Astrophysik* charakteristischen, im Sinne von (4.12.55) starken Gravitationsfeldern und den in Verbindung mit ihnen auftretenden hochenergetischen Teilchen und Strahlungsfeldern werden wir zum einen in den Kernen der Galaxien (Abschn. 5.6) begegnen. Zum anderen liegt der Kosmologie, die die Strukturen und Entwicklung des ganzen Weltalls behandelt (Abschn. 5.9), die Allgemeine Relativitätstheorie als Theorie der Gravitation zugrunde.

Dieser Abschnitt soll lediglich durch wenige angeschriebene Formeln einen Eindruck von der Struktur der Allgemeinen Relativitätstheorie vermitteln; eine Einführung in die Relativitätstheorie kann er nicht ersetzen.

Vorausgegangen war der Allgemeinen Relativitätstheorie die 1905 von A. Einstein entwickelte *Spezielle Relativitätstheorie.* Diese geht aus von dem Ergebnis des Michelsonversuchs, indem sie fordert, daß die Ausbreitung einer Lichtwelle in verschiedenen Koordinatensystemen, die relativ zueinander Translationsbewegungen ausführen können, denselben Aspekt biete, d. h. derselben Gleichung folgt. Legt das Licht ein Wegelement $dr = \sqrt{dx^2 + dy^2 + dz^2}$ in einem Zeitelement dt mit der Vakuum-Lichtgeschwindigkeit c zurück, so ist

$$dx^2 + dy^2 + dz^2 - c^2 dt^2 = 0 \ . \tag{4.12.56}$$

Diese Größe kann man als Linienelement ds^2 eines vierdimensionalen Raumes mit den 3 räumlichen Koordinaten x, y, z und der 4. Koordinate ct (Lichtweg) oder – nach H. Poincaré und H. Minkowski – noch „anschaulicher" $\mathrm{i}ct$ (mit $\mathrm{i} = \sqrt{-1}$) betrachten und etwas allgemeiner fordern, daß beim Übergang von einem kartesischen Koordinatensystem zu einem anderen, welches relativ zu ersterem eine (gleichförmige) Translationsbewegung ausführt, das vierdimensionale Linienelement

$$\begin{aligned} ds^2 &= dx^2 + dy^2 + dz^2 - c^2 dt^2 \quad \text{bzw.} \\ ds^2 &= dx^2 + dy^2 + dz^2 + d(\mathrm{i}ct)^2 \end{aligned} \tag{4.12.57}$$

erhalten bleiben soll. Eine solche Transformation kann sich offensichtlich nicht auf die räumlichen Koordinaten $x, y, z \to x', y', z'$ beschränken, sondern muß auch die Zeit $t \to t'$ mittransformieren. Diese *Lorentztransformation* ist – wie man aus (4.12.57) ohne weiteres abliest – nichts anderes als eine Drehung in dem vierdimensionalen Raum, $x, y, z, \mathrm{i}ct$, bei welcher nach Definition das Längenelement ds *invariant* ist. Der wesentliche Fortschritt der speziellen Relativitätstheorie gegenüber der Newtonschen Theorie beruht darauf, daß sie die ausgezeichnete Stellung der Vakuumlichtgeschwindigkeit c von vornherein anerkennt. Dementsprechend führt ihr weiterer Ausbau zu der Erkenntnis, daß keine materielle Bewegung und kein Signal (irgendwelcher Art) die Geschwindigkeit $c = 3 \cdot 10^8\,\mathrm{m\,s^{-1}}$ überschreiten kann. Im Hinblick auf die ganze Physik fordert die spezielle Relativitätstheorie weiterhin die Invarianz (Unabhängigkeit) aller Naturgesetze gegenüber Lorentztransformationen bzw. (physikalisch gesehen) Translationsbewegungen.

Sollte es nicht möglich sein, die Naturgesetze so zu formulieren, daß sie sogar invariant gegenüber *beliebigen* Koordinatentransformationen sind? 1916 faßte A. Einstein die geniale Idee, in seiner *Allgemeinen Relativitätstheorie* diese naheliegende Forderung zu verknüpfen mit der Theorie der Gravitation. Die Gleichheit der *schweren* und *trägen* Masse, unabhängig von der Art der Materie war ja im Rahmen der Newtonschen Mechanik sozusagen ein Wunder. Newton selbst, dann Bessel und später Eötvös hatten sie experimentell mit immer größerer Genauigkeit verifiziert; aber was bedeutete sie? Einstein erhob die Erfahrung, daß in einem frei fallenden Koordinatensystem (Fahrstuhl) die Schwerkraft (mg) durch die Trägheitskräfte ($m\ddot{z}$) aufgehoben erscheint, zu einem Grundpostulat. Das heißt, Schwerkraft und Trägheitskraft ist letzten Endes *dasselbe*. Diese Kräfte kann man durch lokale Transformation auf ein vierdimensionales kartesisches Koordinatensystem mit der „euklidischen" Minkowskischen Metrik (4.12.57) wegschaffen. Umgekehrt bestimmen die Koeffizienten g_{ik} der – wie sich zeigt – Riemannschen Metrik

$$ds^2 = \sum_{i,k} g_{ik}\, dx^i\, dx^k \qquad (4.12.58)$$

eines beliebigen Koordinatensystems und ihr Zusammenhang im ganzen Raum die dort herrschenden Gravitations- und Trägheitsfelder.

Dieser Zusammenhang wird in den *Einsteinschen Feldgleichungen*

$$G_{ik} = -\frac{8\pi G}{c^4} T_{ik} \qquad (4.12.59\,\mathrm{a})$$

formuliert, in denen $G = 6.67 \cdot 10^{-11}\,\mathrm{m^3 s^{-2} kg^{-1}}$ die gewöhnliche Newtonsche Gravitationskonstante, G_{ik} der Einsteintensor und T_{ik} der Energie-Impuls-Tensor bedeuten ($i = 1, 2, 3, 4$). G_{ik} enthält die geometrischen Eigenschaften des vierdimensionalen Raumes und hängt nur von der Metrik g_{ik} und ihren ersten und zweiten Ableitungen ($\partial g_{ik}/\partial x^l$, $\partial^2 g_{ik}/\partial x^l \partial x^m$) ab, während T_{ik} mit Energie und Impuls die Eigenschaften der Materie, des elektromagnetischen Feldes usw. umfaßt. Da die Tensoren G_{ik} und T_{ik} symmetrisch sind ($G_{ik} = G_{ki}$, $T_{ik} = T_{ki}$) stellt (4.12.59 a) ein System von 10 miteinander gekoppelten (nichtlinearen) Differentialgleichungen dar.

Für die Anwendung in der Kosmologie (Abschn. 5.9.2) hat Einstein später die Feldgleichungen um einen Term erweitert, der die *kosmologische Konstante* Λ enthält und der sich erst bei „kosmologischen Entfernungen" auswirkt:

$$G_{ik} + \Lambda\, g_{ik} = -\frac{8\pi G}{c^4} T_{ik}\ . \qquad (4.12.59\,\mathrm{b})$$

Selbstverständlich enthalten die Feldgleichungen (4.12.59 a und b) die Newtonsche Gravitationstheorie für den Grenzfall schwacher Gravitationsfelder.

Die Bewegung eines Massenpunktes allein unter dem Einfluß der Gravitation erfolgt auf *geodätischen* (d. h. kürzesten) *Linien* in Verallgemeinerung des Galileischen Trägheitsgesetzes. Die Ausbreitung von Licht erfolgt längs der sog. *Nullgeodäten*

$$ds^2 = 0\ . \qquad (4.12.60)$$

Im einfachen kugelsymmetrischen Fall läßt sich das Gravitationsfeld im Außenraum ($T_{ik} = 0$) einer Masse $\mathcal{M}$ – z. B. der Sonne – und damit die Theorie der Planetenbewegung nach K. Schwarzschild (1916) darstellen mit Hilfe der Metrik

$$ds^2 = \frac{dr^2}{1-(R_s/r)} + r^2 (d\vartheta^2 + \sin^2\vartheta\, d\varphi^2) - [1-(R_s/r)]\, c^2 dt^2\ , \qquad (4.12.61)$$

wobei r, ϑ, φ räumliche Polarkoordinaten und t die Zeit bedeuten. Die Integrationskonstante

$$R_s = \frac{2\,G\,\mathcal{M}}{c^2} \qquad (4.12.62)$$

nennt man den *Schwarzschild-Radius* oder *Gravitationsradius* der Masse $\mathcal{M}$; für $\mathcal{M} = 1\,\mathcal{M}_\odot$ z. B. ist $R_s = 2.9$ km. Seine Größe bestimmt die Abweichungen von der euklidischen Metrik des leeren Raumes, vgl. (4.12.55).

R. P. Kerr fand 1963 eine Metrik, die neben der Masse $\mathcal{M}$ auch den *Drehimpuls* (und die elektrische Ladung) berücksichtigt.

Im Bereich des Planetensystems unterscheiden sich die Aussagen der Allgemeinen Relativitätstheorie sehr wenig von denen der Newtonschen Mechanik und Gravitationstheorie. Die Beobachtungen, welche zwischen den beiden Theorien entscheiden können, erfordern daher eine sehr hohe Meßgenauigkeit. In experimenteller Hinsicht stehen die Dinge folgendermaßen:

1) In seinem klassischen Experiment zur Prüfung der *Gleichheit von schwerer und träger Masse* – verwendet werden die Schwerkraft der Erde und die Zentrifugalkraft der Erdrotation – hatte R. v. Eötvös schon 1922 eine Genauigkeit von 10^{-9} erreicht. V. B. Braginsky und V. N. Rudenko sind 1970 bis etwa 10^{-12} vorgedrungen.

2) *Lichtablenkung:* Durch das Gravitationsfeld der Sonne sollte das Licht eines Sternes, das (bei einer totalen Finsternis) im Abstand R Sonnenradien (vom Zentrum) an der Sonne vorbeigeht, eine Ablenkung von $1.75/R$ Bogensekunden erfahren. Die äußerst schwierigen Messungen ergeben für die Konstante stark streuende Zahlenwerte zwischen 1.4″ und 2.7″.

Ganz neue Möglichkeiten eröffnen seit 1969 die *Langbasisinterferometer* im Zentimeterwellengebiet mit ihrer Winkelmeßgenauigkeit von weniger als 0.001″. Glücklicherweise werden die beiden hellen Quasare 3C273 und 3C279 von der Sonne jedes Jahr ganz oder nahezu bedeckt, so daß man aus Messungen ihres Abstandes die Einsteinsche Lichtablenkung ermitteln kann. Der theoretische Zahlenwert wird innerhalb der Fehlergrenze von weniger als ±1% bestätigt.

3) *Verzögerung von Radarsignalen:* I. Shapiro (1964) entdeckte, daß nach der Allgemeinen Relativitätstheorie ein Radarsignal, welches nahe an der Sonne vorbeigeht, eine Verzögerung der Größenordnung $2 \cdot 10^{-4}$ s erfahren müsse. Solche Radarreflexionen konnte man zuerst von Merkur und Venus (passiv) sowie von den Raumsonden Mariner 6 und 7 (aktiv; d. h. das dort ankommende Signal triggert einen Sender) erhalten. Die Voraussagen der Theorie haben sich dabei innerhalb weniger Prozent bestätigt. Später wurde von Sendern auf dem Mars mit Hilfe der Viking-Sonden sogar eine Übereinstimmung auf etwa ±0.1% erreicht.

4) *Rotverschiebung:* Ein Lichtquant $h\nu$, das z. B. die Potentialdifferenz Sonne – Erde $G\mathcal{M}_\odot/R_\odot$ durchläuft, müßte gegenüber einer Laboratoriums-Lichtquelle eine Rotverschiebung

$$-\Delta(h\nu) = \frac{G\mathcal{M}_\odot}{R_\odot}\,\frac{h\nu}{c^2} \qquad (4.12.63)$$

zeigen, was formal einem Dopplereffekt $c\Delta\nu/\nu = 0.64\,\mathrm{km\,s^{-1}}$ entspricht. Die Messungen geben eine Bestätigung innerhalb etwa 1%, aber die Trennung der relativistischen Rotverschiebung vom Dopplereffekt der Strömungen in der Sonnenatmosphäre ist sehr unsicher. Wesentlich höhere Genauigkeit ermöglicht ein Experiment mit den äußerst scharfen γ-Linien des *Mößbauer-Effekts* im Schwerefeld der Erde. Mittels der „rückstoßfreien" γ-Linie des ^{57}Fe konnten 1960 R. V. Pound und G. A. Rebka über einen Höhenunterschied von 22.6 m die berechnete Frequenzverschiebung von nur $\Delta\nu/\nu = 2.5 \cdot 10^{-15}$ noch innerhalb ±10% verifizieren. 1965 erreichten R. V. Pound und J. L. Snider mit einer verbesserten Anordnung eine Meßgenauigkeit von ±1%.

5) *Periheldrehung der Planeten:* Die von Einstein berechnete sehr kleine Drehung des Merkurperihels stimmt mit den alten Rechnungen von Leverrier gut überein. Erst die elektronische Aufarbeitung eines riesigen Beobachtungsmaterials durch G. H. Clemence und R. L. Duncombe (um 1956) ergab mit erheblich verbesserter Genauigkeit folgende Werte für die Periheldrehung pro 100 a bei den inneren drei Planeten:

	Merkur	Venus	Erde
Beobachtet:	43.11″ ± 0.45″	8.4″ ± 4.8″	5.0″ ± 1.2″
Berechnet:	43.03″	8.6″	3.8″

(4.12.64)

Auch die Bestimmung der Periheldrehung von Merkur durch Radarmessungen seiner Bahn durch I. Shapiro u. a. (1972) zeigt gute Übereinstimmung mit dem theoretischen Wert.

Da die Periheldrehung ein Effekt 2. Ordnung ist, während die Lichtablenkung, die Verzögerung von Radarsignalen und die Rotverschiebung nur Effekte 1. Ordnung sind, so dürfen wir insgesamt von einer ausgezeichneten Bestätigung der Allgemeinen Relativitätstheorie sprechen. Die neueren Tests haben fast alle Konkurrenten der Allgemeinen Relativitätstheorie als Theorie der Gravitation aus dem Felde geschlagen.

Die Schwarzschildsche Metrik (4.12.61) läßt neben den im Vorhergehenden dargestellten sehr kleinen Effekten noch eine um so spektakulärere Möglichkeit erkennen, deren Bedeutung wir im Zusammenhang mit der Entwicklung der Sterne und der Galaxien kennenlernen werden: die Existenz von *Schwarzen Löchern.*

Wird nämlich der Radius unserer Masse $\mathcal{M}$ kleiner als ihr Gravitationsradius R_s nach (4.12.62), so kehren innerhalb der Kugel $r \lesssim R_s$ die Koeffizienten der raumartigen bzw. zeitartigen Elemente dr^2 bzw. $-c^2 dt^2$ in (4.12.61) ihre Vorzeichen um. Dies hat – wie wir hier nicht im einzelnen zeigen können – zur Folge, daß aus dem Bereich $r < R_s$, dem sogenannten Schwarzen Loch, weder Materie noch Lichtquanten, also auch keinerlei Signale, nach außen $(r > R_s)$ gelangen können. Ein Schwarzes Loch – genauer gesagt, Schwarzschildscher Art – macht sich *nur* durch sein Gravitationsfeld bemerkbar.

Diese Aussage ist – wie J.D. Bekenstein, S.W. Hawking u.a. 1972/75 zeigten – zu modifizieren, wenn man die Gravitationstheorie mit der Thermodynamik und Quantentheorie verknüpft: Einem Schwarzen Loch der Masse $\mathcal{M}$ ist eine nicht verschwindende Entropie bzw. Temperatur

$$T = \frac{hc^3}{16\pi^2 kG\mathcal{M}} \simeq 10^{-7} \frac{\mathcal{M}_\odot}{\mathcal{M}} \quad [\mathrm{K}] \qquad (4.12.65)$$

zuzuschreiben. Entsprechend dieser – für stellare oder größere Massen – winzigen Temperatur „verdampft“ ein Schwarzes Loch – äußerst langsam – durch Emission von Teilchen (mit einem thermischen Energiespektrum) aufgrund von Quanteneffekten.

Schreibt man (4.12.62) in der Form $G\mathcal{M}^2/R_s = \frac{1}{2}\mathcal{M}c^2$, so sieht man, daß der Gravitationskollaps einer Masse $\mathcal{M}$ in ein Schwarzes Loch oder eine verwandte Konfiguration die einzige Möglichkeit bildet, um einen erheblichen Bruchteil ihrer relativistischen Ruheenergie $\mathcal{M}c^2$ freizusetzen. Selbst bei dem ergiebigsten Kernprozeß $4\,{}^1\mathrm{H} \to {}^4\mathrm{He}$ werden nach (4.12.17) nur 0.7% dieser Energie verfügbar.

Wir besprechen abschließend noch kurz das interessante Phänomen der *Gravitationswellen*. Schon bald nach Entdeckung seiner Gravitationsgleichungen hat A. Einstein aus diesen abgeleitet, daß ein System bewegter Massen Gravitationswellen erzeugt, die sich mit der Geschwindigkeit c ausbreiten. Trifft eine (polarisierte) Gravitationswelle auf Materie, so wird diese (in einem bestimmten Zeitpunkt) senkrecht zum Strahl in einer Richtung zusammengedrückt, in der dazu senkrechten Richtung gedehnt; nach einer halben Schwingung erfolgt die entgegengesetzte Deformation. Das Schwingungsbild für die „andere“ Polarisation ergibt sich durch eine 45°-Drehung um die Strahlrichtung.

Seit etwa 1958 hat sich J. Weber intensiv mit dem *Nachweis von Gravitationswellen* aus dem Weltraum befaßt. Als Empfänger benutzte er massive ($\lesssim 3$ t schwere) Aluminiumzylinder, die möglichst erschütterungsfrei und vor sonstigen Störungen geschützt horizontal aufgehängt sind. Die Deformation wird von Piezokristallen längs eines Umfanges abgegriffen und elektronisch verstärkt. So können noch Deformationen der Größenordnung 10^{-16} m bei der Resonanzfrequenz des Zylinders gemessen werden. Die Realität der von J. Weber koinzident in zwei etwa 1000 km voneinander aufgestellten Empfängern gefundenen, kurzdauernden Signale der Gravitationsstrahlung wird angezweifelt, da sie nicht durch unabhängige Meßreihen bestätigt werden konnten. Der Nachweis von Gravitationswellen aus dem Weltraum dürfte zukünftigen, wesentlich empfindlicheren Detektorsystemen vorbehalten sein.

Einen *indirekten Nachweis* für die Abstrahlung von Gravitationswellen erbringen die Beobachtungen des „Doppelstern-Pulsars“ PSR 1913+16, der einem ungewöhnlichen, engen Doppelsternsystem angehört (Abschn. 4.6.6). Die gefundene geringe Abnahme der Bahnperiode entspricht einer Verringerung der Energie des Systems, die mit dem theoretischen Wert für die Gravitationsstrahlung der bewegten Massen nach der Allgemeinen Relativitätstheorie gut übereinstimmt.

5. Sternsysteme: Milchstraße und Galaxien. Kosmogonie und Kosmologie

Im zweiten und dritten Jahrzehnt unseres Jahrhunderts setzte eine Entwicklung der Astronomie ein, die an Bedeutung den fast gleichzeitigen Entdeckungen der Relativitätstheorie und der Quantentheorie nicht nachsteht: Die Welt als Ganzes, der Kosmos in seinem räumlichen Aufbau und in seiner zeitlichen Entwicklung ist ein Gegenstand exakter wissenschaftlicher Forschung geworden. Wir knüpfen an Abschn. 4.1 an und versuchen in Abschn. 5.1, die Entfaltung der neuen Ideen zunächst in ihrem historischen Zusammenhang vorzuführen. Dieser kurze Überblick soll zugleich das Verständnis der ausführlichen Darstellung erleichtern, die wir nach sachlichen Gesichtspunkten anordnen müssen.

Wir beginnen in Abschn. 5.2 mit unserem Milchstraßensystem, seinem Bau und seiner Dynamik, und schließen in Abschn. 5.3 die Diskussion der Physik der interstellaren Materie (einschließlich der Kosmischen Strahlung) und ihrer Verteilung in der Milchstraße an. Dann wenden wir uns in Abschn. 5.4 den – nach den Doppel- und Mehrfachsternen – einfachsten Sternsystemen, den Sternhaufen, zu. An die Beschreibung ihrer Farben-Helligkeits-Diagramme schließen wir gleich die Darstellung der Sternentwicklung im Zusammenhang an, wobei wir auf den Ergebnissen des Abschn. 4.12 aufbauen.

Wir verlassen dann unsere Milchstraße und besprechen die Eigenschaften der vielen anderen Milchstraßensysteme oder Galaxien: Abschn. 5.5 ist den „normalen“ Galaxien und Infrarotgalaxien gewidmet, Abschn. 5.6 den Radiogalaxien, den Seyfert-Galaxien, den Quasaren und dem Phänomen der Aktivität in den Galaxienkernen. Die Grundzüge der Entstehung und der dynamischen und chemischen Entwicklung der Galaxien stellen wir in Abschn. 5.8 dar. Zuvor lernen wir noch in Abschn. 5.7, daß Galaxien in der Regel nicht vereinzelt vorkommen, sondern Gruppen und Haufen bilden. Die Galaxienhaufen wiederum sind zu Superhaufen angeordnet.

In Abschn. 5.9 betrachten wir schließlich in der Kosmologie den Bau und die Evolution der Welt als Ganzes.

5.1 Der Vorstoß ins Weltall (Historische Einleitung in die Astronomie des 20. Jahrhunderts)

Um die Jahrhundertwende versuchten – im Anschluß an die „Sterneichungen“ von W. und J. Herschel – H. v. Seeliger (1849–1924), J. Kapteyn (1851–1922) u.a. mit stellarstatistischen Methoden den *Bau des Milchstraßensystems* zu erforschen. Wenn auch dieses Ziel nicht erreicht wurde, so hat sich doch der ungeheuere Arbeitsaufwand dieser Unternehmungen in anderer Hinsicht als sehr nützlich erwiesen.

Den entscheidenden Fortschritt brachte 1918 H. Shapleys Methode der photometrischen Entfernungsmessung mittels Cepheiden (Haufenveränderlichen). Die *Periode-Leuchtkraft-Beziehung,* d.h. der Zusammenhang zwischen der Periode des Lichtwechsels und der absoluten Helligkeit ermöglichte es, die Entfernung jedes kosmischen Gebildes zu messen, in dem man irgendwelche Cepheiden auffinden konnte.

Genauere Untersuchungen über die Voraussetzungen dieses Verfahrens, 1. das Fehlen interstellarer Absorption und 2. die Anwendbarkeit derselben Periode-Leuchtkraft-Beziehung für alle Arten von Cepheiden, nötigten später zu erheblichen Korrektionen: 1930 entdeckte R.J. Trumpler die allgemeine *interstellare Absorption und Verfärbung,* und um 1952 erkannte W. Baade, daß die Periode-Leuchtkraft-Beziehungen der klassischen Cepheiden und der W Virginis-Sterne, d.h. der Pulsationsveränderlichen der Sternpopulationen I und II (s.u.) sich um 1 bis 2 Magnitudines unterscheiden.

Wir werden im folgenden bei numerischen Angaben diese neueren Korrektionen stets von vornherein berücksichtigen und insofern vom rein historischen Standpunkt abgehen.

Die von H. Shapley bestimmten Entfernungen der *Kugelsternhaufen* ließen erkennen, daß diese ein wenig abgeplattetes System bilden, dessen Zentrum in einer Entfernung von rund 10 kpc oder 30000 Lichtjahren im Sagittarius liegt.

Aus diesen Anfängen heraus entwickelte sich rasch das heutige Bild unseres Milchstraßensystems: Die Hauptmasse der Sterne bildet eine flache Scheibe von etwa 30 kpc Durchmesser mit den darin enthaltenen Spiralarmen. Von deren Kern erblicken wir die äußeren Teile als helle Sternwolken in Scorpius und Sagittarius; das galaktische Zentrum selbst ist für uns optisch hinter dichten interstellaren Dunkelwolken verborgen. Erst die Radioastronomie hat es direkter Beobachtung zugänglich gemacht. Wir selbst befinden uns außen in der Scheibe, etwa 9 kpc von ihrem Zentrum entfernt. Die Scheibe ist umgeben von dem erheblich weniger abgeplatteten Halo, zu dem die Kugelsternhaufen und gewisse Klassen von Einzelsternen gehören.

Schon 1926/27 konnten B. Lindblad und J. Oort die *Kinematik und Dynamik des Milchstraßensystems* weitgehend aufklären. Die Sterne der Scheibe umkreisen das galaktische Zentrum unter dem Einfluß der Gravitation der dort ziemlich stark konzentrierten Massen. Insbesondere durchläuft die Sonne ihre Kreisbahn von $\simeq 9$ kpc Radius mit einer Geschwindigkeit von $\simeq 220$ km s^{-1} in $\simeq 250$ Millionen Jahren. Wir bemerken jedoch zunächst nur die *differentielle Rotation:* Außen laufen die Sterne (wie die Planeten um die Sonne) etwas langsamer, innen rascher als wir. Hieraus erhält man leicht eine Abschätzung der Masse; nach mancherlei Korrektionen ergibt sich die Masse des Gesamtsystems zu etwa $2 \cdot 10^{11}$ Sonnenmassen.

Während die Sterne der galaktischen Scheibe kreisförmige Bahnen beschreiben, bewegen sich die Kugelsternhaufen und die Sterne des Halos um das Zentrum in langgestreckten ellipsenartigen Bahnen: Ihre Geschwindigkeiten relativ zur Sonne sind daher von der Größenordnung 100–300 km s^{-1}. Dies ist J.H. Oorts Deutung der sogenannten Schnelläufer.

Neben den Sternen spielt die *interstellare Materie* im Milchstraßensystem – obwohl sie nur wenige Prozent seiner Masse ausmacht – eine wichtige Rolle. Genaue Entfernungsmessungen waren erst möglich, nachdem R.J. Trumpler 1930 die interstellare Absorption und Verfärbung des Sternlichtes durch kosmischen Staub in den Griff bekommen hatte. Schon etwas früher hatten A.S. Eddington (1926) die Physik des interstellaren Gases und der interstellaren Absorptionslinien, H. Zanstra und I.S. Bowen (1927/28) die des Leuchtens der *galaktischen und planetarischen Nebel* klargestellt. Die überraschende Entdeckung der Polarisation des Sternlichtes durch W.A. Hiltner und J.G. Hall (1949) endlich ließ erkennen, daß es in der Scheibe ein galaktisches Magnetfeld von $\lesssim 10^{-9}$ Tesla gibt.

1924 gelang es E. Hubble nach erheblicher Verfeinerung der photographischen Technik, am 2.5 m-Teleskop des Mt. Wilson Observatory die äußeren Bereiche des *Andromedanebels* (und anderer uns benachbarter Spiralnebel) weitgehend in einzelne Sterne aufzulösen und (klassische) Cepheiden, Novae, helle blaue O- und B-Sterne usw. zu finden, die es ermöglichten, auf photometrischem Weg die Entfernung zu bestimmen. Diese ergab sich zu etwa 700 kpc oder 2 Millionen Lichtjahren. Damit war – nach langwierigen Kontroversen – auch klargestellt, daß der Andromedanebel und unser Milchstraßensystem weitgehend gleichartige kosmische Gebilde sind. Spätere Untersuchungen von W. Baade haben dies bis in feine Details bestätigt. So können wir heute Untersuchungen am Andromedanebel (M31 = NGC224) und der Milchstraße weitgehend zu *einem* Bild kombinieren; manche Beobachtungen lassen sich besser „von außen", andere „von innen" durchführen. Seit Hubbles Arbeiten ist es üblich geworden, die „Verwandten" unserer Milchstraße als *Galaxien* zu bezeichnen und den Terminus Nebel auf Gas- oder Staubmassen *in* den Galaxien zu beschränken.

1929 machte E. Hubble eine zweite Entdeckung von größter Tragweite: Die Spektren der Galaxien zeigen eine *Rotverschiebung* proportional ihrer Entfernung. Wir interpretieren dies als eine gleichförmige *Expansion* des Weltalls; man überlegt leicht, daß Bewohner anderer Galaxien genau dasselbe beobachten würden wie wir. Extrapoliert man die Flucht der Galaxien – etwas schematisch – zurück, so wäre der gesamte Kosmos vor einer Zeit $\tau_0 \simeq 10^{10}$ Jahren ganz eng beisammen gewesen. Wir nennen τ_0 die Hubblezeit; sie gibt einen ersten Anhaltspunkt für das *Alter* der Welt. Was weiter zurückliegen könnte, ist dem Zugriff unserer Forschung entzogen, und auf jeden Fall muß zur Zeit $-\tau_0$ die Welt „ganz anders gewesen sein" als heute. Die Vorläufer von Hubbles Entdeckung, V.M. Slipher, C. Wirtz u.a. sowie M. Humasons Mitwirkung am 2.5 m-Teleskop können wir nur kurz erwähnen. Hier war zum erstenmal der Kosmos als

Ganzes zum Gegenstand beobachtender, exakter Naturforschung geworden. Theoretische Ansätze zur *Kosmologie* hatten im Rahmen der Allgemeinen Relativitätstheorie – die ja zunächst einmal eine Deutung der Gravitation und der Trägheitskräfte erstrebte – schon seit 1916 A. Einstein, dann W. de Sitter, A. Friedmann, G. Lemaître u. a. entwickelt. Andererseits ist es für die Erforschung ferner Galaxien von grundlegender Bedeutung, daß man aus der Rotverschiebung der Spektrallinien ihre Entfernung und damit ihre absolute Helligkeit, ihre wahren Dimensionen usw. entnehmen kann.

Die Erkenntnis eines Alters der Welt von etwa 10^{10} Jahren, gar nicht viel größer als das Alter der Erde von $4.5 \cdot 10^9$ Jahren, bildete einen mächtigen Anreiz für die Erforschung der Entwicklung der Sterne und Sternsysteme.

Nachdem 1938 H. Bethe und C. F. von Weizsäcker diejenigen thermonuklearen Reaktionen aufzeigten, die im Inneren der Hauptsequenzsterne Wasserstoff zu Helium verbrennen, wiesen Bethe und dann 1944 A. Unsöld darauf hin, daß die nuklearen Energiequellen nur bei den kühlen Hauptsequenzsternen für eine Zeit von der Größenordnung des Weltalters ausreichen. Für die heißen Sterne ergaben sich kürzere Lebensdauern, die bei den O- und B-Sternen großer Leuchtkraft auf nur etwa 10^6 Jahre heruntergingen. In einer so kurzen Zeit können die Sterne sich nicht weit vom Ort ihrer Entstehung entfernt haben. Sie müssen also fast an derselben Stelle entstanden sein, wo wir sie heute sehen. Gegenüber allen spekulativen Hypothesen hat insbesondere W. Baade wiederholt darauf aufmerksam gemacht, daß die enge räumliche Verbindung der blauen OB-Sterne mit Dunkelwolken, z. B. in der Andromeda-Galaxie, auf eine Entstehung dieser Sterne aus der interstellaren Materie hindeutet.

Weiter führten die – ebenfalls weitgehend auf Anregungen von W. Baade zurückgehenden – Untersuchungen von A.R. Sandage, H.C. Arp, H.L. Johnson u.a. über die Farben-Helligkeits-Diagramme (FHD) der Kugelsternhaufen und der galaktischen Sternhaufen. Diese ergaben – zusammen mit der Theorie des inneren Aufbaus der Sterne – folgendes Bild: Ein Stern, der sich aus interstellarer Materie bildet, durchläuft zunächst eine relativ kurze Kontraktionsphase. Auf der Hauptsequenz beginnt das Wasserstoffbrennen; hier bleibt der Stern, bis er etwa 10% seines Wasserstoffs verbraucht hat. Dann wandert er im FHD nach rechts (M. Schönberg und S. Chandrasekhar, 1942) und wird ein Roter Riesenstern. Die Stelle, wo die Hauptsequenz im FHD eines Sternhaufens nach rechts abbiegt (Abb. 5.4.2) gibt an, welche Sterne seit der Entstehung des Haufens etwa 10% ihres Wasserstoffs verbrannt haben. Die hierfür benötigte Entwicklungszeit gibt gleichzeitig das Alter des Sternhaufens an. Sternhaufen mit hellen blauen OB-Sternen wie h und χ Persei sind also sehr jung, während bei alten Sternhaufen die Hauptsequenz nur unterhalb G0 noch vorhanden ist. Die mit F. Hoyle und M. Schwarzschild 1955 beginnenden theoretischen Untersuchungen zur *Entwicklung der Sterne* bedeuten insofern auch eine grundsätzliche Weiterbildung von A.S. Eddingtons Theorie des Aufbaus der Sterne, als die frühere Annahme einer ständigen Durchmischung der Materie im Sterninneren unter dem Druck der Beobachtungen aufgegeben wurde. Die neue Auffassung geht dahin, daß sich im Zentrum des Sterns eine ausgebrannte Heliumzone bildet. Die dadurch erzwungene Verlagerung der nuklearen Brennzone nach außen bedingt eben die Aufblähung des Sterns zu einem Roten Riesen. Die Untersuchung zahlreicher Farben-Helligkeits-Diagramme führte zu dem grundlegenden Ergebnis, daß alle Kugelsternhaufen *dasselbe* Alter haben, das nach neueren Bestimmungen bei 14 bis $18 \cdot 10^9$ Jahren liegt. Im Bereich der galaktischen Sternhaufen dagegen gibt es junge und alte Objekte. Während die jüngsten kaum eine Million Jahre alt sind, hat der älteste galaktische Sternhaufen NGC 188 ein Alter von 6 bis $8 \cdot 10^9$ Jahren, ist also jünger als die Kugelhaufen.

Die auf das Wasserstoffbrennen folgenden thermonuklearen Brennphasen, das Heliumbrennen, Kohlenstoffbrennen usw., laufen bei immer höheren Temperaturen und Dichten mit immer kürzeren Zeitskalen ab. Kennzeichnend für diese *späteren Entwicklungsstadien* ist starker Massenverlust durch Sternwinde und das Abstoßen von Hüllen, erheblicher Energieverlust durch Emission von Neutrinos und ein kompliziertes Wechselspiel zwischen hydrodynamischen und nuklearen Prozessen, so daß Modellrechnungen nur mit dem Einsatz der leistungsstärksten Computer durchgeführt werden können. Die Kenntnis der für die Energieerzeugung wichtigen Kernreaktionen hat W.A. Fowler durch seine ausgezeichneten Messungen nuklearer Wirkungsquerschnitte wesentlich gefördert. Obwohl im einzelnen noch viele Fragen, z.B. im Zusammenhang mit der Explosion der Supernovae, offen sind, verstehen wir heute die Grundzüge der Sternentwicklung auch für die letzten Entwicklungsphasen: Sterne mit weniger als etwa 8 Sonnenmassen enden – z.T. nach erheblichem Massenverlust – als Weiße Zwerge, massereichere Sterne ($\gtrsim 10$ Sonnenmassen) als Neutronensterne oder Schwarze Löcher. Den Aufbau der Endkonfigurationen der Entwicklung haben wir bereits in Kap. 4 kennengelernt.

Von der Sternentwicklung wenden wir uns jetzt der Verteilung der verschiedenen Sterne in unserer Milchstraße und in anderen Galaxien zu.

W. Baade hatte schon 1944 darauf hingewiesen, daß verschiedene Bereiche der Milchstraße nicht nur in dynamischer Hinsicht, sondern auch in ihren Farben-Helligkeits-Diagrammen voneinander verschieden sind. So entstand der Begriff *Sternpopulationen*. Bald stellte es sich heraus, daß diese sich wesentlich durch ihr Alter und die Häufigkeit der schweren Elemente (schwerer als Helium) relativ zum Wasserstoff – meist sagt man kurz: der Metallhäufigkeit – voneinander unterscheiden. Von feineren Unterteilungen und Übergängen abgesehen haben wir:

1) Die Halopopulation II: Kugelsternhaufen, die metallarmen Unterzwerge usw. haben dieselben Farben-Helligkeits-Diagramme. Sie beschreiben langgestreckte galaktische Bahnen und bilden ein wenig abgeplattetes System, aber mit starker Konzentration zum Zentrum. Ihre Metallhäufigkeit entspricht etwa 10^{-3} bis 1/5 der „normalen“. Ihr Alter, etwa $1.7 \cdot 10^{10}$ Jahre, darf man nahezu dem Alter der Milchstraße gleichsetzen.

2) Die Scheibenpopulation: Hierzu gehören die meisten Sterne unserer Umgebung; sie bilden ein stark abgeplattetes System mit starker Konzentration zum galaktischen Zentrum. Ihre Sterne beschreiben nahezu Kreisbahnen und haben „normale Metallhäufigkeit“, etwa wie die Sonne.

3) Die Spiralarmpopulation I: Sie ist charakterisiert durch junge, blaue Sterne großer Leuchtkraft. Innerhalb der Scheibe ist die interstellare Materie in den Spiralarmen verdichtet. Hieraus entstehen Assoziationen und Haufen junger Sterne.

Die von E. Hubble 1926 begründete *Klassifikation der Galaxien* zunächst nach ihren Gestalten erwies sich später in ihrem Grundbestand als eine Klassifikation nach dem Überwiegen der Population-II- oder der Population-I-Züge: Die elliptischen Galaxien haben nur noch wenig interstellare Materie, sie enthalten daher in der Hauptsache alte Sterne, ähnlich der Halopopulation bzw. der Scheibenpopulation der Milchstraße. Am anderen Ende enthalten die gestaltlich sehr differenzierten Sc- und Irr I-Galaxien viel Gas und Staub, ausgeprägte Spiralarme oder andere Strukturen sowie helle blaue O- und B-Sterne. Später hat man erkannt, daß die Leuchtkräfte und Massen ähnlich aussehender Galaxien um mehrere Zehnerpotenzen verschieden sein können. Demgemäß spricht man von Riesen- und Zwerggalaxien.

In neuerer Zeit fand man, daß die Rotationsgeschwindigkeit von Sternen und Gas in den äußeren Teilen der Milchstraße (und vieler anderer Spiralgalaxien) nicht, wie man es für große Abstände von der Massekonzentration erwartet, nach außen hin abfällt, sondern vielmehr nahezu konstant bleibt. Dies bedeutet, daß ein wesentlicher, wahrscheinlich sogar der größte Teil der Masse der Milchstraße „unsichtbar“ ist und ein ungefähr sphärisches System von etwa 50 bis 100 kpc Ausdehnung bildet. Woraus dieser *dunkle Halo* besteht, ist noch völlig rätselhaft.

Eine ganz neue Ära in der Erforschung unseres Milchstraßensystems und der fernen Galaxien eröffnete die *Radioastronomie*, beginnend mit K.G. Janskys Entdeckung der Meterwellenstrahlung der Milchstraße im Jahre 1932.

Man entdeckte die thermische frei-frei-Strahlung von Plasmen mit $\simeq 10^4$ K im interstellaren Gas, in H II-Regionen, planetarischen Nebeln usw. 1951 gelangen die ersten Beobachtungen der von H.C. van de Hulst 1944 vorhergesagten 21 cm-Linie des atomaren Wasserstoffs, deren Dopplereffekte ganz neue Einblicke in Struktur und Dynamik des interstellaren Wasserstoffs und damit der ganzen Galaxien gab. Weitere Linien im mm- bis dm-Bereich ließen sich Übergängen zwischen sehr hohen Quantenzahlen in Wasserstoff- und Heliumatomen sowie (z.T. überraschend komplizierten) zwei- und mehratomigen Molekülen zuordnen. Eine besondere Bedeutung kommt der 1970 entdeckten 2.6 mm-Linie des häufigen *CO-Moleküls* zu, durch welche die Verteilung der kalten ($\gtrsim 10$ K), in massereichen *Molekülwolken* konzentrierten Komponente der interstellaren Materie in der Milchstraße erforscht werden konnte. Diese überwiegend aus Wasserstoffmolekülen bestehenden Verdichtungen stellten sich als die eigentlichen Orte der *Sternentstehung* heraus; erst nach der Entstehung der leuchtkräftigen O- und B-Sterne bilden sich die im Optischen auffallenden leuchtenden Nebel (H II-Regionen).

Das von Jansky zuerst beobachtete Radio-Kontinuum ist nichtthermische *Synchrotronstrahlung*. Sie entsteht, wie H. Alfvén und N. Herlofson 1950 vermuteten und bald darauf I.S. Shklovsky, V.L. Ginzburg u.a. immer sicherer machen konnten, wenn Elektronen hoher Energie sich in Spiralbahnen um die Kraftlinien kosmischer Magnetfelder bewegen.

Neben der Erkenntnis der Mechanismen, welche zur Emission radiofrequenter Strahlung führen können, war von ebenso großer Bedeutung die Erreichung immer größerer Winkelauflösung und genauerer Radiopositionen. Wir haben die Konstruktion immer wieder verbesserter und vergrößerter Radioteleskope und Radiointerferometer bis zu den interkontinentalen Langbasisinterferometern schon in Abschn. 3.3 besprochen und geben gleich einige historische Daten zur Erforschung kosmischer Radioquellen: 1946 erschloß J.S. Hey aus zeitlichen Schwankungen (wie man später erkannte, Szintillation ionosphärischen Ursprungs) der Radiostrahlung die erste *Radioquelle Cygnus A*, 1949 identifizierten J.G. Bolton, G.J. Stanley und O.B. Slee die Radioquelle Taurus A mit dem Krebsnebel. Erst 1952 konnten anhand inzwischen erheblich genauerer Radiopositionen W. Baade und R. Minkowski zeigen, daß die Radioquelle Cassiopeia A ebenso wie Taurus A der Überrest einer früheren Supernova ist. Cygnus A dagegen ließ sich einer pekuliären Galaxie mit Emissionslinien hoher Anregungen zuordnen: die erste *Radiogalaxie*. Damit war die Bahn frei für eine Entfaltung der extragalaktischen Radioastronomie, die wohl in der ganzen Geschichte der Astrophysik nicht ihresgleichen hat. 1962/63 konnte M. Schmidt am Mt. Palomar Observatory die *Quasare* – deren optische Bilder kaum von Sternen zu unterscheiden sind – als weit entfernte Galaxien mit extrem großer optischer und Radio-Leuchtkraft erkennen. Ihre weit über den bisher bekannten Bereich hinausgehenden Rotverschiebungen eröffneten der Kosmologie ungeahnte Perspektiven. Es zeigte sich weiter, daß in den *Kernen* der Quasare, Radiogalaxien, Seyfertgalaxien und – in geringerem Umfang – sogar in denen normaler Galaxien wie der unseren eine charakteristische *„Aktivität"* auftritt in Form von nichtthermischer optischer und radiofrequenter Strahlung sowie von Emissionslinien mit nichtthermischer Anregung. Häufig findet man zwei vom Kern entlang der Rotationsachse der Galaxie ausgehende, stark gebündelte Strahlen relativistischer Teilchen bzw. Plasmen (Jets) bis in riesige Entfernungen von einigen 100 kpc, deren Synchrotronstrahlung sich vom Radio- bis zum Röntgenbereich erstreckt. Strukturveränderungen der zentralen Emissionsgebiete, die scheinbar Überlichtgeschwindigkeiten entsprechen, lassen sich durch relativistische Effekte in Jets, die sich fast mit Lichtgeschwindigkeit nahezu auf den Beobachter zu bewegen, deuten. Die *kompakten Kerne* der Galaxien enthalten also eine *Energiequelle* von ungeahntem Ausmaße, deren physikalische Natur (freigesetzte Gravitationsenergie in der Umgebung eines sehr massiven, kompakten Objekts?) noch weitgehend ungeklärt ist.

Als wichtiges Gegenstück zur Radioastronomie der Synchrotronstrahlung, die auf relativistische Elektronen hinweist, hat sich seit den 1960er Jahren die *Röntgenastronomie* (H. Friedman, R. Giacconi, B. Rossi u.a.) entwickelt und einige Jahre später das hieran anschließende Gebiet der *Gammastrahlenastronomie*. In beiden Wellenlängenbereichen ist man – wie auch schon im Ultraviolett – auf die Beobachtung von Raketen und Weltraumfahrzeugen, allenfalls auch Stratosphärenballons angewiesen.

Parallel zu den raschen Fortschritten der Astronomie in diesen „hochenergetischen" Spektralbereichen setzte in den letzten Jahren eine stürmische Entwicklung der *Infrarotastronomie* ein, die ebenfalls weitgehend auf Beobachtungen von außerhalb der Erdatmosphäre angewiesen ist; 1983/84 erfolgte eine Himmelsdurchmusterung mit dem ersten Infrarotsatelliten IRAS. Die Erschließung der neuen Spektralbereiche vom Weltraum aus wird seit etwa 1970 begleitet von einem enormen Anstieg der Reichweite der *erdgebundenen optischen Astronomie* zu immer schwächeren Lichtquellen, welche vor allem durch die Entwicklung neuartiger hochempfindlicher Photodetektoren ermöglicht wurde.

Diese Fortschritte der astronomischen Beobachtungstechnik führten zu einer starken Erweiterung unserer Kenntnis und zu ganz neuen Vorstellungen über den Aufbau und die Entwicklung unserer Milchstraße und der Galaxien. Die Beobachtungen im Ultraviolett und Röntgengebiet zeigten innerhalb der Milchstraße die Existenz von *heißem interstellarem Gas* (10^4 bis 10^6 K) auf, das sich zum Teil weit in den Halo erstreckt. Die galaktische Gammastrahlung kennzeichnet demgegenüber die Orte der Wechselwirkung der energiereichen kosmischen Partikelstrahlung mit den dichten, kühleren Gebieten der interstellaren Materie. Optische, infrarote und radioastronomische Messungen zeigten überraschend energiereiche *Materieströmungen* in der Umgebung ganz *junger Sterne*, welche „bipolar" in einem Doppelkegel nach außen gerichtet und häufig auch stark gebündelt zu einem Paar Jets sind. Die optische Strahlung des zentralen Sterns wird i.allg. durch eine staubgefüllte *Akkretionsscheibe* absorbiert.

Die Infrarotastronomie konnte in neuerer Zeit für die Frage nach der Entstehung von Planetensystemen wichtige Beiträge liefern: Hinweise auf kühle, leuchtschwache

Begleiter in Doppelsternsystemen mit Massen, die denen großer Planeten entsprechen, und auf Ringe aus Staubteilchen oder Scheiben um einige A-Sterne.

Von unserer Milchstraße wenden wir uns nun den Vorstellungen über die *Entwicklung der Galaxien*, die Entstehung der chemischen *Elemente* und ihrer Häufigkeitsverteilungen sowie die ganze *Kosmologie* zu. Einen ersten Vorstoß in diese Bereiche wagten G. Lemaître und G. Gamow (1939) mit der Vorstellung, daß die Expansion des Weltalls mit einem *Urknall* (Big Bang) begann, in dessen Anfängen sich gleich die „kosmische" (d. h. etwa solare) *Häufigkeitsverteilung der Elemente* herausgebildet habe. Die Entdeckung metallarmer Sterne und vor allem die Schwierigkeit, den Aufbau der Atomkerne über die Massenzahl A = 5 hinaus fortzusetzen, brachte diese Theorie zunächst in Mißkredit. Erst nach Entdeckung der kosmischen *3 K-Strahlung* im Mikrowellenbereich – die als Überbleibsel des Urknalls gedeutet wurde – durch A. A. Penzias und R. W. Wilson (1965) kehrte sie in bescheidenerer Form zurück: In einem anfänglichen „Big Fireball" entstehen im wesentlichen nur Wasserstoff- und Heliumatome im Anzahlverhältnis $\simeq$ 10:1.

Bezüglich der Entstehung des Milchstraßensystems und der Häufigkeitsverteilung der Elemente (Nukleosynthese) geht die 1957 von E. M. und G. R. Burbidge, W. Fowler und F. Hoyle entwickelte Vorstellung aus von einer fast sphärischen Urgalaxie aus Wasserstoff plus 10% Helium und eventuell schon Spuren schwerer Elemente. Dann bilden sich die ersten Halosterne, erzeugen schwere Elemente, zerfallen (durch Supernova-Explosionen) und reichern so die interstellare Materie mit schweren Elementen an. Aus dieser entsteht eine neue Generation metallreicherer Sterne usw. Ehe der Bestand an schweren Elementen den der heutigen „normalen" Sterne erreicht hat, bildet sich durch Kollaps der übrigen, noch nicht zu Sternen kondensierten Halomaterie die galaktische Scheibe mit den Spiralarmen, und zwar schon nach einem Zeitraum von nur etwa 10^8 bis 10^9 Jahren.

Die Rolle der Kerne mit ihrer Aktivität bei der Entstehung und Entwicklung der Galaxien, auf die seit 1958 V. A. Ambarzumian hinwies, ist noch weitgehend ungeklärt. In zukünftigen Theorien der *Kernaktivität* dürfte vor allem der Hochenergieastronomie ein entscheidendes Wort zukommen, da sich die galaktischen Kerne bis hin zu den Quasaren als starke Quellen nichtthermischer Strahlung, die zu einem erheblichen Teil im *Röntgen-und Gammabereich* emittiert wird, gezeigt haben. Wie schon erwähnt, ist die Herkunft der Energie für diese und andere Aktivitätsphänomene noch rätselhaft.

Zu den stärksten extragalaktischen Quellen im Röntgenbereich zählen die *Galaxienhaufen*. Ihre – mit dem Einstein-Satelliten 1979 entdeckte – Strahlung stammt von sehr heißem Gas ($\simeq 10^7 - 10^8$ K) aus den Zentralbereichen der dichten regulären Haufen, das den Galaxien bei „Stößen" miteinander verlorenging. Daß *Wechselwirkungen* zwischen den Galaxien innerhalb Gruppen und Haufen die Entwicklung und damit den morphologischen Typ der Galaxien seit ihrer Entstehung in größerem Umfang beeinflussen, wurde in neuerer Zeit vor allem auch durch Infrarotbeobachtungen deutlich: nahe Begegnungen bewirken offenbar einen starken Anstieg der *Sternbildung*. Die Strahlung der jungen heißen Sterne wird von dichtem Staub in ihrer Umgebung absorbiert, heizt diesen auf und wird dadurch in Infrarotstrahlung umgewandelt. Bei der Durchmusterung mit dem IRAS-Satelliten wurden viele *Infrarotgalaxien* entdeckt, die ihre Leuchtkraft fast ausschließlich im Infrarot aussenden.

Optische Spektroskopie der schwächsten und fernsten Galaxien mit empfindlichen neuartigen Detektoren etwa ab 1976 konnte die Anordnung der Galaxienhaufen zu *Superhaufen*, die schon früher aufgrund ihrer Verteilung an der Sphäre erschlossen wurde, bestätigen. Die eigenartige großräumige *Struktur des Kosmos* aus aneinanderhängenden Filamenten und Scheiben der Superhaufen, die große Lücken umschließen, dürfte einen Schlüssel für die Theorien der Entstehung der Galaxien und Galaxienhaufen bilden.

Zum Abschluß unserer historischen Einführung kehren wir zurück zu der *Entwicklung des ganzen Kosmos*. Während die Kosmologie in der ersten Hälfte unseres Jahrhunderts durch die Weltmodelle im Rahmen von Einsteins *Allgemeiner Relativitätstheorie* und Hubbles Entdeckung der *Fluchtbewegung* der Galaxien geprägt war, ermöglichte die Entdeckung der 3 K-Strahlung im Mikrowellenbereich durch Penzias und Wilson (1965) die Aufstellung *physikalischer* Modelle der Evolution des Kosmos. Mit dem Fortschritt der *Physik der Elementarteilchen* bzw. der fundamentalen Wechselwirkungen seit den 1960er Jahren wurden schließlich die allerfrühesten Phasen des Kosmos mit ihren extrem hohen Energien bzw. Temperaturen einer physikalischen Beschreibung zugänglich und eine faszinierende – noch keineswegs abgeschlossene – Entwicklung der modernen Kosmologie eingeleitet.

5.2 Aufbau und Dynamik des Milchstraßensystems

Einen ersten Einblick in den Bau unserer Milchstraße können wir durch Sternzählungen (Abschn. 5.2.1) gewinnen. Diese Methode wird jedoch stark eingeschränkt durch die interstellare Absorption. Mit dem interstellaren Medium befassen wir uns erst in Abschn. 5.3; hier diskutieren wir die Verteilung und Bewegungen der Sterne und Sternhaufen in der Milchstraße. Abschnitt 5.2.2 behandelt die Kinematik der Sterne. In Abschn. 5.2.3 besprechen wir dann die Sternhaufen, die offenen oder galaktischen Haufen und die Kugelhaufen. Mit ihrer Hilfe lassen sich Entfernungen im ganzen Milchstraßensystem bestimmen, so daß wir einen ersten Überblick über dessen Aufbau gewinnen. Nachdem wir in Abschn. 5.2.4 das für die Untersuchung der Milchstraße angemessene galaktische Koordinatensystem eingeführt haben, wenden wir uns in Abschn. 5.2.5 der Rotation der Milchstraße zu. Bereits 1926/27 erkannten B. Lindblad und J.H. Oort, daß die Sterne in der Sonnenumgebung eine differentielle Rotation um das Milchstraßenzentrum ausführen. Später zeigten die radioastronomischen Beobachtungen der 21 cm-Linie des neutralen Wasserstoffs die Rotationsgeschwindigkeiten in der gesamten Milchstraße auf. Nach einer kurzen Diskussion von Sternbahnen sowie der Materiedichte in der unmittelbaren Sonnenumgebung (Abschn. 5.2.6) können wir schließlich in Abschn. 5.2.7 die Massenverteilung im Milchstraßensystem besprechen.

5.2.1 Sternzählungen

W. Herschel (1738 – 1822) versuchte wohl als erster, in den Bau des Milchstraßensystems einzudringen, indem er in seinen *Sterneichungen* abzählte, wieviel Sterne bis zu einer bestimmten Grenzgröße er in verschiedenen Richtungen sehen konnte.

Was würden wir erwarten, wenn der Raum völlig durchsichtig und gleichmäßig mit Sternen erfüllt wäre? Für Sterne einer bestimmten absoluten Helligkeit nimmt die scheinbare Helligkeit als Funktion der Entfernung r proportional $1/r^2$ ab, vgl. (4.4.15, 16). Die Sterne heller als m erfüllen also eine Kugel mit $\log r = 0.2\,m + \text{const}$. Ihre *Anzahl* $N(m)$ ist $\sim r^3$, es müßte also gelten

$$\log N(m) = 0.6\,m + \text{const} \quad . \qquad (5.2.1)$$

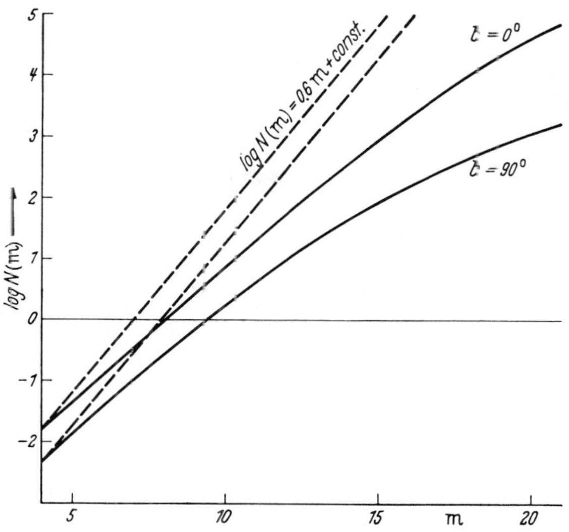

Abb. 5.2.1. Sternzahlen $N(m)$, d.h. Anzahl der Sterne heller als m pro Quadratgrad nach Zählungen von F.H. Seares (1928) am galaktischen Äquator ($b = 0°$) und am galaktischen Pol ($b = 90°$) (*ausgezogene Kurven*). Berechnete Kurven (*gestrichelt*): $\log N(m) = 0.6\,\text{m} + \text{const}$ für konstante Sterndichte, ohne galaktische Absorption. (Die Konstante wurde für $m = 4$ mag den Beobachtungen angepaßt)

In Abb. 5.2.1 vergleichen wir die Sternzahlen pro Quadratgrad nach F. H. Seares (1928) für die Milchstraßenebene und für die Richtungen zu den galaktischen Polen ($b = 0°$ bzw. $90°$) mit den Erwartungen nach (5.2.1). Die in Wirklichkeit viel langsamere Zunahme der $N(m)$ bei schwächeren Magnitudines kann nur zwei Ursachen haben: (1) Abnahme der Sterndichte in größeren Entfernungen, (2) Interstellare Absorption, oder beides. H.v. Seeliger und J. Kapteyn berücksichtigten die Streuung der absoluten Helligkeiten der Sterne und zeigten, wie man die Sternzahlen $N(m)$ grundsätzlich darstellen kann durch Überlagerung (mathematisch gesprochen: Faltung) (1) der *Dichtefunktion* $D(r)$ = Zahl der Sterne pro pc^3 in der Entfernung r und einer angegebenen Richtung mit (2) der *Leuchtkraftfunktion* $\Phi(M)$ = Zahl der Sterne pro pc^3 im Intervall der absoluten Helligkeiten von $M - \frac{1}{2}$ bis $M + \frac{1}{2}$ evtl. unter Berücksichtigung (3) einer *interstellaren Absorption* von $\gamma(r)$ Magnitudines pro pc. Selbst wenn man die Leuchtkraftfunktion $\Phi(M)$ als überall gleich voraussetzte und sie mit Hilfe der Sterne bekannter Parallaxe in einem Bereich von 5 oder 10 pc bestimmte, könnte man doch die Funktionen $D(r)$ und $\gamma(r)$ nicht trennen. Wir können daher die Ergebnisse der älteren Stellarstatistik hier übergehen. Wichtig bleiben die soeben eingeführten Begriffe und die großartige

Stichproben-Durchmusterung des ganzen Himmels (Magnitudines, Farbindizes, Spektraltypen) in den Kapteyn-Feldern.

5.2.2 Raumgeschwindigkeiten der Sterne. Stromparallaxen

Weiter als die Stellarstatistik führte zunächst die Erforschung der Bewegungen der Sterne. Wir besprachen schon die spektroskopische Messung der *Radialgeschwindigkeiten* V_r aus dem *Dopplereffekt* (H.C. Vogel, 1888; W.W. Campbell u.a.)

$$V_r = c\frac{\Delta\lambda}{\lambda_0} , \qquad (5.2.2)$$

welche uns V_r in absoluten Einheiten, z.B. in $[\mathrm{km\,s^{-1}}]$, liefert (2.5.2). Das Vorzeichen wird so definiert, daß positive (negative) Radialgeschwindigkeit Rotverschiebung (Violettverschiebung) bedeutet, d.h. Entfernung von der Sonne (Annäherung an die Sonne). Den wechselnden Anteil der Bahnbewegung und Drehung der Erde schaltet man sofort aus, indem man auf die *Sonne* als Bezugspunkt reduziert.

Hierzu kommen nun die schon viel früher von E. Halley (1718) entdeckten *Eigenbewegungen* μ (EB oder PM = Proper Motion) der Sterne an der Sphäre. Sie werden gewöhnlich in Bogensekunden pro Jahr angegeben. Man mißt relative Eigenbewegungen (bezogen auf entfernte Sterne mit kleiner EB), indem man zwei Aufnahmen vergleicht („blinkt"), die möglichst mit demselben Instrument in einem zeitlichen Abstand von 10 bis 50 Jahren gemacht wurden. Die Reduktion auf *absolute* Eigenbewegungen setzt voraus, daß an Meridiankreisen von einigen Sternen absolute Örter zu verschiedenen Epochen gemessen worden sind. Nach C.D. Shane benützt man ferne Galaxien und neuerdings auch Quasare als extragalaktisches Bezugssystem.

Mit der Eigenbewegung μ ist die *Tangentialkomponente* V_t $[\mathrm{km\,s^{-1}}]$ der Sterngeschwindigkeit folgendermaßen verknüpft:

Ist p die *Parallaxe* des Sterns in Bogensekunden, so ist μ/p gleich V_t in astronomischen Einheiten pro Jahr. Letzteres ist gleich $1/2\,\pi$ mal der Bahngeschwindigkeit der Erde oder $4.74\,\mathrm{km\,s^{-1}}$. Es gilt daher

$$V_t\,[\mathrm{km\,s^{-1}}] = 4.74\,\frac{\mu[''\,\mathrm{a}^{-1}]}{p['']} , \qquad (5.2.3)$$

und die *Raumgeschwindigkeit* v des Sternes wird

$$v = \sqrt{V_r^2 + V_t^2} . \qquad (5.2.4)$$

Der Winkel ϑ, unter dem sich der Stern gegen den Sehstrahl bewegt, ist bestimmt durch die Beziehungen

$$V_r = v\cos\vartheta \quad \text{und} \quad V_t = v\sin\vartheta . \qquad (5.2.5)$$

Da z.B. ein Stern 6. Größe im Durchschnitt eine Parallaxe von 0.012″, aber eine Eigenbewegung von $0.06''\,\mathrm{a}^{-1}$ hat, kann man an Hand von Eigenbewegungen (über 20 a) ca. 100mal weiter in den Weltraum vordringen als mittels Parallaxenmessungen.

Machen wir zunächst die vereinfachende Annahme, daß die Sterne ruhen und daß nur die Sonne sich relativ zu ihnen mit der Geschwindigkeit $v_\odot$ in Richtung auf den *Apex* hin bewegt, so erwarten wir die in Abb. 5.2.2 dargestellte Verteilung der Radialgeschwindigkeiten V_r und der Tangentialgeschwindigkeiten V_t bzw. Eigenbewegungen μ in Abhängigkeit von dem Winkelabstand χ des Sternes vom Apex.

Sind die Bewegungen der Sterne im Raum regellos verteilt, so können wir unsere Überlegungen offenbar immer noch anwenden, wenn wir über viele Sterne *mitteln.* Die erste Apexbestimmung aus wenigen Eigenbewegungen hat schon 1783 W. Herschel durchgeführt. Später zeigte sich, daß – genaugenommen – die Sonnenbewegung davon abhängt, *welche* Sterne man zu ihrer Bestimmung verwendet; dies war der erste Hinweis auf den systematischen Anteil der Sternbewegungen. Als sog. Stan-

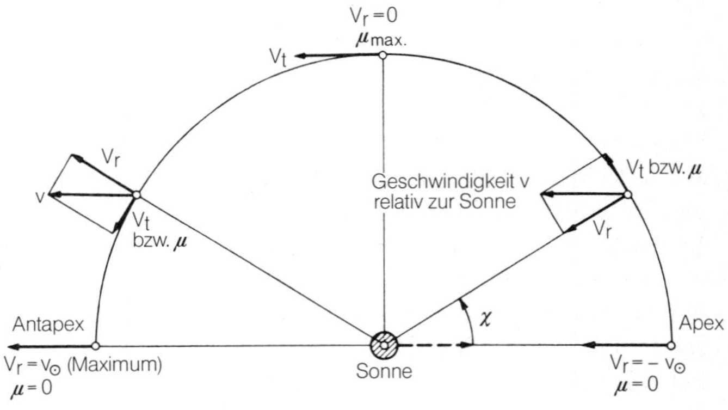

Abb. 5.2.2. Bewegung der Sonne – relativ zu den umgebenden Sternen – mit der Geschwindigkeit $v_\odot$ in Richtung auf den Apex. Als Reflex der Sonnenbewegung beobachten wir die parallaktischen Bewegungen der Sterne. Unsere Abbildung erklärt die Abhängigkeit der Radialgeschwindigkeit V_r und der Tangentialgeschwindigkeit V_t bzw. der Eigenbewegung μ der Sterne von ihrem Winkelabstand χ zum Apex

dard-Sonnenbewegung, die man allgemein benutzt, um Sternbewegungen auf die *Sonnenumgebung* zu reduzieren (Local Standard of Rest), erhält man aus den Eigenbewegungen und Radialgeschwindigkeiten der Sterne unserer Umgebung die

$$\begin{aligned} &\text{Sonnenbewegung: } v_{\odot} = 20\,\text{km s}^{-1} \\ &\text{zum Apex: } \quad \alpha = 18\,\text{h}, \ \delta = +30^\circ \ . \end{aligned} \tag{5.2.6}$$

Die Kenntnis der *Sonnenbewegung* kann man nun benutzen, um in den gemessenen *Eigenbewegungen* einer sinnvoll ausgewählten Gruppe von Sternen den statistischen Anteil der Eigenbewegungen, die *Pekuliarbewegungen* von dem Reflex der Sonnenbewegung, der parallaktischen Bewegung zu trennen. Letztere hängt offensichtlich mit der mittleren Parallaxe $\bar{p}$ der Sterngruppe zusammen: Der von der Sonnenbewegung verursachte Anteil der Tangentialgeschwindigkeit ist, entsprechend (5.2.5), $V_t = v_{\odot} \sin\chi$, wo χ wieder den Winkelabstand der Sterngruppe[1] vom Apex bedeutet. Damit können wir nun (5.2.3) anwenden, wenn wir bei der Mittelung über die Eigenbewegungen μ uns sinngemäß auf deren Komponenten in Richtung zum Apex beschränken. Die *mittlere* oder *säkulare Parallaxe* unserer Sterngruppe ist also

$$\bar{p} = \frac{4.74\,\bar{\mu}}{v_{\odot} \sin\chi} \ . \tag{5.2.7}$$

Die Hypothese statistisch verteilter Pekuliarbewegungen ist jedoch mit großer Vorsicht anzuwenden. 1908 entdeckte nämlich L. Boss, daß z.B. für eine umfangreiche Gruppe von Sternen im Taurus, die sich um den galaktischen Sternhaufen der *Hyaden* gruppieren, die Eigenbewegungsvektoren an der Sphäre nach einem *Konvergenzpunkt* bei $\alpha = 93°$, $\delta = +7°$ hinzielen. Die Sterne dieses Sternstromes oder *Bewegungshaufens* führen im Raum also offenbar wie ein Schwarm Fische parallele Bewegungen aus, deren Richtung auf den Konvergenzpunkt zeigt. Die Geschwindigkeit des Haufens (relativ zur Sonne) sei v_H. Kennen wir nun (Abb. 5.2.3) für einen Stern des Haufens seine Eigenbewegung μ und seine Radialgeschwindigkeit V_r relativ zur Sonne, sei ferner ϑ der Winkel am Himmel vom Stern zum Konvergenzpunkt, so können wir die Überlegungen von (5.2.3) und (5.2.5) übertragen und finden

$$V_r = v_H \cos\vartheta \quad \text{sowie} \quad V_t = v_H \sin\vartheta = 4.74\,\mu/p \ ,$$

woraus man sofort die Parallaxe des Sternes

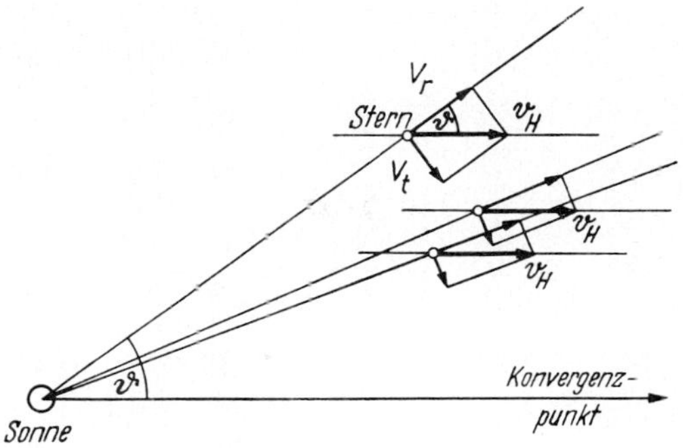

Abb. 5.2.3. Bewegungshaufen oder Sternstrom

$$p = \frac{4.74\,\mu}{V_r \tan\vartheta} \tag{5.2.8}$$

erhält. Der Taurus-Haufen z.B. ist 45 pc von uns entfernt, seine Geschwindigkeit beträgt 31 km s^{-1}, die meisten Sterne befinden sich in einem Bereich von ungefähr 10 pc Durchmesser. Diese Methode der *Stromparallaxen* ist an Reichweite und vielfach auch an Genauigkeit der Methode der trigonometrischen Parallaxen überlegen.

Die gemeinsamen kleinen Eigenbewegungen der Sterne in galaktischen Sternhaufen (Plejaden, Praesepe ...) gestatten zum Teil noch die Ermittlung ihrer Parallaxe; vor allem aber sind sie wichtig, um die Mitgliedschaft individueller Sterne zu prüfen.

5.2.3 Sternhaufen und der Bau der Milchstraße

Unsere ganze Kenntnis über Größe und Bau des Milchstraßensystems beruht wesentlich auf der Methodik der *spektrophotometrischen Entfernungsmessung.* Nach dem $1/r^2$-Gesetz der Photometrie sehen wir einen Stern der absoluten Helligkeit M und der Parallaxe p bzw. der Entfernung $r = 1/p$ mit der scheinbaren Helligkeit m, so daß der Entfernungsmodul

$$m - M = 5 \log r\,[\text{pc}] - 5 + A \qquad [\text{mag}] \tag{5.2.9}$$

ist (4.4.17). Die interstellare Extinktion A [mag] werden wir erst in Abschn. 5.3.1 besprechen, tragen ihr aber schon hier bei der Angabe aller Zahlenwerte von Entfernungen usw. Rechnung.

---

[1] Wir nehmen hier an, daß unsere Sterngruppe einen verhältnismäßig kleinen Bereich am Himmel einnimmt, so daß *ein* Mittelwert von χ genügt.

Abb. 5.2.4. Kugelsternhaufen M 13 = NGC 6205 im Sternbild Herkules. Entfernung 6.4 kpc

Letzten Endes müssen wir immer zurückgreifen auf absolute Helligkeiten bestimmter Objekte, die uns bekannt sind aus trigonometrischen und säkularen Parallaxen, Stromparallaxen usw. Wegen dieser ihrer grundlegenden Bedeutung haben wir zuerst die Methoden der geometrischen Entfernungsbestimmung so ausführlich erläutert.

Um einen Einblick in den Bau unseres Milchstraßensystems zu erhalten, liegt es nahe, von Anhäufungen von Sternen auszugehen, deren Struktur zum Teil schon mit bloßem Auge, zum Teil auf geeigneten Aufnahmen ohne weiteres zu erkennen ist, den *Kugelsternhaufen,* in denen die Sterne wie ein Bienenschwarm zusammengedrängt erscheinen, den weniger „konzentrierten" *galaktischen* oder *offenen Sternhaufen* und den *Sternassoziationen.* Die klassischen Positionskataloge – gleichzeitig auch für alle „Nebel", die wir heute einerseits als Galaxien, andererseits als galaktische und als planetarische Gasnebel absondern – sind der Messiersche Katalog (M) von 1784 sowie der Dreyersche New General Catalogue (NGC) von 1890 mit der Fortsetzung im Index Catalogue (IC) 1895 und 1910.

1) *Kugelsternhaufen.* Die beiden hellsten Kugel(stern)-haufen, ω Centauri und 47 Tucanae, befinden sich am Südhimmel. Am Nordhimmel ist M 13 = NGC 6205 im Herkules noch mit bloßem Auge zu erkennen; seine hellsten Sterne sind etwa 13.5 mag hell. Aufnahmen mit großen Teleskopen (Abb. 5.2.4) zeigen in den helleren Kugelhaufen mehr als 50000 Sterne; in der Mitte sind die einzelnen Sterne nicht mehr zu trennen. Am Himmel zeigen die Kugelhaufen eine starke Konzentration in Richtung Scorpius-Sagittarius.

2) Die *galaktischen* oder *offenen Sternhaufen* (Abb. 5.2.5) findet man am Himmel entlang dem ganzen hellen Band der Milchstraße. Manche sind verhältnismäßig sternreich und enthalten viele hundert Sterne (aber doch noch viel weniger als die Kugelhaufen); andere sind sternarm mit wenigen Dutzend Sternen. Auch die Konzentration der Sterne zum Zentrum, die Kompaktheit des Haufens, ist sehr verschieden. Am bekanntesten sind die Plejaden und die Hyaden im Taurus und der Doppelhaufen h und χ Persei.

3) Die OB-*Assoziationen* sind relativ lose Gruppen heller O- und B-Sterne, die oft einen galaktischen Haufen umgeben, wie z. B. die ζPer-Assoziation den eben erwähnten Doppelhaufen h und χ Per. Auf der anderen Seite sind die T-*Assoziationen* entsprechende Gruppen von T Tauri- oder RW Aurigae-Veränderlichen und anderen Sternen nahe dem unteren Teil der Hauptsequenz. Auf die kosmogonische Bedeutung der OB- und der T-Assoziationen als sehr junge Gebilde hat 1947 V. A. Ambarzumian hingewiesen.

Abb. 5.2.5. Der galaktische Doppelsternhaufen h und χ Persei

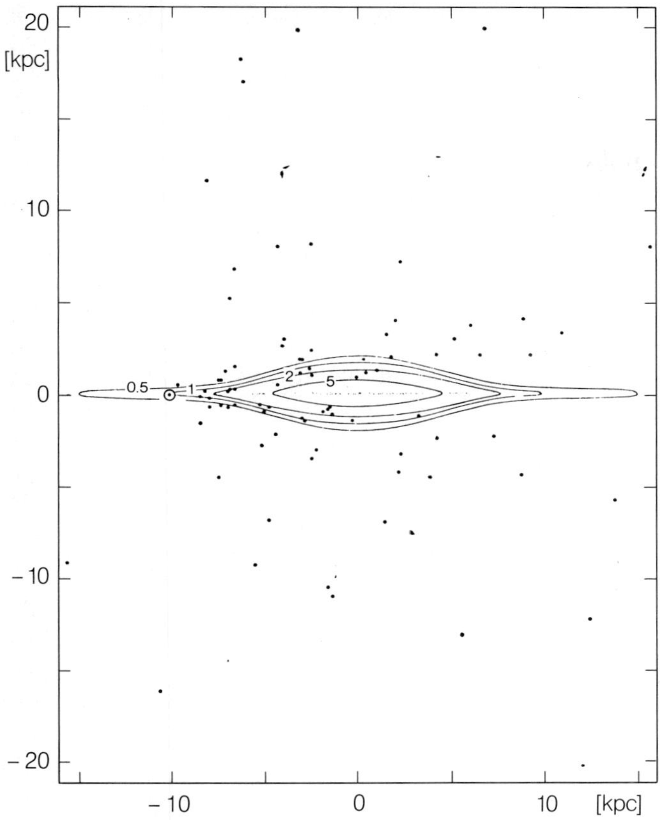

Abb. 5.2.6. Das Milchstraßensystem. Räumliche Verteilung (Halo) der Kugelsternhaufen, projiziert auf eine Ebene, welche senkrecht zur galaktischen Ebene durch die Sonne ⊙ gelegt ist, und Flächen gleicher Massendichte (bezogen auf die Umgebung der Sonne). In der galaktischen Ebene ist die dünne Schicht der interstellaren Materie mit der extremen Population I punktiert angedeutet. (Nach J. H. Oort, 1965). Die Milchstraßenscheibe und der Halo der Kugelhaufen sind – wie neuere dynamische Modelle ergeben – eingebettet in ein wesentlich größeres System mit einem Radius von etwa 60 bis 100 kpc, einen unsichtbaren, *„dunklen" äußeren Halo* (galaktische Korona), welcher den größten Teil der Masse des Milchstraßensystems in einer bislang *nicht* bekannten Zusammensetzung enthält (Abschn. 5.5.3)

Man kennt rund 130 Kugelsternhaufen, 1000 galaktische Haufen und 100 Assoziationen. Neben dem klassischen Werk von H. Shapley „Star Clusters" (1930) sollten wir insbesondere den „Catalogue of Clusters and Associations" von G. Alter, J. Ruprecht und V. Vanýsek (Budapest 1970) erwähnen.

Wir beenden damit diesen ersten Überblick und wenden uns wieder dem Kardinalproblem der *Entfernungsbestimmung* zu.

Die entscheidende Wendung zur modernen Astronomie vollzog H. Shapley 1917, indem er die Entfernungen zahlreicher *Kugelhaufen* mittels der in ihnen enthaltenen Haufenveränderlichen (RR Lyr-Sterne) bestimmte, wobei die wesentliche Schwierigkeit darin lag, zuvor deren absolute Helligkeit zu ermitteln bzw. die Periode-Leuchtkraft-Beziehung zu kalibrieren (Abschn. 4.11.1). Für diejenigen Kugelhaufen, welche keine Veränderlichen enthielten, benutzte Shapley als sekundäres Kriterium die hellsten Sterne des Haufens. Man läßt dabei die 5 hellsten, als mögliche Vordergrundsterne, zweckmäßig beiseite; die absolute Helligkeit der weiteren, bis etwa zum 30sten, erweist sich als gut definiert. Weiterhin kann man dann die Gesamthelligkeit des Haufens bzw. seinen Winkeldurchmesser – mit gewissen Vorsichtsmaßnahmen – als Kriterien benützen. Aus seinem Beobachtungsmaterial von (damals) 69 Kugelsternhaufen konnte H. Shapley den Schluß ziehen, daß diese ein zur Milchstraßenebene hin wenig abgeplattetes System (Abb. 5.2.6) bilden, den *Halo*, dessen Zentrum rund 9 kpc (damaliger Wert 13 kpc) von uns entfernt im Sagittarius liegt. Damit war für die künftigen Untersuchungen über die Milchstraße der Rahmen abgesteckt.

Für die *galaktischen Sternhaufen* und die Assoziationen kann man *Farben-Helligkeits-Diagramme* zeichnen, z. B. mit (B – V)-Farbindizes als Abszisse und scheinbaren Helligkeiten m_V als Ordinate. Wenn wir annehmen dürfen, daß die *Hauptsequenz* für alle Systeme und die keinem erkennbaren System zugehörigen sog. Feld-Sterne unserer Umgebung dieselbe ist, so liefert der vertikale Abstand der Hauptsequenz im (B – V, m_V)-Diagramm des Haufens und dem (B – V, M_V)-Diagramm unserer Umgebung direkt den Entfernungsmodul $m_V - M_V$ und damit die Distanz.[2] (Auf feinere Unterschiede der FHD und den Einfluß der interstellaren Extinktion kommen wir noch zurück, Abschn. 5.4.1.) Die grundlegenden Arbeiten von R. Trumpler wollen wir nur erwähnen und zeigen in Abb. 5.2.7 sogleich die Verteilung der jungen galaktischen Sternhaufen und der OB-Assoziationen aufgrund neuerer Beobachtungen. Man erkennt auf den ersten Blick die Anordnung in länglichen Bereichen, in denen wir die uns benachbarten Teile von *Spiralarmen* erblicken. Wie die OB-Sterne sind auch die H II-Regionen und die absolut hellsten Cepheiden (mit Perioden ≳ 11 d) längs der Spiralarmstrukturen angeordnet.

[2] Grundsätzlich kann dieselbe Methode auch zur Entfernungsbestimmung der *Kugelhaufen* verwendet werden. Diese sind jedoch in der Mehrzahl von uns viel weiter entfernt als die galaktischen Haufen, so daß es schwierig ist, genaue Helligkeiten ihrer Hauptreihensterne zu erhalten; weiterhin ist der Einfluß ihrer unterschiedlichen Metallhäufigkeiten zu berücksichtigen (Abschn. 5.4.2).

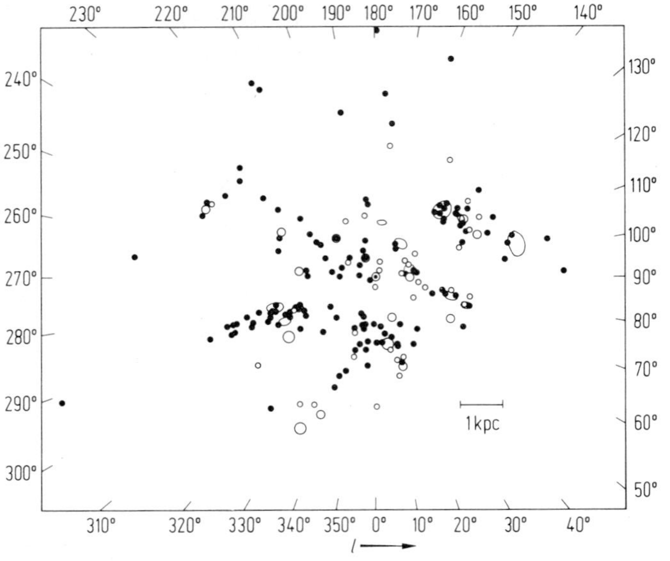

Abb. 5.2.7. Verteilung der jungen galaktischen Sternhaufen ● (die als früheste Spektraltypen O- bis B3-Sterne enthalten) und der OB-Assoziationen ○ in der Milchstraßenebene nach R.M. Humphreys (1979). Die Sonne ⊙ befindet sich im Mittelpunkt des Koordinatensystems, die galaktische Länge $l = 0°$ (Abschn. 5.2.4) zeigt zum galaktischen Zentrum. – Die eingezeichneten Objekte der extremen Population I sind längs der Spiralarme angeordnet (vom Zentrum nach außen: Sagittarius-Arm, lokaler oder Orion-Cygnus-Arm, Perseus-Arm)

Die Beobachtungen im optischen Spektralbereich sind innerhalb der galaktischen Scheibe selbst für sehr helle Objekte wegen der interstellaren Extinktion auf Entfernungen $\lesssim 4$ kpc beschränkt. Hingegen sind im nahen Infrarot ($\lambda \simeq 2\,\mu$m) Sternhaufen und einzelne K- und M-Überriesen noch in der Nähe des galaktischen Zentrums zu sehen.

5.2.4 Galaktische Koordinaten und Geschwindigkeitskomponenten

An dieser Stelle mag es angebracht sein, ein für die Milchstraßenforschung geeignetes System galaktischer Koordinaten einzuführen, und zwar die *galaktische Länge l* in der Ebene der Milchstraße, die *galaktische Breite b* senkrecht dazu, und zwar positiv nach Norden, negativ nach Süden. Im Jahr 1958 hat man das insbesondere durch Hinzunahme radioastronomischer Beobachtungen verbesserte System galaktischer Koordinaten (l, b) eingeführt,[3] welches durch die äquatorialen Koordinaten (1950.0) des galaktischen *Nordpols*

$$\alpha = 12\,\text{h}\,49\,\text{min}, \quad \delta = +27.40° \tag{5.2.10}$$

definiert ist. Die galaktische Länge wird ausgehend vom galaktischen *Zentrum*

$$\alpha = 17\,\text{h}\,42.4\,\text{min}, \quad \delta = -28.92° \tag{5.2.11}$$

gezählt; die galaktische Ebene ist gegenüber dem Himmelsäquator um 62.6° geneigt.

Tafeln zur wechselseitigen Umwandlung von äquatorialen und galaktischen Koordinaten hat das Observatorium Lund 1961 herausgegeben. In Abb. 5.2.8 reproduzieren wir die von G. Westerhout gezeichneten Karten zur Umrechnung von (l, b) in (α, δ) für die Epoche 1950.

Die galaktischen Komponenten der *Raumgeschwindigkeit* von Sternen definiert man (positives Vorzeichen)

U radial weg vom galaktischen Zentrum,
V in Richtung der galaktischen Rotation ($l = 90°$),
W senkrecht zur galaktischen Ebene nach dem galaktischen Nordpol zu. (5.2.12)

Dabei muß angegeben werden, ob die *Sonnenbewegung* abgezogen wurde oder nicht.

Die *Standard-Sonnenbewegung* relativ zum Mittel der Bewegungen der nahen Sterne (5.2.6) beträgt

$$U_\odot = -10\,\text{km}\,\text{s}^{-1}, \; V_\odot = +15\,\text{km}\,\text{s}^{-1}, \; W_\odot = +8\,\text{km}\,\text{s}^{-1} \tag{5.2.13}$$

zum Apex $l \simeq 56°$, $b \simeq +23°$ hin.

5.2.5 Galaktische Rotation

Wir wenden uns nun der Kinematik und Dynamik des Milchstraßensystems zu, wie sie B. Lindblad und J.H. Oort 1926/27 in ihrer Theorie der *differentiellen Rotation* der Milchstraße entwickelt haben.

Wir nehmen zunächst an, daß alle Bewegungen (Abb. 5.2.9) auf ebenen *Kreisbahnen* um das galaktische Zentrum (Z) stattfinden.

Die Winkelgeschwindigkeit ω eines Sterns P der galaktischen Länge l als Funktion des Abstands R vom Zentrum sei $\omega = \omega(R)$, also $\omega R = V$ seine Geschwindigkeit in der galaktischen Kreisbahn. Für die Sonne sei $R = R_0$, $\omega(R_0) = \omega_0$ und $\omega_0 R_0 = V_0$. Genauer gesagt beziehen wir uns hier und im folgenden stets auf die *Sonnenumgebung*,

[3] Während einer Übergangsperiode wurden diese „neuen" Koordinaten zur Unterscheidung gegenüber dem älteren System mit $(l^{\mathrm{II}}, b^{\mathrm{II}})$ bezeichnet.

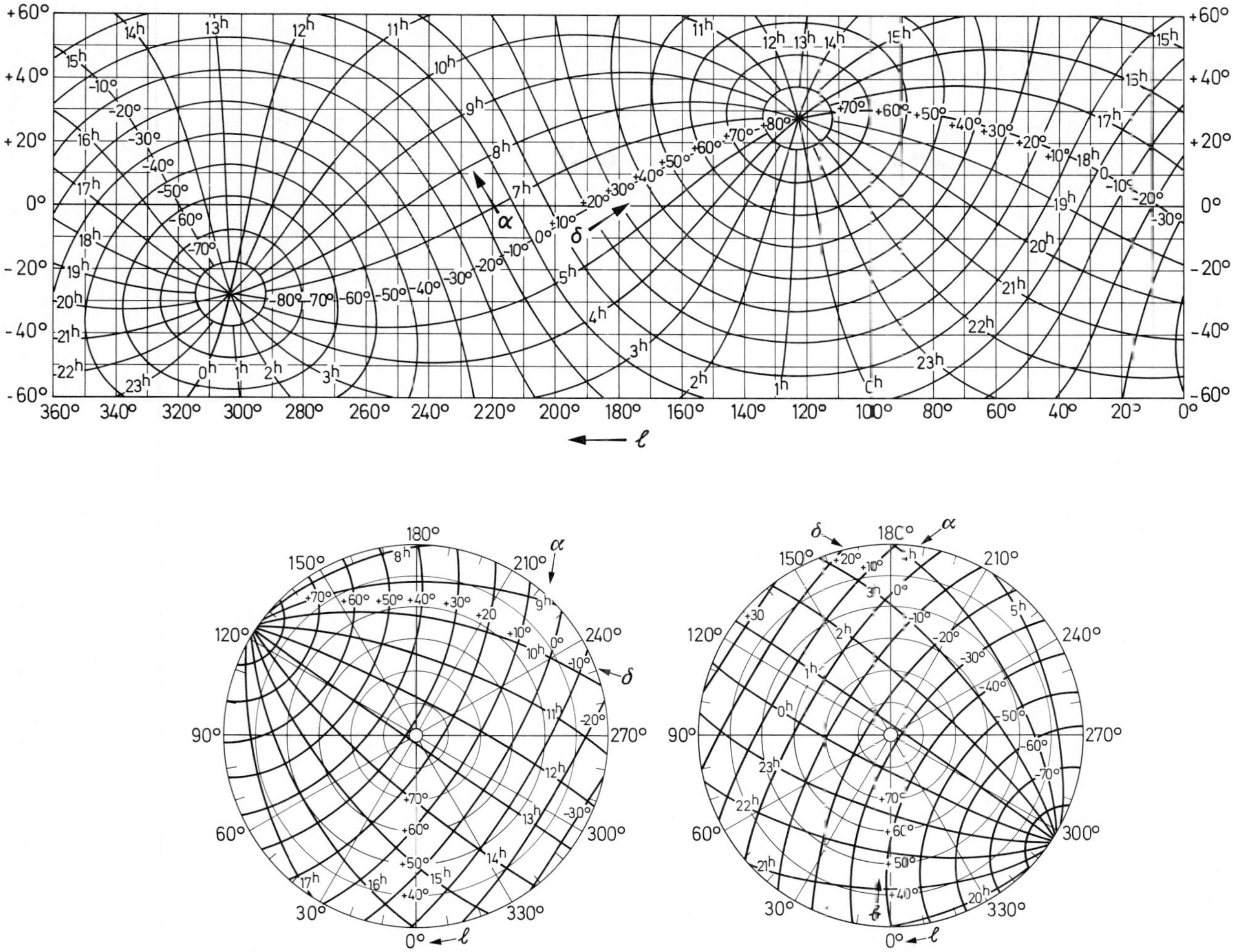

Abb. 5.2.8. Karten zur Umwandlung der galaktischen Koordinaten l, b (aufgetragen oben als Abszisse bzw. Ordinate, unten am Umfang bzw. Radius der Kreise) in Rektaszension α und Deklination δ für die Epoche 1950 und umgekehrt. *Oben:* galaktsiche Äquatorzone. *Unten links:* galaktischer Nordpol, *rechts:* galaktischer Südpol. Nach G. Westerhout

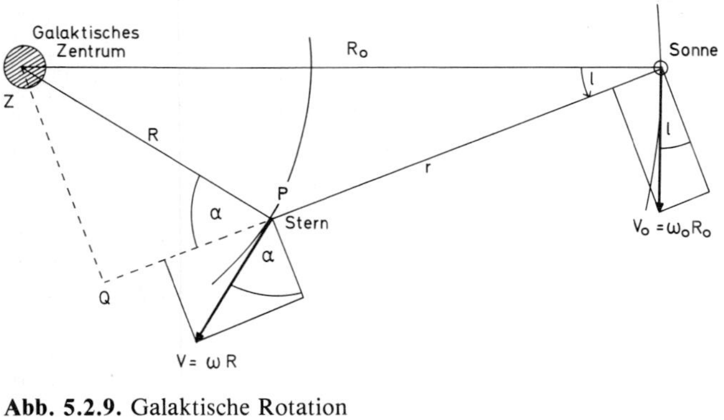

Abb. 5.2.9. Galaktische Rotation

indem wir von allen Beobachtungen vorher die Sonnenbewegung (5.2.6) abziehen.

Den Geschwindigkeitsvektor des Sterns P *relativ* zur Sonne, $\boldsymbol{V}-\boldsymbol{V}_0$, zerlegen wir in seine Komponenten in Richtung $\odot$ P und senkrecht hierzu, um die Radialgeschwindigkeit

$$V_r = V\sin\alpha - V_0 \sin l \qquad (5.2.14)$$

und die Eigenbewegung μ bzw. die Tangentialgeschwindigkeit

$$V_t = V\cos\alpha - V_0 \cos l = \mu r \qquad (5.2.15)$$

zu erhalten. r ist die Entfernung des Sterns von der Sonne. Den Hilfswinkel α können wir mit $|\mathrm{ZQ}| = R\sin\alpha$ und $|\mathrm{PQ}| = R\cos\alpha$ eliminieren, indem wir aus dem Dreieck $\odot$ ZQ

$$\begin{aligned} R\sin\alpha \quad &= R_0 \sin l \ , \\ R\cos\alpha + r &= R_0 \cos l \end{aligned} \tag{5.2.16}$$

ablesen. Wir erhalten schließlich

$$V_{\mathrm{r}} = R_0(\omega - \omega_0)\sin l \ , \tag{5.2.17}$$

$$V_{\mathrm{t}} = R_0(\omega - \omega_0)\cos l - \omega r \ . \tag{5.2.18}$$

Diese Gleichungen gelten für Sterne oder auch interstellares Gas auf Kreisbahnen für *beliebige* Entfernungen r von der Sonne.

Betrachten wir nur unsere *nähere Umgebung* $r \ll R_0$ in der Milchstraße, so können wir die Reihenentwicklung

$$\omega - \omega_0 \simeq \left(\frac{d\omega}{dR}\right)_0 (R - R_0) \simeq -\left(\frac{d\omega}{dR}\right)_0 r\cos l \tag{5.2.19}$$

verwenden (der Index 0 bedeutet stets $R = R_0$). Dann führen wir die *Oortschen Konstanten* der differentiellen galaktischen Rotation ein

$$A = -\frac{R_0}{2}\left(\frac{d\omega}{dR}\right)_0 = \frac{1}{2}\left[\frac{V_0}{R_0} - \left(\frac{dV}{dR}\right)_0\right] \tag{5.2.20}$$

$$B = -\frac{R_0}{2}\left(\frac{d\omega}{dR}\right)_0 - \omega_0 = -\frac{1}{2}\left[\frac{V_0}{R_0} + \left(\frac{dV}{dR}\right)_0\right] \quad \text{bzw.}$$

$$A + B = -\left(\frac{dV}{dR}\right)_0 \quad \text{und} \quad A - B = \frac{V_0}{R_0} = \omega_0 \ , \tag{5.2.21}$$

wobei wir diese auch gleich unter Benutzung der Bahngeschwindigkeiten $V(R)$, d.h.

$$\omega = \frac{V(R)}{R} \ , \quad \frac{d\omega}{dR} = \frac{1}{R}\left(\frac{dV}{dR} - \frac{V}{R}\right) \tag{5.2.22}$$

hingeschrieben haben.

Mit den Oortschen Konstanten A und B, der Gl. (5.2.19) sowie $2\cos^2 l = 1 + \cos 2l$ nehmen schließlich die Radial- und die Tangentialgeschwindigkeit in Abhängigkeit von der galaktischen Länge l für unsere Umgebung die einfache Form an

$$V_{\mathrm{r}} = A\, r \sin 2l \ , \tag{5.2.23}$$

$$V_{\mathrm{t}} = A\, r\cos 2l + Br \tag{5.2.24}$$

(vgl. Abb. 5.2.10). Die Beobachtungen bestätigen – nach Wegmittelung der Pekuliarbewegungen – bestens die „Doppelwelle“ ($\sin 2l$!) beider Geschwindigkeitskomponenten. Während die Amplituden von V_{r} und V_{t} proportional der Entfernung r anwachsen, ist die Amplitude der Eigenbewegung $\mu = V_{\mathrm{t}}/r$ von r unabhängig. Als Zahlenwerte für die Oortschen Konstanten ergeben sich

$$A = 14\,\mathrm{km\,s^{-1}\,kpc^{-1}} \quad \text{und} \quad B = -12\,\mathrm{km\,s^{-1}\,kpc^{-1}} \ . \tag{5.2.25}$$

Der Abstand der Sonne vom galaktischen Zentrum entspricht zunächst dem zum Zentrum des Systems der Kugelsternhaufen. Man kann aber auch die Perioden-Leuchtkraft-Beziehung direkt auf die RR Lyr-Sterne in den nicht allzu stark von kosmischen Dunkelwolken verdeckten Bereichen des Milchstraßenzentrums anwenden. Mit einer Unsicherheit von etwa 15% ergibt sich

$$R_0 = 8.5\,\mathrm{kpc} \ . \tag{5.2.26}$$

So erhält man mit (5.2.21) die Kreisgeschwindigkeit der Sonne

$$V_0 = 220\,\mathrm{km\,s^{-1}} \tag{5.2.27}$$

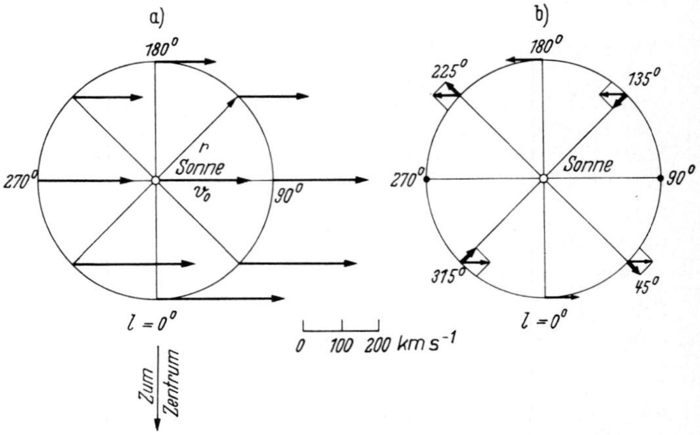

Abb. 5.2.10a, b. Differentielle galaktische Rotation. **(a)** Absolute Geschwindigkeiten der Sterne im Abstand r von der Sonne. In unserer Zeichnung ist $r = 3$ kpc. Die Länge der Geschwindigkeitsvektoren entspricht dem Weg der Sterne in 10 Millionen Jahren. **(b)** Geschwindigkeiten derselben Sterne relativ zur Sonne und deren radiale Komponenten (*dick gezeichnet*), welche die Doppelwelle der Radialgeschwindigkeiten nach (5.2.23) zeigen

bzw. $\omega_0 = 26\,\mathrm{km\,s^{-1}\,kpc^{-1}}$ oder eine Umlaufzeit von $2.4 \cdot 10^8$ a. Seit dem Beginn des Erdmittelalters mit der Trias (Tabelle 2.8.2) haben wir also einmal die Reise um das galaktische Zentrum gemacht.

Die Zahlenwerte für R_0 und V_0 (sowie für die Oortschen Konstanten) beruhen auf der Auswertung eines sehr umfangreichen Beobachtungsmaterials, das wir hier nicht besprechen können. Sie wurden 1985 von der International Astronomical Union vorgeschlagen und lösen die 1963 von der IAU empfohlenen etwas höheren Werte $R_0 = 10$ kpc und $V_0 = 250\,\mathrm{km\,s^{-1}}$ ab.

In unmittelbarer *Umgebung der Sonne* nimmt nach (5.2.20, 21) entsprechend den Werten (5.2.25) für die Oortschen Konstanten sowohl die Winkelgeschwindigkeit als auch die lineare Bahngeschwindigkeit mit wachsendem R ab, z.B. ändert sich $V(R)$ um $-2\ \mathrm{km\ s^{-1}\ kpc^{-1}}$.

Außerhalb der Reichweite optischer Beobachtungen in der Milchstraßenebene sind wir bei der Herleitung der *Rotationskurve* auf *radioastronomische* Messungen der 21 cm-Linie des neutralen Wasserstoffs angewiesen. Anders als bei Sternen und Sternhaufen kann bei dem interstellaren Gas die Entfernung nicht direkt gemessen werden. Das Verfahren, welches in diesem Fall angewendet wird, besprechen wir erst in Abschn. 5.3.3 und zeigen in Abb. 5.2.11 nur das Ergebnis der 21 cm-Beobachtungen.

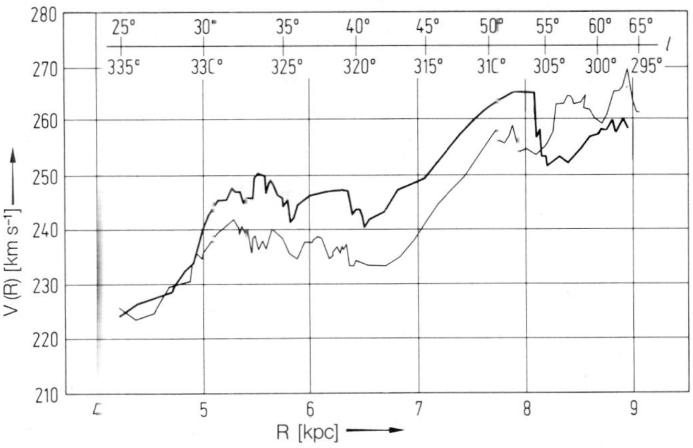

Abb. 5.2.11. Rotationskurve $V(R)$ der Milchstraße aus 21 cm-Beobachtungen des neutralen Wasserstoffs für 4 kpc $\lesssim R \lesssim$ 10 kpc nach F. J. Kerr (1964). Die Beobachtungen von der Nordhalbkugel ($l < 90°$, *fette Kurve*) und der Südhalbkugel ($l > 270°$, *dünne Kurve*) weichen systematisch voneinander ab (großräumige Asymmetrie der Galaxis oder geringfügige Expansion?). Die Irregularitäten in beiden Kurven ($\lesssim 10\,\mathrm{km\,s^{-1}}$) hängen vermutlich mit der Spiralstruktur der Milchstraße zusammen. Innerhalb $R < 4$ kpc treten starke Abweichungen der Bewegung des H I von Kreisbahnen auf. Die Zahlenwerte in dieser Abbildung beruhen noch auf den etwa zu hohen, alten Werten von R_0 und V_0, vgl. (5.2.26, 27)

5.2.6 Galaktische Bahnen der Sterne. Lokale Massendichte

Wie steht es nun mit unserer bisherigen Voraussetzung galaktischer Kreisbahnen? Sobald wir merkliche *Exzentrizitäten e* der Sternbahnen zulassen, treten schon in unmittelbarer Nähe der Sonne Relativgeschwindigkeiten der Größenordnung $100\,\mathrm{km\,s^{-1}}$ und mehr auf. So können wir, wie J. H. Oort 1928 bemerkt hat, das Phänomen der *Schnelläufer* (High velocity stars) verstehen.

Beschränken wir uns zunächst auf die Bahnen von Sternen *in der galaktischen Ebene,* so bestimmen deren galaktische Geschwindigkeitskomponenten U und V bzw. die analogen Geschwindigkeitskomponenten relativ zur Sonnenumgebung

$$U' = U \quad \text{und} \quad V' = V - 220\,\mathrm{km\,s^{-1}} \tag{5.2.28}$$

ihre galaktischen Bahnen. Die Ortskoordinaten können wir nämlich für die Sterne, welche genauerer Beobachtung zugänglich sind, mit genügender Genauigkeit denen der Sonne gleichsetzen. In einem Diagramm mit den Koordinaten U' und V' kann man also für ein angenommenes galaktisches Kraft- bzw. Potentialfeld z.B. Kurven konstanter Exzentrizität e, Kurven konstanter apogalaktischer Distanz R_1 usw. einzeichnen. Derartige Berechnungen hat 1932 F. Bottlinger zuerst für ein $(1/R^2)$-Kraftfeld ausgeführt; Abb. 5.2.12 zeigt ein entsprechendes *Bottlingerdiagramm* für ein der wirklichen Milchstraße besser angepaßtes Kraftfeld.[4] Die Geschwindigkeitsvektoren der Schnelläufer dokumentieren, daß diese Sterne sich auf Bahnen großer Exzentrizität e teils rechtläufig, teils rückläufig um das galaktische Zentrum bewegen. Die „normalen“ Sterne unserer Umgebung dagegen haben kleine U' und V', d.h. sie bewegen sich (wie die Sonne) durchweg auf rechtläufigen und nahezu kreisförmigen Bahnen.

Die Bewegungen der Sterne unserer Umgebung *senkrecht* zur Milchstraßenebene kann man nach J.H. Oort (1932, 1960) weitgehend verstehen, wenn man die Verteilung der Materiedichte ϱ in unserem Bereich der galaktischen Scheibe als *eben* betrachtet. Wir berücksichtigen

[4] In einem vom $1/R^2$-Gesetz abweichenden Feld sind die Sternbahnen im allgemeinen keine geschlossenen Kurven und e ist kein Bahnelement im strengen Sinn wie bei den Planetenbahnen.

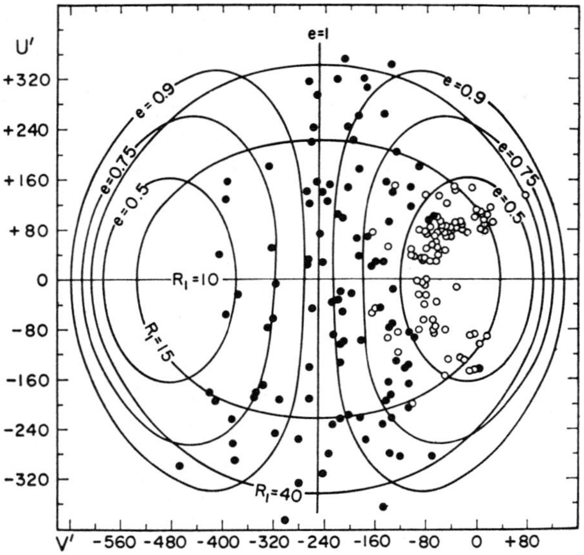

Abb. 5.2.12. Bottlinger-Diagramm für Sterne mit Raumgeschwindigkeiten $> 100 \text{ km s}^{-1}$. Aufgetragen sind die galaktischen Geschwindigkeitskomponenten U' (zum Antizentrum) und V' (in Richtung der Rotation) relativ zur Sonnenumgebung; das Achsenkreuz entspricht den absoluten Geschwindigkeitskomponenten U und V; Geschwindigkeiten in $[\text{km s}^{-1}]$. An den beiden Kurvenscharen kann man die Exzentrizität e der Bahn und ihre apogalaktische Distanz R_1 in [kpc] ablesen. ● Sterne mit Ultraviolettexzeß $\delta(\text{U}-\text{B}) > +0.15$ mag (Abschn. 5.4.3), d. h. metallarme Sterne der Halopopulation II; diese sind durchweg Schnelläufer mit großen Raumgeschwindigkeiten. ○ Sterne mit $\delta(\text{U}-\text{B}) < 0.15$ mag; diese Sterne bilden den Übergang von der Halopopulation II zur Scheibenpopulation, zu Sternen mit mehr kreisförmigen Bahnen. (Nach O. J. Eggen)

hier also nur die Abhängigkeit der Materiedichte vom Abstand z von der galaktischen Ebene. Dann darf man zunächst die W-Komponenten (5.2.12) der Geschwindigkeitsvektoren der Sterne, unabhängig von deren Bewegungen parallel zur galaktischen Ebene (U und V), ganz für sich betrachten. Die Sterne führen senkrecht zur galaktischen Ebene um diese herum Schwingungen aus mit Perioden von ungefähr 10^8 a. Die Verteilung der Sterndichte senkrecht zur galaktischen Ebene ist mit dem Schwerefeld der galaktischen Scheibe einerseits und der Geschwindigkeitsverteilung der W-Komponenten andererseits in ganz analoger Weise verknüpft wie die Dichteverteilung der Moleküle in einer Atmosphäre mit dem Schwerefeld und der Maxwellschen Geschwindigkeitsverteilung bzw. Temperatur. Hier ist aber außerdem das Schwerefeld vermöge des Newtonschen Anziehungsgesetzes (bzw. der Poissonschen Gleichung) auch noch direkt mit der Materiedichte ϱ verknüpft. So konnte Oort die Gesamtdichte der Materie in der galaktischen Ebene nahe der Sonne ermitteln; er erhielt (1960)

$$\varrho = 1.0 \cdot 10^{-20} \text{ kg m}^{-3} = 0.15 \mathscr{M}_\odot \text{ pc}^{-3} . \qquad (5.2.29)$$

Neuere Bestimmungen ergeben $0.19 \mathscr{M}_\odot \text{ pc}^{-3}$.

Dieser Massendichte stellen wir gegenüber die Gesamtdichte der beobachteten *Sterne* in unserer unmittelbaren Umgebung (näher als 20 pc) mit etwa $0.05 \mathscr{M}_\odot \text{ pc}^{-3}$ und den Beitrag der *interstellaren Materie* mit rund $0.04 \mathscr{M}_\odot \text{ pc}^{-3}$. Wegen der Unsicherheit sowohl in der Zahl der leuchtschwachen M-Zwerge und Weißen Zwerge, die den Hauptbeitrag zur stellaren Massendichte liefern, als auch in der gravitativ bestimmten lokalen Dichte läßt sich derzeit nicht angeben, wie hoch der Anteil an *dunkler* Materie ist, welche *nur* nach der Oortschen Methode erfaßt werden könnte. (Der Beitrag der unbekannten dunklen Materie in dem galaktischen Halo, Abschn. 5.2.7 und 5.5.3, ist mit etwa $0.01 \mathscr{M}_\odot \text{ pc}^{-3}$ für die Bilanz der unmittelbaren Sonnenumgebung bedeutungslos.)

Die Analyse der Geschwindigkeitsverteilung W läßt wieder die schon erwähnten zwei Arten von Sternen deutlich hervortreten: Die Scheiben-Sterne mit $|\bar{W}| \simeq 12 \text{ km s}^{-1}$ und die Schnelläufer mit deutlich größeren Werten. Während die Scheiben-Sterne also in der Tat fast ebene Kreisbahnen beschreiben, bewegen sich die Schnelläufer meist auf stark exzentrischen *und* gegen die Milchstraßenebene geneigten Bahnen.

Auch von der Stellardynamik her stoßen wir wieder auf den von W. Baade 1944 eingeführten grundlegenden Begriff der *Sternpopulationen.* Wir stellen aber deren Diskussion besser noch zurück, um in Abschn. 5.5.4 gleich die Sternpopulationen verschiedenartiger Galaxien zu betrachten, und besprechen zunächst die großräumige Verteilung der Massendichte in unserer Galaxis, die wir aus der beobachteten Rotationskurve erschließen können.

5.2.7 Massenverteilung im Milchstraßensystem

Wäre die ganze Masse $\mathscr{M}$, unter deren Einfluß die Sonne ihre Kreisbahn beschreibt, im galaktischen Zentrum konzentriert, so müßte, wie bei der Planetenbewegung, nach (2.6.40)

$$V_0^2 = \frac{G\mathscr{M}}{R_0} \qquad (5.2.30)$$

sein. Für die Masse des Milchstraßensystems erhält man so als erste Abschätzung $\mathscr{M} \simeq 2 \cdot 10^{41} \text{ kg} \simeq 10^{11} \mathscr{M}_\odot$. Nach dem 3. Keplerschen Gesetz (2.6.38) müßte bei einer

„Punktmasse“ $\mathscr{M}$ die Rotationsgeschwindigkeit $V(R) \sim R^{-1/2}$ bzw. die Winkelgeschwindigkeit $\omega(R) \sim R^{-3/2}$ sein. Ein Blick auf die Rotationskurve unserer Milchstraße (Abb. 5.2.11 und 5.5.10) zeigt, daß in ihr die Annahme eines Gravitationspotentials $\sim 1/R$ ziemlich schlecht erfüllt sein dürfte.

Man erhält die *Massenverteilung* bzw. *Dichteverteilung,* indem man Modelle konstruiert, aus deren Gravitationspotential sich innerhalb der Fehlergrenzen die beobachtete Rotationskurve ergibt. Hierbei werden vereinfachende Annahmen wie Rotationssymmetrie und die Vernachlässigung der Spiralstruktur gemacht. Für eine kugelsymmetrische Massenverteilung hängt $V(R)$ nur von der Masse $\mathscr{M}(R)$ ab, welche sich *innerhalb* von R befindet,

$$V^2(R) = \frac{G\,\mathscr{M}(R)}{R} \; . \qquad (5.2.31)$$

Unsere obige Abschätzung würde also mit dieser Annahme die Masse innerhalb einer Kugel mit der Sonnenbahn $R_0 = 8.5$ kpc als Radius liefern. Bei einem homogenen Ellipsoid wird $V(R)$ nur durch die Masse innerhalb seiner Oberfläche (Äquipotentialfläche) bestimmt.

Das vielverwendete *Massenmodell* der Milchstraße von M. Schmidt (1965), das trotz seiner Einfachheit die kinematischen Beobachtungsdaten hinreichend genau wiedergibt, ist aus einem inhomogenen stark abgeplatteten Rotationsellipsoid (Exzentrizität $e = 0.999$ bzw. Abplattung $c/a = \sqrt{1-e^2} = 0.05$) der Masse $1.7 \cdot 10^{11}\,\mathscr{M}_\odot$ und einer zentralen kleinen Punktmasse von $7 \cdot 10^9\,\mathscr{M}_\odot$ aufgebaut. Die Gesamtmasse der Milchstraße beträgt demnach $1.8 \cdot 10^{11}\,\mathscr{M}_\odot$, von welcher rund die Hälfte innerhalb des Abstands R_0 der Sonne vom Mittelpunkt liegt.

Genauere Modelle berücksichtigen *mehrere* Komponenten in der Massenverteilung der Milchstraße, die sich hinsichtlich ihrer Dynamik und Sternpopulationen voneinander unterscheiden (s. auch Abb. 5.2.6): die *Scheibenkomponente*, mit einer radial nach außen exponentiell abnehmenden Massendichte, die kaum abgeplattete *sphäroidische Komponente* und den *Milchstraßenkern* ($R \lesssim 0.1$ kpc). Die sphäroidische Komponente umfaßt den Halo von etwa 20 kpc Radius mit den Kugelsternhaufen und den Schnelläufern, der nach innen in das *Zentralgebiet* („zentrale Linse“; central bulge) von etwa $2.5 \cdot 1.5$ kpc Halbmesser übergeht. Das Zentralgebiet ist Beobachtungen im optischen Spektralbereich in unserer Milchstraße kaum zugänglich, kann dagegen im Infrarot bei $\lambda \simeq 2.2$ µm gut beobachtet werden.

Das Kerngebiet unserer Milchstraße besprechen wir erst in Abschn. 5.6.3 in Zusammenhang mit der Aktivität in den Kernen von Galaxien.

Die Rotationskurve in der Milchstraße ist für $R > R_0$ schwieriger zu beobachten als innerhalb der galaktischen Sonnenbahn. Neuere Messungen im Optischen an H II-Regionen und galaktischen Sternhaufen und im Radiofrequenzbereich (H I- und CO-Linien, Rekombinationslinien in H II-Regionen) zeigen, daß $V(R)$ bis $R \simeq 30$ kpc hinaus im wesentlichen weiter flach verläuft, vielleicht sogar leicht auf etwa 300 km s^{-1} ansteigt. Der Keplersche Fall ist also bis zu dieser Entfernung noch nicht erreicht und demnach die Gesamtmasse des Systems noch nicht erfaßt. Aufgrund dieser Beobachtungen sowie der Analyse der Sonnenbewegung innerhalb der lokalen Gruppe von Galaxien (Abschn. 5.5.1) und theoretischer Überlegungen zur Stabilität rotierender flacher Scheiben zeichnet sich etwa seit 1975 ein neues Bild unserer Milchstraße ab:

Die altbekannten „sichtbaren“ Teilsysteme, die Scheibe, das Zentralgebiet und der (innere) Halo der Kugelhaufen, sind vermutlich eingebettet in einen riesigen, sphäroidischen *äußeren Halo* (oder galaktische Korona) von 60 bis 100 kpc Radius, welcher aus „dunkler Materie“ noch unbekannter Art besteht und welcher den Hauptteil der Masse des Gesamtsystems, etwa 3 bis 10 mal soviel wie der sichtbare Teil, enthält.

Wir kommen auf diesen Halo mit seiner dunklen Population in Zusammenhang mit der Diskussion der Rotationskurven anderer Galaxien in Abschn. 5.5.3 zurück.

5.3 Interstellare Materie. Kosmische Strahlung

Zwischen den Sternen des Milchstraßensystems fein verteilte Materie trat in den Gesichtskreis der Astronomen zuerst in Gestalt der *Dunkelwolken*, welche das Licht der hinter ihnen befindlichen Sterne durch Absorption schwächen und röten. Aber erst 1930 konnte R. J. Trumpler zeigen, daß auch außerhalb der erkennbaren Dunkelwolken *interstellare* Extinktion und Verfärbung in der ganzen Milchstraße bei der photometrischen Messung von *Entfernungen* über wenige hundert parsec keineswegs zu vernachlässigen sind. Schon 1922 hatte E. Hubble erkannt, daß die galaktischen (diffusen) *Reflexionsnebel* (wie sie z. B. die Plejaden umgeben) durch Streuung des Lichtes relativ kühler Sterne an kosmischen

Staubwolken entstehen, während in den galaktischen (diffusen) *Emissionsnebeln* interstellares Gas durch die Strahlung heißer Sterne zur Emission eines Linienspektrums angeregt wird. Daraufhin kam in den Jahren 1926/27 die Erforschung des *interstellaren Gases* rasch in Gang. Zwar hatte schon 1904 J. Hartmann die „stationären" Ca II-Linien entdeckt, welche in den Spektren von Doppelsternen die Bahnbewegung nicht mitmachen, aber erst 1926 entwickelten A.S. Eddington von der Theorie, O. Struve, J. S. Plaskett u.a. von der Beobachtung her die Vorstellung, daß die interstellaren Ca II-, Na I-...Linien in einer durch die Strahlung der Sterne teilweise ionisierten Gasschicht entstehen, welche die ganze Scheibe der Milchstraße erfüllt und auch an deren (differentieller) Rotation teilnimmt. Auf der anderen Seite gelang 1927 I.S. Bowen die lange gesuchte Identifikation der „Nebuliumlinien" in den Spektren der Gasnebel als *verbotene Übergänge* in den Spektren von [O II], [O III], [N II]..., und H. Zanstra entwickelte die Theorie des Nebelleuchtens. Erst etwa zehn Jahre später erkannte man, daß auch im interstellaren Gas – wie in den Sternatmosphären – der Wasserstoff das weitaus überwiegende Element ist. O. Struve und seine Mitarbeiter entdeckten mit Hilfe ihres sehr lichtstarken Nebelspektrographen, daß viele O- und B-Sterne, bzw. Gruppen derselben, von einer ziemlich scharf begrenzten Region umgeben sind, die in der roten Rekombinationslinie Hα des Wasserstoffs leuchtet. Hier muß der interstellare Wasserstoff also *ionisiert* sein. Die Theorie dieser H II-Regionen hat dann 1938 B. Strömgren entwickelt.

Der *neutrale Wasserstoff* – man spricht von H I-Regionen – schien zunächst nicht direkt beobachtbar zu sein, bis 1944 H.C. van de Hulst ausrechnete, daß der Übergang zwischen den beiden Hyperfeinstruktur-Niveaus des Grundzustands zu einer *radiofrequenten* Emissionslinie von meßbarer Intensität bei $\lambda = 21$ cm führen müsse. Diese Linie wurde erstmals 1951 – fast gleichzeitig am Harvard-Institut, in Leiden und in Sydney – beobachtet und führte zu ganz neuen Einblicken in die Struktur und Dynamik des interstellaren Wasserstoffs und damit der Galaxien. Dank den Fortschritten der Verstärkertechnik im mm- bis dm-Bereich konnten zahlreiche weitere Linien im Radiofrequenzbereich nachgewiesen werden, z.B. Übergänge zwischen Energiezuständen mit sehr hohen Quantenzahlen in Wasserstoff-und Heliumatomen, Linien des OH-Radikals bei $\lambda = 18$ cm mit ungewöhnlichen, durch Maser-Verstärkungseffekte bewirkten Intensitäten und der Rotationsübergang des häufigen CO-Moleküls bei $\lambda = 2.6$ mm.

Auf die überraschende Entdeckung des ersten *mehratomigen* Moleküls NH_3 im interstellaren Raum durch C.H. Townes und seine Mitarbeiter 1968 folgte der Nachweis von bisher über sechzig zwei- und mehratomigen Molekülsorten.

Durch die Fortschritte der *Radio*- und *Infrarot*astronomie konnten große, dichte Molekülwolken als die eigentlichen Orte der Sternentstehung erkannt werden, in deren Randgebieten dann in Zusammenhang mit der Entwicklung der OB-Sterne die im Optischen auffälligen leuchtenden Nebel erscheinen.

Am anderen Ende des Spektrums zeigten Beobachtungen von Satelliten im *Ultraviolett* und *Röntgenbereich* die Existenz von sehr heißem (10^4 bis 10^6 K) interstellarem Gas auf. Das häufigste interstellare Molekül, H_2, konnte durch seine Bandenlinien bei $\lambda \simeq 100$ nm beobachtet werden. Schließlich konnte durch die *Gammastrahlenastronomie* die Wechselwirkung der Kosmischen Strahlung mit dem interstellaren Gas in der Milchstraße sichtbar gemacht werden. Die *Kosmische Strahlung* ihrerseits besteht überwiegend aus hochenergetischen Protonen (und einigen schwereren Atomkernen); sie wurde bereits 1912 von V. Hess aufgrund ihrer ionisierenden Wirkung auf die obere Erdatmosphäre entdeckt.

Im folgenden diskutieren wir nacheinander die verschiedenen Komponenten der interstellaren Materie in unserer Milchstraße: Der Staub (Abschn. 5.3.1) äußert sich zum einen durch die Extinktion und Verfärbung des Sternlichts, zum anderen durch diffuse Bänder im Spektrum und durch seine thermische Eigenstrahlung im Infrarot. Das neutrale atomare Gas können wir durch viele, meist im Ultraviolett liegende Absorptionslinien der häufigen Elemente beobachten (Abschn. 5.3.2) sowie – über die gesamte Milchstraße – durch die 21 cm-Linie des neutralen Wasserstoffs (Abschn. 5.3.3). Die kühlen, dichten Molekülwolken zeichnen sich durch eine große Vielfalt interstellarer, meist radioastronomisch beobachteter Molekküllinien (Abschn. 5.3.4) aus, deren stärkste bei $\lambda = 2.6$ mm vom häufigen Kohlenmonoxid herrührt. Die leuchtenden Gasnebel oder H II-Regionen (Abschn. 5.3.5) enthalten Gas von etwa 10^4 K, das durch die Ultraviolettstrahlung der OB-Sterne ionisiert ist. Noch heißere Komponenten von etwa $5 \cdot 10^4$ bis 10^6 K (Abschn. 5.3.6) werden aus Linien hochionisierter Atome und der weichen Röntgenemission erschlossen. Nach einem kurzen Überblick über das interstellare Magnetfeld (Abschn. 5.3.7) wenden wir uns den hochenergetischen Komponenten bzw. Prozessen im interstellaren Medium zu, der Kosmischen Strahlung (Abschn. 5.3.8) und der Gamma-

Abb. 5.3.1. Südliche Milchstraße im Bereich der Sternbilder Centaurus und Crux. Aufnahme von C. Madsen, Europäische Südsternwarte (ESO). Ganz rechts das Kreuz des Südens, links daneben der „Kohlensack", eine uns benachbarte Dunkelwolke von $5° \times 8°$ Ausdehnung in 170 pc Entfernung. Der helle Stern rechts neben dem Kohlensack ist α Cru; die beiden hellen Sterne in der linken Bildhälfte sind α Cen (*links*) und β Cen. Der galaktische Äquator verläuft horizontal nahe der Bildmitte etwas nördlich von α Cen und α Cru sowie mitten durch den Kohlensack. (Mit freundlicher Genehmigung der Europäischen Südsternwarte)

strahlung aus der Milchstraße (Abschn. 5.3.9). In Abschn. 5.3.10 geben wir noch eine abschließende Zusammenfassung über die interstellare Materie.

5.3.1 Interstellarer Staub

Schon mit bloßem Auge erkennt man auf dem Hintergrund der hellen Sternwolken – vor allem der südlichen Milchstraße – *Dunkelwolken*, wie den bekannten „Kohlensack" im südlichen Kreuz (Crux), die Dunkelwolke im Ophiuchus usw. E.E. Barnard, F. Ross, M. Wolf u.a. haben die schönsten Aufnahmen mit verhältnismäßig kleinen, lichtstarken Kameras hergestellt (Abb. 5.3.1); sie zeigen eine starke Konzentration der Dunkelwolken zur Milchstraßenebene. Die bekannte „Teilung der Milchstraße" ist offensichtlich durch eine langgestreckte Dunkelwolke verursacht. Aufnahmen ferner Galaxien geben ein noch deutlicheres Bild von der Verknüpfung der Dunkelnebel mit den *Spiralarmen*. M. Wolf hat zuerst die Entfernungen einiger Dunkelnebel abgeschätzt mit Hilfe des nach ihm benannten Diagramms: Man zählt die Anzahl der Sterne $A(m)$ im Helligkeitsbereich $m-\frac{1}{2}$ bis $m+\frac{1}{2}$ pro Quadratgrad im Gebiet der Dunkelwolke und in einem oder mehreren benachbarten Vergleichsfeldern ab. Hätten alle Sterne dieselbe absolute Helligkeit M, so würde eine Dunkelwolke, die im Bereich

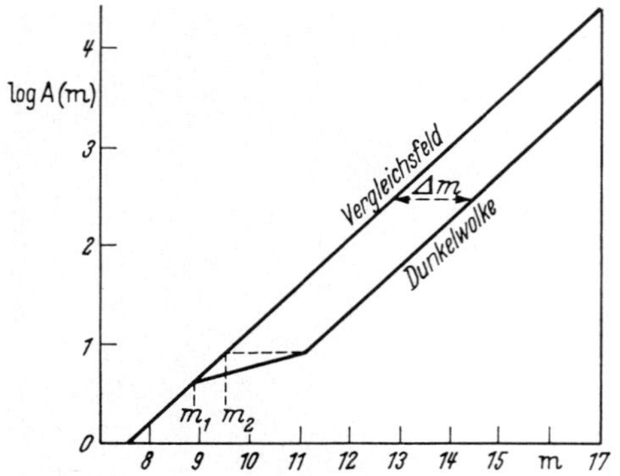

Abb. 5.3.2. Wolf-Diagramm zur Bestimmung der Entfernung galaktische Dunkelwolken. Aufgetragen ist die Anzahl der Sterne $A(m)$ pro Quadratgrad im Helligkeitsbereich $m - \frac{1}{2}$ bis $m + \frac{1}{2}$ als Funktion von m. Die vordere bzw. hintere Begrenzung der Wolke entspricht den mittleren Sternhelligkeiten m_1 bzw. m_2; ihre Extinktion beträgt Δm Größenklassen

der Entfernungen r_1 bis r_2 bzw. der reduzierten (d.h. „absorptionsfreien“) Entfernungsmoduln $m_1 - M$ bis $m_2 - M$ (4.4.15) eine Extinktion von Δm Größenklassen verursacht, die Sternzahlen $A(m)$ in der aus der schematischen Abb. 5.3.2 leicht ersichtlichen Weise verringern. Wegen der in Wirklichkeit vorhandenen Streuung der absoluten Helligkeiten ist die Genauigkeit der Methode gering, aber sie genügt, um zu zeigen, daß viele der auffälligen Dunkelwolken nicht mehr als einige hundert parsec von uns entfernt sind. Wahrscheinlich stehen sogar die großen Komplexe im Taurus und Ophiuchus über die Sonne hinweg miteinander in Verbindung.

Helle diffuse Nebel mit kontinuierlichem Spektrum, die *Reflexionsnebel*, wie sie z.B. die Plejaden einhüllen, treten dort auf, wo eine Staubwolke durch helle Sterne mit Temperaturen unter etwa 30000 K beleuchtet wird. Oft kann man den Übergang von dunklen in helle Nebel auf den Aufnahmen direkt sehen.

Sowohl in unserer Milchstraße wie auch in fernen Galaxien erweckt die Gestalt der Dunkelwolken unmittelbar den Eindruck, daß Gebilde von wenigen parsec Querschnitt in Richtung der Spiralarme zu einer Länge von hundert und mehr parsec auseinandergezogen worden sind.

Obwohl die Extinktion des Sternlichtes in den ausgedehnten und oft wenig scharf begrenzten Bereichen der Dunkelnebel leicht zu erkennen ist, hat sich erst 1930 die Erkenntnis einer *allgemeinen interstellaren Extinktion und Verfärbung* durchgesetzt, welche bei der photometrischen Messung größerer Entfernungen eine entscheidende Rolle spielt.

Befindet sich ein Stern mit der absoluten Helligkeit M in der Entfernung r [pc], so wäre ohne interstellare Extinktion nach (4.4.15) seine scheinbare Helligkeit m gegeben durch den – wie wir jetzt genauer sagen – *wahren Entfernungsmodul*

$$(m-M)_0 = 5 \log r\,[\mathrm{pc}] - 5 \quad [\mathrm{mag}], \tag{5.3.1}$$

der also einfach ein Maß der Entfernung ist. Erfährt das Licht unterwegs eine Extinktion von γ [mag pc^{-1}] bzw. insgesamt $A = \gamma r$ [mag], so erhält man als Differenz zwischen der wirklich gemessenen scheinbaren Helligkeit und der absoluten Helligkeit den *scheinbaren* Entfernungsmodul (4.4.17) bzw. (5.2.9)

$$m-M = 5 \log r\,[\mathrm{pc}] - 5 + \gamma r \quad [\mathrm{mag}]. \tag{5.3.2}$$

In Abb. 5.3.3 haben wir den Zusammenhang zwischen $m-M$ einerseits und r bzw. $(m-M)_0$ andererseits aufgezeichnet für $\gamma = 0$ (extinktionsfrei) und verschieden starke Extinktion γ. Bei 1 bis 2 mag kpc^{-1} Extinktion ist of-

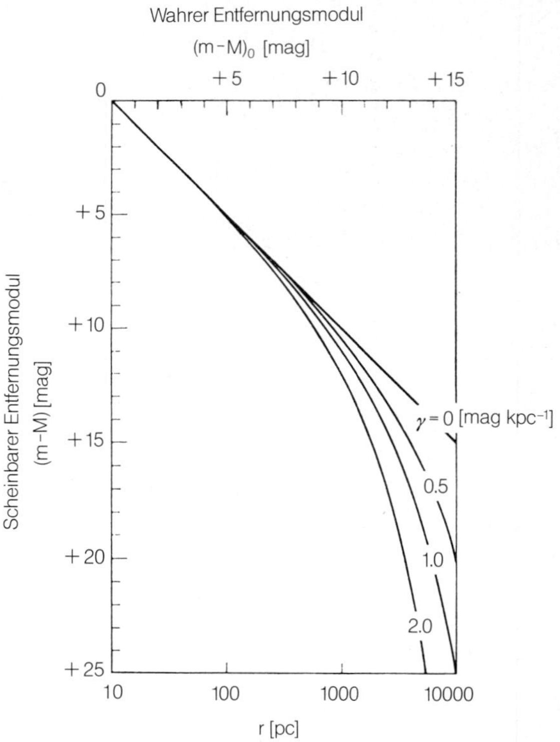

Abb. 5.3.3. Zusammenhang zwischen scheinbarem Entfernungsmodul $m-M$ und Entfernung r[pc] der Sterne ohne interstellare Extinktion ($\gamma = 0$) bzw. mit einer – als gleichförmig angenommenen – interstellaren Extinktion von $\gamma = 0.5$, 1 oder 2 mag kpc^{-1}

fensichtlich unser Ausblick auf Entfernungen über einige tausend parsec praktisch abgeschnitten.

Über den Betrag γ der mittleren interstellaren Extinktion in der Milchstraßenebene hat als erster R. Trumpler 1930 begründete Vorstellungen gewonnen, indem er verglich, wie für offene Sternhaufen gleichartiger Struktur einerseits der Winkeldurchmesser und andererseits die Helligkeit mit der Entfernung abnimmt. So konnte er eine unmittelbare Beziehung zwischen geometrischer und photometrischer Entfernungsmessung herstellen. Ebenso wichtig war Trumplers Entdeckung, daß mit der Extinktion stets eine *Verfärbung* des Sternlichtes einhergeht.

Im Mittel kann man *in* der Milchstraßenebene außerhalb der direkt erkennbaren Dunkelwolken mit einer (visuellen) Extinktion von $\gamma \simeq 0.3\ \mathrm{mag\,kpc^{-1}}$ rechnen; schließt man die Dunkelwolken nicht aus, so kommt man auf 1 bis 2 mag $\mathrm{kpc^{-1}}$. Über die Verteilung der absorbierenden Materie *senkrecht* zur Milchstraßenebene bzw. die Abhängigkeit von γ von der galaktischen Breite b erhielt man ein Bild durch E. Hubbles Entdeckung der *„zone of avoidance“* (1934) bei seiner Untersuchung der Verteilung der Galaxien heller als eine bestimmte Grenzgröße am Himmel. Ihre Zahl pro Quadratgrad ist in den galaktischen Polkappen fast konstant. Ab 30° bis 40° galaktischer Breite nimmt sie zum galaktischen Äquator hin immer rascher ab, so daß in dessen Umgebung eine fast *galaxienfreie* Zone entsteht. Hieraus schloß Hubble, daß die absorbierende Materie in der Milchstraße eine flache Scheibe bildet, in deren Mitte wir uns befinden, so daß extragalaktische Objekte eine visuelle Extinktion $\simeq 0.2\,\mathrm{cosec}\,b$ [mag] erfahren. Beobachtungen von Sternen in unserer galaktischen Umgebung zeigten dann weiter, daß die (ganze) Halbwertsdicke der absorbierenden Schicht in unserer Umgebung $\simeq 300$ pc beträgt, etwa (wie man später fand) entsprechend der des Wasserstoffs.

Die interstellare Verfärbung wird im Rahmen der Spektralphotometrie durch sog. *Farbexzesse*

$$E_{X-Y} = (X-Y) - (X-Y)_0 \qquad (5.3.3)$$

beschrieben, welche die Vergrößerung eines Farbindex X – Y (4.4.6) gegenüber seinem extinktionsfreien Wert angeben (X und Y sind die in zwei Wellenlängenbereichen gemessenen Helligkeiten für irgendein Farbsystem.)

Spektralphotometrische Messungen ergeben, daß im optischen Bereich die Abhängigkeit der interstellaren Extinktion A_λ von der Wellenlänge λ in guter Näherung proportional zu $1/\lambda$ ist[5]. Hieraus, wie aus der Photometrie von Objekten bekannter Farbe, ergibt sich als *mittlere* Beziehung z.B. zwischen der Schwächung der Helligkeit im Visuellen A_V und dem Farbexzeß E_{B-V}:

$$A_V = (3.1 \pm 0.1)\,E_{B-V} \ . \qquad (5.3.4)$$

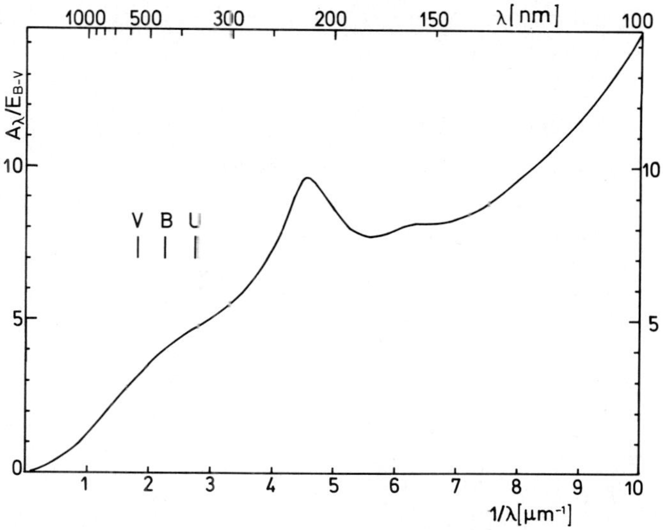

Abb. 5.3.4. Mittlere interstellare Extinktionskurve A_λ nach B.D. Savage und J.S. Mathis (1979). Die Normierung im Visuellen ist durch $A_V = 3.1\,E_{B-V}$ gegeben, s. (5.3.4)

Die Abhängigkeit von A_λ über einen weiteren Wellenlängenbereich ist in Abb. 5.3.4 dargestellt. Während die interstellare Extinktion im Infrarot (und Radiobereich) sehr gering ist, nimmt sie vom Optischen zum fernen Ultraviolett weiter zu. Auf das auffallend breite Maximum bei etwa 220 nm kommen wir weiter unten zu sprechen.

Die Verteilung des interstellaren Staubs im Milchstraßensystem ist (Abb. 5.3.1) so ungleichförmig, daß man die interstellare Extinktion A_V z.B. für einen *bestimmten* Sternhaufen am besten *direkt* bestimmt. Dies kann etwa dadurch geschehen, daß man für Sterne (z.B. helle B-Sterne), deren extinktionsfreie Farbindizes man von uns benachbarten Exemplaren kennt, einen Farbindex (meist B – V) mißt und aus dem Farbexzeß auf die Extinktion schließt.

---

[5] Mit dem bekannten Verlauf der interstellaren Extinktion können *verfärbungsfreie* Indizes empirisch definiert werden wie z.B. für das UBV-System nach S. van den Bergh

$$Q = (U-B) - 0.72\,(B-V)$$

und ein entsprechender Index Δm_1 für die Strömgrensche Schmalbandphotometrie.

Da die Farbexzesse z. B. für die Farbindizes U – B und B – V einander proportional sind ($\sim \lambda_{\mathrm{eff}}^{-1}$), so verschiebt die interstellare Verfärbung einen Stern im *Zweifarbendiagramm* (Abb. 4.5.5) längs einer geraden *Verfärbungslinie,* deren Richtung wir in unserer Abbildung schon eingezeichnet haben. Weiß man z. B. von einem Stern, daß er der Hauptsequenz angehört, so kann man von den gemessenen Farbindizes U – B und B – V aus längs einer Verfärbungsgeraden der angezeichneten Neigung auf die „Hauptsequenz-Linie" zurückgehen und die beiden Farbexzesse und die unverfärbten Farbindizes des Sterns ablesen. Aus dem Farbexzeß $E_{\mathrm{B-V}}$ erhält man nach (5.3.4) sogleich auch den Betrag der (visuellen) interstellaren Extinktion. Diese Technik, die selbstverständlich mancherlei Abwandlungen zuläßt, ist eines der wichtigsten Hilfsmittel der Stellarastronomie.

1949 machten W. A. Hiltner und J. S. Hall die erstaunliche Beobachtung, daß das Licht entfernter Sterne teilweise *linear polarisiert* ist und daß der Polarisationsgrad etwa proportional der interstellaren Verfärbung $E_{\mathrm{B-V}}$ bzw. der interstellaren Extinktion A_{V} anwächst. Der elektrische Vektor der Lichtwellen (senkrecht zur konventionellen Polarisationsebene) schwingt vorzugsweise parallel zur galaktischen Ebene.

Bezeichnen wir die Intensität des parallel bzw. senkrecht zur Polarisationsebene schwingenden Lichtes mit $I_{\|}$ bzw. $I_{\perp}$, so ist der *Polarisationsgrad*

$$P = \frac{I_{\|} - I_{\perp}}{I_{\|} + I_{\perp}} \; . \tag{5.3.5}$$

Häufig rechnet man auch die Polarisation Δm_{P} in Größenklassen

$$\Delta m_{\mathrm{P}} = 2.5 \log I_{\|}/I_{\perp} \quad \text{oder}$$
$$\Delta m_{\mathrm{P}} \simeq 2.17\, P \quad \text{für} \quad P \ll 1 \; . \tag{5.3.6}$$

Die größten Werte des Polarisationsgrades P liegen bei einigen Prozent; als Funktion der Wellenlänge zeigt er ein flaches Maximum bei etwa 550 nm. Die interstellare Polarisation (im Visuellen) ist korreliert mit der interstellaren Verfärbung $E_{\mathrm{B-V}}$ und Extinktion A_{V}. Es gilt

$$\Delta m_{\mathrm{P}} \lesssim 0.065\, A_{\mathrm{V}} \; , \tag{5.3.7}$$

wobei im Mittel $\Delta m_{\mathrm{P}} \simeq 0.03\, A_{\mathrm{V}}$ ist. Die interstellare Polarisation deutet darauf hin, daß die Teilchen, welche auch die Extinktion und Verfärbung hervorrufen, *anisotrop,* d. h. nadel- oder plättchenförmig und teilweise ausgerichtet sind. Die Orientierung der Teilchen führen L. Davis und J. L. Greenstein auf ein galaktisches Magnetfeld von mindestens einigen 10^{-10} T (10^{-6} G) zurück. In diesem kreiseln die Teilchen, so daß die Achse ihres größten Trägheitsmoments parallel den magnetischen Kraftli-

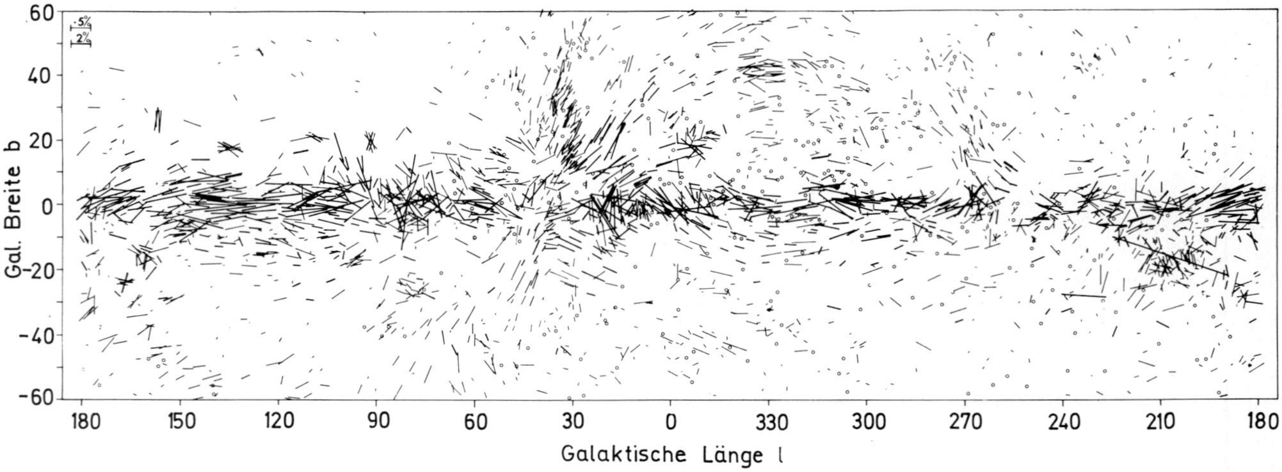

Abb. 5.3.5. Interstellare Polarisation, nach D. S. Mathewson und V. L. Ford (1970), dargestellt in galaktischen Koordinaten. Die Striche – in deren Mitte der Stern zu denken ist – bezeichnen die Richtung des elektrischen Vektors der optischen Polarisation, ihre Länge den Betrag des Polarisationsgrades P: Kleine Kreise bezeichnen Sterne mit $P < 0.08\%$. Die Skalen für den Polarisationsgrad (*linke obere Ecke*) sind folgendermaßen zu verstehen: Obere Skala für Sterne mit $P < 0.6\%$ (*dünne Linien*); untere Skala für Sterne mit $P \gtrsim 0.6\%$ (*dicke Linien*). – In groben Zügen kann man unser Bild ansehen als Analogon der bekannten Versuche mit Eisenfeilspänen, die man auf ein Papierblatt über einem Magneten streut

nien zeigt, während die übrigen Bewegungskomponenten abgebremst werden.

Abbildung 5.3.5 zeigt die bevorzugte Schwingungsrichtung des elektrischen Vektors und den Polarisationsgrad für etwa 7000 Sterne. Die stärkste Polarisation erhält man unter sonst gleichen Bedingungen offensichtlich dort, wo die Kraftlinien senkrecht zur Sehlinie verlaufen.

Neben den bekannten, durch ihre Schärfe in den Spektren der Sterne auffallenden interstellaren Linien entdeckte P. W. Merrill 1934 mehrere breite *interstellare Absorptionsbänder.* Das stärkste liegt bei $\lambda = 443$ nm mit einer ganzen Halbwertsbreite von 3 nm. Insgesamt kennt man im optischen Bereich etwa 40 solcher Bänder, deren Identifikation ein langwieriges Problem darstellt. Wegen ihrer Breite können sie wohl nur von Festkörperteilchen oder großen Molekülen erzeugt werden. Erfolgversprechend scheint ein erst kürzlich gemachter Vorschlag, diese Absorptionsbänder sowie einige diffuse infrarote Emissionsbänder (positiv geladenen) *polyzyklischen aromatischen Kohlenwasserstoffen* mit vielleicht 10 bis 100 Kohlenstoffatomen, wie z. B. dem Coronen $C_{24}H_{12}$, zuzuschreiben. Diese relativ stabilen Moleküle bestehen aus mehreren Benzolringen in einer Ebene.

Coronen

Im *Ultraviolett* beobachten wir ein ausgeprägtes, breites interstellares *Absorptionsband bei $\lambda = 220$ nm* mit einer ganzen Halbbreite von etwa 40 nm (Abb. 5.3.4). Aufgrund von Modellrechnungen und Laborexperimenten kann dieses Band wahrscheinlich kleinen *Graphitteilchen* zugeschrieben werden.

Im *Infrarot,* wo die interstellare Extinktion im allgemeinen schwächer ist, kann man in dichten Wolken eine Reihe von interstellaren Bändern in Absorption und zum Teil auch in Emission beobachten. Die stärksten sind ein Band bei $\lambda = 9.7$ µm, welches zusammen mit einer schwächeren Struktur bei 18 µm auftritt, sowie ein Band bei $\lambda = 3.1$ µm, dessen Stärke nicht mit der des 9.7 µm-Bands korreliert ist. Die Extinktion bei 9.7 und 18 µm dürfte durch Schwingungen des SiO_4-Tetraeders hervorgerufen werden, welches in Silikaten wie z. B. Olivin $(Mg, Fe)_2SiO_4$ als Baustein auftritt. Laborexperimente zeigen, daß wir es hier wegen des Fehlens von Strukturen innerhalb der Bänder nicht mit kristallinen, sondern mit *amorphen Silikatteilchen* zu tun haben. Als Quelle für das 3.1 µm-Band kommt Wasser- oder Ammoniak-*Eis* in Frage.

Schließlich möchte man zu einem Bild von der *Zusammensetzung und Struktur* des interstellaren Staubs gelangen, das die im Vorangehenden dargestellten Beobachtungen erklärt. Die von G. Mie, H. C. van de Hulst u. a. entwickelte *Theorie der Streuung und Absorption* des Lichts durch kolloidale Teilchen zeigt zunächst:

Grobe Partikel („Sand") mit Radien $a \gg \lambda$ absorbieren und streuen unabhängig von der Wellenlänge λ, und zwar etwa entsprechend ihrem geometrischen Querschnitt πa^2, ganz feine Partikel $a \ll \lambda$ nach Rayleigh proportional zu λ^{-4}. Die Staubteilchen, die die allgemeine interstellare Extinktion und Verfärbung verursachen, müssen also *Radien* von der Größenordnung des sichtbaren bis ultravioletten Lichts haben, d. h. $a \simeq 0.3$ µm. Bei einer Dichte des Staubmaterials von $3000\,\mathrm{kg\,m^{-3}}$ ist dann ihre *Masse* ungefähr $3 \cdot 10^{-16}$ kg.

Die durchschnittliche *Dichte* des interstellaren Staubs in der Milchstraßenebene können wir nun leicht aus der beobachteten Extinktion z. B. im Visuellen abschätzen. Deren Größenordnung von 1 mag kpc^{-1} entspricht über eine Strecke von $L \simeq 1$ kpc einer optischen Dicke $\tau_V \simeq 1$ (Abschn. 4.4.2). Andererseits ist nach (4.2.19)

$$\tau_V = Q_{e,V}\,\pi a^2 N_S L \ , \tag{5.3.8}$$

wobei N_S die Teilchendichte der Staubkörner ist. Den Extinktionskoeffizienten pro Teilchen (4.2.15) haben wir hier durch den *Extinktionsfaktor* Q_e in Einheiten des geometrischen Querschnitts ausgedrückt:

$$k_{\nu,S} = Q_{e,\nu}\,\pi a^2 \ . \tag{5.3.9}$$

Für Teilchen mit $a = 0.3$ µm ist im Visuellen $Q_{e,V} \simeq 1$, so daß wir als mittlere Staubdichte $N_S \simeq 10^{-7}\,\mathrm{m^{-3}} \simeq 10^{-13}\,\mathrm{cm^{-3}}$ bzw. einige $10^{-23}\,\mathrm{kg\,m^{-3}}$ erhalten. Der Massenanteil des Staubs beträgt also nur etwa 1% der gesamten interstellaren Materie; auf etwa 10^{12} Wasserstoffatome im interstellaren Raum fällt nur ein Staubpartikel (Abschn. 5.3.3). Trotz dieser geringen Teilchendichte dominiert im Optischen die Extinktion durch den Staub wegen des riesigen Wirkungsquerschnitts ($\pi a^2 \simeq 3 \cdot 10^{-13}$ m^2) im Vergleich zu atomaren bzw. molekularen Streuquerschnitten.

Nach der *Mie-Theorie* kann zwar der Frequenzverlauf des Extinktionsfaktors, der sich aus einem Absorptions- und einem Streuanteil zusammensetzt,

$$Q_e = Q_{abs} + Q_{str} \ , \tag{5.3.10}$$

für verschiedene Materialien (verschiedene Brechungsindizes dielektrischer oder elektrisch leitender Materie) und für einfache geometrische Formen (Kugeln, lange Nadeln, ...) berechnet werden, jedoch führen diese idealisierten Annahmen zu keiner eindeutigen Interpretation der interstellaren Extinktionskurve, zumal noch berücksichtigt werden muß, daß die Staubteilchen eine breite Verteilungsfunktion ihrer „Radien" a haben dürften. Die interstellare Polarisation deutet darauf hin, daß die Teilchen anisotrop und teilweise ausgerichtet sind; die Absorptionsbänder im Ultraviolett und Infrarot zeigen, daß der Staub aus einem Gemisch verschiedener Teilchensorten (Graphit, Silikate, Eis) besteht.

Der interstellare Staub ist dem Strahlungsfeld der Sterne in der Milchstraße ausgesetzt und wird dadurch auf eine *Temperatur* T_S „aufgeheizt", die sich entsprechend dem Gleichgewicht zwischen Zu- und Abstrahlung einstellt. Analog zur Betrachtung des globalen Wärmehaushalts eines Planeten (2.8.2) erhalten wir für ein (sphärisches) Staubkorn mit Radius a, auf das im Abstand r von einem Stern der Strahlungsstrom $f_\nu(r)$ auftrifft,

$$\int_0^\infty \pi a^2 Q_{abs,\nu} f_\nu(r)\, d\nu = \int_0^\infty 4\pi a^2 Q_{abs,\nu} B_\nu(T_S)\, d\nu \ , \tag{5.3.11}$$

wobei die Abstrahlung nach dem Kirchhoffschen Satz (4.2.30) erfolgen soll. ($B_\nu(T_S)$ Kirchhoff-Planck-Funktion für die Staubtemperatur T_S). Von dem Extinktionsfaktor (5.3.10) geht hier nur der Absorptionsanteil ein, der Bruchteil Q_{str}/Q_e („Albedo") der Zustrahlung wird reflektiert. Da die Absorption der Sternstrahlung überwiegend im Ultraviolett erfolgt, die Abstrahlung hingegen im Infrarot, führen wir vereinfachend geeignete Mittelwerte über die betreffenden Spektralbereiche ein:

$$\bar{Q}_{abs,UV} \bar{f}_{UV}(r) = 4\,\bar{Q}_{abs,IR}\, \sigma T_S^4 \ . \tag{5.3.12}$$

σ ist die Stefan-Boltzmannsche Strahlungskonstante (4.2.28).

Je nach Größe a und Zusammensetzung der Staubkörner finden wir aus (5.3.12) für Staub in der Nähe heißer Sterne, z. B. in H II-Regionen (Abschn. 5.3.5) Temperaturen bis zu einigen 100 K. Nach dem Wienschen Verschiebungsgesetz (4.2.26) strahlen diese Staubteilchen überwiegend bei Wellenlängen $\lambda \lesssim 30\ \mu m$ ab. Diese infrarote *thermische Eigenstrahlung* des „warmen" Staubs wird in H II-Regionen als Exzeß gegenüber der frei-frei-Emission des ionisierten Gases beobachtet (Abb. 5.3.12).

Überraschend entdeckte der Infrarotsatellit IRAS bei dem nahen A0V-Standardstern *Wega* (αLyr) im 60 µm- und 100 µm-Band einen größenordnungsmäßig 10mal höheren Strahlungsfluß, als man aufgrund der theoretischen Atmosphärenmodelle, die das optische und ultraviolette Spektrum gut wiedergeben (Tabelle 4.8.1 und Abb. 4.4.2), erwartet hatte. Aus (5.3.11) und mit dem beobachteten Durchmesser der Infrarotquelle von $\simeq 45''$ kann dieser Überschuß auf die thermische Emission einer *zirkumstellaren Staubscheibe* von etwa 100 AE Ausdehnung mit einer Temperatur von nur 85 K zurückgeführt werden. Die Staubkörner sind mit mindestens 10 µm Radius erheblich größer als die des allgemeinen interstellaren Staubs (s. oben). Die Masse der Scheibe liegt in der Größenordnung der Masse unseres Planetensystems, so daß wir hier – und bei einigen anderen von IRAS beobachteten Sternen – ein „Protoplanetensystem" vor uns haben könnten.

Der Staub, der nur dem *allgemeinen* stellaren ultravioletten Strahlungsfeld der Milchstraße ausgesetzt ist, erlangt nur Temperaturen zwischen etwa 15 und 50 K und emittiert dementsprechend im langwelligeren Infrarot um $\lambda \gtrsim 100\ \mu m$, einem Bereich, der ebenfalls von IRAS überdeckt wurde.

Die Beobachtung dieser Strahlung in unserer Milchstraße und in anderen Galaxien gibt uns Auskunft über die *großräumige Verteilung* des Staubs. In der Milchstraße ist der Staub deutlich zur galaktischen Scheibe hin konzentriert; daneben beobachtete IRAS noch in höheren galaktischen Breiten fadenförmige Emissionsgebiete im fernen Infrarot von kühlem Staub, den sog. *„galaktischen Zirrus"*.

Abhängig vom Material verdampfen Staubkörner bei Temperaturen oberhalb von etwa 1500 bis 1800 K. *Staubbildung* kann durch Kondensation („Rauch") aus dem Gas in den kühlen äußeren Atmosphären der Roten Riesensterne, in den expandierenden Hüllen der Novae und Supernovae und im Zusammenhang mit der Entstehung von Sternen und Planeten erfolgen. Der Anteil der verschiedenen Prozesse für die globale Bilanz der Staubentstehung und -vernichtung in der Milchstraße ist noch wenig geklärt.

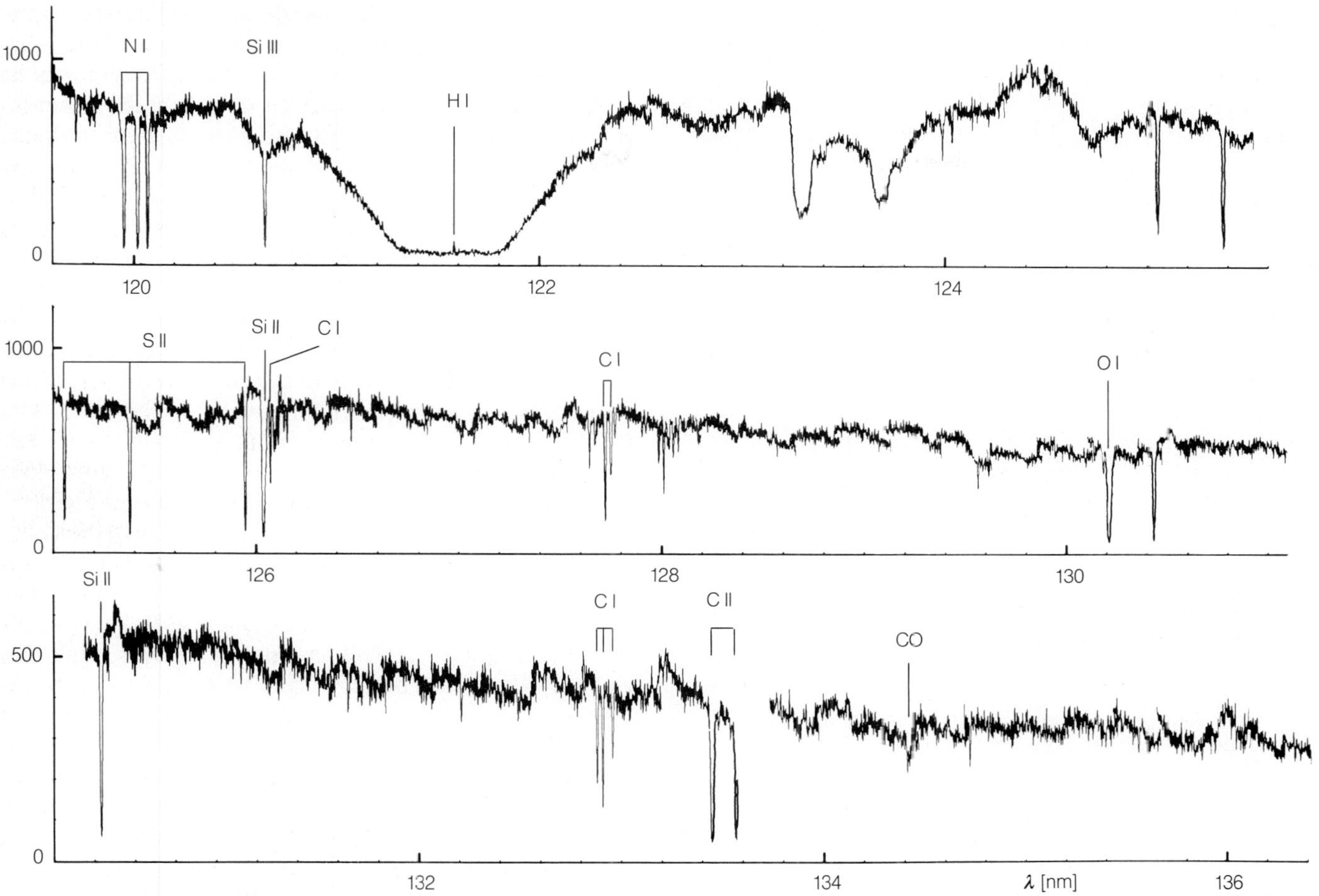

Abb. 5.3.6. Interstellare Absorptionslinien im ultravioletten Spektrum (119.6 – 135.6 nm) des O9 V-Sterns ζ Oph. Beobachtungen mit dem Copernicus-Satelliten. Die Intensitäten sind nicht auf Empfindlichkeitsschwankungen des Spektrometers usw. korrigiert. Stärkste interstellare Linie ist die breite, gesättigte $L\,\alpha$-Linie $\lambda = 121.6$ nm des H I (in deren Zentrum eine schwache Emission der Geokorona erkennbar ist). Einige der stärkeren interstellaren Linien, die sich von den stellaren Linien durch ihre Schärfe unterscheiden, sind gekennzeichnet. D.C. Morton: Astrophys. J. **197**, 85 (1975). (Mit freundlicher Genehmigung von The University of Chicago Press, The American Astronomical Society und des Autors)

5.3.2 Interstellare Absorptionslinien

Die Entdeckung der interstellaren Kalziumlinien durch J. Hartmann gab 1904 überhaupt den ersten Hinweis auf die Existenz interstellarer Atome bzw. Ionen. Man erkannte nämlich, daß in dem Doppelstern δ Ori die H-und K-Linien an der Bahnbewegung nicht teilnehmen und sprach zunächst von stationären Linien. Im Laufe der Zeit entdeckte man im *Optischen* interstellare Linien der folgenden Atome, Ionen, Moleküle und eines Molekülions:

Na I; K I; Ca I, II; Ti II; Fe I; CH, CH^+; CN .

Weitaus die intensivsten sind die H- und K-Linien $\lambda = 393.3/396.8$ nm von Ca II und die D-Linien $\lambda = 589.0/589.6$ nm von Na I.

Mit Hilfe des Copernicus-Satelliten entdeckte eine Forschergruppe aus Princeton 1972/1973 interstellare Linien zahlreicher, z. T. mehrfach ionisierter Atome und Moleküle im *Ultraviolett.* Wir kennen im Bereich von etwa 95 bis 300 nm fast 400 Linien. Die mit Abstand stärkste interstellare Linie ist die $L\alpha$-Linie $\lambda = 121.6$ nm von H I (Abb. 5.3.6).

Weitere starke atomare Linien stammen von

H I; C I, II; N I, II; O I; Mg I, II; Al II, III;
Si II, III; P II; S II, III; Ar I; Mn II; Fe II; Zn II .

Ein großer Teil der ultravioletten interstellaren Linien gehört den Lyman- und Wernerbanden der Moleküle H_2 und HD um $\lambda \simeq 100$ nm an; außerdem werden Linien des CO beobachtet.

Bei allen interstellaren Linien handelt es sich um Übergänge vom Grundterm aus, d. h. um *Resonanzlinien*. Die *Ionisation* der interstellaren Materie bei so großen Abweichungen vom thermodynamischen Gleichgewicht geschieht bei den niedrigen Drücken nur durch Photoprozesse vom Grundzustand aus, also z. B. beim neutralen Kalzium mit einer Ionisationsenergie von 6.1 eV durch Strahlung $\lambda \lesssim 204$ nm. In einer Entfernung von r von einem Stern mit dem Radius R kommt dessen Strahlung nur mit einem *Verdünnungsfaktor*

$$W = \frac{\pi R^2}{4\pi r^2} = \frac{1}{4}\left(\frac{R}{r}\right)^2 \tag{5.3.13}$$

zur Wirkung. Die *Rekombination* andererseits erfolgt ganz durch Zweierstöße von Ion und Elektron. Der Ionisationsgrad stellt sich nun so ein, daß sich Ionisations- und Rekombinationsprozesse gerade die Waage halten (Abschn. 4.7.3).

Vergleichen wir nun die interstellaren Linien z. B. von Ca II und Ca I oder Na I, so ist ihr Intensitätsverhältnis überraschenderweise gar nicht sehr verschieden von dem etwa in einem F-Stern. Wie kann man dies verstehen? Im interstellaren Gas wie in der Sternatmosphäre müssen sich die erwähnten Prozesse die Waage halten. In der interstellaren Materie aber ist einerseits die Elektronendichte ungefähr 10^{15} mal kleiner als in der Sternatmosphäre (10^5 gegenüber $10^{20}\,\mathrm{m}^{-3}$), die Rekombinationsrate also entsprechend geringer. Andererseits ist das Strahlungsfeld im interstellaren Raum gegenüber der Sternatmosphäre um einen Faktor $W \simeq 10^{-15}$ verdünnt, wenn wir größenordnungsmäßig $R \simeq 2R_\odot$ und $r \simeq 1$ pc annehmen, so daß auch die Ionisationsrate etwa um denselben Faktor reduziert wird. So laufen zwar im interstellaren Raum beide Prozesse etwa 10^{15} mal langsamer ab als in der Sternatmosphäre, aber der Ionisationsgrad bleibt ungefähr derselbe!

Die überraschenden Beobachtungen von ultravioletten Absorptionslinien *höherer* Ionen wie C IV, N V und O VI, die auf sehr viel heißeres Gas im interstellaren Medium hinweisen, besprechen wir in Abschn. 5.3.6.

Die Äquivalentbreiten der interstellaren Linien nehmen mit der *Entfernung* des Sterns, in dessen Spektrum man sie beobachtet, in ziemlich gleichmäßiger Weise zu. Sie können daher auch umgekehrt zur Abschätzung der Entfernung herangezogen werden. Beobachtungen mit hoher spektraler Auflösung (entsprechend 0.5 bis $1\,\mathrm{km\,s^{-1}}$) zeigen, daß z. B. interstellare Kalziumlinien meist aus mehreren *Komponenten* bestehen, die man verschiedenen von dem Lichtstrahl durchsetzten Verdichtungen bzw. interstellaren *Wolken* zuordnen kann. Im Mittel fallen etwa 5 bis 10 solcher Wolken auf eine Strecke von 1 kpc. Die Radialgeschwindigkeiten der stärkeren Komponenten entsprechen den Spiralarmen der Milchstraße.

Unter Berücksichtigung der Komponentenstruktur sowie lokaler Unterschiede der Ionisation und Anregung kann die *chemische Zusammensetzung* des interstellaren Gases aus den gemessenen Äquivalentbreiten der Absorptionslinien abgeleitet werden. Es zeigt sich, daß längs Sehstrahlen mit geringer interstellarer Extinktion bzw. Verfärbung ($E_{B-V} \lesssim 0.05$ mag), d. h. wenn keine größeren Verdichtungen durchsetzt werden, die Häufigkeitsverteilung der chemischen Elemente im Gas etwa dieselbe ist wie auf der Sonne. Demgegenüber findet man in den Wolken bei vielen Elementen *Unterhäufigkeiten* verschiedenen Grades gegenüber der solaren Mischung: So sind z. B. Ca und Al bis zu einigen 1000mal und Fe bis zu 100mal seltener als in der Sonne, während C, N und O nur leicht unterhäufig sind und S praktisch die normale Häufigkeit hat. Offenbar befinden sich in den dichten, kühleren Gebieten viele Elemente nicht in der Gasphase, sondern sind in der Staubkomponente gebunden.

Aus der Intensität der H I- und H_2-Linien im Ultraviolett (sowie aus radioastronomischen Beobachtungen) leiten wir ab, daß sich in unserer Umgebung in der Milchstraße etwa je die Hälfte des interstellaren *Wasserstoffs* im atomaren bzw. molekularen Zustand befindet. Über die globalen Eigenschaften der interstellaren Materie in der Milchstraße können der ultraviolette und optische Spektralbereich wegen der starken Extinktion durch den Staub keine Information liefern. Hier übernehmen Beobachtungen im Infrarot und vor allem im Radiobereich die Aufgabe.

5.3.3 Die 21 cm-Linie des neutralen Wasserstoffs

Die für die Erforschung der großräumigen Struktur und Dynamik des interstellaren Gases in der Milchstraße bedeutende 21 cm-Linie ist der Übergang innerhalb des Grundzustands $1s\,{}^2S_{1/2}$ von H I zwischen dessen beiden Hyperfeinstrukturniveaus mit Gesamtspin $F = 1$ (Kern- und Elektronenspin parallel) und $F = 0$ (Kern- und Elektronenspin antiparallel). Der kleinen Energiedifferenz von $6 \cdot 10^{-6}$ eV entspricht eine Linie im Radiofrequenzbereich bei

$$\lambda_0 = 21.1 \text{ cm} \quad \text{oder} \quad \nu_0 = 1420.4 \text{ MHz} .$$

Der Übergang ist „verboten" (magnetische Dipolstrahlung) und hat eine äußerst geringe Übergangswahrscheinlichkeit (Einstein-Koeffizient) $A = 2.87 \cdot 10^{-15} \text{ s}^{-1}$ bzw. nach (4.7.26) eine Oszillatorenstärke $f = 5.8 \cdot 10^{-12}$. Die mittlere Lebensdauer des oberen Niveaus gegenüber Abstrahlung eines 21 cm-Photons ist $A^{-1} = 1.1 \cdot 10^7$ a. Unter den Bedingungen im interstellaren Medium stellt sich eine Gleichgewichtsverteilung der Wasserstoffatome auf die beiden Hyperfeinstrukturniveaus 1 und 0 durch (Elektronen-Austausch-)Stöße der Atome untereinander mit einer mittleren Zeit zwischen zwei Stößen von „nur" etwa 400 a sein. Nach der Boltzmann-Formel (4.7.6) ist das Verhältnis der Besetzungszahlen N durch die statistischen Gewichte $g = 2F + 1$ gegeben, da die Exponentialfunktion wegen des geringen $h\nu_0$ praktisch gleich eins ist. Wir haben also $N_1/N_0 \simeq 3$ oder, da die Dichte aller H-Atome $N_H \simeq N_1 + N_0$ ist, $N_1 = \frac{3}{4} N_H$ und $N_0 = \frac{1}{4} N_H$.

Die emittierte Strahlungsintensität ist bei Emission in *optisch dünner* Schicht der Dicke l (optische Dicke $\tau_\nu = \kappa_\nu l \ll 1$), für welche wir hier vereinfachend konstante Temperatur, Dichte usw. annehmen, nach (4.2.32)

$$I_\nu = \kappa_\nu \frac{2\nu^2 kT}{c^2} l . \qquad (5.3.14)$$

Für die Kirchhoff-Planck-Funktion genügt hier wegen $h\nu/kT \ll 1$ die Rayleigh-Jeans-Näherung (4.2.24b). T ist die Temperatur, welche der thermischen Geschwindigkeitsverteilung der H-Atome entspricht. Der *Absorptionskoeffizient* der 21 cm-Linie ist nach (4.7.29) und mit $N_0 = \frac{1}{4} N_H$ gegeben durch

$$\kappa_\nu = \frac{1}{4\pi\varepsilon_0} \frac{\pi e^2}{mc} f \frac{h\nu_0}{kT} \varphi(\nu) \frac{1}{4} N_H , \qquad (5.3.15)$$

wobei im Rayleigh-Jeans-Bereich die *stimulierte Emission* durch den Faktor $[1 - \exp(-h\nu_0/kT)] \simeq h\nu_0/kT \ll 1$ berücksichtigt werden muß.

Nur an wenigen Stellen der Milchstraße wird der Fall optisch *dicker* Schicht erreicht (s. u.). Man erkennt diese daran, daß über einen größeren Frequenzbereich die Intensität einen konstanten Maximalwert

$$I_\nu = B_\nu(T) = 2\nu^2 kT/c^2 \qquad (5.3.16)$$

erreicht, aus dem man sogleich die Temperatur des interstellaren Wasserstoffs $T \simeq 125$ K ermittelt. Auf den genaueren Zahlenwert kommt es für die Emission in optisch dünner Schicht glücklicherweise wenig an, da T wegen (5.3.15) in (5.3.14) herausfällt.

Die *Frequenzabhängigkeit* des Absorptionskoeffizienten bzw. die Profilfunktion $\varphi(\nu)$ ist ganz durch den *Dopplereffekt* der Bewegungen des interstellaren Wasserstoffs bestimmt. Haben wir in einem Einheitsvolumen $N(V_r)\,dV_r$ H-Atome im Radialgeschwindigkeitsbereich V_r bis $V_r + dV_r$, so gilt

$$\frac{N(V_r)\,dV_r}{N_H} = \varphi(\nu)\,d\nu = \varphi(\nu) \frac{\nu_0}{c} dV_r . \qquad (5.3.17)$$

Die Messung der Linienprofile ergibt also zunächst für eine Säule von 1 m^2 Querschnitt längs des Sehstrahls die Anzahl der H-Atome, deren Radialgeschwindigkeit V_r bzw. Frequenz ν in einen vorgegebenen Bereich

$$V_r \quad \text{bis} \quad V_r + dV_r \quad \text{bzw.}$$

$$\nu_0 - \frac{V_r}{c}\nu_0 \quad \text{bis} \quad \nu_0 - \frac{V_r + dV_r}{c}\nu_0 \qquad (5.3.18)$$

fällt.

Die *Geschwindigkeitsverteilung* des interstellaren Wasserstoffs setzt sich nun aus zwei Anteilen zusammen: Zunächst einmal hat man statistisch verteilte Geschwindigkeiten, eine Art Turbulenz, deren Verteilungsfunktion der Maxwellschen ähnlich ist. Man kannte ihren Mittelwert auch schon von den interstellaren Ca II-Linien her zu etwa 6 km s^{-1}. Wichtiger ist jedoch der Beitrag der *differentiellen galaktischen Rotation* (Abschn. 5.2.5).

Bevor wir auf diese weiter eingehen, schätzen wir noch die *optische Dicke* für die 21 cm-Strahlung unserer Milchstraße ab. Nehmen wir für die statistisch verteilten Geschwindigkeiten eine Gauß-Verteilung (4.9.16) mit einer ganzen Halbbreite ΔV_r an, so ist der Maximalwert $N(V_0)/N_H \simeq 1/\Delta V_r$ und die optische Dicke im Zentrum (Index 0) der 21 cm-Linie nach (5.3.15, 17)

$$\tau_{\nu_0} \simeq \frac{1}{4\pi\varepsilon_0} \frac{\pi e^2}{mc} f \frac{h\nu_0}{kT} \frac{c}{\nu_0 \Delta V_r} \frac{1}{4} N_H l \quad \text{oder}$$
$$\tau_{\nu_0} \simeq 1.69 \cdot 10^{-3} \frac{N_H[\text{m}^{-3}]\, l[\text{kpc}]}{T[\text{K}]\, \Delta V_r[\text{km s}^{-1}]} . \qquad (5.3.19)$$

Für typische Werte von $N_H = 10^6$ m^{-3} bzw. 1 cm^{-3} (Abb. 5.3.8), $T = 100$ K und $\Delta V_r = 10$ km s^{-1} würde die 21 cm-Linie also bereits auf einer Strecke von etwa 1 kpc

Abb. 5.3.7

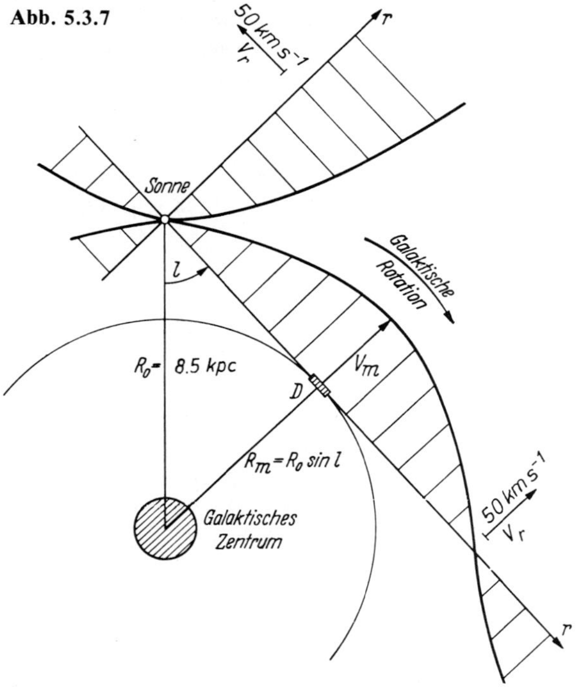

Abb. 5.3.7. Differentielle galaktische Rotation des interstellaren Wasserstoffs. Entlang einem Sehstrahl der galaktischen Länge l ist die Radialgeschwindigkeit V_r des interstellaren Wasserstoffs relativ zur Sonnenumgebung als Funktion des Abstandes r aufgetragen. Sie erreicht ein Maximum V_m bei D, wo der Sehstrahl eine Kreisbahn berührt. Man vergleiche diese Abbildung mit der Näherung für $r \ll R_0$ in Abb. 5.2.10

Abb. 5.3.8

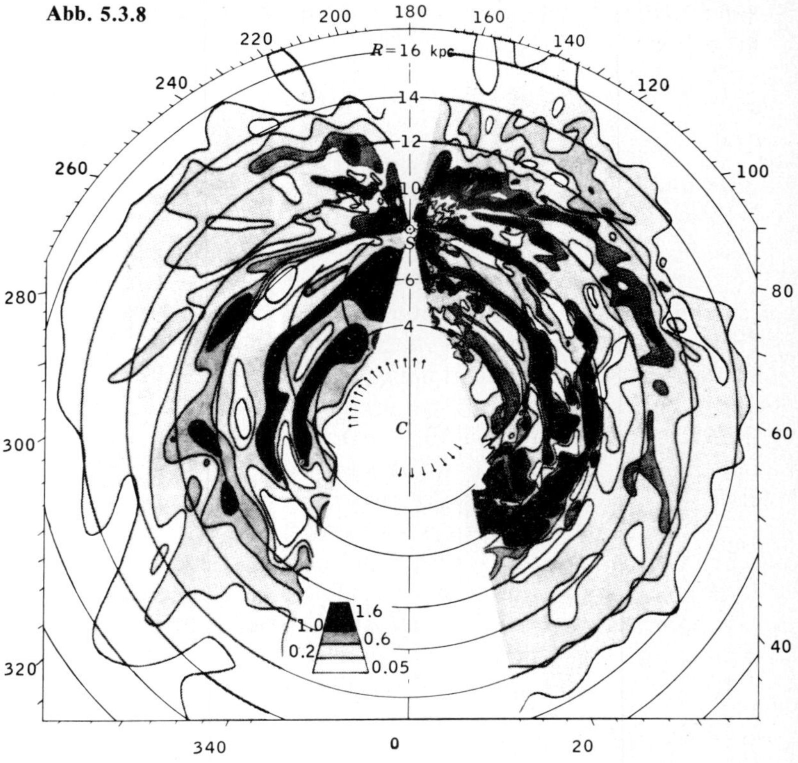

Abb. 5.3.8. Verteilung des neutralen Wasserstoffs in der galaktischen Ebene (maximale Dichten projiziert auf die galaktische Ebene). Die Dichteskala gibt die Anzahl der Atome pro cm^3 an. *Außen*: galaktische Länge l

optisch dick. Erst das „Auseinanderziehen" der Geschwindigkeiten durch die differentielle Rotation auf größenordnungsmäßig $\Delta V_r \simeq 100\,\mathrm{km\,s^{-1}}$ ermöglicht es uns, die *ganze* Milchstraße in der 21 cm-Linie zu beobachten.

Die differentielle Rotation in der Milchstraße bewirkt in unserer Umgebung nach (5.2.23) zunächst ein lineares Anwachsen der Radialgeschwindigkeit V_r (nach Berücksichtigung der Sonnenbewegung) mit der Entfernung r. Die *Richtungsabhängigkeit* von V_r zeigt die charakteristische Doppelwelle $\sim \sin 2l$. Für größere Abstände von der Sonne müssen wir auf die exakte Gleichung (5.2.17) zurückgreifen. Aus Abb. 5.3.7 sieht man, daß V_r längs eines Sehstrahls in Richtung der galaktischen Länge l ($|l| < 90°$) ihren Maximalwert

$$V_m = R_0\,[\omega(R_m) - \omega_0]\sin l \qquad (5.3.20)$$

dort erreicht, wo der Strahl in D die galaktische Kreisbahn mit dem „minimalen" Radius $R_m = R_0 \sin l$ berührt. Das Linienprofil zeigt also bei V_m einen steilen Abfall nach größeren Radialgeschwindigkeiten hin. Durch Kombination der V_m für verschiedene galaktische Längen l kann man nun die *Rotationsgeschwindigkeit* $V(R)$ als Funktion des Abstands R vom galaktischen Zentrum ermitteln (Abb. 5.2.11).

Umgekehrt kann man dann aus dem Verlauf von $V(R)$ die Verteilung der Radialgeschwindigkeiten V_r längs jedes Sehstrahls berechnen und somit aus den *gemessenen Linienprofilen* I_ν bzw. $I(V_r)$, welche im allgemeinen eine komplexe, aus mehreren Komponenten bestehende Struktur zeigen, die Dichteverteilung des Wasserstoffs bestimmen. Die bei $|l| < 90°$ auftretende Zweideutigkeit, ob ein bestimmtes V_r zu dem entsprechenden Punkt vor oder hinter D gehört, läßt sich vielfach auf Grund der Überlegung entscheiden, daß das entferntere Objekt im allgemeinen senkrecht zur Milchstraße, d.h. in b, die kleinere Ausdehnung zeigt. Im übrigen wird man bei der Auswertung der 21 cm-Messungen immer wieder auch auf die innere Konsistenz des sich ergebenden Bildes zu achten haben.

Die aus den Beobachtungen der holländischen und der australischen Radioastronomen ermittelte Verteilung des neutralen Wasserstoffs in der galaktischen Ebene zeigt Abb. 5.3.8. Man erkennt deutlich seine Anhäufung in *Spiralarmbögen,* jedoch ist der großräumige Zusammenhang der Spiralarme – den wir bei anderen Galaxien (Abb. 5.5.1 und 13) als äußerer Beobachter leicht erkennen – hier nicht eindeutig auszumachen. Das Bild der Verteilung des interstellaren Wasserstoffs beruht wesentlich auf der Annahme, daß sich das Gas auf *Kreisbahnen* um das Zentrum bewegt (Entfernungsbestimmung!). Treten merkliche Abweichungen hiervon auf, so kann die galaktische Verteilung *nicht* allein aus den 21 cm-Linienprofilen ermittelt werden. Während außerhalb von $R \gtrsim 4$ kpc in der Milchstraßenebene keine systematischen Unterschiede von mehr als etwa 10 km s^{-1} gegenüber den Kreisbahngeschwindigkeiten auftreten, finden wir im inneren Teil der Milchstraße überraschenderweise erhebliche Abweichungen. So sehen wir die 21 cm-Linie gegen die starke kontinuierliche Radiostrahlung des galaktischen Zentrums als Hintergrundquelle in Absorption mit einer Radialgeschwindigkeit $V_r = -53$ km s^{-1}. Eine weitergehende Untersuchung des Verlaufs der Linienprofile mit der galaktischen Länge zeigt bei $R \simeq 3.7$ kpc einen Spiralarm, der zwar an der galaktischen Rotation teilnimmt, jedoch zusätzlich mit etwa 50 km s^{-1} vom Zentrum weg *expandiert.* Zu diesem sog. „3 kpc-Arm“ gibt es hinter dem Zentrum ein Gegenstück mit $V_r = +82$ km s^{-1} (und ein weiteres Armstück mit $V_r = +135$ km s^{-1}). Weitere ungewöhnliche Gasströmungen im Zentralbereich unserer Milchstraße werden wir in Abschn. 5.6.3 kennenlernen.

Die Beobachtungen der 21 cm-Emission *senkrecht* zur Milchstraßenebene zeigen, daß der neutrale Wasserstoff im Mittel eine *flache Scheibe* bildet. Der Abstand zwischen den Flächen, wo die Dichte auf die Hälfte des Mittelwerts in der galaktischen Ebene abgesunken ist, beträgt im Bereich $4 \lesssim R \lesssim 10$ kpc etwa 240 pc. Weiter außen wird die Scheibe – unter dem Einfluß der von den Magellanschen Wolken (Abschn. 5.5.2) ausgeübten Gezeitenkräfte? – zunehmend breiter und weicht systematisch von der Mittelebene ab (vgl. auch Abb. 5.5.14).

Die mittlere *Teilchendichte* des H I in der Milchstraßenebene zwischen 4 und 14 kpc Abstand vom Zentrum beträgt etwa $4 \cdot 10^5$ m^{-3} bzw. 0.4 cm^{-3}; sie fällt nach innen und außen ab (Abb. 5.3.9). Die Gesamtmasse des interstellaren H I in der Milchstraße ist etwa $2.5 \cdot 10^9 \mathscr{M}_\odot$. Durchmusterungen in der 21 cm-Linie mit hoher Winkel- und Geschwindigkeitsauflösung ($\delta\varphi \simeq 10'$, $\delta V_r \simeq 1$ km s^{-1}) zeigen, daß sich die Spiralarmstücke aus zahlreichen Verdichtungen oder *diffusen* H I-*Wolken* zusammensetzen, welche sehr unterschiedliche Größen haben können. Charakteristische Werte für eine H I-Wolke sind ein Durchmesser von etwa 5 pc, eine mittlere Dichte von $2 \cdot 10^7$ m^{-3} und mittlere Temperatur von rund 80 K, und damit eine Masse von etwa 30 $\mathscr{M}_\odot$.

Die Konzentration des Wasserstoffs in den diffusen H I-Wolken ist korreliert mit den Verdichtungen des interstellaren Staubs, solange dessen Extinktion nicht zu stark ist. In den dichteren Gebieten mit höherer Staubextinktion, den eigentlichen Dunkelwolken ($E_{B-V} \gtrsim 0.3$ mag) liegt der Wasserstoff überwiegend in moleku-

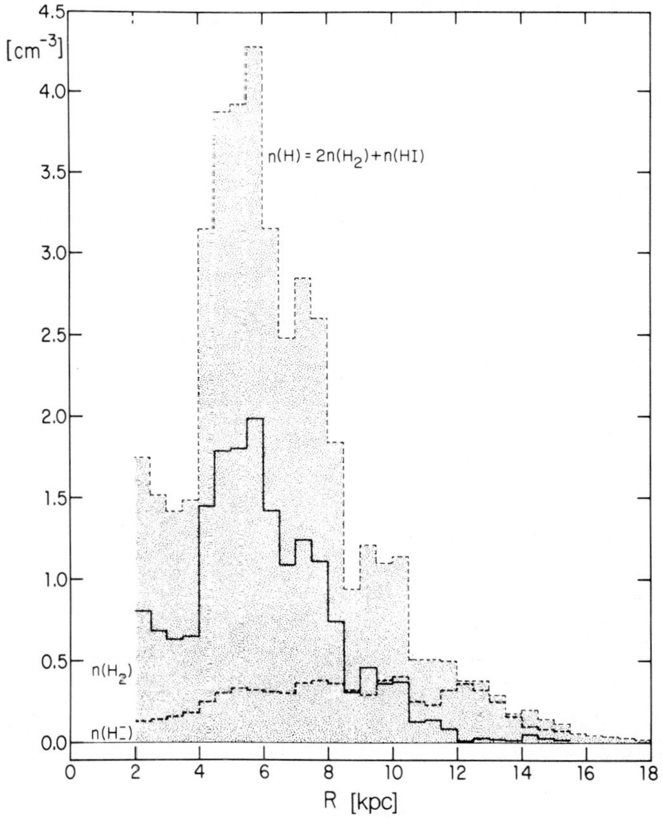

Abb. 5.3.9. Dichteverteilung von atomarem und molekularem Wasserstoff in der Milchstraßenebene in Abhängigkeit vom Abstand vom galaktischen Zentrum nach M. A. Gordon und W. B. Burton (1976). Die Verteilung des H_2 wird aus $\lambda = 2.6$ mm-Beobachtungen des CO-Moleküls erschlossen

larer Form vor und ist daher mittels der 21 cm-Linie nicht beobachtbar.

Bei den 21 cm-Linienprofilen ist häufig als Untergrund der Beiträge der einzelnen H I-Wolken noch eine schwache, sehr viel *breitere Komponente* zu erkennen. Diese Emission stammt aus einem „*warmen*" Gas mit Temperaturen um 6000 K herum und geringeren Dichten von einigen $10^5\,\mathrm{m}^{-3}$, in dem der Wasserstoff teilweise (10 bis 20%) ionisiert ist. Die diffusen H I-Wolken sind vermutlich in dieses sog. „Zwischen-Wolken-Gas", das ein größeres Volumen in der Milchstraße einnimmt, eingebettet.

5.3.4 Interstellare Moleküllinien. Molekülwolken

In den diffusen H I-Wolken, in denen bei Dichten $\lesssim 10^8\,\mathrm{m}^{-3}$ der Wasserstoff vorwiegend atomar auftritt, finden wir nur wenige *einfache* Moleküle wie das seit langem durch seine optischen Absorptionslinien bekannte CH, CH^+ und CN, das 1963 bei $\lambda = 18$ cm entdeckte Hydroxylradikal OH und die durch ultraviolette Absorptionslinien beobachtbaren Moleküle H_2, HD und CO (Abschn. 5.3.2). Nach der Entdeckung 1968/69 der ersten *mehratomigen* interstellaren Moleküle Ammoniak NH_3, Wasser H_2O und Formaldehyd H_2CO durch ihre radiofrequenten Linien konnten bis heute über 60 verschiedene, teils überraschend komplizierte Moleküle in dichteren und kühleren Gebieten der Milchstraße beobachtet werden. In diesen *Molekülwolken* liegt der Wasserstoff überwiegend in molekularer Form vor.

Das *Wasserstoffmolekül* H_2, das mit Abstand häufigste interstellare Molekül, hat weder im Radiofrequenz- noch im Infrarotbereich Linien, aus denen die großräumige Verteilung des kühlen, molekularen Wasserstoffgases in der Milchstraße abgeleitet werden könnte. Die Lyman- und Wernerbanden im Ultraviolett geben wegen der starken instellaren Extinktion nur Auskunft über unsere nähere Umgebung; die Rotations-Schwingungsspektren und die Quadrupolübergänge im Infrarot zeigen wesentlich heißeres H_2-Gas an, welches nur in der Nähe von Sternentstehungsgebieten auftritt.

Die galaktische Verteilung des H_2 kann jedoch *indirekt* aus Beobachtungen des zweithäufigsten Moleküls, des stabilen *Kohlenmonoxid* CO, erschlossen werden, dessen Häufigkeit relativ zum Wasserstoffmolekül ($CO/H_2 \simeq 10^{-4}$ nach Molekülzahlen) – im Gegensatz zu der anderer Moleküle – nur wenig von Wolke zu Wolke variiert. Der Übergang von dem ersten angeregten Rotationsniveau ($J = 1$) in den Grundzustand ($J = 0$) liegt für das häufigste Isotop $^{12}C^{16}O$ bei

$$\lambda_0 = 2.60\ \mathrm{mm} \quad \text{oder} \quad \nu_0 = 115.27\ \mathrm{GHz} \quad (^{12}CO)\ .$$

Da die Emission in dieser Linie in vielen Blickrichtungen optisch dick ist, bietet sich auch die schwächere Linie des entsprechenden Übergangs im Isotop $^{13}C\,^{16}O$ ($^{12}C/^{13}C \simeq 40\ldots80$) bei

$$\lambda_0 = 2.72\ \mathrm{mm} \quad \text{oder} \quad \nu_0 = 110.20\ \mathrm{GHz} \quad (^{13}CO)$$

an.

Wir können hier keine Darstellung der Grundlagen der *Molekülspektroskopie* geben, sondern müssen uns auf einige Bemerkungen beschränken. Wie bei den Atomen (Abschn. 4.7.1) bestimmen auch bei den Molekülen im wesentlichen die Elektronen entsprechend ihren Quantenzahlen die Energiezustände, wobei hier das elektrische Feld der Atomkerne im einfachsten Fall eines *zweiatomigen* Moleküls AB ein Dipolfeld ist. Die Übergänge zwischen verschiedenen elektronischen Zuständen fallen in der Regel in den optischen oder ultravioletten Spektralbereich. Jeder elektronische Zustand spaltet infolge der Schwingungen der Atome im Molekül gegeneinander in mehrere *Vibrationsniveaus* (Quantenzahl v) auf, welche wiederum infolge der Rotation des Moleküls in eine Serie von *Rotationsniveaus* (Quantenzahl J) aufspalten. Übergänge zwischen (reinen) Vibrations- bzw. Rotationszuständen liegen meist im Infrarot bzw. Radiofrequenzbereich. Für die kühlen Molekülwolken sind vor allem die Übergänge von den niedrigsten Rotationsniveaus von Bedeutung. Für den vereinfachten Fall des *starren Rotators* („Hantel"), bei dem die beiden Kerne mit den Massen m_A und m_B in festem Abstand a um eine senkrecht zur Verbindungslinie verlaufende Achse durch ihren gemeinsamen Schwerpunkt rotieren (Abb. 2.6.4), ist zunächst das Trägheitsmoment (2.6.44) unter Verwendung der Beziehung (2.6.36)

$$I = \frac{m_A m_B}{m_A + m_B}\, a^2 \tag{5.3.21}$$

und damit die *Rotationsenergie*[6]

$$E_{\mathrm{rot}} = \frac{h^2}{8\pi^2 I} J(J+1) = hcB\,J(J+1)\ , \tag{5.3.22}$$

wobei $J = 0, 1, 2, \ldots$ die Rotationsquantenzahl und B die (üblicherweise in cm^{-1} angegebene) Rotationskonstante

[6] Nach der klassischen Mechanik wäre $E_{\mathrm{rot}} = I\omega^2/2$ (ω: Winkelgeschwindigkeit) oder, wenn wir den Drehimpuls $S = I\omega$ (2.6.43) einführen, $E_{\mathrm{rot}} = S^2/2I$. In dem quantenmechanischen Ausdruck tritt S in Einheiten von $h/2\pi$, genauer $S = (h/2\pi)\sqrt{J(J+1)}$, auf.

ist. Die Auswahlregel für elektrische Dipolstrahlung ist $\Delta J = 0, \pm 1$ (außer $0 \leftrightarrow 0$).

Das Auftreten der *reduzierten Masse* $m_A m_B/(m_A + m_B)$ in I bzw. E_{rot} zeigt, daß Molekülspektren gut geeignet sind, um verschiedene *Isotope* zu beobachten; z. B. ergibt sich zwischen den Linien des $^{12}C\,^{16}O$ und des $^{13}C\,^{16}O$ entsprechend den reduzierten Massen von 6.86 bzw 7.17 nach (5.3.22) eine Energie- bzw. Frequenzverschiebung um einen Faktor 1.046 (vgl. oben).

Bevor wir uns der beobachteten Vielfalt der interstellaren Moleküle zuwenden, beschreiben wir noch die *Verteilung des molekularen Wasserstoffs* in der Milchstraße, wie sie sich aus den CO-Linien ergibt (Abb. 5.3.9). Anders als der atomare Wasserstoff sind die H_2-Moleküle großräumig in einem flachen, breiten Ring ungefähr zwischen 4 und 8 kpc Abstand vom galaktischen Zentrum konzentriert, der senkrecht zur Milchstraßenebene nur etwa 100 pc dick ist. Die Gesamtmasse an H_2 in der Milchstraße beträgt rund $2 \cdot 10^9\,\mathcal{M}_\odot$ und ist damit der des neutralen Wasserstoffs vergleichbar. Wie der Staub und der atomare Wasserstoff tritt auch der molekulare Wasserstoff ungleichförmig in Wolken konzentriert auf. Die *Molekülwolken, „CO-Wolken"*, haben sehr unterschiedliche Größen (etwa 1 bis 200 pc), Dichten (etwa 10^9 bis $10^{12}\,\mathrm{m}^{-3}$) und Massen (etwa 10 bis $10^6\,\mathcal{M}_\odot$) und sind mit Dunkelwolken (Abschn. 5.3.1) korreliert; ihre Extinktion im Visuellen A_v reicht von etwa 1 mag bis über 25 mag. Die *Riesen-Molekülwolken* mit $\gtrsim 10^5\,\mathcal{M}_\odot$ stellen neben den Kugelsternhaufen die massereichsten Objekte in der Milchstraße dar, ihre Anzahl wird auf rund 4000 geschätzt. In der Nähe des galaktischen Zentrums finden wir besonders massereiche Riesen-Molekülwolken (Abschn. 5.6.3); Sgr B2 zeichnet sich unter allen Molekülwolken durch die Mannigfaltigkeit der dort beobachteten Molekülarten aus.

Die *Temperaturen* in den Molekülwolken liegen im Bereich zwischen 10 und 30 K. Häufig werden in den größeren Molekülwolken im fernen Infrarot ($\lambda \gtrsim 20\,\mu\mathrm{m}$) dichte, *kompakte Kondensationen* mit Durchmessern der Größenordnung 1 pc beobachtet; in ihnen und ihrer unmittelbaren Umgebung sind die Temperaturen oft erheblich höher (10^2 bis 10^3 K). Wir haben hier *Protosterne* vor uns, die von einer dichten Staubhülle umgeben sind und nur durch ihre Infrarotemission erkennbar sind. Auf die Sternentstehung, die sich in den dichten Teilen der Molekülwolken vor sich geht, kommen wir in Abschn. 5.4.7 zu sprechen.

Wir verschaffen uns jetzt einen Einblick in die Mannigfaltigkeit der *interstellaren Moleküle,* den uns die Molekülspektroskopie im Radiobereich und Infrarot bietet. Günstige Beobachtungsmöglichkeiten geben uns durch ihren Artenreichtum z. B. die dichte Riesen-Molekülwolke Sgr B2 im galaktischen Zentralgebiet, die nahe Molekülwolke Ori MC 1 (Orion *M*olecular *C*loud) im Orion (Abb. 5.4.13), die Dunkelwolke Tau MC 1 im Taurus-Komplex oder die kühle Hülle um den Kohlenstoffstern IRC $+10°216$.

Fast alle interstellaren Moleküle sind aus den häufigen Elementen H, C, N, O, S und Si aufgebaut. Neben den bereits erwähnten einfachen Molekülen bzw. Radikalen wie H_2CO, CH und OH sind unter den mehratomigen Molekülen relativ häufig und damit auch in anderen Galaxien beobachtbar: Ammoniak NH_3, Wasser H_2O, Blausäure (Cyanwasserstoff) $HC{\equiv}N$ und ihr Isomer, der Isocyanwasserstoff $H{=}N{=}C$, Formaldehyd (Methanal) $H_2C{=}O$ sowie das Oxomethylium-Ion HCO^+.

An „anorganischen" Molekülen beobachten wir weiterhin hauptsächlich Oxide und Sulfide wie NO, NS, SiO, SiS, SO, SO_2 und O_3, ferner H_2S, HNO, N_2H^+ und SiH_4. Wegen der Fähigkeit des Kohlenstoffs, komplizierte Kettenverbindungen zu bilden, zeigen die „organischen" Moleküle auch im interstellaren Raum eine große Vielfalt. Wir finden (außer den schon genannten) zunächst einfachere Moleküle, Radikale und Ionen wie C_2, CS, CSO, HCO, C_2H, C_3H, C_4H, C_3N; HCS^+, HCO^+ und neben HCO^+ auch HOC^+. Dann beobachten wir u. a. die Kohlenwasserstoffe Methan CH_4, Ethin (Acetylen) $HC{\equiv}CH$ und Propin $CH_3{-}C{\equiv}CH$, die Alkohole Methanol CH_3OH, Methanthiol CH_3SH und Ethanol CH_3CH_2OH, die Ameisensäure (Methansäure) $HC{\overset{\nearrow O}{\searrow OH}}$ mit ihrem Methylester $HC{\overset{\nearrow O}{\searrow O-CH_3}}$ (Methylformat), Dimethylether $CH_3{-}O{-}CH_3$ und Ethanal (Acetaldehyd) $CH_3{-}CHO$. Weiterhin treten zahlreiche stickstoffhaltige Verbindungen auf wie Methylamin $CH_3{-}NH_2$, Methanimin $CH_2{=}NH$, Cyanamid $NH_2{-}C{\equiv}N$, Formamid $HC{\overset{\nearrow O}{\searrow NH_2}}$, Isocyansäure $O{=}C{=}NH$ und Isothiocyansäure $S{=}C{=}NH$ und mehrere Nitrile. Erstaunlich ist die Reihe der langen, kettenförmigen Polyinnitrile (Cyanopolyine), welche von der Blausäure $HC{\equiv}N$ bis hin zum Undecapentainnitril

$$HC{\equiv}C-C{\equiv}C-C{\equiv}C-C{\equiv}C-C{\equiv}C-C{\equiv}N$$

gefunden wurden und welche zum Teil unter terrestrischen Bedingungen noch nicht synthetisiert werden konnten. Weitere „ungewöhnliche" Moleküle sind das

Trikohlenstoffmonoxid $^{\ominus}$:C≡C−C≡O:$^{\oplus}$, das 1,3-Pentadiin $CH_3-C\equiv C-C\equiv CH$, das deuterierte Ethinyl-Radikal $\cdot C\equiv C-D$ und Kochsalz NaCl.

Im Gegensatz zu der irdischen Chemie scheinen auf den ersten Blick unter den Verhältnissen im interstellaren Medium organische Ringverbindungen und verzweigte Ketten gegenüber den linearen Kettenmolekülen benachteiligt zu sein. In neuerer Zeit (1984/85) wurden jedoch radiofrequente Linien des ringförmigen SiCC und des Cyclopropenyliden C_3H_2 entdeckt.

Weiterhin wurden zur Identifikation der diffusen interstellaren Bänder (Abschn. 5.3.1) polyzyklische aromatische Kohlenwasserstoffe vorgeschlagen.

Selbst in den dichtesten Molekülwolken bleiben die Dichten so gering ($\lesssim 10^{12}\,m^{-3}$) und die Temperaturen so tief, daß die *Molekülbildung* weit vom thermodynamischen Gleichgewicht entfernt erfolgt. Der fast immer zusammen mit dem Gas auftretende Staub schirmt die ultraviolette Sternstrahlung ab und verhindert die Zerstörung (Photodissoziation) der einmal gebildeten Moleküle. Dagegen können die energiereichen Protonen der Kosmischen Strahlung auch in Molekülwolken zu einer teilweisen Ionisation führen. Die so entstehenden (positiven) Ionen können wirksam mit H_2 und anderen Molekülen reagieren und zum Aufbau weiterer Moleküle führen. Bei diesen meist exothermen *Ion-Molekül-Reaktionen* in der Gasphase (E. Herbst, W. Klemperer, 1973) scheint das bei $H_2^+ + H_2 \rightarrow H_3^+ + H$ gebildete H_3^+-Ion eine Schlüsselrolle zu spielen und durch Reaktionen mit CO und N_2 die beobachteten Ionen HCO^+ und N_2H^+ zu erzeugen.

Für die Entstehung des H_2 und der komplizierten Kettenmoleküle sind demgegenüber wahrscheinlich *katalytische Reaktionen* auf den interstellaren *Staubkörnern* verantwortlich (D. J. Hollenbach, E. E. Salpeter, 1971). Bei Auftreffen auf ein Staubkorn können Teilchen haften bleiben und durch Diffusion auf dessen Oberfläche einen Reaktionspartner finden. Unter günstigen Bedingungen kann dann das entstandene Molekül von der Oberfläche abdampfen.

Um aus den beobachteten Intensitäten der Moleküllinien quantitativ *Elementhäufigkeiten* abzuleiten, müssen unter den stark vom thermodynamischen Gleichgewicht abweichenden Verhältnissen im interstellaren Gas analog wie bei den Atomen (Abschn. 4.7.3) die einzelnen Prozesse für Anregung, Dissoziation, Ionisation, Ladungsaustausch usw. berücksichtigt werden, wobei die Vielfalt der relevanten Prozesse bei Molekülen erheblich größer als bei Atomen ist.

Haben wir bei einem Molekül mehrere Isotope vorliegen, so hängen die Anregungen der Energiezustände im allgemeinen kaum von der unterschiedlichen Isotopenmasse ab. Wir können daher *relative Isotopenhäufigkeiten* durch Beobachtung sich entsprechender Übergänge ziemlich genau bestimmen. Anhand der Moleküle CO, HCO^+, H_2CO, HCN, CS und SiO ist es möglich, die selteneren Isotope ^2D, ^{13}C, ^{15}N, $^{17,18}O$, $^{33,34}S$ und $^{29,30}Si$ zu erfassen. Die Isotopenverhältnisse im interstellaren Raum geben u. a. Aufschluß über die bei der Entwicklung der Sterne ablaufenden Kernreaktionen (s. Abschn. 5.4.4).

Ganz ungewöhnlich hohe Intensitäten finden wir in den Linien des *OH-Radikals* bei $\lambda = 18$ cm, welche – formal durch Strahlungstemperaturen (5.6.1) ausgedrückt – 10^{12} bis 10^{15} K entsprechen! Die Linien sind äußerst scharf und entstammen – wie Winkelmessungen mittels Langbasisinterferometrie ergeben – sehr kompakten ($\lesssim 10$ AE) Quellen; in vielen Fällen wird zirkulare Polarisation beobachtet. Diese extremen Nichtgleichgewichtseigenschaften können nur durch einen *Maser-Verstärkungseffekt*[7] gedeutet werden: Die oberen Energieniveaus der Übergänge werden durch einen sogenannten Pumpprozeß (der im einzelnen noch nicht verstanden wird) stark übervölkert, so daß die kohärente, durch das Strahlungsfeld derselben Frequenz *induzierte Emission* (Abschn. 4.7.3) gegenüber der spontanen Emission überwiegt. Dieser „natürliche" *OH-Maser* funktioniert im Mikrowellenbereich auf die gleiche Weise wie der Laser, mit dem im Optischen und Infrarot konzentrierte, intensive Strahlenbündel erzeugt werden.

Nach ihren relativen Linienintensitäten werden die OH-Maser in zwei Typen unterteilt. Der eine Typ (I) tritt meist in Gruppen in der Nähe von starken Infrarotquellen, d. h. in Sternentstehungsgebieten auf (Abschn. 5.4.7); den anderen (II) finden wir demgegenüber mit späten Entwicklungsphasen der Sterne korreliert (Überriesen, Mira-Veränderliche, siehe Abschn. 4.11.1). Maserlinien werden noch bei weiteren Molekülen beobachtet, z. B. bei H_2O $\lambda = 1.35$ cm und – nicht so ausgeprägt – bei SiO, H_2CO u. a.

[7] Maser = *m*icrowave *a*mplification by *s*timulated *e*mission of *r*adiation

5.3.5 Leuchtende Gasnebel. H II-Regionen

In der Umgebung heller O- und B-Sterne wird das interstellare Gas und insbesondere der Wasserstoff ionisiert und zum Leuchten angeregt; wir sehen einen diffusen Nebel oder eine H II-Region. Dies geschieht, wie H. Zanstra 1927 erkannte, auf folgende Weise: Wenn ein neutrales Wasserstoffatom die Strahlung des Sterns im Lymangebiet bei $\lambda < 91.1$ nm absorbiert, so wird es ionisiert (vgl. Abb. 4.7.1). Das entstandene Photoelektron wird später von einem positiven Ion (Proton) wieder eingefangen. Die Rekombination führt in den seltensten Fällen direkt in den Grundzustand; meist finden Kaskadenübergänge über mehrere Energieniveaus unter Ausstrahlung kleinerer Lichtquanten $h\nu$ statt. Abschätzungsweise kann man sagen, daß für jedes absorbierte Lymanquant $h\nu > 13.6$ eV bzw. $\lambda < 91.1$ nm u. a. etwa *ein* Hα-Quant ausgestrahlt wird. Darf man noch voraussetzen, daß der Nebel praktisch die ganze Lymanstrahlung des Sternes absorbiert, so kann man nach H. Zanstra aus der Hα-Strahlung des Nebels auf die *Lymanstrahlung* des Sterns rückschließen. Vergleicht man letztere mit seiner optischen Strahlung, so kann man nach der Theorie der Sternatmosphären die *Temperatur* des Sterns abschätzen. Für die O- und B-Sterne erhält man Werte, die etwa im Bereich der spektroskopisch bestimmten Temperaturen liegen.

Man kann denselben Vorgang auch noch unter einem anderen Gesichtspunkt betrachten: Die Zahl der *Rekombinationsprozesse* im Einheitsvolumen ist proportional der Zahl der Elektronen N_e *mal* der Zahl der einfangenden Ionen im Einheitsvolumen. Da aber jedes H-Atom bei der Ionisation *ein* Elektron abgibt, so ist letztere ebenfalls $\simeq N_e$. Die Hα-Helligkeit an einer bestimmten Stelle des Nebels wird also proportional sein dem von B. Strömgren eingeführten *Emissionsmaß*

$$EM = \int N_e^2 dr \ . \qquad (5.3.23)$$

Die Integration ist dabei längs des Sehstrahls zu erstrecken; r mißt man gewöhnlich in [pc], die Elektronendichte N_e in [cm^{-3}]. Für *diffuse Nebel* ist EM von der Größenordnung einiger $10^3\,\text{cm}^{-6}$ pc und mehr. Schätzt man N_e ab, indem man die Längs- und Querdimensionen der Nebel, die im Bereich von etwa 1 bis 100 pc liegen, als ungefähr gleich annimmt, so erkennt man, daß in den H II-Regionen die Elektronendichte von derselben Größenordnung ist wie die Dichte der neutralen Atome in den H I-Wolken, d. h. 10^7 bis $10^8\,\text{m}^{-3}$. In den großen diffusen Nebeln, wie z. B. dem *Orionnebel*, erreicht man $N_e \simeq 5 \cdot 10^9\,\text{m}^{-3}$. Innerhalb vieler Nebel werden bei Radiowellenlängen kompakte H II-Regionen mit erheblich höheren Dichten beobachtet (s. unten).

Die optischen und ultravioletten *Spektren* der Gasnebel (Abb. 5.3.10, 11) entstehen unter Bedingungen, die weit vom thermischen Gleichgewicht entfernt sind, so daß eine Behandlung der einzelnen Elementarprozesse erforderlich ist (Abschn. 4.7.3). Die Strahlung des anregenden Sterns kommt nur mit einem *Verdünnungsfaktor* $W \simeq 10^{-16}$ bis 10^{-14} zur Wirkung (5.3.13). Deshalb werden in den Atomen und Ionen nur die *Grundzustände* und langlebige *metastabile Zustände* mit äußerst kleiner Übergangswahrscheinlichkeit in tiefere Terme merklich besetzt.

Im einzelnen tragen folgende Prozesse zur Erregung des Nebelleuchtens bei:

1) *Wasserstoff* und *Helium*, die zwei häufigsten Elemente, werden – wie wir sahen – durch die verdünnte Sternstrahlung ($\lambda \leq 91.1$ bzw. ≤ 50.4 nm) ionisiert. Die Rekombination der Ionen und Elektronen erfolgt in allen möglichen Quantenzuständen. Aus diesen fallen die Elektronen, großenteils in Kaskadenübergängen, schließlich wieder in den Grundzustand. So erhalten wir die ganzen Spektren von H, He I und evtl. He II und einigen anderen Ionen als *Rekombinationslinien.*

2) In wenigen besonderen Fällen werden einzelne Übergänge durch *Fluoreszenz* angeregt (I. S. Bowen). Z. B. wird bei der Rekombination von He^+ dessen Resonanzlinie $\lambda = 30.38$ nm ausgestrahlt, die zufällig vom Grundzustand des O^{2+} aus absorbiert werden kann, indem sie dessen $3d^3P_2$-Term anregt. Von diesem aus werden nun eine ganze Anzahl von O III-Linien ausgestrahlt, die man im nahen Ultraviolett beobachtet.

3) Aufsehen erregte 1927 I. S. Bowens Entdeckung, daß die in allen Nebelspektren starken Linien $\lambda = 495.89$ und 500.68 nm, welche die Astronomen lange Zeit einem mysteriösen Element „Nebulium" zugeordnet hatten (Abb. 5.3.11), gedeutet werden konnten als *verbotene Übergänge* im O III-Spektrum, von einem tiefliegenden *metastabilen* Term in den Grundterm des Ions. Während die „gewöhnlichen" erlaubten Linien Übergangswahrscheinlichkeiten der Größenordnung $A \simeq 10^8\,\text{s}^{-1}$ haben (elektrische Dipolstrahlung, Abschn. 4.7.3), betragen diese z. B. für die [O III]-Nebellinien[8] nur 0.007 bzw.

[8] Verbotene Übergänge werden dadurch gekennzeichnet, daß man das Symbol des Spektrums in eckigen Klammern setzt.

$0.021 \mathrm{~s}^{-1}$. Es handelt sich in diesem Fall um magnetische Dipolstrahlung, in anderen Fällen um elektrische Quadrupolstrahlung des Ions. Die *Anregung* der metastabilen Niveaus erfolgt durch die *Stöße der Elektronen,* welche bei der Photoionisation von H und He entstanden waren.

Wie kommt es nun, daß in den Nebeln verbotene und erlaubte Emissionslinien in vergleichbarer Stärke auftreten? Betrachten wir eine Linie bei ν_0 von einem angeregten Zustand 1 in den Grundzustand 0 (Abb. 4.7.6). Unter den Bedingungen in Nebeln erfolgt die Anregung nur durch Elektronenstöße (Rate C_{01}), während die Entvölkerung von 1 durch Stöße (Rate C_{10}) *und* durch spontane Emission (Rate A_{10}) bewirkt wird. Nach (4.7.40) ist dann das Besetzungsverhältnis

$$\frac{N_1}{N_0}=\frac{C_{01}}{A_{10}+C_{10}} \; . \qquad (5.3.24)$$

Da C_{01} und C_{10} nun der Elektronendichte N_e proportional sind, wird – bei gegebenem A_{10} – für hinreichend *geringe Dichten* $C_{10} \ll A_{10}$ und damit $N_1/N_0 = C_{01}/A_{10}$ ($\ll 1$). Dies wird z.B. für die [O III]-Linien entsprechend ihren $A_{10} \gtrsim 0.01 \mathrm{~s}^{-1}$ bereits bei $N_\mathrm{e} \ll 10^{11} \mathrm{~m}^{-3}$ bzw. $\ll 10^5 \mathrm{~cm}^{-3}$ erreicht. Die *Linienintensität*, die im optisch dünnen Fall durch das Integral über den Emissionskoeffizienten (4.2.12) gegeben ist, wird dann

$$\int j_\nu d\nu = \frac{h\nu_0}{4\pi} A_{10} N_1 \simeq \frac{h\nu_0}{4\pi} C_{01} N_0 \; . \qquad (5.3.25)$$

Sie ist also *unabhängig* von der Übergangswahrscheinlichkeit A_{10} und proportional zur Elektronendichte mal der Dichte der betrachteten Atomsorte $N_0 + N_1 \simeq N_0$. Bei sehr kleinen N_e sind also die Elektronenstöße so selten, daß selbst bei der geringen Wahrscheinlichkeit eines verbotenen Übergangs (und erst recht bei erlaubten Übergängen!) das angeregte Niveau praktisch immer durch spontane Emission entvölkert wird.

Abb. 5.3.10. Zentralbereich des η Carinae-Nebels NGC 3372. Zusammengesetzte Farbaufnahme (Blau- und Rotfilter sowie Schmalbandfilter im Bereich der grünen [O III]-Linie) von S. Laustsen und J. Surdej mit dem 3.6 m-Teleskop der ESO. Der gesamte Nebel hat einen Durchmesser von etwa 3° bzw. 130 pc bei einer Entfernung von 2.5 kpc; der gezeigte Ausschnitt umfaßt 10′·13′. Der helle Stern im Zentrum des Nebels (links von der Bildmitte) ist η Car, einer der absolut hellsten Sterne vom Typ der „Leuchtkräftigen Blauen Veränderlichen". η Car, der selbst noch von einem kleinen Nebel umgeben ist, zeigt ausgeprägte Helligkeitsschwankungen und starken Massenverlust durch einen Sternwind. Während η Car heute eine Helligkeit von etwa 6. Größe hat, war er 1843 mit −0.8 mag im Maximum der zweithellste Stern am Himmel. (Mit freundlicher Genehmigung der Europäischen Südsternwarte)

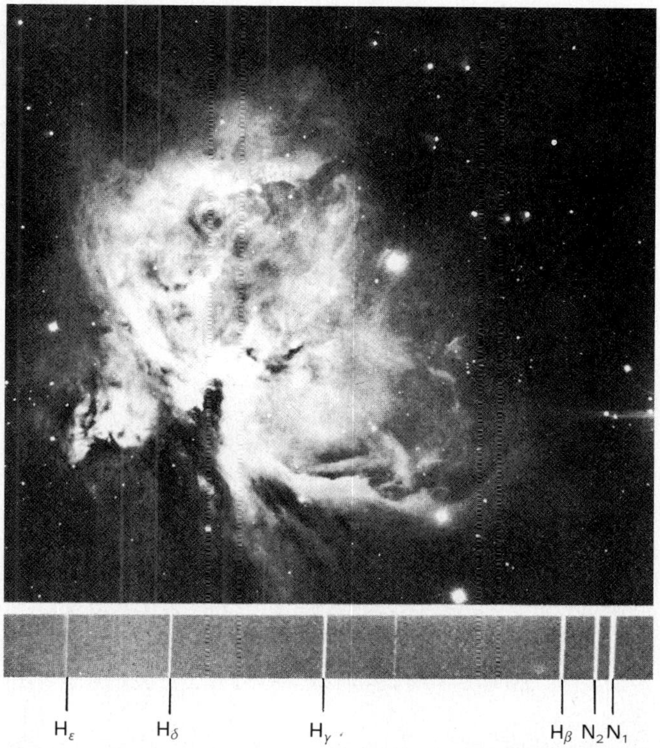

Abb. 5.3.11. Der Orionnebel (M 42 = NGC 1976), ein diffuser oder galaktischer Nebel, und sein Emissionsspektrum im Blau. N_2 und N_1 sind die „Nebuliumlinien" des [O III] bei $\lambda = 495.89$ und 500.68 nm

Nachdem wir eingesehen haben, daß in den Nebeln verbotene und erlaubte Linien – bei sonst gleichen Bedingungen wie z. B. gleicher Dichte N_0 bzw. gleicher Elementhäufigkeit – ähnlich stark sind, bleibt noch zu erklären, warum die [O III]-Linien sogar die Stärke der erlaubten Hβ-Linie des wesentlich häufigeren Wasserstoffs erreichen (Abb. 5.3.10). Der Unterschied in der Häufigkeit wird hier dadurch aufgewogen, daß die Elektronenstoßanregung beim O^{2+} viel wirksamer ist als die Anregung durch Rekombination beim H.

Den Elektronen wird bei ihren anregenden Stößen selbstverständlich Energie entzogen, die dann überwiegend in den verbotenen Linien aus dem Nebel abgestrahlt wird. Die *Elektronentemperatur* T_e ist daher niedriger, als man nach der Temperatur der Sterne zunächst erwartet, etwa 7000 bis 10000 K.

Die verbotenen Übergänge zwischen Feinstrukturniveaus innerhalb des Grundterms liegen bei den häufigeren Ionen meist im fernen *Infrarot*; z. B. werden die Linien [O III] $\lambda = 88.3$ und $51.8\ \mu m$, [Ne II] $\lambda = 12.8\ \mu m$, [S III] $\lambda = 18.7$ und $33.5\ \mu m$, [C II] $\lambda = 157\ \mu m$ in H II-Regionen beobachtet. Im Gegensatz zu den optischen Linien erfahren diese Linien keine Schwächung durch die interstellare Staubextinktion und können aus der ganzen Milchstraße beobachtet werden.

Hinsichtlich der Physik ihres Leuchtens, *nicht* aber in ihrer kosmischen Stellung, sind den diffusen Gasnebeln verwandt die wegen ihres Aussehens so genannten *Planetarischen Nebel* (Abb. 5.3.12, 5.3.13 und 3.2.14). Die Zanstrasche Methode ergibt für ihre Zentralsterne (Abschn. 5.4.4 und 5) Temperaturen von 30000 bis gegen 150000 K. Die leuchtenden Hüllen, deren scheinbare Größe bei benachbarten Objekten einige Bogenminuten beträgt, haben größenordnungsmäßig Radien von 10^4 AE, eine Elektronendichte von etwa 10^9 bis $10^{10}\ m^{-3}$ und eine Elektronentemperatur von 10^4 K. Die beobachtete Aufspaltung der Linien deutet auf eine Expansion der Hüllen – die Vorderseite nähert sich uns, die Rückseite entfernt sich – mit etwa $20\ km\ s^{-1}$.

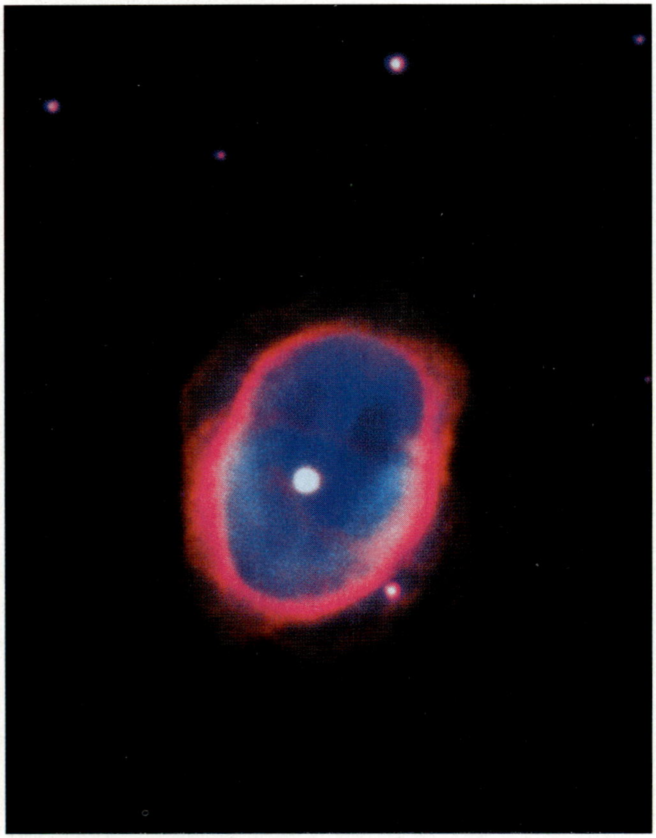

Abb. 5.3.12. Planetarischer Nebel NGC 3132 in Vela. Farbaufnahme von S. Laustsen mit dem 3.6 m-Teleskop der ESO. Der Durchmesser von rund 50″ entspricht 0.24 pc bei einer Entfernung des Nebels von etwa 1 kpc. Der innere, heißere Teil erscheint durch die Emissionslinien des ionisierten Sauerstoffs bläulich, der äußere Teil durch die Hα-Emission des neutralen Wasserstoffs rötlich. Der Nebel wird von einem extrem heißen Zentralstern ($T_{\mathrm{eff}} \simeq 150000$ K) zum Leuchten angeregt, der im Optischen sehr lichtschwach und auf dieser Aufnahme nicht erkennbar ist. Er liegt nur 1.65″ von dem hellen Stern (des Spektraltyps A) in der Mitte des Nebels entfernt, welcher zu kühl ist, um den Nebel anzuregen. (Mit freundlicher Genehmigung der Europäischen Südsternwarte)

Wiederum andere leuchtende Nebel sind die *Supernovaüberreste* (Abschn. 4.11.7), die jedoch nicht durch Strahlung von einem Zentralstern angeregt werden, sondern durch die hohen Temperaturen in Stoßfronten. Sie sind im Optischen von den H II-Gebieten vor allem durch das deutlich größere Verhältnis der Linienintensitäten von [S II] $\lambda = 671.6/673.1$ nm zur benachbarten Hα-Linie zu unterscheiden.

Wenden wir uns nach diesem Abstecher wieder den H II-Regionen zu. Im *Radiofrequenzbereich* beobachten wir ihre *thermische* Strahlung als *frei-frei-Kontinuum*. Dieses entsteht (Abb. 4.7.1), wenn ein Elektron von einem Proton bei ihrer Begegnung nicht eingefangen, sondern nur abgelenkt wird. Die Intensität der frei-frei-Strahlung ist – wie die der Rekombinationslinien – dem Emissionsmaß EM (5.3.23) proportional. Während die optischen Beobachtungen z. B. in Hα durch die interstellare Extinktion, besonders nahe der Milchstraßenebene, stark behindert werden, dringen die Radiowellen – wie auch die Infrarotstrahlung – durch interstellare Dunkelwolken praktisch ohne Behinderung hindurch und ermöglichen so die Beobachtung von H II-Regionen in der ganzen Milchstraße.

Man erkennt die frei-frei-Strahlung daran, daß ihre Intensität I_ν bei Ausstrahlung in optisch *dünner* Schicht von der Frequenz ν praktisch unabhängig ist (Abb. 5.3.14). Nach der Theorie ist der Absorptionskoeffizient κ_ν bzw. die optische Dicke τ_ν etwa proportional zu $N_e^2 \nu^{-2}$, so daß sich nach (4.2.32) die Frequenzabhängigkeit für den Rayleigh-Jeans-Bereich (4.2.24b) weghebt. Bei kleineren Frequenzen (oder hohen Elektronendichten) wird $\tau_\nu \gg 1$ und somit der Intensitätsverlauf $I_\nu = B_\nu(T) \sim \nu^2$. Im Infrarot überwiegt die thermische Strahlung des in den H II-Regionen auf etwa 100 K geheizten Staubs gegenüber dem frei-frei-Kontinuum.

Neben der frei-frei-Strahlung hat man im Gebiet der mm- bis dm-Wellen *Rekombinationslinien* von neutralem H, He und C entdeckt, die Übergängen zwischen be-

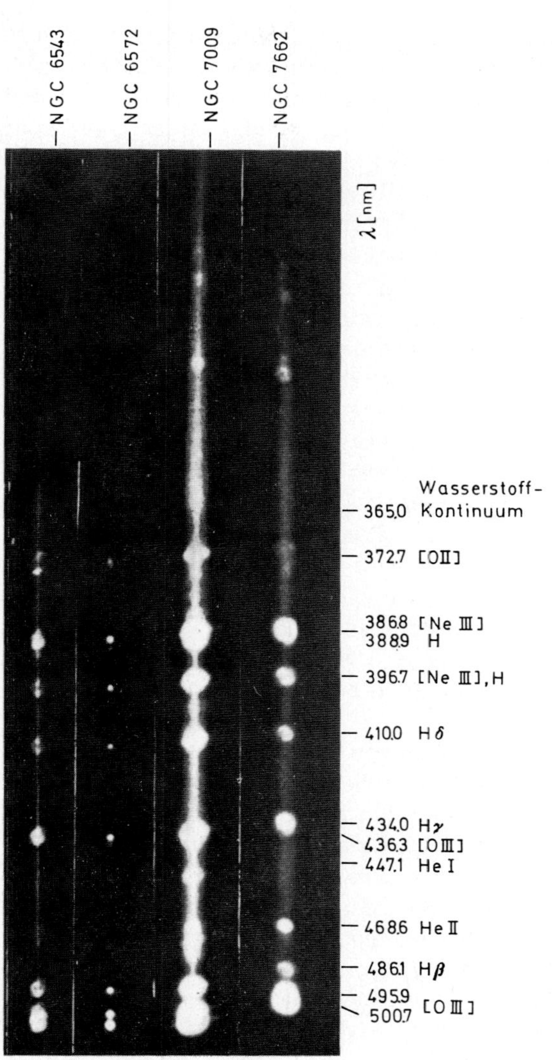

Abb. 5.3.13. Spektren planetarischer Nebel, aufgenommen mit einem spaltlosen Spektrographen. Man erkennt so die Verteilung des Leuchtens verschiedener Linien in der Nebelhülle. NGC 6543 zeigt deutlich auch das kontinuierliche Spektrum des Zentralsterns

nachbarten Energieniveaus mit Quantenzahlen $n \simeq 100$ bis 200 entsprechen. Solche angeregten Atome sind also zu einem Radius $\simeq a_0 n^2$ (Abschn. 4.7.1), d.h. etwa 1 µm „aufgeblasen“! Anhand des Dopplereffekts dieser radiofrequenten Linien können die Kinematik des ionisierten Wasserstoffs in der Milchstraße und die Geschwindigkeitsfelder in den H II-Regionen untersucht werden. Durch Vergleich der Intensitäten einander entsprechender Übergänge kann man weiterhin das *Häufigkeitsverhältnis He/H* bestimmen. Geeignet sind hierfür z.B. die bei $\lambda \simeq 6$ cm liegenden Linienpaare H 109 α (5.009 GHz), He 109 α (5.011 GHz) und H 137 β (5.005 GHz), He 137 β (5.007 GHz)[9].

Es ergibt sich größenordnungsmäßig He/H $\simeq 0.1$ in hinreichender Übereinstimmung mit den Analysen von OB-Sternen, die aus dem interstellaren Gas erst vor 10^6 bis 10^8 a entstanden sind. Das He/H-Verhältnis steigt von den äußeren Bereichen der Milchstraße zum Zentrum hin von etwa 0.07 auf 0.11 an (Abschn. 5.5.4).

Die radioastronomischen Durchmusterungen zeigen einen weiten Bereich der H II-Regionen nach Größe und Elektronendichte auf. Am einen Ende finden wir *Riesen-H II-Regionen,* deren Radioemission die des Orionnebels um ein Vielfaches übertrifft. Von ihnen kennen wir etwa 80 in der Milchstraße; die Riesen-H II-Regionen in der Nähe des galaktischen Zentrums besprechen wir in

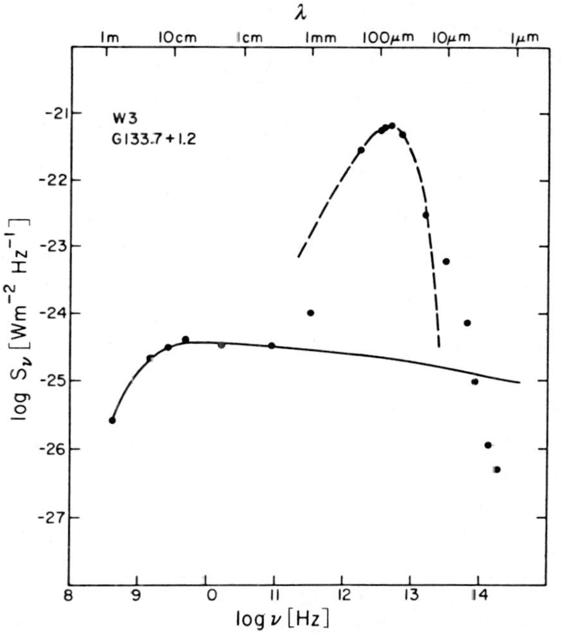

Abb. 5.3.14. Radio- und Infrarotspektrum der H II-Region W 3 = IC 1795 = G 133.7 + 1.2 (W: Bezeichnung nach der Durchmusterung von G. *W*esterhout, 1958; G: *G*alaktische Koordinaten $l = 133.7°$, $b = +1.2°$). Die Beobachtungen (●) der (räumlich integrierten) H II-Region zeigen die thermische frei-frei Strahlung des *ionisierten Gases* (——— theoretisches Modell), die für $\lambda \gtrsim 20$ cm optisch dick ist, sowie die thermische Emission von „warmem“ *Staub* für $\lambda \lesssim 1$ mm (– – – Schwarzer Körper mit $T = 70$ K). Bei höherer Winkelauflösung sind mehrere kompakte H II-Regionen bzw. Infrarotquellen in W 3 erkennbar, die qualitativ ähnliche Spektren haben. (Mit freundlicher Genehmigung von Publications of the Astronomical Society of the Pacific)

[9] Man bezeichnet den Übergang $n+1 \to n$ mit $n\alpha$, den Übergang $n+2 \to n$ mit $n\beta$ usw.

Abschn. 5.6.3. Am anderen Ende sehen wir bei hoher Winkelauflösung *kompakte H II-Regionen* mit Durchmessern von etwa 0.05 bis 1 pc oder weniger, Dichten $N_e \gtrsim 10^9\,\mathrm{m}^{-3}$ und Emissionsmaßen EM $\gtrsim 10^7\,\mathrm{cm}^{-6}\,\mathrm{pc}$, die in ausgedehntere dünnere Gebiete ionisierten Wasserstoffs eingebettet sind und im Optischen meist nicht erkennbar sind. Die dichtesten unter ihnen fallen häufig mit Quellen von Moleküllinienemission (Abschn. 5.3.4) zusammen und zeigen Gebiete der Sternentstehung an (Abschn. 5.4.7).

Die enge Verbindung zwischen den dichteren Molekülwolken als Orten der Sternentstehung und den H II-Regionen, welche durch die ultraviolette Strahlung der jungen OB-Sterne ionisiert und angeregt werden, äußert sich auch in der Ähnlichkeit der *großräumigen Dichteverteilung* des ionisierten und molekularen Wasserstoffs in der Milchstraße (Abb. 5.3.9). Auch der ionisierte Wasserstoff zeigt eine Konzentration einerseits in einem flachen Ring zwischen etwa 4 und 8 kpc Abstand vom galaktischen Zentrum, andererseits im Zentralgebiet der Milchstraße. Die Gesamtmasse an H^+ in der Milchstraße beträgt nur etwa $2 \cdot 10^8\,\mathscr{M}_\odot$.

5.3.6 Heißes interstellares Gas

Eine wesentliche Änderung unseres Bildes vom interstellaren Medium wurde durch die Entdeckung einer *heißen* Gaskomponente durch Satellitenbeobachtungen im Ultraviolett und Röntgenbereich bewirkt, deren Temperaturen erheblich höher liegen als in dem teilweise ionisierten Wasserstoffgas, das noch mit der 21 cm-Linie beobachtbar ist, oder im ionisierten Gas der H II-Regionen.

Das Auftreten von interstellaren Absorptionslinien *mehrfach ionisierter* Atome (Abschn. 5.3.2) ist wegen der großen Ionisationsenergien nur durch entsprechend hohe Temperaturen zu erklären. So deuten die Linien von C II und S III auf Temperaturen um $5 \cdot 10^4$ K, die Linien von C IV $\lambda = 154.8/155.1$, Si IV $\lambda = 139.4/140.3$ und N V $\lambda = 123.8/124.2$ nm auf $\lesssim 10^5$ K hin. Diese heiße Materie kommt vermutlich in „wolkigen Strukturen" vor, die sich mit relativ großen Geschwindigkeiten von $\gtrsim 20$ bis $100\,\mathrm{km\,s^{-1}}$ gegenüber dem kälteren Gas bewegen. Schließlich zeigen die Beobachtungen des O VI-Resonanzdubletts $\lambda = 103.2/103.8$ nm sogar eine Komponente von etwa 2 bis $8 \cdot 10^5$ K an (mit Radialgeschwindigkeiten $\lesssim 2000\,\mathrm{km\,s^{-1}}$).

Der Spektralbereich *unterhalb* der Lymankante bei 91.1 nm ist noch wenig untersucht, da hier die starke Absorption im Lymankontinuum des neutralen Wasserstoffs die Beobachtungsmöglichkeiten auf unsere unmittelbare Umgebung in der Milchstraße beschränkt. Infolge der wolkigen Struktur der interstellaren Materie sind jedoch in einigen Richtungen noch Objekte bis etwa 100 pc Entfernung beobachtbar. Im *Röntgenbereich* unterhalb von etwa $\lambda = 10$ nm wird das interstellare Gas wieder durchlässig. Während der Blick im Bereich der weichen Röntgenstrahlung noch durch die Absorption des Heliums und die *K*- und *L*-Absorptionskanten der häufigeren Elemente behindert wird, ist unterhalb von etwa 1 nm Wellenlänge das interstellare Medium praktisch völlig transparent. Die Beobachtungen einer thermischen Strahlung im weichen Röntgenbereich (etwa 2 – 12 nm), deren Intensität zur Milchstraßenebene hin konzentriert ist, lassen auf ein sehr heißes, verdünntes interstellares Gas von $\gtrsim 10^6$ K und Elektronendichten $\lesssim 10^4\,\mathrm{m}^{-3}$ schließen, welches $\lesssim 50\%$ des interstellaren Raums einnimmt.

Die hohen Temperaturen und Geschwindigkeiten des heißen Gases erfordern eine erhebliche Energiezufuhr an das interstellare Medium. Wahrscheinlich bringen Supernova-Explosionen und die Sternwinde der OB-Sterne die nötige Energie auf.

Die Beobachtungen von „interstellaren" Linien in den ultravioletten Spektren heller Sterne in den Magellanschen Wolken durch den IUE-Satelliten zeigten überraschend mehrere Linienkomponenten mit Radialgeschwindigkeiten, die *zwischen* denen unserer lokalen Umgebung und denen der beiden Nachbargalaxien liegen. Wir schließen hieraus auf die Existenz eines gasförmigen *galaktischen Halo,* dessen ungleichförmige Materie sich einige kpc weit von der Milchstraßenebene entfernt erstreckt. Da die entsprechenden Geschwindigkeitskomponenten sowohl in den Absorptionslinien von Fe II, S II und Si II, als auch von C IV und S IV auftreten, dürfte der Halo Gebiete mit unterschiedlichen Temperaturen (bis zu etwa 10^5 K) enthalten.

5.3.7 Interstellare Magnetfelder

Im Hinblick auf unsere späteren Erörterungen über Entstehung, Ausbreitung und Speicherung von Teilchen der Kosmischen Strahlung und von Synchrotronelektronen in der Milchstraße und in anderen Galaxien beschäftigen wir uns kurz mit den Möglichkeiten zur Messung interstellarer Magnetfelder.

Die *Polarisation* des Sternlichts durch Staubteilchen, die durch Magnetfelder teilweise ausgerichtet sind, haben wir bereits in Abschn. 5.3.1 besprochen. Eine andere

Möglichkeit zur Messung des interstellaren Magnetfeldes bietet der *Zeemaneffekt* der 21 cm-Linie.

Sodann werden wir sehen (Abschn. 5.6.1), daß die nichtthermische *Synchrotronstrahlung* vieler Radioquellen *polarisiert* ist. Einmal geben solche Messungen Auskunft über das Magnetfeld am Ort der Entstehung der Strahlung. Sodann aber wird beim Durchlaufen eines interstellaren Plasmas mit Magnetfeld die Polarisationsebene der Radiofrequenzstrahlung gedreht. Dies ist nichts anderes als der bekannte *Faradayeffekt*. Dessen Theorie zeigt, daß der Drehwinkel ψ der Polarisationsebene proportional ist dem Produkt λ^2 mal dem wellenlängenunabhängigen *Rotationsmaß* RM:

$$\psi = \lambda^2 RM \ , \qquad (5.3.26)$$

wobei

$$RM = 8.1 \cdot 10^3 \int_0^L N_e B_{\|} \, ds \qquad [\mathrm{rad\,m^{-2}}] \ . \qquad (5.3.27)$$

Hierbei haben wir ψ in Bogenmaß [rad], die Wellenlänge λ in [m], die Elektronendichte N_e in [$\mathrm{m^{-3}}$], die longitudinale Komponente der magnetischen Induktion $B_{\|}$ in [T] und die Entfernung der Radioquelle L bzw. ds in [pc] gerechnet. Aus Messungen bei mehreren Wellenlängen kann man nach (5.3.26) die anfängliche Lage der Polarisationsebene und das Rotationsmaß ermitteln. Die größten beobachteten RM extragalaktischer Quellen liegen bei 300 rad $\mathrm{m^{-2}}$. Kennt man die Elektronendichte „unterwegs“, so erhält man nach (5.3.27) einen entsprechend gewichteten Mittelwert über $B_{\|}$.

Zusammenfassend stehen uns die folgenden Methoden zur Erforschung interstellarer Magnetfelder zu Verfügung:

Methode	Anzeigendes Medium	Aussagen über
a) Polarisation des Sternlichtes	Staub	$B_{\perp}$
b) Zeemaneffekt der 21 cm-Linie	Neutraler Wasserstoff	$B_{\|}$
c) Synchrotron-strahlung	Relativistische Elektronen	$B_{\perp}$
d) Faraday-Drehung	Thermische Elektronen	$B_{\|}$

Entsprechend der verschiedenen räumlichen Verteilung der anzeigenden Medien liefern (a – d) verschiedene Mittelwerte, die nicht ohne weiteres vergleichbar sind. So ist es nicht zu verwundern, daß die Versuche zur Konstruktion eines Modells für das galaktische Magnetfeld noch zu keinem endgültigen Ergebnis geführt haben. Nach allen Methoden ergibt sich für die Größenordnung des allgemeinen galaktischen Magnetfelds etwa $2 \cdot 10^{-10}$ T bzw. $2 \cdot 10^{-6}$ G, wobei dem großräumigen Verlauf Schwankungen derselben Größenordnung über Bereiche von etwa 50 pc überlagert sind. In den dichteren H I-Wolken und H II-Regionen finden wir etwa 10mal höhere, in Molekülwolken bis zu 100mal höhere Feldstärken. Messungen der Zeeman-Aufspaltung an den Maserlinien bei $\lambda = 18$ cm des OH (Abschn. 5.3.4) deuten auf Felder bis zu 10^{-7} T in sehr kleinen Gebieten hin.

5.3.8 Kosmische Strahlung

Bei einem Ballonflug entdeckte V. Hess 1912, daß die elektrische Leitfähigkeit der Atmosphäre mit der Höhe zunimmt, und erklärte dies durch die ionisierende Wirkung einer energiereichen *Höhenstrahlung* aus dem Weltraum. Die Natur dieser – wie wir heute sagen – *Kosmischen Strahlung* (Ultrastrahlung; englisch: cosmic rays) als überwiegend positiv *geladene Teilchen* wurde etwa ab 1930 aufgrund ihrer Abhängigkeit vom Magnetfeld der Erde und dann durch direkten Nachweis erkannt. Schon das Durchdringungsvermögen – bis in tiefe Bergwerke – zeigt, daß wir es hier mit Energien zu tun haben, die jedes gewohnte Maß weit übertreffen.

Wir betrachten sogleich die *primäre* Kosmische Strahlung, die man *vor* ihrer Wechselwirkung mit der Materie der Erdatmosphäre mittels Ballonen und Raketen und sogar vor ihrer Beeinflussung durch das geomagnetische Feld mittels Satelliten und Raumsonden erforscht. Auf die verbleibende *solare* Komponente werden wir noch zu sprechen kommen.

Die *Energieverteilung* der *galaktischen* Kosmischen Strahlung geben wir zunächst für die *Nukleonenkomponente,* bestehend aus Protonen, α-Teilchen (He^{2+}) und schweren Kernen (d.h. vollständig ionisierten Atomen) an. Sie wird bei kleineren Energien durch magnetische und elektrische Ablenkungsversuche gewonnen. Bei großen Energien ($\gtrsim 10^{14}$ eV) mißt man die Ionisationsenergie, welche die *großen Luftschauer* in der Erdatmosphäre abladen. Das Ergebnis solcher Messungen über den enormen Energiebereich $10^8 < E < 10^{20}$ eV zeigt Abb. 5.3.15. Oberhalb $E \gtrsim 10^{10}$ eV ist der Einfluß des interplanetaren Magnetfelds unwesentlich. Von da ab fällt das Energiespektrum bis zu den höchsten gemessenen Energien von

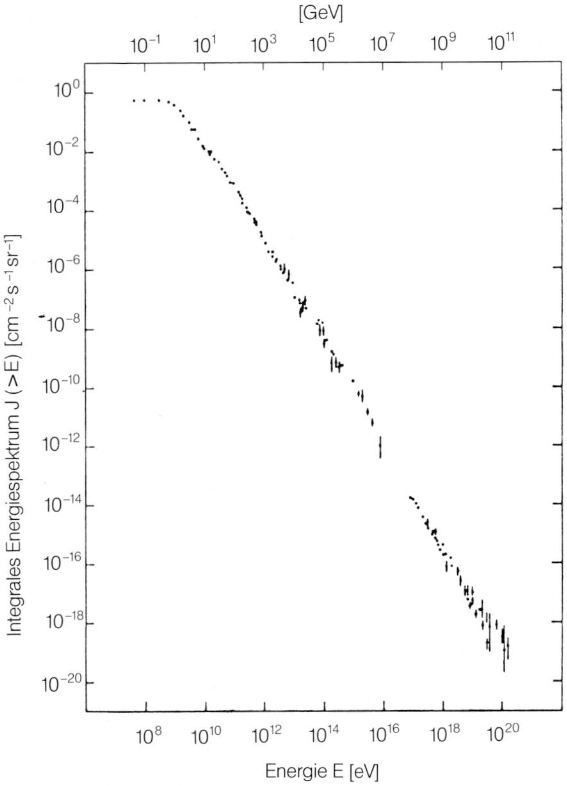

Abb. 5.3.15. Integrales Energiespektrum der galaktischen Kosmischen Strahlung. Aufgetragen ist die Anzahl $J(>E)$ der Teilchen mit kinetischer Energie $>E$, welche durch eine Fläche von 1 cm^2 pro s und Raumwinkel 1 sr gehen, als Funktion der Energie E in [eV] bzw. [GeV = 10^9 eV]

$\gtrsim 10^{20}$ eV im großen und ganzen nach einem Potenzgesetz ab. Bei etwa 10^{15} eV zeigt es einen leichten Knick und wird etwas steiler; oberhalb 10^{19} eV werden die Messungen wegen der Seltenheit der größten Luftschauerereignisse unsicherer. Den Teilchenfluß $J(>E)$ der Teilchen mit der kinetischen Energie $>E$ kann man stückweise durch eine Interpolationsformel

$$J(>E) = J_0 \left(\frac{E}{E_0}\right)^{-\beta} \tag{5.3.28}$$

darstellen[10]. Rechnet man $J(>E)$ und J_0 in [cm^{-2} s^{-1} sr^{-1}] und E_0 in [10^{12} eV], so ist im Bereich zwischen 10^{11} und 10^{14} eV $J_0 = 3.0 \cdot 10^{-6}$, $\beta \simeq 1.5$, zwischen 10^{16} und 10^{19} eV $J_0 = 5.7 \cdot 10^{-4}$, $\beta \simeq 2.0$.

Wir können hier auf die komplizierten Vorgänge beim Eindringen der primären Strahlung in die Erdatmosphäre nicht näher eingehen. Dagegen müssen wir genauer diskutieren die Ablenkung der geladenen Teilchen der Kosmischen Strahlung durch Magnetfelder, nämlich das geomagnetische Feld, das interplanetare Magnetfeld der Sonne und das interstellare Magnetfeld des Milchstraßensystems.

In einem (homogenen) *Magnetfeld* mit der Flußdichte $\boldsymbol{B}$ bewegt sich ein Teilchen der Ladung e, der Ruhemasse m_0 und der Geschwindigkeit v in einer Ebene senkrecht zu $\boldsymbol{B}$ auf einem Kreis mit der Zyklotronfrequenz $\omega_C = 2\pi\nu_C$ und dem Radius $r_C = v/\omega_C$. Die relativistische (bewegte) Masse des Teilchens ist $m = \gamma m_0 = m_0/\sqrt{1-(v/c)^2}$, sein Impuls $p = mv$ und seine Energie $E = mc^2 = \gamma m_0 c^2$ (γ Lorentzfaktor). Für die Bewegung senkrecht zu $\boldsymbol{B}$ gilt Zentrifugalkraft mv^2/r_C = Lorentzkraft evB, so daß der *Zyklotronradius* durch

$$p = eBr_C \tag{5.3.29}$$

und die *Zyklotronfrequenz* durch

$$\omega_C = \frac{eB}{m} = \frac{1}{\gamma}\frac{eB}{m_0} \tag{5.3.30}$$

gegeben ist [B in Tesla][11]. Die sog. magnetische Steifigkeit Br_C ist also exakt verknüpft mit dem Impuls p. Für *relativistische* Teilchen ($v \simeq c$, $E \gg$ Ruheenergie m_0c^2, d.h. $E \gg 0.51$ MeV für Elektronen, $\gg 938$ MeV für Protonen) gilt $E \simeq cp$ und daher

$$r_C \simeq \frac{E}{ceB} \;. \tag{5.3.31}$$

Rechnen wir E in [GeV = 10^9 eV] und r_C in [pc], so wird

$$r_C\,[\mathrm{pc}] \simeq 1.08 \cdot 10^{-16} \frac{E\,[\mathrm{GeV}]}{B\,[\mathrm{T}]} \;. \tag{5.3.32}$$

Die allgemeine Bahnform geladener Teilchen im Magnetfeld entsteht durch Überlagerung der Kreisbewegung mit einer vom Magnetfeld nicht beeinflußten Translation längs der Kraftlinien. Die Teilchen bewegen sich also auf *Schraubenlinien* um die magnetischen Kraftlinien herum.

---

[10] Dem integralen Spektrum $J(>E) \sim E^{-\beta}$ entspricht für den Fluß $J(E)$ oder auch die Dichte $N(E)$ von Teilchen mit Energien im Bereich E bis $E + dE$ ebenfalls ein Potenzgesetz $J(E)$, $N(E) \sim E^{-p}$, wobei $p = \beta + 1$ ist, vgl. auch (5.6.7).

[11] Im Gaußschen Maßsystem ist die Lorentzkraft evB/c, wobei B in Gauß angegeben wird, entsprechend (5.3.30) $\omega_C = eB/mc$ usw. 1 G entspricht 10^{-4} T. Die Zyklotronfrequenz ω_C ist doppelt so groß wie die *Larmorfrequenz* ω_L, die beim Zeeman-Effekt auftritt.

Das *geomagnetische Feld* bewirkt, daß relativ energiearme geladene Teilchen die Erdoberfläche nur in einer bestimmten Zone um die geomagnetischen Pole herum erreichen können. Dieser *Breiteneffekt* verschwindet – wie man mit r_C = Erdradius, $B = 10^{-4}\,\mathrm{T}$ abschätzt – etwa bei Energien $> 100\,\mathrm{GeV}$.

Sodann tritt die Kosmische Strahlung bei ihrem Eindringen in das Planetensystem in Wechselwirkung mit dem Sonnenwind bzw. dem mit seinem Plasma nach außen strömenden *interplanetaren Magnetfeld* von etwa $10^{-8}\,\mathrm{T}$. So ist es nicht erstaunlich, daß die Intensität der Kosmischen Strahlung im Bereich des Planetensystems eine Abhängigkeit vom 27tägigen Zyklus der synodischen Sonnenrotation und vom 11jährigen Zyklus der Sonnenaktivität aufweist.

Im *galaktischen Magnetfeld* von $2 \cdot 10^{-10}\,\mathrm{T}$ ist der *Zyklotronradius* r_C für einfach geladene Teilchen von

$$\begin{array}{llllll} E = 1 & 10^3 & 10^6 & 10^9 & [\mathrm{GeV}] & \\ r_C = 5 \cdot 10^{-7} & 5 \cdot 10^{-4} & 0.5 & 500 & [\mathrm{pc}]\,. & \\ \quad (0.1\,\mathrm{AE}) & & & & & \end{array} \qquad (5.3.33)$$

Wegen der Ablenkung der Teilchen durch das galaktische (und bei kleineren Energien außerdem durch das interplanetare und das terrestrische) Magnetfeld ist die Richtungsverteilung der Teilchen innerhalb der Meßgenauigkeit isotrop. Um so wichtiger sind die durch die Radioastronomie und die Gammastrahlen-Astronomie (Abschn. 5.3.9) gegebenen Möglichkeiten, etwas über ihre Herkunft zu erfahren.

Wir können die Entstehung von Teilchen der Kosmischen Strahlung wenigstens in einem Fall sozusagen aus der Nähe beobachten, seitdem 1946 S. E. Forbush zeigen konnte, daß die *Sonne* bei großen Eruptionen (Flares) Teilchen bis zu einigen GeV emittiert. Auf diese und weitere Untersuchungen von A. Ehmert, J. A. Simpson, P. Meyer u. a., die vor allem Aufschluß gaben über die Ausbreitung der solaren kosmischen Strahlung im interplanetaren Plasma- und Magnetfeld, können wir hier nicht weiter eingehen. Über den physikalischen Mechanismus der Beschleunigung geladener Teilchen in dem magnetischen Plasma der Sonnenchromosphäre oder -korona auf Energien von 10^9 bis $10^{10}\,\mathrm{eV}$ wissen wir heute noch nicht Bescheid. Ob ein Induktionseffekt wie beim Betatron entscheidend ist oder ob die Teilchen zwischen zwei magnetischen „Spiegeln" (Stoßfronten?) eingequetscht und dabei beschleunigt werden (E. Fermi), übersehen wir z. Z. noch nicht. Empirisch ist aber dies eine wohl klar und festzuhalten, daß die Beschleunigung von Teilchen

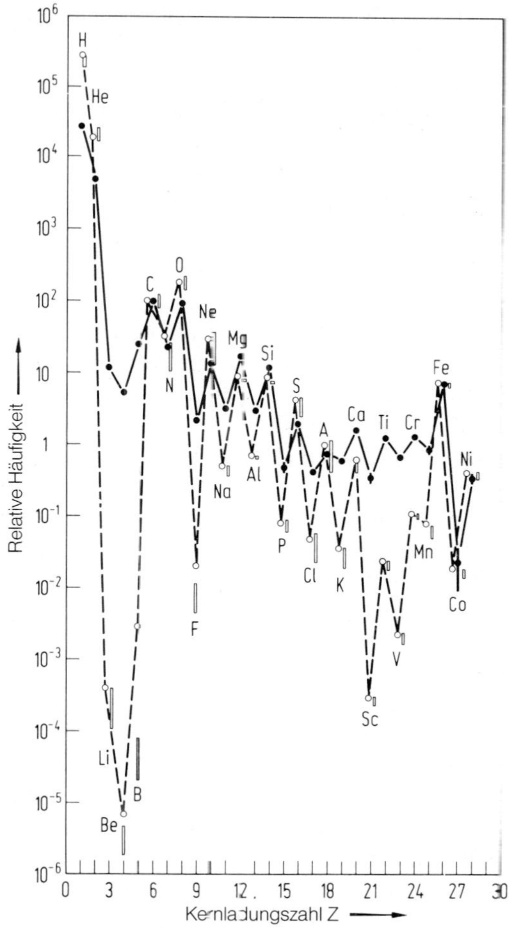

Abb. 5.3.16. Häufigkeitsverteilung in der Kosmischen Strahlung (im Energiebereich von etwa 0.1 bis 0.3 GeV pro Nukleon) nach Beobachtungen (●) mit dem Satelliten IMP-8 durch die Gruppe an der Universität Chicago (P. Meyer, 1981). Zum Vergleich sind die relativen Elementhäufigkeiten im Sonnensystem (○) und der Sterne und Nebel der näheren Umgebung in der Milchstraße (▯) eingezeichnet. Die Häufigkeitsverteilungen (nach Atomzahlen) sind bei C ($Z = 6$) einander gleichgesetzt

auf hohe Energien in der Sonne wie in den riesigen Radioquellen (Abschn. 5.6) stets in einem hochgradig turbulenten Plasma mit Magnetfeld erfolgt.

Wir wenden uns jetzt wieder der Diskussion der *galaktischen Kosmischen Strahlung* zu und betrachten zunächst die Nukleonenkomponente. Ihre Kernladungszahl Z kann man mit Kernspurplatten, geeigneten Zähleranordnungen oder den Spuren in Festkörpern bestimmen und so ihre *Häufigkeitsverteilung* erhalten (Abb. 5.3.16). Diese gleicht einerseits weitgehend der solaren Häufigkeitsverteilung (Tabelle 4.9.1), zeigt jedoch andererseits auffällige Unterschiede: Die leichten Elemente Li, Be, B, die in Sternen äußerst selten sind, haben in der Kosmischen Strahlung fast dieselbe Häufigkeit wie die folgenden schwereren Elemente. Auch das Häufigkeitsminimum von Sc bis Mn ist in der Kosmischen Strahlung „aufgefüllt". Diese Überhäufigkeiten entstehen durch *Spallation*, d.h. infolge der Zertrümmerung von schweren Kernen, insbesondere C und Fe, durch die – im Bezugssystem eines kosmischen Strahlungsteilchens hochenergetischen – Protonen und α-Kerne des interstellaren Mediums. Die Wirkungsquerschnitte für solche Spallationsprozesse kann man mit den großen Beschleunigern bis etwa 10^3 GeV messen; sie sind von der Größenordnung der geometrischen Kernquerschnitte. Aus dem Anzahlverhältnis der leichtesten und der schweren Kerne in der Kosmischen Strahlung kann man so berechnen, daß diese eine Materiemenge von ungefähr 50 kg m^{-2} bzw. 5 g cm^{-2} durchlaufen hat. Diese Zahl ist jedoch mehr als ein oberer Grenzwert anzusehen, da Kerne bis zum Ende des Periodensystems nachgewiesen werden. Solche „dicke" Kerne und weiterhin alle energieärmeren Kerne können nur eine kleinere Materiemenge durchlaufen haben. Mit Hilfe entsprechender Annahmen über die Verteilung der durchlaufenen Schichten interstellarer Materie einerseits sowie gemessenen oder berechneten Wirkungsquerschnitten für die Erzeugung und Vernichtung energiereicher Kerne andererseits haben zuerst M.M. Shapiro u.a. (1972) auf die chemische Zusammensetzung der Kosmischen Strahlung am Ort ihrer Entstehung zurückgeschlossen. Die *Häufigkeitsverteilung* der Elemente in der Kosmischen Strahlung *am Entstehungsort* ist innerhalb plausibler Fehlergrenzen dieselbe wie die Häufigkeitsverteilung in der Sonne und anderen normalen Sternen (Tabelle 4.9.1), vielleicht mit Ausnahme der Ne-Isotope und „ultraschwerer" Kerne $Z > 26$ (Überhäufigkeit im Bereich von Pt). Bevor wir diese wichtige Feststellung weiter verfolgen, befassen wir uns mit der Energiedichte der Kosmischen Strahlung.

Wir vergleichen zunächst in unserer galaktischen Umgebung die *Energiedichten u* für die wichtigsten Komponenten (5.3.34).

Schon nach dem 2. Hauptsatz der Thermodynamik erscheint es ausgeschlossen, daß in der Milchstraße etwa gleichviel Energie in Form der extrem nichtthermischen Kosmischen Strahlung erzeugt wird wie in Form thermischer Strahlung. Tatsächlich werden die Bahnen der geladenen Teilchen der Kosmischen Strahlung im galaktischen Magnetfeld $\boldsymbol{B}$ aufgewickelt, d.h. sie bewegen sich $\perp \boldsymbol{B}$ auf Kreisen, deren Mittelpunkt $\| \boldsymbol{B}$ eine Translationsbewegung ausführt. Auf solchen schraubenförmigen Bahnen werden die Teilchen in der Milchstraße gespeichert. Nach (5.3.33) wird man erwarten, daß dieser Mechanismus bis zu Energien von etwa 10^8 GeV funktioniert. Aus der durchlaufenen Materiemenge von ungefähr 50 kg m^{-2} schließen wir – mit einer mittleren Dichte der interstellaren Materie von $\simeq 2 \cdot 10^{-21}$ kg m^{-3} – auf eine Flugstrecke der Teilchen von $\simeq 800$ kpc bzw. $2 \cdot 10^6$ Lichtjahren und dementsprechend eine Lebensdauer von $\simeq 2 \cdot 10^6$ a. Gegenüber nicht ablenkbaren Teilchen, z.B. Lichtquanten, die in der Milchstraßenscheibe im Mittel einen Weg von $\simeq 300$ pc zurücklegen, bedeutet dies also eine Anreicherung um einen Faktor $\simeq 2 \cdot 10^3$. Die Tatsache, daß die Speicherung für verschiedene Kernladungszahlen Z etwa dieselbe ist, zeigt, daß das Ende der „Laufbahn" eines Teilchens der Kosmischen Strahlung im allgemeinen nicht durch einen Kerntreffer, sondern durch sein Entweichen aus der Milchstraße bestimmt wird.

Den in (5.3.34) angegebenen *Energiedichten* entspricht jeweils ein gleich großer *Druck* (J m^{-3} = N m^{-2}). Die größenordnungsmäßige Gleichheit des magnetischen und des Turbulenzdruckes in der interstellaren Materie erscheint im Lichte der Magnetohydrodynamik plausibel. Die ungefähre Gleichheit des Druckes der Kosmischen Strahlung mit diesen dürfte so zu verstehen sein, daß Kosmische Strahlung sich in der Milchstraße – „eingefroren" in deren Magnetfeld – jeweils ansammelt, bis ihr Druck ausreicht, um – wahrscheinlich zusammen mit einer gewissen Menge interstellarer Materie und deren Magnetfeld – in den Weltraum zu entweichen.

Aus der Häufigkeit gewisser Isotope, die durch Spallationsprozesse in *Meteoriten* entstehen, weiß man, daß die Intensität der Kosmischen Strahlung über Zeiträume von mindestens 10^8 a praktisch konstant geblieben ist.

	u [Jm^{-3}]	u [eV cm^{-3}]
Kosmische Strahlung	$\simeq 1 \cdot 10^{-13}$	$\simeq 0.7$
„Thermische Strahlung", d.h. gesamtes Sternlicht	$5 \cdot 10^{-14}$	0.3
Kinetische Energie $\varrho v^2/2$ der interstellaren Materie ($\simeq 10^6$ Protonenmassen m^{-3} mit $\simeq 7$ km s^{-1})	$\simeq 4 \cdot 10^{-14}$	$\simeq 0.2$
Galaktisches Magnetfeld $B^2/2\,\mu_0$ (mit $B \simeq 2 \cdot 10^{-10}$ T)	$\simeq 2 \cdot 10^{-14}$	$\simeq 0.1$

(5.3.34)

Da die mittlere Verweilzeit eines Teilchens der Kosmischen Strahlung in der Milchstraße nur $\simeq 2 \cdot 10^6$ a beträgt, die Intensität der Kosmischen Strahlung dagegen über $\lesssim 10^8$ a ziemlich konstant geblieben ist, muß sie „nachgefüllt" werden. Man wird ihre Quellen zu suchen haben in hochgradig turbulenten Plasmen mit Magnetfeldern, deren Energiedichte $B^2/2\,\mu_0$ sich ungefähr entsprechend der kinetischen Energiedichte $\varrho v^2/2$ einstellen dürfte. Dies sind aber gleichzeitig die starken nichtthermischen Radiostrahler (A. Unsöld, 1949).

Dieser Zusammenhang wird unterstrichen durch die 1961 von P. Meyer u. a. entdeckte *Elektronenkomponente* der Kosmischen Strahlung. Ihre Energieverteilung (im Bereich von etwa 1 bis 300 GeV) folgt einem Potenzgesetz $N(E) \sim E^{-p}$ mit $p \simeq 2.5$. Wie in Abschn. 5.6.1 gezeigt wird, erzeugen relativistische Elektronen bei ihrer Bewegung in Magnetfeldern *Synchrotronstrahlung,* eine nichtthermische Radiostrahlung mit einem Spektrum der Form $I_\nu \sim \nu^{-\alpha}$. Die beiden Exponenten p und α hängen dabei über die Beziehung $p = 2\,\alpha + 1$ (5.6.2, 8) zusammen. Der Exponent $p \simeq 2.5$ der Kosmischen Elektronenkomponente würde also zu einem Radiospektrum mit $\alpha \simeq 0.75$ führen in hinreichender Übereinstimmung mit den beobachteten Werten der galaktischen Synchrotronstrahlung ($\alpha \simeq 0.4 \ldots 0.9$).

Es war lange Zeit unsicher, ob die Elektronenkomponente der Kosmischen Strahlung als Sekundärprodukt bei der Wechselwirkung der Protonen mit der interstellaren Materie durch die Zerfallskette $\pi^\pm$-Meson $\rightarrow$ Myon $\mu^\pm$ (durchdringende Komponente) $\rightarrow$ Elektron entsteht oder durch *direkte* Beschleunigung *zusammen* mit den Nukleonen eines Plasmas. Im ersten Fall müßten etwas mehr Positronen e^+ als Elektronen e^- entstehen, während im zweiten Fall die Elektronen e^- erheblich überwiegen müßten. Das gemessene Verhältnis $e^-/e^+ \simeq 10$ weist darauf hin, daß die Elektronenkomponente im Milchstraßensystem denselben Quellen entstammt wie die Nukleonenkomponente.

Welche Himmelskörper sind dies? Die Häufigkeitsverteilung der Elemente in den Quellen der Kosmischen Strahlung (s. oben) deutet darauf hin, daß deren Materie letztlich im Innern der Sterne durch die dort ablaufenden Kernprozesse entstanden ist. Wir sahen schon, daß die Sonne Kosmische Strahlung und Synchrotronstrahlung erzeugt. Aber insgesamt liefern die Flares der Sonne und auch die Flaresterne nur einen winzigen Beitrag zu der galaktischen Strahlung. I. S. Shklovsky, V. L. Ginzburg u. a. haben sodann auf die Bedeutung der *Supernovae* hingewiesen. Insbesondere können deren (mögliche) Überreste, die *Pulsare,* erhebliche Materiemengen auf hohe Energien beschleunigen (Abschn. 4.11.7). Weiterhin deutet die extrem harte Gammastrahlung aus dem Röntgen-Doppelsternsystem Cyg X-3 darauf hin, daß wir hier wahrscheinlich eine Quelle energiereicher Teilchen (von etwa 10^{17} bis 10^{18} eV) vor uns haben (Abschn. 4.11.6). Der Beitrag all dieser Objekte zur Kosmischen Strahlung, über den man nur ziemlich unsichere Abschätzungen machen kann, kommt in die richtige Größenordnung. Inwieweit bei der Beschleunigung auf die hohen Energien auch der Fermi-Mechanismus im interstellaren Medium durch Magnetfelder, die sich in Stoßfronten gegeneinander bewegen, wichtig ist, ist noch nicht geklärt.

Eine weitere Quelle von Synchrotronelektronen und Kosmischer Strahlung haben wir – vor allem aufgrund radioastronomischer Untersuchungen – in den *Kernen der Galaxien,* unserer Milchstraße wie auch der fernen Galaxien bis zu den Quasaren, zu sehen (Abschn. 5.6.3, 6). So dürfte sich vielleicht auch das Rätsel der *energiereichsten* Teilchen der Kosmischen Strahlung bis $\simeq 10^{20}$ eV aufklären. Da der Zyklotronradius schon bei 10^{18} eV der Dicke der galaktischen Scheibe und bei 10^{20} eV den Dimensionen des ganzen Systems entspricht, so können solche Teilchen nicht mehr gespeichert werden. Sie sind daher im Milchstraßensystem allein gegenüber der weicheren Strahlung um einen Faktor $\simeq 2 \cdot 10^3$ benachteiligt. Dies legt die Vorstellung nahe, daß im Energiespektrum der Kosmischen Strahlung bei den höchsten Energien der Beitrag ferner Galaxien (-kerne) und Quasare immer mehr die Oberhand gewinnt.

Die Kosmische Strahlung mit Energien unterhalb 10^{18} bis 10^{19} eV ist demgegenüber *galaktischen* Ursprungs. Der Beitrag aus dem Kern unserer Milchstraße dürfte hier wahrscheinlich keine große Rolle spielen, da Beobachtungen anderer, ähnlich gebauter Galaxien keine Korrelation zwischen der Aktivität in dem Kern und der Stärke der nichtthermischen Radiostrahlung aus der Scheibe erkennen lassen.

Wichtige Beiträge zu diesem Problemkreis liefert uns die *Gammastrahlen-Astronomie*, welche mit der Beobachtung der Kosmischen Strahlung eng verknüpft ist (s. nächster Abschnitt) und gegenüber ihr den Vorteil hat, daß sie uns Information über die *Herkunftsrichtung* geben kann.

5.3.9 Galaktische Gammastrahlung

Im Gammastrahlenbereich, d.h. bei Photonenenergien oberhalb einiger 100 keV, müssen astronomische Beobachtungen außerhalb der Erdatmosphäre durchgeführt werden. Lediglich extrem energiereiche γ-Quanten ($\gtrsim 10^{12}$ eV) können am Erdboden ähnlich wie energiereiche Teilchen der Kosmischen Strahlung anhand der von ihnen in der Atmosphäre erzeugten Luftschauer untersucht werden.

Seit Beginn der 70er Jahre sind Beobachtungen im Gammabereich durch die Entwicklung hinreichend empfindlicher Gammastrahlen-Teleskope in größerem Umfang von Satelliten, Raumfahrzeugen und Stratosphärenballons möglich geworden. Hier sind vor allem die Durchmusterungen mit den Satelliten SAS-2 und COS-B (Start 1972 bzw. 1975) zu nennen, bei denen oberhalb von $\gtrsim 100$ MeV eine Winkelauflösung von wenigen Grad und eine Energieauflösung von etwa 50% erreicht werden konnte.

Bevor wir die Ergebnisse der Gammastrahlen-Astronomie diskutieren, verschaffen wir uns noch einen Überblick über die wichtigsten Prozesse zur *Erzeugung* kosmischer Gammastrahlung. Wir bemerken zunächst, daß ein thermischer Ursprung dieser energiereichsten Photonen kaum in Frage kommt, da hierfür Temperaturen oberhalb einiger 10^9 K ($kT \gtrsim 0.5$ MeV) erforderlich wären, die abgesehen von der Frühphase des Kosmos und vielleicht einigen Endphasen der Sternentwicklung (Supernova-Explosion) nicht auftreten. Vielmehr müssen wir für die Gammastrahlung eine *nichtthermische* Entstehung in Betracht ziehen. Hierbei spielen relativistische Elektronen (mit Energien oberhalb $mc^2 = 0.511$ MeV) und energiereiche Protonen, die oberhalb 938 MeV relativistisch werden, eine wichtige Rolle, da bei deren Wechselwirkung mit Materie und Feldern wirksam γ-Quanten erzeugt werden können. Eine besondere Bedeutung für die galaktische Gammastrahlung kommt hierbei der *Kosmischen Strahlung* mit ihren hochenergetischen Protonen und Elektronen zu.

Gammastrahlung kann zum einen als *Bremsstrahlung* energiereicher Elektronen in den Coulombfeldern geladener Teilchen erzeugt werden. Hierbei entstehen Photonen mit einer Energie von der Größenordnung der Elektronenenergie E (im Mittel etwa mit $0.5\,E$) mit einem Wirkungsquerschnitt, der etwa umgekehrt proportional zur Energie des Bremsstrahlungsphotons abnimmt. Wenn das Energiespektrum der Elektronen nach einem Potenzgesetz $\sim E^{-p}$ abfällt, so nimmt auch das resultierende Gammaspektrum entsprechend einem Potenzgesetz $\sim E_\gamma^{-p}$ ab.

Bei inelastischen Stößen der Protonen der Kosmischen Strahlung mit Protonen der interstellaren Materie werden (oberhalb einer Schwellenenergie von etwa 300 MeV) mit einem Wirkungsquerschnitt von etwa $10^{-30}\,\mathrm{m}^2$ π^0-*Mesonen* erzeugt. Nach rund 10^{-16} s zerfällt ein neutrales Pion in zwei γ-Quanten mit einer Energie im Ruhesystem von je $m(\pi^0)c^2/2 = 67.5$ MeV. Diese Komponente der Gammastrahlung zeigt infolge der Geschwindigkeitsverteilung der relativistischen Pionen ein breites Maximum um 67.5 MeV herum.

Relativistische Elektronen können durch *inverse Comptonstreuung* einen erheblichen Teil ihrer Energie E auf niederenergetische Photonen wie die des Sternlichts in der Milchstraße oder der 3 K-Hohlraumstrahlung (Abschn. 5.9.4) übertragen und diese somit in den Röntgen- und Gammabereich transformieren. Photonen der mittleren Energie $\bar{E}_\gamma$ erhalten bei diesem Prozeß im Mittel eine Energie

$$\bar{E}_{\gamma'} \simeq \frac{4}{3}\,\bar{E}_\gamma \left(\frac{E}{mc^2}\right)^2 , \qquad (5.3.35)$$

so daß z.B. die Umwandlung von Photonen der 3 K-Strahlung ($\bar{E}_\gamma \simeq 6 \cdot 10^{-4}$ eV) in γ-Quanten von 10 MeV Elektronen mit $E \simeq 60$ GeV erfordert. Die inverse Comptonstreuung kann im Ruhesystem des Elektrons als einfache Thomsonstreuung mit dem Wirkungsquerschnitt $\sigma_\mathrm{T} = 6.65 \cdot 10^{-29}\,\mathrm{m}^2$ betrachtet werden, da die vom Elektron „gesehene" Photonenenergie $E_\gamma E/mc^2$ über weite Bereiche klein gegenüber seiner Ruheenergie mc^2 ist.

Schließlich kann sich die Synchrotronstrahlung (Abschn. 5.6.1), die bei der Bewegung von relativistischen Elektronen in Magnetfeldern entsteht, auch bis in den Gammabereich erstrecken. Nach (5.6.5) müssen hierfür die Elektronenenergie und die Magnetfeldstärke hinreichend groß sein; z.B. wären in einem Feld von etwa $2 \cdot 10^{-10}$ T bzw. $2 \cdot 10^{-6}$ G, welches für das interstellare Medium charakteristisch ist, extrem energiereiche Elektronen von $\simeq 10^{16}$ eV erforderlich, damit Gammastrahlung bei 10 MeV emittiert werden kann. Dieser Prozeß dürfte demnach für die Erzeugung galaktischer Gammastrahlung keine Rolle spielen, hingegen dürfte er bei Pulsaren bzw. Neutronensternen mit ihren sehr viel stärkeren Magnetfeldern der Größenordnung 10^6 bis 10^8 T (Abschn. 4.11.7) wichtig sein.

Außer den bisher besprochenen Prozessen, bei welchen kontinuierliche Gammastrahlung erzeugt wird, finden wir im niederenergetischen Gammabereich ($\lesssim 10$ MeV) noch *Spektrallinien* nuklearen Ursprungs. Sie entsprechen Übergängen von angeregten in tiefer liegende Energiezustände von Nukliden, die bei radioakti-

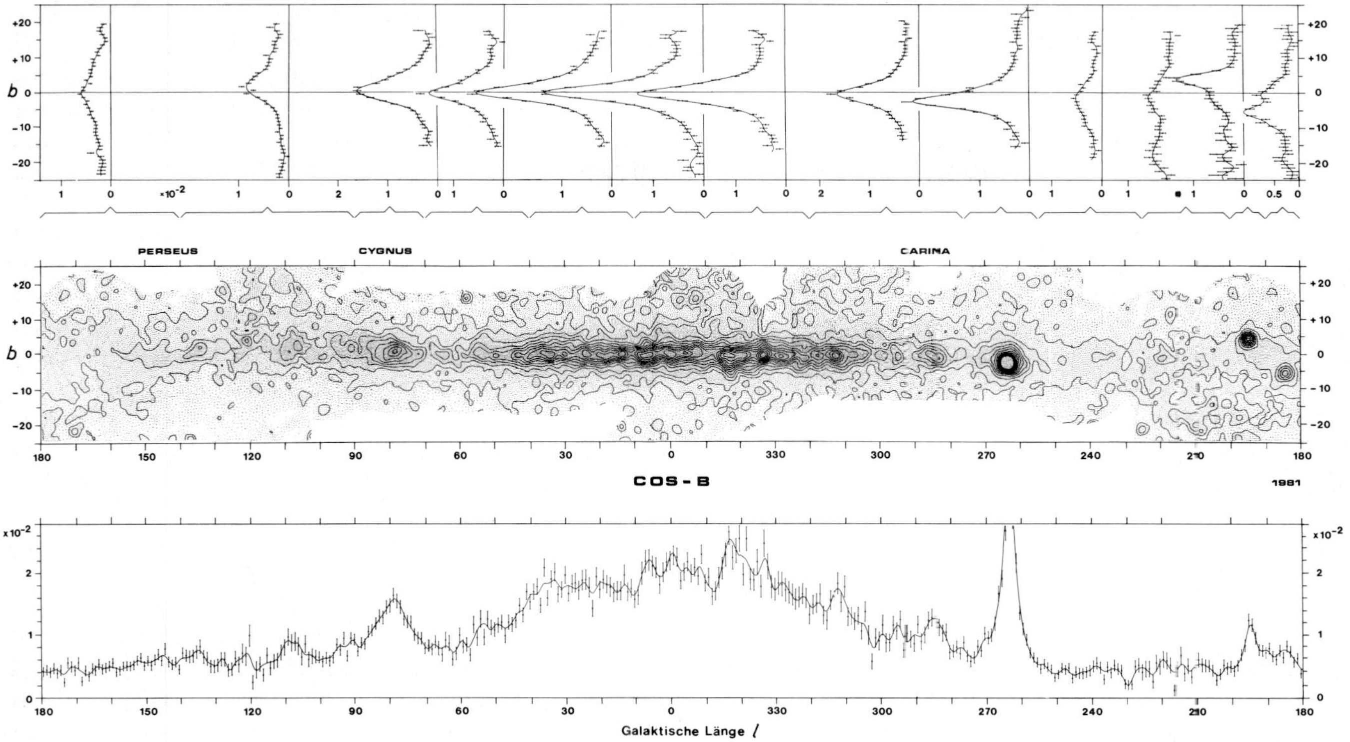

Abb. 5.3.17. Bild der Milchstraße im Gammastrahlenbereich (70 – 5000 MeV) nach Beobachtungen mit dem Gammateleskop auf dem Satelliten COS-B von H. A. Mayer-Haßelwander et al. (1982). Angaben in zur Intensität proportionalen Zählraten, die – wegen der für jedes Bildelement der Karte verschiedenen Nachweisempfindlichkeit – auf die maximale Empfindlichkeit bei achsenparallelem Einfall normiert sind. Die Fehlerbalken geben die Messungen, die glatte Kurve die Anpassung an die Meßdaten an. *Mitte*: Linien gleicher Gammaemission in galaktischen Koordinaten (l, b); Abstand der Konturen $3 \cdot 10^{-3}$ Zählraten sr^{-1}. *Oben:* Abhängigkeit der Intensität von der galaktischen Breite b, gemittelt über die angezeigten Bereiche galaktischer Länge. *Unten:* Intensitätsverlauf entlang dem galaktischen Äquator $b = 0°$, Mittel über $|b| \lesssim 5°$. Die stärkste Gammaquelle bei $l \simeq 264°$ ist der Vela-Pulsar PSR 0833 – 45

vem Zerfall oder nach Anregung des Kerns durch energiereiche Teilchen stattfinden.

Entstehen bei Kernwechselwirkungen *Positronen,* so erwarten wir das Auftreten ihrer *Vernichtungsstrahlung* bei einer Energie von $mc^2 = 0.511$ MeV. Die Annihilation $e^+ + e^- \rightarrow \gamma + \gamma$ ist der inverse Prozeß zu der für den Nachweis von Gammaquanten wichtigen Paarerzeugung (Abschn. 3.4.1).

Wir wenden uns nun den *Beobachtungen* im Gammastrahlenbereich zu.

Die Gammastrahlung einiger Röntgen-Doppelsterne wie Cyg X-3 sowie die intensiven, kurzen Strahlungsausbrüche einiger Quellen (γ-Burster) haben wir bereits in Abschn. 4.11.6 besprochen. Bei der Sonne haben wir im Zusammenhang mit den Flares Linienemission im Gammabereich kennengelernt (Abschn. 4.10.5).

Mit der Empfindlichkeit der heutigen Gammastrahlen-Teleskope ist es noch schwierig, *Gammalinien* aus galaktischen Entfernungen nachzuweisen. Von besonderem Interesse wäre die nukleare Spektroskopie von Linien, die im Zusammenhang mit der *Nukleosynthese* der Elemente bei Supernovaexplosionen auftreten, z. B. die Beobachtung der Gammalinien, die den Zerfall $^{56}Ni \rightarrow {}^{56}Co \rightarrow {}^{56}Fe$ begleiten (Abschn. 5.4.5). Als erste Linie eines radioaktiven Produkts der Nukleosynthese konnte die 1.809 MeV-Linie in der Milchstraße entdeckt werden, welche als Folge des β-Zerfalls von ^{26}Al (Halbwertszeit $7.4 \cdot 10^5$ a) in einen angeregten $^{26}Mg^*$-Kern entsteht. Allerdings erscheint die beobachtete Intensität dieser Linie zu hoch, als daß sie durch Supernovae allein erzeugt werden könnte.

Auf den *Durchmusterungs*karten im Gammabereich dominiert, vor allem bei Energien $\gtrsim 100$ MeV, die Emission der *Milchstraße* in einem nur wenige Grad schmalen Band um den galaktischen Äquator. Die Intensität zeigt einige Maxima, die mit Spiralarmstrukturen korreliert

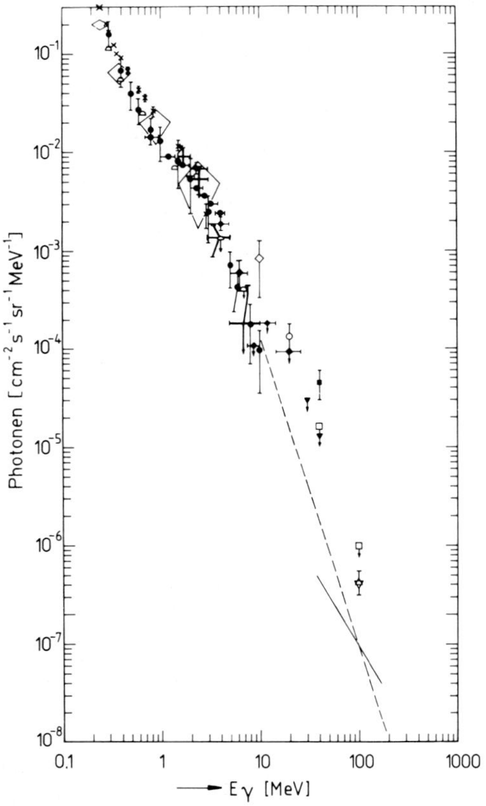

Abb. 5.3.18. Energiespektrum der diffusen Gammastrahlung nach verschiedenen Autoren. Die gestrichelte Linie gibt den *extragalaktischen* Beitrag bei hohen Energien an, der durch Abzug des *galaktischen* Anteils (*ausgezogene Linie*) von dem beobachteten Spektrum erhalten wird

scheinen; innerhalb $|l| \lesssim 40°$ vom galaktischen Zentrum finden wir besonders starke Emission (Abb. 5.3.17). Zunächst heben sich knapp 30 „punktförmige" galaktische Gammastrahlungsquellen von dem Hindergrund ab; wegen der noch mäßigen Winkelauflösung ist eine sichere Identifikation mit bekannten Objekten im allgemeinen nicht möglich. Lediglich zwei der stärksten Punktquellen können aufgrund ihrer charakteristischen Variabilität zweifelsfrei *Pulsaren,* dem Vela- und dem Crab-Pulsar (Abschn. 4.11.7) zugeordnet werden. Einige weitere Punktquellen sind vermutlich mit dichteren Molekülwolken assoziiert. Zwei starke Gammaquellen können mit extragalaktischen Objekten, der Seyfert-Galaxie NGC 4151 und dem Quasar 3 C 273 identifiziert werden (Abschn. 5.6.4, 5). Die stärkste, noch nicht identifizierte Quelle ist 2 CG 195+4 = Geminga bei $l = 195°$ und $b = 4°$.

Neben den Punktquellen trägt auch eine echt *diffuse Komponente* zur galaktischen Gammastrahlung bei, die ihren Ursprung in der Wechselwirkung der Kosmischen Strahlung mit der interstellaren Materie hat. Ihre Intensitätsverteilung und ihr Spektrum (Abb. 5.3.18) deuten darauf hin, daß vermutlich zwei Prozesse für die Erzeugung dieser diffusen Gammastrahlung wichtig sind: zum einen die Bremsstrahlung von relativistischen Elektronen im Feld der interstellaren Kerne, zum anderen der Zerfall von neutralen Pionen, welche bei Stößen von Protonen der Kosmischen Strahlung mit interstellaren Protonen entstehen. Demgegenüber scheint der inverse Comptoneffekt für die Erzeugung der Gammastrahlung der galaktischen Scheibe von untergeordneter Bedeutung zu sein, dürfte aber vielleicht zur Strahlung in höheren galaktischen Breiten stärker beitragen (und auch in kompakten extragalaktischen Quellen).

In Richtung zum *galaktischen Zentrum* wird eine zeitlich veränderliche Gammastrahlung bei 0.511 MeV beobachtet, welche als Vernichtungsstrahlung von Positronen mit Elektronen gedeutet wird (Abschn. 5.6.3).

Schließlich wird im Gammabereich eine weitgehend isotrope *extragalaktische* Komponente beobachtet, deren Energiespektrum (Abb. 5.3.18) oberhalb $\gtrsim 10$ MeV steiler als das der galaktischen Komponente verläuft. Da die Gammastrahlung praktisch nicht absorbiert wird, enthält sie auch Information aus „kosmologischen" Entfernungen, d.h. aus einer sehr frühen Phase des Kosmos, etwa entsprechend einer Rotverschiebung von $z \simeq 100$ (Abschn. 5.9).

5.3.10 Interstellares Medium: Zusammenfassender Überblick

In den vorangehenden Abschnitten haben wir die einzelnen Bestandteile der interstellaren Materie in unserem Milchstraßensystem von den Staubteilchen über das Gas sehr unterschiedlicher Temperaturen bis zu der hochenergetischen Kosmischen Strahlung kennengelernt. Die Gaskomponente umfaßt auf der einen Seite sehr heißes ($T \simeq 10^6$ K) dünnes Gas, das durch Ultraviolett- und Röntgenbeobachtungen entdeckt wurde, bis hin zu den dichten kühlen ($T \simeq 10$ K) Molekülwolken auf der anderen Seite, welche vor allem im Infrarot und Millimeterwellenbereich mit immer besserer Empfindlichkeit und Winkelauflösung untersucht werden konnten. Die Fülle der neueren Beobachtungen hat zu wesentlichen Änderungen unserer Vorstellungen über die interstellare Materie geführt und hierbei aufgezeigt, daß unser Verständnis wichtiger Prozesse wie z.B. Sternentstehung, der Energiezufuhr an das interstellare Medium oder der Bildung des Staubs noch sehr unvollkommen ist.

Versuchen wir trotzdem, uns ein vorläufiges Bild von der Anordnung und Bedeutung des interstellaren Mediums im Milchstraßensystem zu machen, wobei wir von dem Zentralbereich ($R \lesssim 4$ kpc) absehen: Gas (mit Temperaturen unterhalb etwa 10^4 K) und Staub konzentrieren sich in einer flachen Scheibe, deren Dicke von $R \simeq 4$ bis 10 kpc etwa 200 pc beträgt. In dieser Scheibe verdichten sich Gas und Staub zu den Spiralarmen; längs der Arme bilden sich Dichtekondensationen (Wolken), die wiederum in feinere Strukturen unterteilt sind. Die Kraftlinien des interstellaren Magnetfelds sind im allgemeinen längs der Spiralarme in das elektrisch gut leitende Plasma eingefroren. In den dichteren Wolken liegt der Wasserstoff in molekularer Form vor.

Die heiße ($T \gtrsim 10^4$ K) Gaskomponente des interstellaren Mediums nimmt etwa die Hälfte des Volumens in der Scheibe ein und erstreckt sich zu wesentlich größeren Abständen von der Milchstraßenebene als das kühlere Gas und der Staub.

Der Gasdruck $P = NkT$ ist sowohl für die kühlen diffusen H I-Wolken, als auch für das teilweise ionisierte „warme" Gas und für die heiße Gaskomponente von derselben Größenordnung (10^{-14} bis 10^{-13} Pa bzw. Jm^{-3}), so daß zwischen diesen Komponenten in der Scheibe näherungsweise *Druckgleichgewicht* herrscht. Nach (5.3.34) sind die entsprechenden Energiedichten vergleichbar auch mit denen des interstellaren Magnetfelds und der Kosmischen Strahlung. Andererseits wird das Nebeneinander der unterschiedlichen Komponenten des interstellaren Mediums und deren Energiehaushalt wesentlich durch *dynamische Prozesse* beeinflußt. Hierzu dürften vor allem die Supernova-Ausbrüche durch ihre herausgeschleuderten Hüllen und ihre Röntgenemission beitragen, aber auch Sternwinde und Ultraviolettstrahlung der heißen Sterne sowie die großräumigen spiralförmigen Dichtestörungen in der Milchstraße (Abschn. 5.8.2). Durch die Stoßfronten, welche das interstellare Gas und Magnetfeld durchlaufen, erfolgt wahrscheinlich auch zum Teil der Beschleunigung der Kosmischen Strahlung. Im einzelnen sind die Heizung und Dynamik des interstellaren Mediums noch wenig verstanden.

Die OB-Assoziationen junger heller blauer Sterne und die jüngeren galaktischen Sternhaufen sind meist in diffuse Nebel eingebettet. Diese auffälligen, durch die stellare Ultraviolettstrahlung ionisierten und zum Leuchten angeregten Nebel (H II-Regionen) finden wir vorwiegend in Verbindung mit dunklen, dichten Molekülwolken bzw. Gruppen von Molekülwolken, welche uns nur durch ihre Radiofrequenz- und Infrarotstrahlung zugänglich sind. In ihnen haben wir die Orte der *Sternentstehung* vor uns (Abschn. 5.4.7). Die ganz jungen Sterne sind noch von dichten Staubhüllen umgeben und erscheinen als Infrarotquellen. Erst in etwas späteren Entwicklungsstadien treten die massereicheren als OB-Sterne, umgeben von H II-Regionen, in Erscheinung. Diese Vorstellungen von der Entstehung der Sterne aus Verdichtungen der interstellaren Materie und die Assoziation mit Molekülwolken, Infrarotobjekten und blauen Sternen werden wir in Abschn. 5.4.7 weiter besprechen und dann in Abschn. 5.5 – 7 anhand der Erforschung ferner Galaxien noch untermauern und weiterbilden.

5.4 Farben-Helligkeits-Diagramme der Sternhaufen. Entwicklung der Sterne

Unsere heutigen Vorstellungen über Entstehung, Entwicklung und Ende der Sterne sind hervorgegangen aus der Erforschung der Farben-Helligkeits-Diagramme von Sternhaufen. Hier haben wir Gruppen von gleich weit entfernten Sternen vor uns. Von den photoelektrisch mit großer Genauigkeit gemessenen Magnitudines und Farben führt also die Subtraktion des gemeinsamen Entfernungsmoduls und eine einheitliche Korrektion für interstellare Absorption und Verfärbung auf die (meist benutzten) Werte der wahren

Absoluten Helligkeiten $M_{V,0}$ und

Farbindizes $(B-V)_0$.

Grundsätzlich ist – wie wir sahen – dem Farben-Helligkeits-Diagramm gleichwertig das Hertzsprung-Russell-Diagramm. Während man aber auch für äußerst schwache Sterne die Farbindizes noch genau messen kann, ist es nicht mehr möglich, von diesen klassifizierbare Spektren aufzunehmen.

Zur besseren Übersicht fassen wir die wichtigsten Eigenschaften der beiden Arten von Sternhaufen noch einmal kurz zusammen: Die Entfernungen der *galaktischen* oder *offenen Sternhaufen* bestimmt man entweder durch Kombination der Eigenbewegungen μ und der Radialgeschwindigkeiten V oder mittels der Methode der spektroskopischen Parallaxen oder durch photometrischen Vergleich der Sterne im unteren Teil der Hauptsequenz

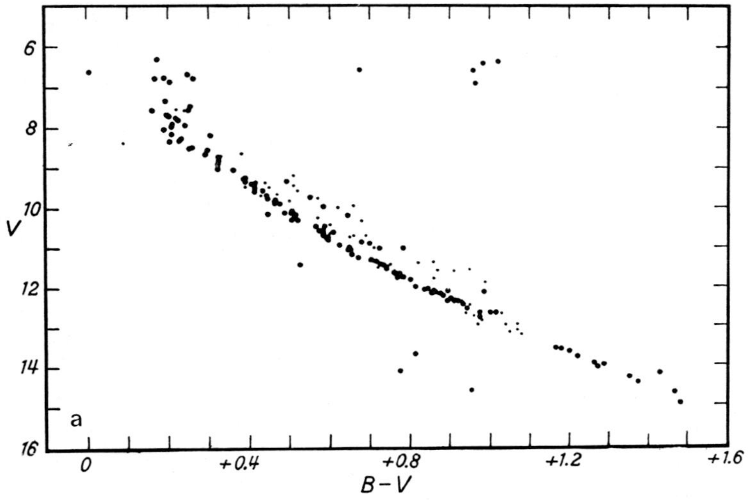

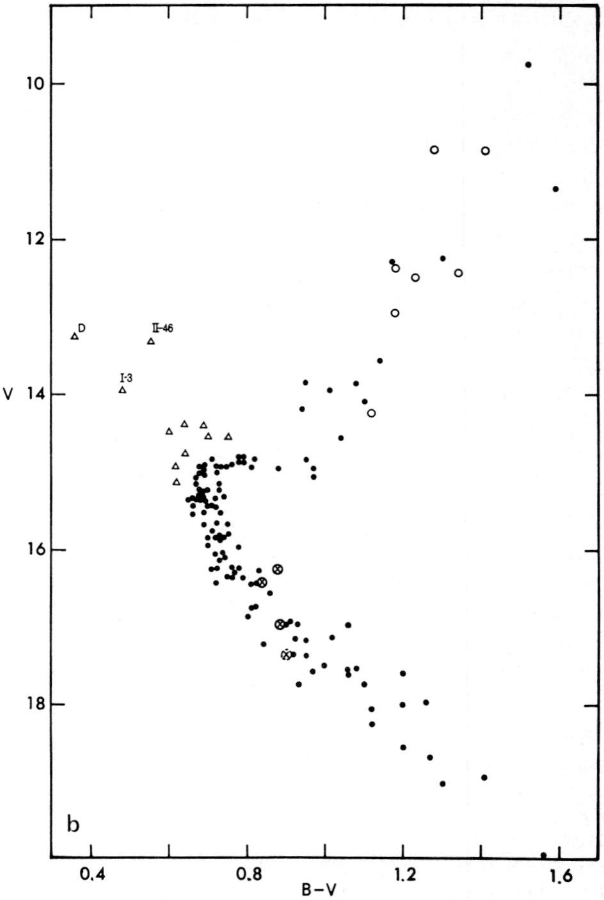

Abb. 5.4.1. (**a**) Farben-Helligkeits-Diagramm der Praesepe (nach H. L. Johnson, 1952). Scheinbare Helligkeiten V über B − V. Entfernungsmodul (6.2 ± 0.1) mag. Die Sterne etwa 1 mag über der Hauptsequenz sind höchstwahrscheinlich Doppelsterne. Die kosmische Streuung der Magnitudines auf der Hauptsequenz ist < ± 0.03 mag. (**b**) Farben-Helligkeits-Diagramm des ältesten galaktischen Sternhaufens NGC 188 (nach O. J. Eggen und A. Sandage, 1969). Unkorrigierte Meßwerte der scheinbaren Helligkeiten V und Farbindizes B − V. Aus dem Zweifarbendiagramm und der Lage der Hauptsequenz erhält man interstellare Verfärbung, Extinktion und den wahren Entfernungsmodul $(m-M)_0 = 10.85$ mag. ● und ○ neuere und ältere Messungen. △ mögliche „blue stragglers", entstanden durch Entwicklung enger Doppelsterne. ⊗ vier Bedeckungsveränderliche (als ein Stern eingetragen)

mit entsprechenden Sternen eines Standard-Haufens (meist der Hyaden) bzw. Sternen unserer Umgebung. Galaktische Sternhaufen (Abb. 5.2.5) enthalten wenige dutzend bis einige hundert Sterne, ihre Durchmesser sind von der Größenordnung 1.5 bis 20 pc; sie befinden sich (Abb. 5.2.7) durchweg in oder in der Nähe von Spiralarmen der Milchstraße und bewegen sich – wie die übrigen Objekte der Sternpopulation I – in nahezu kreisförmigen Bahnen um das galaktische Zentrum. Man kennt rund 1000 galaktische Sternhaufen; unter Berücksichtigung der weiter entfernten oder durch Dunkelwolken verdeckten Bereiche der Milchstraße schätzt man ihre Gesamtzahl auf ungefähr 20000. Den galaktischen Sternhaufen eng verwandt sind die lockeren Bewegungshaufen und die in Abschn. 5.2 ebenfalls schon erwähnten OB- sowie die T-Assoziationen.

Lose Sternhaufen, deren Sterndichte nicht viel über der ihrer Umgebung liegt, werden – schon aus kinematischen Gründen – nach etwa einem galaktischen Umlauf ($\simeq 2.5 \cdot 10^8$ a) zerfallen. Auch kompaktere Haufen werden durch die Gravitationsfelder vorbeiziehender Gas- und Sternwolken allmählich zerrieben. Immerhin billigen detailliertere Rechnungen z. B. den Plejaden – einem noch ziemlich kompakten Sternhaufen – eine Lebensdauer von $\simeq 10^9$ a zu.

Man kennt in unserem Milchstraßensystem etwa 150 *Kugelhaufen*. Über die photometrische Bestimmung ihrer Entfernungen mit Hilfe der Haufenveränderlichen oder RR Lyrae-Sterne haben wir ausführlich berichtet. Ein typischer Kugelhaufen (Abb. 5.2.4) enthält in einem Bereich von $\simeq 40$ pc Durchmesser mehrere hunderttausend Sterne, so daß die mittlere Sterndichte ungefähr zehnmal größer ist als in galaktischen Haufen. Nach dem Zentrum des Haufens wächst die Sterndichte so stark an, daß der Nachthimmel dort schon recht hell wäre! Die absoluten visuellen Helligkeiten der Kugelhaufen liegen bei − 7.3 mag. Die Gesamtmasse eines Kugelhaufens kann man aus der Streuung der Radialgeschindigkeiten der

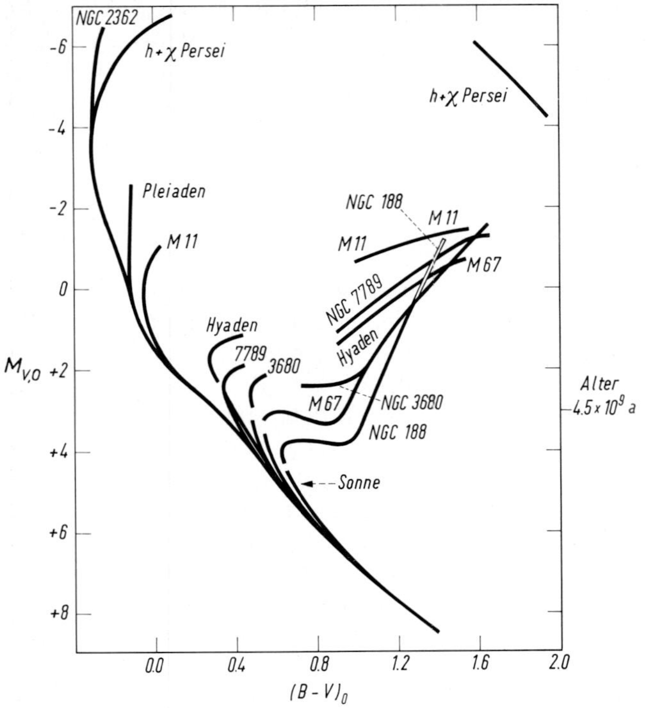

Abb. 5.4.2. Farben-Helligkeits-Diagramme galaktischer Sternhaufen (nach A.R. Sandage und O.J. Eggen, 1969; A.R. Sandage, 1957). Aufgetragen sind die für interstellare Extinktion bzw. Verfärbung korrigierten absoluten Helligkeiten $M_{V,0}$ über den Farbindizes $(B-V)_0$. Das Abbiegen der Hauptsequenz nach rechts („Knie") ergibt das Alter des Sternhaufens. Während die jüngsten Haufen NGC 2362 und h + χ Persei nur wenige Millionen Jahre alt sind, hat der älteste Haufen NGC 188 ein Alter von 5 bis $6 \cdot 10^9$ a. Die Lage des Knies für $4.5 \cdot 10^9$ a, entsprechend dem Alter der Sonne, ist rechts angezeichnet. Die Sonne selbst liegt noch auf der (nahezu) „unentwickelten" Hauptsequenz

Sterne – entsprechend bekannten Ansätzen der kinetischen Gastheorie – abschätzen und erhält so Zahlenwerte von einigen $10^5\,\mathcal{M}_\odot$. Da die Kugelhaufen das galaktische Zentrum auf langgestreckten Ellipsenbahnen umlaufen, durchqueren sie ungefähr alle 10^8 a die galaktische Scheibe. Wegen ihrer kompakten Struktur hat der dabei entstehende „Ruck" im allgemeinen keine erheblichen Auswirkungen.

Nach diesen Vorbemerkungen wenden wir uns den *Farben-Helligkeits-Diagrammen*, zunächst der galaktischen (Abschn. 5.4.1), dann der Kugelhaufen (Abschn. 5.4.2) zu. In Abschn. 5.4.3 diskutieren wir noch den Einfluß der Metallhäufigkeit auf die Zwei-Farben-Diagramme der Sternhaufen.

Wir verwenden dann die Kenntnisse über den Aufbau und die Energieerzeugung der Sterne (aus Abschn. 4.12), um die *Sternentwicklung* zusammenhängend darzustellen. In Abschn. 5.4.4 betrachten wir die ersten nuklearen Brennphasen, das Wasserstoff- und das Heliumbrennen, und vergleichen die theoretischen Positionen und Entwicklungswege der Sterne verschiedener Massen mit den Farben-Helligkeits-Diagrammen der Sternhaufen. Den Spät- und Endphasen der Sternentwicklung und – in Verbindung hiermit – der Entstehung der chemischen Elemente in Sternen ist Abschn. 5.4.5 gewidmet. Nach einer kurzen Diskussion der Grundzüge der Sternentwicklung in engen Doppelsternsystemen in Abschn. 5.4.6 befassen wir uns in Abschn. 5.4.7 mit der Entstehung der Sterne, mit ihren frühen Entwicklungsphasen vor Erreichen des Wasserstoffbrennens und mit den umfangreichen Beobachtungen der Sternentstehungsgebiete, vor allem im Radiobereich und Infrarot. In Abschn. 5.4.8 lernen wir schließlich noch die Leuchtkraftfunktion bzw. Massenfunktion bei der Sternentstehung und die Sternentstehungsraten kennen.

5.4.1 Farben-Helligkeits-Diagramme galaktischer Sternhaufen

Auf die bahnbrechenden Arbeiten von R. Trumpler in den dreißiger Jahren über die Hertzsprung-Russell-Diagramme galaktischer Sternhaufen können wir nur kurz hinweisen. Wir stützen uns im folgenden sogleich auf die neueren Untersuchungen, die photoelektrisch oder jedenfalls mit photoelektrischen Helligkeitsskalen von H.L. Johnson, W.W. Morgan, A.R. Sandage, O.J. Eggen, M. Walker u.a. ausgeführt worden sind. Hinsichtlich der definitiven Entscheidung über die Zugehörigkeit von diesem oder jenem Stern zu einem benachbarten Haufen bleibt man auf Eigenbewegungen und evtl. Radialgeschwindigkeiten angewiesen: hier ist der Fortschritt naturgemäß nicht so rasch.

In Abb. 5.4.1a und b zeigen wir zunächst das unmittelbare Beobachtungsmaterial für die Praesepe und NGC 188. Sodann gibt Abb. 5.4.2 eine Zusammenstellung der Farben-Helligkeits-Diagramme (M_V über B – V) der galaktischen Sternhaufen NGC 2362, h + χ Persei, Plejaden, M 11, NGC 7789, Hyaden, NGC 3680, M 67 und NGC 188. Die unteren Teile der Hauptsequenz (etwa bis zur „Sonne" G 2) lassen sich zwanglos zur Deckung bringen. Weiter oben dagegen biegt die Hauptsequenz früher – in h + χ Persei schon bei den O- und B-Sternen – oder später – in M 11 sowie der Praesepe etwa bei den A-Sternen – nach rechts ab. Nahezu bei der absoluten Helligkeit der Abbiegung – des sog. *„Knies"* – findet man rechts bei größeren (positiven) B – V einige rote Riesensterne. Bei NGC 188, M 67 ... erfolgt der Übergang von der Hauptsequenz in den Roten-Riesen-Ast stetig. Weitere Details werden wir dann in Verbindung mit der Theorie der Sternentwicklung erörtern.

Schließlich geben wir noch den modernen Wert des wahren visuellen Entfernungsmoduls für den „Standard-Sternhaufen", die *Hyaden*, an: $(m-M)_0 = 3.25$ mag entsprechend einer Entfernung von 45 pc; auf ihm beruhen die absoluten Helligkeiten vieler Sternhaufen.

5.4.2 Farben-Helligkeits-Diagramme der Kugelhaufen

Die Struktur der Farben-Helligkeits-Diagramme der Kugelsternhaufen blieb unklar, bis 1952 unter Anleitung von W. Baade an den Mt. Wilson und Palomar Observatories eine Gruppe jüngerer Astronomen, A. R. Sandage, H. C. Arp, W. A. Baum u. a. sich daranmachte, deren *Hauptsequenz* – bei den günstigsten Objekten etwa im Bereich 19 bis 21 mag – festzulegen. Erst dadurch wurde ein Vergleich mit den Sternen unserer Umgebung und mit den galaktischen Sternhaufen möglich. Abbildung 5.4.3 zeigt z. B. das Farben-Helligkeits-Diagramm von Messier 92. An die Hauptsequenz von den schwächsten erreichbaren Sternen mit $V = 22$ mag bis zum „Knie" bei $V = 18.4$ mag schließen sich nach oben hin zunächst die *Unterriesen* B und dann die *Roten Riesen* A an. Von der Spitze dieser Sequenz nach links unten führt – von den Riesen getrennt – die *asymptotische* Sequenz C. An diese schließt sich der *Horizontalast* D mit einer wohldefinierten Lücke an, in der sich die (in Abb. 5.4.3 nicht eingezeichneten) *Haufenveränderlichen* befinden. Auch die Farben-Helligkeits-Diagramme anderer Kugelhaufen zeigen, daß in diesem Bereich alle Sterne veränderlich sind. (Der rote Teil des Horizontalastes – rechts vom Bereich der Veränderlichen – fehlt in M 92 und anderen metallarmen Haufen.)

In Abb. 5.4.4 bringen wir ein zusammengesetztes Diagramm einiger von A. Sandage und seinen Mitarbeitern in neuerer Zeit besonders genau untersuchten Kugelhaufen, nun nach sorgfältiger Bestimmung des Entfernungsmoduls und der Verfärbung, reduziert auf absolute Helligkeiten $M_{V,0}$ und wahre Farbindizes $(B-V)_0$. Der Verlauf der Hauptreihe und der Unterriesen- und Riesensequenz ist zwar in allen Kugelhaufen ähnlich, sie unterscheiden sich jedoch merklich – wie wir sehen werden – entsprechend ihrer Metallhäufigkeit in der Lage im Farben-Helligkeits-Diagramm.

Einen Vergleich der Diagramme für die galaktischen Haufen und für die Kugelsternhaufen (Abb. 5.4.2, 4) werden wir zusammen mit vielen anderen Fragen in Verbindung mit theoretischen Ansätzen zur Entwicklung der Sterne besprechen.

5.4.3 Metallhäufigkeit und Zwei-Farben-Diagramm

Die spektroskopischen Analysen (Abschn. 4.9.4) zeigen, daß in den Feldsternen der Halopopulation die *Häufigkeit aller schwereren Elemente* (Kernladungszahl $Z \geq 6$; meist als „*Metalle*" bezeichnet) relativ zum Wasserstoff im Vergleich zur Sonne um Faktoren bis etwa 10^3 reduziert ist, während die Häufigkeits*verhältnisse* der schwereren Elemente untereinander im großen und ganzen *dieselben* sind. Abweichungen gegenüber der relativen Mischung wie auf der Sonne, welche über einen Faktor 2 bis 3 hinausgehen, finden wir nur bei einzelnen Elementen wie C, N, O sowie Al, Ba und Y. Das *Helium* ($Z = 2$) ist im allgemeinen *nicht* zusammen mit den Metallen reduziert; sowohl in Population I- als auch in Population II-Sternen finden wir im wesentlichen das ursprüngliche, beim Urknall entstandene (Abschn. 5.9.4) Verhältnis zum Wasserstoff von rund 1/10 nach Atomzahlen.

Für viele Zwecke genügt es, die *Metallhäufigkeit* ε der Halosterne und der mit ihnen auf das engste verwandten Kugelsternhaufen einzuführen, indem wir die Häufigkeit der schweren Elemente M auf Wasserstoff beziehen und diese mit dem solaren Wert vergleichen

$$\varepsilon = (M/\mathrm{H})_{\mathrm{Stern}}/(M/\mathrm{H})_{\odot} \quad \text{oder} \qquad \log\varepsilon = [M/\mathrm{H}] \ . \tag{5.4.1}$$

Da detaillierte spektroskopische Analysen aus praktischen Gründen nur für verhältnismäßig wenige, meist hellere Objekte durchgeführt werden können, ist es wichtig, daß man die Metallhäufigkeiten der Sterne wenigstens global auch mit Hilfe des *Zwei-Farben-Diagramms* bestimmen kann. In den kühleren metallarmen Halosternen sind nämlich im Vergleich zu normalen metallreichen Sternen die nach kürzeren Wellenlängen hin immer dichter gedrängten Metall-Linien so viel schwächer, daß der Farbindex U – B ziemlich erheblich, der Index B – V dagegen verhältnismäßig wenig nach kleineren Werten verschoben wird. Wegen des Linienreichtums des Eisens im optischen Spektrum der kühleren Sterne ist die photometrisch abgeleitete Metallhäufigkeit praktisch gleich der von *Eisen*, $[M/\mathrm{H}] \simeq [\mathrm{Fe}/\mathrm{H}]$.

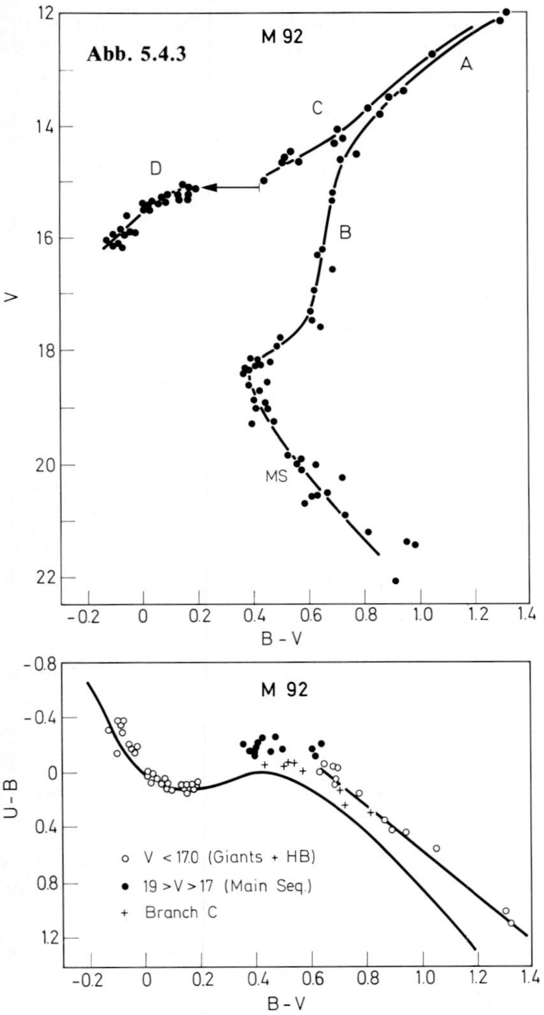

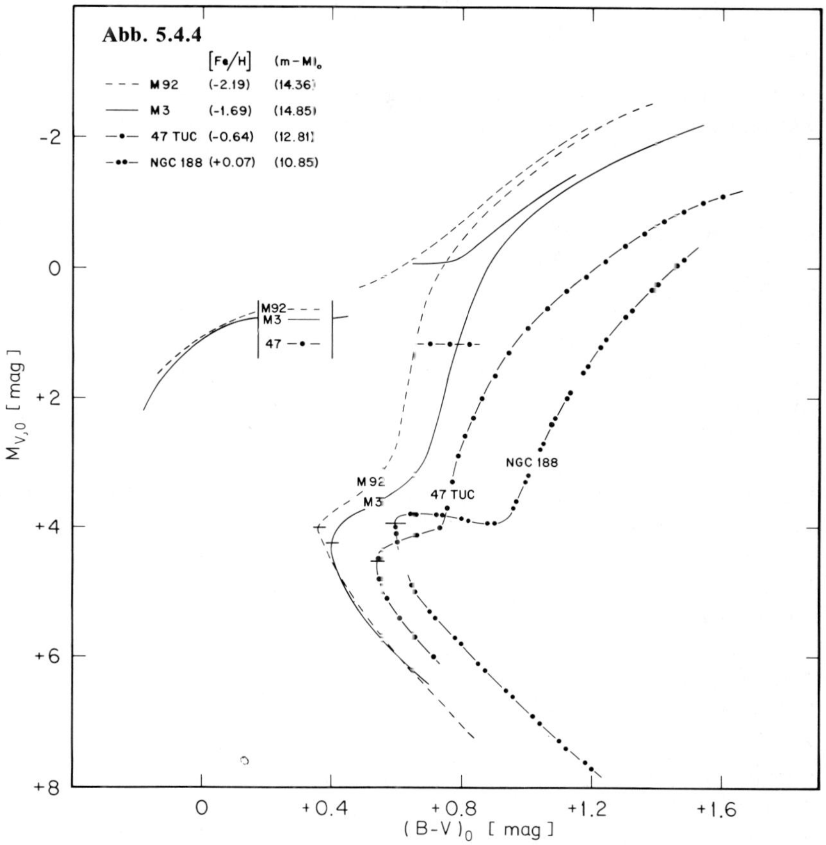

Abb. 5.4.3. Farben-Helligkeits-Diagramm des Kugelsternhaufens M 92 nach A. R. Sandage (1970). Aufgetragen sind scheinbare Helligkeiten V und Farbindizes B – V ohne die (sehr kleinen) Korrektionen für interstellare Extinktion und Verfärbung. A Riesen-, B Unterriesen, C asymptotischer Riesenast, D blauer Horizontalast; MS Hauptsequenz. Die Haufenveränderlichen gehören in die Lücke des Horizontalastes bei V = 15 mag. Der scheinbare visuelle Entfernungsmodul ist $m - M = 14.4$ mag. Unten ist das Zweifarbendiagramm angefügt. Die starke Linie zeigt das Zweifarbendiagramm der Hyaden. Die Linie rechts gibt seine Anhebung bei extrem metallarmen Sternen an

Abb. 5.4.4. Farben-Helligkeits-Diagramme der drei Kugelsternhaufen M 92, M 3 und 47 Tuc und des ältesten galaktischen Sternhaufens NGC 188. Aufgetragen sind die auf interstellare Extinktion korrigierten absoluten Helligkeiten $M_{V,0}$ über den wahren Farbindizes $(B-V)_0$; weiterhin sind die Metallhäufigkeit [Fe/H] $\simeq \log \varepsilon$ und der wahre Entfernungsmodul $(m-M)_0$ angegeben. – Obwohl die Kugelhaufen mit etwa $16 \cdot 10^9$ a wesentlich älter als NGC 188 mit etwa $5 \cdot 10^9$ a sind, liegen ihre Riesenäste infolge der verschiedenen Metallhäufigkeit noch links vom Riesenast des metallreichen galaktischen Haufens. A. Sandage: Astrophys. J. **252**, 574 (1982). (Mit freundlicher Genehmigung von The University of Chicago Press, The American Astronomical Society)

Im Zwei-Farben-Diagramm (Abb. 4.5.5) wird durch diesen Effekt die durch die normalen Sterne festgelegte Linie im Bereich $B - V \gtrsim 0.35$ mag maximal, d. h. für äußerst metallarme Sterne, um $\delta(U-B) \simeq 0.25$ mag angehoben; vgl. das Zwei-Farben-Diagramm des extrem metallarmen Kugelhaufens M 92 in Abb. 5.4.3. Dies muß selbstverständlich bei der Ermittlung der interstellaren Verfärbung aus dem Zwei-Farben-Diagramm mit berücksichtigt werden.

Der *UV-Exzeß* $\delta(U-B)$, den man genauer als die Differenz in U − B gegenüber Sternen der Hyaden-Hauptsequenz mit gleichem B − V definiert, gibt auch für schwächere Sterne ein Maß für deren Metallhäufigkeit. Noch genauere Ergebnisse liefert die Schmalbandphotometrie nach B. Strömgren, die allerdings auf etwas hellere Sterne beschränkt ist.

Mit Hilfe der Theorie der Sternatmosphären kann eine Eichung der Abhängigkeit von $\delta(U-B)$ und entsprechenden anderen Indizes von der Metallhäufigkeit für verschiedene Effektivtemperaturen und Schwerebeschleunigungen der Sterne durchgeführt werden.

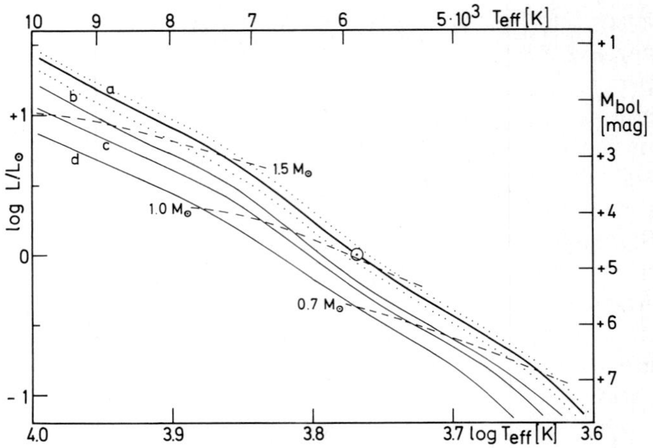

Abb. 5.4.5. Anfangs-Hauptsequenz im theoretischen Farben-Helligkeits-Diagramm für verschiedene chemische Zusammensetzungen nach P.M. Hejlesen (1980). *a*: $(X, Y, Z) = (0.70, 0.27, 0.03)$, charakteristische Linie für die Population I, die benachbarten gepunkteten Linien unterscheiden sich um $\Delta Z = \pm 0.01$ hiervon; *b*: $(0.70, 0.29, 0.01)$; *c*: $(0.70, 0.296, 0.004)$; *d*: $(0.70, 0.30, 0.0004)$, entsprechend $\log \varepsilon \simeq -1.9$, charakteristisch für extrem metallarme Halosterne. Eingezeichnet sind weiterhin Kurven konstanter Masse für 1.5, 1.0 und 0.7 $\mathcal{M}_\odot$. Die heliumreiche Mischung $(0.60, 0.38, 0.02)$ ergibt eine Anfangs-Hauptsequenz, die praktisch mit der metallarmen Sequenz *b* zusammenfällt

5.4.4 Nukleare Entwicklung der Sterne: Deutung der Farben-Helligkeits-Diagramme von Sternhaufen

Bei der Theorie des Sternaufbaus hatten wir gesehen, daß für *homologe* Sterne, d.h. für Sterne derselben Bauart und chemischen Zusammensetzung, eine Beziehung der Form $\Phi(L, T_{eff}) = 0$ gilt (Abschn. 4.12.5). Beim Einsetzen des zentralen *Wasserstoffbrennens* sind die jungen, noch chemisch homogenen Sterne im (L, T_{eff})-Diagramm bzw. im Farben-Helligkeits-Diagramm auf einer Linie angeordnet, wobei Sterne großer Massen eine große Leuchtkraft, Sterne kleiner Masse geringe Leuchtkraft haben. Diese Linie bezeichnet man als die *Anfangs-Hauptsequenz* oder auch (nicht ganz korrekt) als die *Zero Age Main Sequence* (ZAMS), von der aus dann die nukleare Entwicklung nach rechts oben beginnt (s. unten).

Empirisch ist die Anfangs-Hauptsequenz (für die Sterne der Population I) definiert durch die Einhüllende der Gesamtheit der Farben-Helligkeits-Diagramme der galaktischen Sternhaufen in Abb. 5.4.2 bis zu ziemlich hellen M_V herauf. Sie liegt in ihrem oberen Teil ein wenig unter der Hauptsequenz der Leuchtkraftklasse V (Abb. 4.5.4) und geht bei den G-Sternen in diese über (Tabelle 5.4.1).

Tabelle 5.4.1. Anfangs-Hauptsequenz (Zero Age Main Sequence) der Population I, nach Th. Schmidt-Kaler (1982). (B − V) und M_V in [mag]

B − V	M_V	B − V	M_V	B − V	M_V
−0.30	−3.3	+0.30	+2.8	+1.00	+ 6.7
−0.20	−1.1	+0.40	+3.4	+1.20	+ 7.5
−0.10	+0.6	+0.50	+4.1	+1.40	+ 8.8
0.00	+1.5	+0.60	+4.7	+1.60	+12.0
+0.10	+1.9	+0.70	+5.2	+1.80	+14.2
+0.20	+2.4	+0.80	+5.8	+2.00	(+16.7)

Die Lage der Anfangs-Hauptsequenz im theoretischen Farben-Helligkeits-Diagramm (Abb. 5.4.5) wird durch die chemische Zusammensetzung der Sterne bestimmt. Die Linie für die Sterne der Population I mit normaler (solarer) Elementmischung ist durch ein Verhältnis von Wasserstoff X zu Helium Y zu schwereren Elementen Z (nach Massenanteilen)

$$X : Y : Z = 0.73 : 0.25 : 0.02 \qquad (5.4.2)$$

gegeben.[12] (Dies entspricht einer Heliumhäufigkeit nach Atomzahlen He/H = 0.09.)

Die Anfangs-Hauptsequenz der *metallarmen* Halopopulation liegt – bei gleicher Heliumhäufigkeit – *unterhalb* derjenigen der Population I. Weil die Metalle am kühlen Ende der Sequenz den Hauptbeitrag zum Absorptionskoeffizienten κ liefern, nimmt entsprechend einer Masse-Leuchtkraft-Beziehung $L \sim \mathcal{M}^3/\kappa$ (4.12.41) zunächst die Leuchtkraft L bei festgehaltener Masse $\mathcal{M}$ bei einer Verringerung der Metallhäufigkeit Z und damit von

[12] Vielfach werden für die Population I auch etwas abweichende Mischungsverhältnisse angenommen, wie z.B. 0.74 : 0.24 : 0.02 oder 0.70 : 0.27 : 0.03.

κ zu. Da aber nach den Gleichungen des Sternaufbaus auch – wie wir hier nicht ausführen – die Effektivtemperatur T_{eff} mit abnehmendem κ ansteigt, ergibt sich insgesamt eine metallarme Hauptsequenz, die unterhalb der normalen Hauptreihe, ungefähr parallel zu dieser liegt. Die Massenskalen längs der Sequenzen sind hierbei gegeneinander verschoben, so hat z.B. ein Population I-Stern mit 1 $\mathcal{M}_\odot$ dieselbe Effektivtemperatur wie ein extrem metallarmer Halostern von etwa 0.7 $\mathcal{M}_\odot$. Auch eine Änderung der Häufigkeit des *Helium* führt zu einer parallel verschobenen Anfangs-Hauptsequenz, und zwar gegenläufig zu einer Änderung der Metallhäufigkeit (Abb. 5.4.5).

Von der Theorie des Sternaufbaus her können wir somit die unterschiedlichen Hauptsequenzen in den Farben-Helligkeits-Diagrammen der galaktischen Sternhaufen und der Kugelhaufen mit ihren verschiedenen Metallhäufigkeiten (Abb. 5.4.2, 4) verstehen. Bei einer quantitativen Eichung der Sequenzen ist neben einer möglichen Variation der Heliumhäufigkeit noch die Abhängigkeit der Farbindizes von dem Metallgehalt (Abschn. 5.4.3) zu berücksichtigen, wenn wir von einem theoretischen Farben-Helligkeits-Diagramm zu einem $(M_V, B-V)$-Diagramm übergehen.

Die metallarmen Hauptsequenzsterne der Halopopulation werden auch als *Unterzwerge* (subdwarfs; sd) bezeichnet. Dies hat folgenden historischen Hintergrund: Ursprünglich hatte man die metallarmen Sterne im Verhältnis zu normalen Sternen *derselben* Effektivtemperatur T_{eff} zu „früh“ klassifiziert, da ihre Fraunhoferlinien schwächer sind als die normaler Sterne mit demselben T_{eff} und g und da andererseits entlang der Hauptsequenz die Metallinien nach früheren Spektraltypen hin schwächer werden. Zum Beispiel wurde HD 140 283 ursprünglich als A2, später als sd F5 bezeichnet, während sein $T_{\text{eff}} \simeq 5900$ K etwa G0 V entspricht. Dadurch kamen solche Sterne im Hertzsprung-Russell-Diagramm *unter* die Hauptsequenz zu liegen und wurden „subdwarfs“. Verwendet man dagegen z.B. T_{eff} und die absolute bolometrische Helligkeit oder die Leuchtkraft als Koordinaten des Diagramms, so liegen die *frühen* Unterzwerge (~F) nahezu *auf* der gewöhnlichen Hauptsequenz. Später erkannte man, vor allem durch genaue Entfernungsmessungen, daß demgegenüber die *kühleren* Unterzwerge (>G) auch in einem (L, T_{eff})-Diagramm im Einklang mit der Theorie des Sternaufbaus noch etwa 1 mag *unter* der normalen Hauptreihe liegen, also „echte“ Unterzwerge sind. Die Position der frühen Unterzwerge nahe bei der normalen Sequenz deuten wir als einen Entwicklungseffekt (s. unten): Sie haben sich von ihrer ursprünglichen metallarmen Anfangs-Hauptreihe bereits etwas nach rechts oben fortentwickelt und sind somit „zufällig“ auf die Reihe der Population I-Sterne gelangt.

Die Sterne bleiben in unmittelbarer Nähe der Hauptsequenz, bis ein erheblicher Teil des Wasserstoffs verbrannt ist. Um diese Verweildauer abzuschätzen, betrachten wir zunächst die *Energiebilanz der Sonne*. Ihre (nach der Theorie berechnete) *Zentraltemperatur* $T_c = 1.5 \cdot 10^7$ K hat sich (Tabelle 4.12.1) offenbar so eingestellt, daß der pp-Prozeß die Energieerzeugung übernimmt. Nun besteht die Masse $\mathcal{M}_\odot = 1.98 \cdot 10^{30}$ kg der Sonne, wenn wir sie vorläufig als homogen betrachten, zu $\simeq 70\%$ aus Wasserstoff. Dessen vollständige Umwandlung in He nach dem pp-Prozeß würde $8.8 \cdot 10^{44}$ J liefern. Bei ihrer jetzigen Leuchtkraft $L_\odot = 3.85 \cdot 10^{26}$ W verbrennt die Sonne also größenordnungsmäßig *10% ihres Wasserstoffs* – dies dürfte eben eine merkliche Änderung ihrer Eigenschaften bedingen – in $7.3 \cdot 10^9$ a. Seit der Zeit, als die Erde eine feste Kruste bekam, wird sich die Sonne also in der Tat kaum verändert haben.

Wie steht es nun mit der Energiebilanz der anderen *Hauptsequenzsterne*? Deren Zentraltemperaturen T_c steigen von niedrigeren Werten am kühlen Ende der Hauptsequenz an auf etwa $3.5 \cdot 10^7$ K bei den B0-Sternen usw. Etwas oberhalb der Sonne übernimmt also (Abb. 4.12.2) der CNO-Zyklus die Energieerzeugung, ohne daß sich damit der Nutzeffekt wesentlich ändert. Aus den bekannten Zahlenwerten für die Massen $\mathcal{M}/\mathcal{M}_\odot$ und Leuchtkräfte $L/L_\odot$ (d.h. die Energieproduktion) der Hauptsequenzsterne (der Population I) berechnen wir nun leicht die Zeit, in der sie 10% ihres Wasserstoffs verbrennen, wir nennen sie kurz ihre *Entwicklungszeit* t_E (Tabelle 5.4.2)

Tabelle 5.4.2. Die Sterne der Hauptsequenz und ihre Entwicklungszeit

Spektraltyp	Effektivtemperatur T_{eff} [K]	Masse $\mathcal{M}/\mathcal{M}_\odot$	Leuchtkraft $L/L_\odot$	Entwicklungszeit t_E [a]
O5 V	44 500	60	$7.9 \cdot 10^5$	$5.5 \cdot 10^5$
B0 V	30 000	18	$5.2 \cdot 10^4$	$2.4 \cdot 10^6$
B5 V	15 400	6	$8.3 \cdot 10^2$	$5.2 \cdot 10^7$
A0 V	9 500	3	$5.4 \cdot 10^1$	$3.9 \cdot 10^8$
F0 V	7 200	1.5	6.5	$1.8 \cdot 10^9$
G0 V	6 050	1.1	1.5	$5.1 \cdot 10^9$
K0 V	5 250	0.8	$4.2 \cdot 10^{-1}$	$1.4 \cdot 10^{10}$
M0 V	3 850	0.5	$7.7 \cdot 10^{-2}$	$4.8 \cdot 10^{10}$
M5 V	3 250	0.2	$1.1 \cdot 10^{-2}$	$1.4 \cdot 10^{11}$

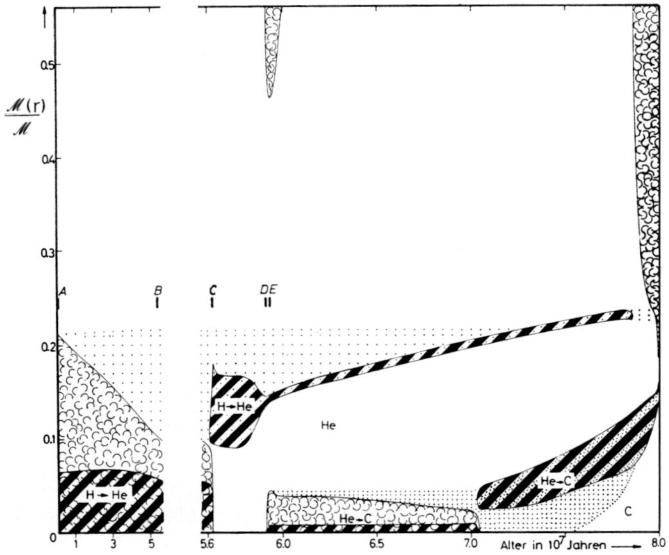

Abb. 5.4.6. Zeitliche Veränderungen im Innern eines (Population I)-Sterns von $5\mathcal{M}_\odot$. Die Abszisse gibt das Alter an, gerechnet in 10^7 a seit Verlassen der Hauptsequenz. Die Buchstaben A bis E stellen die Zuordnung zu dem Entwicklungsweg in Abb. 5.4.7a. her. Ordinate ist $\mathcal{M}(r)/\mathcal{M}$, der Bruchteil der Masse innerhalb *r*. „Wolkige" Gebiete entsprechen Konvektionszonen, schraffierte Gebiete Zonen nuklearer Energieerzeugung. Punktiert sind Gebiete, in denen der H- bzw. He-Gehalt nach innen abnimmt. (Nach R. Kippenhahn, H. C. Thomas und A. Weigert 1965)

$$t_E\,[\mathrm{a}] = 7.3 \cdot 10^9 \frac{\mathcal{M}/\mathcal{M}_\odot}{L/L_\odot}\,. \tag{5.4.3}$$

Seit ihrer Entstehung, die ja – wie wir hier vorwegnehmen – nicht länger als etwa $2 \cdot 10^{10}$ a zurückliegen kann, haben also die *Hauptsequenzsterne* etwa unterhalb G0 nur einen geringen Bruchteil ihres Wasserstoffs verbraucht. Andererseits verbrennen die heißen Sterne der frühen Spektraltypen ihren Wasserstoff so rasch, daß sie erst vor relativ kurzen Zeiten der Größenordnung t_E „entstanden" sein können. Das Alter der O- und B-Sterne ist sogar wesentlich kürzer als die Umlaufzeit der Milchstraße in unserer Umgebung ($2.4 \cdot 10^8$ a); solche Sterne müssen also in ihrer heutigen Umgebung entstanden sein.

Der Verlauf der Entwicklung der Sterne *von der Hauptsequenz weg* hängt wesentlich davon ab, ob die durch Kernprozesse veränderte Materie im Inneren des Sterns sich mit der übrigen vermischt oder ob sie an ihrem Ort bzw. innerhalb der betr. Konvektionszone – wenn eine solche vorhanden ist – bleibt. F. Hoyle und M. Schwarzschild haben 1955 als erste gezeigt, daß nur die letztere Vorstellung zu einer brauchbaren Theorie der Sternentwicklung führt und auch dynamisch plausibel gemacht werden kann.

Was im einzelnen geschieht, wollen wir zunächst am Beispiel eines Sterns von $5\mathcal{M}_\odot$ erläutern (Abb. 5.4.6). Dieser beginnt seine Entwicklung als völlig durchmischter B5 V-Stern der Population I mit der chemischen Zusammensetzung (5.4.2), einer Effektivtemperatur $T_{\mathrm{eff}} = 17\,500$ K, einem Radius von $2.6\,R_\odot$ und damit einer absoluten bolometrischen Helligkeit $M_{\mathrm{bol}} = -2.2$ mag. Im Zentrum herrscht eine Temperatur $T_c = 2.6 \cdot 10^7$ K und ein Druck $P_c = 5.5 \cdot 10^{15}$ Pa. Ganz innen haben wir eine *Wasserstoff-Brennzone*, sozusagen den Kernreaktor, wo nach dem CNO-Zyklus Wasserstoff zu Helium verbrannt wird. An diese Wasserstoff-Brennzone schließt sich eine Konvektionszone an, innerhalb der auch die Reaktionsprodukte durchmischt werden. Diese Phase der Entwicklung (A→B→C, Abb. 5.4.7a) dauert rund $6 \cdot 10^7$ a, etwa entsprechend unserer abgeschätzten Entwicklungszeit t_E (Tabelle 5.4.2). Ist der Kern ausgebrannt, so bilden sich für kurze Zeit (C→D→E: $0.3 \cdot 10^7$ a) eine schalenförmige Wasserstoffbrennzone. Bei E entsteht zunächst im Kern eine *Heliumbrennzone*, in welcher bei Zentraltemperaturen von nunmehr $T_c \simeq 1.3$ bis $1.8 \cdot 10^8$ K der 3α-Prozeß (4.12.18 und 19) die Energieerzeugung übernimmt. Ist auch dieser He-Kern ausgebrannt, so bildet sich eine schalenförmige Heliumbrennzone. Zur Energieerzeugung liefert aber auch nach E die sich stetig nach außen verlagernde dünne Wasserstoffbrennzone immer noch einen wesentlichen Beitrag. Anschließend steuert der Stern rasch dem Stadium eines Roten Riesen und Überriesen zu, in welchem er einen Teil seiner Masse durch den mit der Leuchtkraft anwachsenden Sternwind (4.11.7) verliert. Die anschließenden Spätstadien der Sternentwicklung (vom Kohlenstoffbrennen an) werden wir im nächsten Abschnitt besprechen.

Die Entwicklungswege der massereichen, leuchtkräftigen Sterne im Hertzsprung-Russell-Diagramm hängen empfindlich von der Rate $\dot{\mathcal{M}}$ für den *Massenverlust* ab, welche derzeit nur als empirischer, relativ unsicherer Parameter in den theoretischen Rechnungen berücksichtigt werden kann. Größenordnungsmäßig verlieren die Sterne (mit $\gtrsim 10\,\mathcal{M}_\odot$ auf der Anfangs-Hauptsequenz) etwa $\frac{1}{4}$ bis $\frac{1}{3}$ ihrer Masse, bis sie das Gebiet der Roten Überriesen erreichen. Ihre im wesentlichen „horizontale" Entwicklung von der Hauptsequenz weg bei etwa derselben Leuchtkraft (Abb. 5.4.7a) verläuft mit zunehmendem

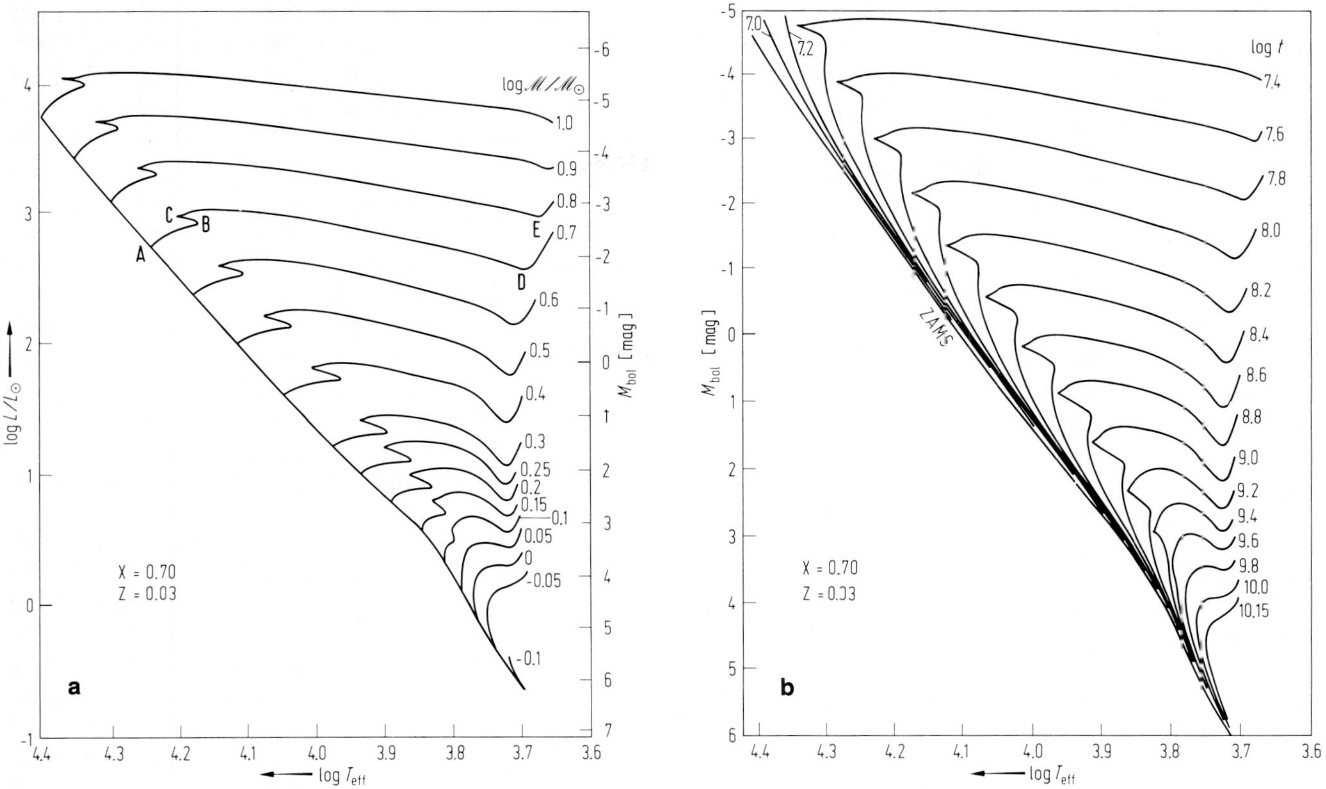

Abb. 5.4.7 a, b. Theoretische Farben-Helligkeits-Digramme für Sterne der Population I. (**a**) Entwicklungswege für verschiedene Massen $\mathcal{M}/\mathcal{M}_\odot$. Die Buchstaben A bis E beziehen sich auf die in Abb. 5.4.6 gekennzeichneten Veränderungen des inneren Aufbaus eines Sterns von $5\,\mathcal{M}_\odot$. (**b**) Isochronen für die in (a) dargestellten Entwicklungswege mit Angabe des Alters t in Jahren. Die untere Einhüllende ist die Anfangs-Hauptsequenz (ZAMS = Zero Age Main Sequence)

$\dot{\mathcal{M}}$ bei geringerer Leuchtkraft. Bei extremem (lang andauerndem) Massenverlust ($\gtrsim 10^{-5}\,\mathcal{M}_\odot\,a^{-1}$) biegt der Entwicklungsweg nach unten gegen die Hauptreihe hin um, so daß das Rote Überriesenstadium nicht erreicht wird. (Im hypothetischen Grenzfall $\dot{\mathcal{M}} \to \infty$ würde der Entwicklungsweg mit der Hauptreihe zusammenfallen.)

Bei allen Sternen mit Massen $\gtrsim 2.5\,\mathcal{M}_\odot$ verläuft die Entwicklung während des Wasserstoff- und Heliumbrennens qualitativ ähnlich, wie wir sie für $5\,\mathcal{M}_\odot$ beschrieben haben. Insbesondere erfolgt das Heliumbrennen „*hydrostatisch*", d.h. der Stern bleibt ständig im hydrostatischen Gleichgewicht (4.12.1). Dies folgt im wesentlichen aus der Zustandsgleichung (4.12.3) des *idealen Gases*, nach der eine Änderung der Temperatur T mit einer Druckänderung verbunden ist. Steigt z.B. T und damit auch die nukleare Energieerzeugung an, so bewirkt die Druckerhöhung eine Expansion und Kühlung, die zu einer Verringerung der Energieerzeugung und somit zur Stabilisierung des Sterns führt.

Bei Sternen mit Massen $\lesssim 2.5\,\mathcal{M}_\odot$ hingegen verläuft das Heliumbrennen *explosiv*. Diese Sterne erreichen bei ihrer Entwicklung „senkrecht nach oben" im Hertzsprung-Russell-Diagramm auf dem sog. ersten Riesenast (Abb. 5.4.2, 3) im Innern so hohe Dichten, daß *Fermi-Dirac-Entartung* des Elektronengases einsetzt, bevor bei $T \simeq 8 \cdot 10^7$ K das Heliumbrennen zündet. Im Gegensatz zum idealen Gas hängt jetzt der Druck *nicht* von T ab (4.12.49), so daß bei Energiezufuhr keine Expansion und Abkühlung erfolgen kann. Vielmehr kommt es zum *Helium-Flash*, einem starken Temperaturanstieg innerhalb sehr kurzer Zeit – größenordnungsmäßig der freien Fallzeit (4.12.39) –, der erst wieder zum Halt kommt, wenn T so hoch wird, daß die Elektronenentartung wieder aufgehoben wird. Die entstehende Explosionswelle im Inneren wird – wie aufwendige detaillierte Rechnungen zeigen – von der massiven Hülle außerhalb der Heliumzone aufgefangen, so daß der Stern den zentralen Helium-Flash an der Spitze des Riesenastes (bei etwa

$2 \cdot 10^3 L_\odot$) „überlebt". Er findet anschließend bei kleineren Leuchtkräften eine neue Gleichgewichtskonfiguration mit zentralem, hydrostatischem Heliumbrennen und einer schalenförmigen Wasserstoffbrennzone. Sowohl bei der Entwicklung auf dem Riesenast als auch beim Helium-Flash verliert der Stern einen merklichen Teil seiner Masse, z. B. ein Stern von ursprünglich $1\,\mathcal{M}_\odot$ im Bereich von etwa 0.1 bis $0.5\,\mathcal{M}_\odot$.

Bevor wir die weitere Entwicklung der Sterne $\lesssim 2.5\,\mathcal{M}_\odot$ verfolgen, wenden wir uns dem Vergleich der theoretischen Ergebnisse mit der Beobachtung zu. In Abb. 5.4.7a sind zunächst die anfänglichen *Entwicklungswege* von Population I-Sternen verschiedener Masse in einem *theoretischen Farben-Helligkeits-Diagramm* mit der Leuchtkraft L bzw. der absoluten bolometrischen Helligkeit M_{bol} über der Effektivtemperatur T_{eff} dargestellt, wobei für $5\,\mathcal{M}_\odot$ die Entwicklungsphasen (A bis E) aus Abb. 5.4.6 übertragen sind.

Die wichtigsten Züge der nuklearen Entwicklung können wir nun etwa folgendermaßen zusammenfassen:

Die noch homogenen jungen Sterne ordnen sich im Farben-Helligkeits-Diagramm auf der Anfangs-Hauptsequenz an, deren Lage von ihrer chemischen Zusammensetzung abhängt. Sie bilden in ihrem Innern eine Wasserstoffbrennzone, in welcher die Energieerzeugung bei höheren Zentraltemperaturen (große Massen) nach dem CNO-Zyklus, bei niedrigeren Zentraltemperaturen (kleine Massen) nach dem pp-Prozeß erfolgt. Die Sterne bleiben nahe der Hauptsequenz, bis sie etwa 10% ihres Wasserstoffs verbrannt haben, d. h. während eines Zeitraums der Größenordnung t_{E}. Dann führt die Entwicklung in erheblich kürzeren Zeiten zunächst nach rechts und nach oben in den Bereich der Roten Riesen, in welchem das Heliumbrennen einsetzt. Mit Hilfe der Entwicklungszeiten, die zu den in Abb. 5.4.7a dargestellten Entwicklungswegen gehören, können wir diejenigen Linien in das Farben-Helligkeits-Diagramm einzeichnen, auf denen eine Gruppe von Sternen, die zur Zeit $t = 0$ auf der Anfangs-Hauptsequenz startete, zur Zeit t angelangt ist. Solche berechnete *Isochronen* (Abb. 5.4.7b) ermöglichen es dann, die Farben-Helligkeits-Diagramme der galaktischen Sternhaufen (Abb. 5.4.2) als eine *Alters-Sequenz* zu deuten und unsere früheren Altersabschätzungen (t_{E}) zu verfeinern.

Der Sternhaufen h und χ Persei mit seinen extrem hellen blauen Übergiganten, die ihren Wasserstoff verschwenderisch verbrennen, ist ein ganz *junger* Sternhaufen. Die Abwanderung von der Hauptsequenz – das sog. Knie bei $M_{\mathrm{V}} = -6$ mag deutet auf ein Alter von wenigen Millionen Jahren. Die paar Roten Übergiganten rechts vom oberen Ende der Hauptsequenz sind von diesem durch die empirisch schon lange bekannte *Hertzsprung-Lücke* getrennt, die sich – schwächer werdend – etwa bis zu den F0 III-Sternen herunter erstreckt. Dies erklärt sich einfach daraus, daß z. B. in Abb. 5.4.7a für einen Stern von $5\,\mathcal{M}_\odot$ das Wegstück C→D nur $3 \cdot 10^6$ a dauert gegenüber $2 \cdot 10^7$ a für das folgende Rote-Riesen-Stadium bzw. $6 \cdot 10^7$ a für die Wasserstoff-Brennzeit auf der Hauptsequenz.

Die Farben-Helligkeits-Diagramme z. B. der Plejaden ... Praesepe ... bis NGC 188, deren Hauptsequenz immer weiter „unten" zum Riesenast hinabschwenkt, deuten auf immer höheres Alter. Ohne Zweifel gibt es keine Diagramme, die wesentlich unter dem von NGC 188 abbiegen, d. h. für die galaktischen Haufen gibt es ein maximales Alter, das etwa 5 bis $6 \cdot 10^9$ a beträgt.[13]

Das bekannte Farben-Helligkeits-Diagramm der Feldsterne unserer Umgebung interpretieren wir am besten als das eines Sterngemisches aus den Überresten vieler im Laufe der Zeit zerfallener Assoziationen und Sternhaufen. Die berechneten Entwicklungszeiten machen ohne weiteres verständlich, daß die Hauptsequenz sich eng an die Anfangs-Hauptsequenz anschließt. Die Zusammenballung der gelben und roten Riesensterne in dem Riesenast kann man mit A. R. Sandage darauf zurückführen, daß in diesem Bereiche die Entwicklungslinien der massenreicheren und helleren Sterne von links nach rechts und die der masseärmeren und schwächeren Sterne von der unteren Hauptsequenz aus nach rechts oben hin wie in einem Trichter zusammenlaufen (Abb. 5.4.7a). Die Riesensterne unserer Umgebung dürfen also – insbesondere hinsichtlich ihrer Massen – nicht als eine homogene Gruppe behandelt werden.

Nunmehr wenden wir uns den Farben-Helligkeits-Diagrammen der *Kugelhaufen* (Abb. 5.4.3, 4) zu, die ja überhaupt den Ausgangspunkt für die neuere Theorie der Sternentwicklung bildeten. Diese gleichen weitgehend den Diagrammen alter galaktischer Sternhaufen mit dem Unterschied, daß ihr Riesenast steiler verläuft. Dies ist nach den theoretischen Entwicklungsrechnungen eine Folge davon, daß die Kugelhaufen als Angehörige der extremen Halopopulation sehr *geringe* Metallhäufigkeiten (Größenordnung $\varepsilon \simeq 1/10$ bis $1/100$) haben, wie

[13] Die Verringerung des Alters von NGC 188 gegenüber dem älteren Wert von 8 bis $10 \cdot 10^9$ a (A. Sandage und O. J. Eggen, 1969) beruht überwiegend auf einer Revision des Entfernungsmoduls der *Hyaden*, an deren Farbenhelligkeitsdiagramm die der übrigen Haufen angepaßt werden.

die Spektren ihrer Roten Riesen bestätigen. Dadurch werden die Opazität und die Energieerzeugung erheblich verändert. Das Abbiegen der Farben-Helligkeits-Diagramme (ebenfalls bei $M_V \simeq 4$ mag ähnlich wie bei NGC 188) zeigt nach den neuesten Modellrechnungen, daß sämtliche Kugelhaufen ein *Alter von etwa 14 bis 18 · 10^9 a* besitzen. Die Streuung der Zahlenwerte von wenigen 10^9 a – welche in der Hauptsache der Theorie zur Last fällt – ist wahrscheinlich größer als die wirklichen Unterschiede im Alter verschiedener Kugelhaufen.[14]

In den Farben-Helligkeits-Diagrammen der Kugelhaufen unterscheidet man den Roten Riesenast (rechts oben), sodann den *asymptotischen Riesenast* bei etwas kleineren Effektivtemperaturen (Abb. 5.4.3) und schließlich den *Horizontalast* bis zu B-Sternen der absoluten Helligkeit $M_V \simeq +2$ mag. In den Horizontalast eingebettet ist die „Lücke" der pulsierenden Haufenveränderlichen oder *RR Lyrae-Sterne*. Das Ende des Entwicklungsweges an der Spitze des ersten Riesenastes wird dem plötzlichen Zünden des zentralen Helium-Brennens (Helium-Flash) zugeschrieben. Nach dem Helium-Flash – und nach erheblichem Massenverlust im Roten Riesenstadium – bevölkern die metallarmen Sterne der Population II den Horizontalast. Sie erzeugen nach der Theorie des Sternaufbaus ihre Energie durch zentrales Heliumbrennen und schalenförmiges Wasserstoffbrennen, wobei ihre Massen am blauen Ende des Horizontalastes rund 0.5 $\mathcal{M}_\odot$, am roten Ende rund 0.9 $\mathcal{M}_\odot$ betragen. Bei der Population I mit normaler Metallhäufigkeit entspricht dem Horizontalast eine nicht allzu auffällige Häufung (clump) der Sterne im Farben-Helligkeits-Diagramm nahe am Riesenast bei etwa $10^2 L_\odot$.

Wie verläuft nun die weitere Entwicklung eines Sterns, nachdem sein Heliumkern ausgebrannt ist? Zunächst bildet sich eine schalenförmige Heliumbrennzone: der Stern verläßt den Horizontalast (bzw. das entsprechende Stadium für die Population I) und wandert – sofern $\mathcal{M} \gtrsim 0.6\,\mathcal{M}_\odot$ – ein zweites Mal zu höheren Leuchtkräften hin in das Gebiet der Roten Riesen und Überriesen auf dem *asymptotischen Riesenast* (Abb. 5.4.3a). Diese Phase ist durch *zwei schalenförmige Energiequellen* charakterisiert, die innere Heliumbrennzone um den aus ^{12}C und ^{16}O und entartetem Elektronengas bestehenden Kern herum und die äußere Wasserstoffbrennzone. Die Energieerzeugung in der Heliumschale ist thermisch instabil und erfolgt in einer Reihe von Pulsen mit typischen Abständen von etwa 1000 a. Auch die Entwicklung der massereicheren ($\gtrsim 2.5\,\mathcal{M}_\odot$) Sterne mündet – wie wir oben sahen (Abb. 5.4.6) – in den Zustand mit zwei Schalenquellen für die Energieerzeugung ein. Die Phase des asymptotischen Riesenastes endet wahrscheinlich mit dem Ausstoßen eines *Planetarischen Nebels* von einigen Zehntel Sonnenmasse (Abschn. 5.3.5); die Masse der verbleibenden *Zentralsterne* der Planetarischen Nebel liegen in einem relativ engen Bereich um $\simeq 0.6\,\mathcal{M}_\odot$.

Die an das Heliumbrennen anschließenden Entwicklungsphasen werden in viel kürzeren Zeiten durchlaufen und können praktisch nicht mehr im Farben-Helligkeits-Diagramm verfolgt werden. Bevor wir uns diesen Phasen zuwenden, erwähnen wir noch kurz die Entwicklung der Sterne am *unteren Ende des Massenspektrums*. Ist die ursprüngliche Masse $\lesssim 0.4\,\mathcal{M}_\odot$, so erreicht der Stern nie die Zündtemperatur für das Heliumbrennen. Liegt die Masse unterhalb $\lesssim 0.1\,\mathcal{M}_\odot$, so wird nicht einmal die Phase des Wasserstoffbrennens, die für einen Stern charakteristisch ist, erreicht. Diese „substellaren Massen" oder „*Braunen Zwergsterne*" können als Riesenplaneten, im Aufbau dem Jupiter verwandt, angesehen werden.

5.4.5 Entwicklung der Sterne: Spät- und Endstadien. Nukleosynthese in Sternen

Für die späten Entwicklungsphasen der Sterne mit einer ursprünglichen Masse $\lesssim 8\,\mathcal{M}_\odot$ ist der *Massenverlust* im Gebiet der Roten Riesen und Überriesen entscheidend. Ist dieser so stark, daß der Reststern unterhalb der Chandrasekharschen Grenzmasse von 1.4 $\mathcal{M}_\odot$ (4.12.54) bleibt, so beendet der Stern nach Erlöschen seiner nuklearen Energiequellen (Wasserstoff- und Heliumbrennschalen) seine Entwicklung in der stabilen Konfiguration eines *Weißen Zwergsterns* aus ^{12}C und ^{16}O, bei dem der Druck des *entarteten* Elektronengases der Gravitationskraft die Waage hält (Abschn. 4.12.7). Die Beobachtung von Weißen Zwergen in galaktischen Sternhaufen, für welche im Farben-Helligkeits-Diagramm der Abknickpunkt von der Hauptsequenz noch einer Masse von 8 $\mathcal{M}_\odot$ entspricht, belegt, daß in der Tat ein großer Teil der Sterne von $\lesssim 8\,\mathcal{M}_\odot$ durch Sternwinde und Abstoßen Planetarischer Nebel genügend Masse verliert und zum Weißen Zwerg wird. Auf dem asymptotischen Riesenast ist dieser

---

[14] Frühere Altersbestimmungen ergaben für die Kugelhaufen und den ältesten offenen Haufen NGC 188 ähnliche Alter um 10 · 10^9 a. Demgegenüber führten neuere Rechnungen, die vor allem den Einfluß der unterschiedlichen chemischen Zusammensetzung bei der Umwandlung von (B – V) und M_V in die physikalischen Parameter T_{eff} und L im einzelnen berücksichtigen, zu einem deutlich höheren Alter für die Kugelhaufen, obwohl deren Abknickpunkte im Farben-Helligkeits-Diagramm nahe bei dem von NGC 188 liegen.

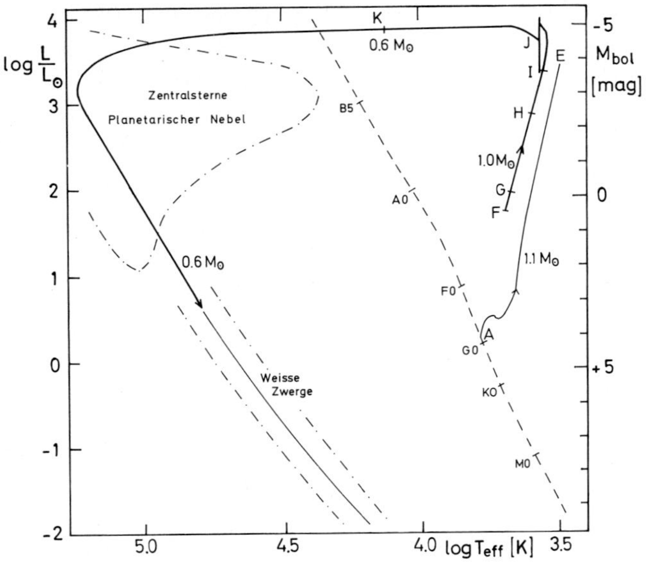

Abb. 5.4.8. Entwicklungsweg eines Population I-Sterns von 1.1 bzw. $1.0\,\mathcal{M}_\odot$ im Hertzsprung-Russell-Diagramm. Entwicklung von $1.1\,\mathcal{M}_\odot$ vom zentralen Wasserstoffbrennen (A) bis zum Helium-Flash (E) ohne Berücksichtigung von Massenverlust, nach A. V. Sweigart und P. G. Gross (1978). Annahme von $0.1\,\mathcal{M}_\odot$ Massenausstoß beim Helium-Flash. Weitere Entwicklung des Sterns mit $1.0\,\mathcal{M}_\odot$ unter Berücksichtigung von Massenverlust entsprechend (4.11.7), nach D. Schönberner (1979). F→G: Zentrales Heliumbrennen und Wasserstoffschalenbrennen. G→J: Asymptotischer Riesenast; von den hier ab I auftretenden thermischen Pulsen (Heliumschalen-Flash) ist nur einer (J) eingezeichnet. Der Massenverlust wird bei H wesentlich und führt zu einer Endmasse von $0.6\,\mathcal{M}_\odot$, die bei K erreicht wird

Weiße Zwerg bereits in den innersten $10^{-2} R_\odot$ des Roten Riesen von etwa $10^2 R_\odot$ Radius als dichter (10^8 bis 10^9 kg m^{-3}) Kern von $\gtrsim 0.6\,\mathcal{M}_\odot$ „versteckt".

In Abb. 5.4.8 ist der Entwicklungsweg eines Sterns von $1\,\mathcal{M}_\odot$ im Hertzsprung-Russell-Diagramm zum Weißen Zwerg hin dargestellt. Entsprechend einem Massenverlust nach (4.11.7) wird schon kurz am Ende der mehrere 10^6 a währenden Zeit auf dem asymptotischen Riesenast die Endmasse von $0.6\,\mathcal{M}_\odot$ erreicht. Die weitere Entwicklung verläuft rasch, in 10^4 bis 10^5 a, horizontal nach links zu höheren Effektivtemperaturen hin in das Gebiet der Zentralsterne der Planetarischen Nebel. Bei T_{eff} zwischen $3 \cdot 10^4$ und 10^5 K wird der vorher ausgestoßene Planetarische Nebel ionisiert und zum Leuchten angeregt. Schließlich ist im Sterninnern keine nukleare Energieerzeugung mehr möglich, der Entwicklungsweg biegt nach unten um und mündet in die Sequenz der Weißen Zwerge ein. In einigen 10^9 a kühlt der Stern allmählich aus bis auf Effektivtemperaturen unter 4000 K, den tiefsten bei Weißen Zwergen beobachteten Werten.

Diejenigen Sterne mit ursprünglich $\lesssim 8\,\mathcal{M}_\odot$, deren Masse gegen Ende ihrer Entwicklungsphase auf dem asymptotischen Riesenast die Grenzmasse für Weiße Zwerge *überschreitet*, erreichen in ihrem elektronenentarteten Heliumkern schließlich so hohe Temperaturen, daß – trotz erheblicher Energieverluste durch die entstehenden Neutrinos (Abschn. 4.12.3) – das *Kohlenstoffbrennen* $^{12}C + {}^{12}C$ (4.12.23) zündet. Dieses verläuft *explosiv*, ähnlich wie das Heliumbrennen in entarteter Materie. Komplizierte, noch nicht in allen Einzelheiten befriedigende hydrodynamische Modellrechungen für die Energiebilanz und Ausbreitung der Verbrennungsfronten deuten darauf hin, daß der Stern vollständig explodiert, ohne einen Reststern zu hinterlassen. Möglicherweise ist das explosive Kohlenstoffbrennen Ursache für einige der beobachteten Supernovaausbrüche (Abschn. 4.11.7).

Wie verläuft nun die Entwicklung nach dem Heliumbrennen bei den *massereicheren Sternen* ($\gtrsim 8\,\mathcal{M}_\odot$)? Hier setzt bei Temperaturen von 5 bis $8 \cdot 10^8$ K die Reaktion $^{12}C + {}^{12}C$ in *nicht* entarteter Materie ein, so daß die Stabilität des Sterns während des größenordnungsmäßig nur 100 a dauernden *hydrostatischen Kohlenstoffbrennens* gewahrt bleibt. Nach Bildung einer schalenförmigen Brennzone entsteht ein Kerngebiet aus ^{16}O, ^{20}Ne und ^{24}Mg. Bei Sternen mit $\gtrsim 10\,\mathcal{M}_\odot$ schließen sich in rascher Folge bei steigenden Temperaturen und Dichten im Kern das Neonbrennen (Dauer größenordnungsmäßig 1 a), das Sauerstoffbrennen (einige Monate) und das Siliziumbrennen (1 d) an (Abschn. 4.12.3). Der Stern bildet eine „*Zwiebelschalenstruktur*" (Abb. 5.4.9) mit einem „*Eisen*"-*Kern* von etwa 1.3 bis $2.5\,\mathcal{M}_\odot$. Je nach den physikalischen Bedingungen sind in diesem Kern unterschiedliche Nuklide bevorzugt, z. B. ^{56}Fe oder das neutronenärmere radioaktive ^{56}Ni, das letztlich auch zu ^{56}Fe zerfällt. Mit dem Aufbau der Nuklide der Eisengruppe ist das Maximum der Bindungsenergie und damit das Ende der nuklearen Energieerzeugung im Stern erreicht.

Die kompliziertere nukleare Entwicklung der Sterne des Massenbereichs von etwa 8 bis $10\,\mathcal{M}_\odot$, bei welchen die Dichten im (^{16}O, ^{20}Ne, ^{24}Mg)-Kern von $\lesssim 1.4\,\mathcal{M}_\odot$ so hoch werden (2 bis $3 \cdot 10^{13}$ kg m^{-3}), daß Elektronenentartung eintritt und die folgenden Brennprozesse nicht mehr hydrostatisch verlaufen, können wir hier nicht weiter behandeln.

Nachdem der Stern keine nuklearen Energiequellen mehr verfügbar hat, kontrahiert der Zentralbereich wei-

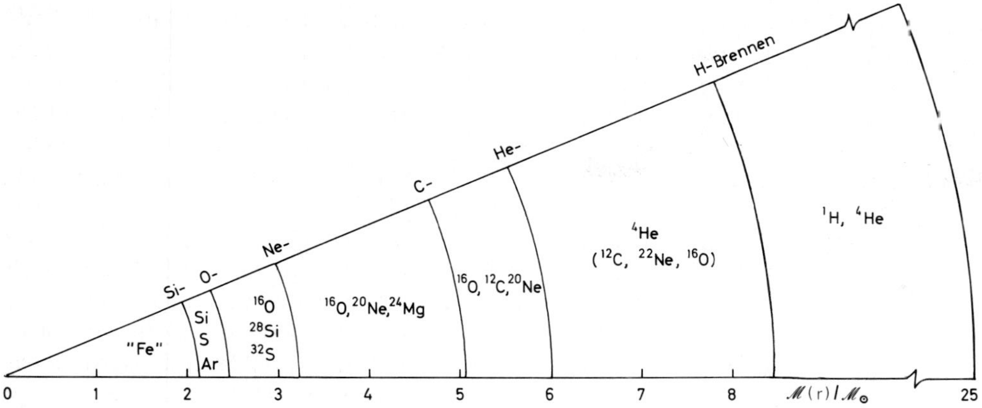

Abb. 5.4.9. „Zwiebelschalenstruktur" eines entwickelten Population I-Sterns mit $\mathcal{M} = 25\,\mathcal{M}_\odot$ nach Ablaufen des Siliziumbrennens. Eingezeichnet sind die Zonen der maximalen Energieerzeugung und die häufigsten Produktnuklide innerhalb der jeweiligen Brennschale nach J.R. Wilson et al. (1985). Außerhalb von $\mathcal{M}(r) = 8.43\,\mathcal{M}_\odot$ bzw. $r = 0.55\,R_\odot$ hat der Stern noch seine ursprüngliche H- und He-reiche Zusammensetzung. Der neutronisierte Fe-Kern reicht bis $\mathcal{M}(r) = 2.1\,\mathcal{M}_\odot$ bzw. $r = 4.2 \cdot 10^{-3}\,R_\odot = 2900$ km; im Zentrum beträgt die Temperatur $T_c = 8.2 \cdot 10^9$ K und die Dichte $\varrho_c = 2.2 \cdot 10^{12}$ kg m^{-3}. Im Hertzsprung-Russell-Diagramm befindet sich dieser Stern (Effektivtemperatur 4400 K, Leuchtkraft $3 \cdot 10^5\,L_\odot$ und Radius um $10^3\,R_\odot$) im Bereich der Roten Überriesen

ter bei ansteigender Temperatur, bis durch einen – je nach (ϱ, T)-Bereich verschiedenen – „*Phasenübergang*" die Kompressibilität der Materie so stark erhöht wird, daß die Stabilitätsbedingung $\Gamma > \frac{4}{3}$, (4.12.38) verletzt wird und ein *Kollaps* in der freien Fallzeit (4.12.39) erfolgt.

Für $\mathcal{M} \gtrsim 100\,\mathcal{M}_\odot$ wird die Instabilität durch die Erzeugung von *Elektron-Positron-Paaren*

$$\gamma + \gamma \rightarrow e^+ + e^- \qquad (5.4.4)$$

bewirkt, sobald die Temperatur einige 10^9 K übersteigt, d.h. wenn $kT \gtrsim mc^2$ ($mc^2 = 0.51$ MeV Ruheenergie des Elektrons bzw. Positrons) wird.

Im Massenbereich 10 bis $100\,\mathcal{M}_\odot$ löst oberhalb etwa $5 \cdot 10^9$ bis 10^{10} K die *Photodesintegration* der Nuklide durch die energiereichen thermischen γ-Quanten den Kollaps aus, insbesondere

$$\gamma + {}^{56}\mathrm{Fe} \rightarrow 13\,{}^4\mathrm{He} + 4\,\mathrm{n} \;,$$

gefolgt von (5.4.5)

$$\gamma + {}^4\mathrm{He} \rightarrow 2\,\mathrm{p} + 2\,\mathrm{n} \;.$$

Bei Beginn des Kollaps ist z.B. in einem Stern von $25\,\mathcal{M}_\odot$ im Zentrum die Temperatur rund $8 \cdot 10^9$ K und die Dichte rund $4 \cdot 10^{12}$ kg m^{-3}; die entsprechende freie Fallzeit beträgt etwa 0.1 s.

Bei kleineren Sternmassen ($\lesssim 10\,\mathcal{M}_\odot$) erfolgt der Kollaps des elektronenentarteten Kernbereichs durch die „*Neutronisation*" der Materie, wenn die Dichte und damit die Fermi-Energie der Elektronen so weit ansteigt, daß die Schwelle für *Elektroneneinfang* durch die häufigeren Nuklide überschritten wird. Die maximale Masse $\mathcal{M}_{Ch}$, die durch den Entartungsdruck der Elektronen im Gleichgewicht gehalten werden kann, ist nach (4.12.54) proportional zu μ_e^{-2}, wobei μ_e das auf ein Elektron bezogene „Atomgewicht" (4.12.50) bedeutet. Dadurch verringert sich $\mathcal{M}_{Ch}$ von ursprünglich $1.4\,\mathcal{M}_\odot$ hier auf etwa $0.8\,\mathcal{M}_\odot$ für die neutronenreichere Materie.

Unabhängig von der auslösenden Instabilität kann der Kollaps des inneren Bereichs erst dann zum Stehen kommen, wenn rund die Hälfte seiner Masse eine Dichte von $\gtrsim 2 \cdot 10^{17}$ kg m^{-3} erreicht. Bei dieser Dichte, welche derjenige im Inneren der normalen Atomkerne entspricht, besteht die Materie überwiegend aus Neutronen und wird stark inkompressibel. Im Inneren eines massereichen Sterns ($\gtrsim 10\,\mathcal{M}_\odot$) bildet sich somit innerhalb kurzer Zeit ($\lesssim 1$ s) ein *Neutronenstern* (Abschn. 4.12.8), an dessen Oberfläche dann der Einfall der restlichen Materie gebremst wird.

Der Neutronenstern schwingt – wie eine elastische Kugel – anfangs ein wenig zurück und erzeugt hierdurch eine nach außen, der weiterhin einfallenden Materie entgegenlaufende Stoßwelle. Hinter der Stoßfront wird deren Bewegungsrichtung umgekehrt, wobei allerdings bei den anfangs hohen Temperaturen die Atomkerne in freie Protonen und Neutronen dissoziieren und somit die Welle stark gedämpft wird. Ihre ursprüngliche kinetische

Energie von einigen 10^{44} J wird bereits nach Durchqueren von wenigen 100 km bzw. von etwa 0.5 $\mathcal{M}_\odot$ Materie aufgebraucht. Das weitere Schicksal des Sterns hängt nun empfindlich von seiner Dichtestruktur und dem Energietransport in die außerhalb des Zentralbereichs gelegenen Schichten ab: Durchläuft die Stoßwelle nur relativ wenig Materie oder kann sie, z. B. durch Absorption hochenergetischer Neutrinos aus dem inneren Bereich, genügend Energie aufnehmen, so kann sie die Sternoberfläche erreichen und zum *Abstoßen einer Hülle* führen. Als Reststern bleibt ein Neutronenstern übrig. Kommt andererseits die Stoßwelle im Sterninneren zum Halt, so wird durch die stehende Front hindurch weiter Materie aufgesammelt, bis schließlich die obere Grenzmasse für Neutronensterne von etwa 1.8 $\mathcal{M}_\odot$ überschritten wird. Dann gibt es keine stabile Konfiguration mehr, die Materie kollabiert zu einem *Schwarzen Loch* (Abschn. 4.12.9).

Im ersten Fall können wir das theoretische Modell dieser letzten Phase der Entwicklung massereicher Sterne mit dem Phänomen des *Supernovaausbruchs* (vom Typ II) identifizieren, bei dem eine Energie vor etwa 10^{44} J in Form von elektromagnetischer Strahlung (Lichtkurve) und kinetischer Energie der expandierenden Hülle beobachtet wird (Abschn. 4.11.7). Dieser Energiebetrag macht nur etwa 1% der gesamten, bei der Bildung des (Proto)-Neutronensterns freiwerdenden Gravitationsbindungsenergie von rund 10^{46} J aus (entsprechend einer Verdichtung von 1 $\mathcal{M}_\odot$ auf etwa 10 km Radius). Der größte Teil dient zur Erzeugung hochenergetischer *Neutrinos* (überwiegend bei der Bildung der neutronenreichen Materie) und zur Erhöhung der inneren Energie und geht damit letztlich dem Stern verloren. Bei der relativ nahen, hellen Supernova SN 1987A in der Großen Magellanschen Wolke konnten erstmals Neutrinos mit einer Gesamtenergie von 10^{45} bis 10^{46} J nachgewiesen werden, welche einige Stunden vor dem optischen Helligkeitsanstieg emittiert wurden (Abschn. 4.11.7).

Wie wir sahen, erhält die nach außen laufende Stoßwelle anfangs nur einige 10^{44} J an kinetischer Energie, so daß nur sehr aufwendige numerische Modellrechnungen zeigen können, ob unsere theoretischen Vorstellungen der Sternentwicklung tatsächlich den bei Supernovaexplosionen beobachteten Verlauf der Lichtkurve und die Expansion der Hülle erklären können. In die hydrodynamischen Berechnungen gehen neben dem inneren Aufbau der Präsupernova u.a. die Zustandsgleichung der Materie bei hohen Dichten, ein umfangreiches Netzwerk nuklearer Reaktionen und vor allem die Querschnitte für die Übertragung von Energie und Impuls an die Materie durch Neutrinos ein. Trotz ihrer äußerst kleinen Wirkungsquerschnitte (größenordnungsmäßig $10^{-47}\,\mathrm{m}^2$ bei 1 MeV Energie) werden die Neutrinos bei Dichten $\gtrsim 4 \cdot 10^{14}\,\mathrm{kg\,m}^{-3}$ noch im Zentralbereich fast vollständig absorbiert und somit für kurze Zeit „festgehalten", bevor sie aus dem Stern entweichen. Selbst in den äußeren Zonen reicht die Absorption eines kleinen Bruchteils der großen Zahl von Neutrinos u. U. aus, um der Dämpfung der herauslaufenden Stoßwelle entgegen zu wirken.

Unsere Vorstellung, daß die Entwicklung der massereichen Sterne nach dem Kollaps im Zentralbereich zu einem Supernovaausbruch (vom Typ II) führen kann, wird zum einen durch die Beobachtung von Neutrinos bei der Supernova SN 1987A wesentlich untermauert, zum anderen durch die bisher durchgeführten komplizierten Modellrechnungen wohl grundsätzlich gestützt. Derzeit jedoch bleiben noch viele wichtige Fragen offen. So ist z. B. noch nicht eindeutig geklärt, welche Sternmassen oberhalb 8...10 $\mathcal{M}_\odot$ als Supernovae explodieren, ob hierbei immer ein Neutronenstern übrigbleibt, ob Neutronensterne auch ohne Supernovaausbruch entstehen können, welche Massen ihre Entwicklung als Schwarzes Loch beenden usw.

Zusammenfassend stellen wir jetzt noch – stark vereinfacht – die Grundzüge der Entwicklungsmöglichkeiten eines Sterns dar:

Stern mit $\simeq (1\ldots8)\,\mathcal{M}_\odot$
- starker Massenverlust (Sternwind + Planetarischer Nebel) → Weißer Zwerg (0.6...1.4 $\mathcal{M}_\odot$)
- schwächerer Massenverlust → Stern > 1.4 $\mathcal{M}_\odot$ → Nukleare C-Detonation → kein Reststern (?)

Stern mit $\gtrsim (8\ldots10)\,\mathcal{M}_\odot$
- 20 – 30% Massenverlust, Kollaps im Zentralbereich →
  - Neutronenstern ($\lesssim 1.8\,\mathcal{M}_\odot$) + Abstoßen einer Hülle: Supernovae II
  - Schwarzes Loch ($\gtrsim 1.8\,\mathcal{M}_\odot$)
  - (?)

Während unser theoretisches Bild der Supernovae II wenigstens in seinen Grundzügen gesichert scheint, ist der Ursprung der *Supernovaexplosionen vom Typ I* noch nicht zweifelsfrei geklärt. Zum einen weisen die Spektren darauf hin, daß der Stern bereits vor dem Ausbruch seine wasserstoffreiche Hülle verloren hat, zum anderen läßt sich die Form der Lichtkurven am besten durch die Explosion eines kompakten Sterns erklären. So geht *eine* Modellvorstellung einer Supernova I von einem *Weißen Zwergstern* aus, der überwiegend aus ^{12}C und ^{16}O besteht und – wie oben gezeigt wurde – bei der Entwicklung eines Sterns von $\lesssim 8\,\mathscr{M}_\odot$ mit starkem Massenverlust entstehen kann. Befindet sich der Weiße Zwerg nun in einem *engen Doppelsternsystem*, so kann er von seinem Begleiter Materie aufsammeln (Abschn. 5.4.6). Bei einer geeigneten Akkretionsrate wächst durch stetiges Wasserstoff- und Heliumbrennen die Masse des (^{12}C, ^{16}O)-Kerns über die Chandrasekharsche Grenze von $1.4\,\mathscr{M}_\odot$. Bei der hierdurch ausgelösten Kontraktion zündet das Kohlenstoffbrennen im Zentrum in entarteter Materie, d. h. explosiv. Der Stern wird hierbei zerrissen, ohne daß ein Reststern übrigbleibt. Die Kernreaktionen in der nach außen laufenden Verbrennungsfront wandeln etwa $0.7\,\mathscr{M}_\odot$ in Nuklide der Eisengruppe, größtenteils ^{56}Ni, um. Dieses *Kohlenstoff-Deflagrations-Modell* kann im Prinzip die Gleichförmigkeit in den Lichtkurven der Supernovae I und deren exponentiellen Helligkeitsabfall erklären. Die wesentliche Energiequelle für die Abstrahlung ist der radioaktive Zerfall von rund $0.5\,\mathscr{M}_\odot$ an ^{56}Ni zu ^{56}Co mit einer Halbwertszeit von 6.1 d, das dann weiter mit 78.8 d zum stabilen ^{56}Fe zerfällt. Dieses Modell wird dadurch gestützt, daß z. B. im optischen Spektrum der SN 1981 B Absorptionsstrukturen beobachtet wurden, welche Linien des Co II zugeschrieben werden können.

Zum Abschluß dieses Abschnitts betrachten wir noch die Kernreaktionen im Laufe der Sternentwicklung unter dem Gesichtspunkt der *Nukleosynthese* oder – wie man sagt – der *Entstehung der Elemente in Sternen*.

Bei der ersten thermonuklearen Brennphase, dem Wasserstoffbrennen, wird zunächst H in ^{4}He sowie – bei dem CNO-Trizyklus – C, N und O überwiegend in ^{14}N umgewandelt und u.a. ein Isotopenverhältnis $^{12}\mathrm{C}/^{13}\mathrm{C} \simeq 4$ bewirkt (Abschn. 4.12.3). Für einen Teil dieser Materie erfolgt später im Stern die Verbrennung des ^{4}He hauptsächlich zu ^{12}C. Durchmischungsprozesse in Verbindung mit Massenverlust sowie bei engen Doppelsternsystemen Materieaustausch zwischen den Komponenten können die nuklear veränderte Materie aus dem Sterninnern an die Oberfläche bringen und somit in den Spektren „sichtbar“ machen. Daß dies tatsächlich in einigen Fällen schon in frühen Entwicklungsphasen geschieht, belegen die *anomalen Spektren* besonderer Sterngruppen mit ihren verstärkten Linien der Produktnuklide des Wasserstoff- bzw. Heliumbrennens.

So finden wir unter den heißeren Sternen Anzeichen für den CNO-Zyklus bei den *Heliumsternen*, deren Spektren von starken Heliumlinien beherrscht werden, und in geringerem Umfang bei vielen OB-Sternen mit milden *Anomalien der C- und N-Linien*. Bei den *Wolf-Rayet-Sternen* (Abschn. 4.5) mit Effektivtemperaturen um 50 000 K und Massen von etwa $10\,\mathscr{M}_\odot$ hat vermutlich ein extrem starker Massenverlust zu einem Bloßlegen der helium- und stickstoffreichen Materie aus dem CNO-Brennen (Typ WN) oder sogar der kohlenstoffreichen Materie aus dem Heliumbrennen (Typ WC) geführt.

Eine große Vielfalt anomaler Spektren beobachten wir bei den kühlen *Roten Riesen*, die sich von ihrer Entwicklungsphase her sowohl auf dem ersten als auch auf den asymptotischen Riesenast befinden können. Zum Beispiel leitet man bereits bei ansonsten normalen G- und K-Riesen aus Molekülbanden niedrige $^{12}\mathrm{C}/^{13}\mathrm{C}$-Verhältnisse ab, wie sie als Folge des CNO-Brennens vorhergesagt werden. Die Spektren der *Kohlenstoffsterne* (Spektraltypen C bzw. R und N, CH-Sterne usw.; vgl. Abschn. 4.5) mit ihren starken Banden von CN, CH und C_2 zeigen an, daß in ihren Atmosphären im Gegensatz zu den normalen Sternen (G, K, M) das Verhältnis $\mathrm{C/O} > 1$ ist, so daß hier Materie an der Sternoberfläche vorliegt, welche durch das Heliumbrennen verändert wurde.

Besonders auffällig sind die bei vielen Typen Roter Riesen (C- und S-Sterne, CH-Sterne, Bariumsterne) auftretenden verstärkten Linien von Elementen wie Sr, Y, Zr und Ba sowie die Linien des Tc, das kein stabiles Isotop besitzt, in einigen S-Sternen (Abschn. 4.5). Diese Elemente müssen in einigen 10^6 a in den Sternen während des Roten Riesenstadiums entstanden sein. Thermonukleare Reaktionen kommen hierfür wegen der hohen Coulombschwellen nicht in Frage, vielmehr ist für ihre Bildung der *Einfang von Neutronen* durch die Nuklide der Eisengruppe nach dem sogenannten *s-Prozeß* erforderlich, bei dem die Reaktionszeiten für den Einfang langsam (*s*low) sind verglichen mit den konkurrierenden β-Zerfällen (Abschn. 5.8.5).

Die Modellrechnungen der Sternentwicklung zeigen, daß auf dem *asymptotischen Riesenast* als Folge des thermisch instabilen, gepulsten Helium-Schalenbrennens (Abschn. 5.4.4) zum einen hinreichend viele Neutronen erzeugt werden, zum anderen auch Konvektionszonen entstehen, die die „s-Prozeß-Elemente" an die Sternoberfläche mischen können. Die wichtigste Quelle für die Neutronen dürfte die Reaktion $^{22}Ne(\alpha, n)^{25}Mg$ (4.12.22) sein, welche bei hinreichend hohen Temperaturen am Boden der heliumreichen Zone nach (4.12.21) durch Reaktion des ^{4}He mit dem aus dem CNO-Brennen stammenden ^{14}N eingeleitet wird. Eine andere Möglichkeit, Neutronen zu erzeugen, wäre die Folge

$$^{12}C(p,\gamma)^{13}N(e^{+}\nu)^{13}C(\alpha,n)^{16}O \ , \qquad (5.4.6)$$

wenn unverbrannte, wasserstoffreiche Materie nach unten gemischt und mit ^{12}C aus dem Heliumbrennen in Berührung käme. Obwohl die komplexen Vorgänge in dieser Phase der Sternentwicklung noch nicht in allen Einzelheiten geklärt sind, dürfte dennoch der asymptotische Riesenast als Ort für die Entstehung der s-Prozeß-Elemente feststehen.

In dem bemerkenswerten Fall des F-Überriesen FG Sge können wir dem Hinaufmischen nuklearer Produkte an die Sternoberfläche sozusagen zuschauen: Sein Spektrum zeigt Veränderungen innerhalb weniger Jahre, insbesondere wird in den letzten 10 a eine Schwächung der Linien der Eisengruppenelemente beobachtet, wogegen die Linien von s-Prozeß-Elementen wie Zr II, Ba II und einiger Seltener Erden sehr stark sind. In der Umgebung des Sterns sieht man noch einen (protoplanetarischen) Nebel, der vor etwa 6000 a ausgestoßen wurde.

Die Sterne mit $\gtrsim (8\ldots10)\,\mathscr{M}_\odot$, welche die Folge der thermonuklearen Brennphasen vom Kohlenstoff- bis zum Siliziumbrennen in kurzen Zeitskalen durchlaufen und schließlich als *Supernovae II* explodieren, spielen für die Nukleosynthese der Elemente zwischen Sauerstoff und der Eisengruppe eine entscheidende Rolle. Von der „Zwiebelschalenstruktur" der Präsupernova (Abb. 5.4.9) bleibt auf der einen Seite der größte Teil des Fe-Ni-Kerns in dem neu gebildeten Neutronenstern gefangen. Auf der anderen Seite finden bei den hohen Temperaturen und Dichten hinter der nach außen laufenden Stoßfront Kernreaktionen statt, welche die nukleare Zusammensetzung derjenigen Schalen verändern, die dann vom Stern abgestoßen werden und sich mit dem umgebenden interstellaren Medium vermischen. Zum Beispiel zeigen Modellrechnungen für einen Stern von 25 $\mathscr{M}_\odot$, daß das Wiedereinsetzen von Sauerstoff- und Siliziumbrennen die Häufigkeiten vor allem der Elemente O, Si, S, Ca und Fe gegenüber der solaren Mischung um eine Größenordnung – mit etwa denselben relativen Verhältnissen wie in der Solarmaterie – erhöht. (Die Produkte dieser „explosiven" Kernprozesse hinter der Stoßfront unterscheiden sich von denen entsprechender „hydrostatischer" Brennphasen, für welche genügend Zeit zur Einstellung eines Gleichgewichts vorhanden ist.) Die quantitativen Ergebnisse der Berechnungen der Nukleosynthese bei Supernovaexplosionen spiegeln natürlich auch die große Unsicherheit wider, die wir bei den Supernovamodellen selbst kennengelernt haben. Bei einem Supernovaausbruch können vermutlich auch die *neutronenreichen Isotope* der schweren Elemente nach der Eisengruppe durch Neutroneneinfänge mit Zeitskalen, die kurz gegenüber den konkurrierenden β-Zerfällen sind (r-Prozeß, Abschn. 5.8.5), gebildet werden.

Wie wir sahen, ist die Entwicklung der Sterne untrennbar verknüpft mit der Frage nach der Entstehung der Elemente. Vor allem durch die Supernovae wird Materie, in welcher durch eine Folge von Kernreaktionen schwerere Nuklide aufgebaut wurden, an das interstellare Medium abgegeben. Aus diesem entstehen dann nachfolgende Sterngenerationen mit einer chemischen Zusammensetzung, die mit schwereren Elementen angereichert ist. Bisher konnten wir nur den getrennten Beitrag der verschiedenen Sternmassen zur Nukleosynthese diskutieren, auf die Wechselwirkung aller Sterne mit der interstellaren Materie in unserem Milchstraßensystem und in anderen Galaxien über Sternentstehung und Massenverlust kommen wir erst in Abschn. 5.8.5 zu sprechen.

5.4.6 Entwicklung in engen Doppelsternsystemen

Ganz anders als bei den bisher betrachteten Einzelsternen kann die nukleare Entwicklung in *engen* Doppelsternsystemen ablaufen, bei denen sich die Komponenten gegenseitig durch ihr Gravitationsfeld, durch Sternwinde und vor allem durch den Austausch von Gasströmen beeinflussen können. Nachdem von der Beobachtung her O. Struve in den 40er und 50er Jahren hierzu grundlegende Untersuchungen durchführte, begannen ab Mitte der 60er Jahre R. Kippenhahn und A. Weigert, B. Paczyński sowie M. Plavec mit ihren Mitarbeitern von der Theorie her die umfangreichen Rechenprogramme der Sternentwicklung auf enge Systeme anzuwenden.

Wir haben bereits das gemeinsame Gravitationspotential eines Doppelsternsystems mit der *Roche-Fläche* und den Lagrangeschen Punkten (Abb. 4.6.4) kennengelernt und wichtige Sterngruppen wie die kataklysmischen Veränderlichen (Novae, ...) und die Röntgenpulsare mit engen Doppelsternsystemen identifiziert (Abschn. 4.11.5, 6). In diesem Abschnitt beschreiben wir die Grundzüge der Entwicklung der engen Systeme, wobei wir auf den Ergebnissen der Entwicklung der Einzelsterne aufbauen. Was im einzelnen geschieht, hängt von den beiden anfänglichen Massen $\mathcal{M}_1$ und $\mathcal{M}_2$ und ihrem Abstand a ab sowie davon, inwieweit dem System Masse und Drehimpuls verlorengeht. Die große Vielfalt der möglichen Doppelsternkonfigurationen können wir hier nur in Umrissen darstellen.

Die ursprünglich massereichere Komponente (Stern 1) ist die *Primärkomponente*. Diese Bezeichnung wird auch beibehalten, wenn sich das Massenverhältnis im Laufe der Entwicklung umkehrt. Entsprechend den Entwicklungszeiten t_E für die verschiedenen Sternmassen (Tabelle 5.4.2) entwickelt sich die Komponente 1 als erste zum Riesenstern, wobei sie ihren Radius gegen Ende des zentralen Wasserstoffbrennens, während des Wasserstoff-Schalenbrennens und dann bei dem Heliumbrennen vergrößert (Abb. 5.4.7a). Wächst sie in einer dieser Phasen über ihre Roche-Fläche hinaus, so fließt Materie durch den inneren Lagrangeschen Punkt L_1 (Abb. 4.6.4a) auf die Komponente 2 über. Auf solche Weise kann sich ein Doppelsternsystem bilden, in dem die weiter entwickelte Komponente die kleinere Masse hat und aus der Masse-Leuchtkraft-Beziehung (Abb. 4.6.2) herausfällt.

Die Änderung des Abstands a der beiden Komponenten als Folge des Massenaustausches können wir für den – vielfach realisierten – Fall angeben, daß das System keine Masse verliert und daß der gesamte Bahndrehimpuls (2.6.33)

$$L = a_1^2 \mathcal{M}_1 \, \omega + a_2^2 \mathcal{M}_2 \, \omega = \text{const} \tag{5.4.7}$$

erhalten bleibt. Hierbei ist ω die Kreisfrequenz des Bahnumlaufs ($\omega = 2\pi$/Bahnperiode T) und a_i der Abstand der Komponente i vom Schwerpunkt. Setzen wir die Definitionsgleichung (2.6.36) für den Schwerpunkt sowie das 3. Keplersche Gesetz $\omega^2 a^3 = G(\mathcal{M}_1 + \mathcal{M}_2)$ (2.6.38) in (5.4.7) ein, so finden wir, daß der Abstand proportional zu folgender Funktion des Massenverhältnisses $q = \mathcal{M}_1 / \mathcal{M}_2$ ist

$$a \sim \frac{(1+q)^4}{q^2} \tag{5.4.8}$$

(Abb. 5.4.10). Beide Sterne befinden sich in minimalem Abstand, wenn $q = 1$ erreicht wird. Der Radius der beiden Roche-Flächen hängt zum einen von q ab, zum anderen ist er direkt proportional zum Abstand a.

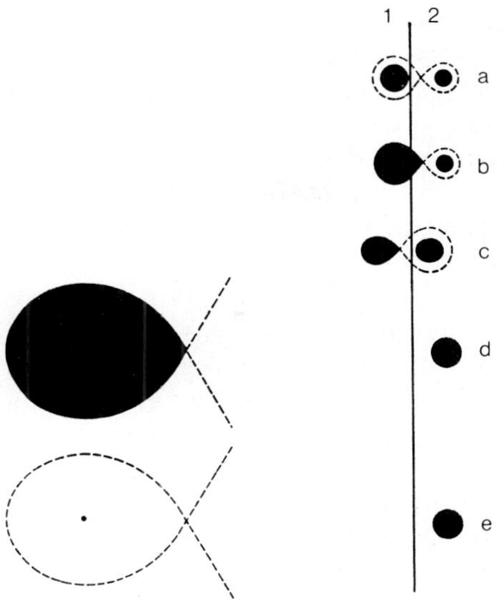

Abb. 5.4.10. Schematische Entwicklung eines engen Doppelsternsystems mit ursprünglichem Massenverhältnis $q = \mathcal{M}_1 / \mathcal{M}_2 = 2$ (Zeitpunkt a), Stern 1 = Primärkomponente. Eingezeichnet sind die Rotationsachse durch den Schwerpunkt des Systems (*ausgezogene senkrechte Linie*), der Schnitt durch die Roche-Flächen (*gestrichelt*) sowie die Volumen (*schwarz ausgefüllt*) der beiden Komponenten. Zeitpunkt b: Beginn des Massenverlustes von Stern 1 bei Erreichen seiner Roche-Fläche. Zeitpunkt c: $q = 1/2$. Zeitpunkt d: Ende des Massenverlusts bei $q = 1/10$, letzter Kontakt von Stern 1 mit seiner Roche-Fläche. Kontraktion der Primärkomponente zu einem kompakten Stern, z.B. Weißen Zwerg (Zeitpunkt e)

Während einige wenige Doppelsternsysteme, die Kontaktsysteme oder W UMa-Sterne (Abb. 4.6.4b), so eng sind, daß sich die Roche-Flächen beider Sterne bereits im Hauptsequenzstadium berühren, beginnt eine starke Wechselwirkung der beiden Komponenten im allgemeinen erst, wenn der massereiche Stern 1 sich von der Hauptreihe weg entwickelt. Bereits bevor dieser seine Roche-Fläche ausfüllt, kann er durch seine Strahlung den kühleren Begleiter aufheizen und u.a. dessen Oberflächenaktivität anfachen. Die starke Röntgen- und Radioemission der RS CVn-Veränderlichen (Abschn. 4.11.3) dürfte auf diese Weise zustande kommen.

Erreicht nun Stern 1 seine Roche-Fläche, so gibt es zunächst eine Phase mit einem großen Massenstrom durch den inneren Lagrangeschen Punkt innerhalb relativ kurzer Zeit, größenordnungsmäßig der Helmholtz-Kelvin-Zeit, bis die Massen beider Komponenten einander gleich geworden sind. Dann schließt sich eine Phase mit einem langsameren Gasstrom an, in der Regel mit nuklearer Zeitskala. Die Beobachtungen an Bedeckungsveränderlichen (Abschn. 4.6.2) zeigt, daß sich z. B. βLyr in der ersten und Algol in der zweiten Phase befindet. Oft ist die Sekundärkomponente während der raschen Phase von einer dichten Akkretionsscheibe umgeben. Beobachtungen einer gemeinsamen Gashülle beider Sterne deuten darauf hin, daß vielfach der Stern 2 den Materiezustrom nicht aufnehmen kann und das Gesamtsystem Masse und Drehimpuls verliert.

Während der weiteren Entwicklung der Primärkomponente nimmt ihr Radius durch Verlust der wasserstoffreichen Hülle oder durch das Einsetzen des Heliumbrennens (Abschn. 5.4.4) wieder ab. Der Stern zieht sich von seiner Roche-Fläche zurück und der Massenstrom versiegt. Wir erhalten so schließlich ein relativ weites Doppelsternpaar (Abb. 5.4.10) mit einem Hauptreihenstern als massenreicherer Sekundärkomponente und einem Weißen Zwerg oder – sofern die supernovaexplosion das System nicht auseinanderreißt – einem Neutronenstern als Primärkomponente.

Auf dem Wege zu diesen Konfigurationen können an der Oberfläche einer oder beider Komponenten anomale Elementhäufigkeiten erscheinen als Folge des Wasserstoff- und Heliumbrennens in Verbindung mit dem starken Massenaustausch (Abschn. 5.4.5). Dieser Phase können z. B. die Heliumsterne, die OB-Sterne mit CNO-Anomalien, die Wolf-Rayet-Sterne (soweit sie Doppelsternsystemen angehören) und die Bariumsterne zugeordnet werden.

Wegen der starken Abhängigkeit der Entwicklungszeit t_E auf der Hauptsequenz von der Masse beendet gewöhnlich der Primärstern seine Entwicklung, bevor sich die *Sekundärkomponente* von der Hauptreihe fort zum Riesenstern entwickelt. Jetzt findet das Spiel des Massenüberströmens mit vertauschten Rollen statt. Die kompakte Primärkomponente kann durch ihr tiefes Gravitationspotential zunächst den Sternwind des massereichen Sterns 2 und dann dessen Gasstrom durch den Lagrangeschen Punkt wirksam aufsammeln. Akkretion auf einen Neutronenstern als Primärkomponente führt zu den verschiedenartigen Erscheinungsformen der Röntgendoppelsterne (Abschn. 4.11.6); fortdauernde Akkretion kann zur Bildung eines Schwarzen Lochs führen. Strömt die Materie hingegen auf einen Weißen Zwergstern, so erhält man – in Verbindung mit nuklearen Brennprozessen – die Vielfalt der kataklysmischen Veränderlichen (Abschn. 4.11.5) wie Novae, rekurrierende Novae u. a.

Schließlich endet auch die Entwicklung der Sekundärkomponente entweder in einem Weißen Zwerg plus Planetarischem Nebel, einem Neutronenstern oder einem Schwarzen Loch. Im ersten Fall entsteht ein relativ weites Paar zweier Weißer Zwergsterne oder ein Paar bestehend aus einem Weißen Zwerg und einem Neutronenstern (Primärkomponente). Explodiert hingegen der massereichere Stern 2 als Supernova vom Typ II, so wird die Bindung des Doppelsternsystems zerstört und jede Komponente fliegt als „Runaway-Stern“ mit größenordnungsmäßig 100 km s^{-1} davon. So erklären sich die bei vielen Radiopulsaren beobachteten hohen Raumgeschwindigkeiten (Abschn. 4.11.7). Hat der Stern 2 hingegen vorher sehr viel Masse verloren, so ist ein schwächerer Supernovaausbruch möglich, bei dem ein gebundenes System aus zwei Neutronensternen übrigbleibt. Vielleicht ist der Doppelstern-Pulsar PSR 1913+16 (Abschn. 4.6.6) so entstanden. Die weiteren möglichen Endkonfigurationen, Paare mit einem Neutronenstern und Schwarzen Loch oder mit zwei Schwarzen Löchern, dürften nur schwer zu beobachten sein.

5.4.7 Anfangsphasen der Sternentwicklung. Entstehung der Sterne

Nach unserem Exkurs über die Entwicklung enger Doppelsternsysteme kehren wir zum Ausgangspunkt unserer Betrachtungen zurück und fragen jetzt: „Wie gelangen die Sterne auf die Standard-Hauptsequenz?“ und sodann: „Wie und woraus entstehen Sterne?“.

Die enge räumliche Verknüpfung der jungen, absolut hellen O- und B-Sterne mit Gas- und Staubwolken in den Spiralarmen unserer wie der Andromeda-Galaxie legt die Vermutung nahe, daß ganz allgemein Sterne aus bzw. in kosmischen Wolken diffuser Materie entstehen. Als einzige Energiequelle steht einem Stern dann zunächst, d. h. bis zum Zünden irgendwelcher Kernreaktionen, nur die *Gravitationsenergie* $E_G \simeq G\mathcal{M}^2/R$ (4.12.27) zur Verfügung, welche durch *Kontraktion* seiner ursprünglich weit verteilten Materie der Masse $\mathcal{M}$ auf einen Radius R freigesetzt wird.

Die charakteristische Entwicklungszeit für die gravitative Kontraktionsphase ist die *Helmholtz-Kelvin-Zeit* $t_{HK} \simeq G\mathcal{M}^2/RL$ (4.12.33), wobei sich im (gesamten) Stern hydrostatisches Gleichgewicht (4.12.1) einstellen kann, solange die dynamische Zeitskala oder *freie Fallzeit*

$$t_{ff} \simeq \frac{1}{\sqrt{G\bar{\varrho}}} \ll t_{HK} \tag{5.4.9}$$

ist (4.12.39). Nahe der Hauptsequenz ist diese Bedingung sehr gut erfüllt, z. B. ist für $\mathcal{M} = 1\,\mathcal{M}_\odot$ die Leuchtkraft $L = 1\,L_\odot$ und die mittlere Dichte $\bar{\varrho} = 1400$ kg m^{-3}, so daß $t_{ff} \simeq 3 \cdot 10^3\,s \simeq 10^{-4}\,a$ und $t_{HK} \simeq 2 \cdot 10^7\,a$ folgt. Jedoch nimmt mit wachsendem Radius $t_{ff} \sim R^{3/2}$ zu, während $t_{HK} \sim R^{-3}$ abnimmt, wenn wir der Einfachheit halber die Effektivtemperatur festhalten [$L = 4\pi R^2 \sigma T_{eff}^4 \sim R^2$, (4.4.26)]. Bereits für $R \gtrsim 300\,R_\odot$ wird demnach $t_{ff} \gtrsim t_{HK}$. Bei der Entwicklung von *Protosternen* mit ihren noch sehr großen Radien sind also *dynamische* Modellrechnungen, wie sie zuerst R.B. Larson (1969) durchführte, notwendig, bei denen die hydrostatische Gleichung (4.12.1) durch den Beschleunigungsstern $\varrho\, d^2r/dt^2$ zu erweitern ist. Erst in der Nähe der Hauptsequenz kann sich dann – bei den *Vor-Hauptreihensternen* – *global hydrostatisches Gleichgewicht* einstellen.

Wir beginnen zunächst mit den Vor-Hauptreihensternen und fragen: Welchen Weg legt ein Stern im Farben-Helligkeits-Diagramm zurück, der durch *Kontraktion* aus ursprünglich weit verteilter Materie entsteht und der sich hierbei immer im hydrostatischen Gleichgewicht befinden möge? Riesensterne mit Effektivtemperaturen unterhalb 3000 bis 4000 K sind im wesentlichen *konvektiv* aufgebaut (Abschn. 4.12.2); ihr Inneres wird zum größten Teil von einer ausgedehnten Wasserstoffkonvektionszone eingenommen. C. Hayashi (1961) zeigte nun, daß sich bei diesen Sternen *kein* hydrostatisches Gleichgewicht einstellen kann. Im (theoretischen) Farben-Helligkeits-Diagramm gibt es demnach – für jede Masse – eine fast senkrecht, d.h. bei konstanter Effektivtemperatur, verlaufende Linie, die *Hayashi-Linie*, welche die „verbotene Zone" der instabilen Sterne (rechts) von dem Bereich der stabilen Sterne (links) trennt.

Ein Vor-Hauptreihenstern im hydrostatischen Gleichgewicht bildet nun, sobald der Wasserstoff teilweise ionisiert ist, eine ausgedehnte konvektive Hülle aus und bewegt sich im *Farben-Helligkeits-Diagramm* (Abb. 5.4.11) bei wenig ansteigender Temperatur unmittelbar links von der Hayashi-Linie von großen Leuchtkräften aus nach unten, bis er (für $1\,\mathscr{M}_\odot$ nach $\simeq 10^7\,a$) die schon früher von L.G. Henyey u.a. für Strahlungsgleichgewicht berechnete fast horizontale Entwicklungslinie erreicht. Auf dieser deckt er seinen Energiebedarf weiterhin aus Gravitationsenergie. Erst kurz vor Erreichen der Anfangs-Hauptsequenz zünden dann die bekannten Kernreaktionen.

Übrigens können die Sterne auch in „umgekehrter Richtung" die Hayashi-Linie nicht überschreiten. Ihre Entwicklungslinien im Gebiet der Riesen führen daher in Abb. 5.4.7 und 8 steil nach oben.

Zum oberen Teil der Hauptsequenz hin wird die Kontraktionszeit t_{HK} nach (4.12.33) immer kürzer; sie beträgt

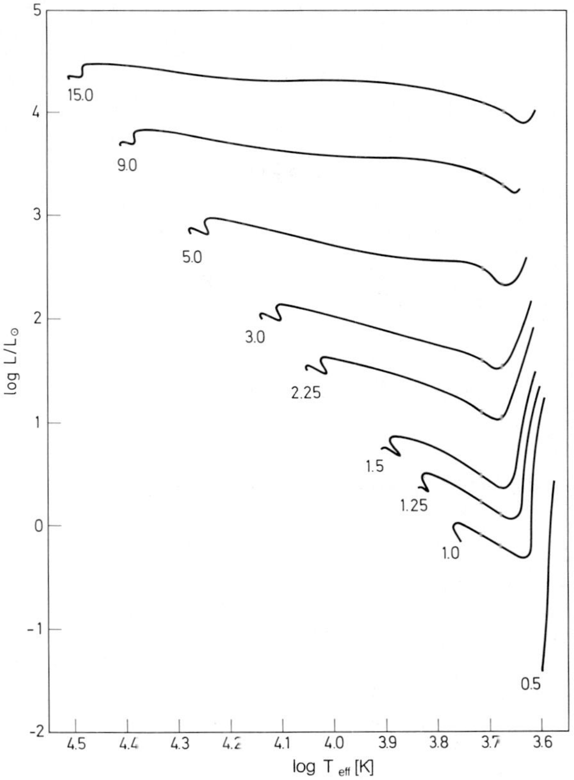

Abb. 5.4.11. Entwicklung von hydrostatischen Vor-Hauptreihensternen verschiedener Masse (0.5 bis $15\,\mathscr{M}_\odot$) nach I. Iben (1965). Bis zum Erreichen der Hauptreihe benötigen Sterne $\gtrsim 1\,\mathscr{M}_\odot$ weniger als einige 10^7 a

für einen B0-Stern nur noch rund 10^5 a. Am anderen Ende bilden sich die Sterne kleiner Massen langsamer; ein M-Stern von $0.5\,\mathscr{M}_\odot$ braucht etwa $1.5 \cdot 10^8$ a.

In jungen galaktischen Sternhaufen – die man an ihren hellen blauen Sternen erkennt – fand in der Tat M. Walker rechts vom unteren Teil der Hauptsequenz Sterne mittlerer und späterer Spektraltypen, deren T Tauri-Variabilität, Hα-Emissionslinien, z.T. rasche Rotation usw. sie als junge Sterne ausweist. Abbildung 5.4.12 zeigt z.B. nach M. Walker (1956) das Farben-Helligkeits-Diagramm des Haufens NGC 2264; nach Ausweis des hellsten Sterns hat dieser ein Alter von nur $3 \cdot 10^6$ a. In Übereinstimmung mit der Theorie haben daher Sterne unterhalb vom Spektraltyp A0 ($\lesssim 3\,\mathscr{M}_\odot$) die Standard-Hauptsequenz noch nicht erreicht.

Kontrahierende Massen unterhalb einer gewissen Grenze erreichen in keinem Stadium die zur Zündung von Kernprozessen nötige Temperatur. S.S. Kumar

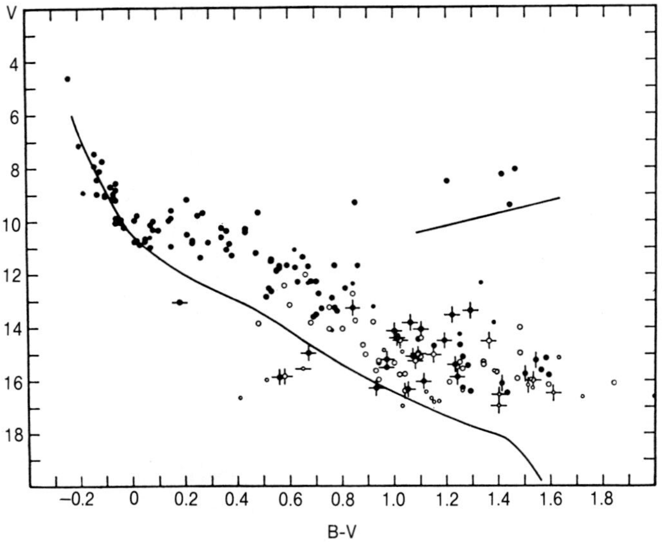

Abb. 5.4.12. Farben-Helligkeits-Diagramm des sehr jungen galaktischen Sternhaufens NGC 2264, nach M. Walker 1956. ● Photoelektrische Messungen; ○ photographische Messungen; | Veränderliche Sterne; – Sterne mit Hα-Emission. Scheinbare Helligkeiten *V* über B – V. – Die Linien deuten die Standard-Hauptsequenz und den Riesenast – korrigiert für gleichförmige interstellare Verfärbung des Haufens – an. Scheinbarer Entfernungsmodul 9.7 mag, Entfernung 800 pc

(1963) hat gezeigt, daß diese Massengrenze etwas unterhalb 0.1 $\mathcal{M}_\odot$ liegt. Kleinere Massen bilden sogleich kühle, vollständig entartete Körper, die man als *Braune Zwerge* (oder auch Schwarze Zwerge) bezeichnet.

Als nächstes fragen wir, wie ein Stern nach seiner Entstehung aus Verdichtungen des interstellaren Mediums in das (hydrostatische) Stadium eines Vor-Hauptreihensterns gelangt. Wir haben bereits abgeschätzt, daß bei diesen frühesten Entwicklungsphasen dynamische Zeitskalen (freie Fallzeit) maßgebend sind.

Stabilitätsbetrachtungen (Abschn. 5.8.1) sprechen dafür, daß nur relativ große Massen von etwa 10^2 bis $10^5\,\mathcal{M}_\odot$, die über den beobachteten stellaren Massen liegen, aus dem interstellaren Medium kondensieren können. In der Tat hatte schon 1947 von der Beobachtung her V. A. Ambarzumian die wichtige Erkenntnis gewonnen, daß die Sterne (zum mindesten großenteils) in Gruppen mit einer Gesamtmasse von $10^3\,\mathcal{M}_\odot$, den sog. *OB-Assoziationen* mit hellen blauen Sternen und den *T-Assoziationen* mit kühlen Sternen, vor allem T Tauri-Veränderlichen geringer absoluter Helligkeit (häufig kommen auch beide Arten zusammen vor), in Zeiträumen der Größenordnung 10^7 a entstehen. Eine OB-Assoziation, wie z. B. im Orion oder Monoceros, mit riesigen Gasmassen, welche durch die kurzwellige Strahlung der darin eingebetteten O- und B-Sterne ionisiert werden, fällt dem Beobachter im Optischen in erster Linie auf als H II-Region, die hell in Hα leuchtet. Die Sterne einer Assoziation streben mit Geschwindigkeiten der Größenordnung 10 km s^{-1} von deren Zentrum weg; die Assoziationen sind also *nicht* beständig. Das durch Rück-Extrapolation der Sternbewegungen ermittelte *Expansionsalter* paßt im allgemeinen zu dem Entwicklungsalter der hellsten Sterne.

Durch die Fortschritte der Radioastronomie im Millimeterbereich und der Infrarotastronomie wurde dann seit den 1960er Jahren deutlich, daß die im Optischen auffälligen leuchtenden Gasnebel mit ihren OB-Sternen nur ein Teil von riesigen *Molekülwolkenkomplexen* mit Massen über $10^5\,\mathcal{M}_\odot$ sind, welche vor allem durch die Linienemission von Molekülen wie CO, NH_3, H_2CO u. a. in Erscheinung treten (Abschn. 5.3.4). Die dichtesten und kältesten Teile dieser Molekülwolken sind als die eigentlichen Orte der *Sternentstehung* anzusehen. Das uns nächste große Sternentstehungsgebiet im *Orion* in rund 500 pc Entfernung eignet sich besonders für detaillierte Untersuchungen. Abbildung 5.4.13 zeigt deutlich den großräumigen Zusammenhang der Dichteverteilung des CO-Moleküls sowohl mit den Dunkelwolkenkomplexen um Lynds 1640/41 und 1630 als auch mit der Assoziation Ori OB 1, welche die Sterne im Gürtel und Schwert des Orion umfaßt, und mit den von ihren OB-Sternen angeregten H II-Regionen. Das Zentrum der CO-Verteilung, die Molekülwolke Ori MC 1 (MC = Molecular Cloud) koinzidiert mit dem Orionnebel M 42 = NGC 1976 (Abb. 5.3.10), der von den vier Trapezsternen θ^1 Ori A, B, C und D angeregt wird. Genauere Beobachtungen ergeben, daß die Molekülwolke von uns aus gesehen direkt hinter dem Orionnebel liegt. In ihr sieht man mehrere „punktförmige“ Infrarotquellen, unter ihnen das jeweils nach ihren Entdeckern benannte *Becklin-Neugebauer-Objekt* und *Kleinmann-Low-Objekt* mit Leuchtkräften von einigen $10^3 L_\odot$ und Oberflächentemperaturen von einigen 100 K. Diese Infrarotquellen bilden einen Haufen von ganz jungen *Protosternen* (s. unten) mit insgesamt etwa $10^5 L_\odot$ der durch dichte Staubwolken der Beobachtung im Optischen entzogen ist. Eng verknüpft mit der Bildung junger Sterne ist noch eine Vielfalt interessanter Phänomene: So finden wir infrarote *Emissionslinien des H_2* aus angeregten Schwingungszuständen, die aus etwa 2000 K heißen, dünnen Schichten stammen und wahrscheinlich in Stoßfronten angeregt werden. Weiterhin be-

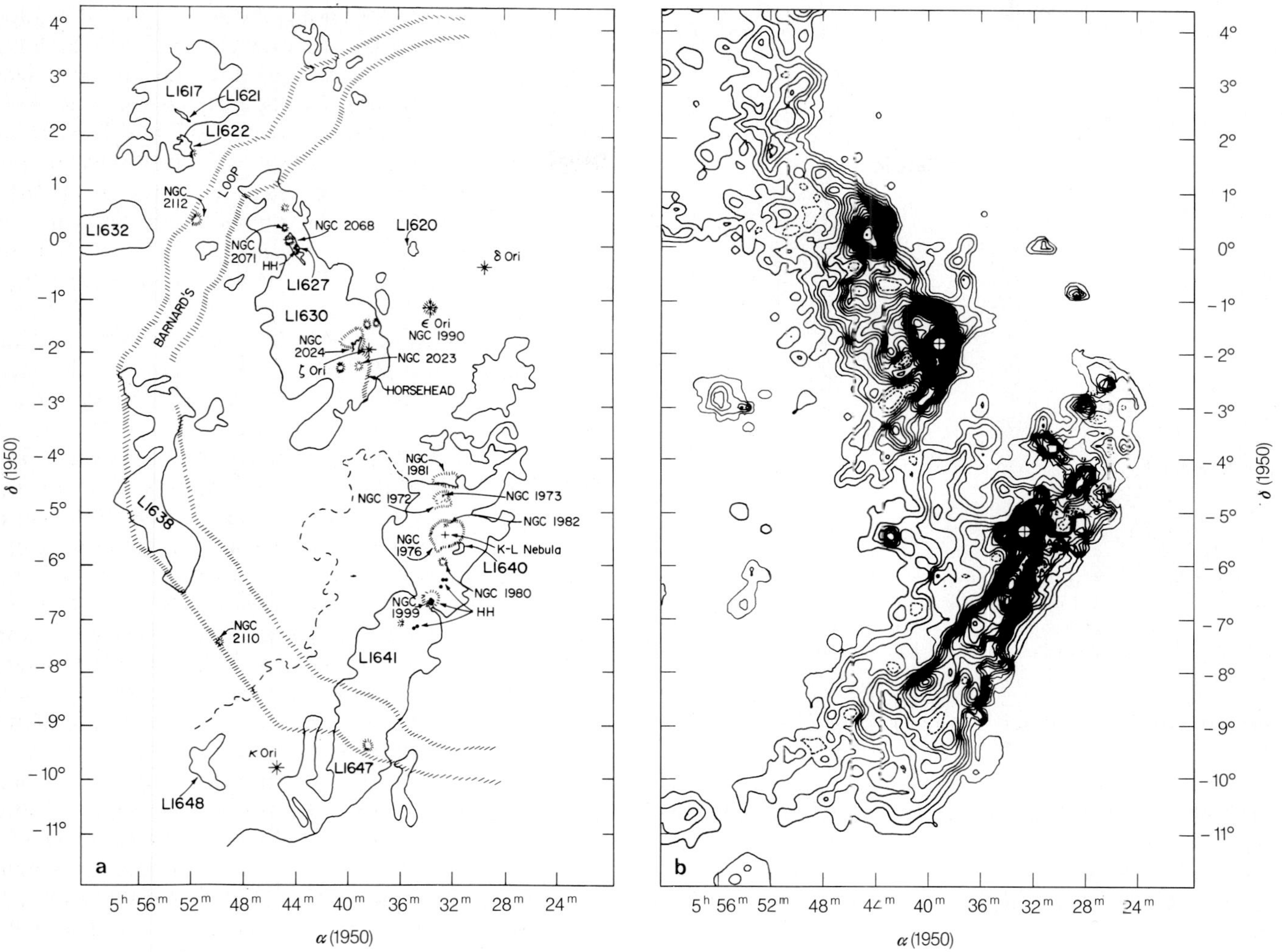

Abb. 5.4.13 a, b. Sternentstehungsgebiet im Orion. (**a**) Skizze der auffälligsten Strukturen im Optischen. *Gestrichelt:* Grenzen der Emissions- und Reflexionsnebel (NGC 1976 = M 42 = Orionnebel); *ausgezogen:* Grenzen der dunklen Staubwolken mit Bezeichnung nach B. T. Lynds (L); HH: Herbig-Haro-Objekte; δ, ε und ζ Ori: Gürtelsterne im Orion. Die Position des nur im Infrarot beobachtbaren Protostern-Haufens um das Becklin-Neugebauer- und Kleinmann-Low-Objekt ist mit „K-L-Nebula" gekennzeichnet. M. L. Kutner et al.: Astrophys. J. **215**, 521 (1977). (Mit freundlicher Genehmigung von The University of Chicago Press, The American Astronomical Society und der Autoren). (**b**) Intensitätskonturen der integrierten Linienstrahlung des Rotationsübergangs $J = 1 \rightarrow 0$ bei $\lambda = 2.6$ mm im CO-Molekül. Goddard-Columbia-Durchmusterung mit einem 1.2 m-Teleskop bei einer Antennenkeule von 8′. P. Thaddeus: Ann. New York Academy of Sciences **395**, 9 (1982). (Mit freundlicher Genehmigung des Verlages)

obachten wir Punktquellen intensiver Mikrowellenstrahlung mit extremen Anregungsbedingungen, die *Maser* in Übergängen des OH sowie auch H_2O und SiO (Abschn. 5.3.4). In ihnen haben wir offenbar starke Verdichtungen des Gases vor uns, deren Eigenbewegungen der Größenordnung 10 km s^{-1} auf eine von den Infrarotquellen weggerichtete Expansion schließen lassen. Auch *Herbig-Haro-Objekte*, leuchtende, kleine Nebelfleckchen, häufen sich in der näheren Umgebung der jungen Sterne (Abb. 5.4.13). Ihre Emissionslinienspektren deuten – vor allem die hohen Intensitäten der Linien [S II] $\lambda = 671.6/673.1$ nm – auf eine Anregung durch Stoßfronten hin. Schließlich zeigen detaillierte Untersuchungen an Linienprofilen sowohl im Optischen als auch im Infrarot und Radiobereich überraschend hohe Geschwindigkeiten bis zu einigen 100 km s^{-1} für das Gas und die

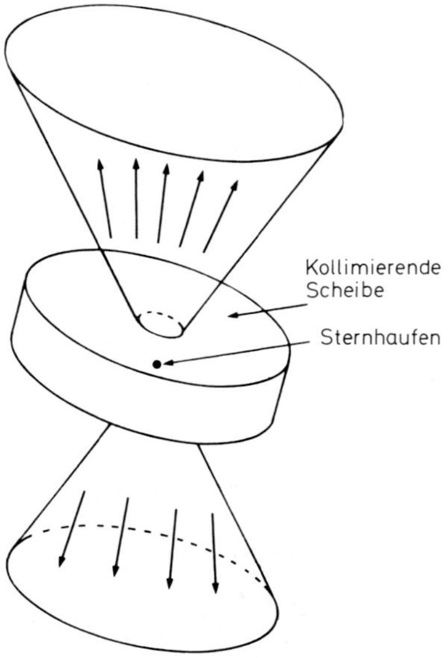

Abb. 5.4.14. Schematische Darstellung des bipolaren Protosternwinds im Orionnebel, der ausgeht von dem Sternhaufen um das Becklin-Neugebauer-Objekt und durch eine dicke staubgefüllte Gasscheibe gebündelt wird. Die Achse der Scheibe ist so geneigt, daß die Strömung im oberen Kegel (NW-Teil) eine auf den Beobachter gerichtete Komponente hat (Blauverschiebung der Spektrallinien). B. Zuckerman: Nature **309**, 403 (1984). (Mit freundlicher Genehmigung von Macmillan Magazines Ltd., London, und des Autors)

HH-Objekte im Gebiet der Ori MC 1 auf. Die Gesamtheit aller Beobachtungen läßt sich durch einen massiven *„protostellaren Wind"* deuten, der von den Infrarotquellen um das Becklin-Neugebauer-Objekt ausgeht und in zwei entgegengerichteten Kegeln ausströmt. Die Kollimierung des Gasstromes wird wahrscheinlich durch eine dicke staubgefüllte Gasscheibe in der Nähe der Protosterne bewirkt, welche auch deren Beobachtung bei optischen Wellenlängen verhindert (Abb. 5.4.14). *Bipolare Nebel* mit *ausströmender* Materie werden vielfach auch außerhalb des Orions in der Nähe junger Sterne beobachtet.

Doch kehren wir nach diesem Einblick in die Sternentstehungsgebiete zurück zur Frage nach der Entstehung und der frühesten Entwicklung der Sterne! Über den Prozeß der *Fragmentation*, d.h. wie die aus dem interstellaren Medium kondensierten Molekülwolken mit ihren großen Massen von etwa 10^2 bis $10^4\,\mathcal{M}_\odot$ in die beobachteten stellaren Massen im Bereich von rund 0.1 bis $10^2\,\mathcal{M}_\odot$ aufbrechen, wissen wir nur sehr wenig. Auch von der Beobachtung her klafft derzeit noch eine Lücke von einer Größenordnung zwischen den kleinsten, im Radiobereich und Infrarot auflösbaren Quellen und den von der Theorie vorhergesagten anfänglichen Durchmessern der Protosterne. Nach R. B. Larson gehen wir daher für die Entwicklungsrechnungen sogleich aus von einer homogenen, aus molekularem Wasserstoff und Staub bestehenden Kugel mit *stellarer* Masse und wählen deren Dichte und Temperatur so, daß sie gerade nach dem *Jeans-Kriterium* (5.8.4) gravitationsinstabil sei. Hierbei orientieren wir uns an den physikalischen Eigenschaften der dichteren Teile in kühlen Molekülwolken (Abschn. 5.3.4). Für $T = 10\,\mathrm{K}$ und $\varrho = 10^{-16}\,\mathrm{kg\,m^{-3}}$ bzw. $N \simeq 10^{11}\,\mathrm{m^{-3}}$ sind Massen $\gtrsim 1\,\mathcal{M}_\odot$ instabil. Der Radius einer Kugel von $1\,\mathcal{M}_\odot$ mit $\varrho = 10^{-16}\,\mathrm{kg\,m^{-3}}$ beträgt $R = 1.7 \cdot 10^{15}\,\mathrm{m} \simeq 10^4\,\mathrm{AE} \simeq 0.05\,\mathrm{pc}$, die entsprechende freie Fallzeit (4.12.39) $t_{\mathrm{ff}} \simeq 4 \cdot 10^5\,\mathrm{a}$.

Bereits in einer Zeit der Größenordnung t_{ff} nach Beginn des Kollaps bildet sich in der ursprünglich homogenen protostellaren Wolke der Masse $\mathcal{M}$ ein um viele Zehnerpotenzen dichteres *Kerngebiet* von $\lesssim 0.01\,\mathcal{M}$. Der Kollaps des Kerns kommt zum Halt, wenn er gegenüber seiner überwiegend in Infrarot emittierten Strahlung aufgrund der wirksamen Absorption durch den Staub optisch dick wird. Durch den Aufprall der aus den äußeren Bereichen weiterhin einfallenden Materie entsteht an der Oberfläche des Kerns eine Stoßfront, welche – zusammen mit der langsamen Gravitationskontraktion des Kerns – ein stetiges Anwachsen seiner Temperatur bewirkt. Wird $T \gtrsim 2000\,\mathrm{K}$, so dissoziiert das H_2, und der effektive Adiabatenindex Γ sinkt unter $\frac{4}{3}$. Nach (4.12.38) erfolgt im innersten Teil ein (zweiter) Kollaps, der wegen der hohen Dichten nur einige Monate bis Jahre dauert und bei Dichten von 1 bis $10\,\mathrm{kg\,m^{-3}}$ und Temperaturen um $10^4\,\mathrm{K}$ zum Stehen kommt und zur Bildung eines kleinen Kerns von $\lesssim 10^{-3}\,\mathcal{M}$ führt. Nach einiger Zeit – nachdem die restliche Materie des ersten Kerns auf den zweiten gefallen ist – weist der *Protostern* folgende charakteristische Struktur auf: Auf einen dichten *Kern* im hydrostatischen Gleichgewicht mit Masse $\mathcal{M}_{\mathrm{c}}$ und Radius R_{c} stürzt praktisch im *freien Fall* die Materie einer ausgedehnten, viel dünneren *Hülle* ein und wird in einer *Stoßfront* an der Kernoberfläche abgebremst. Die hierbei freigesetzte kinetische Energie $\dot{\mathcal{M}} G \mathcal{M}_{\mathrm{c}} / R_{\mathrm{c}}$ ($\dot{\mathcal{M}}$ Einfallrate der Materie) deckt fast die gesamte *Leuchtkraft* des Protosterns. Im Laufe der Zeit wächst $\mathcal{M}_{\mathrm{c}}$ ständig an, während $\dot{\mathcal{M}}$ abnimmt; z.B. ist für $1\,\mathcal{M}_\odot$ nach etwa $10^5\,\mathrm{a}$ $\mathcal{M}_{\mathrm{c}} \simeq 0.6\,\mathcal{M}$ und $\dot{\mathcal{M}}$ von anfangs einigen $10^{-3}\,\mathcal{M}_\odot\,\mathrm{a}^{-1}$ auf einige $10^{-6}\,\mathcal{M}_\odot\,\mathrm{a}^{-1}$ abgesunken.

Bei den *masseärmeren* Sternen ($\mathcal{M} \lesssim 3\,\mathcal{M}_\odot$) fällt nun die gesamte Hülle innerhalb relativ kurzer Zeit auf den

Kern, z. B. ist für $1\,\mathcal{M}_\odot$ nach 10^6a praktisch die ganze Protosternmasse im Kern enthalten. Mit abnehmendem $\dot{\mathcal{M}}$ sinkt der Beitrag der kinetischen Energie zur Leuchtkraft. Wird er gegenüber der Kontraktionsenergie des Kerns $G\mathcal{M}_c^2/R_c$ unbedeutend, so ist der Protostern zum Vor-Hauptreihenstern geworden, sein Entwicklungsweg im Hertzsprung-Russell-Diagramm mündet in eine „hydrostatische Bahn" (Abb. 5.4.11, 15) ein.

In den frühen Entwicklungsstadien, in denen die Protosterne durch ihre staubgefüllten Hüllen der Beobachtung im Optischen noch entzogen sind, besteht wegen der kurzen Zeitskalen kaum eine Chance, sie als Infrarotquellen zu beobachten. Erst im Übergangsbereich zwischen dynamischer und hydrostatischer Phase sehen wir die jungen Sterne z. T. als Infrarotobjekte und vor allem im Optischen als *T Tau-Sterne* (Abschn. 4.11.3). Einige von ihnen, die YY Ori-Sterne, zeigen durch ihre zum Langwelligen verschobenen Absorptionskomponenten (inverse P Cygni-Profile) im Spektrum direkt einen Materieeinfall an.

Bei den *massereicheren* Sternen ($\mathcal{M} \gtrsim 3\,\mathcal{M}_\odot$) ist die Helmholtz-Kelvin-Zeit für die Kontraktion des hydrostatischen Kerns im Gegensatz zu den masseärmeren Sternen kürzer als die Einfallszeit für die Hülle. Bei ihnen setzt demnach das *Wasserstoffbrennen* bereits ein, während noch ein wesentlicher Teil der Protosternmasse weiter auf den Kern fällt; die hydrostatische Phase eines Vor-Hauptreihensterns (Abb. 5.4.11) wird also nie durchlaufen. Das Wasserstoffbrennen bewirkt einen starken Anstieg der Leuchtkraft des Kerns; durch den Strahlungsdruck, der vor allem auf die Staubteilchen in der Hülle wirkt, wird der Materieeinfall zum Stehen gebracht und schließlich umgekehrt. Der Stern stößt mit seiner Hülle einen erheblichen Teil der ursprünglichen Masse wieder ab, z. B. wird aus einem Protostern von ursprünglich $60\,\mathcal{M}_\odot$ ein Hauptreihenstern von nur $17\,\mathcal{M}_\odot$.

Junge Sterne ($\gtrsim 3\,\mathcal{M}_\odot$) sind vor der Hauptreihe demnach nur als relative kühle, sehr leuchtkräftige Infrarotquellen beobachtbar, deren Spektren durch ihre dichte Staubhüllen (Kokon) geprägt sind. Charakteristische Temperaturen (des Staubs) liegen bei 100 bis 600 K, die Leuchtkräfte bei 10^3 bis $10^6 L_\odot$. Ein Beispiel für einen massereichen Protostern ist das *Becklin-Neugebauer-Objekt* in der Orionassoziation, das überwiegend im Bereich von 3 bis 10 μm strahlt und starke Absorptionsstrukturen bei 3.1 μm (Eis) und 9.7 μm (Silikate) aufweist.

Neben der Masse ist für die Entwicklung einer kollabierenden Wolke noch ihr anfänglicher *Drehimpuls* J_0

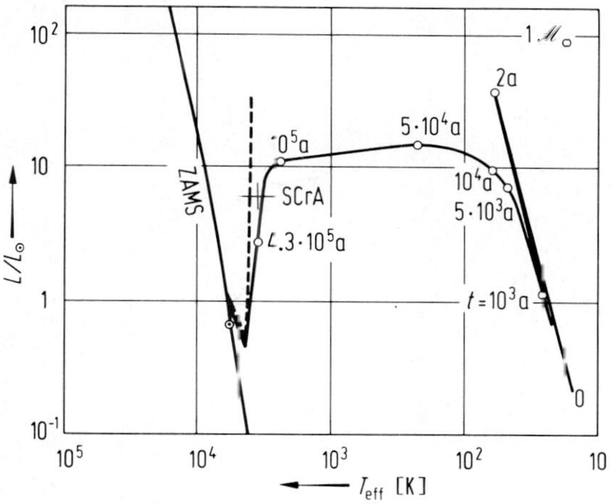

Abb. 5.4.15. Entwicklungsweg eines Protosterns von $1\,\mathcal{M}_\odot$ im Hertzsprung-Russell-Diagramm mit Zeitangaben in Jahren seit Bildung des hydrostatischen Kerns. Kurz vor der Anfangs-Hauptreihe (ZAMS) mündet die Entwicklung ein in die Hayashi-Bahn (*gestrichelte Linie*) für vollständig konvektive Sterne im hydrostatischen Gleichgewicht. Die Position des T Tauri-Sterns S CrA ist durch ein Kreuz gekennzeichnet

entscheidend. Während für kleine Werte von J_0 die oben besprochenen kugelsymmetrischen Modelle gute Näherungen darstellen, zeigen für große J_0 numerische Rechnungen, daß sich statt eines dichten Kerns zunächst eine rotierende *ringförmige* Dichteverteilung bildet, wenn der Drehimpuls in jedem Teil der Wolke erhalten bleibt. Vermutlich bricht der Ring später in mehrere Fragmente auf, so daß auf diese Weise Doppelsterne und Mehrfachsysteme entstehen könnten. Wird jedoch im Innern der protostellaren Wolke der *Drehimpuls* z. B. durch die Viskosität turbulenter Strömungen in die äußeren Teile *transportiert*, so bildet sich ein sternartiger Kern, der von einer *rotierenden Scheibe* umgeben ist. Durch ein derartiges Modell kann die Entstehung unseres Planetensystems in seinen Grundzügen beschrieben werden (Abschn. 6.1).

Einen indirekten Hinweis auf Scheiben in der unmittelbaren Umgebung von Protosternen bzw. jungen Sternen geben uns die in mehreren Fällen beobachteten *Auswärtsströmungen* von Gas mit *bipolarer Charakteristik* (Abb. 5.4.14, 16). Hier behindert wahrscheinlich eine Scheibe das radial von einer zentralen Quelle ausströmende Gas in ihrer Ebene, so daß eine Bündelung zur Rotationsachse hin erfolgt. Das Zentralobjekt wird durch die Staubabsorption in der Scheibe im Optischen verdeckt und ist nur im Infrarot zu beobachten.

Wie wir sahen, ist für die *frühen Stadien der Sternentwicklung* einerseits eine Konzentrierung der ursprünglich

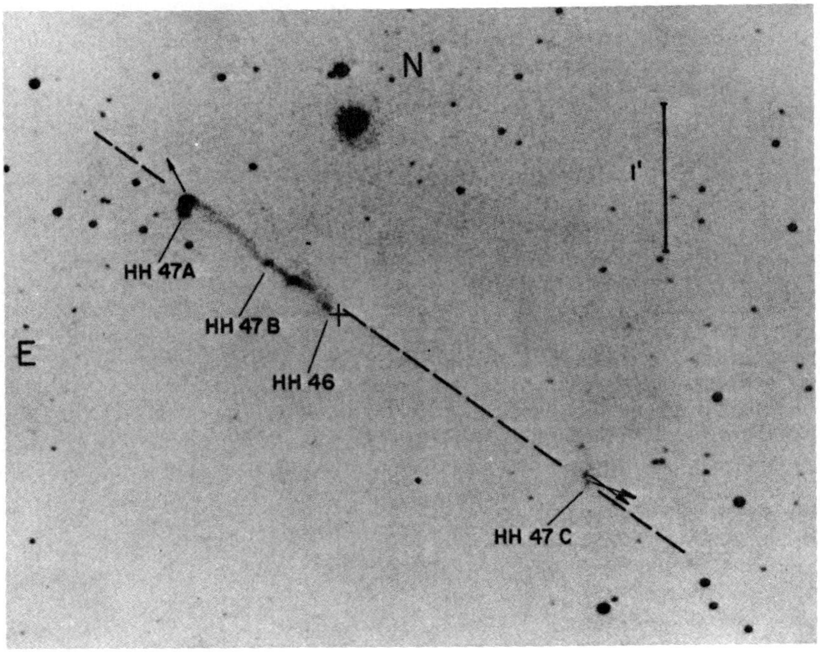

Abb. 5.4.16. Bipolarer Massenausstrom bei einem Infrarotobjekt von $12 L_{\odot}$: Herbig-Haro-Objekte HH 46/47 und Jet in der Globule ESO 210-6A. Aufnahme im Licht der verbotenen [S II]-Linien $\lambda = 671.6$ und 673.1 nm von J. A. Graham und J. H. Elias (1983). Entfernung 400 pc, 1′ entspricht 0.12 pc. Die zentrale Infrarotquelle (+) ist im Visuellen durch Staubabsorption von $A_{\mathrm{v}} \simeq 20$ mag verdeckt. Messungen der Eigenbewegungen der HH-Objekte von R. D. Schwartz et al. (1984): Die Pfeile geben die in 500 a zurückgelegte Strecke an

weit ausgebreiteten Materie, vor allem durch Massen*ein*fall, charakteristisch. Andererseits zeigen Beobachtungen in neuerer Zeit immer deutlicher, daß daneben vielfach auch ein ausgeprägter Massen*aus*fluß mit den Frühphasen der Sterne verknüpft ist. So finden wir nicht nur bei massereichen, leuchtkräftigen Objekten, sondern auch bei masseärmeren Sternen mit nur wenigen Sonnenleuchtkräften energiereiche protostellare bzw. stellare Winde mit mehreren $100 \mathrm{~km~s}^{-1}$ Geschwindigkeit. Die breiten Flügel der Emissionslinien im Millimeterbereich von Molekülen wie z. B. CO weisen darauf hin, daß auch in der Umgebung dieser Sterne das Gas nach außen strömt, vielleicht beeinflußt durch den Sternwind. In der Nähe von T Tauri-Sternen sowie von ihren „Vorläufern", Infrarotobjekten mit ähnlichen Leuchtkräften und Massen, liegen oft *Herbig-Haro-Objekte*, deren Eigenbewegungen der Größenordnung $100 \mathrm{~km~s}^{-1}$ von dem zentralen Stern weggerichtet sind. In einigen Fällen, wie z. B. in der sphärischen Staubwolke oder Globule ESO 210-6A von etwa 0.4 pc Durchmesser und $25 \mathscr{M}_{\odot}$ (Abb. 5.4.16), konnten stark gebündelte Gasströme oder *Jets* bis zu 0.1 – 0.2 pc Länge entdeckt werden, welche vom Zentralstern in Richtung der HH-Objekte verlaufen. Die HH-Objekte mit ihrem stoßangeregten Emissionslinienspektrum sind wahrscheinlich „Knoten" mit besonders hoher Energiedissipation in dem mit einigen $100 \mathrm{~km~s}^{-1}$ ausströmenden Gas. Vielfach liegt ein HH-Objekt, wie z. B. HH 47 A, am Ende eines Jets und kennzeichnet wahrscheinlich die Wechselwirkung beim Aufprall der Überschallströmung (mit Machzahlen der Größenordnung 10) des Jets mit der Materie der umgebenden Molekülwolke an.

Eine theoretische Erklärung, *wie* T Tauri-Sterne und verwandte Infrarotobjekte mit Leuchtkräften von nur etwa 1 bis $100 L_{\odot}$ diese energiereichen, stark kollimierten bipolaren Gasströme erzeugen können, steht noch aus.

5.4.8 Stellarstatistik und Sternentwicklung. Entstehungsraten der Sterne

Durch statistische Bearbeitung der Sterne mit bekannten Parallaxen ermittelten in den zwanziger Jahren J. Kapteyn, P. J. van Rhijn u. a. die *Leuchtkraftfunktion* der Sterne unserer Umgebung. Wir beschränken uns hier sogleich auf die noch nicht entwickelten Sterne der Hauptsequenz und definieren die Leuchtkraftfunktion $\Phi(M_{\mathrm{v}})$ als die Zahl der Hauptsequenzsterne mit absoluten Helligkeiten M_{v} pro pc^3 und pro Helligkeitsintervall $\Delta M_{\mathrm{v}} = 1$ mag (manchmal auch $= 0.5$ mag). In der Umgebung der Sonne fällt $\Phi(M_{\mathrm{v}})$ ab $M_{\mathrm{v}} \simeq 3.5$ mag nach helleren Magnitudines rasch ab (Abb. 5.4.17). Dies hat E. E. Salpeter (1955) damit in Zusammenhang gebracht, daß

Sterne schwächer als 3.5 mag sich ja seit der Entstehung der Milchstraße vor $T_0 \simeq 2 \cdot 10^{10}$ a angesammelt haben, ohne sich wesentlich zu verändern, während die helleren Sterne, vom Zeitpunkt ihrer Entstehung an gerechnet, etwa nach Ablauf ihrer Entwicklungszeit t_E (Tabelle 5.4.2) von der Hauptsequenz abwandern und schließlich nach einer Zeit, die jedenfalls $\ll T_0$ ist, zu Weißen Zwergen, Neutronensternen usw. werden. So können wir die *anfängliche Leuchtkraftfunktion* $\Psi(M_v)$, welche angeben soll, wie viele Sterne seit Bestehen der Milchstraße mit M_v im Helligkeitsintervall ΔM_v pro pc^3 entstanden sind (die äußeren Verhältnisse seien als konstant angenommen), leicht berechnen. Für die helleren Sterne gilt

$$\Psi(M_v) = \Phi(M_v) \frac{T_0}{t_E(M_v)} ; \qquad (5.4.10)$$

für die schwächeren Sterne geht $\Psi(M_v)$ stetig in $\Phi(M_v)$ über. In Abb. 5.4.17 haben wir die anfängliche Leuchtkraftfunktion $\Psi(M_v)$ nach A. Sandage, der E. E. Salpeters Rechnungen weitergeführt hat, mit aufgetragen.

Wenn unsere Ideen richtig sind, so muß die Leuchtkraftfunktion *junger galaktischer Sternhaufen* der anfänglichen Leuchtkraftfunktion Ψ und nicht der unserer Umgebung Φ entsprechen. In der Tat bestätigen die Untersuchungen verschiedener Haufen die Vorstellung, daß die Aufteilung einer ursprünglichen Gasmasse in Sterne überall nach derselben anfänglichen Leuchtkraftfunktion $\Psi(M_v)$ erfolgt.

Die Differenz $\Psi(M_v) - \Phi(M_v)$, summiert über alle M_v, entspricht *den* Sternen, die seit der Entstehung der Milchstraße irgendwann sich von der Hauptsequenz wegentwickelt haben. Weitaus die meisten dieser Sterne müssen heute Weiße Zwerge sein. Tatsächlich stimmt auch die nach Abb. 5.4.17 berechnete Raumdichte der Weißen Zwerge mit der beobachteten überein, so gut man dies bei der Unsicherheit der Daten nur erwarten kann.

Für die leuchtschwachen Sterne am *unteren Ende der Hauptsequenz* kann man nur dann Vollständigkeit in der Sternzählung erreichen, wenn man sich auf die allernächste Umgebung der Sonne in der Milchstraße beschränkt. In Abb. 5.4.18 ist die Leuchtkraftfunktion der Sterne mit einem Abstand $\leqslant 20$ pc von der Sonne nach R. Wielen u. a. (1983) dargestellt auf der Grundlage des Katalogs von W. Gliese (1969), ergänzt durch einige neuentdeckte schwächere Sterne. Die helleren Sterne bis etwa $M_v \simeq$ 8 mag sind bis zu dieser Entfernung vollständig erfaßt, bei den schwächeren Sterne bis etwa 13.5 mag kann die Anzahl aus einem kleineren Volumen um die Sonne

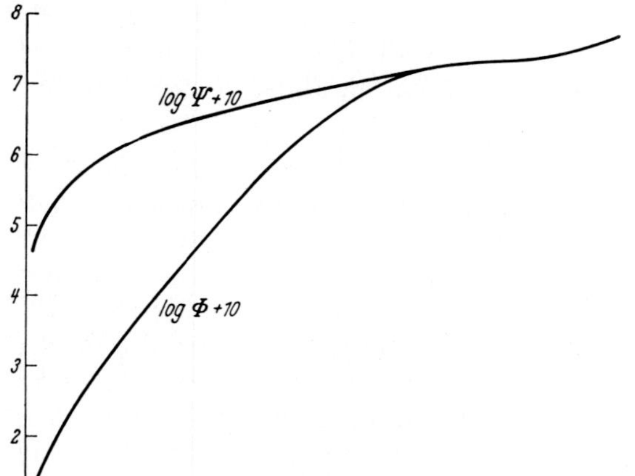

Abb. 5.4.17. Leuchtkraftfunktion $\Phi(M_v)$ und anfängliche Leuchtkraftfunktion $\Psi(M_v)$ der Hauptsequenzsterne in der Umgebung der Sonne. Φ bzw. Ψ geben die Anzahl der pro pc^3 im Helligkeitsintervall $M_v - \frac{1}{4}$ bis $M_v + \frac{1}{4}$ vorhandenen bzw. seit Bestehen der Milchstraße entstandenen Sterne an

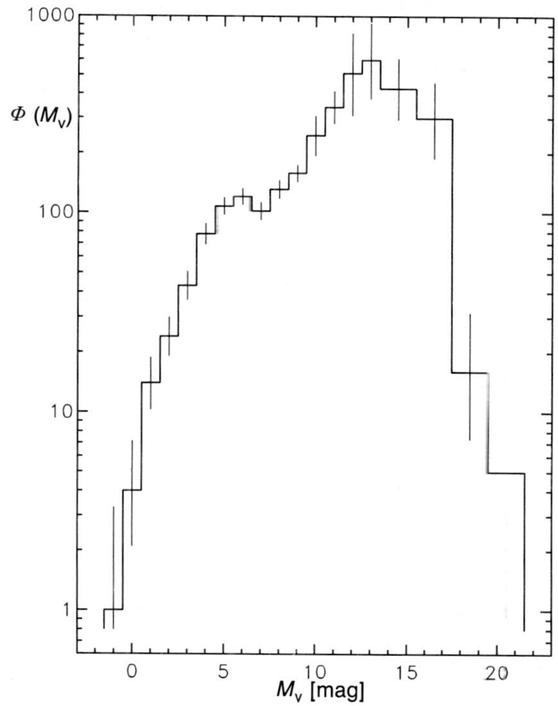

Abb. 5.4.18. Leuchtkraftfunktion $\Phi(M_v)$ der Sterne innerhalb 20 pc Entfernung von der Sonne nach R. Wielen, H. Jahreiss und R. Krüger (1983). Φ gibt die Anzahl der Sterne mit absoluter Helligkeit M_v pro $\Delta M_v = 1$ mag in einer Kugel von 20 pc Radius an

hochgerechnet werden. Bei noch schwächeren Sternen dürfte Φ nur untere Grenzen für die Sternzahl darstellen. Das Maximum der Leuchtkraftfunktion bei $M_V \simeq 13$ mag ist jedoch wahrscheinlich reell.

Der Leuchtkraftfunktion gleichwertig ist die *Massenfunktion* $\varphi(\mathcal{M})$, welche die Anzahl der Hauptreihensterne der Masse $\mathcal{M}$ pro pc^3 und pro Einheitsmasse angibt. Sie wird gewonnen aus der Leuchtkraftfunktion $\Phi(M_V)$ mit Hilfe der Masse-Leuchtkraft-Beziehung (Abb. 4.6.2), wobei $\varphi(\mathcal{M})\,d\mathcal{M} = \Phi(M_V)\,dM_V$ gilt. Von besonderer Bedeutung für die Theorie der Sternentstehung ist die *ursprüngliche Massenfunktion* $\psi(\mathcal{M})$ bzw. IMF (initial mass function), die man analog zu $\Psi(M_V)$ mittels der Ergebnisse der Sternentwicklungstheorie ableitet, vgl. (5.4.10).

Es ist auch üblich, die anfängliche Massenfunktion auszudrücken durch $\xi(\mathcal{M}) = \mathcal{M}\psi(\mathcal{M})$, die *Masse* aller Sterne der Einzelmasse $\mathcal{M}$ pro pc^3 und pro Einheitsmasse, wobei

$$\xi\,d\mathcal{M} = \mathcal{M}\,\psi\,d\mathcal{M} = \mathcal{M}\,\xi\,d\ln\mathcal{M} \qquad (5.4.11)$$

ist. ξ kann also auch als *Anzahl* der Sterne mit $\mathcal{M}$ pro pc^3 und pro *logarithmisches* Massenintervall $\Delta\ln\mathcal{M} = 2.303\,\Delta\log\mathcal{M} = 1$ angesehen werden.

Nach E. E. Salpeter (1955) kann die *anfängliche Massenfunktion* für die massenreichen Sterne ($\gtrsim 1\,\mathcal{M}_\odot$) durch ein Potenzgesetz

$$\psi(\mathcal{M}) \sim \mathcal{M}^{-\beta-1} \quad \text{bzw.} \quad \xi(\mathcal{M}) \sim \mathcal{M}^{-\beta} \qquad (5.4.12)$$

angenähert werden mit $\beta = 1.35$. Neuere Untersuchungen ergeben einen steileren Abfall am massereichen Ende, die Werte verschiedener Bestimmungen streuen jedoch noch stark ($1.4 \lesssim \beta \lesssim 2$). Zu kleineren Massen ($\lesssim 1\,\mathcal{M}_\odot$) flacht die Massenfunktion stark ab ($\beta \simeq 0.3$).

Schließlich erhalten wir die *Entstehungsraten* oder *Geburtsraten* der Sterne, indem wir – mit der Annahme zeitlich unveränderter Bedingungen für die Sternentstehung – die anfängliche Massenfunktion $\xi(\mathcal{M})$, die ja die Masse aller seit Bestehen der Milchstraße entstandenen Sterne der Masse $\mathcal{M}$ angibt, durch das Alter T_0 der Milchstraße teilen.

Die *totale Sternentstehungsrate*

$$r = \frac{1}{T_0}\int_0^\infty \xi(\mathcal{M})\,d\mathcal{M} \qquad (5.4.13)$$

ergibt sich dann zu einigen $10^{-12}\,\mathcal{M}_\odot\,pc^{-3}\,a^{-1}$. Dies entspricht für das *gesamte* Milchstraßensystem einigen $\mathcal{M}_\odot$ pro Jahr, welche als Sterne aus dem interstellaren Gas entstehen.

Die vorhergehenden Daten und Überlegungen bezogen sich, genauer gesagt, auf die Scheiben- und Spiralarm-Population I der Milchstraße. Wie steht es mit der *metallarmen Halo-Population II?* Von Interesse ist in erster Linie die Leuchtkraftfunktion derjenigen Sterne, die noch aus der Frühzeit des galaktischen Systems stammen. Die für eine solche Statistik gefährlichen Auswahleffekte vermeiden wir am besten, indem wir die Leuchtkraftfunktionen der Halo- und der Scheiben- (plus Spiralarm-)Populationen differentiell vergleichen anhand des homogenen Beobachtungsmaterials für die Sterne innerhalb der unmittelbaren Sonnenumgebung.

Die Leuchtkraftfunktion eines *Kugelhaufens* als typischem Vertreter der Population II hat zuerst an M 3 A. Sandage (1957) untersucht. Wie erwartet, fehlen hellere Sterne ($M_V \lesssim +4$ mag). Abgesehen von einem Maximum bei $M_V \simeq 0$ mag, das von den Haufenveränderlichen bevölkert wird, unterscheidet sich nach Sandage die beobachtete Leuchtkraftfunktion des Kugelhaufens wenig von der unserer Umgebung. Ergänzt man daher den nicht mehr beobachtbaren Bereich unterhalb $M_V = +6$ mag entsprechend der Leuchtkraftfunktion der Sonnenumgebung, so ergeben sich für den ganzen Haufen knapp $6 \cdot 10^5$ leuchtende Sterne und $5 \cdot 10^4$ Weiße Zwerge mit einer Gesamtmasse von rund $2.5 \cdot 10^5\,\mathcal{M}_\odot$. Erst in neuerer Zeit ist es durch die CCD-Photometrie möglich, die Hauptreihen der Kugelhaufen bis zu wesentlich geringeren Helligkeiten hinreichend genau zu vermessen. Erste Beobachtungen an M 13 deuten auf einen steileren Verlauf seiner Massenfunktion gegenüber der der Sonnenumgebung hin.

Die Frage, inwieweit die *Sternentstehungsrate* in der Milchstraße überall und zu allen Zeiten dieselbe ist, läßt sich derzeit nicht eindeutig beantworten. Die beobachtete relativ kleine Anzahl alter, noch nicht entwickelter Zwergsterne ($\gtrsim$ G) mit geringen Metallhäufigkeiten gibt – in Verbindung mit Vorstellungen über die Elemententstehung in Sternen (Abschn. 5.8.5) – einen indirekten Hinweis, daß in der Frühzeit der Milchstraße, etwa in den ersten 10^9 a, die Entstehungsrate von *massereichen* Sternen erheblich größer als heute gewesen sein könnte.

Auf die grundlegenden Probleme der Entstehung und Entwicklung unseres Milchstraßensystems, seiner Sternpopulation mit den Häufigkeitsverteilungen der chemischen Elemente möchten wir erst näher in Abschn. 5.8 eingehen, nachdem wir in den folgenden Abschn. 5.5 und 6 auch andere Galaxien kennengelernt haben.

5.5 Normale Galaxien. Infrarotgalaxien

Der Vorstoß in den Weltraum jenseits unserer Milchstraße, in die Welt der fernen Galaxien oder extragalaktischen Nebel – wie man früher sagte – und die hieraus erwachsenen Anfänge einer auf Beobachtung begründeten Kosmologie werden für alle Zeiten zu den bedeutendsten Leistungen unseres Jahrhunderts gehören.

Wir erwähnten schon (Abschn. 5.2.3) den klassischen Katalog von Ch. Messier (M) 1784 sowie die aus dem Werk von W. und J. Herschel hervorgegangenen Kataloge von J.L.E. Dreyer, den New General Catalogue (NGC) von 1890 und den Index Catalogue (IC) von 1895 und 1910, deren Bezeichnungen noch heute gebraucht werden. Die nach den Magellanschen Wolken des Südhimmels hellste Galaxie, der *Andromedanebel* (Abb. 5.5.1) – den schon 1612 S. Marius beobachtet hatte – hat z.B. die Katalognummern M 31 oder NGC 224. Aus

Abb. 5.5.1. Die Andromedagalaxie M31 = NGC224 und ihre physischen Begleiter, die elliptischen Galaxien M32 = NGC221 und NGC205 (*links unten*). Neigung der Andromedagalaxie 78°, Entfernung 690 kpc. Aufnahme vom Mt. Palomar 48″ Schmidtspiegel

neuerer Zeit nennen wir zunächst den Shapley-Ames-Katalog von 1932, der den gesamten Himmel überdeckt und 1249 Galaxien heller als etwa 13.5 mag registriert, sowie den Revised Shapley-Ames Catalogue von A. R. Sandage und G. A. Tammann (1981). Auf dem Palomar Observatory Sky Survey beruht der Revised New General Catalogue (RNGC) von J. W. Sulentic und W. G. Tifft (1973). Der Reference Catalogue of Bright Galaxies von G. und A. de Vaucouleurs (1964, und 1976 mit A. Corwin) enthält Daten von 4364 Galaxien heller als 16 mag. Wir erwähnen noch den Catalogue of Galaxies and Clusters of Galaxies von F. Zwicky u. a. (1960/68) und den Morphological Catalogue of Galaxies von B. A. Vorontsov-Vel'yaminov u. a. (1962/74). Ein unübertreffliches Anschauungsmaterial gibt „*The Hubble Atlas of Galaxies*" von A. R. Sandage (1961).

Als erstes befassen wir uns in Abschn. 5.5.1 mit den Methoden zur Entfernungsbestimmung der Galaxien und verschaffen uns in Abschn. 5.5.2 einen Überblick über die vielfältigen Formen der Galaxien, deren Klassifikation und absolute Helligkeiten. Für „normale" Galaxien, d. h. hauptsächlich Spiralgalaxien wie unsere Milchstraße und elliptische Galaxien, besprechen wir in Abschn. 5.5.3 anhand spektroskopischer Beobachtungen von Sternen und Gas das dynamische Verhalten und die hieraus abgeleitete Massenverteilung. Die bis weit nach außen flach verlaufenden Rotationskurven der Spiralgalaxien zeigen die Existenz eines ausgedehnten „dunklen" Halo auf, der einen wesentlichen Teil der Galaxienmasse ausmacht und dessen Zusammensetzung noch unbekannt, auf jeden Fall aber ganz anders als die Mischung aus Sternen und Gas in den „sichtbaren" Teilen ist. Die verschiedenen Sternpopulationen in den Galaxien und deren chemische Zusammensetzung stellen wir in Abschn. 5.5.4 dar, die Gas- und Staubkomponenten in Abschn. 5.5.5. Im Zusammenhang mit dem Staub in Galaxien besprechen wir die Infrarotgalaxien, in welchen vor kurzem intensive Sternbildungsprozesse stattfanden. Die Ultraviolettstrahlung der jungen OB-Sterne wird von dichtem Staub absorbiert und von diesem wieder im Infrarot emittiert.

5.5.1 Entfernungsbestimmung von Galaxien

Die kosmische Stellung der „Spiralnebel" bildete in den zwanziger Jahren den Gegenstand heftiger Debatten unter den Astronomen. Auf die wichtigen Beiträge von H. Shapley, H.D. Curtis, K. Lundmark u. v. a. können wir hier nur kurz hinweisen.

1924 gelang es dann E. Hubble, die äußeren Teile der Andromedagalaxie M 31 und einiger anderer Galaxien (wir bedienen uns sogleich der neueren Bezeichnungsweise) teilweise in Sterne aufzulösen und – als Grundlage für die photometrische Entfernungsmessung – verschiedenartige Objekte mit bekannten absoluten Helligkeiten zu identifizieren:

Cepheiden. Deren Lichtkurven (Abb. 5.5.2), mit Perioden von 10 bis 48 Tagen, interpretierte man zunächst selbstverständlich im Sinne der „allgemeinen" Periode-Helligkeits-Beziehung. Erst um 1952 erkannte W. Baade, u. a. an Unstimmigkeiten bezüglich der absoluten Helligkeit der Roten Riesensterne, daß die „klassischen" Cepheiden der Population I (δ Cep-Sterne), insbesondere also die langperiodischen Cepheiden in der Andromedagalaxie ungefähr 1.5 mag *heller* sind als entsprechende Cepheiden der Population II (W Vir-Sterne). Dies bedingte dann eine „Vergrößerung" aller extragalaktischen Entfernungen um etwa einen Faktor 2. Heute ist die Beziehung zwischen Periode P und mittlerer Helligkeit $M_{\langle V \rangle}$ nebst kleinen Korrektionen, die von der Farbe B – V oder der Amplitude des Sterns abhängen, gut gesichert (Abschn. 4.11.1). Damit kann man bis zu Entfernungsmoduln $m - M \simeq 29$ mag bzw. Entfernungen von rund 6 Mpc (Megaparsec) in den Raum vordringen.

Neben den Cepheiden konnte Hubble finden und zur Entfernungsmessung mit verwenden:

Novae, deren Lichtkurven völlig denen galaktischer Novae gleichen. (Die von E. Hartwig 1885 beobachtete, sehr viel hellere S And mit $m_{V,\max} \simeq 8$ mag erkannte man später als Supernova.)

Die nichtveränderlichen *hellsten Sterne* mit $M_V \simeq -10$ mag oder die hellsten *Kugelsternhaufen* mit ebenfalls $M_V \simeq -10$ mag. Auch hier wurden später einige Korrekturen notwendig, nachdem ein Teil der „hellsten Sterne" sich als Sterngruppen bzw. H II-Regionen entpuppten.

H II-Regionen. Die auf Hα-Platten bestimmten Winkeldurchmesser der hellen H II-Regionen erwiesen sich nach genauerer Eichung als ausgezeichnetes Hilfsmittel zur Messung größerer Entfernungen. Man kommt damit bis zu Entfernungsmoduln $m - M \simeq 33$ mag bzw. 40 Mpc Entfernung.

Wegen ihrer großen absoluten Helligkeit bieten die *Supernovae*, die 1934 von W. Baade und F. Zwicky als eigenständige Gruppe gegenüber den Novae erkannt wurden, die Möglichkeit, zu erheblich größeren Entfernungen, etwa 1000 Mpc, vorzustoßen. Vor allem können durch sie die Entfernungen von Galaxienhaufen ermittelt werden, bei denen die Seltenheit eines Supernovaausbruchs in jeder einzelnen Galaxie durch die große Zahl der Haufenmitglieder aufgewogen wird. Am besten geeignet sind die Supernovae I in elliptischen Galaxien, deren Licht nur geringe Extinktion in der Elterngalaxie erfährt und deren Lichtkurven einander sehr ähnlich sind (Abschn. 4.11.7). Ihre absolute Helligkeit im Maximum beträgt $M_{B,\max} = -19.7$ mag mit einer Streuung von nur etwa ± 0.3 mag. Allerdings ist dieser Wert nicht unabhängig von der Festlegung der extragalaktischen Entfernungsskala; er bezieht sich auf eine Hubblekonstante

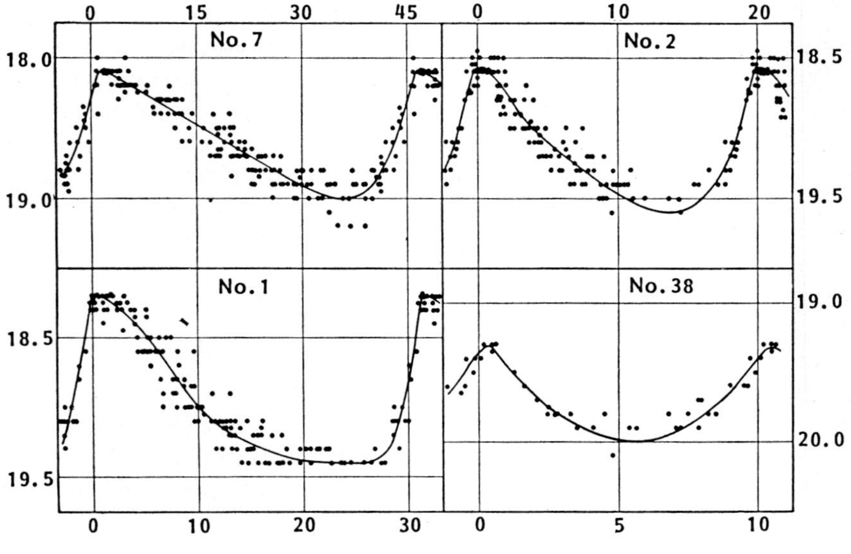

Abb. 5.5.2. Lichtkurven von vier Cepheiden in der Andromedagalaxie M31 nach E. Hubble (1929). Abszissen: Tage; Ordinaten: photographische Helligkeiten m_{pg}

$H_0 = 50 \text{ km s}^{-1} \text{ Mpc}^{-1}$ (Abschn. 5.9.1). Auf die schwierigen Fragen der Eichung können wir hier nicht weiter eingehen.

Eine von der Hubblekonstanten unabhängige Entfernungsbestimmung mittels Supernovae kann nach der von W. Baade und A. J. Wesselink ursprünglich für die Bestimmung absoluter Radien von Pulsationsveränderlichen (Abschn. 4.11.1) vorgeschlagenen Methode erfolgen, sofern neben der Helligkeit zu zwei Zeitpunkten t_1 und t_2 auch die Radialgeschwindigkeit v_r anhand von Spektren beobachtet wird: Der von einem Stern mit dem Radius R an seiner Oberfläche ausgesandte Strahlungsstrom F_λ wird nach (4.2.11) und (4.2.18) in der Entfernung r um den Faktor $(R/r)^2$ verdünnt und entsprechend der optischen Dicke τ_λ entlang dem Sehstrahl geschwächt, so daß an der Erde ein Strahlungsstrom

$$f_\lambda = F_\lambda (R/r)^2 e^{-\tau_\lambda} \qquad (5.5.1)$$

gemessen wird. Das Verhältnis der bei t_1 und t_2 beobachteten Strahlungsströme ist demnach

$$\frac{f_{\lambda,1}}{f_{\lambda,2}} = \frac{F_{\lambda,1}}{F_{\lambda,2}} \left(\frac{R_1}{R_2}\right)^2 . \qquad (5.5.2)$$

In der Nähe des Maximums der Lichtkurve können wir die F_λ aus der spektralen Energieverteilung bzw. der Farbe der Supernova mittels der Theorie der Sternatmosphären in hinreichender Näherung abschätzen und somit das Verhältnis R_1/R_2 gewinnen. Andererseits erhalten wir die Differenz der Radien durch Integration über die Radialgeschwindigkeit (4.11.1)

$$R_2 - R_1 = \int_{t_1}^{t_2} v_r(t)\, dt \simeq \frac{v_{r,1} + v_{r,2}}{2} (t_2 - t_1) \ . \qquad (5.5.3)$$

Damit sind auch R_1 und R_2 einzeln bekannt, und die Entfernung r ergibt sich aus (5.5.1), wenn wir noch τ_λ abschätzen.

Um über die Reichweite der an einzelnen Objekten in Galaxien geeichten Entfernungskriterien hinauszugelangen, können wir noch – mit geringeren Ansprüchen an die Genauigkeit – die Eigenschaften *ganzer* Galaxien heranziehen wie die Flächenhelligkeit, die morphologische Leuchtkraftklasse (Abschn. 5.5.2), die Leuchtkraft der hellsten Galaxie in einem Haufen oder die Breite der 21 cm-Emission des neutralen Wasserstoffs einer Galaxie (Abschn. 5.5.3). Schließlich bleibt nur noch die kosmologische Rotverschiebung (Abschn. 5.9.1) zur Abschätzung der weitesten extragalaktischen Entfernungen.

Für die *Andromedagalaxie* M 31 erhält man – nach Berücksichtigung der (geringen) interstellaren Absorption – einen wahren Entfernungsmodul $(m-M)_0 = 24.5$ mag oder eine Entfernung von 690 kpc. (In seiner grundlegenden Arbeit von 1926 hatte E. Hubble eine Entfernung von 263 kpc angegeben.)

Die Auflösung des Zentralteils der Andromedagalaxie und der benachbarten kleineren Galaxien M 32 und NGC 205 (Abb. 5.5.1) gelang erst 1944 W. Baade mit äußerster Verfeinerung der photographischen Technik. Die hellsten Sterne sind hier Rote Riesen mit $M_V \simeq -3$ mag, während die hellsten blauen Sterne der Spiralarmpopulation I fehlen.

Mit E. Hubbles Untersuchungen war es definitiv klargestellt, daß Galaxien wie M 31 u. a. unserer Galaxie – der Milchstraße – weitgehend ähnlich sind. Wie verhält es sich nun mit der scheinbaren Verteilung der Galaxien am Himmel?

Die fast galaxienfreie Zone um den galaktischen Äquator bis etwa $b = \pm 20°$, die sog. „zone of avoidance", wird – wie wir sahen – hervorgerufen durch eine dünne Schicht absorbierender Materie in der Äquatorebene unserer Milchstraße. So blieb z. B. die nahe, nur etwa 2 Mpc entfernte große Galaxie Maffei 1 bei $b = -0.6°$ hinter interstellarer Materie mit einer Extinktion $A_V \simeq 5$ mag bis 1970 unentdeckt.

Verhältnismäßig häufig beobachtet man *Gruppen* von zwei, drei ... Galaxien, die offensichtlich physisch zusammengehören. Unsere Milchstraße bildet zusammen mit der Andromedagalaxie M 31, ihren (physischen) Begleitern (Abb. 5.5.1) und etwa 20 weiteren Galaxien die *lokale Gruppe*. (Die Vermutung, daß auch Maffei 1 zur lokalen Gruppe gehört, konnte nicht bestätigt werden.)

Sodann zeigen auch in höheren galaktischen Breiten, wo galaktische Dunkelwolken fehlen, die Galaxien eine ungleichmäßige Verteilung am Himmel. Sie bilden die in einigen Fällen schon von Max Wolf bemerkten *Haufen von Galaxien* wie z. B. den Coma-Haufen (in Coma Berenices) mit mehreren Tausend Galaxien (Abschn. 5.7.1). Die lokale Gruppe scheint zusammen mit einer Reihe ähnlicher Gruppen dem *Virgo-Haufen* anzugehören, dessen Zentrum etwa 20 Mpc entfernt ist.

5.5.2 Klassifikation der Galaxien und absolute Helligkeiten

Betrachten wir zunächst genauer die mannigfaltigen Formen der Galaxien! E. Hubble konnte diese in ein Klassi-

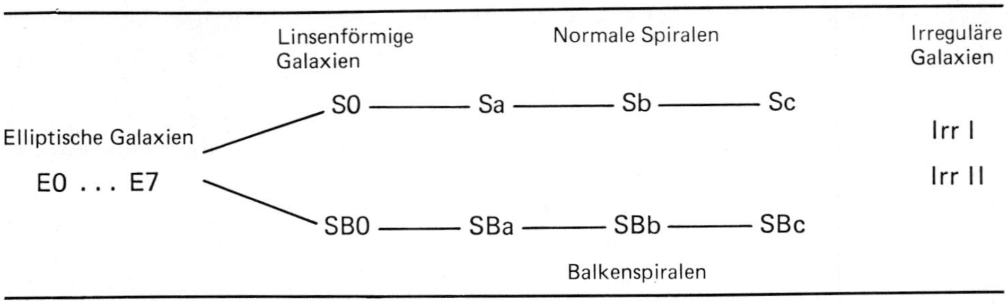

Tabelle 5.5.1. Klassifikation der Galaxien

fikationsschema einordnen, das mit einigen Verbesserungen auch dem Hubble Atlas of Galaxies (A. Sandage 1961) zugrunde liegt und gleichzeitig durch diesen genauer festgelegt wird. Es ist – wie bei der Harvard-Sequenz der Spektraltypen – von vornherein klar, daß ein solches rein deskriptives Schema keineswegs eine Entwicklungsfolge darstellen muß.

In dem *Hubble-Sandage-Schema* werden die Galaxien ausschließlich nach ihrer *Form* auf Blauaufnahmen klassifiziert (Tabelle 5.5.1):

Die *elliptischen Galaxien* E0 bis E7 haben rotationssymmetrische Gestalt ohne ausgeprägte Strukturen (Abb. 5.5.3). Die beobachtete Elliptizität ist natürlich mit bedingt durch die Projektion des wahren Sphäroids an den Himmel. Die Unterteilung der E-Galaxien erfolgt nach der *scheinbaren* Elliptizität von E0 (kreisförmig) bis E7 (stärkste Abplattung $(a-b)/a \simeq 0.7$ mit a und b große bzw. kleine scheinbare Halbachse). Die wahre Abplattung ist im allgemeinen größer als die scheinbare. Die Statistik der scheinbaren Elliptizitäten zeigt, daß die wahren Elliptizitäten der E-Galaxien ziemlich gleichmäßig verteilt sind. Die Flächenhelligkeit nimmt von innen nach außen gleichförmig ab.

Von den elliptischen Galaxien führt ein stetiger Übergang über die *linsenförmigen Galaxien* S0, bei denen Andeutungen einer Scheibe und kreisförmiger Absorptions-

Abb. 5.5.3. Elliptische Galaxie NGC 4697 vom Typ E5. Aufnahme mit dem Mount Palomar 5 m-Teleskop aus dem Hubble Atlas of Galaxies

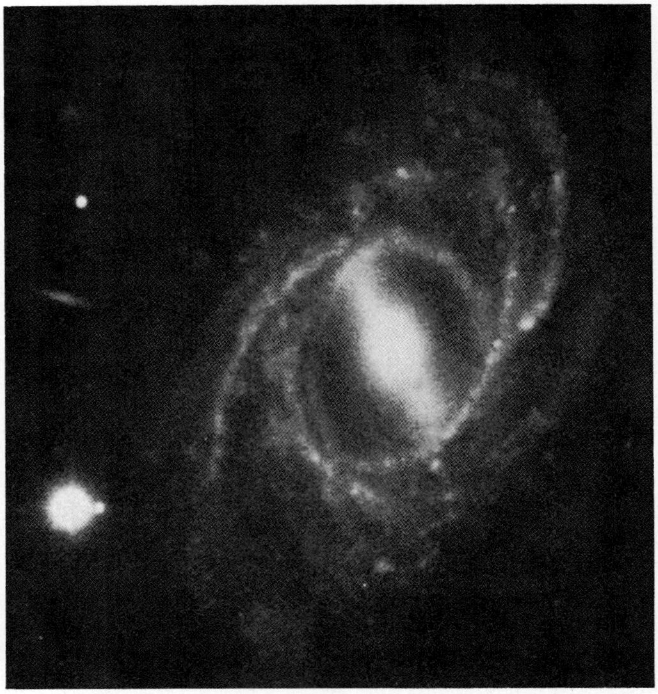

Abb. 5.5.4. Balkenspirale NGC 2523 vom Typ SBb(r). Aufnahme mit dem Mount Palomar 5 m-Teleskop aus dem Hubble Atlas of Galaxies

strukturen zu finden sind, zu den *Spiralgalaxien* S. Diese sind durchweg stärker abgeplattet.

Die Sequenz gabelt sich bei den S0- und S-Typen: Die *normalen Spiralen* S haben ein Zentralgebiet, aus dem die Spiralarme mehr oder weniger symmetrisch herauswachsen. Bei den *Balkenspiralen* SB kommt aus dem Zentralgebiet zunächst ein gerader „Balken" heraus, an dem dann – fast senkrecht – die Spiralarme angesetzt sind (Abb. 5.5.4). Auch bei den linsenförmigen Galaxien unterscheiden wir den Typ SB 0, bei dem ein Balken erkennbar ist, der meist nicht über das helle Zentralgebiet herausragt.

Zwischen den Spiralarmen sind bei den normalen wie bei den Balkenspiralen noch große Mengen von Sternen vorhanden, so daß auf photometrischen Registrierkurven die Arme verhältnismäßig wenig hervortreten.

Die Folge der Typen S bzw. SB 0, a, b, c ist dadurch charakterisiert, daß das *Zentralgebiet* relativ kleiner wird, während die Windungen der *Spiralarme* offener werden. Zum Beispiel ist die Andromedagalaxie M 31 (Abb. 5.5.1) eine typische Sb-Spirale; unsere Milchstraße steht an der Grenze von Sb zu Sc.

Der Hubble-Atlas unterteilt die S- und SB-Spiralen noch in zwei Unterklassen, je nachdem, ob die Arme direkt aus dem Zentralgebiet bzw. den Enden des Balkens entspringen (Suffix s) oder tangential aus einem inneren Ring herauskommen (Suffix r).

In der Mitte vieler Galaxien befindet sich eine deutlich abgegrenzte, sternartig aussehende helle Kondensation, der *Galaxienkern*. Dessen Winkeldurchmesser beträgt z.B. bei M 31 nur $1.6'' \cdot 2.8''$, entsprechend rund $5 \cdot 10$ pc. Die Kerne von Galaxien und die mit ihnen verbundene „Aktivität" werden wir in Abschn. 5.6 besprechen.

An die Sc-Galaxien (wie M 33 in der lokalen Gruppe) schließen sich stetig die *irregulären Galaxien* Irr I an. Diese verhältnismäßig seltenen Systeme zeigen zunächst keine Rotationssymmetrie und keine ausgeprägten Spiralarme usw. Die bekanntesten Vertreter sind unsere Nachbarn im lokalen System, die *Große Magellansche Wolke* (LMC = Large Magellanic Cloud; Abb. 5.5.5) und die *Kleine Magellansche Wolke* (SMC = Small Magellanic Cloud) am Südhimmel in etwa 50 kpc Entfernung. Die genauere Untersuchung hat gezeigt, daß die unregelmäßige Helligkeitsverteilung der Irr I-Systeme nur durch die auf den Blauaufnahmen besonders stark hervortretenden hellen blauen Sterne und die sie umgebenden Gasnebel hervorgerufen wird. Das Substrat schwächerer roter Sterne zeigt in Übereinstimmung mit

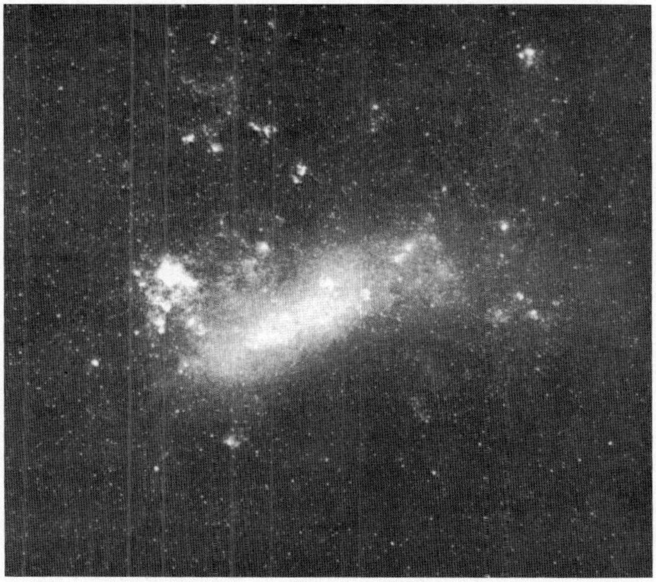

Abb. 5.5.5. Die Große Magellansche Wolke (LMC = Large Magellanic Cloud). Auf dieser Hα-Aufnahme treten die vielen H II-Regionen deutlich hervor

radioastronomischen 21 cm-Messungen der Anordnung und Geschwindigkeitsverteilung des Wasserstoffs, daß die Hauptmasse z. B. der Magellanschen Wolken eine viel regelmäßigere, abgeplattete Gestalt und erhebliche Rotation aufweist.

Die von G. de Vaucouleurs eingeführte *Erweiterung der Hubble-Sequenz* über Sc (bzw. SBc) hinaus mit den Typen Sd, Sm und Im (bzw. SBd, SBm und IBm) trägt dem stetigen Übergang von Sc zu Irr I Rechnung. So werden z. B. die Magellanschen Wolken in diesem Schema als SBm (LMC) und IBm oder Im (SMC) klassifiziert.

A. Sandage und R. Brucato (1979) haben die Gruppe der *irregulären* Galaxien Irr II umdefiniert und den Typ der *amorphen Galaxien* eingeführt, für den (auf Blauaufnahmen) ein glattes, nicht aufgelöstes Erscheinungsbild ohne Spiralstrukturen charakteristisch ist, das manchmal durch Staubabsorption unterbrochen wird. Gelegentlich sind auch schwache Filamente erkennbar. Zu dieser Klasse gehört z. B. M 82 (Abb. 5.5.16). In neuerer Zeit zeigte sich, daß die amorphen und andere besondere Galaxien den überwiegenden Teil ihrer Leuchtkraft im fernen Infrarot abstrahlen. Wir kommen auf diese *Infrarotgalaxien* in Abschn. 5.5.5 zurück.

Die morphologische Klassifikation der Galaxien nach W. W. Morgan (1958) beruht auf deren Helligkeitskonzentration. Wir verwenden im folgenden nur die folgenden Typen aus diesem *Yerkes-System: D-Galaxien* haben einen hellen, ellipsenförmigen Kern mit einer ungewöhnlich weit ausgedehnten Hülle, deren Helligkeit nach außen langsamer als bei den E-Galaxien abfällt. Die Überriesen (s. unten) unter ihnen, die *cD-Galaxien*, finden wir als hellste Objekte in den Zentren vieler Galaxienhaufen (Abschn. 5.5.1). Die *N-Galaxien* zeichnen sich durch einen „sternförmigen", sehr hellen Kern auf dem viel lichtschwächeren Untergrund der restlichen Galaxie aus (Abschn. 5.6.4).

Auf weitere, insbesondere auch spektroskopische Möglichkeiten zur Klassifikation von Galaxien werden wir in Abschn. 5.5.4 und 5.6.4 eingehen.

In der Hubble-Sequenz werden die Galaxien – wie nochmals betont sei – nur nach ihrer Form klassifiziert. Physikalisch betrachtet, handelt es sich offenbar – wie B. Lindblad betont hat – um eine Anordnung nach zunehmendem Drehimpuls (Abplattung!).

Das Studium der Entfernungen einzelner Galaxien und deren Zusammengehörigkeit in Galaxienhaufen hat gezeigt, daß deren *absolute Helligkeiten* und Durchmesser bei demselben Hubble-Typ über einen weiten Bereich verteilt sind.

Im Bereich der Spiralen, Balkenspiralen und irregulären Galaxien fand S. van den Bergh (1960), daß mit stärkerer Entwicklung der Spiralarme and analoger Strukturen auch die Leuchtkraft zunimmt. Darauf begründete er eine morphologische *Leuchtkraftklassifikation* (mit Bezeichnungen analog denen der Sterne), die für den angegebenen Bereich der Hubble-Typen eine einheitliche Kalibrierung nach *absoluten Helligkeiten* zuläßt:

Leuchtkraftklasse		Mittlere absolute Helligkeit M_{pg}
I	Überriesen	-21.2 mag
II	Helle Riesen	-20.3 mag
III	Normale Riesen	-19.2 mag
IV	Unterriesen	-17.8 mag
V	Zwerggalaxien	-14.5 mag

So werden z.B. die Andromedagalaxie M 31 als Sb I – II und M 33 als Sc II – III klassifiziert.

Während bei den Spiralen die absolut hellen Systeme häufiger sind, überwiegen bei den Irregulären umgekehrt die Zwerggalaxien.

Im Bereich der elliptischen Galaxien gibt die *Flächenhelligkeit* in der Mitte des Bildes (proportional der Zahl der Sterne längs der Sehlinie) ein Maß für die Leuchtkraft. Es zeigt sich insbesondere, daß die hellste E-Galaxie eines Haufens (die sog. „first ranked E-galaxy") innerhalb eines sehr engen Spielraums stets dieselbe absolute Helligkeit $M_V = -23.3$ mag hat.

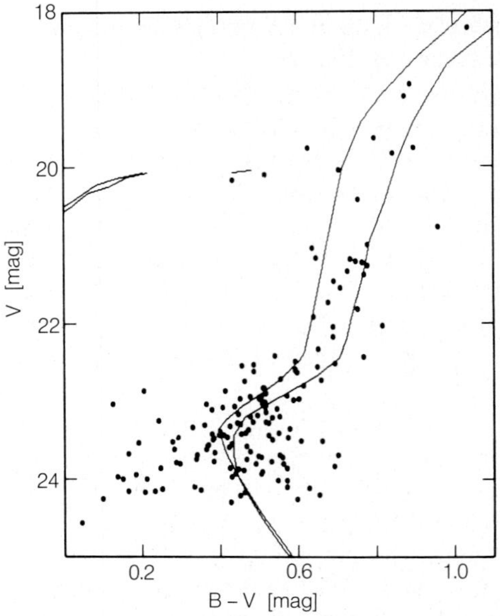

Abb. 5.5.6. Farben-Helligkeits-Diagramm der Draco-Zwerggalaxie. Photometrie mit einer CCD-Kamera am Canada-France-Hawaii 3.6 m-Teleskop. Das Draco-System (Entfernung 60 kpc, Durchmesser 0.3 kpc) hat große Ähnlichkeit mit einem metallarmen Kugelsternhaufen, wie der Vergleich mit den Farben-Helligkeits-Diagrammen von M92 und M3 (*eingezeichnete Linien*, M92 blauerer Riesenast, vgl. Abb. 5.4.4) zeigt, ist jedoch etwa 10mal größer. P.B. Stetson et al. (1985). (Mit freundlicher Genehmigung von Publications of the Astronomical Society of the Pacific)

Der Bereich in absoluten Helligkeiten ist bei den elliptischen Galaxien erheblich größer als bei den Spiralgalaxien. Von den Riesen-E-Galaxien führt eine Leuchtkraftspanne von fast sechs Zehnerpotenzen über die normalen zu den schwächsten Zwerg-E-Galaxien und den davon nicht scharf unterschiedenen Sphäroidischen Zwerggalaxien, wie dem Draco-System mit $M_V = -8.6$ mag, das man – auch nach seinem Farben-Helligkeits-Diagramm (Abb. 5.5.6) – am ehesten einem sehr großen Kugelsternhaufen vergleichen könnte.

In analoger Weise stellen wir der *Großen Magellanschen Wolke* mit $M_V = -18.5$ mag (SBm III) (Abb. 5.5.5) die ebenfalls zum lokalen System gehörende irreguläre Zwerggalaxie IC 1613 (Im IV) mit $M_V = -14.8$ mag (Abb. 5.5.7) gegenüber. Auch sie enthält noch eine Reihe heller OB-Sterne und H II-Regionen.

Die kleinen Zwerggalaxien scheinen öfters mit benachbarten Riesengalaxien auch physisch verknüpft zu sein.

Abb. 5.5.7. Die irreguläre Zwerggalaxie IC 1613 (Im IV). Rot-Aufnahme von W. Baade (1953) am Hale-Teleskop. Rechts unten mehrere HII-Regionen. Im Vergleich zur Großen Magellanschen Wolke hat IC 1613 etwa 30mal geringere visuelle Leuchtkraft

Neben den Magellanschen Wolken dürften die Systeme in Sculptor, Draco und Ursa Minor, die uns alle näher sind als 100 kpc, „Satelliten" unseres Milchstraßensystems sein. Als Begleiter der Andromedagalaxie M 31 waren schon lange bekannt die E-Galaxien NGC 205 und M 32 mit $M_V = -16.4$ mag (Abb. 5.5.1). In der Nähe der Andromedagalaxie hat S. van den Bergh 1972 noch drei sphäroidische Zwerggalaxien (And I – III) mit absoluten Helligkeiten $M_V \simeq -11$ mag und Durchmessern von 0.5 bis 0.9 kpc entdeckt, die weitgehend z.B. „unserem" Sculptorsystem gleichen. Das Erkennen solcher Mini-Galaxien ist schon im lokalen System sehr schwierig, außerhalb desselben fast aussichtslos.

Über die Häufigkeit von Galaxien verschiedener absoluter Helligkeit bzw. Leuchtkraft gibt ihre *Leuchtkraftfunktion* Φ (Abb. 5.5.8) Auskunft. Die von E. Hubble (1936) und E. Holmberg (1950) gefundenen Verteilungen haben heute mehr historisches Interessse. Mit der aus Galaxienhaufen von F. Zwicky (1957) abgeleiteten Leuchtkraftfunktion wurde erstmals deutlich, daß die *Zwerggalaxien* (mit Helligkeiten schwächer als $M_B \simeq -17$ mag) zahlenmäßig einen erheblichen Bruchteil der Bevölkerung des Weltraums bilden, während sie mit ihrer Leuchtkraft und Masse kaum ins Gewicht fallen.

Die Zahl Φ der Galaxien (aller Typen) in einem gegebenen Volumen mit Leuchtkräften zwischen L und

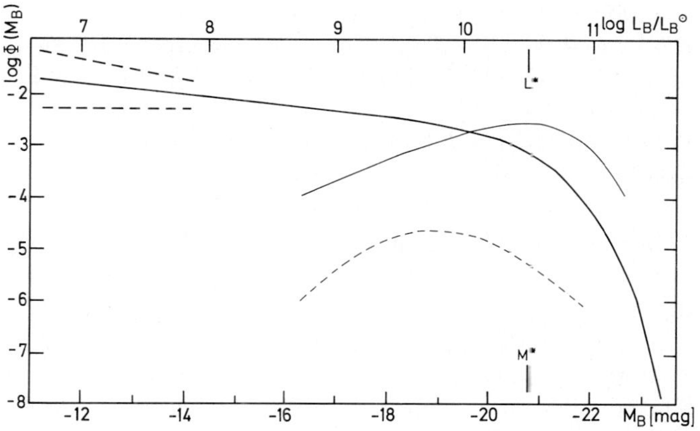

Abb. 5.5.8. Empirische Leuchtkraftfunktion der Galaxien $\Phi(M_B)$ nach P. Schechter (5.5.4, 5), normiert nach J.E. Felten (1978) für eine Hubblekonstante $H_0 = 50 \text{ km s}^{-1} \text{ Mpc}^{-1}$. Die obere Abszissenskala gibt die monochromatische Leuchtkraft L_B einer Galaxie im Blau bei $\lambda = 440$ nm in solaren Einheiten $L_B^{\odot} = 5 \cdot 10^{23}$ W nm^{-1} $= 5 \cdot 10^{29}$ erg s^{-1} Å^{-1} an. (———) Verteilung für Feldgalaxien und Galaxien in nicht-kompakten Haufen ($\alpha = -1.25$); am leuchtschwachen Ende gestrichelt: $\alpha = -1.5$ und -1.0. Die obere Kurve mit $\alpha = -1.5$ entspricht der von F. Zwicky (1957) abgeleiteten Leuchtkraftfunktion $\Phi(M) \sim 10^{+0.2M}$. (———) Verteilung für Galaxien in kompakten Haufen ($\alpha = 0$). (– – –) Historisch erste Verteilungsfunktion von E. Hubble (1936), etwa einer Gaußschen Verteilung entsprechend, willkürliche Normierung, näherungsweise auf den heutigen Wert von H_0 reduziert

$L + dL$ läßt sich z.B. nach P. Schechter (1976) empirisch in der Form

$$\Phi(L)\,dL \sim \left(\frac{L}{L^*}\right)^{\alpha} \mathrm{e}^{-L/L^*}\, d\left(\frac{L}{L^*}\right) \tag{5.5.4}$$

darstellen. Für $L \gg L^*$ fällt Φ exponentiell ab, während es für schwache Leuchtkräfte $L \ll L^*$ einem Potenzgesetz mit dem Exponenten α gehorcht. Beziehen wir die Verteilungsfunktion nicht auf L, sondern auf die absolute Helligkeit M, so gilt wegen $\Phi(L)dL = \Phi(M)dM$ und $dM = -2.5 \log(e) dL/L$ (4.4.1) für die Anzahl der Galaxien im Intervall M bis $M + dM$:

$$\Phi(M)\,dM \sim \Xi^{\alpha+1}\,\mathrm{e}^{-\Xi}\,dM \quad \text{mit} \tag{5.5.5}$$

$$\Xi = 10^{-0.4(M-M^*)}\ . \tag{5.5.6}$$

Die Helligkeitsverteilung im Blau sowohl der Feldgalaxien als auch der Galaxien in den meisten reichen (nichtkompakten) Haufen wird gut wiedergegeben durch eine Leuchtkraftfunktion der Form (5.5.5) bzw. (5.5.4) mit $\alpha = -1.25$ (± 0.25) und einer charakteristischen absoluten Helligkeit $M_\mathrm{B}^* \simeq -20.8$ mag (entsprechend $M_\mathrm{V} \simeq -21.7$ mag) bzw. monochromatischen Leuchtkraft bei $\lambda = 440$ nm von $L^* \simeq 3 \cdot 10^{10} L_\mathrm{B}^\odot$ mit $L_\mathrm{B}^\odot = 5 \cdot 10^{23}$ W nm^{-1}. Lediglich die Zahl der allerhellsten (cD-)Galaxien in den Zentren von Galaxienhaufen wird hierdurch nicht genau darstellt.

Die Galaxien in *kompakten* Haufen (Abschn. 5.7.1) scheinen abweichend von den Feldgalaxien einer Schechter-Verteilung mit $\alpha \simeq 0$ zu folgen.

Die Häufigkeitsverteilung der verschiedenen Hubble-Typen ist in verschiedenen Galaxienhaufen *nicht* dieselbe.

Der Hauptbeitrag zur Leuchtkraft aller Galaxien kommt von Galaxien mit $L \simeq L^*$, d.h. im Blauen von Systemen, die etwa unserer Milchstraße oder der Andromedaglaxie M 31 entsprechen. Die über Feld- und Haufengalaxien gemittelte Leuchtkraftdichte $\mathscr{L}_\mathrm{B}$ dürfte innerhalb eines Faktors 3 bei

$$\mathscr{L}_\mathrm{B} = \int_0^\infty L_\mathrm{B}\,\Phi(L_\mathrm{B})\,dL_\mathrm{B} \simeq 10^8\,L_\mathrm{B}^\odot \qquad [\mathrm{Mpc}^{-3}] \tag{5.5.7}$$

liegen.

5.5.3 Dynamik und Massen der Galaxien

Die Existenz von *Absorptionslinien* in den *Spektren der ganzen Galaxien* bestätigt zunächst, daß diese in der Hauptsache aus *Sternen* bestehen. *Emissionslinien* von H II-Regionen beobachtet man in den Armen der Spiralgalaxien und noch ausgeprägter in den irregulären Systemen. Ganz anderen Ursprungs sind offenbar die sehr breiten Emissionslinien in den Kernen der Seyfert-Galaxien und der amorphen Systeme wie M 82 sowie mancher elliptischer Riesengalaxien (Abschn. 5.5.5 und 5.6.4).

Die Dopplerverschiebungen der Absorptions- und Emissionslinien (letztere sind besser zu messen) geben Auskunft über die *Radialgeschwindigkeit* und die *Rotation* einer Galaxie. In der nahen Andromedagalaxie haben schon H.W. Babcock (1939) und N.U. Mayall (1950) an H II-Regionen Radialgeschwindigkeitsmessungen durchgeführt.

Einen großen Fortschritt für die extragalaktische Radioastronomie brachte das auf Initiative von J.H. Oort entwickelte niederländische Synthese-Radioteleskop in Westerbork. Mit ihm konnten seit 1971 Beobachtungen in der 21 cm-Linie des H I (und auch im Kontinuum) in günstigen Fällen mit einer Winkelauflösung von 24″ · 32″ durchgeführt werden und damit auch radio-

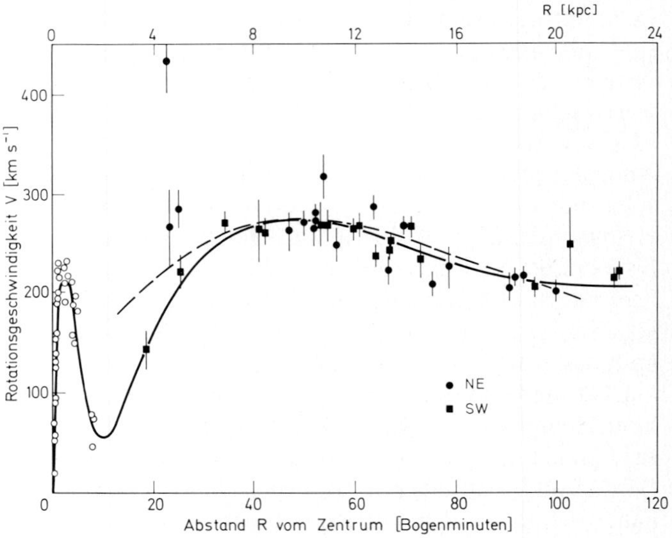

Abb. 5.5.9. Rotationsgeschwindigkeiten V in der Andromedagalaxie M31 in Abhängigkeit von der Entfernung R zum Zentrum (1′ entspricht 0.2 kpc) aus optischen Beobachtungen. (———) Rotationskurve nach V.C. Rubin und W.K. Ford (1970) aus 67 HII-Regionen. Die ausgefüllten Symbole bedeuten Messungen der Hα-Linie von OB-Assoziationen, die offenen Kreise Messungen der [NII] Linie $\lambda = 658.3$ nm. (– – –) Rotationskurve nach J.M. Deharveng und A. Pellet (1975) aus 1400 Hα-Messungen. Das Maximum mit $V \simeq 87$ km s^{-1} im Kern der Galaxie bei $R = 7$ pc konnte hier nicht eingezeichnet werden

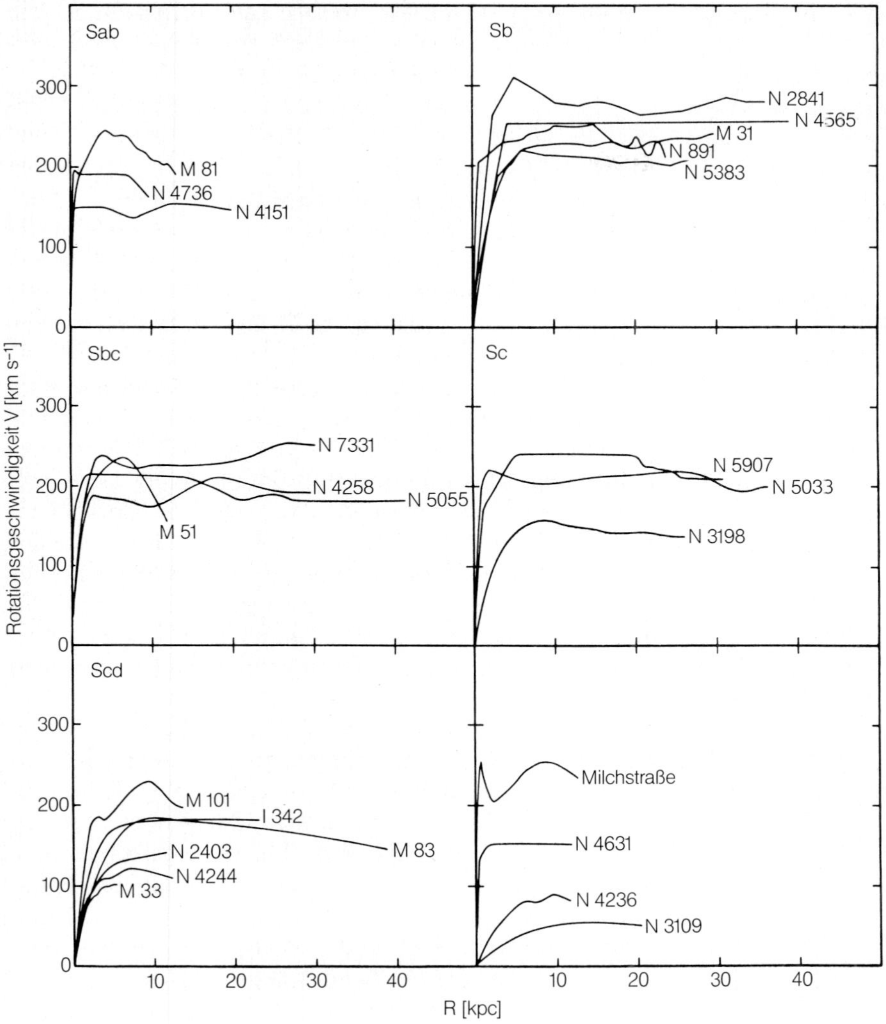

Abb. 5.5.10. Rotationsgeschwindigkeiten V in Spiralgalaxien verschiedenen Hubble-Typs in Abhängigkeit von der Entfernung R zum Zentrum aus radioastronomischen 21 cm-Beobachtungen des neutralen Wasserstoffs. A. Bosma: Astron. J. **86**, 1825 (1981). (Mit freundlicher Genehmigung von The Astronomical Journal und des Autors)

astronomisch die Rotationsgeschwindigkeiten in einer größeren Zahl von Galaxien bestimmt und teilweise deren Spiralarme aufgelöst werden.

Wir befassen uns als erstes mit der Rotation und den Massen der *Spiralgalaxien* am Beispiel der gut untersuchten *Andromedagalaxie M 31*. Die Radialgeschwindigkeitsmessungen ergeben zunächst für das Zentrum der Galaxie $-300\,\mathrm{km\,s^{-1}}$, d.h. eine Annäherung. Da M 31 die galaktischen Koordinaten $l=121°$, $b=-21°$ hat, stellt diese zum größten Teil den Reflex unserer galaktischen Umlaufgeschwindigkeit dar. Die nach Abzug von $-300\,\mathrm{km\,s^{-1}}$ verbleibenden, zum Kern symmetrischen Anteile der Radialgeschwindigkeiten reduzieren wir sodann unter Berücksichtigung der Neigung der Rotationsachse gegenüber der Sehlinie von 78° sowie unter der Annahme von Kreisbahnen auf *Rotationsgeschwindigkeiten*. Die optischen Messungen an H II-Gebieten (Abb. 5.5.9) und die radioastronomischen Messungen mit der 21 cm-Linie (Abb. 5.5.10) stimmen im großen und ganzen gut überein. Letztere erfassen weiter außen liegende Teile der Galaxie als die optischen Beobachtungen.

Die Rotationsgeschwindigkeit $V(R)$ in Abhängigkeit vom Abstand R vom Zentrum zeigt nach einem steilen Anstieg innen ein Maximum von $225\,\mathrm{km\,s^{-1}}$ bei $R=0.4$ kpc, nimmt dann nach außen ab bis zu einem Minimum bei $R\simeq 2$ kpc und steigt wiederum zu einem flachen Maximum von $\simeq 270\,\mathrm{km\,s^{-1}}$ bei $R\simeq 10$ kpc an. Weiter außen fällt $V(R)$ nur wenig ab und verläuft im wesentlichen flach hinaus bis zum äußersten Meßpunkt der 21 cm-Beobachtungen bei $R_0\simeq 30$ kpc.

Im Bereich des *sternartigen Kerns* von M 31 führten als erste A. Lallemand, M. Duchesne und M.F. Walker (1960) mit Hilfe eines elektronischen Bildwandlers Messungen durch und zeigten, daß die Rotationsgeschwindigkeit – von außen nach innen gerechnet – bei $R \simeq 20$ pc ein tiefes Minimum und im Abstand $R \simeq 7$ pc (2.2″) vom Zentrum ein steiles Maximum von etwa 87 km s^{-1} durchläuft, ehe sie endgültig auf Null absinkt.

Die Geschwindigkeitsdispersionen aufgrund der statistischen Bewegung der Sterne sowohl im Kern als auch im Zentralbereich $\lesssim 4$ kpc liegen mit 100 bis 200 km s^{-1} in der gleichen Größenordnung wie die maximalen Rotationsgeschwindigkeiten.

Hinreichend *weit außerhalb* aller anziehenden Massen erwarten wir um eine Galaxie der Gesamtmasse $\mathscr{M}$ nach (2.6.40) Kepler-Bewegungen

$$V^2 = \frac{G\mathscr{M}}{R} , \qquad (5.5.8)$$

d.h. eine nach außen abfallende Rotationsgeschwindigkeit $V \sim R^{-1/2}$. Die Beobachtungen seit den 1970er Jahren, vor allem mit der 21 cm-Linie (Abb. 5.5.10), zeigen jedoch bei vielen Galaxien, daß bis hin zu den äußersten beobachtbaren Abständen von 30 bis 50 kpc die Rotationskurven im wesentlichen flach verlaufen, also der Keplersche Fall noch *nicht* erreicht wird. Das frühe Abbiegen der Rotationskurven bei einigen Galaxien wie z.B. M 51 und M 81 dürfte durch Störungen ihrer nahen Begleiter verursacht werden.

Obwohl wir mit dem derzeitigen Stand der Beobachtungstechnik die Gesamtmassen der Galaxien nicht erfassen, können wir wenigstens mit hinreichender Genauigkeit ihre Massen innerhalb eines wohldefinierten Abstands vom Zentrum angeben. Hierfür bieten sich z.B. der Abstand R_0, bis zu dem Radialgeschwindigkeitsmessungen durchgeführt werden können, oder ein etwa dem optischen Bild auf normalen Aufnahmen entsprechender Abstand wie der Holmberg-Radius R_{Ho} an [15].

Bei einer *kugel*symmetrischen Massenverteilung hängt die Rotationsgeschwindigkeit $V(R)$ im Abstand R nur von der Masse $\mathscr{M}(R)$ *innerhalb R* ab:

$$V^2(R) = \frac{G\mathscr{M}(R)}{R} . \qquad (5.5.9)$$

Hiernach entspricht einer flachen Rotationskurve $V(R) = \mathrm{const}$ eine lineare Zunahme der Massenverteilung mit dem Abstand $\mathscr{M}(R) \sim R$ bzw. ein Abfall der Massendichte nach außen proportional R^{-2}. Einer starren Rotation $V(R) \sim R$, wie sie näherungsweise in den inneren Teilen der Spiralgalaxien beobachtet wird, entspricht eine Zunahme von $\mathscr{M}(R) \sim R^3$.

Wir erhalten aus (5.5.9) für M 31 innerhalb des Holmberg-Radius $R_{\mathrm{Ho}} \simeq 16$ kpc mit $V(R_{\mathrm{Ho}}) \simeq 230$ km s^{-1} eine Masse $\mathscr{M}(R_{\mathrm{Ho}}) \simeq 2 \cdot 10^{11}\, \mathscr{M}_\odot$ und innerhalb des letzten radioastronomischen Beobachtungspunktes (Abb. 5.5.10) bei $R_0 \simeq 30$ kpc eine etwa doppelt so große Masse $\mathscr{M}(R_0) \simeq 4 \cdot 10^{11}\, \mathscr{M}_\odot$. Nach den 21 cm-Beobachtungen sind nur etwa 3% der Masse neutraler Wasserstoff. Die innen gelegene „Linse" von M 31 innerhalb etwa 0.4 kpc hat eine Masse von rund $6 \cdot 10^9\, \mathscr{M}_\odot$. Im eigentlichen Kern der Galaxie, d.h. in einem Bereich von nur etwa 7 pc Radius sind 10^7 bis $10^8\, \mathscr{M}_\odot$ zusammengedrängt, die Massendichte beträgt hier das 10^4- bis 10^5fache unserer Umgebung. Das (nur größenordnungsmäßig bekannte) Masse-Leuchtkraft-Verhältnis von etwa 20 Sonneneinheiten zeigt, daß der Kern von M 31 zur Hauptsache aus Sternen besteht. Für die innerhalb des Holmberg-Radius liegenden Teile der Andromedagalaxie beträgt das Masse-Leuchtkraft-Verhältnis ungefähr 8.

Bei einer beliebigen (nicht sphärisch symmetrischen) Massenverteilung beeinflussen im Gegensatz zu (5.5.9) auch die *außerhalb R* gelegenen Massen die Rotationsgeschwindigkeit $V(R)$. Um die *Massenverteilung* zu ermitteln, konstruiert man unter Vernachlässigung der Spiralstruktur *Modelle*, z.B. aus ineinanderliegenden homogenen Ellipsoiden oder Scheiben. Für diese berechnet man das Potentialfeld und damit die Verteilung der Rotationsgeschwindigkeit $V(R)$. Indem man diese den Beobachtungen (Abb. 5.5.9 und 5.5.10) anpaßt, erhält man im wesentlichen die *Flächendichte* der Massenverteilung, d.h. die in einem Zylinder von 1 pc^2 Querschnitt senkrecht zur Zentralebene enthaltene Masse.

Die Massenverteilung der Spiralgalaxien läßt sich – wenn wir vom eigentlichen Kern absehen – gut durch Überlagerung einer dünnen *Scheibe* und einer nur wenig abgeplatteten *sphäroidischen Komponente* darstellen (Abb. 5.2.6). Den inneren Teilen der sphäroidischen Komponente entspricht das auf optischen Bildern erkennbare helle *Zentralgebiet* („Wulst", central bulge); außerhalb $R \gtrsim 3 \ldots 5$ kpc dominiert die Scheibe die Massenverteilung. Die *Flächendichte* fällt von 10^3 bis $10^4\, \mathscr{M}_\odot\, \mathrm{pc}^{-2}$ im Zentralbereich ab bis auf $\lesssim 10\, \mathscr{M}_\odot\, \mathrm{pc}^{-2}$ in den äußersten radioastronomisch noch beobachtbaren

[15] Der Holmberg-Radius ist definiert durch die Isophote der photographischen Flächenhelligkeit von 26.5 mag pro Quadratbogensekunde.

Zonen. Der Abfall der Massendichte nach außen wird begleitet von einer – in den beiden Komponenten verschiedenartigen – Abnahme der *Flächenhelligkeit* z. B. im Visuellen; innerhalb der Scheibe fällt die Intensität exponentiell mit dem Abstand vom Zentrum ab.

Der grundlegende dynamische Aufbau aus einem sphäroidischen und einem scheibenförmigen System ist bei allen Spiralgalaxien – einschließlich unserer Milchstraße – derselbe. Entlang der Hubble-Sequenz von Sa bis Sd und Sm nimmt die Masse der sphäroidischen Komponente relativ zu der der Scheibe ab, das Masse-Leuchtkraft-Verhältnis $\mathcal{M}/L_B$ (innerhalb des Holmberg-Radius) nimmt von etwa 10 auf 2 Sonneneinheiten ab. Innerhalb einer Galaxie wächst das Masse-Leuchtkraft-Verhältnis mit wachsendem Abstand vom Zentrum an.

Vergleicht man M 31 mit unserem Milchstraßensystem, so erkennt man – wie wir nicht in allen Einzelheiten ausführen wollen – eine sehr weitgehende Ähnlichkeit.

Wenden wir uns schließlich noch den am weitesten außen liegenden Teilen der Spiralgalaxien zu! Der flache Verlauf der Rotationsgeschwindigkeiten bis zu den letzten, der Beobachtung noch zugänglichen Abständen ($R_0 \simeq 30-50$ kpc) zwingt uns – weitgehend unabhängig von der Massenverteilung im einzelnen – zu dem Schluß, daß ein wesentlicher, wenn nicht der überwiegende Teil der Galaxienmasse *jenseits von* R_0 *liegt*. Ein annehmbares Modell, das den beobachteten $V(R)$ gerecht wird, wäre eine ungefähr sphärische Massenverteilung mit einem Radius in der Größenordnung von 100 kpc und einer Gesamtmasse von $\gtrsim 10^{12}\,\mathcal{M}_\odot$. Dieser *„dunkle" Halo*, auch als *galaktische Korona* bezeichnet, bildet die äußere Fortsetzung des sphäroidischen Zentralgebiets und des (inneren) Halo der Kugelsternhaufen. Mit einem Masse-Leuchtkraft-Verhältnis von 100 – 1000 Sonneneinheiten muß seine Zusammensetzung völlig anders sein als z. B. die bekannte Mischung aus Sternen, Gas und Staub innerhalb des Holmberg-Radius. Aus welchen Objekten der Hauptbeitrag zur Masse dieses allein aus dynamischen Überlegungen erschlossenen Halo besteht, ist derzeit nicht bekannt; wir können hierüber nur spekulieren. Der heutigen Beobachtungstechnik entgehen würden z. B. sehr kühle Zwergsterne, planetenartige Körper oder Festkörperteilchen mit Durchmessern von mehr als einigen cm. Auch niederenergetische Neutrinos (Abschn. 5.9.5) oder „exotische", von modernen Theorien der Elementarteilchen postulierte Teilchen kämen für die Hauptmasse eines dunklen Halo in Frage, sofern sie von Null verschiedene Ruhemassen ($\gtrsim 10\,\mathrm{eV}/c^2$) haben.

Ein massiver Halo der Galaxien würde auch die relativ großen Massen der Galaxienhaufen, die man aus der Geschwindigkeitsdispersion ihrer Mitglieder ableitet (Abschn. 5.7.1) verständlich machen.

Für entferntere Spiralgalaxien, deren Rotationskurven räumlich nicht mehr auflösbar sind, kann nach R. B. Tully und J. R. Fisher (1977) die (auf die Inklination korrigierte) beobachtete Dopplerbreite ΔV_0 des über die ganze Galaxie integrierten *Profils der 21 cm-Linie* zur Abschätzung ihrer *Massen* herangezogen werden. ΔV_0 ist ungefähr gleich dem Doppelten der maximalen Rotationsgeschwindigkeit, somit ist nach (5.5.9)

$$(\Delta V_0)^2 \sim \frac{\mathcal{M}}{R} \ . \tag{5.5.10}$$

Bei bekannter Entfernung r zur Galaxie ist der beobachtbare scheinbare Winkeldurchmesser $\alpha = R/r$, so daß für die Gesamtmasse gilt:

$$\mathcal{M} \sim (\Delta V_0)^2 \alpha r \ . \tag{5.5.11}$$

Umgekehrt wird die *Tully-Fisher-Beziehung* zur *Entfernungsbestimmung* von Galaxien angewendet, wenn die Masse z. B. über bekannte Masse-Leuchtkraft-Verhältnisse durch die Leuchtkraft bzw. die absolute Helligkeit ersetzt wird. In der Praxis werden hierzu aus nahen Galaxien empirisch geeichte Korrelationen zwischen ΔV_0 und der absoluten Helligkeit aufgestellt, wobei wegen der internen Staubabsorption in den Galaxien Infrarothelligkeiten gegenüber den Blauhelligkeiten vorteilhaft sind.

Bei den *helleren elliptischen Galaxien* ($M_B \lesssim -21$ mag) tritt die Rotation in den Hintergrund gegenüber den statistischen Bewegungen der Sterne in dem gemeinsamen Gravitationsfeld. Hier kann man die Gesamtmasse $\mathcal{M}$ der Galaxie abschätzen, indem man aus der Breite der Spektrallinien das mittlere Geschwindigkeitsquadrat $\langle v^2 \rangle$ bzw. die Geschwindigkeitsdispersion Δv bestimmt und den Virialsatz (2.6.25) anwendet, der besagt, daß im Zeitmittel die kinetische Energie der Galaxie gleich $-\frac{1}{2} \times$ ihrer potentiellen Energie ist:

$$\mathcal{M}\langle v^2 \rangle = G \int_0^R \frac{\mathcal{M}(r)\,d\mathcal{M}}{r} \ . \tag{5.5.12}$$

Hierbei ist R der Radius der Galaxie und $\mathcal{M}(r)$ wiederum die Masse innerhalb einer Kugel mit dem Radius r. Größenordnungsmäßig ist die Gesamtmasse einer Galaxie also gegeben durch

$$(\Delta v)^2 \simeq \frac{G\mathcal{M}}{R} . \quad (5.5.13)$$

Auch die Bewegungen innerhalb von Doppelgalaxien und in Galaxienhaufen (wiederum unter Anwendung des Virialsatzes, Abschn. 5.7.1) kann man zur Abschätzung der Massen elliptischer Galaxien heranziehen.

Während in den helleren E-Galaxien bei Geschwindigkeitsdispersionen von einigen hundert km s^{-1} die maximalen Rotationsgeschwindigkeiten etwa 50 bis 100 km s^{-1} nicht überschreiten, rotieren die absolut *schwächeren elliptischen Galaxien* ($M_B \gtrsim -21$ mag) rascher; maximale Rotationsgeschwindigkeit und Geschwindigkeitsdispersion liegen bei ihnen in derselben Größenordnung. Die Dynamik dieser E-Galaxien entspricht demnach weitgehend derjenigen der Zentralgebiete (sphäroidischen Komponenten) in den Spiralgalaxien. Die Ähnlichkeit der beiden Systeme erstreckt sich auch auf ihre Sternpopulationen (Abschn. 5.5.4), so daß wir in erster Näherung den Zentralbereich einer Spiralgalaxie als kleine elliptische Galaxie ansehen können.

Die Galaxie mit der *größten* bekannten *Masse* ist die elliptische Riesengalaxie M 87 (= NGC 4486 = Vir A), die von uns etwa 15 Mpc entfernt ist. Bis zu einem Winkelradius von 1′, entsprechend 4.4. kpc Abstand vom Zentrum, liegen Messungen der Geschwindigkeitsdispersion im optischen Bereich vor, aus denen sich $\mathcal{M}$(4.4 kpc) $\simeq 2 \cdot 10^{11} \mathcal{M}_\odot$ ergibt. Mit dem Einstein-Satelliten konnte Röntgenemission (im Bereich 0.3 – 4 keV) und damit heißes Gas von $T \lesssim 3 \cdot 10^7$ K bis hinaus zu einem Abstand von 100′ bzw. 0.44 Mpc nachgewiesen werden (Abschn. 5.7.2). Um diesen Röntgenhalo gravitativ an die Galaxie zu binden, sind nach Modellrechnungen mindestens $3 \cdot 10^{13}$ bis $10^{14} \mathcal{M}_\odot$ innerhalb 0.44 Mpc Radius erforderlich, wobei bis zu diesem Abstand noch kein Abflachen im Verlauf von $\mathcal{M}(r)$ erkennbar ist. Der Anteil des heißen, durch seine Röntgenemission sichtbaren Gases an der Masse beträgt nur etwa 5%. Somit tritt – analog wie bei vielen Spiralgalaxien – auch bei der elliptischen Galaxie M 87 das Problem eines „dunklen" massiven Halo unbekannter Zusammensetzung auf.

5.5.4 Sternpopulationen und Elementhäufigkeiten in Galaxien

Wie bei den Sternhaufen unseres Milchstraßensystems möchte man auch für die Galaxien Farben-Helligkeits-Diagramme zeichnen und dann verschiedenartige Sterne und Sternpopulationen studieren, um schließlich Einblick in die Entstehung und Entwicklung der Galaxien zu gewinnen.

In der Praxis stehen wir einem Problem der „Lichtquanten-Ökonomie" gegenüber. In den letzten zwei Jahrzehnten konnten durch den Bau von größeren Teleskopen für die Südhalbkugel und vor allem durch die Entwicklung immer besserer Detektoren (wie Bildwandler und CCD) sowie die Erweiterung des erfaßbaren Spektralgebietes bei der Erforschung der Galaxien erhebliche Fortschritte erzielt werden. Eine weitere Steigerung der Beobachtungsmöglichkeiten verspricht für die kommenden Jahre das 2.4 m-Weltraumteleskop.

Einzele Sterne kann man selbst in der nahen Andromedagalaxie mittels Breitbandphotometrie mit linearen Detektoren (z. B. CCD) zur Zeit nur bis zu absoluten Helligkeiten von $M_V \simeq -2$ bis -1 mag beobachten; erst mit einem Weltraumteleskop wird man hier weiterkommen und z. B. die Hauptreihen älterer Sternhaufen beobachten können. Spektren mit befriedigender Dispersion sind in der Andromedagalaxie bestenfalls von einigen leuchtkräftigen Überriesen (und von Gasnebeln) zu gewinnen. Nur in den viel näheren Magellanschen Wolken können noch frühe Hauptreihensterne analysiert werden.

Im allgemeinen müssen wir uns bei der Untersuchung von Sternpopulationen und Elementhäufigkeiten in den Galaxien mit *integrierten Spektren*, vor allem des Zentralgebietes, begnügen.

Die *Klassifikation der Spektren* von Galaxien basiert meist auf Aufnahmen des Zentralgebietes bzw. der ganzen Galaxie mit einer Dispersion von nur 100 bis 400 Å mm^{-1}. Sie versucht, Auskunft über die stellaren Populationen des Systems zu geben und sie mit dessen Klassifikation in der Hubble-Sequenz zu verknüpfen.

Da das Spektrum einer Galaxie durch Überlagerung vieler Sternspektren entsteht, werden im kurzwelligen Bereich die heißen, blauen Sterne und im langwelligen die kühleren roten Sterne das Spektrum beherrschen. Das Klassifikationssystem von W. W. Morgan und N. U. Mayall (1957) beschränkt sich in der Hauptsache auf den Bereich $\lambda = 385$ bis 410 nm:

A-Systeme haben breite Balmerlinien, die Spektren entsprechen bei 385 – 410 nm dem Spektraltyp A. Typischer Vertreter ist die den Magellanschen Wolken ähnliche Galaxie NGC 4449; insgesamt kommen die Hubble-Typen Irr I, Sc, SBc vor.

F-Systeme entsprechen im Violett dem Spektraltyp F; typisch ist die Sc-Galaxie M 33; auch Sb-Galaxien kommen vor.

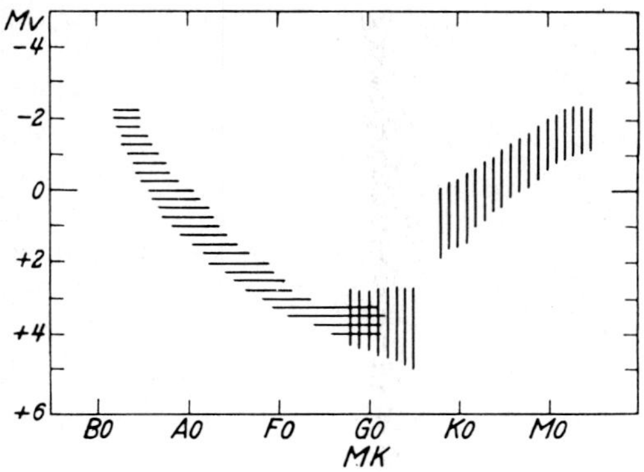

Abb. 5.5.11. Die schraffierten Bereiche des Hertzsprung-Russell-Diagramms geben den Hauptbeitrag zum Licht des A-Systems NGC 4449 (Irr I) ≡ bzw. des K-Systems M 31 = NGC 224 (Sb) ||||. Die kühleren Bereiche der Hauptsequenz tragen zum Spektrum nicht wesentlich bei

K-Systeme zeigen ein Spektrum, das sich deuten läßt als Überlagerung normaler, nicht metallarmer G8- bis früher M-Riesen (CN-Kriterium) mit schwächeren F8-bis G5-Sternen. Prototyp ist M 31. Außer den großen Sb- und Sa-Spiralen kommen vor entsprechende Balkenspiralen und elliptische Riesengalaxien wie M 87.

Abbildung 5.5.11 zeigt zusammenfassend, welche Bereiche im *Hertzsprung-Russell-Diagramm* nach Morgan und Mayall einerseits bei den A-Systemen und andererseits bei den K-Systemen wesentliche Beiträge zum Spektrum geben.

Mit dem Spektraltyp eng verknüpft ist der *Farbindex* B – V der Galaxien. Da Spiralen, die wir vom Rande her sehen, auf der uns zugewandten Seite Absorption und Verfärbung durch ihre eigene interstellare Materie zeigen, so muß man auch für diese – neben der galaktischen Absorption und Verfärbung – korrigieren. Der *wahre Farbindex* $(B-V)_0$ zeigt eine enge Korrelation mit dem Hubble-Typ und ebenso dem Spektraltyp der Galaxien. $(B-V)_0$ ist im Mittel 1.0 mag für S0- und Riesen-E-Galaxien, 0.8 für Sb- und 0.4 mag für Irr-Galaxien, der entsprechende Farbindex $(U-B)_0$ beträgt rund +1.0, 0 und –0.2 mag. Bei den elliptischen Galaxien ist $(B-V)_0$ für die absolut hellen Systeme um etwa 0.1 mag röter als für die Zwergsysteme. Innerhalb der Spiralgalaxien beobachten wir von innen nach außen einen zunehmend blaueren Farbindex.

Messungen der Energieverteilung in einem ausgedehnteren Spektralbereich, z. B. mittels des verlängerten Johnsonschen Farbsystems oder schmalbandiger Spektralphotometrie (Abschn. 4.4.1) zeigen, daß – entsprechend den Spektraltypen nach Morgan und Mayall bzw. dem Hertzsprung-Russell-Diagramm nach Abb. 5.5.11 – ein wesentlicher Beitrag zum integrierten Licht vieler Galaxien aus dem Bereich $\lambda \gtrsim 800$ nm kommt und somit das *Rot* und *Infrarot* bei der Untersuchung der Sternbevölkerung in Galaxien eine wichtige Rolle spielen.

Am anderen Ende des Spektrums fällt die Intensität unterhalb $\lambda \lesssim 400$ nm infolge der Häufung der Absorptionslinien stark ab. Mit abnehmender Wellenlänge gewinnen zunehmend Sterne früheren Typs die Oberhand im integrierten Spektrum; im fernen Ultraviolett ($\lambda \lesssim 160$ nm) schließlich stammt die integrierte Strahlung fast ausschließlich von einer relativ geringen Anzahl von OB-Sternen. Bei nahen Galaxien konnte man mit dem IUE-Satelliten die Energieverteilung bis herunter zu etwa 120 nm noch mit einer spektralen Auflösung von 0.6 nm gewinnen.

An dieser Stelle sollte darauf hingewiesen werden, daß sich alle Messungen der Energieverteilung, Farben usw. auf die (feste) Wellenlängenskala im System des Beobachters beziehen. Durch die *Rotverschiebung* z der Galaxien werden jedoch alle Wellenlängen um den Faktor $(1+z)$ gestreckt, so daß die Strahlung hierdurch zum einen „verdünnt“ wird, zum anderen ein (im System der Galaxie) kurzwelligerer Spektralbereich in das vom Detektorsystem festgelegte Wellenlängenband hineingelangt (Abschn. 5.9.3). Bei weit entfernten Galaxien muß die Energieverteilung für diesen Effekt korrigiert werden (historische Bezeichnung: „K-Term“).

In die zunächst etwas verwirrende Mannigfaltigkeit der Beobachtungen in unserem Milchstraßensystem und anderen Galaxien versuchen wir Ordnung zu bringen mit Hilfe des Begriffs der *Sternpopulationen*.

W. Baade gelang es 1944 unter den astronomisch günstigen Verhältnissen der kriegsbedingten Verdunkelung, am 2.5 m-Teleskop auf Mt. Wilson das Zentralgebiet der Andromedagalaxie M 31 sowie ihre elliptischen Begleiter M 32 und NGC 205 (Abb. 5.5.1) vom Rande her in Sterne aufzulösen. Als hellste Sterne erwiesen sich hier nicht wie in den Spiralarmen blaue OB-Sterne, sondern rote Riesen, „ähnlich“ wie in den Kugelhaufen des Milchstraßensystems. Baade erkannte, daß verschiedene Galaxien oder Teile von Galaxien von verschiedenen Sternpopulationen mit ganz verschiedenen Farben-Helligkeits-Diagrammen bewohnt sind.

Er unterschied zunächst:

Die *Sternpopulation I* mit einem Farben-Helligkeits-Diagramm ähnlich dem unserer Umgebung (Abb. 4.5.2).

Tabelle 5.5.2. Sternpopulationen im Milchstraßensystem

	(Alte) Halopopulation II	Mittlere Population II	Scheibenpopulation	Ältere Population I	Extreme Population I
	Sphäroidische Komponente		Scheibenkomponente		
Typische Mitglieder	Unterzwerge Kugelsternhaufen RR Lyr-Veränderliche mit $P > 0.4$ d Helle Rote Riesen		„Normale“ Sterne in Zentralgebiet und Scheibe Planetarische Nebel Novae RR Lyr-Veränderliche mit $P < 0.4$ d		Helle blaue OB-Sterne Offene Sternhaufen und Assoziationen Interstellare Materie
Mittlerer Abstand von der galaktischen Ebene $\bar{z}$ [pc]	2000	700	400	160	120
Mittlere Geschwindigkeit senkrecht zur Ebene $\bar{W}$ [km s^{-1}]	75	25	18	10	8
Konzentration zum galaktischen Zentrum	stark		erheblich		schwach
Metallhäufigkeit ε (relativ zur Sonne)	$\simeq 10^{-3}$ bis $\simeq 1$		vorwiegend $\simeq 1$ ($\frac{1}{3}$ bis 3)		$\simeq 1$
Alter der Sterne [a]	$\simeq 1.5 \cdot 10^{10}$		$\simeq 10^{10}$ bis $\simeq 10^{9}$		$\leq 5 \cdot 10^{9}$

Die hellsten Sterne sind *blaue OB-Sterne* mit $M_V \simeq -7$ mag.

Die *Sternpopulation II* mit einem Farben-Helligkeits-Diagramm ähnlich dem der Kugelhaufen (z.B. M 92. Abb. 5.4.3). Die hellsten Sterne sind hier *Rote Riesen.*

Weiterhin zeigte sich, daß die Sternpopulationen – oder Teile derselben – sich auch in stellardynamischer und -statistischer Hinsicht unterscheiden, daß die Population I aus *jungen*, die Population II aus *alten* Sternen besteht und daß ein Teil der letzteren, die Halopopulation II, *metallarme* Sterne enthält.

So wurde im Laufe der Zeit eine Klärung und Verfeinerung des *Klassifikationsschemas* der Sternpopulationen notwendig. Dieses wurde auf einer Konferenz über Sternpopulationen in Rom 1957 von J.H. Oort u.a. ausgearbeitet. Tabelle 5.5.2 gibt – mit einigen neueren Ergänzungen – einen Überblick über die Klassifikation der Sternpopulationen, welche nun primär durch die räumliche Verteilung der Bahnen ihrer Sterne in der Galaxie charakterisiert werden. Alter und Metallhäufigkeit als weitere Parameter sind mit dieser eindimensionalen Sequenz zwar gekoppelt, aber nicht eindeutig festgelegt. Bei detaillierteren Untersuchungen müssen sie vielmehr zusätzlich angegeben werden. Nach einigen methodischen Bemerkungen zur empirischen Bestimmung der letztgenannten Parameter werden wir im folgenden die drei *Hauptpopulationen* genauer studieren.

Das *Alter* eines Sternhaufens oder irgendeiner genetisch zusammengehörenden Gesamtheit von Sternen kann man (wie wir schon in Abschn. 5.4 sahen) aus dem Farben-Helligkeits-Diagramm durch Vergleich mit theoretisch berechneten Isochronen ermitteln. Man sollte sich dabei jedoch vor Augen halten, daß bei solchen Rechnungen einmal die *chemische Zusammensetzung* der Sterne eingeht. Zum anderen ist die Behandlung des *Massenverlusts,* der *Durchmischung* von ursprünglicher und nuklear verbrannter Materie und auch der Konvektion bei der Sternentwicklung, insbesondere im Bereich des Riesenastes, noch ziemlich unsicher und führt zu Ungenauigkeiten bei den Altersbestimmungen.

Über die *chemische Zusammensetzung* bzw. Metallhäufigkeit der Sterne erhalten wir zunächst Auskunft durch die quantitative Analyse von Spektren großer Dispersion. Diese Methode ist mühsam und meist auf Sterne heller als etwa 12 bis 13 mag beschränkt; dafür liefert sie die detaillierteste Information.

Die Ergebnisse zahlreicher solcher Spektralanalysen haben wir bereits in Abschn. 4.9.4 kennengelernt:

Das *relative* Mischungsverhältnis der *schweren Elemente* (Kernladungszahl $Z \gtrsim 6$) für Sterne der Spiralarm-, Scheiben- und Halopopulation unseres Milchstraßensystems ist *im großen und ganzen* überall *dasselbe* wie bei der Sonne (Tabelle 4.9.1). Selbst in den metallarmen – noch nicht weit entwickelten – Sternen der Halopopulation II liegen (von den extremsten metallarmen Sternen abgesehen) für die meisten schweren Elemente die Unterschiede im *relativen* Mischungsverhältnis gegenüber dem der Sonne innerhalb eines Faktors 2 bis 3. Lediglich einzelne Elemente wie vor allem C, N, O sowie Al, Ba und Y zeigen größere Abweichungen.

So erscheint es für viele Zwecke gerechtfertigt, schlechtweg von *der* Häufigkeit der schweren Elemente oder – wie man häufig sagt – *der Metallhäufigkeit* ε (5.4.1) zu sprechen. Die Metallhäufigkeit von schwächeren Sternen – freilich ohne die Möglichkeit, Häufigkeitsanomalien einzelner Elemente zu erfassen – kann man schon mit Hilfe der breitbandigen *UBV-Photometrie* erhalten. Wie wir am Beispiel der Kugelsternhaufen gesehen haben (Abschn. 5.4.3), ist der *UV-Exzeß* $\delta(\mathrm{U-B})$ im Zweifarbendiagramm eng mit der Metallhäufigkeit verknüpft.

Bei Verwendung des Zweifarbendiagramms müssen die Farbindizes zuvor auf interstellare Verfärbung korrigiert werden. Da die Neigung der interstellaren Verfärbungslinie (Abb. 4.5.5) bekannt ist, kann man *Metallindizes* konstruieren, die von interstellarer Verfärbung fast unabhängig sind wie den *Q*-Index bei der UBV-Photometrie oder den Index Δm_1 bei der *Strömgren*schen Mittelbandphotometrie (Abschn. 4.4.1 und 5.3.1). Die große Bedeutung der Metallindizes liegt – neben der Anwendung auf schwache Sterne – nicht zuletzt auch darin, daß sie es ermöglichen, wenigstens ein grobes Maß der Metallhäufigkeit aus den *zusammengesetzten Spektren* von weit entfernten Kugelsternhaufen, Galaxien und Teilen derselben zu entnehmen.

Eine weitere Verfeinerung der Analyse der zusammengesetzten Spektren der Galaxien brachte seit den 1960er Jahren die photoelektrische Scan-Technik. So haben z.B. H. Spinrad und B. J. Taylor (1969/71) zwischen 330 und 1070 nm meist 36 Bereiche von 1.6 bis 3.2 nm Breite bei wichtigen Linien und Banden einerseits in Galaxien und andererseits in Sternen mit bekannten Daten für Spektraltyp, Leuchtkraftklasse, Metallhäufigkeit usw. vermessen. Sodann versuchen sie, rechnerisch ein Gemisch von Sternen bzw. Sternpopulationen so festzulegen, daß alle 36 Schmalbandhelligkeiten richtig wiedergegeben werden. Die naheliegende Frage, bis in welche Details eine solche Zerlegung zwingend ist, bedarf wohl noch weiterer Erörterung. In neuerer Zeit können durch die Entwicklung hochempfindlicher Detektorsysteme im optischen Bereich Sternpopulationen in Galaxien mittels *Vielkanalspektralphotometrie* in größerem Umfang untersucht werden mit Bandbreiten von nur 0.1 bis 0.5 nm, d. h. mit einer spektralen Auflösung, die der von photographischen Spektren mit etwa 100 Å mm^{-1} Dispersion entspricht.

Wichtige Absorptionslinien bzw. -banden für die Populationsanalyse von Galaxien sind z. B. CN $\lambda = 388$ nm, Mg I $\lambda = 520$ nm, Na I $\lambda = 589$ nm und die schwächeren Liniengruppen Fe I $\lambda = 527$ und 533 nm sowie im Infrarot CO $\lambda = 2.3$ µm und H_2O $\lambda = 1.9$ µm.

Nach diesen Vorbereitungen kehren wir zurück zu den *Sternpopulationen unseres Milchstraßensystems* (Tabelle 5.5.2), dann zu denen anderer Sternsysteme. Es erscheint zweckmäßig, dabei auszugehen von den beiden extremen Hauptpopulationen, der Halopopulation II und der Spiralarmpopulation I und dann die Scheibenpopulation zu besprechen. Die Übergangspopulationen bedürfen daraufhin keiner besonderen Erörterung mehr.

Die Halopopulation II. Der Halo[16] ist – wie wir sahen – ein fast kugelförmiges Teilsystem der sphäroidischen Komponente unserer Milchstraße mit einem Radius von etwa 20 kpc. Er enthält die Kugelsternhaufen und zahlreiche Feldsterne, die sich zunächst als Schnelläufer durch ihre hohen Raumgeschwindigkeiten bis $\simeq 300$ km s^{-1} relativ zur Sonne bemerkbar machen. Trägt man ihre Geschwindigkeitskomponenten U und V in der galaktischen Ebene in ein Bottlinger-Diagramm (Abb. 5.2.12) ein, so erkennt man, daß diese Sterne das galaktische Zentrum in langgestreckten Ellipsenbahnen, z. T. sogar retrograd, umlaufen. Die großen Geschwindigkeitskomponenten W senkrecht zur galaktischen Ebene zeigen, daß im Gegensatz zu den fast komplanaren Bahnen der Scheibenpopulation und der Population I die Bahnneigungen fast statistisch verteilt sind.

Die Masse des stellaren Halos schätzt man auf 10 bis 20% der Masse der galaktischen Scheibe, so daß deren Gravitationsfeld die heutigen Bahnen der Halosterne im wesentlichen bestimmt.

Schon die Gestalt des Halos zeigt, daß sein *Drehimpuls* pro Masseneinheit – genauer gesagt, dessen Komponente $h = V \cdot R$ in Richtung der Rotationsachse des galaktischen Systems – klein ist. Wir vergleichen ihn mit dem der Son-

[16] Wir betrachten hier nur den inneren, stellaren Halo; die hypothetische dunkle Population des äußeren Halo bleibt unberücksichtigt.

ne und mit einem Durchschnittswert, den J.H. Oort (1970) für das gesamte Milchstraßensystem berechnet hat:

Halo	Gesamtes Milchstraßensystem	Sonne	(5.5.14)
$h \leq 50$	170	250 [$\mathrm{km\,s^{-1}} \cdot 10\,\mathrm{kpc}$] .	

Diese Zahlen sind offensichtlich im Zusammenhang mit der *Entstehung* und Entwicklung des Milchstraßensystems (Abschn. 5.8) von Bedeutung.

Die Halopopulation – Kugelsternhaufen und Feldsterne – ist gekennzeichnet durch Farben-Helligkeits-Diagramme, die denen der Kugelhaufen (Abb. 5.4.4) entsprechen. Hier gibt es *keine* hellen OB-Sterne, vielmehr sind die hellsten Sterne *Rote Riesen* mit $M_v \simeq -3$ mag. Sodann sind charakteristisch die Haufenveränderlichen der RR Lyrae-Sterne mit Perioden > 0.4 d. Den klassischen Cepheiden (wie δCep) der Population I entsprechen hier die selteneren W Virginis-Sterne mit Perioden von etwa 14 bis 20 d.

Alle Sterne und Sternhaufen der Halopopulation sind nun mehr oder weniger *metallarm*. Zu den metallärmsten Sternen mit hohen Raumgeschwindigkeiten gehören die K-Riesen HD 122563 mit einer Metallhäufigkeit $\varepsilon \simeq 1/500$ und CD – 38° 245 mit dem extrem niedrigen Wert $\varepsilon \simeq 5 \cdot 10^{-5}$ sowie die Hauptreihensterne (Unterzwerge) HD 140283 mit $\varepsilon \simeq 1/200$ und G 64-12 (= Wolf 1492) mit $\varepsilon \simeq 1/3000$. Metallhäufigkeiten von $\simeq 1/10$ (relativ zur Sonne) sind ziemlich häufig.

Es liegt nun nahe, nach einer Korrelation zwischen der Metallhäufigkeit und den galaktischen Bahnelementen oder äquivalenten Größen zu fragen. Man findet zunächst, daß eine starke Korrelation besteht zwischen sehr kleiner Metallhäufigkeit und großer Exzentrizität e sowie Neigung i der galaktischen Bahn bzw. großer Geschwindigkeitskomponente $|W|$ senkrecht zur galaktischen Ebene. Bei größeren Metallhäufigkeiten, etwa ab $\frac{1}{10}$ des solaren Wertes bzw. bei Bahnenexzentrizitäten $e < 0.5$ oder bei Geschwindigkeitskomponenten $|W| < 50\,\mathrm{km\,s^{-1}}$ ist die Korrelation erheblich schwächer bzw. verschwindet vielleicht ganz. Es gibt also jedenfalls sowohl hinsichtlich Metallhäufigkeit wie hinsichtlich galaktischer Bahnen eine ziemlich zahlreiche *Zwischenpopulation,* welche den Übergang von der extremen Halopopulation zur Scheibenpopulation (s. unten) herstellt. Ob es zweckmäßig ist, eine besondere mittlere Population II zu definieren, mag dahingestellt bleiben.

Im Bereich der Kugelhaufen zeigen die Zweifarbendiagramme und ebenso die Metallindizes, daß M 92 (Abb. 5.4.3) etwa ebenso metallarm ist wie die extremen Unterzwerge (Metallhäufigkeit $\lesssim 1/100$), während andere Kugelhaufen einen stetigen Übergang zu geringeren „Metalldefekten" herstellen. Die Farben-Helligkeits-Diagramme (Abb. 5.4.4) nähern sich mit zunehmender Metallhäufigkeit vom Typ des M 92 dem des alten galaktischen Haufens NGC 188 mit normaler Metallhäufigkeit. Dabei rückt einerseits der Riesenast nach unten und endet oben früher, andererseits verschwindet der Horizontalast mehr und mehr.

Achtet man auf die Stellung der Kugelhaufen am Himmel, so erkennt man, daß im allgemeinen die Metallhäufigkeit mit der Nähe zum galaktischen Zentrum zunimmt. Einige Kugelhaufen in der Nähe des Zentrums scheinen – schon nach ihren Farbindizes – nur noch geringe Metallunterhäufigkeit zu haben.

Über das Alter der Halopopulation unterrichten uns die Farben-Helligkeits-Diagramme der Kugelhaufen (Abb. 5.4.3 und 4). Aus diesen hatten ja (vgl. Abschn. 5.4) 1955 F. Hoyle und M. Schwarzschild durch Vergleich mit theoretischen Entwicklungsdiagrammen den Schluß gezogen, daß die Halopopulation mit einem Alter von $\simeq 10^{10}$ Jahren wohl den ältesten Bestandteil des galaktischen Systems bilde. In neueren Jahren haben die Farben-Helligkeits-Diagramme der Kugelhaufen eine bewunderungswürdige Präzision und Vollständigkeit erreicht. So kommt A. Sandage (1982) auf ein *Alter* des Kugelhaufensystems von etwa $17 \cdot 10^9$ Jahren. Durch sehr genaue Festlegung des „Knies" auf der $(B-V)_0$-Skala der Farben-Helligkeits-Diagramme von Kugelhaufen und Schnellläufern konnte Sandage weiterhin zeigen, daß auf jeden Fall das Alter *aller* Mitglieder der Halopopulation innerhalb enger Grenzen *dasselbe* sein muß. Dagegen sollte man wohl wegen der Unsicherheit in einigen Voraussetzungen der Sternmodellrechnungen die Genauigkeit der *absoluten* Altersbestimmung nicht überschätzen.

Die *extreme* oder *Spiralarmpopulation I* ist gekennzeichnet durch ihre hellen ($M_v \simeq -6$ mag) blauen O- und B-Sterne in *jungen* galaktischen Sternhaufen und -assoziationen (Abb. 5.4.2). Alle diese Gebilde stehen in Verbindung mit (oft verdichteter) interstellarer Materie, aus der sie sich offensichtlich – z.T. erst vor kurzer Zeit – gebildet haben. Die Entstehung der hellen blauen Orionsterne könnten schon unsere Urvorfahren aus ihren Baumsternwarten beobachtet haben! Wie viele Sternanalysen zeigen, ist die chemische Zusammensetzung aller dieser Gebilde derjenigen der Sonne sehr ähnlich. In stark komprimierten Gaswolken ist zwar – wie neuere Untersuchungen im Infrarot und Radiogebiet zeigen – manchmal ein erheblicher Teil der kondensierbaren Materie, insbesondere der schweren Elemente, als kosmischer Staub oder „Rauch“ vom Gas, d.h. Wasserstoff, Helium ..., abgetrennt. Bei der Bildung von Sternen werden aber offenbar der feste und der gasförmige Anteil vereinigt und so das ursprüngliche Elementgemisch wiederhergestellt.

Die galaktischen Bahnen der jungen Sterne der Population I und der interstellaren Materie sind, wie wir schon sahen (Abschn. 5.2.6), nahezu kreisförmig. Die Theorie der Spiralarme selbst werden wir in Abschn. 5.8.2 besprechen.

Die *Scheibenpopulation* des Milchstraßensystems besteht bei oberflächlicher Betrachtung aus Sternen etwa normaler Metallhäufigkeit mit dem bekannten Farben-Helligkeits-Diagramm unserer Umgebung (Abb. 4.5.1 und 2) und etwa kreisförmigen galaktischen Bahnen. Erst eine genauere Untersuchung läßt Beziehungen zur Halopopulation II wie zur Spiralarmpopulation I und andere wichtige Hinweise auf die Evolution des galaktischen Systems erkennen.

Über das Alter der Scheibenpopulation informieren uns zunächst die Farben-Helligkeits-Diagramme der galaktischen Sternhaufen (Abb. 5.4.1 b und 2). Für den ältesten, NGC 188, ergeben neuere Untersuchungen ein Alter von 5 bis $6 \cdot 10^9$ a, M 67 ist nur wenig jünger. Es gibt auch viele *Feldsterne* der Scheibenpopulation mit bekannten absoluten Helligkeiten und Farbindizes, die in das Farbenhelligkeitsdiagramm des ältesten galaktischen Haufens passen, aber die Unterriesen liegen nie wesentlich unterhalb denen von NGC 188. Wenn auch das Maximalalter der Scheibenpopulation nicht sehr genau bekannt ist, so dürfte es jedoch $\lesssim 10 \cdot 10^9$ a betragen und damit deutlich kleiner als das Alter der Kugelhaufen von rund $17 \cdot 10^9$ a sein. Jüngere Sternhaufen gibt es (vgl. z.B. Abb. 5.4.2) in großer Anzahl; die Entstehung der Scheibenpopulation füllt also den ganzen Zeitraum bis hin zur Bildung der Spiralarmpopulation I aus. Wie wir noch genauer erörtern werden, entstehen in den Spiralarmen ständig Assoziationen bzw. Haufen junger Sterne aus interstellarer Materie. Ein Teil dieser Gruppen „zerfließt“ und ergänzt so ständig die Evolutions-Verluste der Scheibenpopulation.

Eine genauere Untersuchung der Metallhäufigkeiten der Scheibensterne zeigt, daß diese sich zwar nur wenig voneinander unterscheiden, aber doch innerhalb eines Faktors 3 bis (höchstens) 5 streuen. Insbesondere haben schmalbandphotometrische Untersuchungen von B. Strömgren, B. Gustafsson, P.E. Nissen u.a. neben spektroskopischen Analysen ergeben, daß die Metallhäufigkeit der Hyaden etwa 1.5mal größer ist als die der Sonne, während die Plejaden mit einer nur 1.1fachen Überhäufigkeit praktisch die solare Mischung haben.

Die Streuung der Metallhäufigkeiten der Scheibensterne ist zum einen bedingt durch eine Abhängigkeit von dem *Alter* der Sterne, zum anderen durch *radiale Häufigkeitsgradienten* innerhalb der Scheibe. Der Alterseffekt ist nur schwer zu erkennen, er liegt in der Größenordnung $\Delta \log \varepsilon \simeq 0.5$ in 10^{10} a; seit Bildung der Scheibe hat sich der Metallgehalt in ihr um etwa einen Faktor 3 erhöht. Zahlreiche Untersuchungen seit etwa 1970 an unserer Milchstraße und an anderen Galaxien zeigen, daß die Metallhäufigkeit der Scheibenkomponente von innen nach außen stetig abnimmt, in der Milchstraße um rund $\Delta \log \varepsilon / \Delta R \simeq -0.05 \text{ kpc}^{-1}$, also um einen Faktor 3 vom Zentrum bis zur Sonnenumgebung. In dem galaktischen Zentralgebiet ist die Metallhäufigkeit etwa 2 bis 3mal der solaren, wir finden hier *metallstarke* („super metal rich“) Sterne.

Auch in der extremen Population I werden radiale Häufigkeitsgradienten beobachtet: Die Häufigkeiten von N/H und O/H in *H II-Regionen* nehmen in der Größenordnung $\Delta \log \varepsilon / \Delta R \simeq -0.1 \text{ kpc}^{-1}$ von innen nach außen ab.

Damit schließen wir die Betrachtung unseres Milchstraßensystems vorläufig ab und wenden uns den anderen *Galaxien* zu:

Die *Spiralgalaxien* wie M 31 gleichen – wie zu erwarten – weitgehend dem Milchstraßensystem. Entlang der Hubblesequenz von Sa nach Sc und d wächst der Anteil an Gas, Staub und jungen Sternen, und die Scheibenkomponente nimmt gegenüber dem Zentralgebiet an Umfang zu. Die Zentralgebiete, welche bei anderen Spiralgalaxien leichter als in unserem eigenen System zu beobachten sind, ähneln nach ihrem Sterninhalt kleineren elliptischen Galaxien. Wie bei diesen haben absolut hellere (massereichere) Systeme im Mittel eine rötere Farbe und einen höheren Metallgehalt; die Ähnlichkeit erstreckt sich auch auf das dynamische Verhalten (Abschn. 5.5.3).

Wir finden in M 31 wie im Milchstraßensystem eine *metallreiche* Population (mit starker CN-Absorption) im Zentrum. Bezüglich der *Kugelhaufen* in M 31 konnte S. van den Bergh anhand von Farbindizes verifizieren, daß sie metallarm sind; genauere Untersuchungen zeigen, daß sie jedoch etwas weniger metallarm sind als die unseren.

Neuerdings konnte das Zentralgebiet von M 31 auch im Ultraviolett (mit dem IUE-Satelliten) beobachtet werden. Der Strahlungsfluß bei $\lambda \simeq 130$ nm könnte z. B. durch nur *einen* O6 V-Stern oder durch fünf B0 III-Sterne erklärt werden! Da das Emissionsgebiet im Ultraviolett jedoch ausgedehnt ist, scheidet diese Deutung durch junge blaue Sterne aus; vielmehr dürfte die Strahlung von einer sehr viel größeren Anzahl schwächerer blauer Horizontalaststerne der alten Halopopulation stammen.

Unter den irregulären Galaxien (Sm, Im) sind unsere nächsten Nachbarn, die *Magellanschen Wolken* (LMC und SMC), eingehend untersucht. Ihr hervorstechender Zug ist eine ausgedehnte *Population I* mit Gasnebeln, blauen OB-Sternen usw. Es gibt aber auch eine *alte* Population mit Roten Riesen usw. Weiterhin kennt man zahlreiche Kugelhaufen und wenigstens den oberen Teil ihrer Farben-Helligkeits-Diagramme.

Das *System der Kugelhaufen* in den Magellanschen Wolken ist nach dem Typ seiner Mitglieder und seiner Kinematik völlig anders als das unserer Milchstraße. Dies zeigt uns, daß es nicht selbstverständlich ist, daß Galaxien anderer Hubble-Typen nur Populationen enthalten, die wir aus unserer Galaxis kennen. Es gibt nur sehr wenige „echte" metallarme Kugelhaufen mit ähnlichem Alter wie unsere. Vielmehr herrschen Haufen mittleren Alters von einigen 10^9 a vor; alle Kugelhaufen sind metallärmer als $\varepsilon \lesssim 1/3$. Zu den *jungen,* nur 10^7 bis 10^8 a alten, massereichen Kugelhaufen mit ihren hellen *blauen* Sternen gibt es kein Gegenstück in unserem Milchstraßensystem. Anders als bei uns bilden selbst die älteren Kugelhaufen der Großen Magellanschen Wolke kinematisch keinen Halo, sondern bewegen sich in einer Scheibe. Merkwürdigerweise scheint die Rotationsachse der Scheibe der älteren Haufen um etwa 50° gegenüber derjenigen der jüngeren Haufen und des interstellaren Gases (21 cm-Beobachtungen) gekippt zu sein, vielleicht als Folge der gravitativen Wechselwirkung der Wolke mit unserer Galaxis.

In den Magellanschen Wolken kann man die chemische Zusammensetzung für einige *Gasnebel* und *helle Sterne*, vor allem Überriesen, wie z. B. HD 33579 (B. Wolf, 1972) bestimmen. In der LMC sind die Metallhäufigkeiten um einen Faktor 2 bis 5 kleiner als in der galaktischen Population I, während die relativen Häufigkeiten der schwereren Elemente sich nicht von denen der Population I unterscheiden. Demgegenüber zeigen Sterne und Nebel in der SMC noch etwas geringere Metallhäufigkeiten von ewa $\frac{1}{3}$ bis $\frac{1}{10}$ der solaren. (In beiden Galaxien scheinen Unterschiede von etwa einem Faktor 3 in der Metallhäufigkeit in Gasnebeln und in B-Sternen der blauen Kugelhaufen gegenüber der in F-Überriesen im Feld zu bestehen.) Die Sternentstehung und die Anreicherung an schweren Elementen dürfte demnach in den Magellanschen Wolken wesentlich anders als in der Milchstraße verlaufen sein.

Die *elliptischen Galaxien* bestehen in der Hauptsache aus alten Sternen, als deren hellste *Rote Riesen* hervortreten. Nur selten bemerkte schon W. Baade kleine Filamente dunkler Materie, an denen auch sofort helle blaue Sterne aufleuchten. Unsere Hauptfrage richtet sich selbstverständlich auf die *Metallhäufigkeit* der E-Galaxien, auch in Abhängigkeit von der Leuchtkraft bzw. der (ihr etwa proportionalen) Masse der Galaxien. Die Arbeiten von R. D. McClure und S. van den Bergh (1968), H. Spinrad und B. J. Taylor sowie S. M. Faber (1972/73) und viele neuere spektrophotometrische Untersuchungen ergeben, daß die E-Riesengalaxien normale bis etwas überhöhte Metallhäufigkeit haben, daß aber mit abnehmender Leuchtkraft auch der Metallgehalt absinkt bis zu Werten, die denen metallarmer Kugelhaufen nahe kommen. In den E-Zwerggalaxien haben wir es offenbar (fast?) nur mit metallarmer Halopopulation zu tun.

Obwohl die elliptischen Zwerggalaxien nach ihrem Sterninhalt „große Kugelhaufen" darstellen, bestehen im einzelnen Unterschiede zwischen ihren Farben-Helligkeits-Diagrammen. So ist z. B. in dem Draco-Zwergsystem der lokalen Gruppe der (erste) Riesenast breiter, und der asymptotische Riesenast erstreckt sich zu höheren Leuchtkräften hin als bei dem Kugelhaufen M 92 mit ähnlichem Metallgehalt. Eine etwas größere Altersspanne der Sterne und auch unterschiedliche Häufigkeiten von C, N, O könnten für diese Unterschiede verantwortlich sein.

Noch rätselhaft sind die *blauen kompakten Zwerggalaxien,* die nach Größe und Spektrum riesigen H II-Regionen sehr ähnlich sind, morphologisch jedoch keine einheitliche Gruppe bilden. Wir finden irreguläre und elliptische Galaxien, winzige Balkenspiralen und miteinander wechselwirkende Galaxien mit zwei oder mehr Kerngebieten. Ihre absoluten Helligkeiten sind schwächer als $M_V \simeq -17$ mag, ihre Massen dürften höchstens einige $10^9 \mathcal{M}_\odot$ betragen; aus 21 cm-Beobachtungen des H I folgt ein hoher Anteil ($\lesssim 20\%$) an Gas. Nach spektroskopischen Untersuchungen von L. Searle und W. L. W. Sargent (1972) u. a. zeigen einige dieser Galaxien, wie z. B. II Zw 40 (Bezeichnung nach F. Zwickys Katalog kompakter Galaxien), einerseits Unterhäufigkeiten von N, O und Ne im Gas, andererseits gibt es eine zahlreiche Population mit blauen Sternen. Wahrscheinlich befinden sich diese Galaxien nach langer Zeit ohne nennenswerte Sternbildung „augenblicklich" in einer Phase sehr intensiver Sternentstehung.

Zum Abschluß dieses Abschnittes erörtern wir noch die – wie sich zeigen wird – kosmologisch sehr wichtige Frage nach dem Häufigkeitsverhältnis der beiden leichtesten Elemente *Helium und Wasserstoff* in den verschiedenen Sternpopulationen. Für die Spiralarmpopulation und die Scheibenpopulation kennt man das Verhältnis He/H zunächst aus Analysen der Spektren von O- und B-Sternen. Mit den Analysen junger Sterne ohne weiteres vergleichbar sind die des interstellaren Gases. Hier kann man He/H ermitteln aus dem Rekombinationsleuchten in Gasnebeln bzw. H II-Regionen, z. B. im Orionnebel, und aus den Radio-Übergängen zwischen Termen sehr großer Hauptquantenzahlen (Abschn. 5.3.5). Alle diese Methoden geben ungefähr He/H $\simeq 1/10$ (nach Atomzahlen). Denselben Wert erhält man auch für die Sonne sowie für viele planetarische Nebel, obwohl diese ja ein ziemlich fortgeschrittenes Stadium der Sternentwicklung darstellen. Bei der Bildung ihrer Hülle wird also vielfach unverbrannte Materie aus den äußersten Schichten des Zentralsterns abgeblasen. Aus den H II-Regionen unserer Milchstraße wird ein schwacher radialer Gradient der Heliumhäufigkeit abgeleitet, He/H nimmt von 0.11 in den inneren Teilen der Scheibe bis auf etwa 0.07 in den äußeren Zonen ab.

Im Bereich der Halopopulation stößt die Bestimmung von He/H auf die große Schwierigkeit, daß wir bei den niederen Temperaturen ihrer Hauptsequenz- und Riesensterne keine Heliumlinien erwarten können. So ist man angewiesen auf die Planetarischen Nebel und evtl. andere späte Entwicklungsstadien, wobei aber stets die Gefahr besteht, daß nuklear verbrannte Materie nach außen gelangt sein könnte. Der Planetarische Nebel K 648, welcher als Mitglied des Kugelhaufens M 15 sicher der Population II angehört, zeigt, daß auch bei verminderter Metallhäufigkeit das Verhältnis He/H $\simeq 0.1$ bleibt, wie in den Sternen der Population I und der Scheibe. Diese und einige ähnliche Beobachtungen sowie die Theorie der Farben-Helligkeits-Diagramme der Kugelhaufen weisen darauf hin, daß die beiden leichtesten Elemente H und He auf andere Weise entstanden sind als die schwereren Elemente mit $Z \geq 6$.

Wie wir in Abschn. 5.9.4 sehen werden, wird das Helium überwiegend in den Frühphasen des Kosmos, vor Entstehung der Galaxien und Sterne gebildet; nur ein kleiner Teil entsteht – wie die schweren Elemente – in den Sternen. Aus den Beobachtungen der weit vom Zentrum entfernten H II-Regionen unserer Milchstraße, der Gasnebel in irregulären Galaxien und der (metallarmen) blauen kompakten Zwerggalaxien erschließen wir für das *primordiale Helium* eine Häufigkeit im Bereich

$$\left(\frac{\mathrm{He}}{\mathrm{H}}\right)_0 = 0.07 - 0.08 \quad \text{bzw.} \quad Y_0 = 0.22 - 0.25 \ , \tag{5.5.15}$$

wobei Y_0 den Massenbruchteil des Helium angibt. Demnach ist nur ein Anteil $\Delta(\mathrm{He/H}) \lesssim 0.03$ bzw. $\Delta Y \lesssim 0.06$ der Heliumhäufigkeit der extremen Population I stellaren Ursprungs.

5.5.5 Gas und Staub in Galaxien. Infrarotgalaxien

Über die interstellare Materie in den *elliptischen Galaxien* wissen wir noch wenig. Zunächst beobachten wir in ihnen – von wenigen Fällen abgesehen – weder auffällige Staubabsorption im Optischen noch Radioemission des neutralen Wasserstoffs in der 21 cm-Linie. Dies sowie das Fehlen junger, blauer OB-Sterne deutet darauf hin, daß in den E-Galaxien *keine* nennenswerte *Sternbildung* mehr stattfindet. Andererseits zeigt die Beobachtung von Röntgenemission von großen elliptischen Galaxien, daß diese Systeme keineswegs frei von Gas sind, sondern sehr *heißes ionisiertes Gas* ($T \simeq 10^7$ K) enthalten mit einem Massenanteil, der demjenigen der interstellaren Materie in den Spiralgalaxien vergleichbar ist. Allerdings dürften Sterne aus solch einem dünnen, heißen Gas nicht entstehen können. Durch moderne Bildverarbeitungstechnik von CCD-Aufnahmen in verschiedenen Farben wurden schließlich auch *Staub*schichten (mit optischen Dicken im Visuellen von nur $\lesssim 0.1$) in einigen E-Galaxien erkennbar (Abb. 5.5.12).

Der Gas- und Staubgehalt in den *Spiralgalaxien* nimmt im allgemeinen mit dem Hubbletyp von Sa bis zu Sm/Im zu, z. B. steigt der Massenanteil des neutralen atomaren Wasserstoffs von etwa 0.02 bis 0.10 an. Der radioastronomisch nicht beobachtbare molekulare Wasserstoff H_2 kann – wie in unserer Milchstraße – indirekt über die 2.6 mm-Linie des Kohlenmonoxids beobachtet werden, jedoch stecken die extragalaktischen CO-Beobachtungen noch in den Anfängen.

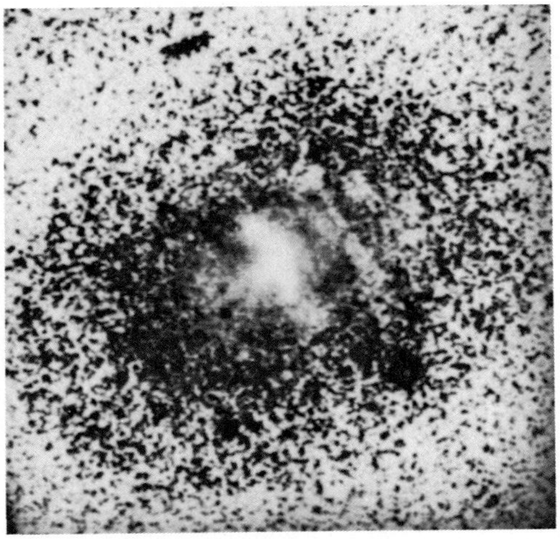

Abb. 5.5.12. Staubschichten in der elliptischen Galaxie NGC1052 (Typ E3, $M_B = -21.1$ mag). Der *Staub* erscheint in dieser (B – I)-Darstellung durch die Bildverarbeitung *hell.* CCD-Aufnahmen von W. B. Sparks et al. (1985) mit dem dänischen 1.5 m-Teleskop auf La Silla (Chile). NGC1052 enthält etwa $10^8\ \mathcal{M}_\odot$ neutrales Wasserstoffgas. Neben Staub und HI wurden in dieser „aktiven" E-Galaxie auch optische Emissionslinien, z. B. von [OII], und Radiokontinuumsstrahlung beobachtet

Die *großräumige Verteilung* von Gas und Staub innerhalb der Spiralgalaxien ist wie bei unserer Milchstraße durch die starke Konzentration zu einer flachen Scheibe charakterisiert. Wir finden bei den Sa- und Sb-Galaxien wie in der Milchstraße ein Minimum der Dichte des Wasserstoffs in dem inneren Teil ($R \lesssim 4$ kpc) der Scheibe, bei späteren Hubbletypen ist dieses „Loch" aufgefüllt. Die Schicht des neutralen Wasserstoffs erstreckt sich bei den frühen Typen bis etwa ein bis zwei Holmberg-Radien Abstand vom Zentrum hinaus, bei den späteren Typen noch erheblich weiter.

Mit dem Synthese-Radioteleskop in Westerbork/Niederlande konnten (seit 1971) erstmals auch in Spiralgalaxien außerhalb der lokalen Gruppe die *Spiralarme* in der HI-Dichteverteilung aufgelöst werden.

Über die Messung der Rotationskurven anhand der 21 cm-Linie und die Massenbestimmung der Galaxien haben wir bereits in Abschn. 5.5.3 gesprochen.

Bei Galaxien mit geeigneter Inklination wie z. B. M51 (SbcI-II), M101 (ScI) oder M81 (SbI-II) läßt sich so bei Betrachtung „von oben" die *großräumige Struktur der Spiralen* gut untersuchen (Abb. 5.5.13), was innerhalb

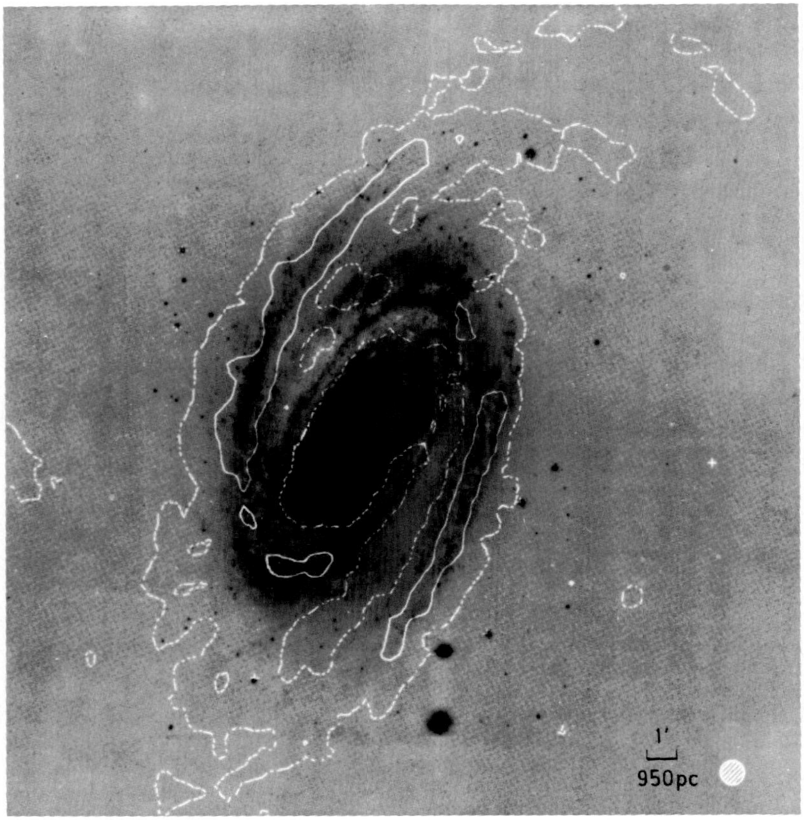

Abb. 5.5.13. Neutraler Wasserstoff in der Spiralgalaxie M81 = NGC3031 (Sb I-II). 21 cm-Beobachtungen von A. H. Rots und W. W. Shane (1974) mit dem Westerbork Synthese-Radioteleskop. Die Isophoten für Säulendichten von 3 und $10 \cdot 10^{24}$ H-Atome m^{-2} sind der optischen Photographie überlagert. Neigung der Ebene der Galaxie zur Sehlinie 35°; Entfernung von M81 3.25 Mpc. Die Winkelauflösung von 50″ entspricht 800 pc

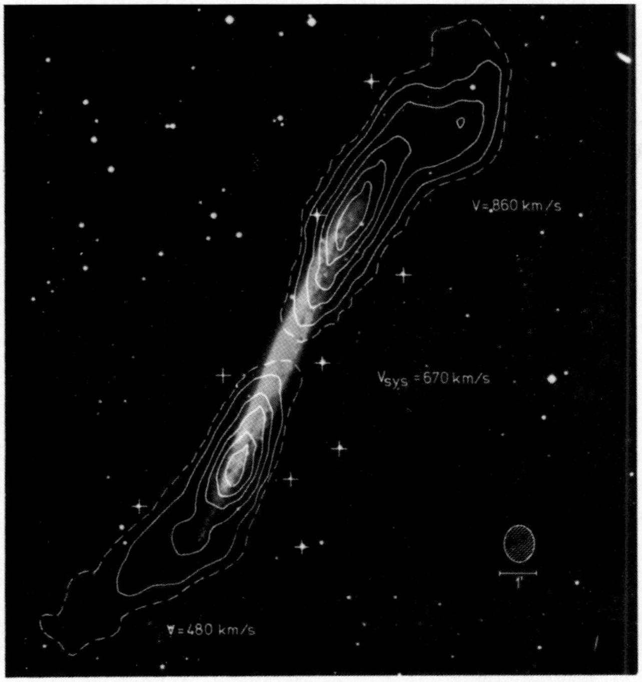

Abb. 5.5.14. Verbiegung der Schicht des neutralen Wasserstoffs in der nahezu von der Kante gesehenen Sc-Galaxie NGC5907. Beobachtungen von R. Sancisi (1976) mit dem Westerbork Synthese-Radioteleskop bei einer Winkelauflösung von 51″·61″. Die Isophoten der 21 cm-Linie des H I sind dem optischen Bild (IIIa-J-Photographie von P.G. van der Kruit und A. Bosma mit dem 1.2 m-Teleskop der Hale Observatorien) überlagert. Um die äußeren Teile der Scheibe mit einem Radius von 50 kpc hervorzuheben, sind nur 2 Geschwindigkeitskanäle (Bandbreite 27 km s^{-1}) gezeigt, die etwa bei der maximalen Rotationsgeschwindigkeit (± 190 km s^{-1}) zentriert sind. Radialgeschwindigkeit des Galaxienzentrums 670 km s^{-1}

unseres Milchstraßensystems nicht möglich ist (Abschn. 5.3.3). Bei denjenigen Galaxien, die wir zufällig von der Kante aus sehen, finden wir häufig auch die aus unserem System bekannte *Verbiegung und Auffächerung der HI-Schicht* (Abb. 5.5.14).

Das *ionisierte Gas* der H II-Regionen in den Spiralgalaxien, vor allem seine aus den Emissionslinien abgeleiteten Elementhäufigkeiten, haben wir schon in Abschn. 5.5.4 im Zusammenhang mit den Sternpopulationen behandelt.

Der *Staub* in Spiralgalaxien wird – wie wir am Beispiel unserer Milchstraße sahen (Abschn. 5.3.1) – zum einen durch das allgemeine Strahlungsfeld auf etwa 15 bis 50 K erwärmt, zum andern werden durch die Absorption der Ultraviolettstrahlung der *jungen OB-Sterne* in und in der Umgebung von H II-Regionen höhere Temperaturen bis zu größenordnungsmäßig 100 K erreicht. Da die aufgenommene Energie im *fernen Infrarot* wieder abgestrahlt wird, bietet uns die Infrarotastronomie die Möglichkeit, *Sternentstehungsgebiete* auch zu erkennen, wenn dichte Staubschichten keine optische Strahlung mehr herauslassen.

Infrarotbeobachtungen an Spiralgalaxien, vor allem durch den Infrarotsatelliten IRAS in dessen 60 µm-Band, bestätigen die enge Verknüpfung zwischen der Strahlung der blauen OB-Sterne, den im Optischen sichtbaren Staubzonen und der Emission des warmen Staubs im fernen Infrarot. In der *Andromedagalaxie* kommt die Infrarotstrahlung überwiegend aus einem Ring, der mit optisch erkennbaren Gas/Staub-Strukturen zusammenfällt, und aus dem Zentralbereich (Abb. 5.5.15). Bei nahen Spiralgalaxien finden wir im Mittel über die Scheibe Staubtemperaturen von etwa 25 K. Je leuchtkräftiger eine Galaxie im Infrarot ist, desto höhere Staubtemperaturen treten als Folge verstärkter Sternentstehung auf. Bei ungefähr der Hälfte aller beobachteten Spiralgalaxien finden wir im *Kerngebiet* einen Infrarotexzeß (gegenüber dem stellaren Beitrag der K- und M-Überriesen), der ebenfalls von erwärmtem Staub und damit von kürzlich entstandenen OB-Sternen herrührt. Aus Bereichen von der Größenordnung 100 pc werden im Infrarot etwa 10^{10} $L_\odot$ emittiert. (Diese Galaxien mit intensiver Sternbildung im Zentrum fallen jedoch nicht unter die Klasse der Galaxien mit „aktiven“ Kernen, die wir in Abschn. 5.6 kennenlernen werden.)

Die *Leuchtkraft* der Spiralgalaxien im fernen Infrarot L_{IR} ist mit der im Blau L_B korreliert und nimmt von frühen nach späten Hubbletypen hin zu. Überraschend sind die starken Variationen von L_{IR}/L_B zwischen Galaxien desselben Typs; z.B. beträgt L_{IR}/L_B bei M31 nur ungefähr 0.03, während das Verhältnis in unserer Milchstraße rund 0.5 ist. Am anderen Ende beobachten wir unter den Spiralgalaxien und vor allem unter den irregulären Galaxien (s. unten) auch Werte von $L_{IR}/L_B \gtrsim 1$.

Bei der *irregulären* (Irr II) bzw. *amorphen Galaxie* M 82 = NGC 3034, die zusammen mit der großen Spirale M 81 (Abb. 5.5.13) einer relativ nahen Galaxiengruppe in 3.3 Mpc Entfernung angehört, können viele Einzelheiten beobachtet werden. Auf Hα-Aufnahmen (Abb. 5.5.16) zeigt M 82 ausgeprägte Filamente bis zu etwa 4 kpc Entfernung von der Scheibe mit vom Zentrum nach außen zunehmenden Geschwindigkeiten.

Diese Galaxie, welche auch als Radioquelle bekannt ist, und deren optisches Kontinuum teilweise polarisiert ist, wurde daher ursprünglich von C.R. Lynds und A.R.

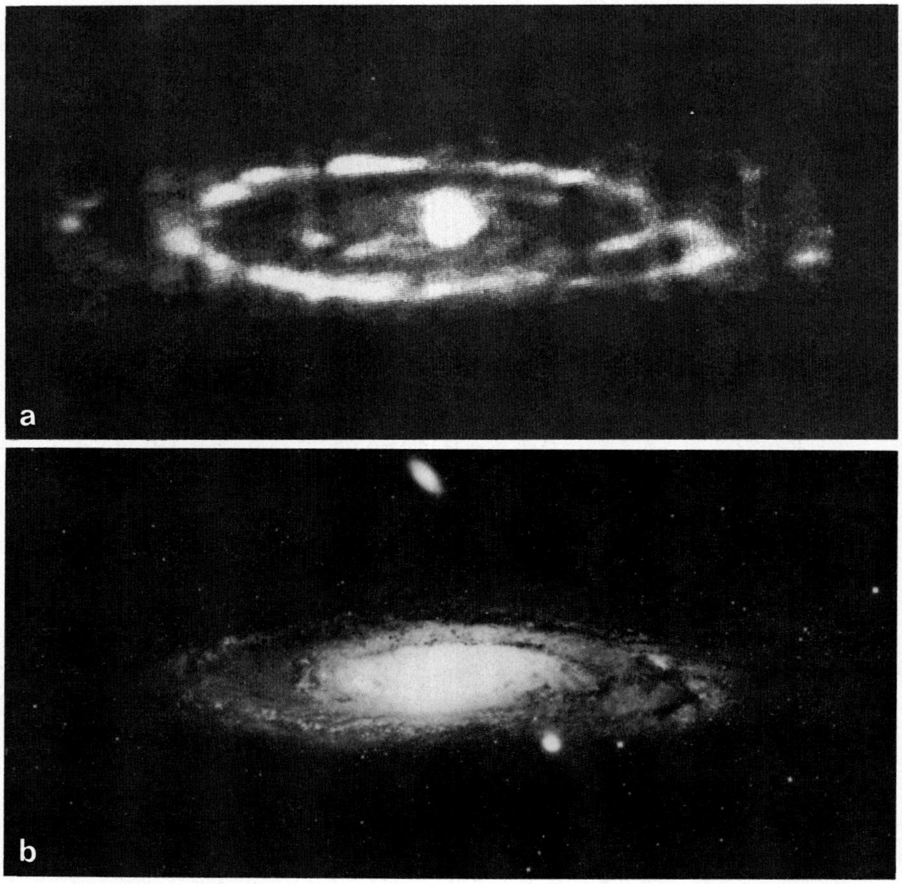

Abb. 5.5.15a, b. Andromedagalaxie M31. (**a**) Emission des warmen Staubs im fernen Infrarot. Beobachtungen mit dem Infrarotsatelliten IRAS im 60 μm-Wellenlängenband. (**b**) Blauaufnahme mit dem Mt. Palomar 1.2 m-Schmidtspiegel zum Vergleich. H.J. Habing et al.: Astrophys. J. **278**, L59 (1984). (Mit freundlicher Genehmigung von The University of Chicago Press, The American Astronomical Society und der Autoren)

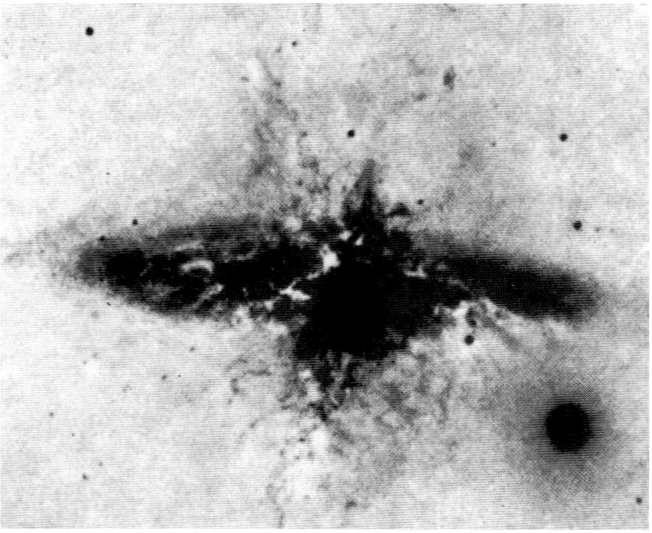

Abb. 5.5.16. Amorphe Galaxie M82 (Irr II). Hα-Aufnahme (Negativ) von A.R. Sandage (1964) mit dem 5 m-Teleskop auf Mt. Palomar

Sandage (1963) als explodierende Galaxie gedeutet: Vor etwa 10^6 a sollten aus dem Zentrum große Wasserstoffmassen mit einigen 1000 km s^{-1} ausgeschleudert worden sein. (Diese hohen Geschwindigkeiten folgen aus den beobachteten Werten von größenordnungsmäßig nur 100 km s^{-1} bei Berücksichtigung der kleinen Inklination der Galaxie von 8°.) Das Explosionsmodell erwies sich als *nicht* haltbar, nachdem N. Visvanathan und A.R. Sandage (1972) fanden, daß die Hα-Emission selbst zu etwa 30% polarisiert ist. Aufgrund dieser und weiterer Beobachtungen deuten wir jetzt die Hα-Emission als Strahlung aus der Scheibe, die an teilweise weit außen befindlichen, sich großräumig bewegenden *Staubteilchen gestreut* wird, wobei Dopplerverschiebungen von der Größenordnung 100 km s^{-1} auftreten. Nach Beobachtungen von C.M. Telesco, D.A. Harper, G.H. Rieke, F.J. Low u.a. (1979/1980) strahlt M 82 ihre Energie überwiegend im fernen Infrarot um $\lambda = 100$ μm herum entsprechend einer Staubtemperatur von $\simeq 45$ K ab. Die

Leuchtkraft von rund $3 \cdot 10^{10}\ L_{\odot}$ stammt überwiegend von zahlreichen OB-Sternen in Sternentstehungsgebieten im Zentralbereich, welche hinter dem dichten Staub der optischen Beobachtung entzogen sind. Die Leuchtkraft im fernen Infrarot ist wesentlich größer als die im Blau ($L_{IR}/L_{B} \simeq 4$), so daß M 82 als Prototyp einer *Infrarotgalaxie* betrachtet werden kann, deren optisches Aussehen völlig durch starke Staubabsorption beherrscht wird.

M 82 bewegt sich mit ihrem Staubhalo noch durch eine ausgedehnte, dünnere Staubwolke innerhalb der M 81-Gruppe. Die Staubverteilung, kinematische Überlegungen und die bei 21 cm-Beobachtungen entdeckte Brücke aus neutralem Wasserstoff zwischen M 82 und M 81 deuten darauf hin, daß es zwischen beiden Galaxien vor etwa $2 \cdot 10^{8}$ a zu einer nahen Begegnung kam, wobei die *Gezeitenwechselwirkung* wahrscheinlich die ungewöhnlich hohe Sternbildungsrate in M 82 ausgelöst hat. Eine solche *intensive Phase der Sternentstehung* („burst of star formation") dauert etwa 10^{7} bis 10^{8} a.

Bei der Himmelsdurchmusterung mit IRAS wurden im 60 µm-Band viele ferne Galaxien entdeckt, deren Verhältnis L_{IR}/L_{B} bis zu größenordnungsmäßig 100 beträgt, d.h. die M 82 noch um ein Vielfaches übertreffen. Mit Leuchtkräften bis zu einigen $10^{12}\ L_{\odot}$ zählen diese ausgeprägten *Infrarotgalaxien* neben den Quasaren (Abschn. 5.6.5) zu den absolut hellsten Sternsystemen im Kosmos. Im Optischen wurden viele dieser Galaxien mittels weitreichender CCD-Aufnahmen erst nach der Entdeckung durch IRAS aufgefunden. Ihre Energieverteilung im Infrarot entspricht – wie bei M 82 – der Strahlung von warmem Staub, so daß wir auch bei diesen fernen Galaxien auf einen „kürzlich" erfolgten Ausbruch der Sternentstehung mit einer Rate von einigen 100 $\mathcal{M}_{\odot}\ a^{-1}$ schließen dürfen.

Unter den näheren Infrarotgalaxien zählen IC 4553 (= Arp 220, Nr. nach H. Arps Atlas of Peculiar Galaxies, 1966) und NGC 6240 zu den leuchtkräftigsten. Zum Beispiel bei NGC 6240 (Abb. 5.5.17) konnten im Optischen zwei *getrennte Kerne* aufgelöst werden, die unterschiedliche Radialgeschwindigkeiten haben. Dies zeigt direkt eine sehr nahe Begegnung zweier Galaxien auf, durch welche der Sternbildungsausbruch ausgelöst worden ist.

Wir werden auf die Wechselwirkungen zwischen Galaxien noch in Abschn. 5.7.3 im Zusammenhang mit den Galaxiengruppen und -haufen zurückkommen und weisen hier nur darauf hin, daß Wechselwirkungen durchaus keine seltenen Ereignisse sind. Vielleicht hat sogar *jede* Galaxie seit ihrer Entstehung (mindestens) einmal durch Gezeitenkräfte einer anderen Galaxie eine starke Störung und eine intensive Phase der Sternentstehung erfahren.

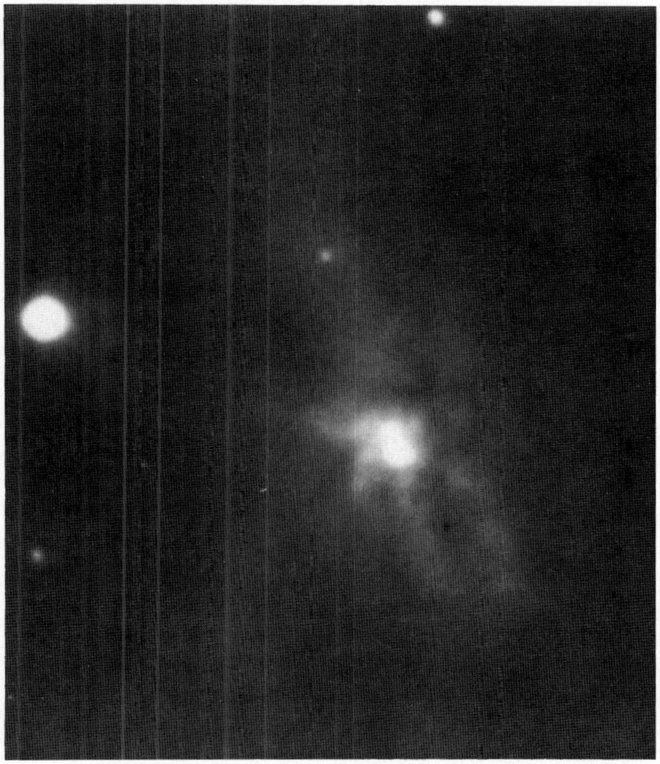

Abb. 5.5.17. Infrarotgalaxie NGC 6240. Aufnahme von J. Fried (1982) mit der CCD-Kamera am 2.2 m-Teleskop auf dem Calar Alto (Rotfilter, 5 min Belichtung). Die 150 Mpc entfernte Galaxie (Radialgeschwindigkeit 7350 $km\,s^{-1}$) zeigt zwei getrennte Kerne in 1.8″ Abstand sowie ausgeprägte „Gezeitenschwänze". Die Radialgeschwindigkeiten der Kerne unterscheiden sich um 150 $km\,s^{-1}$. Bei NGC 6240 beobachten wir den Zusammenstoß zweier Galaxien, deren Kerne noch nicht miteinander verschmolzen sind

5.6 Radiogalaxien, Quasare und Aktivität in Galaxienkernen

Eine große Zahl von Galaxien – überwiegend unter den großen elliptischen Galaxien – sind starke Radioquellen. In diesen Radiogalaxien überwiegt die Ausstrahlung im Radiofrequenzbereich die im Optischen. Ihr nichtthermisches Spektrum und die Polarisation weisen auf Synchrotronstrahlung hin, die bei der Bewegung hochenergetischer Elektronen in Magnetfeldern entsteht. Wir stellen nun in Abschn. 5.6.1 die theoretischen Grundlagen der Synchrotronstrahlung voran und geben gleich einen knappen Überblick über die nichtthermischen Strahlungsquellen in unserer Milchstraße. Dann befassen wir uns in Abschn. 5.6.2 mit den Radiogalaxien, wobei wir Cyg A und Cen A im einzelnen besprechen. Wir werden durch die Diskussion der Radiogalaxien auf eine kompakte Energiequelle im Zentrum der Galaxien geführt. Allgemein beobachten wir in den Kernen vieler Galaxien eine „Aktivität" unterschiedlicher Stärke, die sich hauptsächlich in nichtthermischer Strahlung in allen Wellenlängenbereichen und der Erzeugung energiereicher Teilchen äußert. Wir schieben mit Abschn. 5.6.3 zunächst eine Darstellung des Zentralbereichs unserer Milchstraße ein, dessen Aktivität zwar sehr schwach ist, den wir aber in vielen Einzelheiten aufgelöst beobachten können. Dann besprechen wir in Abschn. 5.6.4 die Seyfert-Galaxien und die Aktivität in Radiogalaxien und in Abschn. 5.6.5 die Quasare, die leuchtkräftigsten Galaxien mit der ausgeprägtesten Aktivität. Schließlich versuchen wir in Abschn. 5.6.6 die allen galaktischen Aktivitätsphänomenen gemeinsamen grundlegenden physikalischen Prozesse und den Ursprung der enormen, von Quasaren usw. freigesetzten Energiebeträge aufzuzeigen.

5.6.1 Nichtthermische Radiofrequenzstrahlung der Milchstraße und normaler Galaxien. Theorie der Synchrotronstrahlung

Von der Radiofrequenzstrahlung der Milchstraße haben wir in Abschn. 5.3.5 den *thermischen Anteil* schon besprochen. Es handelte sich zunächst um die *Linienstrahlung* des neutralen Wasserstoffs (H I-Regionen) bei $\lambda = 21$ cm sowie des CO-Moleküls bei $\lambda = 2.6$ mm und vieler anderer Moleküle. Die 21 cm-Beobachtungen in anderen Galaxien haben wir in Abschn. 5.5 behandelt. Sodann kennen wir das *Kontinuum* der frei-frei-Strahlung des ionisierten Wasserstoffs, insbesondere in den H II-Regionen und Gasnebeln nahe der galaktischen Ebene sowie in den Planetarischen Nebeln.

Thermische Radiokontinua erkennt man daran, daß bei Ausstrahlung in *optisch dünner* Schicht die Intensität I_ν bzw. der Strahlungsstrom pro Frequenzeinheit S_ν nahezu unabhängig von ν ist (vgl. Abb. 5.3.14).

Zur Darstellung von Flächenquellen gebraucht man häufig auch die sog. Strahlungstemperatur T_B (brightness temperature). Man fragt dabei, welche Temperatur T_B ein *schwarzer* Strahler haben *müßte*, um bei der Frequenz ν nach dem – im Radiobereich hinreichend genauen – Rayleigh-Jeans-Gesetz (4.2.24b) gerade die Strahlungsintensität I_ν auszusenden:

$$T_B = \frac{c^2}{2k\nu^2} I_\nu \quad \text{bzw.}$$
$$I_\nu\,[\mathrm{W\,m^{-2}\,Hz^{-1}\,sr^{-1}}] = 3.08 \cdot 10^{-28} (\nu[\mathrm{MHz}])^2\, T_B\,[\mathrm{K}] \ . \qquad (5.6.1)$$

Für optisch dünne thermische Strahlung ist demnach $T_B \sim \nu^{-2}$. Die *spektrale Energieverteilung* der Radioquellen approximiert man gewöhnlich durch ein Potenzgesetz

$$I_\nu \quad \text{oder} \quad S_\nu \sim \nu^{-\alpha} \qquad (5.6.2)$$

und bezeichnet dann α als den Spektralindex (manche Autoren bevorzugen die umgekehrte Wahl des Vorzeichens von α). Für thermische Strahlung von H II-Regionen in optisch dünner Schicht ist $\alpha \simeq 0$, in optisch dicker Schicht $\alpha = -2$.

Im Gegensatz hierzu zeigt die über den ganzen Himmel verteilte Radiofrequenzstrahlung der Milchstraße und ebenso die der starken *Radioquellen* ein Spektrum etwa entsprechend

$$I_\nu \sim \nu^{-0.8} \quad \text{bzw.} \quad T_B \sim \nu^{-2.8} , \qquad (5.6.3)$$

das – auch unter Berücksichtigung von Absorption und Selbstabsorption – *nicht* auf thermische Emission zurückgeführt werden kann. Auch die bei langen Wellen gemessenen Strahlungstemperaturen $> 10^5$ K wären thermisch kaum zu deuten. So haben H. Alfvén und N. Herlofson 1950 zur Deutung der *nichtthermischen* Radiokontinua den Mechanismus der *Synchrotron-* oder *Magnetobremsstrahlung* herangezogen; diese Ansätze sind dann von I.S. Shklovsky, V.L. Ginzburg, J.H. Oort u.a. weitergebildet worden. Es war den Physikern bekannt, daß relativistische Elektronen (d.h. Elektronen mit Geschwindigkeiten $v \simeq c$, deren Energie E ihre Ruhenergie $m_0 c^2 = 0.511$ MeV erheblich übersteigt), die im Magnetfeld eines Synchrotrons auf einer Kreisbahn umlaufen, in ihrer Bewegungsrichtung eine intensive kontinuierliche Strahlung aussenden, deren Spektrum sich bis ins ferne UV erstreckt. Dieses Kontinuum unterscheidet sich von dem der frei-frei- oder Bremsstrahlung dadurch, daß die Beschleunigung der Elektronen nicht durch atomare elektrische Felder, sondern durch ein makroskopisches Magnetfeld B erfolgt.

Die *Theorie der Synchrotronstrahlung* hatten 1948/49 V.V. Vladimirsky und J. Schwinger entwickelt. Sie beruht auf folgender Überlegung:

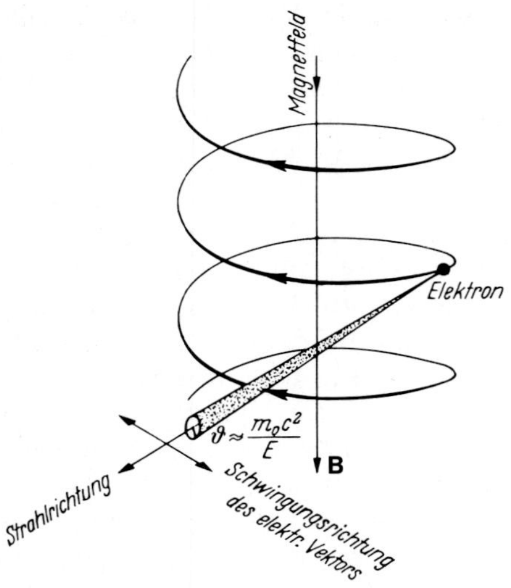

Abb. 5.6.1. Synchrotronstrahlung eines relativistischen Elektrons im Magnetfeld $\boldsymbol{B}$

Das mit der Zyklotronfrequenz ω_C (5.3.30) um die Feldlinien laufende Elektron emittiert (nach den Regeln der Elektrodynamik) Stahlung in einem engen Kegel vom Öffnungswinkel $\vartheta \simeq m_0c^2/E = \gamma^{-1}$, wobei γ der Lorentzfaktor ist (Abb. 5.6.1). Dieser Kegel überstreicht wie der Lichtkegel eines Leuchtfeuers den Beobachter in rascher Folge, so daß dieser eine Folge von Strahlungsblitzen der Dauer Δt empfängt. Die spektrale Zerlegung bzw. – mathematisch gesprochen – die Fourieranalyse ergibt unter Berücksichtigung des relativistischen Dopplereffekts ein kontinuierliches Spektrum, dessen Maximum bei der Kreisfrequenz $\omega_m \simeq 1/\Delta t$ liegt, welche proportional zu $\gamma^3\omega_C$ ist. Die genaue Rechnung ergibt für die Frequenz des Maximums

$$\nu_m = 0.29 \frac{3}{4\pi} \frac{eB_\perp}{m_0} \gamma^2$$
$$= 6.9 \cdot 10^{-2} \frac{eB_\perp}{m_0} \left(\frac{E}{m_0c^2}\right)^2 , \quad (5.6.4)$$

wo $B_\perp$ die Komponente der magnetischen Flußdichte senkrecht zur Bewegungsrichtung des Elektrons der Ladung $-e$ und Energie E bedeutet. Die gesamte Strahlung in allen Frequenzen ist proportional zu $B_\perp \nu_m \sim B_\perp^2 E^2$. Rechnen wir in Einheiten, die für die Anwendung auf kosmische Radioquellen zweckmäßig sind, z. B. ν_m in [GHz], $B_\perp$ in [10^{-10}T] bzw. [10^{-6}G] und E in [GeV], so wird

$$\nu_m\,[\mathrm{GHz}] = 4.7 \cdot 10^{-3} B_\perp\,[10^{-10}\,\mathrm{T}]\,(E\,[\mathrm{GeV}])^2 . \quad (5.6.5)$$

Zu einem charakteristischen galaktischen Magnetfeld von 10^{-10} T gehören somit zu verschiedenen beobachteten Frequenzen ν_m bzw. Wellenlängen λ_m die folgenden Elektronenenergien

ν_m [GHz]	10^{-2}	1	10^2	10^4	10^6
λ_m	30 m	30 cm	3 mm	30 µm	300 nm
E [GeV]	1.5	15	$1.5 \cdot 10^2$	$1.5 \cdot 10^3$	$1.5 \cdot 10^4$

(5.6.6)

Schon zur Erzeugung von Strahlung im Radiofrequenzbereich und erst recht im Sichtbaren müssen also Elektronen im Energiebereich der *Kosmischen Strahlung* (Abschn. 5.3.8) vorhanden sein. Kann man die *Energieverteilung* der Elektronen durch ein Potenzgesetz

$$N(E)\,dE \sim E^{-p}\,dE \quad (5.6.7)$$

darstellen, so ergibt sich für den *Emissionskoeffizienten* der Synchrotronstrahlung

$$j_\nu \sim B_\perp^{(p+1)/2}\,\nu^{-(p-1)/2} \quad (5.6.8)$$

und für die *Intensität* I_ν dieselbe Abhängigkeit von $B_\perp$ und ν für den – meist gegebenen – optisch dünnen Fall. In einigen kompakten Radioquellen müssen wir auch die *Absorption* der Synchrotronstrahlung (Synchrotron-Selbstabsorption sowie frei-frei-Absorption) berücksichtigen, die zu einem *Abflachen* des Spektrums am niederfrequenten Ende führt.

Änderungen der Energieverteilung der Elektronen $N(E)$ infolge von *Energieverlusten* bei Ionisation (bei niedrigen Energien) oder durch Synchrotronabstrahlung und inverse Compton-Streuung (bei hohen Energien) äußern sich ebenfalls in Abweichungen von dem einfachen Potenzgesetz (5.6.8).

Die Radioastronomie und ebenso die Astronomie mit Röntgen- und Gammastrahlen gibt uns die Möglichkeit an die Hand, etwas über das Vorkommen *energiereicher Elektronen* in kosmischen Gebilden zu erfahren. Dies ist von großer prinzipieller Bedeutung, da die ursprüngliche Richtungsverteilung der bei der Erde ankommenden geladenen Teilchen (der Kosmischen Strahlung) wegen ihrer komplizierten Ablenkungen durch das terrestrische und durch das interplanetare Magnetfeld überhaupt nicht mehr ermittelt werden kann. Sehr hinderlich ist freilich, daß wir über die in (5.6.8) ebenfalls eingehenden

Magnetfelder B noch wenig wissen. Wir können nicht ohne weiteres entscheiden, wie die aus den Beobachtungen abgeleitete galaktische Ergiebigkeit für Radiofrequenzstrahlung auf den Faktor $B^{(p+1)/2}$ bzw. die Dichte der relativistischen Elektronen (des in Frage kommenden Energiebereiches) $N(E)$ zu verteilen ist.

Wichtig für die Interpretation von Radioquellen ist es noch, die *„Lebensdauer"* der relativistischen Elektronen zu kennen. Die Zeit $t_{1/2}$, in der ein Elektron die Hälfte seiner Energie E durch die Synchrotronabstrahlung $\dot{E} \sim B_{\perp} \nu_{\rm m}$, verliert, ist proportional zu $E/\dot{E}$. Eliminieren wir mittels (5.6.4) die Energie $E \sim \nu_{\rm m}^{1/2} B_{\perp}^{-1/2}$, so wird $t_{1/2} \sim B_{\perp}^{-3/2} \nu_{\rm m}^{-1/2}$. Der genaue Wert – wieder in den oben verwendeten Einheiten – beträgt

$$t_{1/2}\,[\mathrm{a}] = 5.7 \cdot 10^8 (B\,[10^{-10}\,\mathrm{T}])^{-3/2} (\nu_{\rm m}\,[\mathrm{GHz}])^{-1/2} . \tag{5.6.9}$$

Beobachten wir z.B. Synchrotronstrahlung bei 1 GHz ($\lambda = 30$ cm), so müssen – bei einem Magnetfeld von 10^{-10} T – einerseits Elektronen der Energie 15 GeV vorhanden sein (5.6.6), andererseits können diese ohne „Nachlieferung" nur über $6 \cdot 10^8$ a bei dieser Frequenz Synchrotronstrahlung emittieren; für Emission im Optischen, etwa bei 10^6 GHz (300 nm), beträgt die Lebensdauer der 10^4 GeV-Elektronen sogar nur $6 \cdot 10^5$ a.

Nach diesen theoretischen Vorbereitungen wenden wir uns der *Beobachtung* der nichtthermischen Radiofrequenzstrahlung unserer *Milchstraße* und anderer *normaler Galaxien* zu, wobei wir deren Zentralgebiete und Kerne zunächst außer Betracht lassen.

Als G. Reber 1939 die Verteilung der Radiofrequenzstrahlung an der Sphäre bei 167 MHz oder $\lambda = 1.8$ m mit seinem Radioteleskop von mäßigem Winkelauflösungsvermögen untersuchte, bemerkte er sogleich deren Konzentration zur galaktischen Ebene und zum galaktischen Zentrum hin. 1950 konnten dann M. Ryle, F.G. Smith und B. Elsmore zeigen, daß mehrere der bekannten helleren Galaxien Radiofrequenzstrahlung etwa in der Stärke aussenden, wie man es entsprechend der Ähnlichkeit mit unserer Milchstraße erwarten mochte. Bald darauf gelang es R. Hanbury Brown und C. Hazard, die Radiohelligkeitsverteilung der Andromedagalaxie M 31 in groben Zügen festzulegen; die beiden Galaxien erwiesen sich auch im Radiogebiet als ähnlich. Durch die Entwicklung leistungsfähiger Radioteleskope mit hoher Winkelauflösung (Interferometer, Apertursynthese, Abschn. 3.3.1) nahm die Erforschung der Radioemission der Galaxien schließlich in den 1960er Jahren einen steilen Aufschwung.

In unserer Milchstraße beobachten wir zunächst eine Vielzahl *diskreter* nichttermischer Quellen, von denen wir die wichtigsten Typen schon kennengelernt haben: die Reste der *Supernovae,* einerseits die *Pulsare* und ihre umgebenden Nebel (wie den Krebsnebel M 1 = Tau A, Abb. 4.11.10, oder den Vela-Überrest, Abb. 4.11.12) und andererseits die ausgedehnten *ring-* oder *kreisförmigen Nebel* (wie den Überrest von Tychos Supernova, Abb. 4.11.13, oder den Cygnus-Bogen) sowie die *Flaresterne,* rote Zwergsterne mit Eruptionen in unregelmäßigen Zeitabständen. Nach Abzug dieser diskreten Quellen bleibt eine im wesentlichen glatte, *diffuse* Komponente übrig, die bei m- und dm-Wellen eine einige kpc *dicke Scheibe* bildet. Längs des galaktischen Äquators sind einige Stufen in der Intensitätsverteilung zu erkennen, die mit den Spiralarmen zusammenhängen. Das Spektrum dieser Komponente $I_\nu \sim \nu^{-\alpha}$ hat im Bereich von 0.2 bis 3 GHz Spektralindizes α zwischen 0.4 bis 0.9. Wir deuten diese Komponente als Synchrotronstrahlung, die bei der Bewegung der Elektronen der Kosmischen Strahlung im großräumigen galaktischen Magnetfeld entsteht.

Neben der Scheibenkomponente der nichtthermischen Strahlung beobachtete man im Meterwellenbereich eine andere Komponente, die über die ganze Sphäre relativ gleichförmig verteilt ist und schrieb sie nach J.E. Baldwin dem galaktischen Halo zu. Messungen mit immer größerem Winkelauflösungsvermögen haben einen immer größen Anteil der „Halostrahlung" den sich dicht am Himmel häufenden galaktischen und vor allem extragalaktischen Radioquellen zugewiesen, so daß es heute fraglich geworden ist, ob zwischen den vielen Quellen für den galaktischen Halo noch „etwas übrig bleibt".

Die Ermittlung der räumlichen Verteilung der Radioquellen in unserem Milchstraßensystem ist deshalb so schwierig, weil wir selbst uns *in* dem System befinden. Eine unmittelbare Kenntnis der Verteilung der Radioemission können wir in den *benachbarten* Galaxien gewinnen:

So beobachten wir bei *Spiralgalaxien,* bei denen wir auf die Kante schauen, häufig eine ellipsoidische *Scheibe,* welche im Kontinuum, z.B. bei 21.2 cm deutlich dicker ist als die der Intensitätsverteilung der 21 cm-Linie des H I. Nur in seltenen Fällen (Abb. 5.6.2) wurde ein *Halo* nichtthermischer Strahlung gefunden.

In einigen günstigen Fällen können auch die *Spiralarme* im Radiokontinuum untersucht werden:

Die Kammlinie, d.h. das Helligkeitsmaximum der Spiralarme fällt – wie sich am deutlichsten bei M 51 (Sbc I-II) zeigt – nicht genau mit dem der Blau-

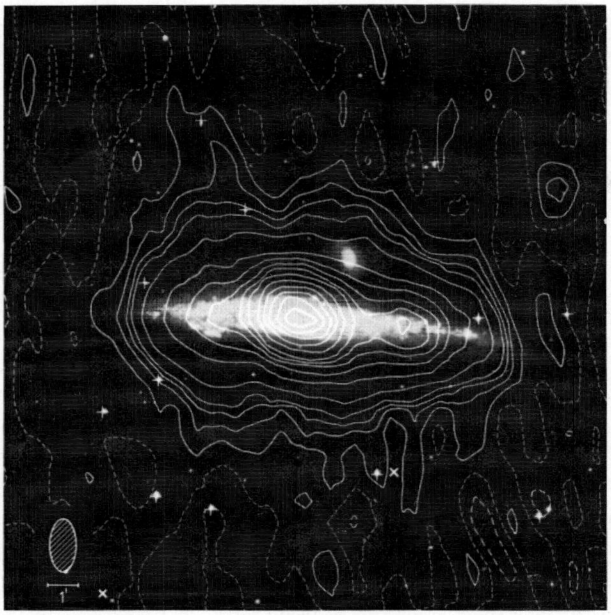

Abb. 5.6.2. Nichtthermischer Radiohalo der Spiralgalaxie NGC 4631 (Sc/SBm). Beobachtungen von R.D. Ekers und R. Sancisi (1977) mit dem Westerbork Synthese-Radioteleskop. Die Isophoten bei $\lambda = 0.49$ m (0.61 GHz) sind dem optischen Bild überlagert

Aufnahmen, d.h. der maximalen Sterndichte zusammen. Vielmehr liegen die Radioarme längs der Innenseite der „optischen" Arme im Bereich der durch Dunkelwolken und H II-Regionen markierten Staub- und Gasarme. D.D. Mathewson u.a. führen dies im Anschluß an W.W. Roberts darauf zurück, daß nach der Dichtewellen-Theorie der Spiralarme (Abschn. 5.8.2) hier eine Kompression des Gases und der magnetischen Feldlinien zu erwarten ist. Die so bewirkte größere Dichte der Synchrotronelektronen und die Verstärkung des Magnetfeldes würden eine Verstärkung der Radiostrahlung bewirken. Die Intensität der Radioarme nimmt nach außen ab.

Wir weisen noch auf die überraschenden Beobachtungen hin, die P.C. van der Kruit, J.H. Oort und D.C. Mathewson (1972) mit dem Westerbork Synthese-Radioteleskop bei NGC 4258 erreicht haben. Während die Blau-Aufnahme den Eindruck einer normalen Spiralgalaxie (Sb II) erweckt, zeigt das Radiobild bei 1.4 GHz außer den beiden „gewöhnlichen" optischen Spiralarmen zwei weitere *Radioarme*, die aus dem Zentralgebiet herauskommen und dann zwischen 5 und 15 kpc fast gradlinig weiter verlaufen. Diese Arme erhielten ein optisches Gegenstück erst durch Interferenzfilter-Aufnahmen in $\mathrm{H}\alpha$, welche ebenso wie das Radiobild einen ungewöhnlich glatten Verlauf der Helligkeit längs dieser Arme zeigen. Die Radio- und $\mathrm{H}\alpha$-Bilder zusammen mit Radialgeschwindigkeitsmessungen lassen sich mit Hilfe der Vorstellung interpretieren, daß vor etwa $1.8 \cdot 10^7$ a aus dem Kern der Galaxie zwei Plasmawolken in entgegengesetzten Richtungen mit Geschwindigkeiten von ungefähr 800 bis 1600 $\mathrm{km\,s^{-1}}$ herausgeschleudert wurden. Diese Massen ($\simeq 10^7$ bis $10^8\,\mathcal{M}_\odot$) haben das Gas der Scheibe komprimiert und so die „Extra-Radioarme" erzeugt. Diese glatten Gebilde wurden dann im Verlaufe von einer oder wenigen Umdrehungen der Galaxie, d.h. $\simeq 10^8$ a, von deren differentieller Rotation erfaßt und nahmen so mehr und mehr das Aussehen gewöhnlicher Spiralarme an.

Die Verteilung der Synchrotronemission in den Spiralgalaxien gibt uns letztlich Auskunft über den *Ursprung der Synchrotronelektronen*. Die Emission aus einer dicken Scheibe und die beobachtete Proportionalität der mittleren Intensität zur mittleren optischen Leuchtkraft lassen vermuten, daß der Hauptteil der Synchrotronelektronen seinen Ursprung in der alten Scheibenpopulation (Abschn. 5.5.4) hat. Inwieweit Supernovae und ihre Überreste als Quelle ausreichen, ist noch nicht geklärt. Die Kerngebiete der Galaxien liefern wahrscheinlich nicht den Hauptteil der Synchrotronelektronen, da keine Korrelation der Intensität der nichtthermischen Scheibenkomponente mit derjenigen im Kern beobachtet wird. Man hat weiter den Eindruck, daß die Verstärkung der Synchrotronstrahlung in den normalen Spiralarmen (z.B. M 51) und auch in den Extra-Radioarmen von NGC 4258 durch Kompression des vorher schon vorhandenen Plasmas samt Magnetfeld und Synchrotronelektronen erfolgt.

5.6.2 Radiogalaxien

1946 erkannten J.S. Hey und seine Mitarbeiter im Schwan die erste Radioquelle *Cygnus A* zunächst an ihren Intensitätsschwankungen. Simultane Messungen an weit voneinander entfernten Stationen zeigten später, daß diese Intensitätsschwankungen als Szintillation in der Ionosphäre zu deuten sind. Ähnlich wie optische Szintillation nur bei den Sternen, nicht aber bei den Planeten (von größerem Winkeldurchmesser) beobachtet wird, tritt Radioszintillation nur bei Quellen von hinreichend kleinem Winkeldurchmesser auf. Bei den sog. quasistellaren Radioquellen oder Quasaren, deren Winkeldurchmesser unter 1″ liegen, hat man dann noch eine

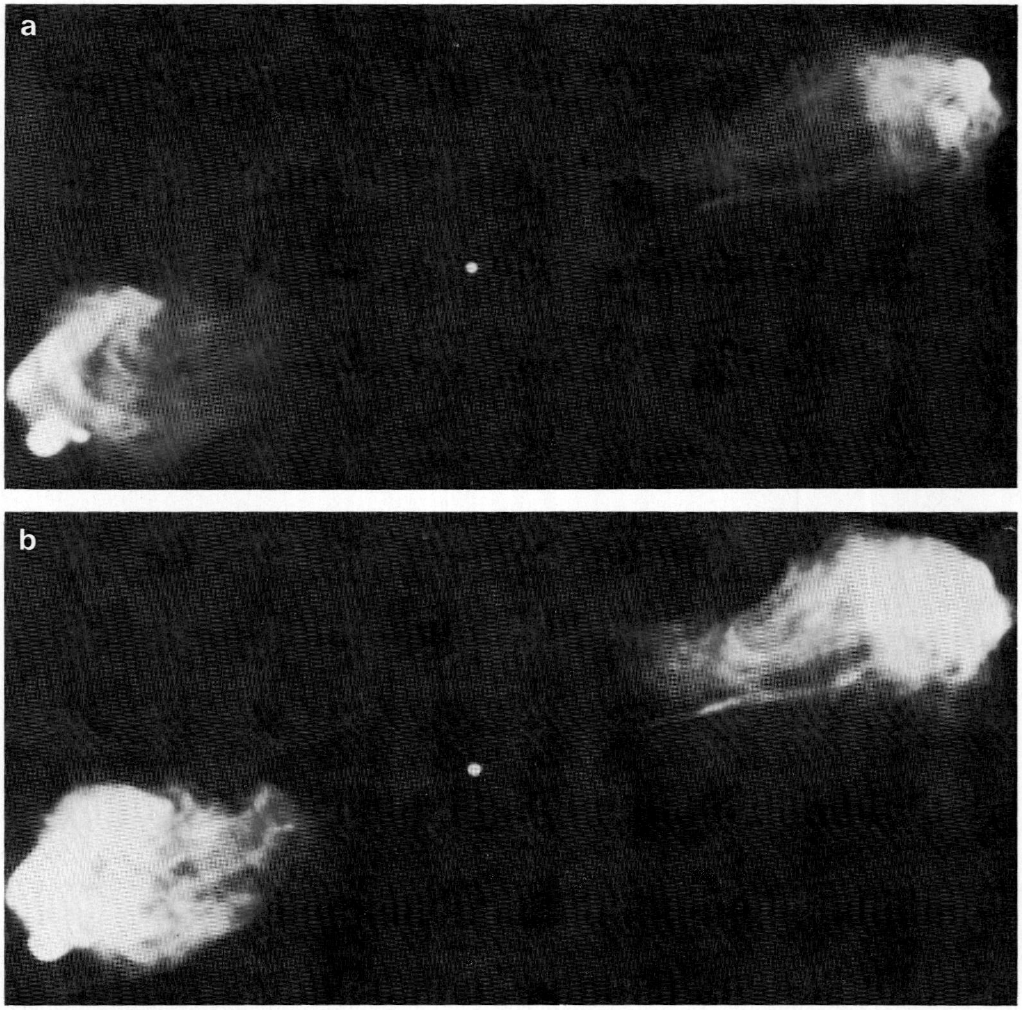

Abb. 5.6.3 a, b. Radiogalaxie Cyg A = 3C 405. Radiobeobachtungen bei 5 GHz ($\lambda = 6$ cm) mit dem VLA in photographischer Darstellung mit zwei verschiedenen „Belichtungen". Die zentrale Quelle fällt mit einer im Optischen beobachteten cD-Galaxie (Rotverschiebung $z \simeq 0.06$) zusammen. In (**a**) sind Strukturen in den äußeren Emissionsgebieten, insbesondere die *„heißen Flecke"* gut erkennbar, in (**b**) der *Jet,* welcher sich vom Zentrum nach NW (*rechts*) bis ins äußere Emissionsgebiet erstreckt. Die Gesamtausdehnung der Radio-Doppelstruktur beträgt rund 200 kpc; die Winkelauflösung von 0.4″ entspricht etwa 0.6 kpc. R. A. Perley et al.: Astrophys. J. **285**, L 35 (1984). (Mit freundlicher Genehmigung von The University of Chicago Press, The American Astronomical Society und der Autoren)

andere Art von Szintillation entdeckt, die im interplanetaren Plasma entsteht.

1954 hatten die Messungen der Positionen von mehreren der stärkeren Radioquellen eine solche Genauigkeit erreicht, daß W. Baade und R. Minkowski ihre Identifikation mit optischen Objekten gelang. Insbesondere ließ sich die zweitstärkste Radioquelle am Nordhimmel, Cyg A, einem optisch erstaunlich schwachen Objekt der photographischen Helligkeit 17.9 mag zuordnen. Dessen Spektrum zeigt neben einem schwachen Kontinuum Hα und mehrere verbotene Emissionslinien mit einer *Rotverschiebung* $z = \Delta\lambda/\lambda \simeq 0.056$ (Abschn. 5.9.1) entsprechend 16800 km s^{-1}. Es handelt sich also um ein *extragalaktisches Objekt* in rund 350 Mpc Entfernung.

Das optische Bild von Cyg A zeigt eine Riesen-E-Galaxie (cD-Galaxie) mit einem dunklen Absorptionsband durch Staub[17]. Die Radiostrahlung von Cyg A = 3 C 405 (3 C = 3. Cambridger Katalog diskreter Radioquellen) stammt zum überwiegenden Teil – wie schon 1953 R. Hanbury Brown, R.C. Jennison und M.K. Das Gupta mit dem Korrelations-Interferometer am Jodrell Bank Observatory zeigten – nicht von der Galaxie selbst, sondern von zwei fast symmetrisch zu ihr weit außen liegenden ausgedehnten Komponenten. Mit der Position der optischen Galaxie fällt eine schwächere Radioquelle zusammen. In Abb. 5.6.3 zeigen wir ein neueres, mit dem Very Large Array aufgenommenes Radiobild von Cyg A. Die Doppelstruktur hat eine gesamte Ausdehnung von rund 0.2 Mpc. In den äußeren Radioquellen finden wir kleinere Gebiete mit sehr starker Radioemission, die nach außen hin relativ scharf begrenzt sind. Diese „heißen Flecke" wurden von P.J. Hargrave und M. Ryle 1974 mit dem Cambridger 5 km-Apertursynthese-Radioteleskop (bei 5 GHz) entdeckt. Weiterhin erkennt man einen *Strahl* oder *Jet*, der vom Zentrum in eine der äußeren Quellen hinausreicht. Die gesamte *Radioleuchtkraft* von Cyg A beträgt etwa 10^{38} W entsprechend $2 \cdot 10^{11} L_{\odot}$.

Cyg A mit seiner charakteristischen Doppelstruktur der Radioemission, die symmetrisch zu der zentralen cD-Galaxie liegt, ist der Prototyp einer *Radiogalaxie*. Allgemein definieren wir Radiogalaxien dadurch, daß ihre Leuchtkraft im Radiobereich die im Optischen übersteigt. Ihre *Radiospektren* sind *nichtthermisch* ($I_\nu \sim \nu^{-\alpha}$) mit einem mittleren Spektralindex (zwischen $\lambda = 6$ und 11 cm) von $\langle \alpha \rangle \simeq 0.8$ in den ausgedehnten Doppelquellen und $\langle \alpha \rangle \simeq 0$ in den kompakten Quellen. Auch hier deuten wir die nichtthermische Radioemission wie in der Milchstraße als *Synchrotronstrahlung* relativistischer Elektronen, wobei in den kompakten Quellen das Spektrum durch Absorption abgeflacht ist.

Die uns *nächste Radiogalaxie* in 5 Mpc Entfernung ist Centaurus A = NGC 5128 am Südhimmel. Hier erkennt man eine Fülle von interessanten Einzelheiten. Das *optische* Bild zeigt zunächst NGC 5128 als elliptische Riesengalaxie (Typ E0 oder S0), die senkrecht zur Achse von einem Band dunkler Materie umgeben ist (ähnlich dem, welches seinerzeit bei Cyg A zwei Galaxien vortäuschte). Hα-Beobachtungen von H II-Regionen im Staubband deuten auf eine Rotationskurve einer normalen Spiralgalaxie mit einer Masse von mehreren $10^{11} \mathscr{M}_{\odot}$ hin. NGC 5128 stellt somit eine ungewöhnliche Mischung aus zwei Galaxienformen dar: eine ungefähr kugelförmige E-Galaxie mit etwa 10 kpc Durchmesser, welche von einer etwa 1 kpc dicken, rotierenden, staubgefüllten Scheibe durchdrungen (oder umgeben) ist. Die erste *Radiokarte*

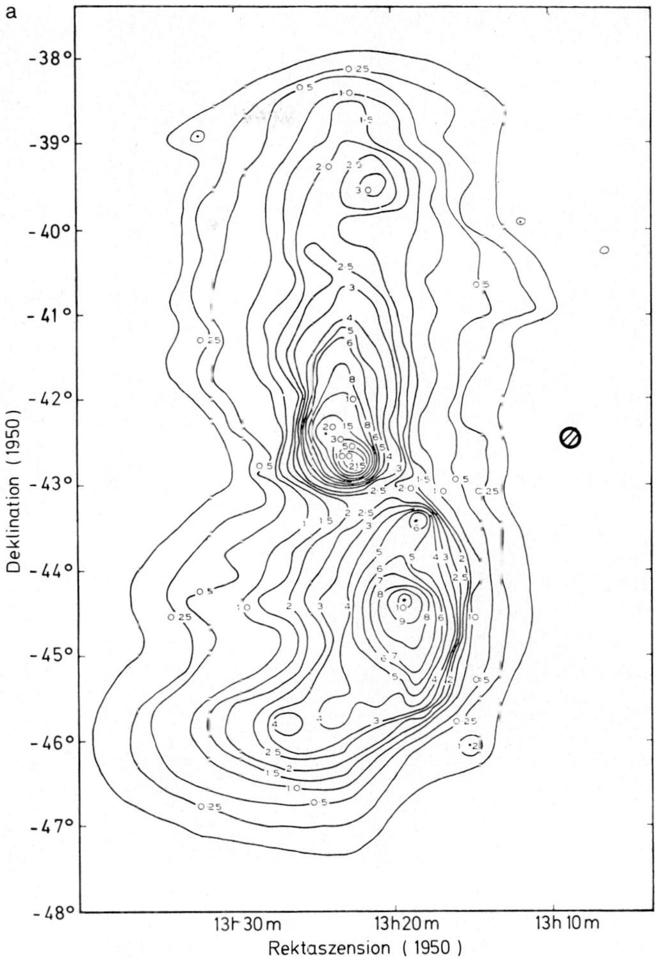

Abb. 5.6.4. (a) Radioquelle Cen A = NGC 5128. Isophoten des Radiokontinuums bei 1.42 GHz ($\lambda = 21$ cm) nach B. F. Cooper et al. (1965). Angegeben sind die Strahlungstemperaturen in [K]. Der schraffierte Kreis mit 14′ Durchmesser kennzeichnet das Auflösungsvermögen der Antenne

von CenA im Kontinuum bei 1.4 GHz von B.F.C. Cooper, R.M. Price und D.J. Cole (1965) läßt bereits *zwei* Paare von Plasmawolken erkennen, deren Abstand von der optischen Galaxie etwa 1 Mpc bzw. 10 kpc beträgt (Abb. 5.6.4a). Hochaufgelöste Beobachtungen mit dem Very Large Array bei 4.9 und 1.5 GHz von J.O. Burns, E.D. Feigelson und E.J. Schreier (1983) zeigen weitere

[17] W. Baade und R. Minkowski interpretierten dieses optische Bild zunächst als zwei zusammenstoßende Galaxien. Bei dem Zusammenstoß würden die Sterne nur wenig gestört, dagegen das Gas aus beiden Galaxien herausgefegt und zur Radiostrahlung angeregt. Die spätere Forschung hat dieses Bild nicht bestätigt.

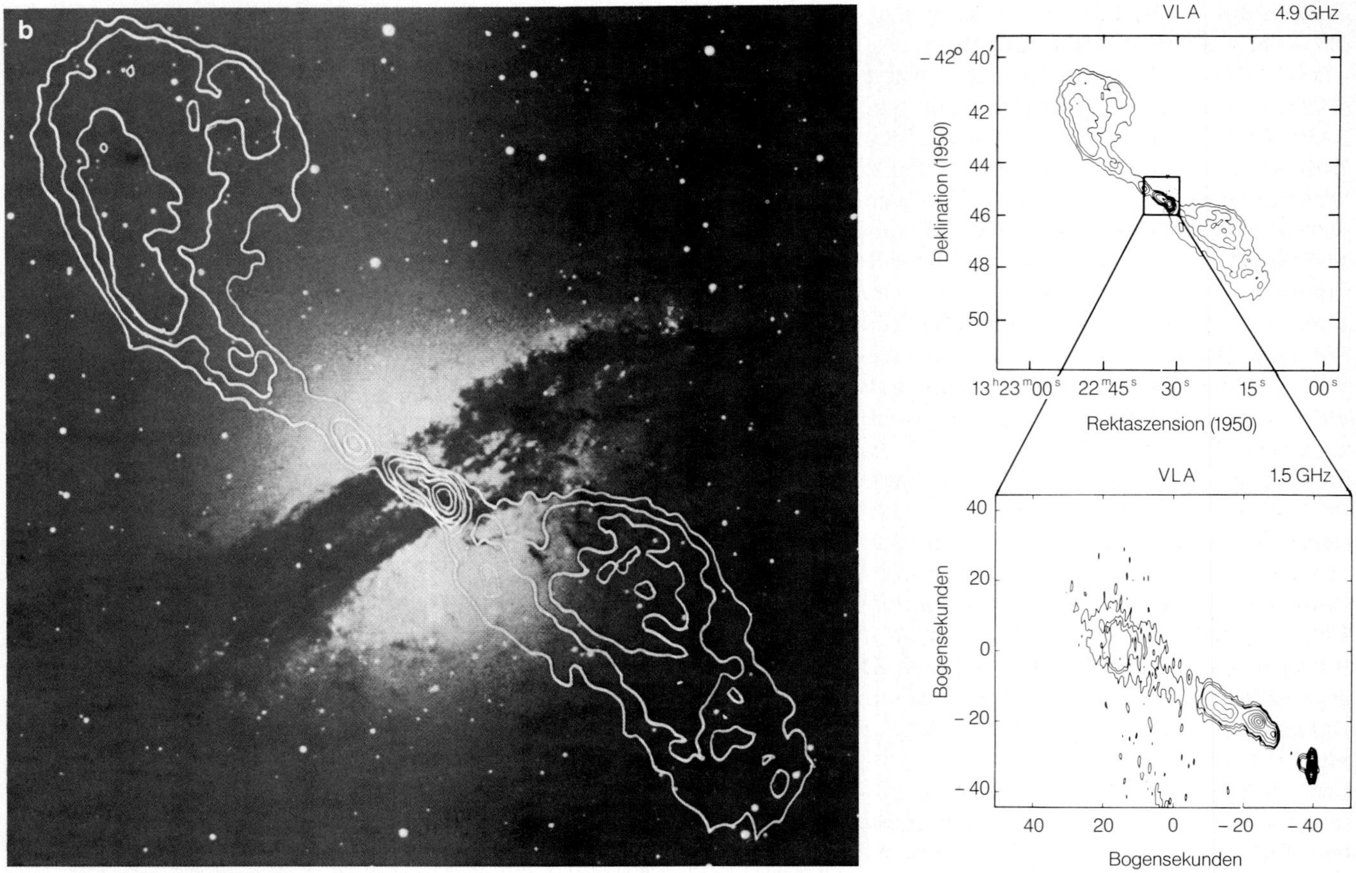

Abb. 5.6.4. (**b**) Radioquelle Cen A = NGC 5128, innerer Teil. Beobachtungen mit dem Very Large Array bei 4.9 GHz ($\lambda = 6$ cm) mit einer Auflösung von 15.6″ · 10.1″ (*rechts oben*) und bei 1.5 GHz ($\lambda = 20$ cm) mit 3.65″ · 1.05″ (*rechts unten*). Die 4.9 GHz-Isophoten sind einer Blauaufnahme der elliptischen Riesengalaxie (E0 oder S0 + S pec) von J. Graham (1979) mit dem 4 m-Teleskop des Cerro Tololo Inter-American Observatory überlagert (*links*). J.O. Burns et al.: Astrophys. J. **273**, 128 (1983). (Mit freundlicher Genehmigung von The University of Chicago Press, The American Astronomical Society und der Autoren)

Strukturen von Cen A (Abb. 5.6.4b). Das Isophotenbild des inneren Paares der Radioquellen hat eine ungefähr punktsymmetrische, S-förmige Struktur. Diese Verdrehung setzt sich dann in dem äußeren Paar fort. Ganz innen finden wir einen etwa 1.5 kpc langen, aus mehreren „Knoten" bestehenden *Jet*, der – nach einer Lücke von 0.4 kpc – das Zentrum mit der nördlichen, inneren Radioquelle verbindet. Er liegt in Richtung der Achse der optischen Galaxie, senkrecht zum Staubband. Ein südliches Gegenstück zu diesem Jet ist nicht vorhanden. Der Jet wurde übrigens zuerst im *Röntgenbereich* mit dem Einstein-Satelliten entdeckt. Da die im Radiobereich beobachteten Knoten mit denen im Röntgenbild zusammenfallen, liegt es nahe, auch die Emission im Röntgenbereich als Synchrotronstrahlung zu deuten. Zu ihrer Erzeugung müssen dann Synchrotronelektronen bis etwa 10^5 GeV und sicher auch schwere Teilchen vergleichbarer Energie vorhanden sein. Einige der Knoten sind im *Optischen* durch ein nichtthermisches Kontinuum und Emissionslinien erkennbar.[18] Innerhalb der zentralen Radiokomponente konnte schließlich durch Langbasisinterferometrie bei 2.3 GHz ein weiterer, *innerer Jet* von etwa

[18] Daß auch das Kontinuum im *optischen* Spektralgebiet mit seinem UV-Exzeß (gegenüber normalen Galaxien) nach dem Synchrotonmechanismus erzeugt wird, zeigten zuerst Beobachtungen der elliptischen Riesengalaxie M 87 = NGC 4486, der Radioquelle Virgo A (vgl. auch Abschn. 5.5.3). Aus deren Zentrum schießt ein Strahl heraus, der polarisiertes bläuliches Licht aussendet, das nur Synchrotronstrahlung sein kann. Später wurde dieser Jet auch im Radio- und Röntgengebiet entdeckt.

0.05″ bzw. 1 pc Länge entdeckt werden in derselben Richtung wie der äußere Jet.

Durchmusterungen aller optisch identifizierten Radiogalaxien zeigen, daß etwa die Hälfte (wie Cyg A oder Cen A) Riesen-E/S0-Galaxien sind. Die andere Hälfte sind Quasare (s. Abschn. 5.6.5). Die charakteristische *Doppelstruktur* der Radioemission treffen wir bei mehr als zwei Dritteln aller starken Radiogalaxien an. Ihre Ausdehnung liegt vorwiegend im Bereich von 0.1 bis 0.5 Mpc, selten über 0.6 Mpc. Den Rekord hält die riesige Radiogalaxie 3C 236 in 600 Mpc Entfernung mit einer Ausdehnung von 5.6 Mpc! Wie bei Cyg A finden wir häufig, vor allem durch Beobachtung bei hohen Frequenzen, eine zentrale kompakte Radiokomponente, die meist mit dem aktiven Kern einer Galaxie identifiziert wird.

Die *Energie*, welche in den Synchrotronelektronen und den Magnetfeldern einer Radiogalaxie enthalten ist, kann man mittels der Theorie der Synchrotronstrahlung abschätzen. Zunächst gibt nach (5.6.7) und (5.6.8) der Spektralindex Auskunft über die *Energieverteilung* der Elektronen. Dann kann man die Ausstrahlung pro Volumeinheit berechnen in Abhängigkeit von der Elektronendichte *und* der Stärke des Magnetfeldes bzw. deren Energiedichten. Schließlich erhält man unter der plausiblen Annahme, daß die Energiedichten der Synchrotronelektronen plus -protonen und des Magnetfeldes einander ungefähr gleich sind, die *Gesamtenergiedichte,* genauer gesagt einen unteren Grenzwert derselben. So findet man für die Radiogalaxien Energien im Bereich 10^{49} bis 10^{53} J (10^{56} bis 10^{60} erg) und Magnetfelder zwischen 10^{-10} und $2 \cdot 10^{-8}$ T (10^{-6} und $2 \cdot 10^{-4}$ G).

Während Jets im Optischen und Röntgenbereich nur bei wenigen Radiogalaxien und Quasaren gefunden werden, haben vor allem die Beobachtungen mit dem *Very Large Array* gezeigt, daß *Radio-Jets* ein weitverbreitetes Phänomen sind und daß wahrscheinlich durch die Jets die relativistischen Teilchen vom Zentrum in die äußeren Zonen der Radiogalaxien transportiert werden. Daß häufig, wie z. B. bei Cen A, nur Jets in *einer* Richtung beobachtet werden, kann wahrscheinlich als relativistischer Dopplereffekt verstanden werden, durch den die Strahlung der Teilchen, die sich auf uns zu bewegen, verstärkt wird (Abschn. 5.6.5). Beim Aufprall der Überschall-Plasmastrahlen auf ein dichteres Medium (Gas in Galaxienhaufen oder intergalaktisches Gas) bildet sich eine Bugstoßwelle aus, die wir vermutlich als *„heißen Fleck“* im Radiofrequenzbereich sehen. Erstaunlich ist die starke Kollimation der Strahlströme zu ihrer Achse hin über riesige Entfernungen und ihre Stabilität über 10^6 bis 10^7 a, die wir noch nicht recht verstehen. In einigen Fällen, z. B. in der Radiogalaxie NGC 6251, beobachten wir eine lineare Ausrichtung der Jets über Dimensionen von 1 pc bis hin zu 1 Mpc. Abgeknickte oder „verbogene“ Jets wie in Cen A können vielleicht durch Störungen von begleitenden Galaxien oder durch Präzessionsbewegungen der zentralen Achse erklärt werden.

Eine wichtige Einschränkung für jedes Modell einer Radiogalaxie ist die *Lebensdauer* der Synchrotronelektronen. Wir schätzen z. B. in Cyg A ein Magnetfeld von $1.5 \cdot 10^{-8}$ T (s. oben) ab. Dann können nach (5.6.9) die Elektronen, deren Synchrotronemission wir bei 5 GHz beobachten, nur über etwa 10^5 a lang strahlen; ihre Flugzeit vom Zentrum zum 0.1 Mpc entfernten Rand der Galaxie beträgt jedoch im günstigsten Fall (geradlinige Ausbreitung mit Lichtgeschwindigkeit) $3 \cdot 10^5$ a. Für die anfänglich vorgeschlagene Deutung der Radiogalaxien durch eine einmalige Explosion im Zentrum vor 10^4 bis 10^7 a, bei der Plasmawolken längs der Achse ausgestoßen werden, ergeben sich in vielen Fällen Schwierigkeiten. Wahrscheinlich erfolgt vielmehr ein steiger „Nachschub“ entlang der Jets und eine Beschleunigung der Elektronen auf relativistische Energien an Ort und Stelle in den Stoßfronten der „heißen Flecke“.

Wir stellen die Frage nach der Energiequelle noch zurück und beschäftigen uns zunächst mit den Beobachtungen der *Kerne* der verschiedenartigen Galaxien. Diese sind der Sitz einer von Galaxie zu Galaxie und ebenso zeitlich stark veränderlichen *„Aktivität“*, auf deren Bedeutung V. A. Ambarzumian schon 1954 in mehreren – damals kaum beachteten – Arbeiten hingewiesen hat. Sie äußert sich darin, daß enorme Energiemengen in Form superthermischer Teilchen und Photonen freigesetzt werden. Hier ist offenbar die Quelle von Synchrotronelektronen und Kosmischer Strahlung, von nichtthermischer Radiofrequenzstrahlung, Röntgen- und Gammastrahlung, von nichtthermischer langwelliger Infrarotstrahlung usw.

Wir betrachten im folgenden – in einer Folge zunehmender Aktivität – zunächst die (mehr oder weniger) *normalen Galaxien,* zu denen auch unser Milchstraßensystem gehört. Dann wenden wir uns den *Seyfert-Galaxien*, den Kernen der *Radiogalaxien* und den *Quasaren* zu.

5.6.3 Der Zentralbereich der Milchstraße und anderer normaler Galaxien

Im Zentrum vieler Spiralgalaxien zeigt die optische Beobachtung einen kleinen *Kern* hoher Flächenhelligkeit. In der Andromedagalaxie M 31 – wo ihn schon E. Hubble entdeckte – sind seine Dimensionen 1.6″ · 2.8″ oder rund 5 pc · 10 pc Ausdehnung. Das optische Spektrum zeigt, daß der Kern in der Hauptsache aus gewöhnlichen Sternen späterer Spektraltypen besteht. Die Helligkeit, wie auch die inneren Bewegungen, führen auf eine Gesamtmasse von 10^7 bis 10^8 $\mathcal{M}_\odot$ und damit eine Sterndichte von etwa $2 \cdot 10^5$ pc^{-3}. Die wahre Bedeutung der Galaxienkerne enthüllte jedoch erst die Radioastronomie. Schon im Bereich der „normalen" Galaxien erweisen sich viele derselben – aber nicht alle – als starke nichtthermische kompakte Radioquellen. Diese zeigen im Prinzip dieselben Phänomene, die wir im verstärkten Maß bei Seyfert- und N-Galaxien, Quasaren usw. antreffen werden.

Der *Zentralbereich unseres Milchstraßensystems* ist der optischen Beobachtung durch die dichten Dunkelwolken im Scorpius-Sagittarius-Gebiet entzogen. Erst durch Radioantennen hoher Auflösung im Zentimeterwellenbereich und durch die Entwicklung der Infrarotastronomie ist er seit Ende der sechziger Jahre der Forschung erschlossen worden.

Im Infrarot dominiert bei kürzeren Wellenlängen ($\lambda \lesssim 10$ μm) der Anteil der Sterne an der Gesamtstrahlung, während wir im fernen Infrarot die Strahlung von warmem Staub messen. Breitbandige Infrarotbeobachtungen wurden seit den Untersuchungen von E. E. Becklin, G. Neugebauer, F. J. Low, D. E. Kleinman u. a. 1968/69 mit ständig verbesserter Empfindlichkeit und Winkelauflösung durchgeführt. Aus der Flächenhelligkeit bei $\lambda = 2.2$ μm erkennt man die starke Zunahme der *Sterndichte* im galaktischen Zentralbereich (innerhalb 1 bis 2 kpc), dem inneren Teil der sphäroidischen Komponente der Galaxis (Abschn. 5.2.7). Der Durchmesser und die Flächenhelligkeit passen zum Zentralbereich der Andromedagalaxie M 31. Man darf annehmen, daß beide Bereiche aus Sternen bestehen und auch bei kürzeren Wellenlängen dieselbe spektrale Energieverteilung haben. Dann kann man die Extinktion zunächst im nahen Infrarot bestimmen zu $A_{2.2\,\mu m} \simeq 3$ mag. Durch Extrapolation findet man zum galaktischen Zentrum eine *visuelle Extinktion* A_V im Bereich von 27 bis 34 mag.

Die Beobachtungen mit dem Infrarotsatelliten IRAS zeigen, daß auch die Emission zwischen 12 und 100 μm Wellenlänge – neben einer Konzentration zur Milchstraßenebene – eine Verdickung im Zentralbereich (mit etwa 700 pc Ausdehnung in radialer Richtung) aufweist. Als diskrete helle Quellen treten auf den IRAS-Bildern vor allem staubgefüllte H II-Regionen hervor.

Bevor wir uns der eigentlichen galaktischen Zentralregion, den innersten wenigen pc, zuwenden, besprechen wir noch die radioastronomischen Beobachtungen des Gases in der weiteren Umgebung des Zentrums. Wir knüpfen an die *21 cm-Beobachtungen* des neutralen Wasserstoffs der galaktischen Scheibe an (Abschn. 5.3.3). In 3.7 kpc Abstand vom Zentrum haben wir mit der *Expansion* des „3 kpc-Arms" und seines Gegenstücks hinter dem Zentrum starke Abweichungen von den – für die äußere Scheibe typischen – Kreisbahnen kennengelernt und damit einen ersten Hinweis auf „ungewöhnliche" Vorgänge im Zentralbereich der Milchstraße bekommen. Noch weiter innen zeigen die 21 cm-Beobachtungen komplizierte Gasbewegungen, für welche noch kein eindeutiges Modell vorliegt, da die Deutung der beobachteten Radialgeschwindigkeiten dadurch erschwert wird, daß es keine Möglichkeit gibt, die Entfernungen der H I-Gebiete zu bestimmen. Ursprünglich hatten G. W. Rougoor und J. H. Oort (1960) die Beobachtungen durch eine dünne, etwa mit 250 km s^{-1} rotierende *Kernscheibe* (und einen Ring) mit $\lesssim 0.7$ kpc Radius gedeutet. Die Entdeckung von H I-Wolken hoher Geschwindigkeit (J. H. Oort und P. C. van der Kruit, 1971) führten zu der Vorstellung, daß aus dem galaktischen Zentrum vor etwa 10^7 a ungefähr 10^7 $\mathcal{M}_\odot$ Wasserstoff bei einer Explosion ausgestoßen worden sei. Ein anderes Modell (W. B. Burton und H. S. Liszt, 1978/80) beschreibt die Beobachtungen durch eine um etwa 25° gegen die galaktische Ebene *geneigte,* rotierende und gleichzeitig expandierende *Gasscheibe* mit 1.5 kpc Radius oder auch durch einen (ebenfalls geneigten) rotierenden *„Balken"* von 0.6 kpc · 1.9 kpc · 0.1 kpc, in dem das Gas auf stark elliptischen Bahnen strömt. Unabhängig von den genauen Modellvorstellungen dürften sich etwa 10^7 $\mathcal{M}_\odot$ an H I mit einer Dichte der Größenordnung 0.3 bis $1 \cdot 10^6$ m^{-3} innerhalb von 1 kpc Abstand vom Zentrum befinden.

Aus den Beobachtungen verschiedener *Moleküllinien*, vor allem des CO bei $\lambda = 2.6$ mm (11.5 GHz), das gleichzeitig die Verteilung von H_2 aufzeigt, sowie des OH und H_2CO, ergibt sich zwischen 2 und 4 kpc Abstand vom Zentrum ein ausgeprägtes Minimum des molekularen Wasserstoffs; weiter innen steigt die Dichte dann steil an. Die Kinematik der Molekülwolken bietet im großen und ganzen ein ähnliches Bild wie die der H I-Gebiete. Auch hier haben wir wahrscheinlich eine rotierende und expandierende, dünne Scheibe (mit 1.5 kpc Radius und 70 pc Dicke) oder einen rotierenden Balken vor uns. Die Neigung gegen den galaktischen Äquator scheint mit ungefähr 7° kleiner als die der H I-Scheibe zu sein. Die Dichten des H_2 sind um etwa einen Faktor 50 höher als die des H I, insgesamt befinden sich etwa $10^9 \mathscr{M}_\odot$ molekularen Wasserstoffs innerhalb 1.5 kpc.

In der Nähe des Zentrums ($R \simeq 200$ pc) liegt u.a. ein riesiger *Molekülwolkenkomplex,* der mit der Radioquelle Sgr B2 zusammenfällt und der sich durch die in ihm beobachtete große Vielfalt an verschiedenen Molekülen auszeichnet (Abschn. 5.3.4). Allgemein sind mit den Molekülwolken im Zentralbereich *Riesen-H II-Regionen* von einigen $10^4 \mathscr{M}_\odot$ assoziiert, die im cm-Bereich als starke *thermische* Radioquellen auffallen (Abb. 5.6.5). Diese

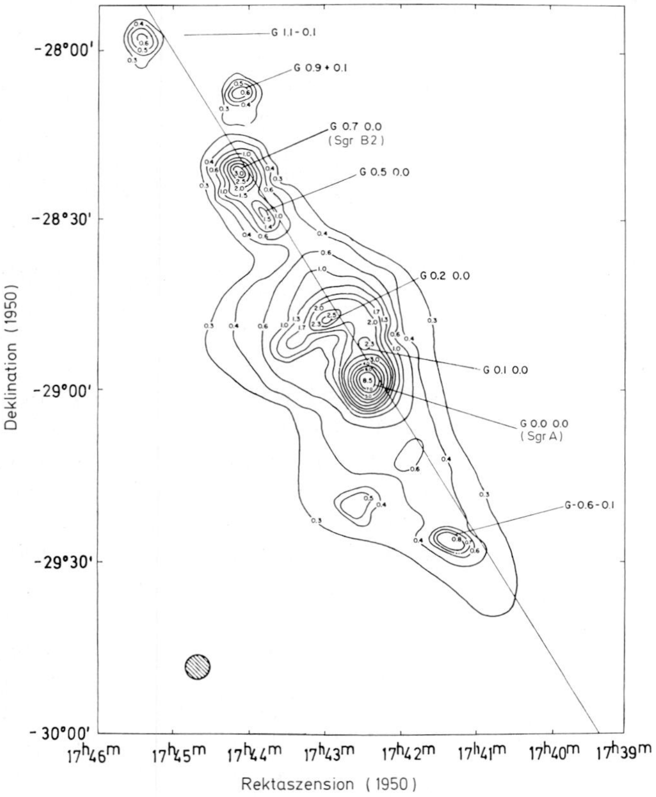

Abb. 5.6.5. Zentralgebiet der Milchstraße bei 8.0 GHz ($\lambda = 3.75$ cm) nach D. Downes et al. (1966). Die Bezifferung der Isophoten entspricht der Antennentemperatur. Die Radioquellen G sind durch ihre galaktischen Koordinaten *l, b* gekennzeichnet. Sagittarius A enthält die nichtthermische Zentralquelle unserer Galaxie. Die übrigen Quellen und ebenso die ausgedehnte Quelle ($l \simeq \pm 0.5°$) strahlen thermisch. Der „richtige" Äquator liegt offensichtlich 2′ bis 3′ südlich des bei der Festlegung des galaktischen Koordinatensystems angenommenen. Die thermische Quelle (Riesen-H II-Region G 0.7 − 0.0 = Sagittarius B2) ist mit einem großen Molekülwolkenkomplex assoziiert. Der schraffierte Kreis von 4.2′ Durchmesser gibt das Auflösungsvermögen der Antenne an. Bei einer Entfernung des galaktischen Zentrums von 8.5 kpc entsprechen 1 Bogenminute 2.5 pc

Radioquellen sind eingebettet in ein dünneres ionisiertes Medium (Elektronendichten $\simeq 10^7\,\mathrm{m}^{-3}$) in Form einer Scheibe von etwa 100 pc · 300 pc Ausdehnung.

Auf der Isophotenkarte des Zentralgebietes (Abb. 5.6.5) bei $\lambda = 3.75$ cm (8.0 GHz), die D. Downes u.a. 1966 mit einem 36 m-Paraboloid aufgenommen haben, erkennt man in der Mitte die Radioquelle *Sagittarius A* mit einem Durchmesser von etwa 3.5′ entsprechend 9 pc. Ihre Lage relativ zu vielen anderen Gebilden läßt keinen Zweifel darüber, daß Sgr A das Zentrum bzw. den *Kern* unserer Galaxie darstellt. Bei der höheren Auflösung des Very Large Array erkennt man vier Komponenten (Abb. 5.6.6): In einem *Halo* schwächerer thermischer und nichtthermischer Strahlung von etwa 20 pc Durchmesser liegt zum einen die nichtthermische, schalenförmige Quelle *Sgr A Ost,* wahrscheinlich ein Supernovaüberrest, sowie zum anderen die thermische Quellen *Sgr A West,* eine H II-Region von 2 · 4 pc Ausdehnung, und in ihr dann die *ultrakompakte Quelle Sgr A*,* eine starke nichtthermische, ellipsenförmige Quelle, deren große Halbachse gerade mit Hilfe der Langbasisinterferometrie im cm-Wellenbereich zu $\simeq 10^{-3}$ Bogensekunden bzw. 10 AE aufgelöst werden konnte. Dies entspricht ungefähr der Halbachse der Saturnbahn in unserem Planetensystem! Sgr A* ist innerhalb der Milchstraße einzigartig; vielleicht können wir diese Quelle mit der Position $l = -0.056°$ und $b = -0.046°$ als *das* galaktische Zentrum ansehen.

Betrachten wir nun die *innersten wenigen pc* um das Zentrum der Milchstraße etwas genauer: Aus diesem Bereich kommt insgesamt eine Leuchtkraft von etwa $10^7 L_\odot$, die fast ausschließlich im *Infrarot* abgestrahlt wird – von Staub, welcher durch die Ultraviolettstrahlung heißer Sterne geheizt wird. Das Radiofrequenz- und Röntgengebiet tragen hier nur relativ wenig bei. Innerhalb weniger pc vom Zentrum beobachten wir zum einen rund $10^4 \mathscr{M}_\odot$ neutrales Gas anhand der 21 cm-Linie des neutralen Wasserstoffs. Die stärkste Emissionslinie im Infrarot ist die Feinstrukturlinie des [O I] bei $\lambda = 63.2\,\mu$m. Zum anderen zeigen radioastronomische Beobachtungen von Moleküllinien sowie Infrarotbeobachtungen der Strahlung des geheizten Staubs, daß das Zentrum zwischen 2 und etwa 5 pc Abstand von einer ringförmigen, etwas verbogenen *Scheibe aus molekularem Gas und Staub* umgeben ist. Diese rotiert mit rund 110 km s^{-1} und enthält – bei Temperaturen $\lesssim 400$ K und Teilchendichten um $10^7\,\mathrm{m}^{-3}$ – ungefähr $10^4 \mathscr{M}_\odot$ an H_2. Das molekulare Gas zeigt ungewöhnliche Anregungsbedingungen, z.B. treten starke Emissionslinien

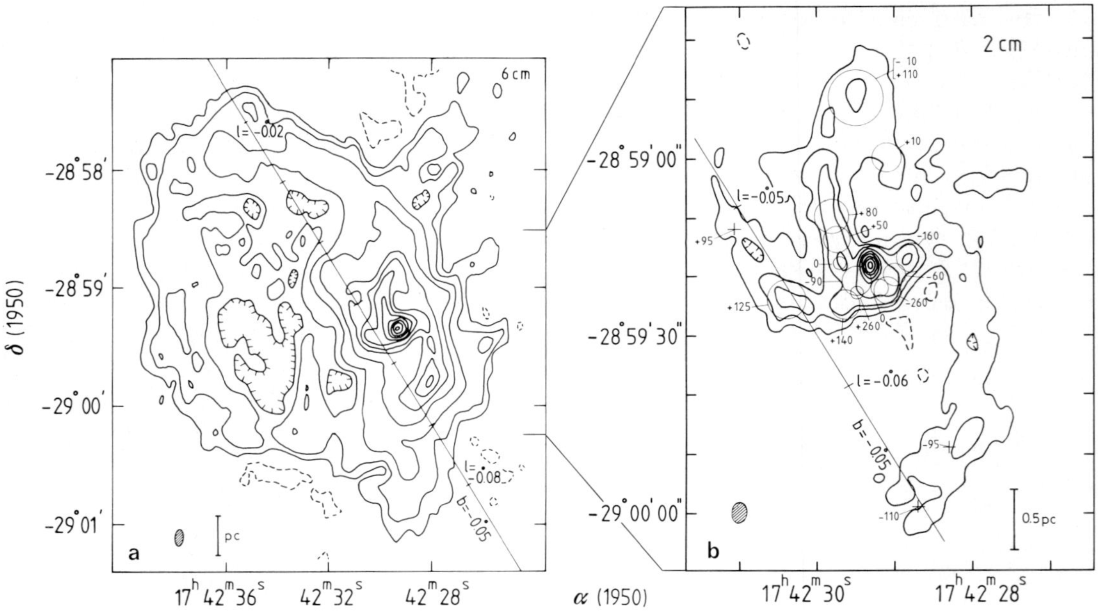

Abb. 5.6.6a, b. Sagittarius A. Isophoten der Kontinuumstrahlung (**a**) der ganzen Quelle bei $\lambda = 6$ cm (5 GHz) mit einer Auflösung von $5'' \cdot 8''$ und (**b**) des zentralen Bereichs der Komponente Sgr A West bei $\lambda = 2$ cm (15 GHz) mit einer Auflösung von $2'' \cdot 3''$. Beobachtungen mit dem Very Large Array von R. D. Ekers et al. (1983). Die Kreise und Kreuze in (b) kennzeichnen die von J. H. Lacy et al. (1980) beobachteten „[Ne II]-Wolken" mit ihren Radialgeschwindigkeiten in [km s^{-1}]

des CO von hohen Rotationsniveaus (Quantenzahlen $J \simeq 7 \ldots 14$) auf.

Aus dynamischen Betrachtungen erschließt man innerhalb von 2 pc Abstand vom Zentrum eine Masse von $5 \cdot 10^6 \mathscr{M}_\odot$.

Hochaufgelöste VLA-Beobachtungen der Radioquelle Sgr A West, z. B. bei $\lambda = 2$ cm (Abb. 5.6.6b), lassen erkennen, daß die thermische Emission des ionisierten Wasserstoffs in diesem Bereich aus einer kleinen „spiralförmigen" Struktur kommt. Die ultrakompakte Quelle Sgr A* liegt näherungsweise im Symmetriezentrum dieser Struktur, während die äußeren Bögen der Spirale mit dem inneren Rand der Molekül/Staub-Scheibe zusammen fallen. Vermutlich strömt Materie aus der Scheibe – infolge der galaktischen Rotation – auf Spiralen in den galaktischen Kern (oder aus ihm heraus?).

Im *Infrarot* zeigen die hochaufgelösten *Beobachtungen* bei 2.2 μm von E. E. Becklin und G. Neugebauer (1975) in den innersten 1 bis 2 pc ungefähr 20 diskrete Quellen mit Leuchtkräften von je etwa $10^4 L_\odot$ (in einem Fall $\simeq 10^5 L_\odot$), die einzelne helle Überriesen späten Spektraltyps oder auch Haufen früher Sterne darstellen dürften. Eine dieser Quellen befindet sich in nur $0.5''$ Abstand von der nichtthermischen Quelle Sgr A*. Innerhalb der Auflösung des Einstein-Satelliten (1′ bzw. 3 pc) liegt noch eine diskrete Röntgenquelle an dieser Stelle. Das galaktische Zentrum ist auch eine Quelle energiereicher *Gammastrahlung:* Die Emission bei 0.511 MeV, die von der Annihilation $e^+ + e^- \rightarrow \gamma + \gamma$ herrührt, ist stark variabel mit Zeitskalen von mehreren Monaten und deutet demnach auf eine kompakte Quelle mit einem Durchmesser $\lesssim 0.1$ pc, d. h. $\lesssim$ einige Lichtmonate, hin.

Die Beobachtungen von Radiorekombinationslinien in H II-Regionen und vor allem die hochaufgelösten Messungen von *infraroten Feinstrukturübergängen,* wie [Ne II] $\lambda = 12.8$ μm, [Ar III] $\lambda = 9.0$ μm, [S III] $\lambda = 18.7$ μm, [O III] $\lambda = 51.8$ μm u. a., geben uns Einblick in die *Dynamik* der nächsten Umgebung des galaktischen Zentrums. Zum Beispiel zeigen sich in der [Ne II]-Linie wolkige Strukturen der Emissionsgebiete, die entlang der „Radiospirale" angeordnet sind (Abb. 5.6.6b). Die Radialgeschwindigkeiten dieser „[Ne II]-Wolken" wären mit einer Rotation etwa in der galaktischen Ebene um eine zentrale Masse von 10^6 bis $10^7 \mathscr{M}_\odot$ (Schwarzes Loch?, Abschn. 5.6.6) verträglich. Allerdings beruht diese Massenabschätzung auf der Annahme, daß sich das Gas nahezu auf Kreisbahnen um das Zentrum bewegt. Die Dynamik im galaktischen Zentrum dürfte jedoch komplizierter sein, wie die Existenz der Spiralstruktur sowie neuere genaue Positionsmessungen anzeigen: Die ultrakompakte Radioquelle Sgr A* fällt weder mit einer der hellen Infrarotquellen (bei $\lambda = 2.2\ \mu m$) zusammen noch liegt sie genau im Symmetriezentrum der Rotation der [Ne II]-Wolken und der spiralförmigen Radioemission (Abweichung um 2.5″ bzw. 0.1 pc).

Eine *Aktivität* in dem bescheidenen Umfang wie im Kern unserer Milchstraße ist bei anderen normalen Galaxien derzeit nicht beobachtbar. In dem Zentralgebiet von M 31, das große Ähnlichkeit mit dem unserer Galaxis hat, können wir zur Untersuchung der Dynamik auch Linien im *optischen* Spektralbereich heranziehen (Abschn. 5.5.3).

Durch die Entwicklung hochempfindlicher optischer Detektoren mit hoher spektraler und räumlicher Auflösung konnten in neuerer Zeit in den Kernen der meisten Spiralgalaxien, auch in „normalen" Galaxien wie M 81 oder M 51, *schwache Emissionslinien* entdeckt werden (T.M. Heckman, 1980; W.C. Keel, 1983; u.a.), deren Intensitätsverhältnisse sich von denen in H II-Regionen, Planetarischen Nebeln oder Supernova-Überresten unterscheiden. Charakteristisch ist das Auftreten von Hα mit breiten Flügeln und von der benachbarten [N II] $\lambda = 658$ nm-Linie mit vergleichbarer Stärke. In einigen dieser *„Liner"* (*l*ow-*i*onization *n*uclear *e*mission-line *r*egions) genannten Emissionsgebiete ist ein schwaches nichtthermisches Kontinuum zu erkennen, so daß wir hier vermutlich eine etwas stärkere Form der Aktivität vor uns haben.

5.6.4 Seyfert-Galaxien. Aktive Kerne der Radiogalaxien

Die Aktivität im Kern wird optisch und radioastronomisch deutlicher faßbar bei der Klasse der (meist spiralförmigen) Galaxien, die 1943 von C.K. Seyfert zunächst optisch entdeckt wurden. Die *„Seyfert-Kerne"* zeigen ein kräftiges *Emissionsspektrum,* in dem die Balmerlinien des Wasserstoffs sowie He I und II und andere erlaubte Übergänge sich stets durch große *Breite* auszeichnen. Die *verbotenen* Linien – meist hoher Anregung – von N II, O II–III, Ne III–IV, S II u.a. dagegen haben in manchen Seyfertgalaxien (Typ Sy 2) *dieselbe* Breite, in andern (Typ Sy 1) sind sie erheblich *schmäler* als die erlaubten Linien (Abb. 5.6.7). Die Halbwertsbreiten entsprechen für die Sy 1-Galaxien einem Dopplereffekt von etwa 5000 km s^{-1} bei den erlaubten und 500 km s^{-1} bei den verbotenen Linien, für die Sy 1-Galaxien liegen die Breiten aller Linien im Bereich von 300 bis 1000 km s^{-1}.

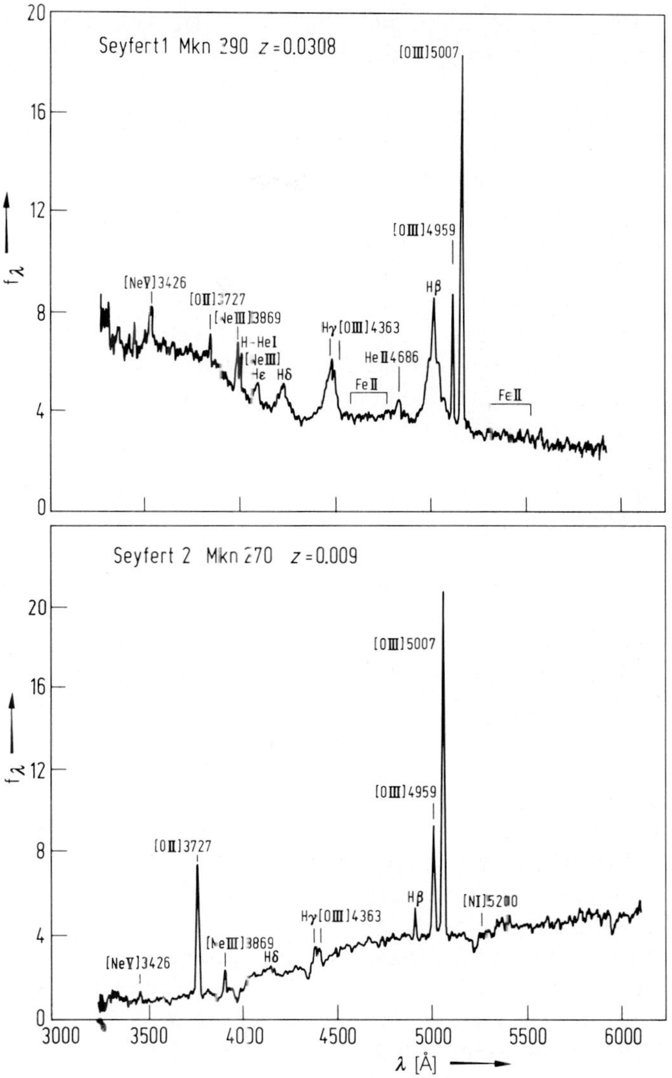

Abb. 5.6.7. Spektren von Seyfert-Galaxien (Typ Sy 1 und Sy 2) nach H. Netzer (1982). Aufgetragen ist der Strahlungsfluß (außerhalb der Erdatmosphäre) f_λ in $[10^{-17}\ W\,m^{-2}\,nm^{-1} = 10^{-15}\ erg\,s^{-1}\,cm^{-2}\,Å^{-1}]$ gegenüber der beobachteten Wellenlänge $\lambda = (1+z)\lambda_0$ in [Å] (z Rotverschiebung)

Auf die Interpretation der Spektren kommen wir in Abschn. 5.6.6 zu sprechen.

Die scheinbar hellsten Seyfert-Galaxien sind NGC 4151 (Sy 1) mit einem Kern von $m_V \simeq 12$ mag und NGC 1068 (Sy 2) mit $m_V = 10.5$ mag. Die Sy 1-Galaxien sind absolut hellere Objekte als die vom Typ Sy 2; sie erreichen absolute visuelle Helligkeiten des Kerns von 10^{35} bis $\gtrsim 10^{38}$ W bzw. $2 \cdot 10^8$ bis $\gtrsim 2 \cdot 10^{11}\ L_\odot$.

Das *optische Kontinuum* enthält einen nichtthermischen Beitrag, welcher der Strahlung der Sterne überlagert ist und zum Ultraviolett hin zunimmt. Die Sy 1-Galaxien sind starke *Röntgenquellen* und haben auch im harten Röntgenbereich (bis $\lesssim 50$ keV) noch ein nichtthermisches Spektrum $I_\nu \sim \nu^{-0.7}$, so daß in ihren Kernen sehr energiereiche Synchrotronelektronen vorhanden sein müssen. Extrapolation des Potenzgesetzes zu höheren Energien läßt vermuten, daß die Röntgenleuchtkraft der Sy 1-Galaxien die optische Leuchtkraft übertrifft. NGC 4151 und der Quasar 3 C 273 sind derzeit die einzigen diskreten extragalaktischen *Gammastrahlenquellen,* die identifiziert werden konnten.

Im *Infrarot* überwiegt bei den Seyfert-Galaxien die Strahlung von erwärmtem Staub, die Leuchtkraft im Infrarot ist vergleichbar oder etwas höher als im Optischen. Im *Radiobereich* stellen die Seyfert-Galaxien kompakte Quellen dar, die nichtthermische Synchrotronstrahlung emittieren. Beobachtungen mit dem Very Large Array und Langbasisinterferometrie mit Winkelauflösungen von 0.001″ bis $\lesssim 1''$ ergeben, daß bei einigen Galaxien die Radioemission eine Doppel- oder Tripelstruktur aufweist mit Quellen von z. T. nur einigen 0.1 pc Durchmesser; bei anderen Galaxien ist die – mit dem optischen Kern zusammenfallende Radioquelle – ohne auffallende Strukturierung. Im Vergleich zu den Radiogalaxien sind bei den Seyfert-Galaxien die Radioquellen schwächer und weit weniger ausgedehnt ($\lesssim 0.1$ bis 1 kpc).

Bei der Seyfert-Galaxie NGC 1275 = 3 C 84, die schon 1954 W. Baade und R. Minkowski mit der starken Radioquelle Per A identifiziert hatten, werden bei 10^{-3} Bogensekunden Auflösung drei kollineare kompakte Komponenten (und einige schwächere Strukturen) im cm-Wellenbereich beobachtet, die Emission im mm-Wellenbereich scheint von einer weiteren Quelle herzurühren. Die Radiostrahlung ist zeitlich stark variabel. Bei NGC 1275 findet man außer der Aktivität im Kern noch bei Hα-Beobachtungen (R. Lynds, 1970) zahlreiche langgestreckte Filamente bis etwa 75 kpc vom Zentrum entfernt mit Geschwindigkeiten von einigen 1000 km s^{-1}, die äußerlich eine gewisse Ähnlichkeit mit denen des Krebsnebels haben.

Für alle Seyfert-Kerne ist die *Variabilität* ihrer Strahlung mit Zeitskalen von Monaten bis Jahren in allen Spektralbereichen vom Radio- bis zum Röntgengebiet charakteristisch; die Amplituden liegen im Bereich von 0.2 bis 1 mag. Bei den Sy 1-Galaxien ist eine Zunahme des (nichtthermischen) optischen Kontinuums mit einem Intensitätsanstieg der erlaubten Emissionslinien korreliert. Neuere Beobachtungen an NGC 4151 lassen auch Schwankungen in den Linien*breiten* erkennen, so daß möglicherweise der Typ einer Seyfert-Galaxie zeitlich variiert.

Die schon beschriebenen Phänomene in den „normalen" Galaxien machen im Vergleich zu den Seyfert-Galaxien den Eindruck eines etwas bruchstückhaften oder verkümmerten Gegenstücks. Man gelangt so zu der Auffassung, daß alle oder jedenfalls die meisten helleren Galaxien zeitweise die „Seyfert-Krankheit" bekommen. Da ungefähr 1% der Galaxien das Seyfert-Phänomen zeigen, dürfte dessen Gesamtdauer (vielleicht mit Unterbrechungen) größenordnungsmäßig 10^8 a betragen.

Das von Seyfert 1943 gefundene Klassifikationskriterium ist nicht das einzig mögliche. Daneben bezeichnet man als N-Galaxien (W. W. Morgan, 1958) Objekte, die (optisch) einen hellen, sternartigen Kern mit einer schwachen, nebligen Hülle haben. Wahrscheinlich sind alle Seyfert-Galaxien zugleich vom N-Typ, aber sicher nicht umgekehrt. Dem N-Typ verwandt, aber noch weiter gefaßt, ist die Klasse der *kompakten Galaxien* nach F. Zwicky (1963), die nach Definition innen einen Bereich haben, dessen Flächenhelligkeit größer ist als 20 mag pro Quadratbogensekunde. Endlich bezeichnet man als *Markarian-Galaxien* solche, die – z. B. auf Spektren kleiner Dispersion – einen wesentlichen *Ultraviolettexzeß* (gegenüber normalen Objekten) aufweisen. Die Verwandtschaft des von B. E. Markarian (1967) gewählten Kriteriums mit dem Seyfertschen ist evident. Aufgabe der Zukunft muß es bleiben, eine Klassifikation zu finden, welche einerseits die permanenten, andererseits die temporären Züge der Galaxien in möglichst unmittelbarem Anschluß an die Beobachtungen übersichtlich darstellt.

Viele Radiogalaxien (Abschn. 5.6.2) haben kompakte Kerne mit starken optischen *Emissionslinien.* Wir unterscheiden die *„breitlinigen"* Radiogalaxien mit breiten erlaubten Linien um 8000 km s^{-1} Dopplerbreite und schmäleren verbotenen Linien von den *„schmallinigen"* Radiogalaxien, deren erlaubte und verbotene Linien ähnliche Breiten um 500 km s^{-1} aufweisen. Erstere sind N-Galaxien und zeigen in vielen Eigenschaften (Emissionslinien, Leuchtkraft, Röntgenstrahlung, Variabilität) Ähnlichkeit mit den Sy 1-Galaxien, letztere sind meist E- bzw. D-Galaxien und haben Ähnlichkeit mit den Sy 2-Galaxien.

5.6.5 Quasare (Quasistellare Objekte)

In den sechziger Jahren entdeckte man, daß eine Anzahl von keineswegs schwachen Radioquellen aus dem 3.

Cambridger Katalog diskreter Radioquellen (3 C) optisch zu identifizieren waren mit Objekten, die auch auf Aufnahmen mit dem Mt. Palomar 5 m-Spiegel nicht von Sternen unterschieden werden konnten. Die optisch wie radioastronomisch bestimmten *Durchmesser* $<1''$ ließen zunächst erkennen, daß die neuartigen Objekte in beiden Spektralgebieten eine außergewöhnlich große Flächenhelligkeit besitzen. 1962/63 untersuchte M. Schmidt ihre Spektren; sie zeigen ein *Kontinuum* und *starke Emissionslinien,* ähnlich denen der schon bekannten Radiogalaxien. Das Neue waren die enormen *Rotverschiebungen* $z = \Delta\lambda/\lambda$, die – interpretiert im Sinne der Hubble-Relation (5.9.2) – zeigten, daß es sich um sehr entfernte blaue *Galaxien* handelt. Ihre visuelle absolute Helligkeit übertrifft die normaler Riesengalaxien bis zu einem Faktor 100; ihre Radioleuchtkraft entspricht etwa der von Cyg A. Bei diesem Stand der Forschung prägte man die Bezeichnung *Quasar* = *Quasistellar Radio Source.*

1965 entdeckte A. Sandage, daß es viel mehr quasistellare Galaxien gibt, die mit ihren kompakten Strukturen, ihrer hohen Flächenhelligkeit und blauen Farbe optisch von den quasistellaren Radioquellen nicht zu unterscheiden sind, aber keine (oder höchstens ganz schwache) Radiostrahlung aussenden. So unterschied man vielfach zwischen QSR = Quasistellar Radio Source oder QSG = Quasistellar Galaxy und QSO = Quasistellar Object (ohne Radiostrahlung). Nachdem man heute wohl sagen kann, daß es sich um dieselbe Art Galaxien handelt – von denen jeweils ein kleiner Teil an der „Radiokrankheit" leidet –, spricht man *durchweg* von Quasaren oder quasistellaren Objekten und fügt (nach Bedarf) hinzu, ob diese eine starke Radiostrahlung aussenden oder nicht.

Bei optischen und radioastronomischen Himmelsdurchmusterungen sind seither einige tausend Quasare entdeckt worden; z.B. enthält der Katalog von M.-P. Véron-Cetty und P. Véron (1989) rund 4170 Quasare, der von A. Hewitt und G. Burbidge (1987) 3570 Quasare mit gemessener Rotverschiebung.

Im Zweifarbendiagramm (U-B, B-V) können die Quasare mit nicht zu großem z wegen ihrer blauen Farbe gut von Sternen unterschieden werden. Sie liegen zusammen mit den Seyfert-Kernen und den N-Galaxien in einem schmalen Streifen etwa längs der Schwarze-Körper-Linie (Abb. 4.5.5). Ein solches Diagramm unterstreicht gleichzeitig die nahe Verwandtschaft der erwähnten Objekte.

Der uns nächste, seinerzeit von M. Schmidt als erster entdeckte Quasar 3C273 mit $m_V = 12.8$ mag hat eine Rotverschiebung $z = 0.158$ bzw. eine Entfernung von etwa 950 Mpc. Die übrigen Quasare sind schwächer als 16 mag. Der *absolut* hellste Quasar (Stand 1990) ist S5 0014+81 mit $M_V \simeq -33$ mag ($m_V = 16.5$ mag) bei $z = 3.41$. Der Quasar mit der größten bekannten Rotverschiebung war einige Jahre lang PKS 2000−330 ($m_V = 19$ mag) mit $z = 3.78$; dann wurden seit 1986 immer mehr Quasare mit höheren Rotverschiebungen entdeckt, unter ihnen ungefähr dreißig mit $z > 4$. Den Rekord hält derzeit (1991) PC 1247+3406 (PC = *P*alomar *C*CD-Durchmusterung) mit einer Rotverschiebung von $z = 4.90$.

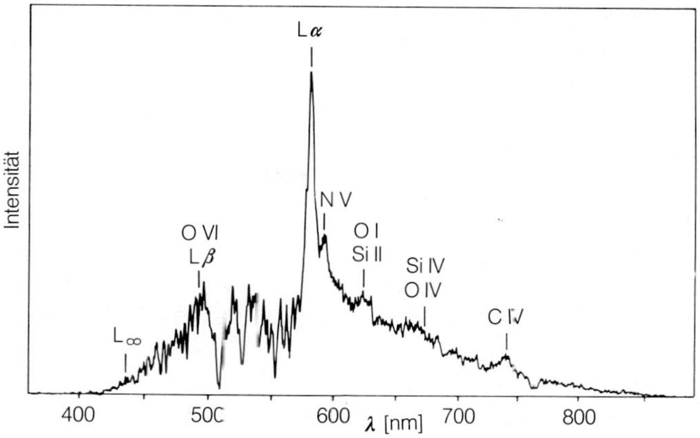

Abb. 5.6.8. Optisches Spektrum des Quasars PKS 2000-300 ($m_V \simeq 19$ mag) mit einer Rotverschiebung $z = 3.78$, relative Intensität gegen beobachtete Wellenlänge. Aufnahme mit dem Anglo-Australischen 3.9 m-Teleskop, Auflösung 1 nm. Die Identifikationen der stärksten Linien und der Lymankante sind angegeben, im Ruhesystem ist Lα 121.6, C IV 155 nm. Die vielen Absorptionslinien kurzwellig von Lα stammen von einzelnen Wasserstoffwolken auf dem Sehstrahl („Lα-Wald"). B.A. Peterson et al.: Astrophys. J. **260**, L27 (1982). (Mit freundlicher Genehmigung von The University of Chicago Press, The American Astronomical Society und der Autoren)

Im Spektrum von PKS 2000−330 (Abb. 5.6.8) ist z.B. die Resonanzlinie des Wasserstoffs, Lα, von ihrer Ruhewellenlänge bei $\lambda_0 = 121.6$ nm nach $\lambda = (1+z)\lambda_0 = 581.2$ nm verschoben. Wir können also bei den fernen Quasaren mit Rotverschiebungen bei $z \simeq 4$ die starken ultravioletten Emissionslinien – neben den Lymanlinien vor allem C IV $\lambda_C = 155$ nm – bequem im optischen Bereich beobachten.

Bei Rotverschiebungen, welche nicht mehr klein gegen eins sind, können wir zur Bestimmung der Entfernung nicht mehr die einfache Hubblebeziehung, z proportional zur Entfernung, verwenden; vielmehr benötigen wir eine verallgemeinerte Relation, die mittels der Allgemeinen Relativitätstheorie für ein Modell des Kosmos aufgestellt wird (Abschn. 5.9.3).

Die *absoluten Helligkeiten* M_V der Quasare liegen im Bereich -25 bis -33 mag (für eine Hubblekonstante $H_0 = 50 \text{ km s}^{-1} \text{Mpc}^{-1}$, Abschn. 5.9.1). Dies entspricht visuellen Leuchtkräften von 10^{12} bis zu einigen $10^{14} L_\odot$ ($4 \cdot 10^{38}$ W bis $\simeq 10^{41}$ W). Damit stellen die Quasare die *absolut hellsten* Sternsysteme im Kosmos dar. Wir haben in ihnen nur die extrem hellen *Kerne* ferner Galaxien vor uns, welche sich in ihrer ausgeprägten Aktivität stetig an die Seyfert-, N- und Radiogalaxien anschließen. Die zugehörigen *Muttergalaxien* sind auf normalen optischen Bildern nur bei den allernächsten Quasaren wie 3C 273 als schwache ausgedehnte Nebelfleckchen erkennbar, im allgemeinen sind sie vom viel helleren Kern überstrahlt. Erst in neuerer Zeit konnten mit Hilfe der hochempfindlichen CCD-Detektoren (großer dynamischer Bereich!) und moderner Bildverarbeitungstechnik bei *allen* Quasaren mit $z \lesssim 0.5$ die zugehörigen Galaxien gefunden werden (Abb. 5.6.9). Aus der Helligkeitsverteilung – nach Subtraktion des Quasars – leitet man absolute Helligkeiten um -21 bis -23 mag und Durchmesser von etwa 40 bis 150 kpc ab, also typische Werte wie bei großen spiralförmigen oder elliptischen Galaxien. Die Beobachtungen deuten darauf hin, daß möglicherweise die Quasare mit starker Radioemission E-Galaxien, diejenigen ohne Radioemission S-Galaxien als Muttergalaxien haben.

Abb. 5.6.9. Direktaufnahme des Quasars QSO 0054 + 144 ($z = 0.171$) mit der CCD-Kamera des 2.2 m-Teleskops auf dem Calar Alto durch J. Fried 1983 (Rotfilter, 1 h Belichtung). Ausschnitt etwa $90' \cdot 90'$. Der Quasar ist das hellste Objekt in der unteren Bildhälfte. Der helle Quasar ist von einem Nebelflecken, der Muttergalaxie, umgeben. Deren Helligkeitsverteilung ist charakteristisch für eine elliptische Galaxie. (Bild von J. Fried)

Die Quasare gehören auch zu den stärksten extragalaktischen *Röntgenquellen* und strahlen (im Bereich von 0.2 bis 4.5 keV) fast ebensoviel wie im Optischen ab; ihre *Infrarot*leuchtkraft ist von derselben Größenordnung. Der uns nächste Quasar 3C 273 konnte auch als diskrete Quelle im Gammastrahlenbereich identifiziert werden.

Im *Radiofrequenzbereich* zeigen die Quasare ein nichtthermisches Spektrum $I_\nu \sim \nu^{-\alpha}$, das ohne Zweifel als *Synchrotronstrahlung* zu deuten ist. Bei 3C 273 kann wegen seiner Nähe praktisch das gesamte Spektrum beobachtet werden, vor allem auch der mm- und Infrarot-Bereich.[19] Zwischen etwa 5 μm und 5 mm Wellenlänge ist der Spektralindex $\alpha \simeq 0.7$, ähnlich dem der Radiogalaxien (bei größeren Wellenlängen). Oberhalb 5 mm finden wir ein flaches Spektrum ($\alpha \simeq 0.1$), das wahrscheinlich durch Überlagerung aus mehreren kompakten Komponenten mit Synchrotronselbstabsorption entsteht; im nahen Infrarot ($\lambda \lesssim 5$ μm) wird das Spektrum steiler ($\alpha \simeq 1.6$). Die Kontinuumsemission folgt auch über das Optische hinaus bis in den Röntgen- und Gammastrahlenbereich im wesentlichen einem Potenzgesetz, so daß es naheliegt, die Quasarstrahlung im gesamten elektromagnetischen Spektrum überwiegend als Synchrotronstrahlung zu deuten. Allerdings dürften die energiereichen Photonen des Röntgen- und Gammabereichs nicht direkt durch den Synchrotronprozeß entstehen, sondern vielmehr durch inverse Comptonstreuung (5.3.35) energieärmerer Photonen an relativistischen Elektronen erzeugt werden. Bei vielen Quasaren wird im Optischen und nahen Ultraviolett ein breiter Emissionsbuckel um $\lambda \simeq 300$ nm („uv bump") als *Exzeßemission* gegenüber der Synchrotronstrahlung beobachtet; dieser stellt vermutlich thermische Strahlung einer Akkretionsscheibe um das zentrale kompakte Objekt (Abschn. 5.6.6) dar.

Beobachtungen im Radiobereich mit *hoher Winkelauflösung* ergeben, daß viele Quasare aus zwei oder mehr Komponenten bestehen, meist aus einer kompakten zentralen Quelle ($\ll 1''$) und einer ausgedehnteren länglichen, von dieser weggerichteten Quelle (Jet) ähnlich wie im Zentralgebiet von Cyg A (Abb. 5.6.3 und 10).

[19] Gleichzeitige Beobachtungen in verschiedenen Wellenlängenbereichen vom Radio- bis zum Röntgengebiet zeigen bei 3C 273 im einzelnen eine komplexe Variabilität der Intensität und des Spektralindex, auf die wir hier nicht eingehen können.

Bei dem uns nächsten *Quasar 3C273* zeigen optische und Radiobilder übereinstimmend, daß sich radial aus dem „eigentlichen" Quasar heraus ein dünner Jet (Komponente 3C273A) bis in eine Entfernung von etwa 20″ bzw. 80 kpc erstreckt. Da dieser sich nicht schneller als mit Lichtgeschwindigkeit bewegt haben kann, muß sein Alter mindestens von der Größenordnung 10^6 a sein.

Der eigentliche Radioquasar besteht aus einem Radiohalo von 80 pc Ausdehnung (3C273B), darin befinden sich mehrere kleinere, zeitlich veränderliche Komponenten ($\lesssim 10$ pc) und eine kompakte, nicht aufgelöste Komponente von $\lesssim 0.0004''$ bzw. $\lesssim 1.5$ pc. Im Frequenzbereich $\gtrsim 10$ GHz liefert die kompakte Komponente den größten Teil des Strahlungsflusses; die überraschende *Kleinheit* der zentralen Komponente in 3C273 und anderen Quasaren, welche offensichtlich als die eigentliche Quelle ihrer Energie und ihrer Aktivität anzusehen ist, wird bestätigt durch die *zeitliche Veränderlichkeit* der optischen und der Radiostrahlung (um etwa 0.2 bis 1 mag) mit charakteristischen Zeiten von der Größenordnung Wochen bis Jahre. Die Ausdehnung des strahlenden Bereichs kann also höchstens wenige Zehntel Lichtjahre betragen.

Bei der Beobachtung der zeitlichen Veränderungen in der Struktur der Radioquellen mittels Langbasisinterferometrie zeigen sich bei 3C273B sowie bei einigen weiteren Quasaren und Radiogalaxien Bewegungen, welche *scheinbar mit Überlichtgeschwindigkeit* erfolgen (Abb. 5.6.10). Wir erklären diese scheinbaren Geschwindigkeiten $v_\perp > c$ durch den relativistischen Dopplereffekt: Bewegt sich ein Strahl relativistischer Teilchen mit $v \simeq c$ fast genau in Richtung auf den Beobachter zu (unter einem kleinen Winkel δ zum Sehstrahl), so kommt dessen nach vorn gerichtete Synchrotronstrahlung (Abb. 5.6.1), von uns aus gesehen, aus einer Quelle, welche sich an der Sphäre scheinbar mit

$$v_\perp = \frac{v \sin\delta}{1 - \dfrac{v}{c}\cos\delta} \simeq \frac{v\,\delta}{\dfrac{\delta^2}{2}\dfrac{v}{c}} \simeq \frac{2c}{\delta} \qquad (5.6.10)$$

bewegt ($\cos\delta \simeq 1 - \delta^2/2$). Bei 3C273 entspricht z. B. der 1977/80 beobachteten Vergrößerung des Abstands zweier Komponenten mit $v_\perp/c \simeq 11$ demnach ein Strahlwinkel von $\delta \simeq 2/11$ bzw. etwa 10°. Weiterhin erfolgt für einen auf uns zu gerichteten Strahl eine Intensitätsverstärkung – gegenüber einer ruhenden Quelle – um einen Faktor $8\gamma^3$, für einen Strahl senkrecht zur Sehrichtung um einen Faktor γ^3, wobei $\gamma = E/m_0c^2 \gg 1$ (E: Energie der relativistischen Elektronen) ist. Umgekehrt wird ein nach hinten ausgestoßener Jet um einen Faktor $8\gamma^3$ geschwächt. Wir können also durch diesen relativistischen Effekt im Prinzip sowohl die scheinbaren Überlichtgeschwindigkeiten als auch das häufige Auftreten von nur *einem* Jet in den Radioquellen verstehen.

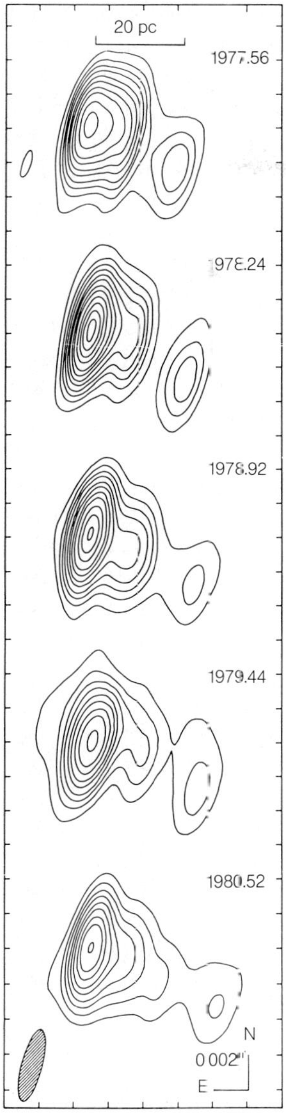

Abb. 5.6.10. Quasar 3C273. Beobachtungen der kompakten Komponente B mittels Langbasisinterferometrie bei 10.65 GHz ($\lambda = 2.8$ cm) in den Jahren 1977/80. Die Expansion der Quelle von $0.76 \cdot 10^{-3}{}''\ \mathrm{a}^{-1}$ entspricht einer scheinbaren Geschwindigkeit von etwa dem 11fachen der Lichtgeschwindigkeit ($H_0 = 50\ \mathrm{km\ s^{-1}\ Mpc^{-1}}$). Die schraffierte Ellipse kennzeichnet das Auflösungsvermögen von $4.2 \cdot 1.2$ Millibogensekunden. T. J. Pearson et al.: Nature **290**, 365 (1981). (Mit freundlicher Genehmigung von Macmillan Magazines Ltd., London, und der Autoren)

Die *Gesamtenergie* der Synchrotronelektronen, der zugehörigen schweren Teilchen und des Magnetfeldes, welche in einem Quasar zur Verfügung stehen muß, kann man wieder wie bei den Radiogalaxien (Abschn. 5.6.2) unter den Annahme approximativer Gleichverteilung abschätzen und kommt auf etwa 10^{55} J $= 10^{62}$ erg. Dieser Energiebetrag entspricht der gesamten relativistischen Ruheenergie $m_0 c^2$ von $10^8 \mathscr{M}_\odot$! Die gesamte, für Quasare typische *Abstrahlung* von einigen 10^{39} W $= 10^{46}$ erg s^{-1} (bzw. $\simeq 10^{13} L_\odot$) könnte aus diesem Energievorrat also höchstens über 10^8 a gedeckt werden.

Namentlich im Hinblick auf den enormen Energiebedarf der Quasare haben einige Astronomen die Ermittlung ihrer Entfernungen nach dem Hubbleschen Rotverschiebungsgesetz bestritten. Die großen Rotverschiebungen sollten vielmehr auf irgendwelche andere Weise gedeutet und die Quasare als „lokales" Phänomen aufgefaßt werden, etwa daß sie durch Herausschleudern aus anderen Galaxien entstanden sein könnten. Vor allem wird auf das häufige Auftreten von Quasar- und Galaxienpaaren und -gruppen hingewiesen, welche sehr kleine Winkelabstände voneinander haben, also anscheinend zusammengehören, dabei jedoch ganz verschiedene Rotverschiebungen aufweisen. Eine befriedigende statistische Untersuchung solcher Koinzidenzen steht noch aus.

Demgegenüber sprechen eine Reihe anderer Beobachtungen überzeugend für die *kosmologische Deutung* der Rotverschiebung der Quasare:

Zum einen gehören viele Quasare auch Gruppen und Haufen an, in denen die normalen Galaxien *dieselbe* Rotverschiebung wie die Quasare haben.

Dann spricht vor allem die *direkte* Beobachtung der Muttergalaxien der Quasare mit $z \lesssim 0.5$ eindeutig für die kosmologische Deutung der Rotverschiebung. Deren Leuchtkräfte stimmen mit denen (naher) großer E- und S-Galaxien überein, gerade wenn man die Entfernungen aufgrund des Hubbleschen Gesetzes entsprechend dem z des Quasars festlegt.

Schließlich besteht in jeder Hinsicht (Energiefluß und -inhalt, Radiostruktur, Aktivität im Kern, Zugehörigkeit zu Galaxienhaufen) ein stetiger Übergang von den Seyfert- und Radiogalaxien zu den Quasaren. Dies äußerst sich auch in dem Hubblediagramm (Abb. 5.9.3).

Einen weiteren Hinweis auf die großen Entfernungen der Quasare gibt der 1979 von D. Walsh, R.F. Carswell und R.J. Weymann entdeckte *„Zwillingsquasar"* QSO 0957 + 561 A und B sowie einige ähnliche später gefundene Objekte. Die beiden Quasare A und B mit je $m_V \simeq 17$ mag liegen nur 5.7″ voneinander entfernt und haben *identische* Rotverschiebungen ($z = 1.41$) und Spektren. Es liegt nahe, sie als Bilder *eines* Quasars zu deuten, dessen Lichtstrahlen auf dem Weg zu uns durch eine *„Gravitationslinse"*, d.h. durch das Gravitationsfeld einer massereichen Galaxie, so beeinflußt werden, daß zwei Bilder entstehen. Nach der Allgemeinen Relativitätstheorie (Abschn. 4.12.9) wird ein Lichtstrahl, der an einer (punktförmigen) Masse $\mathscr{M}$ im Abstand a vorbeigeht, um den Winkel (im Bogenmaß)

$$\vartheta = 2\,\frac{R_S}{a} = 4\,\frac{G\mathscr{M}}{a c^2} \tag{5.6.11}$$

abgelenkt, wobei $R_S \simeq 3\,\mathscr{M}/\mathscr{M}_\odot$ [km] der Schwarzschild-Radius ist. Zum Beispiel beträgt für eine Galaxie mit $10^{12}\,\mathscr{M}_\odot$ ($R_S \simeq 0.1$ pc) bei einem Abstand von 10 kpc die Ablenkung $\vartheta \simeq 2 \cdot 10^{-5}$ bzw. 4″. Berücksichtigt man die *ausgedehnte* Massenverteilung der Galaxie, so findet man, daß eine Gravitationslinse drei (oder mehr) Bilder erzeugt, deren Helligkeiten im allgemeinen verschieden sind. Bei QSO 0957 + 561 konnte inzwischen sowohl die Komponente B noch in zwei Bilder mit $\simeq 0.1''$ Abstand aufgelöst, als auch die ablenkende Galaxie mit $z = 0.39$ (d.h. in $\simeq 2300$ Mpc Entfernung) auf der Verbindungslinie von A und B entdeckt und ihre Masse zu rund $10^{12}\,\mathscr{M}_\odot$ bestimmt werden.

Die Ablenkung durch eine Gravitationslinse führt zu *Laufzeitdifferenzen* in den verschiedenen, vom Quasar bei uns eintreffenden Wellenfronten. Eine auffällige Helligkeitsänderung des Quasars erscheint dem Beobachter daher in den Quasarbildern zu verschiedenen Zeiten. Gelingt es nun, die Helligkeitsschwankungen in den verschiedenen Bildern als *ein und dasselbe* Ereignis in der Quelle zu erkennen – und dies ist die eigentliche Schwierigkeit –, so kann man aus der Zeitdifferenz und dem Winkelabstand der Bilder die *Entfernung* zum Quasar bestimmen. Diese Methode ist unabhängig von der Hubble-Beziehung (5.9.2) und kann daher zur Bestimmung von H_0 dienen. In der Praxis ist die zweifelsfreie Identifikation „zusammengehöriger" Helligkeitsschwankungen in den verschiedenen Bildern schwierig. Erstmals konnte 1989 bei QSO 0957 + 561 ein Laufzeitunterschied von 1.1 a beobachtet werden; zur Festlegung von H_0 sind die Daten noch zu ungenau.

In den Spektren vieler Quasare treten zahlreiche schwache, scharfe *Absorptionslinien* auf, die bei den entfernteren Quasaren aufgrund der relativen Intensitätsverhältnisse häufig in mehrere Systeme mit unterschiedlichen Absorptions-Rotverschiebungen z_{abs} gruppiert werden können; meist ist $z_{abs} \lesssim z$, wobei z die aus den Emissionslinien bestimmte Rotverschiebung des Quasars ist. Weicht z_{abs} nur wenig von z ab, so dürfte die Absorption durch Materie in der unmittelbaren Umgebung des Quasars erfolgen, während Unterschiede $|z - z_{abs}|/z \gtrsim 0.01$ absorbierender Materie in den äußeren Halos mehrerer

Galaxien auf dem Sehstrahl zwischen dem Quasar und uns zuzuschreiben ist. Bei den weiter entfernten Quasaren (Abb. 5.6.8) liegen auf der kurzwelligen Seite der Lα-Emission zahlreiche scharfe Absorptionslinien. Diese werden überwiegend als Lα-Absorption bei verschiedenen Rotverschiebungen identifiziert („Lα-Wald"), welche ihren Ursprung in einer großen Zahl von Wasserstoffverdichtungen im intergalaktischen Medium und in den Halos von Galaxien auf der Sehlinie haben dürften.

Eng verwandt mit den Quasaren sind die *BL Lacertae-Objekte,* von denen etwa 100 bekannt sind. Sie sind benannt nach BL Lac = 2200 + 420 ($m_V = 14.5$ mag, $z = 0.069$), der seit langem „unerkannt" als variabler Stern in den Katalogen geführt wurde. Charakteristisch für die BL Lac-Objekte ist zum einen, daß in ihren Spektren Emissionslinien entweder gar nicht beobachtet werden können oder aber extrem schwach sind, wodurch ihre Entfernungsbestimmung sehr erschwert wird. Zum anderen zeigen die BL Lac-Objekte eine ausgeprägte irreguläre Variabilität von $\gtrsim 1$ mag in allen Wellenlängenbereichen mit Zeitskalen von Tagen bis Monaten. Ihr optisches nichtthermisches Kontinuum ist steiler als das der Quasare und weist starke, zeitlich variable ($\lesssim 30\%$) lineare Polarisation auf.

5.6.6 Aktivität in Galaxienkernen

Die in den vorangehenden Abschnitten dargestellten Beobachtungen der Kerngebiete in „normalen" Galaxien, Seyfert-Galaxien, Radiogalaxien, Quasaren usw. lassen erkennen, daß sich deren Aktivitäten zwar quantitativ unterscheiden, jedoch in den Grundzügen soviel Verwandtschaft miteinander aufweisen, daß wir es hier offenbar mit einem *einheitlichen* Phänomen zu tun haben.

Charakteristisch für die *Aktivität* in Galaxienkernen sind: (a) das Vorhandensein eines *kompakten* Kerns, der heller ist als bei Galaxien desselben Hubble-Typs, (b) eine *nichtthermische* (optische) *Kontinuum*strahlung im Kern, (c) *Emissionslinien* im Kern, welche Anzeichen für eine nichtthermische Anregung erkennen lassen, d.h. welche andere Intensitätsverhältnisse als z.B. in H II-Regionen zeigen, (d) *nichtthermische Radioemission* und (e) *Variabilität* im Kontinuum und/oder den Emissionslinien.

Während bei den schwächeren Formen der Aktivität nur einige dieser Merkmale auftreten, beobachten wir bei den Quasaren, den Radiogalaxien und vielen Seyfert-Galaxien die ganze Vielfalt der Aktivität.

Obwohl die physikalischen Prozesse der galaktischen Aktivität und ihre Ursache noch voller ungelöster Probleme stecken, können wir trotzdem versuchen, uns ein Bild von den wesentlichen Vorgängen in den Kernen der Galaxien zu machen.

Die großräumige Struktur einer Galaxie mit aktivem Kern ist durch die nichtthermische *Radioemission* gekennzeichnet. Nach dem Vorschlag von P. A. G. Scheuer und A. C. S. Readhead (1972) können die verschiedenen Formen der Isophotenbilder in einem einheitlichen Modell verstanden werden: Wie wir schon bei den Radiogalaxien besprochen haben (Abschn. 5.6.2), wird die Energie von der *zentralen Quelle*, die mit dem kompakten Radiokern zusammenfällt, durch zwei einander entgegengerichtete *Jets* relativistischer Teilchen bzw. Plasmen nach außen bis zu den äußersten Bereichen transportiert, wobei in einigen Fällen beim Aufprall auf das umgebende Medium in „heißen Flecken" intensive Radioemission erzeugt wird. Die Spektren vom Radio- bis in den Röntgenbereich werden überwiegend als Synchrotronstrahlung relativistischer Elektronen gedeutet. Das unterschiedliche Erscheinungsbild der Radioemission wird im wesentlichen durch den *Winkel* δ der Jets zur Sehlinie und durch deren *Stärke* bestimmt. Bei hohen Energien und sehr kleinem δ ist nur *ein* Jet sichtbar (5.6.10). Vermutlich nimmt δ von den Quasaren ohne Radioemission über die Radio-Quasare zu den BL Lac-Objekten ab, während bei ausgedehnten Quellen wie z.B. Cyg A $\delta \simeq 90°$ ist.

Durch das *nichtthermische Kontinuum* der Zentralquelle im Optischen, Ultraviolett und Röntgenbereich wird Gas in der näheren Umgebung ionisiert, das dann durch seine *Emissionslinien* beobachtet wird. Wie bei den H II-Regionen oder Planetarischen Nebeln hängt der Grad der Ionisation und Anregung von der Stärke des ionisierenden UV-Flusses ($\lambda \leq 91.1$ nm) und von der Elektronendichte n_e des Gases ab, jedoch erfolgt die Ionisation hier durch *nichtthermische* Ultraviolett- und Röntgenstrahlung $F_\nu \sim \nu^{-\alpha}$. Durch dieses *Photoionisationsmodell* – auf dessen Einzelheiten wir hier nicht eingehen können – können die wesentlichen Eigenschaften der Emissionslinien in den verschiedenen aktiven Galaxien erklärt werden, wenn wir noch annehmen, daß sich um die Zentralquelle herum „Gaswolken" bewegen, die nur etwa ein Zehntel der Kontinuumsquelle verdecken. Die *schmalen* Linien entstehen in diesem Bild in Wolken kleinerer Elektronendichte ($n_e \simeq 10^{10}\,\mathrm{m}^{-3}$), die relativ weit (einige 100 pc) von der Quelle entfernt sind. Demgegenüber entstehen die *breiten* Linien in näher gelegenen Wolken mit etwa 10 bis $10^3\,R_\odot$ Durchmesser, Elektronendichten von 10^{13} bis $10^{16}\,\mathrm{m}^{-3}$ und Elektronentemperaturen von etwa 10^4 K, und zwar bei den Sy 1-Galaxien und den breitlinigen Radiogalaxien etwa in 0.1 pc Abstand von der Quelle, bei den Quasaren in $\gtrsim 1$ pc Abstand. Für die Zentralmasse schätzt man die Größenordnung von $10^9\,\mathscr{M}_\odot$ ab. Bei den BL Lac-Objekten könnten die sehr schwachen Emissionslinien z. B. dadurch erklärt werden, daß nur wenig Gas in Nähe der Quelle vorhanden ist.

Von großem Interesse ist die Frage nach den *Häufigkeiten* der chemischen Elemente in den Gaswolken. Es zeigt sich überraschenderweise, daß wir es in Seyfert-Kernen und Quasaren mit ziemlich normaler kosmischer Materie zu tun haben, die abgeleiteten Häufigkeiten weichen um nicht mehr als etwa einen Faktor 3 von der solaren Mischung ab.

Die Kardinalfrage ist natürlich die nach dem *Ursprung* der in den aktiven Galaxienkernen zutagetretenden *Energiebeträge* von $\lesssim 10^{55}$ J. Wir haben schon im Zusammenhang mit den Quasaren gesehen, daß nukleare Energie auf keinen Fall ausreicht. Selbst wenn – als äußerste Möglichkeit – die gesamte Ruheenergie $\mathscr{M}c^2$ einer Masse $\mathscr{M}$ „nutzbar" gemacht werden kann, braucht man ungefähr $10^8\,\mathscr{M}_\odot$, d.h. einen wesentlichen Teil der Masse des Galaxienkerns. Der einzige, im Rahmen der heutigen Physik bekannte Prozeß, der einen erheblichen Bruchteil der Ruheenergie einer kosmischen Masse $\mathscr{M}$ freisetzen kann, ist die Gewinnung von (potentieller) *Gravitationsenergie* durch Kontraktion oder Kollaps, d.h. durch Zusammenstürzen. Bildet sich (dies ist nur im Sinne einer groben Abschätzung zu verstehen!) z. B. aus anfänglich weitverteilter Materie eine homogene Kugel vom Radius R, so ist der Umsatz an Gravitationsenergie

$$E_\mathrm{G} \simeq \frac{G\mathscr{M}^2}{R} \; . \tag{5.6.12}$$

Fordert man nun, daß $E_\mathrm{G} \simeq \mathscr{M}c^2$ werden soll, so ist (vgl. Abschn. 4.12.9) R von der Größenordnung des *Schwarzschild-Radius* R_S, d.h. die zusammengestürzte Materie muß eine extrem kompakte Struktur annehmen. Für $10^8\,\mathscr{M}_\odot$ wäre deren Ausdehnung $R_\mathrm{S} \simeq 10^{-5}$ pc $\simeq 2$ AE. Diskutiert werden für die massiven Zentralobjekte äußerst dichte Sternhaufen, rasch rotierende massive Scheiben und Schwarze Löcher, wobei bei realistischen Abschätzungen ein Wirkungsgrad <1 für die Freisetzung der Ruheenergie angenommen werden sollte, d.h. die erforderlichen Massen dürften eher bei 10^9 bis $10^{10}\,\mathscr{M}_\odot$ liegen. Von der Beobachtung her (Langbasisinterferometrie sowie zeitliche Variabilität der Strahlung) ergibt sich als obere Grenze für die Ausdehnung aktiver Kerne $\lesssim 10$ AE in Einklang mit der obigen Abschätzung.

Die *Energieabstrahlung* bzw. Leuchtkraft L von einigen 10^{41} W $(3 \cdot 10^{14}\,L_\odot)$ muß schließlich durch *Akkretion von Materie* auf das kompakte Zentralobjekt mit einer hinreichend hohen Rate $\dot{\mathscr{M}}$ aufgebracht werden. Woher diese Materie kommt, ist noch ungeklärt. Wahrscheinlich spielen hierbei nahe Begegnungen von Galaxien eine wesentliche Rolle, wobei durch die Wechselwirkung zwischen den Galaxien größere Gasmengen in den Zentralbereich gelangen könnten (vgl. auch Abschn. 5.5.5 und 5.7.3). Schätzen wir noch abschließend die erforderliche *Akkretionsrate* $\dot{\mathscr{M}}$ ab, wobei es für unsere Zwecke nicht darauf ankommt, ob der Materieeinfall kugelsymmetrisch oder über eine Akkretionsscheibe erfolgt:

$$L = \varepsilon \dot{\mathscr{M}} c^2 \; . \tag{5.6.13}$$

Hier ist $\varepsilon \leq 1$ der Wirkungsgrad für die Umsetzung von Masse in Strahlung. Nehmen wir – weitgehend willkürlich – $\varepsilon = 0.1$ an, so müßte Materie mit einer Rate von

$10\ldots100\,\mathscr{M}_\odot\,\mathrm{a}^{-1}$ bei Quasaren,
$\lesssim 0.1\,\mathscr{M}_\odot\,\mathrm{a}^{-1}$ bei Seyfert-Galaxien und
$\lesssim 10^{-3}\,\mathscr{M}_\odot\,\mathrm{a}^{-1}$ bei unserer Milchstraße

auf die Zentralquelle einfallen, um die beobachteten Leuchtkräfte zu decken. In einem Zeitraum von 10^8 a müßten also z. B. im extremsten Fall bei den Quasaren 10^9 bis $10^{10}\,\mathscr{M}_\odot$ von der Zentralquelle akkretiert werden.

5.7 Haufen und Superhaufen von Galaxien

Galaxien gehören häufig Systemen an, die durch die wechselseitige Gravitationsanziehung ihrer Mitglieder zusammengehalten werden. Wir finden reiche *Haufen* mit mehreren Tausend Galaxien und kleinere *Gruppen* bis herunter zu *Doppelgalaxien*. Unter den Galaxien, die heller als 21 mag sind, kennen wir rund 10000 Haufen bzw. Gruppen. Einige auffällige Konzentrationen von Galaxien wurden bereits von M. Wolf (1902/06) und dann von C. Wirtz (um 1924) untersucht; systematische Durchmusterungen der Verteilung der Galaxien an der Sphäre erfolgten etwa ab 1930 durch H. Shapley, E.

Hubble u.a. Auf dem Palomar Sky Survey beruhen der Katalog von G.O. Abell (1958) mit 2712 reichen Galaxienhaufen und der Catalogue of Galaxies and Clusters of Galaxies von F. Zwicky u.a. (1960/68).

Neben den Galaxien enthalten viele Haufen noch ein verdünntes, sehr heißes Gas, dessen thermische Strahlung im Röntgenbereich beobachtet wird.

In Abschn. 5.7.1 befassen wir uns zunächst mit der Klassifikation der verschiedenen Galaxienhaufen und mit ihrer Masse und dann in Abschn. 5.7.2 mit dem Gas zwischen den Galaxien. Vor allem in den Zentralbereichen der dichteren Haufen sind „Zusammenstöße" und nahe Begegnungen der Galaxien nicht selten, bei denen in erster Linie das Gas aus den betroffenen Galaxien entfernt wird. Gelegentlich kommt es auch zum Verschmelzen von Galaxien zu einem größeren System. Wir geben in Abschn. 5.7.3 einen Überblick über die Wechselwirkungen zwischen Galaxien und die dadurch bedingte Evolution der Galaxienhaufen.

Wie wir schließlich in Abschn. 5.7.4 sehen werden, sind die Galaxienhaufen ihrerseits nicht gleichförmig im Raum verteilt, sondern treten in zusammenhängenden größeren, meist flachen oder langen, filamentartigen Strukturen auf, den *Superhaufen von Galaxien*. Die Superhaufen und Haufen bilden dann als großräumige Struktur des Kosmos ein netzartiges Gerüst miteinander zusammenhängender Filamente und Scheiben, welches riesige, fast kugelförmige und galaxienleere Bereiche umschließt.

5.7.1 Klassifikation und Massen der Galaxienhaufen

Es ist oft nicht leicht, die Galaxienhaufen – vor allem die lockeren Gruppierungen – von zufälligen Dichteschwankungen in dem allgemeinen „Feld" der Galaxien abzugrenzen. G.O. Abell definiert als Maß für die Mitgliederzahl die *Reichhaltigkeit* eines Haufens durch Abzählen aller Galaxien in einem willkürlich festgelegten Helligkeitsintervall (2 mag von der dritthellsten Galaxie ab gerechnet) innerhalb eines festen Abstands vom Haufenzentrum. Für den Abstand wählt er $1.7/z$ Bogenminuten (z Rotverschiebung) entsprechend 3 Mpc bei einer Hubblekonstanten $H_0 = 50\,\mathrm{km\,s^{-1}\,Mpc^{-1}}$ (Abschn. 5.9.1).

Nach G.O. Abell unterteilen wir die Galaxienhaufen in reguläre und irreguläre Haufen. Die galaxienreichen *regulären Haufen* (die etwa den *kompakten* Haufen nach F. Zwicky entsprechen) haben ungefähr sphärische Gestalt und eine starke Konzentration der Galaxien zum Zentrum. Sie enthalten überwiegend elliptische und linsenförmige Galaxien (ca. 70 – 80%), wobei die hellsten (cD- und Riesen-E-Galaxien) vornehmlich im Haufenzentrum zu finden sind. Prototyp ist der Coma-Haufen (= Abell 1656) in etwa 130 Mpc Entfernung mit einigen Tausend Galaxien im Bereich von rund 8 Mpc Durchmesser.

Die *irregulären Haufen* zeigen keine ausgeprägte Konzentration zum Zentrum und keine symmetrische Gestalt; gelegentlich treten mehrere Dichtekonzentrationen auf. Die irregulären Haufen, zu denen wir auch die nach Mitgliedern kleineren *Galaxiengruppen* rechnen, enthalten Galaxien aller Hubble-Typen, insbesondere also auch im Gegensatz zu den regulären Haufen einen hohen Anteil (ca. 50%) an S-Galaxien. In dem inneren Bereich des Virgo-Haufens von etwa 3 Mpc Durchmesser, dessen Zentrum rund 20 Mpc entfernt ist, finden wir mehr als tausend Galaxien. Die lokale Gruppe liegt in der Randzone dieses Haufens.

Es sind noch drei weitere Klassifikationssysteme für Galaxienhaufen gebräuchlich, die im großen und ganzen parallel zueinander verlaufen. Von A. Oemler (1974) werden neben den von hellen elliptischen Galaxien beherrschten *cD-Haufen*, die etwa den Abellschen regulären Haufen entsprechen, und den an *Spiralgalaxien reichen Haufen* (entsprechend den irregulären Haufen) als Zwischentyp die von *S0-Galaxien dominierten Haufen* eingeführt. Die Haufentypen I bis III nach L.P. Bautz und W.W. Morgan (1970) entsprechen einer Folge von den durch eine helle zentrale Galaxie charakterisierten Haufen (BM I) bis hin zu den Haufen ohne dominierende Galaxie (BM III). H.J. Rood und G.N. Sastry (1971) geben eine feinere Unterteilung an, die auf der Art und Anordnung der zehn hellsten Galaxien eines Haufens beruht.

Die Durchmesser der reicheren Galaxienhaufen liegen in dem Bereich von 3 bis 10 Mpc und sind somit vergleichbar mit der Ausdehnung der größten bekannten Radiogalaxien wie 3C 236 (Abschn. 5.6.2). Die *Masse* $\mathcal{M}$ eines Galaxienhaufens können wir mit Hilfe des Virialsatzes abschätzen, analog wie bei der Massenbestimmung elliptischer Galaxien (5.5.13):

$$(\Delta v)^2 \simeq \frac{G\mathcal{M}}{R} \quad . \tag{5.7.1}$$

Hier ist Δv jetzt die Dispersion der Radialgeschwindigkeiten der Galaxien innerhalb des Haufens und R der Haufenradius. Mit charakteristischen Werten $\Delta v \simeq$

1000 km s^{-1} und $R \simeq 5$ Mpc erhalten wir als typische Gesamtmasse

$$\mathscr{M}(\text{Galaxienhaufen}) \simeq 10^{15}\,\mathscr{M}_\odot \quad . \tag{5.7.2}$$

Dies entspricht einem mittleren Masse-Leuchtkraft-Verhältnis eines Haufens von $\langle \mathscr{M}/L \rangle \simeq 200\,\mathscr{M}_\odot/L_\odot$. Andererseits ergibt, wie bereits F. Zwicky 1933 bemerkte, die Summation der „sichtbaren" Massen aller einzelnen Galaxien nur eine um eine Größenordnung kleinere Gesamtmasse. Das in Galaxienhaufen durch seine Röntgenemission beobachtete heiße Gas (s. nächster Abschnitt) trägt ebenfalls nur etwa ein Zehntel zur Virialmasse (5.7.2) bei. Diese Diskrepanz kann jedoch verstanden werden, wenn man den Galaxien einen massiven dunklen Halo zuschreibt, wie er z. B. durch die beobachteten Rotationskurven vieler Spiralgalaxien (Abschn. 5.5.3) nahegelegt wird.

5.7.2 Gas in Galaxienhaufen

Die Haufen von Galaxien bilden eine Klasse starker extragalaktischer, flächenhafter Röntgenquellen. Aus ihren Spektren finden wir, daß diese Röntgenstrahlung als *thermische Emission* eines sehr heißen *Gases* von etwa 10^7 bis 10^8 K zu deuten ist. Die optischen Dicken im Röntgenbereich sind sehr gering ($\lesssim 10^{-3}$), die Gasdichten liegen im Bereich von 10^2 bis $10^3\,\text{m}^{-3}$.

Die Röntgenemission zeigt ein komplexes, von Haufen zu Haufen variierendes Verhalten. Wir finden am einen Ende weit gestreute, irreguläre Emissionsgebiete, welche vielfach einzelne Galaxien umschließen, am anderen Ende einen relativ glatten Emissionsverlauf, häufig mit starker Konzentration um eine helle Galaxie im Haufenzentrum (Abb. 5.7.1). Die Struktur der Röntgenemission ist deutlich mit dem Haufentyp korreliert: So zeigen die Abellschen regulären Haufen wie der Coma-Haufen und Abell 85 mit ihrem geringen Anteil an Spiralgalaxien die glatten Konturen der Röntgenemission und eine relativ hohe Röntgenleuchtkraft $L_X \gtrsim 10^{37}\,\text{W} = 10^{44}\,\text{erg s}^{-1}$. Demgegenüber ist die irreguläre Form der Röntgenemission mit geringerer Leuchtkraft ($L_X \lesssim 10^{37}$ W) in den irregulären, an Spiralgalaxien reichen Haufen wie dem Virgo-Haufen oder Abell 1367 zu finden. Das Gas innerhalb der irregulären Haufen ist mit 1 bis $4 \cdot 10^7$ K etwas kühler als das $\gtrsim 6 \cdot 10^7$ K heiße Gas innerhalb der regulären Haufen. Weiterhin ist die Röntgenemission bei den Haufen mit einer hellen cD-Galaxie (wie z. B. Abell 85)

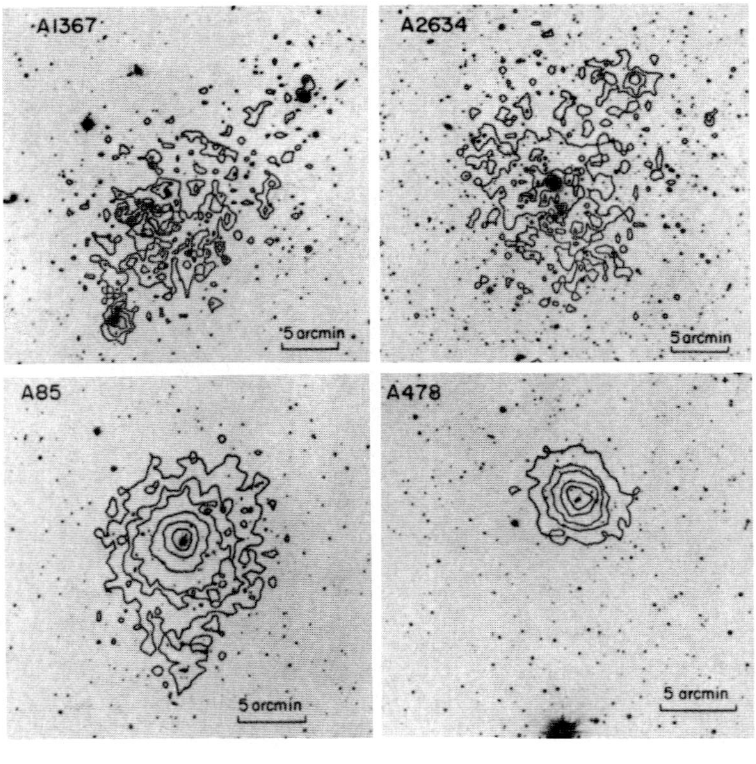

Abb. 5.7.1. Röntgenemission von Galaxienhaufen. Beobachtungen mit dem Einstein-Satelliten von C. Jones et al. (1979). Linien gleicher Röntgenemission, die optischen Aufnahmen des Palomar Sky Survey überlagert sind. Die Haufen Abell 1367 und 2634 haben irreguläre, häufig individuelle Galaxien einschließende Konturen, während Abell 85 und 478 relativ glatte Röntgenemission zeigen, die stark um eine helle Galaxie im Haufenzentrum konzentriert ist

stärker zum Zentrum konzentriert (Radius des Emissionsgebiets $\lesssim 0.3$ Mpc) als bei den Haufen ohne dominierende Galaxie.

In einem Galaxienhaufen, der sich dynamisch im Gleichgewicht befindet, bewegen sich sowohl die einzelnen Galaxien als auch die Atome des heißen Gases in dem gemeinsamen Gravitationspotential, wobei die räumliche Ausdehnung jeder der beiden Komponenten durch deren mittlere kinetische Energie bzw. Temperatur bestimmt wird. Wir entnehmen den Beobachtungen von Geschwindigkeitsdispersion Δv der Galaxien und Gastemperatur T in vielen Haufen, daß das Verhältnis β der kinetischen Energie der Galaxien pro Masseneinheit $\frac{1}{2}(\Delta v)^2$ zu der des Gases $\frac{3}{2}\, kT/\mu m_{\mathrm{H}}$,

$$\beta = \frac{\mu m_{\mathrm{H}} (\Delta v)^2}{3kT}\,, \tag{5.7.3}$$

von der Größenordnung eins ist ($\mu \simeq 0.6$ mittleres Atomgewicht des vollständig ionisierten Gases, m_{H} Masse eines Wasserstoffatoms). Das heißt, das heiße Gas und das „Galaxiengas", in dem wir die einzelnen Galaxien als „Atome" ansehen können, haben ungefähr dieselbe Temperatur und denselben relativen Dichteverlauf. Es entspricht z.B. $\Delta v = 1000\ \mathrm{km\,s^{-1}}$ etwa einer Temperatur $T \simeq 10^8$ K.

Zwar dürften sich vermutlich nur die regulären Haufen im dynamischen Gleichgewicht befinden, jedoch wird für alle Haufen bis herunter zu den Galaxiengruppen eine Korrelation der Geschwindigkeitsdispersion Δv der Galaxien sowohl mit der Gastemperatur T als auch mit der Röntgenleuchtkraft L_{x} beobachtet.

Beobachtungen von Kontinuum und Emissionslinien (z.B. Fe XXIV + XXV 6.7 keV und O VIII 0.65 keV) in einigen nahen Galaxienhaufen zeigen, daß einzelne Galaxien je von einem eigenen Röntgenhalo umgeben sind. In dem Virgo-Haufen sind inbesondere die elliptischen Riesengalaxien M 87 und M 86 von Gas mit Temperaturen von einigen 10^6 bis $3 \cdot 10^7$ K umgeben (s. auch Abschn. 5.5.3), das etwas kühler als das allgemeine Haufengas ist.

Einen indirekten Nachweis für heißes Gas in Galaxienhaufen haben R.A. Sunyaev und Ya.B. Zeldovich (1970/72) vorgeschlagen. Ein Photon der 3 K-Hintergrundstrahlung (Abschn. 5.9.4) gewinnt bei der Streuung an einem Elektron des Haufengases einen geringen relativen Energiebetrag der Größenordnung $kT/m_0 c^2$ ($m_0 c^2 = 511$ keV Ruheenergie des Elektrons, T Temperatur des heißen Gases), z.B. bei $T = 10^8$ K bzw. $kT = 10$ keV also 0.02. Der Wirkungsquerschnitt für diese *inverse Comptonstreuung* ist der Thomson-Streukoeffizient $\sigma_{\mathrm{T}} = 6.65 \cdot 10^{-29}\ \mathrm{m}^2$, so daß das Photon beim Durchqueren einer Strecke L in dem heißen Gas mit der Elektronendichte n_{e} eine relative Energie- bzw. Frequenzerhöhung

$$\frac{\Delta \nu}{\nu_0} \simeq \left(\frac{kT}{m_0 c^2}\right) \sigma_{\mathrm{T}}\, n_{\mathrm{e}}\, L \tag{5.7.4}$$

erfährt. Dieser Energieverschiebung entspricht auf der niederfrequenten Seite des Maximums der 3 K-Strahlung nach dem Rayleigh-Jeans-Gesetz (4.2.24b) eine Abnahme der Strahlungstemperatur $T_0 \simeq 3$ K um $\Delta T_0/T_0 = -2\,\Delta \nu/\nu_0$. Demnach erscheint die Intensität der Hintergrundstrahlung im Zentrum eines Galaxienhaufens (mit $n_{\mathrm{e}} = 3 \cdot 10^3\ \mathrm{m}^{-3}$, $L = 0.5$ Mpc) entsprechend $\Delta T_0 \simeq 3 \cdot 10^{-4}$ K geschwächt. Dieser sehr kleine Effekt konnte bei einigen Haufen nachgewiesen werden.

Schließlich kann die Existenz eines heißen Gases in Galaxienhaufen auch aus der Struktur einer besonderen Klasse von Radiogalaxien, den *„Kopf-Schwanz-Galaxien"* (Abb. 5.7.2), erschlossen werden, welche in dichten Haufen auftreten. Bei der Überschallbewegung der Galaxie durch das Haufengas werden die ausgestoßenen relativistischen Elektronen und Magnetfelder nach hinten gedrückt. Aus der beobachteten Geometrie des Machschen Kegels lassen sich die Geschwindigkeiten und Drücke in der Strömung und somit auch die Temperatur und Dichte des Haufengases abschätzen. Die Ergebnisse stimmen mit den aus der Röntgenemission erhaltenen Werten überein.

5.7.3 Wechselwirkende Galaxien. Entwicklung von Galaxienhaufen

Bei nahen Begegnungen zweier Galaxien werden durch ihre gegenseitige Gezeitenwirkung die Sterne und vor allem das interstellare Gas innerhalb der Galaxien stark beeinflußt. Die Atlanten pekuliarer bzw. wechselwirkender Galaxien von H.C. Arp (1966) und B.A. Vorontsov-Velyaminov (1959 und 1977) enthalten zahlreiche Beispiele für Doppel- und Mehrfachsysteme *wechselwirkender Galaxien* mit gemeinsamen Hüllen, verbindenden Brücken oder langen, herausgezogenen Schweifen aus Sternen und leuchtendem Gas (Abb. 5.7.3 und Abbildung gegenüber Titelseite). Auch radioastronomisch finden wir z.B. aus 21 cm-Beobachtungen des neutralen Wasserstoffs Anzeichen für Wechselwirkungen u.a. in Form verbindender Brücken oder gemeinsamer Gashül-

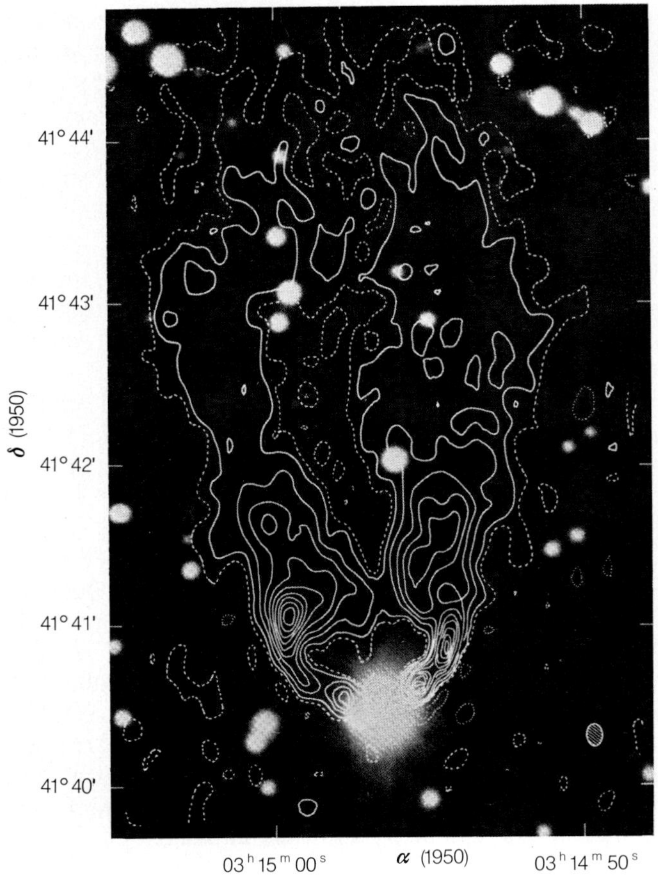

Abb. 5.7.2. Kopf-Schwanz-Galaxie NGC 1265. Beobachtungen bei $\lambda = 6$ cm mit dem Westerbork Synthese-Teleskop. Die Überlagerung der Radioisophoten mit dem optischen Bild läßt erkennen, daß die Emissionsgebiete der Radiostrahlung offenbar aus der elliptischen Galaxie am Kopf herausgeschleudert wurden. K. J. Wellington et al.: Nature **244**, 502 (1973). (Mit freundlicher Genehmigung von Macmillan Magazines Ltd., London, und der Autoren)

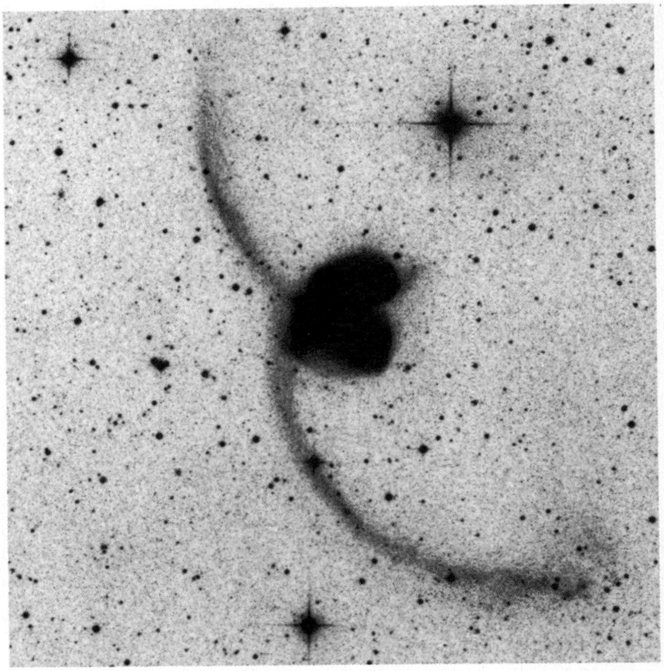

Abb. 5.7.3. Wechselwirkende Galaxien NGC 4038/9 (= Arp 244 = Vorontsov-Velyaminov 245, die „Fühler"-Galaxien bzw. „antennae"). Aufnahme von O. Pizarro und H.-E. Schuster mit dem 1.62 m-Schmidtspiegel der Europäischen Südsternwarte (ESO). Der projizierte Abstand der beiden „Fühlerenden" beträgt rund 160 kpc, der der beiden Galaxienzentren rund 9 kpc. (Aus S. Laustsen et al., 1987)

len: Der *„Magellansche Strom"*, sechs H I-Wolken, die der Großen Magellanschen Wolke auf ihrer Bahn um die Milchstraße folgen, ist vermutlich durch Gezeitenkräfte „herausgelöst" worden und fällt jetzt auf die Milchstraße zu.

In Abschn. 5.5.5 haben wir schon die starke Strahlung vieler Galaxien im fernen Infrarot als Folge von Gezeitenstörungen durch nahe Begegnungen mit Galaxien gedeutet, die zu einer enormen Steigerung der Rate der *Sternentstehung* innerhalb dieser *Infrarotgalaxien* (Abb. 5.5.16 und 17) führte.

Durchmusterungen der Galaxien nach den verschiedenartigen morphologischen Anzeichen für Störungen, d. h. nach Brücken, Filamenten, Schweifen, Verformungen, ringförmigen Galaxien, Schalenstrukturen (in elliptischen Systemen), Doppel- und Mehrfachkernen usw., haben in neuerer Zeit aufgezeigt, daß Wechselwirkungen keine seltenen Ereignisse sind, sondern vielmehr ein weitverbreitetes Phänomen darstellen. Wahrscheinlich war sogar jede Galaxie mindestens einmal im Laufe ihrer Entwicklung starken Gezeitenstörungen durch eine nah vorbeifliegende Galaxie unterworfen.

Von besonderer Bedeutung ist die Wechselwirkung zwischen Galaxien in den *Galaxienhaufen*. Vor allem in den dichteren Zentralbereichen der regulären Haufen finden innerhalb der Hubble-Zeit H_0^{-1} viele nahe Begegnungen („Stöße") von Galaxien statt, durch die sich Struktur und Galaxieninhalt dieser Haufen seit ihrer Entstehung merklich verändert haben. Wir sehen in den verschiedenen Typen von Galaxienhaufen wahrscheinlich unterschiedliche Phasen einer *dynamischen Entwicklung* vor uns.

In erster Linie verlieren die Galaxien bei einem Zusammenstoß ihr interstellares Gas und damit letztlich auch ihre Spiralarme. Aus den S-Galaxien werden somit linsenförmige Galaxien, möglicherweise über Zwischentypen wie die von S. van den Bergh (1976) im Virgo-Haufen beobachteten *anämischen (A-)Galaxien* mit sehr schwachen Spiralarmen.

Das interstellare Gas, welches bei dem Zusammenprall aufgeheizt wird, sammelt sich schließlich zum überwiegenden Teil im Minimum des Gravitationspotentials im Haufenzentrum; nur von besonders massiven Galaxien kann heißes Gas gravitativ gehalten werden. Durchquert nun eine Galaxie (mit Überschallgeschwindigkeit) das Haufengas, wird hierbei ihr interstellares Gas ebenfalls herausgedrückt, so daß weitere Spiralgalaxien im Haufen „vernichtet" werden können. Die dichteren, regulären Haufen mit ihrer stärkeren Röntgenemission und ihrem geringeren Anteil an Spiralgalaxien stellen also einen dynamisch weiter entwickelten Zustand dar als die irregulären Galaxienhaufen.

Die Analyse der 6.7 keV-Röntgenemissionslinie des Fe XXIV + XXV untermauert das obige Bild für die Herkunft des heißen Haufengases. In fast allen Galaxienhaufen ergibt sich, weitgehend unabhängig von Einzelheiten der Modellannahmen, aus ihr eine *Eisenhäufigkeit* von etwa der Hälfte des solaren Wertes. Diese relativ hohe Häufigkeit ist nach unseren Vorstellungen über die Entstehung der chemischen Elemente (Abschn. 5.8.5) nur verständlich, wenn das Gas aus den Sternen der Galaxien stammt, also nicht primordialen Ursprungs ist.

Gegenüber dem interstellaren Gas wird die Mehrzahl der *Sterne* bei einem Zusammentreffen von Galaxien wesentlich weniger beeinflußt. Jedoch kann es bei einem ungefähr zentralen Stoß zweier Galaxien zu einer Verschmelzung zu einem einzigen größeren System kommen. Dieser *„Galaxien-Kannibalismus"* dürfte für die Entstehung der cD-Galaxien in den Haufenzentren entscheidend sein; das gelegentliche Auftreten von zwei oder mehreren „Kernen" in diesen Galaxien stützt diese Vorstellung von der Beobachtung her.

5.7.4 Superhaufen von Galaxien

Die auffallende Häufung der scheinbar hellen Galaxien an der nördlichen galaktischen Hemisphäre, vor allem in der Konstellation Virgo, ließ früh vermuten, daß hier die Galaxienhaufen einem übergeordneten System, dem *lokalen Superhaufen* oder *Virgo-Superhaufen* angehören; insbesondere G. de Vaucouleurs hat in den 1950er Jahren diesen Superhaufen näher untersucht. G.O. Abell bemerkte, daß viele der in seinem Katalog enthaltenen reichen Galaxienhaufen Mitglieder von Superhaufen zu sein scheinen. Einen quantitativen Hinweis für das Auftreten von Superhaufen lieferten die Untersuchungen der Zweipunktkorrelationen in der an die Sphäre projizierten Verteilung der Galaxien durch P. J. E. Peebles u.a. Ein Durchbruch bei der Beobachtung von Superhaufen und ein überzeugender Nachweis ihrer Existenz konnte erst etwa ab 1976 erzielt werden, als die Entwicklung empfindlicher Detektoren es ermöglichte, Radialgeschwindigkeiten aus den Spektren vieler entfernter, lichtschwacher Galaxien zu messen und somit auch die *radiale* Struktur in der Haufenverteilung zu untersuchen.

Ein typischer Superhaufen enthält neben mehreren Galaxiengruppen einige wenige, etwa 2 bis 6, reiche Haufen und bildet ein stark abgeplattetes System mit einem Durchmesser von rund 100 Mpc ohne Axialsymmetrie und zentrale Verdichtung. Auffallend ist die häufig auftretende filament- oder kettenartige Anordnung der Galaxien.

So besteht der *Virgo-Superhaufen* aus dem etwa 3 Mpc ausgedehnten und 20 Mpc entfernten Virgo-Haufen selbst, aus einer irregulär gestalteten Scheibe von rund 50 Mpc Durchmesser mit einem Achsenverhältnis von 6:3:1 und aus einem „Halo" von mehreren Galaxiengruppen, darunter die *lokale Gruppe* am Rande. Der *Coma-Superhaufen* (Abb. 5.7.4) in etwa 140 Mpc Entfernung, dem u.a. der Coma-Haufen und Abell 1367 angehören, bildet ein abgeplattetes System (6:1) von rund 100 Mpc Durchmesser.

Die charakteristische Zeit, die eine Galaxie mit 1000 km s^{-1} Geschwindigkeit zum Durchqueren eines Superhaufens von 100 Mpc braucht, ist mit 10^{11} a größer als das Alter des Universums. Die Superhaufen dürften demnach nicht relaxierte Systeme sein und der Virialsatz zur Abschätzung ihrer Masse nicht anwendbar sein. Die direkte Aufsummation der Massen der Einzelmitglieder ergibt als typische Masse eines Superhaufens die Größenordnung von $10^{16}\,\mathcal{M}_\odot$; die gesamte Leuchtkraft liegt bei etwa $10^{14}\,L_\odot$.

Eine genaue Untersuchung der Struktur der Superhaufen wird dadurch erschwert, daß ihre radiale Ausdehnung nicht ohne weiteres aus der Rotverschiebung der Galaxien abgelesen werden kann. Vielmehr bewirkt die ungleichförmige Verteilung der Galaxienhaufen eine Beschleunigung der Galaxien auf die Massenkonzentrationen hin und damit eine Störung in der Hubbleschen Beziehung. So fällt z.B. die lokale Gruppe vermutlich mit einigen 100 km s^{-1} auf den Virgo-Haufen zu.

Die Superhaufen von Galaxien ihrerseits sind keine im Raum isolierten Systeme, sondern berühren einander an

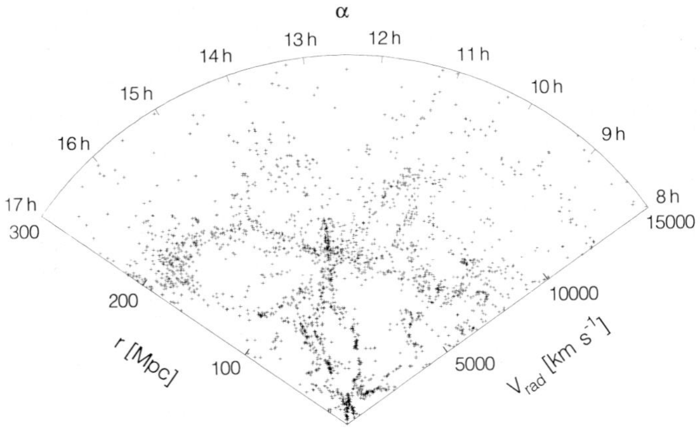

Abb. 5.7.4. Räumliche Verteilung von 2500 Galaxien bis zu einer Grenzhelligkeit im Blau $m_B = 15.5$ mag nach der CfA-Durchmusterung (Harvard-Smithsonian Center for Astrophysics). Darstellung in einem Keildiagramm: Radialgeschwindigkeit $V_{rad} = cz$ bzw. Entfernung r und Rektaszension (α zwischen 8 h und 17 h) für den Deklinationsbereich zwischen 26.5° und 44.5°. Die Entfernungen beziehen sich auf eine Hubblekonstante $H_0 = 50 \text{ km s}^{-1} \text{Mpc}^{-1}$. Die Anhäufung von Galaxien bei 13 h ist der Coma-Haufen. Bemerkenswert ist die „Große Mauer“, eine Konzentration von Galaxien in einer dünnen ($\lesssim 10$ Mpc) Scheibe in 140 bis 200 Mpc Entfernung, die sich über den gesamten beobachteten Rektaszensionsbereich erstreckt. (Mit freundlicher Genehmigung von Margaret J. Geller und John P. Huchra, Center for Astrophysics, Cambridge, MA)

ihren Randzonen und bilden so als *großräumige Struktur des Kosmos* ein netzartiges Gerüst aus flachen Scheiben und Filamenten (Abb. 5.8.4). Diese umschließen etwa kugelförmige, weitgehend *galaxienfreie* Bereiche mit einer charakteristischen Ausdehnung von 50 Mpc. Bei der Durchmusterung des Harvard-Smithsonian Center for Astrophysics (M. J. Geller und J. P. Huchra, 1989) trat eine besonders ausgedehnte, zusammenhängende Struktur hervor, die „Große Mauer“ (Great Wall), eine sich über mindestens 120 Mpc mal 340 Mpc erstreckende relativ dünne ($\lesssim 10$ Mpc) Wand mit einer Dichte der Galaxien, die entsprechend $\Delta\varrho/\varrho \simeq 5$ über dem Mittel liegt (Abb. 5.7.4). Ihre Masse wird auf $2 \cdot 10^{16} \mathcal{M}_\odot$ geschätzt. Da diese Mauer sowohl in Rektaszension als auch in Deklination bis an die Grenzen der bisherigen Durchmusterung reicht, dürfte ihre wahre Ausdehnung und Masse noch größer sein.

5.8 Galaktische Evolution

Die Entstehung und die Entwicklung der Galaxien ist noch voller Rätsel und ungelöster Probleme. Schon eine oberflächliche Durchsicht des Hubble Atlas of Galaxies von A. Sandage (1961) und vollends von H. Arps Atlas of Peculiar Galaxies (1966) dürfte als „gestufte Abschreckung“ für voreilige Theoretiker genügen. So beschränken wir uns hier zunächst auf die Darstellung einiger Mechanismen, die im Leben der Galaxien eine wesentliche Rolle spielen dürften: Die Jeanssche Gravitationsinstabilität und die Entstehung von Sternhaufen und Sternen (Abschn. 5.8.1), die Dynamik der Spiralarme, insbesondere deren Dichtewellentheorie (Abschn. 5.8.2), die Bildung einer galaktischen Scheibe durch Kollaps (Abschn. 5.8.3) sowie Bemerkungen zur Entstehung der Galaxien (Abschn. 5.8.4), soweit dieses Problem nicht in den Rahmen der Kosmologie (Abschn. 5.9) gehört. Daran schließen sich in Abschn. 5.8.5 einige Überlegungen zur Deutung der Häufigkeitsverteilungen der Elemente und der chemischen (nuklearen) Evolution der Galaxien an.

5.8.1 Jeanssche Gravitationsinstabilität. Entstehung von Sternhaufen und Sternen

In Abschn. 5.4 haben wir schon gezeigt, daß und wie *Sterne* in jungen galaktischen Sternhaufen und Sternassoziationen aus interstellarer Materie entstehen. Nun untersuchen wir die viel weiter reichende Frage, unter welchen Umständen eine im Raum verteilte Gasmasse *instabil* wird, so daß sie sich unter dem Einfluß ihrer eigenen Schwere zusammenzieht. Daran schließt sich dann – wie wir sehen werden – eine weitere Zerteilung und die Entstehung einzelner Sterne an. Unsere Frage beantwortet das von J. Jeans (1902, 1928) entdeckte Kriterium der *Gravitationsinstabilität*. Wir begnügen uns mit einer Abschätzung, die dafür die wesentlichen Punkte erkennen läßt und betrachten zunächst eine einigermaßen homogene Kugel vom Radius R, der Dichte ϱ und der Masse

$$\mathcal{M} = \frac{4\pi}{3} \varrho R^3 \ . \tag{5.8.1}$$

Befindet sich diese im Gleichgewicht, so ist nach dem *Virialsatz* (2.6.25) das Verhältnis der doppelten kinetischen Energie $2E_{kin}$ zur negativen potentiellen Energie $-E_{pot}$ gleich *Eins*. Ist demgegenüber E_{kin}, d.h. der Druck im Inneren, zu klein oder $-E_{pot}$ zu groß, so tritt Gravitationsinstabilität ein und die Masse stürzt zusammen.

Wie wir schon in Abschn. 4.12.4 sahen, ist E_{kin} gleich der thermischen Energie der Atome bzw. Moleküle (4.12.29); E_{pot} erhielten wir durch einfache Integration (4.12.30). So ergibt sich für die *Stabilitätsgrenze*

$$\frac{2E_{\text{kin}}}{-E_{\text{pot}}} = \frac{3kT}{\mu m_u}\mathcal{M} \Big/ \frac{3}{5}\frac{G\mathcal{M}^2}{R} = 1 \ . \tag{5.8.2}$$

Wie üblich ist G die Gravitationskonstante, k die Boltzmannkonstante, $m_u = 1.66 \cdot 10^{-27}$ kg die Atommassenkonstante sowie T die Temperatur und μ das Molekulargewicht der Gasmasse. Eine Gasmasse kann also nur kollabieren, wenn ihr Radius *kleiner* ist als der *Jeans-Radius*

$$R_J = \frac{1}{5}G\mathcal{M}\frac{\mu m_u}{kT} \ . \tag{5.8.3}$$

Mit (5.8.1) ergibt sich sofort, daß ihre Masse *größer* sein muß als die *Jeans-Masse*

$$\mathcal{M}_J = 5.46\left(\frac{kT}{\mu m_u G}\right)^{3/2} \varrho^{-1/2} \tag{5.8.4}$$

oder, wenn wir die Zahlenwerte für die Naturkonstanten einsetzen,

$$\frac{\mathcal{M}_J}{\mathcal{M}_\odot} = 3.82 \cdot 10^{-9}\left(\frac{T[\text{K}]}{\mu}\right)^{3/2} \varrho\,[\text{kg m}^{-3}]^{-1/2} \ . \tag{5.8.5}$$

Haben wir in dem Gas noch turbulente Strömungen, so könnten wir statt $3kT/\mu m_u$ einfach das – z.B. aus dem Dopplereffekt einer Linie bestimmte – mittlere Geschwindigkeitsquadrat $\langle v^2 \rangle$ einsetzen.

Unser Ansatz ist noch nicht sehr befriedigend, da wir in Wirklichkeit nicht schon von einer Gaskugel ausgehen dürfen, sondern eine mehr oder weniger inhomogene größere Gasmasse betrachten müssen. Dem kann man nach W. H. McCrea (1957) Rechnung tragen, indem man – in Gedanken – auf die Oberfläche der Kugel einen Druck ausübt. Damit wird deren Kollaps begünstigt und gegebenenfalls etwas früher eingeleitet. In (5.8.4) und (5.8.5) ergeben sich dann mäßige Änderungen in den Konstanten.

Als wichtige Anwendung untersuchen wir die *Instabilitäten im interstellaren Gas.* Wählen wir dessen Dichte ϱ im Bereich 10^{-21} bis 10^{-18} kg m^{-3} und dessen Temperatur T im Bereich 100 bis 20 K (Abschn. 5.3.3 und 4), so erhalten wir nach (5.8.5) eine Jeans-Masse zwischen rund 10^5 und $10^2\,\mathcal{M}_\odot$. Das heißt, durch Gravitationsinstabilität kann aus dem Gas in der Scheibe einer Galaxie zunächst nur ein Gebilde von der Größenordnung eines *Sternhaufens* entstehen. Erst wenn die Materie weiter verdichtet wird, kann die Entstehung einzelner Sterne beginnen (vgl. Abschn. 5.4.7). Der Kollaps einer Gasmasse wird begünstigt durch einen äußeren Druck, wie er z. B. durch die von einer Supernovaexplosion ausgehende Stoßwelle oder durch die Dichtewelle eines Spiralarms (Abschn. 5.8.2) ausgeübt wird.

Im Hinblick auf viele andere Probleme, wie die Entstehung von Galaxien, von Planetensystemen usw. merken wir an: Je *größer* die Dichte ϱ der Ursprungsmaterie ist, desto *kleiner* werden die daraus gebildeten Weltkörper.

5.8.2 Dynamik der Spiralarme. Dichtewellentheorie

Die meisten Galaxien, die eine rotierende Scheibe besitzen, haben auch – in diese eingebettet – *Spiralarme;* eine Ausnahme machen die S0-Galaxien. Die Spiralarme werden durch die kurzlebigen hellen OB-Sterne markiert, während die älteren roten Sterne gleichmäßiger über die Scheibe verteilt sind.

Die naive Vorstellung, daß ein Spiralarm stets aus *denselben* Sternen, Gaswolken usw. besteht, scheitert an der Überlegung, daß ein solches Gebilde im Verlaufe weniger Umdrehungen der Scheibe, d. h. einiger 10^8 Jahre, durch die differentielle Rotation zerstört würde.

Demgegenüber hat schon vor vielen Jahren B. Lindblad versucht, die Erhaltung der Spiralstruktur über lange Zeiträume auf ein sektorielles System von *Dichtewellen* zurückzuführen. Die Spiralarme einer Galaxie sollten also zu verschiedenen Zeiten aus verschiedenen Sternen usw. bestehen, ähnlich wie z. B. der Kamm einer Meereswelle von ständig wechselnden Wasserteilchen gebildet wird. Zur Begründung führten B. Lindblad und seine Mitarbeiter umfangreiche Rechnungen über die Bahnen einzelner Sterne im mittleren Schwerefeld (Potentialfeld) einer galaktischen Scheibe durch. Diese Untersuchungen fanden wenig Anklang, wahrscheinlich aus dem Grunde, daß Lindblad lange Zeit meinte, die Spiralarme bewegten sich „vorlaufend", d. h. mit der konkaven Seite voraus. In vielen Spiralgalaxien kann man jedoch z. B. anhand der Dunkelwolken eindeutig unterscheiden, was „vorne" bzw. „hinten" ist und sieht dann, daß die Spiralarme in Wirklichkeit stets *„nachschleppen"*.

Erst seit 1964 haben dann C. C. Lin u. a. die *Dichtewellentheorie* der Spiralstruktur wiederbelebt, nun in Gestalt einer Kontinuumstheorie. Haben wir in der Scheibe einer Galaxie – deren differentielle Rotation mit Hilfe eines entsprechenden Potentialfeldes dargestellt wird – z. B. eine Stelle mit größerer Gasdichte, so wird diese eine

Veränderung (Mulde) des Potentialfeldes hervorrufen. Diese hinwiederum beeinflußt die Geschwindigkeiten der Sterne und damit die Massendichte des „Sterngases". Damit nun Potentialfeld, Gasdichte und Sterndichte zusammenpassen, muß ein (ziemlich kompliziertes) System von Differentialgleichungen erfüllt sein, welches die Struktur und Ausbreitung von Dichtewellen in der Scheibe der Galaxie beschreibt. Aus der Mannigfaltigkeit der möglichen Lösungen greifen nun C.C. Lin und seine Mitarbeiter *eine* heraus, welche einer quasistationären Spiralstruktur entspricht. Diese läuft – sozusagen starr – mit konstanter Winkelgeschwindigkeit Ω_p um. Ist diese Konstante festgelegt, so kann man die Form z.B. des Potentialminimums berechnen, das dann die Grundlage des Spiralarms bildet. Für unser Milchstraßensystem z.B. entnimmt man den Beobachtungen $\Omega_p \simeq 13.5\ \mathrm{km\,s^{-1}\,kpc^{-1}}$, d.h. in unserer Umgebung läuft die Dichtewelle mit etwa der *halben* Geschwindigkeit der Sterne um. Der beobachtbare Spiralarm kommt nun nach W.W. Roberts (1969) so zustande (Abb. 5.8.1), daß zunächst – wie gesagt – das instellare *Gas* in die Dichtewelle von deren konkaver Seite her (bei uns mit $\simeq 115\ \mathrm{km\,s^{-1}}$) einströmt. Nach dem Potentialminimum zu erfolgt Verdichtung, die sich zunächst durch interstellaren Staub kenntlich macht. W. Baade hatte schon vor langer Zeit betont, daß die Staubarme die Grundlage der Spiralstruktur bilden. Auf die Radiobilder von M 51, welche die zugehörige Verstärkung der Radiofrequenzstrahlung infolge der Kompression des Magnetfeldes und der Synchrotronelektronen erkennen lassen, haben wir schon hingewiesen.

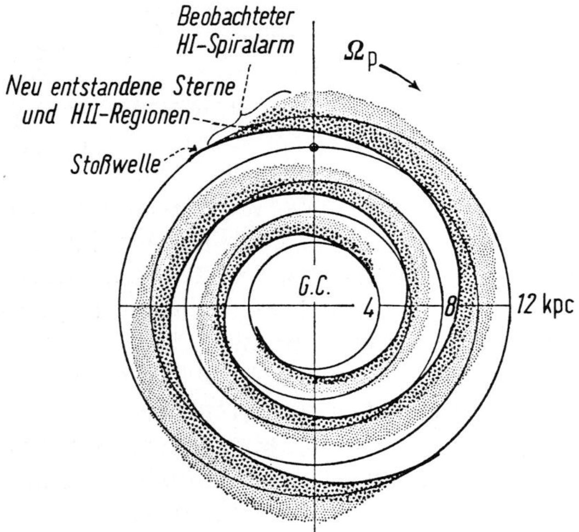

Abb. 5.8.1. Spiralstruktur unserer Galaxie (⊙ Sonne). Die quasistationäre spiralförmige Dichtewelle nach C.C. Lin et al. (zwei Arme) läuft mit der Winkelgeschwindigkeit $\Omega_p \simeq 13.5\ \mathrm{km\,s^{-1}\,kpc^{-1}}$ um. Sie wird dabei ständig überholt von der etwa doppelt so rasch umlaufenden Materie (Gas, Sterne...). Diese wird im Bereich der Potentialmulde der Dichtewelle komprimiert. In dem Gas entstehen dabei Dunkelwolken, verstärkte Synchrotronstrahlung und eine Stoßwelle (ausgezogene Linie). In dem „geschockten" Gas bilden sich im Verlauf von $\simeq 10^7$ a junge helle Sterne und H II-Regionen. In größerem Abstand von der Stoßwelle folgen ältere Sterne. Der größere Teil der Potentialmulde ist erfüllt mit neutralem Wasserstoff (H I; 21 cm-Strahlung). Nach W.W. Roberts (1969)

Die Kompression des Gases führt weiter (Abb. 5.8.1) zur Bildung einer spiralförmigen *Stoßwelle*, welche ihrerseits Jeans-Instabilitäten und damit die Entstehung von *jungen Sternen* und *H II-Regionen* begünstigt. An der konvexen Seite der Stoßfront beobachtet man in der Tat ein schmales Band mit hellen blauen Sternen und H II-Regionen. Daran schließt sich ein breiteres verwaschenes Band mit älteren Sternen und Sternhaufen an; die alte Scheibenpopulation endlich ist fast gleichförmig verteilt. In quantitativer Hinsicht schätzt Lin die Amplituden des Gravitationsfeldes sowie der Gas- und Sterndichte zu je etwa 5% des Mittelwertes ab.

Die Dichtewellentheorie der Spiralstruktur hat ohne Zweifel viele Anregungen, insbesondere auch zur Auswertung der 21 cm-Beobachtungen gegeben. Wesentliche Diskrepanzen zwischen Theorie und Beobachtung sind bis jetzt nicht aufgetaucht. Auf der anderen Seite sieht man sofort, daß die Theorie in ihrer heutigen Gestalt noch sehr unvollständig ist. Wir möchten nur auf einige *Fragen* aufmerksam machen, ohne auf die noch provisorischen Vorschläge zu ihrer Lösung einzugehen. Weshalb beobachtet man *nur eine* quasistationäre Dichtewelle? Wodurch ist deren Umlauffrequenz Ω_p bestimmt? Wie steht es mit der (ursprünglichen) *Anfachung* sowie mit der *Dämpfung* von Dichtewellen? Bezüglich der Anregung hat man an die Gezeitenwirkung benachbarter Galaxien (z.B. der Magellanschen Wolken) gedacht oder an eine rotierende, „balkenförmige" Massenverteilung im Zentralbereich der Galaxis. Unter welchen Umständen entwickelt eine Galaxie *keine* Spiralstruktur?

Angesichts dieser Wunschliste gewinnt eine ganz andersartige mathematische Methodik an Interesse: Mit Hilfe großer Computer haben mehrere Forschergruppen – mit R.H. Miller, K.H. Prendergast und W.J. Quirk 1968; F. Hohl 1970 u.a. beginnend – die Bewegungen von einigen 10^5 Sternen unter dem Einfluß ihrer wechselseitigen Gravitation als N-Körper-Problem simuliert und zahlreiche aufeinanderfolgende Stadien eines solchen Systems bildlich dargestellt. Die Bedeutung dieser Technik liegt nicht zuletzt darin, daß es nun möglich ist, mit verschiedenartigen Galaxien sozusagen zu *experimentieren*. In den bis jetzt untersuchten Fällen bildet sich aus einer homogenen Scheibe heraus im Verlaufe von nicht ganz einer Umdrehung einer Spiralstruktur. Diese hat keinen quasistationären Charakter, sondern ändert und erneuert sich beständig. Über das weshalb und die Beziehungen solcher Simulationsexperimente zur Linschen Theorie schweigt der Computer. Man möchte aber vermuten, daß der Hypothese der quasistationären Spiralstruktur zwar keine strenge Gültigkeit, aber doch die Bedeutung einer sinnvollen Näherung zukommen dürfte.

5.8.3 Formen der Galaxien, Entstehung einer galaktischen Scheibe durch Kollaps

Aus der Häufigkeitsverteilung der *scheinbaren* Achsenverhältnisse der Galaxien verschiedener Hubble-Typen kann man rechnerisch – da die Richtungen der Rotationsachsen statistisch verteilt sein werden – die Verteilung der *wahren* Achsenverhältnisse q (= kleine/große Halbachse) ermitteln. A. Sandage, K.C. Freeman und N.R. Stokes (1970) fanden – in Fortführung der klassischen Arbeiten von E. Hubble –, daß die wahren Achsenverhältnisse der *elliptischen Galaxien* den Bereich von $q = 1$ bis $q \simeq 0.3$ füllen, während *alle* Galaxien der Typen S 0, SB 0 (ohne Spiralarme) und Sa, Sb, Sc (mit Spiralarmen) Achsenverhältnisse in dem schmalen Bereich $q = 0.25 \pm 0.06$ aufweisen.

Auch in der radialen Verteilung der *Flächenhelligkeit* $I(r)$ unterscheiden sich die beiden Gruppen in charakteristischer Weise.

Die Helligkeitsverteilung in *E-Galaxien* und den – bis auf die Massen – in vieler Hinsicht ähnlichen Kugelsternhaufen kann man (mit gewissen Einschränkungen) nach E. Hubble, G. de Vaucouleurs und I.R. King darstellen durch empirische Formeln der Art

$$\frac{I(r)}{I_0} = \frac{1}{1+(r/r_c)^2} \quad \text{bzw.} \quad \log\frac{I(r)}{I_0} = -\left(\frac{r}{r_k}\right)^{1/4} . \tag{5.8.6}$$

I_0 ist die Zentralintensität, r_c und r_k geben den Abstand vom Zentrum an, bei dem die Intensität auf 1/2 bzw. 1/10 abgefallen ist.

Eine derartige Helligkeitsverteilung bzw. entsprechende Dichteverteilung kommt dadurch zustande, daß bei großer Sterndichte die *Relaxationszeit,* in welcher durch nahe Vorbeigänge eine weitgehende Annäherung an eine Maxwellsche Geschwindigkeitsverteilung der Sterne bewirkt wird, relativ kurz ist. In den äußeren Teilen der Kugelhaufen und der Zwerg-E-Galaxien werden aber andererseits die Sterne mit großer Energie, die sich zu weit vom Zentrum entfernen, durch die Gezeitenkräfte der benachbarten Riesengalaxie ständig „abgepflückt". So wird der Haufen bzw. die Zwerggalaxie bei einem bestimmten „Gezeitenradius" r_t, abgeschnitten; etwa ab $r > r_t/10$ sind deshalb Gleichungen wie (5.8.6) nicht mehr brauchbar. Schließlich können die hier nur skizzierten Ansätze der starken Massenhäufung in den Kernen der Riesen-E-Galaxien offenbar nicht Rechnung tragen.

Die sphäroidischen Zentralkomponenten der *Spiralgalaxien* lassen sich wie die elliptischen Galaxien durch (5.8.6) annähern. Auf der anderen Seite beobachtet man in den *Scheiben* eine Helligkeitsverteilung

$$I(r) = I_0\,\mathrm{e}^{-r/r_0} . \tag{5.8.7}$$

Da das Masse-Leuchtkraft-Verhältnis innerhalb der Scheibe einer Galaxie nicht allzu stark variiert (Abschn. 5.5.3), dürfen wir schließen, daß auch für die radiale Verteilung der Flächendichte der Masse ein entsprechendes Gesetz

$$\mu(r) = \mu_0\,\mathrm{e}^{-r/r_0} \tag{5.8.8}$$

gilt. Die Werte für die *Längenskala* r_0 variieren für die frühen Typen (S0 bis etwa Sbc) zwischen 0.5 und 5 kpc; bei Galaxien späterer Typen liegen die maximalen r_0 bei 1 kpc. Nach K.C. Freeman (1970) zeigen alle Spiralgalaxien eine bemerkenswert geringe Streuung in den zentralen Flächenhelligkeiten I_0 im Blauen (21.65 ± 0.3 mag pro Quadratbogensekunde) bzw. in den zentralen Massendichten μ_0. Danach wäre die exponentielle Scheibe durch nur *eine* Skalenlänge r_0 charakterisiert, und ihre Leuchtkraft ($\sim I_0 r_0^2$) wäre nur durch r_0 bestimmt. Es ist allerdings noch nicht geklärt, inwieweit dieses Ergebnis durch die Beiträge der sphäroidischen Komponenten verfälscht wird.

Während die mehr oder weniger sphärischen Systeme offenbar einen kleinen Drehimpuls haben, finden wir in den *Scheiben,* in denen sämtliche Sterne in derselben Richtung um das Zentrum kreisen, einen *großen Drehimpuls,* wie man schon nach ihrer Abplattung erwartet. Es liegt nun nahe zu fragen, ob und wie eine (exponentielle) galaktische Scheibe sich aus einer mehr oder weniger kugelförmigen Wolke gebildet haben könnte.

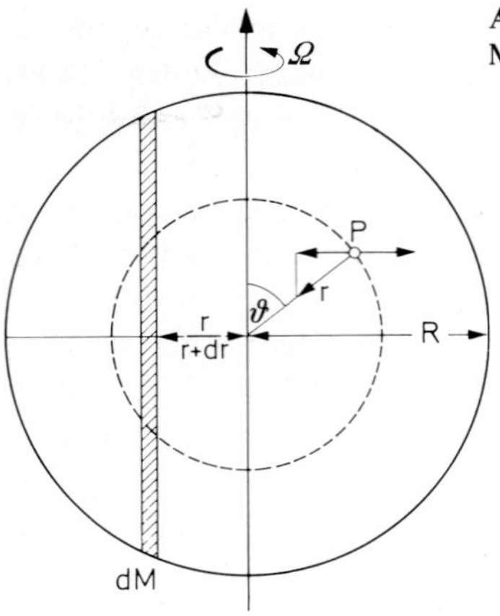

Abb. 5.8.2.
Modell einer Protogalaxie

Als einfachstes Modell einer solchen *Protogalaxie* betrachten wir eine Gaskugel, welche mit konstanter Winkelgeschwindigkeit $\Omega = 2\,\pi/T$ (T: Rotationsdauer) starr rotiert. $\mathcal{M}(r)$ sei die Masse innerhalb einer Kugel vom Radius r, R der Radius und $\mathcal{M} = \mathcal{M}(R)$ die Gesamtmasse. Dann ist das Verhältnis der Komponenten von Zentrifugalkraft und Gravitation senkrecht zur Drehachse (Abb. 5.8.2)

$$\frac{\text{Zentrifugalkraft}}{\text{Gravitation}} = \frac{\Omega^2 r \sin\vartheta}{G\mathcal{M}(r)\sin\vartheta/r^2} = \left[\frac{(\Omega r^2)^2}{G\mathcal{M}(r)}\right]\frac{1}{r}\,, \tag{5.8.9}$$

wo G wieder die Gravitationskonstante bedeutet.

Nunmehr lassen wir in Gedanken unsere Kugel sich zunächst *radial* zusammenziehen, so daß jedes Massenelement seinen Drehimpuls beibehält. Insbesondere wird also für eine Kugelschale vom Radius r der Drehimpuls pro Masseneinheit $\sim \Omega r^2$ und die eingeschlossene Masse $\mathcal{M}(r)$ erhalten bleiben und die [...] in (5.8.9) erfährt keine Änderung. Aber wegen des Faktors $1/r$ nimmt das Verhältnis von Zentrifugalkraft : Gravitation zu, bis hinsichtlich der Komponenten der beiden Kräfte senkrecht zur Achse Gleichgewicht erreicht ist. Die Komponente der Schwerkraft parallel zur Drehachse jedoch bleibt unverändert. Die Protogalaxie muß sich also abplatten, d.h. in Richtung der Rotationsachse kollabieren. Die hierbei frei werdende Energie wird größtenteils dissipiert; so erhält man schließlich eine dünne Scheibe. Damit in dieser überall gravitatives Gleichgewicht (Gravitation = Zentrifugalkraft) besteht, muß selbstverständlich eine radiale Umverteilung der Massendichte erfolgen; die Rotation wird im allgemeinen nicht mehr gleichförmig sein.

Diese komplizierten Prozesse können wir nicht im einzelnen verfolgen, aber wir dürfen erwarten, daß jedes Massenelement dabei seinen *Drehimpuls* beibehält. Es müßte also der Bruchteil $d\mathcal{M}/\mathcal{M}$ der Masse, dessen Drehimpuls pro Masseneinheit im Bereich h bis $h+dh$ liegt, in der fertigen Scheibe gleich groß sein wie in der Protogalaxie. Anstelle von $(d\mathcal{M}(h)/\mathcal{M})\,dh$ können wir selbstverständlich ebenso gut – nach Integration über h – den Bruchteil $\mathcal{M}(h)/\mathcal{M}$ der Masse betrachten, in dem der Drehimpuls pro Masseneinheit kleiner als ein vorgegebener Wert h ist.

Um diese Verhältnisse zu berechnen, nehmen wir – in Ermangelung genauerer Kenntnis – als einfachstes Modell einer Protogalaxie eine homogene Kugel vom Radius R, der Dichte ϱ, der Masse $\mathcal{M}$. Die Winkelgeschwindigkeit Ω können wir nach (5.8.9) wegen

$$\mathcal{M}(r) = \frac{4\,\pi}{3}\varrho r^3 \quad \text{und} \quad \mathcal{M} = \frac{4\,\pi}{3}\varrho R^3 \tag{5.8.10}$$

so einrichten, daß jedenfalls innerhalb der ganzen Äquatorebene gravitatives Gleichgewicht besteht mit

$$\Omega^2 = \frac{4\,\pi}{3}G\varrho = G\mathcal{M}/R^3\,. \tag{5.8.11}$$

Der *Drehimpuls pro Masseneinheit* ist im Abstand r von der Achse

$$h(r) = r^2\,\Omega \tag{5.8.12}$$

und der *Gesamtdrehimpuls* (Trägheitsmoment × Ω)

$$H = \tfrac{2}{5}\mathcal{M}R^2\,\Omega = \tfrac{2}{5}(G\mathcal{M}^3 R)^{1/2}\,. \tag{5.8.13}$$

Um die Verteilung des Drehimpulses zu berechnen, schneiden wir aus der Kugel einen achsenparallelen Zylinder aus mit den Radien r und $r+dr$. Dessen Masse ist dann (Abb. 5.8.2)

$$d\mathcal{M} = \varrho\,2\,R\left(1-\frac{r^2}{R^2}\right)^{1/2} 2\,\pi\,r\,dr\,, \tag{5.8.14}$$

und sein Drehimpuls

$$h\,d\mathcal{M} = r^2\Omega\,d\mathcal{M} = \Omega\varrho\,2\,R\left(1-\frac{r^2}{R^2}\right)^{1/2} 2\pi r^3\,dr\,. \tag{5.8.15}$$

Nach (5.8.12) ist $dh = \Omega\,2\,r\,dr$. So erhalten wir mit (5.8.10) leicht vollends den Bruchteil der Masse $d\mathcal{M}/\mathcal{M}$, dessen Drehimpuls pro Masseneinheit im Bereich h bis $h+dh$ liegt. Indem wir noch zur Vereinfachung h auf seinen Maximalwert ΩR^2 beziehen und

$$h/\Omega R^2 = x \tag{5.8.16}$$

schreiben, wird dann

$$d\mathcal{M}/\mathcal{M} = \tfrac{3}{2}(1-x)^{1/2}\,dx \ . \tag{5.8.17}$$

Durch Integration erhalten wir daraus den Bruchteil der Masse $\mathcal{M}(h)$ bzw. $\mathcal{M}(x)$, in dem der Drehimpuls pro Masseneinheit $<x$ ist:

$$\frac{\mathcal{M}(x)}{\mathcal{M}} = \frac{3}{2}\int_0^x (1-x)^{1/2}dx = 1-(1-x)^{3/2} \ . \tag{5.8.18}$$

Für die *ganze* Kugel gilt – zum Vergleich – nach (5.8.13 und 16)

$$\bar{x} = H/(\mathcal{M}\,\Omega R^2) = \tfrac{2}{5} \ . \tag{5.8.19}$$

Die beiden Verteilungsfunktionen $(d\mathcal{M}/\mathcal{M})/dx$ und $\mathcal{M}(x)/\mathcal{M}$ haben wir in Abb. 5.8.3 graphisch dargestellt.

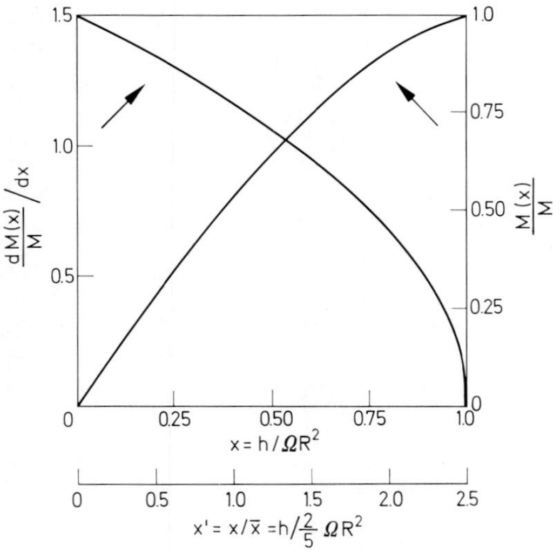

Abb. 5.8.3. Als Funktion von x = Drehimpuls pro Masseneinheit h, bezogen auf den Maximalwert $h_{max} = \Omega R^2$, bzw. von $x/\bar{x} = x'$, bezogen auf seinen Mittelwert für die ganze Masse, sind aufgetragen: (1) der Bruchteil der Masse $d\mathcal{M}(x)/\mathcal{M}$, für welchen x zwischen x und $x+dx$ liegt (*links*) und (2) der Bruchteil der Masse $\mathcal{M}(x)/\mathcal{M}$, in welchem x kleiner ist als der Abszissenwert (*rechts*). Bei der Bildung einer Scheibengalaxie aus der kugelförmigen Protogalaxie unter Erhaltung des Drehimpulses für jedes Massenelement sollten $d\mathcal{M}(x)/\mathcal{M}$ bzw. $\mathcal{M}(x/\bar{x})/\mathcal{M}$ als Funktionen von $x/\bar{x}$ erhalten bleiben

In der unteren Abszissenskala haben wir noch – physikalisch sinnvoller – h nicht auf seinen Maximalwert ΩR^2, sondern auf den Mittelwert für die ganze Kugel $\frac{2}{5}\Omega R^2$ bezogen mit $x' = x/\bar{x} = 5x/2$.

Schon D. J. Crampin und F. Hoyle (1964), dann J. H. Oort (1970) haben gezeigt, daß einige Sb- und Sc-Galaxien bzw. unser Milchstraßensystem in der Tat Drehimpulsverteilungen nach (5.8.17 und 18) zeigen, die auf die Entstehung aus einer gleichförmig rotierenden homogenen sphärischen Protogalaxie hindeuten. Erheblich weiter führt die schon erwähnte Untersuchung von K. C. Freeman über exponentielle Scheiben, deren Flächendichte μ dem Verteilungsgesetz (5.8.8) folgt.

Aus der Verteilung der Flächendichte μ erhält man zunächst die *Gesamtmasse* $\mathcal{M}_E$ einer exponentiellen Scheibe

$$\mathcal{M}_E = 2\pi\mu_0 r_0^2 \ . \tag{5.8.20}$$

Beiläufig bemerkt, befinden sich z. B. 80% der Gesamtmasse innerhalb $r \leq 3r_0$.

Sodann kann man die Winkelgeschwindigkeit der Rotation $\Omega(r)$ und damit die Verteilung des Drehimpulses pro Masseneinheit $h_E(r)$ berechnen. Damit hat man auch den Bruchteil der Masse $\mathcal{M}_E(h_E)/\mathcal{M}_E$, in dem der Drehimpuls pro Masseneinheit $\leq h_E$ ist. Weiterhin berechnet man durch numerische Integration den Gesamtdrehimpuls

$$H_E = 1.109(G\mathcal{M}_E^3 r_0)^{1/2} \ , \tag{5.8.21}$$

um h auf seinen Mittelwert $H_E/\mathcal{M}_E$ beziehen zu können mit

$$x'_E = h_E/1.109(G\mathcal{M}_E r_0)^{1/2} \ . \tag{5.8.22}$$

Vergleicht man nun die Funktion $\mathcal{M}_E(x'_E)/\mathcal{M}_E$ für exponentielle Scheibengalaxien mit der für unsere „theoretische" Protogalaxie berechneten Funktion $\mathcal{M}(x')/\mathcal{M}$ (5.8.18 bzw. Abb. 5.8.3, rechts), so ergibt sich nach K. C. Freeman ausgezeichnete Übereinstimmung. Dies spricht dafür, daß derartige Galaxien in der Tat durch *Kollaps* aus einer Kugel-Protogalaxie entstanden sein könnten.

Es ist noch interessant, die Skalenlänge r_0 der Scheibe nach (5.8.7) zu vergleichen mit dem Radius R unserer hypothetischen Protogalaxie für $\mathcal{M}_E = \mathcal{M}$ und $H_E = H$. Aus (5.8.21) und (5.8.13) erhält man sofort

$$r_{0E}/R = 0.13 \ . \tag{5.8.23}$$

Auch die radiale Kontraktion der Protogalaxie ist also sehr erheblich. Die Geschwindigkeiten in den Protogalaxien müssen dementsprechend – nach dem Drehimpulssatz – wesentlich geringer gewesen sein als die heutigen Rotationsgeschwindigkeiten in den Scheibengalaxien.

Der *Gesamtdrehimpuls* einer galaktischen Scheibe ist nach (5.8.21) und (5.8.20)

$$H_E \sim \mu_0^{-1/4} \mathscr{M}_E^{7/4} \ , \tag{5.8.24}$$

hängt also, da μ_0 wenig variiert, praktisch *nur* von deren Masse $\mathscr{M}_E$ ab.

Die *Zeitdauer*, welche der Kollaps einer galaktischen Scheibe erfordert, können wir von zwei Seiten her abschätzen: In einer homogenen Kugel-Protogalaxie führt ein Massenpunkt harmonische Schwingungen aus. Die Zeit τ, welche der Sturz von der Oberfläche (Radius R) zum Mittelpunkt dauert, ist also gleich $\frac{1}{4}$ der erwähnten Schwingungsdauer bzw. der Umlaufzeit auf einer Kreisbahn mit Radius R. Nach (5.8.11) wird also

$$\tau_1 = \frac{\pi}{2}\sqrt{R^3/G\mathscr{M}} \ . \tag{5.8.25}$$

Ist die Galaxie schon stark kondensiert, so wird τ etwa gleich der halben Umlaufzeit einer Keplerellipse mit der großen Halbachse $R/2$, d. h.

$$\tau_2 = \frac{\pi}{2\sqrt{2}}\sqrt{R^3/G\mathscr{M}} \ . \tag{5.8.26}$$

Mit $\mathscr{M} = 1.5 \cdot 10^{11} \mathscr{M}_\odot$ und $R = 25$ kpc erhält man z. B.

$$\tau_1 = 2.5 \cdot 10^8 \quad \text{bzw.} \quad \tau_2 = 1.8 \cdot 10^8 \, \text{a} \ . \tag{5.8.27}$$

Beide Zeiten sind selbstverständlich etwa gleich der freien Fallzeit (4.12.39) und von der Größenordnung galaktischer Umlaufzeiten.

5.8.4 Entstehung der Galaxien und Galaxienhaufen

In Galaxien sind Massen bis zu $10^{12} \mathscr{M}_\odot$ konzentriert; charakteristische Massen für Galaxienhaufen sind $10^{15} \mathscr{M}_\odot$, für Superhaufen von Galaxien $10^{16} \mathscr{M}_\odot$ (Abschn. 5.5 und 5.7). Wie wir sehen werden, ist die mittlere Dichte dieser Materie im Kosmos etwa $5 \cdot 10^{-28}$ kg m^{-3} (5.9.35); die Unsicherheit dürfte mindestens einen Faktor 3 betragen. Inwieweit es *intergalaktische* Materie innerhalb der Superhaufen oder allgemein im Kosmos verbreitet gibt, d. h. Materie außerhalb der Galaxienhaufen, ist noch nicht geklärt. Mit den Beobachtungen verträglich wäre – in Form eines sehr heißen Gases – noch eine mittlere Dichte von $4 \cdot 10^{-27}$ kg m^{-3}.

Die Entstehung der Galaxien und Galaxienhaufen ist eng verknüpft mit dem Ursprung der großräumigen Struktur des Kosmos, der netzartigen Anordnung der Superhaufen und Haufen von Galaxien in Filamenten und flachen Scheiben, welche riesige Hohlräume einschließen (Abschn. 5.7.4). Nach neueren kosmologischen Theorien (Inflationäres Universum, Abschn. 5.9.5) liegen die *Keime* für diese Struktur in winzigen Dichteschwankungen bereits in einer sehr frühen Entwicklungsphase des Kosmos – etwa 10^{-35} s nach dem Urknall –, als sich die starke von der elektroschwachen fundamentalen Wechselwirkung infolge Symmetriebrechung trennte (Tabelle 5.9.3) und hierdurch eine extrem rasche Expansion (Inflation) des Kosmos verursachte. Vielleicht ist der Ursprung der Strukturen letztlich sogar auf Quantenfluktuationen in einer noch früheren Zeit angelegt. Galaxien und Galaxienhaufen konnten jedoch erst entstehen, nachdem sich „viel später" – etwa 10^6 a nach Beginn der Expansion des Kosmos bzw. bei einer Rotverschiebung von $z \simeq 1000$ – durch die Rekombination der freien Elektronen mit den Protonen (bei $T \simeq 3000$ K) die enge Kopplung des Strahlungsfeldes an die Materie auflöste und sich Dichtefluktuationen rasch verstärken konnten. Daß vor dieser Zeit im Kosmos keine ausgeprägten Inhomogenitäten vorhanden waren, zeigt uns die beobachtete hochgradige Isotropie der Mikrowellen-Hintergrundstrahlung (Abschn. 5.9.4). Nach einigen 10^7 a (entsprechend $z \simeq 100$) dürften sich schließlich die Dichteschwankungen soweit verstärkt haben, daß es zur „eigentlichen" Bildung der Galaxien bzw. Protogalaxien kommt. Zu dieser Zeit betrug die *Jeansmasse* (5.8.5) etwa $2 \cdot 10^5 \mathscr{M}_\odot$, somit wurden alle größeren Massen gravitationsinstabil. Wir müssen also die Entstehung der Galaxien zurückverlegen in eine frühe Phase der Expansion des Weltalls, in der alle Dimensionen im Kosmos um einen Faktor $(1+z) \simeq 100$ kleiner (5.9.29) waren und die mittlere Dichte der Materie demnach $(1+z)^3 \simeq 10^6$ mal größer (etwa $5 \cdot 10^{-22}$ kg m^{-3}) war als heute.

Numerische Modellrechnungen über das Anwachsen von Dichtestörungen im expandierenden Kosmos, auf deren Einzelheiten wir hier nicht weiter eingehen können, machen zumindest glaubhaft, daß sich das charakteristische Gerüst der Superhaufen und Haufen der Galaxien ausbilden konnte (Abb. 5.8.4). Ya. B. Zeldovich erkannte bereits um 1970, daß es unwahrscheinlich wäre, wenn die ursprünglichen Verdichtungen sphärisch symmetrisch wären. Er zeigte, daß allgemein geformte Dichtefluktuationen zunächst entlang ihres kürzesten Durchmessers kollabieren und so flache Scheiben („Fladen" oder

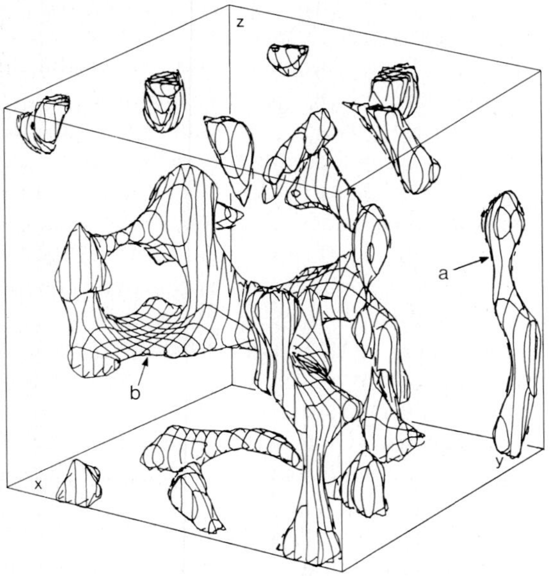

Abb. 5.8.4. Großräumige Struktur des Kosmos. Flächen gleicher Materiedichte im frühen Universum aufgrund numerischer Simulationsrechnungen des Anwachsens von Dichtefluktuationen. Es haben sich Filamente (*a*) und flache Scheiben („Pfannkuchen", *b*), welche große Hohlräume umschließen, gebildet. Die Kantenlänge des betrachteten Würfels beträgt 50 Mpc. J. Centrella und A. L. Melott: Nature **305**, 196 (1983). (Mit freundlicher Genehmigung von Macmillan Magazines Ltd., London, und der Autoren)

„Pfannkuchen") bilden. Bei weiterer Verdichtung können auch zigarrenförmige Gebilde entstehen.

Eine *untere Grenze* für die mittlere Materiedichte im Kosmos zur Zeit der Entstehung der Galaxien gewinnen wir aus der größten bekannten Rotverschiebung $z \simeq 4.9$ der Quasare, der fernsten Galaxien. Als also offenbar bereits Galaxien existierten, war die mittlere Dichte um einen Faktor $(1+z)^3 \simeq 200$ höher als heute.

Wir können die Dichte zur Zeit der Galaxienbildung noch auf eine ganz andere Art abschätzen: Nachdem J.H. Oort (1970) u.a. gezeigt haben, daß der Drehimpulsaustausch zwischen den „fertigen" Galaxien keine wesentliche Rolle gespielt haben kann, müssen wir fordern, daß schon die Protogalaxie den Drehimpuls des heutigen Systems besessen hat. Der Drehimpuls der Galaxien muß also der *Turbulenz* der damaligen intergalaktischen Materie entstammen. Fordern wir weiterhin, daß eine *Protogalaxie* den erforderlichen Drehimpuls auch aufnehmen kann, so werden wir – jedenfalls in den wesentlichen Zügen – auf das Modell des vorhergehenden Abschnitts zurückgeführt. Eine heutige Galaxie mit der Skalenlänge $r_0 \simeq 2.5$ kpc muß also nach (5.8.23) hervorgegangen sein aus einer Kugel vom Radius $R \simeq 20$ kpc. Enthält diese $\simeq 1.5 \cdot 10^{11}\,\mathcal{M}_\odot$ (entsprechend der Scheibe des Milchstraßensystems), so war die mittlere Dichte der Kugel ungefähr $3 \cdot 10^{-22}\,\mathrm{kg\,m^{-3}}$, also von derselben Größenordnung wie die Materiedichte im Kosmos bei $z = 100$ (und auch wie die mittlere Dichte in den dunklen Halos der Spiralgalaxien von etwa $10^{12}\,\mathcal{M}_\odot$ und 50 kpc Radius).

Die Theorie der *Gravitationsinstabilität* erklärt zwar die „grobe" Aufteilung der Materie in Galaxien, nicht aber deren feinere Züge. Wären allgemein nach (5.8.4) die Massen der Galaxien $\mathcal{M} \sim \varrho^{-1/2}$, so müßten nach (5.8.11) ihre Massen und damit ihre Leuchtkräfte L proportional ihrer charakteristischen Längen (z.B. r_0) sein, während nach K.C. Freeman $L \sim r_0^2$ ist. Sinnvoller könnte es sein, von der Herkunft des *Drehimpulses* aus der Turbulenz der Materie auszugehen. Für Scheibengalaxien ist der spezifische Drehimpuls [H_E/M_E nach (5.8.21) und (5.8.20) mit $\mu_0 = \mathrm{const}$] proportional $r_0^{3/2}$. Diese Beziehung ist selbstverständlich äquivalent dem eben erwähnten Gesetz $L \sim r_0^2$ für die Leuchtkräfte. Gehen wir andererseits aus von der Theorie der homogenen und isotropen Turbulenz, so besagt diese, daß zu einem Turbulenzelement der Länge r_0 eine charakteristische Geschwindigkeit $v_0 \sim r_0^{1/3}$ gehört, so daß der entsprechende Drehimpuls pro Masseneinheit $r_0 v_0 \sim r_0^{4/3}$ wird. Dies führt zu einer Verteilung der Massen bzw. Leuchtkräfte $\sim r_0^{5/3}$, was mit der empirischen Relation $L \sim r_0^2$ hinreichend übereinstimmen dürfte.

Wir begnügen uns hier mit diesen Abschätzungen und gehen nicht weiter auf die verschiedenen Ansätze zur Erklärung der Entstehung der Galaxien, der Haufen und der Superhaufen ein. Eine umfassende Theorie hierzu steht noch aus. Dies ist vielleicht nicht erstaunlich, da wir – wie die Diskussion der Rotationskurven und der dunklen Halos gezeigt hat – nicht einmal den Aufbau der *heutigen* Galaxien ganz verstehen.

5.8.5 Dynamische und chemische Evolution der Galaxien. Entstehung der Häufigkeitsverteilung der Elemente

Wir sahen, daß wir bei der Entstehung der Galaxien wohl auszugehen haben von einem frühen Zustand des Universums, als dessen mittlere Dichte noch etwa die 10^6fache der heutigen Materiedichte war. Unter diesen Verhältnissen konnten Dichtefluktuationen so rasch anwachsen, daß einzelne Gaswolken mit Massen $\lesssim 10^{11}$ bis $10^{12}\,\mathcal{M}_\odot$ entstanden.

Die *Entwicklung* der Galaxien ist nun eng verknüpft mit der Verteilung des *Drehimpulses* und mit der *Entstehung von Sternen*. Bei einer geringen Sternentstehungsrate bildet eine gasförmige Protogalaxie mit hohem Drehimpuls bei ihrer Kontraktion innerhalb von wenigen 10^8 bis 10^9 a eine Scheibe (Abschn. 5.8.3). Im anderen Extremfall, wenn das ganze Gas gleich zu Anfang bei der Sternbildung verbraucht wird, ändert die Protogalaxie ihre Ausdehnung nur wenig (etwa um einen Faktor 2), da die Sterne im Gegensatz zum Gas ihre kinetische Energie nicht abstrahlen können und nach dem Energiesatz die Summe aus kinetischer und potentieller Energie konstant bleiben muß.

Die Bauart der *Scheiben* ist – zum mindesten in ihren äußeren Teilen – bei allen Galaxien von S0 bis Sm erstaunlich gleichartig. Was die Hubble-Typen der Folge S0, Sa, Sb usw. physikalisch voneinander unterscheidet, scheint in erster Linie (oder ausschließlich?) der Bruchteil der Gesamtmasse zu sein, der noch in *Gasform* vorhanden ist. Er variiert von weniger als 1% bei den gleichförmigen S0-Scheiben bis etwa 10% bei irregulären Galaxien. Die Ausbildung der Spiralarme ist offenbar wesentlich mit dem Gas der Scheibe verknüpft; die für die Spiralarme charakteristischen OB-Sterne entstehen aus dem Gas und überleben nur einen kleinen Bruchteil von der Lebensdauer der Galaxie.

Die *sphäroidischen* Komponenten der Spiralgalaxien sind offenbar aus Materie mit *wenig Drehimpuls* hervorgegangen. Wie genauere dynamische Rechnungen von R.B. Larson und B.M. Tinsley (1974/78) zeigen, muß die aus einem Sphäroid *und* einer Scheibe bestehende Struktur unserer Milchstraße und der Spiralgalaxien durch einen *zweistufigen* Bildungsprozeß entstanden sein: in einer ersten Phase sehr rascher Sternentstehung wird in einigen freien Fallzeiten die sphäroidische Komponente gebildet, in einer folgenden Phase mit wesentlich langsamerer Sternentstehung kann das verbleibende Gas zu einer Scheibe kollabieren, bevor sich weitere Sterne bilden.

Die *Riesen-E-Galaxien* sind offenbar aus Protogalaxien mit wenig Drehimpuls hervorgegangen. Wenn es auch eine eigentliche Theorie der Aufteilung des ursprünglichen turbulenten Gases in Wolken mit verschieden großem Drehimpuls noch nicht gibt, dürften unserer Annahme doch keine grundsätzlichen Schwierigkeiten im Wege stehen.

In dichten *Haufen* von Galaxien kann – wie wir in Abschn. 5.7.3 besprachen – durch Wechselwirkungen der Galaxien miteinander und mit dem Haufengas der morphologische Typ verändert werden. Spiralgalaxien verlieren ihr Gas und werden vermutlich zu S0-Galaxien; in den Zentren der Haufen entstehen durch Verschmelzen mehrerer Galaxien die riesigen cD-Galaxien.

Die Gezeitenwechselwirkung von Galaxien kann offenbar eine sehr kräftige Sternbildungsrate („Burst of star formation"), vor allem in den dichteren zentralen Gebieten, bewirken. Wir haben als Beispiele die „staubigen" Infrarotgalaxien M 82 und NGC 6240 (Abschn. 5.5.5) und die blauen kompakten Zwerggalaxien kennengelernt (Abschn. 5.5.4).

Nach dieser kurzen Einführung in die dynamischen Aspekte der Entwicklung der Galaxien wenden wir uns deren *nuklearen* Problemen zu. Die empirischen Grundlagen hierzu haben wir schon in Abschn. 5.5.4 im Zusammenhang mit dem grundlegenden Begriff der Sternpopulationen bereitgestellt.

Im Zusammenhang mit der relativistischen Theorie des expandierenden Weltalls hatten G. Lemaître und G. Gamow in den vierziger Jahren die Vorstellung entwickelt, daß die damals als universell angesehene Mischung der chemischen Elemente sich beim Anfang der kosmischen Entwicklung, dem *Urknall* (Big Bang), herausgebildet habe. Im Laufe der Jahre wiesen die Kernphysiker darauf hin, daß der Aufbau der schweren Elemente nach Gamows Vorstellungen schon bei der Massenzahl $A = 5$ ein Ende nehmen muß; andererseits entdeckte man, daß die Schnelläufer bzw. Unterzwerge in verschiedenem Grade metallarm sind.

Den ersten Versuch, die beiden Problemkreise der *Häufigkeitsverteilungen der Elemente* und der *Entwicklung der Galaxien* miteinander zu verknüpfen, unternahmen dann E.M. und G.R. Burbidge, W.A. Fowler und F. Hoyle (1957); meist spricht man kurz von der B^2FH-Theorie. Hier wurde zum erstenmal die Anwendung der *Kernphysik* in der Astrophysik auf breiter Basis untersucht. Insbesondere haben W.A. Fowlers Messungen nuklearer Wirkungsquerschnitte bei niedrigen Energien im Zusammenhang mit der stellaren Energieerzeugung dieses Forschungsgebiet erst auf eine sichere Grundlage gestellt.

Die Theorie stellt – in astronomischer Hinsicht – an den Anfang ein Universum, das vom *Urknall* her – wir gehen hier sogleich von neueren Weltmodellen aus – aus *Wasserstoff* und *Helium* (10:1) und Spuren schwererer Elemente besteht (Abschn. 5.9.4).

Eine Galaxie beginnt ihren Lebenslauf als etwa sphärische Masse, in der sich sogleich die ersten Sterne bilden. In deren Innerem spielen sich nun *Kernprozesse* ab, die zum Aufbau schwerer Elemente führen. Manche Entwicklungsabläufe führen zu stetiger oder explosiver (Supernovae) Abgabe stellarer Materie an das interstellare Medium. So kann sich eine zweite Generation metallreicherer Sterne bilden usw. In den E-Galaxien käme dieser Prozeß – je nach Masse – früher oder später zum Erliegen; in den Scheibengalaxien müßte die Bildung schwerer Elemente beim Kollaps der Scheibe im wesentlichen abgeschlossen sein.

Sodann stellen wir – nur in Umrissen – die von B^2FH ursprünglich in Betracht gezogenen *Kernprozesse* zusammen, vor allem da deren Bezeichnungen heute noch weitgehend gebräuchlich sind:

In Abschn. 4.12.3 besprachen wir schon die Prozesse, welche für die Energieerzeugung im Inneren der Sterne wichtig sind: Bei $\simeq 10^7$ K beginnt die nukleare Verbrennung von *Wasserstoff* zu Helium, zuerst durch den pp- oder Fusionsprozeß und bei etwas höheren Temperaturen vorwiegend durch den CNO-Zyklus. Oberhalb $\simeq 10^8$ K wird dann *Helium* zu Kohlenstoff, bei noch höheren Temperaturen der *Kohlenstoff* selbst verbrannt.

Ausgehend von ^{12}C erfolgt durch den *α-Prozeß* der Aufbau von schwereren Viererkernen aus α-Teilchen bis ^{40}Ca (bei etwa 10^9 K).

Der *e-Prozeß* erzeugt die Elemente der Eisengruppe, V, Cr, Mn, Fe, Co, Ni, im thermischen Gleichgewicht (*e*quilibrium) bei $\simeq 4 \cdot 10^9$ K.

Die schweren Atomkerne sind für geladene Teilchen wegen der starken Coulomb-Abstoßung unzugänglich. Der Aufbau der schweren Elemente kann daher nur durch *Neutronenprozesse* erfolgen. Man unterscheidet:

Der *s-Prozeß* besteht in Neutronenanlagerung (an Elemente der Eisengruppen), die langsam (*s*low) erfolgt im Verhältnis zu den konkurrierenden β-Zerfällen. Der s-Prozeß erzeugt z. B. Sr, Zr, Ba, Pb ..., allgemein die stabilen Nuklide in der Talsohle der Energiefläche[20]. Daß der s-Prozeß beim Zustandekommen z. B. der solaren Häufigkeitsverteilung eine Rolle spielte, erkannte schon G. Gamow daran, daß das Produkt aus Häufigkeit mal dem Wirkungsquerschnitt für $\simeq 25$ keV-Neutronen für die betr. Nuklide eine glatt verlaufende Funktion der Massenzahl A ist.

Als *r-Prozeß* bezeichnet man entsprechende Neutronenanlagerungen, die sich rasch (*r*apid) im Verhältnis zu den konkurrierenden β-Zerfällen abspielen. Dieser Vorgang erzeugt die neutronenreichen Isotope der schweren Kerne; B^2FH machen ihn insbesondere für die Bildung der radioaktiven Elemente, z. B. ^{235}U und ^{238}U (auf Kosten der Fe-Gruppe) verantwortlich.

Der *p-Prozeß* erzeugt die neutronenarmen bzw. protonenreichen Isotope der schweren Elemente in einem wasserstoffreichen Medium (*p*rotons).

Die ursprüngliche Theorie von B^2FH wurde entsprechend dem Fortschritt der Kernphysik und der Theorie der Sternentwicklung in vielen Einzelheiten modifiziert. Insbesondere zeigt sich, daß in den Spätphasen der Sternentwicklung, z. B. bei raschen Kollapsphasen und in den Stoßwellen der Supernovae, die hydrodynamischen Zeitskalen z. T. erheblich unter 1 s liegen und nicht mehr alle Kernreaktionen im thermodynamischen Gleichgewicht ablaufen. Die umfangreichen Rechnungen zur *„Explosiven Nukleosynthese"*, beginnend mit den Arbeiten von J. W. Truran, W. D. Arnett u. a. (1971), ergeben deutlich andere Nuklidverteilungen als bei Gleichgewichtsprozessen. Die neueren Ergebnisse haben wir bereits in Abschn. 5.4.5 im Zusammenhang mit der Sternentwicklung kennengelernt. Während bei den Spätphasen wegen der komplizierten Wechselwirkung zwischen Kernprozessen und dynamischen Vorgängen noch viele Fragen offen sind, z. B. beim Ablauf der r- und p-Prozesse, sind die frühen Entwicklungsstadien mit ihren auch für die Energieerzeugung verantwortlichen Reaktionen ziemlich gut bekannt.

Eine ganz andere Vorstellung zur Elemententstehung als die von B^2FH entwickelten J. P. Amiet und H. D. Zeh (1968) im Anschluß an Überlegungen von H. E. Suess und J. H. D. Jensen: Sie geht aus von einem Zustand mit einer hohen Dichte von etwa $2 \cdot 10^{13}$ kg m^{-3} und einer Temperatur von rund $5 \cdot 10^9$ K. Unter derartigen Verhältnissen werden freie Elektronen sozusagen in die Kerne hineingedrückt, das „Tal" der stabilen Kerne in der N, Z-Ebene verschiebt sich nach der Seite der neutronenreichen Kerne. Bei Verringerung des Druckes entstehen aus dieser neutronenreichen Protomaterie die neutronenärmeren, unter gewöhnlichen Verhältnissen stabilen Kerne durch β-Zerfall; es können aber auch (seltener) relativ neutronenreichere stabile Kerne übrigbleiben. Dieses Modell wurde jedoch nicht weiter verfolgt, vor allem ist die astrophysikalische „Unterbringung" des Ausgangszustands hoher Dichte nach wie vor ungeklärt.

---

[20] Trägt man die Bindungsenergien der Atomkerne über einer Ebene mit den Koordinaten N = Neutronenzahl und Z = Kernladungs- bzw. Protonenzahl auf, so erlaubt diese Energiefläche eine übersichtliche Darstellung von Kernreaktionen einschließlich ihres Energieumsatzes. Die stabilen Kerne befinden sich in der Nähe der Talsohle der Energiefläche.

Nach diesem kernphysikalischen Exkurs kehren wir zurück zu unserem Problem der *Entstehung der Galaxien* und den darin vorgefundenen *Häufigkeitsverteilungen der Elemente.*

Zunächst stellen wir eine *Protogalaxie* aus fast reinem Wasserstoff (plus 10% Helium) an den Anfang vor etwa $\gtrsim 10 \cdot 10^9$ a und diskutieren – nach B^2FH – die Vorstellung, daß die schweren Elemente sich im Zusammenhang mit dem Entstehen und z.T. explosiven Vergehen mehrerer Generationen von Sternen gebildet haben. In den Zwerg-E-Galaxien muß dieser Prozeß früher zum Erliegen gekommen sein als in den Riesengalaxien. In allen hinreichend großen Galaxien finden wir, daß – unabhängig von der Bildung einer Scheibe und unabhängig von dem Massenbruchteil des heute noch vorhandenen interstellaren Gases – der Größenordnung nach derselbe Bruchteil der Urmaterie in schwere Elemente verwandelt wurde und daß von den Anfängen der Bildung schwerer Elemente an bis zum Erreichen ihrer heutigen Häufigkeit deren Mischungsverhältnis im großen und ganzen unverändert blieb. Innerhalb vieler S-Galaxien beobachten wir außerdem eine Zunahme der Häufigkeit schwerer Elemente vom Rand der Scheibe zum Zentrum hin.

In unserem *Milchstraßensystem* können wir die Bildung der schweren Elemente zeitlich genauer erschließen: *Heute* entstehen Sterne aus dem in einer flachen Scheibe konzentrierten interstellaren Medium mit einem Metallgehalt $Z \simeq Z_\odot = 0.02$ (5.4.2) mit einer totalen Rate von einigen $\mathcal{M}_\odot$ pro Jahr und einem Masssenspektrum $\psi(\mathcal{M})$ (ursprüngliche Massenfunktion, Abschn. 5.4.8). Vor allem die massereicheren Sterne reichern am Ende ihrer Entwicklung, z.B. durch Supernovaexplosionen, das interstellare Gas mit schweren Elementen an, wobei ein Teil ihrer nuklear veränderten Masse in den Reststernen, z.B. Neutronensternen, bleibt und somit dem Kreislauf der Wechselwirkung vieler Sterngenerationen mit dem interstellaren Medium entzogen wird.

Die beobachtete Elementverteilung der sphäroidischen Komponente (Halo), z.B. der Kugelhaufen und Unterzwerge, zeigt einen maximalen Metallgehalt von etwa $Z_\odot/6$, so daß während weniger freier Fallzeiten (5.8.27) der Protogalaxie von $\gtrsim 10^{11}\,\mathcal{M}_\odot$, d.h. in $\lesssim 10^9$ a, ein Anstieg der Metallhäufigkeit von praktisch null ($Z < 10^{-8} Z_\odot$) auf $Z_\odot/6$ erfolgt sein muß.

Mit der Konsolidierung der Scheibe mit einer Masse von etwa $7 \cdot 10^{10}\,\mathcal{M}_\odot$ erreichte die Elementbildung im wesentlichen ihren Abschluß, da die ältesten offenen Sternhaufen bereits ungefähr die normale Zusammensetzung $Z_\odot$ haben. Während die dynamischen Überlegungen von O.J. Eggen, D. Lynden-Bell und A.R. Sandage (1962) zu einer relativ kurzen Zeit von wenigen 10^8 a für den Kollaps zur Scheibe führten, deuten die neueren Altersbestimmungen der Kugelhaufen von ungefähr $16 \cdot 10^9$ a (Abschn. 5.4.4) auf eine mehrere 10^9 a andauernde Bildungszeit für die Scheibe hin, in der die Anreicherung des Metallgehalts von etwa $Z_\odot/6$ auf $Z_\odot$ stattfand.

In diesem Zusammenhang möchten wir darauf aufmerksam machen, wie gering überhaupt der *nukleare Energieumsatz* des Milchstraßensystems und ähnlicher Galaxien in ihrem heutigen Zustand ist. In (5.4.3) hatten wir den Wasserstoffverbrauch eines Sterns mit seinem Masse-Leuchtkraft-Verhältnis in Verbindung gebracht. Setzen wir letzteres $\simeq 10$ Sonneneinheiten, so finden wir, daß unsere Galaxie – in ihrem *jetzigen* Zustand – in 1 bis $2 \cdot 10^{10}$ a nur wenige Prozent ihres Wasserstoffs verbraucht hätte. Die Erzeugung eines erheblichen Teils der schweren Elemente innerhalb der ersten $\lesssim 10^9$ a durch Sternentwicklung impliziert demnach, daß damals unsere Milchstraße eine viel größere Leuchtkraft hatte als heute.

Für die Bildung der schweren Elemente kommen nach Tabelle 5.4.2 aufgrund ihrer Lebenszeit nur relativ massereiche Sterne in Frage, z.B. für die Anreicherung des Halo Sterne mit $\gtrsim 2\,\mathcal{M}_\odot$, wahrscheinlich eher mit $\gtrsim 10$ bis $20\,\mathcal{M}_\odot$. Andererseits haben sich Sterne mit $\lesssim 1\,\mathcal{M}_\odot$ seit der Entstehung der Milchstraße noch nicht von der Hauptreihe fort entwickelt, so daß sich z.B. unter den G-Zwergen Metallhäufigkeiten im *gesamten* Bereich $0 \lesssim Z \lesssim Z_\odot$ finden sollten. Hätte nun die Entstehung der Halosterne auch nur näherungsweise der anfänglichen Leuchtkraftfunktion galaktischer Sternhaufen (Abschn. 5.4.8) entsprochen, so müßten heute noch Unmengen von langlebigen *metallarmen* Zwergsternen vorhanden sein, was keineswegs der Beobachtung entspricht. Vielmehr sind extrem metallarme Sterne äußerst selten und Sterne mit $Z \lesssim 10^{-4} Z_\odot$ werden überhaupt nicht beobachtet. Dieses *„G-Zwerge-Problem“*, wie auch der zeitliche Verlauf der mittleren Metallhäufigkeit (mit dem raschen Anstieg zu Anfang und dem Abflachen während der letzten $5 \cdot 10^9$ a) und der radiale Häufigkeitsgradient innerhalb der Scheibe sind nicht durch einfache Modelle zu verstehen, welche auf einer räumlich und zeitlich konstanten Sternentstehungsrate in einem abgeschlossenen System beruhen. Versuche zur Lösung dieser Probleme gehen deshalb von – teilweise ad hoc angenommenen – Hypothesen aus wie z.B. (a) einer wesentlich anderen Massenfunktion $\psi(\mathcal{M})$ am Anfang, nach der insbesondere erheblich mehr massereiche Sterne gebildet wurden, (b) einer sehr raschen anfänglichen Anreicherung der Protogalaxie mit schweren Elementen vor Entstehung der ältesten Halosterne, möglicherweise durch eine heute nicht mehr vorhandene „Population III" oder (c) einem Einfall von ursprünglicher oder auch nuklear prozessierter Materie aus dem Halo auf die Scheibe über längere Zeiträume nach dem Kollaps zur Scheibe. In diesem Zusammenhang von Interesse sind auch neuere Beobachtungen von J. Norris, R. Zinn, G. Gilmore u.a. (1985), die in unserer Milchstraße auf eine Sternkomponente mit Kinematik und Metallhäufigkeiten *zwischen* denen des Halo und der Scheibe, d.h. auf eine „dicke Scheibe", hindeuten.

Die Vorstellungen von der Bildung der schweren Elemente, insbesondere in unserer Milchstraße, ermöglichen es, auch von der kernphysikalischen Seite her die kosmische *Zeitskala* (s. auch Abschn. 5.9) festzulegen. Bei dieser sogenannten *Kosmochronologie* verwendet man – ähnlich wie auch bei der Altersbestimmung im Planetensystem (Abschn. 2.8.5b) – als „Chronometer" langlebige radioaktive Nuklide unterschiedlicher Halbwertszeiten wie ^{187}Re ($T_{1/2} = 5 \cdot 10^{10}$ a), ^{238}U ($4.5 \cdot 10^9$ a), ^{232}Th ($1.4 \cdot 10^{10}$ a) und ^{235}U ($7.0 \cdot 10^8$ a), daneben auch ^{244}Pu ($8.3 \cdot 10^7$ a) und ^{129}I ($1.6 \cdot 10^7$ a). Eine erste Abschätzung erhält man mit der Annahme, daß der überwiegende Teil der schweren Elemente innerhalb sehr kurzer Zeit bei der Entstehung des Milchstraßensystems gebildet wurde: Nehmen wir zwei radioaktive Nuklide, die nicht aus irgendwelchen Elternelementen nachgeliefert werden und die mit sehr verschiedenen Halbwertszeiten zerfallen, z.B. die Uranisotope ^{235}U und ^{238}U, deren heutiges Häufigkeitsverhältnis 1:138 ist. In früheren Zeiten muß es größer gewesen sein. Rechnet man nun auf ein geschätztes Anfangsverhältnis etwas größer als Eins zurück, so kommt man auf ein Entstehungsalter von 7 bis $8 \cdot 10^9$ a. Für eine genauere Altersbestimmung wird der *zeitliche Verlauf* der Elemententstehung während der Entwicklung der Galaxie benötigt, vor allem ein Modell für die Produktion der Isotope beim r-Prozeß, da alle als Chronometer verwendeten Nuklide durch diesen erzeugt werden. Die Unsicherheiten im Modell, in einigen kernphysikalischen Größen sowie in der Beobachtung und Interpretation der Isotopenverhältnisse in Meteoriten lassen derzeit noch einen relativ weiten Spielraum zwischen etwa 13 und $25 \cdot 10^9$ a für das *Alter des Milchstraßensystems* und damit der ganzen Welt der Galaxien zu. Diese Zeiten sind jedenfalls verträglich sowohl mit dem aus den Farben-Helligkeits-Diagrammen der Kugelhaufen gewonnenen Alter der Milchstraße bei 14 bis $18 \cdot 10^9$ a (Abschn. 5.4.4) als auch mit dem aus der Fluchtbewegung der Galaxien erhaltenen Alter des Kosmos (Friedmannzeit, Tabelle 5.9.1) im Bereich von etwa 7 bis $20 \cdot 10^9$ a.

Fassen wir nun zum Abschluß dieses Abschnitts kurz die grundlegenden offenen Probleme des faszinierenden Forschungsgebiets der chemischen Entwicklung der Galaxien zusammen! Obwohl wir die wesentlichen Züge des galaktischen Kreislaufs zwischen den verschiedenen Sterngenerationen und der interstellaren Materie verstehen und vor allem die „Geschichte" unserer Milchstraße aus Beobachtungen zum heutigen Zeitpunkt weitgehend erschließen können, sind wir noch weit von einem vollständigen quantitativen Bild der Elemententstehung in den Galaxien der verschiedenen Hubbletypen entfernt. Zunächst kennen wir die Natur des „unsichtbaren" größten Anteils der Materie in vielen Galaxien nicht, den uns dynamische Betrachtungen anzeigen. Auch der Prozeß der Sternentstehung in Abhängigkeit von dem physikalisch-chemischen Zustand des interstellaren Mediums ist noch weitgehend ungeklärt. In neuerer Zeit wurde vor allem durch Infrarotbeobachtungen deutlich, daß die Sternbildungsrate durch Gezeitenwechselwirkungen zwischen den Galaxien stark zunimmt. Dann weist unsere Kenntnis der Spätphasen der Sternentwicklung und mit ihr der Anreicherung des interstellaren Gases mit schweren Elementen noch Lücken auf. Schließlich ist die Rolle der Galaxienkerne und ihrer Aktivität bei der Entwicklung der Galaxien, insbesondere bei deren Frühphasen noch rätselhaft.

Anders als die Sterne sind die Galaxien offenbar alle etwa zu derselben Zeit vor ungefähr $2 \cdot 10^{10}$ a entstanden. Junge Galaxien können wir daher direkt nur als sehr weit entfernte, lichtschwache Objekte (mit großer Rotverschiebung) untersuchen, deren Licht aus ihren Frühphasen uns erst heute erreicht. Durch die Beobachtung von Galaxien bzw. Quasaren mit $z \lesssim 4.9$ können wir derzeit bis zu rund 95% des Alters des Universums in die Vergangenheit schauen (Tabelle 5.9.1), wobei es Hinweise auf Entwicklungseffekte bei den fernsten Systemen (blauere Farbe, größere Leuchtkraft) gibt. Die enorme Entwicklung hochempfindlicher optischer Detektoren in den letzten Jahren verspricht in Verbindung mit großen Teleskopen für die nahe Zukunft Fortschritte bei der Erforschung der Frühphasen und der Entstehung der Galaxien und Galaxienhaufen. Nach unseren theoretischen Vorstellungen sind wir nicht mehr weit davon entfernt, die Geburt der Galaxien zu erblicken.

5.9 Kosmologie

Nachdem wir unser Milchstraßensystem, andere Galaxien verschiedenster Art und deren Anordnung in Haufen und Superhaufen kennengelernt haben, wenden wir uns jetzt dem *Kosmos als Ganzem*, seinem räumlichen Aufbau und seiner zeitlichen Entwicklung zu. Wir beginnen in Abschn. 5.9.1 mit E. Hubbles Entdeckung der Expansion des Weltalls. Die Proportionalität der Rotverschiebung der Galaxien zu ihrem Abstand eröffnet uns die Möglichkeit, Entfernungen im Kosmos zu bestimmen. In Abschn. 5.9.2 besprechen wir dann die verschiedenen Weltmodelle, welche im Rahmen der Allgemeinen Relativitätstheorie möglich sind, und stellen fest, daß in dem heutigen Kosmos die Materie gegenüber der Strahlung dominiert. Um nun *das* Modell unserer Welt mit seinen Parametern zu ermitteln, müssen wir die unterschiedlichsten Beobachtungen heranziehen. Hierfür beschäftigen wir uns noch mit der Ausbreitung elektromagnetischer Strahlung über kosmische Distanzen etwas genauer (Abschn. 5.9.3). Die Entdeckung eines isotropen Hohlraumstrahlungsfelds von 3 K durch A. A. Penzias und R. W. Wilson, welches wir als Überrest des Urknalls deuten, weist auf einen heißen, von Strahlung beherrschten Anfangszustand des Kosmos hin, in dem auch die leichtesten Elemente, insbesondere das Helium, entstanden sind (Abschn. 5.9.4). Abschließend fassen wir in Abschn. 5.9.5 die wichtigsten Fakten zusammen, um uns ein Bild zu machen von der Entwicklung unseres Kosmos von den allerfrühsten Phasen, die eng mit unserer Kenntnis der fundamentalen Wechselwirkungen in der Physik verknüpft sind, über die Entstehung der 3 K-Strahlung bis zur Bildung der Galaxien und Galaxienhaufen und schließlich zum heutigen Zustand der Welt.

5.9.1 Fluchtbewegung der Galaxien. Hubblekonstante

Fünf Jahre nach der Messung der Distanzen ferner Galaxien gelang E. Hubble 1929 eine zweite Entdeckung von ungeheurer Tragweite: Die *Rotverschiebung* der Linien in den Spektren ferner Galaxien

$$z = \frac{\Delta\lambda}{\lambda_0} = \frac{\lambda - \lambda_0}{\lambda_0} \qquad (5.9.1)$$

(λ_0: Laboratoriumswellenlänge bzw. Wellenlänge im Ruhesystem der Galaxie, λ: gemessene Wellenlänge) wächst *proportional mit deren Entfernung* r an. Deutet man die Rotverschiebung als Dopplereffekt, so gilt für die *Fluchtgeschwindigkeit* $v = dr/dt$ der Galaxien die Beziehung

$$v = c\Delta\lambda/\lambda_0 = cz = H_0 r \ . \qquad (5.9.2)$$

(Wir beschränken uns zunächst auf $z \ll 1$; andernfalls müßten wir sogleich relativistisch rechnen.)

Scheinbare Ausnahmen bei nahen Galaxien – die Andromedagalaxie z. B. *nähert* sich uns mit 300 km s^{-1} – ließen sich leicht als Reflex der Rotation unserer Milchstraße deuten. Neuere Messungen der 21 cm-Linie des Wasserstoffs haben die in der Hubbleschen Beziehung (5.9.2) angenommene Wellenlängenabhängigkeit des Effekts bestens bestätigt.

Für die *Hubblekonstante* H_0 erhielt Hubble selbst 1929 den Zahlenwert 530 km s^{-1} Mpc^{-1}. Im Anschluß an W. Baades Revision der kosmischen Entfernungsskala (Unterscheidung der Cepheiden der Populationen I und II) berechnete A. R. Sandage 1958 als wahrscheinlichsten Wert 75 km s^{-1} Mpc^{-1}. Eine nochmalige Revision der extragalaktischen Entfernungsskala durch A. R. Sandage und G. A. Tammann führte 1974/75 auf einen Wert um 50 km s^{-1} Mpc^{-1}. Dieses Ergebnis wird durch neuere Arbeiten dieser Autoren bekräftigt. Demgegenüber ergeben andere Untersuchungen, insbesondere durch G. de Vaucouleurs, Zahlenwerte um 100 km s^{-1} Mpc^{-1} und schließlich in neuerer Zeit auch Werte um 75 km s^{-1} Mpc^{-1}. Die Unterschiede der einzelnen Bestimmungen von H_0 liegen außerhalb der jeweiligen Fehlergrenzen (von etwa 10 bis 15%), die für die unterschiedlichen Methoden geschätzt werden. Die Behebung dieser Unsicherheit in der Bestimmung eines der grundlegenden Parameter ist eine vorrangige Aufgabe der beobachtenden Kosmologie. Wir entscheiden uns hier für

$$H_0 = 50 \text{ km s}^{-1} \text{Mpc}^{-1} \ . \qquad (5.9.3)$$

Umgekehrt wird (5.9.2) vielfach angewandt, um – in Ermangelung eines Besseren – aus der gemessenen Rotverschiebung im Spektrum einer teleskopisch nicht mehr auflösbaren Galaxie deren *Entfernung* r zu berechnen. Beim gegenwärtigen Stand der Dinge sollte man immer angeben, welcher Zahlenwert für H_0 benutzt wird.

Die Beziehung (5.9.2) kann man zunächst ganz naiv in dem Sinne deuten, daß vor einer Zeit τ_0 eine *Expansion* des ganzen Weltalls aus einem relativ kleinen Volumen begann.

Erhielt bei der Expansion eine bestimmte Galaxie – die sich jetzt in der Entfernung r befinde – die Geschwindigkeit v, so brauchte sie zum Durchlaufen der Strecke r die für alle Galaxien gleiche Zeit

$$\tau_0 = r/v = 1/H_0 \ . \tag{5.9.4}$$

Diese *Hubblezeit* τ_0 ist also gleich der reziproken Hubblekonstante $1/H_0$. Rechnet man – wie üblich – H_0 in [km s^{-1} Mpc^{-1}] und τ_0 in [a], so ist

$$\tau_0\,[\mathrm{a}] = \frac{978 \cdot 10^9}{H_0\,[\mathrm{km\,s^{-1}\,Mpc^{-1}}]} \ . \tag{5.9.5}$$

Während der ältere Hubblesche Wert von H_0 auf ein im Vergleich zum Alter der Kugelsternhaufen usw. viel zu kurzes Weltalter von $1.8 \cdot 10^9$ a führte, erhält man aus dem neueren Zahlenwert von 50 km s^{-1} Mpc^{-1}

$$\tau_0 = 19.6 \cdot 10^9\,\mathrm{a} = 6.2 \cdot 10^{17}\,\mathrm{s} \ . \tag{5.9.6}$$

5.9.2 Weltmodelle. Materiekosmos

Die in (5.9.2) enthaltene Kinematik des *expandierenden* Weltalls scheint auf den ersten Blick einen Rückfall in heliozentrische Vorstellungen zu bedeuten. Dem ist aber nicht so! Schreibt man nämlich (5.9.2) als Vektorgleichung

$$\boldsymbol{v} = H_0 \boldsymbol{r} \ , \tag{5.9.7}$$

wobei der Ursprung des Koordinatensystems in unserer Galaxie liege, so gilt, von einer anderen Galaxie aus gesehen, die relativ zu uns den Abstand $\boldsymbol{r}_1$ und die Geschwindigkeit $\boldsymbol{v}_1$ hat (wobei $\boldsymbol{v}_1 = H_0 \boldsymbol{r}_1$ ist)

$$\boldsymbol{v} - \boldsymbol{v}_1 = H_0(\boldsymbol{r} - \boldsymbol{r}_1) \ . \tag{5.9.8}$$

Das nach (5.9.7) expandierende Universum bietet also den Beobachtern auf verschiedenen Galaxien genau denselben Anblick; d.h. unser kinematisches Weltmodell ist *homogen* und *isotrop*. Man kann zeigen, daß (5.9.7) das *einzige* Strömungsfeld darstellt, welches diese Bedingungen erfüllt, sofern man noch die Forderung der Wirbelfreiheit (rot $\boldsymbol{v} = 0$) hinzunimmt.

Dieses zunächst rein kinematische Modell haben E. Milne und W.H. McCrea 1934 zu einer *Newtonschen Kosmologie* erweitert, indem sie untersuchten, welche Strömungen im Rahmen der Newtonschen Mechanik ein Medium (das „Galaxien-Gas") ausführen kann, wenn man durchweg Homogenität, Isotropie und Wirbelfreiheit voraussetzt. (Die Forderung durchgängiger Isotropie impliziert die der Homogenität, nicht aber umgekehrt.)

Betrachten wir zur Zeit t eine endliche, expandierende „Weltkugel" mit einem Radius $R(t)$, so wird eine Galaxie, die sich z. B. an deren Oberfläche befindet, nach dem Newtonschen Gravitationsgesetz von der in dieser Kugel enthaltenen Masse $\mathcal{M}$ angezogen. Die *Bewegungsgleichung*[21] lautet also

$$\frac{d^2R}{dt^2} = -\frac{G\mathcal{M}}{R^2} \quad \text{mit} \tag{5.9.9}$$

$$\mathcal{M} = \frac{4\pi}{3} R(t)^3 \varrho(t) = \text{const} \ , \tag{5.9.10}$$

wo $\varrho(t)$ die Massendichte zu dem betrachteten Zeitpunkt bedeutet.

Multipliziert man mit $\dot{R} = dR/dt$, so kann man ohne weiteres integrieren und erhält den *Energiesatz*[22]

$$\frac{1}{2}\left(\frac{dR}{dt}\right)^2 - \frac{G\mathcal{M}}{R} = h \tag{5.9.11}$$

mit $h = \text{const}$ oder

$$\left(\frac{\dot{R}}{R}\right)^2 = -\tilde{k}\frac{c^2}{R^2} + \frac{8\pi}{3} G\varrho(t) \ , \tag{5.9.12}$$

wobei wir noch im Hinblick auf den späteren Vergleich mit relativistischen Rechnungen $h = -\tilde{k}c^2/2$ geschrieben haben (c: Lichtgeschwindigkeit).

Man überzeugt sich leicht, daß man zu einer bestimmten Zeit t innerhalb unserer Kugel von jeder Galaxie aus dasselbe Rotverschiebungsgesetz beobachten würde. Da sich der Abstand r zweier Galaxien proportional zu dem *Skalenfaktor* $R(t)$ ändert, gilt für ihre Relativgeschwindigkeit

$$v = \frac{\dot{R}}{R} r = H(t) r \ , \tag{5.9.13}$$

wobei wir $H(t) = \dot{R}/R$ die *Hubblefunktion* nennen. Bezeichnen wir alle Größen, die sich auf den *jetzigen* Zeitpunkt $t = t_0$ beziehen, mit dem Index 0, so folgt für die Hubblekonstante in (5.9.2)

---

[21] Die Verwendung Newtonscher Mechanik ist gerechtfertigt, sofern $G\mathcal{M}/Rc^2 \ll 1$ ist; vgl. (4.12.55). Auf die bei *unendlich* ausgedehnten Systemen auftretenden Probleme können wir hier nicht eingehen.

[22] Die hier – der Einfachheit wegen – übergangene explizite Berücksichtigung der Druckkräfte würde das Ergebnis nicht ändern.

$$H_0 = \frac{\dot{R}_0}{R_0} \ . \tag{5.9.14}$$

Zur vollständigen Charakterisierung eines Weltmodells brauchen wir außer $H(t)$ bzw. H_0 noch eine zweite Größe, welche die der Expansion des Weltalls entgegenwirkende Einwärtsbeschleunigung durch die Masse $\mathscr{M}$ beschreibt, den sogenannten *Dezelerations-* oder *Verzögerungsparameter*

$$q(t) = -\left(\frac{\ddot{R}}{R}\right) \Big/ \left(\frac{\dot{R}}{R}\right)^2 = -\frac{1}{H(t)^2}\frac{\ddot{R}}{R} \tag{5.9.15}$$

bzw. dessen heutigen Wert

$$q_0 = -\frac{1}{H_0^2}\frac{\ddot{R}_0}{R_0} = \frac{4\pi G \varrho_0}{3H_0^2} \tag{5.9.16}$$

nach (5.9.9). Der Verzögerungsparameter q_0 bezieht die Beschleunigung $-\ddot{R}_0$ auf eine „Einheitsbeschleunigung", welche in der Hubblezeit $\tau_0 = H_0^{-1}$ von der Geschwindigkeit Null auf die im Abstand R_0 gesehene Fluchtgeschwindigkeit $R_0 H_0$ führen würde.

Die Lösung unserer Gleichungen führt auf *Weltmodelle*, die von einem Punkt (Singularität) unendlich großer Dichte aus entweder *monoton expandieren* (Gesamtenergie $\mathscr{M} h \geq 0$) oder zwischen $R = 0$ und einem $R_{\max}$ periodisch *oszillieren* ($h < 0$). Statische Modelle sind im Rahmen von (5.9.9) nicht möglich.

Allgemein gesprochen erweitert die Newtonsche Kosmologie das Weltbild der zuerst besprochenen, rein kinematischen Kosmologie in dem Sinne, daß sie die Hubblekonstante H_0 als Funktion der Zeit t betrachtet. In einer periodischen Welt würde z.B. ein Zeitalter mit Rotverschiebung abgelöst durch ein solches mit Violettverschiebung und umgekehrt. Auf die Frage der Auswahl unter den vielerlei Weltmodellen im Rahmen der Newtonschen Kosmologie und auf eine Diskussion ihrer grundsätzlichen Schwierigkeiten gehen wir hier nicht weiter ein, sondern wenden uns gleich der *relativistischen Kosmologie* zu.

Nachdem A. Einstein (1916) mit seiner *Allgemeinen Relativitätstheorie* die moderne Feldtheorie der Gravitation aufgestellt hatte (Abschn. 4.12.9), haben schon 1917 er selbst und W. de Sitter spezielle Weltmodelle konstruiert, deren Krümmung als von der Zeit unabhängig angenommen wurde. Einstein zeigte, daß seine (um das Λ-Glied erweiterten, s. unten) Feldgleichungen eine statische kosmologische Lösung haben; de Sitter fand als Lösung eine materiefreie expandierende Welt. Im Anschluß an die älteren Radialgeschwindigkeits-Messungen von V.M. Slipher ($\simeq$1912) hatte schon 1924 C. Wirtz deren Zunahme mit der Entfernung bemerkt und mit de Sitters relativistischem Weltbild in Zusammenhang gebracht, fünf Jahre bevor E. Hubble seine Entdeckung der Proportionalität zwischen Entfernung und Radialgeschwindigkeit veröffentlichte. 1922/24 gelang A. Friedmann die wichtige Verallgemeinerung auf Räume mit zeitabhängigem Krümmungsradius. Seine Arbeiten fanden keinerlei Beachtung, bis dann etwa 1927/30 G. Lemaître, A.S. Eddington u.a. die Untersuchung *expandierender Weltmodelle* auf der Grundlage der Allgemeinen Relativitätstheorie aufnahmen.

Nehmen wir von Anfang an das *kosmologische Postulat* an, daß die Welt durchweg *homogen* und *isotrop* sein müsse, so kann man nach H.P. Robertson und A.G. Walker das vierdimensionale Linienelement ds allgemein in die Form bringen

$$ds^2 = c^2 dt^2 - R(t)^2 \left[\frac{dr^2}{1-kr^2} + r^2(d\vartheta^2 + \sin^2\vartheta\, d\varphi^2)\right] . \tag{5.9.17}$$

Hierbei sind r, ϑ, φ dimensionslose Lagrangesche Koordinaten, die für eine der Expansion des Kosmos folgende Galaxie zeitlich konstant bleiben. Die Zeitabhängigkeit der Geometrie ist also ausschließlich durch den Skalenfaktor $R(t)$ gegeben. $R(t)$ bestimmt den *Krümmungsradius* des dreidimensionalen Raumes, der ganz analog zum Krümmungsradius einer zweidimensionalen Fläche definiert wird. Die Konstante k, welche die Werte 0 oder ± 1 annehmen kann, gibt das Vorzeichen der in einem bestimmten Zeitpunkt überall gleichen *Raumkrümmung*, und zwar bedeutet

- $k = 0$ den bekannten *euklidischen* Raum.
- $k = +1$ einen sphärischen oder elliptischen Raum. Diese Räume sind *geschlossen* und haben ein endliches Volumen.
- $k = -1$ einen hyperbolischen Raum; dieser ist *offen*.

Man veranschaulicht sich diese dreierlei Räume bzw. Geometrien am besten durch ihre zweidimensionalen Analoga (Abb. 5.9.1), insbesondere ein geschlossenes, expandierendes Universum durch die Oberfläche eines Luftballons, der aufgeblasen wird.

Für die *Robertson-Walker-Metrik* (5.9.17) reduzieren sich – wie wir hier nicht im einzelnen ableiten können – die um den Term Λg_{ik} mit der kosmologischen Konstante Λ erweiterten Einsteinschen Feldgleichungen (4.12.59b),

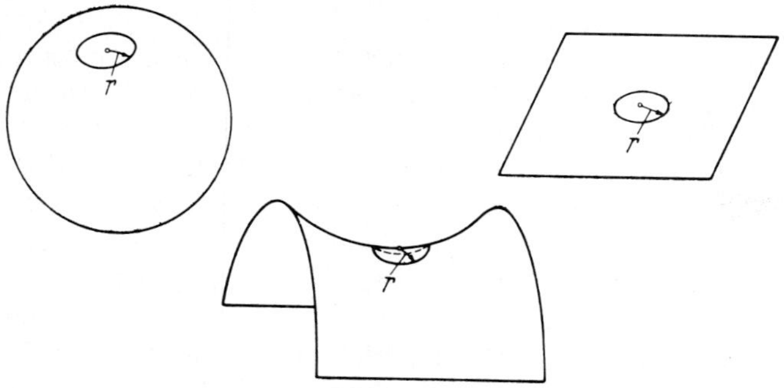

Abb. 5.9.1. Flächen (d.h. zweidimensionale Räume) mit Krümmungen $k>0$, $=0$, <0 als Modelle gekrümmter Räume.

Krümmung k der Fläche:	$k>0$	$k=0$	$k<0$
Geometrie:	Sphärisch oder elliptisch	Euklidisch	Hyperbolisch
Umfang des Kreises:	$<2\pi r$	$=2\pi r$	$>2\pi r$
Fläche des Kreises:	$<\pi r^2$	$=\pi r^2$	$>\pi r^2$

welche die Metrik g_{ik} der „Welt" mit deren Materieinhalt verknüpfen, auf zwei Differentialgleichungen für $R(t)$, die *Friedmann-Lemaître-Gleichungen:*

$$\left(\frac{\dot{R}}{R}\right)^2 = -k\frac{c^2}{R^2} + \frac{8\pi G}{3}\varrho + \frac{c^2}{3}\Lambda \qquad (5.9.18)$$

$$2\frac{\ddot{R}}{R} + \left(\frac{\dot{R}}{R}\right)^2 = -k\frac{c^2}{R^2} - \frac{8\pi G}{c^2}p + c^2\Lambda\ . \qquad (5.9.19)$$

Für *verschwindende* kosmologische Konstante erweist sich zunächst (5.9.18) als identisch mit der Differentialgleichung (5.9.12) der Newtonschen Kosmologie. Für Systeme mit vernachlässigbarem Druck p wird auch (5.9.19) nach Substitution von (5.9.18) identisch mit (5.9.9), so daß wir genau dieselbe Auswahl von Weltmodellen wie in der Newtonschen Kosmologie erhalten. Nunmehr können aber a priori keine Über-Lichtgeschwindigkeiten mehr auftreten; die *relativistische Kosmologie* ist die erste Theorie, welche eine in sich konsequente und widerspruchsfreie Beschreibung der *Welt als Ganzes* ermöglicht hat.

Durch Vergleich von (5.9.18) mit den Newtonschen Gleichungen (5.9.9) und (5.9.12) erkennen wir weiterhin, daß eine *positive* Konstante Λ einer *abstoßenden*, der Gravitation entgegenwirkenden Beschleunigung entspricht. Der Λ-Term wurde schon 1917 von A. Einstein in seine Gravitationsgleichungen eingeführt. Der Zweck dieses Zusatzgliedes war, daß man erst damit ein *statisches* Weltmodell konstruieren konnte, das Einstein zunächst für das einzig sinnvolle hielt. Dieser Gesichtspunkt wurde aber mit Hubbles Entdeckung des Rotverschiebungsgesetzes hinfällig. Nach W.H. McCrea (1951) und Ya.B. Zeldovich (1968) kann die kosmologische Konstante Λ (Dimension m^{-2}) im Rahmen der Quantenfeldtheorie durch die Energiedichte des Vakuums bzw. deren Massendichteäquivalent ϱ_v gedeutet werden, wobei $c^2\Lambda = 8\pi G\varrho_v$ gilt. Es ist jedoch auch in neuerer Zeit noch nicht gelungen, durch physikalische und astronomische Betrachtungen den Zahlenwert für Λ festzulegen; mit kosmologischen Beobachtungen verträglich ist $|\Lambda| \lesssim 10^{-51}\,m^{-2}$. Aus diesem Grund wird vielfach $\Lambda = 0$ gesetzt. Wir nehmen im folgenden ebenfalls $\Lambda = 0$ an. Wie wir in Abschn. 5.9.5 sehen werden, spielt die kosmologische Konstante jedoch u.U. für die sehr frühen Entwicklungsphasen des Kosmos (Inflationäre Expansion) eine wichtige Rolle.

Wie in der Newtonschen Kosmologie, so ist auch in der relativistischen Kosmologie zunächst $R(t)$ festgelegt durch die *Hubblekonstante* H_0 und den *Dezelerationsparameter* q_0. Letzterer bestimmt nun außerdem die Art der Raumkrümmung, d.h. das k bzw. den Zusammenhang der Welt im Ganzen. Führen wir nämlich $H(t)$ und $q(t)$ (5.9.13 und 15) sowie noch die *kritische Dichte*

$$\varrho_c(t) = \frac{3H(t)^2}{8\pi G} \qquad (5.9.20)$$

bzw. den dimensionslosen *Dichteparameter*

$$\Omega(t) = \frac{\varrho(t)}{\varrho_c(t)} \qquad (5.9.21)$$

in die Friedmann-Lemaître-Gleichungen für $p=0$ ein, so erhalten wir

$$2q-1 = \frac{\varrho}{\varrho_c} - 1 = \Omega - 1 = k\frac{c^2}{H^2R^2}\ . \qquad (5.9.22)$$

Hieraus lesen wir, da c^2/H^2R^2 immer positiv ist, folgende drei Möglichkeiten ab:

Verzögerungsparameter	Krümmung	Dichte		Zeitabhängigkeit von $R(t)$
$0 \le q < \frac{1}{2}$	$k=-1$	$\varrho < \varrho_c$	$\Omega < 1$	monoton wachsend
$q = \frac{1}{2}$	$k=0$	$\varrho = \varrho_c$	$\Omega = 1$	monoton wachsend
$q > \frac{1}{2}$	$k=+1$	$\varrho > \varrho_c$	$\Omega > 1$	endlich (zykloidisch)

Die jetzige Materiedichte ϱ_0 legt also – zusammen mit H_0 – den Verzögerungsparameter q_0 und damit auch den Lösungstyp des Weltmodells fest.

Für den jetzigen Zustand des Universums übertrifft die Massendichte der in den Galaxien konzentrierten Materie diejenige der Strahlung (3 K-Hintergrundstrahlung; s. Abschn. 5.9.4) bei weitem, so daß die Vernachlässigung des Drucks in den Friedmann-Lemaître-Gleichungen gerechtfertigt ist.

Wir sprechen allgemein von einem *Materiekosmos*, wenn die Dichte von *nicht*relativistischen Teilchen, d.h. praktisch die Ruhemassendichte, überwiegt und deren Druck vernachlässigbar ist. Andererseits sprechen wir von einem *Strahlungskosmos*, wenn die Massen- bzw. Energiedichte von *relativistischen* Teilchen, wie z.B. Photonen, dominiert.

Wenn wir von den Frühphasen des Kosmos (bis etwa $2 \cdot 10^6$ a nach der Singularität, Abschn. 5.9.5) absehen, stellt der Materiekosmos eine gute Näherung für die Weltmodelle dar. Dies gilt insbesondere auch noch für diejenigen Epochen, zu denen die entferntesten Quasare mit $z \simeq 4$ ihre Strahlung emittierten, die wir heute empfangen, so daß wir die (5.9.22) entsprechenden Modelle zum Vergleich mit den Beobachtungen an Galaxien heranziehen dürfen.

Für den *Materiekosmos* gilt die Massenerhaltung $\varrho(t)R(t)^3 = \text{const} = \varrho_0 R_0^3$ (5.9.10), so daß wir (5.9.18) in der Form

$$\dot{R}^2 = -kc^2 + \frac{A}{R} \qquad (5.9.23)$$

schreiben können, wo A eine Konstante ist. Im Fall $k = 0$ ($q = \frac{1}{2}$) erhalten wir durch Integration mit $8\pi G\varrho_0/3 = H_0^2$ (5.9.20) als Lösung den *Einstein-de Sitter-Kosmos*

$$\frac{R(t)}{R_0} = (\tfrac{3}{2}H_0 t)^{2/3} \ , \qquad (5.9.24)$$

ein fortwährend expandierendes Weltmodell.

Für hinreichend kleine R ist in (5.9.23) kc^2 vernachlässigbar gegenüber A/R, so daß (5.9.24) auch für Modelle mit $k \neq 0$ eine gute Näherung darstellt. Bei den Weltmodellen mit negativer Krümmung $k = -1$ ($q_0 < \frac{1}{2}$) nimmt $R(t)$ ständig monoton zu, für große R bzw. t wird $R(t) \sim t$. Demgegenüber wird die Zeitabhängigkeit des Skalenfaktors bei den Modellen mit $k = +1$ ($q_0 > \frac{1}{2}$) durch eine Zykloide dargestellt, bei ihnen folgt auf die Expansion schließlich eine Kontraktion.

In Abb. 5.9.2 zeigen wir den Verlauf von $R(t)$ für einige Weltmodelle mit unterschiedlichen Verzögerungsparametern q_0, die jedoch alle im jetzigen Zeitpunkt t_0 durch *dieselbe* Hubblekonstante H_0 und denselben Skalenfaktor R_0 charakterisiert sind. Nach (5.9.14) bestimmt H_0 die (gemeinsame) Tangente der Kurven bei $t = t_0$. Zwischen t_0 und dem Schnittpunkt dieser Hubblegeraden mit der Abszisse liegt das Intervall der *Hubblezeit* $\tau_0 = H_0^{-1}$ nach (5.9.4). Der *Beginn* unserer Weltepoche ist bestimmt durch den Schnitt der Kurve $R(t)$ mit der Abszisse. Er liegt von t_0 um ein Zeitintervall zurück, das als *Friedmannzeit* τ_F bezeichnet wird (Tabelle 5.9.1). Es kann keine Galaxien, Sternhaufen usw. geben, deren Alter größer als τ_F wären. Für den Einstein-de Sitter-Kosmos erhalten wir nach (5.9.24) $\tau_F = \frac{2}{3}\tau_0$.

Bevor wir die Beobachtungsdaten diskutieren, um herauszufinden, welchem Modell der *wirkliche* Kosmos entspricht, untersuchen wir noch die Ausbreitung von Licht- und Radiosignalen im Rahmen der relativistischen Kosmologie.

5.9.3 Ausbreitung von Strahlung. Vergleich von Theorie und Beobachtung

Elektromagnetische Strahlung breitet sich nach der Allgemeinen Relativitätstheorie längs *nullgeodätischer* Weltlinien $ds^2 = 0$ aus. In dem Linienelement der Robertson-Walker-Metrik (5.9.17) bleiben die Lagrangekoordinaten von Galaxien, die sich – ohne Eigenbewegung – ausschließlich aufgrund der Expansion des Kosmos voneinander entfernen, zeitlich konstant. Betrachten wir ein Lichtsignal, das zum Zeitpunkt t_e von einer Galaxie (mit der dimensionslosen radialen Koordinate r) emittiert wird und heute (t_0) bei uns ($r = 0$) eintrifft, so wird seine Ausbreitung nach $ds^2 = 0$ durch

Tabelle 5.9.1. Friedmannzeit τ_F und „Rückblickzeit" $t(z=4)$ für verschiedene Werte der Hubblekonstante H_0 und des Verzögerungsparameters q_0. Die Hubblezeit $\tau_0 = H_0^{-1}$ ist gleich τ_F für $q_0 = 0$

	τ_F [10^9 a]			$t(z=4)/\tau_F$
H_0	50	75 [km s^{-1} Mpc^{-1}]	100	
$q_0 = 0$	19.6	13.0	9.8	0.80
0.1	16.7	11.1	8.3	0.87
0.5	13.1	8.7	6.5	0.91
1.0	11.2	7.5	5.6	0.92
2.0	9.3	6.2	4.6	0.93

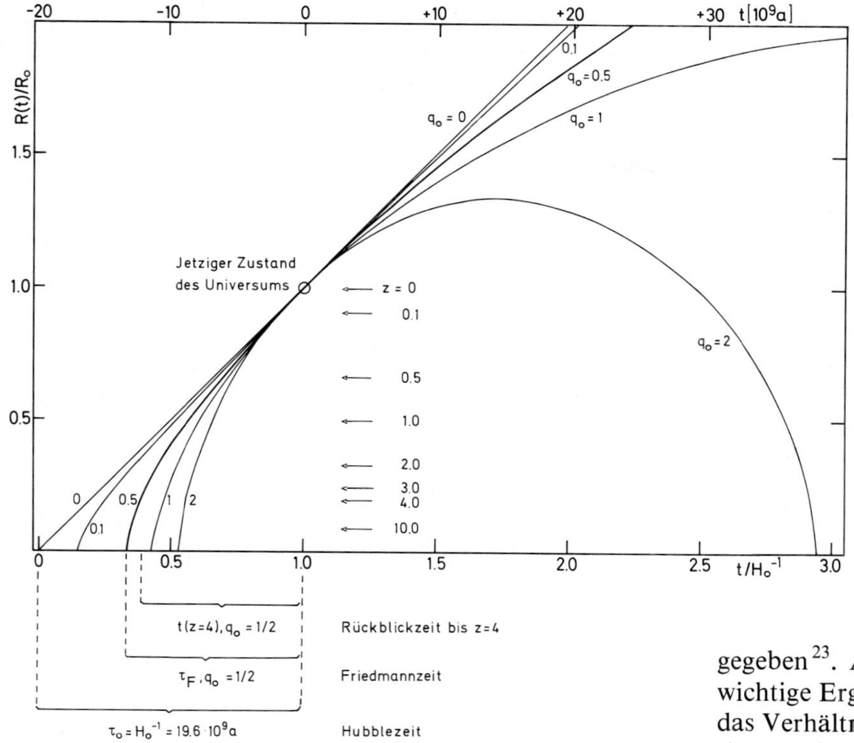

Abb. 5.9.2. Materiebeherrschte Weltmodelle ($q_0 \leq 1/2$ offene, $q_0 > 1/2$ geschlossene Welt). Der Abstand zweier Galaxien ist proportional dem Skalenfaktor $R(t)$. Alle Modelle haben *dieselbe* Hubblekonstante $H_0 = 50\,\text{km s}^{-1}\,\text{Mpc}^{-1}$ bzw. dieselbe Tangente an die $R(t)$-Kurve im jetzigen Zeitpunkt. Die Zeitskala t ist hier gegenüber der in (5.9.23, 24) verwendeten um $(\tau_0 - \tau_F)$ verschoben. Der Zusammenhang zwischen $R(t)$ und Rotverschiebung z ist durch die Pfeile angegeben. Die Hubblezeit τ_0 und – für den Einstein-de-Sitter-Kosmos ($q_0 = 1/2$) – die Friedmannzeit und Rückblickzeit $t(z=4)$ sind unten eingetragen

$$c\frac{dt}{R(t)} = \text{const} \quad \text{bzw.} \tag{5.9.25}$$

$$c\int_{t_e}^{t_0} \frac{dt}{R(t)} = \int_0^r \frac{dr'}{\sqrt{1-kr'^2}} \simeq r + \frac{k}{6}r^3 + \ldots \tag{5.9.26}$$

beschrieben, wobei wir zweckmäßigerweise nur die radialen Koordinaten beider Galaxien als verschieden annehmen.

Die *Frequenz* ν_e der Strahlung zum Zeitpunkt der Emission können wir durch eine bestimmte Anzahl von Schwingungen N in einem kleinen Zeitintervall Δt_e definieren. Ein heutiger Beobachter mißt dann *dieselbe* Anzahl N in einem Intervall Δt_0 oder eine Frequenz ν_0, welche nach (5.9.25) durch

$$\frac{\nu_0}{\nu_e} = \frac{\Delta t_e}{\Delta t_0} = \frac{R(t_e)}{R_0} \tag{5.9.27}$$

bestimmt ist. Die durch (5.9.1) definierte *Rotverschiebung* z ist nun wegen $c = \nu\lambda$ durch

$$1 + z \equiv 1 + z_e = \frac{\lambda_0}{\lambda_e} = \frac{\nu_e}{\nu_0} \tag{5.9.28}$$

gegeben[23]. Aus (5.9.27) und (5.9.28) gewinnen wir das wichtige Ergebnis, daß die Rotverschiebung allein durch das Verhältnis des Skalenfaktors im Zeitpunkt der Emission zu dem Skalenfaktor im Zeitpunkt der Absorption des Lichtsignals gegeben ist:

$$1 + z = \frac{R_0}{R(t)} . \tag{5.9.29}$$

Wir können also jetzt – bei gegebenem q_0 – für jede Rotverschiebung z das entsprechende R und mit dem entsprechenden Weltmodell die „Rückblickzeit" $t(z)$ berechnen, d. h. die Zeit, welche ein Licht- oder Radiosignal brauchte, um von der betreffenden Galaxie zu uns zu gelangen (Abb. 5.9.2). Wir erhalten so u. a. eine untere Grenze $t(z \simeq 4)$ für das Alter der entferntesten Galaxien bzw. Quasare.

Um nun eine Form der Hubbleschen Beziehung (5.9.2) zu erhalten, die auch für *große* Entfernungen bzw. Rotverschiebungen gültig ist, müssen wir außer z noch die *Entfernung* in Zusammenhang mit den Parametern der Weltmodelle bringen. Die „Eigenentfernung" $r_E \simeq rR(t)$, welche durch das mittlere Integral in (5.9.26) gegeben ist, ist hierfür ungeeignet, da sie nicht direkt beobachtbar ist. Hingegen können wir z. B. eine *„Helligkeitsentfernung"* r_L einführen, die aus der Beobachtung der

[23] Anders als in (5.9.1) bezeichnen wir hier mit λ_0 die zum jetzigen Zeitpunkt beobachtete Wellenlänge, also nicht die Ruhewellenlänge.

scheinbaren Helligkeit einer Galaxie gewonnen wird, indem wir r_L auch für große Entfernungen *definieren* durch die übliche, für kleine Entfernungen gültige Beziehung (4.4.26) zwischen dem beobachteten Strahlungsstrom f und der – als bekannt angenommenen – absoluten Leuchtkraft L der Galaxie:

$$f = \frac{L}{4\pi r_L^2} \; . \qquad (5.9.30)$$

Die Leuchtkraft, die zur Zeit t_e emittiert wurde, ist als Strahlungsleistung proportional zu der Energie $h\nu_e$ der Photonen pro Zeitintervall Δt_e. Sie wird daher bei ihrer Ausbreitung bis zum Empfang zum Zeitpunkt t_0 zum einen aufgrund der kosmologischen Rotverschiebung um einen Faktor $(1+z)^2$ geschwächt, da nach (5.9.27) sowohl die Frequenz ν_e proportional $(1+z)$ abnimmt als auch das Intervall Δt_e proportional $(1+z)$ gedehnt wird. Zum anderen verdünnt sich die Strahlung auf diejenige Kugeloberfläche um die Galaxie als Mittelpunkt, auf der sich der Beobachter zur Zeit t_0 befindet. Da diese Oberfläche nach (5.9.17) gleich $4\pi r^2 R_0^2$ ist, wobei r wieder die radiale Lagrangekoordinate der Galaxie bedeutet, ergibt sich schließlich für den – auf die Einheitsfläche bezogenen – Strahlungsstrom

$$f(t_0) = \frac{L(t_e)}{(1+z)^2 4\pi r^2 R_0^2} \qquad (5.9.31)$$

und somit

$$r_L = (1+z)\, r R_0 \; . \qquad (5.9.32)$$

Andere Möglichkeiten, Entfernungen durch Verknüpfung mit weiteren beobachtbaren Größen wie dem scheinbaren Winkeldurchmesser, der Parallaxe oder der Eigenbewegung einzuführen, können wir hier nur erwähnen.

Der Zusammenhang zwischen Rotverschiebung und Entfernung ist nun durch die Gleichungen (5.9.26), (5.9.29) und (5.9.32) zusammen mit den Friedmann-Lemaître-Gleichungen bestimmt. Wir geben hier sogleich das Ergebnis für die *verallgemeinerte Hubblebeziehung* (in einem materiedominierten Kosmos) an:

$$cz \cdot \psi(q_0, z) = H_0 r_L \quad \text{mit}$$

$$\psi(q_0, z) = 1 + \frac{1-q_0}{q_0}\left[1 - \frac{1}{q_0 z}\left(\sqrt{1+2q_0 z} - 1\right)\right]$$

$$= 1 + \tfrac{1}{2}(1-q_0)z + \ldots \quad (q_0 z \ll 1) \; . \qquad (5.9.33)$$

r_L ist entsprechend (5.9.30) durch die Beobachtung von Galaxien mit bekannter absoluter Leuchtkraft L gegeben. Für $z \ll 1$ finden wir aus (5.9.33) wieder die ursprüngliche Hubblebeziehung (5.9.2).

Drücken wir noch die Helligkeiten in Größenklassen aus (4.4.19), so erhalten wir als Beziehung zwischen scheinbarer bolometrischer Helligkeit m_{bol} und Rotverschiebung

$$m_{bol} = 5 \log cz + 5 \log \psi(q_0, z) + M_{bol}$$
$$- 5 \log H_0 + 25 \quad [\mathrm{mag}] \; , \qquad (5.9.34)$$

wobei c in $[\mathrm{km\,s^{-1}}]$ und H_0 in $[\mathrm{km\,s^{-1}\,Mpc^{-1}}]$ angegeben werden. Die absolute Helligkeit M_{bol} hängt mit L entsprechend (4.4.23) zusammen. Für kleine $q_0 z$ ist $5 \log \psi(q_0, z) \simeq 1.086\,(1-q_0)z$.

In der Praxis werden nicht die bolometrischen, sondern die über einen begrenzten Wellenlängenbereich integrierten Helligkeiten gemessen. Auf die hierdurch erforderlichen – von z und q_0 abhängigen – Korrekturen zu (5.9.34) können wir nicht eingehen.

Welche Beobachtungen stehen uns nun (teils tatsächlich, teils wenigstens prinzipiell) zur Verfügung, um die *tatsächlichen Parameter* für unseren Kosmos festzulegen?

Wir sprachen schon (Abschn. 5.9.1) über die Bestimmung der *Hubblekonstante* H_0 aus der Rotverschiebung z in den Spektren derjenigen Galaxien, deren Entfernung r noch unabhängig (mittels Cepheiden, Supernovae usw.) bis etwa $z = 0.1 \ldots 0.15$ ermittelt werden kann. Die großräumige Expansion des ganzen beobachtbaren Weltalls stellen wir in dem *Hubblediagramm* (Abb. 5.9.3) dar, in welchem nach (5.9.34) die Rotverschiebung z gegen die scheinbare Helligkeit, z. B. m_V, aufgetragen wird. Um aus diesem Diagramm (Leuchtkraft-)Entfernungen und damit H_0 sowie – aus Objekten mit den höchsten z – auch den Verzögerungsparameter q_0 bestimmen zu können, benötigen wir Galaxien mit *bekannten*, *festen* und möglichst großen absoluten Leuchtkräften, sogenannte *„Standardkerzen“*, weil anderenfalls die Streuung im Hubblediagramm zu groß würde.

Die Beobachtungen der hellsten Galaxien in den Haufen (Abschn. 5.5.2) reichen ungefähr bis $z = 0.8 \ldots 1.0$. Die Radiogalaxien, deren Prototyp Cyg A (Abschn. 5.6.2) ist, schließen sich der Beziehung zwischen z und den scheinbaren Helligkeiten der gewöhnlichen Riesengalaxien an. Sie sind mit $M_V \simeq -23$ mag gut als „Standardkerzen“ geeignet, da sie einerseits anhand ihrer starken Radioemission auch in größerer Entfernung $(z > 1)$

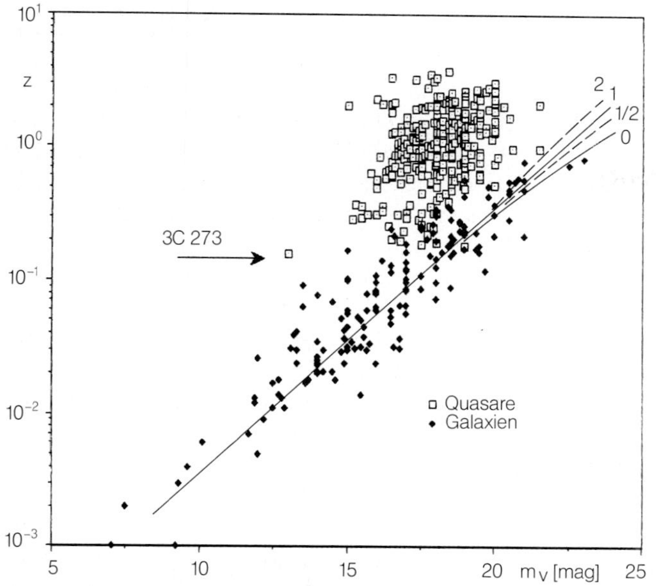

Abb. 5.9.3. Hubblediagramm für Radiogalaxien und Quasare, überwiegend aus dem 5 GHz-Gesamtkatalog von H. Kühr et al. (1981). Aufgetragen ist die Rotverschiebung $z = \Delta\lambda/\lambda_0$ gegen die (unkorrigierte) scheinbare visuelle Helligkeit m_V. Die Hubble-Beziehung (5.9.34) ist bei kleinen z an die Beobachtungen angepaßt und für die Verzögerungsparameter $q_0 = 0$, 1/2, 1 und 2 eingezeichnet. In dieser Abbildung stellt (5.9.34) für kleine z eine Gerade mit der Steigung 0.2 dar. Diagramm nach H. Kühr (1987)

zu erkennen und andererseits wegen ihrer Emissionslinien noch bis zu $m_V \simeq 23 \ldots 24$ mag spektroskopisch untersucht werden können. In den letzten Jahren wurden mehrere Galaxien mit extremen Rotverschiebungen $z > 2$ gefunden, welche allerdings – wie auch die Quasare (s.u.) – nicht als „Standardkerzen" zu verwenden sind, da ihre Intensitätsverteilung im Optischen und Radiobereich sich von der bei Galaxien mit kleinen z unterscheiden.

Mittels Direktphotographie durch ein Interferenzfilter konnten S. Djorgovski u.a. (1985) eine Galaxie mit $z = 3.2$ in der Nachbarschaft eines Quasars anhand ihrer starken Lα-Emissionslinie entdecken. Um diese Linie durch das Filter zu erfassen, nahmen sie an, daß das bekannte z des Quasars näherungsweise auch für die Galaxie gilt. S.J. Lilly (1988) konnte eine Radioquelle mit einer Radiogalaxie (0902+34) bei $z = 3.4$ identifizieren, die ebenfalls starke Lα-Emission aufweist. Dann fanden bei einer systematischen Suche nach starken Emissionslinien bei Radiogalaxien mit steilem Spektrum im Radiogebiet K. Chambers u.a. (1988) eine Galaxie (4C 41.17) mit $z = 3.8$. Bei den beiden letzten Galaxien deuten die Farben im Optischen und Infrarot auf eine mehr als 10^9 a alte Sternpopulation hin, welche demnach bereits zu einer sehr frühen Zeit, $z \gtrsim 5$, entstanden sein müßte.

Größere z als die Galaxien erreichen die *Quasare* mit oder ohne Radioemission. Die größte zur Zeit (1991) bekannte Rotverschiebung der Quasare liegt bei $z \simeq 4.9$ (Abschn. 5.6.5). Die Quasare und Galaxien mit aktiven Kernen *streuen* im Hubblediagramm – wegen ihrer sehr unterschiedlichen und variablen Aktivität im Kernbereich – zwischen der Geraden gewöhnlicher Riesengalaxien und bis zu etwa 6 mag größeren Helligkeiten und sind daher als „Standardkerzen" nicht brauchbar. Kein Quasar hat eine kleinere Helligkeit, als man für sein z auf der durch die gewöhnlichen Galaxien bestimmten Geraden abliest. Die kosmologische Deutung der Rotverschiebung ist daher für die Quasare auch durch ihre Lage im Hubblediagramm sichergestellt.

Die Bestimmung des *Verzögerungsparameters* q_0 und damit der mittleren Dichte ϱ_0 aus dem Hubblediagramm (Abb. 5.9.3) ist sehr schwierig. Vor allem müssen wir bei weit entfernten Galaxien jeder Art damit rechnen, daß in der langen Zeit, die das Licht von ihnen bis zu uns unterwegs war, sich ihre Helligkeiten, Farben usw. infolge ihrer *Evolution* merklich verändert haben, so daß ein Vergleich mit den uns benachbarten Objekten nicht ohne weiteres möglich ist. In Anbetracht der erheblichen Unsicherheiten bei der empirischen Bestimmung von q_0 können wir lediglich schließen, daß $-1.3 < q_0 < +2$ ist.

Weitere kosmologische Auskunft verspricht die *Statistik der scheinbaren Helligkeiten* der Galaxien: „Wieviel Galaxien pro Quadratgrad haben (auf galaktische Absorption usw. korrigierte) Helligkeiten im Bereich $m \pm 1/2$?" Den Grenzfall dieses Verteilungsgesetzes für die euklidische Welt haben wir schon in (5.2.1) angeschrieben. Mit den Quasaren können wir auch hier nicht viel anfangen.

Auch die direkte Bestimmung der *mittleren Dichte* ϱ_0 bzw. des Dichteparameters Ω_0 erlaubt uns über (5.9.22) keine allzu genaue Festlegung von q_0. Aus der beobachteten mittleren Leuchtkraftdichte im Kosmos $\mathscr{L}_B \simeq 10^8$ $L_B^\odot$ Mpc^{-3} (5.5.7) und den aus der Dynamik abgeleiteten Masse-Leuchtkraft-Verhältnissen $\mathscr{M}/L_B$ in *Galaxien* und *Galaxienhaufen* (Abschn. 5.5.3 und 5.7.1) finden wir zunächst eine mittlere Materiedichte von $\varrho_0 \simeq 10^{10}$ $\mathscr{M}_\odot$ Mpc^{-3} $\simeq 6 \cdot 10^{-28}$ kg m^{-3}. Mit einer kritischen Dichte $\varrho_{c,0} = 4.7 \cdot 10^{-27}$ kg m^{-3} (5.9.20) entspricht dies $\Omega_0 = \varrho_0/\varrho_{c,0} \simeq 0.14$[24], wobei dieser Wert vor allem wegen der un-

[24] Die Unsicherheit in der Hubblekonstante H_0 geht *nicht* in den Dichteparameter Ω_0 ein, da sowohl ϱ_0 als auch $\varrho_{c,0}$ proportional zu H_0^2 sind.

bekannten „dunklen Materie" in den Galaxien nur auf einen Faktor 2 bis 3 genau sein dürfte. Dann müssen wir noch einen möglichen Beitrag von *intergalaktischer* Materie zu ϱ_0 in Betracht ziehen (das heiße Gas *innerhalb* der Galaxienhaufen wurde bereits in dem obigen Wert berücksichtigt). Schon eine mittlere Teilchendichte von $\simeq 3\ \mathrm{m}^{-3}$ würde $\Omega_0 = 1$ und damit einen geschlossenen Kosmos ergeben. Mit der Beobachtung nicht verträglich ist ein intergalaktisches Medium aus neutralem Wasserstoff oder ionisiertem, relativ kühlem ($T \lesssim 10^4$ K) Wasserstoff. Hingegen ist ein heißes intergalaktisches Gas ($T \simeq 5 \cdot 10^8$ K), das zur diffusen extragalaktischen Röntgenemission beitragen würde, derzeit mit einer Dichte entsprechend $\Omega_0 \lesssim 0.5 \ldots 0.9$ nicht auszuschließen.

Während der Beitrag der 3 K-Hintergrundstrahlung zur mittleren Dichte mit $\simeq 10^{-3}\,\varrho_0$ (Abschn. 5.9.4) vernachlässigbar ist, könnte der Hintergrund der niederenergetischen kosmischen *Neutrinos* (Abschn. 5.9.5) durchaus eine wesentliche Rolle spielen, falls Neutrinos eine von Null verschiedene Ruhemasse haben sollten. Diese, von neueren Theorien der Elementarteilchen nahegelegte Möglichkeit bedarf jedoch noch der experimentellen Bestimmung. Da die Teilchendichte der Hintergrundneutrinos mit $\simeq 10^8\ \mathrm{m}^{-3}$ ähnlich groß wie die der Photonen der 3 K-Strahlung ist, würde selbst eine winzige Neutrinomasse von z. B. $10\ \mathrm{eV\ c}^{-2} \simeq 2 \cdot 10^{-35}$ kg bereits 0.3 der kritischen Dichte $\varrho_{c,0}$ ausmachen.

Schließlich bietet noch die Beobachtung der Häufigkeit des *Deuterium* im Kosmos eine Möglichkeit, den Dichteparameter indirekt zu bestimmen (Abschn. 5.9.4).

Versuchen wir nun – trotz aller Unsicherheiten – *das* Weltmodell zu finden, so müssen wir mit ihren erheblichen Fehlergrenzen berücksichtigen: die Hubblekonstante H_0, den Verzögerungsparameter q_0 und die Friedmannzeit τ_F (Tabelle 5.9.1), welche das Maximalalter kosmischer Gebilde angibt. In Frage kommen vor allem Altersbestimmungen von Kugelsternhaufen (Abschn. 5.4.4) und radioaktiven Elementen (Abschn. 5.8.5). Diese Methoden führen auf Alter von 14 bis $25 \cdot 10^9$ Jahren.

Wir schätzen zusammenfassend als wahrscheinlichste Parameter unserer Welt ab:

Hubblekonstante	$H_0 = 50\ \mathrm{km\,s^{-1}\,Mpc^{-1}}$
Verzögerungsparameter	$q_0 = 0.05$
bzw. Dichteparameter	$\Omega_0 = 0.1$
Hubblezeit	$\tau_0 = 19.6 \cdot 10^9$ a
Friedmannzeit	$\tau_F = 17.6 \cdot 10^9$ a
Kritische Dichte	$\varrho_{c,0} = 4.7 \cdot 10^{-27}\ \mathrm{kg\,m^{-3}}$ $n_{c,0} = 3\ \mathrm{m}^{-3}$
Mittlere Dichte	$\varrho_0 = 4.7 \cdot 10^{-28}\ \mathrm{kg\,m^{-3}}$ $n_0 = 0.3\ \mathrm{m}^{-3}$

(5.9.35)

(Für eine Hubblekonstante $H_0 = 100\ \mathrm{km\,s^{-1}\,Mpc^{-1}}$ ergeben sich – für $q_0 = 0.05$ – die Hubblezeit $\tau_0 = 9.8 \cdot 10^9$ a, die Friedmannzeit $\tau_F = 8.8 \cdot 10^9$ a sowie die kritische bzw. mittlere Dichte $n_{c,0} = 12\ \mathrm{m}^{-3}$ bzw. $n_0 = 1.2\ \mathrm{m}^{-3}$.) Demnach befinden wir uns wahrscheinlich in einem *offenen*, fortwährend expandierenden Kosmos.

Demgegenüber würde die auf neueren vereinheitlichten Theorien der Elementarteilchen beruhende Hypothese des inflationären Universums (Abschn. 5.9.5) nahezu $q_0 = 1/2$ bzw. $\Omega_0 = 1$, d.h. den Grenzfall des euklidischen (ebenfalls monoton expandierenden) Raums bedingen.

5.9.4 Elemententstehung und Mikrowellen-Hintergrundstrahlung. Strahlungskosmos

Unser besonderes Interesse wendet sich nun naturgemäß den Anfangsstadien der kosmischen Evolution zu, dem *Urknall* oder *Big Bang*. Die grundlegenden Untersuchungen (ab etwa 1939) auf diesem Gebiet sind unauflöslich verknüpft mit den Namen von G. Lemaître und G. Gamow.

Bei den enormen Temperaturen des anfänglichen Weltalls müssen wir davon ausgehen, daß bei $kT \gtrsim mc^2$ jedes Elementarteilchen der Masse m (im Rahmen des Energiesatzes) in andere umgewandelt werden kann. Die Theorie der Anfangsstadien des expandierenden Universums ist daher eng mit der *Physik der Elementarteilchen* verknüpft (Abschn. 5.9.5). Wir überspringen hier zunächst die frühesten Phasen und betrachten den Kosmos, nachdem er – etwa 200 s nach der Singularität – bei der Expansion auf etwa 10^9 K ($kT = 0.1$ MeV) abgekühlt ist. Bei dieser Temperatur kann die Bildung der chemischen Elemente (Nuklide) aus Protonen und Neutronen beginnen, da dann einmal entstandenes *Deuterium*, das der Ausgangskern für den allmählichen Aufbau schwerer Elemente ist, mit seiner niedrigen Bindungsenergie von 2.2 MeV nicht mehr durch Reaktionen mit energiereichen Teilchen, vor allem Photonen, zerstört wird.

G. Gamow (1948) wollte ursprünglich die Entstehung *aller* schwereren Elemente in diese Zeit verlegen. Diese Idee erwies sich aber als nicht haltbar, da der Aufbau der Kerne schon bei der Massenzahl $A = 5$, für die es keinen stabilen Kern gibt, zum Stehen kommt. In diesem Stadium werden praktisch nur die Isotope des *Wasserstoffs* und *Heliums* gebildet, wogegen die Synthese der schwereren Kerne zu wesentlich späteren Zeiten im Inneren der Sterne abläuft (Abschn. 5.4.5). Die Messung der heutigen Häufigkeiten von He/H und D/H, vor allem in Objekten, die aus ursprünglicher Materie bestehen, gibt uns also wichtige Information über den frühen Zustand des Kosmos.

Schon Gamow hatte seinerzeit bemerkt, daß man von jenem Stadium des „Ur-Feuerball" (Primeval Fireball) außer durch die Elementhäufigkeiten sozusagen noch *direkte* Nachricht erhalten könnte. Bald darauf war nämlich die Wechselwirkung zwischen Strahlung und Materie so gering, daß sich das *Strahlungsfeld* des Universums mit diesem nun *adiabatisch* ausdehnte. L. Boltzmann hatte gezeigt, daß ein Hohlraumstrahlungsfeld bei adiabatischer Ausdehnung schwarz bleibt und daß weiterhin das Produkt T^3 × dem Volumen des Hohlraums V konstant bleibt. Nach Abschluß der Entstehung der Atome (H + He) ist aber auch deren Teilchenzahl nV erhalten geblieben, d.h. es müßte $T^3 \sim n$ abnehmen. Aus kernphysikalischen Überlegungen ging Gamow aus von $T = 10^9$ K und $n \simeq 10^{24}\,\mathrm{m}^{-3}$ bei der Elemententstehung. Für das heutige Weltall andererseits rechnete er im Durchschnitt mit $n \simeq 1\,\mathrm{m}^{-3}$. Nach Expansion auf das 10^{24}fache Volumen müßte also – so schloß er – das heutige Universum erfüllt sein von *Hohlraumstrahlung* mit einer Temperatur von der Größenordnung 10 K. An einen Nachweis dieser Strahlung war bei dem damaligen Stand der radioastronomischen Beobachtungstechnik nicht zu denken.

Mit den inzwischen enorm verbesserten Hilfsmitteln der Radioastronomie begannen 1964 R.H. Dicke, P.J.E. Peebles, P.G. Roll und D.T. Wilkinson, geleitet von neueren Berechnungen, mit der Suche nach der kosmischen Hintergrundstrahlung. Vor Beendigung dieser Messungen entdeckten jedoch 1965 A.A. Penzias und R.W. Wilson zufällig die Mikrowellen-Hintergrundstrahlung, die als solche sogleich von Dicke u.a. erkannt wurde. Penzias und Wilson fanden mit einer großen, rauscharmen Hornantenne, die ursprünglich für die Nachrichtenübermittlung mit dem Echo-Satelliten gebaut war, bei $\lambda = 7.35$ cm (4.08 GHz) eine schwache Radiostrahlung; nach Abzug des Beitrags der Erdatmosphäre und des Empfängerrauschens verblieb eine isotrope, unpolarisierte und nicht von Tages- oder Jahreszeit abhängige Komponente mit einer unerwartet hohen Exzeß-Antennentemperatur von (3.5 ± 1) K. Daß es sich tatsächlich um den Überrest des „Ur-Feuerballs" handelt, wurde anschließend dadurch bestätigt, daß das

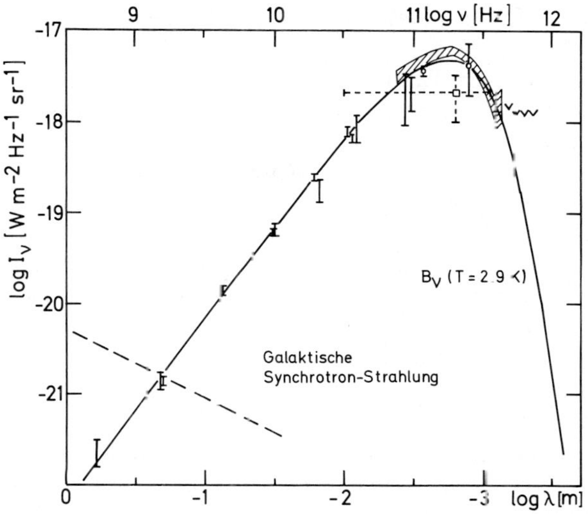

Abb. 5.9.4. Spektrum der Mikrowellen-Hintergrundstrahlung. Beobachtungen im Mikrowellenbereich (|), im Optischen (○) und im Infrarot (□ bzw. *schraffierte Fläche*); obere Grenzen (V) für Infrarotmessungen. Die erste Beobachtung der Hintergrundstrahlung durch A.A. Penzias und R.W. Wilson (1965) erfolgte bei $\lambda = 7.35$ cm bzw. 4.08 GHz. Vergleich der Beobachtungen mit dem Spektrum eines Schwarzen Strahlers von $T = 2.9$ K. Nach D.P. Woody und P.L. Richards (1981) und G.F. Smoot (1983). Nach neueren Messungen ist $T = 2.73$ K. Bei großen Wellenlängen überwiegt die nichtthermische Radiostrahlung der Milchstraße

Strahlungsfeld im gesamten zugänglichen Wellenlängenbereich dem *Planckschen Gesetz* folgt (Abb. 5.9.4) und isotrop und unpolarisiert ist. Für die Temperatur der Hintergrundstrahlung ergibt sich als gewichtetes Mittel mehrerer Messungen nach G.F. Smoot u.a. (1985) $T_0 = 2.73$ K (± 0.05 K). Die Intensität I_ν dieser 3K-*Strahlung* hat ihr Maximum bei $\lambda = 1.7$ mm (180 GHz); sie fällt auf der kurzwelligen Seite steil ab. Unterhalb von $\lambda \lesssim 3$ mm müssen die Beobachtungen von Ballonen oder Raketen aus durchgeführt werden. Oberhalb $\lambda \gtrsim 30$ cm überwiegt die galaktische nichtthermische Radiostrahlung.

Seit November 1989 führt der Satellit COBE (*Co*smic *B*ackground *E*xplorer) aus einer Kreisbahn von 900 km Höhe eine Durchmusterung im Mikrowellenbereich mit hoher Empfindlichkeit durch. Über ein bis zwei Jahre werden die Isotropie der 3 K-Strahlung (bei Wellenlängen von 3.3, 5.7 und 9.6 mm) und eventuelle Abweichungen von der Planckverteilung (im Bereich von 0.1 bis 10 mm) untersucht. Weiterhin wird die diffuse Infrarotstrahlung bei 1 bis 300 μm Wellenlänge gemessen, um Anzeichen für Sterne bzw. Galaxien aus der Frühzeit des

Kosmos zu finden, deren Strahlung in diesen Bereich rotverschoben ist.

Als vorläufiges Ergebnis beobachtet COBE, daß die Mikrowellenstrahlung innerhalb 1% mit einer Planckverteilung der Temperatur $T = (2.735 \pm 0.06)$ K übereinstimmt.

Im Grunde genommen wurde die Hintergrundstrahlung bereits 1941 von A. McKellar indirekt gefunden: Aus den Intensitätsverhältnissen der interstellaren Absorptionslinien des CN bei $\lambda = 387.46$ und 387.39 nm im Spektrum von ζ Oph leitete er für das erste Rotationsniveau, das $4.7 \cdot 10^{-4}$ eV (entsprechend $\lambda = 2.64$ mm) über dem Grundzustand liegt, eine Anregungstemperatur von 2.3 K ab, ein damals völlig unverstandenes Ergebnis. Der moderne Wert „optischer Beobachtungen" der 3K-Strahlung aus CN-, CH- und CH^+-Linien ist 2.7 bis 2.9 K.

In neuerer Zeit wendet sich das Interesse eventuellen geringen *Abweichungen* der 3K-Hintergrundstrahlung von der Planckverteilung sowie von der Isotropie zu, die uns Auskunft über „Störungen" in der Dichte- und Geschwindigkeitsverteilung in den Frühphasen des Kosmos geben können. Verbiegungen im spektralen Verlauf des Schwarzen Körpers, die bisher nicht nachweisbar sind, würden uns Hinweise auf Abweichungen von der adiabatischen Expansion des Strahlungsfelds, d. h. auf Energiezufuhr oder -dissipation, liefern. Der hohe Grad der Isotropie der Hintergrundstrahlung bestätigt das kosmologische Postulat und gibt eine scharfe obere Grenze für mögliche Temperaturfluktuationen im frühen Kosmos.

Die einzige bisher beobachtete *Anisotropie* in der Intensität bzw. Temperatur der 3K-Strahlung hat eine Winkelabhängigkeit proportional zu $\cos\vartheta$ („Dipolcharakteristik") mit einer relativen Amplitude $\lesssim 10^{-3}$. Sie ist eine Folge der *Bewegung der Erde* relativ zu dem Bezugssystem, welches durch die Hintergrundstrahlung festgelegt wird. Aufgrund der Lorentztransformation mißt ein Beobachter, der sich mit der Geschwindigkeit v relativ zu diesem System bewegt, in jeder Richtung ϑ eine Planckverteilung, wobei die Temperatur von ϑ abhängt:

$$\frac{T(\vartheta) - T_0}{T_0} \simeq \frac{v}{c} \cos\vartheta \qquad (v \ll c) \ . \tag{5.9.36}$$

Die maximale Temperaturerhöhung sehen wir in Richtung der Bewegung der Erde bzw. der Sonne. Beobachtet wird $\Delta T_{max} = (3.2 \pm 0.2) \cdot 10^{-3}$ K entsprechend $v \simeq 350$ km s^{-1} auf einen Punkt mit den Koordinaten $\alpha \simeq 11$ h, $\delta \simeq -10°$ hin (D. J. Fixen, E. S. Cheng, D. T. Wilkinson, 1983). Der Haupteffekt rührt von der Rotation der Sonne um das Milchstraßenzentrum her. Beziehen wir die Geschwindigkeiten auf den Schwerpunkt der *lokalen Gruppe*, so finden wir, daß dieser sich mit etwa 600 km s^{-1} relativ zu dem kosmologischen Bezugszentrum bewegt. Die – nicht sehr genau bestimmbare – Zielrichtung ($\alpha \simeq 10.4$ h, $\delta \simeq -27°$) ist um etwa 50° vom Zentrum des Virgohaufens entfernt.

Die Intensitätsänderung der 3K-Strahlung durch Comptonstreuung beim Durchqueren des heißen Gases in den Galaxienhaufen haben wir schon in Abschn. 5.7.2 besprochen.

Die Energiedichte eines Hohlraumstrahlungsfeldes der Temperatur T ist nach dem Stefan-Boltzmannschen Gesetz (4.2.27 und 39) $u = aT^4$ mit $a = 7.56 \cdot 10^{-16}$ J m^{-3} K^{-4}. Für die Mikrowellen-Hintergrundstrahlung mit $T_0 = 2.7$ K folgt hieraus für die entsprechende *Massendichte*

$$\varrho_{\gamma,0} = \frac{u_0}{c^2} \simeq 4.5 \cdot 10^{-31} \text{ kg m}^{-3} \ . \tag{5.9.37}$$

(Wir bezeichnen den jetzigen Zustand im Kosmos wieder mit dem Index 0.) Diese ist gegenüber der heutigen Materiedichte $\varrho_0 \simeq 5 \cdot 10^{-28}$ kg m^{-3} (für einen Dichteparameter $\Omega_0 = 0.1$, (5.9.35)) vernachlässigbar, d. h. die Annahme des *Materiekosmos* (Abschn. 5.9.2) für den heutigen Kosmos ist sehr gut erfüllt.

Obwohl jetzt die Massendichte der Baryonen[25] $\varrho_{b,0} \simeq \varrho_0 \simeq 10^3 \ \varrho_{\gamma,0}$ stark dominiert, überwog in den Frühphasen das Strahlungsfeld, weil bei der Expansion des Kosmos die Dichte der Strahlung stärker als die der (nichtrelativistischen) Materie abfällt. Um diesen *Strahlungskosmos* zu beschreiben, gewinnen wir zunächst durch Umformung der beiden Friedmann-Lemaître-Gleichungen – Multiplikation von (5.9.18) mit $R(t)^3$ und Differentiation nach der Zeit sowie Subtraktion der mit $\dot{R}R^2 = \frac{1}{3}d(R^3)/dt$ multiplizierten Gl. (5.9.19) – den Erhaltungssatz

$$\frac{d}{dt}(\varrho c^2 R^3) + p\frac{d}{dt}(R^3) = 0 \ . \tag{5.9.38}$$

Zu seiner Auswertung benötigen wir noch die Zustandsgleichung $p = p(\varrho)$. Für den Materiekosmos mit $p \simeq 0$ und $\varrho \simeq \varrho_b$ erhalten wir wiederum (5.9.10)

$$\varrho_b(t)\,R(t)^3 = \text{const} \ . \tag{5.9.39}$$

[25] Unter dem Begriff Baryonen werden Neutronen, Protonen und Hyperonen zusammengefaßt. Im *jetzigen* Kosmos besteht die Materie überwiegend aus Wasserstoff, so daß die Baryonendichte ungefähr gleich der der H-Atome ist.

Für den *Strahlungskosmos* gilt die Zustandsgleichung eines relativistischen Gases, daß der Druck gleich $\frac{1}{3}\times$ der Energiedichte ist,

$$p_\mathrm{r} = \tfrac{1}{3}u_\mathrm{r} = \tfrac{1}{3}\varrho_\mathrm{r} c^2 \ , \tag{5.9.40}$$

und demnach nicht vernachlässigt werden darf. Durch Integration von (5.9.38) ergibt sich dann

$$\varrho_\mathrm{r}(t)\,R(t)^4 = \mathrm{const} \ . \tag{5.9.41}$$

Im Strahlungskosmos (Index r) sind bei der Dichte und beim Druck nicht nur die Photonen (Index γ), sondern *alle* relativistischen Teilchen zu berücksichtigen. Daß ϱ_r im Vergleich zu ϱ_b um einen zusätzlichen Faktor $R(t)$ bei der Expansion des Kosmos abnimmt, liegt daran, daß zu der Verringerung infolge der Volumenzunahme $\sim R^3$ noch die Energieabnahme $\sim R^{-1}$ durch die Rotverschiebung hinzutritt.

Wir können nun, von den jetzigen Dichten der Materie und der 3K-Strahlung ausgehend, denjenigen Zeitpunkt t^* abschätzen, zu dem $\varrho_\mathrm{r} = \varrho_\mathrm{b}$ war bzw. vor dem die Bedingung für einen Strahlungskosmos erfüllt war. Nach (5.9.29), (5.9.39) und (5.9.41) ist t^* gegeben durch

$$\frac{R_0}{R(t^*)} = 1 + z^* = \frac{\varrho_{\mathrm{b},0}}{\varrho_{\mathrm{r},0}} = \alpha\frac{\varrho_{\mathrm{b},0}}{\varrho_{\gamma,0}} \ . \tag{5.9.42}$$

Hier müssen wir noch $\alpha \equiv \varrho_{\gamma,0}/\varrho_{\mathrm{r},0}$ kennen. α ist durch die Energiedichte der heutigen Neutrino-Hintergrundstrahlung bestimmt, welche wiederum von Annahmen über die verschiedenen Neutrinosorten abhängt (Abschn. 5.9.5). Für den „Standardkosmos" mit drei (masselosen) Neutrinoarten – Elektronneutrino ν_e, Myonneutrino ν_μ, Tauneutrino ν_τ und ihre Antiteilchen – ist $\alpha \simeq 0.6$. Mit $\varrho_{\mathrm{b},0}/\varrho_{\gamma,0} \simeq 10^3$ finden wir zunächst $z^* \simeq 600$.

Den Zusammenhang von R und t erhalten wir im *Strahlungskosmos*[26] ($t \le t^*$) dann aus der Friedmann-Lemaître-Gleichung (5.9.18), in welcher der Krümmungsterm wegen $R(t) \lesssim 10^{-3} R_0$ vernachlässigbar ist:

$$\dot{R}^2 = \frac{8\pi G}{3}\varrho R^2 = \frac{8\pi G}{3}\,\frac{K}{R^2} \ . \tag{5.9.43}$$

Da nach (5.9.41) $K = \varrho R^4 \simeq \alpha^{-1}\varrho_{\gamma,0} R_0^4$ konstant ist, ergibt die Integration

$$\frac{R(t)}{R_0} = \left(\frac{t}{t_\mathrm{r}}\right)^{1/2} \quad \text{mit}$$

$$t_\mathrm{r} \simeq \left(\frac{32\pi G}{3}\,\frac{\varrho_{\gamma,0}}{\alpha}\right)^{-1/2} \simeq 2\cdot 10^{19}\,\mathrm{s} \ . \tag{5.9.44}$$

Demnach dominierten Strahlung bzw. relativistische Teilchen im Kosmos bis zum Zeitpunkt $t^* = t_\mathrm{r}\,[R(t^*)/R_0]^2 \simeq 2\cdot 10^6$ a nach der Singularität.

Gleichung (5.9.41) gilt auch für eine einzelne Sorte relativistischer Teilchen getrennt, sofern diese sich von der übrigen Materie „abgekoppelt" hat, d.h. ohne nennenswerte Wechselwirkung mit dieser adiabatisch expandiert. Zum Beispiel wechselwirken die Photonen mit der Materie hauptsächlich über die Elektronen. Sinkt nun die Temperatur im Kosmos im Laufe seiner Entwicklung auf etwa 3000 K, so verringert sich die Anzahl der freien Elektronen durch die Rekombination des Wasserstoffs drastisch und das Strahlungsfeld koppelt sich von der Materie ab. Wir können also denjenigen Zeitpunkt t_γ abschätzen, seitdem sich das Strahlungsfeld adiabatisch ausdehnte und schließlich auf die heute beobachtete Temperatur $T_0 = 2.7$ K abkühlte: Wegen $\varrho_\gamma \sim T^4$ folgt aus (5.9.41) und (5.9.29) zunächst für den zeitlichen Temperaturverlauf

$$\frac{T(t)}{T_0} = \frac{R_0}{R(t)} = 1 + z \ . \tag{5.9.45}$$

Unser Kosmos wurde demnach etwa bei $z_\gamma \simeq 1000$ für Strahlung weitgehend durchlässig. Dies entspricht nach (5.9.44) $t_\gamma \simeq 8\cdot 10^5$ a. Die Beobachtung der Mikrowellen-Hintergrundstrahlung ermöglicht uns somit einen Blick in die Vergangenheit auf einen Zustand des Universums etwa $8\cdot 10^5$ a nach der Singularität.

Wir betrachten noch die *Photonendichte* n_γ in der Hintergrundstrahlung, die sich aus der Energiedichte u durch Division durch die durchschnittliche Energie der Photonen $\langle h\nu\rangle \simeq 2.7\,kT$ zu

$$\begin{aligned} n_\gamma &= \frac{u}{\langle h\nu\rangle} \\ &= 2.0\cdot 10^7 (T[\mathrm{K}])^3 \quad [\text{Photonen m}^{-3}] \end{aligned} \tag{5.9.46}$$

ergibt. Zum jetzigen Zeitpunkt ist $n_{\gamma,0} \simeq 4\cdot 10^8$ Photonen m^{-3}, so daß auf jedes Baryon bzw. Wasserstoffatom

---

[26] Unsere Abschätzung, die auf (5.9.41) und nicht auf der allgemeinen Gl. (5.9.38) beruht, gilt nicht für die ganz frühen Phasen des Kosmos [$t \lesssim 1$ s; $R(t) \lesssim 10^{-9} R_0$]. Oberhalb $T \gtrsim 10^{10}$ K haben wir zahlreiche Sorten relativistischer Teilchen und das Verhältnis α ist zeitlich nicht konstant.

[$n_{b,0} \simeq 0.3\ \mathrm{m}^{-3}$ für $\Omega_0 = 0.1$; (5.9.35)] etwa 10^9 Photonen der 3 K-Strahlung kommen. Anders als die Massen- bzw. Energiedichte der Strahlung ist die Photonendichte proportional zu $R(t)^{-3}$. Das Verhältnis von Photonen- zu Baryonendichte bleibt daher bei der Expansion des Kosmos konstant

$$\frac{n_\gamma}{n_b} = \frac{n_{\gamma,0}}{n_{b,0}} \simeq 10^9 \ . \tag{5.9.47}$$

Das Modell für den frühen, strahlungsdominierten Kosmos, welches wesentlich auf der Beobachtung der heutigen Temperatur der Mikrowellenstrahlung beruht, legt natürlich auch den Ablauf der nuklearen Prozesse für die *Bildung der chemischen Elemente* fest, da ja seinerzeit die Hintergrundstrahlung gerade aus theoretischen Überlegungen zur Elementsynthese von G. Gamow u.a. vorhergesagt wurde. Gleich nach der Entdeckung der 3 K-Strahlung führen P.J.E. Peebles (1966) sowie R.V. Wagoner, W.A. Fowler und F. Hoyle (1967) detaillierte Rechnungen hierzu durch. Nach diesen und neueren Rechnungen setzt – für ein Verhältnis $n_\gamma/n_b \simeq 10^9$ – der Aufbau der Elemente aus Protonen und Neutronen etwa 220 s nach der Singularität ein, wenn die Temperatur auf $0.9 \cdot 10^9$ K gefallten ist. Es bilden sich überwiegend ^{4}He-Kerne und in geringerem Maße ^{2}D, ^{3}He und ^{7}Li. Die freien Neutronen werden fast vollständig zum Aufbau des ^{4}He verbraucht. Wenn n_n und n_p die Neutronen- bzw. Protonendichten unmittelbar vor Beginn der Elementsynthese sind, so sind demnach $n_n/2$ Heliumkerne entstanden, da ein Heliumkern zwei Neutronen enthält, während $(n_p - n_n)$ Protonen übrigbleiben. Die *Heliumhäufigkeit* nach Atomzahlen

$$\frac{n(^4\mathrm{He})}{n(\mathrm{H})} \simeq \frac{n_n}{2(n_p - n_n)} \ ,$$

bzw. nach Massenanteilen (5.9.48)

$$\frac{Y}{X} \simeq \frac{2n_n}{n_p - n_n} \ ,$$

mit $X + Y = 1$ hängt also – über einen weiten Bereich des Dichteparameters Ω_0 – praktisch nur vom Verhältnis n_n/n_p ab.

Oberhalb $T \gtrsim 10^{10}$ K ($kT \gtrsim 1$ MeV), d.h. vor dem Auskoppeln der Neutrinos (Abschn. 5.9.5), befinden sich Neutronen und Protonen im thermodynamischen Gleichgewicht, so daß nach der Boltzmannformel das Verhältnis

$$\frac{n_n}{n_p} = \exp\left(-\frac{\Delta m c^2}{kT}\right) \tag{5.9.49}$$

($\Delta m c^2 = 1.293$ MeV entsprechend dem Massenunterschied zwischen Neutron und Proton) von einem anfänglichen Wert von 1 im Laufe der Expansion des Kosmos ständig abnimmt. Unterhalb 10^{10} K werden die Reaktionen, die Protonen in Neutronen und umgekehrt umwandeln, immer seltener, bis schließlich als einziger Prozeß der β-Zerfall des Neutrons ($n \to p + e^- + \bar{\nu}_e$) mit einer Halbwertszeit von 617 s übrigbleibt. Das Neutronen- zu Protonenverhältnis nimmt weiter ab und erreicht beim Einsetzen der Elementbildung $n_n/n_p \simeq 0.14$. Nach (5.9.48) führt dies zu einer Heliumhäufigkeit von $n(\mathrm{He})/n(\mathrm{H}) \simeq 0.08$ bzw. $Y \simeq 0.25$, ein Wert, der mit den Beobachtungen (5.5.15) recht gut übereinstimmt.

Im Gegensatz zum ^{4}He hängt die Bildung des *Deuterium* empfindlich von der Baryonendichte ab. Sehen wir die im interstellaren Medium beobachtete Häufigkeit von $n(^2\mathrm{D})/n(^1\mathrm{H}) \simeq 10^{-5}$ als primordial an, dann folgt für den Dichteparameter $\Omega_0 \lesssim 0.1$. Wir leben demzufolge in einem *offenen,* ständig expandierenden Kosmos. Allerdings ist derzeit für ein Spurenelement wie Deuterium auch eine nennenswerte Bildung zu wesentlich späteren Zeiten und damit ein größeres Ω_0 nicht ganz auszuschließen.

Zum Abschluß dieses Abschnitts gehen wir noch kurz auf die Bedeutung der *Sternstrahlung* im Kosmos für die Weltmodelle ein. Daß die einfache Beobachtung, daß der Nachthimmel *dunkel* ist, weitreichende Folgerungen für den großräumigen Aufbau des Kosmos erlaubt, wurde schon von J. Kepler 1610, E. Halley 1720, J.-P. Loy de Cheseaux 1744 und H.W.M. Olbers 1826 erkannt. Das sogenannte *de Cheseaux-Olbers-Paradox* besagt folgendes: *Wenn* die Welt räumlich und zeitlich unendlich und (einigermaßen) gleichförmig mit Sternen erfüllt wäre, so müßte – bei fehlender Absorption – der ganze Himmel mit einer Helligkeit strahlen, die der mittleren Oberflächenhelligkeit der Sterne, also etwa derjenigen der Sonnenscheibe, entsprechen würde. Daß dem nicht so ist, kann nicht allein auf interstellarer Absorption beruhen, denn die absorbierte Energie könnte ja nicht verlorengehen. Um das Paradox aufzulösen, genügt es jedoch schon, den *begrenzten* ($\lesssim 10^{12}$ a) Zeitraum, über den die Sterne ihre Leuchtkraft aufrechterhalten können, zu berücksichtigen. (Die Rotverschiebung der Strahlung aufgrund der Expansion des Kosmos spielt demgegenüber nur eine untergeordnete Rolle.) Auch eine einfache Energieabschätzung spricht gegen ein kosmisches Strahlungsfeld mit einer Temperatur der Größenordnung 10^4 K:

Würde die *gesamte* Materie im jetzigen Kosmos vollständig in Strahlung umgewandelt, so wäre trotzdem (wegen $\varrho_\gamma \sim T^4$, $\varrho_0 \simeq 10^3\,\varrho_{\gamma,0}$ und $T_0 = 2.7$ K) nur eine Temperatur von etwa $2.7 \cdot 10^{3/4} = 15$ K, also wesentlich weniger als 10^4 K zu erreichen.

5.9.5 Evolution des Kosmos

Nachdem wir aus den Beobachtungen der Galaxien und der 3K-Strahlung mit Hilfe von Weltmodellen den Zustand unseres Universums in der Vergangenheit (mit Ausnahme der ganz frühen Epochen) erschlossen haben, beschreiben wir nun die Entwicklung des Kosmos im Zusammenhang von den anfänglichen extrem heißen und dichten Phasen bis zum jetzigen Zeitpunkt. Wir tun dies im Rahmen des sogenannten *Standardmodells,* das auf der *Allgemeinen Relativitätstheorie* und dem *kosmologischen Postulat* der großräumigen Homogenität und Isotropie beruht.

Die grundlegenden Parameter für unseren Kosmos, die mit allen verfügbaren empirischen Werten in Einklang stehen, sind in (5.9.35) und (5.9.47) zusammengefaßt:

Im heutigen Kosmos beträgt – bei einer Hubblekonstanten $H_0 = 50\ \mathrm{km\,s^{-1}\,Mpc^{-1}}$ – die mittlere Materiedichte $\varrho_0 = 4.7 \cdot 10^{-28}\ \mathrm{kg\,m^{-3}}$ bzw. $n_0 = 0.3\ \mathrm{m^{-3}}$, entsprechend einem Dichteparameter $\Omega_0 = 2\,q_0 = 0.1$; die Temperatur des Hintergrund-Strahlungsfelds liegt bei $T_0 = 2.7$ K und damit das Verhältnis von Photonen- zu Baryonendichte bei 10^9. Das höchste Alter im Kosmos ist durch die Friedmannzeit $\tau_F = 17.6 \cdot 10^9$ a gegeben.

Wir betrachten nun zunächst die *Anfangsstadien* des Universums.

Der zeitliche Verlauf der Temperatur T bzw. der mittleren thermischen Energie kT im (Strahlungs-)Kosmos ist nach (5.9.44) und (5.9.35) näherungsweise durch

$$t[\mathrm{s}] \simeq \left(\frac{10^{10}}{T[\mathrm{K}]}\right)^2 \simeq \left(\frac{10^{-3}}{kT[\mathrm{GeV}]}\right)^2 \qquad \text{für} \quad t \lesssim 2 \cdot 10^6\,\mathrm{a} \tag{5.9.50}$$

gegeben, wenn wir Feinheiten, die mit den verschiedenen Sorten relativistischer Teilchen zusammenhängen, außer Betracht lassen.

Wir können das Standardmodell jedoch nicht zur Beschreibung des Kosmos für beliebig kleine Zeiten nach der Singularität verwenden, da bei sehr hohen Massenkonzentrationen und kleinen Dimensionen die Allgemeine Relativitätstheorie, in welcher die Raumzeit als Kontinuum behandelt wird, durch eine Quantentheorie der Gravitation ersetzt werden müßte. Diese ist derzeit nur in Ansätzen formuliert.

Nach M. Planck erhalten wir diejenige Zeit τ_P bzw. die zugehörige Länge l_P und Masse M_P, unterhalb der die Einsteinsche Gravitationstheorie ihre Gültigkeit verliert, indem wir aus den Naturkonstanten G, c und h bzw. $\hbar$, welche die drei grundlegenden Theorien der Physik – die allgemeine und die spezielle Relativitätstheorie sowie die Quantentheorie – charakterisieren, natürliche Einheiten bilden:

$$\begin{aligned} \tau_P &= \left(\frac{G\hbar}{c^5}\right)^{1/2} \simeq 5.4 \cdot 10^{-44}\,\mathrm{s}\ , \\ l_P &= c\,\tau_P \simeq 1.6 \cdot 10^{-35}\,\mathrm{m}\ , \\ M_P &= \left(\frac{c\hbar}{G}\right)^{1/2} \simeq 2.2 \cdot 10^{-8}\,\mathrm{kg}\ , \\ M_P\,c^2 &\simeq 1.2 \cdot 10^{19}\,\mathrm{GeV}\ . \end{aligned} \tag{5.9.51}$$

Im Rahmen der relativistischen Weltmodelle können wir also z. B. keine Aussagen machen über Zeiten, die kleiner als die *Planckzeit* τ_P sind. Die Planckmasse bzw. -länge können wir größenordnungsmäßig auch dadurch abschätzen, daß wir die Ausdehnung eines Schwarzen Lochs einer Masse M_P, d. h. deren Schwarzschildradius GM_P/c^2, gleich derjenigen Länge setzen, die nach der Heisenbergschen Unschärferelation $M_P\,c\,l_P \simeq \hbar$ mit der Fixierung des Impulses $M_P c$ verknüpft ist.

In den Anfangsphasen des Kosmos sind die Temperaturen und Dichten so hoch, daß sich Photonen und relativistische Teilchen in großer Vielfalt im *thermodynamischen Gleichgewicht* befinden. Paarerzeugung und Annihilation von Teilchen und Antiteilchen sowie die Wechselwirkung mit Photonen und anderen Teilchen halten eine bestimmte Teilchensorte der Ruhemasse m mit nennenswerter Häufigkeit im Gleichgewicht, solange die mittlere thermische Energie $kT \gg mc^2$ ist. Sinkt infolge der Expansion des Kosmos die Energie unter mc^2, so können einmal zerfallene oder annihilierte Teilchen der Masse m nicht mehr nachgebildet werden. Die Evolution des frühen Kosmos ist also dadurch charakterisiert, daß, beginnend mit den massereichsten Teilchen, nacheinander die verschiedenen Teilchensorten „aussterben", bis wir nach etwa 3 s fast nur noch Photonen und Neutrinos vorfinden und der Baryonenanteil nur noch etwa 10^{-9} ausmacht.

Die Einzelheiten des Weltmodells für die frühesten Phasen hängen entscheidend von der *Physik der Elemen-*

tarteilchen ab, und die großen Fortschritte auf diesem Gebiet in den letzten Jahren haben sich auf die Kosmologie stark ausgewirkt. Hierbei sind wir weitgehend auf die *Theorie* der Elementarteilchen und ihrer Wechselwirkungen angewiesen, da Energien bis mindestens 10^{19} GeV weit jenseits unserer experimentellen Möglichkeiten liegen. Die derzeit vorhandenen und geplanten Teilchenbeschleuniger erreichen lediglich 10^3 bis 10^4 GeV.

Bevor wir die Entwicklung des Kosmos nach den ersten 10^{-43} s besprechen, erscheint es angebracht, einen knappen Überblick über einige wichtige Begriffe und Ergebnisse der Elementarteilchenphysik zu geben.

Als *fundamentale Teilchen,* die keine Anzeichen einer inneren Struktur erkennen lassen, werden heute die Leptonen und die Quarks mit ihren Antiteilchen angesehen.

Wir kennen bei den *Leptonen* drei Familien: die erste umfaßt das *Elektron* e^-, sein Antiteilchen, das Positron e^+, sowie das zugehörige Elektronen-*Neutrino* ν_e und dessen Antiteilchen $\bar{\nu}_e$, die zweite das Myon μ^-, μ^+ und die Myon-Neutrinos ν_μ und $\bar{\nu}_\mu$, die dritte das (erst 1975 entdeckte) Tau τ^-, τ^+ und die Tau-Neutrinos ν_τ und $\bar{\nu}_\tau$. Die neueren Elementarteilchentheorien legen es nahe, daß Neutrinos eine nichtverschwindende Ruhemasse haben. Experimentell konnten bislang nur obere Grenzen bestimmt werden, z.B. für das elektronische Neutrino $m(\nu_e) \lesssim 10$ eV c^{-2}; eine „astrophysikalische" Abschätzung aus der Neutrinoemission beim Ausbruch der hellen Supernova SN 1987 A (Abschn. 4.11.7) ergibt $m(\nu_e) \lesssim 10 \ldots 30$ eV c^{-2}.

Bei den *Quarks* mit ihren drittelzahligen elektrischen Ladungen Q, die ursprünglich von M. Gell-Mann und G. Zweig 1963 in einem theoretischen Modell eingeführt wurden, sind inzwischen fünf Sorten, welche mit *up* ($Q = +\frac{2}{3}$), *down* ($-\frac{1}{3}$), *strange* ($-\frac{1}{3}$), *charm* ($+\frac{2}{3}$) und *bottom* ($-\frac{1}{3}$) bezeichnet werden, und die entsprechenden Antiquarks bekannt. Ein weiteres Quark, das *top*-Quark, wird vorhergesagt. Die Quarks unterscheiden sich noch durch (drei mögliche) Farbquantenzahlen. Normalerweise kommen Quarks nicht frei, sondern nur innerhalb der *Hadronen* vor: Ein *Baryon* (Antibaryon) besteht jeweils aus drei Quarks (Antiquarks), ein *Meson* aus einem Quark-Antiquark-Paar. So ist der Aufbau z.B. für das Proton $p = \{\mathrm{uud}\}$, das Neutron $\mathrm{n} = \{\mathrm{ddu}\}$, das Hyperon $\Lambda^0 = \{\mathrm{uds}\}$ sowie für das Pion $\pi^+ = \{\mathrm{u\bar{d}}\}$ oder das Kaon $K^+ = \{\mathrm{u\bar{s}}\}$.

Die *fundamentalen Wechselwirkungen* bzw. Kräfte zwischen den verschiedenen Teilchen sind in Tabelle 5.9.2 zusammengestellt. Durch die theoretischen Arbeiten von S. Glashow, A. Salam und S. Weinberg in den sechziger Jahren wurde deutlich, daß die *elektromagnetische* Wechselwirkung, die nach der Quantenelektrodynamik durch den Austausch der masselosen *Photonen* vermittelt wird, zusammen mit der, z.B. beim β-Zerfall in Erscheinung tretenden, *schwachen* Wechselwirkung als verschiedene Aspekte einer einzigen „vereinigten" *elektroschwachen* Wechselwirkung angesehen werden können. Die von dieser Theorie als Feldquanten der schwachen Kraft mit Massen um 80 GeV c^{-2} vorhergesagten *Vektorbosonen* W^+ und Z^0 konnten 1983 am Protonen-Antiprotonen-Beschleuniger des europäischen Kernforschungszentrums CERN entdeckt werden. Oberhalb $m(W^{\pm}, Z^0) \cdot c^2 \simeq 100$ GeV sind demnach die elektromagnetische und die schwache Wechselwirkung von vergleichbarer Stärke, unterhalb findet „Symmetriebrechung" statt. Der *starken* Wechselwirkung, die im Rahmen der Quantenchromodynamik durch den Austausch von masselosen *Gluonen* vermittelt wird, unterliegen nur die Quarks, nicht hingegen die Leptonen. Die Kernkräfte sind keine elementaren Kräfte, sondern ergeben sich indirekt aus der Wechselwirkung zwischen den Quarks. Die Zusammenfassung der starken und der elektroschwachen Kraft durch *Theorien der großen Vereinigung* (Grand Unified Theories) erfor-

Tabelle 5.9.2. Die fundamentalen Wechselwirkungen. Die Stärke der Wechselwirkungen bzw. die effektiven Kopplungskonstanten sind energieabhängig; angegeben sind die Werte für niedrige Energien ($\ll 100$ GeV). $\alpha = e^2/(2\,\varepsilon_0\,hc) \simeq 1/137$ Feinstrukturkonstante

Wechselwirkung	stark	elektroschwach		gravitativ
		elektromagnetisch	schwach	
Stärke	$\simeq 1$	$\alpha \simeq 10^{-2}$	$\simeq 10^{-5}$	$\simeq 10^{-39}$
Wirkung auf	Quarks, indirekt auf Hadronen	elektrisch geladene Teilchen	Leptonen und Quarks (bzw. Hadronen)	alle Teilchen
Austauschquant	Gluon, X-Teilchen	Photon γ	Vektorboson	(Graviton)
Masse [GeV c^{-2}]	0 $\quad 10^{14}$?	0	83 ($W^{\pm}$), 91 (Z^0)	0

dert die Einführung weiterer Feldquanten, der *X-Bosonen* mit Massen der Größenordnung 10^{14} GeV (?). Oberhalb $m(\mathrm{X})c^2 \simeq 10^{14}$ GeV werden also auch die starke und die elektroschwache Kraft einander gleich. Schließlich vermutet man, daß oberhalb von etwa 10^{19} GeV eine „Supervereinigung" auch der Gravitation mit den übrigen Kräften erfolgen könnte.

Die *Massen* der wichtigsten Teilchen sind in Tabelle 5.9.3 aufgeführt, parallel zu dem Verlauf der Temperatur und der thermischen Energie (5.9.50) bei der Expansion des Kosmos, so daß wir die Folge der Annihilationen der verschiedenen Teilchenarten ablesen können. Wir verwenden die Tabelle, um jetzt die *Entwicklung des Kosmos* zu beschreiben, welche üblicherweise nach den vorherrschenden Teilchen in verschiedene *Zeitalter* oder *Ären* unterteilt wird.

Zwischen 10^{-43} und 10^{-35} s erwarten wir nach der *Theorie der Großen Vereinigung* einen völlig symmetrischen Zustand: Alle Wechselwirkungen außer der Gravitation haben dieselbe Stärke, in dem extrem heißen und dichten Plasma sind Quarks, Gluonen, X-Teilchen, Leptonen, Photonen und ihre Antiteilchen ungefähr gleich häufig und wandeln sich ständig ineinander um. Sinkt die mittlere Energie im Kosmos infolge der Expansion unter die äquivalente Masse des hypothetischen X-Teilchens von 10^{14} GeV, welches als Feldquant u.a. die Umwandlung von Quarks in Leptonen und umgekehrt vermittelt, so werden die zerfallenden X-Teilchen nicht mehr wieder erzeugt, die starke und die elektroschwache Wechselwirkung trennen sich. Durch den Zerfall der X-Teilchen kann sich ein winziger relativer *Überschuß von Quarks* gegenüber den Antiquarks von der Größenord-

Tabelle 5.9.3. Die verschiedenen Zeitalter bei der Entwicklung des Kosmos. Teilchen und Antiteilchen der Ruhemasse m annihilieren, wenn die mittlere Energie $kT \lesssim mc^2$ wird. Die Temperaturen unterhalb $5 \cdot 10^9$ K beziehen sich auf das Photonengas. Die Massenangaben für die – unterhalb $kT \lesssim 1$ GeV nicht frei existierenden – Quarks hängen von der Energieauflösung (1 GeV für u, d, s; mc^2 für c, b) ab; sie unterscheiden sich für die leichten Quarks stark von den im nichtrelativistischen Quarkmodell relevanten Konstituentenmassen

Zeitalter	t [s]	T [K]	kT [GeV]	m [GeV c^{-2}] Feldquanten, Quarks		Hadronen: Baryonen		Hadronen: Mesonen		Leptonen		
„Große Vereinigung"	10^{-43}	10^{32}	10^{19}									Planckzeit
———	10^{-35}	10^{27}	10^{14}	(10^{14}?)	X?							Symmetriebrechung: stark – elektroschwach
	10^{-10}	10^{15}	10^{2}	91	Z							Symmetriebrechung:
				83	W							elektromagn. – schwach
Quark-Ära								⋮				
				(>40)	t?							
				(4.8)	b			3.1	J/ψ			
				(1.5)	c	1.67	Ω			1.78	τ	
						⋮						
———	10^{-6}	10^{13}	1			1.12	Λ	⋮				Übergang: Quarks
						0.940	n					→Hadronen
Hadronen-Ära						0.938	p					
								0.50	K			
———	10^{-4}	10^{12}	10^{-1}	(0.18)	s			0.14	π	0.11	μ	
				(0.009)	d							
Leptonen-Ära				(0.005)	u							
	1	10^{10}	10^{-3}									Auskoppeln
———	3	$5 \cdot 10^{9}$	$5 \cdot 10^{-4}$							$5 \cdot 10^{-4}$	e	der Neutrinos → 2 K
	$2 \cdot 10^{2}$	$9 \cdot 10^{8}$	———									Elementsynthese (^{4}He)
Photonen-Ära												
	$2 \cdot 10^{13}$	$3 \cdot 10^{3}$	$z \simeq 1000$									Auskoppeln
———	$6 \cdot 10^{13}$	$2 \cdot 10^{3}$	600									der Photonen → 3 K
	$1 \cdot 10^{15}$	$3 \cdot 10^{2}$	100									Entstehung
Materie-Ära												der Galaxien
	$6 \cdot 10^{17}$	2.7	0									heute 3 K 2 K

nung 10^{-9} bis 10^{-10} ergeben, der sich dann in späteren Phasen des Kosmos zu einem entsprechenden Verhältnis von Baryonen zu Photonen entwickelt und der letztlich durch die heutige Dichte der Materie und die 3 K-Strahlung der Beobachtung zugänglich wird (5.9.47). Die Entstehung der Galaxien und damit unsere Existenz hätte demnach ihren Ursprung in einer Asymmetrie des Zerfalls der X-Teilchen bereits 10^{-35} s nach der Singularität. In diesem Zusammenhang wäre die experimentelle Bestätigung des von der Theorie vorhergesagten *Zerfalls des Protons* $p \rightarrow e^+ + \pi^0 \rightarrow e^+ + 2\gamma$ von entscheidender Bedeutung; dies scheint trotz der extrem langen Halbwertszeit $\gtrsim 10^{32}$ a möglich.

In der auf den Zerfall der X-Teilchen folgenden *Quarkära* findet eine weitere Symmetriebrechung bei etwa 10^{-10} s oder 100 GeV (entsprechend den Massen der $W^\pm$- und Z^0-Bosonen) statt, bei der sich die elektromagnetische und die schwache Wechselwirkung trennen. Bei mittleren Energien im Bereich um 1 GeV können schließlich Quarks, Antiquarks und Gluonen nicht mehr als freie Teilchen existieren. Mit dem Zusammenschluß der Quarks und Antiquarks zu Hadronen beginnt – etwa bei 10^{-6} s – die *Hadronenära*. Der Überschuß an Quarks aus dem Zerfall der X-Teilchen ist in einen Überschuß von Baryonen gegenüber Antibaryonen übergegangen. Bei dem weiteren Absinken der Energie im Kosmos annihilieren sich zunächst die Hyperonen und schweren Mesonen mit ihren Antiteilchen, dann die Neutronen und Protonen und leichteren Mesonen.

Nachdem mit den π-Mesonen die leichtesten Hadronen zerstrahlt sind, beginnt bei etwa 10^{-4} s die *Leptonenära*. In ihr überwiegen Elektronen, Positronen, Neutrinos und Photonen. Die Myonen werden bereits am Anfang dieser Ära annihiliert; die wenigen (10^{-9}) Baryonen sind für die Energiedichte bedeutungslos. Bei etwa 1 s wird die Wechselwirkung der (Elektron-)*Neutrinos* mit den übrigen Teilchen so gering, daß sie sich mit diesen nicht mehr im thermischen Gleichgewicht halten können. Durch das Auskoppeln der Neutrinos wird das Protonen-Neutronen-Verhältnis, das die Häufigkeit des später entstehenden Helium bestimmt, im wesentlichen festgelegt. Die Neutrinotemperatur sinkt bis zum heutigen Zeitpunkt auf 2 K. Bei etwa 3 s endet das Leptonenzeitalter mit der Annihilation der Elektronen und Positronen bis auf einen winzigen Bruchteil an Elektronen, der die Ladungsneutralität gegenüber den Protonen gewährleistet.

In der anschließenden *Photonen- oder Strahlungsära* findet bei ungefähr 200 s die Elementsynthese statt (Abschn. 5.9.4), bei der die freien Neutronen fast vollständig zur Bildung von ^{4}He verbraucht werden. Protonen, Heliumkerne und Elektronen sind rund 10^{-9}mal seltener als die Photonen (und die entkoppelten Neutrinos). Gegen Ende der Photonenära bei etwa $8 \cdot 10^5$ a koppeln sich die Photonen von der Materie ab, nachdem die freien Elektronen durch ihre Rekombination mit den Protonen verschwunden sind. Anders als bei den Neutrinos kommt den Photonen die bei der $e^\pm$-Annihilation freigesetzte Energie zugute, so daß ihre Temperatur höher als die der Neutrinos liegt und heute 2.7 K beträgt (Abschn. 5.9.4).

Obwohl es im Kosmos etwa 10^9 mal mehr Photonen als Baryonen gibt, sinkt bei $2 \cdot 10^6$ a die Massen- bzw. Energiedichte der Photonen unter die der Baryonen (5.9.42) und die *Materieära* beginnt. Erst nach der Entkopplung von Strahlung und Materie können sich im Kosmos – von wesentlich früher angelegten „Keimen" ausgehend (Abschn. 5.8.4) – größere *Dichteschwankungen* bilden. Diese sind dann nach etwa $3 \cdot 10^7$ a so weit angewachsen, daß die *Entstehung der Galaxienhaufen und Galaxien* erfolgt zu einer Zeit, als die mittlere Dichte des Kosmos noch etwa 10^6 mal höher war als heute. Schließlich erreichen wir bei $18 \cdot 10^9$ a, bei der Friedmannzeit, den *jetzigen* Zustand des Universums.

Wie wird danach die Entwicklung des Kosmos weiter verlaufen? Unsere *Zukunft* hängt entscheidend von der mittleren Dichte ϱ_0 bzw. dem Dichteparameter $\Omega_0 = \varrho_0/\varrho_{c,0}$ ab, welcher – wie wir gesehen haben – nur mit großer Unsicherheit festzulegen ist; wir erinnern an die Probleme der „dunklen" Materie in den Galaxien, eines möglichen intergalaktischen Mediums und der Masse der Neutrinos. Als besten, mit allen Beobachtungsdaten verträglichen Wert haben wir $\Omega_0 \simeq 0.1$ angenommen. Demnach leben wir in einem offenen, sich fortwährend ausdehnenden Universum abnehmender Dichte. Die Temperaturen des Strahlungsfelds und des Neutrinohintergrunds werden ständig weiter sinken. Neue Sterne werden nach dem Aufbrauchen des interstellaren Gases in den Galaxien nicht mehr entstehen, die vorhandenen Sterne werden ihre Entwicklung innerhalb $\lesssim 10^{12}$ a beendet haben. Nach sehr viel längeren Zeiträumen von der Größenordnung $\gtrsim 10^{32}$ a werden auch die Nukleonen – entsprechend der Theorie der großen Vereinigung – größtenteils zerfallen sein; selbst Schwarze Löcher, die in den Frühphasen des Kosmos entstanden sein könnten, zerstrahlen letztlich. Wir enden mit einem kalten, dunklen, ewig expandierenden Kosmos, der nur Photonen und Neutrinos enthält und aus dem die Sterne und Galaxien verschwunden sind.

Nach unserem Überblick über die Evolution des Kosmos wenden wir uns noch einigen, im Rahmen des Standardmodells der relativistischen Kosmologie offen bleibenden Fragen zu. Über die ersten 10^{-43} s können wir ohne eine Quantentheorie der Gravitation nur spekulieren, und auch auf die uralte Frage „Was war *vor* der Entstehung der Welt?" kann es innerhalb der hier diskutierten Weltmodelle keine Antwort geben. Ohne Erklärung im Rahmen des Standardmodells bleibt ferner die hochgradige Isotropie der 3 K-Strahlung. Zwar wird ihr durch das kosmologische Postulat Rechnung getragen, aber eine physikalische Deutung steht aus, da z. B. die, von uns aus gesehen, einander an der Sphäre gegenüberliegenden Teile des Kosmos bis zum Zeitpunkt der Abkopplung der Strahlung bei etwa $8 \cdot 10^5$ a noch keine Zeit gehabt haben, um miteinander (maximal mit Lichtgeschwindigkeit) in Wechselwirkung zu treten. Auch die Tatsache, daß unser Kosmos nicht *sehr* weit von dem euklidischen Fall $k = 0$ bzw. $\Omega_0 = 1$ abweicht, ist keineswegs selbstverständlich. Vielmehr erfordert dieser Fall – wenn wir ihn nicht als Zufall ansehen wollen – in sehr frühen Phasen eine außergewöhnlich genaue „Feineinstellung" des Parameters Ω im Kosmos, damit er im Verlauf von immerhin etwa 10^{60} Planckzeiten nahe bei eins bleibt.

Wir können nicht im einzelnen auf Erweiterungen des Standardmodells sowie auf andere Kosmologien eingehen, sondern begnügen uns hier mit einigen ergänzenden Bemerkungen.

Unsere bisher diskutierten Weltmodelle gehen aus von dem kosmologischen Postulat räumlicher Homogenität und Isotropie. Sollte man nicht auch *Homogenität der Zeitskala* $-\infty < t < +\infty$ fordern? Sollte nicht im Grunde die Welt „von Ewigkeit zu Ewigkeit" dieselbe sein? Diesem, von zahlreichen Philosophen und Theologen geforderten, *vollständigen kosmologischen Postulat* versucht die seit 1948 von H. Bondi und T. Gold, dann F. Hoyle u. a. entwickelte *Theorie des stationären Weltalls* (Steady State Universe) Rechnung zu tragen. In mechanischer Hinsicht läßt dieses sich auch als offenes relativistisches Modell mit $k = -1$ und $q_0 = -1$ betrachten; abweichend von der „üblichen Physik" muß jedoch ein Mechanismus angenommen werden, der die ständige Entstehung von Wasserstoff im Kosmos ermöglicht, denn dieser wird ja fortlaufend zum Nachfüllen der „wegexpandierenden" Materie und zur „Beheizung" der Sterne verbraucht. Die ganzen Probleme des Weltanfangs gibt es im stationären Weltall nicht, dafür aber auch keine Erklärung der 3 K-Strahlung. Auch die beobachteten Anzeichen für eine Entwicklung der Quasare und Galaxien sind nicht mit dem vollständigen kosmologischen Postulat verträglich.

Von einer anderen Seite her haben A. S. Eddington, P. A. M. Dirac, P. Jordan u. a. das Problem einer „kosmologischen Physik" anzugreifen versucht. Aus den elementaren Konstanten einerseits der Physik

e, h, c, Masse des Elektrons m_e bzw. des Protons m_p sowie G ,

und andererseits der Kosmologie,

der Hubblezeit $\tau_0 \simeq 6 \cdot 10^{17}$ s und der mittleren Materiedichte $\varrho_0 \simeq 5 \cdot 10^{-28}\,\mathrm{kg\,m^{-3}}$,

kann man mehrere *dimensionslose Zahlen* bilden. Man erhält *eine* Gruppe dimensionsloser Zahlen um Eins herum wie die Feinstrukturkonstante $\alpha = e^2/(2\,\varepsilon_0\,h\,c) \simeq 1/137$ und $m_p/m_e = 1836$ und eine *zweite* Gruppe der Größenordnung um 10^{40}. Es ist nämlich z. B. das Verhältnis der elektrostatischen zur gravitativen Anziehung eines Protons und eines Elektrons

$$\frac{e^2}{4\,\pi\,\varepsilon_0\,G\,m_p\,m_e} \simeq 0.2 \cdot 10^{40} \ , \tag{5.9.52}$$

das Verhältnis der Länge $c\,\tau_0$ (etwa gleich dem Weltradius in einer geschlossenen Welt) zur Comptonlänge des Protons bzw. zum klassischen Elektronenradius

$$\begin{aligned} &c\,\tau_0 \Big/ \frac{h}{m_p c} \simeq 14 \cdot 10^{40} \quad \text{bzw.} \\ &c\,\tau_0 \Big/ \frac{e^2}{4\,\pi\,\varepsilon_0\,m_e\,c^2} \simeq 7 \cdot 10^{40} \end{aligned} \tag{5.9.53}$$

und die Zahl der Nukleonen in einem Volumen $(c\,\tau_0)^3$ von der Größenordnung

$$\varrho_0 \frac{c^3\,\tau_0^3}{m_p} \simeq (0.13 \cdot 10^{40})^2 \ . \tag{5.9.54}$$

Diesen Sachverhalt kann man zusammengefaßt auch dahingehend formulieren, daß der Verzögerungsparameter $q_0 \simeq G\,\varrho_0\,\tau_0^2$ der relativistischen Kosmologie (5.9.16) von der Größenordnung 1 ist. Dies bedeutet, daß die wirkliche Welt nicht sehr weit von einer euklidischen abweicht, was – wie wir oben bemerkt haben – nicht selbstverständlich ist.

Betrachtet man die größenordnungsmäßige Gleichheit der Zahlen in (5.9.52) einerseits und in (5.9.53) und

(5.9.54) andererseits als wesentlich, so kann man, da in letzteren das Weltalter τ_0 vorkommt, daran Spekulationen über eine kosmologische *Zeitabhängigkeit* der Gravitationskonstante G und anderer Naturkonstanten der Physik knüpfen. Neuere Experimente lassen jedoch für eine Variation von G kaum noch Spielraum; als obere Grenze für die relative zeitliche Änderung wird derzeit $|\Delta G/G| \lesssim 4 \cdot 10^{-12}\,\mathrm{a}^{-1}$ angegeben. Aussichtsreicher erscheint es vielleicht, eine Erklärung des Zusammenhangs der Naturkonstanten der Physik mit den kosmologischen Parametern im Rahmen der neueren Theorien der großen Vereinigung der drei fundamentalen Wechselwirkungen zwischen den Elementarteilchen sowie einer „Super-Vereinigung" auch mit der Gravitation (Tabelle 5.9.2) zu suchen.

In diesem Zusammenhang drängt sich auch folgender Gedanke auf: Die relativistische Kosmologie bietet uns einen ganzen Katalog *möglicher* Weltmodelle an. Weshalb aber ist gerade diese unsere Welt mit ihren ganz bestimmten Parametern realisiert? Wir können hierauf noch keine Antwort geben. Einen interessanten Versuch in diese Richtung stellt das *anthropische Prinzip* (R.H. Dicke, 1961) dar. Unsere Welt ist so, wie sie ist, weil wir in ihr leben. Allein aus unserer Existenz, dadurch, daß es Astronomen gibt, den Kosmos zu beobachten, ergibt sich eine starke Einschränkung (oder gar Festlegung?) der denkbaren Parameter: Es muß möglich gewesen sein, daß sich Galaxien und Sterne gebildet haben, daß Elemente wie Kohlenstoff entstanden sind und daß auf Planeten hinreichend lange die Voraussetzungen für die Entstehung und Evolution des Lebens erfüllt waren. Umgekehrt, wäre der Kosmos früher wesentlich anders gewesen, so gäbe es heute niemanden, um ihn zu beobachten.

Abschließend besprechen wir noch kurz die vielversprechende Idee von A. Guth (1981), mit einem *inflationären Universum* mehrere, im Rahmen des Standardmodells offen gebliebene Probleme zu lösen:

Innerhalb der ersten 10^{-35} s, während der „Epoche der großen Vereinigung", findet im Kosmos ein „Phasenübergang" bei der Symmetriebrechung der fundamentalen Wechselwirkung statt (Tabelle 5.9.3). Eine kurzzeitige Unterkühlung, gefolgt von einer Wiederaufheizung auf etwa 10^{14} GeV bewirkt ein äußerst rasches, exponentiell verlaufendes Aufblähen des Kosmos, die *Inflation*, bei der seine Ausdehnung um ungefähr einen Faktor 10^{50} anwächst. Anschließend, d.h. nach etwa 10^{-33} s, verläuft die Evolution dann wieder entsprechend dem Standardmodell. Durch dieses inflationäre Modell können im Prinzip die Isotropie der 3 K-Hintergrundstrahlung, die Dichtefluktuationen, die später zur Bildung von Galaxien führen, sowie der heutige, nahe beim euklidischen Fall $\Omega = 1$ befindliche Zustand des Kosmos erklärt werden; Probleme treten noch auf, das Ende der inflationären Phase und ihren Übergang in das Standardmodell zu beschreiben.

Wir erhalten übrigens formal eine *exponentielle Expansion* als Lösung der Friedmann-Lemaître-Gleichung (5.9.18), wenn in ihr die Dynamik durch den Term mit der kosmologischen Konstante Λ beherrscht wird. Aus $(\dot{R}/R)^2 = c^2\Lambda/3$ folgt nämlich

$$R(t) = R_0 \exp\left(\sqrt{\frac{c^2\Lambda}{3}}\,t\right). \tag{5.9.55}$$

Guths Hypothese verknüpft also letztlich die kosmologische Konstante mit der Physik der fundamentalen Wechselwirkungen.

Da während des anfänglichen Phasenübergangs sehr kleine Bereiche rasch riesige Dimensionen erreichen und nicht mehr miteinander wechselwirken können, wäre es im Rahmen der inflationären Hypothese möglich, daß unsere beobachtbare Welt lediglich eine „Blase" in einer größeren Mannigfaltigkeit, *ein* Universum unter vielen Universen darstellt.

6. Entstehung des Planetensystems. Entwicklung der Erde und des Lebens

Aus den Tiefen des Weltraums kehren wir zurück in unser Planetensystem mit der alten Frage nach seiner Entstehung. Daß man deren Beantwortung nicht durch die Weitergabe überlieferter Mythen, sondern nur durch eigenes Forschen näherkommen könne, diesen kühnen Gedanken konnte in Frankreich René Descartes mit seiner Wirbeltheorie schon 1644 vertreten. In Deutschland mußte noch 1755 I. Kant die erste Auflage seiner „Allgemeinen Naturgeschichte und Theorie des Himmels", worin er die Enstehung des Planentensystems zum erstenmal „nach Newtonischen Grundsätzen" behandelte, anonym erscheinen lassen, weil er die (protestantischen) Theologen fürchten mußte. Kant geht aus von einem rotierenden, abgeplatteten *Urnebel*, aus dem sich dann die Planeten und später deren Satellitensysteme bilden. Eine ähnliche Hypothese liegt auch der etwas späteren (unabhängigen) Darstellung von S. Laplace 1796 in seiner populären „Exposition du Système du Monde" zugrunde. Wir gehen auf Einzelheiten und Unterschiede dieser historisch bedeutsamen Ansätze nicht ein, sondern stellen nochmals kurz die wichtigsten *Fakten* zusammen (hierzu Tabelle 2.5.1, Abschn. 2.8 sowie Abb. 6.0.1), die gedeutet werden sollen:

1) Die *Bahnen der Planeten* sind nahezu kreisförmig und komplanar. Ihr Umlaufsinn ist der gleiche (direkte); er stimmt überein mit dem der Rotation der Sonne. Die Bahnradien (die Planetoiden werden zusammengefaßt) bilden *ungefähr* eine geometrische Reihe

$$a_n = a_0 k^n \qquad (6.0.1)$$

mit $a_0 = 1$ AE, für die Erde $n = 0$ und $k \simeq 1.8$ (Abb. 6.0.1).

2) Die *Rotation* der Planeten erfolgt größtenteils in direktem Sinn (Ausnahmen: Venus und Uranus), wobei die Achse bzw. der Eigendrehimpuls im wesentlichen parallel zum Bahndrehimpuls – und zur Rotationsachse der Sonne – gerichtet ist (Ausnahmen: Uranus und Pluto).

3) Die *Sonne* vereinigt in sich 99.87% der *Masse*, aber nur 0.54% von dem *Drehimpuls des Gesamtsystems* ($\sum \mathscr{M} a v$), während umgekehrt die Planeten (in der Hauptsache Jupiter und Saturn) nur 0.135% der Masse und 99.46% des Drehimpulses haben.[1]

4) Die *erdartigen Planeten* (Merkur, Venus, Erde, Mars und die Planetoiden) haben verhältnismäßig große Dichte (3.9 bis 5.5 g cm^{-3}), die *großen Planeten* (Jupiter, Saturn, Uranus und Neptun) dagegen kleine Dichte (0.7 bis 1.6 g cm^{-3}). Erstere bestehen (wie die Erde) in der Hauptsache aus Metallen und Gesteinen, letztere überwiegend aus kaum veränderter Solarmaterie (Wasserstoff, Helium, Hydride) mit einem festen „erdähnlichen" Kern. *Pluto*, von ähnlicher Dichte wie die großen Planeten, hebt sich von ihnen durch seine winzige Masse und seine stark geneigte, exzentrische Bahn ab. Vermutlich hat er erst durch Störungen seine ungewöhnlichen Bahnelemente erhalten. Wir werden ihn daher im folgenden außer Betracht lassen.

5) Bei den *Satelliten* müssen wir unterscheiden zwischen den inneren Satelliten, welche – und dies sollte eine Kosmogonie erklären – Bahnen kleiner Exzentrizität, geringer Neigung zur Äquatorebene und direkten Umlauf haben, und den äußeren Satelliten mit erheblich größeren Exzentrizitäten und Bahnneigungen. Letztere sind vermutlich in der Frühzeit des Planetensystems nachträglich „eingefangen" worden, während erstere als „ur-

[1] Wie man leicht ausrechnet, ist der Drehimpuls (2.6.33) der Planetenbahnen (Jupiter, Saturn) $3.15 \cdot 10^{43}$ kg m^2 s^{-1}, der der Sonne (mit einiger Unsicherheit bezüglich der Winkelgeschwindigkeit im Inneren) $1.7 \cdot 10^{41}$ kg m^2 s^{-1}.

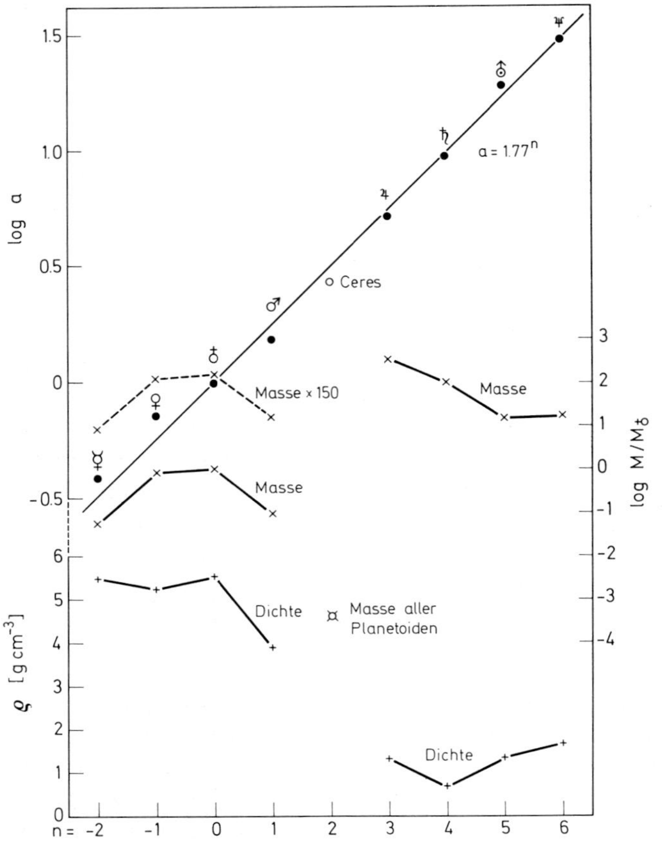

Abb. 6.0.1. Große Bahnhalbachse a und Masse $\mathscr{M}$ der Planeten (ohne Pluto) bezogen auf Erde = 1. Mittlere Dichte ϱ in [g cm^{-3}] (*unten*). – Für die Planetoiden ($n = 2$) wurde die Bahnhalbachse der Ceres und die geschätzte Gesamtmasse eingetragen. – Die (*oben*) eingezeichnete Gerade entspricht der Beziehung $\log a = 0.247\,n$ oder $a = 1.77^n$

sprünglicher Besitz" des Planeten anzusehen sind. Die erdartigen Planeten haben längere Rotation und wenige Satelliten, die großen Planeten verhältnismäßig rasche Rotation und – auch nach Abzug der eingefangenen – zahlreiche Satelliten sowie zum Teil *Ringsysteme*.

Nach Zusammensetzung und Bau folgt unser Mond dem Schema der erdartigen Planeten, während die großen Satelliten von Jupiter und Saturn zum Teil dem Erdmond gleichen, zum Teil aus einem Gemisch aus Eis und Silikaten aufgebaut sind.

6) Die zahlreichen *Einschlagkrater*, die auf Planeten- und Satellitenoberflächen von Merkur bis hinaus zum Neptunsystem beobachtet werden, weisen auf eine – im Vergleich zum heutigen Zustand – erheblich größere Anzahl von „*Planetesimalen*", kleinen, festen Körpern bis zu einigen km Größe, in der Frühzeit des Planetensystems hin.

7) Aus genauen radioaktiven *Altersbestimmungen* wissen wir, daß Erde, Mond und Meteoriten und damit ohne Zweifel die Sonne und das ganze Planetensystem vor $4.5 \cdot 10^9$ a innerhalb eines verhältnismäßig kurzen Zeitintervalles entstanden sind.

Die erstaunlichen *Regelmäßigkeiten* im Bau des Planetensystems sprechen für eine Entwicklung aus sich heraus im Sinne der Theorien von Kant, Laplace und später von Weizsäcker, ter Haar, Kuiper u.a. Demgegenüber erscheinen „Katastrophentheorien", welche die Bildung der Planeten auf die Mitwirkung eines nahe an der Sonne vorbeiziehenden Sterns zurückführen (Jeans, Lyttleton u.a.), von vornherein aussichtslos. Abgesehen von der Unwahrscheinlichkeit eines solchen Zusammenstoßes zweier Sterne wäre nicht zu verstehen, wie aus einem durch Gezeitenkräfte aus der Sonne herausgerissenen Filament dann Planeten entstehen sollten.

Die *Kosmogonie* des Planetensystems diskutieren wir daher sogleich im Rahmen der *Entstehung von Sternen* aus dem interstellaren Medium als Folge einer Gravitationsinstabilität (Abschn. 5.4.7). Hierbei legt die ungewöhnliche Verteilung des Drehimpulses im System es nahe, nach einem gemeinsamen Ursprung von Sonne und Planeten aus einer *rotierenden Gas- und Staubscheibe* zu suchen.

Die Entstehung unseres Planetensystems ist sehr wahrscheinlich kein einmaliges, zufälliges Ereignis; wir erwarten vielmehr, daß zahlreiche Sterne im Kosmos von Planeten umkreist werden. Während für unser System eine Fülle von Einzelbeobachtungen vorliegt, reichen die heutigen Beobachtungstechniken selbst bei den Sternen unserer nächsten Umgebung *nicht* aus, um *andere* Planetensysteme direkt zu beobachten. Wir haben nur spärliche Hinweise auf die Existenz von Planetensystemen oder deren mögliche Vorstufen: *Dunkle Begleiter* können bei nahen Sternen indirekt entweder astrometrisch aus der Bahnbewegung (Abschn. 4.6.1) oder spektroskopisch aus periodischen Schwankungen der Radialgeschwindigkeit (Abschn. 4.6.2) des Hauptsterns erschlossen werden. Letzteres Verfahren ergibt bei einigen Sternen, z.B. bei HD 114762, Hinweise auf Begleiter mit Massen der Größenordnung von 1 bis 10 Jupitermassen. Mit dem Infrarotsatelliten IRAS wurden bei einigen Sternen wie α Lyr (A0V), α PsA (A3V) und β Pic (A5V) Infrarotexzesse bei $\lambda \gtrsim 25 \ldots 60\,\mu$m entdeckt, welche von zirkumstellarem Staub stammen, der als *Proto-Planetensystem* angesehen werden kann (Abschn. 5.3.1). Bei β Pic konnte anschließend mittels CCD-Aufnahmen im nahen Infrarot von B.A. Smith und R.J. Terrile (1984) eine flache, staubgefüllte Gasscheibe mit $\gtrsim 400$ AE Ausdehnung beobachtet werden. Auch die infrarote Überschußstrahlung bei dem Weißen Zwerg ZZ Psc (B. Zuckerman und E.E. Becklin, 1987), die zunächst als Hinweis auf einen kühlen „Braunen Zwerg“ (Abschn. 5.4.4) als Begleiter angesehen wurde, ist nach weiteren Beobachtungen einer ausgedehnten Staubscheibe zuzuschreiben.

Im folgenden besprechen wir zunächst in Abschn. 6.1 die gemeinsame Entstehung der Sonne und unseres Planetensystems aus einer rotierenden Gas-Staub-Scheibe, um uns dann weiteren Einzelheiten der Entstehung der Meteoriten (Abschn. 6.2) und des Erde-Mond-Systems (Abschn. 6.3) zuzuwenden. Zum Abschluß behandeln wir in Abschn. 6.4 die besonders interessante Frage nach der Entwicklung der Ozeane und vor allem der Atmosphäre unserer Erde, welche eng verknüpft ist mit der Entstehung und der Entwicklung des Lebens.

6.1 Entstehung der Sonne und des Planetensystems

Alle Sterne entstehen – wie wir sahen – dadurch, daß eine interstellare Gas- und Staubwolke von $\gtrsim 10^3$ Sonnenmassen sich zusammenballt und dann in Sterne aufteilt. Auch die Einzelgänger unter den Sternen, wie unsere Sonne, haben ursprünglich solchen Mehrfachsystemen, Assoziationen oder Haufen angehört.

Die Entstehung eines Sterns von $1\,\mathscr{M}_\odot$ hat R.B. Larson (1969) zunächst unter der Annahme sphärischer Symmetrie, d.h. ohne Drehimpuls, durchgerechnet.

Der Anfang des Kollapses einer Wolke vom Radius R ist bestimmt durch das *Jeanssche Kriterium* der Gravitationsstabilität (5.8.3)

$$R \le 0.4\, G\, \mathscr{M} \frac{\mu m_u}{kT} \quad . \tag{6.1.1}$$

(Larson wählt eine zweimal größere Konstante.)

Mit $\mathscr{M} = \mathscr{M}_\odot = 2 \cdot 10^{30}$ kg, einem Molekulargewicht $\mu = 2.5$ und einer größenordnungsmäßig geschätzten Anfangstemperatur $T \simeq 10$ K sowie den bekannten Zahlen für die Gravitationskonstante G, die Boltzmannkonstante k und die Atommassenkonstante m_u findet man so, daß eine Wolke von $1\,\mathscr{M}_\odot$ erst dann instabil wird, wenn sie einen Radius

$$R \simeq 1.6 \cdot 10^{15}\,\mathrm{m} \simeq 11\,000\,\mathrm{AE} \simeq 0.05\,\mathrm{pc} \tag{6.1.2}$$

erreicht hat. Ihre mittlere Dichte beträgt dann

$$\varrho \simeq 1.1 \cdot 10^{-16}\,\mathrm{kg\,m^{-3}} \quad \text{bzw.}$$
$$n \simeq 3 \cdot 10^{10}\,\text{Moleküle}\,\mathrm{m^{-3}} \quad . \tag{6.1.3}$$

Dies entspricht Dichten, wie wir sie in Molekülwolken (Abschn. 5.3.4) antreffen. Der Kollaps einer solchen Wolke bis zur Entstehung der Sonne und des Planetensystems nimmt, wie man nach (5.8.25) und (5.8.26) abschätzt, einige 10^5 a in Anspruch.

Vielleicht können wir von hier aus zunächst Einblick in das Problem des *Drehimpulses* kosmischer Massen und insbesondere des Sonnensystems gewinnen, bevor wir die Ergebnisse numerischer Kollapsrechnungen unter Einbeziehung des Drehimpulses beschreiben. Wenn unsere Gasmasse (6.1.2) und (6.1.3) mit dem Eintreten der Jeans-Instabilität vom übrigen Milchstraßensystem drehimpulsmäßig entkoppelt wird, so hat sie zunächst eine Umdrehungsdauer von der Größenordnung[2] unserer galaktischen Umlaufzeit, d.h. $\tau_{gal} = 2\pi/\omega_{gal} \simeq 10^9$ a. Kontrahiert sich die Gasmasse bis zum Sonnenradius $R_\odot = 7 \cdot 10^8$ m, so erhielte man bei Erhaltung des Drehimpulses ($\sim R^2/\tau_{gal}$) eine Rotationsdauer von etw 0.07 d und eine Äquatorgeschwindigkeit von rund 700 km s^{-1}. Wir kommen damit in die Größenordnung der Rotationsgeschwindigkeiten, welche man bei jungen B-Sternen beobachtet. Während Sterne späterer Spektraltypen im allgemeinen sehr viel langsamer rotieren, hat man in jungen Sternhaufen auch Sterne späterer Typen beobachtet, die erheblich rascher rotieren als die Sonne.

Könnten wir weiterhin den Drehimpuls der Planetenbahnen (im wesentlichen Jupiter) auf die Sonne übertragen, so würde deren Äquatorgeschwindigkeit von 2 km s^{-1} auf etwa 370 km s^{-1} anwachsen. Wir gelangen so zu der Vorstellung, daß der große Drehimpuls der Bahnbewegung der Planeten nichts anderes ist, als ein erheblicher Bruchteil des Drehimpulses, den *jedes* Gebilde von ungefähr $1\,\mathscr{M}_\odot$ ursprünglich aus der galaktischen Rotation mitbekommen hat. Die Sonne aber muß ihren eigenen Drehimpuls entweder später durch magnetische Kopplung über den Sonnenwind an das interstellare Medium abgegeben haben (R. Lüst und A. Schlüter, 1955) oder ihn – wie neuere numerische Rechnungen nahelegen – gar nicht erst erhalten haben, indem bereits wäh-

[2] Genauer gesagt: Mit einem Rotationsgesetz $v \sim R^{-n}$ ($n = -1$ starre, $n = 0.5$ Keplersche Rotation) wird die lokale Winkelgeschwindigkeit $\omega = \frac{1}{2}|\mathrm{rot}\, \boldsymbol{v}| = (1-n)\,\omega_{gal}/2$.

rend der Kollapsphase Drehimpuls innerhalb einer Akkretionsscheibe durch turbulente oder magnetische Reibung nach außen transportiert wurde.

Die flache, die Ursonne umgebende *Akkretionsscheibe*, der *„Sonnennebel"*, aus einer Gas-Staub-Mischung, wie wir sie vom interstellaren Medium kennen, muß offensichtlich dieselbe chemische Zusammensetzung gehabt haben wie die Sonne (Tabelle 4.9.1). Andererseits kann ihre Materie nie *in* der Sonne enthalten gewesen sein, da z.B. die Erde und die Meteoriten noch eine etwa hundertmal größere Häufigkeit an *Lithium* enthalten als die Sonne, wo es zu 99% im Laufe der Zeit durch Kernprozesse zerstört wurde. Der Sonnennebel muß also fast gleichzeitig mit der Sonne entstanden sein.

Daß die Entstehung eines derartigen Systems kein ungewöhnlicher Zufall ist, zeigen die eingangs erwähnten Beobachtungen von massearmen Begleitern und Staubringen bzw. Scheiben bei einigen nahen Sternen. *Wann* nun ein Planetensystem oder ein Doppelstern- bzw. Mehrfachsystem entsteht, können wir noch nicht eindeutig beantworten. Jedenfalls sollten für die Bildung eines Planetensystems keine allzu speziellen Anfangsbedingungen für den Gravitationskollaps einer interstellaren Wolke erforderlich sein.

Aufwendige zweidimensionale hydrodynamische Modellrechnungen des Gravitationskollapses einer Wolke mit Berücksichtigung des *Drehimpulses* von P. Bodenheimer, G.E. Morfill, W. Tscharnuter, H.J. Völk u.a. mit dem Ziel, die Entstehung der Sonne und des Planetensystems konsistent „in einem Guß", zu erklären, zeigen zunächst, daß selbst ein sehr geringer anfänglicher Gesamtdrehimpuls (Rotations- zu Gravitationsenergie $\simeq 10^{-5}$) die Bildung eines Einzelsterns verhindert. Es entsteht vielmehr ein rotierender *Ring*, der vermutlich später instabil wird und in ein Doppel- oder Mehrfachsternsystem aufbricht. Nimmt man jedoch in der kollabierenden Wolke hinreichend große *turbulente Reibung* an, so bildet sich ein *Zentralstern* mit allmählich anwachsender Masse, der von einer flachen, rotierenden *Akkretionscheibe* umgeben ist (Abb. 6.1.1). Innerhalb der Scheibe strömt die Materie nach innen, wogegen der Drehimpuls infolge der Viskosität nach außen transportiert wird. Die *Temperatur* in der Scheibe ist relativ niedrig; ihr radialer Verlauf verändert sich anfangs nur wenig: Von etwa 1000 K in der Gegend der Merkurbahn fällt die Temperatur nach außen bis auf einige 10 K am Rand der Scheibe (bei ungefähr 40 AE) ab. Im Abstand z.B. der Erdbahn haben wir etwa 300 K, bei der Jupiterbahn etwa 150 K.

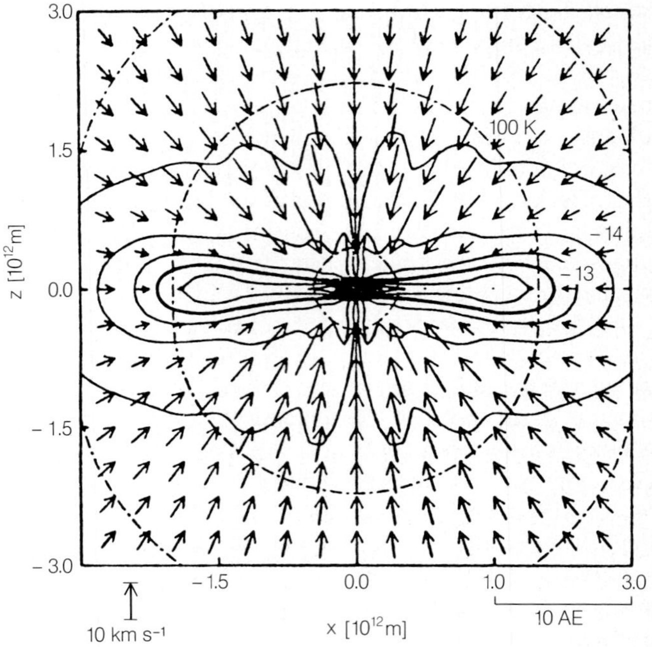

Abb. 6.1.1. Gravitationskollaps einer rotierenden protostellaren Wolke (Rotations- zu Gravitationsenergie $1.2 \cdot 10^{-4}$) von $3\,\mathcal{M}_\odot$ mit turbulenter Viskosität nach G.E. Morfill et al. (1985). Zeitpunkt rund $3.3 \cdot 10^4$ a nach Beginn des Kollapses, zu dem die Zentralmasse auf $0.5\,\mathcal{M}_\odot$ angewachsen ist. Meridionalschnitt mit der Rotationsachse in z-Richtung: (———) Linien konstanter Dichte (log ϱ, ϱ in [g cm^{-3}], (– · –) Linien konstanter Temperatur, (→) Geschwindigkeitsfeld. (Mit freundlicher Genehmigung der University of Arizona Press, Tucson)

Die Kernfrage ist nun: Wie sind die terrestrischen und die jupiterähnlichen Planeten, die Meteorite usw. in der Akkretionsscheibe entstanden? Hierüber gibt es noch keine allgemein anerkannte Theorie. In Frage kommen zunächst *Gravitationsinstabilitäten* innerhalb der Scheibe. So fordert die Jeans-Bedingung (5.8.5) für den Beginn der Kondensation z.B. einer *Jupitermasse* bei $T \simeq 150$ K eine Dichte von etwa 10^{-6} kg m^{-3}, was für eine etwas spätere als die in Abb. 6.1.1. dargestellte Entwicklungsphase plausibel scheint. Während die Bildung der äußeren großen Planeten mit ihrer nahezu unveränderten Solarmaterie durch eine solche Instabilität verursacht oder wenigstens begünstigt werden konnte, bleibt für die inneren Planeten noch zu klären, weshalb – nach der Bildung eines festen Kerns durch Sedimentation der kondensierbaren Stoffe – die leichten Elemente wie Wasserstoff und Helium, die rund 99% der Masse stellen, entwichen sind. Hierüber können wir sehr wenig sagen (wesentlich höhere Temperaturen im inneren Teil des Sonnennebels? Gezeitenkräfte der Sonne?). Die Planetoiden (Asteroiden) und anderen Kleinkörper des Planetensystems schließlich haben zu geringe Massen, um sich aus einer Gravitationsinstabilität gebildet zu haben; sie könnten jedoch durch Auseinanderbrechen von größeren Körpern entstanden sein.

Eine Weiterbildung der Theorie zur Entstehung der Planeten usw. geht aus von der *Staubkomponente* in der Akkretionsscheibe, die – wie wir im interstellaren Medium beobachten – größenordnungsmäßig 1% der Gesamtmasse ausmacht. Durch inelastische Stöße untereinander ballen sich die Staubkörner innerhalb der turbulenten Gasscheibe zu immer größeren Brocken zusammen und bilden die *Planetesimale,* unregelmäßig geformte Festkörper von der Größenordnung 1 bis 10 km. Schließlich entstehen durch schrittweises Zusammenstürzen verschieden großer Planetesimale in Zeiten der Größenordnung 10^8 a *feste Planeten.* Je nach der Relativgeschwindigkeit der Planetesimale erwarten wir auch wieder Zertrümmerungen. Bei all diesen Prozessen werden große Energiemengen freigesetzt, so daß es vielfach zu Aufschmelzungen kommt. Wichtige Dokumente über diese Vorgänge enthalten die *Meteorite,* deren Entstehung wir in Abschn. 6.2 noch ausführlicher besprechen werden.

Im äußeren, kühlen Bereich des Planetensystems können die festen Kerne dann das hauptsächlich aus Wasserstoff und Helium bestehende *Gas* der Umgebung aufsammeln und gravitativ binden, so daß es zu dem typischen Aufbau der *jupiterähnlichen* Planeten kommt.

Die Erfüllung des Raums mit Planetesimalen war – wie wir aus den zahlreichen Einschlagkratern auf dem Mond, auf Merkur, Mars und vielen Satelliten der äußeren Planeten schließen – in den ersten 10^9 a des Planetensystems wesentlich höher als heute. Die bereits entstandenen Himmelskörper haben sich also noch lange Zeit in einem Medium mit starker *Reibung* durch viele kleinere und größere Gesteinsbrocken bewegt. Dadurch sind vermutlich die kleinen Exzentrizitäten und Neigungen gegen die Ekliptik der Planetenbahnen sowie die entsprechenden Bahneigenschaften der (regulären) Satelliten der großen Planeten erzeugt worden. Ältere, rein himmelsmechanische Rechnungen zur Entstehung usw. des Planetensystems sind wegen der Vernachlässigung dieser Reibung nicht haltbar. Mit dem Ende des intensiven Bombardements durch die Planetesimale endet gleichzeitig die Akkretionsphase unseres Planetensystems.

Als „übriggebliebene" Planetesimale können wir heute ansehen die Mehrzahl der Planetoiden und die Meteorite, die beiden Marsmonde, die zahlreichen winzigen Satelliten um Jupiter, Saturn und Uranus, sowie die aus den äußersten Teilen des Planetensystems stammenden Kometen.

6.2 Entstehung der Meteorite

Die frühere Ansicht, daß man in den Meteoriten *die* kosmische Materie mit *der* kosmischen Häufigkeitsverteilung der Elemente vor sich habe, hat – wie wir sahen – längst Platz gemacht einem eingehenden Studium ihrer mineralogischen, chemischen und Isotopen-Struktur.

In Abb. 2.9.4 geben wir einen Überblick links über die Haupttypen der Meteorite und rechts über deren feinere Unterteilung. Die Eisenmeteorite sind offensichtlich am stärksten differenziert; die weitestgehenden Aufschlüsse dürfen wir wohl von den *Chondriten* erwarten. Wie wir sahen, enthalten diese die Chondren (auch Chondrulen genannt), etwa millimetergroße Kügelchen aus verschiedenen Silikaten, daneben auch Eisen (insbesondere die Enstatite) eingebettet in eine feinkörnigere Matrix ähnlicher Zusammensetzung.

Als Ausgangspunkt für die Interpretation der außerordentlich mannigfaltigen Verhältnisse kommt als ein sehr wirksamer chemischer Fraktionierungsprozeß die *Kondensation und Abtrennung von Festkörpern* aus der Gasphase solarer Zusammensetzung in Frage. Es ist das große Verdienst von H.C. Urey (1952), die diesbezüglichen Erfahrungen und Methoden der physikalischen Chemie für die Kosmogonie des Planetensystems fruchtbar gemacht zu haben. Berechnungen haben J.W. Larimer und E. Anders (1967/8) durchgeführt, wobei sie für den zeitlichen Ablauf der Kondensation zwei Grenzfälle diskutieren: (1) Thermodynamisches Gleichgewicht. Die Abkühlung erfolgt so langsam, daß Bildung fester Lösungen im Diffusionsgleichgewicht möglich ist. (2) Rasche Abkühlung, so daß die kondensierten Elemente und Verbindungen nicht ineinander diffundieren.

Bei einem Druck von etwa 10 Pa (10^{-4} bar) erfolgt die Kondensation der Solarmaterie (unter beiden Annahmen) im wesentlichen in folgenden Stufen:

$T < 2000$ K:	Schwerflüchtige Verbindungen von Ca, Al, Mg, Ti ...
1350 bis 1200 K:	Magnesiumsilikate, Nickel-Eisen.
1100 bis 1000 K:	Alkalisilikate.

Hier sind rund 90% der chondritischen Materie kondensiert.

680 bis 620 K:	Eisensulfid (FeS, Troilit) und andere Sulfide, dann Pb, Bi, Tl, In ...

400 K: Aus Eisen und Wasserdampf entsteht Fe_3O_4

400 bis 250 K: Wasserhaltige Silikate.

Komplizierter und von den genauen Annahmen abhängig ist die Kondensation mancher Spurenelemente; sie kann man nach H.C. Urey als „kosmisches Thermometer" benutzen.

Die Analyse der „gewöhnlichen" Chondrite läßt mehrere Prozesse erkennen, die sich mit verschiedenen Komponenten bei verschiedenen Temperaturen von etwa 1300 bis 400 K abgespielt haben:

Material mit hohem Gehalt an Ca, Al, Ti ... wurde – jedenfalls im Entstehungsbereich der Meteorite und der erdartigen Planeten – bei $T \gtrsim 1300$ K teilweise abgetrennt. Es ist im Erde-Mond-System relativ angereichert, in gewöhnlichen und Enstatit-Chondriten dagegen abgereichert.

Eine Metall-Silikat-Fraktionierung hat mehrere Arten von Meteoriten und wohl auch die erdartigen Planeten bei Temperaturen von etwa 1050 bis 700 K beeinflußt. Wiederaufschmelzung und Entgasung bei ungefähr 600 bis 450 K hat bei einigen Meteoriten und im Erde-Mond-System eine Verarmung an leichtflüchtigen Elementen bewirkt.

Die Zusammenballung (Akkretion) der Meteoritenmaterie fand in der Hauptsache in einem relativ kleinen Temperaturbereich um 450 K und bei niedrigen Drücken ($\simeq 1$ Pa) statt. Die C1-Chondrite bildeten sich bei etwa 360 K und 0.2 Pa.

Auf weitere Einzelheiten – insbesondere auch deren Begründung – können wir hier nicht eingehen, um so weniger als es noch nicht mit der wünschenswerten Sicherheit gelungen ist, die als wichtig erkannten Teilprozesse zu einem astronomischen Bild zu vereinigen. Was die noch etwas mysteriösen Wiedererhitzungsprozesse betrifft, so vermutet man, daß diese in größeren Mutterkörpern stattfanden, in denen sich ein metallischer Kern und ein silikatreicher Mantel ausbildeten.

Besonderes Interesse bieten im Hinblick auf die Entstehung des Planetensystems und insbesondere des Lebens auf der Erde die seltenen *kohligen Chondrite*. Man teilt sie nach abnehmendem Gehalt an den leicht flüchtigen Stoffen (H, C, S, O ...) in die Typen C1, C2 und C3 ein. Diese Unterschiede entsprechen den relativen Anteilen der Hochtemperaturfraktion der Chondren sowie ähnlicher Eisenteilchen, die bei etwa 1200 K entstanden sind und andererseits der Tiefentemperaturfraktion der sie einhüllenden, feinkörnigen Matrix, deren Entstehungstemperatur bei nur ungefähr 450 bis 300 K lag.

Die *Häufigkeitsverteilung* der chemischen Elemente in dieser Matrix und in den C1-Meteoriten stimmt – abgesehen von den leichtflüchtigen Elementen – mit der *Sonne* überein (Tabelle 4.9.1). Man kann so die kosmische Häufigkeit von extrem seltenen Elementen bestimmen, die selbst auf der Sonne spektroskopisch kaum noch zu erfassen sind. Manche dieser Elemente sind aber für das Verständnis der Nukleosynthese von großer Bedeutung. Die relativen Häufigkeiten der Isotope sind in den Meteoriten, der Erde und der Sonne (wo nur wenige genauer bekannt sind) im wesentlichen dieselben. Die C1-Chondrite, welche ganz aus dieser dunklen Matrix bestehen, enthalten bis zu 4% Kohlenstoff, größtenteils in Form organischer Verbindungen. Man kann sie am ehesten mit terrestrischen Kohlen oder Huminsäuren vergleichen.

Manche Forscher ließen sich zunächst zu der Annahme einer Art extraterrestrischen Lebens verführen. Dieses Problem, ebenso wie die naheliegende Frage terrestrischer Kontamination wurde eindeutig geklärt durch den 1969 bei Murchison in Australien gefallenen C2-Chondriten, dessen Teile innerhalb weniger Monate aufgesammelt werden konnten. Der *Murchison-Meteorit* enthält u.a. zunächst die Aminosäuren, welche in terrestrischen Lebewesen eine wesentliche Rolle spielen. Aber während im Lebewesen fast nur die optisch aktive (links- oder rechtsdrehende) L-Konfiguration vorkommt, sind in dem Meteoriten beide Spiegelbildisomere (L- und D-Form) der Moleküle etwa gleich häufig, er enthält ein optisch *in*aktives *razemisches Gemisch*. Sodann enthält der Meteorit zahlreiche weitere Aminosäuren, die in Lebewesen nicht vorkommen. Die Untersuchung der Aminosäuren, wie auch der (meist gestreckten) Kohlenwasserstoffketten aus kohligen Chondriten zeigt, daß diese Verbindungen schon bei der Entstehung des Planetensystems, aber ohne die Mitwirkung geheimnisvoller Lebewesen, entstanden sein müssen.

Wie kann man sich diesen Vorgang vorstellen? Eine Möglichkeit bietet die *Fischer-Tropsch-Synthese* (1923), bei der aus Kohlenmonoxid CO und Wasserstoff H_2 in Gegenwart geeigneter Katalysatoren *Kohlenwasserstoffe*, vorwiegend vom gestreckten Typ C_nH_{2n+2}, hergestellt werden. Man darf wohl annehmen, daß im Sonnennebel nicht alles CO (wie es im thermischen Gleichgewicht unterhalb 650 K sein müßte) in CH_4 übergeführt wurde, da diese Reaktion äußerst langsam abläuft. Dann kann das übrige CO mit H_2 bei 380 bis 400 K unter Mitwirkung des dann vorhandenen Fe_3O_4 und wasserhaltiger Silikate als Katalysatoren eine Art Fischer-Tropsch-Synthese machen. Bei Anwesenheit von NH_3 werden nach E. Anders u.a. die biologisch so wichtigen Aminosäuren und die vielen anderen in den kohligen Chondriten gefundenen organischen Substanzen gebildet.

Wir werden zu der aufregenden Frage nach dem Ursprung des Lebens noch zurückkehren (Abschn. 6.4). Zunächst aber verfolgen wir weiter die Entstehung der Meteoriten.

Eine genauere *zeitliche* Differenzierung ermöglichte die Entdeckung, daß manche Teile von Meteoriten Xenon-Isotope enthalten, die (wie terrestrische Experimente bestätigen) nur durch Zerfall der „ausgestorbenen" radioaktiven Isotope ^{129}I mit einer Halbwertszeit von $1.6 \cdot 10^7$ a und ^{244}Pu mit einer Halbwertszeit von $8.3 \cdot 10^7$ a (Fission) entstanden sein können. Diese – im einzelnen sehr komplizierten – Untersuchungen sprechen dafür, daß die Entstehung aller Meteorite, einschließlich der kohligen Chondrite, innerhalb von höchstens $\simeq 10^7$ a erfolgt ist.

Sodann konnte man für zahlreiche Meteorite das sog. *Bestrahlungsalter* ermitteln, d.h. die Zeit, seit welcher ein Meteorit der Kosmischen Strahlung ausgesetzt war. Deren Hauptkomponente dringt etwa 1 m tief in die Materie ein und hinterläßt dabei verschiedene teils stabile, teils radioaktive Reaktionsprodukte, aus deren Anzahlverhältnis man berechnen kann, seit wann das betreffende Stück bestrahlt worden ist. In vielen Fällen gibt uns das Bestrahlungsalter den Zeitpunkt an, zu dem der Brocken durch Zertrümmerung eines größeren Mutterkörpers (Proto-Meteoriten) hinreichend nahe an die Oberfläche kam. Während die Bestrahlungsalter der widerstandsfähigeren Eisenmeteorite meist zwischen einigen 10^8 und 10^9 a liegen, haben die viel leichter zerbrechlichen Steinmeteorite ihre heutige Größe meist erst von 10^6 bis $4 \cdot 10^7$ a erhalten. Nach mineralogischen Indizien, die Rückschluß auf die Schwerkraft der Proto-Meteorite erlauben, schätzt man deren Durchmesser auf 50 bis 250 km, den ihrer Eisenkerne auf $\simeq 10$ km.

Diese Befunde sprechen – wie auch die „Entstehungstemperatur" und die Reflexionseigenschaften der Oberflächen (Abschn. 2.9.2) – wieder für den Ursprung des größten Teils der Meteorite im *Planetoidenring* (Asteroidengürtel). Höchstens bei einem Teil der kohligen Chondrite könnte man an eine Entstehung in der Nähe der Jupiterbahn oder noch weiter außen denken. (Bei wenigen einzelnen Meteoriten weist die chemische und isotopische Zusammensetzung auf einen Ursprung vermutlich vom Mond bzw. Mars hin.)

In neuerer Zeit wurden in kohligen Chondriten, vor allem dem 1969 in Mexiko gefallenen *Allende-Meteorit* (C3) und dem bereits erwähnten Murchison-Meteorit (C2), einige *Einschlüsse* mit äußerst *ungewöhnlichen Isotopenzusammensetzungen* vieler Elemente gefunden, die sich deutlich von den Verhältnissen in der solaren Materie unterscheiden und auch nicht durch physikalische Prozesse bei der Bildung und Entwicklung des Planetensystems erklärt werden können. Gemessen werden Überschüsse von ^{16}O, ^{22}Ne, ^{26}Mg (aus radioaktivem Zerfall des kurzlebigen ^{26}Al), ^{14}N, ^{50}Ti, von mehreren Xe-Isotopen u.a. Bei einigen anderen Einschlüssen ergeben radioaktive Altersbestimmungen bis zu $4.9 \cdot 10^9$ a, ein Alter, das erheblich über dem des Sonnensystems liegt! Diese aufregenden Befunde weisen möglicherweise auf die Existenz von *präsolarer Materie* hin, deren Isotopenmischung aus der Zeit *vor* der Bildung des Sonnensystems herrührt. Vielleicht ist unser Planetensystem nicht aus einer gut durchmischten interstellaren Gas-Staub-Wolke entstanden, so daß kleine Festkörperteilchen irgendwie den Entstehungsprozeß überdauern konnten. Eine andere Möglichkeit wäre, daß eine nahe Supernovaexplosion vor $4.5 \cdot 10^9$ a die Gravitationsinstabilität, die zur Bildung des Sonnensystems führte, ausgelöst und dabei zumindest die äußeren Teile der Wolke „verseucht" haben könnte.

6.3 Das Erde-Mond-System

Nach der Diskussion der Enstehung der Planeten und Meteorite wenden wir uns noch dem besonders interessanten und aufschlußreichen Problem der Entstehung und Entwicklung des Erde-Mond-Systems zu. Den älteren Forschungen der Astronomen und Geophysiker treten hier die aufregenden Ergebnisse der bemannten und unbemannten Mondlandungen (1966–1973) an die Seite.

Unser Erde-Mond-System muß auf andere Weise entstanden sein als die Satellitensysteme der übrigen Planeten: Während nämlich in allen anderen Systemen – mit Ausnahme von Pluto/Charon – das Verhältnis von *Masse* und *Bahndrehimpuls* der Satelliten zu den entsprechenden Größen ihres Planeten $\ll 1$ ist, beträgt das Massenverhältnis Mond : Erde = 1 : 81.3, und die Bahnbewegung des Mondes beansprucht 83% vom Drehimpuls des Gesamtsystems.

Um etwas über frühere Zustände des Erde-Mond-Systems zu erfahren, gehen wir zunächst von terrestrischen Beobachtungen aus und untersuchen im Anschluß an die klassischen Arbeiten von G. Darwin (1897) das schon kurz erwähnte Phänomen der *Gezeitenreibung* (Abschn.

2.6.6). Die zwei Flutberge, die der Mond in den Ozeanen wie im Festkörper der Erde ständig um diese herumschleppt, bewirken eine Bremsung der Erdrotation. Nach Abzug aller anderen Effekte führt insbesondere die Diskussion alter Finsternisse auf eine Vergrößerung der Tageslänge um 1.64 ms pro Jahrhundert. Der von der Erde abgegebene Drehimpuls kann nur von der Bahnbewegung des Mondes übernommen werden, d.h. die Umlaufzeit und der Bahnradius des Mondes werden größer.

Dieser – astronomisch betrachtet – winzige Effekt muß erhebliche Ausmaße annehmen im Verlauf geologischer Zeiträume. 1963 bemerkten J.W. Wells und C.T. Scrutton, daß die Kalkgehäuse von Korallen (und anderen Lebewesen), die in Meeren mit starken Gezeiten leben, feine Bänderungen aufweisen, die den Perioden des Jahres, des synodischen Monats und des Tages entsprechen. Während rezente Korallen die bekannten astronomischen Rhythmen bestätigen, ergab die Untersuchung von versteinerten Korallen, daß z.B. im mittleren Devon, d.h. von etwa $370 \cdot 10^6$ a, 1 Jahr $\simeq 400$ (damalige) Tage und 1 synodischer Monat $\simeq 30.6$ Tage hatte, in hinreichender Übereinstimmung mit einer Extrapolation der heutigen Daten. Aber auch die geologischen Daten erschließen uns offensichtlich nur die „neuere Geschichte" des Mondes; in die fernere Vergangenheit hinein sind wir auf theoretische Extrapolation angewiesen. Diese ist im Anschluß an G. Darwin mehrfach durchgeführt worden mit dem Ergebnis, daß der Mond der Erde vor 1.5 bis $2.5 \cdot 10^9$ a sehr nahe (bis auf wenige Erdradien) gekommen sei, wobei er eine Flutwelle von geradezu apokalyptischem Ausmaß erzeugt haben müßte. Die geologische Evidenz spricht ziemlich eindeutig dafür, daß dieses Ereignis nie, jedenfalls nicht in den letzten $4 \cdot 10^9$ a, stattgefunden hat. Dies ist jedoch kein Argument gegen die Theorie der Gezeitenreibung als solche, sondern nur gegen die extrapolatorische Anwendung der heutigen Reibung. Tatsächlich wissen wir kaum etwas über die Struktur der Ozeane und damit der Stärke der Flutreibung im Verlauf geologischer Zeiträume. Neben der eigentlichen Gezeitenreibung könnte wohl auch eine Bremsung durch das Auftreffen der – in der Frühzeit des Planetensystems viel zahlreicheren – Planetesimale bzw. Meteoriten von Bedeutung gewesen sein.

So fassen wir unser Problem der Entwicklung des Erde-Mond-Systems von der entgegengesetzten Seite her an und versuchen, die Ergebnisse der Mondlandungen in diesem Sinne auszuwerten.

Die ganze Mondoberfläche ist bedeckt mit einem Boden, der aus feinem Staub und Bruchstücken verschiedener Größe – zum Teil zu einer Breccie verbacken – besteht, dem Regolith. Dieses Material wurde offensichtlich durch die Einschläge zahlreicher kleiner und großer Meteorite gebildet. Die prägnantesten Züge der heutigen Mondoberfläche, die Maria und Krater (abgesehen von wenigen vulkanischen Gebilden), wurden durch Einschläge von Meteoriten (kleinere auch sekundär) bis zu Planetoidengröße in der durchweg festen Kruste erzeugt. Erst später wurden sie zum großen Teil von riesigen Basaltergüssen überzogen. Im Mare Imbrium – mit 1150 km Durchmesser und ursprünglich etwa 50 km Tiefe – kann man drei Stadien dieser vor rund $3.9 \cdot 10^9$ a erfolgten Lava-Überflutung erkennen. Sowohl die Ausgangspunkte der Lavaströme wie auch die aus den zunächst ziemlich glatt erstarrten Lavaflächen da und dort herausragenden „ertrunkenen Krater" zeigen, daß die Lavaüberflutung mit dem Meteoriteneinschlag selbst meist nichts zu tun hat. Radioaktive Altersbestimmungen bestätigen, daß die Lavaergüsse mehrere 100 Millionen Jahre jüngeren Datums sind als die Meteoriteneinschläge. Kleine Aufschmelzungen beim Aufschlag spielen eine untergeordnete Rolle. Der Marebasalt ($\varrho \simeq 3300$ kg m^{-3}) ist vielmehr später durch Spalten im Gestein emporgedrungen, woraus man wohl schließen darf, daß der Mond damals jedenfalls in etwa 200–400 km Tiefe noch teilweise geschmolzen war. Im Vergleich zu den Gesteinen der Hochländer und mehreren Zwischenstufen weist der Marebasalt deutliche Zeichen weiterer chemischer Differenzierung auf; er ist insbesondere wesentlich ärmer an Al_2O_3.

Vergleicht man (Abb. 2.8.5) die Anzahl der Krater verschiedenen Durchmessers in den Hochländern, den Böden der Maria verschiedenen Alters und in den größten Kratern selbst, so zeigt sich, daß die Heftigkeit des kosmischen Bombardements in den ersten 10^9 a nach der Entstehung des Mondes – wir könnten ebensogut sagen: des Planetensystems – um mehrere Zehnerpotenzen abnahm und daß von da ($-3.8 \cdot 10^9$ a) an die Abnahme wesentlich langsamer erfolgte. Daß es auf der Erde so wenige Meteoritenkrater gibt, leuchtet nun ohne weiteres ein: Die heutige Erdkruste ist ja erst entstanden, als der Meteoriten-Vorrat erschöpft war! Die Beobachtungen auf dem Mond, wie auch die Bedeckung von Merkur, Mars, Venus und vielen Satelliten der großen Planeten mit Kratern, die denen des Mondes durchaus vergleichbar sind, weisen darauf hin, daß in der Jugendzeit des Planetensystems bis hinaus zur Neptunbahn die Ebene des Planetensystems ziemlich dicht mit Körpern der Größenordnung $\lesssim 100$ km, den Planetesimalen, erfüllt war.

Als man die ersten Bilder von der *Rückseite* des Mondes erhielt, bereitete es einige Überraschung, daß die großen Einschlagskrater offensichtlich die der Erde zugewandte Hemisphäre bevorzugen. Daraus dürfen wir wohl schließen, daß Rotation und Revolution des Mondes schon vor ungefähr $3.8 \cdot 10^9$ a etwa ebenso miteinander verknüpft waren wie heute.

Im Gegensatz zur Erde ist beim Mond kein Eisenkern nachgewiesen. Die mittlere Dichte des Mondes von $3340 \mathrm{~kg} \mathrm{~m}^{-3}$ ist der der Kruste und des oberen Mantels der Erde sehr ähnlich, jedoch zeigen sich bei der chemischen Zusammensetzung im einzelnen deutliche Unterschiede; insbesondere sind die leichtflüchtigen Elemente auf dem Mond seltener. Es kann hier nicht unsere Aufgabe sein, den Details der Mondpetrographie und -geologie nachzugehen. Vielmehr greifen wir sogleich die Kardinalfrage nach der *Entstehung* des Mondes auf: Ist der Mond durch *Abspaltung* von der rasch rotierenden Ur-Erde oder durch *Einfang* entstanden?

Zunächst ist klar, daß der Einfang eines „fertigen" Mondes aufgrund der Altersbestimmungen der Mondgesteine ziemlich unwahrscheinlich ist. Auch auf die populäre Version der Spaltungstheorie, der Pazifische Ozean sei die Narbe, welche der wegfliegende Mond hinterlassen habe, brauchen wir im Hinblick auf die Ergebnisse der Plattentektonik gar nicht erst einzugehen.

Für die *Spaltungstheorie* (G. Darwin) spricht zunächst die Übereinstimmung der mittleren Dichte des Mondes mit der der oberen Schichten der Erde. Demgegenüber wurde schon früh der Einwand erhoben, daß auch der gesamte heutige Drehimpuls des Erde-Mond-Systems nicht ausgereicht hätte, um die Ur-Erde so rasch rotieren zu lassen, daß an einer Stelle die Zentrifugalkraft größer wurde als die Gravitation (Tageslänge $\simeq 2.7$ h). Dem können wir heute entgegenhalten, daß die ganze Entstehung des Erde-Mond-Systems unter einem heftigen Bombardement von Meteoriten bzw. Planetesimalen stattgefunden hat, wobei ein beträchtlicher *Austausch von Drehimpuls* stattgefunden haben muß. Da wir über die ursprünglichen Bahnen der Planetesimale nichts wissen, können wir hierüber keine zahlenmäßigen Berechnungen anstellen. Die Abtrennung des Mondes ausgelöst haben könnte ein Zusammenstoß mit einem oder mehreren großen Planetesimalen. Zusätzlich wurde nach E. A. Ringwood noch durch das Absinken des schweren Nickeleisens in den Kern der Erde deren Trägheitsmoment verkleinert und infolgedessen (nach dem Drehimpulssatz) ihre Rotationsgeschwindigkeit vergrößert.

Auf der anderen Seite sprechen für einen *Einfang* des Mondes seine Unterhäufigkeit der flüchtigen Elemente relativ zu denen des Erdmantels, welche auf einen verschiedenen – der Sonne etwas näheren – Entstehungsort des Mondes hindeutet, sowie das im Sonnensystem ungewöhnliche Massenverhältnis Satellit zu Planet. Jedoch besteht die Schwierigkeit, die relativ geringe globale Häufigkeit des Eisens auf dem Mond zu erklären. Es dürfte sehr unwahrscheinlich sein, daß dessen Materie *vorher* irgendwie in einem Gravitationsfeld abgetrennt worden ist. Ein weiteres Problem der Einfangtheorie, daß der Mond bei einer nahen Begegnung mit der Erde stark abgebremst sein müßte, damit er überhaupt eingefangen werden konnte, scheint nicht zu schwerwiegend zu sein: Möglicherweise konnte eine Abbremsung durch einen Zusammenstoß mit einem großen Planetesimal in Erdnähe geschehen.

Wir können heute noch nicht zwischen den verschiedenen Vorstellungen über den Ursprung unseres Mondes entscheiden. Die ursprünglich zu stark schematisierten Fassungen der Einfang- wie der Spaltungstheorie erscheinen heute bei Berücksichtigung der hohen Dichte von Planetesimalen in der Frühzeit des Planetensystems im Grunde gar nicht mehr so verschieden.

Zum Schluß unserer Betrachtung der Entstehung und Entwicklung der Körper im Sonnensystem wollen wir noch – etwas lokalpatriotisch – die *Entwicklung unserer Erde* weiter verfolgen. Ihren inneren Aufbau, die Folge der geologischen Schichten und die Verschiebungen der Kontinente haben wir schon in Abschn. 2.8.5 besprochen.

6.4 Entwicklung der Erde und des Lebens

Wir wenden uns zunächst den auch im Hinblick auf die Entstehung und Entwicklung des Lebens besonders interessanten Fragen nach der *Entstehung der Ozeane* (Hydrosphäre) und der *Erdatmosphäre* zu. Beide können *nicht* zum ursprünglichen Bestand der Erde gehören; wir sahen ja, daß schon im Anfangsstadium des Erde-Mond-Systems (wie auch der Meteoriten) die leichten Elemente – zum mindesten aus dem inneren Bereich des Planetensystems – ausgetrieben wurden. Die bekannte Tatsache, daß in der Erdatmosphäre die Edelgase sehr selten sind – obwohl auf der Sonne jedenfalls Helium und Neon zu den häufigsten Elementen gehören – zeigt, daß unsere Atmosphäre kein direkter Überrest des Sonnennebels sein kann. Vielmehr sind Atmosphäre und Ozeane sekundär entstanden[3], wahrscheinlich aus *vulkanischen Exhalationen,* die vor allem H_2O und CO_2 sowie Spuren von SO_2, CO, H_2, N_2, ... liefern, während das häufigste Argonisotop ^{40}Ar durch Umwandlung von ^{40}K in der Erdkruste (Kalifeldspäte) und das Helium durch α-Zerfall der bekannten radioaktiven Elemente erzeugt wurde.

Die Erde ist der einzige Planet, dessen Oberflächentemperatur die Bildung einer *Hydrosphäre*, d.h. von großen Mengen von flüssigem H_2O ermöglichte. Durch Reaktionen mit Silikaten in den Ozeanen konnte dadurch im Laufe der Zeit das Kohlendioxid der Atmosphäre weitgehend abgebaut werden. Heute finden wir den größten Teil des ursprünglichen CO_2 als Kalium- und Magnesiumkarbonate in Sedimentgesteinen.

Die *Uratmosphäre* der Erde enthielt noch *keinen Sauerstoff*, da dieser vollständig in Oxiden, Silikaten usw. gebunden wird. Die Bildung von O_2 – und damit auch Ozon (O_3) – in der optisch dünnen Uratmosphäre begann, indem Wasserdampf H_2O durch ultraviolette Sonnenstrahlung (Photodissoziation) in $2\,H + O$ zerlegt wurde. Aber dieser Prozeß kann höchstens etwa 10^{-3} des heutigen Sauerstoffs liefern. Eine dickere Schicht von Sauerstoff (nebst zugehörigem Ozon) absorbiert nämlich wieder die kurzwellige Sonnenstrahlung, so daß die bestrahlte Gasmenge nicht weiter zunimmt.

Der weitere Sauerstoff in unserer Atmosphäre kann nur durch *Photosynthese in Lebewesen,* d.h. im Zusammenhang mit deren Entwicklung, entstanden sein. Von der Leistungsfähigkeit der *heutigen* Pflanzenwelt gibt ein anschauliches Bild die Abschätzung, wonach der ganze Sauerstoff der Erdatmosphäre den Prozeß der Photosynthese oder Kohlensäure-Assimilation in nur 2000 a einmal durchläuft! Hierbei wird mit Hilfe der Energie $h\nu$ der Sonnenstrahlung energiereiche Glucose (Traubenzucker) hergestellt nach der Bruttoformel

$$6\,CO_2 + 6\,H_2O + h\nu = C_6H_{12}O_6 + 6\,O_2 \qquad (6.4.1)$$

und Sauerstoff freigesetzt. Bei den komplizierten Zwischenreaktionen spielt das *Chlorophyll* die entscheidende Rolle. Einen weiteren Begriff von dem Kohlenstoffumsatz der Pflanzen gibt uns die gewaltige Masse der fossilen Kohlenlager.

Die Geschichte der Erdatmosphäre und auch der Erde ist also auf das engste verknüpft mit der *Entstehung des Lebens.* Wie die Kosmogonie war auch dieses Problem lange Zeit eine Domäne mythologischer Vorstellungen. Nachdem schon 1828 Friedrich Wöhler mit seiner Harnstoff-Synthese die Grenze zwischen anorganischer und organischer Materie beseitigt hatte, haben neuere Arbeiten aus den Bereichen der Astrophysik, Geologie und Biochemie auch das Problem der Entstehung des Lebens zwar nicht gelöst, aber doch in den Bereich naturwissenschaftlicher Forschung gerückt.

Bevor wir uns den Problemen der Entstehung und Evolution des Lebens auf der Erde zuwenden, geben wir zunächst eine kurze Darstellung der *molekularbiologischen Grundlagen* des (heutigen) Lebens.

Lebewesen sind äußerst komplizierte physikalisch-chemische Strukturen. Auch das einfachste Lebewesen bildet ein *System,* in dem zwei wesentliche Funktionen zusammenwirken:

1) Die Fähigkeit der *Vermehrung* oder Selbstreproduktion – von komplexen Molekülen bis zu ganzen Lebewesen – ist verankert in dem *genetischen Material,* das die *Information* und den *Steuerungsmechanismus* enthält, welche – vergleichbar dem Speicher eines Elektronenrechners – dafür sorgen, daß aus geeigneten Baustoffen ein gleichartiges Molekül bzw. Lebewesen „nachgebaut" werden kann.

„Fehler" in diesem Replikationsmechanismus, die durch chemische Einflüsse oder ionisierende Strahlen, aber auch schon durch Wärmebewegung der Teilchen hervorgerufen werden, können *Mutationen* erzeugen. Die Entstehung einer Mutation ist also lediglich ein Wahrscheinlichkeitsproblem. *Ist* sie entstanden, so wird das veränderte Molekül bzw. Lebewesen *genau* weiter-reproduziert.

Die Mutationen und weiterhin die vielen Möglichkeiten der genetischen Rekombination bilden die Grundlage für die *Evolution* der Lebewesen nach dem von Charles Darwin 1859 entdeckten Mechanismus der *Selektion.* Viele Mutationen führen – wie nicht anders zu erwarten – zu funktionsunfähigen Gebilden, die also sogleich wieder „verschwinden". Die wenigstens in sich funktionsfähigen Wesen sind sogleich den Einwirkungen ihrer Umwelt und (später) anderen Lebewesen ausgesetzt. In diesem Kampf ums Dasein – um ein von H. Spencer nicht sehr glücklich geprägtes Schlagwort zu gebrauchen – gewinnt der Molekülkomplex bzw. das Lebewesen mit der höchsten *Vermehrungsrate.* Diese gibt also ein eindeutiges Maß für den Selektionswert einer Mutation.

---

[3] Auch die überwiegend aus Kohlendioxid bestehenden Atmosphären von Venus und Mars sind sekundären Ursprungs. In den Atmosphären der großen Planeten dagegen konnten sich Ammoniak NH_3 und Methan CH_4 direkt im Verlauf der chemischen Fraktionierung aus der Solarmaterie bilden.

2) Mit dem Steuerungssystem muß verknüpft sein ein Mechanismus zur Lieferung der nötigen *Energie* und selbstverständlich auch der nötigen *Baustoffe.* Der Aufbau eines komplizierten Gebildes mit bestimmten Strukturen – das also „unwahrscheinlich" ist, bzw. nicht durch reinen Zufall entsteht – setzt ein gewisses Maß von *Information* oder „know how" voraus. Er ist also nach den Grundregeln der Thermodynamik verknüpft mit einer Abnahme der *Entropie* (die Entropie ist proportional dem Logarithmus der Wahrscheinlichkeit) bzw. einer Zunahme der negativen Entropie oder Negentropie des Systems. Letztere kann aber nur beschafft werden durch Zufuhr von Energie, wobei in der Umgebung (aus der diese entnommen wird) eine entsprechende Zunahme der Entropie, entsprechend dem 2. Hauptsatz der Thermodynamik, in Kauf genommen wird.

Der modernen Biochemie ist es in den letzten Jahrzehnten gelungen, über die wichtigsten Stoffgruppen und Prozesse, welche das Wunderwerk des Lebens ermöglichen, weitgehende Klarheit zu gewinnen. Auch hier begegnen wir einem Ineinandergreifen von *Information* und *Funktion* – analog der *Legislative* und der *Exekutive* des Staates – in einer Hierarchie von Reaktionszyklen, die insgesamt die Bildung und Reproduktion funktionsfähiger makromolekularer bzw. lebender Systeme ermöglichen.

Bei allen Organismen treten nun als Träger der *Information* bzw. der Genetik die Moleküle der *Nukleinsäuren* auf, während *Aufbau und Funktion* der Lebewesen durch die *Proteine* oder Eiweißstoffe bestimmt sind, welche – verschieden spezialisiert – ihre Aufgaben nach den „Anweisungen" der Nukleinsäuren wahrnehmen. Die fundamentalen Strukturen und Funktionsweisen sind im gesamten Bereich der Organismen weitgehend dieselben.

Wir betrachten zunächst die Proteine etwas ausführlicher und wenden uns anschließend den Nukleinsäuren zu.

Die *Proteine,* die wichtigsten Träger der Funktionen, z.B. der Erkennung und Verarbeitung bestimmter Substanzen, der Katalyse, der Regelung der Reaktionsgeschwindigkeiten usw., sind Makromoleküle, in denen bis zu einigen 1000 *Aminosäuren* in bestimmer Reihenfolge durch die ziemlich starre Peptidbindung zu einer *Peptidkette* zusammengefügt sind (Abb. 6.4.1). Es ist sehr bemerkenswert, daß in den Proteinen *aller* Lebewesen nur etwa 20 bestimmte Aminosäuren vorkommen, obwohl es chemisch gesehen sehr viel mehr gibt.

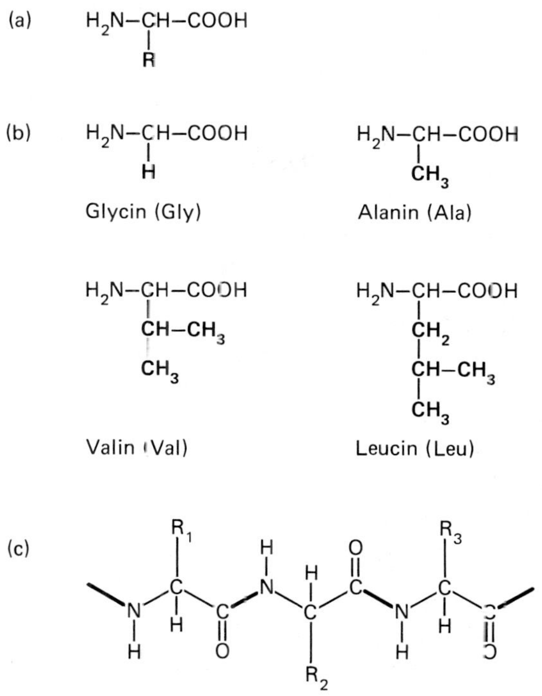

Abb. 6.4.1a–c. Aminosäuren und Proteine. **(a)** Grundstruktur der Mehrzahl der natürlichen Aminosäuren, die sich nur durch den Rest R unterscheiden. **(b)** Beispiele für Bausteinaminosäuren der Proteine mit Kurzbezeichnung. **(c)** Ein Proteinmolekül (Polypeptid) entsteht durch lineare Verknüpfung von etwa 50 bis zu einigen tausend Aminosäure-Radikalen mittels der ziemlich starren Peptidbindung (dicke Valenzstriche). R_1, R_2, ... Aminosäure-Rest, z.B. H in Glycyl, CH_3 in Alanyl

Die Polypeptidketten können in vielfältiger Weise gefaltet und insbesondere kugelförmig zusammengeknäuelt (Globuline) werden. Die Gestalt des Knäuels ist dabei durch die Folge der Aminosäurereste mittels nichtkovalenter Bedingungen eindeutig festgelegt. Die so bestimmte Gestalt der Moleküle und die dadurch gegebene Verteilung ihrer Wechselwirkungskräfte ermöglicht es, daß ihre Tätigkeit auf ganz bestimmte Substanzen bzw. chemische Reaktionen *spezialisiert* ist. Eine in diesem Sinne besonders wichtige Gruppe der Proteine sind die *Enzyme.*

Wie man leicht ausrechnet, können durch verschiedene Anordnung von insgesamt 20 Aminosäuren in Ketten mit etwa 1000 Gliedern *theoretisch* so viele verschiedene Proteine hergestellt werden, daß schon ein Probesortiment das ganze Weltall verstopfen würde! Wir können also ohne weiteres die enorme *Mannigfaltigkeit* des organischen Lebens verstehen; sie muß aber offensichtlich durch eine ordnende Instanz eingeschränkt werden.

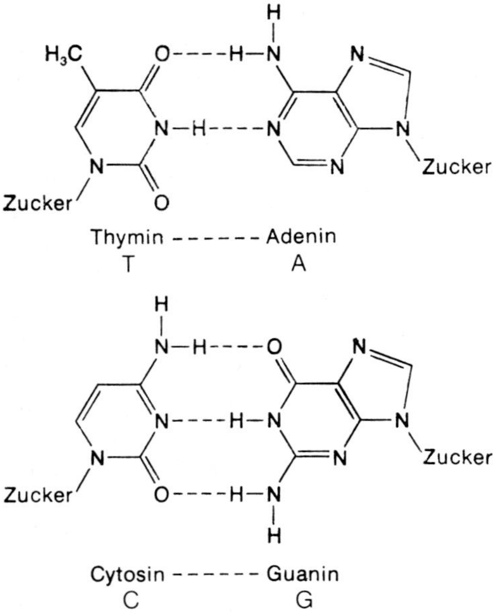

Abb. 6.4.2. Basenpaarung in der Desoxyribonucleinsäure. Je eine Pyrimidinbase (*links*) und eine Purinbase (*rechts*) sind über Wasserstoffbrücken (*gestrichelt*) verbunden und passen so in die Helix der DNA (Abb. 6.4.3). (Mit freundlicher Genehmigung des G. Fischer Verlages, Stuttgart)

Die Träger dieser Information „wie und was gemacht werden soll", sind die *Nukleinsäuren*. Die Aufdeckung ihrer Rolle bei der Selbstreproduktion der Lebewesen steht am Anfang der modernen Molekularbiologie. 1944 erkannten O.T. Avery und Mitarbeiter die *Desoxyribonucleinsäure*, kurz DNS oder meist DNA (*d*eoxyribo*n*ucleic *a*cid) genannt, als den materiellen Träger der Erbeigenschaften. J.D. Watson und F.H. Crick gelang es dann 1953, ein räumliches Molekülmodell der DNA, die berühmte *Doppelhelix*, aufzustellen und somit Einblick in die enge Verknüpfung der in der DNA lokalisierten Information und dem Mechanismus der Replikation zu gewinnen.

Die Desoxyribonucleinsäuren sind Makromoleküle, die durch Aneinanderreihung in bestimmter Folge von *Nukleotiden* gebildet werden. Diese wiederum bestehen je aus einem Zucker (der 2-Desoxyribose), einem Phosphorsäurerest und einer heterozyklischen Stickstoffbase. Offenbar im Hinblick auf die erwähnte Einschränkung bei der Bildung der Proteine werden nur *vier* verschiedenen Nukleotide verwendet, und zwar mit den Purinbasen *Adenin* und *Guanin* sowie den Pyrimidinbasen *Thymin* und *Cytosin,* die man kurz mit ihren Anfangsbuchstaben A, G, T und C bezeichnet (Abb. 6.4.2).

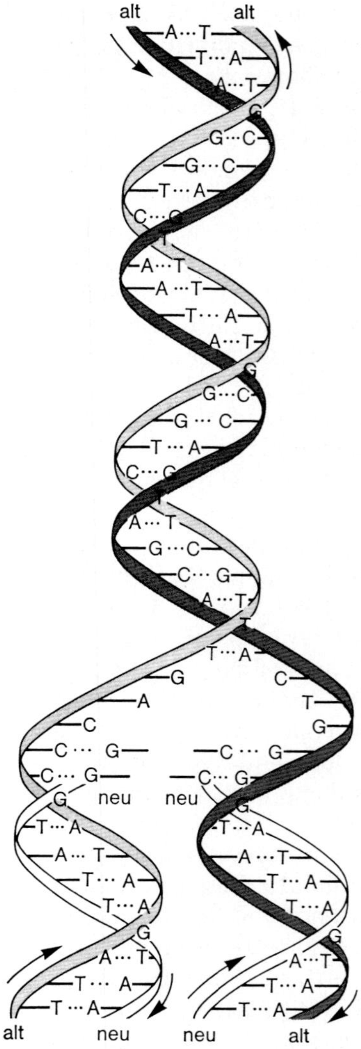

Abb. 6.4.3. Das DNA-Molekül ist eine Doppelhelix, d.h. eine spiralige Wendeltreppe. Die „Geländer" der Treppe werden von den (nicht eingezeichneten) Phosphat- und Desoxyribose-(Zucker-)Gruppen gebildet. Die Stufen der Treppe werden von den Basenpaaren A – T und G – C (Abb. 6.4.2) gebildet. Bei der Replikation werden die beiden komplementären Stränge der Doppelhelix wie ein Reißverschluß getrennt (*oberer Teil*). Dann hängt sich an jede Base die nach obigem Schema entsprechende und es entstehen (*unten*) zwei identische DNA-Doppelhelices

Das *DNA-Molekül* besteht nun aus zwei Nukleotidsträngen, die miteinander eine *Doppelhelix* bilden. Jeweils zwei der obigen Basen sind entsprechend Abb. 6.4.2 durch die nach innen zeigenden Wasserstoffbindungen miteinander verknüpft. Es gibt also die *Basenpaarungen* A – T, G – C, T – A und C – G. Die Information zur

Herstellung eines Proteins ist nun als Reihenfolge der Basen im DNA-Strang kodiert, sozusagen in einer „genetischen Schrift" mit den vier Buchstaben A G T C. Nach dem Prinzip der Basenpaarung ist mit der Struktur des *einen* Stranges der Doppelhelix auch die des *anderen* völlig festgelegt und somit die Grundlage für die *Replikation* eines DNA-Moleküls – den wichtigsten „Elementarprozeß" der Biologie – gegeben: Die Doppelhelix wird an den relativ schwachen Wasserstoffbrücken der Basenpaare wie ein Reißverschluß geöffnet, danach fügt sich an jede freie Base wieder die zu ihr zugehörige an, und es entstehen zwei identische Doppelhelices (Abb. 6.4.3).

Tatsächlich wird die genetische Information nicht von dem DNA-Strang direkt abgelesen, sondern auf ein entsprechendes Molekül einer *Ribonucleinsäure* (RNA bzw. RNS) übertragen und an den Ort der Proteinsynthese transportiert. Die RNA ist sehr ähnlich wie die DNA gebaut, es ist lediglich in den Nukleotiden die Desoxyribose durch Ribose ersetzt und die Base Uracil (U) tritt anstelle des Thymin (T)[4]. Somit werden die „DNA-Buchstaben" AGTC in UCAG der „RNA-Schrift" transkribiert. Wir können hier nicht auf Einzelheiten – so interessant sie sind – eingehen und wenden uns gleich der Entzifferung des *genetischen Codes* zu:

Damit *eine* der rund 20 Aminosäuren durch die Vier-Buchstaben-Schrift eindeutig bestimmt wird, müssen mindestens je 3 Buchstaben zu einem „Wort" (Triplett) zusammengefaßt werden. Tatsächlich wird auch jede Aminosäure durch eine Sequenz von 3 Nukleotiden in der DNA bzw. der durch Transkription hergestellten RNA festgelegt. So führt z. B. die Folge G – C – U auf Alanin. Die Sequenz der Tripletts entlang dem DNA-Faden bildet sozusagen die Vorlage für die Herstellung eines entsprechenden Proteins mit einer ganz bestimmten Folge seiner Aminosäuren. Da der genetische Code insgesamt $4^3 = 64$ Wörter bilden könnte, während nur 20 Aminosäuren festzulegen sind, so „erlaubt" die Natur, daß einige Aminosäuren durch mehrere Wörter repräsentiert werden; einige Wörter aber werden als „Interpunktionszeichen" verwendet.

Ein DNA-Abschnitt aus etwa 1000 Nukleotidpaaren mit der Information zur Bildung eines bestimmten Proteins ist ein *Gen,* der Träger der Vererbung. Der genetische Code ist *universell,* d. h. für alle Lebewesen derselbe. Da die chemischen Prozesse wie die Replikation der DNA und die Proteinsynthese im Organismus schnell und mit möglichst kleinem Energieaufwand ablaufen müssen, werden sie durch spezielle Proteine, die *Enzyme,* katalysiert, welche selbst wieder mit Hilfe des „know how" der DNA hergestellt worden sind. Zwar ist das Problem, die *Anfänge* der in sich geschlossenen Zyklen zu finden, noch ungelöst, jedoch macht der Mechanismus des genetischen Codes – den wir hier nur andeuten konnten – grundsätzlich die Replikation bestimmter Molekülsysteme und sodann bestimmter Arten verständlich. Ebenso erklärt er die Entstehung von *Mutationen* durch Störungen in der Wortfolge des DNA-Fadens.

Nachdem wir die molekularbiologischen Grundzüge des Aufbaus, der Funktionen und des Mechanismus der Selbstreproduktion der heutigen Lebewesen kennengelernt haben, wenden wir uns der Frage nach der *Entstehung des Lebens* und seiner *Entwicklung* zu, wobei wir zunächst die *materiellen Voraussetzungen* hierfür untersuchen.

Die für die Struktur lebendiger Materie charakteristischen komplizierten Moleküle, insbesondere die Nukleinsäuren und Eiweißstoffe, sind in Gegenwart von Sauerstoff nicht beständig. Ihre Bildung aus anorganischer Substanz ist daher unter den gegenwärtigen Verhältnissen auf der Erde ohne die Mitwirkung von Lebewesen nicht möglich. Am „Anfang" konnten sie nur in einer *sauerstofffreien* Atmosphäre entstehen. Auf der anderen Seite können derartige organische Moleküle wegen der sehr starken Einstrahlung im kurzwelligen Ultraviolett ($\lambda < 290$ nm) an der Oberfläche der Urerde ohne den Schutz einer atmosphärischen Sauerstoff- und Ozonabsorption nicht lange bestehen; sie können sich aber z. B. in Poren von Mineralien oder am Boden flacher Gewässer von $\gtrsim 10$ m Tiefe ansammeln.

Die Gleichartigkeit des genetischen Codes und die Verwendung im wesentlichen derselben organischen Moleküle für die DNA und für die Proteine von den primitivsten Bakterien bis zum Menschen sprechen nun für eine örtlich und zeitlich begrenzte Entstehung des Lebens, für welche die wichtigsten Makromoleküle als Bausteine bereits vorhanden waren. Die Entstehung solcher hochmolekularer *präbiotischer Moleküle* „ganz von selbst" ist nicht so unwahrscheinlich, wie man zunächst meinen könnte. Schon 1953 konnte S. L. Miller im Anschluß an Überlegungen von H. C. Urey komplizierte organische Moleküle, insbesondere Aminosäuren, herstellen, indem ein Gemisch von Methan CH_4, Ammoniak NH_3 und Wasserdampf H_2O – eine Art Uratmosphäre – Funkenentladungen, UV- oder Gammastrahlen ausgesetzt

[4] Bei Uracil ist die CH_3-Gruppe am Benzolring des Thymin (Abb. 6.4.2) durch H ersetzt.

wurde. Zwar war nach unseren heutigen Vorstellungen (s. oben) die frühe Erdatmosphäre keine stark reduzierende Methanatmosphäre, sondern bestand vorwiegend aus CO_2 und H_2O mit allenfalls Spuren von CH_4 und NH_3, jedoch zeigen Experimente, daß auch unter diesen Bedingungen kleine Mengen relevanter organischer Moleküle entstehen können. Ob allerdings so die für die Entstehung des Lebens erforderlichen Konzentrationen an Molekülen zustande kommen konnten, ist fraglich.

Eine ganz andere interessante Möglichkeit der Entstehung komplizierter organischer Moleküle zeigt uns die Erforschung des interstellaren Mediums und der Meteorite auf. Wie wir in Abschn. 5.3.4 sahen, werden durch die Radioastronomie erstaunlich komplexe organische Moleküle in den dichten *interstellaren Wolken*, aus denen sich später Sterne bilden, beobachtet. Auf der anderen Seite liegt ein reichhaltiges Angebot an Aminosäuren und anderen Substanzen, die für den Aufbau der Lebewesen nötig sind, in den *kohligen Chondriten* vor. Diese Meteorite mit ihrem organischen Material sind zusammen mit der Sonne und allen anderen Körpern unseres Planetensystems vor rund $4.5 \cdot 10^9$ a aus dem „Sonnennebel", einer rotierenden Gas- und Staubscheibe, entstanden (Abschn. 6.2). Wir wissen nun heute weiterhin, daß die Erde – ebenso wie der Mond und die anderen Planeten – nach ihrer Entstehung noch etwa 10^9 a lang einem heftigen Bombardement von *Meteoriten* ausgesetzt war, unter denen sich sicher wie bei den heutigen Meteoriten ein erheblicher Anteil von kohligen Chondriten befand. Da viele davon bei ihrem Aufprall durch die Erdatmosphäre gebremst wurden und auch, zum Teil zerkleinert, ins Wasser fielen, ist es durchaus wahrscheinlich, daß die präbiotischen Moleküle in erster Linie von den *kohligen Chondriten* stammen.

Organische Moleküle aber sind noch längst keine Lebewesen! Wie die ersten Lebewesen beschaffen waren und wie sie im einzelnen entstanden sind, können wir heute noch nicht sagen. Über die leblose Materie hinausgehend mußten selbst die *einfachsten Lebewesen* oder *„Biomoleküle"* fähig sein zum *Stoffwechsel* und vor allem zur *Selbstreproduktion*, bei welcher gelegentlich „Fehler" unterlaufen, die *Mutationen*. Aus dem Angebot der verschiedenartigen Mutationen erfolgt dann die *Selektion* der bestangepaßten Arten, welche zur *Evolution* führt. Hinter der Frage nach der Entstehung des Lebens und der Evolution steht das zentrale Problem, ob die heutige Physik bzw. Naturwissenschaft eine ausreichende Grundlage für die Entstehung selbstorganisationsfähiger Biomoleküle bildet oder ob wir eine geheimnisvolle „vis vitalis" oder dergl. zu Hilfe nehmen müssen. M. Eigen (1971) gelang es, das Darwinsche Prinzip vom Überleben der Bestangepaßten auf rein *physikalisch-chemischer Grundlage* zu deuten. Den Anfang selbst, wie jede Mutation, müssen wir als „Zufall" bezeichnen; alles weitere ist Physik. M. Eigen stellt zunächst klar, daß auf dem Boden der klassischen (Gleichgewichts- bzw. Quasi-Gleichgewichts-)Thermodynamik eine Lösung nicht zu erhoffen ist. Das für jeden Lebensvorgang notwendige Zusammenspiel von Proteinen und Nukleinsäuren ist – schon in denkbar primitivster Form – so kompliziert, daß man sein Zustandekommen unter den angegebenen Verhältnissen als ausgeschlossen bezeichnen muß. Tatsächlich ist auch „Leben" nur möglich mit Energiezufuhr, Stoffwechsel usw., d.h. als (quasi-)stationärer irreversibler thermodynamischer Prozeß. In grundlegenden Arbeiten konnten I. Prigogine, M. Eigen, H. Kuhn, H. Haken u.a. in den 1970er Jahren die wesentlichen Züge der Entstehung und der Evolution von selbstorganisierenden Molekülen als *notwendige* Eigenschaften von Systemen nichtlinearer reaktionskinetischer Gleichungen, welche sich *fern* vom Zustand thermodynamischen Gleichgewichts befinden und von starken Energieströmen durchsetzt sind, beschreiben. Die Entstehung der Biomoleküle kann auf charakteristische *Instabilitäten* dieser Systeme zurückgeführt werden. Die weitere Entwicklung der Lebewesen vollzieht sich notwendig in diskreten Schritten, die jeweils mit einer neuen „Erfindung" beginnen, der Herstellung einer *Membran* um den Zellkern, dem Prinzip der Sexualität mit einer größeren Sicherheit der Reproduktion, dem Zusammenschluß verschiedenartiger Zellen mit bestimmten kooperativen Funktionen usw. Wir müssen es uns hier leider versagen, diese höchst interessanten Überlegungen näher auszuführen und zu begründen.

Entsprechend dem heutigen Stand der Forschung auf den Gebieten der Paläontologie, Geologie, Geochronologie usw. versuchen wir nun, anhand der Arbeiten von E.S. Barghoorn, J.W. Schopf, P.E. Cloud u.a. ein zusammenfassendes Bild der *Frühgeschichte der Erde und ihrer Atmosphäre im Zusammenhang mit der Entwicklung des Lebens* zu entwerfen. Bezüglich vieler Details müssen wir uns selbstverständlich mit einem Hinweis auf die Fachliteratur begnügen.

Wir fragen zunächst: Was wissen wir von den ältesten Lebewesen? Bereits in 3.5 bis $3.6 \cdot 10^9$ a alten Sedimenten Südafrikas und Australiens finden wir gesicherte Spuren von Lebewesen: Mikrofossilien wie die *Ramsaysphären* (hefepilzähnliche Organismen) sowie *Stromatolithen*, aus Kalkabscheidungen von Blaualgen aufgebaute Lagen (vgl. Tabelle 2.8.2). Die derzeit ältesten, radiometrisch datieren Gesteine sind die *Isua-Formationen* in Südwestgrönland mit einem Alter von $3.8 \cdot 10^9$ a. Deren Sedimente enthalten kohlenstoffhaltige Einschlüsse, welche H.D. Pflug und M. Schidlowski als durch spätere Gebirgsmetamorphose veränderte Fossilstrukturen von Blaubakterien und anderen Mikroorganismen deuten. Nach dieser, allerdings nicht unumstrittenen Interpretation war also bereits vor $3.8 \cdot 10^9$ a, auf jeden Fall aber vor etwa $3.5 \cdot 10^9$ a auf der Erde eine weitverbreitete, vielfältige Bakterienwelt vorhanden.

Wie wir sahen, ist das Erde-Mond-System vor etwa $4.5 \cdot 10^9$ a entstanden. Während aber die Gesteine der Hochländer oder Terrae des Mondes bis in diese Zeit zurückreichen, sind die ältesten Gesteine der Erde wesentlich jünger. Die Isua-Sedimente bezeugen die Existenz einer ausgeprägten Hydrosphäre bereits vor $3.8 \cdot 10^9$ a und stammen selbst wahrscheinlich von etwa 4.0 bis $4.1 \cdot 10^9$ a alten Urgesteinen her. Da wir einerseits kaum annehmen dürfen, daß die Erdkruste vor mehr als etwa $4.2 \cdot 10^9$ a schon fest war und andererseits erste Spuren des Lebens bereits vor 3.8 bis $3.5 \cdot 10^9$ a auftreten, bleibt für die entscheidenden Schritte der Entstehung der ersten Lebewesen und ihrer Entwicklung bis auf die Stufe von Bakterien und Blaualgen hin nur der erstaunlich kurze Zeitraum von etwa 400 bis höchstens 800 Millionen Jahren! Die Bausteine hierfür, Aminosäuren und weitere präbiotische Moleküle, sind wahrscheinlich zum größten Teil durch Aufschläge kohliger Chondrite „geliefert" worden. Vielleicht war es für die Entstehung des Lebens auch von Bedeutung, daß etwa 10^9 a nach der Entstehung des Planetensystems das heftige Bombardement durch Meteoriten nachließ und die Bildung von Ozeanen und einer hauptsächlich aus CO_2 und H_2O bestehenden Uratmosphäre bereits begonnen hatte.

Eine *sauerstofffreie Atmosphäre* war eine der Vorbedingungen für die Entstehung organischen Lebens; viele lebenswichtige Substanzen werden vom Sauerstoff zerstört. Sodann aber gab es damals noch keine Ozonschicht, die das Leben vor der letalen Ultraviolettstrahlung der Sonne geschützt hätte. Die primitivsten Lebewesen müssen also unter schützenden Wasserschichten oder/und in Gesteinsporen entstanden sein, die noch von einiger Lichtstrahlung, nicht aber von dem tödlichen UV erreicht wurden.

Die ersten Organismen waren wohl noch heterotroph, d.h. sie lebten ganz von vorhandenen organischen Substanzen. *Autotrophe* Lebensweisen verschiedenster Art, unter Verwendung anorganischer Ausgangssubstanzen, wurden jedoch schon früh von Bakterien entwickelt und in großem Umfang ermöglicht mit der „Erfindung" der *Photosynthese* unter Wasserspaltung (6.4.1) durch die pflanzlichen Organismen. Mit der Entwicklung der Pflanzen einher ging die allmähliche Anreicherung der Hydrosphäre und Atmosphäre mit *Sauerstoff*.

In dem Zeitraum vor etwa $2.0 \cdot 10^9$ Jahren gab es – nach den erhaltenen Resten zu schließen – offenbar nur *Prokaryonten*, d.h. Einzeller ohne deutliche Kernmembran und Chromosomen. Diese umfassen zum einen die *Eubakterien*, die echten Bakterien und Blaualgen, zum anderen die *Archaebakterien*, deren Vertreter, z.B. Schwefel-, Salz- oder Methanbakterien, auch heute noch unter extremen Bedingungen (in heißen Schwefelquellen, konzentrierter Salzlösungen bzw. Klärschlämmen) – häufig autotroph – leben. Der wenige Sauerstoff, den die frühen Prokaryonten produzierten, verblieb in der Hydrosphäre und wurde größtenteils durch Umwandlung von Ferro- in Ferrioxide verbraucht. Kennzeichnend für diese geologische Epoche sind die *Bändereisenerze*. Deren Bildung kann (P.E. Cloud, 1973) so gedeutet werden, daß in einer O_2-freien Atmosphäre Fe^{2+}-Lösungen entstanden, ins Meer transportiert wurden und dort – unter Mitwirkung sauerstoffproduzierender mikroskopischer Algen – als Fe^{3+}-Verbindungen periodisch ausgefällt wurden.

Die ersten *Eukaryonten*, d.h. Einzeller *mit* Kernmembran und Chromosomen, finden wir vor etwa 1.8 bis $1.4 \cdot 10^9$ a; ihr Ursprung und ihre Verbindung mit den Prokaryonten ist noch weitgehend ungeklärt. Vielleicht waren die Eukaryonten anfangs Prokaryonten mit einem „eingebauten" Schmarotzer.

Erst vor rund $2 \cdot 10^9$ a begann die Bildung von *überschüssigem Sauerstoff*. Geologisch ist diese Epoche charakterisiert durch die von Fe_2O_3 rotgefärbten Sedimente der *Red Beds*. Freier Sauerstoff ermöglicht erst die Entwicklung von O_2-verarbeitenden Enzymen und erschließt damit den bald darauf entstehenden *Tieren* eine viel ergiebigere Energiequelle (Atmung!).

Etwas grundsätzliches Neues geschah, als der *Sauerstoffbestand* unserer Atmosphäre *einige Prozent* des heutigen erreichte, vor 0.7 bis $0.6 \cdot 10^9$ a. Dieser Sauerstoff genügte zur Bildung einer Ozonschicht, welche das letale UV so stark abschwächte, daß nun die *Wasseroberfläche* und bald auch das *Festland* bewohnbar wurden.

Kurz vor dem Übergang ins Kambrium, vor 0.7 bis $0.6 \cdot 10^9$ a, erscheinen mit dem Phanerozoikum (der Zeit des „erschienenen Lebens") dann die *Metazoa*, d.h. *viel-*

zellige Tiere mit mannigfaltiger innerer Organisation, und zwar zunächst nur mit weichkörperigen Formen. Vom Kambrium an, d.h. vor $0.6 \cdot 10^9$ a, tritt die Vielfalt der schalentragenden Metazoa auf. Nun beginnt die schon in Tabelle 2.8.2 dargestellte Folge der *geologischen Perioden*, deren Versteinerungen (Fossilien) uns über die weitere Entwicklung der Tier- und Pflanzenwelt eingehend unterrichten. Vor etwa 410 Millionen Jahren, vom Silur zum Devon, sind die ersten ausgedehnten Wälder entstanden und im Karbon, von dessen fossilen Wäldern wir heute noch zehren, war das heutige Sauerstoffniveau ohne Zweifel erreicht, wenn nicht gar zeitweise überschritten.

In der Entwicklung der Pflanzen- und Tierwelt gab es wiederholt kritische – mehrere Millionen Jahre andauernde – *Umbruchperioden*, in denen es zu einer drastischen Verringerung der Artenvielfalt, gefolgt von einem vermehrten Erscheinen neuer Arten kam, wie z.B. beim Übergang vom Perm zur Trias oder gegen Ende der Kreidezeit (Aussterben der Saurier). Die Ursachen solcher Zeiten mit offenbar verstärktem Auftreten von Mutationen sind nicht geklärt, spekuliert wird über verstärkte UV-Strahlung, erhöhte Intensität der Kosmischen Strahlung als Folge von Umpolungen des Erdmagnetfelds oder Einschläge von größeren Meteoriten. Manche glauben, daß eine Verbindung besteht zwischen dem Aussterben der Saurier und der Beobachtung einer erhöhten Konzentration von Iridium und Osmium in einer dünnen, fast weltweit zwischen Kreide- und Tertiärablagerungen auftretenden Tonschicht. Die Anreicherung dieser in der Erdkruste normalerweise seltenen, in Meteoriten hingegen häufigeren Metalle könnte nämlich auf den Einschlag eines riesigen Meteoriten zurückzuführen sein.

Schließlich hat sich – in geologisch gesehen jüngster Vergangenheit – auch die *Evolution zum Menschen* hin vollzogen, wie bei den anderen Lebewesen in vielen einzelnen Schritten und der Selektion unterworfen. Ausgehend von gemeinsamen Vorfahren hat sich die Entwicklung der Menschen (Hominiden) von der der Menschenaffen wahrscheinlich im Tertiär vor 10 bis $15 \cdot 10^6$ a getrennt. Als älteste gesicherte Spur der Hominiden können wir den Fund des ungefähr $3 \cdot 10^6$ a alten *Australopithecus afarensis* durch D.C. Johanson und T. Gray 1974 im Gebiet Afar (Äthiopien) ansehen (vgl. Tabelle 2.8.2). Der *Urmensch* der Gattung Australopithecus ging bereits aufrecht und konnte Werkzeuge herstellen und gebrauchen, hatte hingegen ein Gehirnvolumen, das nur dem der Menschenaffen vergleichbar ist und konnte noch nicht in unserem Sinne sprechen. Die weitere Evolution des Menschen ist charakterisiert durch die enorme Entwicklung des Gehirns, vor allem des Großhirns, die von dem *Frühmenschen*, Homo habilis (etwa vor 2 bis $1.6 \cdot 10^6$ a) und Homo erectus (bis vor ungefähr 300000 a) bis zum *heutigen Menschen*, Homo sapiens, führt.

Der ganzen Entwicklung des Lebens liegt – wenn wir versuchen dürfen, sie auf ihre einfachsten Elemente zurückzuführen – offenbar das *Prinzip* zugrunde, durch Speicherung und Weitergabe von immer mehr *Information* komplexere Systeme zu bilden, die immer erfolgreicher ihr Prinzip der Ordnung (Herstellung von Negentropie) gegenüber der „natürlichen“ Tendenz des 2. Hauptsatzes zur Herstellung statistisch-thermodynamischen Gleichgewichts, d.h. maximaler Unordnung (Vermehrung der Entropie), durchsetzen. Diese Entwicklung führt von der Fixierung genetischer Information schon bei den Prokaryonten zur Herausbildung instinkthafter, d.h. programmgesteuerter Verhaltens-Schemata, von hier weiter zum Gedächtnis und den Anfängen intelligenten Verhaltens. Die Entfaltung des Menschen (vor wenigen Millionen Jahren) beruht im wesentlichen auf der – gegenüber einfacheren Lebewesen – gewaltig verbesserten Technik der Speicherung und Ausnutzung von Information zuerst durch die Sprache, dann durch die Schrift (aller Art) und zuletzt durch die Erfindung des elektronischen Rechners und Informationsspeichers.

Dieser immer gigantischer werdende „Kampf gegen den Entropiesatz“ ist *notwendig* gekoppelt mit immer größerem *Energieverbrauch*. Ein Organismus befindet sich ja – wie man sagt – im Fließgleichgewicht. Das heißt, aus der Nahrung – und bei den Pflanzen aus der Sonnenstrahlung – wird ständig Energie entnommen, die teilweise zum Aufbau des Systems nötig ist und teilweise als Abwärme (wie bei jeder Wärmekraftmaschine) verlorengehen muß. Der Mensch vermag das geschilderte Prinzip seiner Höherentwicklung nur zu realisieren, indem er in immer stärkerem Maß natürliche Energiequellen sich „nutzbar“ macht. Neben der Muskelkraft des Menschen und der Tiere werden die Kräfte des Windes und des Wassers verwendet. Den nächsten großen Schritt bildete die Verwendung fossiler Brennstoffe, Kohle und Öl, in den Wärmekraftmaschinen. Es ist wohl kein Zufall, daß unser Zeitalter der Automation auch die Erschließung der Kernenergie mit sich gebracht hat.

Auf die Frage nach der *Zukunft* der Sonne und damit des Lebens auf der Erde erlaubt uns die Theorie der Sternentwicklung, eine ganz bestimmte Antwort zu geben. Die Sonne wandert (in wenigen Milliarden Jahren) im Hertzsprung-Russell-Diagramm nach rechts oben; sie wird ein roter Riesenstern. Dabei wächst ihr Radius enorm an, ihre bolometrische Helligkeit nimmt um mehrere Größenklassen zu, und die Temperatur auf der Erde steigt erheblich über den Siedepunkt des Wassers, so daß die Ozeane verdampfen. Dies bedeutet ohne Zweifel das *Ende* jeden organischen Lebens auf der Erde.

Auf der anderen Seite hat man oft die Frage aufgeworfen, ob es Leben auf anderen Himmelskörpern gebe. Diese Frage ist z. Z. nur sinnvoll, wenn wir unter Leben das Vorkommen von Organismen verstehen, deren Struktur eine gewisse Ähnlichkeit mit terrestrischen Lebewesen hat. Wir brauchen nicht weiter zu erörtern, daß deren Umweltbedingungen ein ziemlich enger Spielraum gesetzt ist.

In unserem Planetensystem könnte man allenfalls an den Mars denken. Seine dünne Atmosphäre enthält jedenfalls geringe Mengen der notwendigen Gase, aber sie bietet keinen „UV-Schutz"; die Temperatur liegt wenig unter der der Erde. So erscheint allenfalls das Vorkommen äußerst primitiver Organismen diskutabel, aber doch – beim heutigen Stand unserer Kenntnis – wenig wahrscheinlich.

In unserem Milchstraßensystem und anderen Galaxien gibt es zahllose Sterne, die sich von unserer Sonne nicht unterscheiden. Es spricht nichts gegen die Annahme, daß einige dieser Sterne auch Planetensysteme besitzen, und es erscheint durchaus plausibel, daß da und dort in einem solchen System ein Planet ähnliche Bedingungen an seiner Oberfläche bietet wie die Erde. Warum sollten sich dort nicht auch Lebewesen entwickelt haben?

Eine erste Durchmusterung der Radiofrequenzstrahlung naher Sterne nach Signalen „außerirdischer Zivilisationen" (Projekt SETI: Search for Extraterrestrial Intelligence) wurde 1960 von F. D. Drake begonnen. Bisher ist die sog. *Bioastronomie* bei der Suche nach Planeten um andere Sterne als auch nach „künstlichen" Radiosignalen erfolglos geblieben.

* * *

Vom Studium kosmischer Strukturen und Entwicklungsprozesse sind wir zurückgekehrt zu den Problemen der Erde, des Lebens und unseres Daseins. Damit schließt sich der Kreis unserer Betrachtungen. Ebenso faszinierend wie der Einblick in das kosmische Geschehen ist der Prozeß der menschlichen Erkenntnis selbst. Immer weiter schiebt sich die Grenze des Erkannten vor in den Bereich des zuvor noch Unbekannten oder jedenfalls Unverstandenen. Dieser Prozeß erscheint verknüpft mit einer Art Anpassung des menschlichen Geistes und seiner Denkformen an die eben dadurch erst zugänglich werdenden Bereiche des Seins. Wir verdanken es im Grunde den ganz wenigen großen Gestalten der Historie, daß sie jeweils neue Formen des Denkens und Lebens geschaffen haben für Probleme, die erst durch diese deutlich in Erscheinung treten konnten. Alle großen Entdeckungen und Taten enthalten ein ausgesprochen alogisches Element.

Unsere Kategorien der Erkenntnis sind sozusagen in Schichten angeordnet, die offenbar den Grundbereichen der Wechselbeziehung des Menschen mit seiner Umwelt entstammen. Schon der einfache Mensch gebraucht jeweils andere Begriffe und Denkformen, wenn er sich befaßt mit der leblosen Natur, mit seinen Tieren und anderen (ihm untergeordneten) Lebewesen, mit seelischen Dingen in ihm und in seinen Mitmenschen oder schließlich mit überpersönlichen, geistigen, insbesondere religiösen Anliegen. Diese zunächst nahezu unreflektiert nebeneinander herlaufenden Bereiche treten im Laufe der Zeit in immer engeren Kontakt, und unter großen inneren und äußeren Kämpfen versucht der Mensch, sie zu einem Ganzen umzugestalten aus der unbeweisbaren Überzeugung heraus, daß dies möglich sein müsse.

Niemand könnte die – wohl manchen primitiven Religionen eigene – Ansicht widerlegen, daß von einem bestimmten Niveau an die Welt einfach der Willkür irgendwelcher Götter und Dämonen anheimgegeben sei. Tatsächlich aber hat sich die „andere" Hypothese immer wieder als die fruchtbarere erwiesen.

An die Probleme der Naturerkenntnis grenzen die des menschlichen Lebens und Miteinander-Lebens an. Wir sehen sie einerseits von unserem *inneren Standpunkt* und sprechen dann von Wollen und Sollen, von Liebe und Haß, Recht und Unrecht. Andererseits sind sie auch eingefügt in den *äußeren Rahmen* des gemäß den bekannten (oder noch nicht bekannten) Naturgesetzen Möglichen. Aus diesem merkwürdigen Dualismus entspringen die großen Konflikte von Schuld und Schicksal, Wollen und Können oder wie man sie noch kennzeichnen will.

Es ist zu allen Zeiten die Überzeugung der wirklich religiösen Menschen gewesen, daß auch diese Spannungen Stück für Stück sich auflösen müßten, vorausgesetzt, daß die Menschen auch hier alte Vorurteile beiseite legen und „sich erneuern", ein Vorgang, der vielleicht gar nicht so sehr verschieden ist von der Umgestaltung der Naturforschung in ihren großen Epochen.

Ob der Mensch nun den Blick nach *außen* wendet und immer weitere Bereiche der Natur erforscht oder ob er nach *innen* blickt und dort für sich und andere Menschen Neuland erschließt, immer wieder erblickt er erstaunt und beglückt einen

»Neuen Kosmos«.

Anhang

A.1 Verschiedene Einheiten, Internationales Einheitensystem und Gaußsches System[1]

Verwendet wird durchweg das *Internationale Einheitensystem* SI (*S*ystème *I*nternational d'Unités), parallel hierzu werden die wichtigsten Größen auch im Gaußschen System angegeben. Zweckmäßigerweise werden auch „Astronomische Einheiten" (Tabelle auf der hinteren Einbandrückseite) eingeführt.

SI-Basiseinheiten:

Meter	m	(Länge)
Kilogramm	kg	(Masse)
Sekunde	s	(Zeit)
Ampere	A	(Elektrische Stromstärke)
Kelvin	K	(Temperatur)
Mol	mol	(Stoffmenge)
Candela[2]	cd	(Lichtstärke)

Präfixe für Zehnerpotenzen:

			10^{-1}	Dezi	d
10^2	Hekto	h	10^{-2}	Zenti	c
10^3	Kilo	k	10^{-3}	Milli	m
10^6	Mega	M	10^{-6}	Mikro	μ
10^9	Giga	G	10^{-9}	Nano	n
10^{12}	Tera	T	10^{-12}	Piko	p

Einige Beziehungen im Bereich des Elektromagnetismus zwischen SI und Gaußschem System:

Das Gaußsche System der „gemischten" CGS-Einheiten verwendet sowohl elektrostatische Einheiten (E.S.E.) als auch elektromagnetische Einheiten (E.M.E.) in den jeweili-

[1] Vgl. *Symbole, Einheiten und Nomenklatur in der Physik*, Dokument U.I.P. 20 (1980) (Physik Verlag, Weinheim 1980).

[2] In diesem Buch nicht verwendet.

gen Bereichen. In ihm sind Permittivität und Permeabilität im Vakuum dimensionslos mit dem Wert 1.

X: Größe im Internationalen Einheitensystem
$\tilde{X}$: Größe im Gaußschen System

Wir beschränken uns hier auf das *Vakuum*, so daß magnetische Flußdichte $\boldsymbol{B}$ und magnetische Feldstärke (Induktivität) $\boldsymbol{H}$ über

$$\boldsymbol{B} = \mu_0 \boldsymbol{H} \quad \text{bzw.} \quad \tilde{\boldsymbol{B}} = \tilde{\boldsymbol{H}}$$

zusammenhängen.

Elektrische Ladung: $$\tilde{e} = \frac{e}{\sqrt{4\pi\varepsilon_0}}$$

Elektrische Feldstärke: $$\tilde{\boldsymbol{E}} = \sqrt{4\pi\varepsilon_0}\,\boldsymbol{E}$$

Magnetische Flußdichte: $$\tilde{\boldsymbol{B}} = \sqrt{\frac{4\pi}{\mu_0}}\,\boldsymbol{B} = \sqrt{4\pi\varepsilon_0}\,c\boldsymbol{B}$$

ε_0 elektrische, μ_0 magnetische Feldkonstante (Tabelle auf der hinteren Einbandrückseite) mit $\varepsilon_0\mu_0 = 1/c^2$, c Lichtgeschwindigkeit.

Kraft auf bewegte Ladung e: $$\boldsymbol{F} = e\boldsymbol{E} + e\boldsymbol{v}\times\boldsymbol{B} = \tilde{e}\tilde{\boldsymbol{E}} + \frac{\tilde{e}}{c}\boldsymbol{v}\times\tilde{\boldsymbol{B}}$$

Energiedichte im Vakuum: $$w = \frac{1}{2}\left(\varepsilon_0 E^2 + \frac{B^2}{\mu_0}\right) = \frac{1}{8\pi}(\tilde{E}^2 + \tilde{B}^2)$$

Poynting-Vektor: $$\boldsymbol{S} = \boldsymbol{E}\times\boldsymbol{H} = \frac{1}{\mu_0}\boldsymbol{E}\times\boldsymbol{B} = \frac{c}{4\pi}\tilde{\boldsymbol{E}}\times\tilde{\boldsymbol{B}}$$

Zyklotronfrequenz: $$\omega_C = \frac{eB}{m} = \frac{\tilde{e}\tilde{B}}{mc}$$

Bohr-Radius: $$a_0 = 4\pi\varepsilon_0\frac{\hbar^2}{me^2} = \frac{\hbar^2}{m\tilde{e}^2}$$

Klassischer Elektronenradius: $$r_e = \frac{1}{4\pi\varepsilon_0}\frac{e^2}{mc^2} = \frac{\tilde{e}^2}{mc^2}$$

Verschiedene Einheiten:

Länge:		
Ångström	1 Å	$= 10^{-10}$ m $= 10^{-8}$ cm
Masse:		
Tonne	1 t	$= 10^3$ kg
Atomare Masseneinheit m_u	1 u	$= 1.6605 \cdot 10^{-27}$ kg
Zeit:		
Minute	1 min	= 60 s
Stunde	1 h	= 60 min = 3600 s
Tag	1 d	= 24 h = 86400 s

Jahr	1 a	$\simeq 3.156 \cdot 10^7$ s, unabhängig von der genauen Definition, vgl. Anhang A.3
Frequenz:		
Hertz	1 Hz	$= 1\ \mathrm{s}^{-1}$
Winkel:		
Radiant	1 rad	$= 1\ \mathrm{m\,m}^{-1}$ (dimensionslos)
		$= 57.2958° = 3437.74' = 206\,264.81''$
Grad	1°	$= \pi/180$ rad $= 1.7453 \cdot 10^{-2}$ rad
Winkelminute	1′	$= (1/60)° = 2.9089 \cdot 10^{-4}$ rad
Winkelsekunde	1″	$= (1/60)' = 4.8481 \cdot 10^{-6}$ rad
Raumwinkel:		
Steradiant	1 sr	$= 1\ \mathrm{m}^2\,\mathrm{m}^{-2}$ (dimensionslos)
		$= (180/\pi)^2$ Quadratgrad
		$= 3282.8$ Quadratgrad
Kraft:		
Newton	1 N	$= 1\ \mathrm{m\,kg\,s}^{-2} = 10^5$ dyn $= 10^5\ \mathrm{cm\,g\,s}^{-2}$
Druck:		
Pascal	1 Pa	$= 1\ \mathrm{m}^{-1}\,\mathrm{kg\,s}^{-2} = 1\ \mathrm{N\,m}^{-2} = 10\ \mathrm{dyn\,cm}^{-2}$
Bar	1 bar	$= 10^5$ Pa
Energie:		
Joule	1 J	$= 1\ \mathrm{m}^2\,\mathrm{kg\,s}^{-2} = 1$ N m $= 1$ Ws
		$= 10^7$ erg $= 10^7\ \mathrm{cm}^2\,\mathrm{g\,s}^{-2}$
Elektronvolt	1 eV	$= 1.6022 \cdot 10^{-19}$ J $= 1.6022 \cdot 10^{-12}$ erg
Äquivalente:		
kT für $T = 1$ K	$1\ \mathrm{K} \cdot k$	$= 1.3807 \cdot 10^{-23}$ J $= 8.6174 \cdot 10^{-5}$ eV
Kilogramm	$1\ \mathrm{kg} \cdot c^2$	$= 8.9876 \cdot 10^{16}$ J
atomare Masseneinheit	$m_u c^2$	$= 1.4924 \cdot 10^{-10}$ J $= 931.49$ MeV
Protonenmasse	$m_p c^2$	$= 1.5033 \cdot 10^{-10}$ J $= 938.27$ MeV
Elektronenmasse	$m c^2$	$= 8.1872 \cdot 10^{-14}$ J $= 0.5110$ MeV
Leistung:		
Watt	1 W	$= 1\ \mathrm{m}^2\,\mathrm{kg\,s}^{-3} = 1\ \mathrm{J\,s}^{-1} = 1$ VA
		$= 10^7\ \mathrm{erg\,s}^{-1}$
Temperatur:		
Celsius-Temperatur	t [°C]	= Absolute Temperatur T [K] − 273.15 K
Temperaturäquivalent des Elektronvolts	$1\ \mathrm{eV}\,k^{-1}$	$= 11\,605$ K
Elektrische Ladung:		
Coulomb	1 C	$= 1$ As $= 2.9979 \cdot 10^9$ E.S.E.
Elektrische Spannung, Potential:		
Volt	1 V	$= 1\ \mathrm{m}^2\,\mathrm{kg\,s}^{-3}\,\mathrm{A}^{-1} = 3.3356 \cdot 10^{-3}$ E.S.E.
Magnetische Flußdichte (im Vakuum):		
Tesla	1 T	$= 1\ \mathrm{kg\,s}^{-2}\,\mathrm{A}^{-1} = 1\ \mathrm{Vs\,m}^{-2} = 10^4$ G (Gauß)

A.2 Namen der Sternbilder

Standardabkürzung, lateinische (mit Genitiv) und deutsche Bezeichnung der Konstellationen

And	Andromeda	Andromedae	Andromeda
Ant	Antlia	Antliae	Luftpumpe
Aps	Apus	Apodis	Paradiesvogel
Aql	Aquila	Aquilae	Adler
Aqr	Aquarius	Aquarii	Wassermann
Ara	Ara	Arae	Altar
Ari	Aries	Arietis	Widder
Aur	Auriga	Aurigae	Fuhrmann
Boo	Bootes	Bootis	Bootes
Cae	Caelum	Caeli	Grabstichel
Cam	Camelopardalis	Camelopardalis	Giraffe
Cap	Capricornus	Capricorni	Steinbock
Car	Carina	Carinae	Schiffskiel
Cas	Cassiopeia	Cassiopeiae	Kassiopeia
Cen	Centaurus	Centauri	Zentaur
Cep	Cepheus	Cephei	Kepheus
Cet	Cetus	Ceti	Walfisch
Cha	Chamaeleon	Chamaeleontis	Chamäleon
Cir	Circinus	Circini	Zirkel
CMa	Canis Maior	Canis Maioris	Großer Hund
CMi	Canis Minor	Canis Minoris	Kleiner Hund
Cnc	Cancer	Cancri	Krebs
Col	Columba	Columbae	Taube
Com	Coma Berenices	Comae Berenices	Haupthaar der Berenike
CrA	Corona Austrina	Coronae Austrinae	Südliche Krone
CrB	Corona Borealis	Coronae Borealis	(Nördliche) Krone
Crt	Crater	Crateris	Becher
Cru	Crux	Crucis	Kreuz (des Südens)
Crv	Corvus	Corvi	Rabe
CVn	Canes Venatici	Canum Venaticorum	Jagdhunde
Cyg	Cygnus	Cygni	Schwan
Del	Delphinus	Delphini	Delphin
Dor	Dorado	Doradus	Schwertfisch
Dra	Draco	Draconis	Drache
Equ	Equuleus	Equulei	Füllen
Eri	Eridanus	Eridani	Eridanus
For	Fornax	Fornacis	Chemischer Ofen
Gem	Gemini	Geminorum	Zwillinge
Gru	Grus	Gruis	Kranich
Her	Hercules	Herculis	Herkules
Hor	Horologium	Horologii	Pendeluhr
Hya	Hydra	Hydrae	Wasserschlange
Hyi	Hydrus	Hydri	Südliche Wasserschlange
Ind	Indus	Indi	Inder
Lac	Lacerta	Lacertae	Eidechse
Leo	Leo	Leonis	Löwe
Lep	Lepus	Leporis	Hase
Lib	Libra	Librae	Waage
LMi	Leo Minor	Leonis Minoris	Kleiner Löwe
Lup	Lupus	Lupi	Wolf
Lyn	Lynx	Lyncis	Luchs
Lyr	Lyra	Lyrae	Leier
Men	Mensa	Mensae	Tafelberg

Mic	Microscopium	Microscopii	Mikroskop
Mon	Monoceros	Monocerotis	Einhorn
Mus	Musca	Muscae	Fliege
Nor	Norma	Normae	Winkelmaß
Oct	Octans	Octantis	Oktant
Oph	Ophiuchus	Ophiuchi	Schlangenträger
Ori	Orion	Orionis	Orion
Pav	Pavo	Pavonis	Pfau
Peg	Pegasus	Pegasi	Pegasus
Per	Perseus	Persei	Perseus
Phe	Phoenix	Phoenicis	Phönix
Pic	Pictor	Pictoris	Maler
PsA	Piscis Austrinus	Piscis Austrini	Südlicher Fisch
Psc	Pisces	Piscium	Fische
Pup	Puppis	Puppis	Achterdeck
Pyx	Pyxis	Pyxidis	Kompaß
Ret	Reticulum	Reticuli	Netz
Scl	Sculptor	Sculptoris	Bildhauer
Sco	Scorpius	Scorpii	Skorpion
Sct	Scutum	Scuti	Schild
Ser	Serpens	Serpentis	Schlange
Sex	Sextans	Sextantis	Sextant
Sge	Sagitta	Sagittae	Pfeil
Sgr	Sagittarius	Sagittarii	Schütze
Tau	Taurus	Tauri	Stier
Tel	Telescopium	Telescopii	Fernrohr
TrA	Triangulum Australe	Trianguli Australis	Südliches Dreieck
Tri	Triangulum	Trianguli	Dreieck
Tuc	Tucana	Tucanae	Tukan
UMa	Ursa Maior	Ursae Maioris	Großer Bär (Wagen)
UMi	Ursa Minor	Ursae Minoris	Kleiner Bär (Wagen)
Vel	Vela	Velorum	Segel (pl.)
Vir	Virgo	Virginis	Jungfrau
Vol	Volans	Volantis	Fliegender Fisch
Vul	Vulpecula	Vulpeculae	Füchslein

Bezeichnungsweise bei Verwendung der Konstellationsnamen: Nichtveränderliche *Sterne* werden durch griechische (in einigen Fällen auch durch lateinische) Buchstaben oder durch Zahlen in Verbindung mit dem Genitiv des lateinischen Konstellationsnamens, meist in der dreibuchstabigen Standardabkürzung, bezeichnet, z. B.: β UMa = Beta Ursae Maioris oder 48 UMa = 48 Ursae Maioris, ι Her = Iota Herculis, l Car = l Carinae, a Cen = a Centauri.

Veränderliche Sterne werden mit großen Buchstaben R, S, ... Z, RR, RS, ... ZZ, AA ... AZ, BB ... QZ und dem Genitiv der Konstellation bezeichnet (334 Möglichkeiten; J wird nicht verwendet), weitere Veränderliche in einem Sternbild mit V 335 usw. z. B. RR Lyr, W Vir, SS Cyg, V 1057 Cyg.

Für *starke Radio- und Röntgenquellen* wird der lateinische Sternbildname im Nominativ mit großen Buchstaben und Ziffern verwendet, z. B. Tau A = Taurus A, Her X-1 = Hercules X-1, Sco X-3 = Scorpius X-3.

Literatur

Unser Literaturverzeichnis beschränkt sich auf die wichtigsten Nachschlagewerke, Zeitschriften, Bücher usw., die ein tieferes Eindringen in einzelne Probleme und Arbeitsgebiete ermöglichen sollen.

Literaturbericht

Angaben über einzelne Arbeiten aus Fachzeitschriften usw. findet man in den halbjährlich (seit 1969) erscheinenden

Astronomy and Astrophysics Abstracts (Springer, Berlin Heidelberg)

Berichte über Tagungen

Zu den meisten Fachtagungen, welche einem bestimmten Thema gewidmet sind, wird ein Tagungsbericht (Proceedings) herausgegeben. Diese Bände führen wir i. a. nicht bei den Literaturangaben zu den einzelnen Kapiteln dieses Buches auf; wir begnügen uns mit dem Hinweis auf folgende Reihen:

Reviews in Modern Astronomy (Springer, Berlin Heidelberg)
Publications of the International Astronomical Union. Proceedings of Symposia Series (Reidel, Dordrecht)
Highlights of Astronomy. International Astronomical Union (Reidel, Dordrecht)
Reports on Astronomy. Transactions of the International Astronomical Union (Reidel, Dordrecht)
Proceedings of IAU Colloquia (erscheinen bei verschiedenen Verlagen)
Proceedings NATO Advanced Study Institute Series
Proceedings Liège International Astrophysical Colloquia
Astronomy and Astrophysics Library (Springer, Berlin Heidelberg)
Astrophysics and Space Science Library (Reidel, Dordrecht)

Handbücher, Übersichtsartikel, Zusammenstellungen von Zahlenwerten und Formeln usw.

Annual Review of Astronomy and Astrophysics (Annual Reviews, Palo Alto, Calif.)
Flügge, S. (Hrsg.) *Handbuch der Physik,* Band 50 – 54, *Astrophysik I – V* (Springer, Berlin Göttingen Heidelberg 1958 – 1962)
Middlehurst, B. M., Kuiper, G. P. (eds.) *The Solar System,* 5 Bände (University of Chicago Press, Chicago 1953 – 1966)
Kuiper, G. P., Middlehurst, B. M. (eds.): *Stars and Stellar Systems,* 8 Bände (University of Chicago Press, Chicago 1960 – 1975)
Schaifers, K., Voigt, H. H. (Hrsg.): *Landolt-Börnstein, Zahlenwerte und Funktionen aus Naturwissenschaften und Technik.* Neue Serie, Gruppe VI, Band 2, *Astronomie und Astrophysik* (Springer, Berlin Heidelberg 1981 [Teilband a], 1982 [Teilband b und c])

Allen, C. W.: *Astrophysical Quantities* (Athlone, London 1973)
Lang, K. R.: *Astrophysical Formulae* (Springer, Berlin Heidelberg 1980)
Zombeck, M.: *Handbook of Space Astronomy and Astrophysics* (Cambridge University Press, Cambridge 1990)

Himmelskarten

Bečvář, A.: *Atlas Coeli 1950.0* (Verlag der Tschechoslowak. Akad. der Wiss., Prag 1962)
Marx, S., Pfau, W.: *Sternatlas* (1975,0) (Barth, Leipzig 1983)
Schurig, R., Götz, P., Schaifers, K.: *Himmelsatlas* (*Tabulae caelestes*) (Bibliographisches Institut, Mannheim 1980)

Wichtige Zeitschriften

a) Populäre Zeitschriften

Orion (Zeitschr. der Schweizerischen Astron. Gesellschaft, Luzern)
Sky and Telescope (Sky Publishing Corp., Cambridge, Mass.)
Spektrum der Wissenschaft (Spektrum der Wissenschaft Verlagsgesellschaft Heidelberg), bzw. Scientific American. (Scientific American Inc., New York)
Der Sternbote (Astron. Büro, Wien)
Die Sterne (J. A. Barth, Leipzig)
Sterne und Weltraum (Verlag Sterne und Weltraum Dr. Vehrenberg GmbH, München)

b) Fachzeitschriften

The Astronomical Journal (American Institute of Physics, New York)
Astronomische Nachrichten (Akademie-Verlag, Berlin)
Astronomy and Astrophysics (A European Journal) (Springer, Berlin Heidelberg)
The Astrophysical Journal (University of Chicago Press, Chicago)
Astrophysics and Space Science (D. Reidel Publishing Co., Dordrecht)
Celestial Mechanics (D. Reidel Publishing Co., Dordrecht)
Icarus. International Journal of Solar System Studies (Academic Press Inc., New York)
Mercury (The Journal of the Astronomical Society of the Pacific, San Francisco, Calif.)
Monthly Notices of the Royal Astronomical Society (Blackwell Scientific Publications, Oxford)
Nature (Macmillan Journals Ltd., London)
Publications of the Astronomical Society of Japan (Tokyo)
Publications of the Astronomical Society of the Pacific (San Francisco, Calif.)
Science (American Association for the Advancement of Science, Washington, D.C.)
Solar Physics (D. Reidel Publishing Co., Dordrecht)
Soviet Astronomy (Übersetzung von Astron. Zhurnal) (American Institute of Physics, New York)
Space Science Reviews (D. Reidel Publishing Co., Dordrecht)

Einführungen in das Gesamtgebiet der Astronomie, allgemein verständliche Nachschlagewerke und Abhandlungen

Audouze, J., Israel, G. (eds.): *The Cambridge Atlas of Astronomy* (Cambridge University Press, Cambridge 1988)
Elsässer, H.: *Weltall im Wandel. Die neue Astronomie* (Deutsche Verlags-Anstalt, Stuttgart 1985)
Fritzsch, H.: *Vom Urknall zum Zerfall.* (*Die Welt zwischen Anfang und Ende*) (R. Piper Verlag, München 1983)
Giese, R.-H.: *Einführung in die Astronomie* (Wissenschaftliche Buchgesellschaft, Darmstadt 1981)
Giese, R.-H., Heinke, W.: *Astronomie III: Übungsaufgaben mit Lösungen* (Klett, Stuttgart 1979)
Gondolatsch, F., Steinacker, S., Zimmermann, O.: *Astronomie – Grundkurs* (Klett, Stuttgart 1990)
Harwit, M.: *Astrophysical Concepts.* Astronomy and Astrophysics Library (Springer, Berlin Heidelberg 1988)
Henkel, H. R.: *Astronomie* (Deutsch, Frankfurt a. M. 1982)
Herrmann, J.: *DTV-Atlas zur Astronomie* (Deutscher Taschenbuchverlag, München 1985)

Karttunen, H., Kröger, P., Oja, H., Poutanen, M., Donner, K. J. (eds.): *Astronomie – Eine Einführung* (Springer, Berlin Heidelberg 1990)
Kaufmann III, W. J.: *Universe* (Freeman, New York 1988)
Kippenhahn, R.: *Hundert Milliarden Sonnen* (Piper, München 1981)
Kippenhahn, R.: *Licht vom Rand der Welt. Das Universum und sein Anfang.* (Deutsche Verlags-Anstalt, Stuttgart 1984)
Longair, M. S.: *Theoretical Concepts in Physics* (Cambridge University Press, Cambridge 1984)
Nussbaumer, H.: *Einführung in die Astrophysik* (Verlag der Fachvereine, Zürich 1982)
Nussbaumer, H.: *Astronomie* (Verlag der Fachvereine, Zürich 1986)
Pasachoff, J. M.: *Contemporary Astronomy* (Saunders, Philadelphia 1977)
Pasachoff, J. M.: *Astronomy: From the Earth to the Universe* (Saunders, Philadelphia 1983)
Roy, A. E., Clarke, D.: *Astronomy* (*Principles and Practice*); *Astronomy* (*Structure of the Universe*) (Hilger, Bristol 1988, 1989)
Schäfer, H.: *Astronomische Probleme und ihre physikalischen Grundlagen* (Vieweg, Braunschweig 1980)
Schaifers, K., Traving G.: *Meyers Handbuch Weltall* (Bibliographisches Institut, Mannheim 1984)
Schlosser, W., Schmidt-Kaler, T.: *Astronomische Musterversuche* (Hirschgraben-Verlag, Frankfurt 1982)
Shu, F. H.: *The Physical Universe* (University Science Books, Mill Valley 1982)
Störig, H. J.: *Knaurs moderne Astronomie* (Droemersche Verlagsanstalt, München 1985)
Voigt, H.-H.: *Abriß der Astronomie* (Bibliographisches Institut, Mannheim 1988)
Weigert, A., Wendker, H. J.: *Astronomie und Astrophysik – ein Grundkurs* (Physik Verlag, Weinheim 1989)

Literatur zu den einzelnen Abschnitten

Die Literaturangaben erfolgen jeweils für eine Gruppe von thematisch zusammenhängenden Abschnitten. In der Regel ist jedes Buch nur unter einer Gruppe aufgeführt, so daß es sich bei Grenzfällen empfiehlt, unter verwandten Themengruppen nachzuschlagen.

Geschichte der Astronomie (Abschnitte 2.1, 3.1, 4.1 und 5.1)

Abetti, G.: *History of Astronomy* (Sidgwick and Jackson, London 1954)
Ashbrook, J.: *The Astronomical Scrapbook: Skywatchers, Pioneers, and Seekers in Astronomy* (Sky Publishing, Cambridge 1984)
Becker, F.: *Geschichte der Astronomie* (Bibliographisches Institut, Mannheim 1980)
Berry, A.: *A Short History of Astronomy, 1898* (Dover, New York 1961)
Dorschner, J., Friedemann, C., Marx, S., Pfau, W.: *Astronomie vom Altertum bis heute* (Umschau-Verlag, Frankfurt 1975)
Dreyer, J. L. E.: *A History of Astronomy from Thales to Kepler* (Dover, New York 1953)
Gerlach, W.: *Johannes Kepler und die Copernikanische Wende* (Barth, Leipzig 1973)
Gingerich, O. (ed.): *Astrophysics and Twentieth-Century Astronomy to 1950* (Cambridge University, New York 1984)
Hearnshaw, J. B.: *The Analysis of Starlight* (Cambridge University Press, Cambridge 1987)
Herrmann, D. B.: *Geschichte der Astronomie von Herschel bis Hertzsprung* (VEB Deutscher Verlag der Wissenschaften, Berlin 1975)
King, H. C.: *The History of the Telescope* (Dover, New York 1979)
Krupp, E. C.: *Astronomen, Priester, Pyramiden – Das Abenteuer der Archäoastronomie* (Beck, München 1980)
Lang, K. R., Gingerich, O.: *A Source Book in Astronomy and Astrophysics. 1900 – 1975* (Harvard University Press, Cambridge, Mass. 1979)
Ley, W.: *Die Himmelskunde. Eine Geschichte der Astronomie von Babylon bis zum Raumzeitalter* (Econ-Verlag, Düsseldorf 1965)
Lovell, B.: *Das unendliche Weltall – Geschichte der Kosmologie von der Antike bis zur Gegenwart* (Beck, München 1983)
Neugebauer, O.: *Astronomy and History* (Springer, Berlin Heidelberg 1983)
Pannekoek, I.: *A History of Astronomy* (Dover Publications, Sky Publ. Corp. 1989)
Parker B.: *Creation. The Story of the Origin and Evolution of the Universe* (Plenum Press 1988)
Smith, R.: *The Expanding Universe: Astronomy's Great Debate 1900 – 1931* (Cambridge University Press, Cambridge 1982)

Verschuur, G. L.: *Interstellar Matters* (Springer, Berlin Heidelberg 1989)
Teichmann, J.: *Wandel des Weltbildes – Astronomie, Physik und Meßtechnik in der Kulturgeschichte* (Rowohlt TB-Verlag, Hamburg [zus. mit dem Deutschen Museum, München] 1985)
Zinner, E.: *Astronomie. Geschichte ihrer Probleme* (Alber, Freiburg 1951)

Koordinaten und Zeit. Bahnen im Planetensystem. Himmelsmechanik und Raumfahrt (Abschnitte 2.3 – 7)

Brouwer, D., Clemence, G. M.: *Methods of Celestial Mechanics* (Academic, New York 1961)
Brown, E. W.: *An Introductory Treatise on the Lunar Theory* (Dover, New York 1960)
Brown, E. W., Shook, C. A.: *Planetary Theory* (Dover, New York 1964)
Burdakow, W. P., Sigel, F. J.: *Raumfahrt und Weltraumforschung, Grundlagen und Aspekte* (Akademie-Verlag, Berlin 1979)
Dick, J.: *Grundtatsachen der sphärischen Astronomie* (Barth, Leipzig 1965)
Green, R.: *Spherical Astronomy* (Cambridge University Press, Cambridge 1985)
Köhler, H. W.: *Klipp und klar – 100 × Raumfahrt* (Bibliographisches Institut, Mannheim 1978)
Leech, J. W.: *Classical Mechanics* (Methuen, London 1958)
Podobed, V. V.: *Fundamental Astrometry* (University of Chicago Press, Chicago 1965)
Roy, A. E.: *Orbital Motion* (Hilger, Bristol 1982)
Schaub, W.: *Vorlesungen über sphärische Astronomie* (Akademie-Verlag, Leipzig 1950)
Schmidt, W. F.: *Astronomische Navigation. Ein Lehr- und Handbuch für Studenten und Praktiker* (Springer, Berlin Heidelberg 1983)
Schneider, M.: *Himmelsmechanik* (Bibliographisches Institut, Mannheim 1981)
Smart, W. M.: *Textbook on Spherical Astronomy* (Cambridge University Press, Cambridge 1960)
Smart, W. M.: *Celestial Mechanics* (Longmans, London 1960)
Stumpff, K.: *Geographische Ortsbestimmung* (VEB Verlag der Wissenschaften, Berlin 1955)
Taff, L.: *Celestial Mechanics* (Wiley, New York 1985)

Physische Beschaffenheit der Planeten und ihrer Monde (Abschnitt 2.8)

Atreya, S. K.: *Atmospheres and Ionospheres of the Outer Planets and Their Satellites* (Springer, Berlin Heidelberg 1986)
Beatty, J.K., Chaikin, A. (eds.): *The New Solar System* (Cambridge University Press, Cambridge 1990)
Briggs, G., Taylor, F.: *The Cambridge Photographic Atlas of the Planets* (Cambridge University Press, Cambridge 1982)
Burns, J. A. (ed.): *Planetary Satellites* (University of Arizona Press, Tucson 1977)
Carr, M. (ed.): *The Geology of the Terrestrial Planets.* NASA SP-466 (1984)
Chamberlain J.W., Hunten, D.M.: *Theory of Planetary Atmospheres: An Introduction to Their Physics and Chemistry,* 2nd edn. Academic, San Diego, Calif. 1987
Cole, G. H. A.: *Physics of Planetary Interiors* (Hilger, Bristol 1984)
Cook, A. H.: *Interiors of the Planets* (Cambridge University Press, Cambridge 1980)
Dressler, A. J.: *Physics of the Jovian Magnetosphere* (Cambridge University Press, Cambridge 1983)
Gehrels, T. (ed.): *Protostars and Planets* (University of Arizona Press, Tucson 1978)
Gehrels, T. (ed.): *Jupiter* (University of Arizona Press, Tucson 1976)
Gehrels, T., Matthews, M. (eds.): *Saturn* (University of Arizona Press, Tucson 1984)
Greenberg, R., Brahic, A. (eds.): *Planetary Rings* (University of Arizona Press, Tucson 1984)
Guest, J. E., Butterworth, P., Murray, J., O'Donnell, W.: *Planeten-Geologie* (Herder, Freiburg 1981)
Guest, J. E., Greeley, R.: *Geologie auf dem Mond* (Enke, Stuttgart 1979)
Houghton, J. T.: *The Physics of Atmospheres* (Cambridge University Press, Cambridge 1986)
Hubbard, W.: *Planetary Interiors* (Van Nostrand Reinhold, New York 1984)
Hunt, G., Moore, P.: *The Planet Venus* (Faber and Faber, London 1982)
Hunt, G., Moore, P.: *Jupiter. Ein Atlas des Jupiter* (Herder, Freiburg 1982)
Hunt, G., Moore, P.: *Saturn. Ein Atlas des Saturn* (Herder, Freiburg 1983)
Hunt, G., Moore, P.: *Atlas of Uranus* (Cambridge University Press, Cambridge 1989)
Hunten, D. M., Colin, L., Donahue, T. M., Moroz, V. I. (eds.): *Venus* (University of Arizona Press, Tucson 1983)
Kertz, W.: *Einführung in die Geophysik.* Band 1. *Erdkörper* (Bibliographisches Institut, Mannheim 1969)
Kertz, W.: *Einführung in die Geophysik.* Band 2. *Obere Atmosphäre und Magnetosphäre* (Bibliographisches Institut, Mannheim 1971)
Köhler, H. W.: *Der Mars. Bericht über einen Nachbarplaneten* (Vieweg, Braunschweig 1978)

Köhler, H. W.: *Die Planeten* (Vieweg, Braunschweig 1983)
Kopal, Z.: *Physics and Astronomy of the Moon* (Academic, New York 1971)
Lewis, J., Prinn, R.: *Planets and Their Atmospheres: Origin and Evolution* (Academic, New York 1983)
Melchior, P.: *The Physics of the Earth's Core* (Pergamon, Oxford 1986)
Moore, P.: *Der Mond. Ein Atlas des Mondes* (Herder, Freiburg 1982)
Moore, P., Hunt, G.: *Atlas des Sonnensystems* (Herder, Freiburg 1985)
Morrison, D. (ed.): *Satellites of Jupiter* (University of Arizona Press, Tucson 1982)
Sandner, W.: *Trabanten im Sonnensystem. Die Monde der großen Planeten* (Bibliographisches Institut, Mannheim 1966)
Voigt, A., Giebler, H.: *Berliner Mondatlas* (Wilhelm-Foerster-Sternwarte, Berlin 1974)
Wood, J. A.: *Das Sonnensystem* (Enke, Stuttgart 1984)

Kometen, Meteore und Meteoriten. Interplanetare Materie (Abschnitt 2.9)

Akasofu, S.-I., Kamide, Y. (eds.): *The Solar Wind and the Earth* (Terra Scientific Publ. Co. Tokyo, Reidel, Dordrecht 1987)
Alpert, Ya. L.: *The Near-Earth and Interplanetary Plasma*, Vols. 1 and 2 (Cambridge University Press, Cambridge 1983)
Brandt, J. C., Chapman, R. C.: *Introduction to Comets* (Cambridge University Press, Cambridge 1983)
Bronshten, V.: *Physics of Meteoritic Phenomena* (Reidel, Dordrecht 1983)
Dodd, R. T.: *Meteorites* (Cambridge University Press, Cambridge 1982)
Gehrels, T. (ed.): *Asteroids* (University of Arizona Press, Tucson 1979)
Hawkins, G. S.: *Meteors, Comets, and Meteorites* (McGraw-Hill, New York 1964)
Kowal, Ch. T.: *Asteroids: Their Nature and Utilization* (Ellis Horwood Ltd., Chichester 1988)
Lovell, A. C. B.: *Meteor Astronomy* (Clarendon, Oxford 1954)
Mackin, R., Jr., Neugebauer, M.: *The Solar Wind* (Pergamon, Oxford 1964)
Mason, B.: *Meteorites* (Wiley, New York 1962)
Roth, G. D.: *The System of Minor Planets* (Faber and Faber, London 1962)
Sfoutouris, A.: *Kometen, Meteore, Meteoriten* (Müller, Rüschlikon-Zürich 1986)
Tammann, G. A., Véron, P.: *Halleys Komet* (Birkhäuser, Basel 1985)
Whipple, F. L.: *The Mystery of Comets* (Cambridge University Press, Cambridge 1986)
Wilkening, L. L. (ed.): *Comets* (University of Arizona Press, Tucson 1982)

Astronomische Instrumente und Beobachtungsverfahren (Abschnitte 3.2 – 5)

Beckman, J. E., Phillips, J. P.: *Submillimetre Wave Astronomy* (Cambridge University Press, Cambridge 1982)
Born, M.: *Optik* 3. Aufl. (Springer, Berlin Heidelberg 1985)
Christiansen, W. N., Högbom, J. A.: *Radiotelescopes* (Cambridge University Press, Cambridge 1985)
Chupp, E. L.: *Gamma Ray Astronomy* (Reidel, Dordrecht 1976)
Culver, R. B.: *An Introduction to Experimental Astronomy. An Observational Workbook* (Freeman, Oxford 1984)
Eccles, M. J., Sim, M. E., Tritton, K. P.: *Low Light Level Detectors in Astronomy* (Cambridge University Press, Cambridge 1983)
Hachenberg, O., Vowinkel, B.: *Technische Grundlagen der Radioastronomie* (Bibliographisches Institut, Mannheim 1982)
Hanbury Brown, R.: *The Intensity Interferometer* (Taylor and Francis, London 1974)
Hillier, R.: *Gamma Ray Astronomy* (Oxford University Press, Oxford 1984)
Hirsh, R.: *Glimpsing an Invisible Universe. The Emergence of X-Ray Astronomy* (Cambridge University Press, Cambridge 1983)
Jaschek, C.: *Data in Astronomy* (Cambridge University Press, Cambridge 1989)
Jones, R., Wykes, C.: *Holographic and Speckle Interferometry* (Cambridge University Press, Cambridge 1983)
Kingston, R. H.: *Detection of Optical and Infrared Radiation* (Springer, Berlin Heidelberg 1978)
Kitchin, C. R.: *Astrophysical Techniques* (Hilger, Bristol 1984)
Kleinknecht, K.: *Detectors for Particle Radiation* (Cambridge University Press, Cambridge 1986)
Kraus, J. D.: *Radio Astronomy* (Cygnus-Quasar Books, Powell, Ohio 1986)
Lena, P.: *Observational Astrophysics* (Springer, Berlin Heidelberg 1988)
Longair, M. S.: *High Energy Astrophysics* (Cambridge University Press, Cambridge 1981)
Malin, D., Murdin, P.: *Colours of the Stars* (Cambridge University Press, Cambridge 1984)

Meaburn, J.: *Detection and Spectrometry of Faint Light* (Reidel, Dordrecht 1976)
Pecker, J. C.: *Experimental Astronomy* (Reidel, Dordrecht 1970)
Rohlfs, K.: *Radioastronomie; Instrumente, Meßmethoden, Ergebnisse* (Wissenschaftliche Buchgesellschaft, Darmstadt 1980)
Rohlfs, K.: *Tools of Radio Astronomy.* Astronomy and Astrophysics Library (Springer, Berlin Heidelberg 1986)
Steel, W.: *Interferometry* (Cambridge University Press, Cambridge 1984)
Sullivan, W. T.: *The Early Years of Radio Astronomy* (Cambridge University Press, Cambridge 1984)
Vaucouleurs, G. de.: *Astronomical Photography* (Faber and Faber, London 1961)
Verschuur, G. L.: *The Invisible Universe Revealed* (Springer, Berlin Heidelberg 1987)
Walker, G.: *Astronomical Observations – An Optical Perspective* (Cambridge University Press, Cambridge 1987)

Strahlungstheorie. Spektren und Atome. Sternatmosphären und Fraunhoferlinien (Abschnitte 4.2 und 4.7–9)

Athay, R. G.: *Radiation Transport in Spectral Lines* (Reidel, Dordrecht 1972)
Bekefi, G.: *Radiation Processes in Plasmas* (Wiley, New York 1966)
Böhm-Vitense, E.: *Introduction to Stellar Astrophysics,* Vol. 1. *Basic Stellar Observations and Data,* Vol. 2. *Stellar Atmospheres* (Cambridge University Press, Cambridge 1989)
Cannon, C. J.: *The Transfer of Spectral Line Radiation* (Cambridge University Press, Cambridge 1985)
Chandrasekhar, S.: *Radiative Transfer* (Dover, New York 1950, 1960)
Condon, E. U., Shortley, G. H.: *The Theory of Atomic Spectra* (Cambridge University Press, Cambridge 1963)
Cowan, R. D.: *The Theory of Atomic Structure and Spectra* (University of California Press, Berkeley 1981)
Dalgarno, A., Layzer, D.: *Spectroscopy of Astrophysical Plasmas* (Cambridge University Press, Cambridge 1987)
Gray, D. F.: *The Observation and Analysis of Stellar Photospheres* (Wiley, New York 1976)
Haken, H., Wolf, H. C.: *Atom- und Quantenphysik,* 4. Aufl. (Springer, Berlin Heidelberg 1990)
Kaler, J. B.: *Stars and Their Spectra. An Introduction to the Spectral Sequence* (Cambridge University Press, Cambridge 1989)
Kalkofen, W. (ed.): *Methods in Radiative Transfer* (Cambridge University Press, Cambridge 1984)
Mihalas, D.: *Stellar Atmospheres* (Freeman, San Francisco 1978)
Mihalas, D., Mihalas, B. W.: *Foundations of Radiation Hydrodynamics* (Oxford University Press, New York 1984)
Novotny, E.: *Introduction to Stellar Atmospheres and Interiors* (Oxford University Press, New York 1973)
Oxenius, J.: *Kinetic Theory of Particles and Photons,* Springer Ser. Electrophys. Vol. 20 (Springer, Berlin Heidelberg 1986)
Rybicki, G. B., Lightman, A. P.: *Radiative Processes in Astrophysics* (Wiley, New York 1985)
Thomas, R.: *Stellar Atmospheric Structural Patterns.* NASA SP-471 (1983)
Unsöld, A.: *Physik der Sternatmosphären. Mit besonderer Berücksichtigung der Sonne* (Springer, Berlin Göttingen Heidelberg 1955, 1968)
White, H. E.: *Introduction to Atomic Spectra* (McGraw-Hill, New York 1934)

Spektroskopische Daten

Bashkin, S., Stoner, Jr., J. O.: *Atomic Energy-Level and Grotrian Diagrams* (North-Holland, Amsterdam, Vol. I (H I-P XV) (1975), Addenda (1978); Vol. II (S I-Ti XXII) (1978); Vol. III (V I-Cr XXIV) (1981); Vol. IV (Mn I-XXV) (1982)
Moore, C. E.: *A Multiplet Table of Astrophysical Interest,* revised edn. NSRDS-NBS 40 (National Bureau of Standards, Washington, D.C. 1972)
Moore, C. E.: *An Ultraviolet Multiplet Table.* NBS Circular 488 (National Bureau of Standards, Washington, D.C. 1950–1962)
Merrill, P. W., Moore, C. E.: *Partial Grotrian Diagrams of Astrophysical Interest,* NSRDS-NBS 23 (National Bureau of Standards, Washington, D.C. 1968)
Reader, J., Corliss, C. H., Wiese, W. L., Martin, G. A.: *Wavelengths and Transition Probabilities for Atoms and Atomic Ions,* NSRDS-NBS 68 (National Bureau of Standards, Washington, D.C. 1980)

Die Sonne (Abschnitte 4.3 und 4.10)

Athay, R. G.: *The Solar Chromosphere and Corona – Quiet Sun* (Reidel, Dordrecht 1976)

Bahcall, J.N.: *Neutrino Astrophysics* (Cambridge University Press, Cambridge 1989)
Billings, D. E.: *A Guide to the Solar Corona* (Academic, New York 1966)
Brandt, J. C.: *Introduction to the Solar Wind* (Freeman, San Francisco 1970)
Bray, R. J., Loughhead, R. E.: *Sunspots* (Chapman and Hall, London 1964)
Bray, R. J., Loughhead, R. E., Durrant, C. J.: *The Solar Granulation* (Cambridge University Press, Cambridge 1984)
Bruzek, A., Durrant, C. J.: *Illustrated Glossary for Solar and Solar-Terrestrial Physics* (Reidel, Dordrecht 1977)
Durrant, C.J.: *The Atmosphere of the Sun* (A. Hilger, Bristol Philadelphia 1988)
Gibson, E. G.: *The Quiet Sun.* NASA SP-303 (NASA, Washington, D.C. 1973)
Hundhausen, A. J.: *Coronal Expansion and Solar Wind* (Springer, Berlin Heidelberg 1972)
Jordan, S.: *The Sun as a Star.* NASA SP-450 (NASA, Washington, D.C. 1981)
Krüger, A.: *Introduction to Solar Radioastronomy and Radiophysics* (Reidel, Dordrecht 1979)
McLean, D. J., Labrum, N. R. (eds.): *Solar Radiophysics* (Cambridge University Press, Cambridge 1985)
Nicolson, I.: *Die Sonne. Ein Atlas der Sonne* (Herder, Freiburg 1982)
Noyes, R. W.: *The Sun, Our Star* (Harvard University Press, Cambridge, Mass. 1982)
Priest, E. R.: *Solar Magnetohydrodynamics* (Reidel, Dordrecht 1984)
Priest, E. R. (ed.): *Solar System Magnetic Fields* (Reidel, Dordrecht 1985)
Smith, H. J., Smith, E. V. P.: *Solar Flares* (Macmillan, New York 1963)
Stix, M.: *The Sun – An Introduction* (Springer, Berlin Heidelberg 1989)
Sturrock, P. A. (ed.): *Physics of the Sun;* Vol. 1, *The Solar Interior;* Vol. 2, *The Solar Atmosphere;* Vol. 3, *Astrophysics and Solar-Terrestrial Relations* (Reidel, Dordrecht 1985)
Švestka, Z.: *Solar Flares* (Reidel, Dordrecht 1976)
Tandberg-Hanssen, E.: *Solar Activity* (Blaisdell, Waltham, Mass. 1967)
Tandberg-Hanssen, E., Emslie, A.G.: *The Physics of Solar Flares* (Cambridge University Press, Cambridge 1988)
Thomas, R. N., Athay, R. G.: *Physics of the Solar Chromosphere* (Interscience, New York 1961)
White, O. R.: *The Solar Output and Its Variation* (Colorado Ass. University Press, Boulder 1977)
Zirin, H.: *Astrophysics of the Sun* (Cambridge University Press, Cambridge 1988)

Sterne: Zustandsgrößen, Spektren, Doppelsterne, Veränderliche Sterne (Abschnitte 4.4–6 und 4.11)

Adams, D. J.: *Cosmic X-ray Astronomy* (Hilger, Bristol 1979)
Aitken, R. G.: *The Binary Stars* (Dover, New York 1964)
Bode, M.F., Evans, A. (eds.) *Classical Novae* (Wiley, Chichester 1989)
Clark, D. H., Stephenson, F. R.: *The Historical Supernovae* (Pergamon, Oxford 1977)
De Jager, C.: *The Brightest Stars* (Reidel, Dordrecht 1980)
Garrison, R. F. (ed.): *The MK Process and Stellar Classification* (David Dunlap Obs., Ontario, Canada 1984)
Glasby, J. S.: *The Dwarf Novae* (Constable, London 1970)
Glasby, J. S.: *The Nebular Variables* (Pergamon, Oxford 1974)
Gursky, H., Ruffini, R.: *Neutron Stars, Black Holes and Binary X-Ray Sources* (Reidel, Dordrecht 1975)
Gurzadyan, G. A.: *Flare Stars* (Pergamon, Oxford 1980)
Heintz, W. D.: *Double Stars* (Reidel, Dordrecht 1978)
Hoffmeister, C., Richter, G., Wenzel, W.: *Veränderliche Sterne,* 2. Aufl. (Springer, Berlin Heidelberg 1984)
Jaschek, C., Jaschek, M.: *The Classification of Stars* (Cambridge University Press, Cambridge 1987)
Kenyon, S. J.: *The Symbiotic Stars* (Cambridge University Press, Cambridge 1986)
Kitchin, C. R.: *Stars, Nebulae and the Interstellar Medium* (Hilger, Bristol 1987)
Kopal, Z.: *Close Binary Systems* (Chapman and Hall, London 1959)
Kopal, Z.: *Language of the Stars* (Reidel, Dordrecht 1979)
Lewin, W., Heuvel, E. van den (eds.): *Accretion Driven Stellar X-Ray Sources* (Cambridge University Press, Cambridge 1983)
Petit, M.: *Variable Stars* (John Wiley, Chichester 1987)
Petschek, A.G. (ed.): *Supernovae* (Springer, Berlin Heidelberg 1990)
Pringle, J. E., Wade, R. A.: *Interacting Binary Stars* (Cambridge University Press, Cambridge 1985)
Scheffler, H., Elsässer, H.: *Physik der Sterne und der Sonne* (Bibliographisches Institut, Mannheim 1990)
Shklovsky, I. S.: *Supernovae* (Wiley, London 1968)

Sexl, R., Sexl, H.: *Weiße Zwerge – Schwarze Löcher, Einführung in die relativistische Astrophysik* (Vieweg, Braunschweig 1979)
Smith, F. G.: *Pulsars* (Cambridge University Press, Cambridge 1977)
Strohmeier, W.: *Variable Stars* (Pergamon, Oxford 1972)
Underhill, A.: *The Early Type Stars* (Reidel, Dordrecht 1966)
Werner, H., Schmeidler, F.: *Synopsis der Nomenklatur der Fixsterne* (Wissenschaftliche Verlagsgesellschaft, Stuttgart 1986)
Wolff, S.: *The A-Stars: Problems and Perspectives.* NASA u. CNRS (Nat. Techn. Inf. Service, Springfield 1983)

Spektralatlanten

Keenan, P. C., McNeil, R. C.: *An Atlas of Spectra of the Cooler Stars* (Ohio State University Press 1976)
Morgan, W. W., Keenan, P. C., Kellman, E.: *An Atlas of Stellar Spectra* (University of Chicago Press, Chicago 1943)
Morgan, W. W., Abt, H. A., Tapscott, J. W.: *Revised MK Atlas for Stars Earlier than the Sun* (Kitt Peak National Observatory, Tucson, Ariz. 1978)
Seitter, W. C.: *Atlas für Objektiv-Prismenspektren. Bonner Spektral-Atlas I, II* (Dümmlers, Bonn 1970, 1975)
Yamashita, Y., Nariai, K., Norimoto, Y.: *An Atlas of Representative Stellar Spectra* (University of Tokyo Press, Tokyo 1977)

Aufbau und Entwicklung der Sterne. Allgemeine Relativitätstheorie (Abschnitte 4.12 und 5.4)

Audouze, J., Vauclair, S.: *An Introduction to Nuclear Astrophysics* (Reidel, Dordrecht 1980)
Bowers, R., Deeming, T.: *Astrophysics I: Stars* (Jones and Bartlett, Boston 1984)
Chandrasekhar, S.: *An Introduction to the Study of Stellar Structure* (1939) (Dover, New York 1957)
Chandrasekhar, S.: *The Mathematical Theory of Black Holes* (Oxford University Press, Oxford 1983)
Clayton, D. D.: *Principles of Stellar Evolution and Nucleosynthesis* (University of Chicago Press, Chicago 1983)
Collins II, G.W.: *The Fundamentals of Stellar Astrophysics* (Freeman 1989)
Cox, J. P.: *Theory of Stellar Pulsation* (Princeton University Press, Princeton 1980)
Cox, J. P., Giuli, R. T.: *Principles of Stellar Structures,* Bd. 1: *Physical Principles;* Bd. 2: *Applications to Stars* (Gordon and Breach, New York 1968)
Eddington, A. S.: *The Internal Constitution of the Stars* (1926) (Dover, New York 1959)
Goldberg, H., Scadron, M.: *Physics of Stellar Evolution and Cosmology* (Gordon and Breach, New York 1981)
Kaplan, S. A.: *The Physics of Stars* (Wiley, New York 1982)
Kaufmann III, W. J.: *Black Holes and Warped Spacetime* (Freeman, San Francisco 1979)
Katz, J. I.: *High Energy Astrophysics.* Frontiers in Physics **63** (Addison-Wesley, Menlo Park, Calif. 1987)
Kippenhahn, R., Weigert, A.: *Stellar Structure and Evolution* (Springer, Berlin Heidelberg 1990)
Meadows, A. J.: *Stellar Evolution* (Pergamon, Oxford 1978)
Novotny, E.: *Introduction to Stellar Atmospheres and Interiors* (Oxford University Press, New York 1973)
Reddish, V. C.: *Stellar Formation* (Pergamon, Oxford 1978)
Rindler, W.: *Essential Relativity* (Springer, New York, Heidelberg, Berlin 1977)
Rolfs, C.E., Rodney W.S.: *Cauldrons in the Cosmos. Nuclear Astrophysics* (The University of Chicago Press, Chicago London 1988)
Schwarzschild, M.: *Structure and Evolution of the Stars* (Princeton University Press, Princeton 1958 und Dover, New York 1965)
Sexl, R. U., Urbantke, H. K.: *Gravitation und Kosmologie* (Bibliographisches Institut, Mannheim 1983)
Sexl, R., Schmidt, H. K.: *Raum-Zeit-Relativität* (Vieweg, Braunschweig 1979)
Shapiro, S. L., Teukolsky, S. A.: *Black Holes, White Dwarfs, and Neutron Stars: The Physics of Compact Objects* (Wiley, New York 1983)
Shklovskii, I. S.: *Stars. Their Birth, Life, and Death* (Freeman, San Francisco 1978)
Tayler, R. J.: *The Origin of the Chemical Elements* (Wykeham, London 1972)
Tayler, R. J.: *Sterne. Aufbau und Entwicklung* (Vieweg, Braunschweig 1985)
Wald, R.: *General Relativity* (University of Chicago Press, Chicago 1984)
Will, C. M.: *Theory and Experiment in Gravitational Physics* (Cambridge University Press, Cambridge 1985)

Aufbau und Dynamik des Milchstraßensystems (Abschnitt 5.2)

Binney, J., Tremaine, S.: *Galactic Astronomy* (Princeton University Press, Princeton 1987)

Bok, B. J., Bok, P. F.: *The Milky Way* (Harvard University Press, Cambridge, Mass. 1981)

Chandrasekhar, S.: *Principles of Stellar Dynamics* (Dover, New York 1960)

Mihalas, D., Binney, J.: *Galactic Astronomy – Structure and Kinematics of Galaxies* (Freeman, San Francisco 1981)

Mihalas, D., Routly, P.: *Galactic Astronomy* (Freeman, San Francisco 1968)

Scheffler, H., Elsässer, H.: *Bau und Physik der Galaxis* (Bibliographisches Institut, Mannheim 1982)

Spitzer, L., Jr.: *Dynamical Evolution of Globular Clusters* (Princeton University Press, Princeton 1987)

Interstellare Materie. Kosmische Strahlung (Abschnitt 5.3)

Alfvén, H.: *Cosmic Plasma* (Reidel, Dordrecht 1981)

Aller, L. H.: *Physics of Thermal Gaseous Nebulae* (Reidel, Dordrecht 1984)

Allkofer, O. C.: *Introduction to Cosmic Radiation* (Thiemig, München 1975)

Bohren, C. F., Huffman, D. R.: *Absorption and Scattering of Light by Small Particles* (Wiley, New York 1983)

Bowers, R., Deeming, T.: *Astrophysics II: Interstellar Matter and Galaxies* (Jones and Bartlett, Boston 1984)

Dyson, J. E., Williams, D. A.: *The Physics of the Interstellar Medium* (Manchester University Press, Manchester 1980)

Ginzburg, V. L., Syrovatskii, S. I.: *The Origin of Cosmic Rays* (Pergamon, Oxford 1964)

Ginzburg, V. L.: *Elementary Processes in Cosmic Ray Astrophysics* (Gordon and Breach, New York 1969)

Goudis, C.: *The Orion Complex: A Case Study of Interstellar Matter* (Reidel, Dordrecht 1982)

Greisen, K.: *The Physics of Cosmic X-ray, γ-ray, and Particle Sources* (Gordon and Breach, New York 1971)

Gurzadyan, G. A.: *Planetary Nebulae* (Reidel, Dordrecht 1970)

Hulst, H. C. van de: *Light Scattering by Small Particles* (Wiley, New York 1957)

Kaplan, S. A.: *Interstellar Gas Dynamics* (Pergamon, Oxford 1966)

Kaplan, S. A., Pikelner, S. B.: *The Interstellar Medium* (Harvard University Press, Cambridge, Mass. 1970)

Longair, M. S.: *High Energy Astrophysics* (Cambridge University Press, Cambridge 1981)

Osterbrock, D. E.: *Astrophysics of Gaseous Nebulae and Active Galactic Nuclei* (Univ. Science Books, Mill Valley, Calif. 1989)

Pottasch, S. R.: *Planetary Nebulae* (Reidel, Dordrecht 1983)

Ramana Murthy, P. V., Wolfendale, A.: *Gamma-Ray Astronomy* (Cambridge University Press, Cambridge 1986)

Spitzer, L., Jr.: *Physical Processes in the Interstellar Medium* (Wiley, New York 1978)

Wolfendale, A. W.: *Cosmic Rays* (Lewnes, London 1963)

Wurm, K.: *Die Planetarischen Nebel* (Akademie-Verlag, Berlin 1951)

Galaxien und Galaxienhaufen (Abschnitte 5.5 – 8)

Arp, H.: *Atlas of Peculiar Galaxies* (California Institute of Technology, Pasadena 1966)

Frank, J., King, A. P., Raine, D. J.: *Accretion Power in Astrophysics* (Cambridge University Press, Cambridge 1985)

Hey, J. S.: *Das Radiouniversum* (Verlag Chemie, Weinheim 1974)

Kaufmann III., W. J.: *Galaxies and Quasars* (Freeman, San Francisco 1979)

Mitton, S.: *Die Erforschung der Galaxien* (Springer, Berlin Heidelberg 1978)

Pacholczyk, A. G.: *Radio Galaxies* (Pergamon, Oxford 1977)

Sandage, A.: *The Hubble Atlas of Galaxies* (Carnegie Institution of Washington 1961)

Shipman, H. L.: *Black Holes, Quasars, and the Universe* (Houghton Mifflin, Boston 1980)

Takase, B., Kodaira, K., Okamura, S. (eds.): *An Atlas of Selected Galaxies* (University of Tokyo Press, Tokyo; VNU Science Press, Utrecht 1984)

Tayler, R. J.: *Galaxien. Aufbau und Entwicklung* (Vieweg, Braunschweig 1986)

Verschuur, G. L., Kellermann, K. I. (eds.): *Galactic and Extragalactic Radio Astronomy*. Astronomy and Astrophysics Library (Springer, Berlin Heidelberg 1988)

Weedman, D. W.: *Quasar Astronomy* (Cambridge University Press, Cambridge 1986)

Kosmologie (Abschnitt 5.9)

Abbott, L. F., Pi, S.-Y.: *Inflationary Cosmology* (World Scientific, Singapore 1986)
Barrow, J.D., Tipler, F.J.: *The Anthropic Cosmological Principle* (Oxford University Press 1986)
Böhm, M., Joos, H.: *Eichtheorien der schwachen, elektromagnetischen und starken Wechselwirkung* (Teubner, Stuttgart 1982)
Börner, G.: *The Early Universe. Facts and Fiction* (Springer, Berlin Heidelberg 1988)
Grotz, K., Klapdor, H. V.: *Die schwache Wechselwirkung in Kern-, Teilchen- und Astrophysik* (Teubner Studienbücher, Stuttgart 1989)
Harrison, E. R.: *Kosmologie* (Verlag Darmstädter Blätter, Darmstadt 1983)
Hawking, S. W.: *Eine kurze Geschichte der Zeit. Die Suche nach der Urkraft des Universums* (Rowohlt, Reinbek 1988)
Lohrmann, E.: *Einführung in die Elementarteilchenphysik* (Teubner, Stuttgart 1983)
Misner, C. W., Thorne, K. S., Wheeler, J. A.: *Gravitation* (Freeman, San Francisco 1973)
Nachtmann, O.: *Phänomene und Konzepte der Elementarteilchenphysik* (Vieweg, Braunschweig 1986)
Narlikar, J.: *Introduction to Cosmology* (Jones and Bartlett, Boston 1983)
Peebles, P. J. E.: *Physical Cosmology* (Princeton University Press, Princeton 1971)
Peebles, P. J. E.: *The Large-Scale Structure of the Universe* (Princeton University Press, Princeton 1980)
Rowan-Robinson, M.: *The Cosmological Distance Ladder* (Freeman, Oxford 1985)
Saller, H.: *Vereinheitlichte Feldtheorien der Elementarteilchen. Eine Einführung* (Springer, Berlin Heidelberg 1985)
Sciama, D. W.: *Modern Cosmology* (Cambridge University Press, Cambridge 1971)
Sexl, R. U., Urbantke, H. K.: *Gravitation und Kosmologie* (Bibliographisches Institut, Mannheim 1983)
Silk, J.: *The Big Bang* (Freeman, San Francisco 1988)
Weinberg, S.: *Gravitation and Cosmology* (Wiley, New York 1972)
Weinberg, S.: *Die ersten drei Minuten* (Piper, München 1977 bzw. dtv-Sachbuch, München 1980)
Zee, A.: *The Unity of Forces in the Universe,* Vols. I, II (World Science Press, Singapore 1982)
Zeldovich, Ya. B., Novikov, I. D.: *The Structure and Evolution of the Universe* (University Chicago Press, Chicago 1983)

Entstehung des Planetensystems – Entwicklung der Erde und des Lebens (Abschnitte 6.1–4)

Alfvén, H., Arrhenius, G.: *Structure and Evolutionary History of the Solar System* (Reidel, Dordrecht 1975)
Black, D. C., Matthews, M. S. (eds.): *Protostars and Planets II* (University of Arizona Press, Tucson 1985)
Grimmer, G.: *Biochemie* (Bibliographisches Institut, Mannheim 1969)
Encrenaz, T., Bibring, J.-P.: *The Solar System.* Astronomy and Astrophysics Library (Springer, Berlin Heidelberg 1990)
Henderson-Sellers, A.: *The Origin and Evolution of Planetary Atmospheres* (Hilger, Bristol 1983)
Kuhn, H.: *Entstehung des Lebens: Bildung von Molekülgesellschaften.* In: Forschung 74 (Fischer Taschenbuch-Verlag, Frankfurt/M 1974)
Monod, J.: *Zufall und Notwendigkeit* (Piper, München 1971)
Pflug, H. D.: *Die Spur des Lebens* (Springer, Berlin Heidelberg 1984)
Prigogine, I., Stengers, I.: *Order out of Chaos* (Fontana, London 1985)
Rutten, M. G.: *The Origin of Life* (Elsevier, Amsterdam 1971)
Suess, H. E.: *Chemistry of the Solar System. An Elementary Introduction to Cosmochemistry* (Wiley, New York 1987)
Taube, M.: *Evolution of Matter and Energy on a Cosmic and Planetary Scale* (Springer, Berlin, Heidelberg 1985)
Unsöld, A.: *Evolution kosmischer, biologischer und geistiger Strukturen* (Wissenschaftliche Verlagsgesellschaft, Stuttgart 1983)
Wasson, J.: *Meteorites: Their Record of Early Solar-System History* (Freeman, Oxford 1985)
Wood, J. A.: *Meteorites and the Origin of the Planets* (McGraw-Hill, New York 1968)

Quellennachweis

Frontispiz S. Laustsen, C. Madsen, R. M. West: *Entdeckungen am Südhimmel. Ein Bildatlas der Europäischen Südsternwarte (ESO)* (Springer-Verlag, Berlin Heidelberg und Birkhäuser Verlag, Basel, Boston 1987) Abb. 78

Abb. 2.2.3, 2.3.1 – 3, 2.4.1 – 4, 2.5.1, 2.5.5, 2.8.1 *Seydlitz: Allgemeine Erdkunde,* 5. Teil, 7. Aufl. (Schroedel, Hannover 1961)

Abb. 2.6.7 Nach A. Unsöld: Phys. Bl. **5**, 205 (1964)

Abb. 2.7.1 NASA bzw. D. Mondey (ed.): *The International Encyclopedia of Aviation* (Crown, New York 1977) p. 414

Abb. 2.7.2 Nach H. M. Schurmeier, R. L. Heacock, A. E. Wolfe: Sci. Am. **214**, 57 (Jan. 1966)

Abb. 2.7.3, 2.8.5 Phot. NASA

Abb. 2.7.4 G. Hunt, P. Moore: *Saturn* (Herder, Freiburg 1983) S. 16 (Abb. 2)

Tabelle 2.8.2 K. Krömmelbein: Private Mitteilung (1967); R. Kraatz: Private Mitteilung (1984); W. B. Harland, A. V. Cox, P. G. Llewellyn, C. A. G. Pickton, A. G. Smith, R. Walters: *A Geologic Time Scale* (Cambridge University Press, Cambridge 1982)

Abb. 2.8.2 Gezeichnet nach W.-H. Ip, W. I. Axford: In: Landolt-Börnstein, Neue Serie VI/2a (Springer, Berlin Heidelberg 1981)

Abb. 2.8.3 A. Unsöld: *Evolution kosmischer, biologischer und geistiger Strukturen* (Wissenschaftliche Verlagsgesellschaft Stuttgart 1983) bzw. J. D. Phillips: Oceanus **17**, 24 (1973/74)

Abb. 2.8.4 Phot. Lick Observatory, aus Sky Telesc. **26**, 342 (1963)

Abb. 2.8.6 E. Brüche, E. Dick: Phys. Bl. **26**, 351 (1970) Abb. 7

Abb. 2.8.7 H. Wänke, F. Wlotzka: Universitas **26**, 850 (1971)

Abb. 2.8.8 G. E. McGill: Nature **296**, 14 (1982) Fig. 2

Abb. 2.8.9 NASA bzw. Naturwissenschaften **59**, 395 (1972) Abb. 5

Abb. 2.8.10, 2.8.13, 2.8.14b, 2.8.15, 2.8.18 Phot. NASA/Raumfahrt-Bildarchiv H.W. Köhler, Augsburg

Abb. 2.8.11 NASA bzw. Naturwissenschaften **59**, Heft 4, Titelbild (1972)

Abb. 2.8.12 Gezeichnet nach V. I. Moroz: Space Sci. Rev. **29**, 3 (1981); A. Seif, D. B. Kirk: J. Geophys. Res. **82**, 4364 (1977); W. B. Hanson, S. Sanatani, D. R. Zuccaro: J. Geophys. Res. **82**, 4351 (1977); J. T. Houghton: *The Physics of Atmospheres* (Cambridge University Press, Cambridge 1977)

Abb. 2.8.14a Phot. B. Lyot und H. Camichel, Observatoire Pic du Midi

Abb. 2.8.16 Phot. H. Camichel, Observatoire Pic du Midi

Abb. 2.8.17 NASA bzw. G. Briggs, F. Taylor: *The Cambridge Photographic Atlas of the Planets* (Cambridge University Press, Cambridge 1982) p. 228
Abb. 2.8.19, 20 Phot. Jet Propulsion Laboratory, California Institute of Technology
Abb. 2.9.1 Phot. Hale Observatories
Abb. 2.9.2 P. Swings, L. Haser: *Atlas of Representative Cometary Spectra* (Universitaire de Liège, Liège 1956) Plate IV
Abb. 2.9.3 W. Gentner: Naturwissenschaften **50**, 192 (1963) Abb. 1
Abb. 2.9.4 E. Anders: Acc. Chem. Res. (1968)
Abb. 2.9.5 H. Fechtig, C. Leinert, E. Grün: In: Landolt-Börnstein, Neue Serie VI/2a (Springer, Berlin, Heidelberg 1981)
Abb. 3.1.1 Nach B. Rossi: In *Electromagnetic Radiation in Space,* ed. by J. G. Emming (Reidel, Dordrecht 1967) p. 164
Abb. 3.2.4 S. W. Burnham: Publ. Yerkes Observatory of the University of Chicago **1** (1900)
Abb. 3.2.5 Phot. Mt. Wilson and Palomar Observatories
Abb. 3.2.6 *Das Weltall* (Time-Life, München 1964) S. 37
Abb. 3.2.9b H. N. Russell, R. S. Dugan, J. W. Stewart: *Astronomy II* (Ginn, New York 1927) Fig. 254
Abb. 3.2.10 A. Lohmann, M. Reinecke, H. Ruder, G. Weigelt: Sterne Weltraum **16**, 284 (1977)
Abb. 3.2.11, 12 H. Tüg: Sterne Weltraum **16**, 366 (1977)
Abb. 3.2.14 Aufnahme mit dem IUE-Satelliten, Bild-Nr. SWP 5176, Beobachter: R. Wehrse (1979)
Abb. 3.2.15 J. C. Brandt and the HRS Investigation Definition and Experiment Development Teams: In: *The Space Telescope Observatory*, ed. by D.N.B. Hall, NASA CP-2244 (1982) p. 76
Abb. 3.2.16 N. P. Carleton, W. F. Hoffmann: Phys. Today **31**, No. 9, 30 (1978)
Abb. 3.3.1 Phot. G. Hutschenreiter; Max-Planck-Institut für Radioastronomie, Bonn
Abb. 3.3.2 P. Thaddeus: Phys. Today **35**, No. 11, 36 (1982)
Abb. 3.4.1 M. S. Longair: *High Energy Astrophysics* (Cambridge University Press, Cambridge 1981) Fig. 4.2
Abb. 3.4.2 M. Garcia-Munoz, G. M. Mason, J. A. Simpson: Astrophys. J. **217**, 859 (1977)
Abb. 3.4.3 M. Simon: Persönliche Mitteilung; siehe auch J. A. Esposito et al.: 19th International Cosmic Ray Conference, Vol. 3, ed. by F. C. Jones, J. Adams, G. M. Mason (NASA Conf. Publ. 2376, 1985) p. 278
Abb. 3.4.4 M. Gottwald: Sterne Weltraum **22**, 466 (1983)
Abb. 3.5.1 B. Rossi: In: *Electromagnetic Radiation in Space*, ed. by J. G. Emming (Reidel, Dordrecht 1967) p. 164 (Fig. 9)
Abb. 4.2.1 A. Unsöld: *Physik der Sternatmosphären,* 2. Aufl. (Springer, Berlin Göttingen Heidelberg 1955)
Abb. 4.3.1 E. H. Schröter, E. Wiehr: Sterne Weltraum **24**, 319 (1985)
Abb. 4.3.2 M. Minnaert, G. F. W. Mulders, J. Houtgast: *Photometric Atlas of the Solar Spectrum* (Schnabel, Kampfert, Helm, Amsterdam 1940) Ausschnitt
Abb. 4.3.4 H. Neckel: Space Sci. Rev. **38**, 187 (1984) bzw. Sterne Weltraum **23**, 297 (1984)
Abb. 4.4.1 H. L. Johnson, W. W. Morgan: Astrophys. J. **114**, 523 (1951)

Abb. 4.4.2	Gezeichnet nach H. Tüg, N. M. White, G. W. Lockwood: Astron. Astrophys. **61**, 679 (1977); C. Jamar, D. Macau-Hercot, A. Monfils, G. I. Thompson, L. Houziaux, R. Wilson: ESA SR-27 (1976); A. D. Code, M. Meade: Astrophys. J. Suppl. **39**, 195 (1979); R. L. Kurucz: Astrophys. J. Suppl. **40**, 1 (1979)
Abb. 4.5.1	H. N. Russell, R. S. Dugan, J. W. Stewart: *Astronomy II* (Ginn, New York, 1927)
Abb. 4.5.2	H. L. Johnson, W. W. Morgan: Astrophys. J. **117**, 338 (1953)
Abb. 4.5.3	W. W. Morgan, P. C. Keenan, E. Kellman: *An Atlas of Stellar Spectra* (University of Chicago Press, Chicago 1942) Ausschnitt
Abb. 4.5.5	W. Becker: In: *Stars and Stellar Systems III* (University of Chicago Press, Chicago 1963) p. 254; Effektivtemperaturen nach I. Bues
Abb. 4.6.1	R. H. Baker: *Astronomy*, 6th edn. (Van Nostrand, New York 1955)
Abb. 4.6.2	Gezeichnet nach D. M. Popper: Annu. Rev. Astron. Astrophys. **18**, 115 (1980)
Abb. 4.6.4a	J. Adam: Persönl. Mitteilung (1987)
Abb. 4.6.4b	C. Hoffmeister, G. Richter, W. Wenzel: *Veränderliche Sterne*, 2. Aufl. (Springer, Berlin Heidelberg 1984) Bild 124
Abb. 4.6.5	R. A. Hulse, F. H. Taylor: Astrophys. J. **195**, L51 (1975)
Abb. 4.7.3	P. W. Merrill: Pap. Mt. Wilson Observ. **IX**, 118 (1965)
Abb. 4.8.1	A. Unsöld: *Physik der Sternatmosphären*, 2. Aufl. (Springer, Berlin Göttingen Heidelberg 1955) S. 106
Abb. 4.9.1 – 3	A. Unsöld: Angew. Chem. **76**, 281 (1964)
Tabelle 4.9.1, 2	Sonne: H. Holweger: Private Kompilation (1985); Meteorite: E. Anders, M. Ebihara: Geochim. Cosmochim. Acta **46**, 2263 (1982)
Abb. 4.10.1	A. Unsöld: *Physik der Sternatmosphären*, 2. Aufl. (Springer, Berlin Göttingen Heidelberg 1955)
Abb. 4.10.2	R. E. Danielson: Astrophys. J. **134**, 280 (1961)
Abb. 4.10.3	R. Howard: In: *Illustrated Glossary for Solar and Solar-Terrestrial Physics*, ed. by A. Bruzek, C. I. Durrant (Reidel, Dordrecht 1977) p. 7
Abb. 4.10.4	J. Houtgast: Rech. Astron. Utrecht **13**, 3 (Utrecht 1957)
Abb. 4.10.5	C. de Jager: *Handbuch der Physik*, Vol. 52, *Astrophysik III* (Springer, Berlin Göttingen Heidelberg 1959) S. 136
Abb. 4.10.6	G. van Biesbroeck: In: *The Sun*, Vol. 1, ed. by G. P. Kuiper (University of Chicago Press, Chicago 1953) p. 604
Abb. 4.10.7, 4.10.10	J. A. Eddy: *A New Sun. The Solar Results from Skylab* (NASA, Washington, D.C. 1979) pp. 97, 162
Abb. 4.10.8	D. H. Menzel, J. G. Wolbach: Sky Telesc. **20**, 252 (1960) Fig. 5
Abb. 4.10.9	T. Royds: Mon. Not. R. Astron. Soc. **89**, 255 (1929)
Abb. 4.10.11	Cape Observatory: Proc. R. Inst. G.B. **38**, No. 175, Plate I (1961)
Abb. 4.10.12	L. Golub, M. Herant, K. Kalata, I. Lovas, G. Nystrom, F. Pardo, E. Spiller, J. Wilczynski: Nature **344**, 842 (1990)
Abb. 4.10.13	H. P. Palmer, R. D. Davies, M. I. Large: *Radio Astronomy Today* (Manchester University Press, Manchester 1963) p. 19
Abb. 4.10.14	J. M. Wilcox: Space Science Lab., Univ. of Calif., Berkeley **12**, 53 (1971) Fig. 2
Abb. 4.11.1	C. Hoffmeister, G. Richter, W. Wenzel: *Veränderliche Sterne*, 2. Aufl. (Springer, Berlin Heidelberg 1984) Bild 10

Abb. 4.11.2 Nach J. L. Linsky, B. M. Haisch: Astrophys. J. (Lett.) **229**, L27 (1979) Fig. 1

Abb. 4.11.3 T. P. Snow: In: *Mass Loss and Evolution of O-Type Stars*, IAU Symp. No. 83, ed. by P. S. Conti, C. W. H. de Loore (Reidel, Dordrecht 1979) p. 65

Abb. 4.11.4 E. L. Robinson: Annu. Rev. Astron. Astrophys. **14**, 119 (1976)

Abb. 4.11.5 J. Trümper, W. Pietsch, C. Reppin, W. Voges, R. Staubert, E. Kendziorra: Astrophys. J. (Lett.) **219**, L 109 (1978) Fig. 2

Abb. 4.11.6 W. H. G. Lewin, P. C. Joss: Nature **270**, 211 (1977) Fig. 2

Abb. 4.11.7 G. W. Clark: Sci. Am. **237**, 42 (Oct. 1977)

Abb. 4.11.8 R. Minkowski: Annu. Rev. Astron. Astrophys. **2**, 248 (1964)

Abb. 4.11.9, 12, 5.3.1, 10, 12 Phot. European Southern Observatory

Abb. 4.11.10 Phot. Hale Observatories

Abb. 4.11.11 F. R. Harnden Jr., F. D. Seward: Astrophys. J. **283**, 279 (1984)

Abb. 4.11.13 R. M. Duin, R. G. Strom: Astron. Astrophys. **39**, 33 (1975)

Abb. 4.11.14a R. H. Becker, S. S. Holt, B. W. Smith, N. E. White, E. A. Boldt, R. F. Mushotzky, P. J. Serlemitsos: Astrophys. J. (Lett.) **234**, L73 (1979) Fig. 2

Abb. 4.11.14b S. H. Pravdo, R. H. Becker, E. A. Boldt, S. S. Holt, R. E. Rothschild, P. J. Serlemitsos, J. H. Swank: Astrophys. J. (Lett.) **206**, L41 (1976) Fig. 1

Abb. 4.11.15 Vgl. auch S. S. Murray, G. Fabbiano, A. C. Fabian, A. Epstein, R. Giacconi: Astrophys. J. (Lett.) **234**, L69 (1979)

Tabelle 4.12.1 Z. Abraham, I. Iben Jr.: Astrophys. J. **170**, 157 (1971)

Abb. 4.12.2 E. Meyer-Hofmeister: In: Landolt-Börnstein, Neue Serie VI/2b (Springer, Berlin Heidelberg 1982) p. 152, Fig. 3

Abb. 4.12.4 T. Kirsten: Phys. Bl. **39**, 313 (1983)

Abb. 5.2.4 Phot. Mt. Wilson and Palomar Observatories. In: O. Struve: *Astronomie* (de Gruyter, Berlin 1962) S. 326, Abb. 26.3

Abb. 5.2.5 J. C. Duncan: *Astronomy* (Harper, New York 1950) p. 408

Abb. 5.2.6 J. H. Oort: In: *Stars and Stellar Systems*, Vol. 5, ed. by A. Blaauw, M. Schmidt (University of Chicago Press, Chicago 1965) p. 484

Abb. 5.2.7 H. Scheffler: In: Landolt-Börnstein, Neue Serie VI/2c (Springer, Berlin Heidelberg 1982) p. 191

Abb. 5.2.8 G. Westerhout: University of Maryland, USA

Abb. 5.2.11 R. Wielen: In: Landolt-Börnstein, Neue Serie VI/2c (Springer, Berlin Heidelberg 1982) p. 208, Fig. 4

Abb. 5.2.12 O. J. Eggen: R. Obs. Bull. **84**, 114 (1964)

Abb. 5.3.4 Gezeichnet nach B. D. Savage, J. S. Mathis: Annu. Rev. Astron. Astrophys. **17**, 73 (1979) Table 2

Abb. 5.3.5 D. S. Mathewson, V. L. Ford: Mem. R. Astron. Soc. **74**, 143 (1970)

Abb. 5.3.6 Nach D. C. Morton: Astrophys. J. **197**, 85 (1975)

Abb. 5.3.8 J. H. Oort: In: *Interstellar Matter in Galaxies*, ed. by L. Woltjer (Benjamin, New York 1962)

Abb. 5.3.9 M. A. Gordon, W. B. Burton: Astrophys. J. **208**, 346 (1976) Fig. 4

Abb. 5.3.11 Phot. Mt. Wilson and Palomar Observatories. In: P. W. Merrill: *Space Chemistry*, (University of Michigan Press, Ann Arbor 1963) p. 122

Abb. 5.3.13 L. Goldberg, L. H. Aller: *Atoms, Stars and Nebulae* (Blackiston, Philadelphia 1946) p. 182

Abb. 5.3.14 C. G. Wynn-Williams, E. E. Becklin: Publ. Astron. Soc. Pac. **86**, 5 (1974) Fig. 4

Abb. 5.3.15 R. E. Lingenfelter: Astrophys. Space Sci. **24**, 89 (1973)

Abb. 5.3.16 M. Grewing: In: Landolt-Börnstein, Neue Serie VI/2c (Springer, Berlin Heidelberg 1982) p. 134, Fig. 4, bzw. P. Meyer: *Origin of Cosmic Rays*, IAU Symp. No. 94, ed. by. G. Setti, G. Spada, A. W. Wolfendale (Reidel, Dordrecht 1981) p. 7

Abb. 5.3.17 H. A. Mayer-Hasselwander, K. Bennett, G. F. Bignami, R. Buccheri, P. A. Caraveo, W. Hermsen, G. Kanbach et al.: Astron. Astrophys. **105**, 164 (1982)

Abb. 5.3.18 K. Pinkau: In: *X-Ray Astronomy*, Proc. 21st Plenary Meeting of COSPAR, Innsbruck, ed. by W. A. Baity, L. E. Peterson (Pergamon, Oxford 1979) p. 523, Fig. 9

Abb. 5.4.1 a H. L. Johnson: Astrophys. J. **116**, 646 (1952)

Abb. 5.4.1 b O. J. Eggen, A. Sandage: Astrophys. J. **158**, 672 (1969)

Abb. 5.4.2 Nach A. Sandage, O. J. Eggen: Astrophys. J. **158**, 697 (1969)

Abb. 5.4.3 A. Sandage: Astrophys. J. **162**, 852 (1970) Figs. 13, 14

Abb. 5.4.4 A. Sandage: Astrophys. J. **252**, 574 (1982) Fig. 5

Abb. 5.4.5 Gezeichnet nach P. M. Hejlesen: Astron. Astrophys., Suppl. **39**, 347 (1980) Table 1

Abb. 5.4.6 R. Kippenhahn, H. C. Thomas, A. Weigert: Z. Astrophys. **61**, 246 (1965)

Abb. 5.4.7 a, b E. Meyer-Hofmeister: In: Landolt-Börnstein, Neue Serie VI/2b (Springer, Berlin Heidelberg 1982) p. 152, bzw. M. Patenaude: Astron. Astrophys. **66**, 225 (1978) Figs. 1, 3

Abb. 5.4.8 Gezeichnet nach A. V. Sweigart, P. G. Gross: Astrophys. J., Suppl. **36**, 405 (1978); D. Schönberner: Astron. Astrophys. **79**, 108 (1979)

Abb. 5.4.9 Gezeichnet nach J. R. Wilson, R. Mayle, S. E. Woosley, T. A. Weaver: Proc. 12th Texas Symp. on Relativistic Astrophysics, ed. by M. Livio, G. Shaviv, Ann. N.Y. Acad. Sci. **470**, 267 (1985)

Abb. 5.4.10 R. Kippenhahn, K. Kohl, A. Weigert: Z. Astrophys. **66**, 58 (1967)

Abb. 5.4.11 I. Iben Jr.: Astrophys. J. **141**, 1010 (1965)

Abb. 5.4.12 M. Walker: Astrophys. J., Suppl. **2**, 376 (1956)

Abb. 5.4.13 a M. L. Kutner, K. D. Tucker, G. Chin, P. Thaddeus: Astrophys. J. **215**, 521 (1977)

Abb. 5.4.13 b P. Thaddeus: In: *Symposium on the Orion Nebula to Honor Henry Draper*, ed. by A. E. Glassgold, P. J. Huggins, E. L. Schucking, Ann. N.Y. Acad. Sci. **395**, 9 (1982)

Abb. 5.4.14 B. Zuckerman: Nature **309**, 403 (1984)

Abb. 5.4.15 I. Appenzeller: In: Landolt-Börnstein, Neue Serie VI/2b (Springer, Berlin Heidelberg 1982) p. 357 [nach I. Appenzeller, W. Tscharnuter: Astron. Astrophys. **40**, 397 (1975)]

Abb. 5.4.16 R. Mundt: In: *Nearby Molecular Clouds*, ed. by G. Serra, Lecture Notes in Physics, Vol. 217 (Springer, Berlin Heidelberg 1985) p. 160

Abb. 5.4.18 R. Wielen, H. Jahreiss, R. Krüger: In: *The Nearby Stars and the Stellar Luminosity Function*. IAU Coll. No. 76, ed. by A. G. D. Philip, A. R. Upgren (L. Davis, Schenectady, N.Y. 1983) p. 163

Abb. 5.5.1, 5.5.3 – 5 Phot. Mt. Wilson and Palomar Observatories, aus A. Sandage: *The Hubble Atlas of Galaxies* (Carnegie Institution of Washington, D.C. 1961)

Abb. 5.5.2 E. Hubble: Astrophys. J. **69**, 120 (1929)
Abb. 5.5.6 P. B. Stetson, D. A. Vandenberg, R. D. McClure: Publ. Astron. Soc. Pac. **97**, 908 (1985) Fig. 7b
Abb. 5.5.7 Phot. Hale Observatories
Abb. 5.5.8 Gezeichnet nach P. Schechter: Astrophys. J. **203**, 297 (1976); J. E. Felten: Astron. J. **82**, 861 (1978)
Abb. 5.5.9 V. C. Rubin, W. K. Ford Jr.: Astrophys. J. **159**, 390 (1970); J. M. Deharveng, A. Pellet: Astron. Astrophys. **38**, 15 (1975)
Abb. 5.5.10 A. Bosma: Astron. J. **86**, 1825 (1981) Fig. 3
Abb. 5.5.11 W. W. Morgan, N. U. Mayall: Publ. Astron. Soc. Pac. **69**, 295 (1957)
Abb. 5.5.12 W. B. Sparks, J. V. Wall, D. J. Thorne, P. R. Jorden, I. G. van Breda, P. J. Rudd, H. E. Jorgensen: Mon. Not. R. Astron. Soc. **217**, 87 (1985)
Abb. 5.5.13 A. H. Rots, W. W. Shane: Astron. Astrophys. **31**, 245 (1974) Fig. 1b
Abb. 5.5.14 R. Sancisi: Astron. Astrophys. **53**, 159 (1976) Fig. 1
Abb. 5.5.15 H. J. Habing, G. Miley, E. Young, B. Baud, N. Boggess, P. E. Clegg, T. de Jong, S. Harris, E. Raimond, M. Rowan-Robinson, B. T. Soifer: Astrophys. J. (Lett.) **278**, L59 (1984)
Abb. 5.5.16 A. R. Sandage: Sci. Am. **211**, 39 (Nov. 1964)
Abb. 5.5.17 J. W. Fried, H. Schulz: Astron. Astrophys. **118**, 166 (1983)
Abb. 5.6.2 R. D. Ekers, R. Sancisi: Astron. Astrophys. **54**, 973 (1977) Fig. 1
Abb. 5.6.3 R. A. Perley, J. W. Dreher, J. J. Cowan: Astrophys. J. (Lett.) **285**, L35 (1984)
Abb. 5.6.4a B. F. C. Cooper, R. M. Price, D. J. Cole: Aust. J. Phys. **18**, 602 (1965)
Abb. 5.6.4b J. O. Burns, E. D. Feigelson, E. J. Schreier: Astrophys. J. **273**, 128 (1983) Figs. 2, 11
Abb. 5.6.5 D. Downes, A. Maxwell, M. Meeks: Astrophys. J. **146**, 657 (1966) Fig. 4
Abb. 5.6.6 R. D. Ekers, J. T. van Gorkom, U. J. Schwarz, W. M. Goss: Astron. Astrophys. **122**, 143 (1983) Figs. 1, 5
Abb. 5.6.7 H. Netzer: In: Landolt-Börnstein: New Series. VI/2c (Springer, Berlin Heidelberg 1982) p. 300, Fig. 1
Abb. 5.6.8 B. A. Peterson, A. Savage, D. L. Jauncey, A. E. Wright: Astrophys. J. (Lett.) **260**, L27 (1982)
Abb. 5.6.9 T. Gehren, J. Fried, P. A. Wehinger, S. Wyckoff: Astrophys. J. **278**, 11 (1984)
Abb. 5.6.10 T. J. Pearson, S. C. Unwin, M. H. Cohen, R. P. Linfield, A. C. S. Readhead, G. A. Seielstad, R. S. Simon, R. C. Walker: Nature **290**, 365 (1981) Fig. 1
Abb. 5.7.1 C. Jones, E. Mandel, J. Schwarz, W. Forman, S. S. Murray, F. R. Harnden Jr.: Astrophys. J. (Lett.) **234**, L21 (1979) Fig. 2
Abb. 5.7.2 K. J. Wellington, G. K. Miley, H. van der Laan: Nature **244**, 502 (1973)
Abb. 5.7.3 S. Laustsen, C. Madsen, R. M. West: *Entdeckungen am Südhimmel. Ein Bildatlas der Europäischen Südsternwarte (ESO)* (Springer-Verlag, Berlin Heidelberg und Birkhäuser Verlag, Basel Boston 1987) Abb. 92
Abb. 5.7.4 M. J. Geller, J. P. Huchra: Science **246**, 897 (1989)
Abb. 5.8.1 W. W. Roberts: Astrophys. J. **158**, 132 (1969) Fig. 7
Abb. 5.8.4 J. Centrella, A. L. Melott: Nature **305**, 196 (1983)
Abb. 5.9.3 H. Kühr: Dissertation, Universität Bonn (1980); H. Kühr, A. Witzel,

I. I. K. Pauliny-Toth, U. Nauber: Astron. Astrophys., Suppl. **45**, 367 (1981)

Abb. 5.9.4 Nach D. P. Woody, P. L. Richards: Astrophys. J. **248**, 18 (1981) und G. F. Smoot: In: *Early Evolution of the Universe and Its Present Structure*, IAU Symposium No. 104, ed. by G. O. Abell, G. Chincarini (Reidel, Dordrecht 1983) p. 153

Abb. 6.0.1 Teilweise nach W. Gentner: Naturwissenschaften **56**, 174 (1969) Abb. 3

Abb. 6.1.1 G. E. Morfill, W. Tscharnuter, H. J. Völk: In: *Protostars and Planets II*, ed. by D. C. Black, M. S. Matthews (University of Arizona Press, Tucson 1985) p. 493

Abb. 6.4.2 S. Fittkau: *Kompendium der organischen Chemie* (G. Fischer, Stuttgart 1980)

Abb. 6.4.3 Th. Wieland, G. Pfleiderer (Hrsg.): *Molekularbiologie* (Umschau, Frankfurt/M 1969) S. 46, Abb. 3

Ausgewählte Probleme

1. Koordinatensysteme (Abschn. 2.2, 2.3 und 5.2)

1.1 Die Verknüpfung zwischen dem Horizontalsystem (Azimut A, Höhe h bzw. Zenitabstand $z = 90° - h$) und dem Äquatorialsystem (Deklination δ und Stundenwinkel t bzw. Rektaszension α = Sternzeit $- t$) erfolgt über das *Polardreieck* (nautisches Dreieck) Pol P – Zenit Z – Gestirn G mit den Seiten z, $90° - \varphi$ und $90° - \delta$ (φ: Polhöhe).

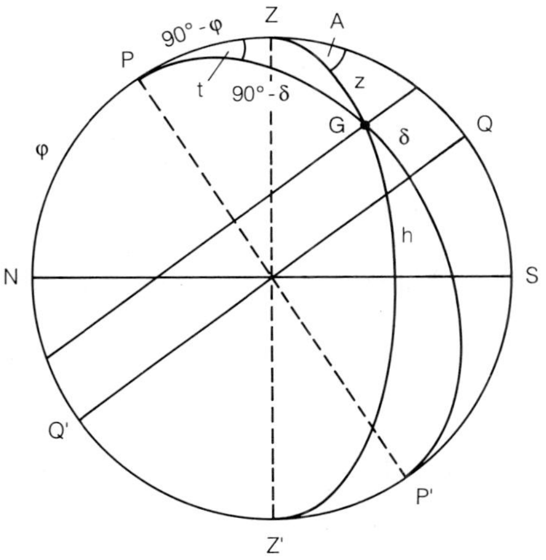

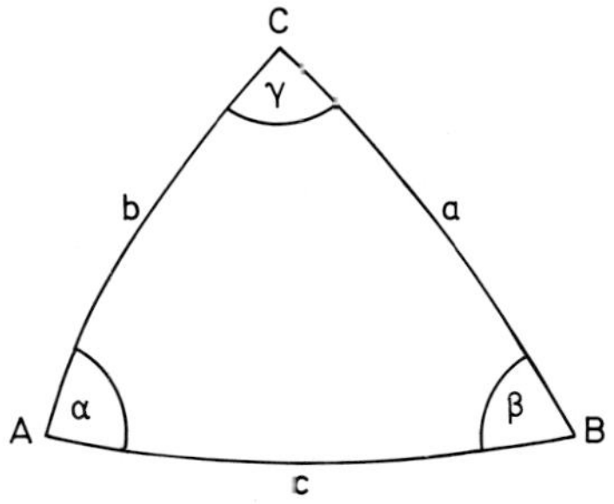

Man gebe die Formeln an für die Berechnung von z aus gegebenem φ, δ, t sowie von δ aus gegebenem φ, z, A.

Wie lauten die entsprechenden Beziehungen für die Umrechnung vom Äquatorialsystem (α, δ) auf (a) ekliptikale Koordinaten und auf (b) galaktische Koordinaten?

1.2 Wo und wann geht die Sonne am längsten Tag des Jahres in Heidelberg (geographische Breite $\varphi = 49.41°$) auf? Wie groß sind Azimut und Sternzeit bei Auf- und Untergang von Arktur (α Boo, α = 14 h 15 min 39.6 s, $\delta = +19°10'57''$) für New York ($\varphi = 40.7°$)? Wie lange steht der Stern über dem Horizont?

Man löse diese Aufgabe (a) ohne Berücksichtigung der Refraktion in der Erdatmosphäre, (b) mit einer Refraktion von $34'50''$ am Horizont (Abschn. 2.2). Der Aufgang der Sonne sei durch das Sichtbarwerden ihres oberen Randes definiert.

Hinweis: Aus der *sphärischen Trigonometrie*: In einem Dreieck ABC mit den Seiten a, b, c (als Winkel ausgedrückt) und den ihnen gegenüberliegenden Winkeln α, β, γ gelten die Beziehungen:

$$\sin a : \sin b : \sin c = \sin \alpha : \sin \beta : \sin \gamma$$

$$\cos a = \cos b \cos c + \sin b \sin c \cdot \cos \alpha$$

$$\cos \alpha = -\cos \beta \cos \gamma + \sin \beta \sin \gamma \cdot \cos a \ .$$

2. Auflösungsvermögen, Helligkeit (Abschn. 2.8 und 3.2)

Die scheinbare visuelle Helligkeit des Jupitermondes J1 Io ist (bei einer mittleren Opposition des Planeten) $V = +4.8$ mag. Mit bloßem Auge können unter günstigen Bedingungen noch Sterne bis etwa 6 mag gesehen werden. Warum wurde Io erst nach der Erfindung des Fernrohrs durch G. Galilei entdeckt? Wieviel mal heller als Io ist Jupiter?

Hinweis: Man berechne den maximalen Winkelabstand Ios von Jupiter und den scheinbaren Radius des Planeten (Tabelle 2.8.4) und vergleiche die Werte mit dem Auflösungsvermögen des Auges (3.2.2). Der Helligkeitsunterschied zwischen Jupiter und Io kann größenordnungsmäßig durch das Verhältnis der Planeten- bzw. Satellitenscheiben abgeschätzt werden.

3. Radioaktive Wärmeproduktion (Abschn. 2.5, 2.8, 2.9 und 4.9)

Die Wärmeerzeugung in Gesteinen durch Radioaktivität erfolgt überwiegend bei dem Zerfall von ^{238}U, ^{232}Th und ^{40}K. Die spezifische Energieproduktion q beträgt für natürliches Uran (99.3% ^{238}U) $9.4 \cdot 10^{-5}$, für Thorium ^{232}Th $2.6 \cdot 10^{-5}$, und für natürliches Kalium (0.02% ^{40}K) $3.6 \cdot 10^{-9}$ J kg^{-1} s^{-1}.

3.1 Man berechne q aus den kosmischen Elementhäufigkeiten (Tabelle 4.9.1) für (a) die kosmische Materie, in der alle Elemente enthalten sind, und (b) chondritische Materie, für welche vereinfachend angenommen werde, daß sie praktisch aus Olivin $(Mg,Fe)_2SiO_4$ und Spuren von K, Th, U im kosmischen Verhältnis der Elemente besteht. Man vergleiche das Ergebnis von (b) mit dem tatsächlichen Wert für Chondrite, $q = 5.2 \cdot 10^{-12}$ J kg^{-1} s^{-1}. Welche radioaktive Zerfallsreihe überwiegt bei der Wärmeproduktion?

3.2 Man berechne aus q den Wärmestrom Q an der Oberfläche einer homogenen Kugel mit dem Radius R und der Dichte ϱ. Wie groß ist Q bei der Erde, wenn sie durchgehend aus chondritischem Material bestehen würde? Wie groß ist Q für eine 10 km dicke Schicht aus Granit ($q = 1.1 \cdot 10^{-9}$ J kg^{-1} s^{-1}), die sich über die ganze Erdoberfläche erstreckt?

3.3 Die Energiebilanz eines Körpers im Planetensystem im Abstand r von der Sonne ist durch (2.8.2) gegeben. Wie verhält sich – bei einer Albedo $A = 0.5$ – der radioaktive Wärmestrom Q zu der Zustrahlung $S(r)$ von der Sonne für verschiedene r und R?

Wie groß muß der Radius R sein, damit Q die Zustrahlung $S(r)$ überwiegt? Gibt es Körper im Planetensystem, für die $Q \geq S(r)$ ist? Man diskutiere Zahlenbeispiele für Körper im Planetoidengürtel, in Entfernung des Saturn und am Rande der Oortschen Kometenwolke (Abschn. 2.5).

3.4 Man berechne mit den in Abschn. 2.8.5 b angegebenen Halbwertszeiten die Häufigkeiten von ^{238}U, ^{232}Th und ^{40}K für die Entstehungszeit des Planetensystems vor $4.5 \cdot 10^9$ a. Wie war damals der relative Beitrag dieser radioaktiven Nuklide zur Wärmeproduktion in Gesteinen?

4. Atmosphären von Planeten und Monden (Abschn. 2.6 und 2.8)

Ein Himmelskörper kann eine eigene Atmosphäre halten, wenn die thermische Geschwindigkeit $\bar{v}$ der Moleküle (2.8.23) sehr klein gegenüber der Entweichgeschwindigkeit $v_e = \sqrt{2G\mathcal{M}/R}$ (2.6.42) ist. Man zeige, daß unter der Annahme einer von der Höhe in der Atmosphäre unabhängigen Schwerebeschleunigung $g = G\mathcal{M}/R^2$ gilt:

$$\left(\frac{\bar{v}}{v_e}\right)^2 = \frac{H}{R} ,$$

wobei H die Äquivalenthöhe (2.8.17) ist. Man stelle für die Planeten und ihre größeren Monde eine Rangordnung nach v_e und nach $v_e/\bar{v}$ auf unter Verwendung der in Abschn. 2.8 aufgeführten Daten und vergleiche diese mit der beobachteten Existenz von Atmosphären. Wie groß muß demnach $v_e/\bar{v}$ mindestens sein, damit eine Atmosphäre existieren kann?

5. „Kosmischer Zusammenstoß" (Abschn. 2.9 und 6.4)

5.1 Man verwende den heutigen Teilchenfluß von Meteoriten in 1 AE Entfernung von der Sonne aus Abb. 2.9.5, um durch Extrapolation abzuschätzen, wie groß die Wahrscheinlichkeit für einen Zusammenstoß eines Meteoriten/Planetoiden von 1, 10 und 100 km Radius mit der Erde ist.

5.2 Ein Planetoid mit einem Radius von 10 km und einer Dichte von 3000 kg m^{-3} pralle mit einer Relativgeschwindigkeit von 50 km s^{-1} auf die Erde auf. Unter der Annahme, daß dessen Masse hierbei „zusammenbleibt" schätze man ab:

a) Wie groß ist der Impuls des Planetoiden im Vergleich zum Bahnimpuls der Erde?
b) Wie groß ist der maximal auf der Erde übertragbare Drehimpuls im Vergleich zum Eigendrehimpuls der Erde? Welche Änderung der Rotationsperiode würde hierdurch bewirkt? Wie lange würden die Gezeitenkräfte (Abschn. 6.3) benötigen, um dieselbe Änderung zu erzeugen?
c) Man nehme an, daß die gesamte kinetische Energie des Planetoiden in thermische Energie der Moleküle der Erdatmosphäre umgewandelt werden könnte. Wie hoch wäre die Temperatur der Atmosphäre? Man vergleiche die kinetische Energie mit der gesamten Wärmeenergie der Atmosphäre, mit der gesamten Dissoziationsenergie ihrer Moleküle (N_2: 9.8 eV, O_2: 5.1 eV), mit der Rotationsenergie der Erde und mit der in einem Jahr von der Sonne zugestrahlten Energie.

5.3 Man nehme an, daß die Masse des Planetoiden gleichförmig über die ganze Erdoberfläche verteilt werde. Wie dick wäre diese Schicht?

Man nehme an, daß die Masse des Planetoiden in der gesamten Erdatmosphäre bis zu einer Höhe von 10 km gleichförmig in Form von Staubkörnern mit 1 μm Radius verteilt werde. Man schätze den Extinktionskoeffizienten (5.3.9, 10 mit $Q_e \simeq Q_{str} \simeq 1$) sowie die Änderung der Albedo und der Temperatur der Atmosphäre ab. Man vergleiche die Masse des Planetoiden mit der Masse der Erdatmosphäre.

6. **Planetoiden** (Abschn. 2.6, 2.8 und 4.3)

6.1 Ein kleiner Planetoid in 3 AE Abstand von der Sonne habe einen Radius von 10 km und eine Albedo $A = 0.03$ (ähnlich wie die kohligen Chondrite). Wie groß ist seine Effektivtemperatur bei sehr langsamer und sehr rascher Rotation? Wo liegt das Maximum seiner Strahlung, wenn diese als schwarz angenommen wird?

Man vergleiche die Effektivtemperatur mit den in Tabelle 2.8.1 angegebenen Werten für die Planeten.

6.2 Ist ein gravitativ gebundenes *Doppelsystem* zweier Planetoiden möglich? Man nehme für die Planetoiden dieselbe Masse $\mathcal{M}$ an und stelle nach dem 3. Keplerschen Gesetz die Beziehung zwischen Abstand und Periode des Bahnumlaufs zahlenmäßig auf (a) für $\mathcal{M} = 10^{21}$ kg (entsprechend den größten Planetoiden), (b) für $\mathcal{M}$ eines Planetoiden mit 10 km Radius und einer Dichte von 3000 kg m^{-3} und (c) für $\mathcal{M} = 1$ kg(!).

Wie groß sind die Kräfte auf solche „Doppelplanetoiden" in 3 AE Entfernung von der Sonne durch andere Körper des Planetensystems?

6.3 In der Erzählung „Der kleine Prinz" von A. de Saint-Exupéry (1943) besucht der Prinz einen winzigen Planeten, auf dem gerade Platz für eine Straßenlaterne und einen Laternenanzünder ist. Der Planet hat sich von Jahr zu Jahr schneller gedreht, so daß jetzt die Laterne jede Minute einmal angezündet und einmal ausgelöscht werden muß.

Man nehme für den Planetoiden eine Kugel vom Radius 1.25 m und einer Dichte von 3000 kg m^{-3} an. Wie groß sind die Gravitations- und die Zentrifugalbeschleunigung am Äquator? Wie lange fällt ein Stein aus 1 m Höhe auf die Oberfläche?

Reicht die Zentrifugalkraft aus, um die Haftreibung des stehenden Laternenanzünders (70 kg Masse) gegenüber der Oberfläche zu überwinden?

Wie verhält es sich mit der Stabilität des Planetoiden bei 1 min Rotationsperiode, wenn die Zugfestigkeit seines Materials 10^8 Pa beträgt?

7. **Entfernung und Raumgeschwindigkeit der Sterne** (Abschn. 2.3, 4.4 und 5.2)

7.1 Wie groß ist der Winkelabstand an der Sphäre zwischen den beiden hellsten Sternen der Zwillinge, Castor (α Gem) und Pollux (β Gem)? Wie groß ist ihr wahrer räumlicher Abstand in [pc]? Die Koordinaten (α, δ) für die Epoche 2000 und Parallaxen (p) der beiden Sterne sind

$$\alpha\ \text{Gem:}\quad \alpha = 7\,\text{h}\ 34\,\text{min}\ 35.9\,\text{s},\quad \delta = +31°53'18'';\quad p = 0.067''$$

$$\beta\ \text{Gem:}\quad \alpha = 7\,\text{h}\ 45\,\text{min}\ 18.9\,\text{s},\quad \delta = +28°1'34'',\quad p = 0.094''\ .$$

7.2 In einem Sternkatalog sind die Koordinaten des Sirius (α CMa) für die Epoche 1900 mit $\alpha = 6$ h 40 min 44.6 s und $\delta = -16°34'44''$ angegeben. Man berechne die Position für das Jahr 2000 unter Verwendung der Präzession aus Tabelle 2.3.1 und vergleiche das Ergebnis mit der Angabe im Bright Star Catalogue. Wieviel macht hierbei die Eigenbewegung des Sirius aus, welche in Rektaszension $-0.545''\,\mathrm{a}^{-1}$, in Deklination $-1.211''\,\mathrm{a}^{-1}$ beträgt? Die Radialgeschwindigkeit des Sirius ist $-8\,\mathrm{km\,s}^{-1}$, seine Parallaxe 0.378″. Um wieviel ändert sich die Entfernung in 100 a aufgrund der Radialgeschwindigkeit? Man berechne die galaktischen Koordinaten (l, b) des Sirius und überprüfe das Ergebnis anhand der Abb. 5.2.8. Wie groß sind die Komponenten der Raumgeschwindigkeit in der Milchstraße?

8. Sirius A und B – die fundamentalen Parameter der Sterne
(Abschn. 4.4, 4.6 und 4.12)

Das visuelle Doppelsternsystem α CMa = Sirius hat eine Parallaxe $p = 0.378''$. Relativ zu dem hellen Sirius A ($m_V = -1.46$ mag) bewegt sich der schwächere Begleiter, der Weiße Zwergstern Sirius B ($m_V = +8.44$ mag), auf einer Ellipse mit einer großen Halbachse $a = 7.5''$ mit einer Periode $P = 50.1$ a. Das Verhältnis der großen Halbachsen der Bahnen der beiden Komponenten um ihren gemeinsamen Schwerpunkt ist $a_B/a_A = 2.1$.

8.1 Wie groß sind die Massen $\mathcal{M}$ der beiden Sterne? Wie groß sind der kürzeste und der größte Abstand beider Komponenten in AE? Wie hoch sind die mittleren Bahngeschwindigkeiten im Schwerpunktsystem?

8.2 Aus der Analyse ihrer Spektren ergeben sich für die beiden Sterne folgende Effektivtemperaturen und Schwerebeschleunigungen an der Oberfläche

$$T_{\mathrm{eff,A}} = 9980\,\mathrm{K} \quad T_{\mathrm{eff,B}} = 22\,500\,\mathrm{K}$$
$$g_A = 204\,\mathrm{m\,s^{-2}} \quad g_B = 7.1 \cdot 10^6\,\mathrm{m\,s^{-2}} \ ,$$

und damit als bolometrische Korrektionen (4.4.21) B.C.(A) $\simeq 0.2$ mag und B.C.(B) $\simeq 2.4$ mag. Man berechne die Leuchtkräfte L, Radien R und mittleren Dichten $\bar{\varrho}$ der beiden Komponenten. Inwieweit wird die Masse-Leuchtkraft-Beziehung (4.6.5) durch die beiden Komponenten erfüllt?

8.3 Interferometrische Messungen ergeben für Sirius A einen scheinbaren Winkeldurchmesser von 0.0059″. Man vergleiche diesen Wert mit dem spektroskopisch bestimmten Durchmesser. Für Weiße Zwerge besteht die Masse-Radius-Beziehung (4.12.51) $R/R_\odot = 0.0128\,(\mathcal{M}/\mathcal{M}_\odot)^{-1/3}$. Welchen Radius ergibt diese Beziehung für Sirius B?

9. Strahlungskraft und maximale Leuchtkraft der Sterne (Abschn. 2.6, 4.2 und 4.6)

Ein Stern erreicht seine maximale Leuchtkraft, die *Eddington-Leuchtkraft* L_E, wenn die nach außen gerichtete Strahlungsbeschleunigung g_{rad} an seiner Oberfläche gleich der Gravitationsbeschleunigung $g = G\mathcal{M}/R^2$ (4.6.7) ist; für $g_{rad} > g$ existieren demnach keine stabilen Sterne (A.S. Eddington, 1921).

9.1 Die Strahlungsbeschleunigung ist gleich dem Impuls, der pro s auf eine Einheitsmasse durch Absorption von Strahlung übertragen wird, vgl. (2.6.9), wobei für Strahlung Impuls = Energie/c gilt (c = Lichtgeschwindigkeit). Man zeige, daß

$$g_{rad} = \frac{1}{c}\int_0^\infty k_{\nu,M} F_\nu \, d\nu$$

gilt, wobei F_ν der monochromatische Strahlungsstrom (4.2.6) und $k_{\nu,M}$ der Massenextinktionskoeffizient (4.2.15) ist. In einem vollständig ionisierten Wasserstoffplasma wird die Strahlungskraft überwiegend durch Thomsonstreuung an den freien Elektronen mit dem frequenzunabhängigen Querschnitt σ_T (3.4.6) übertragen. Man zeige, daß sich für diesen Fall die Eddington-Leuchtkraft

$$L_E = \frac{4\pi c G\mathcal{M}}{\sigma_{T,M}}$$

ergibt ($\sigma_{T,M} = \sigma_T \cdot N_e/\varrho$). Wie groß ist L_E für $\mathcal{M} = 1\,M_\odot$ in Einheiten der Sonnenleuchtkraft?

9.2 Bei den hellsten Überriesen beobachtet man absolute bolometrische Helligkeiten von $M_{bol} \simeq -10$ mag. Man berechne ihre maximalen Massen unter der Annahme, daß M_{bol} der Eddington-Leuchtkraft entspricht, und diskutiere diese im Zusammenhang mit der empirischen Masse-Leuchtkraft-Beziehung (4.6.5).

10. Anregung, Ionisation und kontinuierliche Absorption in der Sonnenatmosphäre
(Abschn. 4.2, 4.7 und 4.8)

In der Photosphäre der Sonne ist in der Schicht $\bar{\tau} = 0.1$ die Temperatur $T = 5070$ K, der Elektronendruck $P_e = 0.38$ Pa und der Gasdruck $P_g = 4360$ Pa (Tabelle 4.8.1). Wie groß sind in dieser Schicht die Elektronendichte N_e und die totale Teilchendichte N_{tot}?

10.1 Man berechne mit der Boltzmannformel (4.7.6) die Besetzungszahlen der beiden niedrigsten angeregten Energiezustände (Hauptquantenzahlen n = 2 and 3) des neutralen Wasserstoffs relativ zum Grundzustand (n = 1). Die Energien sind durch

$$\chi_n\,[\mathrm{eV}] = 13.60\left(1 - \frac{1}{n^2}\right)$$

gegeben (4.7.3), die zugehörigen statistischen Gewichte sind $g_n = 2n^2$. Wie groß ist der Ionisationsgrad des Wasserstoffs N(H II)/N(H I) und wie hoch ist der Anteil der negativen Wasserstoffionen $N(H^-)/N(H\,I)$? Man verwende die Sahaformel (4.7.14, 17) und berücksichtige in der Zustandssumme Q_0 von H I nur die Zustände n = 1 bis 3. Für H II ist $Q_1 = 1$. Das H^--Ion hat eine „Ionisationsenergie" (Elektronenaffinität) von 0.75 eV und nur einen gebundenen Zustand (Grundzustand), $Q(H^-) \equiv g_0(H^-) = 1$.

10.2 Man berechne die Beiträge von H I und H^- zur kontinuierlichen Absorption κ_λ der Sonnenphotosphäre in $\bar{\tau} = 0.1$ bei der Wellenlänge $\lambda = 364$ nm, d. h. an der kurzwelligen Seite der Balmerkante (vgl. Abb. 4.8.2). Die atomaren Absorptions- bzw. Photoionisationsquerschnitte des H I sind durch (4.7.36) gegeben, wobei $\kappa_\lambda = \alpha_{n\kappa}(\lambda) \cdot N_n = \kappa_{\lambda,\mathrm{at}} \cdot N_n$ (4.2.15). Welche Energiezustände n des H I müssen für den Photoionisationsquerschnitt bei 364 nm Wellenlänge berücksichtigt werden? Für das H^--Ion ist $\alpha_{0\kappa}(364\,\mathrm{nm}) \simeq 2.4 \cdot 10^{-21}\,\mathrm{m}^2$.

Wie groß ist die Thomsonstreuung an freien Elektronen (3.4.6) im Vergleich zu κ_λ?

11. Strahlungstransport: Temperaturschichtung einer Sternatmosphäre
(Abschn. 4.2 und 4.8)

Die Strahlungstransportgleichung für eine planparallele Atmosphäre (4.8.4) hat im „grauen Fall", d. h. für einen von der Frequenz bzw. Wellenlänge unabhängigen Absorptionskoeffizienten, die Form

$$\cos\vartheta \frac{dI}{d\tau} = I - B \quad ,$$

wobei τ die frequenzunabhängige optische Tiefe, $I = \int_0^\infty I_\nu d\nu$ und $B = \int_0^\infty B_\nu d\nu = (\sigma/\pi)\,T^4$ ist.

Man betrachte nur zwei Strahlrichtungen, eine nach außen, $\cos\vartheta = -1$, mit der Intensität I^+ und eine nach innen, $\cos\vartheta = -1$, mit I^-. In dieser stark vereinfachten *Zwei-Strahl-Näherung* ist die mittlere Intensität (4.2.34) durch $J = \frac{1}{2}(I^+ + I^-)$ und der Strahlungsstrom (4.2.6) durch $F = I^+ - I^-$ gegeben.

11.1 Man zeige, daß sich bei Addition der beiden Strahlungstransportgleichungen für $\cos\vartheta = \pm 1$ der Energiesatz ergibt, d. h. daß im Strahlungsgleichgewicht $J = B$ der Strahlungsstrom F unabhängig von der Tiefe τ ist ($F = \sigma T_{\mathrm{eff}}^4$).

11.2 Durch Subtraktion der beiden Gleichungen ergibt sich eine Differentialgleichung für J. Man löse diese Gleichung für die Randbedingung, daß an der Sternoberfläche ($\tau = 0$) keine Einstrahlung erfolgt, d. h. $I^-(\tau = 0) = 0$, und vergleiche die sich ergebende Temperaturschichtung $T(\tau)$ mit der grauen Schichtung (4.8.7).

12. Supernovae und Pulsare (Abschn. 2.6, 3.5, 4.2, 4.4, 4.11 und 5.4)

12.1 Die *bolometrische* Helligkeit $L(t)$ der hellen SN 1987 A in der Großen Magellanschen Wolke vom 23. Februar 1987 fällt von etwa 120 d bis 800 d nach dem Ausbruch exponentiell mit der Zeit t ab.

Man bestimme für dieses Zeitintervall $L(t)$ näherungsweise aus der Abbildung. Wie groß ist die Helligkeitsabnahme in Größenklassen pro Tag? Man gebe die Halbwertszeit $\tau_{1/2}$(SN) der Lichtkurve an und vergleiche sie mit der Halbwertszeit des radioaktiven Zerfalls von ^{56}Co in ^{56}Fe, $\tau_{1/2}(^{56}\mathrm{Co}) = 77.28$ d.

12.2 Wieviel Sonnenmassen an ^{56}Co sind erforderlich, um die beobachtete Leuchtkraft $L(t)$ im exponentiellen Teil durch radioaktive Heizung durch den Zerfall von

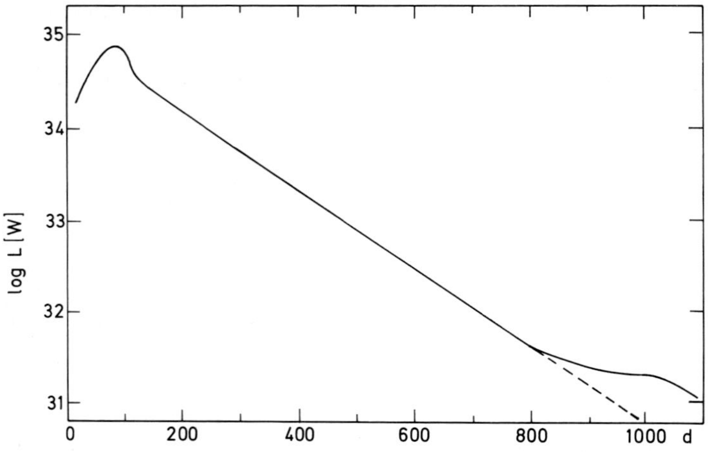

^{56}Co zu erklären? Beim Zerfall eines ^{56}Co-Kerns werden im Mittel 3.6 MeV an Energie freigesetzt.

12.3 Nach etwa 800 d flacht die bolometrische Lichtkurve ab und liegt z. B. 1030 d nach dem Ausbruch mit $2 \cdot 10^{31}$ W deutlich über der Extrapolation des exponentiellen Abfalls. Eine mögliche Erklärung hierfür wäre eine zusätzliche Energiezufuhr durch den – noch nicht direkt beobachtbaren – Pulsar bzw. rotierenden Neutronenstern auf Kosten seiner Rotationsenergie $E_{\mathrm{rot}} = \frac{1}{2} J \omega^2$. Man berechne das Trägheitsmoment J des Neutronensterns unter der Annahme einer homogenen Kugel (2.6.45) mit dem Radius $R = 10$ km und der Masse $\mathcal{M} = 1.4 \mathcal{M}_{\odot}$. Der Pulsar im Krebsnebel (Abschn. 4.11.7) ändert seine Periode $P = 2\pi/\omega$ entsprechend $P/\dot{P} = 2500$ a ($\dot{P} = dP/dt$); etwa 1/100 der hierdurch bedingten Abnahme der Rotationsenergie E_{rot} tritt als Pulsarstrahlung auf. Man berechne $E_{\mathrm{rot}}/100$ und vergleiche das Ergebnis mit der 1030 d nach Ausbruch beobachteten Leuchtkraft der SN 1987 A.

12.4 Der bei einer Supernovaexplosion entstandene Neutronenstern hat noch bis etwa 100 a nach dem Ausbruch eine Oberflächentemperatur T über $2 \cdot 10^6$ K.

Wo liegt das Maximum der Strahlung eines Schwarzen Körpers von $T = 2 \cdot 10^6$ K? Wie groß ist die entsprechende Leuchtkraft, wenn der Radius des Neutronensterns $R = 10$ km beträgt?

Der Röntgensatellit ROSAT kann eine „Punktquelle“ noch bei einem Fluß von $2 \cdot 10^{-17}$ Wm^{-2} (Energiebereich 0.1 bis 0.3 keV) bzw. $6 \cdot 10^{-17}$ Wm^{-2} (0.5 – 2 keV) nachweisen. Könnte die thermische Röntgenstrahlung eines beim Ausbruch der SN 1987 A entstandenen Neutronensterns mit $R = 10$ km und $T = 2 \cdot 10^6$ K von ROSAT beobachtet werden (Entfernung der Großen Magellanschen Wolke: 50 kpc)?

13. Thermonukleare Reaktionen (Abschn. 4.7 und 4.12)

13.1 Zwei positiv geladene Kerne (Ladungen $Z_1 e$ and $Z_2 e$) im Abstand r stoßen einander entsprechend dem *Coulombpotental*:

$$V(r) = \frac{1}{4\pi\varepsilon_0} \frac{Z_1 Z_2 e^2}{r}$$

ab. Eine Kernreaktion ist erst möglich, wenn sich die beiden Kerne bis auf $r_0 = 10^{-15}$ m nähern. Wie hoch ist die Coulombschwelle $B = V(r_0)$? Wie groß ist ihre Dicke $\Delta = \delta - r_0 \simeq \delta$ für ein Teilchen mit der kinetischen Energie $E = \frac{1}{2} m v^2 = \frac{3}{2} kT$, wobei δ durch $V(\delta) = E$ gegeben ist? Man drücke δ in Einheiten der de Broglie-Wellenlänge $\Lambda = \hbar/(mv)$ aus. (Der Einfachheit halber nehmen wir an, daß sich der eine Kern in Ruhe befindet.)

Nach G. Gamow ist die Wahrscheinlichkeit für das *Durchtunneln* des Coulombwalls $P(v) = \exp(-2\pi\eta)$ mit

$$\eta = \frac{1}{4\pi e_0} \frac{Z_1 Z_2 e^2}{\hbar v} .$$

Wie hängt η mit δ zusammen? Man berechne B, δ und $P(v)$ für die Reaktion ^{12}C (p,γ) ^{13}N aus dem CNO-Trizyklus für $T = 10^7$ und $2 \cdot 10^7$ K.

13.2 Bei genaueren Berechnungen muß die *Abschirmung* der Kernladungen durch die Elektronen im Plasma berücksichtigt werden. Im Rahmen der Debye-Theorie ist das elektrostatische Potential dann

$$\tilde{V}(r) = V(r) e^{-r/r_D}$$

mit der Debyelänge für eine vollständig ionisiertes Wasserstoffplasma der Teilchendichte N,

$$r_D = \sqrt{\frac{\varepsilon_0 k T}{e^2 N}} .$$

Wie ändern sich B, δ und $P(v)$ für das abgeschirmte Potential $\tilde{V}(r)$? Man nehme für $N = 10^{32}$ und 10^{35} m^{-3} an.

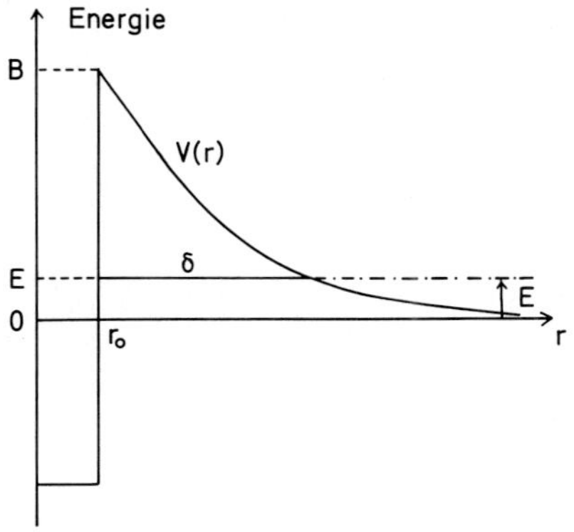

13.3 Die *Rate* für eine thermonukleare Reaktion wird außer durch $P(v)$ wesentlich durch die Geschwindigkeitsverteilung $\phi(v)$ der Kerne bestimmt, für die wir die Maxwell-Boltzmann-Verteilung (4.7.33) annehmen dürfen. Bei welchem v sind die beiden einander entgegenwirkenden Exponentialfunktionen $\exp(-b/v)$ und $\exp[-(v/v_0)^2]$ gleich (b, v_0 Konstanten)? Bei welchem v liegt das Maximum des Integranden $\sigma(v)v\phi(v)$ in (4.7.32), dem sog. „Gamow-Peak"? Man setze für den Wirkungsquerschnitt $\sigma(v) = \text{const}\cdot P(v)/v^2$ an.

14. Energieerzeugung durch Akkretion (Abschn. 2.6, 4.11, 4.12 und 5.6)

Bringt man eine Masse m aus großer Entfernung auf die Oberfläche einer Kugel mit der Masse $\mathcal{M}$ und dem Radius R, so wird die Gravitationsbindungsenergie

$$\Delta E = -\frac{G\mathcal{M}m}{R}$$

freigesetzt (4.12.26). Durch die Akkretion von Materie mit einer Rate $\dot{\mathcal{M}} = dm/dt$ kann daher – bei vollständiger Umsetzung von ΔE in Strahlung – eine *Akkretionsleuchtkraft*

$$L_A = \left|\frac{dE}{dt}\right| = \frac{G\mathcal{M}\dot{\mathcal{M}}}{R}$$

erzeugt werden (4.11.9).

14.1 Man berechne L_A in Einheiten der Sonnenleuchtkraft für einen Massenstrom $\dot{\mathcal{M}} = 10^{-10}\,\mathcal{M}_\odot\,\text{a}^{-1}$, der für enge Doppelsterne (Abschn. 4.11.5, 6) typisch ist, auf (a) einen Weißen Zwerg, (b) auf einen Neutronenstern mit jeweils $\mathcal{M} = 1\,\mathcal{M}_\odot$.

14.2 Bei kataklysmischen Veränderlichen erfolgt der Massenstrom auf den Weißen Zwerg nicht direkt in radialer Richtung, sondern vielmehr über eine Akkretionsscheibe, indem sich jedes Massenteilchen auf einer Spirale nach innen bewegt. Man nehme an, daß seine Bahn in jedem Zeitpunkt durch eine Kreisbahn mit einer Keplergeschwindigkeit nach (2.6.40) angenähert werden kann. Man zeige mit Hilfe von (2.6.35), daß beim Erreichen der „innersten" Bahn dicht an der Oberfläche des Weißen Zwergs nur die Leuchtkraft $\frac{1}{2}L_A$ gewonnen wird. Wie kann man die volle Akkretionsleuchtkraft L_A erhalten?

14.3 Wie groß ist L_A, wenn eine Masse $\mathcal{M}$ Materie bis hin zu ihrem Schwarzschildradius R_s (4.12.62) akkretiert? (Man setze hierbei – stark vereinfachend – voraus, daß die Newtonsche Gravitationstheorie bis an R_s heran gilt). Wie hängt L_A von $\mathcal{M}$ ab? In Abschn. 5.6.6 wird die Strahlung der Kerne aktiver Galaxien zu $L = \varepsilon\dot{\mathcal{M}}c^2$, ε Wirkungsgrad, abgeschätzt (5.6.13). Wie verhält sich dieser Ausdruck zu L_A?

14.4 Die Eddington-Leuchtkraft L_E (s. Aufgabe Nr. 9) liefert bei stetigem Einfall von Materie eine obere Grenze für dessen Rate $\dot{\mathcal{M}}$, da für $L_A \geq L_E$ der Strahlungsdruck die Akkretion verhindert. Wie groß ist die maximale Rate für Akkretion auf einen Weißen Zwerg von $1\,\mathcal{M}_\odot$, einen Neutronenstern von $1\,\mathcal{M}_\odot$ und einen galaktischen Kern (Schwarzschildradius R_s) von $10^9\,\mathcal{M}_\odot$?

15. Mikrowellen-Hintergrundstrahlung und interstellare Absorptionslinien
(Abschn. 4.7, 4.9, 5.3 und 5.9)

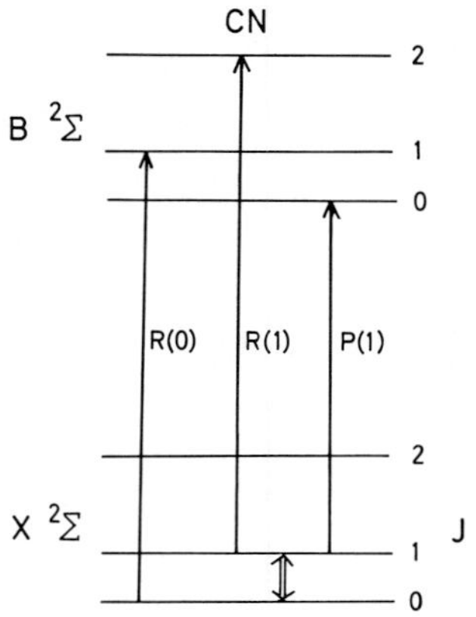

Im Spektrum des hellen O-Stern ζ Oph werden folgende schwache Absorptionslinien des CN-Radikals beobachtet, die von den beiden untersten Niveaus des CN mit den Rotationsquantenzahlen $J = 0$ and 1 ausgehen (s. Abbildung):

Linie	Wellenlänge λ [nm]	Äquivalentbreite W_λ [pm]	relative f-Werte
$R(0)$	387.46	0.73	1
$R(1)$	387.39	0.21	$\frac{2}{3}$
$P(1)$	387.57	0.11	$\frac{1}{3}$

15.1 Man berechne aus (5.3.22) die Energie des Niveaus $J = 1$ sowie die Wellenlänge λ_0 und die Frequenz ν_0, die dem Übergang $(J = 0) \leftrightarrow (J = 1)$ entsprechen. Die Rotationskonstante ist $B = 1.8910\,\text{cm}^{-1}$.

15.2 Man bestimme aus obigen Liniendaten die Anregungstemperatur („Rotationstemperatur") aus dem Verhältnis der Besetzungszahlen $N_1/N_0 = N(J = 1)/N(J = 0)$ nach der Boltzmann-Formel (4.7.6). Die Linien können als ungesättigt angenommen werden, so daß W_λ dem Absorptionskoeffizienten κ_ν und damit dem Produkt $Nf\lambda_0^2$ proportional ist (4.9.20a).

15.3 Erfolgt die Anregung des Niveaus $J = 1$ durch die Mikrowellen-Hintergrundstrahlung mit $T = 2.7$ K? Man überprüfe dies durch Lösung des kinetischen Gleichgewichts (4.7.21) für ein 2-Niveau-Atom mit $J = 0$ und $J = 1$ (vgl. Abb. 4.7.6) unter Berücksichtigung folgender Prozesse:

a) Spontane Emission mit Einsteinkoeffizient $A_{10} = 1.2 \cdot 10^{-5}\,\text{s}^{-1}$,
b) Erzwungene Emission $B_{10} J_\nu$ und Absorption $B_{01} J_\nu$ (4.7.23), wobei J_ν durch die Intensität (Kirchhoff-Planck-Funktion) der 2.7 K-Strahlung bei der Frequenz ν_0 gegeben sei,
c) An- und Abregung durch Elektronenstoß (4.7.34) mit $C_{01} = \alpha N_e$, $\alpha = 2.1 \cdot 10^{-12}\,\text{m}^3\,\text{s}^{-1}$.

Man nehme für die Elektronendichte im interstellaren Medium (H I-Wolken) $N_e = 10^5\,\text{m}^{-3}$ entsprechend einem Ionisationsgrad $N_e/N_H = 5 \cdot 10^{-4}$ an. Wie würde das Gleichgewicht für eine 10mal größere Elektronendichte aussehen?

15.4 Man vergleiche das Strahlungsfeld des Mikrowellenhintergrunds mit der allgemeinen Sternstrahlung in der Milchstraße, wenn für diese eine verdünnte Schwarzkörperstrahlung mit $T = 10^4$ K und einem Verdünnungsfaktor (5.3.13) von 10^{-15} angenommen wird. Wie groß müßte der mittlere Sternabstand (bei einem mittleren Sternradius von $2R_\odot$) sein, damit die Intensität der Sternstrahlung (a) bei λ_0, (b) beim Maximum der Planckverteilung gleich der der 3 K-Strahlung wird?

16. Linienidentifikation und Rotverschiebung (Abschn. 4.7, 5.6 und 5.9)

Das optische Spektrum einer Radioquelle zeigt – nach abnehmender Stärke geordnet – sechs breite Emissionslinien bei $\lambda\lambda$ 563.2, 323.9, 579.2, 503.2, 475.3 und 459.5 nm Wellenlänge. Man versuche diese Linien als Balmerlinien des neutralen Wasserstoff zu identifizieren. Welche Rotverschiebung z bzw. Radialgeschwindigkeit ergibt sich nach der Hubblebeziehung (5.9.2) und welcher Entfernung entspricht dies? Welche Wellenlängen würde man für Hα und Lα mit diesem z vorhersagen? Gibt es plausible Identifikationen für die restlichen Linien? Ist die Identifikation eindeutig oder könnten die beobachteten Linien auch z. B. der Lymanserie zugeschrieben werden?

Hinweis: Die Laborwellenlängen der Wasserstofflinien entnehme man spektroskopischen Tabellen oder man verwende (4.7.3). Hauptquantenzahl des unteren Niveaus ist $n = 1$ für die Lyman- und $n = 2$ für die Balmerserie. Für weitere Identifikationen ziehe man Emissionslinienspektren anderer Objekte heran (z. B. den Orionnebel Abb. 5.3.11). (Es handelt sich hier um 3C273, den ersten, von Maarten Schmidt entdeckten, Quasar.)

17. Galaxienverteilung (Abschn. 5.7 und 5.9)

Bei der Galaxiendurchmusterung des Center for Astrophysics, Cambridge, Mass., wurde eine über (mindestens) 7.5 h in Rektaszension und 36° in Deklination ausgedehnte Struktur, die „Große Mauer“, gefunden, in der die Galaxiendichte etwa 5mal größer als deren mittlere Dichte im Kosmos ist (Abb. 5.7.4). Diese Struktur liegt bei einer mittleren Fluchtgeschwindigkeit von 8700 km s^{-1} und erstreckt sich nur etwa über 500 km s^{-1} in radialer Richtung.

17.1 Man berechne das Volumen und die Masse der „Großen Mauer“ in Abhängigkeit von der Hubblekonstanten H_0 und dem Dichteparameter $\Omega = \varrho/\varrho_c$ (5.9.21). Wieviel Galaxien von der Art unserer Milchstraße entspricht die Masse?

17.2 Man schätzte das Volumen des kugelförmig angenommenen weitgehend galaxienfreien Bereichs in Abb. 5.7.4 mit dem Mittelpunkt bei $\alpha \simeq 15$ h und $V_{rad} \simeq 7400$ km s^{-1}.

Sachverzeichnis

Physikalische Fundamentalkonstanten[3]

Konstante	SI-Einheiten		Gaußsche Einheiten	
Gravitationskonstante G	$6.6726 \cdot 10^{-11}$	$m^3\,kg^{-1}\,s^{-2}$	$6.6726 \cdot 10^{-8}$	$cm^3\,g^{-1}\,s^{-2}$
Vakuumlichtgeschwindigkeit c	$2.9979 \cdot 10^{8}$	$m\,s^{-1}$	$2.9979 \cdot 10^{10}$	$cm\,s^{-1}$
Magnetische Feldkonstante μ_0	$1.2566 \cdot 10^{-6}$	$m\,kg\,s^{-2}\,A^{-2}$ $= V\,s\,A^{-1}\,m^{-1}$	–	
Elektrische Feldkonstante ε_0	$8.8542 \cdot 10^{-12}$	$m^{-3}\,kg^{-1}\,s^4\,A^2$ $= A\,s\,V^{-1}\,m^{-1}$	–	
Planck-Konstante h	$6.6261 \cdot 10^{-34}$	$m^3\,kg\,s^{-1} = J\,s$	$6.6261 \cdot 10^{-27}$	erg s
$\hbar = h/2\pi$	$1.0546 \cdot 10^{-34}$	J s	$1.0546 \cdot 10^{-27}$	erg s
Elektrische Elementarladung e	$1.6022 \cdot 10^{-19}$	A s = C	$4.8032 \cdot 10^{-10}$	E.S.E.
Atommassenkonstante $m_u = u$	$1.6605 \cdot 10^{-27}$	kg	$1.6605 \cdot 10^{-24}$	g
Ruhemasse:				
Proton m_p	$1.6726 \cdot 10^{-27}$	kg	$1.6726 \cdot 10^{-24}$	g
	1.0073	u		
Neutron m_n	$1.6749 \cdot 10^{-27}$	kg	$1.6749 \cdot 10^{-24}$	g
	1.0087	u		
Elektron $m_e = m$	$9.1094 \cdot 10^{-31}$	kg	$9.1094 \cdot 10^{-28}$	g
	$5.4858 \cdot 10^{-4}$	u		
Wasserstoffatom m_H	$1.6736 \cdot 10^{-27}$	kg	$1.6736 \cdot 10^{-24}$	g
	1.0078	u		
m_p/m_e	$1.8362 \cdot 10^{3}$			
Spezifische Elektronenladung e/m	$1.7588 \cdot 10^{11}$	$C\,kg^{-1}$	$5.2728 \cdot 10^{17}$	$E.S.E.\,g^{-1}$
Avogadro-Konstante N_A	$6.0221 \cdot 10^{23}$	mol^{-1}		
Universelle Gaskonstante $\mathscr{R}$	8.3145	$J\,mol^{-1}\,K^{-1}$	$8.3145 \cdot 10^{7}$	$erg\,mol^{-1}\,K^{-1}$
Boltzmann-Konstante k	$1.3807 \cdot 10^{-23}$	$J\,K^{-1}$	$1.3807 \cdot 10^{-16}$	$erg\,K^{-1}$
Feinstrukturkonstante α	$7.2974 \cdot 10^{-3} = 1/137.036$			
Compton-Wellenlänge:				
Proton Λ_p	$1.3214 \cdot 10^{-15}$	m	$1.3214 \cdot 10^{-13}$	cm
Elektron Λ_e	$2.4263 \cdot 10^{-12}$	m	$2.4263 \cdot 10^{-10}$	cm
	$2.4263 \cdot 10^{-2}$	Å		
Klassischer Elektronenradius r_e	$2.8179 \cdot 10^{-15}$	m	$2.8179 \cdot 10^{-13}$	cm
Thomson-Wirkungsquerschnitt σ_T	$6.6525 \cdot 10^{-29}$	m^2	$6.6525 \cdot 10^{-25}$	cm^{-2}
Rydberg-Konstante R_∞	$1.0974 \cdot 10^{7}$	m^{-1}	$1.0974 \cdot 10^{5}$	cm^{-1}
	1/911.27	$Å^{-1}$		
Bohr-Radius a_0	$5.2918 \cdot 10^{-11}$	m	$5.2918 \cdot 10^{-9}$	cm
Planck-Strahlungskonstante c_2	$1.4388 \cdot 10^{-2}$	m K	1.4388	cm K
Stefan-Boltzmann-Strahlungskonstante σ	$5.6705 \cdot 10^{-8}$	$W\,m^{-2}\,K^{-4}$	$5.6705 \cdot 10^{-5}$	$erg\,cm^{-2}\,s^{-1}\,K^{-4}$

[3] Alle Zahlenwerte werden auf 5 Ziffern gerundet angegeben. Genauere Werte (mit Fehlergrenzen) s. E.R. Cohen, B.N. Taylor: The 1986 Adjustment of the Fundamental Physical Constants, report of the CODATA Task Group on Fundamental Constants, CODATA Bull. **63**, Pergamon, Elnesford, NY (1986) bzw. Physics Today Part 2, BG11 (August 1987).